AF307741

HANDBUCH DER ANALYTISCHEN CHEMIE

HERAUSGEGEBEN

VON

W. FRESENIUS UND G. JANDER †

WIESBADEN

BERLIN

DRITTER TEIL
QUANTITATIVE BESTIMMUNGS- UND
TRENNUNGSMETHODEN

BAND III a α 2
ELEMENTE DER DRITTEN HAUPTGRUPPE
ALUMINIUM

SPRINGER-VERLAG
BERLIN · HEIDELBERG · NEW YORK
1972

ELEMENTE DER DRITTEN HAUPTGRUPPE

ALUMINIUM

ZWEITE AUFLAGE

BEARBEITET VON

H. BENŚCH

MIT 47 ABBILDUNGEN

SPRINGER-VERLAG
BERLIN · HEIDELBERG · NEW YORK
1972

Dr. Herbert Bensch

Vereinigte Aluminium-Werke AG, Bonn

Leichtmetall-Forschungsinstitut

ISBN-13: 978-3-642-65145-8   e-ISBN-13: 978-3-642-65144-1

DOI:10.1007/ 978-3-642-65144-1

Inhaltsverzeichnis

Aluminium

Al; Atomgewicht: 26,9815; Ordnungszahl: 13

Grundlagen der Chemie des Aluminiumions in wässerigen Systemen

Bildung und Eigenschaften des Hexaquoaluminiumions

Das allgemeine chemische Verhalten des Aluminiums ist durch seine Elektronenverteilung und damit durch seine Stellung im Periodensystem der Elemente bestimmt. Beim Aluminiumatom sind die K- und L-Schale voll mit Elektronen aufgefüllt, während sich in der M-Schale nur 3 Elektronen befinden.

Schale (Hauptquantenzahlen)	K $(n = 1)$	L $(n = 2)$		M $(n = 3)$		
Elektronenbezeichnung	1s	2s	2p	3s	3p	3d
Zahl der Elektronen	2	2	6	2	1	

Entsprechend dieser Elektronenkonfiguration ist das Element Aluminium mit der Ordnungszahl 13 im Periodensystem in die 3. Periode und die 3. Hauptgruppe eingeordnet.

Zur Bildung von Aluminiumionen werden die in der M-Schale vorhandenen 3-Elektronen der 3s- und 3p-Orbitale abgespalten. Durch die Abspaltung dieser drei Elektronen erreicht das Aluminiumion die Elektronenkonfiguration des Neons und damit einen besonders stabilen Zustand.

Wie Messungen der Leitfähigkeit zeigen, liegen *in wässerigen Lösungen* nur 3fach positiv geladene Aluminiumionen vor. 1- und 2wertige Ionen sind in solchen Systemen unbekannt. Das ist zunächst nicht ganz verständlich, da die Ionisationsenergien zur Abspaltung eines 2. und 3. Elektrons erheblich größer sind als zur Abspaltung nur eines Elektrons.

$$Al \;\; + \;\; 5{,}98 \text{ eV} \longrightarrow Al^+ \; + e^-;$$
$$Al^+ \; + 18{,}82 \text{ eV} \longrightarrow Al^{2+} + e^-;$$
$$Al^{2+} + 28{,}44 \text{ eV} \longrightarrow Al^{3+} + e^-.$$

Tatsächlich enthalten wässerige Lösungen keine 3fach positiv geladenen Aluminiumionen, sondern Aquokomplexe. Die bei der Bildung dieser Komplexe frei werdende Hydratationsenergie ist für die Abspaltung des 2. und 3. Elektrons ausreichend.

Die starke Ladung, der geringe Ionenradius (0,51 Å) und eine Elektronenkonfiguration, welche derjenigen des Neons entspricht, bestimmen die chemischen Eigenschaften des Aluminiumions. Wie erwähnt ist das Al^{3+}-Ion stark hydratisiert und liegt in der Lösung als Aquokomplex vor. Die Zahl der gebundenen H_2O-Moleküle ist nicht mit Sicherheit bekannt. Entsprechend der vom Aluminium bevorzugten

Koordinationszahl von 6 dürfte mit großer Wahrscheinlichkeit ein Hexaquokomplex der Form: $Al(OH_2)_6^{3+}$ vorliegen. Die additiv gebundenen H_2O-Moleküle haben *Säurecharakter* und liefern mit Wasser entsprechend der Gleichung:

$$[Al(OH_2)_6]^{3+} + H_2O \longrightarrow [Al(OH_2)_5OH]^{2+} + H_3O^+$$

Hydroniumionen und einen Aluminiumhydroxokomplex, der als protophile Gruppe Basenfunktion besitzt. Es bildet sich ein Säure-Basengleichgewicht aus. Der pKs-Wert dieser komplexen Aluminiumaquosäure beträgt 4,85. Durch Zugabe von Lauge werden die Hydroxoniumionen aus dem Gleichgewicht entfernt und dieses in Richtung des Hydroxokomplexes verschoben. Im weiteren Verlauf werden erneut Protonen abgespalten und neue Hydroxogruppen gebildet. Auf diese Weise gelingt eine quantitative Überführung der Aquo- in die Mono- und Dihydroxokomplexe. Bei weiterer Zugabe von Natronlauge fällt schließlich unlösliches Aluminiumhydroxid aus:

$$[Al(OH_2)_6]^{3+} \longrightarrow [Al(OH_2)_5OH]^{2+} \longrightarrow [Al(OH_2)_4(OH)_2^{+}] \longrightarrow Al(OH)_3\,.$$

Hydrolyse von Aluminiumsalzen

Der gleiche Vorgang liegt der Hydrolyse der Aluminiumsalze zugrunde. Auch hier wird zunächst primär das Monohydroxokation gebildet. Durch weitere Protonenabspaltungen entstehen Dihydroxokationen und schließlich führt die Hydrolyse zur Ausfällung von $Al(OH)_3$. Diese Vorgänge werden durch Zugabe einer Base stark begünstigt. Während der Hydrolyse assoziieren die Hydroxokationen je nach pH-Wert und Aluminiumionenkonzentration zu mehrkernigen Komplexionen. Bei diesem als „*Verolung*" bezeichneten Vorgang werden zwischen den Metallionen und den Wasserstoffionen der Hydroxogruppen Brückenbindungen geknüpft. Es entstehen höhermolekulare Verbindungen von kolloidalem Charakter. Von *H. W. Kohlschütter* (1941) sind in 5/6-basischen Aluminiumchloridlösungen (2,5 OH^-/g-Atom Al), ohne daß Niederschläge ausfallen, hochmolekulare Ionen der allgemeinen Formel:

$$[Al_x(OH)_y]^{(3x-y)+}$$

mit $x = 6$ nachgewiesen worden.

Ähnlich klare, hochbasische Aluminiumchloridlösungen erhält man durch Auflösen von Aluminium mit einer substöchiometrischen Menge an Salzsäure. Durch Zusatz von NaCl oder Na_2SO_4 lassen sich aus diesen Lösungen basische Salze auskristallisieren. So erhielt *Kohlschütter* durch Zusatz von Na_2SO_4 zu obigen Lösungen ein Salz der Zusammensetzung:

$$Na[Al_{13}O_4(OH)_{24}(H_2O)_{12}(SO_4)_4]\,.$$

Auch basisches Aluminiumsulfat der Zusammensetzung: $Al_4(OH)_{10}SO_4$ konnte nachgewiesen werden. Ein weiterer Laugenzusatz führt zur Ausfällung von Aluminiumhydroxid, dessen Bildung und Alterung auf analoge Prozesse zurückgeht, wobei der Fällung der typisch kolloidale Zustand vorausgeht.

Aluminiumsalze sind stark hydrolytisch gespalten. Handelt es sich um Salze starker Säuren, so reagieren die Lösungen dieser Salze stark sauer. Hydrolysiert auch das Anion wie beim Aluminiumacetat, so tritt beim Kochen – die Hydrolyse wird durch steigende Temperatur stark begünstigt – praktisch vollständige Hydrolyse unter Abscheidung von $Al(OH)_3$ ein.

Amphoteres Verhalten des Aluminiumhydroxids und Bildung von Hydroxokomplexen

Gefälltes $Al(OH)_3$ löst sich nicht nur in Säuren unter Bildung von Aquokomplexen, sondern auch in Laugen. Das Grundsätzliche des Lösungsvorganges von $Al(OH)_3$ in Laugen ist durch die Bildung von Hydroxokomplexen charakterisiert. Die Bildung ist formal als eine Fortsetzung der Hydrolyse im alkalischen Bereich zu verstehen. Entsprechend der vom Aluminium bevorzugten Koordinationszahl 6 ist zu erwarten, daß sich bei der Einwirkung von OH^--Ionen auf $Al(OH)_3$ ein Hydroxokomplex nach folgender Gleichung bildet:

$$Al(OH)_3 + 3\,OH^- \rightleftharpoons [Al(OH)_6]^{3-}.$$

Dieser nur in sehr stark alkalischen Lösungen beständige Hexahydroxokomplex wird bei Verringerung der OH^--Ionenkonzentration in der Lösung in den Tetrahydroxokomplex übergeführt, wobei wahrscheinlich zunächst zwei Hydroxogruppen gegen zwei Wassermoleküle ausgetauscht werden. Durch den Einbau von zwei Wassermolekülen wird ein Diaquo-tetrahydroxoaluminat $[Al(OH)_4(OH_2)_2]^-$ gebildet und so die oktaedrische Struktur mit der Koordination 6 gewahrt. Wie stark die Bindung der beiden Aquogruppen an das Zentralion ist und in welchem Konzentrationsbereich diese Diaquo-tetrahydroxoaluminate beständig sind, ist unbekannt. Wie Untersuchungen von Ramanspektren zeigen, existieren zumindest in verdünnten Aluminatlösungen nur $[Al(OH)_4]^-$-Ionen mit einer tetraedrischen Konfiguration.

Ähnlich wie bei der Hydrolyse werden durch Verolung und unter Austritt von OH-Gruppen auch mehrkernige Hydroxokomplexe gebildet, so z.B.

$$2[Al(OH)_4]^- \longrightarrow [Al_2(OH)_7]^- + OH^-.$$

Vermindert man die OH^--Ionenkonzentration in den Aluminatlösungen durch Zugabe von Säuren oder durch Einleiten von Kohlendioxid, so wird wieder Aluminiumhydroxid ausgefällt.

Aluminiumsalze

Von den Aluminiumsalzen kommt den *schwerlöslichen Verbindungen* für die analytische Chemie die weitaus größte Bedeutung zu. Hier sind es vor allem die Phosphate, komplexen Fluoride, die basischen Salze, die Doppelsalze und mit Einschränkung das Aluminiumchlorid, die für die Bestimmung des Aluminiums und für seine Trennung von anderen Elementen von Interesse sind.

Aluminiumphosphat

Versetzt man eine saure, Aluminiumionen enthaltende Lösung mit einer Natriumphosphatlösung (Na_3PO_4) und mit Ammoniak oder Alkalilauge, so fällt im pH-Bereich von 3,8 bis 8,5 ein Niederschlag von Aluminiumphosphat aus. Im sauren Bereich bildet sich wahrscheinlich zunächst ein Phosphatokomplex, da bei Zugabe von Na_3PO_4-Lösung allein bereits eine Erhöhung der Wasserstoffionenkonzentration zu beobachten ist. Bei Zugabe von Ammoniak oder Alkalilauge beginnt dann die Fällung des Aluminiumphosphats. Bei der Fällung mit Na_3PO_4-Lösungen entsteht bei pH-Werten $> 4{,}5$ ein Niederschlag der Zusammensetzung $AlPO_4 \cdot xH_2O$. Bei er-

1*

höhtem Zusatz von Alkalilauge und mit steigendem pH-Wert findet ein allmählicher Ersatz von Phosphat durch Hydroxylgruppen statt; es entstehen basische Aluminiumphosphate. Oberhalb eines pH-Wertes von 7,5 erfolgt die Bildung von Aluminaten. Bei pH 8,5 ist die Aluminatbildung abgeschlossen und der Niederschlag praktisch phosphatfrei.

Je nach Art und Konzentration des Fällungsmittels, sowie bei Änderung der Fällungsbedingungen, können Niederschläge auftreten, die eine zum Orthophosphat unterschiedliche Zusammensetzung aufweisen. So sind Niederschläge der Zusammensetzung: $Al_2(HPO_4)_3$ und: $Al_{14}P_{12}O_{51}$ festgestellt worden. Für die Bestimmung des Aluminiums als Phosphat ist es von großer Bedeutung, daß die Fällung nur *wenig unterhalb des pH-Wertes* von 4,5 durchgeführt wird. Die genaue Einstellung des pH-Wertes wird bei den meisten Methoden durch Zugabe von Essigsäure, Acetat und Thiosulfat erreicht. Für die quantitative Abscheidung und zur Verhinderung einer Hydrolyse des gefällten Aluminiumphosphats ist ein erhöhter Elektrolytzusatz günstig. Wasserfreies $AlPO_4$ erhält man aus dem Hydrat durch Glühen bei Temperaturen über 743 °C.

Lösungen von Polyphosphaten geben mit Aluminiumionen in neutraler und alkalischer Lösung keine Fällungen, da lösliche Komplexe gebildet werden. So läßt sich Natriumpolyphosphat $(Na_5P_3O_{10} \cdot 6H_2O)$ als Maskierungsmittel für Aluminiumionen verwenden. Aus solchen maskierten Lösungen fallen bei Zugabe von Natronlauge oder Ammoniak weder Aluminiumhydroxid noch bei Zugabe von Orthophosphat Aluminiumphosphat aus.

Aluminiumfluoride

Bei der Fällung von Aluminiumionen mit Fluoridionen erhält man das stabile $AlF_3 \cdot 3H_2O$, das je nach den Fällungsbedingungen in zwei Formen auftritt. Wird die Fällung bei <25 °C ausgeführt, erhält man die leichtlösliche α-Form, die sich bei dieser Temperatur nur äußerst langsam in die schwerlösliche β-Form überführen läßt. Diese irreversible Umwandlung ist erst nach 240 Tagen abgeschlossen. Fällt man dagegen bei 100 °C, so entsteht primär ebenfalls die α-Form, die sich jedoch unter diesen Temperaturbedingungen bereits in einigen Stunden in die β-Form umwandelt. Die Löslichkeit der β-Form in Wasser beträgt bei 25 °C 0,41 Gew.-%; die der α-Form hingegen ist um mehr als eine Zehnerpotenz größer. Das Aluminiumtrifluorid besitzt die Neigung, etwas Wasser zu adsorbieren, so daß seine tatsächliche Zusammensetzung der Formel $AlF_3 \cdot 3,1 H_2O$ entspricht. Es ist sowohl in Säuren als auch in Laugen unlöslich.

Neben dem 3-Hydrat, das ausschließlich bei Fällungen in wässerigen Lösungen auftritt, sind zwei weitere Hydrate, das $AlF_3 \cdot 9H_2O$ und $AlF_3 \cdot 0,5H_2O$, bekannt.

Basische Aluminiumfluoride sehr unterschiedlicher Zusammensetzung sind gelegentlich beschrieben worden. Sie bilden sich bei längerem Erhitzen wässeriger, flußsaurer Lösungen mit Al_2O_3. Definierte Verbindungen der Formel: $AlF(OH)_2$ und: $AlF_2(OH)$ erhält man bei der Reaktion von wässerigem Ammoniak mit Mischungen von Aluminiumtrifluoriden und Aluminiumsulfat. Basische Aluminiumfluoride bilden sich auch beim Erhitzen der gefällten Hydrate. So erhielten *Caesar* und *Konopicky* (s. S. 144) beim Trocknen dieser Hydrate bei 200 °C eine Verbindung der Formel $Al_2F_5(OH) \cdot H_2O$. Auch Verbindungen der Formel: $Al(OH)_2F$ und $Al(OH)F_2$ sind nachgewiesen worden.

Von den fluorhaltigen Komplexverbindungen ist für die analytische Chemie das *Trinatriumhexafluoroaluminat*, Na_3AlF_6, der Kryolith, von größerer Bedeutung, da er zu den stabilsten Aluminiumkomplex-Verbindungen gehört. Er entsteht, wenn man zu Aluminiumlösungen Natriumfluorid oder zu Natrium- und Aluminiumionen enthaltenden Lösungen Flußsäure hinzufügt, wobei im pH-Bereich von 3,0 bis 10,0 quantitativ schwerlöslicher Kryolith ausfällt. Bei pH-Werten >10,0 löst sich der gefällte Kryolith nur verhältnismäßig langsam wieder auf. Vollständige Lösung ist erst bei pH 12,5 erreicht.

Nach *Tananajew* und *Lelchuk* (s. S. 145) existieren zwei Natriumfluoroaluminate Na_3AlF_6 und $Na_{11}Al_4F_{23}$. Das letztere ist stabiler und bildet sich in verdünnteren Lösungen, während Na_3AlF_6 nur aus nahezu gesättigten Lösungen von AlF_3 und bei höheren NaF-Konzentrationen ausfällt.

Aluminiumchlorid

Obwohl das Aluminiumchlorid nicht zu den schwerlöslichen Aluminiumverbindungen gehört, so läßt sich seine Löslichkeit in stark salzsaurer, ätherhaltiger und gekühlter Lösung so weit erniedrigen, daß es zur Abtrennung der Hauptmenge des Aluminiums von einigen Elementen verwendet werden kann. So beträgt die Löslichkeit des als $AlCl_3 + 6H_2O$ abgeschiedenen Aluminiumchlorids in Salzsäure von 39,3 Gew.-% HCl bei 15 °C 4,7 g Al/100 ml, bei einem Volumenverhältnis Äther : Salzsäure wie 2 : 1 bei derselben Temperatur jedoch nur noch etwa 0,18 mg Al/100 ml.

Basische Aluminiumsalze

Wie erwähnt neigen die Aluminiumsalze stark zur Hydrolyse, wobei je nach Basizität des Anions stärker oder schwächer basische Salze gebildet werden. Diese basischen Salze sind zum Teil schwerlöslich; teilweise bilden sie auch kolloide Lösungen. Schwerlöslich sind die basischen Aluminiumsulfate. Je nach den Hydrolysebedingungen entstehen Salze unterschiedlicher Zusammensetzung. Bei der Hydrolyse von stärker konzentrierten Aluminiumsulfatlösungen bilden sich Dialuminiumdihydroxosulfate, entsprechend der Reaktionsgleichung:

$$Al_2(SO_4)_3 + [2H_2O \longrightarrow Al_2(OH)_2(SO_4)_2 + H_2SO_4$$

und in stärker verdünnten Lösungen Dialuminiumtetrahydroxosalze nach der Gleichung:

$$Al_2(SO_4)_3 + 4H_2O \longrightarrow Al_2(OH)_4SO_4 + 2H_2SO_4 .$$

Besonders schwerlösliches, basisches Sulfat der Zusammensetzung $Al_4(OH)_{10}SO_4$ erhält man beim Lösen von Aluminiummetall mit einer zum Lösen als neutrales Salz nicht ganz ausreichenden Menge Salzsäure und Zugabe einer größeren Menge an Na_2SO_4.

Auf die gleiche Weise, nur durch Zusatz von NaCl erhält man ein basisches Chlorid, wahrscheinlich der Formel: $Al_2(OH)_5Cl$, das jedoch zum größten Teil kolloidal in Lösung bleibt. Es sind unter verschiedenen Bildungsbedingungen eine ganze Reihe von solchen basischen Aluminiumchloriden nachgewiesen worden, die im wesentlichen kolloidal vorliegen. So erhält man aus $AlCl_3$-Lösungen, die mit Na_2CO_3 versetzt werden, die basischen Chloride: $Al_2Cl_5(OH)$, $Al_2Cl_4(OH)_2$, $Al_2Cl_3(OH)_3$ und: $Al_2Cl_2(OH)_4$, bei Umsetzung von $Al(OH)_3$ mit verdünnter Salzsäure oder beim Lösen von metallischem Aluminium in $CuCl_2$-Lösungen die Verbindungen $Al(OH)Cl_2$ und $Al(OH)_2Cl$.

Auch basische Salze des Aluminiumacetats sind bekannt. Ein unlösliches, basisches Aluminiumacetat der Zusammensetzung $Al(OH)CH_3CO_2 \cdot xH_2O$ bildet sich beim Kochen einer 5%igen $Al_2(SO_4)_5$-Lösung mit festem Natriumacetat oder durch Erhitzen einer 15%igen Aluminiumacetatlösung unter Druck im Autoklaven. Basische Aluminiumfluoride sind bereits auf Seite 4 behandelt worden.

Doppelsalze

Von den Doppelsalzen des Aluminiums sind nur die als Alaune bekannten, zum Teil schwerlöslichen Verbindungen von Interesse. Es sind Verbindungen der allgemeinen Formel: $AlMe^I(SO_4)_2 \cdot 12 H_2O$, bei denen an Stelle der einwertigen Alkalimetalle auch das Ammoniumion (NH_4^+) eintreten kann. Die Löslichkeit in Wasser ist bei niedrigen Temperaturen gering, steigt aber stark mit Erhöhung der Temperatur. In der Tabelle sind die Löslichkeiten einiger Alaune in g wasserfreies Salz/100 g H_2O in Abhängigkeit von der Temperatur angegeben.

	0	10	20	30	40	50	60	70	80	90	100
$(NH_4)Al(SO_4)_2$	2,6	4,5	6,6	9	12,4	15,9	21,1	26,9	35,2	50,3	70
$KAl(SO_4)_2$	3,0	4,0	5,9	7,9	11,7	17	15	40	71	109	154
$NaAl(SO_4)_2$	56,2	60,5	61,5	66,7							

Die geringste Löslichkeit weist der Ammoniumalaun auf. In Alaunlösungen liegen nur bei stärkeren Verdünnungen freie Kalium-, Aluminium- und Sulfationen vor. Bei höheren Konzentrationen sind Komplexe wie z.B. $[Al(SO_4)_2 \cdot (OH_2)_2]^-$ am Lösungsgleichgewicht beteiligt. Erst bei einer Verdünnung von über 100 l/mol liegen quantitativ freie Aluminiumionen vor, und es erfolgt die Wanderung dieser Ionen bei der Elektrolyse ausschließlich an die Kathode.

Von diesen Doppelsalzen sind auch schwerlösliche, basische Salze bekannt. So erhält man aus Aluminiumsulfat, Wasser und einem Überschuß an K_2SO_4 oder aus Kaliumalaun und Wasser im Verhältnis 1 : 4 beim Erhitzen im Aufschlußrohr bei 200 °C ein basisches Kaliumaluminiumsulfat. Die basische Ammoniumaluminium-Verbindung wird in analoger Weise wie die entsprechende Kaliumverbindung hergestellt. Auch basische Natriumaluminiumsulfate sind bekannt.

Komplexverbindungen des Aluminiums

Der verhältnismäßig *geringe Ionenradius* des Aluminiumions und seine starke Elektroposivität befähigen das Aluminium mehr zur Bildung elektrostatisch, d.h. polar gebundener Anlagerungskomplexe, als zu kovalent gebundenen Durchdringungskomplexen. Für die kovalente Bindung von Liganden stehen die Elektronenbahnen 3s, 3p und 3d zur Verfügung,

die eine maximale Koordinationszahl von 6 erlauben und zur Bildung eines oktaedrischen Komplexes führen. Neben diesen oktaedrischen treten auch tetraedrische Komplexe mit der Koordinationszahl 4 auf. Letztere sind gewöhnlich entweder einkernige Ionen der Formel $(AlX_4)^-$ oder neutrale Verbindungen, wobei sich Donatoren wie z.B. Ketone, Alkohole, Ester usw. an das AlX_3 (X = einwertiges Anion) anlagern.

Die *Koordinationszahl* ist allgemein noch abhängig vom Verhältnis der Ionenradien vom Zentralion und der Liganden. Bei dem geringen Ionenradius des Aluminiumions ist die Zahl der anzulagernden Liganden von vornherein schon räumlich begrenzt und im wesentlichen auf solche Liganden beschränkt, die kompakte Strukturen besitzen und sich nicht gegenseitig sterisch hindern. Ein Beispiel für eine solche sterische Behinderung ist das 2-Methyl-8-hydroxychinolin, welches mit dem Aluminium kein Chelat bildet, weil die Methylgruppe in 2-Stellung die Komplexbildung behindert. Dagegen bilden das 8-Hydroxychinolin und das 5-Methylderivat mit dem Aluminiumion Komplexe, die als Niederschläge ausfallen.

Anorganische Komplexe

Der bekannteste, anorganische Aluminiumkomplex ist das $(AlF_6)^{3-}$. Das Fluoridion mit seinem geringen Ionenradius von 1,33 Å ist besonders fest an das Aluminiumion gebunden, wobei ein sehr stabiler, oktaedrischer Komplex mit der Koordinationszahl 6 gebildet wird. Wie erwähnt ist dieser Komplex im pH-Bereich von 3,0 bis 10,0 beständig und schwer löslich. Bei pH-Werten über 10,0 werden die Fluoridionen sukzessive durch Hydroxylionen ersetzt und der Fluorokomplex in den Hydroxokomplex umgewandelt. Diese Umwandlung ist bei pH 12,5 abgeschlossen. Bei pH-Werten $< 3,0$ wird das Na_3AlF_6 langsam aufgelöst unter Bildung von löslichen Komplexen geringerer Koordination. Bei schwacher Acidität und in Gegenwart freier Fluoridionen bildet sich in wässerigen Systemen, die Wasserstoff- und Aluminiumionen enthalten, wahrscheinlich entsprechend den gekoppelten Reaktionen:

$$Al(H_2O)_6{}^{3+} + F^- \rightleftharpoons Al(H_2O)_5(OH)^{2+} + HF \tag{1}$$

$$Al(H_2O)OH^{2+} + HF \rightleftharpoons AlF^{2+} + 6H_2O \tag{2}$$

das Komplexion AlF^{2+}. Bei hoher Acidität und geringer Fluoridionenkonzentration verschiebt sich das Gleichgewicht in der 1. Gleichung nach links, so daß die Reaktion der AlF^{2+}-Bildung nach Gl. (2) nur im begrenzten Maße ablaufen kann.

Die Komplexverbindungen des Aluminiumions mit den anderen Halogenen Cl, Br und J sind für die analytische Chemie von untergeordneter Bedeutung, da diese Komplexe nur eine sehr geringe Stabilität besitzen. Die erwähnten Halogene bilden mit dem Aluminium tetraedrische Komplexe mit der Koordinationszahl 4 und der Zusammensetzung $(AlX_4)^-$, wobei X = Cl, Br, J. Neben diesen einkernigen Komplexen konnten auch mehrkernige nachgewiesen werden, so daß $(Al_2Cl_7)^-$. Die Stabilität des $(AlCl_4)^-$-Komplexes ist so gering, daß selbst aus 12 m salzsaurer Lösung kein $(AlCl_4)^-$ extrahiert oder von einem Anionenaustauscher gebunden werden kann. Die Stabilität der Halogenkomplexe nimmt in folgender Reihenfolge ab:

$$(AlCl_4)^- > (AlBr_4)^- > (AlJ_4)^-$$

Wie erwähnt ist auch das *Sulfation* zur Komplexbildung mit dem Aluminiumion befähigt. Auf die Existenz dieser Komplexe weisen unter anderem auch Messungen des Eigenpotentials des Aluminiums in sulfathaltigen Lösungen hin. In Aluminiumsulfat- und Aluminiumnitrat-Lösungen äquimolarer Konzentration ist in der Sulfatlösung das Eigenpotential des Aluminiums wesentlich geringer als in Nitratlösungen. Diese Sulfatokomplexe sind jedoch so instabil, daß sie für die analytische Chemie unbedeutend sind.

Organische Komplexe

Zur Komplexbildung des Aluminiumions mit organischen Molekülen sind vor allem 2zähnige, anionische, Sauerstoff enthaltende Liganden befähigt, wobei fast ausschließlich oktaedrische Komplexe mit der Koordinationszahl 6 gebildet werden. Die mehr oder weniger für die photometrische Bestimmung des Aluminiums verwendeten Reagenzien, die mit dem Aluminium gefärbte Komplexe bilden, tragen sauerstoffhaltige Carboxyl-, Phenol-, Hydrochinon-, Keton- oder Estergruppen. Im folgenden sind einige typische Gruppen aufgeführt, die zur Bildung stabiler Aluminiumchelate befähigt sind.

β-Diketon-Gruppe

$$-\underset{\substack{\| \\ O}}{C}-CH_2-\underset{\substack{\| \\ O}}{C}- \qquad -\underset{\substack{| \\ OH}}{C}=CH-\underset{\substack{\| \\ O}}{C}-$$

I = Ketogruppe   II = Enolgruppe

Hydroxysäure-Gruppe

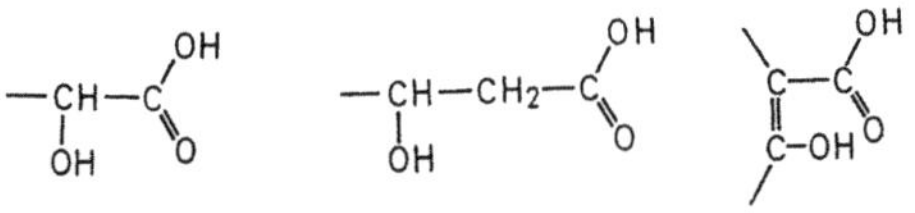

Diphenol- und Dihydroxyazo-Gruppen

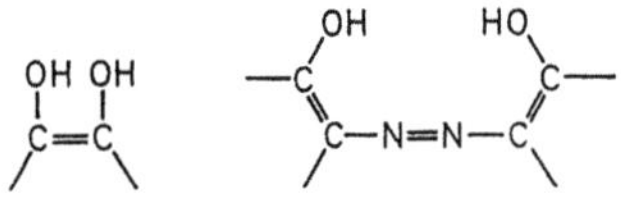

Hydroxychinon-Gruppe

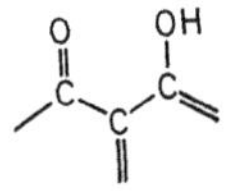

Hydroxychinolin-Gruppe

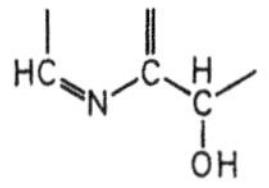

Nitrosphenylhydroxylamin- und Benzoylphenylhydroxylamin-Gruppe

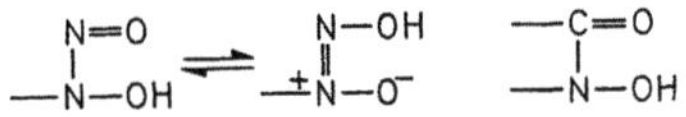

Aminopolycarbonsäure-Gruppen
Zum Beispiel ÄDTE

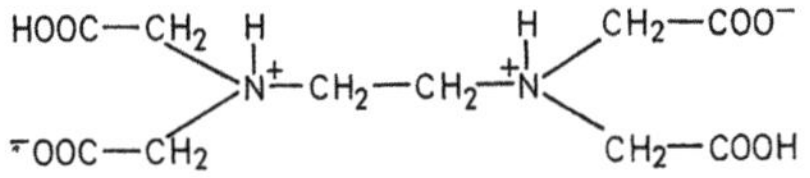

Die Bindung des Zentralions erfolgt bei diesen Gruppen über den anionischen Sauerstoff als Hauptvalenz und über den zweifach gebundenen Sauerstoff oder im Fall der Hydroxychinolin- und Aminopolycarbonsäure-Gruppe über den Stickstoff als Nebenvalenz. Die Unterscheidung in Haupt- und Nebenvalenz ist rein formaler Natur. Praktisch ist keiner der beiden Valenzen der Vorzug zu geben. Bei dieser Art der Bindung werden 5- und 6gliedrige Chelatringe gebildet, die besonders große

Stabilität aufweisen. Die Aluminiumchelate sind in einem verhältnismäßig engem pH-Bereich stabil. Die chelatbildenden, organischen Liganden, die basische Eigenschaften besitzen, protonieren bei niedrigeren pH-Werten, wobei das Chelat-Bildungsvermögen der Liganden herabgesetzt wird. Nur stärker saure Liganden sind bei niedrigeren pH-Werten noch beständig.

Chelate mit β-Diketonen

β-Diketone reagieren in ihrer Enolform. Die in der Enolform auftretende, konjugierte Doppelbindung stabilisiert den entstehenden 6gliedrigen Chelatring zusätzlich. Durch Einführung stark elektronegativer Gruppen wie

$$CF_3- \quad \text{oder} \quad$$

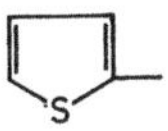

in das Molekül wird die Säurefunktion der Enolgruppe verstärkt und die Stabilität des Chelats im niedrigen pH-Bereich vergrößert. Ähnliches bewirkt auch die Einführung von Phenylgruppen. Hier wird die Stabilität der Chelate durch Anhäufung konjugierter Doppelbindungen verstärkt.

Das für die Chelatbildung mit Aluminium bedeutendste β-Diketon ist das Acetylaceton:

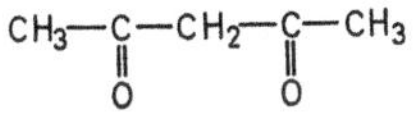

$$CH_3-\underset{O}{\overset{\parallel}{C}}-CH_2-\underset{O}{\overset{\parallel}{C}}-CH_3$$

2,4-Pentandion

Es bildet mit dem Aluminiumion im pH-Bereich von etwa 1 bis 7 einen unlöslichen, neutralen Trisacetylacetonato-Komplex der Form:

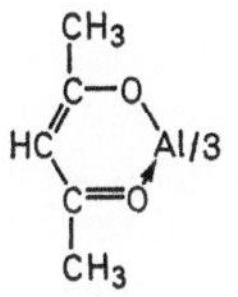

Das Chelat ist in organischen Lösungsmitteln wie Tetrachlorkohlenstoff, Chloroform, Diäthyläther, Benzol und Xylol leicht löslich. Auch das Acetylaceton selbst kann als Lösungsmittel verwendet werden. Die Extraktion des Aluminiumacetylacetonats mit diesen Lösungsmitteln ist im pH-Bereich 5 bis 9 quantitativ möglich. Neben dem Acetylaceton bilden auch die substituierten Derivate Benzoylaceton

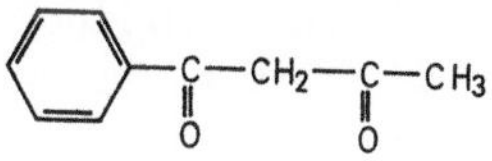

Benzoyltrifluoraceton

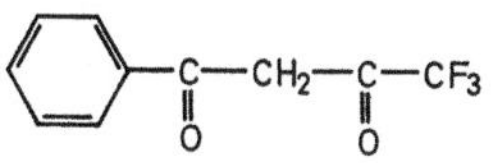

und das Thenoyltrifluoraceton

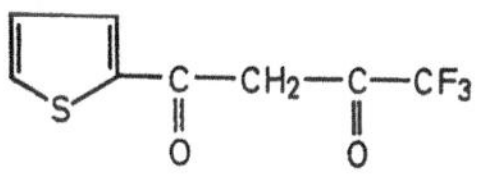

Komplexe mit Aluminiumionen.

Die beiden letzteren sind stärker sauer und erlauben so eine Ausfällung und Extraktion bei niedrigeren pH-Werten.

Chelate mit organischen Säuren

Carboxylgruppen von Säuren sind zur Komplexbildung mit Metallionen befähigt. Die Fähigkeit zur Chelatbildung einzelner Carboxylgruppen ist jedoch gering; stabile Chelate treten nur beim Zusammenwirken von mehreren Carboxylgruppen auf. So bildet die Essigsäure mit Aluminiumionen Komplexe der Form:

$$Al(OOCCH_3)_n^{(3-n)+}.$$

Diese Komplexe sind sehr instabil und behindern die Reaktionen des Aluminiumions (Fällung, Reaktion mit anderen Chelatbildnern) nicht. Anders verhalten sich dagegen Dicarbonsäuren wie Oxalsäure, Malonsäure usw. Mit diesen Säuren werden bereits sehr stabile Komplexe gebildet. Verstärkt wird die Komplexbildung von Säuren mit Aluminiumionen durch die Anwesenheit einer Hydroxylgruppe im Säuremolekül. Bei diesen α- und β-Hydroxysäuren erfolgt die Bindung an das Zentralion über den anionischen Sauerstoff der Hydroxylgruppe und den zweifach gebundenen Sauerstoff der Carboxylgruppe unter Bildung von stabilen 5- bzw. 6gliedrigen Chelatringen.

Die Stabilität und der Charakter der Komplexe des Aluminiums mit organischen Säuren sind vom *pH-Wert der Lösung* abhängig. Da organische Säuren eine geringe Säurestärke aufweisen, sind ihre Chelate nur in einem verhältnismäßig engem pH-Bereich stabil. Bei Erniedrigung des pH-Wertes werden die Chelatringe stufenweise unter Bildung niedrig koordinierter Komplexe aufgespalten. Wird der pH-Wert erhöht, entstehen basische Chelate. Außer dem pH-Wert sind die Konzentrationen des Liganden und des Zentralions in der Lösung auf die Art des gebildeten Komplexes von Einfluß. Alle diese Einflüsse, die zur Bildung einer größeren Zahl von Chelaten führen, erklären auch die zum Teil unterschiedlichen Literaturangaben über die Zusammensetzung und Stabilitätsbereiche dieser Chelate.

Die Komplexe des Aluminiums mit organischen Säuren sind fast ausnahmslos *wasserlöslich*. Bei der Chelatbildung werden in den meisten Fällen Wasserstoffionen aus den Hydroxyl- oder Carboxylgruppen freigesetzt, die den pH-Wert der Lösung erniedrigen. Die Zahl der je Mol Aluminium freigesetzten Säureäquivalente wird von der Konzentration der Aluminiumionen und des Chelatbildners sowie vom pH-Wert der Lösung bestimmt. Die Angaben in der Literatur über die Menge der umgesetzten Wasserstoffionen sind deshalb unsicher und differieren. Trotzdem kann diese Reaktion zur maßanalytischen Bestimmung der freigesetzten Säureäquivalente und damit zur indirekten Bestimmung des Aluminiums benutzt werden, wenn man die Reaktions- und Konzentrationsbedingungen streng einhält. Die Wirksamkeit der Komplexbildung ist bei den einzelnen Säuren verschieden. Die stabilsten Chelate werden von der Citronen- und Weinsäure gebildet; die geringste Komplexwirkung zeigt die Essigsäure. Glykol-, Milch-, Malein- und Bernsteinsäure bilden mit Aluminiumionen nur sehr schwache, instabile Komplexe, die in der analytischen Chemie keine praktische Bedeutung erlangt haben.

Von den organischen Säuren ist noch eine Reihe weiterer Verbindungen interessant, die mit Aluminiumionen *wasserlösliche Chelate* bilden. Es sind dies die Aurintricarbonsäure (Aluminon), das Eriochromcyanin-R und das Chromazurol-S. Diese Verbindungen haben chinoiden Charakter. Der chinoide Sauerstoff befindet sich dabei in Orthostellung zur Carboxylgruppe. Die Chelatbindung erfolgt hier über den anionischen Sauerstoff der Carboxylgruppen und den 2fach gebundenen Sauerstoff der Chinongruppe.

Die Fähigkeit von organischen Säuren zur Bildung stabiler wasserlöslicher zum Teil farbiger Komplexe wird in der analytischen Chemie zur Maskierung des Aluminiums und zu seiner photometrischen Bestimmung verwendet.

Citronensäurekomplexe.

Citronensäure bildet mit Aluminiumionen im pH-Bereich 1 bis 10 sehr stabile, in Wasser lösliche Chelate. Die Stabilität dieser Chelate ist etwas größer als diejenige der Tartratkomplexe. Während man in weinsauren Aluminiumlösungen im pH-Bereich 1 bis 3 geringe Mengen Aluminiumionen nachweisen kann, ist ein Nachweis in citronensauren Lösungen nicht mehr möglich. Über die Stabilitätsbereiche und den Charakter der einzelnen Chelate besteht keine eindeutige Klarheit. Gesichert scheint zu sein, daß im pH-Bereich von etwa 3 bis 4,5 ein (1 : 1)-Komplex auftritt, wobei die Beteiligung des Hydroxylsauerstoffs an der Chelatbildung nicht geklärt ist. Die Freisetzung von nur 2 Molen Wasserstoffionen je 1 mol Aluminium bei der Chelatbildung deutet auf eine Nichtbeteiligung der Hydroxylgruppe an der Chelatbindung hin. Bei pH-Werten $< 3,5$ beobachtet man neben dem neutralen Chelat auch saure Chelate. Bei pH-Werten $> 4,5$ erfolgt Hydrolyse und die Bildung von basischen Komplexen der Form: $[Al(OH)Cit]^{2-}$ bzw. $[Al(OH)_2Cit]^{3-}$, unter Umständen auch mehrkerniger Komplexe z. B. $C_6H_5O_7Al_3(OH)_6$. In neuerer Zeit wurden von *Gallet* und *René* (1967) durch thermometrische Untersuchungen im pH-Bereich 4 bis 10 neben dem (1 : 1)-Komplex die Komplexe 3 : 2, 1 : 1,5 und 1 : 2 nachgewiesen.

Weinsäurekomplexe

Ähnlich wie die Citronensäure bildet die Weinsäure saure, neutrale und basische, in Wasser lösliche Chelate. Die Struktur der Komplexe und die Art der Bindung sind nicht genau bekannt. Nach *Pavlinova* und *Trendovackij* (1967) bildet sich im pH-Bereich 2 bis 3,5 zunächst der Komplex $[Al_2(OH)_2C_4H_4O_6]^{2+}$ der zu $[Al_2(OH)_4C_4H_4O_6]$ hydrolysiert. Bei höheren Konzentrationen an Tartrationen entsteht der Komplex $[Al(OH)_2C_4H_4O_6]^-$, der mit einem weiteren Molekül Weinsäure zu $[Al(OH)(C_4H_4O_6)_2]^{2-}$ reagiert. Bei all diesen Komplexen sind die Hydroxylgruppen im Weinsäuremolekül nicht an der Bindung beteiligt. Alle in diesem pH-Bereich existierenden Komplexe besitzen nur eine geringe Stabilität. Im alkalischen Bereich von pH 8 bis 10 hingegen wird eine Bindung zwischen dem Aluminiumion und dem Hydroxylwasserstoff angenommen, die zur Bildung eines tetrakoordinierten Komplexes: $[Al(OH)C_4H_2O_6]^{2-}$ führt. Dieser Chelatkomplex ist sehr stabil; seine Stabilitätskonstante weist einen Wert von $\log K = 22,28$ auf. Nach *Frei* (1967) ist im gesamten pH-Bereich eine Bindung über den Hydroxylsauerstoff anzunehmen, wobei sich mit steigendem pH-Wert eine kontinuierliche Reihe von Verbindungen ergibt, die, beginnend mit dem Komplex: $[AlH_3(C_4H_2O_6)]^{2+}$, über Zwischenglieder bis zum Neutralkomplex: $AlH(C_4H_2O_6)$ und über weitere Glieder zum basischen Komplex: $[Al(OH)_2C_4H_2O_6]^{3-}$ führen. Bei höheren Tartrat-Konzentrationen treten auch (1 : 1,5)-, (1 : 2)-Komplexe und bei pH-Werten > 13 (1 : 4)-Komplexe auf. Ebenso ist die Bildung mehrkerniger Komplexe möglich.

Gluconsäurekomplexe

Gluconsäure bildet mit Aluminiumionen in zunehmendem Maße erst bei pH-Werten oberhalb von 4,2 Komplexe. Nachgewiesen wurde ein Komplex mit einem Al : Gluconsäure-Verhältnis wie 1 : 3 und einer Stabilitätskonstanten von $\log K = 5,66$.

Äpfelsäurekomplexe

Potentiometrische Messungen und Leitfähigkeitsmessungen in Aluminiumionen enthaltenden Äpfelsäurelösungen deuten auf die Bildung eines (1 : 1)- und (1 : 2)-

Komplexes hin. In beiden Komplexen ist die Hydroxylgruppe nicht an der Chelatbildung beteiligt. Der (1 : 1)-Komplex: $[Al(C_4H_4O_5)]^+$ mit der Stabilitätskonstante $\log K = 5{,}34$ tritt im pH-Bereich 0,5 bis 2,0 auf; der (1 : 2)-Komplex $[Al(C_4H_4O_5)_2]^-$ mit der Stabilitätskonstante $\log K = 9{,}32$ ist im pH-Bereich 5,7 bis 10,0 stabil.

Malonsäurekomplexe

Die Malonsäure bildet 3 Komplexe der Zusammensetzung 1 : 1, 1 : 2 und 1 : 3. Der Trismalonatokomplex ist etwa bei pH 6 beständig. Durch Erniedrigung des pH-Wertes erfolgt eine stufenweise Dissoziation in Bis- und Monokomplexe. Letzterer bildet sich bei einem pH-Wert von etwa 4. Die Stabilitätskonstanten dieser 3 Komplexe wurden zu

$$\log K_{(1:1)} = 5{,}60,$$
$$\log K_{(1:2)} = 12{,}80,$$
$$\log K_{(1:3)} = 15{,}84$$

ermittelt.

Oxalsäurekomplexe

Die Oxalsäure bildet mit Aluminiumionen verhältnismäßig stabile, lösliche Komplexe. Da die beiden Carboxylgruppen der Oxalsäure frei beweglich sind, kann formal ähnlich wie bei den α-Hydroxysäuren eine Bindung über den Hydroxylsauerstoff und den 2fach gebundenen Carboxylsauerstoff angenommen werden. Es entsteht dabei ein stabiler 5-Ring der Formel:

$$\left[\left(\begin{array}{c}\bar{O}-C=O \\ | \\ O=C-O\end{array}\!\!\!\searrow\!\!\nearrow\right)_3 Al\right]^{3-}$$

Ähnlich wie die Malonsäure bildet die Oxalsäure in Abhängigkeit vom pH-Wert Tris-, Bis- und Monokomplexe mit folgenden Stabilitätskonstanten:

$$[Al(C_2O_4)]^+ \quad \log K = 7{,}26,$$
$$[Al(C_2O_4)_2]^- \quad \log K = 4{,}85,$$
$$[Al(C_2O_4)_3]^{3-} \quad \log K = 1{,}31.$$

Untersuchungen der Austauschgeschwindigkeit der Liganden (schneller Austausch) deuten darauf hin, daß in den Oxalatokomplexen eine vorwiegend polare Bindung der Liganden und weniger eine kovalente vorliegt.

Salicyl- und Sulfosalicylsäurekomplexe

bilden sich als äquivalente Komplexe, die sich nur in ihrer Stabilität unterscheiden. Durch die Einführung der SO_3H-Gruppe in das Salicylsäuremolekül wird die Säurestärke und damit die Stabilität der Chelate im stärker sauren Bereich erhöht. Folgende Komplexe der Sulfosalicylsäure mit Aluminiumionen sind bekannt:
Bei pH 3,8 ein Monosulfosalicylatokomplex (1 : 1), bei pH 5,5 ein Bisulfosalicylatokomplex (1 : 2) und bei pH 8,5 ein Triskomplex (1 : 3). Die Salicylsäure bildet in nahezu denselben pH-Bereichen äquivalente Komplexe (1 : 1, 1 : 2 und 1 : 3). Bei pH >9,5 wird mit steigendem pH-Wert die Metall-Carboxyl-Bindung stufenweise gelockert, und die Komplexe werden zunehmend instabiler.

Die nachfolgende Tabelle enthält die Stabilitätskonstanten der Komplexe bei 250 °C in einer Lösung mit der Ionenstärke 0,1.

	Sulfosalicylsäure	Salicylsäure
1 : 1	$\log K_1 = 13{,}20$	$\log K_1 = 11{,}73$
1 : 2	$\log K_2 = 9{,}63$	$\log K_2 = 9{,}60$
1 : 3	$\log K_3 = 6{,}06$	$\log K_3 = 7{,}69$

Resorcylsäurekomplexe

Die β-Resorcylsäure

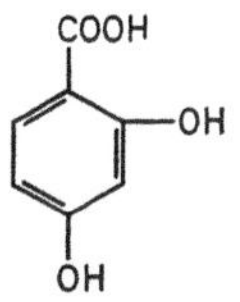

bildet mit Aluminiumionen ebenfalls Komplexe, die instabiler als die Salicylsäurekomplexe sind. Nachgewiesen wurden bislang (1 : 1)-, (1 : 2)- und (1 : 3)-Komplexe der Form:

$$[Al(C_7H_4O_4)]^+,\ [Al(C_7H_4O_4)_2]^-\ \text{und}\ [Al(C_7H_4O_4)_3]^{3-}.$$

Aurintricarbonsäure (Aluminon)-komplexe

Für den Aluminium-Aurintricarbonsäure-Komplex ist folgende Strukturformel vorgeschlagen worden:

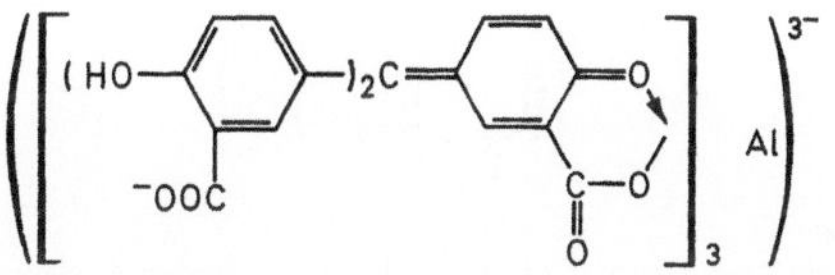

Der (1 : 3)-Komplex ist nur im sauren Bereich, pH <4, beständig. Da die Aurintricarbonsäure bereits unterhalb pH 3,7 ausfällt, ist der Stabilitätsbereich des Komplexes sehr eng. Bei steigenden pH-Werten nimmt die Farbintensität des Komplexes ab, was auf eine Aufspaltung des Komplexes hindeutet.

Eriochromcyanin-R-Komplex

Ähnlich wie die Aurintricarbonsäure bildet auch das Eriochromcyanin R mit Aluminiumionen einen (1 : 3)-Komplex, wahrscheinlich auch mit einer ähnlichen Strukturformel:

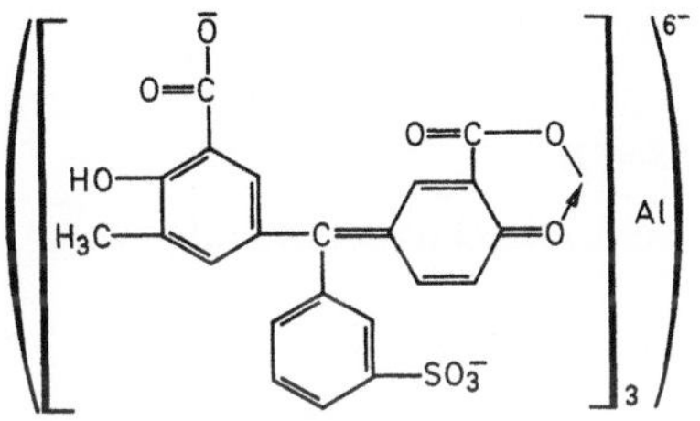

Das lösliche, rotviolette Chelat ist im pH-Bereich 3,5 bis 6,5 stabil.

Chromazurol-S-Komplex

Chromazurol S (Natriumsalz),

bildet mit Aluminiumionen im pH-Bereich 2,9 bis 6,5 einen violettblau gefärbten, löslichen Komplex, wobei von einem Aluminiumatom 2 Chromzurol-S-Reste gebunden werden. Die Existenz eines (1 : 1)-Komplexes im pH-Bereich < 2,9 ist nicht eindeutig gesichert.

Chelate mit Verbindungen, die Diphenol- und Dihydroxyazo-Gruppen enthalten

Die in diesen Verbindungen vorliegenden zwei Phenolgruppen, die entweder benachbart oder über die Azogruppe getrennt vorliegen, sind in ähnlicher Weise wie die Hydroxyl- und Carboxylgruppen der α- und β-Hydroxysäuren zur Chelatbildung befähigt. Strukturell können hier ebenfalls stabile 5-Ringe gebildet werden.

Brenzcatechinkomplexe

Brenzcatechin bildet mit Aluminiumionen Chelate der Form:

Praktisch bedeutungsvoller sind die stabileren Chelate des Tirons, der 2,3-Disulfonsäure des Brenzcatechins. Sie werden zur Maskierung des Aluminiums in wässerigen Lösungen benutzt. Ein weiteres, modifiziertes Brenzcatechin ist das Stilbazo, in dem 2 Brenzcatechinsulfonsäuren über Azogruppen verknüpft sind:

Bedingt durch die Azogruppen, zeigt der mit Aluminiumionen gebildete, lösliche Komplex eine besonders starke Färbung, die zur photometrischen Bestimmung des Aluminiums ausgenutzt wird.

o,o-Dihydroxyazobenzolkomplexe

Aluminiumionen reagieren mit Dihydroxyazobenzol:

unter Bildung von (1 : 1)- und (1 : 2)-Komplexen. Bei den pH-Werten 4,65 und 5,60 ist nur das (1 : 1)-Chelat nachzuweisen; bei pH 6,5 liegen (1 : 1)- und (1 : 2)-Komplexe im Gleichgewicht nebeneinander vor. Das (1 : 1)-Chelat zeigt starke Fluorescenz und kann zur fluorimetrischen Bestimmung des Aluminiums verwendet werden.

Pontachromviolett-SW-Komplexe

Das in die gleiche Gruppe von Verbindungen einzuordnende Pontachromviolett SW, auch als Solochromviolett RS bezeichnet,

bildet mit Aluminiumionen einen stabilen (1 : 2)-Komplex.

Dieser Komplex ist polarographisch in 2 Teilstufen reduzierbar und wird zur Bestimmung des Aluminiums benutzt.

Chelate von Verbindungen mit Hydrochinongruppen

Diese Verbindungen reagieren bevorzugt mit der

Da die meisten dieser Verbindungen außerdem zwei benachbarte Hydroxylgruppen besitzen, kann auch die

zur Chelatbildung beitragen.

Alizarin- und Alizarinsulfonsäurekomplexe

Aluminiumionen bilden mit Alizarin wahrscheinlich einen Komplex nebenstehender Konstitution.

Dieser (1 : 3)-Komplex entsteht nur bei einem größeren Überschuß an Alizarin. Daß es sich bei der Alizarinverbindung mit Aluminium überhaupt um eine Komplexverbindung handelt, wird von *Feigl* (S. 400) bestritten. Es sei vielmehr die Bildung von Adsorptionsverbindungen anzunehmen, wobei Aluminiumatome an der Oberfläche von Aluminiumhydroxidgelen und -solen mit je einem oder höchstens 2 Alizarin- bzw. Alizarinsulfonsäure-Molekülen haupt- und nebenvalenzmäßig gebunden sind.

Die Bildung der rotgefärbten, löslichen Komplexe beginnt bei pH 3 und ist bei pH 5 abgeschlossen. Bei pH-Werten $> 11,5$ zerfällt die Verbindung wieder. Durch Zusatz von Calciumionen wird die Farbintensität des Komplexes im pH-Bereich 3,9 bis 4,5 verdoppelt, wobei sich wahrscheinlich ein Calciumsalz des Aluminium-Alizarinsulfonsäure-Komplexes mit folgender Struktur bildet:

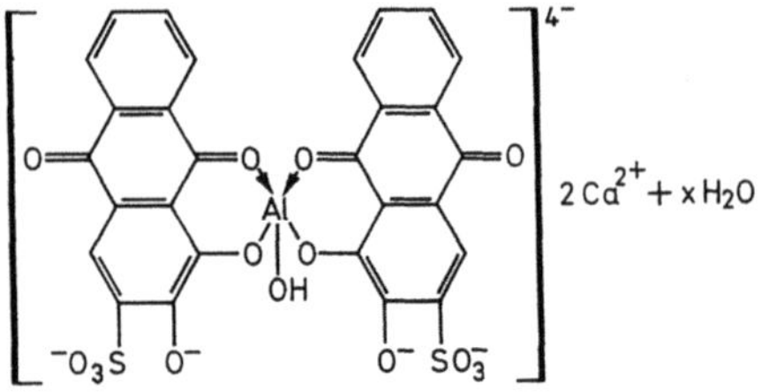

Chinalizarinkomplexe

Analog wie das Alizarin bildet das Chinalizarin mit Aluminiumionen einen Komplex gleicher Konstitution.

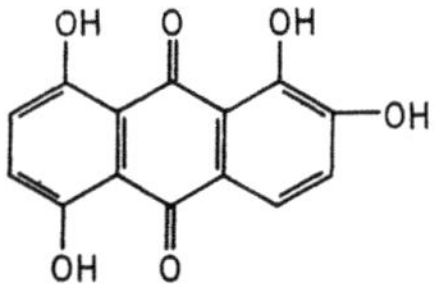

Morinkomplexe

Morin, das zur fluorimetrischen Bestimmung des Aluminiums verwendet wird, bildet im pH-Bereich von etwa 2,5 bis 6,5 einen wahrscheinlich kolloidal gelösten, stark fluorescierenden, Komplex der Formel:

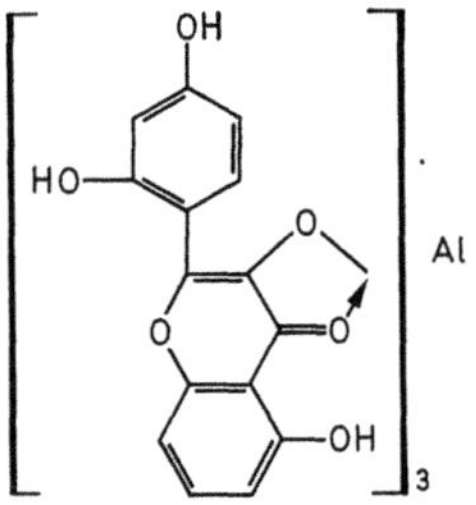

Neben diesem (1 : 3)-Komplex ist auch ein (1 : 1)-Komplex bekannt. Auch Quercetin, ein isomeres Morin, bildet ähnliche fluorescierende Komplexe.

Alizarinkomplexonkomplexe

Eine Bindung mit dem Aluminium über den phenolischen und chinoiden Sauerstoff liegt auch den Komplexen mit Alizarinkomplexon zugrunde.

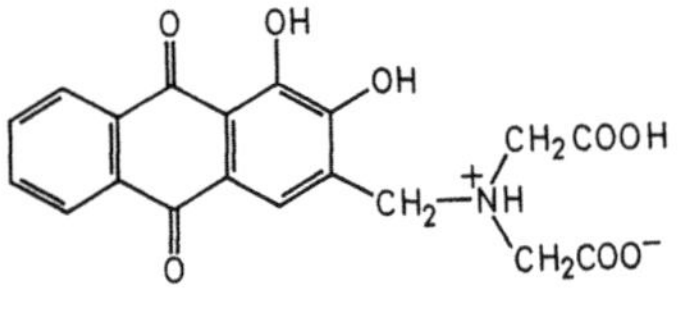

Die im schwach sauren pH-Bereich gebildeten, gefärbten, löslichen Komplexe sind
sehr stabil.

Chelate mit Hydroxychinolinen

Bei den Hydroxychinolinen ist die Gruppe:

für die Komplexbildung maßgebend, wobei die Bindung über den Hydroxylsauerstoff und den Stickstoff erfolgt. Auf diese Weise wird der bereits bekannte, stabile
5gliedrige Chelatring gebildet.

Der bedeutendste Vertreter dieser Verbindungsgruppe ist das 8-Hydroxychinolin
(Oxin), das im pH-Bereich 2,8 bis 12,3 mit Aluminiumionen ein in Wasser unlösliches
Chelat bildet, wobei 3 Moleküle Oxin von 1 Aluminiumatom gebunden werden.

Bei der Bildung der Chelate werden entsprechend der Reaktion:

$$[Al(OH_2)_6]^{3+} + 3C_9H_7ON \longrightarrow Al(C_9H_6ON)_3 + 3H_3O^+ + 3H_2O$$

je Mol Aluminium auch 3 Säureäquivalente freigesetzt.

Die Oxinchelate sind in nicht polaren Lösungsmitteln wie Tetrachlorkohlenstoff,
Chloroform usw. leicht löslich und können auf diese Weise aus der wässerigen Lösung
extrahiert werden. Auch das 5-Methylderivat ergibt mit dem Aluminium Niederschläge, nicht jedoch das 2-Methylderivat. Hier tritt bereits sterische Behinderung
der Methylgruppen bei der Komplexbildung ein.

Durch Einführung einer Sulfogruppe und eines Jodatoms in das Oxinmolekül
wird der wasserunlösliche Oxinkomplex löslich. Diese 7-Jod-8-hydroxychinolin-5-
sulfonsäure (Ferron) bildet je nach pH-Wert der Lösung eine Reihe von Komplexen,
darunter (1 : 1)-, (1 : 2)-, (1 : 3)-Komplexe und wahrscheinlich auch Hydroxokomplexe. Neben den Hydroxychinolinen werden auch mit Acridinen Komplexe gebildet, die denjenigen der Hydroxychinoline analog sind, so z.B. das Chelat:

Chelate mit Nitrosophenyl- und Benzoylphenylhydroxylamin

Bei diesen Chelaten erfolgt die Bindung über den anionischen Sauerstoff der
Hydroxylgruppe am Stickstoff und den doppelt gebundenen, neutralen Sauerstoff
am Stickstoff bzw. Kohlenstoff. Aus dem deutlich sauren Charakter des N-Nitroso-
phenylhydroxylamins (Ammoniumsalz = Kupferron) ist zu vermuten, daß die Verbindung nicht in der Nitrosohydroxylform, sondern zum überwiegenden Teil in der
tautomeren Aminoxidform existiert.

$$C_6H_5\!-\!N\!-\!N\!=\!O \qquad\qquad C_6H_5\!-\!\overset{+}{N}\!=\!N\!-\!OH$$
$$\overset{|}{OH} \qquad\qquad\qquad\quad \overset{|}{O^-}$$

Nitrosohydroxylform   Aminoxidform

In letzterer ist die Hydroxylgruppe an ein ungesättigtes Stickstoffatom gebunden. Die schwerlöslichen Aluminiumchelate sind Derivate der Aminoxidform mit nebenstehender Struktur:

$$C_6H_5-\overset{+}{N}-\overset{-}{O}\diagdown_{Al/3}$$
$$\overset{\|}{N}-O$$

Die Fällung des schwerlöslichen Komplexes ist im pH-Bereich 2 bis 5,7 quantitativ.

Benzoylphenylhydroxylamin

$$C_6H_5-C{=}O$$
$$C_6H_5-N-OH$$

bildet mit Aluminiumionen im pH-Bereich 3,6 bis 6,4 schwerlösliche Komplexe, die in ganz analoger Weise wie die Nitrosophenylhydroxylaminkomplexe aufgebaut sind.

Chelate mit Komplexonen (Aminopolycarbonsäuren)

Neben der Äthylendiamintetraessigsäure (ÄDTE), die für die Chelatbildung mit Aluminiumionen in der Praxis die größte Bedeutung besitzt, sind noch die Diaminocyclohexantetraessigsäure (CDTE) und die Nitrilotriessigsäure (NTE) von Interesse. Letztere wird nur bei der alkalimetrischen Titration des Aluminiums verwendet.

Die in den Aminopolycarbonsäuren zur Chelatbildung befähigten Atome sind die basischen Stickstoffatome und die Sauerstoffatome der Carboxylgruppen, die zur Bildung von stabilen Chelatringen führen. Die Chelatbildner liegen selbst in der Betainform:

$$\begin{array}{ccc}
\text{NTE} & \text{und} & \text{ÄDTE}
\end{array}$$

vor.

Bei der Reaktion eines Überschusses von Nitrilotriessigsäure, das NTE-Anion wird kurz als $(HX)^{2-}$ bezeichnet, mit Aluminiumionen in einer neutralen Lösung bildet sich zunächst ein neutraler Komplex, wobei ein Säureäquivalent freigesetzt wird:

$$[Al(OH_2)_6]^{3+} + (HX)^{2-} \longrightarrow [Al(OH_2)_3X] + H_3O^+ + 2H_2O.$$

Bei höheren pH-Werten wird unter Bildung eines Hydroxokomplexes ein weiteres Säureäquivalent abgespalten:

$$[Al(OH_2)_3X] + H_2O \longrightarrow [Al(OH_2)_2(OH)X]^- + H_3O^+.$$

In der Neutralisationskurve sind die einzelnen Stufen der Komplexbildung an 2 pH-Sprüngen zu erkennen.

Die Bildung eines Dihydroxokomplexes ist nicht mehr durch einen pH-Sprung charakterisiert; sie läßt sich nur aus einer deutlichen Pufferung der Lösung vermuten. Der Dihydroxokomplex geht bei höheren pH-Werten unter Abspaltung des NTE-Liganden in das Alumination über. Die Freisetzung einer den Aluminiumionen äquivalenten Menge an Wasserstoffionen kann zur alkalimetrischen Bestimmung des Aluminiums benutzt werden.

Bei der Reaktion mit ÄDTE (H_4Y) entstehen im pH-Bereich $< 2,5$ zunächst Hydrogenkomplexe der Zusammensetzung $[Al(OH_2)_3HY]$, die jedoch für die analytische Chemie ohne Bedeutung sind, da ihre Stabilität sehr gering ist. Innerhalb eines pH-Bereiches von 2,5 bis 8 reagiert Aluminium nach der Gleichung:

$$[Al(OH_2)_6]^{3+} + (H_2Y)^{2-} \longrightarrow [Al(OH_2)_2Y]^- + 2H_3O^+ + 2H_2O$$

unter Freisetzung von 2 Säureäquivalenten. Bei pH-Werten >9 erfolgt die Bildung eines Hydroxokomplexes, wobei ein weiteres Säureäquivalent freigesetzt wird:

$$[Al(OH_2)_2Y]^- + H_2O \longrightarrow [Al(OH_2)OHY]^{2-} + H_3O^+.$$

In stark alkalischen Lösungen wird schließlich als Übergang zum Aluminat ein Dihydroxokomplex der Zusammensetzung:

$$[Al(OH)_2Y]^{3-}$$

gebildet.

Die Diaminocyclohexantetraessigsäure (CDTE) bildet die gleichen Komplexe wie ÄDTE. Gegenüber den ÄDTE-Komplexen haben sie den Vorteil einer etwas größeren Stabilität.

Chelate mit Triäthanolamin

Triäthanolamin, das $2,2',2''$-Nitrilotriäthanol:

$$
\begin{array}{ccc}
& CH_2\!-\!CH_2\!-\!OH & & & & CH_2\!-\!CH_2\!-\!OH \\
N\!\!&\!\!-CH_2\!-\!CH_2\!-\!OH & \rightleftharpoons & H\!-\!\overset{+}{N}\!\!&\!\!-CH_2\!-\!CH_2\!-\!OH \\
& CH_2\!-\!CH_2\!-\!OH & & & & CH_2\!-\!CH_2\!-\!O^-
\end{array}
$$

besitzt eine ähnliche Struktur wie die Nitrilotriessigsäure, nur mit dem Unterschied, daß die 3 Hydroxylgruppen viel geringeren, saueren Charakter besitzen als die Carboxylgruppen der NTE. Die vom Triäthanolamin gebildeten Komplexe sind deshalb wesentlich schwächer und praktisch nur im alkalischen Bereich stabil. Sie können im neutralen und alkalischen Bereich zur Maskierung des Aluminiums bei komplexometrischen Titrationen verwendet werden.

Bestimmungsverfahren

§ 1. Gewichtsanalytische Bestimmungsverfahren

A. Bestimmung als Aluminiumoxid nach Fällung als Hydroxid oder basische, hydroxidhaltige Verbindungen

Die Bestimmung des Aluminiums als Aluminiumoxid nach Fällung als Hydroxid oder basische, hydroxidhaltige Verbindungen steht historisch am Beginn der quantitativen Analytik des Aluminiums. Die Schwierigkeiten, die bei der Fällung auftraten, vor allem die unterschiedliche Beschaffenheit, Filtrierbarkeit und Adsorptionsfähigkeit der Hydroxid- bzw. der basischen, hydroxidhaltigen Niederschläge und die Versuche, einheitliche, analytisch brauchbare Fällungen, die auch Trennungen von Begleitionen ermöglichten, zu erhalten, führten zu einer großen Anzahl von Methoden mit einer ganzen Reihe verschiedener Fällungsmöglichkeiten (siehe Tab. 1). Heute werden diese Verfahren zur Bestimmung des Aluminiums nur noch selten und nur in einigen speziellen Problemen angewandt. Als Methode zur Trennung von anderen Ionen ist ihre Verwendung häufiger und in einigen Fällen unter bestimmten Bedingungen auch brauchbar.

Die Zustandsformen des Aluminiumhydroxids und ihre Entstehung

In der analytischen Praxis kann das Aluminiumhydroxid entweder als Gel, als ein dem Analytiker meist unerwünschtes Sol oder auch als kristallisiertes Hydroxid vorliegen. Zur gewichtsanalytischen Bestimmung als Aluminiumoxid wird hauptsächlich die Abscheidung des Hydroxids durch Fällung mit Ammoniak angewandt. Hier entsteht das Hydroxid in Form des Gels. Neben dieser weitaus am häufigsten benutzten Fällungsform werden jedoch bei gewissen, meist auf Hydrolyse beruhenden Abscheidungsverfahren auch dichtere Niederschläge mehr oder weniger gut kristallisierter Hydroxide erhalten.

Das Aluminiumhydroxidgel ist ein polydisperses System von Teilchen und keineswegs ein scharf definiertes Produkt. Je nach den Entstehungsbedingungen (z.B. Fällungstemperatur, pH-Wert, Anwesenheit von Kationen und Anionen) kann es in verschiedenen Zustandsformen auftreten, die sich in ihren Eigenschaften (z.B. Dispersitätsgrad, Löslichkeit, Adsorptionsfähigkeit) ganz erheblich unterscheiden können. Diese Gele sind nicht stabil. Nach der Fällung laufen Ordnungsvorgänge innerhalb der Niederschläge ab, die als Alterung bezeichnet werden und zu dichteren, schwerer löslichen und kristallinen Formen führen.

Die Vorgänge der Alterung, die Struktur und die Eigenschaften dieser Gele sind von verschiedenen Autoren [1–17] untersucht und gedeutet worden. Infolge der komplexen Natur der Gele und der großen Beeinflussung bei der Fällung und Alterung durch die verschiedenen Parameter, ergeben diese Arbeiten jedoch kein völlig einheitliches Bild. Allein diesen Untersuchungen gemeinsam ist die starke Abhängigkeit der Alterungsgeschwindigkeit von der Hydroxylionenkonzentration und der

Tabelle 1. *Übersicht über die Methoden zur Bestimmung des Aluminiums als Aluminiumoxid nach Fällung als Hydroxid oder basische, hydroxylhaltige Verbindungen*

Methode Fällungsmittel	Fällungsform	Verfahren von	Anwendung	Seite	Bemerkung
Fällung mit Ammoniak					
Ammoniak (Lösung)	Hydroxid	*Fresenius* [60]	allgemeine Methode	31	klassische Grundmethode, besitzt nur noch historisches Interesse
Ammoniak (Lösung)	Hydroxid	*Blum* [61]	allgemeine Methode	32	verbesserte *Fresenius*-Methode
Ammoniak (Lösung)	Hydroxid	*Murawleff* u. *Krassnowski* [62]	allgemeine Methode	32	geringfügige Änderungen gegenüber der Methode von *Blum*
Ammoniak (Lösung)	Hydroxid	*Frers* [63]	allgemeine Methode	32	geringfügige Änderungen gegenüber der Methode von *Blum*
Ammoniak (Lösung)	Hydroxid	*W.* u. *H. Biltz* [66]	allgemeine Methode	32	besonders für die Praxis geeignete Methode, welche die Erfahrungen der vorausgehenden Vorschriften zusammenfaßt
Ammoniak (Lösung)	Hydroxid	*Bloch* [68]	Analyse von Zinklegierungen	33	—
Ammoniak (gasförmig)	Hydroxid	*Dupuis* u. *Duval* [42]	Bestimmung in Aluminiumnitratlösungen	33	gut filtrierbarer Hydroxidniederschlag
Ammoniak (Lösung) in Gegenwart von Hydroxylamin	Hydroxid	*Jannasch* u. *Rühl* [84] *Jannasch* u. *Cohen* [87]	Trennung von Cu, Cr, Fe, Zn, Mn, Ni und Mg	37	Bedeutung dieser Methode für Trennungen ist heute gering
Ammoniak (Lösung) in Gegenwart von KCN	Hydroxid	*Wainer* [92]	Trennung von Fe, Be, Sc, In, Ti, Zr, Th, Cr, Bi und seltenen Erden	37	Trennung nur durch 3fache Fällung befriedigend
Ammoniak (Lösung) in Gegenwart von KCN	Hydroxid	*Chirnside* [93]	Trennung von Fe	38	unsichere Methode
Ammoniak (Lösung) in Gegenwart von Thioglykolsäure	Hydroxid	*Mayr* u. *Gebauer* [94] *Hummel* u. *Sandell* [95] *Hutchinson* u.*Wollack* [97]	Trennung von Fe	38 38 38	gute Ergebnisse für niedrige Fe-Gehalte
Ammoniak (Lösung) in Gegenwart von Wasserstoffperoxid	Hydroxid	*Bertin* u. *Guerrero* [98]	Trennung von Ti	38	Methode ergibt Unterbefunde
Fällung aus homogener Lösung mit ammoniakabspaltenden Verbindungen					
Harnstoff	basisches Sulfat	*Willard* u. *Tang* [109]	allgemeine Methode	41	auch für Trennungen von Ca, Mg, Mn und Cd geeignet

Tabelle 1 (Fortsetzung)

Methode Fällungsmittel	Fällungsform	Verfahren von	Anwendung	Seite	Bemerkung
Harnstoff	basisches Sulfat	*Krleža, Savić* u. *Kičanovic* [110]	Trennung von Ba, Sr, Ca und Mg in Gegenwart von Phosphation	41	—
Harnstoff	basisches Sulfat	*Scipioni* [111]	Analyse von Leichtmetall-Legierungen	42	—
Harnstoff und Succinat, evtl. Ammoniak (Lösung)	basisches Salz	*Willard* u. *Tang* [109]	allgemeine Methode	42	keine Vorteile gegenüber der reinen Harnstoff-Methode
Harnstoff und Succinat, evtl. Ammoniak (Lösung)	basisches Salz	*Bandelin* [112] *Green* [113]	Analyse von pharmazeutischen Präparaten	43	bessere Ergebnisse als nach der Ammoniakmethode
Harnstoff und Anthranilsäure	basisches Anthranilat	*Bhaduri* [117]	allgemeine Methode	43	keine Bedeutung
Hexamethylentetramin	Hydroxid und basisches Salz	*Ray* [120]	allgemeine Methode und Trennung von 2wertigen Kationen	44	Fällung nur aus sulfathaltiger Lösung
		Böttger [121]	allgemeine Methode	45	Trennung von 2wertigen Kationen nicht möglich
Hexamethylentetramin und Schwefelwasserstoff	Hydroxid und basisches Salz	*Ostroumow* u. *Bomstein* [126]	Trennung von Alkalien und Erdalkalien	46	—
ClHgNH$_2$	Hydroxid	*Šolaja* [127] *Šušic* u. *Njegovan* [128] *Kranjčević* u. *Rukonić* [129]	allgemeine Methode und Trennung von Mn und Mg	46 46 46	keine Bedeutung
Hg(NH$_3$)$_2$Cl$_2$	Hydroxid	*Šolaja* [130]	Trennung von Ca, Mg, Mn und Fe	46	keine Bedeutung

Fällung mit Ammoniakderivaten oder anderen organischen Basen

Methode Fällungsmittel	Fällungsform	Verfahren von	Anwendung	Seite	Bemerkung
Äthyl- oder Methylamin	Hydroxid	*Kozu* [132]	allgemeine Methode	48	keine Bedeutung
Piperazin	Hydroxid	*Azarello* u. *Scalzi* [133]	allgemeine Methode	48	keine Bedeutung
Triäthanolamin	Hydroxid	*Jaffe* [134] *Saxer* u. *Jones* [135]	allgemeine Methode	48	keine Bedeutung
Hydrazinhydrat	Hydroxid	*Maljarow* [136]	allgemeine Methode	48	nur zur Bestimmung kleiner Aluminiumgehalte
Pyridin	Hydroxid	*Ostroumow* [137]	ausgesprochenes Trennungsverfahren	49	ergibt Unterbefunde
Anilin	Hydroxid	*Kozu* [144]	allgemeine Methode	49	keine Bedeutung
o-Phenetidin	Hydroxid	*Chalupny* u. *Breisch* [145]	Trennung von Fe	50	keine Bedeutung

Tabelle 1 (Fortsetzung)

Methode Fällungsmittel	Fällungsform	Verfahren von	Anwendung	Seite	Bemerkung
Phenylhydrazin und Bisulfit	Hydroxid	Hess u. Campbell [146] Allen [147] De Moraes Bastos [148]	allgemeine Methode und Trennungen	50	Bestimmung kleiner Aluminium- neben großen Eisengehalten
Phenylhydrazin und Thiosulfat	Hydroxid	Leimbach [151] Ishimaru [152]	Trennung von Fe	50 51	umstrittenes Verfahren
Hydrolysemethoden					
Acetat	basisches Acetat	Kling, Lassieur u. Lassieur [74] Treadwell [156] Brunck [159] Funk [160]	Trennung von 2wertigen Kationen	53 54	nur Bedeutung als Trennverfahren nach Angaben von H. und W. Biltz [158] die beste Vorschrift
Formiat	basisches Formiat	Funk [160]	Trennung von 2wertigen Kationen	56	keine Bedeutung, umstrittenes Verfahren
Succinat	basisches Succinat	Fresenius [174]	Trennung von Mn, Zn, Ni und Co	56	alte Trennmethode, heute keine Bedeutung
Anthranilat	basisches Anthranilat	Bhaduri [117]	allgemeine Methode	56	keine Bedeutung
Benzoat	basisches Benzoat	Kolthoff, Stenger u. Moskowitz [175]	Trennungsmethode	57	sehr gutes, auch heute noch angewandtes Trennverfahren
		Stenger, Kramer u. Beshgetoor [178]	Analyse von Magnesiumlegierungen	58	als Vortrennung für Schiedsanalysen geeignet, Endbestimmung mit Oxin
Benzoesäure und Hexamethylentetramin	basisches Salz und Hydroxid	Ripan u. Parvu [181]	Trennung von Zn	59	
Benzoat	basisches Benzoat	Smales [182]	Trennung von Co, Cr, Ni und Zn	59	für Trennung von Ni und Zn ist doppelte Fällung erforderlich
		Ponomarev u. Seskolskaja [187], Todeasa, Ciolan, Kovacs u. Tureanu [188]	Trennung von Fe	60	
		Milner u. Townend [190] Alfonsi u. Bussi [191]	Analyse von Messing und Bronze	60, 61	
Ammoniumnitrobenzoat	basisches Nitrobenzoat	Vasjutinskij u. Egorova [193]	Trennverfahren	61	keine Bedeutung

Tabelle 1 (Fortsetzung)

Methode Fällungsmittel	Fällungsform	Verfahren von	Anwendung	Seite	Bemerkung
Salicylat	basisches Salz	*Young* u. *Lay* [194]	allgemeine Methode	62	keine Bedeutung
Sulfat	basisches Sulfat	*Fairchild* [195]	allgemeine Methode	62	keine Bedeutung
Sulfit	Hydroxid	*Hillebrand* u. *Lundell* [196]	Trennung von Alkali- und Erdalkalimetallen	62	nur als Vortrennung, Fällung nicht ganz quantitativ
Ammoniumcarbonat	basisches Carbonat	*Meineke* [198]	Trennverfahren	62	geringe Bedeutung
		Lessnig [203]	Trennung von Zr	63	geringe Bedeutung
		Schwarz [208]	Trennung von U	64	unsichere Methode
		Treadwell [209]	Trennung von U	64	nur für geringe Aluminiumgehalte
		Moser [210]	Trennung von U	64	
Ammoniumhydrogen-carbonat	basisches Carbonat	*Kozu* [211]	Fällung in Alaun-lösungen	64	keine Bedeutung
Natriumcarbonat	basisches Carbonat	*Hart* [212] *Ruff* u. *Hirsch* [213]	Trennverfahren	65	keine Bedeutung
Natriumhydrogen-carbonat	basisches Carbonat	*Parsons* u. *Barnes* [214]	Trennung von Be	65	unsichere Methode
		Johnson [215]	Trennung von Fe	65	keine Bedeutung
Barium- bzw Calciumcarbonat	basisches Carbonat	*Treadwell* [156]	Trennung von Mn, Ni, Co und Zn	65	quantitative Trennung nicht einwandfrei möglich
		Scheerer [220]	Trennung von Be	66	zur Trennung nicht geeignet
Hydrazoniumcarbonat	basisches Carbonat	*Jílek* u. *Lukas* [222]	allgemeine Methode und Trennverfahren	66	keine Vorteile gegenüber der Benzoatmethode
		Jílek u. *Vřestal* [223]	Trennung von Zn	67	zur Trennung nicht geeignet
Quecksilberoxid	Hydroxid	*Volhard* [224]	allgemeine Methode	67	keine Bedeutung
Kaliumcyanat	Hydroxid	*Ripan* [225] *Okáč* [227]	Trennung von Mn und und Zn	67	keine Bedeutung, Trennung unsicher
Ammoniumnitrit	Hydroxid	*Schirm* [18] *Treadwell* [231]	allgemeine Methode und Trennverfahren	68	sehr genaues Verfahren
Ammonium- bzw. Natriumnitrit und Ammoniumcarbonat	Hydroxid und basische Salze	*Järvinen* [217]	Trennung von 2wertigen Kationen	69	Kombination des Nitrit- mit dem Carbonatverfahren, gutes Trennverfahren
Natriumnitrit und Natriumazid	Hydroxid	*Hahn* [232]	allgemeine Methode	69	geringe Bedeutung
Natriumnitrit und Kaliumjodid	Hydroxid	*Schirm* [18]	allgemeine Methode	69	geringe Bedeutung

Tabelle 1 (Fortsetzung)

Methode Fällungsmittel	Fällungsform	Verfahren von	Anwendung	Seite	Bemerkung
Natriumnitrit und Harnstoff	Hydroxid	*Schirm* [18]	allgemeine Methode	70	geringe Bedeutung
Natriumnitrit und Methanol	Hydroxid	*Moser* u. *Reif* [233]	Trennung von Th	70	keine Bedeutung
Thiosulfat	Hydroxid	*Chancel* [234] *Clennel* [149]	Vortrennung in Gegenwart von Fe	70	ergibt Unterbefunde
		Leo [236]	Analyse in Silicaten	71	
		Joy [237]	Trennung von Be	71	keine quantitative Trennung
Thiosulfat und Phenylhydrazin	Hydroxid	*Leimbach* [151]	Trennung von Fe	71	keine Bedeutung
Thiosulfat und Schwefelwasserstoff	Hydroxid	*Krüger* [240]	allgemeine Methode	71	keine Bedeutung
Natriumdithionit	basisches Salz	*Barbier* [241]	Trennung von Fe	71	keine Bedeutung
Ammoniumsulfit bzw. SO$_2$	basisches Sulfit	*Berthier* [238] *Travers* u. *Schnoutka* [243] *Gaspar Y Arnal* u. *Miner-Liceaga* [245]	allgemeine Methode und Trennverfahren	72	keine Bedeutung
Jodid–Jodat	Hydroxid	*Stock* [19]	allgemeine Methode und Trennungen	72	brauchbare Methode
Kohlendioxid aus Aluminatlösung	Hydroxid	*Fricke* u. *Meyring* [249]	allgemeine Methode	73	brauchbare Methode
Brom aus Aluminatlösungen	Hydroxid	*Jakob* [250]	allgemeine Methode	74	keine Bedeutung
Ammoniumchlorid aus Aluminatlösungen	Hydroxid	*Sinkai* u. *Nagata* [251] *Guerreiro* u. *Ramos* [252]	allgemeine Methode	75	keine Bedeutung
Äthylenchlorhydrin aus Aluminatlösungen	Hydroxid	*Uzumasa, Hayashi* u. *Nurishi* [253]	allgemeine Methode	75	keine Bedeutung

Fällungstemperatur. Mit wachsender Hydroxylionenkonzentration und höherer Fällungstemperatur werden bereits in verhältnismäßig kurzer Zeit kristalline Produkte erhalten. Auch Anionen und Kationen beeinflussen die Alterung. Nach *Marboe* und *Bentur* [16] verzögern vor allem SO_4-Ionen und die Kationen Pb^{2+}, Tl^+ und In^{3+} den Übergang in die kristalline Phase.

Eine Klassifizierung dieser durch Fällung aus Aluminiumsalzen erhaltenen und gealterten Gele wird von *Willstätter* und *Kraut* [2] gegeben. Nach neueren Untersuchungen von *Ginsberg*, *Hüttig* und *Stiehl* [15] ergibt sich allgemein bei Fällungen aus sauren Aluminiumsalzlösungen und bei Temperaturen $< 40\,°C$ folgendes Schema:

$$Al^{3+} + 3\,OH^- \xrightarrow{\text{pH 8}} \text{bas. Al-Salz} \xrightarrow{\text{pH 8}} \text{Gel (röntgenamorph)}$$
$$\xrightarrow{\text{pH 9}} \text{Aluminiumhydroxid-Gel} \xrightarrow{\text{pH 10}} Al(OH)_3 \text{ als Bayerit}$$
$$\xrightarrow{+\,Na^+} \text{Hydrargillit}$$

Bei Temperaturen $> 60\,°C$ findet sich nach 24 Std. im Fällungsprodukt ein deutlicher Anteil, der als Vorstufe zum AlOOH (Böhmit) anzusehen ist und bei steigender Temperatur wächst.

Ein ähnliches Schema wird von *Bye* und *Robinson* [17] angegeben. Bei Temperaturen $< 70\,°C$ verläuft die Alterung nach ihnen folgendermaßen:

Frisch gefälltes amorphes Gel → Pseudoböhmit → Bayerit, auch Nordstrandit $\xrightarrow{\text{bei erhöhtem pH}}$ Gibbsit (Hydrargillit).

Unter den Bedingungen der Analyse dürfte Böhmit und Bayerit kaum auftreten, da die Umwandlung des Gels allgemein langsam vor sich geht. Nur bei der Fällung aus Aluminiumchloridlösungen mit Kalilauge erfolgt nach *Ginsberg*, *Hüttig* und *Stiehl* [14] die Kristallisation des $Al(OH)_3$ so schnell, daß schon nach einer Absitzzeit von 30 min der gelartige Zustand verschwunden ist und kristalliner Bayerit auftritt. Wahrscheinlich dürften auch die sehr dichten, kristallinen Fällungen, die durch Hydrolyse mit Ammoniumnitrat nach *Schirm* [18] oder mit Jodid-Jodat nach *Stock* [19] oder mit Natriumthiosulfat nach *Chancel* [20] entstehen, überwiegend aus Böhmit und Bayerit zusammengesetzt sein.

Für die Entstehung von Aluminiumhydroxid-*Sol* ist ein unter dem Neutralpunkt liegender pH-Wert, also eine merkliche Konzentration an Wasserstoffionen, erforderlich. Frisch gefälltes Aluminiumhydroxid geht in verd. Säuren wie verd. Salzsäure, Salpetersäure, Essigsäure, kolloidal in Lösung (Peptisation). Ebenso wirken wäßrige Lösungen sauer reagierender Salze, wie z.B. des Aluminiumchlorids, Eisen(III)-chlorids. Die Peptisierbarkeit ist vom Alterungszustand des Gels abhängig. Stärker gealterte Gele lassen sich schwerer peptisieren als jüngere.

Unter den Bedingungen der Analyse kann beim längeren Digerieren des ausgefällten Hydroxidniederschlags in der Lösung eine solche Peptisation eintreten. Durch Hydrolyse der Ammoniumsalze kann NH_3 abgespalten und die Lösung schwach sauer werden. Umgekehrt kann Aluminiumhydroxid als Sol gelöst bleiben, wenn das Hydroxid aus sauren Lösungen durch einen ungenügenden Zusatz von Ammoniak unvollständig gefällt wird. Auch bei der hydrolytischen Spaltung von Aluminiumsalz in wäßrigen Lösungen (z.B. beim Kochen von Aluminiumacetat-Lösungen) bildet sich Aluminiumhydroxid-Sol. Schließlich kann Aluminiumhydroxid auch durch dauerndes Auswaschen von frisch (vorzugsweise kalt) gefälltem Gel mit Wasser kolloidal in Lösung gehen.

Die Entstehung von Aluminiumhydroxid-Sol wird der Analytiker im allgemeinen zu vermeiden trachten. Da Salze wie $NaCl$, KCl, NH_4Cl, KNO_3, $KCNS$ auf das Aluminiumhydroxid-Sol ausflockend wirken, bezweckt der Zusatz von Ammoniumsalzen zur Lösung bei der Aluminiumfällung mit Ammoniak die Koagulation eines etwa entstehenden Aluminiumhydroxid-Sols.

Störung der Abscheidung von Aluminiumhydroxid

In Gegenwart von Komplexbildern, vor allem hydroxylhaltigen, organischen Carbonsäuren wie Citronensäure, Weinsäure, Gluconsäure, Äthylendiamintetraessigsäure (ÄDTA), Nitrilotriessigsäure (NTE), kann die Fällung des Aluminiums durch Ammoniak vollständig oder teilweise verhindert werden. In Gegenwart von Fluoridionen wird die Fällung des Hydroxids mit Ammoniak beeinträchtigt. Ammoniumfluorid wirkt z.B. lösend auf Aluminiumhydroxid. Hingegen dürfte in gleichzeitiger Gegenwart von Ammoniak kein reines Hydroxid, sondern ein mehr oder weniger basisches Aluminiumfluorid ausfallen (*Hinrichsen* [21], *Cavignac* [22]). Auch in Gegenwart von Phosphaten, Arsenaten, Silicaten, Molybdaten und Wolframaten scheidet sich kein reines Aluminiumhydroxid ab. Es bilden sich vielmehr schwer lösliche, mehr oder weniger basische Aluminiumsalze der entsprechenden Säuren.

Löslichkeit des Aluminiumhydroxids

Nach *Szabó, Csányi* und *Kával* [23] beträgt das Löslichkeitsprodukt des Aluminiumhydroxids in Wasser:

$$L_{Al(OH)_3 \ 20\,°C} = 1,25 \cdot 10^{-33},$$
$$L_{Al(OH)_3 \ 30\,°C} = 1,92 \cdot 10^{-32}.$$

Die Löslichkeit des mit Ammoniak gefällten Aluminiumhydroxid-Gels ist jedoch je nach Art der Fällungsbedingungen und dem Grade der Alterung verschieden. Sie nimmt mit zunehmender Alterung ab. Nach *Jander* und *Ruperti* [24] beträgt die Löslichkeit in Wasser bei einem Gel, das sofort nach dem Kochen heiß filtriert wurde, 1,2 mg Al_2O_3 in 1 l Wasser und bei einem gealterten Gel, das bei 12 bis 15° filtriert wurde und 1 bis 3 Tage gestanden hatte, 0,6 mg Al_2O_3 in 1 l Wasser. Diese Angaben stimmen mit den von *Remy* und *Kuhlmann* [25] festgestellten Werten befriedigend überein. *Blum* [26] fand 0,5 bis 2 mg Al_2O_3 im Waschwasser nach Auswaschen eines 0,1 g Al_2O_3 enthaltenden Niederschlages mit 75 ml heißem Wasser. Die Löslichkeit eines amphoteren Oxids ist naturgemäß von der Wasserstoffionen-Konzentration abhängig. *Edwards* und *Buswell* [27] stellten in Laboratoriumsversuchen fest, daß die geringste Löslichkeit für Aluminiumhydroxid zwischen pH = 5,5 und pH = 7,8 und nach Versuchen in der Praxis zwischen pH = 6,0 und pH = 7,8 liegt. Der Mittelwert dieser Zahlen stimmt mit dem von *Massink* [28] gefundenen Wert von pH = 7 überein; nach *Cottin* [29] liegt der Bereich quantitativer Fällung zwischen pH = 6,8 und 7,2.

Unterhalb des günstigen pH-Bereiches geht das Aluminiumhydroxid in verd. Säure kolloidal in Lösung. Oberhalb des erwähnten Bereiches, z.B. bei Vorhandensein eines Ammoniaküberschusses, wird eine gewisse Menge des gefällten Aluminiumhydroxids infolge Aluminatbildung aufgelöst (*Tucan* [30], *Weimarn* [31], *Jander* und *Weber* [32], *Wendehorst* [33]). Bereits von dem pH-Wert 9 an wird eine solche Lösungstendenz merklich (*Blum*), über pH = 9,75 ist nach *Cottin* die Aluminatbildung vollständig.

Die Löslichkeit des Aluminiumhydroxids in Abhängigkeit vom Ammoniaküberschuß wurde von *Jander* und *Ruperti, Cross* [34], *Sidener* und *Pettijon* [35], *Frideaux* [36] und *Bertiaux* [37] untersucht. Von allen Autoren wurde eine Erhöhung der Löslichkeit festgestellt, die jedoch nicht immer proportional dem Ammoniaküberschuß ist.

Von *Frideaux* werden die in Tab. 2 folgenden Zahlen genannt.

Der Ammoniaküberschuß sollte demnach bei der quantitativen Fällung möglichst gering sein. Die Anwesenheit von Ammoniumsalzen verhindert die kolloidale Löslichkeit des gefällten Hydroxides und durch die Herabsetzung der Hydroxylionen-

Tabelle 2. *Löslichkeit von Al(OH)₃ im Ammoniak*

Konzentration NH₃ vor der Filtration mol/l	Konzentration NH₄Cl mol/l	Löslichkeit mg Al/ml
0,467	1,0	0,0084
0,748	0,8	0,0093
0,935	1,0	0,0135
0,972	1,0	0,0168
1,556	0,8	0,0183
1,945	1,0	0,0082
3,11	0,8	0,0156
0,972	1,0	0,0101
1,556	0,8	0,026
18,3	0,8	0,198

Konzentration die Auflösung als Aluminat. Im Gegensatz hierzu wird nach *Jander* und *Ruperti* die Löslichkeit des Aluminiumhydroxids durch zunehmende Mengen an Ammoniumchlorid erhöht (siehe Abb. 1). Bei der Filtration nach Fällung in

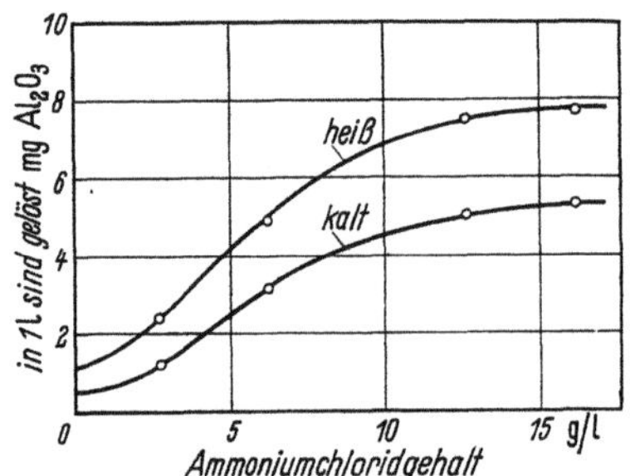

Abb. 1. Löslichkeit des Aluminiumhydroxids in Ammoniumchloridlösungen (*Jander* und *Ruperti*)

heißer Lösung nimmt die Löslichkeit höhere Werte an als bei der Filtration abgekühlter Lösungen. Bei einem Volumen von 100 bis 200 ml mit einem Aluminiumoxidgehalt von 100 bis 200 mg und 1% Ammoniumchlorid sind bei der Fällung mit minimalem Überschuß an Ammoniak und Filtration der heißen Lösung noch 0,7 bis 1,4 mg Al₂O₃ gelöst.

Da sich bei den Versuchen das Umschlagsgebiet des Lackmusindikators nicht völlig mit dem Gebiet der Ausfällung des Aluminiumhydroxids deckt, vermutet *Frers* [38], daß dadurch möglicherweise die Fällung nicht vollständig ist. Auch *Bertiaux* stellt eine erhöhte Löslichkeit des Aluminiumhydroxids in Anwesenheit von Ammoniumchlorid fest.

Form der Hydroxidniederschläge und Filtrierbarkeit

Für die Form der Niederschläge sind die Ordnungsvorgänge in den Niederschlägen während und nach der Fällung maßgebend (*Haber* [1]). Bei rascher Ausfällung von Hydroxiden mit Ammoniak entstehen, besonders wenn kalt gefällt wird, voluminöse, schleimige, schwer filtrierbare und auswaschbare Gele, die erst mit zunehmender Alterung grobdisperser und kristalliner werden. Man erhält dann dichte, gut dekantierbare Niederschläge (*Fischer* [39]). Bei allmählichem Reaktionsverlauf hingegen erhält man von vornherein mehr oder weniger kristalline Formen, so z.B. bei Fällungsverfahren aus „homogener Lösung" (*Willard* [40]), nach denen das notwendige Fällungsmittel erst allmählich infolge Zersetzung abgespalten wird. Dies ist z. B. bei der Fällung von Aluminiumhydroxid mit Harnstoff (*Willard* und *Tang* [41]) oder Ammoniumnitrit (*Schirm* [18]) der Fall. Ein weiteres Beispiel hierzu ist die Abscheidung von kristallisiertem Hydroxid durch langsame, hydrolytische Spaltung aus Gemischen von Jodid, Jodat und Thiosulfat nach *Stock* [19]. Auch beim langsamen Einleiten des Fällungsmittels, z. B. von Ammoniak nach *Dupuis* und *Duval* [42] oder von Kohlendioxid in Alkalialuminat-Lösungen nach *Fricke* [43], entstehen bereits gealterte Hydroxide, im letzteren Falle kristalliner Bayerit.

Für die analytische Praxis ergeben sich folgende Richtlinien zur Erzielung gut filtrierbarer Niederschläge von Aluminiumhydroxid: Bei der üblichen Fällung des Hydroxids mit Ammoniak wird man versuchen, die Fällungsbedingungen so einzustellen, daß eine gewisse Alterung des Gels eintritt. Dies geschieht bei höherer Temperatur. Ein Zusatz von Ammoniumsalzen beeinflußt zugleich die kolloide Beschaffenheit des Niederschlages günstig (Flockungswirkung). Das gleiche gilt wahrscheinlich auch von der möglichst genauen Einhaltung des Neutralpunktes (Vermeidung eines Ammoniaküberschusses). *Tananajew* [44] fand, daß das Volumen der aus konzentrierten Lösungen gefällten, amorphen Niederschläge geringer ist als das Volumen der aus verdünnten Lösungen gefällten. Letztere weisen auch eine größere Adsorptionsfähigkeit auf.

Auch *Jander* und *Weber* fällen aus einem möglichst geringen Flüssigkeitsvolumen. Ein anderer Weg besteht in der Mitfällung von Stoffen, welche die Filtrierbarkeit des Hydroxids günstig beeinflussen (z. B. Papierbrei, Tannin), wobei möglicherweise gut filtrierbare Adsorptionsverbindungen entstehen. Besonders gut filtrierbare Fällungen erhält man naturgemäß bei der oben erwähnten, unmittelbaren Abscheidung stark gealterter Formen. Die Einzelheiten über die hier angewandten Verfahren werden im speziellen Teil näher beschrieben.

Adsorptionsneigung und Mitfällung

Bei der Fällung des Aluminiumhydroxids werden diejenigen Metallhydroxide, die im Fällungsbereich des Aluminiumhydroxids liegen, mitgefällt, soweit sie nicht komplex gebunden oder maskiert sind. Die Fällung des Aluminiumhydroxides beginnt bei einem pH-Wert von etwa 4 und ist bei einem pH-Wert von 6,5 bis 7,5 beendet. Aber auch die unter diesen Bedingungen nicht fällbaren Kationen sowie Anionen können in den Hydroxidniederschlägen enthalten sein. Die frisch gefällten Aluminiumhydroxid-Gele adsorbieren infolge ihrer großen Oberfläche Fremdionen. Außerdem ist das Aluminiumhydroxid befähigt, als Ionenaustauscher zu wirken und entsprechend seinem amphoteren Charakter Kationen und Anionen auszutauschen. Mit fortschreitender Alterung der Gele und mit dem Übergang in kristalline Formen wird ein großer Teil dieser adsorbierten Ionen wieder an die Lösung abgegeben. Deshalb ist es zweckmäßig, die Fällungsbedingungen so zu wählen, daß von vornherein ein gealtertes, kristallisiertes Hydroxid entsteht, also höhere Temperaturen und die Anwendung der bereits erwähnten Fällung aus „homogener Lösung" nach *Willard*. So erhält *Lange* [45] bei der Fällung von Aluminiumhydroxid mit Urotropin keine Okklusionen von Fremdionen.

Nach dem Abfiltrieren wird ein großer Teil der im Niederschlag befindlichen Ionen durch Auswaschen entfernt. Begünstigt wird dieses Auswaschen durch Anwesenheit von Ammoniumionen, die das Ionenaustauschgleichgewicht stark beeinflussen, wobei Fremdionen im Niederschlag gegen NH_4-Ionen ausgetauscht werden. Auch die Anwesenheit von NH_4-Ionen in der Lösung beeinflußt das Austauschgleichgewicht günstig, wie dies *Kovalenko* [46] im Fall der Mitfällung und Adsorption von Ni- und Zn-Ionen nachgewiesen hat. Die Mitfällung von Kobalt läßt sich nach

Bailey und *Broadbank* [47] ebenfalls durch Zugabe von größeren Ammoniumchlorid-Mengen verhindern. In ähnlicher Weise gelingt es auch *Charriou* [48], Chromationen aus dem Aluminiumhydroxid-Niederschlag mit einer Lösung von Carbonat oder Hydrogencarbonat (z.B. mit einer 5%igen Ammoniumhydrogencarbonat-Lösung) auszuwaschen. Die Adsorption der Metalle der Ammoniumsulfid-Gruppe soll nach *Swift* und *Barton* [49] durch Anwendung eines großen Ammoniak-Überschusses und von Ammoniumchlorid praktisch vermieden werden können. Unter diesen Bedingungen dürfte jedoch eine einwandfreie quantitative Fällung von Aluminiumhydroxid nicht mehr gewährleistet sein.

An Kationen werden insbesondere Mg^{2+}, Mn^{2+}, Zn^{2+}, Cd^{2+}, Ni^{2+}, Co^{2+} und Cu^{2+} festgehalten (vgl. *Dahr*, *Sen* und *Chatterji* [50] sowie *Willard* [40]). Die Adsorption von Anionen ist sehr verschieden. Nach *Mehrotra* und *Dahr* [51] werden Anionen in folgender Reihenfolge adsorbiert:

$$C_2O_4^{2-} > Cr_2O_7^{2-} > (Fe(CN)_6)^{4-} > JO_3^- > BO_3^- > S_2O_3^{2-} > NO_2^- > (Fe(CN)_6)^{3-} > MnO_4^- > Cl^-.$$

Für verschiedene Säuren hat *Sen* [52] die Reihenfolge Citronensäure – Traubensäure – Oxalsäure – Schwefelsäure – Malonsäure – Bernsteinsäure – Hippursäure – Benzoesäure aufstellen können.

Nach *Marboe* und *Bentur* [16] enthält ein aus einer $Al(NO_3)_3$-Lösung frisch gefällter Aluminiumhydroxid-Niederschlag NO_3-Ionen, die im Verlauf einer 24stündigen Alterung vollständig wieder an die Lösung abgegeben werden. Aus $Al_2(SO_4)_3$-Lösungen gefällte Gele jedoch altern außerordentlich langsam und enthalten auch nach 24 Std. noch SO_4-Ionen. Nach *Frers* werden die SO_4-Ionen in Niederschlägen erst beim Glühen bei 1200 °C über einen längeren Zeitraum restlos entfernt. Die stärkere Adsorption von CrO_4-Ionen in sulfathaltigen Hydroxid-Niederschlägen ist ebenfalls eine Folge der langsamen Alterung dieser Gele. Auch die von *Tananajew* beobachtete Adsorption von Ca^{2+} und Mg^{2+} in Gegenwart von SO_4-Ionen dürfte die gleiche Ursache haben.

Die Zustandsformen und Eigenschaften des Aluminiumoxids

Für die gewichtsanalytische Bestimmung des Aluminiums muß der gefällte Aluminiumhydroxid-Niederschlag durch Glühen in Aluminiumoxid umgewandelt werden. Für die beim thermischen Abbau des Aluminiumhydroxids auftretenden Abbauprodukte ist neben dem Reinheitsgrad vor allem die kristalline Durchbildung der Niederschläge maßgebend. Gut kristallisierte Hydroxide ergeben beim thermischen Abbau relativ gut kristallisierte Produkte. Aus amorphen Ausgangsmaterialien entstehen auch amorphe Abbauprodukte. Das Endprodukt des thermischen Abbaus ist in jedem Fall α-Al_2O_3. Die Übergangsformen enthalten meistens noch einen gewissen Anteil an Wasser in Form von Hydroxyl-Gruppen und sind mehr oder weniger hygroskopisch. Die während der thermischen Umwandlung auftretenden Übergangsformen wurden von zahlreichen Forschern untersucht. Eine zusammenfassende Literaturübersicht dieser Arbeiten geben *Newsome* und Mitarbeiter [53] sowie *Saalfeld* [54]. Ein Schema des Abbaus amorpher und kristalliner Hydroxide wird von *Torkar* [55] angegeben.

Für die gewichtsanalytische Bestimmung sind die beim Abbau erhaltenen Übergangsoxide von geringem Interesse. Hier ist es erforderlich, das gefällte Aluminiumhydroxid in das wasserfreie, nicht hygroskopische, hauptsächlich α-Al_2O_3 enthaltende Oxid überzuführen. Über die Glühtemperatur, die zu dieser Überführung erforderlich ist, herrscht keine einheitliche Meinung, da sie von der Struktur der Niederschläge und der mitgefällten Verunreinigungen beeinflußt wird. Nach *Wefers* [56] entsteht α-Al_2O_3 erst nach längerem Glühen bei 1050 bis 1100 °C in merklicher Menge.

Enthält das Aluminiumhydroxid jedoch geringe Mengen flüchtiger Fluoride, wird die Temperatur der α-Al_2O_3-Bildung auf 800 °C erniedrigt. *Erdey, Paulik* und *Paulik* [57] geben eine mit der Thermowaage ermittelte Temperatur von 1050 °C an. Nach *Frers* [38] muß bei 1150 °C länger als 1 Std. geglüht werden. Mit Sicherheit scheint diese Überführung jedoch erst bei Temperaturen von 1200 °C und mehr zu gelingen, wie schon von *Miehr, Koch* und *Kratzert* [58] nachgewiesen wurde. Nach *Milner* und *Gordon* [59] müssen die Niederschläge ebenfalls bei 1200 °C geglüht werden, um eine Gewichtskonstanz der Auswaage zu erhalten, die innerhalb der üblichen Fehlergrenzen liegt. Versuche mit der Thermowaage bestätigen diese Ergebnisse.

1. Fällung mit Ammoniak

Zur quantitativen Bestimmung des Aluminiums durch Fällung mit Ammoniak als Aluminiumhydroxid muß der Niederschlag aus der möglichst neutralen Lösung in Gegenwart von Ammoniumsalzen unter Erhitzen bis zum Sieden der Lösung gefällt werden. Man erhält statt eines schleimigen, gelatinösen, schwer zu filtrierenden Niederschlages, wie er in der Kälte entstehen würde, unter Ausflockung kolloider Teilchen einen feinflockigen und besser filtrierbaren Niederschlag. Zu langes Kochen ist zu vermeiden. Durch die Gegenwart der Ammoniumsalze erfolgt die Umwandlung der kolloidal löslichen Formen des Aluminiumhydroxids, also des Hydrosols, in das unlösliche Gel beim Aufkochen ziemlich schnell. Zum Auswaschen wird eine Waschflüssigkeit benutzt, die ebenfalls Ammoniumsalz (z. B. Ammoniumnitrat) gelöst enthält.

Auf die oben erwähnten Grundtatsachen stützt sich die alte, klassische Methode der Aluminiumbestimmung, wie sie von *C. R. Fresenius* [60] angegeben wird.

Arbeitsvorschrift. Man versetzt die heiße, mäßig verdünnte Lösung mit einer größeren Menge an Ammoniumchlorid, fügt Ammoniak in geringem Überschuß zu, erhitzt fast zum Sieden und hält bei dieser Temperatur, bis das freie Ammoniak vollständig oder fast vollständig entwichen ist.

Man läßt den Niederschlag absitzen, wäscht 3mal durch Dekantieren aus, bringt dann den Niederschlag aufs Filter und wäscht ihn mit siedendem Wasser. Nach dem Veraschen des Filters wird der Hydroxidniederschlag durch Glühen in Aluminiumoxid überführt und gewogen. Der Umrechnungsfaktor auf Aluminium beträgt: $F = 2\,Al/Al_2O_3 = 0{,}5293$.

Bemerkungen. Die klassische Arbeitsvorschrift ist in ihren Grundzügen im wesentlichen bis heute unverändert geblieben. Die im Laufe der Jahre vorgeschlagenen Abänderungen sollen nur eine größere Gewähr für die Sicherheit in der Durchführung geben oder die Arbeit des Analytikers erleichtern.

Folgende Änderungen sind zu erwähnen:

I. Festlegung des zur quantitativen Fällung einzuhaltenden pH-Bereiches durch Gebrauch von *Indikatoren*.

II. Nur *kurzzeitiges* Erhitzen der Lösung zum Sieden (mit Niederschlag). Auf diese Weise wird zu weitgehendes Verkochen des Ammoniaks vermieden, wodurch die Lösung wieder sauer und der Niederschlag schwer filtrierbar werden kann.

III. Verwendung von Gefäßen aus *Jenaer* Glas statt Schalen aus Platin oder Porzellan. Die früher bekannten Glassorten gaben unter den Fällungsbedingungen Alkali ab und zwangen zur Verwendung von Platin- oder Porzellangefäßen.

IV. Zusatz von *Cellulosebrei* zur Erleichterung und Beschleunigung der Filtration.

V. Verwendung einer *schwach ammoniakalischen, ammoniumsalzhaltigen* Waschlösung zur Verhinderung kolloidaler Auflösung des gefällten Hydroxids.

VI. Glühen des Aluminiumoxids im elektrischen Ofen bei 1200 °C zur Umwandlung in das *nichthygroskopische* α-Oxid.

Ein Indikator zur Einhaltung der Fällungsbedingungen wurde zuerst von *Blum* [61] angegeben. Nach seiner Arbeitsvorschrift fügt man zu der Lösung, welche mindestens 5 g Ammoniumchlorid oder eine äquivalente Menge Salzsäure auf 200 ml enthält, einige Tropfen Methylrot- (0,2%ige äthanolische) Lösung zu, erhitzt zum Sieden und gibt tropfenweise verd. Ammoniaklösung hinzu, bis die Farbe der Lösung in ein deutliches Gelb umschlägt. Man kocht die Lösung 1 oder 2 min auf und filtriert sofort. Den Niederschlag wäscht man mit einer 2%igen Ammoniumchlorid- oder Ammoniumnitrat-Lösung gründlich aus.

Murawleff und *Krassnowski* [62] empfehlen die *Blum*-Methode zur Ausfällung des Aluminiumhydroxids mit Ammoniak mit folgenden Änderungen: Zum Auswaschen wird heiße 2%ige Ammoniumnitratlösung verwendet, der Ammoniak bis zum Umschlag von Methylrot zugegeben ist (auf je 500 ml Lösung 4 bis 6 Tropfen 10%iges Ammoniak). Fällt die Ammoniakzugabe fort, so sollen Verluste an Aluminiumhydroxid durch Auflösen im Waschwasser eintreten.

Beim jeweiligen Anwärmen des Waschwassers während des Waschens wird die Zugabe von Ammoniak wiederholt.

Die Fällung erfolgt in 200 ml Lösung, die 2,5%ig an Ammoniumchlorid ist und etwas Cellulosebrei enthält. Der im Platintiegel veraschte Niederschlag muß, falls Cellulosebrei verwendet wurde, 20 min vor dem Gebläse geglüht werden.

Frers [63] zieht dem von *Blum* verwendeten Indikator Methylrot, dessen Umschlagsgebiet *Blum* mit pH = 6,5 bis 7,6, *Kolthoff* [64] mit 4,3 bis 6,2 angibt, Phenolrot (Umschlagsgebiet 6,4 bis 8,4) vor. *Koenig* [65] verwendet Dibrom-o-kresolsulfophthalein (Bromkresolpurpur) als Indikator, dessen Umschlag von Gelb nach Purpur im pH-Bereich von 5,2 bis 6,8 erfolgt. Er erhält auf dieseWeise bessere Resultate als mit Methylrot. In der

Arbeitsvorschrift nach *W.* und *H. Biltz* [66] sind die früheren Erfahrungen zusammengefaßt. Sie ist daher für die Praxis besonders geeignet und soll hier ausführlich wiedergegeben werden.

Die Aluminiumlösung wird in einem *Jenaer* Becherglas mit etwa 5 bis 8 ml konz. Salzsäure versetzt und auf 150 bis 200 ml verdünnt. Sie wird zum Sieden erhitzt, die Hauptmenge der Säure mit Ammoniak abgestumpft und dann die Fällung ausgeführt. Zur vollständigen Fällung setzt man zu der heißen Lösung einige Tropfen 0,2%iger äthanolischer Lösung von Methylrot und dann unter ständigem Umrühren tropfenweise reine, verd. Ammoniaklösung, bis die Farbe der Flüssigkeit in ein schwaches Gelb umschlägt.

Dann wird aufgekocht und die Fällung heiß filtriert. Man wäscht den Niederschlag, der bei dieser Art der Fällung feinflockig, aber nicht gelatinös sein soll, unter Dekantieren mit heißem Wasser, das 2% Ammoniumnitrat und einige Tropfen Ammoniaklösung (gegen Methylrot eben gelb) enthält, aus. Schließlich bringt man den Niederschlag vollständig auf das Filter, wobei man etwa festhaftende Teilchen mechanisch oder durch Lösen und Wiederausfällen von der Gefäßwandung entfernt.

Nun wäscht man unter beständigem Aufwirbeln des Niederschlages mit der heißen Waschflüssigkeit aus. Der Niederschlag wird mit dem Filter im Tiegel verglüht, bis er weiß geworden ist, und dann bei bedecktem Tiegel etwa 5 min im elektrischen Ofen (bei mindestens 1200 °C) erhitzt.

Bemerkungen. Einem Verspritzen von Aluminiumoxid durch Dekrepitieren beugt man durch Zusammenfalten des Filters und langsame Temperatursteigerung vor. Trocknet man Aluminiumhydroxid sehr langsam ein, so entstehen glasartige Stücke noch wasserhaltigen Gels, die wie abgeschrecktes Glas, starke innere Spannungen besitzen und daher beim Erhitzen leicht dekrepitieren. Beim Naßveraschen von Aluminiumhydroxid enthaltenden Filtern ist dies weniger zu befürchten. Das Abkühlen und Wägen des Niederschlages erfolgt im bedeckten Porzellan- oder Platin-tiegel. Nach nochmaligem Glühen bei 1200 °C wird durch erneutes Wägen auf Gewichtskonstanz geprüft.

Die inverse Fällung des Aluminiums durch Eingießen der Probelösung in eine Ammoniaklösung führt *Krleža* [67] bei der Abtrennung des Aluminiums von 2wertigen Kationen in Gegenwart von Phosphationen und *Bloch* [68] in der Analyse von Zinklegierungen durch. *Bloch* gibt folgende

Arbeitsvorschrift. 5 g Probegut werden in einem Gemisch aus 20 ml Salpetersäure und 80 ml Wasser gelöst. Nach dem Verkochen der nitrosen Gase fügt man 5 g Ammoniumnitrat und 2 ml Schwefelsäure (1:1) (etwa 9,3 m) zu, entfernt Cu und Pb durch Elektrolyse und füllt das Elektrolysat auf 500 ml auf, wovon 100 ml der Al-Bestimmung dienen. Man fügt 20 ml 50%ige Ammoniumnitratlösung zu und stellt mit Ammoniak auf pH = 3 ein (Kongopapier violett). Bleibt die Lösung nicht klar, gibt man einige Tropfen Salpetersäure zu. Nach dem Abkühlen gießt man in eine Lösung aus 75 ml Wasser, 20 ml 50%iger Ammoniumnitratlösung und 10 ml Ammoniak (bei der zweiten Fällung nur 8 ml Ammoniak anwenden) ein. Gespült wird mit angesäuerter 10%iger Ammoniumnitratlösung (3 bis 4 Tr. Salzsäure/100 ml). Man bringt auf 80 °C (nicht höher), filtriert durch ein mit der Spülflüssigkeit angefeuchtetes Filter und wäscht mit der gleichen Flüssigkeit. Der Niederschlag wird mit 100 ml warmer Salzsäure (2:3) (etwa 5 m) oder 105 ml Salpetersäure (1:2) (etwa 5 m) gelöst, die Lösung mit 35 ml Ammoniak auf pH = 3 gebracht und die Fällung wie vorher beschrieben wiederholt. Dieses Filter wird dann getrocknet, verascht und gewogen.

Von dem klassischen Verfahren und seinen Abänderungen unterscheidet sich die erstmals von *Treadwell* [69] zur Trennung der 3wertigen von den 2wertigen Metallen der Ammoniumsulfid-Gruppe und später von *Trombe* [70] zur Trennung innerhalb der Gruppe der seltenen Erden angewandte Methode des Einleitens verdünnten Ammoniakgases in die zu fällende Lösung grundsätzlich. Die Fällung erfolgt bei allmählich steigendem pH-Wert, eine auch nur örtliche Überschreitung des erwünschten pH-Bereiches kann so vermieden werden. Auf diese Weise wird ähnlich wie bei der „Fällung aus homogener Lösung" (vgl. die Ausführungen S. 29) ein weitgehend gealterter, dichter, leicht filtrierbarer und gut auswaschbarer Niederschlag erhalten. *Dupuis* und *Duval* [42] haben die Trombesche Arbeitsweise erstmals zur Fällung von Aluminiumhydroxid aus Aluminiumnitratlösungen angewandt.

Arbeitsvorschrift. In die Aluminiumnitrat enthaltende Lösung (die Temperatur der Lösung ist nicht angegeben; wahrscheinlich wurde aus heißer Lösung gefällt), deren pH-Wert zunächst etwa 3 betragen soll, wird ein Luftstrom eingeleitet, der durch Passieren einer Waschflasche mit verd. Ammoniak bei 15 °C mit Ammoniakgas beladen wurde. Die aufsteigenden Blasen sorgen für die gleichmäßige Durchmischung der Flüssigkeit. Die Fällung beginnt bei pH = 5,5; bei pH = 7,8 ist sie vollständig. Der grobe und dichte Niederschlag wird sofort in üblicher Weise filtriert, ausgewaschen und geglüht.

Genauigkeit der Bestimmung des Aluminiums durch Fällung mit Ammoniak.

Gelegentlich der Bestimmung des Aluminiums in Eisen und Stahl hat *Klinger* [71] die Methode von *Fresenius* [60] und *Blum* [61] nachgeprüft. Dabei wurde das Aluminium in Kaliumalaunlösungen bestimmt, die 5,0 mg bzw. 25,0 mg Aluminium enthielten.

Die nach den beiden Methoden erhaltenen Analysenergebnisse zeigten Überbefunde bis zu maximal 4%.

Nach *Klinger* sind die zu hoch liegenden Befunde meistens auf unzulängliches Glühen zurückzuführen. Die Aluminiumfällung mit Ammoniak nach *Blum* scheint etwas sicherer als die Arbeitsweise nach der alten, klassischen Methode von *Fresenius*, bei der durch zu langes Verkochen des überschüssigen Ammoniaks die Lösung wieder sauer und der Niederschlag schwer filtrierbar werden kann. Auf Grund der Analyse von 2 Reinaluminiumproben gibt *Blum* selbst für seine Methode eine Genauigkeit von mindestens 0,3 % an.

Angaben über die Genauigkeit der Methode nach *W*. und *H*. *Biltz* [66] fehlen; sie dürfte derjenigen der Methode von *Blum* gleichwertig sein.

Trennung des Aluminiums von anderen Ionen nach der Ammoniakmethode

Trennung von Alkalimetallen, Erdalkalimetallen und Magnesium

Unter den vorstehend angegebenen Fällungsbedingungen lassen sich Trennungen des Aluminiums von den Alkalimetallen, von Magnesium und den Erdalkalimetallen aus Lösungen, welche diese Elemente neben Aluminium enthalten, mit Ammoniak in Gegenwart von Ammoniumsalzen durchführen. Wegen der adsorbierenden Wirkung des Aluminiumhydroxid-Niederschlages ist meistens doppelte Fällung erforderlich, zumal wenn die begleitenden Elemente in größerer Menge vorhanden sind. Dies ist besonders für Alkalisalze und für Magnesiumsalze zu berücksichtigen.

Für die Trennung des Aluminiums von Magnesium ist die Gegenwart von Ammoniumchlorid besonders wichtig, das durch Regulierung der Alkalität die Mitfällung des Magnesiums verhindern soll. Nach den Angaben von *Hillebrand* und *Harned* [72] wird Magnesiumhydroxid nicht gefällt, wenn der pH-Wert geringer als 9 ist, während die Ausfällung des Aluminiumhydroxids bei einem pH-Wert von etwa 4 beginnt und bei einem pH-Wert von 6,5 bis 7,6 vollständig ist. Nach Angaben von *Parisielle* und *Laude* [73] wird bei der Fällung des Aluminiums durch Ammoniak in Gegenwart von Magnesiumsalzen das Magnesium fast vollständig von dem ausfallenden Aluminiumhydroxid mitgerissen, wenn keine Ammoniumsalze zugegen sind. Um das Aluminiumhydroxid frei von Magnesiumhydroxid zu erhalten, muß eine sehr große Menge von Ammoniumsalzen zugegen sein. *Kling, Lassieur* und *Lassieur* [74] hingegen erhalten in Anwesenheit der gerade zur Fällung des Aluminiums erforderlichen Ammoniakmenge eine quantitative Abscheidung des Aluminiumhydroxids durch Fällung bei einem pH-Wert von 7, entsprechend dem Umschlag von Bromthymolblau in Blau bei Abwesenheit von Ammoniumsalzen. Die Trennung ist auch in Gegenwart beträchtlicher Mengen Magnesiums unter diesen Bedingungen quantitativ. *Deterding* und *Taylor* [75] verfahren entsprechend, um bei der Magnesiumbestimmung in Aluminiumlegierungen geringe, bei der Trennung aus alkalischer Lösung mit Magnesiumhydroxid mitgefällte Aluminiumhydroxidmengen von ersterem abzutrennen.

Zur Trennung des Aluminiums von den Erdalkalien ist die Ammoniakmethode unter den angegebenen Bedingungen besonders gut geeignet, wobei jedoch darauf zu achten ist, daß Carbonatbildung vermieden wird, die durch Verwendung einer ammoniumcarbonathaltigen Ammoniumhydroxidlösung eintreten kann.

Trennung von Mangan, Nickel, Kobalt, Zink und Eisen

Die Trennung des Aluminiums vom Mangan, Nickel, Kobalt und Zink ist besonders für die beiden letzten Metalle unbefriedigend. Nach *Noyes, Bray* und *Spear* [76] ist eine quantitative Trennung des Mangans vom Aluminium nicht möglich. Nach *Swift* und *Barton* [49] werden bei der Fällung des Aluminiums aus verd. Aluminiumsalzlösungen in Abwesenheit von Ammoniumsalz und bei Vermeidung jeden Ammoniaküberschusses durch genaue Neutralisation gegen Methylrot aus einer 250 mg Aluminium und 250 mg Mangan, Nickel, Kobalt oder Zink enthaltenden Lösung durch das Aluminiumhydroxid 0,2 bis 0,3 mg Mangan, jedoch 8 bis 10 mg Nickel oder Kobalt und 75 mg Zink mitgefällt. Auch in Gegenwart von überschüssigem Ammoniak ist die Trennung nur sehr unvollständig. Unter diesen Bedingungen ist aber auch die Fällung des Aluminiums nicht ganz quantitativ.

Die Möglichkeit der Trennung des Aluminiums (Eisens oder Titans und Zirkoniums) vom Mangan, Nickel, Kobalt, Kupfer und Zink unter genauer Einhaltung der Arbeitsbedingungen nach der Methode von *Blum* [61] (S. 32) wurde mehrfach untersucht. *Davis* und *Holton* [77] messen bei der Analyse von Kobalt-, Nickel- und Chromlegierungen zur Fällung von Aluminium, Eisen und Titan aus sulfathaltiger Lösung den pH-Wert mit der Glaselektrode, geben Ammoniak bis zum pH-Wert 6,7 zu und erhitzen anschließend. Trotzdem werden merkliche Mengen Kobalt, Nickel und Mangan mitgerissen.

Trennung vom Mangan

In Übereinstimmung mit den Befunden von *Swift* und *Barton* [49] ist nach *Lundell* und *Knowles* [78] sowie *Austin* [79] die Trennung des Aluminiums vom Mangan zufriedenstellend. Nur geringe, bei Doppelfällung nur noch vernachlässigbare Spuren von Mangan werden vom Aluminiumhydroxid zurückgehalten (Tab. 3).

Tabelle 3. *Fällung des Aluminiumhydroxids in Gegenwart von Mangan*

Angewendete Menge Al, Fe, Ti, Zr mg	Gegenwart von Mangan mg	pH des Filtrats	Zahl der Fällungen	Von Niederschlag zurückgehaltene Menge Mangan mg	Bearbeiter
100 Al	1000		1	1,7	*Lundell* u. *Knowles*
			2	0,02	
50 Al 50 Ti 50 Zr	50		1	0,58	
			2	<0,02	*Lundell* u. *Knowles*
50 Al 50 Fe 50 Ti	50		1	<0,02	
			2	<0,02	
56 Al	116	7,4	1	0,1	*Austin*
56 Al	116	8,02	1	0,8	

Die Ammoniakmethode nach *Blum* ist also zur Trennung von Mangan zumindest innerhalb der durch Versuche belegten Mengenverhältnisse geeignet. Nach *Hillebrand* und *Lundell* [80] ist besonders wesentlich, daß aus siedender Lösung gefällt, nicht länger als 3 min nach sorgfältiger Einstellung des pH-Wertes gekocht und dann sofort filtriert wird.

Zur Fällung von Aluminium, Eisen, Titan und Vanadin bei der Analyse von Portlandzementen verwenden *Dawson* und *Andes* [81] Bromthymolblau als Indikator (Umschlagsgebiet pH = 6,0 bis 7,6). Mangan soll unter diesen Bedingungen nicht mitgefällt werden. Mäßige Mengen Phosphorsäure stören in Gegenwart größerer Mengen Aluminium, Eisen, Titan und Zirkonium die Trennung des Mangans von diesen Elementen nur unbedeutend. Sind größere Mengen Phosphorsäure vorhanden, ist die Trennung wegen der Unlöslichkeit des Manganammoniumphosphats in schwacher Säure oder alkalischen Lösungen unbrauchbar. In Gegenwart von Vanadinsäure liegen die Verhältnisse ähnlich, jedoch etwas günstiger.

Trennung vom Kupfer, Kobalt und Nickel

Versuche von *Lundell* und *Knowles* sowie *Austin* hatten folgendes Ergebnis (Tab. 4).

Tabelle 4. *Fällung von Al(OH)$_3$ in Anwesenheit von Cu^{2+}, Co^{2+}, Ni^{2+}*

Angewendete Aluminiummenge mg	Gegenwart von mg	pH des Filtrats	Zahl der Fällungen	Vom Niederschlag zurückgehaltene Mengen mg	Bearbeiter
100	50 Cu		1	21,1 Cu	
100	50 Cu		2	7,7 Cu	*Lundell* u.
100	50 Co		1	4,1 Co	*Knowles*
100	50 Co		2	1,2 Co	
56	120 Co	6,40[1]	1	3,4 Co[2]	
56	120 Co	6,73	1	7,5 Co[2]	
56	120 Co	6,85	1	14 Co	*Austin*
56	120 Co	7,05	1	17 Co	
56	120 Co	7,67	1	112 Co[2]	
100	50 Ni		1	0,6 Ni	*Lundell* u.
			2	–,–	*Knowles*
56	120 Ni	5,50[1]	1	0,2 Ni[3]	
56	120 Ni	6,20[1]	1	0,2 Ni[3]	
56	120 Ni	6,37	1	30 Ni[4]	
56	120 Ni	6,44[1]	1	0,2 Ni[3]	
56	120 Ni	6,60	1	1,1 Ni[2]	
56	120 Ni	6,65	1	9 Ni	*Austin*
56	120 Ni	6,73	1	1,2 Ni[2]	
56	120 Ni	6,80	1	2,2 Ni[2]	
56	120 Ni	7,11	1	86 Ni[2]	
56	120 Ni	7,20	1	99 Ni	
56	120 Ni	9,3[4]	1	30 Ni	
56	120 Ni	9,3	1	112 Ni[2]	

[1] Infolge Fällung bei zu hohem oder zu niedrigem pH-Wert war die Fällung des Aluminiums unvollständig. Im Filtrat verblieben bei pH: 5,50; 6,20; 6,40; 6,44; 9,3. mg Al: 23; 5; 10; 2,5; 1,5.

[2] Der Niederschlag wurde mit heißem Wasser an Stelle von 2%iger Ammoniumnitrat- bzw. -chlorid-Lösung ausgewaschen.

[3] Der Zusatz von 5 g Ammoniumchlorid zur Fällungslösung war auf 10 g erhöht worden.

[4] Der Fällungslösung waren 9 g Ammoniumchlorid und 1 g Ammoniumsulfat zugesetzt worden.

Die Trennung vom Kupfer und Kobalt ist nach den angeführten Versuchen ungenügend. Sie läßt sich zwar durch Steigerung des Ammoniumchlorid-Zusatzes etwas verbessern, ebenso durch gleichzeitige Erhöhung des Ammoniak-Zusatzes; doch wird die Fällung des Aluminiums dann unvollständig.

Bei der Trennung vom Nickel sind die Ergebnisse uneinheitlich. Während *Lundell* und *Knowles* nach doppelter Fällung vollständige Trennung erreichten, fand *Austin*, daß bereits geringe pH-Änderungen innerhalb des zur vollständigen Fällung des Aluminiumhydroxids erforderlichen Bereiches von pH = 6,5 bis 7,5 die Zuverlässigkeit der Trennung sehr stark beeinflussen. Auch die Anwesenheit von Sulfationen scheint die Trennung stark zu verschlechtern. Sie dürfte daher nur in Anwesenheit nicht zu großer Nickelmengen, in Abwesenheit von Sulfation und bei zuverlässiger Einhaltung eines pH-Wertes zwischen 6,6 und 6,8 zufriedenstellende Werte ergeben.

Chirnside, Dauncey und *Profitt* [82] prüften die Ammoniaktrennung im Hinblick auf die Aluminiumbestimmung in Nickellegierungen mit 0,4% Al.

Die Autoren betonen, daß sie einen erheblichen Überschuß an Ammoniak anwenden müssen, um Nickel als löslichen Komplex in Lösung zu halten, so daß Aluminiumverluste durch in Lösung gebliebenes Aluminium nicht ausgeschlossen sind. Andererseits enthielten die Niederschläge stets noch Nickel, so daß durch Fehlerkompensation gute Resultate erhalten werden können.

Trennung vom Zink

Versuche nach *Lundell* und *Knowles* zeigten, daß eine befriedigende Trennung weder bei doppelter Fällung noch unter Anwendung eines großen Ammoniaküberschusses, der bereits die quantitative Fällung des Aluminiumhydroxids in Frage stellt, nicht möglich ist. *Ardagh* und *Bongard* [83] haben gefunden, daß sich Aluminium (und Eisen) leicht vom Zink trennen lassen, wenn man ihre Lösungen stark konzentriert, dann mit Ammoniumchlorid sättigt und überschüssiges Ammoniak zugibt. Diese Methode kann nur als eine *Vortrennung* für Aluminium in Frage kommen, da infolge Überschusses an Ammoniak zu große Aluminiummengen (4 mg Al) in Lösung bleiben.

Trennung durch Fällung des Aluminiums in Gegenwart von Hydroxylamin nach *Jannasch*.

Jannasch und Mitarbeiter haben Hydroxylamin zur quantitativen Fällung des Aluminiums und zur Trennung von anderen Metallen benutzt. Es wurde gefunden, daß Aluminium auch in Gegenwart von Hydroxylamin durch überschüssiges Ammoniak quantitativ gefällt wird (vgl. *Jannasch* und *Rühl* [84], *Friedheim* und *Hasenclever* [85], ferner *Roldan* [86].

Arbeitsvorschrift. Zu einer Lösung die 0,5 g Kaliumalaun und die entsprechenden abzutrennenden Elemente enthält, gibt man genügend konz. Salzsäure, versetzt mit Hydroxylammoniumchlorid (2,5 g) und fällt die Lösung mit überschüssigem Ammoniak (25 bis 30 ml). Nach etwa $^1/_2$stündigem Stehen auf dem Wasserbad, bis der Niederschlag sich abgesetzt hat, wird abfiltriert und der Rückstand mit heißem Wasser ausgewaschen. Man trocknet, verascht, glüht und wägt als Aluminiumoxid.

Bemerkungen. Das Verfahren ist von *Jannasch* und Mitarbeitern zur quantitativen Trennung des Aluminiums vom *Kupfer, Chrom, Eisen, Zink, Mangan, Nickel* und *Magnesium* verwendet worden (*Jannasch* und *Cohen* [87], *Jannasch* und *Rühl*).

Die analytische Bedeutung dieser Trennungsmethoden ist allerdings *heute nur noch gering*. Nach ihren Ergebnissen ist die Abtrennung des Mangans, Nickels und Magnesiums nach zweimaliger Fällung möglich, diejenige des Zinks hingegen nicht.

Trennungen durch Maskierung mit Komplexbildnern
Maskierung von Eisen, Kobalt und Nickel mit Kaliumcyanid

Bereits *Moore* [88] hat versucht, zwecks Trennung des Aluminiums vom Eisen, Kobalt oder Nickel diese Elemente mit Kaliumcyanid in die löslichen Komplexsalze: $K_4[Fe(CN)_6]$, $K_3[Co(CN)_6]$, $K_2[Ni(CN)_4]$ zu überführen und das Aluminium aus dieser Lösung mit Ammoniak zu fällen. Weitere Arbeitsweisen haben *Crookes* [89], ferner *Ibbotson* [90] sowie *Lundell, Hoffman* und *Bright* [91] angegeben. Von diesen ausgehend hat *Wainer* [92] eine Vorschrift zur quantitativen Trennung des Eisens von Aluminium sowie Beryllium, Scandium, Indium, den Elementen der seltenen Erden, Titan, Zirkonium, Thorium, Chrom und Wismut ausgearbeitet.

Arbeitsvorschrift. Eine warme, schwach schwefelsaure Lösung wird mit Schwefeldioxid reduziert und der Überschuß an letzterem verkocht. Nachdem man genügend 50%ige Natronlauge zugefügt hat, um den größten Teil des Eisens zu fällen, wird schnell ein 25- bis 30%iger Überschuß von Kaliumcyanid in die Lösung gegeben. Nach Abkühlen werden 8 bis 10 g Ammoniumsulfat zugefügt. Nach dem Verdünnen auf 500 ml gibt man einige Tropfen Phenolphthalein zu und säuert die Lösung mit verd. Schwefelsäure (1:1) (etwa 1 ml 9 m H_2SO_4 im Überschuß) an. Die Lösung wird mit Ammoniak gerade neutralisiert und einige Minuten zum Kochen erhitzt. Der Niederschlag wird unter leichtem Absaugen abfiltriert und mit einer geeigneten Waschflüssigkeit ausgewaschen bis zur negativen Reaktion auf Hexacyanoferrat(II)-ionen. Für Aluminium (Beryllium, Chrom und Wismut) soll der Überschuß an Ammoniak vor der Filtration verkocht werden. Die Waschflüssigkeit für Aluminium (Titan, Zirkonium, Thorium, Chrom und Wismut) ist heiße 2%ige Ammoniumnitrat-Lösung.

Bemerkungen. Genauigkeit. Die Versuchslösungen enthielten 1,0 g Fe_2O_3, zu dem 5 bis 250 mg der anderen Bestandteile zugefügt wurden. Eine einfache Fällung ergab Resultate, die in jedem Falle 5 bis 20% zu hoch waren (infolge Fe_2O_3-Einschlusses). Der Rückstand enthielt Natrium- und Kaliumsulfat. Bei der zweiten Fällung nach dem Lösen in Schwefelsäure wurde die Menge der Verunreinigungen um 60% reduziert, während die dritte Fällung eine fast quantitative Trennung ergab.

Eine Trennung des Aluminiums vom Nickel durch Maskierung mit Kaliumcyanid, wie sie von *Chirnside* [93] zur Analyse von Nickellegierungen vorgeschlagen wurde, ergibt nach *Chirnside, Dauncey* und *Profitt* [82] für Aluminiumgehalte $< 0,4\%$ Überbefunde bis zu 30%. Sie dürfte auch zur Bestimmung höherer Aluminiumgehalte nicht geeignet sein.

Maskierung des Eisens mit Thioglykolsäure

wurde von *Mayr* und *Gebauer* [94] vorgeschlagen. Sie beruht darauf, daß Eisen in der 2wertigen Form mit Thioglykolsäure in alkalischem Medium eine intensiv rot gefärbte, in Wasser leicht lösliche Komplexverbindung bildet. 3wertiges Eisen reagiert in neutraler und alkalischer Lösung in gleicher Weise, wobei es zunächst von Thioglykolsäure reduziert wird. Aluminium bildet keinen Komplex und wird als Hydroxid ausgefällt.

Die Trennung wird am besten aus einer Lösung der Chloride ausgeführt. Nitrate stören. Zur Fällung des Aluminiums sind die Bedingungen der Fällung mit Ammoniak einzuhalten. Die schwach salzsaure Lösung, Volumen etwa 100 ml, wird mit einer gesättigten, wäßrigen Lösung von Schwefeldioxid versetzt und zum Sieden erhitzt. Man verkocht den Überschuß an letzterem, setzt je nach Eisenmenge 0,2 bis 2 ml Thioglykolsäure zu und macht gegen Methylrot ammoniakalisch.

Bei vorsichtigem Zusatz von Ammoniak ist der Farbumschlag von Rot nach Gelb zu erkennen. Ein weiterer Tropfen Ammoniak verursacht bereits die von der Komplexverbindung herrührende Rotfärbung. Nach kurzem Absitzen wird der Niederschlag abfiltriert und zuerst mit einer 1%igen Ammoniumchlorid-Lösung gewaschen, der 10 Tropfen Thioglykolsäure zugesetzt sind und die außerdem nach Zufügen von Methylrot mit Ammoniak bis zum Farbumschlag nach Gelb versetzt ist, anschließend mit einer reinen 1%igen Ammoniumnitratlösung.

Bei Gewichtsverhältnissen von Fe:Al wie 3:1 liefert eine einmalige Trennung noch ausgezeichnete Werte; erst bei höheren Eisengehalten ergibt sich die Notwendigkeit, die Aluminiumfällung zu wiederholen.

Nach *Hummel* und *Sandell* [95] erhält man die besten Ergebnisse, wenn man das 3wertige Eisen mit Sulfit reduziert, möglichst schnell arbeitet und den Niederschlag umfällt.

Auf die gleiche Weise verfahren *Schmied* und *Steiner* [96] zur Bestimmung des Aluminiums in keramischen Materialien. *Hutchinson* und *Wollack* [97] reduzieren Eisen mit Ammoniumhydrogensulfit und maskieren das 2wertige Eisen vor der Fällung mit Ammoniak durch Thioglykolsäure und α,α'-Dipyridyl. In Anwesenheit größerer Eisenmengen muß die Fällung bis zu 3 Malen wiederholt werden.

Maskierung des Titans als Peroxokomplex

Bertin und *Guerrero* [98] maskieren Titan bei der Fällung des Aluminiums (Eisens und Zirkoniums) mit Wasserstoffperoxid. Zur schwach sauren Lösung gibt man 25 bis 30 ml 30%ige Wasserstoffperoxidlösung, fügt bis zur Entfärbung konz. Ammoniak hinzu und noch 0,5 ml im Überschuß. Nach Absetzen des Niederschlages wird er mit 20%iger Ammoniaklösung, die 5% Wasserstoffperoxid enthält, ausgewaschen und in der üblichen Weise zu Oxid verglüht. Die Resultate sind bei Anwendung von 0,6 bis 5 mg Al meist um wenige Zehntel Milligramm zu niedrig.

Fehlerquellen bei der Fällung und Trennung nach der Ammoniakmethode

Einfluß und Mitfällung von Kationen und Anionen

Wie bereits (S. 29) erörtert, können bei der Fällung des Aluminiums vor allem in Analysen von Mineralien, Erzen und metallurgischen Produkten eine Reihe von Elementen mitgefällt werden. Eine sorgfältige Prüfung des gewogenen Niederschlages bei der Analyse von Proben unbekannter Zusammensetzung ist deshalb erforderlich.

Neben den bereits angegebenen Störungen (siehe S. 30) hat besonders in der Analyse von Silicaten *Borsäure* einen störenden Einfluß auf die Aluminium-Bestimmung. Sie wird zum Teil durch Ammoniak mitgefällt. Der Niederschlag enthält schwerlösliche Borate des Aluminiums und der Erdalkalimetalle (*Classen* [99], *Funk* und *Winter* [100]). Deshalb wird empfohlen, die Borsäure bei der Analyse borsäurehaltiger Silicate vorher zu entfernen. Dies kann z. B. durch wiederholtes Eindampfen der Lösung mit Salzsäure und Methanol geschehen, wodurch sich die Borsäure als Borsäuremethylester verflüchtigt (*Singleton* und *Chirnside* [101]). *Krasnowsky* [102] hat die Möglichkeit der Bestimmung des Aluminiums im Gange der Silicatanalyse ohne vorherige Abtrennung der Borsäure unter Berücksichtigung der Löslichkeit der Borate angegeben. Danach hindert ein Gehalt von Boroxid bis zu 30% die Bestimmung des Aluminiums unter den Bedingungen der Silicatanalyse bei einem Gehalt an Al_2O_3 bis zu 10% nicht, wenn die Fällung als Aluminiumhydroxid nach der *Blum*-Methode ausgeführt wird. Eine doppelte Fällung ist jedoch zu empfehlen.

Häufig enthält das geglühte Aluminiumoxid mehr oder weniger große Mengen *Kieselsäure*. Sie kann bei kleinen Mengen Aluminiumoxids aus dem gewogenen Rückstand durch Abrauchen mit 1 Tropfen verd. Schwefelsäure und wenigen Millilitern Flußsäure beseitigt werden. Besser wird die mit dem Oxid abgeschiedene Kieselsäure durch Schmelzen des Aluminiumoxids mit Kaliumdisulfat und durch Eindampfen mit Schwefelsäure abgeschieden (*Hillebrand* und *Lundell* [80]). Ist Phosphorsäure vorhanden, so fällt diese mit dem Aluminium aus, wobei auch Erdalkalimetalle mitgefällt werden können. Das zur Fällung verwendete Ammoniak muß carbonatfrei sein, da sonst Erdalkalimetalle als Carbonate mitfallen.

Bei Fällung in Gegenwart von Alkalisilicaten entsteht kein Aluminiumhydroxid, sondern ein mehr oder weniger basisches Silicat. *Britton* [103] stellt bei der elektrometrischen Titration von Aluminiumsulfat-Lösung mit Natriumsilicat-Lösung unter Verwendung der Wasserstoffelektrode fest, daß ein Niederschlag bei dem gleichen pH-Wert entsteht, bei welchem auch Aluminiumhydroxid auftritt (etwa pH = 4,14). Die in dem erhaltenen Niederschlag vorhandene Kieselsäuremenge war kleiner, als dem normalen Metasilicat entspricht. Auch in Gegenwart von Alkalimolybdaten bilden sich entsprechend basische Aluminiumsalze (*Britton* und *German* [104]).

Einfluß von Fällungstemperatur und Fällungsdauer

Blum [61] gibt an, daß kurzes Aufkochen vorteilhaft ist, um Kogulation des Niederschlages zu erreichen; längeres Kochen macht das Fällungsprodukt schwer filtrierbar. Er empfiehlt ein Aufkochen von nicht länger als 2 min und schnelles Filtrieren. Nach den Arbeiten von *Sidener* und *Pettijohn* [35] bewirkt 1 min langes Kochen vollkommene Fällung von Aluminiumhydroxid, während längeres Kochen Auflösung gewisser Anteile verursachen soll. *Rinne* [105] kocht höchstens $^1/_2$ min auf.

Einfluß von Zusätzen zur Verbesserung der Filtration

Durch Zusatz von *Tannin* zur Aluminiumfällung durch Ammoniak erhält man das gefällte Aluminiumhydroxid in einer leicht filtrierbaren Form. Wenn man zu einer Lösung, die etwa 0,1 g Al_2O_3 enthält, 2 ml einer 2,5 %igen Tanninlösung, dann Ammoniak in geringem Überschuß zusetzt und die Lösung aufkocht, bis der Geruch nach Ammoniak fast verschwunden ist, so wird ein Aluminiumhydroxidniederschlag erhalten, der mit Hilfe einer Saugflasche schnell abfiltriert werden kann und sich leicht auswaschen läßt (*Divine* [106]). Auch durch Zusatz von Glycerin an Stelle des Tannins soll eine ähnliche Wirkung erzielt werden können (*Guyard* [107]). Durch Glycerinzusatz zur Fällung mit Ammoniak konnte jedoch von *Blum* [61] keine Verbesserung des Niederschlages festgestellt werden; auch fand er im Filtrat der Fällung 5 mg Al_2O_3 bei einer angewendeten Menge von 0,1 g Al_2O_3. Bei der Fällung mit Tannin zeigte der Niederschlag eine annehmbare Verbesserung bezüglich seiner Eigenschaften; jedoch enthielt das Filtrat je nach der Dauer des Kochens 1 bis 5 mg Al_2O_3 von 0,1 g Al_2O_3.

Einfluß des Waschwassers

Um Peptisation des abfiltrierten Niederschlages zu vermeiden, muß auch das Waschwasser ammoniumsalzhaltig sein und schwach alkalisch reagieren, was durch Zugabe von Ammoniak bis zum Indikatorumschlag z.B. von Methylrot (aber kein Lackmus) leicht zu erreichen ist.

Fehlermöglichkeiten bei der Wiederauflösung des Aluminiumhydroxids

Beim Lösen des zuerst gefällten Niederschlages in Säure zum Zwecke einer zweiten Fällung ist anzuraten, den Niederschlag vom Filter abzuspritzen, die Hauptmenge des Niederschlages in Säure zu lösen und dann das Filter mit verd. Säure auszuwaschen. Durch heiße oder starke Säure können gegebenenfalls organische Stoffe aus dem Filter in Lösung gehen und eine quantitative Fällung des Aluminiums verhindern. Größere Mengen Aluminiumhydroxids nehmen in Gegenwart von Salzsäure eine Beschaffenheit an, bei der sie die Filterporen verstopfen und beim Waschen mit heißem Wasser trübe durch das Filter laufen. Oft verbleiben noch Reste in den Filterporen (*Rinne* [108]). Es ist deshalb zu empfehlen, das Filter nach dem Auswaschen und Trocknen zusammen mit dem Hauptniederschlag der zweiten Fällung zu veraschen. Man kann das zerfaserte Filter auch vor der zweiten Fällung der Lösung zugeben.

2. Fällung des Aluminiums aus homogener Lösung mit ammoniakabspaltenden Verbindungen

Der Vorteil der Anwendung von Verbindungen, die durch Hydrolyse Ammoniak abspalten, an Stelle der direkten Zugabe von Ammoniak zur quantitativen Fällung von Aluminiumhydroxid ist die Vermeidung eines Hydroxylionen-Überschusses, der wie beim Ammoniak die teilweise Auflösung des Aluminiumhydroxids bewirken könnte. Durch den allmählichen Reaktionsverlauf erhält man auch von vornherein dichtere, gut auswaschbare, kristalline Niederschläge. Die Mitfällung und Adsorption fremder Ionen wird dadurch geringer, so daß oft eine einmalige Fällung zur Trennung von anderen Ionen ausreicht.

Als ammoniakabspaltende Reagenzien sind *Harnstoff*, *Hexamethylentetramin* (Urotropin) und *Quecksilberamidochlorid* vorgeschlagen worden.

Harnstoff zerfällt in schwach saurer, siedender, wäßriger Lösung in Ammoniak und Kohlendioxid. Hexamethylentetramin bildet unter den gleichen Bedingungen Ammoniak und Formaldehyd. Quecksilberamidochloride setzen sich in schwach saurem Medium bei längerem Stehen in der Kälte unter Ammoniakabspaltung um. Eine Voraussetzung für die quantitative Fällung von Aluminium mit Harnstoff oder Hexamethylentetramin ist die Wahl eines Aluminiumsalzes, das bei der Hydrolyse möglichst ein schwerlösliches, basisches Salz ergibt. Für diesen Fall sind Aluminiumchlorid und -nitrat weniger geeignet als -sulfat oder Salze organischer Säuren. Quecksilberamidochloride werden andererseits vorzugsweise in Aluminiumchloridlösungen angewendet.

Fällung mit Harnstoff aus sulfathaltiger Lösung

Nach *Willard* und *Tang* [109] läßt sich Aluminium bei einem pH-Wert von 6,5 bis 7,5 aus einer Lösung, die Harnstoff, Ammoniumchlorid und -sulfat enthält, durch 1- bis 2stündiges, schwaches Kochen quantitativ als basisches Sulfat ausfällen. Der zur Fällung erforderliche pH-Bereich stellt sich infolge der allmählichen Hydrolyse des Harnstoffes während des Kochens nur langsam ein. Bei richtiger Dosierung von Harnstoff und Ammoniumsalzen erhält man den richtigen End-pH-Wert.

Die Löslichkeit des basischen Sulfates ist dieselbe wie diejenige des Aluminiumhydroxids, entsprechend 0,2 mg Aluminiumoxid je Liter bei einem pH-Wert von 6,5 bis 7,5.

Arbeitsvorschrift. Etwa 0,1 g Aluminiummetall werden in 5 ml verd. Salzsäure gelöst, die Lösung verdünnt und verd. Ammoniak bis zur leichten Trübung zugegeben. Dann klärt man mit verd. Salzsäure, fügt 1 bis 2 Tropfen im Überschuß zu, gibt 4 g Harnstoff, 20 g Ammoniumchlorid wie auch 1 g Ammoniumsulfat zu und bringt das Volumen auf 500 ml. Die Lösung wird zum Kochen erhitzt und, nachdem eine Opalescenz aufgetreten ist, 2 Std. im leichten Sieden erhalten. Man läßt noch 1 Std. auf einer elektrischen Heizplatte stehen und filtriert den Niederschlag ab. An den Glaswandungen haftende Anteile werden mit Filterpapier entfernt. Die letzten Spuren des Niederschlages werden in wenig Salzsäure gelöst und nach der *Blum*-Methode mit Ammoniak gefällt. Man filtriert durch das Filter, welches die Hauptmenge des Niederschlages enthält.

Die vereinigten Niederschläge werden 10mal mit heißer, 1%iger Ammoniumchloridlösung, die mit Ammoniak gegen Methylrot neutralisiert wurde, gewaschen. Nach Glühen in einem Platintiegel bei annähernd 1200 °C wird im geschlossenen Wägeglas gewogen. Die Menge des Aluminiums im Filtrat beträgt nur 0,078 bis 0,1 mg und kann colorimetrisch bestimmt werden. Der Niederschlag enthält nach dem Erhitzen auf 1200 °C nur eine geringe, zu vernachlässigende Menge Sulfat. Sie kann durch längeres Glühen bei 1200 °C vollständig entfernt werden.

Bemerkungen. Nach Beleganalysen von *Willard* und *Tang* beträgt die *Genauigkeit* bei Anwendung von etwa 200 mg Al_2O_3 und bei einem End-pH-Wert der Lösung von 6,58 bis 7,27 ± 0,3 mg Al_2O_3.

Trennung des Aluminiums von anderen Metallen nach obiger Arbeitsweise in Gegenwart verschiedener 2wertiger Metalle erzielten *Willard* und *Tang* nach einer einfachen Fällung (siehe Tab. 5).

Danach ist die Trennung des Aluminiums von Calcium, Magnesium, Mangan und Cadmium bereits durch *eine* Fällung mit Harnstoff in Gegenwart von Sulfation durchaus befriedigend. Die Trennung des Aluminiums von Nickel, Kobalt und Zink ist nicht befriedigend, jedoch bei einfacher Fällung nach der Harnstoffmethode für Nickel, Kobalt und Zink bereits ebenso wirksam wie bei einer doppelten Fällung mit Ammoniak. Die Abtrennung der Erdalkalien und des Magnesiums vom Aluminium in Gegenwart von Phosphation führen *Krleža, Savić* und *Kićanović* [110] durch.

Tabelle 5. *Fällung und Trennung des Aluminiums durch CO(NH₂)₂*

Angewendete Aluminiummenge mg	Gegenwart von mg	Mit dem Aluminiumhydroxid niedergeschlagene Menge mg
100	Ca 1000	Spuren
100	Mg 1000	0,0
100	Ni 125	0,7
100	Co 125	1,0
100	Zn 125	13,6
100	Mn 1000	0,1
100	Cd 125	0,4
100	Cu 125	7,3

Arbeitsvorschrift. Zu 10 g Ammoniumnitrat gibt man die zu untersuchende Lösung, welche die Metalle als Nitrate enthält, und füllt nach Zugabe von etwa 1,5 g Harnstoff auf 200 ml auf. Es wird 3 Std. auf 90 °C erhitzt, auf Raumtemperatur abgekühlt, der pH-Wert gemessen (er soll jetzt 6,6 bis 7,1 betragen) und filtriert. Man wäscht den Niederschlag mit etwa 400 ml 25%iger Ammoniumnitratlösung nach und verfährt wie üblich.

Bemerkungen. Bei der Abtrennung von Mg, Ca und Sr darf die Phosphatkonzentration das Verhältnis $Al_2O_3 : P_2O_5 = 4 : 1,75$ *nicht übersteigen;* bei Ba darf es nur 4 : 1 betragen.

Scipioni [111] wendet das Harnstoffverfahren zur Bestimmung des Aluminiums in Leichtmetallegierungen an. Er erhielt *ausgezeichnete* Resultate.

Fällung nach der Harnstoff-Succinat-Methode

Prinzip. Aus einer Aluminiumsalzlösung läßt sich nach *Willard* und *Tang* [109] Aluminium mit Harnstoff in Gegenwart von Succination und Ammoniumchlorid bei einem pH-Wert von 4,2 bis 4,6 durch längeres Kochen (vom Beginn der Trübung an 1,5 bis 2 Std.) quantitativ fällen.

Arbeitsvorschrift. Zu der etwas verdünnten Aluminiumlösung werden 5 g Bernsteinsäure, die in etwa 100 ml Wasser gelöst sind, und darauf 10 g Ammoniumchlorid und 4 g Harnstoff zugegeben. Die Lösung wird verdünnt, zum Kochen erhitzt und nach der beginnenden Trübung noch 2 Std. in leichtem Sieden gehalten. Man läßt den Niederschlag einige Minuten absitzen, filtriert nach Zugabe von wenig Filterbrei und wäscht 10mal mit einer 1%igen Lösung von Bernsteinsäure, die gegen Methylrot mit Ammoniak neutralisiert ist. Der an den Glaswandungen des Fällungsgefäßes haftende Niederschlag wird wie der aus sulfathaltiger Lösung entfernt, jedoch getrennt abfiltriert. Die vereinigten Niederschläge werden in einem Platintiegel bei 1200 °C bis zum konstanten Gewicht geglüht. Die Menge des im Filtrat und in den Waschwässern befindlichen Aluminiums beträgt etwa 0,1 mg und kann praktisch vernachlässigt werden.

Bemerkungen. Um die durch Zersetzung des Harnstoffs herbeigeführte Neutralisation zu beschleunigen, z.B. bei sauren Lösungen, empfiehlt es sich, der heißen Lösung tropfenweise verd. Ammoniak bis zum Auftreten einer geringen *Opaleszenz* zuzusetzen. Wichtig ist jedoch, nicht den Neutralisationspunkt zu überschreiten, da sonst flockige Niederschläge entstehen. Bei diesem Verfahren genügt eine Kochdauer von 1 Std. vom Auftreten der ersten Trübungen an.

Bei Aluminiummengen < 5 mg ist *längeres* Kochen erforderlich.

Die *Genauigkeit* dieser Methode entspricht derjenigen der Fällung mit Harnstoff aus sulfathaltiger Lösung.

Bandelin [112] sowie *Green* [113] bestimmen nach dieser modifizierten Methode den Aluminiumgehalt in pharmazeutischen Präparaten und Drogen. Sie erhalten *genauere* und besser reproduzierbare Werte als durch Fällung mit Ammoniak.

Trennung des Aluminiums von anderen Kationen. Die Bestimmung des Aluminiums in Gegenwart von Calcium, Barium, Magnesium, Mangan und Cadmium läßt sich durch eine einzige Fällung durchführen. Nach *Willard* und *Tang* konnten 50 bis 100 mg Aluminium in Gegenwart der oben genannten Metalle mit einem maximalen Fehler von ± 0,2 mg bestimmt werden.

Die Trennung des Aluminiums vom *Nickel* und *Kobalt* ist nach *Willard* [114] befriedigend. Es lassen sich durch einmalige Fällung 0,1 g Aluminium von einer gleich geringen Menge Kobalt oder Nickel trennen. Bei Wiederholung der Fällung ist die Trennung auch bei ungünstigeren Mengenverhältnissen praktisch quantitativ. Die Trennung ist besser als diejenige mit Ammoniak nach der *Blum*-Methode.

Wegen der verhältnismäßig geringen Löslichkeit des Kupfer(II)-succinats ist die Trennung des Aluminiums vom *Kupfer* unsicher. Wenn das Kupfer jedoch durch geeignete Reduktionsmittel während der Fällung in die Kupfer(I)-form überführt wird, erhält man befriedigende Trennungsresultate. Als Reduktionsmittel werden 4 g Hydroxylammoniumchlorid oder 10 ml frisch bereitete 2 n Ammoniumhydrogensulfitlösung angewendet und die Lösung zur Reduktion zum Kochen erhitzt. Anschließend erfolgt die Fällung in der gleichen Weise wie in der Arbeitsvorschrift, Seite 42, angegeben. Das Auswaschen des Niederschlages wird mit einer heißen Lösung, die je Liter 10 g Bernsteinsäure und 10 g Hydroxylammoniumchlorid bzw. 40 ml 2 n Ammoniumhydrogensulfitlösung enthält und mit Ammoniak gegen Methylrot neutralisiert wurde, durchgeführt. Auf diese Weise kann Aluminium von großen Mengen Kupfers durch eine einzige Fällung quantitativ getrennt werden.

Die Trennung vom *Zink* ist nach *Willard* nur bei doppelter Fällung ausreichend. Bei der Trennung von 0,1 g Aluminium von 1 g Zink verbleiben bei doppelter Fällung noch 0,5 mg Zink im Niederschlag. Das mit dem Aluminium niedergeschlagene Zink kann durch 1stündiges Erhitzen des Niederschlages im Wasserstoffstrom vollständig verflüchtigt werden. Auch durch Glühen des Niederschlages mit Kohlenstoff kann das Zink entfernt werden.

Eine Trennung des Aluminiums vom *Eisen* ist nach Reduktion des 3wertigen Eisens vor der Fällung möglich. Nach den Versuchen von *Willard* und *Tang* hat sich Phenylhydrazin als bestes Reduktionsmittel erwiesen. Bei einem Lösungsvolumen von 500 ml geben 2 ml Phenylhydrazin eine genügende Trennung von 0,1 g Al und 0,2 g Fe bei einfacher Fällung. Bei größeren Eisenmengen ist doppelte Fällung erforderlich.

Nach *Boyle* und *Musser* [115], welche die modifizierte Methode mit geringen Abänderungen – sie verwenden im Gegensatz zu *Willard* und *Tang* 10 g Harnstoff und 5 g Ammoniumchlorid, und die Kochzeit beträgt bei ihnen 90 min – zur Bestimmung des Aluminiums in Magnesiumlegierungen benutzen, ist die *Genauigkeit* dieser Methode mindestens ebensogut; letztere ist sogar etwas genauer als die Abtrennung mit Benzoat und anschließender Bestimmung des Aluminiums als Oxinat. Nach *Parker* [116] ist diese Methode zur Bestimmung kleiner Aluminiumgehalte in Stahl und fluorhaltigen Proben ungeeignet.

Fällung mit Harnstoff und Anthranilsäure

Bhaduri [117] schlägt zur Aluminiumbestimmung ein dem Harnstoff-Succinatverfahren analoges Verfahren vor, nach dem an Stelle von Bernsteinsäure Anthranilsäure verwendet wird. Wie bei dem ersteren wird Aluminium ebenfalls bei einem pH-Wert von 4,2 bis 4,6 quantitativ gefällt. Der Niederschlag von basischem Anthranilat ist jedoch in Natriumacetatlösung sowie in Gegenwart eines großen Überschusses von Ammoniumsalz löslich.

Fällung mit Hexamethylentetramin (Urotropin)

Hexamethylentetramin, auch Urotropin oder kurz Hexamin genannt, ein Kondensationsprodukt aus Ammoniak und Formaldehyd, unterliegt ähnlich wie Harnstoff in wäßriger Lösung der Hydrolyse unter Abspaltung von Ammoniak:

$$(CH_2)_6N_4 + 6H_2O \rightleftharpoons 4NH_3 + 6CH_2O.$$

Es wurde zuerst von *Kollo* [118] zur Trennung von Eisen und Mangan empfohlen und später von *Ray* und *Chattopadhya* [119] zur Bestimmung des Aluminiums vorgeschlagen.

Im Gegensatz zur Zersetzung des Harnstoffes in wäßriger Lösung handelt es sich bei der Hydrolyse des Hexamins um eine Gleichgewichtsreaktion. Die jeweils durch Hydrolyse gebildete Menge Ammoniak ist daher von der Acidität der Lösung und der Konzentration an Ammoniumionen abhängig. So werden die 3wertigen Metalle sowohl aus neutraler wie saurer Lösung als Hydroxide abgeschieden, während 2wertige Metalle nur aus neutralen Lösungen bei Siedehitze unvollständig gefällt werden. Durch Zusatz hinreichender Mengen Ammoniumsalze kann die Fällung von Mangan, Zink, Kobalt und Nickel als Hydroxide selbst aus siedenden Lösungen ihrer Salze völlig verhindert werden, während Aluminium, Eisen, Chrom und Titan unter denselben Bedingungen quantitativ abgeschieden werden. Dieses Verhaltens bietet die Möglichkeit einer quantitativen Trennung der Sesquioxide von den 2wertigen Metallen der Ammoniumsulfid-Gruppe.

Liegen Aluminiumsalze als Chloride vor, so läßt sich Aluminium nach *Ray* [120] sowie *Böttger* [121] *nicht* quantitativ fällen und abtrennen. Nach *Ray* findet vollständige Fällung nur bei Anwesenheit von Sulfation unter den nachstehend angegebenen Fällungsbedingungen infolge Bildung unlöslicher basischer Sulfate statt. Nach den Versuchen ist eine Trennung des Aluminiums vom Mangan, Kobalt, Magnesium und von geringen Mengen Zink nach dieser Methode möglich. Nach *Böttger* sowie *Lehrmann, Kabat* und *Weissberg* [122] läßt sich Aluminium auch aus sulfatfreier Lösung quantitativ abscheiden, wenn Nitrate vorliegen.

Arbeitsvorschrift von *Ray*. Die Lösung wird für je 0,1 g Al_2O_3 auf 300 ml verdünnt. Dazu gibt man auf je 100 ml Lösung 2,5 g Ammoniumchlorid und 1 bis 2 Tropfen Methylorange. Man erhitzt zum Sieden und fällt Aluminium aus der siedenden Lösung unter ständigem Rühren langsam durch tropfenweisen Zusatz einer 10%igen Lösung von Hexamin. Um eine vollständige Fällung und einen Farbumschlag der Lösung von Orange nach Gelb zu erreichen, werden etwa 2 bis 4 ml Hexamin-Lösung im Überschuß zugesetzt. Man erhitzt 2 bis 3 min weiter und stellt das Becherglas mit der Lösung je nach der Menge des ausgefällten Aluminiumhydroxids ungefähr 1 bis $1^1/_2$ Std. auf ein siedendes Wasserbad. Um das Absitzen und Filtrieren des Niederschlages zu erleichtern, wird Filterschleim zugesetzt. Der Niederschlag wird sofort abfiltriert und mit heißer 2%iger Ammoniumnitrat-Lösung ausgewaschen. Der immer etwas Sulfation enthaltende Niederschlag wird naß in einem Platintiegel verascht und bei etwa 1200°C bis zur Gewichtskonstanz geglüht.

Bemerkungen. Die erhaltenen Werte sind im Vergleich zu denjenigen, die man nach *Blum* [61] durch Fällung mit *frisch* destilliertem Ammoniak erhält, durchaus zufriedenstellend.

Trennung des Aluminiums von 2wertigen Kationen. Die Trennung des Aluminiums vom *Magnesium* nach der Methode *Ray* ist bereits nach *einmaliger* Fällung vollkommen. Ebenso ist die Trennung des Aluminiums vom *Calcium* durch Anwendung von Hexamin nach *Kollo* und *Georgian* [123] fehlerfrei durchführbar. Ist Phosphorsäure zugegen, so wird sie mit dem Aluminium und Eisen gefällt. Sie stört nur wenig bei der Trennung, wenn Aluminium und Eisen im Überschuß vorhanden sind.

Nach *Akiyama* [124] soll Aluminium bereits in der *Kälte* quantitativ von Hexamin gefällt werden, so daß es auf diesem Wege von dem erst bei Erwärmen ausfallenden *Beryllium* getrennt werden kann. Nach *Ray* wird jedoch auch Aluminium erst in der Siedehitze quantitativ, also zusammen mit Beryllium, abgeschieden. Die Methode von *Akiyama* dürfte für analytische Trennungen somit unbrauchbar sein.

Die Trennung vom *Mangan* ist bereits nach einmaliger Fällung ausreichend. Beleganalysen von *Ray* ergaben Differenzen von $+ 0,1$ bis $+ 0,5$ mg Al_2O_3 bei Anwendung von 59,2 bis 187,9 mg Al_2O_3 und 17,6 bis 645 mg MnO. Bei doppelter Fällung aus einer Lösung von 48 mg Al_2O_3 und 120,5 mg MnO wurde die theoretische Aluminiumoxid-Menge gefunden. Mangan war im Niederschlag nicht mehr nachweisbar.

Um Aluminium vom *Kobalt* zu trennen, ist doppelte Fällung erforderlich. Vom *Nickel* kann Aluminium selbst durch doppelte Fällung nach dieser Methode nicht getrennt werden, außer wenn Nickel nur in Spuren vorhanden ist.

Bei der Untersuchung der Trennung vom *Zink* fand *Ray* bei doppelter Fällung mit Hexamin und Anwendung von 54,2 bis 162,7 mg Al_2O_3 in Gegenwart von 27,7 bis 166,1 mg ZnO Differenzen von $- 0,2$ bis $+ 0,3$ mg. Größere Zinkmengen beeinflussen die Aluminiumfällung. So betrug z.B. bei Anwendung von 189,7 mg Al_2O_3 und 1246,9 mg ZnO die Differenz 14,3 mg Al_2O_3. Nach *Ripan* und *Paron* [125] ist im pH-Bereich von 3,5 bis 5,0 eine Trennung durch Fällung mit Hexamin möglich.

Während nach *Ray* die Fällung des Aluminiumhydroxids nur in Anwesenheit von Sulfationen vollständig sein soll, ist nach *Böttger* die Abscheidung auch aus Lösungen von *Chloriden* und *Nitraten* quantitativ, wenn diese, vor Zugabe des Hexamins bereits annähernd neutralisiert werden. *Böttger* fand jedoch bei der Fällung aus Chloridlösungen keine einwandfreien Resultate, so daß er die Bestimmung des Aluminiums in Gegenwart von Ammoniumnitrat ausführt. Die Originalvorschrift *Böttgers* bezieht sich auf Aluminiummengen, die einer Auswaage von etwa 1 g Al_2O_3 entsprechen. Die dadurch erhaltene Menge des Niederschlages ist so groß, daß sie auf 3 Filtern abfiltriert werden muß. Die im folgenden wiedergegebene Arbeitsvorschrift ist auf übliche Mengen, bis zu 0,3 g Al_2O_3, umgerechnet.

Arbeitsvorschrift. Die schwach salzsaure, bis zu 160 mg Aluminium enthaltende Lösung wird mit 6 bis 10 g Ammoniumnitrat versetzt, auf 200 ml verdünnt und mit 10%iger Ammoniumcarbonat-Lösung versetzt, bis die entstehende Trübung gerade verschwindet bzw. eine geringfügige Trübung bestehen bleibt (etwa pH = 5). Dann werden 15 bis 20 ml einer 10%igen, mit Salzsäure eben angesäuerten Hexamin-Lösung in kleinen Anteilen unter Durchmischen zugegeben, wobei sich die Flüssigkeit gleichmäßig trübt. Nun wird unter gelegentlichem Umrühren erhitzt und 5 bis 10 min in schwachem Sieden gehalten. Man setzt noch so viel Ammoniumcarbonat-Lösung zu, daß Lackmuspapier gerade gebläut wird, dekantiert von dem sich rasch absetzenden Niederschlag und bringt ihn mit heißer, etwa 4%iger Ammoniumnitrat-Lösung auf das Filter. Man wäscht mit der Ammoniumnitrat-Lösung aus, bis die ablaufende Flüssigkeit frei von Chloridionen ist. Nach dem Trocknen des Niederschlages wird zunächst das Filter gesondert verascht, dann der gesamte Niederschlag vorsichtig erhitzt, bis keine Abgabe von Wasserdampf und Ammoniumsalzen mehr bemerkbar ist, und dann bei 900 °C mehrere Stunden geglüht. Das Glühen ist bis zur Gewichtskonstanz zu wiederholen, die Wägung hat möglichst rasch zu erfolgen.

Filtrat und Waschwasser werden zur Zerstörung des Hexamins mit konz. Salpetersäure und Salzsäure eingedampft und abgeraucht, der Rückstand mit wenig Wasser aufgenommen, gegebenenfalls filtriert und die Vollständigkeit der Abscheidung des Aluminiums durch Zusatz von Ammoniumcarbonat und Erhitzen geprüft. Ein etwaiger Niederschlag wird abfiltriert und wie üblich als Al_2O_3 zur Wägung gebracht.

Bemerkungen. Gemäß dieser Arbeitsweise nach *Böttger* wurden *sehr gut* übereinstimmende Werte erhalten; nähere Angaben fehlen jedoch.

Eine Trennung von 2wertigen Metallen erscheint nach dem Verfahren von *Böttger*
nicht möglich infolge des hohen pH-Wertes (etwa 8) der Lösung nach beendeter
Fällung und der Verwendung von Ammoniumcarbonat.

Fällung mit Hexamin und Schwefelwasserstoff. Ostroumow und *Bomstein* [126]
erhalten auch bei der Fällung mit Hexamin aus der Lösung der Chloride ausgezeichnete Resultate, wenn in die Lösung Schwefelwasserstoff *eingeleitet* wird. Das Verfahren wurde ausgearbeitet zur gemeinsamen Abtrennung der Metalle der Ammoniumsulfid-Gruppe ·von den Erdalkalien und Alkalien.

Die Fällung des Aluminiums mit der Quecksilberaminverbindung $ClHgNH_2$, dem
weißen, unschmelzbaren Präzipitat, ist von *Šolaja* [127] angegeben worden. Sie geschieht nach folgender Gleichung:

$$2\,AlCl_3 + 3\,ClHgNH_2 + 6\,H_2O \rightarrow 2\,Al(OH)_3 + 3\,HgCl_2 + 3\,NH_4Cl.$$

Arbeitsvorschrift. Das Flüssigkeitsvolumen beträgt 200 ml. Es werden für je 0,1 g
Al_2O_3 2 g $ClHgNH_2$ und 2 g Ammoniumchlorid angewendet. Die Aluminiumlösung
wird mit Ammoniak neutralisiert, die Fällung erfolgt bei gewöhnlicher Temperatur.
Die Verbindung $ClHgNH_2$ wird mit Wasser zu einer feinen Suspension verrieben und
anteilsweise unter Rühren in die Aluminiumchlorid-Lösung eingegossen. Man läßt
über Nacht stehen. Nach 3maligem Dekantieren wird der Niederschlag auf das Filter
gebracht, mit reinem Wasser gewaschen, im Platintiegel auf dem Luftbad bis zur
Vertreibung von überschüssigem $ClHgNH_2$ erwärmt, dann bis zur Gewichtskonstanz
geglüht und im bedeckten Wägegläschen gewogen. Beim Konzentrieren der Filtrate
ist noch eine geringe Abscheidung von Aluminiumhydroxid bemerkbar.

Bemerkungen. Bei Beleganalysen mit etwa 100 mg Al_2O_3 erhielt *Šolaja* Differenzen
von − 0,4 bis + 0,1 mg. Nach seinen Angaben ist die Methode zur Trennung von
Aluminium- und Manganionen *geeignet*.

Šušić und *Njegovan* [128] verwenden sie ebenfalls zur Trennung des Aluminiums
vom Mangan. Man setzt vor der Fällung 1,5 g Ammoniumchlorid zu, um das Zusammenballen des Niederschlages zu beschleunigen. Die Mitarbeiter von *Šolaja*,
Kranjčević und *Rukonić* [129] haben dasselbe Quecksilberreagens zur Trennung von
Aluminium und *Magnesium* benutzt. Bei der Trennung des Aluminiums vom *Nickel*
konnten sie feststellen, daß in Anwesenheit von viel Chloridionen bei der Fällung
mit $ClHgNH_2$ auch Nickel mitgerissen wird.

Fällung mit der Verbindung $Hg(NH_3)_2Cl_2$

Bei weiteren Trennungsversuchen verwendet *Šolaja* [130] das weiße, schmelzbare
Präzipitat, $Hg(NH_3)_2Cl_2$, das durch Einwirkung von Ammoniak auf Quecksilber-
chlorid in Gegenwart von viel Ammoniumchlorid aus heißer Lösung erhalten wird.

Die quantitative Fällung des Aluminiums und auch die Trennung von 2wertigen
Kationen ist innerhalb eines pH-Bereiches von etwa 5 bis 6,5 möglich. Nach Überführung in 2wertiges Eisen ist in Anwesenheit von *Hydroxylamin* auch die Trennung
des Aluminiums vom Eisen durchzuführen. In Anwesenheit von Phosphation fällt
dieses zusammen mit Aluminium, jedoch nur dann quantitativ, wenn das Molverhältnis $Al_2O_3 : P_2O_5$ größer ist als 2 bis 3. Unter dieser Voraussetzung ist die gemeinsame, quantitative Abtrennung des Aluminiums und der Phosphorsäure vom Calcium, Magnesium, Mangan oder Eisen möglich.

Arbeitsvorschrift (in Gegenwart von Phosphation). Liegen Chloridlösungen vor,
werden die Chloride durch Zufügen von 1 bis 2 ml konz. Schwefelsäure und durch
Abrauchen in Sulfate übergeführt. Nach dem Lösen der Sulfate verdünnt man auf
etwa 200 ml, erhitzt bis zum Sieden und neutralisiert mit Ammoniak, bis sich ein
etwa entstandener kleiner Niederschlag durch Zutropfen von 2 n Schwefelsäure

gerade wieder auflöst. Die Lösung wird dann wieder zum Sieden erhitzt, wobei sie sich trübt; später scheidet sich zum Teil ein weißer, typischer Niederschlag von basischem Aluminiumphosphat aus. Um die Fällung bzw. die Trennung zu vervollständigen, gießt man in die heiße Flüssigkeit eine kalte, wäßrige Suspension von etwa 2,5 bis 3 g $Hg(NH_3)_2Cl_2$ in etwa 50 ml Wasser ein, rührt tüchtig mit einem Glasstab um, wobei das basische Aluminiumphosphat quantitativ ausfällt. Es ist durch Hydrolyseprodukte des Fällungsreagenses gelb gefärbt und wird sofort heiß abfiltriert.

Bemerkungen. Nach den Beleganalysen von *Šolaja* sind die Resultate *zufriedenstellend.* Auch *Calcium* und *Magnesium* konnten in gleicher Weise von Aluminium und Phosphorsäure unter Einhaltung eines Molverhältnisses von $Al_2O_3 : P_2O_5 = 3$ getrennt werden. Wird dieses Verhältnis jedoch kleiner als 2, so wird in zunehmendem Maße die Summe $Al_2O_3 + P_2O_5$ zu niedrig gefunden. Eine zuverlässige Abtrennung der 2wertigen Metalle dürfte dann in Frage gestellt sein.

3. Fällung des Aluminiumhydroxids mit Ammoniakderivaten oder anderen organischen Basen

An Stelle von Ammoniak lassen sich grundsätzlich auch die Substitutionsprodukte des Ammoniaks oder andere organische Basen zur Abscheidung des Aluminiumhydroxids verwenden. Die praktische Bedeutung solcher Verfahren für die quantitative Analyse ist im allgemeinen gering.

Man kann die für die Analyse vorgeschlagenen Fällungsmittel dieser Art einteilen in solche, die stärker basisch sind als Ammoniak und solche, die weniger stark alkalisch reagieren. Stärkere Basen als Ammoniak zu verwenden, dürfte analytisch überhaupt unzweckmäßig sein, da sie Aluminiumhydroxid bereits mehr oder weniger lösen, wenn sie im Überschuß vorhanden sind (*Fischer* [131]). Hier ist also die bereits beim Ammoniak bestehende Gefahr der unter Umständen nicht ganz vollständigen Fällung noch verstärkt. Die Notwendigkeit, den pH-Wert in einem solchen Falle besonders genau einzuhalten, ist selbstverständlich ein Nachteil. Zu diesen stärkeren Basen gehören Methylamin, Äthylamin und Piperazin.

Basen, die merklich schwächer sind als Ammoniak, lösen das Aluminiumhydroxid auch dann nicht, wenn sie im Überschuß vorhanden sind. Sie bieten auch bei der Trennung des Aluminiums von 2wertigen Kationen Vorteile, da ihre Hydroxylionen-Konzentration zur Fällung der 2wertigen Kationen, z.B. Nickel, Kobalt, Mangan, Calcium und Magnesium nicht ausreicht. Auch 2wertiges Eisen wird von einigen schwächeren Basen nicht mehr als Hydroxid gefällt.

Beim Arbeiten mit schwächeren Basen besteht jedoch die Gefahr einer unvollständigen Fällung des Aluminiums auch in Gegenwart eines Überschusses des Fäl-

Tabelle 6. *Dissoziationskonstanten einiger Basen*

Base	Temperatur °C	Dissoziations-konstante
Methylamin	25	$5 \cdot 10^{-4}$
Äthylamin	25	$5,6 \cdot 10^{-4}$
Piperazin	25	$6,4 \cdot 10^{-5}$
Ammoniak	18	$1,75 \cdot 10^{-5}$
Hydrazinhydrat	25	$3 \cdot 10^{-6}$
Pyridin	18	$1,4 \cdot 10^{-9}$
Phenylhydrazin	40	$1,6 \cdot 10^{-9}$
Anilin	25	$4 \cdot 10^{-10}$
o-Phenetidin	20	$4,6 \cdot 10^{-11}$

lungsmittels, wenn saure Lösungen direkt mit diesen Basen gefällt werden. Grundsätzlich ist den im folgenden beschriebenen Verfahren daher gemeinsam, daß die Fällung aus ganz schwach saurer, annähernd neutraler Lösung erfolgen muß, wobei nötigenfalls bis zu diesem Punkt z.B. mit Ammoniak zu neutralisieren ist.

Die vorstehende Tabelle 6 gibt die Dissoziationskonstanten der für die quantitative Fällung von Aluminiumhydroxid vorgeschlagenen Basen und von Ammoniak zur Kennzeichnung ihrer Basizität wieder.

Von den in der Tabelle 6 angeführten Basen beanspruchen die schwächsten, z.B. Phenylhydrazin, o-Phenetidin und Pyridin, noch am ehesten analytisches Interesse.

Fällung mit Äthylamin und Methylamin

Kozu [132] hat Äthylamin oder Methylamin und deren Carbonate für die Ausfällung des Aluminiums und seine quantitative Bestimmung verwendet. Durch Zusatz von so viel Äthylamin zu einer Lösung von Kaliumalaun, daß Bromthymolblau als Indikator in Grün umschlägt und 30 bis 50 min langem Stehenlassen und Erhitzen auf dem Wasserbad wird Aluminium vollständig als Aluminiumhydroxid ausgefällt. Der pH-Wert der Lösung beträgt ungefähr 7,9. In einem Überschuß des Fällungsmittels löst sich das gefällte Aluminiumhydroxid wieder auf, wenn der pH-Wert der Lösung 10,5 übersteigt. Wird in diese Lösung Kohlendioxid eingeleitet, so wird Aluminiumhydroxid wieder ausgefällt. Ebenso wie durch Äthylamin kann Aluminiumhydroxid auch durch Methylamin oder durch eine Lösung von Methylamin, welche mit Kohlendioxid gesättigt ist, gefällt werden. Die Verwendung der beiden Aminbasen bietet jedoch gegenüber der Fällung mit Ammoniak keinen Vorteil.

Fällung des Aluminiums und Trennung des Aluminiums und 3wertigen Eisens vom Mangan durch Piperazin

Aluminium und Eisen(III) werden sowohl in Abwesenheit als auch in Gegenwart hoher Ammoniumsalz-Konzentrationen durch Piperazin quantitativ gefällt, während Mangan aus schwach saurer Lösung nur in Abwesenheit von Ammoniumsalzen quantitativ ausfällt. Auf Grund dieser Reaktion trennen *Azarello* und *Scalzi* [133] das Aluminium und Eisen(III) vom Mangan.

Fällung mit Triäthanolamin

Triäthanolamin ist eine starke Base, die aus Aluminiumsalz-Lösungen Aluminiumhydroxid fällt, das jedoch im Überschuß des Fällungsmittels wieder aufgelöst wird (*Jaffe* [134]). Versuche von *Saxer* und *Jones* [135] mit diesem Reagens eine quantitative Fällung des Aluminiums und eine Trennung vom 2wertigen Eisen zu erreichen, zeigten keinen Erfolg.

Fällung mit Hydrazinhydrat

Zur Bestimmung kleiner Mengen Aluminium ist das Hydrazinhydrat-Verfahren der Ammoniak-Methode vorzuziehen. Die Löslichkeit des Aluminiumhydroxids in den Hydrazinhydrat-Filtraten ist etwas geringer als in den Ammoniakfiltraten.

Arbeitsvorschrift nach *Maljarow* [136]. In die neutrale oder schwach saure, mäßig konzentrierte, siedende Lösung der Chloride wird ein geringer Überschuß einer wäßrigen Lösung des Hydrazinhydrates gegeben. Nach kurzem Erwärmen läßt man absitzen und filtriert noch warm. Man wäscht mit warmem Wasser, das eine geringe Menge Hydrazinhydrat enthält. Die Fällung des Aluminiums aus der Chloridlösung ergibt in Abwesenheit fremder Kationen stets theoretische Werte, unabhängig von der Menge des gefällten Aluminiums.

Bemerkung. Die Methode ist nur zur Trennung des Aluminiums (und Chroms) von großen Mengen *Kalium* und *Natrium* geeignet.

Fällung mit Pyridin dürfte vor allem für Trennungen in Betracht kommen. Verfahren zur Trennung des Aluminiums (Eisens und Chroms) vom Mangan, Kobalt und Nickel mit Pyridin als Fällungsmittel hat *Ostroumow* [137] ausgearbeitet.

Arbeitsvorschrift. Die schwachsaure, am besten salzsaure Lösung, die etwa 0,1 g Al_2O_3 in 100 ml enthalten soll, wird mit 5 bis 10 g Ammoniumchlorid je 100 ml und tropfenweise mit Ammoniak bis zur beginnenden Trübung versetzt. Nach Klärung mit einigen Tropfen Salzsäure wird zum Sieden erhitzt, Methylorange zugegeben und mit 2%iger wäßriger Pyridin-Lösung bis zum Umschlag des Methylrots nach Gelb und darüber hinaus noch mit einem Überschuß von 10 bis 15 ml versetzt. Man kocht auf und läßt den Niederschlag auf dem Wasserbad absitzen. Nach Filtration wird mit heißem, pyridinhaltigem Wasser oder 3%iger Ammoniumnitrat-Lösung gewaschen. Bei Fällung aus salpetersaurer Lösung setzt man Ammoniumnitrat statt -chlorids zu. Sollte sich beim Aufkochen Pyridin verflüchtigen (Umschlag des Indikators nach Rot), so setzt man vor der Filtration einen Überschuß an 20%iger Pyridin-Lösung zu.

Bemerkungen. Gegenwart größerer Sulfatmengen *stört.*

Ostroumow fand bei Anwendung von 22,6 mg Al_2O_3 Differenzen von 0 bis 0,1 mg Al_2O_3. *Macarovici* [138] erhielt dagegen für Aluminium in Abwesenheit anderer Metalle bis zu 3,1% zu niedrige Werte. Auch *Mendez* und *Pinto* [139] fanden, daß die Fällung mit Pyridin *nicht* so *vollständig* ist wie diejenige mit Ammoniak. Möglicherweise sind diese Differenzen auf Fällung bei zu niedrigen pH-Werten zurückzuführen.

Das Verfahren wurde von *Ostroumow* zur Trennung des Aluminiums, Eisens, Chroms, später auch des Urans, Zirkoniums und Titans [140] vom Mangan, Kobalt und Nickel ausgearbeitet und angewandt. Nach seinen Angaben ist die Trennung *zufriedenstellend.* Auch *Mendez* und *Pinto* kommen zu einer genügend quantitativen Fällung von Aluminium, Eisen und Chrom und einer vollständigen Trennung vom Mangan, Kobalt und Nickel, wenn sie in Abwesenheit von Zink- und Sulfationen durch langsame Zugabe konz. Pyridinlösung fällen, über Nacht bei Raumtemperatur stehenlassen und dann abfiltrieren. Nach *Macarovici,* der von sulfathaltigen Lösungen ausgeht, fallen dagegen in Gegenwart von Kobalt-, Nickel- und Mangansalzen die Al_2O_3-Werte infolge Mitfällung zu hoch aus.

Die Trennung des Aluminiums vom *Zink* erfordert nach *Ostroumow* und *Bomstein* [141] doppelte Fällung, wobei die Pyridinlösung tropfenweise zu der siedend heißen, nahezu neutralen Lösung zugegeben werden muß. Trotzdem ist die Trennung nicht so befriedigend wie diejenige von Eisen und Zink. *Peltenburg* [142] hingegen kommt zu befriedigenden Ergebnissen für die Trennung des Eisens und Aluminiums vom Zink.

Deterding und *Taylor* [75] wenden die Fällung zur Bestimmung von *Magnesium* in Aluminium-Legierungen an, um bei der Abtrennung des Magnesiumhydroxids aus alkalischer Lösung mitgerissene Aluminiummengen vom Magnesium zu trennen. Nach *Ostroumow* lassen sich Aluminium sowie Eisen, Chrom, Zirkon, Titan, Indium, Gallium und einige seltene Metalle nach der Pyridinmethode vom Mangan, Nickel, Kobalt, Zink, Kupfer, Cadmium, Erdalkali- und Alkalimetallen trennen. In Anwesenheit von Phosphationen ist die Pyridintrennung nur anwendbar, wenn Aluminium, Eisen, Titan und Zirkonium in ausreichendem Überschuß vorhanden sind. Ähnliches gilt für die Anwesenheit von Vanadium. *Box* [143] wendet die Pyridinmethode auf die Aluminium-Bestimmung in legierten Stählen an, um Aluminium, Chrom, Titan (und Zirkonium) von den 2wertigen Metallen und der Hauptmenge des nach Lösen der Stahlprobe mit verd. Schwefelsäure in 2wertiger Form vorliegenden Eisens zu trennen.

Fällung mit Anilin

Nach den Arbeiten von *Kozu* [144] kann Aluminium quantitativ aus einer Lösung von Kaliumalaun durch eine gesättigte Lösung von Anilin gefällt werden, wenn der pH-Wert der Lösung 4,45 bis 4,50 beträgt. Auch aus Mischungen der Sulfate in Gegenwart von Mangan, Nickel oder Kobalt kann Aluminium gefällt werden. Durch Anwesenheit von Zink wird die Fällung behindert.

Die Verwendung des o-Phenetidins bringt für die Fällung des Aluminiums kaum Vorteile. Gewissen Wert hat sie für die Trennung des Aluminiums vom Eisen (*Chalupny* und *Breisch* [145]).

Bei der Fällung des Aluminiums mit o-Phenetidin fällt 2wertiges Eisen bei der geringen Hydroxylionen-Konzentration nicht als Hydroxid aus. Die Reduktion des 3wertigen Eisens erfolgt am besten mit Schwefelwasserstoff.

Arbeitsvorschrift. In die schwach salzsaure Aluminium- und Eisen-Lösung wird zuerst Schwefelwasserstoff, dann Kohlendioxid eingeleitet, bis der Schwefelwasserstoffgeruch verschwunden ist. Die Lösung wird bis zum Verbleiben eines geringen Niederschlages mit Ammoniumcarbonat versetzt und dieser durch Zugabe verd. Salzsäure eben wieder in Lösung gebracht. Zu der so neutralisierten Lösung wird eine in bezug auf Al_2O_3 mindestens 10fache Menge äthanolischer Phenetidinlösung (1:20) zugefügt und die Lösung auf 80 °C erwärmt. Nach kurzem Erhitzen wird durch ein mit etwas Filterbrei versehenes Filter filtriert, der Niederschlag mit heißem, ammoniumnitrathaltigem Wasser eisenfrei gewaschen und geglüht.

Fällung mit Phenylhydrazin

Phenylhydrazin, eine merklich schwächere Base als Ammoniak, fällt Aluminium auch im Überschuß quantitativ als Hydroxid. Als starkes Reduktionsmittel reduziert es zugleich das Eisen, so daß die Phenylhydrazin-Methode vor allem auf die Trennung von Aluminium und Eisen angewandt wird. Auch Titan, Zirkonium, Thorium und Chrom können durch Phenylhydrazin quantitativ gefällt werden. Phosphor und Vanadin werden, wenn nicht im Überschuß vorhanden, mit den zu fällenden Metallen gefällt. Zink, Cadmium, Kobalt und Nickel bilden mit Phenylhydrazin in hinreichend konzentrierter Lösung schwerlösliche Additionsprodukte, während Mangan und die Erdalkalimetalle nicht gefällt werden.

Bisulfit-Phenylhydrazin-Methode

Hess und *Campbell* [146] haben folgende Methode für die direkte Bestimmung des Aluminiums in Gegenwart von Eisen, Mangan, Calcium und Magnesium ausgearbeitet, die später von *Allen* [147] und von *De Moraes Bastos* [148] modifiziert wurde.

Arbeitsvorschrift (nach *Hess* und *Campbell*). Zu 200 ml salzsaurer Lösung, die nahe zum Sieden erhitzt wird, setzt man langsam verd. NH_3-Lösung, bis der gebildete Niederschlag sich nur noch langsam wieder auflöst. Zu der fast neutralen Lösung fügt man eine gesättigte Lösung Ammoniumhydrogensulfit tropfenweise unter Umrühren hinzu, bis die Lösung farblos wird (vollständige Reduktion des Eisens). — Die Ammoniumhydrogensulfit-Lösung wird durch Einleiten von Schwefeldioxid in eine gekühlte Lösung von Ammoniak (1:1) (etwa 7 m) bis zum Gelbwerden der Lösung hergestellt. — Zu der heißen Lösung werden 1 bis 2 ml Phenylhydrazin hinzugefügt und einige Tropfen des Reagenses im Überschuß. Wenn 1 bis 2 ml keine dauernde Fällung bewirken, ist es vorteilhaft, nach Zusatz dieser Phenylhydrazin-Menge vorsichtig tropfenweise verd. Ammoniak zuzufügen und dann die vollständige Fällung durch Zugabe einiger Tropfen Phenylhydrazin herbeizuführen. Der Niederschlag, er besteht aus $Al(OH)_3$ oder $AlPO_4$, wenn Phosphor zugegen ist, wird abfiltriert und mit warmer Waschlösung gewaschen, die folgendermaßen *hergestellt* wird: Zu wenigen Millilitern Phenylhydrazin wird eine gesättigte Lösung von Schwefeldioxid allmählich zugegeben, bis der Niederschlag von Phenylhydraziniumsulfit, der zuerst in Form von Kristallen ausfällt, sich wieder zu einer gelben

Flüssigkeit gelöst hat. Wenn nach einigen Minuten noch ein Geruch nach Schwefeldioxid wahrnehmbar ist, werden einige Tropfen Phenylhydrazin zugesetzt, um diesen Überschuß an Schwefeldioxid zu neutralisieren. Zur Waschlösung werden 5 bis 10 ml dieser Lösung auf 100 ml verdünnt. Es wird so lange ausgewaschen, bis die Waschflüssigkeit mit Ammoniumsulfid keine Reaktion auf Eisen mehr gibt. Dem Filtrat setzt man unter Umrühren 1 Tropfen Phenylhydrazin zu, um sich von der Vollständigkeit der Fällung zu überzeugen. Wenn neben Eisen- noch andere Metallhydroxide zugegen sind, muß das Waschen fortgesetzt werden, bis die Waschwässer chloridfrei sind. Niederschlag und Filter werden im Platintiegel getrocknet, verascht und bei 1200 °C geglüht. Die Auswaage enthält das gesamte Phosphor(V)-oxid, das gesondert bestimmt und abgezogen werden muß.

Bemerkungen. Die Methode hat sich besonders für solche Fälle gut bewährt, in denen *kleine* Mengen Aluminium neben großen Mengen Eisen zu bestimmen sind. *Hess* und *Campbell* fanden bei Anwendung ihrer Methode gut übereinstimmende Werte.

Allen dagegen fand bei der Fällung aus reinen Aluminiumchloridlösungen zu niedrige Werte.

Zur Bestimmung des Aluminiumgehaltes von *Manganerzen* hat *De Moraes Bastos* die Phenylhydrazin-Methode mit Erfolg angewandt. Es wird im wesentlichen nach obiger Arbeitsvorschrift von *Hess* und *Campbell* verfahren. Mangan, Eisen sowie kleine Mengen Calcium, Magnesium, Zink, Nickel, Kobalt und Kupfer werden dabei quantitativ vom Aluminium getrennt; Chrom stört. Titan, Zirkonium und Phosphorsäure werden zusammen mit Aluminium gefällt und von der Auswaage als TiO_2, ZrO_2 und P_2O_5 in Abzug gebracht. Ihre Gesamtmenge darf jedoch höchstens ein Drittel des Aluminiumoxid-Gewichtes betragen.

Clennel [149] hat die Phenylhydrazin-Methode zur Trennung des Aluminiums vom *Eisen* nachgeprüft. Danach findet die Reaktion am besten in der *Kälte* statt, da das Reagens sich in heißen Lösungen teilweise zu verflüchtigen scheint oder zersetzt wird. Allerdings geht das Filtrieren und Auswaschen des Hydroxids in kalten Lösungen sehr langsam vor sich.

Hillebrand und *Lundell* trennen Aluminium vom Eisen aus *sulfathaltigen* Lösungen, die keine Erdalkalimetalle und kein Zink, Kobalt oder Nickel nur in mäßigen Mengen enthalten sollen, nach der von *Allen* modifizierten Methode.

Nach einmaliger Fällung ist, insbesondere wenn *viel* Eisen zugegen war, der Niederschlag noch nicht eisenfrei. In Anwesenheit von viel Eisen muß deshalb die Fällung wiederholt werden. Enthält die Lösung nicht mehr Phosphorsäure als durch Al_2O_3 gefällt werden kann, wird die gesamte Phosphorsäure als Aluminiumphosphat niedergeschlagen. *Golowaty* und *Ssidorow* [150] haben die Phenylhydrazin-Methode zur Aluminium-Bestimmung in *Eisenerzen* verwendet. Nach ihren Angaben ist diese Methode für Eisenerze, die kein Chrom, Titan und Zink enthalten, geeignet.

Thiosulfat-Phenylhydrazin-Methode

Durch Verwendung von Thiosulfat als Reduktionsmittel an Stelle von Sulfit werden leichter filtrierbare, körnige Fällungen erhalten und die Gefahr der Rückoxydation von Eisen kann leichter vermieden werden. *Leimbach* [151] und später *Ishimaru* [152] haben die Thiosulfat-Phenylhydrazin-Methode zur quantitativen Bestimmung des Aluminiums neben viel Eisen verwendet.

Arbeitsvorschrift. Die zu untersuchende Lösung wird mit verd. Ammoniak versetzt, bis ein bleibender Niederschlag entsteht; dann werden zur Klärung der Lösung etwa 10 ml n Salzsäure zugegeben und mit Wasser auf 200 bis 300 ml verdünnt. Die Farbe der Lösung soll rein gelb oder grünlichgelb sein; ist sie rötlich oder rötlichbraun, so muß noch mehr Salzsäure zugesetzt werden. Zu der schwach sauren Lösung gibt man einen reichlichen Überschuß von etwa 15 g Natriumthiosulfat-5-hydrat

4*

und kocht die milchig getrübte Flüssigkeit etwa 4 bis 5 min. Nach schnellem Abkühlen auf Zimmertemperatur wird eine genügende Menge äthanolischer Phenylhydrazin-Lösung (1 bis 2 ml Reagens in dem gleichen Volumen 95%igem Äthanol) unter ständigem Umrühren zugefügt, wobei sich der Niederschlag zusammen mit dem freien Schwefel absetzt. Man filtriert möglichst schnell und wäscht mit kaltem Wasser aus.

Bemerkungen. Die von *Ishimaru* durch *einfache* Fällung erhaltenen Werte sind im großen und ganzen als befriedigend anzusehen.

Nach *Hahn* [153] ist die Phenylhydrazin-Methode zur quantitativen Fällung des Aluminiums *nicht geeignet.*

Edwards und *Gailer* [154] empfehlen die Thiosulfat-Phenylhydrazin-Methode zur Bestimmung des Aluminiums in *Bronzen* und *Messing.*

4. Hydrolyseverfahren zur Fällung des Aluminiums als Hydroxid oder basisches Salz

Die Salze des Aluminiums sind in wäßriger Lösung mehr oder weniger stark hydrolytisch gespalten. Die Hydrolyse vollzieht sich nach folgender Gleichgewichtsreaktion:

$$Al^{3+} + 3H^+ + 3OH' \rightleftarrows Al(OH)_3 + 3H^+.$$

Durch Bindung der bei der Hydrolyse freiwerdenden Wasserstoffionen wird das Gleichgewicht obiger Reaktion so weit nach rechts verschoben, daß Aluminium schließlich quantitativ ausfällt. Die Bindung der Wasserstoffionen wird durch Zusatz von Salzen mehr oder weniger schwacher Säuren erreicht, wobei die durch Hydrolyse entstehenden freien Säuren in verschiedener Weise entfernt werden können:

I. Die gebildete schwache Säure ist flüchtig. Derartige Hydrolyseverfahren verlangen möglichst Ausführung in der Siedehitze.

II. Die gebildete schwache Säure ist unbeständig und zerfällt in andere Bestandteile, die flüchtig oder nicht mehr sauer sind.

III. Die gebildete schwache Säure wird mit anderen Stoffen unter Bildung flüchtiger oder nicht mehr saurer Reaktionsprodukte umgesetzt.

Ein Teil der hydrolytischen Fällungsverfahren beruht auf der Bildung schwerlöslicher, basischer Salze, die sich bereits in teilweiser Hydrolyse bilden und bei geeigneter Wahl des Anions die quantitative Abscheidung des Aluminiums bei niedrigeren pH-Werten ermöglichen als bei der Fällung als Hydroxid.

Das klassische Verfahren der Gruppe ist das Acetatverfahren. Bei Zusatz von Alkali- oder Ammoniumacetat zur schwachsauren Aluminiumsalz-Lösung bildet sich die wenig dissoziierte Essigsäure, die sich in der Hitze verflüchtigt. Die Acetat-Methode hat ihre Bedeutung einzig und allein als Trennungsverfahren. Sie wird zur Trennung des Aluminiums von den 2wertigen Schwermetallen verwendet. Ihr Hauptnachteil liegt in der sehr ungünstigen, gallertartigen Abscheidungsform des basischen Aluminiumacetates. Die Fällung des Aluminiums ist jedoch nicht ganz quantitativ.

Die Fällungen mit Formiaten und Succinaten sind als Trennungsverfahren teilweise umstritten. Eine Ausnahme macht das Benzoat-Verfahren, das weitgehend Eingang in die analytische Praxis gefunden hat. Schließlich gehören in diese Gruppe noch die Fällungen mit Ammoniumsulfid oder Natriumsulfid.

Die bekanntesten Verfahren der Gruppe II sind die Carbonat-Verfahren, nach denen das Hydrolyse-Gleichgewicht der Aluminiumsalz-Lösung durch Zusatz eines geeigneten Carbonates verschoben wird. Die gebildete sehr schwache Kohlensäure zerfällt dabei unter Abgabe von Kohlendioxid. Die beiden klassischen Methoden dieser Gruppe sind das Ammoniumcarbonatverfahren und das Bariumcarbonatverfahren. Auch sie haben lediglich als Trennungsmethoden analytische Bedeutung. Auf der Tatsache, daß einige Metalle wie Zirkonium, Thorium, Uran und Beryllium mit Ammoniumcarbonat-Komplexen wasserlösliche Carbonate bilden, beruhen ihre Trennungen vom Aluminium (und Eisen), deren Wert aber teilweise recht zweifelhaft ist. Einen Fortschritt bedeutet die Hydrazin-Carbonat-Methode, welche mit gut filtrierbaren Aluminium-Niederschlägen zu relativ scharfen Trennungen führt.

Auch die Abscheidung von Aluminiumhydroxid mit Quecksilberoxid kann hier mit angeführt werden, da Quecksilberoxid als praktisch unlösliche Base ähnlich dem Bariumcarbonat im wesentlichen nur die durch Hydrolyse freiwerdende Säure zu neutralisieren vermag. Geringe analytische Bedeutung hat das Kaliumcyanat-Verfahren, bei dem die zur Hydroxidfällung erforderliche Gleichgewichtsverschiebung durch flüchtige Zersetzungsprodukte der Cyansäure (hauptsächlich Kohlendioxid und Ammoniak) bewirkt wird. Bekannter ist das Nitritverfahren, dessen Wirksamkeit auf dem Zerfall der durch Umsetzung gebildeten, salpetrigen Säure in Stickoxid und Stickstoffdioxid, die sich beide verflüchtigen, beruht. Die Methode vereinigt gute Filtrierbarkeit des Hydroxid-Niederschlages mit *hoher Genauigkeit* und einer für viele Zwecke ausreichenden Trennschärfe. In die gleiche Gruppe gehört auch die altbekannte Thiosulfat-Methode, nach der die primär entstehende Thioschwefelsäure in flüchtiges Schwefeldioxid und Schwefel zerfällt. Auch dieses Verfahren liefert dichte, gut filtrierbare Niederschläge; doch ist die Fällung nicht ganz vollständig. Schließlich ist speziell zur Aluminium-Eisen-Trennung noch die Dithionitmethode als besonders rasches und zuverlässiges Trennungsverfahren empfohlen worden; doch ist über ihre praktische Bewährung bisher wenig bekannt. Der bekannteste Vertreter der Gruppe III ist das Jodid-Jodat-Verfahren. Die in schwach saurer Aluminiumsalz-Lösung freigemachte Jodsäure setzt sich mit Jodid zu Jod um, das durch Thiosulfat entfernt wird. Das Verfahren ist wegen der leichten Filtrierbarkeit des Hydroxid-Niederschlages und wegen seiner Brauchbarkeit für Trennungen von Schwermetallen zu empfehlen. Weniger bekannt und bisher ohne analytische Bedeutung sind Verfahren, in denen Natriumnitrit mit anderen Stoffen, wie Natriumazid, Kaliumjodid oder Harnstoff kombiniert wird.

Acetat-Methode

Die Acetat-Methode kann zur Trennung des Aluminiums von den 2wertigen Metallen dienen. Den Fällungsbereich von Aluminium (und 3wertigem Eisen) als basisches Acetat, sowie seine Trennung von Zink, Mangan und Nickel nach dieser Fällungsmethode haben *Kling, Lassieur* und *Lassieur* [74] genauer untersucht. Danach fällt das basische Aluminiumacetat nicht aus, wenn der pH-Wert der Lösung unter 4,5 liegt. Bei einem pH-Wert von 5,2 ist die Fällung des Aluminiums vollständig. Eine merkliche Alkalität bis zu einem pH-Wert von 8,6 beeinflußt die Fällung nicht. Das basische Acetat ist um so leichter filtrierbar, je weniger sauer die Lösung war. Am besten ist mit einem Indikator, z.B. Methylrot, zu arbeiten, dessen Umschlagsgebiet bei pH = 5,2 bis 5,6 liegt. Die 2wertigen Metalle fallen in diesem pH-Bereich meistens noch nicht aus. Von Chrom, Uran und den meisten Elementen der seltenen Erden kann Aluminium mit der Acetatmethode nicht getrennt werden.

Der Fällungsbereich des basischen Eisen(III)-acetats liegt zwischen pH = 3,7 und 4,1. Eine Trennung Aluminium/Eisen ist jedoch nicht möglich, da Aluminium von der Eisenfällung auch bei pH-Wert 4,5 mitgerissen wird. Die Bedeutung der Acetatmethode liegt daher in der gemeinsamen Abtrennung von Aluminium und Eisen. Bei der Trennung des Aluminiums mittels der Acetatmethode ist besonders darauf zu achten, daß das basische Acetat des Aluminiums (mehr noch als dasjenige des Eisens) fremde Metalle mitreißt und daß Aluminium nicht so vollständig gefällt wird wie Eisen. Man sollte die Filtrate daher stets auf Aluminium prüfen. Nach *Treadwell* [155] ist das Filtrat nur dann aluminiumfrei, wenn nach der Fällung mit einem Acetatüberschuß heiß filtriert wird. Phosphorsäure wird mit Eisen und Aluminium quantitativ ausgefällt, wenn Eisen und Aluminium in zur Bildung von Phosphaten ausreichendem Überschuß vorhanden sind.

Arbeitsvorschrift nach *Treadwell*. Die möglichst konzentrierte, ungefähr 100 ml betragende, salzsaure Lösung versetzt man in der Kälte mit Natriumcarbonatlösung, bis eine bleibende Opalescenz entsteht, fügt einige Tropfen verd. Salzsäure bis zum Verschwinden der Trübung hinzu und dann für je 0,1 bis 0,2 g Aluminium (oder Eisen) 1,5 bis 2 g Natrium- oder Ammoniumacetat. Nach Verdünnen der Lösung auf 300 bis 400 ml mit siedend heißem Wasser kocht man 1 min. Man läßt den Niederschlag absitzen, filtriert die überstehende Lösung sofort heiß durch ein Faltenfilter und wäscht 3mal durch Dekantieren mit heißem Wasser, dem etwas Natrium- oder Ammoniumacetat zugesetzt ist. Nach Auflösung des Niederschlages in Salzsäure wird Aluminium in bekannter Weise mit Ammoniak gefällt. Im Filtrat können die 2wertigen Metalle wie üblich bestimmt werden.

Bemerkungen. Statt die Lösung bis zur beginnenden Trübung mit Soda oder Ammoniumcarbonatlösung zu versetzen, empfiehlt *Borck* [157] die Zugabe einiger Tropfen *Methylorange*-Lösung und Neutralisation mit Ammoniak bis zum Farbumschlag. Setzt man nun einige Milliliter konz. Ammoniumacetat-Lösung hinzu und kocht kurz auf, so fallen Aluminium und Eisen quantitativ als leicht auswaschbare Hydroxide aus.

Nach den Angaben von *H. Biltz* und *W. Biltz* [158] stammt die *beste* Vorschrift des Natriumacetatverfahrens aus dem Laboratorium von *Cl. Winkler*. Sie wurde von *Brunck* [159] sowie von *Funk* [160] veröffentlicht.

Arbeitsvorschrift. Ein vorhandener, großer Säureüberschuß wird durch Abdampfen auf dem Wasserbad beseitigt, wobei man vor dem Eindampfen Kaliumchlorid zusetzt (auf 1 mol Aluminium oder Eisen(III) 2 mol Kaliumchlorid). In Gegenwart von Zink erhöht man den Zusatz an Kaliumchlorid.

Den Eindampfrückstand löst man in wenig Wasser und fügt zu der klaren, ganz schwach mineralsauren Lösung das Doppelte der erforderlichen Menge einer mit wenigen Tropfen verd. Essigsäure schwach angesäuerten Natriumacetatlösung hinzu.

Die in Anwesenheit von Eisen(III)-ionen rote Lösung wird zum Sieden erhitzt, wodurch die Abscheidung des gut filtrierbaren Hydroxids einsetzt. Das Filtrieren der 100° warmen Lösung und das Auswaschen mit siedendem Wasser soll möglichst in $^1/_4$ Std. erledigt sein. Das nach dem Umfällen des Eisen-Aluminium-Niederschlages mittels Ammoniak anfallende Filtrat wird durch Einengen weitgehend von Ammoniak befreit und mit dem ersten Filtrat vereinigt.

Moser und *Niessner* [161] fällen Aluminium quantitativ aus einer schwach schwefelsauren Lösung mit einer Ammoniumacetat-Tannin-Lösung, ein Verfahren, das zur Trennung des Aluminiums vom *Beryllium* angewendet wird. Nach *Tschernichow* [162] gießt man vorteilhafter die Analysenlösung in eine Lösung von Ammoniumacetat und Tannin ein. Dadurch soll eine quantitative Ausfällung von Eisen und Aluminium ohne merkliche Adsorption des Berylliums erreicht werden.

Fällung des Aluminiums in Gegenwart verschiedener Kationen

In Anwesenheit von *Mangan*

Aus der Lösung eines Mangansalzes allein fällt das Mangan erst von dem pH-Wert 6,5 an aus. In gleichzeitiger Anwesenheit von Aluminium werden geringe Mengen Mangan mit Aluminium ausgefällt, und zwar um so mehr, je mehr der pH-Wert 5,2 überschritten wird. In diesem Falle ist doppelte Fällung erforderlich, um eine Trennung zu erreichen. Nach einer Arbeit von *Sekino* [163] über die Aluminiumoxidbestimmung in Manganerzen ist die Fällung des Aluminiums als basisches Acetat nur bei einem pH-Wert von 5,2 bis 5,6 quantitativ. Unter diesen Bedingungen wird praktisch kein Mangan mitgefällt. Nach *Carus* [164] enthalten in Anwesenheit größerer Mangangehalte die Niederschläge bei der Acetat-Methode höherwertiges Mangan. Durch Zusatz von H_2O_2-Lösung vor dem Acetat-Zusatz kann seine Bildung verhindert werden.

In Anwesenheit von *Zink*

Zink beginnt nach *Kling, Lassieur* und *Lassieur* bei einem pH-Wert von 6,0 auszufallen. Die Fällung ist bei einem pH-Wert von 7,1 nahezu vollständig. Trotzdem die pH-Bereiche der Fällung von Aluminium und Zink ziemlich nahe zusammenliegen, gelingt bei einem pH-Wert von 5,2 eine gute Trennung. Da jedoch unter diesen Fällungsbedingungen ein nicht filtrierbarer Niederschlag ausfällt, muß zur Verbesserung der Filtrierbarkeit eine reichliche Menge Natriumchlorid (20 g) zugesetzt werden. Allerdings macht dann das im Niederschlag adsorbierte Natrium eine doppelte Fällung notwendig.

In Anwesenheit von *Nickel*

In essigsaurer Lösung fällt Nickel von einem pH-Wert von 6,1 ab aus. Eine einwandfreie Trennung läßt sich unter den angegebenen Bedingungen nicht durchführen. Auch nach doppelter Fällung enthält der Aluminium-Niederschlag noch beträchtliche Mengen Nickel. Auch nach *Hanuš* und *Schebor* [165] ist die Trennung des Aluminiums von Nickel mit dem Acetat-Verfahren nicht möglich.

In Anwesenheit von *Kupfer*

Für die Trennung des Aluminiums vom Kupfer gilt das beim Nickel Gesagte.

In Anwesenheit von *Alkali*metallen

Auf die starke Adsorption von Alkalisalzen wurde bereits hingewiesen. Diese sind durch die Umfällung zu beseitigen. Viele Autoren ziehen deshalb als Fällungsmittel Ammoniumacetat dem Natriumacetat vor.

Bei der Analyse *Lithium* enthaltender Alumosilicate muß die Fällung mit Ammoniak 5mal wiederholt werden, um in schwefelsaurer Lösung Al_2O_3 frei von Lithium zu erhalten. *K.* und *E. Sponholz* [166] haben die Trennung des Lithiums vom Aluminiumoxid mit gutem Erfolg mit Ammoniumacetat durchgeführt.

In Anwesenheit von *Erdalkali*metallen

Pfeffer [167] hat vergleichende Untersuchungen über einige Methoden zur Trennung der Sesquioxide von den Erdalkalien und ihre Verwendbarkeit zur Bodenanalyse nachgeprüft. Danach ergibt die Ammoniak-Methode kaum abweichende Werte von der als sicherste Trennung angesehenen Fällung als basisches Acetat. Bei hohem Mangan-Gehalt verfährt man am besten nach der Acetat-Methode und fällt mit Ammoniumacetat. *Meineke* [168] hat die Natriumacetat-Methode zur Untersuchung verschiedener Minette-Proben verwendet und vergleichsweise die Untersuchung auch auf die Ammoniumacrbonat- und Ammoniak-Methode ausgedehnt. Er erhält mit allen 3 Methoden kaum differierende Werte.

In Anwesenheit von *Beryllium*

Bei der Trennung des Aluminiums vom Beryllium durch Fällung des Aluminiums als basisches Acetat nach der Methode von *Penfield* und *Harper* [169] fällt das Aluminium nicht ganz quantitativ aus. Außerdem wird Beryllium zum Teil mitgefällt. Die Methode ist unbrauchbar.

Moser und *Niessner* [161] haben die Fällung mit Acetat in Gegenwart von Tannin zur Trennung des Aluminiums vom Beryllium vorgeschlagen.

Formiat-Methode

An Stelle von Acetat kann Formiat zur hydrolytischen Fällung des Aluminiums [und Eisens(III)] bei Trennungen verwendet werden. Da Ameisensäure stärker dissoziiert ist als Essigsäure, dürfte das Gleichgewicht der Hydrolyse weniger weit nach rechts verschoben sein. Allerdings ist die Flüchtigkeit der Ameisensäure etwas größer als diejenige der Essigsäure. Auf jeden Fall ist ratsam, die Methode möglichst in Gegenwart von Eisen auszuführen, da dann, ebenso wie beim Acetat-Verfahren, eher die Möglichkeit der quantitativen Ausfällung besteht.

Arbeitsvorschrift nach *Funk* [160]. Die Lösung wird nach Zusatz von 2 mol Ammoniumchlorid auf 1 mol der zu fällenden Metalle auf dem Wasserbad eingedampft, der Rückstand mit wenig Wasser aufgenommen und die doppelte bis 3fache Menge der zur Ausfällung theoretisch erforderlichen Menge Ammoniumformiats zugesetzt. Man verdünnt so weit, daß der Ammoniumformiat-Gehalt der Lösung nicht unter 1/500 bis 1/800 sinkt, erhitzt bis zur Bildung des Niederschlages und setzt unter Umrühren stark verd. Ammoniak zu, bis die Lösung nur noch schwach sauer reagiert. Man erwärmt 1 min, läßt absitzen, filtriert ab und wäscht mit heißer 0,1 bis 0,2%iger Ammoniumformiat-Lösung aus. Der getrocknete Niederschlag wird vom Filter möglichst entfernt, dieses verascht und der Niederschlag geglüht und gewogen.

Bemerkungen. Nach *Tower* [170] muß bei *eisenfreien* Lösungen vor der Fällung eine bekannte Menge Eisen(III)-chlorid-Lösung zugesetzt werden, die bei der Auswaage berücksichtigt wird. Zur *Trennung* des Aluminiums vom Eisen reduziert *Leclère* [171] die schwach schwefelsaure Lösung mit Ammoniumthiosulfat und fällt nach Zusatz einer Lösung von Ammoniumformiat das basische ameisensaure Aluminiumsalz durch Erhitzen.

Succinat-Methode

Die Natriumsuccinat-Methode ist eine alte Trennungsmethode des Aluminiums (und Eisens) vom Mangan, Zink, Nickel und Kobalt. Sie ist allerdings an Trennschärfe, wie *Hillebrand* und *Lundell* [172] angeben, dem Acetat-Verfahren bezüglich Abtrennung des Aluminiums vom Mangan, Zink, Kobalt unterlegen. Ihr Vorteil besteht darin, daß Aluminium vollständiger gefällt wird als nach der Acetat-Methode und der pH-Bereich der Fällung nicht so eng gehalten werden muß wie bei der Acetatfällung. Wie beim Acetat-Verfahren empfiehlt sich die Anwendung der Methode besonders, wenn viel 3wertiges Eisen zugegen ist, wodurch die Fällung sicher vollständig wird (*Mitscherlich* [173]). *Treadwell* [156] sieht in der Verwendung der Succinat-Methode an Stelle des Acetat-Verfahrens keinen Vorteil. Nach der **Arbeitsvorschrift** von *Fresenius* [174] wird zur schwach schwefelsauren Lösung Ammoniak zugegeben, bis die Lösung eine rotbraune Farbe annimmt, dann Natrium- oder Ammoniumacetat, bis die Färbung tief rot erscheint. Man fällt in der Wärme mit neutraler Natriumsuccinat-Lösung und filtriert nach dem Erkalten. Der Niederschlag wird zuerst mit kaltem Wasser, dann mit warmem verd. Ammoniak ausgewaschen. Nach dem Trocknen wird der Niederschlag geglüht, mit etwas Salpetersäure befeuchtet und nochmals geglüht. Für genaue Analysen löst man den Niederschlag in Salzsäure und wiederholt die Fällung mit Ammoniak.

Anthranilat-Methode

Bhaduri [117] beschreibt ein der Succinat-Methode ähnliches Verfahren unter Verwendung von Natriumanthranilat an Stelle von -succinat. Die Aluminiumsalz-Lösung wird bis zu einem pH-Wert von 4,6 neutralisiert, eine Natriumanthranilat-

Lösung zugegeben und die Mischung zum Sieden erhitzt. Nach dem Abkühlen wird der voluminöse Niederschlag abfiltriert, ausgewaschen, geglüht und als Al_2O_3 gewogen.

Benzoat-Methode

Zur Trennung des Aluminiums (Eisens und Chroms) von den anderen Ionen der 3. und 4. Gruppe empfehlen *Kolthoff*, *Stenger* und *Moskovitz* [175] die Methode mit Benzoat. Aluminium sowie Eisen(III) und Chrom(III) werden mit Ammoniumbenzoat bei niedrigen pH-Werten bereits vollständig gefällt.

Die Methode ist bei Trennungen der Ammoniak- sowie der Acetat- und Succinat-Methode überlegen. Nach Ansicht der Autoren ist sie auch sicherer als die mit Harnstoff oder Hexamethylentetramin arbeitenden Verfahren, da bei letzteren Vollständigkeit der Fällung der 3wertigen Metalle meistens nur auf Kosten vermehrter Mitfällung 2wertiger Metalle erreicht wird. Vollständige Fällung von Aluminium (und Eisen) tritt mit Ammoniumbenzoat aus schwach essigsaurer Lösung (pH unter 5) nach 5 min langem Kochen ein (während für die quantitative Fällung von Chrom Kochen von 20 min erforderlich ist). Die Niederschläge adsorbieren je nach pH der Fällung mehr oder weniger Benzoesäure. Bei höherem pH-Wert (5 bis 6) werden sie schleimig. Zusatz von Ammoniak verhindert die Adsorption.

Arbeitsweise nach *Kolthoff*, *Stenger* und *Moskovitz*
Reagenzien

Fällungslösung: 100 g Ammoniumbenzoat und 1 ml Thymol in 1 l Wasser (pH-Wert etwa 6,3).

Waschwasser: 100 ml Fällungslösung und 20 ml Eisessig (pH-Wert etwa 3,8). Die Lösung wird heiß verwendet.

Arbeitsvorschrift. 100 ml salzsaure Lösung, die Eisen(III) enthält, werden mit verd. Ammoniak versetzt, bis der gebildete Niederschlag sich beim Umrühren nur noch langsam wieder auflöst. Es werden 1 ml Eisessig und genügend Ammoniumchlorid (mindestens 1 g) zugefügt und etwa 20 ml Fällungslösung für je 65 mg Aluminium (oder 125 mg Eisen bzw. Chrom) langsam zugefügt. Die Suspension wird unter Umrühren bis zum beginnenden Sieden erhitzt und in Abwesenheit von Eisen(III) 5 min, in Anwesenheit von Chrom bis zu 20 min gekocht. Der Niederschlag wird abfiltriert und 10mal mit dem Waschwasser ausgewaschen.

Bemerkungen. Für *exakte* Bestimmungen soll das Filtrat zur Abscheidung unvollständig gefällten Aluminiums, Eisens oder Chroms auf etwa 50 ml eingedampft werden. Zur Prüfung der Vollständigkeit der Fällung von Aluminium, Eisen und Chrom wurden diese Metalle in den vereinigten Filtraten und Waschwässern bestimmt. Es wurden in 100 ml 0,07 mg Aluminium, 0,08 mg Fe und 0,12 mg Chrom gefunden.

In allen Fällen ist das Mitreißen anderer Ionen geringer als nach der NH_3-Methode und eine 1malige Fällung wird bei gewöhnlichen Trennungen oft genügen. Für *genaue* Trennungen wird eine Doppelfällung ausgeführt.

Phosphation wird teilweise mit den 3wertigen Metallen mitgefällt. Die Menge der mitgefällten *Metalle* nach Analysen von *Kolthoff*, *Stenger* und *Moskovitz* enthält die Tab. 7.

Paris [176] fand bei der Nachprüfung der Benzoat-Methode gute Ergebnisse, wenn die gleichzeitig vorhandenen Mangan-, Kobalt- und Nickel-Mengen *gering* sind. In Gegenwart größerer Mengen ist eine wiederholte Fällung erforderlich. Eine weitere Verbesserung läßt sich durch Zusatz von 20%iger Pyridin-Lösung, 25%iger Pyridiniumchlorid-Lösung oder Aniliniumacetat (Anilin:Eisessig = 9,3:6,0) erzielen. Die Trennung des Aluminiums und Eisens vom Zink ergibt wenig befriedigende Resultate. *Lehrmann* und *Kramer* [177] bestätigen die guten Ergebnisse von *Kolthoff*,

Stenger und *Moskovitz* bei der Trennung des Eisens, Chroms und Aluminiums von 2wertigen Metallen. Nach *Austin* [79] ist in bezug auf Trennschärfe in Abwesenheit von Phosphationen die Benzoat-Methode der Fällung des Aluminiums mit Ammoniak, als Phosphat oder als basisches Acetat eindeutig überlegen. Sie ist der Harnstoff-Succinat-Methode, die jedoch in Anwesenheit von Chrom nicht anwendbar ist, zumindest gleichwertig.

Tabelle 7. *Mitfällung von Fremdionen nach der Benzoat-Methode*[1]

Angewendet		Benzoat-reagens	Dauer des Kochens	Mitgefällte Menge im Niederschlag
mg	mg	ml	min	mg
68,1 Al	180 Zn	20	5	1,45 Zn
68,1 Al	36 Zn	20	5	1,43 Zn
68,1 Al	1,1 Zn	20	10	0,15 Zn
27,2 Al 56,1 Fe 41,3 Cr	90 Zn	20	15	1,0 Zn
68,1 Al	76,5 Mn	20	5	0,07 Mn
68,1 Al	76,5 Mn	30	5	0,29 Mn
27,2 Al 56,1 Fe 41,3 Cr	76,5 Mn	20	5	0,32 Mn
68,1 Al	72,3 Co	20	5	0,27 Co
68,1 Al	72,3 Co	30	5	0,60 Co
68,1 Al	1,0 Co	20	10	0,01 Co
27,2 Al 56,1 Fe 41,3 Cr	72,3 Co	20	15	0,30 Co
68,1 Al	82,2 Ni	20	5	0,28 Ni
68,1 Al	2,24 Ni	20	5	0,18 Ni
27,2 Al 56,1 Fe 41,3 Cr	82,2 Ni	20	10	0,32 Ni
68,1 Al	60 Mg	20	10	<0,05 Mg
27,2 Al 52,1 Fe 41,3 Cr	15 Mg	20	15	<0,05 Mg
68,1[1] Al	62 Ca	20	5	0,38 Ca
68,1 Al	250 Ca	30	5	<0,03 Ca
27,2 Al 56,1 Fe 41,3 Cr	100 Ca	20	15	0,13 Ca
27,2 Al 124,0 Cr	50 Ca	30	15	0,25 Ca

[1] In Gegenwart von 50 mg KH_2PO_4 wächst die Mitfällung *allgemein* mit steigender Benzoat-Menge und mit der Kochzeit.

Deterding und *Taylor* [75] wenden das Benzoat-Verfahren an, um bei der Bestimmung von Magnesium in Aluminium-Legierungen geringe Mengen Aluminium, die bei der Abtrennung des Magnesiumhydroxids aus alkalischer Lösung mitgerissen werden, vom Magnesium zu trennen. *Stenger, Kramer* und *Beshgetoor* [178] verwenden das Benzoat-Verfahren zur Trennung von Aluminium in Magnesium-Legierungen. Das Verfahren ist schnell, sicher und für Schiedsanalysen geeignet.

Arbeitsvorschrift. Eine etwa 0,2 bis 0,5 g Aluminium enthaltende Probe wird mit 25 ml Wasser versetzt und durch allmähliche Zugabe von 10 ml konz. Salzsäure für je 1 g Metall in Lösung gebracht. Nach Abkühlen wird in einem 500-ml-Meßkolben aufgefüllt. Ungelöste Rückstände von Kupfer läßt man absitzen. 50 ml

Lösung werden pipettiert und mit 50 ml Wasser verdünnt. Nun wird nach der oben wiedergegebenen Vorschrift von *Kolthoff*, *Stenger* und *Moskovitz* verfahren, wobei der Aluminium-Niederschlag in einen gewogenen Glasfiltertiegel abfiltriert und ausgewaschen wird. Der Niederschlag wird in das Becherglas zurückgebracht, der im Tiegel verbleibende Rest durch fünfmaliges Auswaschen mit je 10 ml ammoniakalischer Tartrat-Lösung (30 g Ammoniumtartrat und 120 ml konz. Ammoniak in 1 l Lösung) gelöst und mit dem Niederschlag vereinigt. Durch Erhitzen wird der Niederschlag gelöst und in der Lösung Aluminium als Oxinat gefällt und als solches gravimetrisch bestimmt.

Bemerkungen. Nach Beleganalysen von *Stenger*, *Kramer* und *Beshgetoor* haben Zink, Mangan und Cadmium praktisch keinen Einfluß auf die Aluminium-Bestimmung; bei Kupfer, Zinn und Eisen fallen die Ergebnisse dagegen eindeutig zu *hoch* aus. Kupfer dürfte jedoch beim Lösen der Legierung in Salzsäure nur in geringen, praktisch nicht störenden Mengen in Lösung gehen. Zinn und Eisen werden am besten vor der Benzoatfällung mit Schwefelwasserstoff aus der ammoniakalischen Tartrat-Lösung vor der Fällung mit Oxin abgeschieden.

Boyle und *Musser* [115] bestätigen die Ergebnisse von *Stenger*, *Kramer* und *Beshgetoor*, ziehen jedoch das von ihnen beschriebene *Harnstoff-Succinat*-Verfahren vor (vgl. S. 43).

Nach den Untersuchungen von *Kolthoff* und Mitarbeitern läßt sich *Zink* schlechter als andere 2wertige Metalle mit Ammoniumbenzoat von 3wertigen Metallen trennen. Zur Bestimmung geringer Aluminium-Gehalte im Handelszink scheiden daher *Pollak* und *Pellowe* [179] das bei der Ammoniumbenzoat-Fällung mitgerissene Zink sowie geringe Mengen Eisen anschließend aus ammoniakalischer Tartratlösung als Sulfid ab und bestimmen Aluminium bromatometrisch nach der Oxinat-Methode. *Halperin* [180] bestimmt Aluminium in Zinklegierungen mit 0,8 bis 6% Kupfer und 3,8 bis 11% Aluminium mittels der Ammoniumbenzoat-Methode. Nach den Erfahrungen von *Kolthoff*, *Stenger* und *Moskovitz* gibt das Verfahren von *Halperin* keine zuverlässigen Werte. *Ripan* und *Parvu* [181] trennen Aluminium vom Zink mit Benzoesäure und Hexamethylentetramin. Der optimale pH-Bereich liegt zwischen 3,5 und 5,0; er stellt sich automatisch ein. Nach den Angaben der Autoren genügt eine einmalige Fällung.

Die Trennung anderer Metalle vom Aluminium gemäß der Benzoat-Methode gelingt nach den Untersuchungen von *Smales* [182] am besten unter genauer Einhaltung eines pH-Wertes von annähernd 4 während der Fällung. Die im folgenden beschriebene Arbeitsweise von *Smales* gestattet im Gegensatz zu derjenigen von *Kolthoff* und Mitarbeitern die exakte Einhaltung dieses günstigen pH-Bereiches.

Arbeitsvorschrift. Die mit 10 ml konz. Salzsäure angesäuerte Lösung wird auf 200 bis 300 ml verdünnt, mit 1 g Ammoniumchlorid, 20 ml 10%iger Ammoniumacetat-Lösung und 20 ml 10%iger Ammoniumbenzoat-Lösung versetzt. Nach Zugabe von 2 ml Bromphenolblau-Lösung (0,04%ige äthanolische Lösung, Umschlagsintervall pH = 3,0 bis 4,6) erhitzt man auf 80°, löst etwa ausgefallenes Aluminiumbenzoat durch Zugabe einiger Tropfen Salzsäure und gibt dann unter ständigem Umrühren tropfenweise verd. Ammoniaklösung zu, bis bei beginnendem Indikatorumschlag nach Rot Aluminium ausfällt. Man kocht 1 bis 2 min, um die Fällung zu vervollständigen, und gibt, falls erforderlich, weiter tropfenweise Ammoniak zu, bis der Indikator die für den pH-Bereich 3,5 bis 4 charakteristische Rotblau-Färbung angenommen hat. Man läßt weitere 2 bis 3 min kochen und stellt anschließend 30 min auf ein Wasserbad. Filtrieren und Auswaschen geschieht in gleicher Weise wie bei *Kolthoff*, *Stenger* und *Moskovitz*.

Bemerkungen. Smales konnte auf diese Weise 50 mg Aluminium durch *einmalige* Fällung von 100 mg Kobalt und auch von 3wertigem Chrom trennen. Zur Trennung von größeren Mengen Nickel sowie Zink war jedoch doppelte Fällung erforderlich.

Nach *Kolthoff*, *Stenger* und *Moskovitz* wird *Beryllium* bei der Abscheidung des Aluminiums nach der Benzoat-Methode teilweise mitgefällt, so daß eine Trennung der beiden Metalle nicht möglich erscheint. Auch *Irving* [183] kommt bei der Untersuchung der Benzoat- und Succinat-Methode zum gleichen Ergebnis. Keine der beiden Methoden erlaubt eine vollständige Trennung Be/Al. Versuche von *Osborn* und *Jewsbury* [184] ergaben ebenfalls, daß eine quantitative Trennung von Aluminium und Beryllium auch bei zweimaliger Fällung mit Ammoniumbenzoat nach der Arbeitsweise von *Smales* nicht möglich ist.

Arbeitsweisen zur Bestimmung des Aluminiums neben *Eisen*

Durch Reduktion mit Sulfit gelingt *Wilson* [185] nur die Abtrennung kleiner Eisenmengen von einem Aluminium-Überschuß. Dagegen gelingt mit Thioglycolsäure als Reduktionsmittel die Trennung auch bei einem Eisen-Überschuß. Dazu versetzt man die Lösung, die mindestens 5 g Ammoniumsalz enthalten soll, mit 1 ml 90%iger Thioglycolsäure und verfährt weiter wie von *Smales* angegeben. Titan, Vanadin und Chrom werden teilweise mitgefällt. Die Reduktion des Eisens mit Thioglycolsäure benutzen auch *Milner* und *Woodhead* [186] zur Trennung des Eisens vom Aluminium in Nichteisenlegierungen nach der Benzoat-Methode. *Ponomarev* und *Seskolskaja* [187] bestimmen Aluminium in Erzen neben Eisen, indem sie dieses mit Natriumdithionit reduzieren.

Arbeitsvorschrift. Nach dem Aufschluß mit Soda und nach Entfernung der Kieselsäure wird die salzsaure Lösung (Volumen etwa 100 ml) mit 2 g Ammoniumchlorid und bis zur leichten Trübung mit Ammoniak versetzt, die mit 1 ml konz. Essigsäure zurückgenommen wird. Eisen wird nun mit wenig Natriumdithionit reduziert und für je 0,1 g Al_2O_3 40 ml 5%ige Ammoniumbenzoat-Lösung zugesetzt. Nach Zusatz von etwas Filterbrei beläßt man 15 min unter öfterem Umrühren auf dem Wasserbad und filtriert. Der Niederschlag wird mit Waschwasser (5 ml 5%ige Ammoniumbenzoat-Lösung und 1 ml konz. Essigsäure in 100 ml Wasser) ausgewaschen, in Salzsäure gelöst und die Fällung wiederholt.

Bemerkungen. Der Benzoat-Niederschlag enthält Titan und geringe Mengen Phosphor. Chrom wird nur *teilweise*, Vanadin *quantitativ* mitgefällt. Die Trennung von Eisen ist befriedigend.

Todeasa, Ciolan, Kovacs und *Tureanu* [188] verwenden das Verfahren von *Ponomarev* und *Seskolskaja* zur Bestimmung des Aluminiums neben Eisen. Um Reduktionsmittel zu sparen, wird zunächst nach der klassischen Methode mit *Lauge* getrennt.

Arbeitsweisen zur Bestimmung von Aluminium neben *Kupfer*

Nach den Untersuchungen von *Stenger*, *Kramer* und *Beshgetoor* ist die Trennung des Aluminiums vom Kupfer nach der Benzoat-Methode weniger befriedigend als diejenige von anderen 2wertigen Metallen. Nach *Bayley* [189] ist eine quantitative Trennung des Aluminiums in Messing-Proben nach Reduktion des Kupfers und geringer Eisenmengen mit Hydroxylammoniumchlorid möglich.

Bei Nachprüfung der Methode von *Bayley* fanden *Milner* und *Townend* [190] sowohl in entsprechend zusammengesetzten Lösungen wie in Messing-Proben bekannten Gehaltes gute Resultate, wenn der Aluminium-Gehalt nicht höher war als 1%. Bei höheren Gehalten von Aluminium ergaben sich zu niedrige Werte. Die Ursache der Fehlresultate sehen *Milner* und *Townend* einmal in einer unzureichenden Ammoniumbenzoat-Konzentration. Zum andern Mal wird durch die Reduktion des Kupfers durch Hydroxylamin Säure frei, so daß bei Legierungen mit höherem Kupfergehalt die Acidität der Lösung derart erhöht wird, daß Aluminium nicht mehr vollständig ausfällt. Sie geben folgende, verbesserte

Arbeitsvorschrift. Die Einwaage soll bei Aluminium-Gehalten unter 2%, 0,5 g, von 2 bis 4% 0,25 g und von über 4% 0,1 g betragen. Sie wird in 5 ml Salpetersäure (Dichte 1,20) (etwa 6,3 m) gelöst und die Lösung nach vorsichtiger Zugabe von 10 ml Wasser bis zur Vertreibung der Stickstoffoxide gekocht. In Anwesenheit von *Zinn* wird bis zur breiigen Konsistenz eingedampft, mit 15 ml 0,5%iger Salpetersäure aufgenommen, durch ein kleines, mit Filterbrei gedichtetes Filter filtriert und mit etwa 50 ml heißer 0,5%iger Salpetersäure nachgewaschen. Ist kein Zinn in der Probe enthalten, wird die Lösung gleich nach Vertreiben der Stickstoffoxide mit Wasser auf etwa 75 ml verdünnt. Man gibt nun vorsichtig Ammoniak (1:1) (etwa 6,5 m) bis zum Auftreten des ersten bleibenden Niederschlages zu und klärt gerade mit einigen Tropfen verd. Salzsäure (1:4) (etwa 2,5 m). Nun werden 70 ml Pufferlösung (75 g wasserfreies Natriumacetat in 640 ml n Salzsäure gelöst, pH etwa 4,2) und 15 ml 5%ige Hydroxylammoniumchloridlösung zugegeben und 1 min zum Sieden erhitzt. In einem Guß gibt man 20 ml 10%ige Ammoniumbenzoat-Lösung zu und läßt etwa 15 min auf dem Wasserbad stehen, bis der Niederschlag sich absetzt und die überstehende Lösung völlig klar geworden ist. Der Niederschlag wird über etwas Filterwatte abfiltriert, Fällungsgefäß und Niederschlag werden mit heißer 1%iger Ammoniumbenzoat-Lösung ausgewaschen. Nach Absaugen der anhaftenden Flüssigkeit überführt man die Filterwatte und den Niederschlag sorgfältig in das Fällungsgefäß, spült die im Trichter haftenden Anteile mit 50 ml heißer, ammoniakalischer Tartrat-Lösung [25 g Weinsäure, 120 ml konz. Ammoniak (Dichte 0,88) und 5 g Kaliumcyanid zu 1 l gelöst] und anschließend mit heißem Wasser in das Fällungsgefäß; man verdünnt mit heißem Wasser auf etwa 150 ml und erhitzt zur Lösung des Niederschlages einige Minuten auf 80 bis 90°. In der Lösung wird Aluminium als Oxinat gefällt und bromatometrisch bestimmt.

Bemerkung. Milner und *Townend* haben das von ihnen ausgearbeitete Verfahren an synthetischen Legierungen, an *Bronzen* wie auch Messing-Legierungen geprüft und gute Ergebnisse erhalten. Auch *Alfonsi* und *Bussi* [191] wenden die Benzoat-Methode zur Bestimmung des Aluminiums in Bronzen und Messing an, trennen Kupfer jedoch vor der Fällung mit Thioglycolsäure ab. Die Fällung wird in ähnlicher Weise, wie von *Smales* angegeben, ausgeführt.

Die Abtrennung des Aluminiums von Elementen der III. Gruppe, von *Calcium, Magnesium* und geringen Mengen Mangan gelingt nach *Wilson* [192] durch eine doppelte Benzoatfällung bei pH = 3,5. War Phosphat anwesend, so enthält der Benzoat-Niederschlag eine unbestimmte Menge an Phosphat. Die Trennung des Aluminiums vom Phosphation gelingt mit einer anschließenden Oxinfällung aus ammoniakalischer Lösung.

Ammoniumnitrobenzoat-Methode

Eisen, Chrom und Aluminium trennen *Vasjutinskij* und *Egorova* [193] von anderen Kationen der I. bis III. analytischen Gruppe durch Fällung mit Ammonium-o-nitrobenzoat, welches bessere Resultate als das ursprünglich zu diesem Zweck von *Kolthoff, Stenger* und *Moscovitz* vorgeschlagene Ammoniumbenzoat liefern soll. Durch Ammonium-o-nitrobenzoat wird im pH-Bereich von 3,8 bis 8 in der Kälte nur Eisen, unter Erwärmung auch Chrom und Aluminium gefällt. Durch Ammonium-m-nitrobenzoat wird außerdem noch Ba^{2+}, Sr^{2+}, Ca^{2+}, Zn^{2+}, Hg^{2+}, Pb^{2+}, Cu^{2+}, Ag^+, Sb^{3+}, Sn^{4+} (pH = 5 bis 8), durch Ammonium-p-nitrobenzoat außer Fe^{3+}, Cr^{3+} und Al^{3+} auch Cd^{2+}, Hg^{2+}, Cu^{2+} und Ag^+ gefällt. Bei der Fällung mit o-Nitrobenzoat in der Kälte werden Cr^{3+}, Co^{2+}, Ni^{2+}, Mn^{2+}, Zn^{2+} und Ca^{2+} praktisch nicht mitgefällt, ähnlich wie Mn^{2+}, Co^{2+} und Ni^{2+} bei der Fällung von Fe^{3+}, Cr^{3+} und Al^{3+} in der Hitze. Ca^{2+} wird mit dem Eisen auch in Anwesenheit von Phosphation nicht zusammengefällt. Auch in Anwesenheit von Phosphation unterbleibt die Fällung des Ca^{2+} in der Kälte.

Salicylat-Methode

Nach den Angaben von *Young* und *Lay* [194] kann Aluminium aus den neutralen Lösungen seiner Salze als basisches Aluminiumsalicylat gefällt und durch Glühen als Al_2O_3 bestimmt werden. Die Aluminiumsalicylat-Fällung läßt sich schneller abfiltrieren als der Niederschlag von Aluminiumhydroxid. Sie ist ein basisches Salicylat von etwas wechselnder Zusammensetzung.

Sulfat-Methode (Abtrennung der Hauptmenge des Aluminiums als basisches Sulfat)

Von den basischen Salzen des Aluminiums mit Mineralsäuren kommt nur dem schwer löslichen, basischen Sulfat in Verbindung mit verschiedenen Methoden zur Abtrennung und Bestimmung des Aluminiums Bedeutung zu. Die Abscheidung beginnt bei einem pH-Wert von 2,8; bei 3,1 ist sie etwa zur Hälfte vollständig; bei pH = 3,8 sind nach *Fairchild* [195] noch immer etwa 15 mg/l Aluminium in Lösung. Anwesende Salze beeinflussen die Löslichkeit, da sich offenbar auch Doppelsulfate bilden, vor allem mit Kalium- und Ammoniumionen. Ein Überschuß an Ammoniumsulfat erhöht die Löslichkeit des basischen Aluminiumsulfates um ein Vielfaches. Die Abscheidung als basisches Sulfat ist nur zur Abtrennung der Hauptmenge eines großen Überschusses von Aluminium und insbesondere Eisen von 2wertigen Metallen von Bedeutung.

Ammoniumsulfid- bzw. Natriumsulfid-Verfahren
(Trennung von Alkali- und Erdalkalimetallen)

Aluminium wird aus seinen Lösungen durch Ammoniumsulfid als Hydroxid gefällt, weil das zuerst entstehende Sulfid durch Wasser weitgehend hydrolytisch gespalten wird. Die Fällung ist nicht ganz quantitativ; es bleibt aber meistens nicht mehr als 1 mg Aluminium in Lösung. Man benutzt die Fällung mit Ammoniumsulfid zur Vortrennung der Metalle der Ammoniumsulfid-Gruppe (außer den Metallen, die als Hydroxide ausfallen, Eisen, Uran, Indium, Thallium, Mangan, Nickel, Kobalt, Zink) von den Alkalimetallen, den Erdalkalien und von Magnesium.

Nach *Hillebrand* und *Lundell* [196] wird die Lösung, die genügend Ammoniumchlorid enthalten und frei von oxydierenden Stoffen und Kohlendioxid sein soll, mit frisch bereitetem Ammoniumsulfid versetzt. Man läßt über Nacht stehen, filtriert schnell und wäscht mit ammoniumsulfidhaltigem Wasser, wobei man den Trichter möglichst bedeckt hält. In Gegenwart größerer Mengen Magnesiums geht etwas davon in den Niederschlag. In diesem Fall ist eine Wiederholung der Fällung notwendig. In Anwesenheit von Phosphorsäure ist die Trennung nicht anwendbar, weil die Elemente der IV. und V. Gruppe teilweise mitgefällt werden können.

An Stelle von Ammoniumsulfid empfiehlt *Nickolls* [197] Natriumsulfid. Er hat eine Methode zur Bestimmung von Aluminium neben Magnesium (insbesondere in Magnesium-Legierungen) ausgearbeitet. Nach seinen Angaben ist die Sulfid-Methode für die Aluminium-Magnesium-Trennung der Ammoniak-Methode überlegen. Trotzdem der pH-Wert etwa bei 7,5 liegt, ist bei der Sulfid-Methode keinerlei Neigung zu Mitfällungen vorhanden, da Magnesium lösliche Hydrogensulfide bildet.

Ammoniumcarbonat-Methode

Die Fällung des Aluminiums mit Ammoniumcarbonat wird hauptsächlich in Gegenwart von viel Eisen angewendet. Ähnlich wie bei der Acetat-Methode wird Aluminium in Gegenwart von Eisen annähernd vollständig gefällt. Aber selbst unter den günstigsten Bedingungen verbleiben kleine Mengen Aluminium im Filtrat, die erst durch Einengungen weitgehend abgeschieden werden können. Wie das Acetat-Verfahren hat die Ammoniumcarbonat-Methode lediglich als Trennungsmethode des Eisens und Aluminiums von den 2wertigen Metallen und zur Abtrennung des Zirkoniums, Thoriums und Urans einige Bedeutung.

Nach der Originalvorschrift von *Meineke* [198] neutralisiert man eine von Sulfaten und 2wertigen Schwermetallen freie Lösung von Aluminium (und Eisen) durch Ammoniumcarbonat so weit, daß sie zwar nicht mehr durchsichtig klar erscheint, ein deutlicher Niederschlag aber noch nicht erkennbar ist, und erhitzt zum Sieden. Es scheidet sich dann Aluminium (und Eisen) als basisches Carbonat im allgemeinen nahezu frei von 2wertigen Metallen aus. Der Niederschlag muß mit ammoniumchloridhaltigem Wasser ausgewaschen werden. Leichter wird das Auswaschen, wenn man nach vollständigem Wegkochen des Kohlendioxids sehr geringe Mengen Ammoniak hinzufügt, auf diese Weise die basischen Carbonate in die Hydroxide überführt, ohne jedoch die Lösung deutlich alkalisch zu machen, und nochmals aufkocht.

Nach den Erfahrungen des Wiesbadener Laboratoriums *Fresenius* eignet sich die Ammoniumcarbonat-Methode besonders gut für die Analyse von Manganerz, wobei nach einer Vorschrift von *H.* und *W. Biltz* [199] verfahren wurde. Nach einer Vortrennung mit Ammoniak, wobei die Hauptmenge des Mangans vom Aluminium und Eisen abgetrennt wird, wird das Mangan durch eine Ammoniumcarbonatfällung abgetrennt.

Bei der Trennung des Aluminiums (und Eisens) von den *Erdalkalimetallen*, namentlich von Barium und Calcium, ist nach der Fällung mit Ammoniumcarbonat so lange zu kochen, bis alles Kohlendioxid entfernt ist. Ein weiterer, kleiner Ammoniak-Zusatz ist unbedenklich. Hat man zuviel Ammoniak zugefügt, am Geruch bemerkbar, so ist bis zum Verschwinden des Ammoniak-Geruches zu kochen.

Trennung des Aluminiums vom *Eisen* und *Chrom*

Nach Maskierung des Eisens und Chroms mit 2-Picolinsäure läßt sich nach *Majumdar* und *Sen* [200] Aluminium in Gegenwart von Eisen und Chrom mit Ammoniumcarbonat fällen. Eisen(III)-Ionen müssen dabei mit Hydroxylamin reduziert werden. Der optimale pH-Wert für die Maskierung des Eisens liegt zwischen 5,8 und 6,85, für diejenige des Chroms bei pH = 6,25 bis 7,05. Bei höheren Chrom-Gehalten ist eine doppelte Fällung erforderlich. Zur Bestimmung von Aluminium (Titan, Beryllium, Magnesium) neben Eisen benutzt *Ferrari* [201] α,α_1-Dipyridyl als Maskierungsmittel, das mit 2wertigem Eisen einen Komplex bildet und durch Ammoniak nicht gefällt wird. *Smith* und *Cagle* [202] verwenden dieses Trennungsverfahren zur Bestimmung geringer Aluminiumgehalte (bis zu 2% Al_2O_3) in Eisenerzen.

Trennung des Aluminiums (und Eisens) von *Zirkonium*

Die von *Lessnig* [203] angegebene Trennung des Zirkoniums vom Eisen und Aluminium beruht auf der Beobachtung, daß sich der aus einer Eisen und Aluminium enthaltenden Zirkoniumsalz-Lösung mit Ammoniak gefällte Niederschlag nach Zugabe eines Überschusses an Ammoniumcarbonat bei Erwärmen auf 50 bis 60° vollständig auflöst. Während aus dieser Lösung Eisen und Aluminium mit Ammoniak wieder ausfallen, wird Zirkonium auch durch einen großen Überschuß an Ammoniak nicht mehr gefällt. Analog der für das Thorium nachgewiesenen komplexen Carbonatosäure kann auch die Bildung einer komplexen Zirkoniumcarbonatosäure angenommen werden. Am beständigsten ist das Ammoniumsalz dieser Säure. Die Salze der Alkalimetalle Kalium und Natrium sind in wäßriger Lösung bereits so weit hydrolysiert, daß sie bei kurzem, gelindem Erwärmen unter Abscheidung von Zirkoniumhydroxid bzw. basischem Zirkoniumcarbonat zerfallen. Für die Trennung muß die Lösung daher frei von Alkalimetallen sein, um zuverlässige Resultate zu erhalten. Am besten eignen sich Chlorid- oder Nitrat-Lösungen. Die Anwesenheit von *Titan* *stört* die Trennung, da ein Teil des Titans auch bei doppelter Fällung mit Eisen(III)hydroxid ausfällt. Gegenwart von Thorium stört bei der Trennung nicht; es verbleibt mit dem Zirkonium in Lösung. Die Elemente der Ceriterden (einschließlich

des 3wertigen Cers) müssen zuvor durch Oxalsäure aus der schwachsauren Lösung
abgeschieden werden.

Arbeitsvorschrift. Die salz- oder salpetersaure, 2 g Ammoniumchlorid enthaltende
Lösung wird mit Ammoniak gefällt. Dann fügt man einen kleinen Ammoniak-
Überschuß und 100 ml einer kalt gesättigten Ammoniumcarbonat-Lösung hinzu und
verdünnt mit Wasser auf etwa 400 ml. Man erwärmt schwach auf 70 bis 80° und
hält auf dieser Temperatur 5 bis 10 min. Es wird noch heiß durch ein dünnes Filter
filtriert und sofort mit heißem Wasser ausgewaschen, wobei man den Trichter stets
halb gefüllt hält. Der Niederschlag wird in verd. warmer Salzsäure gelöst und die
Fällung wiederholt. Der nunmehr zirkonfreie Aluminium- und Eisen(III)-hydroxid-
Niederschlag kann nun wie üblich verascht und geglüht werden.

Bemerkung. Bei Beleganalysen von Lösungen, enthaltend 21,2 bis 254,6 mg
Al_2O_3 und 57,1 bis 228,6 mg ZrO_2 in wechselndem Verhältnis, fand *Lessnig* Differenzen von − 0,3 bis + 0,3 mg Al_2O_3, − 0,5 bis − 0,1 mg ZrO_2 und bei weiteren Analysen
von Lösungen, die 108,5 mg bis 259,5 mg Al_2O_3 + Fe_2O_3 und 57,1 bis 228,6 mg
ZrO_2 in wechselndem Verhältnis enthielten, Differenzen von − 0,4 bis + 0,4 mg
Al_2O_3 + Fe_2O_3 und − 0,5 bis + 0,1 mg ZrO_2.

Die Trennung des Aluminiums vom *Beryllium* mit Ammoniumcarbonat nach
Vauquelin [204], die auf der Löslichkeit des Berylliumhydroxids in Ammoniumcarbonat und der relativen Unlöslichkeit des Aluminiumhydroxids beruht, liefert
nach *Aars* [205] sowie *Wunder* und *Chéladzé* [206] unbrauchbare Werte. *Akiyama* [207]
trennt jedoch auf diese Weise Aluminium vom Beryllium.

Trennung des Aluminiums vom *Uran*

Bei der Trennung des Urans und Aluminiums nach *Schwarz* [208] mit einem
Überschuß an Ammoniumcarbonat in mäßiger Wärme wird Aluminium unvollständig gefällt und Uran zum Teil mit dem Aluminium niedergeschlagen, wodurch
Kompensationsfehler auftreten, die bei gewissen Konzentrationen zu richtigen Resultaten führen können.

Nimmt man die Fällung bei einer Temperatur über 70° vor, so erhält man durch
doppelte Fällung meistens uranfreies Aluminiumoxid, wobei das Filtrat immer noch
Aluminium enthält, das durch eine weitere Fällung abgeschieden und berücksichtigt
werden kann.

Gemäß dem Verfahren nach *Treadwell* [209] wird die 200 bis 300 ml betragende,
möglichst neutrale Lösung in der Kälte mit Kohlendioxid gesättigt und dann durch
tropfenweisen Zusatz von Ammoniak neutralisiert. Hierauf werden noch 2 bis 3 g
Ammoniumcarbonat, in Wasser gelöst, zugefügt und die Lösung auf dem Wasserbad
erwärmt. Uran bleibt als Carbonatokomplex in Lösung, während das Aluminium
[und auch Eisen(III) oder Chrom] als Hydroxide ausfallen. Die Fällung mit Ammoniumcarbonat muß wiederholt werden.

Moser [210] trennt Uran von Aluminium durch Zugabe von 2n Ammoniumcarbonat-Lösung in 2- bis 3fachem Überschuß zu der neutralisierten Lösung, wodurch Uran in Lösung geht und Aluminiumhydroxid ausfällt. Durch Wiederholung
der Fällung erhält man einen uranfreien, rein weißen Niederschlag. *Moser* fand, daß
nur ganz geringe Mengen Aluminiums in Lösung gehen. Versuche von ihm ergaben,
daß erst bei Zugabe eines $2^1/_2$fachen Überschusses von 2n Ammoniumcarbonat-
Lösung Spuren Aluminium im Filtrat gefunden werden.

Ammoniumhydrogencarbonat-Methode

Versetzt man eine Alaunlösung mit einer Lösung von Ammoniumhydrogen-
carbonat und erhitzt bis zum Verschwinden des Ammoniakgeruchs, so fällt das
Aluminium als basisches Carbonat [ungefähre Zusammensetzung: $4Al(OH)CO_3$
· $6Al(OH)_3$ · $9H_2O$] quantitativ aus. Eine Arbeit über diese Art der Bestimmung

des Aluminiums bringt *Kozu* [211]. Das Verfahren hat analytisch keine Bedeutung.

Natriumcarbonat-Methode

Die Verwendung von Natriumcarbonat als Fällungsmittel für Aluminium hat keine praktische Bedeutung erlangt. Wie bei den anderen 3wertigen Metallen entsteht auf Zusatz von Alkalicarbonat zur annähernd neutralen Aluminiumsalzlösung nicht Aluminiumcarbonat, sondern Aluminiumhydroxid, das sowohl Alkali- als auch Carbonationen adsorbiert.

Man hat versucht, mit Hilfe von Natriumcarbonat Trennungen des Aluminiums durchzuführen, jedoch ohne praktischen Erfolg. So berichtet *Hart* [212] über eine Trennung des Aluminiums vom Beryllium, *Ruff* und *Hirsch* [213] über eine Abtrennung des Aluminiums vom Nickel, Kobalt, Zink, Mangan, Kupfer, Cadmium, Quecksilber und Silber.

Natriumhydrogencarbonat-Methode

Die Fällung des Aluminiums mit Natriumhydrogencarbonat ist in Verbindung mit der Trennung des Aluminiums vom Beryllium angewandt worden [*Parsons* und *Barnes* [214]). Aus siedender, 10% Natriumhydrogencarbonat enthaltender Lösung fallen zwar Aluminium- und Eisenhydroxid annähernd quantitativ aus; es werden aber stets erhebliche Mengen Berylliums mitgerissen (*Moser* und *Niessner* [161] u.a.). Für die Abtrennung kleiner Berylliummengen von viel Aluminium ist das Verfahren ganz unbrauchbar. *Johnson* [215] hat die Fällung mit Natriumhydrogencarbonat zur Abtrennung des Aluminiums von der Hauptmenge des Eisens bei der Bestimmung im Stahl angewandt.

Bariumcarbonat-(Calciumcarbonat-)Methode

Prinzip. Aluminium (und die anderen 3wertigen Metalle Eisen und Chrom, ebenso wie Titan und Uran) werden durch eine Aufschlämmung von Calcium- oder Bariumcarbonat als Hydroxide gefällt. Diese Carbonate neutralisieren die durch Hydrolyse freigewordene Säure. Die 2wertigen Metalle Mangan, Nickel, Kobalt, Zink werden in der Kälte nicht gefällt. In der Wärme findet jedoch Hydrolyse und Abscheidung auch dieser Metalle durch Bariumcarbonat statt.

Zur Trennung des Aluminiums vom *Mangan, Nickel, Kobalt, Zink* dient die

Arbeitsvorschrift nach *Treadwell* [156]. Die verdünnte Lösung soll Chloride oder Nitrate, jedoch keine Sulfate enthalten. Ist viel freie Säure zugegen, wird der größte Teil der Säure mit Natriumcarbonat abgestumpft. Man versetzt die Lösung in einem Erlenmeyer-Kolben mit in Wasser fein aufgeschlämmtem, reinem, frisch gefälltem Bariumcarbonat in mäßigem Überschuß, der sich deutlich sichtbar absetzt. Man verschließt den Kolben und läßt in der Kälte unter öfterem Umschütteln längere Zeit stehen. Dann wird die klare Flüssigkeit dekantiert, der Niederschlag mit kaltem Wasser aufgerührt und nach dem Absetzen nochmals dekantiert. Die Dekantation wiederholt man noch ein drittes Mal, filtriert und wäscht mit kaltem Wasser gut aus. Der Niederschlag enthält außer den gefällten Hydroxiden Bariumcarbonat, das Filtrat außer den nicht gefällten Metallen Bariumchlorid oder Bariumnitrat.

Den Niederschlag löst man in verd. Salzsäure, kocht, um die Kohlensäure völlig auszutreiben, und trennt Aluminium (Eisen, Chrom, Titan, Uran) vom Barium durch doppelte Fällung mit Ammoniumsulfid.

Bemerkungen. Nach übereinstimmenden Feststellungen von *Schwarzenberg* [216] und *Järvinen* [217] sowie *Meineke* [218] werden bei der Trennung des 3wertigen Eisens von 2wertigen Metallen diese stets in *geringer* Menge mit dem Eisenhydroxid niedergeschlagen. Für die Abtrennung des Aluminiums dürften die Verhältnisse ähnlich liegen. Nach *Jannasch* [219] ist eine quantitative Trennung nicht möglich. Bessere Resultate sind zu erwarten bei der Abtrennung *kleiner* Mengen Aluminium oder Eisen von einem Überschuß 2wertiger Metalle. So fanden *Chirnside, Dauncey* und *Profit* [82] bei der Aluminium-Bestimmung in Nickel-Legierungen mit 0,33 bis 0,41% Al Werte, die im Durchschnitt um 0,04% Al zu hoch waren. *Scheerer* [220] trennt Aluminium vom *Beryllium* durch Kochen der Lösung der Metallsalze mit überschüssigem Bariumcarbonat, wobei nur Aluminiumhydroxid abgeschieden werden soll. Beryllium fällt ebenfalls schon in der Kälte zum Teil aus. Die Methode ist zur Trennung nicht geeignet.

Hydraziniumcarbonat-Methode

Ebenso wie Hydrazinhydrat (S. 48) fällt Hydraziniumcarbonat Aluminium aus den Lösungen seiner Salze. Der Niederschlag, der im Überschuß des Fällungsmittels unlöslich ist, fällt in wesentlich kompakterer Form aus. Er besteht aus basischem Aluminiumcarbonat variabler Zusammensetzung. Da sich Hydraziniumcarbonat beim Erwärmen in Hydrazin und Kohlendioxid zersetzt, fällt beim Aufkochen nur Aluminiumhydroxid aus. Am besten werden die kalt gefällten Niederschläge 1 Std. auf dem Wasserbad erwärmt, wodurch leicht filtrierbare und auswaschbare Niederschläge erhalten werden (*Kozu* [221]).

Hydraziniumcarbonat ist besonders zur Fällung des Aluminiums und zu seiner Trennung von anderen Metallen geeignet, auch wenn sulfathaltige Lösungen vorliegen. Mit der Ausarbeitung entsprechender Fällungs- und Trennungsverfahren haben sich insbesondere *Jilek* und Mitarbeiter beschäftigt. Gegenüber der Benzoat-Methode scheint das Hydraziniumcarbonat-Verfahren jedoch keine Vorteile zu bieten.

Arbeitsvorschrift nach *Jilek* und *Lukas* [222]. Die Lösung, die 0,1 bis 0,2 g Al_2O_3 enthalten soll (Volumen 100 bis 200 ml), stumpft man mit Ammoniak bis zur schwach sauren Reaktion ab. Man fällt kalt mit 2 bis 3 ml Hydraziniumcarbonat-Reagens und erhitzt dann 1 Std. auf dem Wasserbad. Man filtriert, wäscht mit kaltem oder kochendem Wasser, in Gegenwart von Alkalisalzen jedoch mit einer warmen, neutralen, 1- bis 5%igen Lösung von Ammoniumnitrat bis zum Verschwinden des anwesenden Anions.

Herstellung des Reagenses. 50 ml Hydrazinhydrat werden in demselben Volumen Wasser gelöst. Die Lösung wird mit Kohlendioxid, das mit Kupfersulfatlösung gewaschen wurde, bis zum Erstarren gesättigt. Man verdünnt mit 50 ml Wasser, fügt von neuem 50 ml Hydrazinhydrat hinzu und filtriert. Zur Fällung von 0,1 g Al_2O_3 werden etwa 2 ml Reagens gebraucht.

Bemerkungen. Die Fällung des Aluminiums durch Hydraziniumcarbonat ist quantitativ. Die Werte fallen meistens ein wenig zu *hoch* aus.

Trennung des Aluminiums vom *Mangan.* Da Mangan durch Hydraziniumcarbonat nicht gefällt wird, besitzt dieses gegenüber dem Hydrazinhydrat bei der Trennung des Aluminiums vom Mangan einen gewissen Vorteil. Es ist jedoch stets eine doppelte Fällung erforderlich. Zur Bestimmung des Aluminiums neben Mangan verfährt man nach der angegebenen Vorschrift, läßt jedoch den Niederschlag *vor* der Filtration ohne Aufkochen 4 Std. in der Kälte stehen.

Trennung des Aluminiums vom *Eisen.* Eisensalze geben durch Reduktion mit Hydraziniumcarbonat eine farblose und klare Lösung, solange es in großem Überschuß vorhanden ist. Ist jedoch zu wenig Hydrazin anwesend, wird die Flüssigkeit in Berührung mit Luft durch Bildung von Eisen(III)-hydroxid gelb und trübe. Nach *Jilek* und *Lukas* muß man dann außer Hydraziniumcarbonat noch eine beträchtliche Menge, etwa 5 g, Hydraziniumchlorid zusetzen, um Oxydation des Eisens zu vermeiden. Bei größeren Eisenmengen ist doppelte Fällung erforderlich.

Trennung des Aluminiums vom *Zink.* Ähnlich wie Mangan und Eisen, die sich mit Hydraziniumcarbonat nicht fällen lassen, verhält sich auch Zink; es muß jedoch nach *Jílek* und *Vřestal* [223] ein großer Überschuß des Fällungsmittels (100 ml des Hydraziniumcarbonatreagenses) angewandt werden.

Bei der Fällung von Aluminium in Gegenwart von Zink wurden sowohl bei 1maliger als auch bei doppelter Fällung höhere als die theoretischen Werte erhalten. Bei doppelter Fällung aus schwefelsaurer Lösung in Gegenwart von Ammoniumnitrat waren die Überbefunde noch größer. Das Hydraziniumcarbonat-Verfahren kann daher nicht als exakte Trennungsmethode des Aluminiums vom Zink empfohlen werden.

Trennung des Aluminiums vom *Nickel* und *Kobalt*. Nickel und Kobalt werden mit Hydraziniumcarbonat nicht gefällt. Die Trennung mit letzterem hat gegenüber der Bariumcarbonat-Methode die Vorteile, daß kein Bariumion in die Lösung gebracht wird, der gefällte Niederschlag weniger adsorbiert als das Aluminiumhydroxid und daß die Fällung auch in Gegenwart von Sulfationen ausgeführt werden kann. Es wird bei der Trennung nach der angegebenen Arbeitsvorschrift (siehe S. 66) gearbeitet; der Reagenszusatz beträgt 4 ml; das Auswaschen des Niederschlages erfolgt mit neutraler, warmer 1 %iger Ammoniumnitrat-Lösung.

Die Trennung des Aluminiums von Kobalt und Nickel durch doppelte Fällung des Aluminiums mit Hydraziniumcarbonat ergibt gute Resultate, wenn von jedem Metall maximal nur etwa 0,1 g vorhanden sind. Ähnlich gute Resultate erhält man, wenn der Niederschlag nach der ersten Fällung statt durch Lösen in Säure nach der Veraschung des Filters mit Alkalihydrogensulfat im Platintiegel geschmolzen wird.

Quecksilber(II)-oxid-Methode

Suspensionen von Quecksilber(II)-oxid, die etwa den pH-Wert 6 besitzen, fällen aus der Lösung der Chloride bei gewöhnlicher Temperatur Aluminium (Eisen, Chrom) frei von Alkalien, nicht aber von Erdalkalien (*Volhard* [224]). Der Gebrauch der HgO-Suspension hat deshalb gewisse Vorteile, weil der Überschuß des Fällungsmittels durch Erhitzen vollständig entfernt und das in Lösung gegangene Quecksilber durch Schwefelwasserstoff gefällt werden kann. Diese Methode hat praktisch keine Bedeutung.

Kaliumcyanat-Methode

Die Methode bietet keine Vorteile gegenüber anderen Hydrolyseverfahren. Beim Erwärmen von Aluminiumsalzlösungen mit Kaliumcyanat-Lösung tritt in verd. Lösungen zuerst Trübung auf. Dann scheidet sich unter lebhafter Kohlendioxid-Entwicklung Aluminiumhydroxid in gut filtrierbarer Form ab. Bei der Reaktion entsteht infolge Hydrolyse aus dem Cyanat primär Cyansäure, die aber größtenteils in Ammoniak und Kohlendioxid zerfällt. Nach *Ripan* [225] kann die Reaktion zur quantitativen Fällung des Aluminiums aus seinen Salzlösungen und zur Trennung von Mangan und Zink dienen. Organische Säuren verhindern die Fällung des Aluminiumhydroxids mit Kaliumcyanat. Kieselsäure wirkt nur in konz. Lösungen störend.

Arbeitsvorschrift. Man gibt zur möglichst neutralen Lösung einige Milliliter 2n Ammoniumchlorid-Lösung sowie je 20 mg Aluminium 0,2 g Kaliumcyanat und erwärmt. Der zuerst voluminöse Niederschlag wird beim Erhitzen dicht. Man filtriert die noch warme Lösung, wäscht mit Wasser, glüht und wägt den Niederschlag in der üblichen Weise.

Bemerkungen. Dorrington und *Ward* [226] fanden nach *Ripans* Methode für Aluminium zu niedrige und ungleichmäßige Resultate. Eine Trennung des Eisens und Chroms vom Aluminium ist nicht möglich. Dagegen sollte sich die Trennung des Aluminiums vom Mangan und Zink durchführen lassen. Die Versuche von *Dorrington* und *Ward* hingegen zeigen, daß *Mangan* durch Kaliumcyanat in beträchtlichen Mengen in Gegenwart von Ammoniumchlorid gefällt wird. Ferner können Zinksulfat-

Lösungen mit Ammoniumchlorid in Cyanat-Lösung Niederschläge von Zinkcarbonat ergeben, die sich durch Reaktion mit dem durch Hydrolyse des Kaliumcyanates entstandenen Kaliumcarbonat bilden.

Nach *Okáč* [227] ist für die Trennung des Aluminiums von Zink ein großer Überschuß an *Ammoniumchlorid* erforderlich. Zu 100 ml einer Lösung, die 5 bis 30 mg Aluminium und 5 bis 150 mg Zink enthält, gibt er 50 ml 2n Ammoniumchlorid-Lösung und 0,1 bis 0,3 g Kaliumcyanat.

Nitrit-Methode

Schirm [18] hat die von *Wynkoops* [228] gemachte Beobachtung der vollständigen Ausfällung von Aluminium (Chrom und Eisen) aus seinen Lösungen durch Natriumnitrit zu einer quantitativen Fällungsmethode mit Ammoniumnitrit, die ebenfalls auf Ausfällung des Aluminiumhydroxids durch Hydrolyse beruht, ausgearbeitet.

Die salpetrige Säure zerfällt bei Siedehitze in Stickstoffoxide und Wasser, so daß die Hydroxidfällung nach folgender Gleichung stattfindet:

$$2\,Al^{3+} + 6\,NO_2^- + 3\,H_2O \rightleftharpoons 2\,Al(OH)_3 + 3\,NO + 3\,NO_2.$$

Durch die Möglichkeit, das Fällungsmittel schon durch einfaches Kochen vollständig zu verflüchtigen, erlangt die Methode die gleiche Anwendbarkeit wie die Ammoniak-Fällung und besitzt außerdem die gleichen Vorteile wie die Jodid-Jodat-Methode (vgl. S. 72). Die Niederschläge sind feinflockiger und dichter als die mit Ammoniak erzeugten Fällungen, lassen sich gut filtrieren und auswaschen.

Bei kritischen Studien über die gravimetrischen Bestimmungsmethoden des Aluminiums kommen *Congdon* und *Carter* [229] zu dem Ergebnis, daß die Nitritmethode die genaueste Fällungsmethode für Aluminium sei. Auch zur Trennung von 2wertigen Metallen ist sie in Verbindung mit der Ammoniumcarbonat-Fällung (vgl. weiter unten) der Ammoniak-, Acetat- und Bariumcarbonat-Methode an Trennschärfe überlegen.

Arbeitsvorschrift nach *Schirm* [18]. Die Lösung, die 0,1 bis 0,2 g Aluminium enthalten soll, wird in Gegenwart überschüssiger Säure mit Ammoniak neutralisiert, soweit dies ohne Bildung eines Niederschlages möglich ist, und dann auf 250 ml verdünnt. Man fügt jetzt, gleichgültig ob in der Kälte oder in der Wärme, 20 ml einer 6%igen Ammoniumnitrit-Lösung hinzu und erhitzt so lange zum Sieden (Becherglas mit Uhrglas bedeckt), bis der Geruch nach Stickstoffoxiden verschwunden ist. Nach 1/4- bis 1/2stündigem Absitzen auf dem Wasserbad wird der äußerst feinflockige Niederschlag zunächst durch eine 2malige Dekantation mit heißem Wasser ausgewaschen, auf ein Filter gebracht, ausgewaschen, getrocknet, im Tiegel samt Filter verascht, geglüht und gewogen.

Bemerkungen. Enthält die ursprüngliche Lösung mehr als 1% Ammoniumsalze, so ist infolge der hydrolytischen Spaltung und der schwach sauren Reaktion der Lösung die Fällung auch bei längerem Kochen *nicht vollständig.* In diesem Fall fügt man nach dem Verkochen der Stickstoffoxide tropfenweise Ammoniak hinzu, bis der Geruch danach eben bestehen bleibt, läßt auf dem Wasserbad absitzen und verfährt weiter wie oben.

Nach Beleganalysen des Chemikerausschusses des Vereins deutscher Eisenhüttenleute von *Klinger* [230] ergaben sich sowohl bei Verwendung von Natriumammonium- und Kaliumnitrit als Fällungsmittel im allgemeinen *gute* Übereinstimmungen mit den theoretischen Werten.

Treadwell [231] erhitzt, anstatt die Lösung zu kochen, 20 min auf dem siedenden Wasserbad unter *Durchleiten* von Stickstoff oder Wasserstoff. Auf diese Weise gehen weniger basische Salze in den Niederschlag als beim Kochen der Lösung. Statt mit Ammoniumnitrit fällt man bequemer mit einem Gemisch aus 1 g Kaliumnitrit,

1 bis 3 g Ammoniumchlorid und 50 ml Wasser; jenes setzt man tropfenweise der heißen Lösung zu.

Angewendet wird die Methode zur Trennung des Aluminiums (Chroms und Eisens) von Mangan, Zink, Nickel, Kobalt. Nach *Schirm* [18] wird *Mangan* in Gegenwart von Ammoniumsalzen durch Ammoniumnitrit nicht gefällt. Die Fällung von Aluminium (Chrom und Eisen) wird wie oben angegeben vorgenommen, nur mit dem Unterschied, daß vor der Fällung Ammoniumsalz zugesetzt wird. Bei 1maliger Fällung enthält der Niederschlag meistens noch etwa 2% Mangan. Daher ist für genaue Bestimmungen eine doppelte Fällung notwendig. Bei Zusatz von mehr Ammoniumsalz ist die Fällung nicht mehr vollständig. Nach *Treadwell* [231] ist die Nitrit-Methode in Gegenwart von Mangan weniger geeignet, da dasselbe zum Teil oxydiert und mitgefällt wird.

Zink läßt sich von Aluminium (Chrom, Eisen) nicht trennen. Die Niederschläge enthalten bis zu 20% der angewendeten Zinkmenge. Nach einer etwas abgeänderten Methode hat *Järvinen* [217] eine befriedigende, genaue Trennung der Metalle Aluminium (Eisen, Chrom) vom Zink, Nickel, Kobalt, Mangan durchführen können. *Järvinen* hat versucht, den Nachteil des Ammoniumcarbonat-Verfahrens – nicht ganz vollständige Abscheidung des Aluminiums – durch Kombination mit der Nitritmethode zu beheben, ohne daß 2wertige Metalle mitgefällt werden. Es gelingt auf diese Weise, die 3wertigen Metalle quantitativ zu fällen. Die Niederschläge enthalten jedoch wenn auch sehr geringe Mengen an 2wertigen Metallen.

Vorteilhaft ist es, der Lösung Ammoniumsulfat zuzusetzen, weil dann basische Sulfate ausfallen, die ein geringeres Volumen einnehmen, geringere Neigung zu Okklusion besitzen und sich leichter auswaschen lassen.

Fällung mit Natriumnitrit und Natriumazid nach *Hahn* [232]

Man erhält das Aluminiumhydroxid in reiner, dichter und leicht filtrierbarer Form, wenn die Fällung allmählich vor sich geht und möglichst am isoelektrischen Punkt vollendet ist. *Hahn* benutzt als Fällungsmittel ein Gemisch aus Natriumnitrit und Natriumazid, das nach der Gleichung:

$$NO_2^- + N_3^- + 2H^+ \rightleftharpoons N_2 + N_2O + H_2O$$

die durch Hydrolyse der Aluminiumsalze entstehenden Wasserstoffionen abfängt.

Die Niederschläge sind auffallend dicht und bilden auf dem Filter eine körnige, nicht kleisternde Schicht, so daß sie sehr leicht ausgewaschen werden können. *Hahn* verfährt nach folgender

Arbeitsvorschrift. Größere Mengen freier Säure werden mit Ammoniak gebunden; dann wird die Lösung auf 100 bis 150 ml je Millimol Metall verdünnt. Man fügt für jedes Millimol 2 bis 3 g Ammoniumchlorid und 10 ml Fällungslösung (15 g Natriumnitrit und 15 g Natriumazid in 500 ml, 10 ml dieser Lösung fällen etwa 27 mg Aluminium) hinzu und erwärmt das Gemisch auf dem Wasserbad. Unter lebhafter Gasentwicklung (bedeckt halten) trübt sich die Lösung. Sobald sich der Niederschlag abgesetzt hat, kann er wie üblich weiter verarbeitet werden. Den ersten Waschwässern (heiß ausgewaschen) setzt man etwas Ammoniumchlorid und Fällungslösung zu.

Bemerkung. In den Filtraten entsprechender Fällungen konnten im Höchstfall 0,1 bis 0,2 mg Al/l kolorimetrisch nachgewiesen werden.

Fällung mit Natriumnitrit und Kaliumjodid

Schirm ersetzt in der Jodid-Jodat-Methode nach *Stock* (vgl. S. 72) das schwer lösliche Kaliumjodat durch das leicht lösliche Natriumnitrit. Die Reaktion verläuft mit Kaliumjodid und Natriumnitrit nach der Gleichung:

$$2AlCl_3 + 3KJ + 3NaNO_2 + 3H_2O \rightleftharpoons 2Al(OH)_3 + 3KCl + 3NaCl + 3J + 3NO.$$

Man erhält wiederum dichte, gut filtrierbare Niederschläge. *Schirm* erzielte mit der Methode durchaus befriedigende Werte.

Fällung mit Natriumnitrit und Harnstoff

Schirm benutzte weiterhin Natriumnitrit und Harnstoff als Fällungsmittel:

$$2\,AlCl_3 + 6\,NaNO_2 + 3\,CO(NH_2)_2 \rightleftarrows 2\,Al(OH)_3 + 6\,NaCl + 6\,N_2 + 3\,CO_2 + 3\,H_2O.$$

Zu einer verdünnten, möglichst neutralen Aluminiumlösung fügt man eine Lösung aus Natriumnitrit und Harnstoff hinzu; man kocht, bis die Stickstoff- und Kohlendioxid-Entwicklung aufhört. Nach dem Absitzen wird der Niederschlag in der üblichen Weise abfiltriert, mit heißem Wasser ausgewaschen, verascht, geglüht und gewogen. Auch diese zweite Abänderung ergab gute Resultate.

Fällung mit Natriumnitrit und Methanol

Zur Trennung des Aluminiums von Thallium verwenden *Moser* und *Reif* [233] die Nitritmethode von *Schirm* in etwas abgeänderter Form. Durch Zusatz von Methanol wird erreicht, daß die gebildete, salpetrige Säure sich schnell unter Bildung von Salpetrigsäuremethylester verflüchtigt und so die Bildung von Salpetersäure verhindert, die lösend auf das Aluminiumhydroxid wirken würde. Da Adsorption von Thallium nicht stattfindet, genügt 1malige Fällung. Man fällt am besten aus der Lösung der Sulfate. Da die Lösung nur schwach sauer sein soll, muß zuerst annähernd mit Natriumcarbonat neutralisiert werden.

Thiosulfat-Methoden

Bei der Thiosulfatmethode nach *Chancel* [234] wird die bei der Hydrolyse von Aluminiumsalzen freiwerdende Säure durch Zusatz von Natriumthiosulfat nach der folgenden Gleichung beseitigt:

$$S_2O_3'' + 2\,H^+ \rightleftarrows SO_2 + S + H_2O.$$

Durch Zugabe von Thiosulfat und Verkochen des Schwefeldioxids ist die Aluminium-Fällung jedoch nicht vollständig. Dies ist erst nach Zusatz von Ammoniak der Fall. Nach Versuchen von *Leimbach* [151] können nach längerem Kochen mit Thiosulfat beträchtliche Mengen Aluminiums selbst durch Ammoniaklösung, offenbar infolge Bildung von Komplexsalz, nicht mehr gefällt werden. Man erhält selbst bei sorgfältigster Ausführung immer etwas zu niedrige Werte. Sie ist als gute Vortrennung in Anwesenheit von viel Eisen verwendbar.

Fällung mit Natrium- oder Ammoniumthiosulfat

Arbeitsvorschrift nach *Chancel*. Die neutrale, verdünnte Lösung, die etwa 0,1 g Aluminiumoxid in etwa 200 ml enthalten soll, versetzt man mit einem Überschuß an Natriumthiosulfat und kocht, bis jede Spur von Schwefeldioxid entfernt ist. Hierauf fügt man Ammoniak zu, bis ein gerade bleibender Geruch auftritt, kocht einige Minuten und filtriert den aus Aluminiumhydroxid und Schwefel bestehenden Niederschlag ab. Man wäscht mit heißem Wasser, trocknet, verascht, glüht und wägt als Aluminiumoxid. Die Methode ist nicht anwendbar auf Lösungen, die Nitrate enthalten.

Bemerkungen. Nach *Donath* und *Jeller* [235] ist die Ausfällung des Aluminiums *unvollständig*.

Die Methode wird zur Trennung des Aluminiums vom *Eisen* angewendet, da letzteres zu Eisen(II) reduziert und nicht gefällt wird; man darf in diesem Falle gegen Ende der oben beschriebenen Reaktion kein Ammoniak zusetzen, weil sonst Eisen gefällt würde. Allerdings wird dann die Aluminiumfällung unvollständig.

Clennel [149] reduziert Eisen zusätzlich durch Einleiten von Schwefeldioxid in die ammoniakalische Lösung und fällt anschließend mit Thiosulfat.

Die Verwendung von *Ammoniumthiosulfat* statt Natriumthiosulfat bietet offenbar keine Vorteile, wie man vielleicht erwarten könnte, da nur flüchtige Zerfallsprodukte entstehen.

Nach der Arbeitsweise von *Clennel* kann man mit Thiosulfat eine praktisch vollkommene Fällung des Aluminiums erreichen. Auch kleinere Mengen Eisen, Mangan, Zink und Magnesium bewirken keine ernstliche Störung der Aluminium-Bestimmung. da sie praktisch vollständig in Lösung bleiben. In Anwensenheit größerer Mengen dieser Metalle muß die Menge an Thiosulfat auf 15 g *erhöht* und 10 bis 20 m Essigsäure (1 : 3) (etwa 25 %ig) zugesetzt werden.

Leo [236] benutzt die Thiosulfatmethode zur Bestimmung von Aluminium in *Silicaten*, Schamotten und feuerfesten Massen. Vorhandenes 3wertiges Eisen wird mit Schwefeldioxid reduziert, der Überschuß an SO_2 vor dem Zusatz des Natriumthiosulfats verkocht und zur Pufferung Natriumacetat zugesetzt (pH-Wert 5,1 bis 6,0).

Magnesium allein wird unter Anwendung eines erhöhten Thiosulfat-Zusatzes vollständig vom Aluminium getrennt; für *Zink* ist doppelte Fällung erforderlich; *Mangan* verhält sich ähnlich wie Eisen und kann durch einfache Fällung in Gegenwart verd. Essigsäure vom Aluminium getrennt werden. Die Trennung des Aluminiums von *Beryllium* nach *Joy* [237] mit Natriumthiosulfat kann als eine Modifikation des Trennungsverfahrens des Aluminiums vom Beryllium mit schwefliger Säure nach *Berthier* [238] angesehen werden. Ebenso wie das Berthiersche Verfahren gibt diese Methode keine quantitative Trennung (*Joy, Britton* [239]).

Fällung mit Thiosulfat und Phenylhydrazin

Da es schwierig ist, durch alleinige Fällung mit Thiosulfat Aluminium vollständig abzuscheiden, hat man versucht, dies durch Zugabe von schwachen Basen wie z.B. Phenylhydrazin oder Anilin zu erreichen. Diese fällen im Gegensatz zu Ammoniak 2wertige Metalle nicht. Die zuerst von *Leimbach* [151] angewandte Fällung mit Thiosulfat und Phenylhydrazin, die vor allem eine bessere Trennung des Aluminiums vom Eisen ermöglicht, ist bereits bei der Fällung des Aluminiums mit Phenylhydrazin beschrieben (S. 51).

Fällung mit Thiosulfat und Schwefelwasserstoff

Prinzip. Krüger [240] führt die Abscheidung des Aluminiums durch Natriumthiosulfat, die schon zum Stillstand kommt, bevor alles Aluminium ausgefällt ist, durch Zugabe von Schwefelwasserstoff zu Ende.

Arbeitsvorschrift. Eine Lösung von 0,8 g kristallisiertem Aluminiumchlorid ($AlCl_3 \cdot 6H_2O$) und 3 g Natriumthiosulfat wird in einer Druckflasche von 350 ml Inhalt mit Schwefelwasserstoff gesättigt und 1/2 Std. in siedendem Wasser erhitzt. Der Inhalt der Flasche wird in einem Becherglas zur Entfernung des freien Schwefelwasserstoffs einige Zeit erhitzt und filtriert.

Bemerkung. Auch *Chrom* wird nach diesem Verfahren vollständig als Chromhydroxid ausgefällt.

Natriumdithionit Methode zur Trennung des Aluminiums vom Eisen

Prinzip. Barbier [241] empfiehlt eine Methode zur Trennung des Aluminiumoxids vom Eisenoxid, die von ihm bei der Analyse einer großen Anzahl mineralogischer Proben angewendet wurde und sich durch Schnelligkeit und Genauigkeit auszeichnen soll. Sie gründet sich auf Verwendung von Natriumdithionit, durch welches 3wertiges Eisen zu 2wertigem reduziert und Aluminium durch Hydrolyse quantitativ ausgefällt wird. Die Methode ist offenbar nicht genauer nachgeprüft worden.

Arbeitsvorschrift. Zur Analysenlösung fügt man einen Überschuß an Natrium-acetat, wobei die Lösung infolge Bildung von Eisen(III)-acetat eine rötliche Färbung annimmt. Dann gibt man nach und nach eine Lösung von Natriumdithionit (10%ig) zu, bis die rötliche Farbe verschwunden ist. Man bringt die Lösung zum Kochen. Das Aluminiumhydroxid setzt sich in Form eines dichten Pulvers ab, das leicht zu filtrieren und auszuwaschen ist.

Bemerkung. Enthält die Lösung *Beryllium*, etwa bei Analysen von Beryll, so wird es gleichzeitig mit Aluminium als Hydroxid gefällt.

Sulfitmethoden

Die Trennung des Aluminiums vom Beryllium nach *Berthier* [238] geschieht in der Weise, daß die Lösung der gefällten Hydroxide in überschüssiger schwefliger Säure oder die mit Ammoniumsulfit versetzte Lösung der Sulfate so lange gekocht wird, bis kein SO_2 mehr entweicht. Hierbei soll Aluminium quantitativ als basisches Sulfit abgeschieden werden, während Beryllium in Lösung bleibt. Die Trennung ist jedoch nicht quantitativ, da ein großer Teil des Berylliums mit ausfällt (*Hofmeister* [242]).

Nach *Travers* und *Schnoutka* [243] werden die frisch gefällten Hydroxid-Gele des Berylliums und Aluminiums in einem Überschuß von Alkali gelöst. Nach dem Sättigen dieser Lösung mit Schwefeldioxid erhitzt man 10 min zum Sieden und läßt mehrere Stunden abkühlen. Das quantitativ abgeschiedene Aluminium enthält noch etwas Beryllium, weshalb das basische Aluminiumsulfit nochmals der gleichen Behandlung unterworfen wird. Die Fällung des Aluminiums als basisches Aluminium-sulfit wenden auch *Malaprade* und *Schnoutka* [244] zur Bestimmung des Aluminiums in Glas und Email an.

Nach *Gaspar Y Arnal* und *Miner-Liceaga* [245] ist eine Lösung von neutralem Natriumsulfit in 60%igem Äthanol zur quantitativen Fällung des Aluminiums aus neutraler Lösung geeignet. Die Fällung, die im Unterschied zu derjenigen von Eisen bereits in der Kälte eintritt, soll bei 40 bis 50° vorgenommen werden.

Jodid-Jodat-Methode nach *Stock*

Die Methode von *Stock* [19] beruht ebenfalls auf der Hydrolyse der Aluminium-salze. Die Hauptreaktion geht nach der Gleichung vor sich:

$$2\,AlCl_3 + 5\,KJ + KJO_3 + 3\,H_2O \rightleftharpoons 2\,Al(OH)_3 + 6\,KCl + 3\,J_2.$$

Hierbei wird die entstandene, freie Säure durch ein Gemisch aus Kaliumjodid und Kaliumjodat aufgenommen und das gebildete Jod durch Thiosulfat entfernt. Die Reaktion vollzieht sich in der Wärme in einigen Minuten. Der erhaltene Niederschlag von Aluminiumhydroxid setzt sich rasch ab, läßt sich schnell filtrieren und aus-waschen. Insofern bietet dieses Verfahren gegenüber der Ammoniak-Methode Vor-teile und ist für manche Trennungen besonders gut geeignet. So ist z. B. die Trennung für Al und Cr von Zn, Ni und Co nach der Jodid-Jodat-Methode zu empfehlen. Trotzdem ist die Methode in ihrer Anwendbarkeit beschränkt und der Ammoniak-Methode dort unterlegen, wo es sich um Trennungen des Aluminiums, Chroms und Eisens von den Alkali- und Erdalkalimetallen handelt [$Ba(JO_3)_2$ ist unlöslich] (*Gooch* und *Osborne* [246], *Schirm* [18]).

Arbeitsvorschrift. Die Lösung (Volumen etwa 100 ml) muß neutral oder schwach sauer sein. Enthält sie einen größeren Überschuß an Säure, so neutralisiert man mit Natronlauge bis zur beginnenden Trübung und klärt wieder mit einigen Tropfen verd. Säure. Dann fügt man einen Überschuß einer Mischung aus gleichen Teilen etwa 25%iger Kaliumjodid- und gesättigter (etwa 7%iger) Kaliumjodat-Lösung hin-zu, etwa 14 ml für 100 mg Al. Nach etwa 5 min entfärbt man das reichlich abgeschie-dene Jod genau mit einer 20%igen Natriumthiosulfat-Lösung und setzt noch eine kleine Menge der Jodid-Jodat-Mischung hinzu, um sich zu vergewissern, daß man genügend davon zugegeben hatte. Nun gibt man noch einen kleinen Überschuß an Thiosulfat-Lösung (30 Tropfen der 20%igen Lösung waren stets genügend) hinzu und erwärmt 1/2 Std. auf dem Wasserbad. Der rein weiße, flockige Niederschlag hat sich dann aus der klaren Lösung völlig abgesetzt und wird auf ein weitporiges Filter abfiltriert, mit heißem Wasser bis zum Verschwinden der Jod-Reaktion ausgewaschen, getrocknet und geglüht.

Bemerkungen. Bei verschiedenen Versuchsreihen erhielt *Stock* nach der gegebenen Arbeitsvorschrift unter Anwendung von

$$207,8 \text{ mg Al}_2\text{O}_3 \text{ } Differenzen \text{ von } -0,4 \text{ bis } -0,1 \text{ mg Al}_2\text{O}_3,$$
$$203,3 \text{ mg Al}_2\text{O}_3 \text{ } Differenzen \text{ von } +0,3 \text{ bis } +0,6 \text{ mg Al}_2\text{O}_3,$$
$$26,4 \text{ mg Al}_2\text{O}_3 \text{ } Differenzen \text{ von } +0,2 \text{ bis } +0,4 \text{ mg Al}_2\text{O}_3.$$

Clennel [149] hat die Methode ebenfalls nachgeprüft. Trotz erheblich *höherer* Differenzen kommt er zu dem Resultat, daß man mit der Stockschen Methode unter geeigneten Bedingungen gute Fällungen und Trennungen erreichen kann. Nach dem Bericht des Chemikerausschusses des Vereins Deutscher Eisenhüttenleute von *Klinger* [230] sind die erhaltenen Werte *gut*. Nach *Treadwell* [155] eignet sich die Jodid-Jodat-Methode besonders zur Trennung des Aluminiums und Chroms vom Zink, Nickel und Kobalt. Ist *Phosphorsäure* zugegen, so erhält man einen Niederschlag, der der Formel $2 \text{Al}_2\text{O}_3 \cdot \text{P}_2\text{O}_5$ entspricht.

Möglichkeit der jodometrischen Bestimmung. Auch wenn in Gegenwart von Sulfaten der Niederschlag zunächst basisches Aluminiumsulfat enthält, wird letzteres durch längeres Kochen mit Kaliumjodid und -jodat vollständig hydrolisiert. Die Menge des bei der Reaktion freigemachten Jods kann also, wenn sie in geeigneter Weise aufgefangen und filtriert wird, als Maß der freigemachten Säure und demnach zur Bestimmung der in Aluminiumsalzen gebundenen Säure dienen. Entsprechende Verfahren sind auf S. 173 beschrieben.

5. Fällung von Aluminiumhydroxid aus Aluminat-Lösung

Durch Einleiten von Kohlendioxid in Aluminat-Lösungen oder Zugabe von Brom läßt sich Aluminium quantitativ als Hydroxid abscheiden. Diese Methoden, die nach Zugabe einer genügenden Menge Alkalihydroxid zur Bestimmung des Aluminiums auch in sauren Lösungen dienen können, haben den Vorteil, daß das Aluminiumhydroxid in gealtertem, schwer löslichem und leicht filtrierbarem Zustand gefällt wird (siehe S. 29).

Die Verfahren, insbesondere die Kohlendioxid-Methode, liefern recht genaue Werte; doch ist ihr Anwendungsgebiet beschränkt. Die Gegenwart von Calcium- und Magnesiumsalzen stört; auch die Trennung des Aluminiums von den 2wertigen Schwermetallen stößt auf Schwierigkeiten. Dagegen lassen sich Aluminium und Chrom gut trennen. Auf der Basis der Kohlendioxid-Methode läßt sich auch ein maßanalytisches Verfahren (*Tolkatscheff* und *Titowa* [247], S. 176) durchführen. Die Fällung des Aluminiums aus Natriumaluminat-Laugen kann auch mit Äthylenchlorhydrin erfolgen. Bei diesem Verfahren der Fällung aus homogener Lösung wird das Äthylenchlorhydrin in heißer, alkalischer Lösung durch Hydrolyse in Äthylenoxid und Salzsäure gespalten, wobei das Aluminium durch die entstehende Salzsäure gefällt wird.

Fällung durch Einleiten von Kohlendioxid

Die bereits von *Allen* und *Gottschalk* [248] angegebene Fällung des Aluminiums mit Kohlendioxid als Aluminiumhydroxid aus Aluminat-Lösung liefert gute Resultate. Ein etwas modifiziertes Verfahren geben *Fricke* und *Meyring* [249] an.

Arbeitsvorschrift. Die Lösung soll 0,15 bis 0,3 g Aluminiumoxid enthalten. Nach Verdünnen auf 150 bis 200 ml wird zunächst durch vorsichtiges Zugeben eingestellter Säure aus einer Bürette bis zur eben beginnenden Trübung der Überschuß an Alkali neutralisiert. Dann versetzt man die Lösung mit einigen Tropfen Phenolphthalein und leitet durch ein weites Einleitungsrohr langsam Kohlendioxid ein, bis der Indikator nach etwa 15 bis 20 min umschlägt. Man fährt noch etwa 10 min mit dem Einleiten des Kohlendioxids fort. Anschließend wird der Niederschlag abfiltriert und zunächst mit dem ersten Spülwasser des Fällungsgefäßes 1mal kalt ausgewaschen. Das weitere Ausspülen und Waschen geschieht mit heißem Wasser.

Bemerkungen. Bei der Bestimmung in Aluminiumsalzlösungen wird mit so viel *reiner* Natronlauge versetzt, daß der zuerst entstandene Niederschlag sich eben wieder löst. Wenn eine Spur Aluminiumhydroxid ungelöst bleibt, so ist sie ohne Bedeutung. Ein Überschuß an Alkali ist zu vermeiden. Dann wird auf 150 bis 200 ml verdünnt und zur Bestimmung des Aluminiums genauso verfahren, wie angegeben.

Beleganalysen von Aluminiumchloridlösungen nach verschiedenen Methoden ergaben folgende Ergebnisse:

1. NH_3-Fällung   263,4 mg Al_2O_3 in 20 ml Lösung,
2. Abrauchen mit HNO_3 263,6 mg Al_2O_3 in 20 ml Lösung,
3. CO_2-Fällung aus alkalischer Lösung   263,4 mg Al_2O_3 in 20 ml Lösung.

Die Kohlendioxid-Methode ist in Gegenwart von Alkalimetallen in Form der Chloride, Nitrate und Sulfate mit Ausnahme des *Lithiums* anwendbar. Erdalkalimetalle stören, da sie als Carbonate ausfallen. Eisen wird mit ausgefällt. In Anwesenheit größerer Sulfatmengen sind die Niederschläge sulfathaltig.

Wichtig für die Methode ist, daß *vor* dem Einleiten des Kohlendioxids die überschüssige Lauge neutralisiert wird.

Zur Trennung des Aluminiums vom *Chrom* oxydiert man Chrom(III)-ionen in der natronalkalischen Lösung mit Bromwasser oder Wasserstoffperoxid zu Chromationen und neutralisiert die Lösung mit Salpetersäure gegen Phenolphthalein. Man füllt die Flüssigkeit auf etwa 250 ml auf und leitet zur Fällung in die heiße Lösung einen Kohlendioxid-Strom ein.

Fällung durch Bromzusatz

Nach *Jakob* [250] wirkt Brom auf eine alkalische Aluminium-Lösung bei Temperaturen unter 60° ausfällend auf Aluminium unter Bildung von Natriumhypobromit:

$$2\,NaAl(OH)_4 + Br_2 \rightleftharpoons 2\,Al(OH)_3 + NaBrO + NaBr + H_2O,$$

während bei Temperaturen über 60° Ausfällung des Aluminiumhydroxids unter gleichzeitiger Entstehung von Natriumbromat erfolgt:

$$6\,NaAl(OH)_4 + 3\,Br_2 \rightleftharpoons 6\,Al(OH)_3 + NaBrO_3 + 5\,NaBr + 3\,H_2O.$$

Da im letzteren Falle eine vollständige Neutralisation erreicht wird und der entstandene Niederschlag eine sehr kompakte Beschaffenheit hat, wählt man den zweiten Weg.

Arbeitsvorschrift. Zu einer in 70 bis 100 ml etwa 0,1 bis 0,2 g Aluminiumoxid enthaltenden sauren Lösung fügt man so lange tropfenweise 5%ige Natronlauge, bis der entstandene Niederschlag sich wieder aufgelöst hat. Zu der kochenden Lösung gibt man gesättigtes Bromwasser zuerst tropfenweise, um eine Temperaturerniedrigung und Bildung eines gallertartigen Niederschlages zu vermeiden. Gegen Ende der Reaktion erfolgt die Zugabe schneller, bis die Lösung durch Brom-Überschuß rot gefärbt erscheint. Man verkocht denselben, bis die Lösung eine gelbe Farbe angenommen hat. Nach dem Absitzen des Niederschlages wird dieser abfiltriert und mit heißem Wasser ausgewaschen. Die an den Wandungen des Gefäßes haftenden kleinen

Mengen des Niederschlages löst man in Salpetersäure und fällt sie nach der Neutralisation mit Ammoniak. Der Niederschlag wird wie üblich verascht, geglüht und als Aluminiumoxid gewogen.

Bemerkung. Die Methode ist besonders zur Trennung des Aluminiums vom *Chrom* geeignet. In Gegenwart von Schwefelsäure, Phosphorsäure und Borsäure ist der Niederschlag mit diesen Säuren verunreinigt.

Fällung mit Ammoniumchlorid

Bekanntlich fällt beim Versetzen von Aluminat-Lösung mit einer zum Umsatz mit der überschüssigen Lauge hinreichenden Menge Ammoniumchlorid, besonders schnell beim Kochen, Aluminium vollständig als Hydroxid aus. Dieses Verfahren entspricht praktisch der Fällung mit Ammoniak aus Aluminiumsalzlösungen.

Sinkai und *Nagata* [251] wenden diese Methode zur Aluminium-Bestimmung in Ferrowolfram und Wolframstählen an. *Guerreiro* und *Ramos* [252] verfahren ähnlich bei der Bestimmung des Aluminiums in Chromerzen.

Fällung durch Äthylenchlorhydrin

Die Zersetzung des Äthylenchlorhydrins in heißer alkalischer Lösung in Äthylenoxid und HCl wird von *Uzumasa, Hayashi* und *Nurishi* [253] zur Fällung des Aluminiums aus homogener Lösung benutzt.

Arbeitsvorschrift. Zu 5 bis 10 ml 0,365 m Aluminiumnitrat-Lösung gibt man 20 bis 25 ml 0,935 n Natronlauge sowie 0,5 bis 0,6 ml Äthylenchlorhydrin und verdünnt auf etwa 200 ml. Man hält 1 Std. bei 100 °C, kühlt und filtriert den Niederschlag ab. Der Niederschlag wird gelöst und das Aluminium komplexometrisch bestimmt.

B. Abscheidung des Aluminiumoxids durch thermische Zersetzung von Aluminiumsalzen (Trennung von anderen Metallen)

Wird eine Mischung aus zwei nicht isomorphen Metallsulfaten auf eine bestimmte Temperatur erhitzt und der Druck der Gasphase über dem Gleichgewichtsdruck des ersten Sulfates und unter dem des zweiten gehalten, so wird das erste Sulfat unverändert bleiben, während sich das zweite Sulfat zersetzt und unlösliches Oxid gebildet wird. Kann die Mischung abgekühlt werden, ehe sich die Reaktion wahrnehmbar umkehrt, und laugt man mit Wasser aus, wird das unveränderte Sulfat gelöst und kann abgetrennt werden. Auf diese Weise kann man die Trennung des Aluminiums vom Zink und Beryllium erreichen.

Quantitative Trennungen durch thermische Zersetzung wasserfreier Mischungen aus Metallsulfaten haben *Willard* und *Fowler* [254] durchzuführen versucht. Auch die bereits 1853 von *Sainte Claire Deville* [255] angegebene Trennung des Al_2O_3 von Erdalkalien, Magnesiumoxid und Alkalien durch thermische Zersetzung der Nitrate beruht auf ähnlichen Voraussetzungen.

Willard und *Fowler* ist es gelungen, unter anderem die Salzpaare Aluminium- und Zinksulfat sowie Aluminium- und Berylliumsulfat derart zu zersetzen, daß Aluminium praktisch quantitativ ins Oxid überführt wird, während Zink- bzw. Berylliumsulfat unzersetzt bleiben. Hierdurch wird eine quantitative Trennung möglich. Anwendung in der analytischen Praxis hat dieses Verfahren jedoch nicht gefunden.

Die von *Sainte Claire Deville* angegebene Trennung des Aluminiumoxids von Erdalkalien, Magnesiumoxid und Alkalien, die auf der ungleichen Zersetzbarkeit der Nitrate in mäßiger Hitze beruht, ist von *R. Fresenius* [256] empfohlen worden.

Arbeitsvorschrift. Man dampft die salpetersaure Lösung in einer Platinschale zur Trockne ein und erhitzt gradweise im Sand- oder Luftbad auf etwa 200 bis 250 °C, bis keine Salpetersäuredämpfe und Stickstoffoxide mehr entweichen (Prüfung mit Ammoniak). Der Rückstand enthält dann Aluminiumoxid, die Nitrate der Alkalien und Erdalkalien sowie basisches Magnesiumnitrat. Letzteres läßt sich durch Behandeln mit Ammoniumnitrat-Lösung in neutrales Magnesiumnitrat unter Entwicklung von Ammoniak überführen. Man befeuchtet hierzu den Rückstand mit Wasser, gibt etwas konz. Ammoniumnitrat-Lösung hinzu und erhitzt gelinde unter Ersatz des verdampften Wassers. Man setzt diese Operation fort, bis nach erneuter Zugabe von Ammoniumnitrat keine Ammoniak-Entwicklung mehr wahrnehmbar ist. Schließlich setzt man Wasser zu und digeriert bei mäßiger Wärme. Das Aluminiumoxid bleibt als körniger, dichter Niederschlag zurück. Nach dem Digerieren dekantiert man und wäscht mit heißem Wasser aus, glüht und wägt.

Bemerkungen. Diese von *Fresenius* angegebene Methode ist auch in Gegenwart von *Eisen* anwendbar, das als Oxid zusammen mit Al_2O_3 im Rückstand verbleibt. In Gegenwart von Mangan ist das Verfahren von *Deville* nach *Fresenius nicht* zu empfehlen.

Nach *Charriou* [257] wird bei der Trennung des Aluminiumoxids und des Eisenoxids vom Kalk nach der Nitrat-Methode nach *Deville* um so weniger Kalk durch Sesquioxide zurückgehalten, je niedriger die Zersetzungstemperatur der Nitrate und je höher die Ammoniumnitrat-Konzentration ist. Die Trennung gelingt, wenn das Oxidgemisch mehrere Male mit heißer 10 %iger Ammoniumnitrat-Lösung aufgenommen und nicht über 150 °C erhitzt wird.

Die Trennung des *Magnesiumoxids* vom Aluminium- und Eisenoxid ist gemäß der Nitrat-Methode von *Deville* nach *Charriou* meistens *unvollständig*.

Friedel und *Cumenge* [258] trennen Aluminium, Vanadin und Eisen vom *Uran* und Alkalien durch Eindampfen mit Salpetersäure zur Trockene. Nach mehrmaliger Wiederholung des Eindampfens kann die zusammen mit dem Aluminium- und Eisenoxid abgeschiedene Vanadinsäure – das Uran und die Alkalien bleiben in der verdünnten salpetersauren Lösung gelöst – abfiltriert und auf dem Filter mit carbonatfreiem Ammoniak ausgelaugt werden. Nach *Hillebrand* und *Ransome* [259] ist die Trennung *nicht* quantitativ.

Diese thermischen Verfahren haben heute nur historisches Interesse; als analytische Verfahren besitzen sie *keine Bedeutung*.

C. Bestimmung des Aluminiums als Aluminiumphosphat

Die Bedeutung der Phosphat-Methode liegt im wesentlichen in der einfachen und wirksamen Trennmöglichkeit des Aluminiums vom Eisen. Selbst kleinere Aluminium-Mengen von einigen Milligrammen lassen sich neben einem 1000fachen Eisen-Überschuß ohne vorherige Abtrennung fällen und bestimmen. Weiterhin ist die Fällung des Aluminiums als Phosphat bei Vorhandensein von Phosphationen von vornherein zweckmäßig. Über ihre Zuverlässigkeit, Anwendungsgrenzen und Genauigkeit bestehen noch Meinungsverschiedenheiten. Im allgemeinen jedoch liefert diese Methode für die Praxis befriedigende Ergebnisse.

Die *Zusammensetzung* des Aluminiumphosphat-Niederschlages ändert sich merklich mit den Fällungsbedingungen. Bei der Fällung des Aluminiums als Aluminiumphosphat aus einer Aluminiumsalz-Lösung mit Natriumphosphat hat der Niederschlag die Zusammensetzung $AlPO_4 \cdot xH_2O$, wenn der pH-Wert der Lösung 4,5 nicht überschreitet. Nach *Miller* [260] ist die Stabilität des Phosphates vom pH-Wert der Lösung bei Beginn der Fällung abhängig. Die Fällung bei pH = 4,5 entspricht quantitativ der Formel $AlPO_4$. Erhöhter Zusatz von Alkalilauge zur Lösung bewirkt eine Verschiebung unter allmählichem Ersatz von Phosphat- durch Hydroxidion. Oberhalb pH = 7,5 tritt die Bildung von Aluminaten auf, und oberhalb 8,5 ist der Niederschlag praktisch phosphatfrei. Außer der Acidität der Lösung ist auch die Konzentration des Fällungsmittels von Einfluß auf die Zusammensetzung. So geben *Travers* und *Perron* [261] an, daß bei der Umsetzung von Aluminiumsulfat mit äquivalenten Mengen Dinatriumphosphats das normale Orthophosphat der Zusammensetzung $AlPO_4 \cdot H_2O$ entseht, bei Anwendung der doppelten Menge Na_2HPO_4, die zur quantitativen Fällung ausreicht, jedoch ein Niederschlag der Zusammensetzung $Al_2(HPO_4)_3$.

Im Gegensatz dazu stehen die Analysenergebnisse anderer Autoren, nach denen das ausfallende Aluminiumphosphat einen ausgesprochen basischen Charakter hat. Über die Bestimmung von Aluminiumphosphat durch Fällung aus seinen Lösungen mit Ammoniak oder Ammoniumacetat berichtet *Glaser* [262]. Danach gelingt es unter gewissen Bedingungen, Aluminiumphosphat der Formel $AlPO_4$ quantitativ durch Acetat aus Aluminiumphosphat-Lösungen zu fällen, nicht aber durch Ammoniak, wenn man in genau neutraler Lösung fällt. Auch *Lundell* und *Knowles* [263] finden bei der Fällung mit einem nur mäßigen Überschuß an Fällungsmittel oder bei Fällung aus alkalischer Lösung zu niedrige Werte. *Drown* und *McKenna* [264] fanden, daß der aus einer mit einem Überschuß an Natriumphosphat und Natriumacetat versetzten Lösung gefällte Niederschlag in seiner Zusammensetzung im Durchschnitt eher der Formel: $7\,Al_2O_3 \cdot 6\,P_2O_5$ als der Formel $AlPO_4$ entspricht. Um vollkommene Fällung des Aluminiumphosphates zu erreichen, ist es nötig, 40 min zu kochen; außerdem sollte übermäßiges Auswaschen vermieden werden. Nach *Lejeune* [265] verursacht der geringste Überschuß der Fällungsmittel: Natrium- oder Ammoniumphosphat [Na_2HPO_4 oder $(NH_4)_2HPO_4$] eine nicht konstante Zusammensetzung des Niederschlages. Die größte Schwierigkeit liegt nach den Versuchen von *Camp* [266] beim Auswaschen des Niederschlages, da Phosphat in Wasser mäßig löslich ist (Report of the *Committee* on *Phosphate Rocks* [267]). *Lundell* und *Knowles* erhalten bei übermäßigem Auswaschen des Niederschlages mit Wasser oder auch mit einer Lösung, die einen Elektrolyten wie Ammoniumnitrat enthält, zu niedrige Werte. Dasselbe ist der Fall beim Auswaschen mit schwach saurer Waschflüssigkeit.

Löslichkeit und Zersetzlichkeit des Aluminiumphosphates

Über die Löslichkeit des Aluminiumphosphates in Wasser haben *Cameron* und *Hurst* [268] Versuche angestellt. Beim Schütteln von 1 g reinem Aluminiumphosphat ($AlPO_4$) bei 25 °C während einer Zeitdauer von 48 Tagen erhielten sie folgende Werte (Tab. 8).

Tabelle 8. *Löslichkeit des Aluminiumphosphats*

Wasser je 1 g Substanz ml	PO_4/l mg	Al/l mg	Wasser je 1 g Substanz ml	PO_4/l mg	Al/l mg
50	388,6	35,9	600	51,6	6,5
100	211,0	15,7	4000	11,3	3,3
250	96,8	7,9	8000	4,9	—

Bei diesen Versuchen geht jedoch mehr Phosphation in Lösung, als dem Verhältnis $Al:PO_4$ entspricht. Es handelt sich also nicht um eine wahre Löslichkeit, sondern um eine Zersetzung des Phosphates.

Einen wesentlichen Einfluß auf die Löslichkeit bzw. die vollständige Fällbarkeit des Aluminiumphosphats hat nach *Saxer* und *Jones* [269] der Elektrolytgehalt der Lösung. Nach ihnen fällt das Aluminiumphosphat zunächst als hydrophiles Colloid aus, das durch geeigneten Elektrolytzusatz erst ausgeflockt werden muß. Erst bei mindestens 10% Salz-Zusatz ist die Fällung quantitativ. Auch die hydrolytische Spaltung des Aluminiumphosphates durch Wasser wird durch Zusatz von Alkalisalzen, z.B. von Kaliumsulfat, Kaliumchlorid oder Natriumnitrat in steigender Konzentration herabgesetzt (*Cameron* und *Hurst*), ebenso durch Calciumchlorid und Calciumcarbonat (*v. Wrangell* und *Koch* [270]).

In Mineralsäuren wie Salpetersäure und Salzsäure ist Aluminiumphosphat ($AlPO_4$) leicht löslich. Eine spezifische Kohlendioxideinwirkung auf Aluminium- (und Eisen-)phosphat ist nicht nachweisbar, im Gegensatz zum Calcium- und noch mehr zum Magnesiumphosphat, die stark zersetzt werden. Das hohe Lösungsvermögen organischer Säuren wie Citronensäure, Weinsäure, Oxalsäure für Phosphate beruht auf der Bildung komplexer Verbindungen (*Weinland* und *Ensgraber* [271]). Essigsäure macht insofern eine Ausnahme, als Eisen- und Aluminiumphosphat darin nahezu unlöslich sind. Die geringste Löslichkeit in Wasser hat Aluminiumphosphat ($AlPO_4$) bei pH-Werten der Lösung von 4,07 bis 6,93 (*Osugi, Yoshie* und *Nishigaki* [272]). Mit steigender Alkalität der Lösung wird der Niederschlag des Aluminiumphosphats durch hydrolytische Zersetzung immer basischer, bis in stark alkalischer Lösung bei pH = 7,5 bis pH = 10 völlige Auflösung durch Aluminatbildung stattfindet (*Britton* [273] sowie *Miller* [274]).

Verhalten des Aluminiumphosphats beim Glühen

Die Hygroskopizität geglühten Aluminiumphosphates ist merklich geringer als diejenige des Aluminiumoxids (wenn es unterhalb 1200°C geglüht wurde). Nach *Miehr, Koch* und *Kratzert* [275] beträgt der Wassergehalt des vor dem Gebläse geglühten Aluminiumphosphates je nach der Zeit des Verweilens im Exsiccator 0,5 bis 1,0%. Bei 1200°C sinkt der Wassergehalt auf 0,2 bis 0,5% herab und ist bei 1300°C gleich Null. Das bei 1300°C geglühte Aluminiumphosphat ist praktisch nicht mehr hygroskopisch. Bei längerem, z.B. 1stündigem Glühen bei 1300°C findet Gewichtsverlust durch Verdampfen von Phosphorsäureanhydrid statt, der bei mehrstündigem Erhitzen auf 1300°C 0,2 bis 1,0% beträgt. Dieser Verlust spielt jedoch in der Analyse praktisch keine Rolle, da nur kurz geglüht wird. Am besten wird $AlPO_4$ demnach bei 1200 bis 1300°C bis zur Gewichtskonstanz geglüht. Bei 1300°C ist längeres Glühen zu vermeiden. Nach dem Bericht Nr. 97 des Chemikerausschusses des Vereins Deutscher Eisenhüttenleute (*van Royen* und *Grewe* [276]) wird erst durch Glühen des $AlPO_4$-Niederschlages bei 1200°C nach 1 Std., besser nach 2 Std., der theoretische Wert erreicht. Bei 1300°C tritt bereits eine geringe Zersetzung des Niederschlages ein. Nach *Shiokawa* [277] genügt Glühen des $AlPO_4$-Niederschlages bei 845°C. Aus der mit der Thermowaage verfolgten Entwässerungskurve von Aluminiumphosphat-Niederschlägen, die nach dem Verfahren von *Lundell* und *Knowles* erhalten wurden, schließen *Dupuis* und *Duval* [278], daß der Niederschlag bereits bei einer Temperatur von 743°C wasserfrei wird. Nach dem Verlauf der Entwässerungskurve halten sie es für wahrscheinlich, daß der ursprünglich erhaltene Niederschlag etwas $Al_2(HPO_4)_3$ enthält, das sich zwischen 126 und 228°C unter Abgabe von Phosphorsäure zersetzt, die sich dann bei weiterer Temperatursteigerung verflüchtigt.

Arbeitsweisen zur Bestimmung des Aluminiums

Die Phosphat-Methode hat als Verfahren zur bloßen Fällung und Bestimmung des Aluminiums in reinen Lösungen nur geringe Bedeutung. Die beschriebenen Verfahren werden deshalb meistens zur Bestimmung geringer Aluminiumgehalte nach Abtrennung eines Überschusses anderer Elemente angewandt.

Phosphatfällung des Aluminiums nach *Lundell* und *Knowles*

Prinzip. Nach *Lundell* und *Knowles* wird $AlPO_4$ in essigsaurer, Natriumacetat enthaltender Lösung (pH = 5 bis 5,4) gefällt. Es muß wenigstens ein 5facher Überschuß Phosphates [$(NH_4)_2HPO_4$] zugegeben werden.

Der Niederschlag enthält fast stets einen Überschuß an Phosphorsäure. Dieser läßt sich durch Auswaschen entfernen. Die Entfernung des P_2O_5-Überschusses wird durch das Verschwinden der gleichzeitig anwesenden Chloride angezeigt, längeres Auswaschen führt zu Verlusten. Unter diesen Bedingungen ist die Methode sehr genau, wenn nur wenige Milligramm Aluminium gefällt werden. Bei größeren Aluminium-Mengen ist die festgestellte *Genauigkeit* zu gering.

Arbeitsvorschrift. Man verdünnt die salzsaure Lösung auf 400 ml, stellt die Acidität der Lösung derart ein, daß etwa 10 ml konz. Salzsäure zugegen sind, und fügt 1 g $(NH_4)_2HPO_4$ oder mehr hinzu, so daß ein 10facher Überschuß vorhanden ist. Man gibt Filterbrei und 2 Tropfen Methylorange hinzu, macht mit verd. Ammoniak eben alkalisch und fügt 0,5 ml Salzsäure zu, wobei der Indikator wieder umschlägt. Man erhitzt zum Sieden, gibt 30 ml 25%ige Ammoniumacetat-Lösung zu und setzt das Kochen weitere 5 min fort. Der Niederschlag wird abfiltriert und mit 5%iger heißer Ammoniumnitrat-Lösung bis zum Verschwinden der Chlorid-Reaktion gewaschen. Man trocknet Filter und Niederschlag, verascht im offenen Platin- oder Porzellantiegel, verbrennt den Kohlenstoff bei möglichst niedriger Temperatur und erhitzt schließlich im bedeckten Tiegel auf etwa 1200 °C bis zum konstanten Gewicht (vgl. S. 78). Die Wägung erfolgt als $AlPO_4$.

Bemerkungen. Der Umrechnungsfaktor auf *Aluminium* beträgt:

$$F_1 = \frac{Al}{AlPO_4} = 0,2212,$$

auf *Aluminiumoxid*:

$$F_2 = \frac{Al_2O_3}{2\,AlPO_4} = 0,4180.$$

Die *Genauigkeit* der Methode zeigen folgende von *Lundell* und *Knowles* angegebenen Analysenergebnisse:

mg Al_2O_3 angewandt:	1,9	9,4	94,3	188,6
$AlPO_4$ gefunden, als mg Al_2O_3:	1,9	9,6	96,4	193,0
Fehler in %:	—	+2,1	+2,2	+2,3

Nach *Austin* [279] ergeben sich bei der Veraschung des Niederschlages mit Filterpapier infolge Reduktion des Phosphates bei der Wägung leicht *zu niedrige* Werte. Es ist daher besser, ohne Verwendung von Filterbrei zu arbeiten.

Burger [280] wendet ein der Vorschrift von *Lundell* und *Knowles* ähnliches Verfahren zur Bestimmung des Aluminiums in mit Alaun gefälltem, *biologischem* Material an.

Fällung nach *Blumenthal* [281]

Die *Grundlage* zur Bestimmung bildet ein von *Stead* [282] angegebenes Verfahren. Nach *Stead* setzt man der salzsauren Lösung Natriumphosphat, sodann Natriumthiosulfat und Essigsäure zu und kocht die Lösung so lange, bis das durch Zersetzung des Thiosulfates entstandene Schwefeldioxid ausgetrieben ist. Dabei fällt das Aluminium als Aluminiumphosphat aus und kann so vom Eisen, Mangan, Calcium und Magnesium getrennt werden. Der sich gleichzeitig abscheidende, elementare Schwefel erleichtert das Filtrieren und Auswaschen des Aluminiumphosphates.

Blumenthal verwendet an Stelle von Salzsäure und Natriumthiosulfat schweflige Säure und statt Natriumphosphat Ammoniumphosphat.

Arbeitsvorschrift. Die salz- oder schwefelsaure Lösung, die etwa 50 mg Aluminium enthält, wird bei einem Volumen von 100 bis 200 ml mit Ammoniak soweit abgestumpft, daß eben ein Niederschlag von Aluminiumhydroxid entsteht. Nachdem man diesen mit Salzsäure gerade wieder in Lösung gebracht hat, werden 25 ml kaltgesättigter Lösung schwefliger Säure, 20 ml 10%iger Diammoniumhydrogenphosphat-Lösung und 15 ml Essigsäure (1 : 3) (etwa 25%ig) hinzugegeben. Die schweflige Säure muß ausreichen, um eine Fällung von Aluminiumphosphat zu verhindern. Man verdünnt auf 400 ml und kocht etwa 20 min. Die während des Erwärmens beginnende Ausfällung des Aluminiumphosphates wird durch Verkochen des Schwefeldioxids vervollständigt. Man läßt gut absitzen und filtriert schnell durch ein mittelporiges Filter ab. Der Niederschlag wird mit heißem Wasser ausgewaschen, im Porzellantiegel getrocknet und auf der Bunsen-Flamme verascht. Er wird anschließend bei 1250 °C 1 Std. geglüht.

Bemerkungen. Nach Beleganalysen von *Blumenthal* erhält man etwa 0,1 bis 0,5% zu *hohe* Werte. Bei der Analyse von Lösungen, die bereits Phosphat- und *Titanylionen* enthalten, kann die von *Blumenthal* angewandte Methode der Einstellung der richtigen Acidität der Lösung durch Klärung der mit Ammoniak entstehenden Trübung mit Salzsäure zu erheblichen Fehlern führen. Titanphosphat, das sich gebildet haben könnte, ist im Gegensatz zum Aluminiumphosphat auch in stark salzsaurer Lösung nur schwer löslich (*Saxer* und *Jones* [283]). *Saxer* und *Jones* kommen nach eingehender Prüfung der üblichen, zur Aluminium-Bestimmung in Stahl und Eisenerzen angewandten Phosphat-Methoden zu dem Schluß, daß die erforderliche, genaue pH-Einstellung bei der Fällung schwierig und die exakte Trennung von einem großen Überschuß bei einmaliger Fällung kaum möglich ist.

Arbeitsweise zur Bestimmung des Aluminiums in Phosphaten

Travers und *Perron* [284] bestimmen Aluminium und Phosphorsäure in der Weise, daß sie das Phosphat in der doppelten, theoretischen Menge Natronlauge auflösen, die Phosphorsäure mit Bariumsalz als $Ba_3(PO_4)_2$ fällen, das unlöslich und leicht auszuwaschen ist. Aluminium wird in der Lösung bestimmt. Den Bariumphosphatniederschlag löst man in Salpetersäure und bestimmt die Phosphorsäure als Phosphormolybdänsäureanhydrid.

Die Methode von *Travers* und *Perron* hat allerdings wegen ihrer Umständlichkeit kaum Bedeutung erlangt. Nach ihnen genügt übrigens zur quantitativen Fällung des Aluminiums als $AlPO_4$ die doppelte Menge von Na_2HPO_4, die der Bildung von $Al_2(HPO_4)_3$ aus dem zu fällenden Aluminium entspricht.

Trennung des Aluminiums vom Eisen

Methode des Chemikerausschusses des Vereins Deutscher Eisenhüttenleute

Als *Grundlage* wurde das von *Carnot* [285], später von *Arnold* [286] angewendete Verfahren der Aluminium-Bestimmung als Phosphat in Stahl und Eisen herangezogen, das von *Campredon* [287] ausführlich beschrieben ist.

Nach Zusatz von Ammoniumphosphat zu einer Aluminium und Eisen enthaltenden schwach sauren Lösung wird das Aluminium durch Kochen der Lösung mit Natriumthiosulfat quantitativ als Aluminiumphosphat, frei von Eisen, gefällt. Während die Ergebnisse bei den Bestimmungen im Ferroaluminium (*van Royen* [288]) gewisse Schwankungen aufweisen, wurden nach einer genauen Festlegung der Arbeitsbedingungen befriedigende Ergebnisse erzielt. In dem von *Klinger* [289] erstatteten Bericht Nr. 103 des Chemikerausschusses des Vereins Deutscher Eisenhüttenleute sind die Untersuchungsergebnisse über die Nachprüfung der *Genauigkeit* angegeben.

Arbeitsvorschrift. Die Lösung (Volumen etwa 150 ml) wird so lange mit Ammoniak (1:1) (etwa 6,5 m) versetzt, bis sie gegen Lackmus gerade schwach alkalisch reagiert. Nach Zugabe von 4 ml Salzsäure (D 1,12) wartet man bei Raumtemperatur die völlige Klärung der Lösung ab, verdünnt auf 400 ml, gibt 15 ml 80%ige Essigsäure sowie zur Reduktion des Eisens 20 ml (oder mehr) einer 30%igen Ammoniumthiosulfatlösung zu und erhitzt zum Sieden. Nach erfolgter Reduktion fällt man in der siedenden Lösung mit 20 ml einer 10%igen Lösung von Diammoniumhydrogenphosphat und kocht unter ständigem Umrühren 15 min. Man filtriert durch ein mittelporiges Filter (ein trübes Filtrat ist belanglos; die Trübung ist lediglich durch Schwefel bedingt) und wäscht den Niederschlag 3mal mit kochendem Wasser aus. Der Niederschlag wird mit 20 ml Salzsäure (D 1,19) gelöst und die Fällung in gleicher Weise wiederholt; nur erfolgt hierbei der Diammoniumhydrogenphosphat-Zusatz *vor* dem Aufkochen, unmittelbar nach dem Thiosulfat-Zusatz. Der Niederschlag wird mit kochendem Wasser dekantiert und nach dem Filtrieren 6mal mit kochendem Wasser ausgewaschen, getrocknet und langsam verascht. Man glüht zunächst 1/2 Std. bei 1100 °C, steigert die Temperatur für 1/2 Std. auf etwa 1200 °C, wägt aus und prüft durch kurzes Nachglühen bei 1200 °C auf Gewichtskonstanz.

Bemerkungen. Die größten Abweichungen von je 11 Bestimmungen in einer *reinen* Kaliumalaunlösung betrugen:

α) bei Anwendung von 5,0 mg Al: $+0{,}1$ mg Al,

$-0{,}3$ mg Al;

β) bei Anwendung von 25,0 mg Al: $+0{,}4$ mg Al,

$-0{,}3$ mg Al.

Die Aluminium-Bestimmung in *synthetischen* Eisen-Aluminium-Lösungen mit 0,05, 0,5 und 5% Al, entsprechend 10, 5 und 0,5 g Einwaage, ergab je 11 Bestimmungen folgende Höchstabweichungen:

α) bei Anwendung von 0,05% Al: $+0{,}003\%$ Al,

$0{,}000\%$ Al;

β) bei Anwendung von 0,5% Al: $+0{,}02\%$ Al,

$-0{,}01\%$ Al;

γ) bei Anwendung von 5% Al: $+0{,}07\%$ Al,

$-0{,}10\%$ Al.

Wenn auch die Abweichungen absolut genommen meist gering sind, so ergeben sie doch bei kleineren oder mittleren Mengen Aluminium einen Prozentsatz, den man sonst bei exakten, gravimetrischen Trennungen schon als ziemlich hoch ansieht (z.B. $+4\%$ oder -2% relativer Fehler). Nach der gleichen Methode bestimmen *Rademacher* und *Schmitz* [290] das Aluminium in *Brennstoffaschen*.

Die Methode nach *Lehmann* [291] zur Bestimmung des Aluminiums in Nahrungsmitteln wendet doppelte Fällung als Aluminiumphosphat nach *Schmidt* und *Hogland* [292] an, da fast alle Lebensmittel Eisen enthalten.

Arbeitsvorschrift. Zur Aufschluß-Lösung werden für je 22 mg Aluminium 0,5 g Diammoniumhydrogenphosphat zugesetzt. Nach dem Erhitzen fügt man eine Lösung von 5 g Ammoniumthiosulfat, nach einigen Minuten eine Lösung von 6 bis 8 g Ammoniumacetat und 4 ml Eisessig hinzu. Das Erhitzen wird zur Vertreibung des Schwefeldioxids 30 min fortgesetzt; dann läßt man absitzen, dekantiert und wäscht einmal durch Dekantieren. Der Niederschlag wird in 2 bis 2,5 ml konz. Salzsäure gelöst. Nach Verdünnen der Lösung auf 300 ml setzt man 0,5 g Diammoniumhydrogenphosphat für je 22 mg Aluminium zu und fällt in derselben Weise. Der Niederschlag wird abfiltriert, einige Male mit heißem Wasser gewaschen, um die Chloride zu entfernen, dann im Quarztiegel verascht und bis zum konstanten Gewicht geglüht.

Bemerkungen. Balls [293] empfiehlt, die Niederschläge zuerst mit Diammonium-hydrogenphosphat- und dann mit Ammoniumnitrat-Lösung zu waschen, um Phosphorsäure-*Verluste* zu *vermeiden*.

Bei Anwendung von 10 mg Aluminium und 5 mg Eisen wurden bei vier Bestimmungen 10,69, 10,70, 10,54 und 10,50 mg Aluminium, also zu *hohe* Werte gefunden.

Methode nach *Ray, Biswas* und *Ray* zur Bestimmung des Aluminiums in Stahl, Eisen- und Manganerzen

Prinzip. Ray, Biswas und *Ray* [294] bestimmen Aluminium durch Fällung als Phosphat in einem kontrollierten pH-Bereich von 3,7 bis 3,9. Bei der Bestimmung von Aluminium-Gehalten < 0,1 % wird die Hauptmenge des Eisens durch Äther-Extraktion entfernt, die verbleibenden Reste mit Thioglycolsäure und Ammonium-thiocyanat maskiert. Bei höheren Aluminium-Gehalten unterbleibt die Extraktion. Titan, Zirkonium und in einigen Fällen auch Kupfer werden vor der Fällung abgetrennt. Geringere Kupfer-Gehalte werden von der Thioglycolsäure maskiert.

Arbeitsvorschrift. Je nach Aluminium-Gehalt werden 2 bis 5 g Probe in 30 bis 50 ml 12 n Salzsäure gelöst, zur Abtrennung des Titans und Zirkoniums 10 ml einer 20%igen Natriumhypophosphit-Lösung, danach 20 ml Bromwasser zugesetzt und auf ein kleines Volumen eingeengt. Die Niederschläge von Titan und Zirkonium werden abfiltriert und die Lösung zur Trockene abgeraucht. Das Abrauchen wird wiederholt, der Rückstand mit 30 ml Salzsäure (1:1) (etwa 6 m) aufgenommen, bis zum Lösen der Salze erwärmt und abfiltriert. Der Rückstand, der die Kieselsäure und das unlösliche Aluminium enthält, kann zu dessen Bestimmung getrennt verarbeitet werden. Das Filtrat wird eingeengt, auf eine Salzsäure-Konzentration von 6 n gebracht (Volumen jetzt 30 ml) und mit dem gleichen Volumen an Äther extrahiert. Die wäßrige Lösung wird mit Ammoniak versetzt, bis sie nur noch 5 % freie Säure enthält, mit 5 ml Thioglycolsäure und 5 bis 8 g Ammoniumthiocyanat versetzt. Nach Zugabe von Ammoniak (1:1) (etwa 9 m) bis pH = 0,5 werden 10 ml 10%ige Ammoniumphosphat-Lösung zugefügt und mit Ammoniumacetat-Lösung pH 3,7 bis 3,9 eingestellt. Unter gelegentlichem Rühren wird die Lösung 5 min auf 50 bis 60 °C erwärmt. Der Niederschlag wird abfiltriert, mit einer 5%igen Ammonium-nitrat-Lösung gewaschen und bei 850 °C zu $AlPO_4$ verglüht.

Bemerkungen. Zur Analyse von *Magnetstählen* mit wesentlich höheren Aluminium-Gehalten wird die Einwaage auf 0,2 g reduziert, Kupfer mit Schwefelwasser-stoff gefällt und abgetrennt; die Extraktion des Eisens unterbleibt. Die Analyse von *Erzen* ist auf die gleiche Weise möglich. Abtrennung des Kupfers und Extraktion des Eisens sind nicht erforderlich.

Nach den angegebenen Beleganalysen ist die *Genauigkeit* dieser Methode zufriedenstellend. Die Elemente Chrom, Vanadium, Molybdän, Zinn, Mangan, Zink, Nickel und Kobalt stören bei der Bestimmung nicht.

Kritische Bemerkungen zur Aluminium-Eisen-Trennung nach der Phosphat-Methode

Im allgemeinen wird die Anwendung der Phosphat-Methode auf die Trennung des Aluminiums vom Eisen als *nicht zufriedenstellend* beurteilt. Viele Autoren wie *Hillebrand* und *Lundell* [295], *Podkopajew* [296], *Hammarberg* und *Phragmén* [297] sowie *Saxer* und *Jones* empfehlen deshalb die Abtrennung des Eisens vor der Phosphatfällung. *Saxer* [298] benutzt die Phosphat-Methode zur Bestimmung des säure-löslichen Aluminiums im Stahl. Allerdings trennt er ebenfalls Eisen und Chrom vor der Fällung mit Phosphat ab.

Über die indirekte Aluminium-Bestimmung durch gemeinsame Fällung und Wägung von Aluminium und Eisen als Phosphat und nachfolgende jodometrische Bestimmung des Eisens haben *Berg* [299] und *Massatsch* [300] gearbeitet. Nach

Hillebrand und *Lundell* ergibt jedoch die indirekte Aluminium-Bestimmung *zu hohe* Werte.

Bestimmung des Aluminiums in unlegiertem und niedriglegiertem Stahl

Hammarberg und *Phragmén* bestimmen geringe Aluminium-Gehalte (bis zu 0,001 % Al) in niedriglegierten Stählen als Aluminiumphosphat nach folgender

Arbeitsvorschrift. 10 g Stahl werden in 125 ml Schwefelsäure (12,5 ml konz. Schwefelsäure mit Wasser auf 125 ml verdünnt) gelöst. Ein unlöslicher Rückstand wird abfiltriert. Der größte Teil des Eisens wird mit anderen Schwermetallen durch Elektrolyse an der Quecksilberkathode entfernt (vgl. S. 615). Das Elektrolysat wird nun mit 5 ml 3 %iger Wasserstoffperoxid-Lösung zur Reduktion von Braunstein gekocht, die auf 300 ml verdünnte Lösung mit Ammoniak gegen Lackmus neutralisiert und mit 10 ml Salzsäure [10 ml Salzsäure (D 1,19) auf 100 ml verdünnt] versetzt. Nach Zugabe von 10 ml Natriumthiosulfat-Lösung (entsprechend 4 g $Na_2S_2O_3 \cdot 5H_2O$) und Erwärmen bis zur vollständigen Reduktion noch vorhandener, geringer Eisenmengen werden zuerst 20 ml Phosphatlösung (10 g Diammoniumhydrogenphosphat in 100 ml Lösung), dann 40 ml essigsaure Ammoniumacetat-Lösung (25 ml Eisessig und 25 g Ammoniumacetat in 100 ml Lösung) zugesetzt und nach gründlichem Vermischen 15 min zum Sieden erhitzt. Nach Zugabe von etwas Filterbrei wird filtriert und mit der 1:100 verdünnten, heißen, essigsauren Acetat-Lösung ausgewaschen. Der Niederschlag wird mit verdünnter Salzsäure (1:10) (etwa 1,2 m) unter Erwärmen gelöst, filtriert und der Rückstand mit warmer verdünnter Salzsäure (1:30) (etwa 0,4 m) ausgewaschen. Nach Kochen mit 5 ml 3 %iger Wasserstoffperoxid-Lösung und Verkochen des Überschusses wird nach Zugabe von 5 ml konz. Salzsäure auf 100 ml verdünnt, abgekühlt und tropfenweise mit mindestens 1 ml 6 %iger Cupferron-Lösung zur Fällung von Eisen, Titan und Vanadin versetzt. Nach kurzem Stehen wird der Niederschlag auf einem Filterschleim enthaltenden Tiegel abfiltriert und mit cupferronhaltiger Salzsäure [1:10 (etwa 1,2 m) + 1 ml 6 %ige Cupferronlösung auf 100 ml] ausgewaschen. Das Filtrat wird auf mindestens 50 ml eingedampft und zur Zerstörung des überschüssigen Cupferrons sowie zur Oxydation des Chroms mit 15 ml Perchlorsäure (D 1,67) abgeraucht bis zur Bildung eines Salzbreies. Man verdünnt auf 100 ml, filtriert von ausgeschiedener Kieselsäure ab, wäscht aus und fällt in dem Filtrat, das ein Volumen von etwa 150 ml besitzt, wieder nach obiger Vorschrift mit Phosphat-Lösung, jedoch ohne Zusatz von Thiosulfat. Der abfiltrierte Niederschlag wird wieder mit essigsaurer Ammoniumacetat-Lösung ausgewaschen und nach Glühen bis zur Gewichtskonstanz bei 900 bis 1000 °C als $AlPO_4$ gewogen. Der beim Lösen des Stahles verbliebene, säureunlösliche Rückstand enthält noch das als Oxid im Stahl enthaltene Aluminium. Er wird am besten durch Schmelzen mit Borax und Soda aufgeschlossen und die Schmelze mit verd. Schwefelsäure ausgezogen. In der erhaltenen Lösung wird Aluminium in gleicher Weise, allenfalls unter Fortlassung der elektrolytischen Abscheidung des Eisens bestimmt.

Trennung des Aluminiums von anderen Elementen außer Eisen

Trennung von den *Alkali-* und *Erdalkalimetallen*

Alkalisalze stören nicht, auch wenn sie in beträchtlicher Menge zugegen sind. Nach *Hillebrand* und *Lundell* können Störungen durch Calcium durch Einhaltung eines pH-Wertes unter 6, Anwendung eines großen Überschusses von Ammoniumchlorid und in Gegenwart von viel Calcium unter Wiederholung der Fällung vermieden werden. Nach *Gwyer* und *Pullen* [301] beginnt Aluminiumphosphat bei einem pH-Wert von etwa 3,5 auszufallen, während Calciumphosphat sich bei pH = 5,7 bis 6,0 abscheidet. Es sollte daher, wenn die Lösung einen pH-Wert < 5,7 hat, Aluminiumphosphat frei von Calcium ausfallen. Es hat sich jedoch gezeigt, daß besonders bei kleinen Aluminium-Mengen in Gegenwart relativ großer Calcium-Men-

6*

gen Verunreinigungen von Calciumphosphat auftreten, wenn die Acidität $>$ pH $= 4,5$ oder 4,0 ist. Zur Einstellung dieses pH-Wertes verwenden *Gwyer* und *Pullen* Bromphenolblau als Indikator. Auch *Barclay* [302] hält zur Fällung des Aluminiums neben Calcium einen pH-Wert von 4,5 ein und bestimmt auf diese Weise Aluminium zusammen mit Eisen in Rohphosphaten.

Trennung vom *Zink*

Nach *Luff* [303] erhält man bei der Fällung des Aluminiums in Gegenwart von Zink erst dann brauchbare Resultate, wenn man den Eisessig-Zusatz bis auf 1/5 des Gesamtvolumens der Flüssigkeit erhöht und erst nach mehrstündigem Stehen filtriert.

Austin [304] fand, daß bei Trennung von 105 mg Al_2O_3 von 158 mg ZnO nach der Phosphat-Methode (Fällung bei pH $= 3,2$ bis 3,4) 8% des anwesenden Zinks bei einmaliger Fällung vom Aluminium-Niederschlag mitgerissen wurden, gegenüber 10 bis 19% bei Fällung mit Ammoniak (pH $= 6,6$ bis 7), aber nur 1,4% bei Fällung nach der Benzoat-Methode (siehe S. 57). Enthielt die ursprüngliche Lösung neben 158 mg ZnO und 105 mg Al_2O_3 noch 72,5 mg P_2O_5, so wurden auch bei Trennung nach der Benzoat-Methode 4,9% des anwesenden Zinks mit Aluminium gefällt. In Abwesenheit von Phosphorsäure sind also zur Trennung von Aluminium und Zink die Benzoat- oder die Harnstoff-Succinat-Methode zuverlässiger als die Phosphat-Trennung.

Trennung vom *Kupfer*

Da Kupfer bei der Reduktion des Eisens mit Ammoniumthiosulfat ausfällt, wurde die Arbeitsweise vom Chemikerausschuß des Vereins Deutscher Eisenhüttenleute in Gegenwart von Kupfer dahin abgeändert, daß man vor der zweiten Fällung nach der Reduktion mit Thiosulfat das gefällte Kupfer mit dem in Salzsäure unlöslichen Schwefel abfiltriert.

Trennung vom *Mangan*, *Kobalt* und *Nickel*

Mangan, Kobalt und Nickel werden nach *Austin* bereits bei etwas über 3,6 liegenden pH-Werten teilweise mitgefällt. Zur Trennung von Kobalt, Nickel, Mangan, Zink wie Calcium und Magnesium fällt *Austin* deshalb Aluminium, Eisen und Chrom als Phosphate bei pH $= 3,2$ bis 3,4. Gegenüber der Trennung mit Ammoniak oder nach der Benzoat-Methode bietet die Phosphat-Methode keine Vorteile. Bei der Abscheidung des Aluminiums als Phosphat wird auch bei niedrigerem pH-Wert mehr Mangan mitgerissen als bei der Fällung mit Ammoniak. Für praktische Zwecke, z.B. zur Bestimmung geringer Aluminium-Gehalte (bis herunter zu 0,001% Al) im Stahl, ist die erzielte Trennung nach *Hammarberg* und *Phragmén* jedoch ausreichend. Zwar wird auch bei Fällung aus genügend essigsaurer Lösung noch etwas Mangan mitgerissen, wie die schwach grünliche Färbung des erhaltenen Aluminiumphosphates zeigt; offenbar wird aber dieser Fehler durch nicht ganz vollständige Fällung des Aluminiums ausgeglichen.

Fällung in Gegenwart von *Chrom*

3wertiges Chrom wird bei der Phosphatfällung bis auf geringe Mengen zusammen mit Aluminium gefällt. Nach *Austin* bleiben in Gegenwart von Aluminium weniger als 0,5 mg Chrom in Lösung. Chrom muß daher vor der Fällung des Aluminiums abgetrennt oder in Chromat überführt werden. Letzteres stört nicht, falls keine Reduktionsmittel anwesend sind oder zugesetzt werden, z.B. Thiosulfate. Auch *Ballay* und *Delbart* [305] trennen bei der Aluminium-Bestimmung in Spezialgußeisen Chrom ab. *Hammarberg* und *Phragmén* oxydieren bei der Analyse niedriglegierten Stahls Chrom vor der Wiederholung der Phosphatfällung durch Abrauchen mit Überchlorsäure.

Chromation stört, zumindest in geringen Mengen, die Fällung des Aluminiumphosphates nicht.

Fällung in Gegenwart von *Titan*

Wie Chrom wird auch Titan zusammen mit Aluminium als Phosphat gefällt. Für die gleichzeitige Fällung des Aluminiums und Titans wurde vom Chemikerausschuß des Vereins Deutscher Eisenhüttenleute eine Methode vorgeschlagen, die diese beiden Metalle zusammen durch doppelte Fällung als Phosphat fällt und das gesondert bestimmte Titan als Titanphosphat ($Ti_2P_2O_9$) von der Gesamtauswaage abzieht. Ebenso verfährt *Garzón-Ruipérez* [306] bei der Analyse von Silicaten. Er fällt Aluminium und Titan gemeinsam durch Kochen mit Thiosulfat und Diammoniumhydrogenphosphat.

Fällung in Gegenwart von *Molybdän*

Ein Einfluß des Molybdäns auf die Fällung konnte nicht festgestellt werden. Es wurde gefunden, daß Molybdän bei der Behandlung mit Thiosulfat zum Teil ausfällt, dann aber beim Glühen absublimiert (nach Bericht des Chemikerausschusses der Vereins Deutscher Eisenhüttenleute).

Fällung in Gegenwart von *Wolfram* und *Vanadium*

Ist Wolframsäure zugegen, so wird diese nach dem Bericht des Chemikerausschusses des Vereins Deutscher Eisenhüttenleute nicht durch vollständiges Eindampfen gemeinsam mit der Kieselsäure quantitativ abgeschieden. Das im Filtrat von der Kieselsäure verbliebene Wolfram übt jedoch keinen Einfluß aus. Man muß nur beim Auswaschen des Kieselsäure-Niederschlages vorsichtig sein, damit möglichst wenig Wolframsäure in Lösung geht. Um dies zu erreichen, empfiehlt es sich, nach quantitativer Abscheidung der Kieselsäure und Wolframsäure die ganze Lösung in einen Meßkolben zu geben und einen aliquoten Teil zur weiteren Analyse gesondert abzufiltrieren. Immerhin wird es in vielen Fällen, namentlich bei höheren Gehalten sicherer sein, das Wolfram vorher quantitativ abzuscheiden.

Vanadium fällt teilweise; aber bei doppelter Fällung erhält man eine gute Trennung, wenn die Menge des Aluminiums 50 mg nicht überschreitet.

D. Bestimmung des Aluminiums durch Fällung mit organischen Reagenzien

1. Fällung mit 8-Hydroxychinolin und Dibromoxychinolin

Fällung und Trennung durch 8-Hydroxychinolin (Oxin)

Entwicklung und Anwendungsmöglichkeiten des Oxin-Verfahrens

In der Abscheidung des Aluminiums als kristallines, schwerlösliches und definiert zusammengesetztes Komplexsalz des 8-Hydroxychinolins wurde ein Verfahren gefunden, das allen anderen gewichtsanalytischen Bestimmungsmethoden an Genauigkeit und einfacher Arbeitsweise überlegen ist. Die erste Vorschrift zur Aluminiumbestimmung mit Oxin wurde von *Hahn* und *Vieweg* [307] 1927 veröffentlicht. In einer vorläufigen Mitteilung hatte *Hahn* [308] bereits im Jahre 1926 die analytisch günstigen Eigenschaften des Aluminium-Komplexes mit Oxychinolin, von ihm kurz „Oxin" genannt, hervorgehoben. Bald darauf beschrieb *Berg* [309], nachdem er bereits 1926 seine bromometrische Bestimmung des Oxins angegeben hatte, „die metallkomplexbildende Eigenschaft des Oxins und ihre analytische Verwendung" unter Angabe der Empfindlichkeit der Fällung zahlreicher Metalle. Daran anschließend und vor der genannten, experimentellen Arbeit von *Hahn* und *Vieweg* hatte *Berg* [310] praktische Ergebnisse über die Bestimmung des Magnesiums und Kupfers mitgeteilt und (ebenfalls 1927) auch über die Bestimmung des Zinks, Cadmiums und schließlich des Aluminiums berichtet. Im gleichen Jahr wurden auch von *Kolthoff* [311] gravimetrische Analysenergebnisse für Aluminium veröffentlicht. Eine ausführliche Darstellung über das Oxin und seine analytische Bedeutung und Anwendung enthält das Buch von *Berg* [312] und von *Hollingshead* [313].

Das Oxin ist keineswegs ein spezifisches Fällungsmittel für Aluminium. Wie ein Blick auf die Tabelle 9 der Existenzbereiche schwerlöslicher Metalloxinate zeigt,

Tabelle 9. *pH-Bereiche der Fällung von einigen Metalloxinaten*

Kat-ion	pH-Bereich teilweise Fällung	pH-Bereich quantitative Fällung	Literatur	Kat-ion	pH-Bereich teilweise Fällung	pH-Bereich quantitative Fällung	Literatur
Al	2,8 bis 12,3	4,2 bis 9,8	[316]	Mg	$>$6,7	$>$8,2	[316]
	3,85	4,7 vollst. Fällung	[317]			9,6 bis 12,7	[314, 315]
		4,4 bis 6,7	[319]			$>$8,5	[317]
Ag	$>$3,6	6,1 bis 11,6	[321]	Mn^{2+}	$>$4,3	5,9 bis 10,0	[316]
Au	$\sim$5,7 bis 7,5		[322]		$\sim$5,7		[318, 322]
Ba	$>$7,5		[322]			$>$6,4	[317]
Be	$>$7,5		[321, 322]	Mo(VI)		3,3 bis 7,6	[316]
Bi	3,5 bis 12,9	4,8 bis 10,5	[316]			3,6 bis 7,3	[314, 315]
	$>$4,4	5,0 bis 8,3	[321]	Ni	$>$2,8	4,6 bis 10,0	[316]
Ca	$>$6,1	$>$9,2	[316]			4,3 bis 14,6	[314, 315]
	9,5 bis 12,4		[321]			$>$4,6	[317]
	$>$7,5		[322]	Pb	$>$4,0	8,4 bis 12,3	[321]
Cd	$>$4,0	$>$5,4	[316]		$>$7,5		[322]
		5,7 bis 14,6	[314, 315]	Pb^{2+}		3,0 bis 11,9	[321]
	$>$4,25	$>$5,45	[317]	Sn^{4+}	$\sim$5,7 bis 7,5		[322]
Cr^{3+}	$\sim$3 bis 13		[321]	Sr	$>$7,5		[321, 322]
	$\sim$5,7		[322]	Th^{4+}	3,7 bis 12,5	4,4 bis 8,8	[316]
Co	$>$2,8	4,2 bis 11,6	[316]		$>$4,7		[321]
		4,3 bis 14,6	[314, 315]	Ti(IV)	3,5 bis 12,0	4,8 bis 8,6	[316]
	$>$3,36	$>$4,9	[317]			$<$3,7 bis 8,7	[321]
Cu^{2+}	$>$2,2	$>$2,7	[316]	Tl^{3+}	$\sim$5,7		[322]
	$>$3,5	5,3 bis 14,6	[314, 315]	U(VI)	3,1 bis 12,1	4,1 bis 8,8	[316]
	$>$2,7		[318]			5,7 bis 9,8	[314, 315]
Fe^{3+}	$>$2,4	2,8 bis 11,2	[316]	V(IV)	$<$4,5 bis 12,7		[321]
	$>$2,8		[318]	V(V)	$>$1,5	2,7 bis 6,1	[316]
Ga	$>$1,6	3,6 bis 11,0	[321]			2,0 bis 5,3	[321]
		7,8 bis 8,0	[323]		$\sim$5,7 bis 7,5		[322]
Hg$_2^{2+}$	$>$3,7	5,2 bis 8,2	[321]	W(VI)	$>$3,5	5,0 bis 5,7	[314, 315]
Hg^{2+}	$>$3,4	4,8 bis 7,4	[321]			3,3 bis 3,5	[324]
In		2,5 bis 3,0	[312]	Zn	$>$2,8	4,4 bis 13,6	[316]
	$>$7,5	2,8 bis 7,5	[320, 322]			4,6 bis 13,5	[314, 315]
					$>$2,7	$>$4,5	[317]
				Zr	$>$3,7	5,2 bis 10,0	[321]

fallen die meisten Metalle im mittleren (schwachsauren und schwach alkalischen) pH-Bereich zusammen mit Aluminium aus. Trotzdem sind exakte Trennungen durch Festlegung der günstigen pH-Bereiche, durch Verwendung geeigneter Komplexbildner zur Verhinderung der Mitfällung anderer Elemente und durch Kombination mit geeigneten anderen Trennungsverfahren in Abhängigkeit von den jeweiligen Konzentrationsverhältnissen möglich.

Eigenschaften des Oxins

Das Oxin besitzt die Bruttoformel C_9H_7ON. Das Molekulargewicht beträgt 145,162. Die Konstitution wird durch die nebenstehende Strukturformel I wiedergegeben.

Der Schmelzpunkt liegt bei 75 °C. Mit Wasserdämpfen ist Oxin verhältnismäßig leicht flüchtig und kann durch Eindampfen ammoniakalischer Oxin-Lösung vollständig entfernt werden. In wasserfreien, organischen Lösungsmitteln löst sich Oxin zu nur schwach gefärbten Lösungen, deren Färbungen schon bei Zusatz kleiner Wassermengen intensiver werden. Man nimmt an, daß mit dieser Farbänderung eine Umlagerung im Molekül, entsprechend der Strukturformel II, stattfindet (*Pfeiffer* [325]). Die Lösung reinsten Oxins im Chloroform ist allerdings völlig farblos und bleibt es auch beim Schütteln mit Wasser. Oxin-Lösungen sind gegenüber Licht empfindlich und deshalb in dunklen Flaschen aufzubewahren.

In Wasser ist Oxin schwer löslich. Die bei 18 °C gesättigte, schwach gelbe Lösung ist $3,6 \cdot 10^{-3}$ molar (entsprechend 0,52 g/l) und hat einen pH-Wert von 6,5 (*Kolthoff*). Bei 90° beträgt die Löslichkeit (*Berg* [309]) etwa das 7fache (3,6 g/l). Eingehende Löslichkeitsuntersuchungen führte *Gotô* [326] durch.

Das Oxin ist eine amphotere Substanz. *Kolthoff* hat die Dissoziationskonstanten des Oxins als Säure wie als Base bestimmt und folgende Werte gefunden:

$$K_S = 2 \cdot 10^{-10} \quad \text{und} \quad K_B = 2,3 \cdot 10^{-10}$$

(ältere Messung nach *Berg* [309]: $K_B = 1 \cdot 10^{-10}$; neuere Messungen von *Stone* und *Friedman* [327]: $K_S = 4,2 \cdot 10^{-11}$).

Kolthoff gibt für den pH-Wert im isoelektrischen Punkt 7,2 an; *Lacroix* [320] findet für den pH-Wert einer gesättigten Oxin-Lösung 7,45. Bei diesem pH-Wert (7,2 bzw. 7,45) muß die Löslichkeit des Oxins ein Minimum haben, was die Löslichkeitsbestimmungen von *Kolthoff* bestätigen (vgl. Tabelle 10).

Tabelle 10. *Löslichkeiten des Oxins*

pH-Wert (Phosphatpuffer)	Löslichkeit 18 °C mol	g Oxin/l
6,0	$4,15 \cdot 10^{-3}$	0,602
6,6	$3,88 \cdot 10^{-3}$	0,562
7,0	$3,6 \ \cdot 10^{-3}$	0,522
7,6	$3,95 \cdot 10^{-3}$	0,572
8,4	$4,05 \cdot 10^{-3}$	0,587

Als Chinolinderivat (Base) bildet Oxin mit Mineralsäuren Chiniliniumsalze, die in Wasser mit intensiv gelber Farbe leicht löslich sind, z.B. Oxiniumsulfat $(C_9H_7ON)_2 \cdot H_2SO_4$ oder Oxiniumchlorid: $C_9H_7ON \cdot HCl$. Oxiniumacetat wurde bisher am häufigsten als Reagenslösung benutzt. Seine Löslichkeit ist geringer als diejenige der Salze der starken Mineralsäuren. In Natronlauge löst sich Oxin sehr leicht mit orangeroter Farbe unter Bildung des Phenolats.

Organische Lösungsmittel wie Methanol, Äthanol, Aceton, Chloroform, Benzol lösen Oxin leicht. In Chloroform beträgt die Löslichkeit nach *Lacroix* 370 g/l bei 18°. Die Lösungen in Äthanol oder Aceton werden als Reagenslösung benutzt, sind aber im Gegensatz zu den beständigen, wäßrigen Lösungen der Chinoliniumsalze (Sulfat, Chlorid) nur wenige Wochen haltbar.

Als Phenol läßt sich Oxin leicht zu 5,7-Dibrom-8-Oxin bromieren:

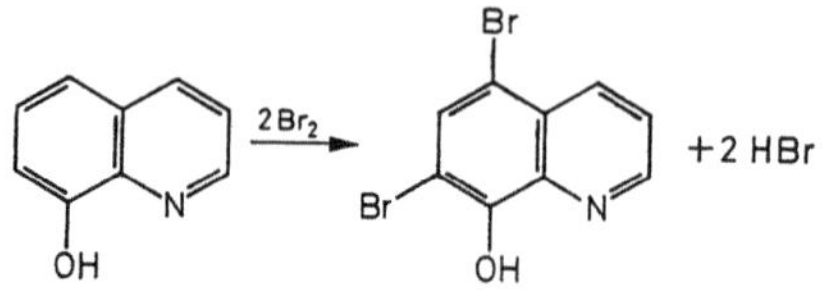

$$+\ 2\,Br_2 \longrightarrow +\ 2\,HBr$$

Diese Reaktion bildet die Grundlage der bromatometrischen Bestimmung des Oxins und seiner Metallsalze, auch des Aluminiumoxinats.

Eigenschaften des Aluminiumoxinats

Auf Grund seiner sauren (phenolartigen) Natur bildet Oxin mit zahlreichen zwei- und mehrwertigen Metallkationen schwerlösliche, kristalline Verbindungen, die als innere Komplexsalze (Chelate) zu betrachten sind. Dabei tritt eine Valenz des Kations an die Stelle des Wasserstoffatoms der Hydroxylgruppe, und gleichzeitig findet noch eine gewisse Bindung des Metalls an das Stickstoffatom statt (vgl. Formel III für ein 2wertiges Kation). Auch eine der Strukturformel IV entsprechende Bindung (vgl. Strukturformel II des Oxins) kann in den Bereich der Möglichkeiten gezogen werden. Im Aluminiumoxinat sind dementsprechend 3 Oxinreste auf 1 Atom Aluminium vorhanden; die Bruttoformel ist $(C_9H_6ON)_3Al$.

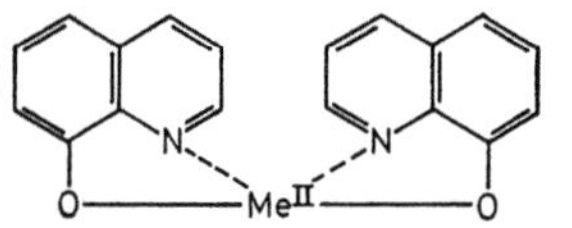

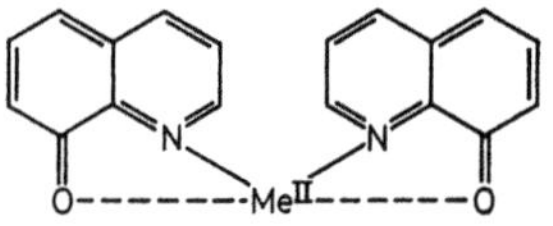

Unter den zur Fällung geeigneten Reaktionsbedingungen (siehe unten) fällt das Oxinat meistens in Form voluminöser, gelbgrüner Flocken aus, die aus feinen Kristallen bestehen. Öfter bleiben diese Kriställchen in der Kälte zunächst teilweise als Trübung in dem Reaktionsgemisch fein verteilt; aber in der Hitze tritt leicht vollständige Zusammenballung und rasches Absetzen ein. Der Aluminium-Komplex enthält kein Kristallwasser und ist auch nicht hygroskopisch (*Berg* [328]).

Die analytisch wertvollen Eigenschaften des Aluminium-Komplexes sind: a) gute Filtrier- und Auswaschbarkeit; b) definierte Zusammensetzung und Beständigkeit; c) geringe Löslichkeit; d) geringe Neigung zu Adsorption; e) niedriger Aluminium-Gehalt (bzw. hohes Molekulargewicht). Der Umrechnungsfaktor auf Aluminium beträgt 0,05873, auf Aluminiumoxid 0,1110.

Die Adsorptionsfähigkeit des Aluminiumoxinats ist außerordentlich gering. Auch überschüssiges Oxin wird bei sachgemäßem Arbeiten kaum adsorbiert; hingegen kann bei großem Reagens-Überschuß Mitabscheidung von Oxin stattfinden. Überbefunde in der Aluminium-Bestimmung, die *Knowles* [329] auf Adsorption von Oxin zurückführt, haben ihre Ursache wahrscheinlich in einer solchen Mitfällung.

Aus potentiometrischen Untersuchungsergebnissen zur Bestimmung der pH-Bereiche der Fällung von Oxinaten und Methyloxinaten bestimmten *Borrel* und *Paris* [330] die Löslichkeitsprodukte von einigen Metalloxinaten (Tab. 11).

Tabelle 11. *Löslichkeitsprodukte einiger Metalloxinate*
nach Borrel und Paris

Kation	Löslichkeitsprodukt
Al^{3+}	$5 \cdot 10^{-31}$
Cd^{2+}	10^{-19}
Co^{2+}	$2,5 \cdot 10^{-22}$
Cu^{2+}	$5 \cdot 10^{-29}$
Mg^{2+}	$6,8 \cdot 10^{-12}$
Mn^{2+}	$1,6 \cdot 10^{-11}$
Ni^{2+}	$5,6 \cdot 10^{-23}$
Tl^{3+}	$6,3 \cdot 10^{-38}$
Zn^{2+}	$3,2 \cdot 10^{-26}$

Der für das Aluminiumoxinat angegebene Wert stimmt größenordnungsmäßig mit dem von *Lacroix* durch Titration einer Aluminiumchlorid-Lösung in Gegenwart von Oxin mit Natronlauge annäherungsweise ermittelten Wert: $L = 10^{-32,3}$ überein. Unter Zugrundelegung des Löslichkeitsproduktes von *Borrel* und *Paris* ergibt sich für das Aluminiumoxinat eine Löslichkeit von 0,00536 mg/l. In Anwesenheit des bei der Fällung üblichen Oxin-Überschusses wird die tatsächliche Löslichkeit aber sicher erheblich kleiner sein.

Außer der Löslichkeit des unter den Bedingungen der quantitativen Fällung frisch abgeschiedenen und noch im Reaktionsgemisch befindlichen Aluminiumoxinates interessiert auch die Löslichkeit des durch Filtration und Waschen isolierten Niederschlages. Während nach den Versuchen von *Gotô* [316] unterhalb pH = 4,2 nur teilweise und unterhalb pH = 2,8 überhaupt keine Fällung mehr eintritt, löst sich das filtrierte und gewaschene Oxinat merkwürdigerweise in kalter konz. Salzsäure nur langsam. In der Wärme löst dagegen 10- bis 15%ige Salzsäure leicht. Noch rascher löst ein kaltes Gemisch aus gleichen Teilen 10- bis 15%iger Salzsäure und Äthanol (*Berg* und *Teitelbaum* [331]). Die Löslichkeit des Oxinates in Äthanol oder Aceton kann sich auch schon unter verhältnismäßig geringer Äthanol-Konzentration bei der Fällung des Oxinates störend bemerkbar machen (*Berg* [328], *Kolthoff* und *Sandell* [332]; *Steele* und *Russell* [333]), weshalb die Anwendung äthanolischer Oxinreagens-Lösung einer gewissen Einschränkung unterliegt.

Als inneres Komplexsalz ist Aluminiumoxinat in vielen organischen Lösungsmitteln leicht löslich. Nach *Lacroix* beträgt die Löslichkeit bei 18° in Chloroform $4,5 \cdot 10^{-2}$ mol/l = 20,7 g Aluminiumoxinat/l.

Analytische Anwendung von Derivaten des Oxins

Von zahlreichen Derivaten des Oxins, die vor allem von *Hollingshead* [334] auf ihre analytischen Eigenschaften geprüft wurden, haben nur zwei auch für die Aluminium-Analyse praktische Bedeutung erlangt. Das *5,7-Dibrom-8-Oxychinolin* fällt Aluminium aus ammoniakalischer Lösung und ermöglicht so eine Trennung vom Eisen und von Titan, die bereits in essigsaurer Lösung gefällt werden. Das *2-Methyl-8-Oxychinolin* (8-Oxychinaldin) reagiert wie die meisten in 2-Stellung substituierten Oxychinoline mit Aluminium nicht, während es sich sonst dem Oxin ähnlich verhält. Es kann daher zur Abtrennung anderer Metalle, z.B. des Zinks, vom Aluminium herangezogen werden.

Die verschiedenen Möglichkeiten für die Fällung des Aluminiums als Oxinat

Wie *Berg* [328] 1927 zeigte, fällt Aluminiumoxinat nicht nur in schwach essigsaurer, sondern auch in ammoniakalischer Lösung aus, während in stärker natronalkalischer oder mineralsaurer Lösung keine Fällung eintritt. Hieraus ergibt sich, daß die Wasserstoffionen-Konzentration einen entscheidenden Einfluß auf die Fällung ausübt, weshalb eine Kontrolle des pH-Wertes der Lösung sehr wichtig ist. Wie aus Tabelle 9 (S. 86) ersichtlich, wird Aluminiumoxinat im ganzen pH-Bereich von 4,2 bis 9,8 quantitativ abgeschieden. Danach ist also Aluminium nicht nur aus schwach essigsaurer, acetatgepufferter oder ammoniakalischer, sondern auch aus schwach natronalkalischer oder schwach mineralsaurer (bzw. auch neutraler) Lösung quantitativ fällbar, wenn die angegebenen pH-Grenzen eingehalten werden.

Zur Methodik der gravimetrischen Bestimmung

Reagens-Lösungen. Es werden Oxinlösungen in organischen Lösungsmitteln (meist Äthanol oder auch Aceton) und in Säuren benutzt, und zwar hauptsächlich in Essigsäure (*Berg* [328]), aber auch in Salz- und Schwefelsäure (*Budnikoff* und *Zukowskaja* [335], *Smith* [336], *Zukowskaja* und *Baljuk* [337]).

Wie bereits erwähnt, sind die äthanolischen oder acetonischen Oxinlösungen nur etwa 1 bis 2 Wochen, die Oxinsalz-Lösungen aber längere Zeit unzersetzt haltbar. Die äthanolische Oxin-Lösung hat den Vorzug, den pH-Wert der Reaktionslösung weniger zu beeinflussen. Lösungen der Salze des Oxins setzt man derart an, daß möglichst wenig freie Säure vorhanden ist. Auf einen Nachteil weisen *Steele* und *Russell* bei Verwendung äthanolischer Oxin-Lösung hin. Bei Fällung aus ammoniakalischer Lösung scheidet sich leichter freies Oxin ab als bei Verwendung von Oxin-acetat-Lösungen.

Die *Fällung des Aluminiumoxinats* erfolgt wie bei allen Fällungsreaktionen (vgl. hierzu *Hahn* [338]) durch einen Überschuß des Reagenses und wird durch Erhitzen des Reaktionsgemisches (meistens bis zum Sieden) vervollständigt.

Der wichtigste Faktor bei der Fällung ist die zuverlässige Einstellung der erforderlichen Wasserstoffionen-Konzentration, welche innerhalb der pH-Werte 4,2 bis 9,8 liegen muß. Die Berücksichtigung der in der Hitze bei pH-Werten über 4 und der Nähe des Neutralpunktes leicht eintretende Hydrolyse der Aluminiumsalze versteht sich von selbst. Die Anwesenheit eines ausreichenden Überschusses an Fällungsreagens wird in saurer Lösung durch schwach gelbe, im alkalischen Gebiet durch mehr orangegelbe Färbung der über dem Niederschlag stehenden Lösung angezeigt. Bei ungefähr bekanntem Aluminium-Gehalt der zu untersuchenden sauren Lösung kann die Fällung derart ausgeführt werden, daß ein Überschuß an Oxin-Reagens zugegeben wird und dann erst die pH-Einstellung erfolgt (*Hahn* und *Vieweg*, *Kolthoff* und *Sandell*, *Benedetti-Pichler* [339]). Bei unbekannter Aluminium-Menge wird nach der Pufferung der Lösung in der Kälte so lange Oxin-Reagens zugesetzt, bis ein mäßiger Überschuß vorhanden ist (*Berg* [328]). Bei zu großem Oxin-Überschuß besteht die Gefahr der Ausscheidung von Oxin. Das ist besonders bei der Fällung aus ammoniakalischer Lösung möglich, da Oxin gerade in dem für die quantitative Fällung des Aluminiumoxinates günstigen pH-Bereich seine geringste Löslichkeit besitzt. Die Fällung des Aluminiumoxinats aus homogener Lösung gibt Niederschläge, die in ihrer physikalischen Beschaffenheit den bei den vorerwähnten Fällungsverfahren erhaltenen überlegen sind. Diese Art der Fällung ist besonders zu Trennungen geeignet. Als Reagens zur Fällung benutzen *Salesin* und *Gordon* [340] wie auch *Howick* und *Trigg* [341] das 8-Acetoxychinolin, das bei pH = 5 und einer Temperatur von 60 °C hydrolysiert. *Howick* und *Jones* [342] fällen durch langsames Verdampfen von Aceton aus einem Aceton-Lösungsgemisch, das Oxin enthält; dabei wird das Oxinat in kristalliner, leicht filtrierbarer Form abgeschieden.

Filtrieren und *Waschen* des Oxinats

Zur Filtration des Oxinats verwendet man zweckmäßig Glasfiltertiegel, und zwar je nach der von den Arbeitsbedingungen abhängigen Feinheit der Oxinat-

Kristalle (vgl. hierzu *Hahn* [338]) Tiegel mit engporiger (1 G 4) oder mittelporiger (1 G 3) Fritte. Bei nicht zu großen Niederschlagsmengen (etwa 30 mg Aluminium) und für den Fall, daß das Oxinat in Aluminiumoxid übergeführt werden soll, können Papierfilter benutzt werden.

Über die geeignetste Ausführung des Waschens des Oxinat-Niederschlages werden die verschiedensten Angaben gemacht. Im Anschluß an die bereits 1927 von *Berg* angewendete Arbeitsweise wird von mehreren Autoren einmal mit heißem und weiter mit kaltem Wasser bis zur Farblosigkeit des Filtrates gewaschen (*Benedetti-Pichler*, *Lehmann* [343]). Zahlreiche Analytiker waschen nur mit kaltem Wasser (*Kolthoff*, *Kolthoff* und *Sandell*, *Knowles*, *Zwenigorodskaja* und *Smirnova* [344], *Zinberg* [345]), andere mit warmem Wasser (*Haslam* [346], *Ishimaru* [347]) und wieder andere nur mit heißem Wasser (*Taylor-Austin* [348], *Jung* [349], *Balanescu* und *Motzoc* [350], *Smith*). *Steele* und *Russell* haben den Einfluß der Temperatur des Waschwassers durch Feststellung der Gewichtsabnahme untersucht, die beim Auswaschen von 340 mg Aluminiumoxinat (= 20 mg Al) mit je 250 ml Wasser in Abhängigkeit von der Temperatur entstehen. Zwischen den Waschungen wurden die Niederschläge jeweils 2 Std. bei 110 bis 120° getrocknet (siehe Tab. 12).

Tabelle 12. *Einfluß des Waschwassers auf Aluminiumoxinat*

Temperatur des Waschwassers	mg Aluminiumoxinat gefunden		Gewichtsverlust in mg Al für je 250 ml Waschwasser	
	Versuch 1	Versuch 2	Versuch 1	Versuch 2
16°	340,5	339,9		
20°	340,3	339,5	0,012	0,024
30°	340,1	339,4	0,012	0,006
40°	339,4		0,041	
50°		338,6		0,047
60°	338,9		0,029	
70°		338,0		0,035
80°	337,8		0,065	
90°	336,8		0,059	
100°	334,9		0,112	

Bis zu etwa 70° kann man den Gewichtsverlust durch die Löslichkeit des Oxinats noch vernachlässigen. Man wird am besten mit mäßig heißem Wasser (50 bis 60°) auswaschen, wobei unter Umständen mitabgeschiedene, geringe Oxin-Mengen mit Sicherheit entfernt werden. Bei kleiner Aluminium-Menge von nur etwa 1 mg Aluminium muß die Waschwasser-Menge entsprechend klein bemessen sein, da sonst zu niedrige Ergebnisse erzielt werden (vgl. z. B. *Lehmann*).

Über die Anwendung verschiedentlich empfohlener Waschlösungen liegt kaum aufklärendes Zahlenmaterial vor; ihre Verwendung dürfte nur in Trennungen erforderlich sein.

Trocknen des Aluminiumoxinats. Bei der Untersuchung des Trocknungsvorganges mit Hilfe der Thermowaage stellten *Duval* [351] sowie *Dupuis* und *Duval* [352] fest, daß Aluminiumoxinat bereits bei 102° alles Wasser abgibt und sich bis zu Temperaturen von 220° nicht verändert. Nach ähnlichen Versuchen von *Borrel* und *Paris* hält dagegen der an sich wasserfreie Komplex etwas Feuchtigkeit auch bei verlängerter Trocknungszeit noch bis 135° zurück; bei weiterem Erhitzen soll das Oxinat sogar bis 375° beständig sein. Allerdings dürften die mit der Thermowaage erhaltenen Ergebnisse infolge der kürzeren Erhitzungszeiten (Temperaturanstieg 3° und mehr je min) nicht ohne Einschränkungen auf die übliche Art der Trocknung übertragbar sein. Neuere thermogravimetrische Untersuchungen von *Keattch* [353] bestätigen die allgemeine Ansicht, daß 150 °C unabhängig vom ursprünglichen Feuchtigkeitsgehalt eine geeignete Trocknungstemperatur ist und die von *Dupuis* und *Duval* mit 110 °C angegebene Temperatur für den speziellen Fall zwar ausreichend, aber allgemein zu begrenzt ist. Ferner wurde bestätigt, daß 700° zur Bildung des Aluminiumoxids ausreichen (*Duval* und *Dupuis*: 1000 °C); nicht bestätigt wird hingegen, daß Aluminiumoxinat bei 375° getrocknet werden kann, wie *Borrel* und *Paris* angeben. Die Angaben von *Chirnside*, *Pritchard* und *Rooksby* [354], daß Aluminiumoxinat bereits durch Trocknen bei 98 °C wasserfrei erhalten werden kann, haben allgemein wohl keine Gültigkeit. Eingehende Versuche über Trockentemperatur und -zeit haben *Steele* und *Russel* angestellt, indem sie das durch Fällung von je 20 mg Al erhaltene Oxinat (theoretisch 340,7 mg) unter verschiedenen Bedingungen trockneten.

Nach diesen Versuchen führt 2- bis 3stündiges Trocknen bei 110 bis 120° mit Sicherheit zu wasserfreiem Oxinat, während bei Temperaturen von 125° und darüber, entgegen den bereits erwähnten thermogravimetrischen Untersuchungen, bereits merkliche Verluste entstehen.

Veraschen des Oxinats zum Aluminiumoxid. Außer durch Wägung des getrockneten Oxinates kann die Bestimmung des Aluminiums auch als Oxid durch Veraschen und Glühen des Niederschlages erfolgen, was jedoch weniger zweckmäßig ist.

Nach *Berg* ist ohne Oxalsäure-Zusatz bei Glühen zum Oxid eine quantitative Bestimmung wegen der Flüchtigkeit des Metalloxinates nicht möglich. Der in einem quantitativen Filter gesammelte feuchte Niederschlag wird deshalb mit 1 bis 3 g wasserfreier (und aschefreier) Oxalsäure überschichtet und langsam unter allmählichem Steigern der Temperatur erst vorgetrocknet und dann verglüht.

Anwendungsbereich der gewichtsanalytischen Bestimmung. Als obere Grenze der zu bestimmenden Aluminium-Menge kann wohl 0,100 g Aluminium gelten, was allerdings schon einem Aluminiumoxinat-Niederschlag von 1,7 g entspricht. Es werden mehrfach noch befriedigend genaue Beleganalysen mit solchen Mengen, aber auch Abweichungen bis zu etwa +3% vom richtigen Aluminium-Wert mitgeteilt (*Berg*; *Knowles*). Man wird aber im allgemeinen mit Rücksicht auf sorgfältiges Auswaschen und Trocknen des Niederschlages zweckmäßig nur zwischen 20 und 50 mg Aluminium fällen. Mikrogravimetrisch können noch kleinste Aluminium-Mengen bis zur Größenordnung von etwa 0,1 mg quantitativ bestimmt werden.

Die Tabelle 13 enthält eine Zusammenstellung über die Methoden zur Bestimmung des Aluminiums durch Fällung als Aluminiumoxinat.

Fällung aus *schwach saurer* Lösung

Sie hat den Vorteil, daß sie in Gegenwart von Magnesium und Calcium ausgeführt werden kann. Sie erfordert die Einstellung eines pH-Wertes von mindestens 4,2 (*Gotô* [316]). Wegen der geringen Löslichkeit des Oxins in der Nähe des Neutralpunktes (vgl. S. 87) ist daher ein größerer Reagens- Überschuß zu vermeiden. Zur Einstellung eines über 4,2 liegenden pH-Wertes wurde bisher am häufigsten die Pufferung der essigsauren Lösung mit Ammoniumacetat angewandt; doch ist die quantitative Fällung des Aluminiums aus schwach saurer Lösung nicht an dieses Puffergemisch gebunden.

Zur Erkennung des pH-Wertes werden oft Indikatoren verwandt. So stellten *Zukowskaja* und *Baljuk* [337] vor der Zugabe von Natriumacetat und salzsaurer Oxin-Lösung mit Kongorot auf etwa pH = 3 ein. *Knowles* [329] zeigte, daß man mit Bromkresolpurpur als Indikator (Umschlagsgebiet pH = 5,2 bis 6,8) auch in Anwesenheit von Weinsäure genaue Resultate erhält. Wie aus zahlreichen Versuchen von *Taylor-Austin* [348] hervorgeht, ergeben sich in Anwesenheit von Weinsäure

Tabelle 13. *Übersicht über Methoden zur Bestimmung des Aluminiums durch Fällung als Oxinat*

Analysenlösung	Fällungs-lösung	Komplexbildner (bei Trennungen)	Verfahren nach	Seite	Bemerkungen
Schwach sauer acetat-haltig pH > 4,2	äthanolische Oxin-Lösung	—	*Hahn* u. *Vieweg* [307]	96	Infolge der Löslichkeit in Äthanol Unterbefunde
Schwach sauer acetat-haltig pH > 4,2	Oxiniumacetat-Lösung	—	*Kolthoff* u. *Sandell* [332]	96	Grundmethode
			Samsel, Bush, Warren u. *Gordon* [355]	96	Bestimmung in Carboxymethylcellulose-derivaten
			Benedetti-Pichler [339]	96	modifizierte Arbeitsweise (*Kolthoff* u. *Sandell*)
			Hecht u. *Krafft-Ebing* [379]	109	Mikrobestimmung
			Alvarez-Querol [382]	109	Mikrobestimmung
			Tamm [356]	97	Bestimmung im Quarzit
			Stumpf [357]	97	Bestimmung in Aluminiumhydroxid und Aluminiumsalzen
			Berg [312, 328]	97	Grundmethode
Schwach sauer acetat-haltig pH > 4,2	Oxiniumacetat-Lösung	o-Phenanthrolin, α,α'-Dipyrydil	*Koenig* [401]; *Lynam* u. *Nicholson* [403]	112 113	Trennung vom Eisen
Schwach sauer acetat-haltig pH > 4,2	Oxiniumacetat-Lösung	Borsäure	*Wassiljew* [405]	116	Trennung von Fluoridion
Schwach sauer acetat-haltig pH > 4,2	Oxiniumacetat-Lösung	Berylliumnitrat	*Feigl* u. *Schaeffer* [407]	116	Trennung von Fluoridion
Schwach sauer, acetat- und tartrathaltig pH > 4,2	Oxiniumacetat-Lösung	—	*Knowles* [329]	98	Weinsäurezusatz zur Verhinderung der Hydrolyse
			Taylor-Austin [348]	98	Mikromethode
			Kampf [361]	99	Bestimmung im Zement
Schwach sauer, acetat-haltig mit Pufferlösung: KBr, $KBrO_3$ und $Na_2S_2O_7$ pH = 6 bis 7	Oxiniumacetat-Lösung	—	*Smith* [336]	100	Unterbefunde bei Gehalten < 5 mg Al
Schwach sauer acetat-haltig pH = 4,4 bis 5,5	Oxiniumacetat-Lösung und Harnstoff	—	*Stumpf* [357]	101	Fällung aus homogener Lösung

Tabelle 13 (Fortsetzung)

Analysenlösung	Fällungslösung	Komplexbildner (bei Trennungen)	Verfahren nach	Seite	Bemerkungen
Schwach sauer acetathaltig pH = 4,4 bis 5,5	Acetoxychinoliniumacetat-Lösung	—	*Howick* u. *Trigg* [341]	102	Fällung aus homogener Lösung
			Marec, Salesin u. *Gordon* [362]	102	Trennung von Magnesium und Calcium
Schwach sauer acetat- und acetonhaltig pH = 5,5 bis 5,6	Oxinium-acetat-Lösung	—	*Howick* u. *Jones* [342]	101	Fällung aus homogener Lösung
Schwach ammoniakalisch, acetathaltig	Oxinium-acetat-Lösung	—	*Lundell, Hoffman* u. *Bright* [364]	103	Trennung von Phosphorsäure
			Parks u. *Lykken* [383]	109	Mikromethode, Endbestimmung photometrisch
Schwach ammoniakalisch, acetathaltig	Oxinium-acetat-Lösung	KCN	*Alfonsi* [422]	121	Vortrennung zur Analyse von Bronze und Messing
Schwach ammoniakalisch, acetathaltig	Oxinium-acetat-Lösung	KCN und ÄDTA	*Mohr* [424]	122	Bestimmung in Kupferlegierungen
			Kakita, Hosoya u.a. [423]	122	Bestimmung in Zn-Al-Legierungen
Schwach ammoniakalisch, acetathaltig	Oxinium-acetat-Lösung	Borsäure und ÄDTA	*Nikitina* [425]	123	Bestimmung in Apatit-Konzentraten; Trennung von Fluoridion
Schwach ammoniakalisch, acetathaltig	Oxinium-acetat-Lösung	H_2O_2	*Lundell* u. *Knowles* [363]	103	Trennung von Ti, V, Nb, Ta und Mo
Schwach ammoniakalisch, acetat- und tartrathaltig	Oxinium-acetat-Lösung	—	*Berg* [312], *Klinger* [358]	104	—
			Ishimaru [347]	114	Trennung von Phosphorsäure
			Pranter u. *Konopicky* [368]	106	Bestimmung in feuerfesten Stoffen
			Böttger u. *Kokta* [365]	104	
Schwach ammoniakalisch, acetat- und tartrathaltig	Oxinium-acetat-Lösung	KCN	*Edwards* [421]	120	Trennung von Cu, Zn, Fe, Co, Mn, Cr, Cd und Pb; Bestimmung in Aluminiumbronzen
Ammonium-carbonat- und tartrathaltig	Oxinium-acetat-Lösung	H_2O_2	*Klinger* [358]	125	Bestimmung in Stählen
			Pranter u. *Konopicky* [368]	106	Bestimmung in feuerfestem Material
			Kassner u. *Ozier* [430]	124	Bestimmung im Zement, Ton und Bauxit

Tabelle 13 (Fortsetzung)

Analysenlösung	Fällungslösung	Komplexbildner (bei Trennungen)	Verfahren nach	Seite	Bemerkungen
Schwach ammoniakalisch, acetat- und tartrathaltig	Oxinium-acetat-Lösung	—	Lemoine u. Miel [420]	122	Bestimmung in Cu-, Zn- und Ni-Legierungen
Schwach ammoniakalisch, acetat- und tartrathaltig	Oxinium-acetat-Lösung	KCN und ÄDTA	Detmar u. van Aller [426]	123	Bestimmung in Cu-Legierungen
Schwach ammoniakalisch, acetat- und tartrathaltig	äthanolische Oxin-Lösung	—	Reutel [416]	121	Bestimmung in Zn-Legierungen, Endbestimmung bromometrisch
Schwach ammoniakalisch tartrathaltig	äthanolische Oxin-Lösung	KCN	Heczko [411] Šicha [400] Pigott [399]	118 119 119	Bestimmung im Stahl; Trennung von Fe, Ni, Co, Mn, Cu, Cr, Mo und V
Schwach ammoniakalisch citrathaltig	Oxinium-chlorid-Lösung	KCN und ÄDTA	Claassen, Bastings u. Visser [427]	123	In Anwesenheit von zahlreichen Störionen universell anwendbares Verfahren
Stärker ammoniakalisch tartrathaltig	Oxinium-acetat-Lösung	—	Haslam [346]	106	Bestimmung im Filtrat der Eisensulfid-Fällung
			Stenger, Kramer u. Beshgetoor [370]	107	Bestimmung nach Benzoat-Fällung in Mg-Legierungen
			Pollak u. Pellowe [371]	107	Bestimmung nach Sulfid-Fällung in Zn-Legierungen
			Milner u. Townend [372]	107	Bestimmung nach Benzoat-Fällung in Cu-Legierungen
Schwach alkalisch	äthanolische Oxin-Lösung	—	Berg [312], Balanescu u. Motzoc [373]	107	Trennung von Phosphorsäure; Methode neigt zu Unterbefunden
Schwach alkalisch	Oxinium-acetat-Lösung	—	Bosch u. Gonsior [375] Mukai u. Gotô [409]	108 117	Bestimmung nach Benzoat-Fällung Trennung von Fluoridion
Schwach alkalisch, borathaltig	äthanolische Oxin-Lösung	—	Pope [374]	110	Mikrobestimmung mit bromometrischer Endbestimmung
Ammoniumcarbonat- und tartrathaltig	Oxinium-acetat-Lösung	—	Berg [312], Lundell u. Knowles [363]	128	Trennung vom Uran

mit Methylorange (pH = 3,0 bis 5,0) oder Methylrot (pH = 4,7 bis 6,4) als Indikatoren zu niedrige Aluminium-Werte, während bei Einstellung auf Neutralrot (Umschlagsgebiet 6,8 bis 8,0) richtige Resultate erhalten werden. Durch Tartration findet also eine Verschiebung der unteren Grenze des pH-Bereiches der quantitativen Fällung von Aluminiumoxinat statt.

Bereits im Jahre 1927 (vgl. S. 85) erschienen in rascher Folge die ersten Arbeiten von *Hahn* und *Vieweg*, von *Berg* und von *Kolthoff*, in welchen die Fällung in essigsaurer Lösung behandelt wird.

Fällung aus acetatgepufferter Lösung

Hahn und *Vieweg* fällen mit einem Überschuß an 5%iger äthanolischer Oxin-Lösung in schwach saurer oder neutraler Aluminium-Salzlösung und puffern anschließend mit Natriumacetat. Nach kurzem Erhitzen zum Sieden läßt man einige Zeit auf dem heißen Wasserbad stehen, filtriert kalt und wäscht mit verd. Essigsäure und Wasser.

Die bei 14 Beleganalysen mit Aluminium-Mengen von etwa 10 bis 20 mg erzielte *Genauigkeit*, welche etwa 0,1 % beträgt und sich damit wesentlich von den Ergebnissen der meisten Autoren abhebt, steht in gewissem Widerspruch zu späteren Erfahrungen. Infolge der Löslichkeit des Aluminiumoxinats in verd. Äthanol und auch in Essigsäure (vgl. unten) sollte man bei der Arbeitsweise nach *Hahn* und *Vieweg* zu niedrige Ergebnisse erwarten.

Kolthoff [311] verfährt zur Bestimmung des Aluminiums nach einer ähnlichen Arbeitsweise wie *Hahn* und *Vieweg*. *Kolthoff* und *Sandell* [332] stellten später jedoch fest, daß Aluminiumoxinat in Äthanol löslich ist und zu niedrige Werte ergibt (hierauf hatte schon *Berg* [312] aufmerksam gemacht). Sie benutzen deshalb Oxiniumacetat-Lösung als Fällungsreagens. Unter der Voraussetzung, daß der Aluminium-Gehalt annähernd bekannt ist, wird ein Überschuß zur sauren Lösung gegeben und durch Zugabe von Ammoniumacetat der pH-Wert eingestellt. Bei dieser Art der Fällung besteht jedoch die Gefahr, daß bei unbekannten, zu sauren Lösungen die Zugabe von Natriumacetat zu gering ist und der pH-Bereich der quantitativen Fällung nicht erreicht wird.

Benedetti-Pichler [339] hat die Arbeitsvorschrift von *Kolthoff* und *Sandell* modifiziert (Erhitzen des Reaktionsgemisches zum Sieden, 10 min auf dem Wasserbad stehen lassen, heiß filtrieren, 1mal mit heißem, mehrmals mit kaltem Wasser waschen) und auch in eine für Mikrobestimmungen geeignete Form gebracht (vgl. S. 108). Der gleiche Autor stellte außerdem durch Beleganalysen an reinstem Kaliumalaun fest, daß bei Verwendung verd. Essigsäure als Waschflüssigkeit (vgl. *Hahn* und *Vieweg*) um mehrere Prozent zu niedrige Ergebnisse erhalten werden, während beim Waschen mit heißem und kaltem Wasser 4 Beleganalysen auf etwa ± 0,5 % richtige Aluminium-Werte ergaben.

Im folgenden wird die Arbeitsvorschrift von *Kolthoff* und *Sandell*, wie sie von *Samsel, Bush, Warren* und *Gordon* [355] zur Bestimmung des Aluminiums in Carboxymethylcellulose-Derivaten angewandt und mitgeteilt wurde, wiedergegeben.

Arbeitsvorschrift. Die schwefelsaure Lösung, die nicht mehr als 50 mg Aluminium enthalten soll, wird mit einigen Tropfen Methylorange-Lösung versetzt und mit Ammoniak bis zum Farbumschlag nach Gelb unter Bildung eines Niederschlages versetzt. Dann wird mit Schwefelsäure gerade wieder angesäuert und auf 150 bis 200 ml verdünnt. Nun erhitzt man auf 70° und gibt für je 25 mg Aluminium 15 bis 25 ml Oxin-Reagens zu und anschließend unter ständigem Umrühren mit dem Glasstab allmählich 35 bis 45 ml 2n Ammoniumacetat-Lösung (154 g neutrales Ammoniumacetat auf 1 l Lösung). Man unterbricht hierbei den weiteren Reagens-Zusatz nach Auftreten einer bleibenden Trübung so lange, bis die Fällung kristallin erscheint, was meistens nach 1 min der Fall ist. Man läßt noch 20 bis 30 min auf der abgeschalteten Heizplatte oder auf dem Wasserbad stehen und filtriert dann heiß unter Absaugen in einen gewogenen Glasfiltertiegel. Bei sorgfältiger, langsam ausgeführter Fällung kann ein Jenaer Tiegel 1G3 verwendet werden. Es wird 6- bis 8mal mit je 15 bis 20 ml erst heißem, dann kaltem Wasser unter Nachspülen des Fällungsgefäßes ausgewaschen. Nach 1,5stündigem Trocknen bei 125° und Abkühlen wird gewogen.

Bemerkungen. Reagens-Lösung. 5 g Oxin werden mit 12 ml Eisessig verrieben und mit Wasser auf 100 ml aufgefüllt. Gegebenenfalls muß *erwärmt* und *filtriert* werden; die Reagens-Lösung wird am besten in dunkler Flasche aufbewahrt.

Samsel und Mitarbeiter erhielten bei der Aluminium-Bestimmung in Aluminium-Carboxymethylcellulose-Verbindungen mit 3 bis 5% Al Ergebnisse, die sehr gut mit auf colorimetrischem Wege erhaltenen Werten übereinstimmten. *Benedetti-Pichler* fand bei der Analyse von je 0,5 g Kaliumalaun mit 10,77% Al_2O_3 nach einer von der oben wiedergegebenen, nur unwesentlich abweichenden Arbeitsvorschrift 10,78, 10,74, 10,68 und 10,76% Al_2O_3. Der absolute *Fehler* der Einzelbestimmungen betrug also $+0,1$, $-0,3$, $-0,9$ und $-0,1\%$.

Weitere ähnliche Arbeitsweisen sind von *Tamm* [356] zur Bestimmung von Aluminium im *Quarzit* sowie *Stumpf* [357] angegeben worden.

Im Gegensatz zu den eben beschriebenen Arbeitsweisen wird in der modifizierten Arbeitsvorschrift von *Berg* [312, 328] die allgemein übliche, analytische Technik angewendet, so lange Fällungsreagens zuzufügen, bis ein vorhandener Überschuß *erkannt* wird. Auf diese Weise kann der Reagens-Überschuß bei der Bestimmung auch zu unbekannter Aluminium-Menge richtig bemessen werden. Das Erkennen wird allerdings durch das relativ langsame Ausflocken des Niederschlages in der Kälte etwas erschwert, weshalb man kräftiger rühren und warten muß. Nach einiger Übung kann man die Färbung der gelblich milchigen Trübung des noch nicht ausgeflockten Oxinats ohne und mit Oxin-Überschuß unterscheiden.

Der Autor führte nach seiner Arbeitsvorschrift auch *Mikro*bestimmungen aus (keine Angaben über Änderung der Mengen-Verhältnisse). Die angegebenen Beleganalysen von *Berg, Klinger* [358] und von *Navez* [359] beziehen sich auf die alte Fassung (1927).

Arbeitsvorschrift. Die ganz schwach mineralsaure Aluminiumsalz-Lösung von etwa 100 ml Gesamtvolumen wird nach Zusatz von 1 bis 3 g gelöstem Natrium- oder Ammoniumacetat in der Kälte sofort mit Oxiniumacetat unter lebhaftem Umrühren im Überschuß versetzt (der Überschuß ist leicht an der deutlich gelben Farbe der überstehenden Lösung zu erkennen). Nach dem Erwärmen bis zum Sieden wird der kristallin gewordene Niederschlag in der Hitze abfiltriert, zuerst mit wenig heißem, dann mit kaltem Wasser bis zur Farblosigkeit gewaschen. Er wird bei 110° bis zur Gewichtskonstanz getrocknet und nach Erkalten im Exsikkator gewogen.

Bemerkungen. Bei *kleinem* Aluminium-Gehalt läßt man das Fällungsgemisch vor dem Filtrieren erkalten.

Reagens-Lösung

3 g Oxin verreibt man mit etwa 3 ml Eisessig, verdünnt mit 100 ml heißem Wasser und versetzt tropfenweise mit verd. Ammoniak bis zur beginnenden Trübung; nach dem Erkalten wird filtriert.

Es liegen zahlreiche Beleganalysen über die Fällungsmethode von *Berg* in ihrer ursprünglichen Form vor. Die von *Berg* mitgeteilten Resultate der Bestimmung zeigen teilweise *beträchtliche* Abweichungen von dem nach der Stockschen Jodid-Jodat-Methode eingestellten Gehalt der verwendeten Aluminiumsulfat-Lösung. Wesentlich bessere Ergebnisse erhielten *Kolthoff* und *Sandell* sowie *Hahn* und *Vieweg* ($\pm 0,1\%$). In der nachstehenden Tabelle 14 sind die Ergebnisse des Chemikerausschusses des Vereins Deutscher Eisenhüttenleute (*Klinger*) wiedergegeben. Die angegebenen Werte sind Mittelwerte der jeweils in einem von 10 verschiedenen Laboratorien ausgeführten Einzelbestimmungen. Der mittlere relative Fehler dieser Werte beträgt bei 25 mg Al nach der gewichtsanalytischen Bestimmung $\pm 0{,}7\%$, nach der maßanalytischen Bestimmung $\pm 0{,}5\%$. Etwa $\pm 0{,}5\%$ fand auch *Klasse* [360] auf Grund seiner titrimetrischen Beleganalysen.

Tabelle 14. *Beleganalysen des Chemikerausschusses des Vereins Deutscher Eisenhüttenleute*
(Mittelwerte)
Gegeben: I. 10 ml Kaliumalaunlösung mit 5,0 mg Aluminium,
II. 50 ml Kaliumalaunlösung mit 25,0 mg Aluminium

Labora-torium	Gefunden: Lösung I			Gefunden: Lösung II		
	Wägung als Oxinat mg Al	Wägung als Oxid mg Al	Titration des Oxinats mg Al	Wägung als Oxinat mg Al	Wägung als Oxid mg Al	Titration des Oxinats mg Al
1	5,0	5,1	5,0	24,8	25,2	25,0
2	5,0	5,1	4,9	24,7	25,1	24,9
3	5,0	5,3	5,4	25,2	25,4	25,0
4	5,1	5,3	4,9	24,9	25,5	25,3
5	5,0	5,2	5,0	25,0	26,0	25,0
6	5,0	5,1	5,1	25,1	25,2	25,1
7	5,1	5,1	5,0	25,2	25,2	25,1
8	4,8	5,1	5,0	25,1	25,4	24,9
9	4,9	5,1	4,9	25,1	25,2	25,1
10	5,0	5,1	5,0	25,0	25,1	25,1

Lehmann erzielte, besonders auch bei *kleinen* Aluminium-Mengen, mit der Bergschen Vorschrift zur maßanalytischen Bestimmung von reinstem Aluminium (99,90) recht genaue Ergebnisse.

Auch *Navez* prüfte die Bergsche Fällungsmethode und fand folgende Werte:

Wägung als Oxinat	(gegeben 48,06 mg Al) mittlerer Fehler $-0{,}12\%$
Wägung als Oxid	(gegeben 39,90 mg Al) mittlerer Fehler $-0{,}2\%$
Titration des Oxinats	(gegeben 15,70 mg Al) mittlerer Fehler $-0{,}25\%$

Fällung aus *acetat-* und *tartrathaltiger* Lösung

Die Anwesenheit von Weinsäure verhindert die Hydrolyse des Aluminiumsalzes beim Abstumpfen der freien Säure und gestattet, die Reagens-Lösung rasch hinzuzufügen. In Abwesenheit von Weinsäure tritt beim Farbumschlag von Bromkresolpurpur schon erhebliche Trübung durch Hydrolyse auf; es findet aber bei langsamem Zusatz des Reagenses unter kräftigem Rühren trotzdem vollständige Fällung als Oxinat statt.

Arbeitsvorschrift nach *Knowles* [329]. Die saure Lösung, welche nicht mehr als 0,1 g Aluminium und 10 ml konz. Salzsäure in 200 ml enthält, wird mit Weinsäure (5 Teile je 1 Teil zu fällendes Aluminium), 15 ml Ammoniumacetat-Lösung (30 g Salz in 75 ml Wasser) und 8 bis 10 Tropfen Bromkresolpurpur-Lösung versetzt. Man neutralisiert nun mit Ammoniak (1:1) (etwa 6,5 m) bis zur grünlichen Zwischenfarbe des Indikators und setzt unter Rühren rasch Oxiniumacetat-Reagens in einem Überschuß von 15 bis 20% zu. Dann wird 1 min zum Sieden erhitzt, nach dem Abkühlen auf 60° in einen Glasfiltertiegel Nr. 1G4 filtriert und mit 100 ml kaltem Wasser gewaschen. Zur gewichtsanalytischen Bestimmung wird der Niederschlag 3 Std. bei 135° getrocknet und nach dem Abkühlen als Aluminiumoxychinolat gewogen.

Bemerkungen. Über die von *Knowles* an *Aluminiumchlorid*-Lösung erhaltenen Resultate gibt die folgende Tabelle 15 Aufschluß.

Tabelle 15. *Al-Bestimmung nach Knowles*

Aluminium		Fehler		Bemerkungen
gegeben mg	gefunden mg	mg	(relativ) %	
Gravimetrische Bestimmung				
24,8	24,9	+0,1	+0,4	200 ml Gesamtvolumen,
49,6	49,7	+0,1	+0,2	1 g Weinsäure,
50,0	50,0	0	0	4 g Ammoniumacetat
Bromatometrische Bestimmung				
5,0	5,1[1]	+0,1	+2,0	
5,1	5,0[1]	−0,1	−2,0	
5,1	5,1[1]	0	0	125 ml Gesamtvolumen,
10,1	10,2[1]	+0,1	+1,0	0,2 g Weinsäure,
25,3	25,3[1]	0	0	4 g Ammoniumacetat
30,4	30,4[1]	0	0	
24,8	24,9[1]	+0,1	+0,4	
24,8	25,0[2]	+0,2	+0,8	200 ml Gesamtvolumen,
49,6	50,1[1]	+0,5	+1,0	1 g Weinsäure,
49,6	50,1[2]	+0,5	+1,0	4 g Ammoniumacetat
50,0	50,5[1]	+0,5	+1,0	
50,0	50,4[2]	+0,4	+0,8	

[1] Titration des nassen Niederschlages.
[2] Titration des getrockneten Niederschlages.

Die besten Werte wurden bei nicht zu großen Aluminiummengen erhalten, und zwar geht man zweckmäßig bei der gewichtsanalytischen Bestimmung *nicht über* 50 mg, bei der maßanalytischen bis zu etwa 25 bis 30 mg.

Die Ergebnisse der Beleganalysen von *Taylor-Austin* [348] sind in der nächsten Tabelle 16 zusammengestellt.

Tabelle 16. *Al-Bestimmung nach Taylor-Austin*

Aluminium		Fehler	Aluminium		Fehler
gegeben mg	gefunden mg	mg	gegeben mg	gefunden mg	mg
10,30	10,17	−0,13	5,15	5,04	−0,11
10,30	10,26	−0,04	5,15	5,09	−0,06
10,30	10,31	+0,01	5,15	5,10	−0,05
10,30	10,30	0,0	5,15	5,16	+0,01
			5,15	5,09	−0,06
			5,15	5,10	−0,05

Über Mikrobestimmungen des gleichen Autors siehe S. 109.

Ähnliche Arbeitsweise zur Bestimmung des Aluminiums und Eisens im Zement nach *Kampf* [361]

Arbeitsvorschrift. Man fällt zur Bestimmung von Aluminium (und Eisen) im Zement die beiden Metalle zunächst gemeinsam mit Oxin aus ammoniumacetatgepufferter, tartrathaltiger Lösung. Hierzu werden 0,5 g Zement in Perchlorsäure oder Salzsäure gelöst und die Kieselsäure in üblicher Weise abgeschieden. Das kieselsäurefreie Filtrat wird mit 10 ml Salzsäure im Überschuß, 5 ml 20%iger Weinsäure sowie 2 Tropfen Methylorange versetzt und mit konz. Ammoniak gerade alkalisch gemacht. Nun gibt man Salzsäure (1:10) (etwa 1,2 m) hinzu, bis der Indikator gerade nach schwach rot umschlägt, fügt 20 ml 25%ige Ammoniumacetat-Lösung hinzu und erhitzt zum Sieden. Man läßt etwas abkühlen und gibt nun Oxin-Reagens (12,5 g Oxin in 30 ml Eisessig gelöst, mit Wasser auf 1 l verdünnt) im Überschuß – kenntlich an der Gelbfärbung der überstehenden Lösung – hinzu. Man läßt den Niederschlag 15 bis 30 min absitzen und filtriert in ein gröberes Filter. Der Niederschlag wird mit warmem Wasser ausgewaschen, in das Fällungsgefäß zurückgespült und in heißer Salzsäure (1:2) (etwa 4 m) gelöst. Über die bromatometrische Titration von Aluminium und Eisen vgl. S. 255. Eisen wird anschließend jodometrisch bestimmt.

Bemerkungen. Die angeführten Beleganalysen mit 10 bis 30 mg Al und 11 bis 36 mg Fe ergaben *maximale* Abweichungen vom geforderten Wert von ± 0,6 mg Al; der mittlere *Fehler* der Einzelbestimmung betrug 0,4 mg Al. Magnesium und Calcium *stören nicht*, Phosphorsäure ebenfalls nicht, wenn nicht mehr als 5 mg P_2O_5 (entsprechend 1% P_2O_5 im Zement) anwesend sind. Bei Mengen von 15 bis 25 mg P_2O_5 neben 25 mg Al betragen die Fehler bei der bromatometrischen Bestimmung bereits etwa 1 mg Al.

Fällung aus *schwach mineralsaurer* Lösung.

Versuche von *Smith* [336] zeigten, daß die quantitative Fällung des Aluminiumoxinats in schwach mineralsaurer Lösung unter Anwendung eines anorganischen Puffers ebenso gut verläuft wie in schwach essigsaurer acetatgepufferter Lösung. Sowohl zur Bestimmung des Aluminiums als auch zur Trennung vom Magnesium hält der Autor die Einstellung eines pH-Wertes zwischen 6 und 7 für zweckmäßig.

Arbeitsvorschrift. Man versetzt die etwa 100 ml betragende, schwach saure Lösung, die nicht mehr als 10 mg Aluminium enthalten soll, mit 10 ml Oxin-Lösung, kocht und fügt tropfenweise 2n Ammoniak-Lösung hinzu bis zur bleibenden Trübung. Durch Zusatz von 3 ml n Salzsäure und Aufkochen wird die Lösung wieder geklärt und dann abgekühlt. Darauf fügt man zur Einstellung der Acidität unter gutem Rühren auf einmal 10 ml Pufferlösung zu, erwärmt zum Sieden und hält 1 min im Sieden. Danach filtriert man den Aluminiumoxinat-Niederschlag ab und wäscht mit heißem Wasser aus. Die Bestimmung des Aluminiums erfolgt nach dem Lösen in Salzsäure bromatometrisch (vgl. S. 255).

Bemerkungen. Bei Aluminium-Mengen *unter* 5 mg setzt man 5 g Ammoniumchlorid und verd. Ammoniak bis zum Umschlag von Methylrot hinzu. Darauf erfolgt Zusatz von 10 ml Oxin-Lösung, 1 bis 2 ml n Salzsäure und, nach Klärung der Lösung durch Kochen, 10 ml Pufferlösung. Der nun durch 1 min langes Kochen erhaltene Niederschlag wird, wie oben beschrieben, weiter behandelt.

Reagens-Lösungen. Pufferlösung: 60 g Kaliumbromid, 14 g Kaliumbromat und 125 g Natriumthiosulfat werden in 500 ml Wasser gelöst.

Oxychinolin-Lösung: 3%ige Oxychinolin-Lösung in 0,2n Salzsäure.

Die Ergebnisse sind für Aluminiummengen > 5 mg durchaus befriedigend. Der *Fehler* der Bestimmung beträgt im Mittel + 0,2%. Für Gehalte < 5 mg treten größere Unterbefunde auf.

Fällung aus *homogener* Lösung.

Wie allgemein bei der Fällung schwerlöslicher, kristalliner Verbindungen sind auch beim Aluminiumoxinat die Eigenschaften des erhaltenen Niederschlages in hohem Maße von den Fällungsbedingungen abhängig. Je langsamer und gleichmäßiger die Fällung verläuft, um so mehr überwiegt infolge des stets nur geringen Übersättigungsgrades die Geschwindigkeit des Keimwachstums diejenige der Keimbildung. Es werden also gröbere, gut ausgebildete Kristalle erhalten, die weniger Fremdbestandteile einschließen bzw. adsorbieren und sich leichter filtrieren und auswaschen lassen. Am besten lassen sich derartige Fällungsbedingungen durch Fällung aus homogener Lösung erreichen.

Nach *Stumpf* [357] wird zwecks Abstumpfens der sauren, bereits mit Oxin versetzten Lösung des Aluminiumsalzes auf den zur quantitativen Abscheidung erforderlichen pH-Wert nicht Ammoniumacetat-Lösung sondern *Harnstoff* zugesetzt; dieser hydrolysiert nämlich beim Erhitzen auf über 90° allmählich zu Ammoniumcarbonat.

Arbeitsvorschrift. Die Lösung soll nicht mehr als 25 bis 50 mg Al und 1,25 bis 2 ml konz. Salzsäure enthalten. Man verdünnt auf 150 bis 200 ml und versetzt für je 25 mg Al mit 5 bis 6 ml Oxin-Reagens (10 g in 20 ml Eisessig gelöst und auf 100 ml verdünnt) sowie unabhängig von der Aluminium-Menge mit 5 g Harnstoff. Dann wird die Flüssigkeit bis fast zum Sieden erhitzt und bedeckt 2 bis 3 Std. auf 95° gehalten. Die Erreichung des erforderlichen pH-Wertes von etwa 4,4 bis 5 und damit die Beendigung der Fällung erkennt man an der Farbänderung der ursprünglich grünlichgelben Lösung nach Orangegelb. Man läßt etwas abkühlen und filtriert in einen Glasfiltertiegel 1G3, bei geringeren Aluminium-Mengen (10 mg Al und weniger) 1G4 ab. Je nach der Menge des Niederschlages wird 2mal mit 10 bis 25 ml heißem und 3mal mit je 5 bis 10 ml kaltem Wasser ausgewaschen, 2 Std. bei 130° getrocknet und nach Erkalten im Exsikkator gewogen.

Bemerkungen. Bei der Bestimmung in salzsaurer Lösung von Reinstaluminium betrug der relative mittlere *Fehler* der Einzelbestimmung 0,15%. Bei der Bestimmung des Aluminiums in technischen Produkten wurden gleich genaue Ergebnisse erzielt; bei der Bestimmung in Aluminiumhydroxid betrug z.B. der mittlere Fehler der Einzelbestimmung (15 Analysen) weniger als 0,1% rel.

Bestimmungen von je 4 bis 10 mg Al konnten mit gleicher *Genauigkeit* durchgeführt werden.

Die Fällung des Aluminiumoxinats nach *Howick* und *Jones* [342] erfolgt aus der gepufferten Aceton-Wasserlösung durch *Verdampfen* des Acetons. Dadurch wird das in Wasser unlösliche Metalloxinat in kristalliner, leicht filtrierbarer Form abgeschieden.

Arbeitsvorschrift. Probelösungen von 2 bis 10 ml, die 2 bis 10 mg Aluminium enthalten, werden mit 50 ml Wasser verdünnt. Zu dieser verdünnten Lösung gibt man 60 ml Aceton, 4 ml einer 5%igen Lösung von Oxin in 2n Essigsäure und 40 ml 2n Ammoniumacetat-Lösung. Man erwärmt im offenen Becherglas im Wasserbad auf 70 bis 75°C, wobei nach etwa 15 min ein Niederschlag auftritt. Nach 3 Std. läßt man abkühlen, filtriert durch einen Glasfiltertiegel, wäscht 3mal mit Wasser, trocknet 3 Std. bei 135 bis 140° und bringt zur Auswaage. Der pH-Wert des Filtrats liegt zwischen 5,5 und 5,6.

Bemerkungen. Die Analyse von 10 Proben mit je 10 mg Aluminium ergab einen Mittelwert von 9,97 mg Aluminium mit einer *Standardabweichung* von 0,03 mg. Die

Tabelle 17. *Al-Bestimmung nach Howick und Jones*

Aluminium	
angewendet mg	gefunden mg
1,99	1,98
3,99	4,02
4,99	4,98
5,98	6,00
6,98	7,00
7,98	8,00
9,97	10,04

Ergebnisse von Proben unterschiedlichen Aluminiumgehaltes enthält die nachfolgende Tabelle 17.

Trennungen von 10 mg Aluminium von *gleichen Cadmium*-Mengen und von 25 mg Aluminium von mindestens 420 mg *Magnesium* und sogar der doppelten Menge an *Calcium* lassen sich nach dieser Methode exakt ausführen.

Arbeitsweise nach *Howick* und *Trigg* [341]. *Salesin* und *Gordon* [340] untersuchten die Fällung von Metalloxinaten aus homogener Lösung durch *Hydrolyse* des Acetoxy-chinolins, wobei sie gut ausgebildete und leicht filtrierbare Kristalle der Oxinate erhielten. Unabhängig davon benutzten *Howick* und *Trigg* dieses Verfahren zur Bestimmung des Aluminiums nach folgender

Arbeitsvorschrift. Zu 50 ml schwachsaurer Aluminium-Lösung, die 5 bis 22 mg Aluminium enthalten soll, gibt man eine Lösung von 7 g der Acetoxychinolin-Natriumacetat-Mischung in 35 ml 4n Essigsäure. Nach Zugabe von 25 ml 2n Ammoniumacetat-Lösung erhitzt man die Lösung in einem Wasserbad 5 Std. auf 60 °C und filtriert den Niederschlag in einen Glasfiltertiegel mittlerer Porosität ab. Man wäscht 2mal mit Wasser, trocknet 3 Std. bei 125 °C und wägt.

Bemerkungen. Herstellung der Acetoxychinolin-Natriumacetat-Mischung. 16 g Oxin werden mit 96 g Essigsäureanhydrid 30 min gekocht. Nach Abkühlen gibt man 14,9 g Wasser und langsam 94 g wasserfreies Natriumcarbonat hinzu. Der sich abscheidende Niederschlag wird als Reagens-Mischung benutzt.

Die *Ergebnisse* der Bestimmung nach *Howick* und *Trigg* sind in folgender Tabelle 18 zusammengestellt.

Tabelle 18. *Al-Bestimmung nach Howick und Trigg*

Aluminium	
angewendet mg	gefunden mg
22,09	21,99
21,37	21,38
21,37	21,34
21,37	21,32
21,37	21,31
17,60	17,56
13,48	13,46
11,44	11,38
5,479	5,485

Arbeitsweise nach *Marec, Salesin* und *Gordon* [362]

Eine *modifizierte* Arbeitsweise zur Trennung von 25 mg Aluminium von 300 mg Magnesium oder 1000 mg Calcium wird von *Marec, Salesin* und *Gordon* beschrieben. Nach diesem Verfahren wird die Analysen-Lösung zur Reagens-Lösung gegeben.

Arbeitsvorschrift. In einem 250-ml-Becherglas werden 1 g 8-Acetoxychinolin in 25 ml Essigsäure (1 : 1) (etwa 50 %ig) gelöst, und die Analysen-Lösung, die 3 bis 25 mg Al enthalten darf, hinzugegeben. Nach Verdünnen auf 150 ml wird mit Ammoniak (1 : 1) (etwa 6,5 m) ein pH von 5,0 eingestellt, auf 200 ml verdünnt und 3 Std. bei 50° gehalten. Nach Abkühlen wird der Niederschlag in einen Glasfiltertiegel mittlerer Porosität abfiltriert und mit nicht mehr als 100 ml kaltem Wasser gewaschen. Nach 1stündigem Trocknen bei (135 ± 5)° wird gewogen.

Bemerkung. Nach den angegebenen Beleganalysen beträgt der *Fehler* in reinen Aluminiumsalzlösungen sowie in Gegenwart von Calcium und Magnesium bei Gehalten von 25 mg Al maximal + 0,1 mg.

Fällung aus *ammoniakalischer* Lösung

Die Bestimmung des Aluminiums durch Fällung mit Oxin in ammoniakalischer Lösung wurde von *Berg* [328] erstmalig durchgeführt. Sie hat besonders als einfache Abscheidungsweise des Aluminiums in Gegenwart von Tartration sowie für einige Trennungen, z.B. von Phosphorsäure, Flußsäure, praktisch besondere Bedeutung. Die verschiedenen angegebenen Arbeitsweisen lassen sich in 3 Gruppen zusammenfassen.

Die erste Gruppe schließt sich eng an die Verfahren der Fällung aus schwach saurer Lösung an. In gleicher Weise wie dort wird die saure Lösung mit Oxin-Reagens im Überschuß versetzt, dann aber ammoniakalisch gemacht. Die Zugabe von Weinsäure ist bei dieser Arbeitsweise nicht unbedingt erforderlich, wie die von *Lundell* und *Knowles* [363] bzw. *Lundell, Hoffman* und *Bright* [364] wiedergegebenen Arbeitsvorschriften zeigen. Andere Autoren, wie *Böttger* und *Kokta* [365], *Stumper* [366] sowie *Trykow* und *Iwanowal* [367] fällen in ähnlicher Weise, jedoch nach Zugabe von Weinsäure, die die Mitfällung von Aluminiumhydroxid infolge Hydrolyse verhindern soll.

Die zweite Gruppe umfaßt diejenigen Verfahren, nach denen die Lösung zunächst nach Zusatz von Weinsäure neutralisiert bzw. schwach ammoniakalisch gemacht und dann Aluminium durch Zugabe von Oxiniumacetat-Lösung gefällt wird. Um die Fällung vollständig zu gestalten, wird nach der Zugabe des Reagenses wieder ammoniakalisch gemacht. Hierher gehören zwei von *Berg* mitgeteilte Arbeitsvorschriften, an die sich eine vom Chemikerausschuß des Vereins Deutscher Eisenhüttenleute (*Klinger* [358]) angewandte Arbeitsweise anschließt.

Nach den Verfahren der dritten Gruppe wird die Fällung durch Zugabe von Oxiniumacetat-Lösung zu der stark ammoniakalischen, tartrathaltigen Lösung vorgenommen. Diese erstmals von *Haslam* [346] angewandte Arbeitsweise ist vor allem von Bedeutung im Anschluß an eine Abtrennung des Aluminiums von anderen Metallen nach der Benzoat-Methode (S. 57), da der Benzoat-Niederschlag direkt in ammoniakalischer Tartrat-Lösung gelöst werden kann, sowie in Verbindung mit der vorangehenden Fällung von Eisen (und auch Zink sowie Kupfer) nach der Weinsäure-Schwefelwasserstoff-Methode. Aluminium kann im Filtrat der Sulfide ohne vorheriges Vertreiben des Schwefelwasserstoffes mit Oxin gefällt werden.

Fällung aus schwach ammoniakalischer Lösung nach *Lundell* und *Knowles* [363]

Lundell und *Knowles* haben die Aluminiumoxinat-Fällung in ammoniakalischer Lösung zunächst nur verwendet, um Aluminium auch in Gegenwart von Phosphation sowie der Anionen der Elemente Fluor, Bor, Arsen, Chrom (Vanadin, Molybdän, Tantal, Niob und Titan) direkt zu fällen. Anschließend zersetzen sie das gefällte Aluminiumoxinat mit Schwefel- sowie Salpetersäure und bestimmen Aluminium durch Fällung mit Ammoniak als Oxid. *Lundell, Hoffman* und *Bright* [364], deren Arbeitsvorschrift hier wiedergegeben wird, haben den erhaltenen Niederschlag von Aluminiumoxinat dann direkt zur Wägung gebracht. Die Bestimmung kann natürlich auch maßanalytisch erfolgen. Da das ausfallende Aluminiumoxinat der Lösung zugesetzte Indikatoren (z.B. Bromkresolpurpur) adsorbiert, muß man die ammoniakalische Reaktion durch den Ammoniakgeruch oder durch Tüpfeln feststellen.

Arbeitsvorschrift. Zu der schwach schwefel- oder salzsauren Lösung, welche nicht mehr als 0,1 g Aluminium in 100 ml Volumen enthält, fügt man einen kleinen Überschuß an 2,5%iger Oxiniumacetat-Lösung, macht mit verd. Ammoniak ammoniakalisch und setzt noch einen Überschuß konz. Ammoniaks von 5 ml auf 100 ml Lösung zu. Nun erwärmt man auf 60 bis 70° und hält das Gemisch bei dieser Temperatur, bis der Niederschlag kristallin geworden ist. Nach dem Abkühlen in kaltem Wasser wird er in einen Glasfiltertiegel abfiltriert, mit kalter Ammoniaklösung (1:40) (etwa 0,3 m) und dann mit kaltem Wasser gewaschen.

Bemerkungen. Wie bereits erwähnt, haben *Lundell* und *Knowles* das Verfahren zur Abtrennung des Aluminiums angewandt und die Bestimmung durch Fällung mit *Ammoniak* als Hydroxid vorgenommen. Ihre Ergebnisse bei der so durchgeführten Bestimmung neben Phosphorsäure sind folgende (Tab. 19).

Tabelle 19. *Al-Bestimmung nach Lundell und Knowles*

Al_2O_3 angewandt mg	P_2O_5 anwesend mg	Al_2O_3 gefunden mg	Fehler in mg
94,5	50	94,2	−0,3
94,5	50	94,0	−0,5
94,5	50	94,6	+0,1
94,5	50	94,5	0,0
94,5	−	94,4	−0,1
4,7	1000	4,8	+0,1
4,7	1000	4,8	+0,1

Nach Angabe der Autoren waren schon nach einmaliger Fällung von 50 mg Al neben 50 mg P_2O_5 weniger als 0,2 mg P_2O_5 im Aluminiumoxid enthalten. Die Fällung kann nach obiger Vorschrift auch in Gegenwart von Fluorid-, Borat-, Arsenat- und Chromationen ohne Abänderung ausgeführt werden.

Fällung aus schwach ammoniakalischer, tartrathaltiger Lösung nach *Böttger* und *Kokta* [365]

Im Gegensatz zu der oben wiedergegebenen Arbeitsweise von *Lundell* und *Knowles* setzen *Böttger* und *Kokta* der zu fällenden Lösung Weinsäure zu, um die Ausfällung von Aluminiumhydroxid nach dem Versetzen mit Ammoniak zu verhindern. Nach *Berg* [328] lassen sich nach dieser Vorschrift durch genaue Regelung des Ammoniak-Zusatzes auch in Anwesenheit eines großen Reagens-Überschusses (bis 200%) gute Ergebnisse erzielen.

Arbeitsvorschrift. Man bringt die mit 2 g Ammoniumchlorid und Weinsäure versetzte Aluminiumsalz-Lösung (Volumen 100 ml) mit verd. Ammoniak auf schwach alkalische Reaktion und säuert mit 2 ml Eisessig an. Dann gibt man 2- bis 3%ige Oxiniumacetat-Lösung in der Kälte im Überschuß (über 50% mehr als erforderlich) zu, wobei eine gegebenenfalls auftretende Trübung durch einige Tropfen Eisessig gelöst wird. Die auf 80° erwärmte Lösung versetzt man nun tropfenweise mit Ammoniak, bis eine Trübung bestehen bleibt. Man wartet jetzt 1 min und fügt weiter Ammoniak zu, bis schwach alkalische Reaktion gegen Lackmus vorhanden ist. Nachdem einige Minuten erwärmt worden ist, wobei der Niederschlag sich gut zusammenballen und die überstehende Flüssigkeit ganz klar geworden sein muß, wird filtriert, mit heißem und weiter mit kaltem Wasser bis zur Farblosigkeit des Filtrates gewaschen und schließlich getrocknet.

Bemerkung. Stumper hat unter Anwendung obiger Arbeitsvorschrift den Aluminiumoxid-Gehalt im Thomasstahl bestimmt. Bei der Untersuchung von 10 Thomasstahl-Proben mit 0,145 bis 0,174% Al_2O_3 fand er bis zu 0,017%, im Mittel um 0,009% Al_2O_3 niedrigere Werte.

Arbeitsweise nach *Berg* [312]

Im Gegensatz zu den vorangegangenen Arbeitsweisen macht *Berg* die mit Weinsäure versetzte Lösung zuerst ammoniakalisch, erhitzt und fällt dann Aluminium durch Zugabe von Oxin-Reagens. Im folgenden wird die entsprechende Arbeitsvorschrift des Chemikerausschusses des Vereins Deutscher Eisenhüttenleute (*Klinger* [358]) wiedergegeben, da sie einer eingehenden Prüfung unterzogen wurde.

Arbeitsvorschrift. Die schwach saure Aluminiumsalz-Lösung (Volumen etwa 100 ml) wlrd mit 5 ml 20%iger Weinsäure-Lösung versetzt und mit Ammoniak (D = 0,90) gegen Lackmus gerade alkalisch gemacht. Nach Zugabe von 4 Tropfen Ammoniak im Überschuß wird auf etwa 70° erhitzt und langsam unter ständigem Rühren eine klare, 2,5%ige Oxiniumacetat-Lösung in geringem Überschuß (kenntlich an der orangegelben Farbe der Lösung) zugegeben. Anschließend fügt man noch 2 ml Ammoniak (D = 0,90) tropfenweise unter Rühren hinzu. Man läßt 10 min in der Wärme stehen, kühlt auf etwa 20° ab, filtriert nach dem Absitzen in einen Glasfiltertiegel 1G4 und wäscht den Niederschlag mit wenig 50° heißem, 1%igem Ammoniak-Wasser aus. Nach Vortrocknung bei 110° wird bei 130° bis zur Gewichtskonstanz getrocknet.

Bemerkungen. Die folgende Tabelle 20 gibt die Ergebnisse wieder, die in 10 verschiedenen Laboratorien nach obiger Arbeitsvorschrift bei der Aluminium-Bestimmung in *reinen* Kaliumalaun-Lösungen erzielt wurden, und zwar durch Wägung als Oxinat (I), durch bromatometrische Bestimmung (II) und durch Wägung als Oxid nach Veraschen und Glühen des Oxinats (III).

Tabelle 20. Al-Bestimmung nach Berg

Labora-torium	Angewandt: 5,0 mg Al			Angewandt: 25,0 mg Al		
	mg Al gefunden nach Methode:			mg Al gefunden nach Methode:		
	I	II	III	I	II	III
1	4,8	5,0	5,0	24,8	24,8	25,2
2	5,0	5,0	5,0	24,8	25,0	24,8
3	5,0	5,0	5,5	24,8	24,7	25,5
4	5,1	5,1	5,6	25,3	25,2	25,6
5	5,0	—	5,2	—	25,3	—
6	4,9	4,9	4,9	24,8	24,7	24,8
7	5,0	5,1	5,1	25,2	25,1	25,1
8	5,1	5,2	5,1	25,1	25,3	24,7
9	5,0	5,1	5,1	25,0	25,5	25,5
10	5,0	5,0	5,0	25,0	25,0	25,1
Mittelwert:	4,99	5,04	5,15	24,98	25,06	25,14
Mittlerer Fehler der Einzel-bestimmung:	±0,09	±0,10	±0,28	±0,20	±0,28	±0,37

Die gravimetrische Bestimmung als Oxinat scheint genauer zu sein als die bromatometrische; Glühen zum Oxid ergibt erheblich größere Fehler.

Ursprünglich fällte *Berg* das Oxinat bei 70° durch tropfenweise Zugabe eines geringen Überschusses an Oxiniumacetat-Lösung zu der mit Ammoniumchlorid (5 bis 10 g) und Weinsäure versetzten und schwach ammoniakalisch gemachten Aluminiumsalz-Lösung (Volumen 100 ml), welcher zum Schluß noch etwa 0,1 bis 1 ml konz. Ammoniak zugesetzt wurden. Versuche *Bergs* hatten hierbei ergeben, daß größere Mengen an Ammoniumsalzen keine Wirkung ausüben, während ein beträchtlicher Ammoniak-Überschuß die Ergebnisse *ungünstig* beeinflußt. Später machte der Autor darauf aufmerksam, daß man zu hohe Resultate erhält, wenn das Ammoniak zu rasch zugesetzt wird, und empfiehlt, an Stelle von 0,5 bis 1,0 ml konz. Ammoniak nur einige Tropfen und auch nur 1 bis 2 g Ammoniumchlorid anzuwenden. Die Möglichkeit der Mitabscheidung von Oxin bringt eine gewisse Unsicherheit mit sich.

Navez [359] gibt als mittleren *Fehler* von 8 Beleganalysen nach der ersten Fällungsvorschrift von *Berg* (je 45,05 mg Al) 0,5% an. *Berg* führte nach seiner ersten Arbeitsweise auch Mikrobestimmungen aus; die besonderen Arbeitsbedingungen waren dabei: Gesamtvolumen 50 ml, 1 bis 2 g Tartrat, 5 g Ammoniumchlorid, Filtrieren nach dem Erkalten und bromatometrische Bestimmung mit 0,05n Kaliumbromat-Bromid-Lösung (Tab. 21).

Tabelle 21.
Al-Mikrobestimmungen nach Berg

Aluminium		Fehler
angewandt mg	gefunden mg	mg Al
3,78	3,72	−0,06
1,26	1,20	−0,06
0,63	0,66	+0,03
0,25	0,22	−0,03
0,13	0,11	−0,02

Pranter und *Konopicky* [368] wenden obige Arbeitsweise zur Bestimmung von Aluminiumoxid in *feuerfesten* Stoffen an. Nach Abtrennung von Fe, Ti, Mn, Cu, Ni, Ca und Mg wird zur Fällung des Aluminiums nach obiger Arbeitsvorschrift verfahren, wobei zum Schluß nur so viel Ammoniak zugegeben wird, bis die Lösung bleibend danach riecht. Wolfram, Vanadin, Molybdän und Chrom sollen nicht stören, da sie in Gegenwart von Tartrationen nicht durch Oxin gefällt werden.

Box [369] bestimmt ebenfalls geringe Aluminium-Gehalte im *Stahl* durch Fällung mit Oxin aus ammoniakalischer, tartrathaltiger Lösung nach Abtrennung der übrigen Legierungsbestandteile. Die mit Chrom, Nickel sowie Wolfram, Vanadium und Kobalt enthaltenden Stählen unter Zusatz entsprechender Aluminium-Mengen (0,005 bis 0,20% Al) erhaltenen Resultate sind ausgezeichnet.

Fällung aus stärker ammoniakalischer, tartrathaltiger Lösung

Wie bereits erwähnt, ist die Fällung des Aluminiums aus stärker ammoniakalischer, tartrathaltiger Lösung von Bedeutung in Verbindung mit vorangegangenen Trennungsoperationen. So bestimmt *Haslam* [346] Aluminium im Filtrat der Eisensulfid-Fällung, indem er zuerst ansäuert und den Schwefelwasserstoff durch Kochen vertreibt. Nach *Stenger*, *Kramer* und *Beshgetoor* [370] sowie *Pollak* und *Pellowe* [371] kann die Fällung des Aluminiums auch direkt im sulfidhaltigen Filtrat vorgenommen werden, falls die Konzentration des Ammoniumsulfids ausreicht, um etwa ausgeschiedenen Schwefel als Polysulfid in Lösung zu halten. Im folgenden werden neben der Arbeitsweise nach *Haslam* zur Bestimmung des Aluminiums in Legierungen mit Magnesium, Zink und Kupfer drei sehr ähnliche Arbeitsvorschriften wiedergegeben, nach denen Aluminium zunächst durch Fällung mit Ammoniumbenzoat von den übrigen Metallen abgetrennt und der Niederschlag in ammoniakalischer Tartratlösung gelöst wird.

Nach *Haslam* wird das angesäuerte und durch Kochen von Schwefelwasserstoff befreite Filtrat des nach der Weinsäure-Schwefelwasserstoff-Methode abgetrennten Eisensulfids gegen Methylorange mit Ammoniak neutralisiert, mit einem Überschuß von 1 ml konz. Ammoniak versetzt und dann tropfenweise mit einem wäßrigen Oxin-Überschuß in der Kälte gefällt. Nun erst wird auf 90° erhitzt und schließlich nach 4stündigem Stehen filtriert und mit warmem Wasser gewaschen.

Arbeitsvorschrift nach *Stenger, Kramer* und *Beshgetoor* zur Bestimmung des Aluminiums in Magnesium-Legierungen. Die Aufbereitung der Probe, die etwa 0,2 bis 0,5 g Aluminium enthalten soll, die Fällung des Aluminiums mit Ammoniumbenzoat und die Lösung des Niederschlages in ammoniakalischer Tartratlösung ist bereits (siehe S. 58) beschrieben. Zu der auf 70 bis 90° erhitzten Lösung werden 25 ml Oxin-Reagens (50 g Oxin in 120 ml Eisessig gelöst, auf 1 l mit Wasser verdünnt, gegebenenfalls filtriert, in dunkler Flasche aufbewahrt) gegeben und 30 min weiter erhitzt, ohne daß die Lösung ins Sieden gerät. Man filtriert den Niederschlag in den bereits für den Benzoat-Niederschlag verwendeten Glasfiltertiegel ab, bringt durch 8maliges Waschen mit Wasser den Niederschlag vollständig in den Tiegel, trocknet wie üblich 1,5 bis 2 Std. bei 120 bis 130° und wägt nach dem Abkühlen als Oxinat.

Bemerkung. Silicium braucht bis zu Gehalten von 0,5 % nicht entfernt zu werden, da selbst bei teilweiser Mitfällung mit dem Aluminiumoxinat der Fehler infolge des günstigen Umrechnungsfaktors vernachlässigbar klein bleibt.

Arbeitsvorschrift nach *Pollak* und *Pellowe* zur Bestimmung des Aluminiums in Zink-Legierungen. Das Filtrat der Sulfidfällung aus ammoniakalischer, tartrathaltiger Lösung, das bis zu 5 mg Al enthält, wird auf 90° erhitzt und allmählich mit einem Überschuß des Oxin-Reagenses [10 g Oxin in 50 ml Essigsäure (1:1) (etwa 50 %ig) gelöst und auf 500 ml mit Wasser verdünnt] unter ständigem Umrühren versetzt. Der erforderliche Überschuß ist an der gelben Farbe der Lösung kenntlich. Man erhitzt weiter bis zur Koagulation des Niederschlages; dann läßt man ihn zum Absitzen 15 min an einem warmen Ort stehen, filtriert durch ein mittleres Filter ab und wäscht mit heißem Wasser aus, bis das Waschwasser farblos abläuft.

Bemerkung. Die weitere Bestimmung führen *Pollak* und *Pellowe bromatometrisch* durch.

Arbeitsvorschrift nach *Milner* und *Townend* [372] zur Bestimmung des Aluminiums in Kupfer-Legierungen. Auflösung der Probe, Abtrennung des Aluminiums erfolgt nach der Benzoat-Methode und Auflösung des Niederschlages in ammoniakalischer Tartrat-Lösung (S. 61). Ein Zusatz von Kaliumcyanid soll etwa mitgerissene Reste 2wertiger Metalle in Cyanokomplexe überführen. In der auf 80 bis 90° erhitzten, etwa 4 bis 10 mg Al enthaltenden Lösung wird die Fällung mit Oxin in gleicher Weise wie nach der oben wiedergegebenen Arbeitsvorschrift nach *Pollak* und *Pellowe* durchgeführt. Der Niederschlag wird auf einem kleinen, lose gestopften Filterbausch abfiltriert, zuerst mit kalter, 5 %iger Ammoniak-Lösung und zum Schluß einmal mit kaltem Wasser gewaschen.

Bemerkung. Die Bestimmung erfolgt *bromatometrisch.*

Fällung aus *schwach natronalkalischer* Lösung

Balanescu und *Motzoc* [373] führen zur Bestimmung des Aluminiums neben Phosphation mit gutem Erfolg die nachfolgend von *Berg* [312] beschriebene Fällung in schwach natronalkalischer Lösung bei einem pH-Wert zwischen 8 und 9,8 aus. Sie erreichen dabei eine gute Trennung selbst von der 20fachen Menge Phosphorsäure (P_2O_5). Diese Arbeitsweise kann auch in Abwesenheit von Phosphorsäure für reine Aluminiumsalz-Lösungen benutzt werden. Nach *Berg* eignet sich die Methode von *Balanescu* und *Motzoc* wegen der Anwendung äthanolischer Oxin-Lösung nur für kleine Aluminium-Mengen, da wegen der lösenden Wirkung des Äthanols nur kleinere Reagens-Mengen zugegeben werden können. Es besteht aber außer der Anwendung konzentrierter, äthanolischer Oxin-Lösung auch noch die Möglichkeit, das Äthanol durch längeres Erwärmen nach der Fällung zu vertreiben. Oxiniumacetat- oder -chlorid-Lösung kann wegen der Verschiebung des vor der Fällung auf etwa 9 eingestellten pH-Wertes nach dem Neutralpunkt zu (wenigstens in Anwesenheit von Phosphorsäure) nicht benutzt werden. Wahrscheinlich läßt sich die Fällung in natronalkalischer Lösung aber auch ebenso wie bei der Trennung des Aluminiums vom Phosphation in ammoniakalischer Lösung derartig ausführen, daß man zuerst überschüssige Oxiniumacetat- oder -chlorid-Lösung bei saurer Reaktion zusetzt und dann mit Natronlauge die schwach alkalische Reaktion einstellt.

Im Zusammenhang mit der Arbeitsweise von *Balanescu* und *Motzoc* muß auch die Fällungsweise von *Pope* [374] (Mikromethode siehe S. 110) angeführt werden, welcher die Oxinat-Abscheidung in Anwesenheit von Borax-Lösung ebenfalls im schwach alkalischen pH-Gebiet ausführt. Auch *Gotô* [316] benutzt bei seinen Versuchen Borax zur Einstellung bestimmter pH-Werte oberhalb pH = 7,0.

Arbeitsvorschrift nach *Berg*. Die 2 bis 15 mg Aluminium und 20 bis 200 mg Phosphorsäure (P_2O_5) enthaltende Lösung, deren Volumen etwa 30 ml beträgt, wird tropfenweise mit 0,2 n Natronlauge versetzt, bis der entstandene Aluminiumphosphat-Niederschlag gelöst ist. Bei kleineren Aluminium-Mengen (unter 2 mg), bei welchen die Trübung durch Aluminiumphosphat nicht mehr deutlich sichtbar ist, wird Phenolphthalein als Indikator zugesetzt (in Abwesenheit von Phosphorsäure ist das schon von vornherein erforderlich) und die Natronlauge bis zur Rosafärbung zugefügt. Da bei einem pH-Wert über 9,8 keine quantitative Aluminiumoxinat-Fällung mehr eintritt, darf kein Überschuß an Natronlauge vorhanden sein. Nach dem Verdünnen auf 80 ml Gesamtvolumen wird bei 45 bis 50° mit einem Überschuß 5%iger äthanolischer Oxinlösung gefällt, zum Sieden erhitzt und 5 bis 10 min auf dem siedenden Wasserbad unter Umrühren erwärmt. Nach dem Erkalten auf etwa 50° wird filtriert und mit heißem Wasser gewaschen, bis das Filtrat farblos ist.

Bemerkungen. Die weitere Aluminium-Bestimmung nehmen *Balanescu* und *Motzoc maßanalytisch* vor.

Beleganalysen von *Balanescu* und *Motzoc* bei 2,63 mg und 5,23 mg Al neben der 1/2- bis 20fachen Phosphat-Menge (2,67 bis 100,6 mg P_2O_5), ergaben befriedigende Werte. Alle gefundenen Abweichungen sind *negativ*. Wahrscheinlich liegt es daran, daß beim Auswaschen des Niederschlages zu große Mengen an heißem Wasser verwendet wurden.

Arbeitsweise nach *Bosch* und *Gonsior* [375]. Zur Bestimmung des Aluminiumoxids in Chromerzen und Chrommagnesitsteinen wird Aluminium zunächst durch Benzoat-Fällung (siehe S. 57) in Gegenwart von Thioglycolsäure abgetrennt. Gegebenenfalls mitgefälltes Titan wird durch eine Natronlaugetrennung in Gegenwart von Wasserstoffperoxid entfernt. Das etwa 300 ml betragende alkalische Filtrat der Natronlauge-Trennung wird in der Wärme mit 25 ml Oxin-Reagens-Lösung (man mischt kurz vor Gebrauch eine 10%ige essigsaure Oxin-Lösung mit 10%iger Kalilauge im Volumenverhältnis 1 zu 4) und mit 50 ml 2%iger Ammoniumchlorid-Lösung versetzt. Nach 15 min kann der Niederschlag abfiltriert werden. Er wird bei 135 °C getrocknet und gewogen.

Mikromethoden zur Fällung des Aluminiums mit Oxin

Zur mikrochemischen Bestimmung des Aluminiums eignet sich das Oxin-Verfahren dank der geringen Löslichkeit und des hohen Molekulargewichtes des Aluminiumoxinolats gut. Man kann zur Mikrobestimmung ohne weiteres die entsprechende Makroarbeitsweise unter Abänderung der Reagens-Mengen und des Volumens anwenden. So hat *Benedetti-Pichler* zur gewichtsanalytischen Mikrobestimmung in essigsaurer Lösung eine Vorschrift angegeben, welche mit der beschriebenen, makrogravimetrischen Arbeitsweise desselben Autors bzw. von *Kolthoff* und *Sandell* (S. 96) methodisch übereinstimmt. Die Brauchbarkeit der genannten, mikrogravimetrischen Vorschrift wurde im Zusammenhang mit der Mikroanalyse von Berylliumsilicaten durch *Benedetti-Pichler* und *Schneider* [376], durch *Thurnwald* und *Benedetti-Pichler* [377] sowie an reinen Alaun-Lösungen durch *Benedetti-Pichler* und *Paulson* [378] bestätigt. *Hecht* und *Krafft-Ebing* [379] verwenden die etwas abgeänderte Methode nach *Benedetti-Pichler* zur Bestimmung des Aluminiums und Eisens in der Mikroanalyse von Uraniten. Um das Endvolumen der Fällungslösung kleiner zu halten (etwa 6 bis 7 ml), verwenden sie eine 4%ige Oxin-Lösung in 8%iger Essigsäure und stumpfen mit 50%iger, also erheblich konzentrierterer Ammoniumacetat-Lösung ab. Um sicher zu sein, daß ein zur quantitativen Fällung ausreichender pH-Wert erreicht wurde, wird nun verd. Ammoniak (1:2) (etwa 4,3 m) tropfenweise unter Umrühren zugesetzt, bis durch ausfallendes Oxin eine bleibende, weißlichgelbe Trübung entsteht. Diese wird durch Zugabe von 0,55 ml Eisessig wieder in Lösung gebracht. Im übrigen wird nach der Vorschrift von *Benedetti-Pichler* bzw. *Kolthoff* und *Sandell* verfahren.

Die von *Hecht* und *Krafft-Ebing* zur Mikroanalyse von Uraniten ausgearbeitete Arbeitsweise wurde von *Hecht* und *Kroupa* [380] zur Mikroanalyse von Monaziten und von *Hecht* [381] zu gemeinsamer Fällung der Oxinate des Eisens, Aluminiums und Titans und ihrer Trennung bei der Mikrosilicatanalyse mit gutem Erfolg herangezogen. Nach *Alvarez-Querol* [382] ist das Erkennen der Ausfällung des Oxins mit Ammoniak schwierig und die Wiederauflösung durch Zugabe von Essigsäure mit der Gefahr verbunden, daß die Lösung dann zu stark essigsauer wird. Er beschreibt ein modifiziertes Verfahren, nach dem er bessere Resultate als nach der ursprünglichen Arbeitsvorschrift gemäß *Benedetti-Pichler* erzielte.

Arbeitsvorschrift. Die Probe (z.B. 15 bis 20 mg Alaun) wird im Mikrobecher in 3 ml 10%iger Salzsäure unter Erwärmen (Einstellen in einen auf 75° gehaltenen Heizblock) gelöst. Nach der Auflösung wird ein geringer Überschuß 4%iger Oxin-Lösung in 8%iger Essigsäure zugegeben. Man erhitzt noch 2 min im Heizblock, nimmt den Becher heraus und gibt unter Umrühren tropfenweise 50%ige Ammoniumacetat-Lösung bis zum Auftreten einer Trübung zu. Nun werden 2 Tropfen Bromkresolpurpur-Lösung und anschließend tropfenweise 20%iges Ammoniak unter Umrühren zugesetzt, bis der Indikator nach Purpur umschlägt (pH = 6,8). Da letzterer von dem ausfallenden Niederschlag adsorbiert wird, ist der Umschlag nur vorübergehend zu erkennen. Man erhitzt im Heizblock noch 10 min auf 70°, stellt dann die Heizquelle ab und nimmt den Becher nach weiteren 30 min heraus. Die überstehende Lösung muß gelb gefärbt sein, wenn genügend Reagens zugesetzt war. Nach dem Abkühlen wird in ein Filterstäbchen filtriert. Der Niederschlag wird mit etwa 7 ml heißem Wasser (70 bis 80°) in kleinen Anteilen ausgewaschen. Das Waschen mit heißem Wasser ist wesentlich, um etwa beim Abkühlen der Fällung ausgeschiedenes Oxin wieder in Lösung zu bringen. Becher und Filterstäbchen werden schließlich nach Abwischen mit einem Lederlappen bei 130 bis 140° getrocknet und wie üblich gewogen.

Bemerkungen. Bei 4 Analysen von 14,64 bis 19,60 mg Kaliumalaun mit 5,69% Al fand *Alvarez-Querol* im Mittel 5,67% Al. Die Differenz gegenüber dem geforderten Wert war also mit nur −0,35% (rel.), die mittlere *Streuung* der Einzelwerte mit 0,7% (rel.) erheblich geringer als bei den Vergleichsanalysen des Autors gemäß der Arbeitsweise nach *Benedetti-Pichler.*

Gewichtsanalytische Bestimmungen kleiner Aluminium-Mengen (0,26 bis 2,0 mg) führte auch *Taylor-Austin* [348] in *essigsaurer* Lösung durch, ohne dabei eine entsprechende Modifikation seiner Makromethode vorzunehmen.

Eine der Makromethode nach *Lundell* und *Knowles* [363] (siehe S. 103) entsprechende Mikrofällung aus *ammoniakalischer* Lösung geben *Parks* und *Lykken* [383] an; *Pope* [374] führt die Mikrofällung in *boraxalkalischer* Lösung aus. Sowohl *Parks* und *Lykken* wie *Pope* bestimmen jedoch das gefällte Aluminiumoxinat nicht mikrogravimetrisch, sondern colorimetrisch bzw. maßanalytisch.

Arbeitsvorschrift nach *Parks* und *Lykken.* Die zu untersuchende, salzsaure Lösung bringt man in einem kleinen Becherglas auf ein Volumen von 5 ml, wenn nicht mehr als 0,5 mg, bzw. von 10 ml, wenn 0,5 bis 1 mg Aluminium vorliegen. Für je 0,1 mg Aluminium versetzt man mit 0,03 ml 5%iger Oxin-Lösung in Eisessig und gibt noch für je 1 ml Lösung 0,02 ml Reagens im Überschuß zu. Unter Umrühren, am besten mit einem Magnetrührer, setzt man nun tropfenweise Ammoniak bis zur ammoniakalischen Reaktion zu und erhitzt dann auf einem Dampfbad, bis der Niederschlag sich zusammenballt und gut absetzt (etwa 1 Std.). Man läßt abkühlen, filtriert in ein Filterstäbchen und wäscht 5mal mit Wasser aus. Die Endbestimmung erfolgt photometrisch.

Bemerkungen. Bei Fällung nach der obigen Arbeitsweise und anschließender, photometrischer Bestimmung erhielten *Parks* und *Lykken* befriedigende Ergebnisse bis herunter zu 0,05 mg Al. Der *Fehler* der Einzelbestimmungen betrug im Mittel ± 0,002 mg Al.

Arbeitsvorschrift zur Fällung aus boraxalkalischer Lösung nach *Pope*. Die 0,2 bis 1,0 mg Aluminium enthaltende Lösung wird mit 10 ml 5%iger Boraxlösung und nach dem Erhitzen zum Sieden mit 1,0 ml 2%iger äthanolischer Oxin-Lösung versetzt. Um das „Kriechen" des Niederschlages zu verhindern, werden 2 Tropfen 10%iger Natriumtaurocholat-Lösung zugegeben. Man erhitzt nun weiter im siedenden Wasserbad, um das Äthanol zu vertreiben, filtriert nach dem Abkühlen in ein kleines Filterröhrchen (12G4) ab und wäscht mit 5%iger Boraxlösung aus. Anschließend wird das Aluminiumoxinat *bromatometrisch* bestimmt.

Bemerkung. *Pope* führte sorgfältige Beleganalysen aus. In je 5 bzw. 6 Bestimmungen mit 0,2, 0,3, 0,4 und 0,5 mg Aluminium (als Alaun) fand er Abweichungen von 1 bis 1,5%. Bei 6 Bestimmungen mit 1,0 mg Aluminium betrug der *Fehler* im Mittel nur − 0,3%.

Verfahren zur Fällung des Aluminiums mit Oxin *in Gegenwart anderer Ionen*

Wie bereits erwähnt, bilden die meisten Metalle in dem pH-Bereich, in dem Aluminium als Oxinat quantitativ gefällt werden kann, ebenfalls schwerlösliche Oxinate (vgl. S. 86). Nach den oben beschriebenen Arbeitsverfahren ist die Fällung des Aluminiums als Oxinat nur in Gegenwart der Alkalimetalle, die keine unlöslichen Oxinate bilden, möglich, bei Fällung aus schwach essigsaurer Lösung auch in Anwesenheit von Magnesium und Calcium, deren Oxinate erst in neutraler und alkalischer Lösung ausfallen, sowie von Beryllium, Strontium, Barium und Thallium(I), die mit Oxin nicht reagieren.

Aus ammoniakalischer oder alkalischer Lösung kann Aluminium in Gegenwart von Phosphorsäure, Borsäure, Flußsäure sowie Arsen, kleinen Mengen Molybdäns und wahrscheinlich auch 6wertigem Chrom, Wolfram und Vanadium als Oxinat gefällt werden.

Zahlreiche weitere Trennungen des Aluminiums von sonst ebenfalls mit Oxin reagierenden Metallen lassen sich in der Weise ermöglichen, daß letztere in Komplex-Verbindungen überführt werden, die nicht durch Oxin fällbar sind.

Es besteht auch die Möglichkeit, Metalle, die aus stärker saurer Lösung als Oxinate gefällt werden können, durch Abscheidung bei einem pH-Wert, bei dem Aluminiumoxinat noch löslich ist, vom Aluminium zu trennen. Anschließend kann Aluminium im Filtrat nach Verringerung der Acidität ebenfalls als Oxinat gefällt werden. *Chirnside, Pritchard* und *Rooksby* [354] geben z.B. an, daß die Trennung des Aluminiums vom Eisen auf diese Weise innerhalb eines sehr engen pH-Bereiches möglich sei; sie haben aber keine entsprechenden Versuche ausgeführt. Dieser enge pH-Bereich läßt sich wesentlich erweitern durch Zugabe organischer Säuren, z.B. Weinsäure, Oxalsäure, Malonsäure, Äthylendiamintetraessigsäure, Thioglycolsäure oder Salicylsäure, die mit Aluminium Komplexe bilden und so dessen Fällung als Oxinat aus saurer Lösung verhindern.

Trennung durch Fällung des Aluminiums aus schwach saurer Lösung

Die Trennung des *Berylliums* vom Aluminium wurde durch das Oxin-Verfahren in befriedigender Weise gelöst. Wie fast zur gleichen Zeit *Niessner* [384] sowie *Kolthoff* und *Sandell* [332] unabhängig voneinander zeigten, erfolgt die Fällung des Aluminiums in essigsaurer Lösung unter üblichen Bedingungen. Die Zugabe von Oxalsäure zur Aluminium-Abtrennung vom Beryllium, wie sie von *Berl-Lunge* [385], *Fresenius* und *Frommes* [386] empfohlen wurde, ist nicht zulässig. So haben *Zwenigorodskaja* und *Smirnova* [344] gezeigt, daß in Anwesenheit von Oxalsäure viel zu niedrige Aluminium-Werte erhalten werden.

Wenn wesentlich mehr Beryllium als Aluminium vorliegt, kann das Oxin-Verfahren ebenfalls angewendet werden. Bei dem in der Praxis häufigeren Fall eines großen Aluminium-Überschusses (z.B. in Silicaten oder Legierungen) wird zweckmäßig zunächst eine Vortrennung ausgeführt, wozu man z.B. die Hydrolyse der alkalischen Lösung nach *Britton* [387] sowie *Dewar* und *Gardiner* [388] oder das Salzsäure-Verfahren nach *Churchill*, *Bridges* und *Lee* [389] benutzen kann. Man wendet die zur Fällung des Aluminiums aus essigsaurer, acetatgepufferter Lösung beschriebene Vorschrift nach *Kolthoff* und *Sandell* (oder auch *Benedetti-Pichler* [339]) oder nach *Knowles* [329] an.

Es liegen zahlreiche Beleganalysen mit guten Ergebnissen vor. *Niessner* findet meistens nur Abweichungen von ± 0,1 und 0,2 mg. Nach *Kolthoff* und *Sandell* beträgt der *Fehler* beim Aluminium im Durchschnitt ± 0,3 %, nach *Knowles* ± 0,5 % genau.

Roebling und *Trommau* [390] wandten die Aluminium-Beryllium-Trennung mit Oxin auf die Analyse von Aluminium-Beryllium-Silicaten an. Sie stellten hierbei fest, daß in hoher Alkalikonzentration, wie sie nach Aufschlüssen mit Soda oder Bisulfat vorliegt, Abscheidungen von Alkalioxinat Störungen verursachen können. Man fällt deshalb in solchen Fällen zweckmäßig Aluminium und Beryllium zunächst mit carbonatfreiem Ammoniak und führt dann erst die Oxin-Trennung aus. *Taylor-Austin* [348] hebt die Bedeutung der Trennung des Aluminiums vom Beryllium auch für die Analyse von Leichtmetallen hervor. *Halls* [391] wendet sie zur Bestimmung des Aluminiums (und Eisens) in Beryllium-Kupfer-Legierungen an.

Die von *Benedetti-Pichler* angegebene, mikroanalytische Fällung des Aluminiums (S. 108) kann ohne Abänderung auch zur Trennung vom Beryllium herangezogen werden. Die von *Benedetti-Pichler* und *Schneider* [376] sowie *Thurnwald* und *Benedetti-Pichler* [377] ausgeführten Beleganalysen ergaben sehr befriedigende Resultate (Fehler unter 1 %).

Trennung von *Magnesium* und *Erdalkalimetallen*

Die Fällung des Aluminiums aus essigsaurer Lösung nach *Berg* [328] eignet sich besonders zur Bestimmung des Aluminiums neben größeren Mengen an Magnesium. Hat man umgekehrt kleine Magnesium-Mengen von überschüssigem Aluminium zu trennen, so fällt man zweckmäßig zuerst das Magnesium aus natronalkalischer Lösung und bestimmt das Aluminium im Filtrat.

Nach *Berg* haben auch *Knowles* [329], ferner *Navez* [359] sowie *Smith* [336] Beleganalysen zur Aluminium-Magnesium-Trennung in saurer Lösung mitgeteilt. Die von *Berg* und von *Navez* angewendete Arbeitsweise ohne Zuhilfenahme von Indikatoren ist nicht befriedigend. Man arbeitet deshalb besser nach *Knowles* oder nach der von *Kolthoff* und *Sandell* [332] zur Aluminium-Beryllium-Trennung benutzten Fällungsweise. Auch bei der von *Smith* in schwach mineralsaurer Lösung unter Verwendung einer Kaliumbromat-Bromid-Natriumthiosulfat-Pufferlösung ausgeführten Aluminiumoxinat-Fällung ist die pH-Einstellung ausreichend sicher. Ebenso wird Aluminium von den anderen Erdalkalimetallen durch Fällung mit Oxin in schwach saurer Lösung getrennt.

Nach den Erfahrungen von *Taler* [392] bietet die Aluminium-Magnesium-Trennung mit Oxin bei der Analyse von magnesiumhaltigen Leichtmetallegierungen besondere Vorteile. *Schlossmacher* und *Trommau* [393] führten die Aluminium-Magnesium-Bestimmung und -Trennung in Spinellen mit Oxin durch. *Ritter* [394] bestimmt Aluminium als Oxinat in verschiedenen Glassorten neben Calcium, Magnesium. *Chandler* [395] hat Aluminium-Bestimmungen in einem Zement mit 6,29% Aluminiumoxid und 64,61% Calciumoxid ausgeführt; er zeigt, daß auch ein Zusatz von 0,2 g Bariumchlorid (bei 1 g Zementeinwaage) keinen störenden Einfluß hat. *Jones* [396] wendet die Fällung mit Oxin aus schwach essigsaurer Lösung zur Bestimmung des Aluminiums in Pulvern und Desinfektionsmitteln neben Magnesium und Calcium an.

Ebenso wie zur Trennung des Aluminiums vom Beryllium ist die Mikrofällung nach *Benedetti-Pichler* zur Trennung von Magnesium und den Erdalkalimetallen ohne Abänderung geeignet. Modellversuche wurden von *Thurnwald* und *Benedetti-Pichler* [377] (Trennung vom Magnesium sowie vom Beryllium und Magnesium) ausgeführt. Der *Fehler* der ausgeführten Analysen lag unter 1%. *Schoklitsch* [397] teilte je 2 Mikroanalysen zweier Silicate mit, bei welchen er nach Abscheidung der Kieselsäure Aluminium, Eisen und Titan durch gemeinsame Fällung als Oxinate vom Magnesium, Calcium und von (sehr kleinen Mengen) Mangan trennte. Die erhaltenen Mikrowerte wichen von den Makrowerten nur um etwa 1 bis 2% ab.

Wenger und *Besso* [398] führen bei der Mikroanalyse von Silicaten (Porzellan) ebenfalls die Trennung des Aluminiums (und geringer Mengen Eisens) vom Magnesium und Calcium mit Oxin durch. Ihre Arbeitsweise erscheint jedoch nicht empfehlenswert, da die Gefahr besteht, daß ein zu hoher pH-Wert erreicht und Magnesium mitgefällt wird. Weiterhin wird ein schlecht filtrierbarer, offenbar mitausgefälltes Oxin enthaltender Niederschlag erhalten, so daß die Verfasser sich genötigt sehen, ihn zum Oxid zu veraschen und als solches zu wägen.

Trennung vom *Mangan*

Chandler [395] hat bei Versuchen zur Trennung des Aluminiums von Magnesium und den Erdalkalien in der Zementanalyse auch Trennungen vom Mangan ausgeführt. Er gibt an, daß die Trennung des Aluminiums vom Mangan unter den gleichen Bedingungen wie diejenige vom Magnesium möglich ist. Diese Behauptung steht in gewissem Widerspruch zu den Versuchen von *Gotô* [316], nach denen Mangan bereits bei dem pH-Wert 5,9 durch Oxin quantitativ gefällt wird. Abgesehen von *Schoklitsch* [397], der in Mikrosilicatanalysen Aluminium, Eisen und Titan durch Fällung mit Oxin aus schwach saurer Lösung auch von sehr kleinen Mangan-Mengen trennte, sind die Angaben *Chandlers* bisher nicht von anderer Seite nachgeprüft oder bestätigt worden.

Trennung vom *Titan* und *Uran*

Pigott [399] und später *Šicha* [400] schlagen zur Trennung des Aluminiums vom Titan und Uran die Fällung des Aluminiums mit Oxin aus essigsaurer, weinsäurehaltiger Lösung vor. Nach Angaben von *Berg* [312], *Gotô* [316], *Fleck* und *Ward* [314] werden jedoch sowohl Titan wie Uran aus schwach essigsaurer Lösung ebenfalls als Oxinate gefällt. Auf Grund dieses Widerspruches dürfte es notwendig sein, das von *Pigott* beschriebene Verfahren vor seiner Anwendung einer eingehenden Prüfung zu unterziehen.

Trennung vom *Eisen* nach dessen Tarnung durch o-Phenanthrolin oder α-α'-Dipyridyl

Zur direkten Bestimmung des Aluminiums in Silicaten (Feldspaten) trennt *Koenig* [401] Eisen (Titan und Mangan) durch Aufschluß mit Ätznatron im Nickel-tiegel als Hydroxide ab und fällt Aluminium im Filtrat nach Ansäuern als Oxinat. Hierbei gelangen in das Filtrat der Hydroxide meist kleine, wechselnde Mengen Eisen, deren Mitfällung als Oxinat der Autor durch Bildung der Komplexsalze des Eisens mit α-α'-Dipyridyl oder o-Phenanthrolin verhindert. In beiden Fällen muß das Eisen vor der Überführung in das Komplexsalz reduziert werden.

Arbeitsvorschrift. Nach Aufschluß der Silicatprobe (10 bis 30 mg Al_2O_3 enthaltend) mit Natriumhydroxid löst man die erkaltete Schmelze in 100 ml Wasser, filtriert nach kurzem Aufkochen und wäscht mit heißem Wasser aus. Zum Filtrat fügt man 15 ml Oxin-Lösung und bringt das ausgefallene Oxinat durch Rühren in Lösung. Nun gibt man unter dauerndem Umrühren so lange Salzsäure tropfenweise hinzu, bis das zunächst abgeschiedene Aluminiumoxinat gerade wieder vollständig gelöst und die Lösung schwach sauer ist. Man reduziert das Eisen durch Hydroxylammoniumchlorid-Lösung und erwärmt auf 80 bis 90°. Nun setzt man einen kleinen Überschuß an α-α'-Dipyridyl oder o-Phenanthrolin zu und fällt das Aluminiumoxinat durch Zugabe von Ammoniumacetat-Lösung (10 ml mehr als zur quantitativen Fällung erforderlich). Es wird mit kaltem Wasser ausgewaschen.

Bemerkungen. Reagens-Lösungen. 2,5%ige Oxinlösung in 5%iger Essigsäure; 1%ige Lösung von o-Phenanthrolin oder α-α'-Dipyridyl in 6n Salzsäure; 30%ige Ammoniumacetat-Lösung als Pufferlösung.

Da nach dem von *Koenig*, später auch von *Cashmore* und *Cowling* [402] angewandten Aufschlußverfahren Kieselsäure in Lösung bleibt, ist die Aluminiumoxinat-Fällung mehr oder weniger durch mitgefällte Kieselsäure *verunreinigt*. Bei der maßanalytischen Bestimmung des Aluminiums stört sie nicht. Wie *Lynam* und *Nicholson* [403] festgestellt haben, kann jedoch bei hohen Kieselsäurekonzentrationen (Verhältnis $SiO_2 : Al_2O_3 = 20:1$) die Fällung des Aluminiumoxinats ganz oder teilweise verhindert werden. In diesem Fall muß die Kieselsäure mit Flußsäure ab geraucht werden.

Bei der Analyse zahlreicher Silicate mit 10 bis 37% Al_2O_3 und *einigen* Prozenten Eisen erhielt *Koenig* stets eisenfreie Aluminiumoxinat-Niederschläge. Die gefundenen Aluminium-Gehalte stimmen auf wenige Hundertstel Prozente Aluminium mit den Werten des National Bureau of Standards überein.

Arbeitsweise von Lynam *und* Nicholson. Im Gegensatz zu der Arbeitsvorschrift nach *Koenig* wird das Filtrat der ausgelaugten Schmelze zuerst mit Salzsäure gegen *Methylorange* sauer gemacht und zur Tarnung noch vorhandener Eisenspuren mit 1 ml 50%iger Hydroxylammoniumchlorid-Lösung und 20 Tropfen einer 1%igen o-Phenanthrolin-Lösung in verd. Salzsäure (1:1) (etwa 6 m) versetzt. Nun werden 15 ml des 2,5%igen Oxin-Reagenses zugegeben, nach Erhitzen auf 70° 30%ige Ammoniumacetat-Lösung bis zur bleibenden Niederschlagsbildung und schließlich noch 10 ml der letzteren im Überschuß. Man läßt 10 min stehen und verfährt weiter wie in obiger Arbeitsvorschrift.

Hutchinson und *Wollack* [404] haben erstmals *Thioglycolsäure* zur Maskierung des Eisens bei der gravimetrischen Bestimmung des Aluminiums als Oxinat verwandt.

Trennungen durch Fällung des Aluminiums aus ammoniakalischer bzw. schwach alkalischer Lösung

Durch Fällung mit Oxin aus alkalischer und teilweise auch aus ammoniakalischer Lösung kann Aluminium vom Arsen und Wolfram sowie von Phosphorsäure und Flußsäure getrennt werden. Daß Borsäure die Fällung des Aluminiums als Oxinat nicht stört, auch nicht aus schwach saurer Lösung, geht aus den Arbeitsweisen von *Pope* [374] und *Wassiljew* [405] hervor. *Gotô* [316] benutzte bei seinen Studien über die pH-Abhängigkeit der Fällung des Aluminiums als Oxinat ebenfalls Borax zur Einstellung bestimmter pH-Werte im alkalischen Gebiet. Die wichtigste dieser Trennungsmöglichkeiten dürfte die Fällung des Aluminiums aus Phosphate enthaltenden Lösungen sein.

Trennung von *Phosphorsäure*

Diese läßt sich mit Hilfe des Oxin-Verfahrens (in ammoniakalischer Lösung) sehr einfach durchführen. Es kommen praktisch drei verschiedene Ausführungsmöglichkeiten in Betracht.

Trennung in ammoniakalischer Lösung nach *Lundell* und *Knowles* [363]

Arbeitsvorschrift. Die Fällung erfolgt nach der bereits S. 103 zur Bestimmung des Aluminiums angegebenen Vorschrift. Einmalige Fällung ist praktisch meistens ausreichend.

Bemerkung. Die S. 104 mitgeteilten Beleganalysen von *Lundell* und *Knowles* lassen erkennen, daß die Phosphorsäure-Menge innerhalb weiter Grenzen schwanken kann, auch bei großem Phosphor-Überschuß erhält man noch *gute* Resultate (vgl. jedoch die Analysen von *Balanescu* und *Motzoc* [373]).

Trennung in ammoniakalischer, tartrathaltiger Lösung nach *Berg* sowie nach *Ishimaru*

Nach *Berg* [312] können 2 bis 50 mg Aluminium neben 10 mg Phosphorsäure (als P_2O_5) in 100 bis 150 ml Volumen nach seiner Vorschrift zur Fällung des Aluminiums in ammoniakalischer Lösung mit befriedigender *Genauigkeit* bestimmt werden (Beleganalysen fehlen). *Ishimaru* [347] hat sorgfältige Beleganalysen ausgeführt, ebenfalls in Gegenwart von Tartration, jedoch bezüglich der Reihenfolge der Reagens-Zusätze etwas abweichend von der Arbeitsweise nach *Berg* und derjenigen nach *Böttger* und *Kokta* [365].

Arbeitsvorschrift nach *Ishimaru*. Zur neutralen Analysenlösung fügt man 5 g Ammoniumtartrat und ein dem später zuzusetzenden Oxin-Reagens gleiches Volumen 2n Ammoniak-Lösung. Man gibt weiter 0,5 bis 1 ml konz. Ammoniak tropfenweise hinzu und verdünnt auf 150 ml bis 200 ml. Nach dem Erwärmen auf 70° wird das Oxin-Reagens (5%ige Lösung in 2n Essigsäure) im Überschuß zugegeben und das Gemisch unter gelegentlichem Ergänzen des Ammoniaks so lange warm gehalten, bis das Aluminiumoxinat sich abgesetzt hat. Das Waschen erfolgt mit warmem Wasser.

Bemerkungen. Die erhaltenen Resultate sind, wie nachstehende Tabelle 22 zeigt, recht befriedigend, was insofern besonders bemerkenswert ist, als *Ishimaru* auch zur

Tabelle 22. *Abtrennung von Phosphorsäure nach Ishimaru*

Aluminium		Fehler	Lösungsmittel des Oxins
gegeben mg	gefunden mg	mg	
6,50	6,53	0,0	
13,00	13,02	0,0	Essigsäure
19,50	19,71	+0,2	
65,13	65,13	0,0	
6,50	6,50	0,0	
13,00	12,83	−0,2	Äthanol
19,50	19,57	+0,1	
65,13	64,97	−0,2	
59,25	59,00	−0,3	
88,82	88,40	−0,4	Aceton
118,5	117,96	−0,5	

Fällung größerer Aluminium-Mengen teilweise äthanolische und acetonische Oxy-chinolin-Lösung verwendet hat. Es lagen 100 mg Phosphat (als Dinatriumphosphat), neben wechselnden Mengen Aluminium vor.

Balanescu und *Motzoc* [373] fanden jedoch nach der Vorschrift von *Berg* zu *niedrige* Resultate (vgl. weiter unten). Diese Methode wurde auch von *Jung* [349] vorgeschlagen, da in Gegenwart von Tartration kein Aluminiumphosphat ausfällt. Zur Trennung des Phosphats vom Aluminium schlägt *Gassner* [406] die Fällung des Aluminiums als Oxinat in tartrathaltiger Lösung vor. Um in gleichzeitiger Anwesenheit von Calcium die Fällung des Calciumphosphats zu verhindern, verwendet er an Stelle von Weinsäure Citronensäure als Komplexbildner. Auf diese Weise waren 200 mg Calcium und Phosphorsäure ohne Einfluß auf die Bestimmung von 5 bis 100 mg Al_2O_3.

Trennung in schwach natronalkalischer Lösung nach *Balanescu* und *Motzoc*

Arbeitsvorschrift. Man befolgt die schon auf S. 108 als Arbeitsweise zur Bestimmung des Aluminiums gegebene Vorschrift. Nach *Balanescu* und *Motzoc* soll jedoch der Niederschlag des Aluminiumoxinats stets Phosphorsäure durch Adsorption festhalten, so daß die *volumetrische* Bestimmung des abfiltrierten und ausgewaschenen Niederschlages der gravimetrischen vorzuziehen ist.

Bemerkung. Die von obigen Autoren nach ihrer eigenen Methode und nach den Vorschriften von *Lundell* und *Knowles* sowie von *Berg* erhaltenen Resultate sind in folgender Tabelle 23 zusammengestellt.

Tabelle 23. *Vergleich zwischen Trennungsmethoden nach Lundell und Knowles und derjenigen nach Berg*

Gegeben Aluminium	Gegeben P_2O_5	Aluminium, gefunden nach					
		Lundell u. *Knowles*		*Berg*		*Balanescu* u. *Motzoc*	
			Fehler		Fehler		Fehler
mg	mg	mg	%	mg	%	mg	%
2,63	2,67	2,51	− 4,56	−	−	2,62	−0,38
2,63	13,35	2,42	− 7,98	2,48	− 5,70	2,63	−0
2,63	26,70	2,44	− 7,22	2,42	− 7,98	2,62	−0,38
2,63	40,05	2,32	−11,78	−	−	2,62	−0,38
2,63	53,40	2,23	−15,21	2,41	− 8,37	2,60	−1,14
5,23	2,67	4,99	− 4,59	5,02	− 4,01	5,22	−0,19
5,23	13,35	4,57	−12,62	4,96	− 5,16	5,18	−0,96
5,23	26,70	4,75	− 9,17	4,58	−12,42	5,20	−0,57
5,23	53,40	4,54	−13,19	4,52	−13,60	5,20	−0,57
5,23	106,80	4,63	−11,47	−	−	5,20	−0,57

Trennung von *Flußsäure*, *Borsäure* und *Arsensäure*

Nach *Lundell* und *Knowles* wird die Fällung des Aluminiumoxinats in ammoniakalischer Lösung durch die Gegenwart von löslichem Fluorid, von Borat- und Arsenat-ionen nicht gestört. Auch in essigsaurer Lösung kann Aluminium als Oxinat quantitativ von Fluoridionen getrennt werden, wenn man nach *Wassiljew* [405] Borsäure oder nach *Feigl* und *Schaeffer* [407] Berylliumnitrat im Überschuß zur Lösung gibt.

Die Trennung von Fluor, Bor und Arsen in ammoniakalischer Lösung nach *Lundell* und *Knowles* [363] erfolgt nach der bereits S. 103 zur Bestimmung des Aluminiums in ammoniakalischer Lösung gegebenen Vorschrift. Die Beleganalysen von *Lundell* und *Knowles* sind in der folgenden Tabelle 24 angegeben. Soweit nicht anders vermerkt, beziehen sich die Bemerkungen auf einmalige Fällung des Aluminiums.

8*

Tabelle 24. *Bestimmung von Al_2O_3 neben BO_3^{3-}, F^- und AsO_4^{2-} nach Lundell und Knowles*

Anwesend	Al_2O_3		Differenz	Bemerkungen
	gegeben mg	gefunden mg	mg	
1 g H_3BO_3	94,5	94,1	−0,4	—
0,5 g H_3BO_3	94	—	—	kein Al im Filtrat, kein B im Niederschlag
0,20 g NaF	94,5	94,2	−0,3	—
5,0 g NaF	94	—	—	kein Al im Filtrat, kein F im Niederschlag
0,05 g As_2O_5	94,5	94,0	−0,5	—
0,2 g As_2O_5	94	—	—	kein Al im Filtrat, weniger als 0,5 mg As im Niederschlag
1 g As_2O_5	94	—	—	kein Al im Filtrat, kein As im Niederschlag nach doppelter Fällung des Al

Trennung von Fluor in essigsaurer, borsäurehaltiger Lösung nach *Wassiljew* [405]

Wassiljew stellte fest, daß bei 5 mg Aluminium in Gegenwart von 3 bis 10 mg Fluor Abweichungen bis zu − 52 % auftreten. Richtige Resultate ergaben sich, wenn das 30fache der zur komplexen Bindung des Fluors erforderlichen Borsäure-Menge zugegeben wurde.

Arbeitsvorschrift. Zu der etwa 5 mg Aluminium und 3 mg Fluor enthaltenden, salzsauren Lösung gibt man 0,4 g Borsäure, verdünnt mit Wasser auf 100 ml und erhitzt auf 70 bis 80°. Zur heißen Lösung fügt man tropfenweise unter Rühren 2,5%ige Oxiniumacetat-Lösung in mäßigem Überschuß und hierauf 5 bis 7 g Ammoniumacetat hinzu. Bei einer Temperatur von 60 bis 80° läßt man dann 20 bis 30 min stehen. Anschließend spült man in einen 250-ml-Meßkolben über, kühlt ab und füllt bis zur Marke auf. In 50 ml Filtrat wird das überschüssige Oxin zurücktitriert (Resttitrationsmethode, S. 258).

Bemerkung. Nach obiger Arbeitsvorschrift erhielt *Wassiljew* bei *5 Bestimmungen* mit je 5,0 mg Aluminium und 3 mg Fluor auf etwa ± 1 bis 2 % richtige Werte.

Trennung vom Fluor in essigsaurer, Berylliumnitrat enthaltender Lösung nach *Feigl* und *Schaeffer* [407]

Prinzip. Die große Neigung des Berylliumions zur Bildung des sehr stabilen Tetrafluoroberyllat-Komplexes, $[BeF_4]^{2-}$, läßt sich nach *Feigl* und *Schaeffer* zur Maskierung von Fluoridionen verwenden. Zur Bestimmung des Aluminiums in Gegenwart von Fluoriden, insbesondere im Kryolith, geben die Genannten folgende

Arbeitsvorschrift. 0,1 bis 0,2 g feingepulverter Kryolith werden mit 5 bis 10 ml 2n Salzsäure und 50 ml Wasser unter Zusatz von 0,5 bis 1,0 g Berylliumnitrat 5 min erhitzt. Nach Filtration wird das noch warme Filtrat mit Ammoniak versetzt bis zum Auftreten eines bleibenden Niederschlages. Dieser wird durch tropfenweise Zugabe von 2n Essigsäure gelöst. Nun gibt man 10 bis 20 ml 2n Ammoniumacetat-Lösung und Oxin-Reagens (4%ige Oxin-Lösung in 8%iger Essigsäure) im Überschuß zu und erhitzt zum Sieden. Nach 1stündigem Stehen wird der Niederschlag in einen Filtertiegel abfiltriert, wie üblich mit Wasser ausgewaschen und nach dem Trocknen bei 110 bis 120° gewogen.

Bemerkungen. Bei 5 Analysen eines reinen *Grönland-Kryoliths* fanden *Feigl* und *Schaeffer* im Mittel 12,81 % Al gegenüber dem theoretischen Wert von 12,85 %. Die mittlere Streuung der Einzelbestimmung betrug ± 0,05 % Al bzw. ± 0,4 % rel.

Eisen wird bei obiger Arbeitsweise mit Aluminium als Oxinat gefällt. Bei eisenhaltigen Proben bestimmt man es zweckmäßig in einer gesonderten Probe. Auf ähnliche Weise maskieren *Tananaev* und *Vinogradova* [408] das Fluoridion zur Bestimmung des Aluminiums.

Trennung vom Fluor in alkalischer Lösung nach *Mukai* und *Gotô* [409]

Zur Bestimmung des Aluminiums neben Fluoridion empfehlen *Mukai* und *Gotô* folgende

Arbeitsvorschrift. Die Probe mit 5 bis 15 mg Al^{3+} und 0 bis 400 mg F^- wird mit Wasser auf 150 ml verdünnt, mit 10 ml 5%iger essigsaurer Oxin-Lösung versetzt und mit Natronlauge auf pH = 12 gebracht. Man fügt Essigsäure hinzu, bis pH = 10 erreicht ist, und erhitzt auf 70°. Der Niederschlag wird abfiltriert, nachgewaschen und zur Bestimmung des Aluminiums getrocknet.

Trennung von *Kieselsäure*

Über den Einfluß der Kieselsäure auf die Aluminium-Bestimmung nach der Oxin-Methode berichtet *Dubrovo* [410]. Zu diesem Zweck wurde die Abhängigkeit der Bestimmungsgenauigkeit vom Verhältnis $Al_2O_3:SiO_2$ untersucht in Lösungen, die 1,5 bis 16 mg Al_2O_3 und Kieselsäure im Gewichtsverhältnis $Al_2O_3:SiO_2 = 1:0,1$ bis 1,4 enthalten. Es werden nur dann befriedigende Resultate erhalten, wenn die Kieselsäure in echter, molekularer Lösung vorliegt. In Gegenwart polymerisierter Kieselsäure sind die Ergebnisse von dem Verhältnis $Al_2O_3:SiO_2$ abhängig. Ist dieses größer als 1:4, bezogen auf SiO_2-Überschuß, so werden um 10% und mehr zu hohe Resultate erhalten. Es ist daher zweckmäßig, die Analysenlösung *vor* der Aluminium-Bestimmung mit n Natronlauge zu behandeln, um Kieselsäure in molekulare Form überzuführen. Man setzt 5 bis 6 ml Natronlauge im Überschuß zu. Der relative *Bestimmungsfehler* liegt bei der vorhergehenden Behandlung mit Natronlauge unter 3%, der relative Fehler bei der Oxychinolin-Methode bei 2%.

Trennung vom *Chrom*

Wie später (S. 118) beschrieben, läßt sich Aluminium als Oxinat aus ammoniakalischer, tartrathaltiger Lösung auch in Gegenwart geringerer Mengen Chrom(III)-salze fällen, wenn letztere zuvor in Hexacyanochromat(III) überführt wurden. In Anwesenheit größerer Chrom-Mengen (z.B. bei Chromnickelstählen) muß nach *Heczko* [411] jedoch das gesamte Chrom vor Zusatz der Weinsäure zur Chromsäure oxydiert werden. Diese stört also die Fällung des Aluminiums zumindest aus ammoniakalischer Lösung nicht. Auch *Pranter* und *Konopicky* [368] trennen Aluminium durch Fällung als Oxinat aus ammoniakalischer, tartrathaltiger Lösung vom Chrom in der Analyse eines Chromerzes, nachdem mittels Peroxidaufschluß Chrom zum Chromation oxydiert und zusammen mit Aluminium von den übrigen, im Rückstand des Peroxidaufschlusses verbleibenden Metallen abgetrennt wurde (vgl. S. 106). Sie fanden so in einem Chromerz mit 15,05% Al_2O_3 (aus der Differenz der Sesquioxide bestimmt) 15,24% Al_2O_3.

Trennung vom *Wolfram* und *Molybdän*

Da Vanadium, Molybdän und Wolfram nur aus saurer Lösung als Oxinate gefällt werden, sollte sich Aluminium von diesen Metallen durch Fällung mit Oxin aus ammoniakalischer oder schwach alkalischer Lösung trennen lassen. Nach *Ramana Rao* [412] fällt Molybdän nur im pH-Bereich kleiner als 2,24 mit Oxin. *Zwenigorodskaja* und *Tschernikow* [413] bestimmen Aluminium-Verunreinigungen in Wolframsäure, indem sie 10 g Probe in einem Überschuß konz. Sodalösung auflösen, etwas Oxin zugeben und den gebildeten Niederschlag von Aluminium- und Eisenoxinat abfiltrieren. Nach Veraschen des Niederschlages und Schmelzen des Rückstandes mit Pyrosulfat wird in der Lösung der Schmelze Eisen mit Cupferron gefällt und Aluminium im Filtrat bestimmt. In gleicher Weise verfahren die Genannten zur Bestimmung des Aluminiums im Ammoniummolybdat, lösen hierbei jedoch die Probe in Ammoniak und fällen aus dieser Lösung Aluminium und Eisen mit Oxin.

Sicherer ist wohl die Trennung des Aluminiums vom Vanadium, Wolfram und Molybdän aus ammoniakalischer Lösung nach Zusatz von Wasserstoffperoxid zur Überführung in die entsprechenden Peroxosäuren (vgl. S. 124).

Trennungen durch Fällung des Aluminiums aus ammoniakalischer, tartrathaltiger Lösung nach Überführung störender Metalle in komplexe Cyanide

Die Überführung von Metallen in durch Oxin nicht fällbare, komplexe Cyanide hat 1927 *Lang* [414] erstmals zu Trennungen mit Oxin (Fällung des Zinks neben Quecksilber) angewandt. 1933 empfahlen *Lang* und *Reifer* [415] die Überführung des Eisens in Eisen(II)-cyanid durch Erhitzen der ammoniakalischen, tartrathaltigen Lösung mit Kaliumcyanid zur Bestimmung des Aluminiums neben Eisen. Auch *Berg* machte einige Angaben über die Ausführung der Trennung. Offenbar unabhängig von *Lang* und *Reifer* zeigte *Heczko* [411], daß Aluminium aus ammoniakalischer, tartrathaltiger Lösung mit Oxin direkt gefällt werden kann neben Eisen, Nickel, Kobalt, Kupfer, Chrom und Molybdän nach Überführung dieser Metalle in komplexe Cyanide. Wie *Reutel* [416] fand, ist in ausreichender Konzentration an Kaliumcyanid auch die Fällung des Aluminiums neben Zink möglich. Auch die aus ammoniaka-lischer Lösung nicht mit Oxin fällbaren Elemente Bor, Arsen, Phosphor sowie nach *Pigott* [399] Selen, Tellur, Vanadium und geringe Mengen Mangans stören nicht. Die Fällung aus ammoniakalischer, Tartrat- und Cyanidionen enthaltender Lösung er-möglicht somit die Abtrennung des Aluminiums von einer großen Zahl sonst störender Elemente in einer einzigen Operation. Sie ist daher als Trennungsmethode von großer Bedeutung. An Stelle von Tartrat verwenden *Machlan, Hague* u. a. [417] Citrat in Gegenwart von Cyanidionen zur Bestimmung des Aluminiums in Edelstählen und warmfesten Legierungen.

Trennung vom Eisen sowie Nickel, Kobalt, Mangan, Kupfer, Chrom, Molybdän, Vanadium (Aluminium-Bestimmung in legierten Stählen)

Arbeitsvorschrift nach *Heczko*. Eine bis zu etwa 8 mg Aluminium enthaltende Einwaage der zu untersuchenden Eisenlegierung (etwa 0,5 g) wird in Königswasser gelöst und die Lösung auf 15 bis 20 ml eingedampft. Nach Zusatz von 8 bis 10 g Weinsäure wird mit 100 ml Wasser verdünnt und mit konz. Ammoniak deutlich alka-lisch gemacht. Nun setzt man 5 bis 10 g Kaliumcyanid zu und leitet 10 min einen lebhaften Schwefelwasserstoffstrom ein. Nach 1stündigem Stehen wird eine aus Kieselsäure (mit adsorptiv festgehaltenem Aluminium- und Eisenhydroxid) sowie hauptsächlich aus Mangansulfid bestehende Trübung abfiltriert und mit sulfid-haltigem Wasser ausgewaschen (bei Mangan-Mengen von mehr als 5 mg filtriert man zweckmäßig nur einen aliquoten Teil der Lösung durch ein Faltenfilter). Bei *Silicium*-Gehalten unter 0,8% (0,5 g Einwaage) kann das im Niederschlag enthaltene Alu-minium vernachlässigt werden. Andernfalls wird wie üblich verascht, mit Flußsäure und Schwefelsäure abgeraucht, nach dem Aufschließen mit Kaliumdisulfat das Aluminium mit Ammoniak gefällt, der Niederschlag schließlich in etwas Weinsäure gelöst und die Lösung mit dem ersten Filtrat vereinigt.

Die Lösung wird nun bis nahe zum Sieden erhitzt und das Aluminium unter kräftigem Rühren langsam mit 10%iger äthanolischer Oxin-Lösung in geringem Überschuß (Orangefärbung!) gefällt. Einige Minuten nach der Fällung filtriert man mit Hilfe eines Glasfiltertiegels G 3, wäscht das Oxinat mit warmem Wasser aus und trocknet bei 150°.

Bemerkung. Bei größeren Mengen *Chrom(III)* muß das letztere vor dem Zusatz von Weinsäure zur Chromsäure oxydiert werden. Hierzu löst man die Legierung in Schwefelsäure (1:5) (etwa 3,1 m) und erhitzt mit einigen Grammen Ammoniumpersulfat unter Zusatz von wenig Silbernitrat bis zur Rotfärbung durch das aus dem vorliegenden Mangan entstehende Permanganation. Nach *Pigott* ist die Zugabe von Silbernitrat bei der Oxydation des Chromsulfats unnötig. Das entstandene Permanganation sowie überschüssiges Persulfat werden durch einige Minuten langes Kochen nach Zusatz von 10 ml 2n Salzsäure zerstört und anschließend nach obiger Vorschrift weiterverfahren.

Arbeitsvorschrift nach *Šicha* [400]. *Für geringe Aluminium-Gehalte im Stahl* geht man von einer größeren Einwaage, etwa 20 g, aus, die in Schwefelsäure gelöst wird. Durch tropfenweise Zugabe 8%iger Natriumhydrogencarbonat-Lösung in geringem Überschuß wird Aluminium zusammen mit etwas Eisen, Kupfer, Chrom, Titan, Silicium gefällt, der Niederschlag in Salzsäure gelöst, mit etwas konz. Salpetersäure oxydiert und Kieselsäure durch Abrauchen mit Schwefelsäure abgeschieden. Im Filtrat wird Aluminium mit Oxin gemäß der Arbeitsvorschrift nach *Heczko* gefällt.

Bemerkungen. *Titan* wird zusammen mit Aluminium ausgefällt und muß anschließend getrennt oder gesondert bestimmt werden.

Die an 3 aluminiumhaltigen Spezialstählen vom Chemikerausschuß des Vereins Deutscher Eisenhüttenleute ausgeführten Vergleichsanalysen zeigten, daß die Oxin-Trennung nach *Heczko* dem Elektrolyse-Verfahren mit Quecksilberkathode (vgl. S. 615) und anschließender Fällung mit Oxin gleichwertig ist. Es ergaben sich bei diesen beiden Verfahren im Vergleich zum Phosphat-Verfahren Abweichungen von etwa 0,5 bis 3% (bei einem Aluminium-Gehalt von 14,7%) und etwa 10% (bei einem Aluminium-Gehalt von 0,79 und 0,99%). Hinsichtlich der Zusammensetzung jener Stähle siehe Tab. 25.

Tabelle 25. *Die Zusammensetzung der verwendeten Stähle*

	Al[1]	C	Si	Mn	Cu	Ni	Co	Cr	Mo
1	0,79	0,09	0,51	0,48	—	—	—	6,7	0,54
2	0,99	0,34	0,33	0,46	—	1,80	—	1,45	0,18
3	14,7	0,03	0,36	0,05	1,54	24,4	4,4	—	—

[1] Nach dem Phosphat-Verfahren bestimmt.

Arbeitsvorschrift nach *Pigott* [399] für Eisen-Legierungen mit etwa 10% Al. Die Auflösung (0,5 g Einwaage) erfolgt in bekannter Weise durch Lösen der Probe in Königswasser bzw. Schwefelsäure-Salpetersäure (Chromstähle!) unter Abscheidung von Kieselsäure, Wolframsäure, Tantal- und Niobsäure und unter Oxydation vorhandenen Chroms mit Ammoniumpersulfat zur Chromsäure. Die erhaltene saure Lösung der Legierung wird in der Kälte mit 40 bis 50 ml 20%iger Weinsäure versetzt und dann mit Ammoniak (in kleinem Überschuß) ammoniakalisch gemacht. Hierauf gibt man Kaliumcyanid-Lösung im Überschuß zu (Kaliumcyanidmenge etwa gleich dem 20fachen der Einwaage) und kocht einige Minuten. Nach dem Abkühlen auf 40° wird ausgefallenes Mangancyanoferrat(II) abfiltriert und mit lauwarmer 10%iger Ammoniumchlorid-Lösung ausgewaschen.

Bemerkungen. Bei *hohem* Mangan-Gehalt ist es erforderlich, etwa 30 min zu kochen. In dem erhaltenen Filtrat wird dann das Aluminium, wie bereits in der Arbeitsvorschrift von *Heczko* beschrieben, mit 10%iger äthanolischer Oxinat-Lösung gefällt.

Auf die Bestimmung in Chrom-Nickel-Stählen *mit etwa 1% Aluminium* ist diese Vorschrift nach *Steele* und *Russell* [333] nicht einfach durch entsprechende Vergrößerung der Einwaage und Erhöhung des Kaliumcyanid-Zusatzes übertragbar. *Pigott* ändert daher für Aluminium-Gehalte bis etwa 1 % die Mengen-Angaben der obigen Arbeitsvorschrift folgendermaßen ab: Einwaage 1 bis 2 g, Volumen der kieselsäurefreien, Chrom als Chromation enthaltenden Lösung 250 bis 275 ml, Zugabe von 10 bzw. 15 ml einer 50 %igen Weinsäure-Lösung und zur schwach ammoniakalischen Lösung von 13 g Kaliumcyanid bzw. 100 ml einer 27 %igen Kaliumcyanid-Lösung, 20 min kochen. Nach Abfiltrieren des Niederschlages von Mangancyanoferrat(II) (vgl. weiter unten) wird Aluminium bei 65° durch Zugabe von 0,4 g Oxin [gelöst in 40 ml verd. Ammoniak (1:8) (etwa 1,4 m)] bzw. 0,5 g Oxin (gelöst in 5 ml Äthanol) unter Umrühren gefällt. Nach 20 bis 30 min langem Erhitzen auf 60 bis 80° wird heiß filtriert und mit heißem Wasser ausgewaschen. Die Abscheidung des Mangancyanoferrat(II), das abfiltriert werden muß, läßt sich umgehen, wenn man nach Oxydation mit Ammoniumpersulfat 15 bis 20 min kocht, das gebildete Mangan(IV)-oxidhydrat abfiltriert und mit stark verd. Schwefelsäure auswäscht (*Pigott* [418]).

Pigott führte je eine *Beleganalyse* mit Gemischen aus, die neben 51,5 mg Al und 300 bis 400 mg Fe je etwa 25 mg Ta + Nb, Se, Te, W und Si bzw. V, As, B, Be, P und Mn bzw. Ti und U bzw. Cr, Co, Ni, Cu und Mo enthielten. Die erhaltenen Aluminium-Werte waren 52,0, 51,0, 49,9 und 52,3 mg Al. Für eine Lösung, die einem Chromnickelstahl mit *25 % Ni, 10 % Cr und 1,05 % Al* entspricht, gibt *Pigott* 20 Beleganalysen, ausgeführt nach der abgeänderten Arbeitsweise, wieder. Es wurden von 4 Bearbeitern bei Einwaagen von 1 g Werte zwischen 1,04 und 1,07 % Al, im Mittel 1,051 % Al, gefunden. Eine Mitfällung von Nickel und Chrom, wie sie *Steele* und *Russell* bei Anwendung der ursprünglichen Arbeitsvorschrift nach *Pigott* beobachteten, fand nicht statt.

Die Anwendungsweise des vorgeschlagenen Verfahrens wurde in Verbindung mit Vortrennungen und anschließenden Trennungsoperationen auf solche Fälle erweitert, in denen infolge des Überwiegens einzelner Begleitmetalle (Chrom-Nickel-Stähle, *Steele* und *Russell*) oder sehr geringer Aluminium-Gehalte (*Box* [369]) oder der Anwesenheit von Titan und Zirkonium (*Box*; *Gentry* [419]) das Verfahren von *Pigott* nicht mit Sicherheit zum Ziele führt. Auch *Lemoine* und *Miel* [420] benutzen ein ähnliches Verfahren zur Analyse von Eisenlegierungen, das auch auf die Bestimmung des Aluminiums in Nichteisenlegierungen angewendet werden kann.

Trennung vom Kupfer, Zink sowie Eisen, Nickel, Kobalt, Mangan, Chrom, Cadmium und Blei

Arbeitsvorschrift nach *Edwards* [421] zur Aluminium-Bestimmung in *Aluminium-Bronze*, die neben Kupfer und etwa 10 % Aluminium noch Eisen, Nickel, Mangan und Zink enthalten können. 0,5 g Legierung werden in 15 ml eines Gemisches aus je 3 Volumenteilen konz. Salpeter- und Schwefelsäure sowie 10 Teilen Wasser gelöst und die nitrosen Gase verkocht. Man gibt 5 g Weinsäure, 10 g Ammoniumchlorid und – falls die Legierung eisenfrei ist, jedoch Mangan enthält – 2 oder 3 Tropfen 10 %ige Eisen(III)-chlorid-Lösung hinzu und macht mit verd. Ammoniak (1:1) (etwa 6,5 m) gerade ammoniakalisch. Nach Zugabe von 0,5 g krist. Natriumsulfit und 10 g Kaliumcyanid wird etwa 2 min gekocht, ein etwaiger Niederschlag von Mangancyanoferrat(II) nach dem Absitzen abfiltriert und mit heißer, 10 %iger Ammoniumchlorid-Lösung ausgewaschen. Das Filtrat wird mit 20 ml verd. Ammoniak (1:1) (etwa 6,5 m) versetzt und fast zum Sieden erhitzt. Nun wird, während die Lösung weiter etwas unter Siedetemperatur gehalten wird, mit 75 ml einer 2 %igen, neutralisierten Oxiniumacetat-Lösung (siehe unten) gefällt. Das Reagens wird unter ständigem Umrühren allmählich, im Anfang tropfenweise zugegeben. Man läßt den Niederschlag absitzen, filtriert die noch warme Lösung durch einen gewogenen Glasfiltertiegel (G3) und wäscht mit heißem Wasser aus. Die Bestimmung kann gravimetrisch nach Trocknen des Niederschlages oder bromatometrisch ausgeführt werden. Zur Fällung des Mangans kann man nach dem Vorschlag von *Lemoine* und *Miel* an Stelle von Eisen(III)-chlorid-Lösung Kaliumcyanoferrat(II) zusetzen.

Bemerkungen. Herstellung der Reagens-Lösung. Oxin wird in Eisessig gelöst, die Lösung mit Wasser verdünnt, mit verd. Ammoniak neutralisiert und auf das einer 2%igen Lösung entsprechende Volumen aufgefüllt. Vor Gebrauch muß die Reagens-Lösung filtriert werden.

Bei der Aluminium-Bestimmung in 6 Aluminium-Bronzen mit 9,2 bis 10,2% Al fand *Edwards* Werte, die *höchstens* 0,09% Al, im Mittel 0,03% unter den nach den anderen Verfahren erhaltenen Werten lagen.

Milner und *Townend* [372] trennen zur Aluminium-Bestimmung in Kupfer-Legierungen Aluminium zunächst nach der Benzoat-Methode ab und fällen anschließend das Aluminium aus ammoniakalischer, Kaliumcyanid enthaltender Tartrat-Lösung mit Oxin. Im Gegensatz zu dieser Arbeitsweise trennt *Alfonsi* [422] Aluminium in *Bronzen* und *Messing* zunächst mit Oxin und fällt anschließend das Aluminium nach der Benzoat-Methode. Nach der elektrolytischen Abscheidung des Zinks wird die Lösung auf 60 bis 70° erhitzt, 3 g Kaliumcyanid und tropfenweise Oxin-Lösung (2 g und 6 ml Eisessig in 100 ml) zugegeben. Je mg Al muß 1 ml Oxin-Lösung angewendet werden; die Gesamtmenge soll jedoch 15 ml nicht überschreiten. Man läßt abkühlen, filtriert und wäscht den Niederschlag mit kaltem Wasser. Der Niederschlag samt Filter wird mit 10 ml konz. Schwefelsäure und 10 ml konz. Salpetersäure behandelt, bis zum Rauchen der Schwefelsäure gebracht, 3 ml Perchlorsäure zugefügt und wieder abgeraucht. Nach Aufnehmen mit Wasser wird das Aluminium nun als Benzoat gefällt.

Wie *Reutel* [416] zur Aluminium-Bestimmung in Zink-Legierungen zeigte, wird *Zink* bei genügend hoher Konzentration an Kaliumcyanid weder aus alkalischer noch aus ammoniakalischer Lösung durch Oxin gefällt.

Arbeitsvorschrift. Die Einwaage, die etwa 1 g Aluminium entsprechen soll (bei Zink-Legierungen mit etwa 10% Al also 10 g), wird in möglichst wenig verd. Salpetersäure (1:1) (etwa 7 m) unter Erwärmen gelöst und die klare Lösung nach dem Erkalten auf 1 l aufgefüllt. 20 ml dieser Lösung = 20 mg Al werden auf 100 ml verdünnt, mit 3 bis 4 g Weinsäure oder Citronensäure, 1 bis 2 g Ammoniumchlorid und Ammoniak (1:1) (etwa 6,5 m) bis zur alkalischen Reaktion versetzt. Fällt Zinkhydroxid aus, so wird es durch weiteren Ammoniak-Zusatz in Lösung gebracht. Nach Zugabe von 1 g Natriumsulfit wird bis zum Sieden erhitzt und die heiße Lösung unter Umrühren mit 6 bis 7 g Kaliumcyanid vorsichtig in kleineren Anteilen versetzt. Nun gibt man aus einer Pipette in dünnem Strahl oder besser tropfenweise 5%ige, äthanolische Oxin-Lösung unter Umrühren zu, läßt den Niederschlag etwa 10 min absitzen, filtriert und wäscht 3mal mit heißem und 2mal mit kaltem Wasser aus.

Bemerkungen. Reutel bestimmt Aluminium anschließend *bromatometrisch.*

Die Zugabe von Natriumsulfit ist nur erforderlich, wenn die Legierung *Eisen* enthält.

Magnesium wird unter obigen Arbeitsbedingungen zusammen mit Aluminium gefällt. In Anwesenheit von Magnesium ist eine an die gemeinsame Fällung von Magnesium und Aluminium anschließende Trennung, z.B. durch Fällung des Aluminiums als Oxinat aus schwach essigsaurer Lösung erforderlich. Bei größeren Einwaagen reicht möglicherweise die zugesetzte Menge Kaliumcyanid nicht mehr aus, um alles Zink in Lösung zu halten. Der sonst reingelbe Aluminiumoxinat-Niederschlag enthält dann orangegefärbte Teilchen, die von mitgefälltem Zink herrühren.

Bei der gravimetrischen und bromatometrischen Bestimmung von 20 mg Aluminium neben 0,2 bis 5,0 g Zink fand *Reutel* 19,80 bis 20,06 mg Al; der mittlere

Fehler betrug ± 0,4% (rel.). Bei der Bestimmung geringerer Aluminium-Mengen neben je 1 g Zink wurde dagegen stets zu wenig Aluminium gefunden.

Arbeitsvorschrift nach *Lemoine* und *Miel* [420] zur Aluminium-Bestimmung in Kupfer-, Zink- und Nickel-Legierungen. Die Einwaage wird derart gewählt, daß sie 2,5 bis 25 mg Aluminium entspricht. *Silicium, Wolfram* und *Zinn* werden in bekannter Weise abgeschieden. In Abwesenheit von *Eisen* werden nur 5 g Weinsäure und 1 g krist. Natriumsulfit zugegeben; nur bei einem *Chrom*-Gehalt von über 3% sind 10 g Weinsäure erforderlich. Bei hohen *Mangan*-Gehalten (4 bis 10% Mangan) gibt man nach dem Versetzen mit 5 g Kaliumcyanid vor dem Erhitzen zum Sieden noch etwas Kaliumcyanoferrat(II) (etwa 2 ml 5%ige Lösung) hinzu, um die Hauptmenge Mangan als Mangancyanoferrat(II) auszufällen. Die nach dem Abfiltrieren unlöslicher Cyanoferrate(II) dem Filtrat zuzusetzende Menge Kaliumcyanids richtet sich nach Einwaage und Zusammensetzung der Probe. Im allgemeinen genügen 5 g Kaliumcyanid, so daß die Gesamt-Cyanidkonzentration nach dem Verdünnen etwa 10 g/200 ml beträgt. In folgenden Fällen werden jedoch 15 g Kaliumcyanid angewandt, so daß die Gesamtkonzentration 20 g KCN/200 ml beträgt:

	Einwaage 0,5 g	Einwaage 0,25 g
Zink	10%	20%
Chrom	2%	4%
Nickel	10%	20%

Höhere Cyanidkonzentrationen sind in keinem Falle erforderlich.

Die Fällung erfolgt in der Siedehitze unter Rühren mit 35 ml 2%iger Oxin-Lösung in 2n Essigsäure, bei Aluminium-Mengen unter 5 mg mit 10 ml Oxin-Lösung nach weiterer Zugabe von 15 ml 2n Essigsäure. Man läßt 5 min stehen, filtriert in einen Glasfiltertiegel, wäscht 5mal mit siedendheißem Wasser aus und wägt nach dem Trocknen.

Bemerkung. Die von *Lemoine* und *Miel* in Lösungen, deren Zusammensetzung verschiedenen Nichteisenlegierungen entsprach, erhaltenen Ergebnisse zeigten einen *Fehler*, der nicht größer als ± 0,1 mg Al war.

Trennung durch Fällung des Aluminiums als Oxinat nach Zusatz von Äthylendiamintetraessigsäure (ÄDTE)

In Gegenwart von ÄDTE läßt sich Aluminium in ammoniakalischer, acetathaltiger Lösung, pH > 8, mit Oxin fällen, wobei Erdalkalien, Mangan wie auch seltene Erden in Lösung bleiben und nicht gefällt werden.

So führen *Kakita, Hosoya* u.a. [423] eine Bestimmung des Aluminiums in einer Spritzguß-Zn-Al-Legierung mit etwa 4% Aluminium durch, ohne vorher Zn, Fe, Cu, Cd und Mg abzutrennen. Fe, Zn, Cu, Cd werden mit viel KCN, Mg durch ÄDTE-Lösung maskiert. Aluminiumoxinat wird gravimetrisch oder bromometrisch bestimmt.

Eine Aluminium-Schnellbestimmung in Kupfer-Legierungen wird von *Mohr* [424] beschrieben. Das Aluminium wird nach Maskierung der Begleitelemente (Cu, Pb, Fe, Ni, Sb, Sn, Mn, Zn, Mg) mit NaCN und ÄDTE als Oxinat gefällt und dann bromometrisch bestimmt.

Arbeitsvorschrift. Die Einwaage (je nach Al-Gehalt: 1% 0,5 g; 10% 0,1 g)wird in verd. Salpetersäure gelöst und nach Verkochen der nitrosen Gase auf 100 ml verdünnt. Nach Zugabe von 5 ml kaltgesättigter Natriumthiosulfat-Lösung werden 25 ml (bei Messing 35 ml) Maskierungslösung (100 g NaCN + 50 g ÄDTE + 300 ml konz. Ammoniak auf 1 l) zugegeben und das Aluminium in der Siedehitze mit 10 ml Oxin-Lösung gefällt (40 g + 120 ml Eisessig, auf 1 l aufgefüllt und schwach essigsauer gemacht). Man rührt etwa 15 sec bis zum Zusammenballen des Niederschlages, läßt die Fällung 1 min in der Wärme absitzen und filtriert unter 5maligem Waschen mit heißem Wasser in ein weiches Filter. Der Niederschlag wird mit 20 ml heißer Salzsäure vom Filter gelöst und bromatometrisch bestimmt.

Bemerkungen. Die Ausführung einer Bestimmung *dauert 20 min.*

Die Maskierungslösung ist nur 8 Tage haltbar und soll in *brauner* Flasche aufbewahrt werden.

Die Sesquioxide und Titan(IV)-oxid in *Apatit-Konzentraten* bestimmt *Nikitina* [425] nach Zugabe von ÄDTE, wodurch Mangan, Erdalkalien und seltene Erden maskiert werden. Dann werden Eisen, Aluminium und Titan aus ammoniakalischer, acetathaltiger Lösung mit Oxin ausgefällt. Störungen durch Fluoridion werden durch Zugabe von Boration beseitigt. Fehler durch unvollständigen Aufschluß werden durch erneutes Lösen und Fällen des Niederschlages vermieden.

Arbeitsvorschrift. 0,5 g feinvermahlene Probe werden zur Lösung 10 bis 15 min in einem Gemisch aus 20 ml Salzsäure (1:1) (etwa 6 m) und 10 ml 5%iger Borsäure-Lösung erwärmt. Die Lösung wird mit 20 ml 10%iger ÄDTE-Lösung versetzt und mit konz. Ammoniak gegen Kongorot neutralisiert. Danach fügt man 8 bis 10 ml 3%iger Lösung von Oxin in 5%iger Essigsäure, 22,5 ml Ammoniumacetat-Lösung (200 g/l) und 6 ml 25%ige Ammoniak-Lösung zu. Nach Auffüllen auf 150 ml erwärmt man 30 min im Wasserbad und filtriert in ein Weißbandfilter. Der Niederschlag wird 5 bis 6mal- mit heißer 2%iger Ammoniumacetat-Lösung gewaschen, im Platintiegel verascht und geglüht. Der Rückstand mit 2 bis 3 ml Wasser, 20 bis 30 Tropfen konz. Schwefelsäure und 3 bis 4 ml Flußsäure bis zum Auftreten von SO_3-Nebeln erwärmt. Der Sulfatrückstand wird mit 3 bis 5 ml Salzsäure (1:1) (etwa 6 m) aufgenommen und in ein Becherglas überführt. Man versetzt mit 5 ml 5%iger Borsäure-Lösung und 3 bis 5 ml 10%iger ÄDTE-Lösung, neutralisiert gegen Kongorot und gibt 10 bis 12 ml 3%ige Oxin-Lösung, 15 ml Ammoniumacetat-Lösung (200 g/l) und 4 ml 25%iges Ammoniak hinzu. Die nun gelbe Lösung wird mit Wasser auf 100 ml aufgefüllt und 30 min auf dem Wasserbad erhitzt, in ein Weißbandfilter gegeben und der Rückstand 5 bis 6mal- mit 2%iger Ammoniumacetat-Lösung gewaschen. Nach Veraschen des Filters wird der Rückstand bei 1000 °C bis zur Gewichtskonstanz geglüht.

Bemerkung. Die nach dieser Methode erhaltenen Analysenwerte zeigen *Schwankungen* von etwa ± 0,06% (absolut).

Die Schnellbestimmung von Aluminium in Kupfer-Legierungen erfolgt gemäß der **Arbeitsvorschrift** nach *Detmar* und *van Aller* [426]. 0,2 bis 1 g Legierung werden in 15 ml 4n HNO_3 und 15 ml 4n HCl gelöst, die Lösung mit 30 ml 50%iger Weinsäure versetzt und der pH-Wert mit 7n NH_3 auf etwa 7,5 gebracht. Zur erkalteten Lösung gibt man festes Na_2SO_3 (1 g je 0,1 g Legierung), schüttelt gut durch, gibt festes KCN (2 g je 0,1 g Legierung) zu, verdünnt auf etwa 110 ml, versetzt mit 10 ml 10%iger, ammoniakalischer ÄDTE-Lösung, erhitzt 3 min zum Sieden und fügt zu der warmen Lösung unter Schütteln tropfenweise 5%ige Oxin-Lösung. Man erhitzt auf ~95°, hält 30 min bei dieser Temperatur, kühlt auf etwa 70° ab und sammelt den Niederschlag in einem Filtertiegel. Nach dem Auswaschen mit warmem verd. NH_3 wird bei 135° bis zur Gewichtskonstanz getrocknet und gewogen. Etwaige Gewichtsverluste des Tiegels werden durch Nachwägen des leeren Tiegels kontrolliert und das Aluminiumoxinat-Gewicht entsprechend korrigiert.

Bemerkung. Der *Fehler* der Bestimmung ist unterschiedlich, im allgemeinen aber nicht größer als 0,4%.

Ein allgemeines, auch in Anwesenheit größerer Mengen störender Ionen anwendbares Verfahren beschreiben *Claassen, Bastings* und *Visser* [427]. Die Fällung von 2 bis 20 mg Aluminium erfolgt in ammoniakalischer Citrat, Cyanid und ÄDTE enthaltender Lösung nach folgender

Arbeitsvorschrift. 100 ml Analysenlösung (2 bis 20 mg Al) werden mit 5 ml 20%iger Citronensäure-Lösung und in leichtem Überschuß mit 7 m Ammoniak-Lösung versetzt. Nach Zugabe von 3 g Kaliumcyanid und 1 g wasserfreiem Natriumsulfit wird auf 150 bis 250 ml verdünnt und 2 min auf 80 bis 90 °C, am besten in einem Wasserbad, erwärmt. Nun wird 1 g ÄDTE zugesetzt und weitere 2 min bei 80 bis 90° belassen. Nach Abkühlen auf etwa 70° wird unter Rühren eine genügende Menge Oxin-Lösung (25 g in 29 ml 6 m Salzsäure gelöst und zu 1 l aufgefüllt) zugegeben (0,7 ml je mg Al), so daß ein Überschuß von etwa 20 ml vorliegt. Nun wird wieder 30 min auf 80 bis 90° erwärmt, anschließend auf 50° abgekühlt und unter Dekantieren und Auswaschen mit nicht mehr als 100 ml Waschlösung (8 ml Oxin-Lösung werden in 500 ml verdünnt, mit 2 m Ammoniak-Lösung gegen Bromkresolpurpur neutralisiert und zu 1 l aufgefüllt) filtriert. Man wäscht noch 2mal mit 5 bis 10 ml kaltem Wasser nach, löst den Niederschlag in Salzsäure (3 : 5) (etwa 4,5 m) und bestimmt das Aluminium bromatometrisch.

Bemerkungen. Eine gewichtsanalytische Endbestimmung ist *nicht* zu empfehlen, da die stark ammoniakalische Lösung den Filtertiegel angreift.

Wenn die zu maskierenden Elemente wie Nickel, Kupfer, Eisen *mehr als 0,1 g* ausmachen, muß die zugesetzte Kaliumcyanid- und Natriumsulfit-Menge entsprechend vergrößert werden. Das gleiche gilt für den Zusatz der Citronensäure- und der ÄDTE-Lösung.

Nach Angaben von *Claassen, Bastings* und *Visser* ist die Bestimmung in Gegenwart von 0,5 bis 1,0 g folgender Elemente auszuführen: Ag, As(III), As(V), Au, Cd, Ce^{3+}, Ce(IV), Co, Cu, Fe^{2+}, Fe^{3+}, Ge, Hg_2^{2+}, Hg^{2+}, La, Seltene Erdmetalle, Mg, Mn, Mo(VI), Ni, Pb, Pd, Pt, Sb(V), Se(IV), Se(VI), Sn^{4+}, Te(IV), Tl^+, Tl^{3+}, W(VI), Zn und Erdalkaliionen. Dagegen wurden *Störungen* durch folgende Elemente beobachtet: Be, Bi, Ga, Hf, In, Nb, Sb^{3+}, Ta, Th, U, Zr, Cr^{3+}, V.

Der *Fehler* der Bestimmung wird absolut mit ± 0,02 mg angegeben.

Trennung durch Fällung des Aluminiums als Oxinat aus ammoniakalischer, wasserstoffperoxidhaltiger Lösung

Lundell und *Knowles* [363] zeigten, daß zur direkten Abscheidung als Oxinat neben Titan, Vanadin, Niob, Tantal und Molybdän die von den Autoren zur Fällung in ammoniakalischer Lösung neben Phosphorsäure (vgl. S. 114) benutzte Arbeitsweise angewendet werden kann, wenn der Lösung Wasserstoffperoxid zugesetzt wird. Hierdurch werden die das Aluminium begleitenden Metalle in lösliche Peroxoverbindungen, die nicht mit Oxin reagieren, überführt. Auch *Peters* [428] empfiehlt diese Trennung des Aluminiums vom Titan zur Analyse von Chrom-Nickel- und Chrom-Eisen-Legierungen, teilt aber keine Analysenergebnisse mit. *Bright* und *Fowler* [429] führten die Fällung des Aluminiums allein und in Anwesenheit von Molybdän, Vanadin und Zinn nach der ursprünglich von *Berg* angegebenen Vorschrift zur Abscheidung des Aluminiumoxinats in ammoniakalischer, tartrathaltiger Lösung (vgl. S. 105) in Gegenwart von Wasserstoffperoxid durch. Die gleiche Modifikation der Arbeitsweise nach *Lundell* und *Knowles* wendet der Chemikerausschuß des Vereins Deutscher Eisenhüttenleute (*Klinger* [358]) mit Erfolg bei systematischen Untersuchungen über die Aluminium-Bestimmung in legierten Stählen an. *Pranter* und *Konopicky* [368] schließen zur Aluminium-Bestimmung in feuerfesten Stoffen mit Natriumperoxid auf und fällen im wäßrigen Auszug der Schmelze nach Ansäuern mit Weinsäure und Versetzen mit Ammoniak das Aluminium durch Oxin.

Kassner und *Ozier* [430] verbinden die Fällung des Aluminiums aus Kaliumcyanid enthaltender mit der aus wasserstoffperoxidhaltiger Lösung in Bauxit, Ton und feuerfesten Stoffen. Auf diese Weise läßt sich Aluminium neben Eisen und Titan sowie geringen Mengen Zirkonium, Vanadin, Chrom und Phosphorsäure bestimmen.

Zur Trennung vom *Vanadium, Niob, Tantal, Titan* und *Molybdän* gemäß der

Arbeitsvorschrift nach *Lundell* und *Knowles* wird die zur Trennung des Aluminiums von Phosphorsäure beschriebene Vorschrift der Autoren befolgt und nur insofern abgeändert, als man vor dem Hinzufügen der Oxiniumacetat-Lösung 10 bis 15 ml 3%ige Wasserstoffperoxid-Lösung zusetzt. Das Volumen der Lösung beträgt nach der Fällung 200 ml. In Anwesenheit von Titan, Vanadium, Niob, Tantal oder Molybdän muß mit einer kalten Waschlösung von verd. Ammoniak, der 25 ml 2,5%ige Oxiniumacetat-Lösung je Liter zugesetzt sind, ausgewaschen werden.

Bemerkungen. Die *Ergebnisse* der Trennung des Aluminiums vom Vanadium, Niob, Tantal, Titan und Molybdän enthält nachstehende Tabelle 26.

Tabelle 26. *Trennung nach Lundell und Knowles*
Gegeben: 94,5 mg Al_2O_3

Fremdmetalloxid gegeben		Al_2O_3 gefunden	Fehler
	mg	mg	mg
Einmalige Fällung			
V_2O_5	50	94,7	+0,2
V_2O_5	50	94,5	0
Doppelte Fällung			
V_2O_5	50	94,4	−0,1
V_2O_5	50	94,4	−0,1
Nb_2O_5	50	94,1	−0,4
Ta_2O_5	50	94,5	0
TiO_2	50	94,3	−0,2
MoO_3	50	93,8	−0,7

Aufschluß über die erzielte Trennschärfe gibt die nächste Tabelle 27. *Taylor-Austin* konnte jedoch die Ergebnisse von *Lundell* und *Knowles* nicht bestätigen. Er erhielt bei Lösungen mit 5,15 mg Aluminium und 2,0 mg Titan um 0,3 bis 0,4 mg zu niedrige Aluminiumwerte.

Tabelle 27. *Trennschärfe hinsichtlich der Aluminium-Bestimmung*

Fremdmetalloxid gegeben		Al_2O_3	Fremdmetalloxid im Niederschlag nach	
			einmaliger Fällung	doppelter Fällung
	mg	mg	mg	mg
V_2O_5	500	50	0,2[1]	—
Nb_2O_5	200	50	1	keines
Ta_2O_5	200	50	1,5	keines
TiO_2	200	50	1	0,1
MoO_3	50	50	—	0,3[1]

[1] Im Filtrat war kein Aluminium nachzuweisen.

Arbeitsvorschrift nach *Klinger (Chemikerausschuß des Vereins Deutscher Eisenhüttenleute).* In legierten Stählen mit einem Gehalt von etwa 0,5% Aluminium und 1% Vanadin, Titan oder Molybdän wird Eisen zunächst abgetrennt. Die salzsaure Lösung wird mit 1 g Weinsäure versetzt und hierauf mit Ammoniak (D = 0,90) gegen Lackmus eben alkalisch gemacht. Nach Zusatz von 4 Tropfen überschüssigen Ammoniaks und 15 ml 3%iger Wasserstoffperoxid-Lösung erhitzt man auf 70° und setzt langsam unter dauerndem Rühren 2,5%ige Oxiniumacetat-Lösung in geringem Überschuß zu. Nachdem nun noch 2 ml Ammoniak (D = 0,90) hinzugefügt wurden, läßt man 10 min in der Wärme stehen, kühlt auf 20° ab, filtriert nach dem Absitzen in einen Glasfiltertiegel und wäscht mit 1%igem Ammoniak von 50° aus. Das Oxinat kann wie üblich gewogen oder auch titriert werden.

Bemerkung. An 3 Stählen wurden in 11 Laboratorien Beleganalysen ausgeführt, die zu praktisch ausreichend genauen Ergebnissen führten. Nach diesen Ergebnissen betragen die relativen *Abweichungen* etwa 2 bis 7% vom richtigen Aluminium-Wert, wobei allerdings die aus den Vortrennungen stammenden Fehler zu berücksichtigen sind.

Trennung vom *Vanadium, Chrom, Molybdän* und *Wolfram* gemäß dem Verfahren nach *Pranter* und *Konopicky* zur Bestimmung von Al_2O_3 in feuerfestem Material

Durch Schmelzaufschluß mit Natriumperoxid und Auslaugen der Schmelze mit sodahaltigem Wasser trennen *Pranter* und *Konopicky* Aluminium, das zusammen mit Vanadium, Chrom, Molybdän und Wolfram in Lösung geht, vom Eisen, Titan, Mangan, Kobalt, Nickel, Kupfer, Calcium und Magnesium. Aluminium wird dann mit Oxin gefällt.

Arbeitsvorschrift. 0,2 bis 0,4 g feingepulverte Probe werden in einem Nickel- oder Eisentiegel mit 5 bis 10 g Natriumperoxid aufgeschlossen. Die erkaltete Schmelze wird mit etwa 150 ml Wasser nach Zusatz von etwas Soda erhitzt und abgekühlt. Längeres Kochen ist zu vermeiden. Man spült in einen 250-ml-Meßkolben, füllt zur Marke auf und filtriert in ein trocknes Filter. 100 ml Filtrat werden mit etwa 10 g Weinsäure angesäuert und die Lösung mit Ammoniak neutralisiert. Nach Erhitzen auf 70° wird tropfenweise 4%ige Oxiniumacetat-Lösung in geringem Überschuß und anschließend Ammoniak zugegeben, bis die Lösung deutlich nach Ammoniak riecht. Man läßt 10 min in der Wärme absitzen und filtriert den grobkristallinen Niederschlag in einen Glasfiltertiegel (1G3) ab, wäscht mit warmem Wasser aus, trocknet bei 130° und wägt als Aluminiumoxinat.

Bemerkungen. Die Anwesenheit von SiO_2 bis zu 42 mg *stört* bei obigen Volumen-Verhältnissen *nicht*, wenn die Fällung bei pH von etwa 9 vorgenommen wird. Kieselsäure wird dann nicht mitgefällt. Bei größeren Gehalten an Kieselsäure muß die Probe vorher mit Flußsäure und Schwefelsäure abgeraucht werden.

Tabelle 28. *Al-Bestimmung nach Pranter und Konopicky*

Probe	% Al_2O_3 gefunden	
	Na_2O_2 + Oxin	Differenzbestimmung
Silicastein	1,08	1,08
Silicastein	2,53	2,33
Silicastein	2,67	2,76
Silicastein	Spuren	Spuren
Rohmagnesit	0,55; 0,54	0,31
Sintermagnesit	1,24; 1,25	1,26
Chromerz Petrov	15,24	15,05
Radex-E	8,22; 8,19	7,99

Pranter und *Konopicky* führten in der beschriebenen Weise Al_2O_3-Bestimmungen in verschiedenen feuerfesten Stoffen aus. Wie einige Doppelbestimmungen zeigen, ist die *Reproduzierbarkeit* sehr gut. Auch die Übereinstimmung mit dem aus der Differenz der Sesquioxide ermittelten Aluminiumoxid-Gehalt ist befriedigend (Tab. 28).

Trennung vom *Eisen* und *Titan*

Zur direkten Bestimmung des Aluminiums neben Eisen und Titan in der Analyse von Bauxit, Ton, Zement, feuerfestem Material sowie Mineralien verbinden *Kassner* und *Ozier* die Fällung aus Kaliumcyanid enthaltender Lösung mit derjenigen in Gegenwart von Wasserstoffperoxid.

Arbeitsvorschrift. Durch Fällung der Sesquioxide – Aluminium, Eisen, Titan, Zirkonium, Vanadium sowie Phosphorsäure – mit Ammoniak in Gegenwart von Ammoniumchlorid werden zunächst Mangan, Zink, Magnesium und Calcium abgetrennt. Der mit heißer 2%iger Ammoniumchlorid-Lösung ausgewaschene Niederschlag wird nun mit heißer verd. Salzsäure (5 ml konz. Salzsäure D 1,19 + 20 bis 25 ml Wasser) vom Filter gelöst, das Filter 2mal mit heißer 5%iger Salzsäure und schließlich mit heißem Wasser bis zur Säurefreiheit nachgewaschen. Die erhaltene Lösung, deren Volumen etwa 100 ml betragen soll, wird mit 0,3 bis 0,4 g Weinsäure versetzt und mit Ammoniak auf pH = 7 gebracht. Nach Zugabe von 3 bis 5 ml 10%iger Natriumsulfit-Lösung und 10 ml 2n Kaliumcyanid-Lösung wird auf 65 bis 70° erhitzt und nach Abkühlen auf 60° mit konz. Salzsäure bis auf pH = 5 angesäuert. Nun gibt 10 ml 30%ige Wasserstoffperoxid-Lösung zu und läßt mindestens 5 min stehen. Nach Neutralisieren mit Ammoniak (pH = 7) werden noch 5 bis 6 ml konz. Ammoniak (Dichte 0,90) im Überschuß zugegeben, worauf nach Erhitzen auf 60 bis 70° durch allmähliche Zugabe von etwa 15 ml 5%iger Oxin-Lösung in 2n Essigsäure unter ständigem Umrühren Aluminium gefällt wird. Die Lösung muß durch überschüssiges Oxin *kräftig* orange gefärbt sein. Man läßt auf etwa 60° abkühlen (höchstens 5 min), filtriert dann in einem Filtertiegel ab, wäscht mit kaltem Wasser, trocknet in bekannter Weise und wägt als Aluminiumoxinat.

Bemerkungen. Zur Lösung der Sesquioxide darf nicht zu viel Salzsäure verwendet, beim Neutralisieren der Lösung der pH-Wert 7 nicht wesentlich überschritten werden, da sonst die Lösung beim Versetzen und Erhitzen mit Kaliumcyanid leicht trübe wird; es ergaben sich dann meistens *Fehlresultate*.

Die zugesetzte Menge *Weinsäure* soll das 5- oder 6fache des Gehaltes der Probe an Sesquioxiden betragen.

An *Kaliumcyanid* soll etwa das 20fache der vorliegenden Menge an Sesquioxiden zugegeben werden.

Sehr wesentlich ist, daß nach der Fällung mit Oxin der Arbeitsgang *ohne Unterbrechung* durchgeführt wird; der gelbe Niederschlag wird sonst dunkler, und die Resultate werden zu hoch. Nach Ansicht der Autoren soll bei zu langem Stehen allmählich Titan ausfallen.

Tabelle 29. *Analyse nach Kassner und Ozier*

Probe	Gehalt in %			Gefunden Al$_2$O$_3$ %	Fehler %
	Fe$_2$O$_3$	TiO$_2$	Al$_2$O$_3$		
Bauxit	5,66	3,07	55,06	55,16	+0,10
				55,14	+0,08
				55,16	+0,10
				55,09	+0,03
Ton	2,05	1,43	25,54	25,43	−0,11
				25,47	−0,07
Feuerfester Stoff	0,79	3,37	69,97	69,87	−0,10
				69,89	−0,08

Die von *Kassner* und *Ozier* ausgeführten Analysen an synthetischen Mischungen sowie einige *Standardproben* (Bauxit, Ton, feuerfeste Masse) hatten folgendes Ergebnis (Tab. 29).

Die Standardproben enthielten außer bis zu 0,6% P_2O_5 und wenigen Hundertsteln % V_2O_5 und Cr_2O_3 noch bis zu 0,12% ZrO_2. Die Analysenergebnisse von *Kassner* und *Ozier* lassen nicht den Schluß zu, daß sich Aluminium auf diese Weise auch vom Zirkonium trennen läßt, da die Zirkonium-Gehalte der Proben ebenso groß bzw. kleiner als die *Fehler* der Aluminium-Bestimmung sind und die Aluminium-Fällungen nicht auf Verunreinigungen durch Zirkonium geprüft wurden.

Trennung vom *Uran* durch Fällung des Aluminiumoxinats aus ammoniumcarbonathaltiger Lösung

Wie *Lundell* und *Knowles* [363] feststellten, läßt sich ihre zur Trennung des Aluminiums von Phosphorsäure oder Vanadium (Titan, Molybdän, Niob, Tantal) angewendete Arbeitsweise, Anwendung ammoniakalischer Lösung bzw. ammoniakalischer Wasserstoffperoxid-Lösung, zur Trennung vom Uran nicht anwenden. Befriedigende Trennung erzielten die genannten Autoren jedoch, wenn sie nach der erwähnten Aluminium-Phosphorsäure-Trennungsmethode arbeiteten und dabei das Ammoniak durch einen Überschuß von Ammoniumcarbonat ersetzten. Nach *Berg* enthält der Aluminiumoxinat-Niederschlag bei einer nur einmaligen Fällung stets noch wägbare Mengen Uran. Auch in tartrathaltiger Lösung konnte *Berg* keinen uranfreien Aluminium-Niederschlag erhalten.

Arbeitsvorschrift nach *Berg* [312]. Die schwach essigsaure Lösung versetzt man in der Kälte mit 3%iger Oxiniumacetat-Lösung im Überschuß, neutralisiert mit gesättigter Ammoniumcarbonat-Lösung und verdünnt nach Zusatz von 3 bis 6 g festem Ammoniumcarbonat auf etwa 150 ml. Nun erhitzt man das Reaktionsgemisch so lange (bis auf 90°), bis der durch mitgefälltes Uranoxinat anfangs hellrote Niederschlag die rein grünlichgelbe Farbe des Aluminiumoxinats angenommen hat. Durch Wiederholung der Fällung kann der Aluminium-Niederschlag uranfrei erhalten werden.

Arbeitsvorschrift nach *Lundell* und *Knowles*. Die ursprüngliche Arbeitsweise nach *Lundell* und *Knowles*, die von *Berg* abgeändert wurde, sieht an Stelle der Zugabe von 3 bis 6 g festem Ammoniumcarbonat Versetzen mit 25 ml gesättigter Ammoniumcarbonat-Lösung, entsprechend etwa 5 bis 6 g festem Salz, vor. Weiterhin wird das Reaktionsgemisch nur bis auf 50° erhitzt.

Bemerkung. Nach *Lundell* und *Knowles* war bei einer Trennung von 50 mg Aluminium von 200 mg Uran(VI)-oxid bei einmaliger Fällung *kein* Uran im Aluminium-Niederschlag nachzuweisen. Eine unter doppelter Fällung des Oxinats ausgeführte Trennung von 94,5 mg Al_2O_3 und 50 mg UO_3 ergab einen *Fehler* von $+0,1$ mg.

Gewichtsanalytische Bestimmung des Aluminiums mit Hilfe von Dibromoxychinolin

Nach Versuchen von *Sanko* und *Burssuk* [431] kann Aluminium auch mit 5,7-Dibrom-8-oxychinolin, welches *Berg* und *Küstenmacher* [432] als Reagens zur Bestimmung und Trennung des Eisens, Kupfers und Titans von Aluminium und anderen Metallen empfohlen haben, in ammoniakalischer Lösung gefällt und als Dibromoxychinolat zur Wägung gebracht werden. Praktische Bedeutung hat das Verfahren jedoch bisher nicht erlangt.

Arbeitsvorschrift. Der Aluminiumsalz-Lösung, die nicht mehr als 6 bis 8 mg Aluminiumoxid enthalten soll, fügt man 3 g Ammoniumnitrat sowie 30 ml Aceton hinzu und verdünnt auf etwa 200 ml. Die Lösung wird nun mit Ammoniak schwach ammoniakalisch gemacht, zum Sieden erhitzt und tropfenweise mit 1%iger Lösung von Dibromoxychinolin in Aceton in geringem Überschuß versetzt. Der hellgelbe Niederschlag wird noch 10 min auf dem Wasserbad erwärmt und ballt sich dabei zusammen. Man filtriert in Glasfiltertiegel ab, wäscht mit 1,5%iger Ammoniumcarbonat-Lösung, die 10% Aceton enthält und mit etwas Ammoniak versetzt ist, bis das ablaufende Filtrat farblos ist, und dann noch mehrmals mit warmem Wasser. Der Niederschlag wird hierauf unter allmählicher Steigerung der Temperatur höchstens bis auf 190° getrocknet.

Bemerkungen. Der Umrechnungsfaktor auf *Aluminium* beträgt

$$F_1 = \frac{Al}{Al(C_9H_4Br_2NO)_3} = 0,02892;$$

auf *Aluminiumoxid* beträgt er:

$$F_2 = \frac{Al_2O_3}{2\,Al(C_9H_4Br_2NO)_3} = 0,05465.$$

Nach Untersuchungen von *Dupuis* und *Duval* [352] mit Hilfe der *Thermowaage* ist der Niederschlag von Aluminiumdibromoxinat nur bis 150° temperaturbeständig und kann zwischen 110° und 156° bis zur Gewichtskonstanz getrocknet werden. Bei 190°, der von *Sanko* und *Burssuk* angegebenen Trockentemperatur, verliert er bereits merklich an Gewicht. Da Aluminiumoxinat in einem wesentlich größeren Temperaturbereich beständig ist, sehen *Dupuis* und *Duval* in der Bestimmung des Aluminiums mit Dibromoxin keinerlei Vorteile gegenüber der Bestimmung mit Oxin.

Bei Bestimmungen mit 1,11 mg Aluminium erhielten die Autoren Auswaagen zwischen *37,9* und *38,8 mg*. Theoretisch waren 38,4 mg Dibromoxychinolat zu erwarten.

2. Bestimmung des Aluminiums durch Fällung mit Cupferron und Styrylcupferron

Fällung und Trennungen mit Cupferron (Ammoniumsalz des N-Nitrosophenylhydroxylamins)

Cupferron wurde bereits 1909 von *Baudisch* [433] zur Fällung von Eisen und Kupfer als spezifisches Reagens für diese Metalle vorgeschlagen. Es zeigte sich jedoch, daß auch viele andere Metalle mit Cupferron schwerlösliche Komplexe bilden, allerdings teilweise unter anderen Fällungsbedingungen. Diese wurden für die Cupferron-Komplexe zahlreicher Metalle von *Pinkus* und *Martin* [434] untersucht, die eine Gruppeneinteilung der Metalle auf Grund ihrer Fällbarkeit mit Cupferron bei verschiedener Säurekonzentration aufstellten. Aluminium kann aus neutraler oder schwach saurer Lösung in der Kälte mit Hilfe wäßriger Cupferron-Lösung quantitativ gefällt und nach dem Veraschen und Glühen des erhaltenen kristallinen Niederschlages als Aluminiumoxid gewogen werden. Das Cupferron-Verfahren hat als gewichtsanalytische Bestimmungsmethode in der Praxis nur wenig Anwendung gefunden. Sein Vorteil liegt in der Verwendung für Trennungen auf Grund der starken Unterschiede der Löslichkeit der Cupferronate in Säuren. Eine Übersicht über die pH-Bereiche der Fällung und Extraktion der Elemente mit Cupferron geben *Koch* und *Koch-Dedic* [435]. Nach *Gastinger* [436] lassen sich allerdings mit Cupferron gewichtsanalytisch keine exakten Trennungen ausführen. In saurer Lösung wird zusammen mit dem Metall-Cupferron-Komplex auch Cupferron (seine Löslichkeit in Säure ist verhältnismäßig gering) abgeschieden, das in starkem Maße Metallionen aus der Lösung adsorbiert. *Gastinger* empfiehlt deshalb zur besseren Trennung, kleine Mengen Metalls in kleinen Volumina und bei niederer Säurekonzentration zu fällen.

Eine Arbeitsvorschrift sowie Beleganalysen zur Bestimmung des Aluminiums in reinen Aluminiumsalz-Lösungen und neben den Alkalien (als Sulfat) sowie neben Magnesium haben *Pinkus* und *Belche* [437] angegeben. *Pinkus* und *Dernies* [438] fällten Aluminium mit Cupferron im Filtrat des aus saurer Lösung abgeschiedenen Cupferron-Komplexes des Wismuts.

Zwenigorodskaja und *Tschernichov* [439] teilten Versuchsergebnisse über die Fällung des Aluminiums mittels Cupferron im Anschluß an die Abscheidung der Cupferron-Komplexe des Eisens, Titans, Niobs und Zirkoniums mit. Ähnliche Arbeitsweisen haben auch *Raeder* und *Lyshoel* [440] sowie *Fogelson* und *Kalmykowa* [441] veröffentlicht.

Auch zur Bestimmung sehr geringer, gewichtsanalytisch noch erfaßbarer Aluminium-Gehalte ist Cupferron mit Erfolg herangezogen worden, und zwar auf Grund der Tatsache, daß es noch in schwach sauren Lösungen, die weniger als 1 mg Al/l enthalten, eine Fällung des Aluminiumcupferronats hervorruft, die als Trübung nephelometrisch gemessen werden kann (*de Brouckère* und *Belche* [442]; *Meunier* [443]; *Rocquet* [444]). Diese Bestimmung ist neben allen Metallen, die nicht aus schwach saurer Lösung mit Cupferron gefällt werden, anwendbar. Weiterhin ist Aluminiumcupferronat als Innerkomplexverbindung in organischen Lösungsmitteln löslich und läßt sich, z.B. mit Chloroform, Methylisobutylketon, aus schwach saurer Lösung extrahieren (*Hadorn* [445]; *Cheng* [446]; *Rooney* [447]; *Gorbach* und *Pohl* [448]) und so von anderen Metallen abtrennen.

Eigenschaften des Cupferrons und des Aluminium-Cupferron-Komplexes

„Cupferron" ist das Ammoniumsalz des Phenylnitrosohydroxylamins von der Zusammensetzung $C_6H_9O_2N_3$; die Konstitution des letzteren wird durch die tautomeren Formeln I und II dargestellt:

$$\text{I. } C_6H_5N\text{—}N\text{=}O, \qquad \text{II. } C_6H_5N\text{=}N\text{—}OH$$
$$\qquad\;\; \overset{|}{\text{OH}} \qquad\qquad\qquad \overset{\|}{\text{O}}$$

Das Salz besitzt das Molekulargewicht 155,158; Schmelzpunkt 163 bis 164°. Es ist leicht löslich in Wasser und Äthanol. Als Fällungsreagens wird eine 5- bis 6%ige wäßrige Lösung benutzt, die frisch bereits schwach gelb gefärbt ist. Beim Stehen, auch beim Erhitzen der Lösung findet Zersetzung zu Nitrosobenzol statt, zunächst unter Auftreten einer bräunlichen Färbung und nach einigen Wochen unter Abscheidung dunkler Verharzungsprodukte. Nach *Germuth* [449] kann die Stabilität von Cupferron-Lösungen durch Zusatz von 0,05 g Phenacetin ($C_6H_4 \cdot OC_2H_5 \cdot NH \cdot C_2H_3O$) auf 100 ml derart gesteigert werden, daß sie sich in 30 Tagen wenig verändert, selbst wenn sie dem Sonnenlicht ausgesetzt ist.

Die mit Cupferron aus Metallsalz-Lösungen erhaltenen Niederschläge sind innere Komplexsalze, in welchen das Ammoniumion des Cupferrons durch ein 1wertiges Metallatom ersetzt ist. Dieses erfährt auch noch eine koordinative Bindung an das Sauerstoffatom der Nitrogruppe. Man kann dies durch nebenstehende Strukturformeln ausdrücken, von welchen Formel II der Struktur des Iso-phenylnitrosohydroxylamins entspricht.

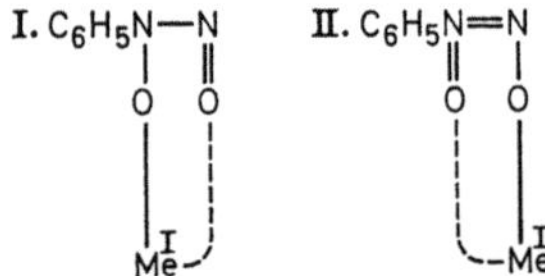

Bei der Cupferron-Verbindung des Aluminiums treffen auf 1 Atom Aluminium 3 Phenylhydroxylamin-Reste. Die weiße Verbindung zersetzt sich bei etwa 80° zu einer bräunlichen Flüssigkeit und ist zur gewichtsanalytischen Bestimmung nicht geeignet, weshalb das Aluminium durch Veraschen und Glühen im Platintiegel als Aluminiumoxid bestimmt werden muß. Nach den Untersuchungen von *Dupuis* und *Duval* [450] mit der Thermowaage beginnt die Zersetzung bereits bei etwa 52° und verläuft rasch zwischen 125 und 215°. Bei 740° soll die Veraschung der organischen Substanz unter Hinterlassung reinen Aluminiumoxids beendet sein.

Frisch gefällt, löst sich der flockige Aluminium-Cupferron-Komplex leicht in verd. Säure. Während des Filtrierens und Auswaschens tritt eine gewisse Alterung ein, nach welcher er gegenüber 0,1 n Säure verhältnismäßig beständig ist. Ammoniak scheint nicht einzuwirken, Kalilauge greift nur langsam an. Die Löslichkeit des Niederschlages in Wasser beträgt nach *Pinkus* und *Martin* [451] 0,9 mg Aluminium im Liter bei 18°; in Gegenwart eines Überschusses an Cupferron ist sie jedoch erheblich geringer (vgl. auch nephelometrische Bestimmung, S. 470).

Methodik der Fällung von Metallen mit Cupferron

Zur allgemeinen Methodik der Abscheidung von Metallen mittels Cupferrons haben *Pinkus* und *Martin* einige wichtige Punkte zusammengefaßt, die im folgenden angeführt werden.

a) Die Fällung wird in der abgekühlten (0 bis 10°) und möglichst konzentrierten Lösung vorgenommen, um das Zusammenballen des Niederschlages zu begünstigen (wesentlich für die Fällung des Aluminiums, Eisens, Antimons, Zinns).

b) Man arbeitet zweckmäßig nicht in salpetersaurer Lösung und filtriert möglichst bald nach der Fällung, da sich fast alle Cupferron-Niederschläge (besonders in saurer Lösung) mit der Zeit verändern.

c) Als Waschlösung benutzt man am besten cupferronhaltiges, kaltes Wasser, dem gelegentlich etwas Essigsäure (bei den aus mineralsaurer Lösung fällbaren Metallen wie Eisen, Titan, Zirkonium auch Salz- oder Schwefelsäure) zugesetzt wird. Das von den meisten Autoren angewendete Waschen mit verd. Ammoniak kann zur Bildung colloidaler Lösungen führen (bei Eisen, Zinn, Antimon).

Zur Bestimmung des Aluminiums durch Fällung mit Cupferron verfährt man gemäß der

Arbeitsvorschrift nach *Pinkus* und *Belche.* Die zu untersuchende Lösung, die zweckmäßig zwischen 50 und 200 mg Aluminiumoxid enthalten soll, wird annähernd neutralisiert (schwach sauer, um Hydrolyse zu vermeiden). Mit 0,005 n Schwefelsäure wird auf etwa 100 ml verdünnt. In der Kälte setzt man langsam unter Umrühren 5%ige Cupferron-Lösung (siehe unten) hinzu. Man braucht etwa das Anderthalbfache der theoretischen Menge, d. h. ungefähr 0,26 g, entsprechend 5 ml 5%iger Cupferron-Lösung, für je 10 mg Aluminium. Bei Zugabe des Reagenses in einem Guß ohne Rühren wird der Niederschlag viel voluminöser. Einen Vermerk über das Abkühlen der Lösung vor dem Fällen enthält die Arbeitsvorschrift von *Pinkus* und *Belche* nicht. Auch ein pH-Wert als Grenze des zur quantitativen Fällung des Aluminiums zulässigen Säuregrades wird nicht angegeben.

Nach einigen Minuten wird der Niederschlag auf ein Filter oder in einen Porzellan-Filtertiegel unter schwachem Saugen abfiltriert. Das Filtrat ist immer vollständig klar. Es wird mit kaltem Wasser, dem 0,5 g Cupferron je Liter zugesetzt sind, gewaschen, bis im Filtrat kein Sulfation mehr nachweisbar ist. Man verascht naß im Platin- oder Porzellan-Tiegel und glüht das gebildete Aluminiumoxid wie üblich im elektrischen Ofen bei 1200 bis 1300° zur Gewichtskonstanz.

Bemerkungen. Reagens-Lösung. Das handelsübliche Cupferron enthält Zersetzungsprodukte, die zweckmäßig durch Extraktion mit Äther entfernt werden. Von dem gereinigten Produkt wird eine 5%ige wäßrige Lösung hergestellt. Frisch bereitet ist sie schwachgelb gefärbt und kann einige Tage benutzt werden (vgl. auch S. 130).

9*

Pinkus und *Belche* führen folgende *Analysenergebnisse* an (Tab. 30).

Tabelle 30. *Al-Bestimmung nach Pinkus und Belche*

mg Al_2O_3		Differenz in	
angewandt	gefunden	mg	% (rel.)
51,3	51,3	0	0
51,3	51,5	+0,2	+0,39
102,6	102,5	−0,1	−0,10
102,6	102,2	−0,4	−0,39
205,2	204,8	−0,4	−0,19
205,2	204,9	−0,3	−0,15
222,8	222,4	−0,4	−0,18
222,8	222,0	−0,8	−0,36

Das Aluminium lag als Sulfat vor. Es wurde mit *reinem Wasser* ausgewaschen. Bei Anwendung einer Cupferron enthaltenden Waschlösung können die an sich kleinen Aluminium-Verluste noch weiter verringert werden. Auch die von *Pinkus* und *Dernies* gelegentlich ihrer Versuche über die Abtrennung des Wismuts vom Aluminium mittels Cupferrons aus mineralsaurer Lösung im Filtrat der Wismut-Fällung ausgeführten Aluminium-Bestimmungen waren befriedigend genau. 5 Beleganalysen ergaben bei 40 mg Aluminiumoxid einen mittleren *Fehler* von − 0,5%.

Fällung des Aluminiums nach *Abtrennung von Eisen und Titan* mit Cupferron aus stärker saurer Lösung

Wie bereits erwähnt, dürfte die Fällung des Aluminiums mit Cupferron sich zu dessen Bestimmung besonders dann eignen, wenn eine Abtrennung aus stark saurer Lösung mit Cupferron fällbarer Metalle wie Eisen, Titan, Zirkonium, Gallium oder Wismut vorangegangen ist, die Lösung also bereits Cupferron enthält. Meistens genügt es dann, die Lösung auf einen pH-Wert von etwa 4,5 abzustumpfen, um Aluminium quantitativ zu fällen.

So bestimmen *Pinkus* und *Dernies* Aluminium im Filtrat des mit Cupferron aus n saurer Lösung gefällten Wismuts, indem sie zu der neutralisierten Lösung nochmals 10 ml 5%iger Cupferron-Lösung zusetzen, dann wie bei der oben beschriebenen Arbeitsweise von *Pinkus* und *Belche* den Niederschlag nach einigen Minuten abfiltrieren, auswaschen und zu Al_2O_3 glühen.

Zwenigorodskaja und *Tschernichov* fällen Aluminium im Filtrat von Eisencupferronat durch *allmähliche* Erhöhung des pH-Wertes. Das Volumen der Lösung soll für je 0,1 mg Aluminium nicht mehr als 100 ml betragen.

Raeder und *Lyshoel* fällen Aluminium im Filtrat von Eisen- und Titancupferronat in Gegenwart von *Weinsäure* bei einem pH-Wert von etwa 4,5. Zur quantitativen Ausfällung des Aluminiums halten es die Autoren für erforderlich, die Lösung vor dem Abfiltrieren 30 min stehen zu lassen.

Fogelson und *Kalmykowa* wenden Cupferron zur Aluminium-Bestimmung in *Stählen* an. Nach Lösen bzw. Aufschluß der Probe, Abscheiden der Kieselsäure, Entfernen der Hauptmenge Eisens an der Quecksilberkathode und Abtrennen des Mangans durch Kochen mit Ammoniumpersulfat als Mangan(IV)-oxidhydrat werden restliches Eisen, Titan und Vanadium mit frisch bereiteter Cupferron-Lösung aus schwefelsaurer Lösung gefällt. Zur Fällung des Aluminiums wird das Filtrat sorgfältig mit Acetat auf pH = 4 bis 5 gepuffert, wobei sich Aluminium als Cupferron-Komplex abscheidet. Im allgemeinen muß zur Fällung des Aluminiums kein weiteres Cupferron zugegeben werden. Der Niederschlag wird wie üblich abfiltriert, gewaschen und nach Veraschen und Glühen als Aluminiumoxid gewogen.

Nach *Pinkus* und *Dernies* ergab die Bestimmung von 40 mg Al_2O_3 nach Abtrennung von 233 mg Bi_2O_3 *Abweichungen* der Aluminium-Werte zwischen 0 und − 1,2 % (rel.).

Fällung in Gegenwart *anderer Elemente*

Wie schon betont, wird Cupferron in erster Linie zur Abtrennung von aus stärker saurer Lösung fällbaren Metallen vom Aluminium herangezogen (Abtrennung vom Eisen, Titan, Zirkonium, Vanadium, Zinn, Wismut, Niob, Tantal, Gallium und Uran). Die direkte Fällung des Aluminiums mit Cupferron ist dagegen grundsätzlich neben allen Metallen möglich, die in schwach saurer (0,001n) Lösung durch Cupferron nicht gefällt werden. Praktisch ist sie jedoch durch die schon erwähnte Adsorptionsneigung des Niederschlages nur begrenzt möglich.

Trennung von den *Alkalimetallen* und von *Magnesium* nach *Pinkus* und *Belche*

Die oben zur Bestimmung in reinen Aluminiumsalz-Lösungen angegebene Vorschrift kann praktisch unverändert für die Trennung von Alkalimetallen verwendet werden. Vor der Filtration läßt man 1 bis 3 min stehen und wäscht mit 300 bis 450 ml Waschwasser aus.

Zur Trennung vom *Magnesium* nach *Pinkus* und *Belche* fällt man Aluminium aus sehr schwach saurer Lösung nach der bereits zur Bestimmung in reinen Aluminiumsalz-Lösungen benutzten Vorschrift. Nach dem Absetzen des Niederschlages filtriert man ab, wäscht durch Dekantieren mit 300 bis 400 ml cupferronhaltigem Wasser, läßt nach dem quantitativen Überspülen in das Papierfilter vollständig ablaufen und etwas „antrocknen". Nun übergießt man den Niederschlag im Filter mit 50 ml 0,1 n Salzsäure, die 0,6 % Cupferron enthält. In Anwesenheit größerer Magnesium-Mengen läßt man die verd. Säure etwas länger auf den Niederschlag einwirken und mischt vorsichtig mit dem Glasstab. Schließlich wäscht man mit cupferronhaltigem Wasser chloridfrei und arbeitet weiter, wie bei der Bestimmung von Aluminium allein beschrieben. Das Magnesium kann im Filtrat wie üblich als Magnesiumammoniumphosphat in Anwesenheit überschüssigen Cupferrons gefällt werden.

Die Trennung führt nach den von *Pinkus* und *Belche* angegebenen Beleganalysen zu guten Ergebnissen. Aluminiumoxid-Mengen von 53 bis 214 mg wurden mit einem mittleren *Fehler* von etwa ± 0,4 % wiedergefunden.

Trennung vom *Phosphor* als Phosphation

Die Trennung des Aluminiums vom Phosphation gelingt nach *Achvonen* [452] durch Fällung mit Cupferron in Gegenwart von Äthylendiamintetraessigsäure (ÄDTE) bei pH = 4,5.

Bestimmung des Aluminiums durch Fällung mit Styrylcupferron

Das als Styrylcupferron bezeichnete Äthanolaminsalz des 4-Stilbenylnitrosohydroxylamins wird von *Drefahl* und *Geissler* [453] zur quantitativen Bestimmung des Kupfers, Eisens und Aluminiums benutzt. Gegenüber dem Cupferron bietet es folgende Vorteile: Größere Beständigkeit und Unlöslichkeit des Chelatkomplexes, gute Filtrierbarkeit und stöchiometrische Zusammensetzung des Niederschlages ($C_{42}H_{33}O_6N_6Al$; Mol.-Gew. 744,75); daher günstige Umrechnungsfaktoren auf Al: 0,036229; auf Al_2O_3: 0,068454).

Das freie 4-Stilbenyl-nitrosohydroxylamin ist unbeständig und zerfällt unter Bildung von 4-Stilbenyldiazoniumnitrat. Seine Salze sind relativ stabil, doch schwach löslich; deshalb wird das besser lösliche Äthanolaminsalz als Reagens benutzt.

Drefahl und *Geissler* benutzen das Reagens nur zur Bestimmung des Aluminiums in reinen Aluminium-Lösungen. Über die Möglichkeit, Trennungen durchzuführen, liegen keine Untersuchungen vor.

Die Ausfällung des Aluminium-Komplexes kann sowohl aus ammoniakalischer Lösung in Gegenwart von Weinsäure oder Citronensäure als auch aus schwach saurer Lösung erfolgen. Die eigentliche Schwierigkeit besteht darin, die gelben Komplexe in gut filtrierbarer Form zu erhalten. Aus Aluminat-Lösungen kann keine Fällung vorgenommen werden. Im folgenden werden von *Drefahl* und *Geissler* 2 Arbeitsvorschriften zur Fällung in saurer und ammoniakalischer Lösung gegeben.

Arbeitsvorschrift zur Fällung in schwach *saurer* Lösung. Zur 4 mg Aluminium enthaltenden Lösung gibt man auf dem Wasserbad wenig Hydroxylammonium-chlorid-Lösung und versetzt bei pH = 7 mit 250 ml filtrierter, heißer Reagens-Lösung (siehe unten). Der sofort ausfallende, flockige Niederschlag wird umgerührt und die Lösung mit 15 % ihres Volumens Äthanol/Pyridin (4:1) versetzt. Der Niederschlag wird in einem Glasfiltertiegel (1G4) abgesaugt, mit Wasser von etwa 70 °C mehrmals gewaschen und bei 110 °C getrocknet. Der citronengelbe Niederschlag wird über Calciumchlorid abgekühlt und gewogen.

Arbeitsvorschrift zur Fällung aus *ammoniakalischer* Lösung. Die 12 mg Aluminium enthaltende Lösung wird mit wenig Weinsäure-Lösung versetzt und ammoniakalisch gemacht. Auf dem Wasserbad werden 600 ml heiße, filtrierte Reagens-Lösung zugegeben. Nach Ausfällen des Komplexes wird mit Ammoniumchlorid-Lösung der Neutralpunkt eingestellt, um den Niederschlag gut filtrierbar zu machen. Bei etwa 55 °C wird in einem Glasfiltertiegel (1G4) abgesaugt, der Niederschlag mit Wasser von etwa 70 °C mehrmals ausgewaschen und bei 110 °C getrocknet.

Bemerkungen. Reagens-Lösung. Der Gehalt an Styrylcupferron soll zwischen 0,5 und 1 % liegen. Man trägt das Äthanolaminsalz in kochendes Wasser ein und filtriert nach kurzer Zeit. Die rasch abgekühlte Reagens-Lösung ist begrenzt haltbar.

Ergebnisse von Beleganalysen werden *nicht* mitgeteilt.

3. Bestimmung des Aluminiums durch Fällung mit Benzoylphenylhydroxylamin

Bei der Untersuchung cupferronähnlicher Fällungsreagenzien fand *Shome* [454], daß N-Benzoylphenylhydroxylamin, $C_6H_5N(OCC_6H_5)(OH)$, über dessen Reaktion mit Kupfer- und Eisenionen bereits 1919 *Bamberger* [455] berichtete, dem Cupferron in mancher Hinsicht vorzuziehen ist. So fallen die Komplexverbindungen mit Metallen in der Hitze körnig aus und können, da sie stöchiometrisch zusammengesetzt sind, im Gegensatz zu den Cupferronaten direkt zur Wägung gebracht werden. *Shome* [456] hat Arbeitsvorschriften zur Fällung und gewichtsanalytischen Bestimmung des Aluminiums sowie Eisens, Kupfers und Titans ausgearbeitet.

Nach *Shome* reagiert Benzoylphenylhydroxylamin in schwach saurer bis schwach alkalischer Lösung außer mit Aluminium mit den Ionen von Kupfer, Silber, Zink, Cadmium, Quecksilber (I) und (II), Cer (IV), Titan, Zirkonium, Zinn (II) und (IV), Blei, Vanadium (V), Chrom (III), Molybdän (VI), Wolfram (VI), Uran (VI), Mangan (II), Eisen (II) und (III), Kobalt, Nickel, Palladium und Platin.

Näher untersucht wurden von *Shome* die Fällungen des Benzoylphenylhydroxylamins mit Aluminium, Eisen, Kupfer und Titan, die beim Versetzen der heißen, wäßrigen Lösung ihrer Salze mit einer äthanolischen Lösung des Reagenses entstehen. Die farblose Aluminiumverbindung hat die Zusammensetzung: $Al(C_{13}H_{10}O_2N)_3$; die grüne Kupfer- und rote Eisen-Verbindung entsprechen den Formeln $Cu(C_{13}H_{10}O_2N)_2$ und $Fe(C_{13}H_{10}O_2N)_3$. Der gelbe Titankomplex hat keine definierte Zusammensetzung. Die Metallkomplexe schmelzen bzw. zersetzen sich bei höherer Temperatur, die Aluminiumverbindung bei 238 bis 239°. Als Innerkomplexverbindungen sind sie in organischen Lösungsmitteln löslich; bereits 50%iges Äthanol löst merklich, besonders die Aluminium- und Titan-Verbindung. In mäßig konzentrierten Mineralsäuren werden die Metallkomplexe des Benzoylphenylhydroxylamins unter Lösung der Metallionen zersetzt.

Zur gewichtsanalytischen Bestimmung von Aluminium, Eisen und Kupfer werden die Fällungen mit Benzoylphenylhydroxylamin gründlich mit heißem Wasser gewaschen und bei 110° bis zur Gewichtskonstanz getrocknet. Da der Aluminium-Komplex jedoch in 90° heißem Wasser bereits merklich löslich ist, falls kein Reagens-Überschuß vorhanden ist, wird die Aluminium-Fällung nur mit etwa 45° heißem Wasser ausgewaschen.

Arbeitsvorschrift. Die etwa 10 mg Al enthaltende, neutrale Lösung wird mit 5 ml n Schwefelsäure angesäuert, auf 400 ml verdünnt und zum Sieden erhitzt. Nun gibt man das etwa $1^3/_4$fache der theoretisch erforderlichen Menge des Reagenses (bei 10 mg Al 400 bis 450 mg Benzoylphenylhydroxylamin), gelöst in 15 bis 20 ml warmem Äthanol, zu und bringt mit etwa 10 ml 10%iger Natriumacetat-Lösung auf einen pH-Wert von 4. Die Fällung des Aluminiums ist innerhalb des pH-Bereiches von 3,6 bis 6,4 quantitativ. Anschließend läßt man 2 Std. unter gelegentlichem Umrühren auf dem siedenden Wasserbad stehen. Der Niederschlag wird dann in einen Glasfiltertiegel (1G4) abfiltriert, gründlich mit 45° warmem Wasser ausgewaschen, bei 110° bis zur Gewichtskonstanz getrocknet und gewogen.

Bemerkungen. Berechnung. $Al(C_{13}H_{10}O_2N)_3$ enthält 4,065% Al bzw. 7,68% Al_2O_3.

Shome hat auf diese Weise 8,17 bis 10,21 mg Al mit einem maximalen *Fehler* von $-0,05$ bis $+0,03$ mg Al bestimmt (4 Analysen).

Wesentlich für die erreichbare *Genauigkeit* ist, daß die Äthanolkonzentration in der Fällungslösung nicht höher als 5% ist, da sich sonst die Löslichkeit des Aluminium-Niederschlages in Äthanol bereits störend bemerkbar macht. Weiterhin muß der pH-Bereich von 3,6 bis 6,4 eingehalten werden; in stärker saurer Lösung ergeben sich zu niedrige, in alkalischer Lösung zu hohe Resultate.

Im *gleichen pH-Bereich* wie Aluminium werden auch Kupfer-, Eisen-, Titan-, Zirkonium-, Zinn-, Vanadat-, Molybdat- und Wolframationen durch Benzoylphenylhydroxylamin gefällt. Eine Bestimmung des Aluminiums in Gegenwart dieser Metalle ist also nach dem beschriebenen Verfahren nicht möglich. Nur Titan, nicht aber Eisen kann aus stärker saurer Lösung mit Benzoylphenylhydroxylamin auch in Gegenwart von Aluminium gefällt und auf diese Weise von letzterem getrennt werden.

In Anwesenheit von Phosphationen kann Aluminium *nicht* mit Benzoylphenylhydroxylamin bestimmt werden. Tartrate dagegen stören in erheblicher Konzentration nicht.

Trennungsmöglichkeiten. Beryllium, Zink, Cadmium, Quecksilber(II), Blei, Uran(VI), Mangan, Kobalt und Nickel werden bei einem pH von 4,0 durch Benzoylphenylhydroxylamin nicht gefällt. Aluminium kann daher in Gegenwart dieser Metalle bestimmt und von ihnen getrennt werden. Bestimmungen von je 8,17 mg Al neben je 20 mg Be, Zn, U, Mn, Co bzw. Ni ergaben die gleiche Genauigkeit, die *Shome* auch bei der Bestimmung in reinen Aluminiumsalz-Lösungen erzielte (6 Analysen).

4. Bestimmung des Aluminiums durch Fällung und Trennungen mit Tannin

Aluminium wird durch Tannin-Lösung aus schwach essigsaurer, neutraler und auch ammoniakalischer Lösung als unlösliche Verbindung aus Tannin und Aluminiumhydroxid quantitativ gefällt. Auch andere Metallsalze, wie diejenigen des Berylliums, Germaniums, Zinns, Titans, Vanadins, Zirkoniums, Thoriums, Niobs, Tantals, Chroms, Eisens, werden unter ähnlichen Bedingungen durch Tannin quantitativ gefällt. Für die Bestimmung des Aluminiums besteht der Hauptvorzug des

Tannin-Verfahrens darin, daß sich die Aluminiumhydroxid-Tannin-Niederschläge im Gegensatz zum Aluminiumhydroxid leicht filtrieren und auswaschen lassen. Zur Bestimmung werden die Niederschläge verascht und zu Aluminiumoxid geglüht.

Das Tannin-Verfahren hat trotzdem in der Praxis als Bestimmungsmethode für Aluminium wenig Bedeutung erlangt. Es mag dies zum Teil daran liegen, daß man infolge der voluminösen Beschaffenheit der Aluminiumhydroxid-Tannin-Niederschläge schon bei verhältnismäßig kleinen Aluminium-Mengen unhandlich große Niederschlagsmengen erhält. *Devine* [457] konnte, da er nur 2 ml Tannin-Lösung verwendete, noch 190 mg Aluminiumoxid bestimmen, während *Moser* und *Niessner* [458] sowie *Nicols* und *Schempf* [459], die mit etwa der 12- bis 15fachen Gewichtsmenge des vorhandenen Aluminiumoxids an Tannin fällten, nur bis etwa 70 mg Aluminiumoxid erfassen konnten. *Schoeller* und *Webb* [460] setzen über 100fachen Tannin-Überschuß zu und teilen mit, daß dabei Mengen über etwa 20 mg Aluminiumoxid unbequem große Niederschläge ergeben. Das Tannin-Verfahren erscheint deswegen zur gewichtsanalytischen Bestimmung kleinerer Aluminium-Mengen geeignet, welche mit der Ammoniak-Methode nicht mehr erfaßt werden können. Nach *Moser* und *Niessner* beträgt die Grenzkonzentration des Aluminium-Nachweises mit Tannin 0,027 mg/l.

Auch als Trennungsverfahren hat die Fällung des Aluminiums mit Tannin nur beschränkte Anwendung gefunden. Durch direkte Fällung kann Aluminium von Magnesium, den Erdalkalimetallen und vom Beryllium getrennt werden, wofür heute jedoch meistens das Oxin-Verfahren benutzt wird. In schwach oxalsaurer Lösung werden Zinn (*Schoeller* und *Holness* [461]), Titan, Tantal und Niob (*Schoeller* und *Powell* [462]; *Powell* und *Schoeller* [463]), in mineralsaurer Lösung Wolfram (vgl. *Schoeller* und *Jahn* [464] sowie *Moser* und *Blaustein* [465]), in schwachsaurer Lösung Zirkonium und Titan (*Holness* und *Kear* [466]; *Purushottam* und *Raghava Rao* [467]) vom Aluminium (und Eisen) abgetrennt.

Nach *Schoeller* und *Webb* ist Aluminium auch aus tartrathaltiger Lösung durch Tannin quantitativ fällbar. Wie sie weiterhin feststellen, fällt der Aluminium-Tannin-Niederschlag aus tartrathaltiger, ammoniakalischer Lösung, welche Phosphationen enthält, phosphorfrei aus.

Zusammensetzung der Tannin-Fällungen

Die aus Metallhydroxiden und Tannin bestehenden Fällungen sind nach *Schoeller* und *Powell* [468] Adsorptionsverbindungen wechselnder Zusammensetzung. Tannin liegt in Lösung hauptsächlich als Suspension negativ geladener Tanninpartikel vor, während sich in den schwach sauren Metallsalz-Lösungen positiv geladene Hydrosole der Hydrolysenprodukte bilden. Unter gegenseitiger Entladung und Ausflockung kann nun infolge der dauernden Störung des Hydrolysengleichgewichtes quantitative Fällung des gelösten Metalles stattfinden. Nach *Feigl* [469] ist diese Erklärung nicht oder wenigstens nicht für alle Tannin-Fällungen befriedigend. Er nimmt Reaktion der Metallionen mit den orthoständigen Hydroxylgruppen der m-Digallussäure an der Oberfläche der Tannin-Partikel an (Ionenaustausch) unter teilweiser Innerkomplexbildung (Färbung!). Die Zusammensetzung der Niederschläge ist daher von den jeweiligen Bedingungen abhängig und entspricht keinem stöchiometrischen Verhältnis.

Eigenschaften des Aluminium-Tannin-Niederschlages

Je nach den Arbeitsbedingungen fällt mehr oder weniger Tannin mit dem Aluminiumhydroxid aus. *Nicols* und *Schempf* fanden unter wechselnden Fällungsbedingungen (Tannin-, Ammoniumacetat-Menge, Zeit des Erwärmens) Molverhältnisse zwischen Aluminium und Tannin von 0,40 bis 0,71. Der Niederschlag ist flockig, voluminös und von hellbrauner Farbe. In schwach saurer (pH = 4,6), neutraler und ammoniakalischer Lösung ist er unlöslich, in verd. Mineralsäuren leicht löslich. Über die Temperatur, bei der Metall-Tannin-Niederschläge am zweckmäßigsten verascht werden, hat *Shiokawa* [470] Untersuchungen angestellt.

Reinigung des Reagenses von störenden Verunreinigungen

Nach den Untersuchungen von *Holness* und *Mattock* [471] enthalten Tannin-Präparate vielfach noch geringe Verunreinigungen, die bei der Bestimmung von Metallen mittels Tannin-Fällung zu positiven Fehlern führen können. Zur Entfernung dieser Verunreinigungen lösen *Holness* und *Mattock* 5 g Tannin in 25 ml Wasser, versetzen mit einer Lösung aus 5 g Ammoniumchlorid sowie etwa 50 ml in Ammoniak und füllen auf 250 ml auf. Zur Abscheidung unlöslicher Metall-Tannin-Verbindungen läßt man über Nacht stehen und filtriert. Nach Neutralisation mit Salzsäure kann das Filtrat zu Fällungen mit Tannin verwendet werden.

Vorschriften zur Fällung des Aluminiums mit Tannin

Devine fällt Aluminium wie üblich mit Ammoniak und erreicht dabei schon durch die verhältnismäßig kleine Tannin-Menge von 2 ml 2,5%iger Lösung die bereits erwähnte, gute Filtrierbarkeit des Niederschlages. Dagegen waren die beim Ammoniak-Verfahren bekannten Fehlerquellen – Aluminium-Verluste infolge zu hoher Ammoniak-Konzentration – offenbar nicht beseitigt.

Im Gegensatz zu *Devine* scheiden *Moser* und *Niessner* sowie *Nicols* und *Schempf* das Aluminium im Zusammenhang mit ihren Versuchen über die Trennung des Aluminiums vom Beryllium durch Hydrolyse in schwach saurer Lösung und in Gegenwart viel größerer Tannin-Mengen (vgl. unten) ab. Die Fällung des Aluminium-Tannin-Niederschlages tritt hierbei in der sauren Lösung (pH etwa 4) schon in der Kälte ein und wird in der Hitze vervollständigt.

Schoeller und *Webb* fällen Aluminium aus tartrathaltiger Lösung mit Tannin.

Arbeitsvorschrift nach *Devine zur Fällung aus ammoniakalischer Lösung*. Die etwa 0,1 g Aluminiumoxid und Ammoniumchlorid enthaltende Aluminiumsalz-Lösung versetzt man mit 2 ml 2,5%iger Tannin-Lösung und einem geringen Überschuß an Ammoniak. Dann kocht man, bis nur noch schwacher Geruch nach Ammoniak vorhanden ist. Nach dem Absetzen des Niederschlages wird er abfiltriert, mehrmals mit heißem Wasser gewaschen, schließlich verascht und geglüht.

Bemerkungen. Bei *genauen* Bestimmungen müssen noch im Filtrat verbliebene Reste des Aluminiums durch Eindampfen sowie erneute Ammoniak-Zugabe abgeschieden und zusammen mit der Hauptmenge des Niederschlages verascht werden.

Beleganalysen nach obiger Arbeitsweise mit je 25 bzw. 50 ml salzsaure Aluminiumchlorid-Lösung, entsprechend 95 bzw. 189 mg Aluminiumoxid, ergaben nachfolgende Werte (Tab. 31).

Sheskol'skaja [472] fällt ebenfalls aus mit Ammoniak neutralisierter Lösung mit 20 ml 20%iger Tannin-Lösung. Aus der vorausgegangenen Abtrennung des Niobs und Molybdäns enthält die Lösung außerdem *Äthylendiamintetraessigsäure* (ÄDTE) und *Cupferron*.

Arbeitsvorschrift nach *Nicols* und *Schempf zur Fällung aus schwach saurer Lösung*. Zu der schwach sauren Aluminiumsalz-Lösung, die nicht mehr als 80 mg Aluminiumoxid enthält, gibt man in einem 800-ml-Becherglas 25 ml gesättigte Ammoniumacetat-Lösung, verdünnt auf 500 ml und stellt den pH-Wert der Lösung durch Zutropfen von 30%iger Schwefelsäure bzw. Ammoniak (1:1) (etwa 6,5 m) auf etwa 4 bis 5 ein. Als Indikator eignet sich hierfür ein Gemisch aus 1 Tropfen Methyl-

Tabelle 31. *Al-Bestimmung nach Devine*

mg Al_2O_3		Fehler	Bemerkungen
gegeben	gefunden	mg	
95,0	93,9	−1,1	Ohne besondere NH_4Cl-Zugabe;
95,0	93,8	−1,2	Al_2O_3 im Filtrat nicht bestimmt
95,0	94,3	−0,7	
95,0	93,7	−1,3	Zugabe von 1 g NH_4Cl;
95,0	94,0	−1,0	Al_2O_3 im Filtrat nicht bestimmt
95,0	95,0	±0,0	
189,0	189,5	+0,5	Al_2O_3 im Filtrat nicht bestimmt
189,0	189,4	+0,4	
189,0	189,9	+0,9	Zugabe von 1 g NH_4Cl;
189,0	189,4	+0,4	Al_2O_3 im Filtrat mitbestimmt
189,0	190,4	+1,4	

rot- und 6 Tropfen Bromkresolgrün-Lösung (beide 0,1 %ig), das bei pH = 4,6 einen rötlich-purpurnen Farbton zeigt. Nach dem Erhitzen zum Sieden gibt man langsam unter kräftigem Rühren 50 ml 30 %ige Tannin-Lösung (bzw. die 12- bis 15fache Gewichtsmenge des zu bestimmenden Aluminiumoxids an Tannin) hinzu und erhitzt anschließend 1/2 bis 1 Std. auf dem Wasserbad. Man läßt abkühlen, filtriert in ein Papierfilter und wäscht mit einer Waschlösung, die aus 5 %iger, mit Tannin versetzter Ammoniumacetat-Lösung vom pH-Wert 4,6 besteht. Das Glühen zu Aluminiumoxid wird im Platintiegel bei 1200 bis 1300° vorgenommen.

Bemerkung. Nicols und *Schempf* erhielten aus 4 Bestimmungen in *reiner* Aluminiumsulfat-Lösung (je 74 mg Aluminiumoxid) die Werte: 73,8; 74,2; 73,9 und 74,3 mg Aluminiumoxid.

Arbeitsvorschrift nach *Schoeller* und *Webb zur Fällung aus ammoniumacetatgepufferter, tartrathaltiger Lösung.* Das ammoniakalische Filtrat der Eisensulfid-Fällung wird mit Essigsäure angesäuert und bis zur vollständigen Verflüchtigung des Schwefelwasserstoffes gekocht. Nach Zusatz von 5 bis 10 g Ammoniumchlorid (falls nicht schon vorhanden) und einer frischen Tannin-Lösung (1 g Tannin) kocht man einige Minuten weiter. Man läßt absitzen, filtriert und wäscht den Niederschlag mit verd. Ammoniumnitrat-Lösung, die etwas Tannin enthält, verascht und wägt.

Bemerkungen. Wenn mehr als nur einige *Milligramm* Aluminium vorhanden sind, ist es zweckmäßig, den gewaschenen Niederschlag mit heißem, mit einigen Tropfen Salpetersäure versetztem Wasser zu behandeln, die Säure mit Ammoniak zu neutralisieren und erneut zu filtrieren.

Vier von den genannten Autoren durchgeführte *Eisen-Aluminium*-Trennungen ergaben nachfolgende Zahlen (Tab. 32).

Tabelle 32. *Al-Fe-Trennung nach der Methode von Schoeller und Webb*

mg Fe_2O_3		Fehler	mg Al_2O_3		Fehler
gegeben	gefunden	mg	gegeben	gefunden	mg
113,1	114,0	+0,9	6,6	7,4	+0,8
95,4	95,6	+0,2	11,4	11,6	+0,2
76,4	76,8	+0,4	7,9	8,1	+0,2
110,8	110,3	−0,5	2,4	2,5	+0,1

Haslam [473] erhielt meistens etwas unreine Aluminium-Niederschläge; die Ergebnisse waren um ungefähr 0,4 mg niedriger als die theoretischen.

Fällung des Aluminiums mit Tannin in Gegenwart von anderen Kationen

Trennung vom *Beryllium*

Moser und *Niessner* benutzen Tannin zur Fällung des Aluminiums in Gegenwart von Beryllium, wobei sie gute Aluminium- und Beryllium-Werte erhielten. *Singleton* [474] führte die Trennung des Aluminiums vom Beryllium in der gleichen Weise wie die genannten Autoren aus.

Wie jedoch spätere Arbeiten zeigten, ist die Trennung von Aluminium und Beryllium nach dem Tannin-Verfahren nicht so sicher und zuverlässig wie nach dem Oxin-Verfahren (vgl. S. 111). Bei Anwendung der Tannin-Methode tritt schon innerhalb kleiner Abweichungen vom richtigen Säuregrad Mitfällung des Berylliums ein. So erhielten z. B. *Mitschell* und *Ward* [475] keine guten Werte, und auch *Dixon* [476] weist bei der Eisen-Beryllium-Trennung nach dem Tannin-Verfahren nach *Moser* und *Niessner* auf Mitabscheidung von Beryllium hin.

Tschernichow [477] wie auch *Ostroumow* [478] suchten die Arbeitsweise nach *Moser* und *Niessner* dadurch zu verbessern, daß sie die Fällung durch Eingießen der Aluminium-Lösung in die Tannin-Ammoniumacetat-Lösung vornehmen.

In neueren Versuchen stellten *Nicols* und *Schempf* sowie *Sears* und *Gung* [479] fest, daß eine sorgfältige Einstellung des pH-Wertes bei der Fällung zu zuverlässigen Aluminium- und Beryllium-Werten führt. Mehrere Versuchsreihen ergaben im Einklang mit den Erfahrungen nach *Britton* [480] in Anwesenheit von Acetation höhere pH-Werte für den Beginn der Hydrolyse von Aluminium- und Berylliumsalz-Lösungen als in schwach mineralsaurer Lösung. In acetathaltiger Lösung erhielten *Nicols* und *Schempf* bei 85° für Aluminium den Wert 4,96, für Beryllium 6,45.

In Anwesenheit von Tannin beginnt die Hydrolyse der acetathaltigen Aluminium-Lösung in der Hitze bei pH = 3,0 und ist bei pH = 4,6 vollständig. Schwankungen des pH-Wertes von 4,4 bis 5,1 hatten keinen Einfluß auf die Ergebnisse bei reinen Aluminiumsalz-Lösungen. Da aber die Fällung des Berylliums unter den gleichen Bedingungen (Tannin, Hitze) bei 4,9 beginnt, ist es bei der Trennung des Aluminiums vom Beryllium erforderlich, einen pH-Wert von 4,6 möglichst genau einzustellen.

Nach *Nicols* und *Schempf* erfolgt die Trennung nach der bereits (S. 137) angegebenen Vorschrift. Auf die Einstellung des pH-Wertes 4,6 ist dabei besonders zu achten. Weiterhin muß zwecks quantitativer Abscheidung des Aluminiums nach dem Tannin-Zusatz noch 1/2 Std. länger erhitzt werden.

Nicols und *Schempf* kontrollieren die pH-Einstellung mit der Glaselektrode. Nach *Sears* und *Gung* ist eine genaue Einstellung auf pH = 4,6 auch unter Verwendung eines Mischindikators aus 1 Tropfen Methylrot- und 6 Tropfen Bromkresolgrün-Lösung (je 0,1 %ige Lösungen) möglich, wenn die Einstellung von der basischen Seite her vorgenommen wird. Der erste Umschlag nach rötlich-purpur entspricht einem pH von 4,6.

Nicols und *Schempf* trennten in 8 Beleganalysen 12 bis 74 mg Aluminiumoxid von 26 bis 79 mg Berylliumoxid. Die Abweichungen der gefundenen Aluminiumoxid- und Berylliumoxid-Werte betrugen durchschnittlich $+0,2$ mg (d. h. 0,5 %) bei Aluminium, $\pm 0,2$ mg bei Beryllium. *Sears* und *Gung* erhielten bei der Trennung von 74,3 mg Aluminiumoxid von 75,3 mg Berylliumoxid bei Einstellung des pH-Wertes mit Hilfe des oben erwähnten Mischindikators bei 5 Bestimmungen einen mittleren *Fehler* von $-0,4$ mg Al_2O_3 und $\pm 0,4$ mg BeO.

Arbeitsvorschrift nach *Moser* und *Niessner*. Die schwach schwefelsaure Aluminium-Beryllium-Lösung wird bei einem Gehalt von weniger als 0,1 g Al_2O_3 mit heißem Wasser auf 500 ml, bei einem Gehalt von mehr als 0,1 g Al_2O_3 auf 600 bis 800 ml verdünnt. Die auf etwa 80° erwärmte, klare Ammoniumacetat-Tannin-Lösung (kalt gesättigte Ammoniumacetat-Lösung, die in 100 ml 3 g Tannin enthält) wird in einem Guß unter Umrühren zugefügt. Die Abscheidung der Aluminiumhydroxid-Tannin-Verbindung erfolgt sofort. Man kocht 2 min, entfernt die Flamme und läßt den Niederschlag in der Kälte absitzen (Prüfung auf Vollständigkeit der Fällung durch Zugabe einiger Tropfen Fällungsmittels).

Sind *nicht mehr* als 60 mg Al_2O_3 vorhanden, so filtriert man in ein Filter ab, wäscht mit warmer 5%iger Ammoniumacetat-Lösung aus, trocknet, verascht und glüht im Platintiegel. Nachdem man 2- bis höchstens 3mal mit Salpetersäure abgeraucht und vor dem Gebläse geglüht hat, erhält man ein rein weißes Aluminiumoxid.

Bei *größeren* Aluminiummengen filtriert man die erhaltenen beträchtlichen Niederschlagsmengen zweckmäßiger in einen Glasfiltertiegel ab, wäscht aus, löst in Salpetersäure (1:3) (etwa 3,5 m), zerstört das Tannin durch Kochen mit rauchender Salpetersäure und fällt Aluminium aus der farblosen Lösung mit Ammoniak.

Bemerkung. 10 Beleganalysen mit 12,3 bis 246,1 mg Aluminiumoxid und 16,2 bis 324,4 mg Berylliumoxid ergaben für Aluminiumoxid eine mittlere *Abweichung* von + 0,3%, für Berylliumoxid eine mittlere Abweichung von + 0,56%.

Arbeitsvorschrift nach *Ostroumow.* Die Aluminium (Eisen) und Beryllium enthaltende Lösung wird mit 1 Tropfen konz. Salzsäure angesäuert und in ein mit 4 Tropfen konz. Salzsäure angesäuertes Gemisch aus 40 bis 45 ml Tanninacetat-Lösung (vgl. Vorschrift von *Moser* und *Niessner*) und 200 bis 300 ml heißem Wasser gegossen. Jeder der beiden Lösungen sind 3 g Natriumchlorid zugesetzt. Man erhitzt kurze Zeit zum Sieden und läßt das Reaktionsgemisch 30 min auf dem Wasserbad stehen. Die weitere Behandlung des Niederschlages erfolgt wie üblich.

Bemerkung. Ostroumow fand, daß seine Arbeitsweise der *Oxin*-Methode gleichwertig ist.

E. Seltenere Methoden und Vorschläge
zur gewichtsanalytischen Bestimmung des Aluminiums
ohne bisherige praktische Bedeutung

Fällung als Arsenat

Aluminium läßt sich in schwach essigsaurer Lösung mit Ammoniumarsenat als basisches Aluminiumarsenat, $Al_5(OH)_3(AsO_4)_4$, ausfällen. Da diese Fällungsform zur gewichtsanalytischen Bestimmung nicht geeignet ist, muß die Endbestimmung nach Lösen des Niederschlages durch jodometrische Titration des Arsenations erfolgen. Diese Methode wird von *Daubner* [481] zur Bestimmung des Aluminiumoxids in Tongesteinen benutzt.

Arbeitsvorschrift nach *Daubner.* Ein Teil der Aufschlußlösung wird in ein Becherglas gebracht, das auf das jeweilige, halbe Fällungsvolumen geeicht ist. Für je 1 mg der Oxide des Aluminiums und Eisens müssen 5 ml Fällungsvolumen zur Verfügung stehen. So muß z.B. bei 12 mg Fe_2O_3 nebst Al_2O_3, entsprechend einem Fällungsvolumen von 60 ml, das Becherglas bei 30 ml geeicht werden. Durch Zufügen von 10 ml einer mit Schwefeldioxid gesättigten, wäßrigen Lösung wird das Eisen reduziert. Nach Entfernen überschüssigen Schwefeldioxids durch Einleiten von Kohlendioxid wird mit Ammoniak gegen Methylorange (Orangefarbe) neutralisiert. Man säuert schwach mit Essigsäure an und füllt bis zum Eichstrich mit Wasser auf. Nach Zugabe der gleichen Menge an Fällungsreagens (Lösung von Ammoniumarsenat mit einem As_2O_5-Gehalt von 0,9% und einem Gehalt an Ammoniumchlorid und Essigsäure von 10%) erhitzt man bis zum Aufkochen und filtriert nach kurzem Absitzen heiß in ein Weißbandfilter ab. Nach dreimaligem Auswaschen mit 92%igen Äthanol wird in 50 ml 2,5n Salzsäure, die 2 g Kaliumjodid enthält, gelöst und nach einer Wartezeit von 5 min das ausgeschiedene Jod mit Thiosulfat-Lösung titriert.

Bemerkung. *Übersteigt* der Eisen-Gehalt den Aluminium-Gehalt, so ist eine Trennung des Eisens vom Aluminium vorzuziehen. Beleganalysen werden nicht mitgeteilt.

Arbeitsvorschrift nach *Shakhtakhtinskii* und *Mamedov* [482]. 10 ml Lösung werden mit 1 bis 1,5 g Ammoniumchlorid und Ammoniak bis zur beginnenden Trübung versetzt. Man klärt mit 1 bis 2 Tropfen konz. Salzsäure, versetzt mit 3 ml 50%iger Essigsäure, 2 ml 2n Ammoniumacetat-Lösung und erhitzt zum Sieden. Nun werden 6 bis 10 ml 0,5n Na_2HAsO_4-Lösung auf etwa 15 ml verdünnt, ebenfalls zum Sieden erhitzt und zu der kochenden Probenlösung gegeben. Nach 3 bis 4 min wird der Niederschlag abfiltriert, 6- bis 7mal mit heißer 2%iger Ammoniumchlorid-Lösung gewaschen und in Salzsäure (1:2,5) (etwa 3,5 m) gelöst. Zu dieser Lösung werden 20 bis 25 ml Benzol oder Chloroform und 3 ml 2n Kaliumjodid-Lösung gegeben, mit dem gleichen Volumen an Wasser verdünnt und mit Thiosulfat-Lösung titriert.

Bemerkungen. Der *Fehler* der Aluminiumbestimmung soll nicht mehr als 0,017 mg Al betragen.

Nach *Shakhtakhtinskii* und *Mukimov* [483] fällt Aluminium im Gegensatz zum Titan nicht aus 1%iger schwefelsaurer und 2%iger salz- oder salpetersaurer Lösung als Arsenat, so daß auf diese Weise eine *Trennung des Titans* vom Aluminium möglich ist.

Fällung mit aromatischen Arsonsäuren

Im Rahmen einer Untersuchung über die Anwendung aromatischer Arsonsäuren in der chemischen Analyse hat *Portnow* [484] gefunden, daß aus Aluminiumsulfat-Lösungen unlösliche Aluminiumsalze gefällt werden können mit einem Überschuß der Natriumsalze folgender Säuren: Phenylarsonsäure ($C_6H_5AsO_3H_2$), p-Aminophenylarsonsäure ($H_2N \cdot C_6H_4 \cdot AsO_3H_2$), p-Oxyphenylarsonsäure ($HO \cdot C_6H_4AsO_3H_2$), p-Methylphenylarsonsäure ($CH_3 \cdot C_6H_4 \cdot AsO_3H_2$) und p-Acetylaminophenylarsonsäure ($CH_3 \cdot CO \cdot NH \cdot C_6H_4 \cdot AsO_3H_2$).

Weitere Untersuchungen über die Fällung von Metallen mit substituierte nArsonsäuren wurden von *Pietsch* [485] ausgeführt. Danach geben folgende Säuren mit Aluminium quantitative Fällungen: Monomethylarsonsäure (pH-Bereich 1 bis 3), α-Naphthylarsonsäure (pH bei Fällungsbeginn 2), β-Naphthylarsonsäure (pH bei Fällungsbeginn 1), 2,3-Dimethylphenylarsonsäure (pH bei Fällungsbeginn 3,5) und 3,4-Dimethylarsonsäure (pH bei Fällungsbeginn 2,5).

Praktische Bedeutung haben diese Fällungsreaktionen bis jetzt noch nicht erlangt.

Fällung mit Salicylhydroxamsäure

Zur gewichtsanalytischen Bestimmung des Aluminiums, Galliums und Indiums verwenden *Poddar*, *Sengupta* und *Adhya* [486] Salicylhydroxamsäure. Aluminium wird bei pH = 6,0 bis 7,5 gefällt. Zur Fällung wird ein 20facher Überschuß an Reagens-Lösung benutzt. Die Niederschläge werden 2 Std. auf dem Wasserbad digeriert, in einen Glasfiltertiegel abfiltriert, mit heißem Wasser ausgewaschen und bei 110 °C getrocknet.

Bemerkungen. Der (empirische) *Umrechnungsfaktor* auf Al beträgt 0,1383.

Phosphation stört die Bestimmung nicht, wenn der pH-Wert nach Zugabe des Reagenses erhöht wird.

Eisen, Kupfer, Titan, Vanadin und Molybdän *müssen* vorher abgetrennt werden.

Durch Fällung mit Zimtsäure

Aluminium läßt sich nach *Ostroumow* und *Volkov* [487] zusammen mit Eisen und Chrom neben Mangan, Nickel, Kobalt und Zink fällen.

Arbeitsvorschrift. Zu 60 ml schwach salzsaurer Lösung, die etwa 0,1 g Sesquioxide enthält, gibt man 10 bis 15 g Ammoniumchlorid, neutralisiert mit Ammoniak und gibt 2 bis 3 Tropfen konz. Salzsäure hinzu (pH = 5 bis 5,1). Man erhitzt zum Sieden, gibt tropfenweise 20 ml einer Lösung des Ammoniumsalzes der Zimtsäure (etwa 5%ig, bezogen auf Zimtsäure) zu, läßt 2 bis 3 min sieden und stellt 1 bis $1^1/_2$ Std. auf ein Wasserbad. Dann dekantiert man in ein Weißbandfilter und wäscht den Niederschlag im Fällungsgefäß 2mal mit Waschlösung (10 g Ammoniumchlorid und 20 ml Reagens-Lösung zu 100 ml aufgefüllt). Nach Filtration wird der Niederschlag mit 0,5%iger heißer Reagens-Lösung gewaschen, der Niederschlag getrocknet und verascht.

Fällung mit Mercaptobenzthiazol

Spacu und *Pirtea* [488] verwenden eine Lösung von Natriummercaptobenzthiazol zur schnellen, quantitativen, makro- und mikrogravimetrischen Bestimmung des Aluminiums, Thoriums, Zinks und Berylliums. Die weißen, kristallinen Niederschläge können entweder bei 105 bis 120° getrocknet oder durch Glühen in das Metalloxid überführt werden. Bei der Bestimmung des Aluminiums können noch 4 µg erfaßt werden. Nach *Pirtea* und *Mihail* [489] stören Magnesium und die Alkalien die Bestimmung nicht.

Arbeitsvorschrift. 5 bis 30 ml Lösung, die 0,003 bis 0,03 g Aluminium enthalten soll, versetzt man bei Zimmertemperatur unter Rühren mit 2 bis 10 ml Reagens-Lösung (siehe unten). Nach 5 min filtriert man in einen Filtertiegel (A 3 oder 1 G 3) ab, wäscht zunächst mit 50 bis 100 ml einer Lösung, die in 100 ml 1 bis 1,5 ml Reagens-Lösung enthält, und dann 4- bis 6mal mit 2 ml Wasser aus. Der Niederschlag wird 30 bis 45 min bei 105 bis 110° getrocknet und als $Al(C_7H_4NS_2)_3$ gewogen.

Bemerkungen. Der *Umrechnungsfaktor* auf Aluminium ist 0,051 32.

Magnesium *stört nicht;* deshalb ist das Verfahren zur Analyse von Aluminium-Magnesium-Legierungen besonders geeignet.

Reagens-Lösung. Das Reagens wird hergestellt durch Zugabe von etwas weniger als der stöchiometrischen Menge an n Natronlauge zum Mercaptobenzthiazol. Man filtriert vom Rest ab und verdünnt die Lösung, die etwa pH = 8 haben soll, mit so viel Wasser, daß 10 g Salz in 100 ml gelöst sind. Am besten bereitet man die Lösung, die vor Kohlendioxid geschützt werden muß, *stets frisch.*

Fällung mit N,N′-Äthylendianthranilsäure

Mit N,N′-Äthylendianthranilsäure führt *Mashima* [490] eine gewichtsanalytische und volumetrische Bestimmung des Aluminiums durch. Der weiße, kristalline Niederschlag wird entweder bei 130 °C getrocknet, zu Al_2O_3 verglüht oder nach Lösen durch Titration mit Kaliumbromat bestimmt. Eisen stört die Bestimmung und muß abgetrennt werden.

Arbeitsvorschrift. Die Lösung, die 1 bis 10 mg Aluminium enthalten soll, wird mit 2 g Ammoniumchlorid versetzt, auf etwa 150 ml verdünnt (pH-Wert 4 bis 5) und in der Hitze mit Reagens-Lösung gefällt. Der Niederschlag wird entweder bei 130 °C 1 Std. getrocknet (Umrechnungsfaktor auf Al 0,0569) oder zu Al_2O_3 verglüht.

Bemerkung. Zur *maßanalytischen* Bestimmung löst man den Niederschlag, der in gleicher Weise aus einer Lösung mit 0,56 bis 28 mg Al erhalten wurde, mit 40 bis 200 ml warmer 6n äthanolischer Salzsäure und titriert die Lösung mit 0,1 n Kaliumbromat-Lösung (1 ml ≙ 0,225 mg Al).

Fällung mit Embelin

Bheemasankara Rao und *Venkateswarlu* [491] berichten über eine Methode zur gewichtsanalytischen Bestimmung des Aluminiums und Berylliums mit Embelin, die auch zur Trennung des Aluminiums vom Beryllium benutzt werden kann. Der aus Aluminiumsalz-Lösungen bei pH = 4,0 bis 4,5 gefällte, blauviolette Aluminium-embelat-Komplex hat die Formel: $Al_2(C_{17}H_{24}O_4)_3 \cdot C_{17}H_{26}O_4$ und entspricht dem Aluminiumembelat mit einem freien Molekül Embelin. Durch ungenügende Reagens-Zugabe erhält man Komplexe der ungefähren Zusammensetzung „Al:Embelin" wie 2:3. Der Komplex kann entweder getrocknet oder zu Al_2O_3 verglüht werden.

Arbeitsvorschrift. Zur Aluminium-Lösung gibt man 2 g Ammoniumchlorid, verdünnt auf etwa 100 ml und stellt den pH-Wert auf 4,0 bis 4,5. Man erwärmt auf 60 °C, setzt für je 0,01 g Al_2O_3 12 bis 15 ml 1%iger Embelin-Lösung (in heißem Äthanol gelöst) tropfenweise und unter Rühren hinzu. Nach 1/2stündigem Stehen des Niederschlages auf dem Wasserbad läßt man ihn während des Abkühlens absitzen, filtriert ihn in ein Papierfilter (Whatman No. 41) ab, wäscht mit kaltem Wasser aus und verglüht in einem Platintiegel zu Al_2O_3. Bei der Bestimmung als Aluminiumembelat filtriert man den Niederschlag in einen Glasfiltertiegel (1G4) ab, wäscht zuerst mit 0,1%iger Embelin-Lösung in kaltem Äthanol, die 1% Essigsäure enthält, dann mit kaltem Wasser und schließlich mit etwas kaltem Äthanol aus. Er wird bei 105 bis 110° getrocknet und gewogen.

Bemerkungen. Der empirische *Umrechnungsfaktor* auf Al beträgt: 0,04410; auf Al_2O_3 beträgt er: 0,08333.

Beleganalysen ergaben folgende Werte (Tab. 33).

Tabelle 33. *Fällung von Al mit Embelin*

mg Al_2O_3		Differenz	mg Al-Embelat		Differenz
gegeben	gefunden	mg	errechnet	gefunden	mg
7,55	7,5	−0,05	90,6	90,8	+0,2
15,1	15,0	−0,1	181,2	181,3	+0,1
30,2	30,2	—	362,4	362,4	—
45,3	45,3	—	543,6	543,6	—

Trennung des Aluminiums vom Beryllium. Mit der Methode nach *Bheemasankara Rao* und *Venkateswarlu* läßt sich eine einfache Trennung des Berylliums vom Aluminium durchführen, da Beryllium erst im pH-Bereich 6,5 bis 7,0 ausgefällt wird. Im Gegensatz zum Aluminiumembelat ist der Beryllium-Komplex auch in Äthanol löslich.

Von den Autoren ausgeführte Trennungen ergaben folgende Resultate (Tab. 34).

Tabelle 34. *Trennung des Aluminiums vom Beryllium*

mg Al_2O_3	mg Al-Embelat		Differenz	mg BeO		Differenz
gegeben	errechnet	gefunden	mg	gegeben	gefunden	mg
7,5	90,6	90,6	—	13,7	13,6	+0,1
7,5	90,6	90,7	+0,1	54,8	54,8	—
45,3	543,6	543,6	—	13,7	13,7	—
45,3	543,6	543,6	—	54,8	54,8	—

Bestimmung des Aluminiums als Aluminiumfluorid

Die Bestimmung als Aluminiumfluorid wurde von *Caesar* und *Konopicky* [492] als Schnellmethode zur Bestimmung des Aluminiumoxids in Ton und Schamotte vorgeschlagen, da sie eine einfache Abtrennung von Kieselsäure ermöglicht. Es muß jedoch mit empirischen Faktoren, die von Rohstoff zu Rohstoff verschieden sind, gearbeitet werden. Die Methode ist deshalb nur für Reihenanalysen im Betriebslaboratorium geeignet. Die Probe wird mit Flußsäure bis zur Trockene abgeraucht und das zurückbleibende Aluminiumfluorid (nebst Eisen- und Titanfluorid) ausgewogen. Das erhaltene Aluminiumfluorid ist erst bei Temperaturen zwischen 170 und 240° gewichtskonstant. Nach dem Erhitzen auf 200° ist es nicht mehr hygroskopisch. Eisenfluorid verhält sich ähnlich; das in Wasser leicht lösliche Titanfluorid ergibt erst bei Temperaturen über 190° konstante Auswaagen. Die bei 200° getrockneten Fluoride des Aluminiums und Eisens enthalten jedoch noch Wasser und sind bereits wie auch das Titanfluorid teilweise hydrolysiert. Sie haben etwa die Zusammensetzung: $Al_2F_5(OH) \cdot H_2O$; $Fe_2F_5(OH) \cdot 1,5H_2O$; Ti_2OF_6. Für das Aluminiumfluorid-1-hydrat ergab sich ein Gehalt von 55,0% Al_2O_3; die Streuung der Einzelbestimmungen betrug im Mittel $\pm 0,2\%$ vom Mittelwert. Der theoretische Gehalt wäre für $Al_2F_6 \cdot H_2O$ 54,8%, für $Al_2F_5(OH) \cdot H_2O$ 55,4% Al_2O_3. Die Schnellbestimmung des Aluminiumoxid-Gehaltes in Aluminiumoxid und Kieselsäure enthaltenden Substanzen läßt sich nach folgender

Arbeitsvorschrift ausführen. Die gebrannte, feinst gepulverte Probe aus Aluminiumoxid und Kieselsäure wird in den Platintiegel eingewogen, mit Flußsäure (1:1) (etwa 24%ig) versetzt und im Luftbad bei 200° zur Trockene eingedampft. Das Abrauchen mit Flußsäure wird bis zur Gewichtskonstanz wiederholt. Die Auswaage, mit dem empirischen Faktor 0,550 multipliziert, ergibt die Menge des vorliegenden Aluminiumoxids.

Bemerkungen. Bei Ton- und Schamotteproben gehen *Caesar* und *Konopicky* von 0,5 g Einwaage aus und rauchen mit 15 ml Flußsäure (1:1) (etwa 24%ig) ab. Sie stellen fest, daß so bereits bei einmaligem Abrauchen die Kieselsäure vollständig entfernt wird, eine Wiederholung sich also erübrigt.

Zur Bestimmung von Beimengungen, wie Eisen und Titan, werden die erhaltenen Fluoride nach *erfolgter Wägung* mit einigen Tropfen Schwefelsäure abgeraucht und der Rückstand in Salzsäure gelöst bzw. durch Schmelzen mit Pyrosulfat aufgeschlossen.

Da naturgemäß nach der beschriebenen Arbeitsweise nur die Summe der Fluoride des Aluminiums und aller übrigen, als Verunreinigung oder Beimengung vorliegenden Metalle, meistens Eisen, Titan, Erdalkalien und Alkalien, bestimmt wird, kann die Methode nur dann zu annähernd befriedigenden Ergebnissen führen, wenn der Gehalt an begleitenden Metalloxiden gegenüber dem Gehalt an Aluminiumoxid praktisch *nicht ins Gewicht* fällt, z.B. bei sehr reinen Kaolinen. Bei Ton und Schamotte ist das aber nicht der Fall; hier ist jedoch der Gehalt an Beimengungen für jedes Tonvorkommen und für Schamotte gleicher Herkunft so weit konstant, daß man auch hier mit Hilfe zunächst ermittelter, empirischer Faktoren bei Reihenanalysen auf $\pm 0,8\%$ genaue Resultate erhalten kann.

Zur Abtrennung des Aluminiums von Cu, Fe, Co, Ni, Zn, Sn, Sb und Mn fällt *Bausova* [493] in Gegenwart von *Äthylendiamintetraessigsäure* mit Natriumfluorid und erreicht auf diese Weise eine quantitative Abtrennung von den genannten Elementen.

Singh, Sahoo und *Patniak* [494] fällen Aluminium zur Abtrennung des *Urans* aus Aluminium- und Urannitrat-Lösungen mit Ammoniumhydrogenfluorid, NH_4HF_2, als Aluminiumfluorid. Diese Art der Trennung dürfte jedoch nicht quantitativ erfolgen.

Bestimmung des Aluminiums als Natriumfluoroaluminat

Treadwell und *Bernasconi* [495] haben als erste die Bildung des schwerlöslichen, komplexen Natriumfluoroaluminats, Na_3AlF_6, zur Aluminium-Bestimmung herangezogen, und zwar auf potentiometrischem Wege. Diese maßanalytische Bestimmung hat inzwischen weitgehend Eingang in die analytische Praxis gefunden, ist vielfach nachgeprüft und modifiziert worden (S. 207).

Der Versuch, Aluminium auch gravimetrisch als Natriumfluoroaluminat zu bestimmen, wurde von *Tananajew* und *Abilow* [496] unternommen, diese Methode später von *Tananajew* und *Mitarbeitern* zur Aluminium-Bestimmung benutzt. Die Originalarbeiten der Bearbeiter waren nicht zugänglich. Die folgenden Ausführungen stützen sich daher nur auf Referate.

Nach *Tananajew* und *Lel'chuk* [497] existieren zwei Natriumaluminiumfluoride, $11\,NaF \cdot 4\,AlF_3$ und $3\,NaF \cdot AlF_3$ als Na_3AlF_6. Das erstere ist stabiler und bildet sich beim Versetzen von Aluminiumfluorid-Lösungen mit Natriumfluorid-Lösung geringer Konzentration. Nur aus gesättigter Aluminiumfluorid-Lösung fällt bei höherer Konzentration an Natriumfluorid $>1,4\%$ Na_3AlF_6 aus, das aber beim Verdünnen der Lösung in die stabilere Form übergeht. Auch der natürliche Kryolith soll die Zusammensetzung: $11\,NaF \cdot 4\,AlF_3$ haben. Nur dieses Salz ist zur Fällung und gewichtsanalytischen Bestimmung geeignet, da man gefälltes Na_3AlF_6 nur mit mindestens $1,5\%$iger Natriumfluorid-Lösung auswaschen kann, wenn es seine Zusammensetzung beibehalten soll.

Untersuchungen von *Pender* [498] bestätigen diese Angaben. Auch er erhielt bei der Fällung unter denselben Bedingungen das Doppelsalz: $11\,NaF \cdot 4\,AlF_3$. Röntgenbeugungsuntersuchungen ergaben für das Doppelsalz eine tetragonale Kristallstruktur im Gegensatz zur monoklinen Struktur des natürlichen und synthetischen Kryoliths. Durch chemische Analyse wurde die obige Zusammensetzung des Doppelsalzes bestätigt.

Die Löslichkeit des Natriumfluoroaluminats sinkt mit steigender Konzentration der Lösung an Natriumfluorid. So beträgt nach den Untersuchungen von *Tananajew* und *Lel'chuk* die Löslichkeit des Aluminiumfluorids 303 mg AlF_3 in 100 g $0,039\%$iger, aber weniger als 1 mg AlF_3 in 100 g $1,39\%$iger Natriumfluorid-Lösung. Bis zu einer Konzentration der Lösung an Natriumfluorid von $1,4\%$ hat der Niederschlag die Zusammensetzung: $11\,NaF \cdot 4\,AlF_3$. Durch Äthanol-Zusatz wird die Löslichkeit des Natriumfluoroaluminats ebenfalls herabgesetzt, wie die folgenden Löslichkeitsbestimmungen nach *Tananajew* und *Lel'chuk* zeigen (Tab. 35).

Tabelle 35. *Löslichkeiten von 11 NaF + 4 AlF₃*

Äthanol-Gehalt der Lösung %	Löslichkeit von $11\,NaF + 4\,AlF_3$ mg/100 ml bei 25°
0	50,9
24	40,5
48	21,6
64	9,6
76	8,6
96	6,5

Lel'chuk und *Rutskaja* [499] haben die Beeinflussung der Löslichkeit des Natriumfluoroaluminats durch Natriumsalze organischer Säuren (Citronensäure, Salicylsäure, Oxalsäure, Bernsteinsäure) untersucht. Die Löslichkeit wird infolge Komplexbildung des Aluminiums mit den organischen Säuren zunächst erhöht, um bei steigender

Konzentration der Lösung an Citrat- bzw. Succination wieder abzunehmen. Ein analytisch verwertbarer Einfluß ergab sich nicht.

Arbeitsvorschrift nach *Tananajew* und Mitarbeitern. In einem Zentrifugenglas wird zu 40 ml einer neutralen, 20 bis 80 mg Al enthaltenden Aluminiumchlorid-Lösung Natriumfluorid im Überschuß hinzugegeben (etwa 30 ml einer 3,3%igen Natriumfluorid-Lösung). Man läßt 5 bis 10 min stehen, zentrifugiert den gebildeten Niederschlag ab, entfernt die überstehende klare Lösung, behandelt den Niederschlag mit 0,5%iger Natriumfluorid-Lösung und zentrifugiert erneut. Das Auswaschen wird in gleicher Weise noch 1- bis 2mal wiederholt; anschließend wird ebenso noch 2mal mit 50%igem Äthanol, der mit Natriumfluoroaluminat gesättigt ist, ausgewaschen, bei 125 bis 130° getrocknet und als: $11\,\mathrm{NaF} \cdot 4\,\mathrm{AlF_3}$ gewogen.

Bemerkungen. Der *Umrechnungsfaktor* auf Al beträgt:

$$F = \frac{4\,\mathrm{Al}}{11\,\mathrm{NaF} \cdot 4\,\mathrm{AlF_3}} = 0,1353.$$

Nach *Tananajew* und *Lel'chuk* sind die oben erhaltenen Resultate auf 1 bis 2 mg *genau*. *Dupuis* und *Duval* [500] fanden jedoch beim Trocknen des nach obiger Vorschrift gefällten Natriumfluoroaluminats auf der Thermowaage, daß das im Niederschlag noch enthaltene Äthanol bereits bei 66° entfernt wird. Das Gewicht des Niederschlages bleibt dann bis zu einer Temperatur von 82° konstant, nimmt aber bei weiterer Temperatursteigerung unter allmählicher Zersetzung dauernd ab. Demnach dürfte der Niederschlag bei höchstens 82° getrocknet werden, wenn zu niedrige Ergebnisse vermieden werden sollen.

Eisen, Calcium und Magnesium werden zusammen mit Aluminium als Fluoride gefällt. Natriumfluoroferrat(III), $\mathrm{Na_3FeF_6}$, ist jedoch *löslicher* als Kryolith, so daß geringe Eisen-Mengen und auch Titan durch Wiederholung der Aluminium-Fällung getrennt werden können. Man löst hierzu den mit Natriumfluorid-Lösung gewaschenen Niederschlag in Borsäure enthaltender Salzsäure, raucht in einer Platinschale mit Schwefelsäure ab, nimmt den Rückstand mit verd. Salzsäure auf, neutralisiert und fällt nach obiger Vorschrift.

Trennung des Aluminiums vom Beryllium, Zink, Kobalt, Nickel, Chrom und Titan. Vom *Beryllium* trennen *Tananajew* und *Talipow* [501] Aluminium (sowie Eisen, Calcium und Magnesium) durch Fällung mit einem Überschuß an Natriumfluorid. Beryllium bleibt als Komplex, $\mathrm{Na_2BeF_4}$, in Lösung. In Gegenwart von Zink, Chrom, Kobalt und Nickel kann nach *Tananajew* und *Abilow* Aluminium nach obiger Arbeitsvorschrift als Natriumfluoroaluminat gefällt und von diesen Metallen getrennt werden. Zur Trennung vom *Titan* geben *Talipow* und *Sofeikowa* [502] zu der neutralen Lösung des Aluminium- und Titanchlorids 3- bis 4mal soviel Natriumfluorid zu, wie zur Bildung des Natriumfluoroaluminats erforderlich ist. Sie vermeiden so die nach *Tananajew* und *Abilow* sonst in Anwesenheit von Titan auftretenden Störungen. Im übrigen wird nach der Arbeitsweise von *Tananajew* und Mitarbeitern verfahren. Auch zur Bestimmung des Aluminiums in hochlegierten Stählen und anderen Legierungen verwenden *Tananajew* und *Jakovlev* [503] mit gutem Erfolg die Natriumfluoroaluminat-Methode.

Nach *Pender* eignet sich die Natriumfluoroaluminat-Methode gut zur Aluminium-Bestimmung in *Titan-Legierungen*, die außerdem Mangan, Vanadium, Zinn, Blei, Zirkonium, Chrom, Eisen, Kupfer und Molybdän enthalten.

Arbeitsvorschrift. Man wägt die Probe (1 g bei 1 bis 7% Al bzw. 0,5 g bei 7 bis 10% Al) in eine 125-ml-Platinschale, löst in 25 ml Wasser und 2 bis 3 ml 49%iger Flußsäure, oxydiert durch tropfenweise Zugabe 30%iger Wasserstoffperoxid-Lösung (in Molybdän-Anwesenheit mit Permanganat), setzt nochmals 2 bis 3 ml Flußsäure zu und entfernt den Peroxidüberschuß durch Kochen. Man verdünnt mit Wasser auf 60 ml, setzt 30 ml 2%ige Natriumfluorid-Lösung zu, rührt und zentrifugiert in

40-ml-Zentrifugen-Gläsern in Anteilen. Man wäscht die Fällung mit 35 bis 40 ml Wasser in die Platinschale zurück, kocht, setzt nochmals 30 ml 2%ige NaF-Lösung zu und zentrifugiert wie oben. Die Fällung wird durch Zentrifugieren mit 3 Anteilen von 30 ml 0,5%iger NaF-Lösung gewaschen, bei 125 bis 130° 1 Std. getrocknet, im Exsiccator abgekühlt und als $11\,NaF \cdot 4\,AlF_3$ gewogen.

Bestimmung des Aluminiums durch Fällung als Lithiumaluminat

Prociv [504] bestätigt die Angaben von *Heyrovský* [505], daß Lithiumaluminat durch Zufügen einer Lösung von Lithiumhydroxid zu einer Lösung von Aluminiumsalzen oder durch Zufügen einer Lösung von Lithiumsalz zu einer Lösung von Aluminaten gefällt wird. In allen Fällen war die Zusammensetzung des Niederschlages: $LiH(AlO_2)_2 \cdot 5\,H_2O$, der bei mäßigem Erhitzen in $Li_2O \cdot 2\,Al_2O_3$ überführt wurde. *Prociv* gibt die Löslichkeit des Lithiumaluminates zu $1,2 \cdot 10^{-4}$ g je Liter Wasser bei 25° an. Eine quantitative Bestimmung des Aluminiums gelingt durch Zugabe eines Überschusses an Lithiumsalz-Lösung zu einer Aluminium-Lösung, wenn die Lösung alkalisch gemacht wird.

Nach der Arbeit von *Dobbins* und *Sanders* [506] ist jedoch das atomare Verhältnis im Aluminat $2\,Li : 5\,Al$, entsprechend der Formel: $2\,Li_2O \cdot 5\,Al_2O_3$. Der Niederschlag soll in Lösungen, die eben gegen Phenolphthalein alkalisch sind, gefällt werden. Statt Natrium- oder Kaliumhydroxid verwendet man besser Ammoniak. Die Methode gibt z.B. bei Untersuchung von Alaun-Lösungen brauchbare Resultate.

Der flockige Niederschlag läßt sich leicht und schnell abfiltrieren und auswaschen. Da er sehr voluminös ist, sollte nicht mehr als 0,1 g Lithiumaluminat verarbeitet werden. Der gewaschene Niederschlag wird nach dem Trocknen bis zur Gewichtskonstanz geglüht (nach *Fish* und *Smith* [507] bei 900 bis 950°); der Gehalt an Aluminium entspricht der Formel: $2\,Li_2O \cdot 5\,Al_2O_3$. Nach den thermogravimetrischen Untersuchungen von *Duval* und *Duval* [508] ist die Entwässerung des Lithiumaluminats, das nach der Vorschrift von *Grothe* und *Lavelsberg* [509] gefällt wurde, zu: $2\,Li_2O \cdot 5\,Al_2O_3$ bereits bei 471° vollständig.

Arbeitsvorschrift nach *Dobbins* und *Sanders*. Die Aluminiumsalz-Lösung, die annähernd 0,1 g Lithiumaluminat ergeben würde, wird auf 100 ml verdünnt. Zur Lösung gibt man einige Tropfen Phenolphthaleins und Lithiumchlorid im Überschuß. Unter Umrühren wird verd. Ammoniak bis zur schwachen Rotfärbung zugegeben. Es fällt ein voluminöser, flockiger Niederschlag aus, der schnell und leicht abfiltriert werden kann. Man läßt 5 min absitzen, filtriert und wäscht mit dest. Wasser, bis die Waschwässer chloridfrei sind. Zu einer Probe, die einen Niederschlag von etwa 0,1 g ergibt, ist ein 11-cm-Filter erforderlich. Nach dem vollständigen Auswaschen werden Filter und Niederschlag in einen Tiegel gebracht und bei niederen Temperaturen getrocknet. Dann steigert man die Temperatur und glüht den Niederschlag bei hoher Temperatur bis zum konstanten Gewicht. Der Niederschlag wird gewogen und Aluminium aus der Formel: $2\,Li_2O \cdot 5\,Al_2O_3$ berechnet (47,37% Al).

Bemerkungen. Dobbins und *Sanders* geben folgende *Beleganalysen* wieder:
Gefunden: 108,5 mg, 107,2 mg, 99,7 mg, 102,98 mg $2\,Li_2O \cdot 5\,Al_2O_3$;
berechnet: 108,3 mg, 107,0 mg, 99,6 mg, 103,0 mg $2\,Li_2O \cdot 5\,Al_2O_3$.

Fish und *Smith* bestätigen die Angaben von *Dobbins* und *Sanders*, sie wenden die Fällung des Aluminiums als Lithiumaluminat zur Trennung vom *Zink* in Gegenwart von Ammoniumsalzen an. Ammoniumacetat stört bei der Fällung des Lithiumaluminates nicht, verhindert jedoch die Fällung des Zinks unter denselben Bedingungen. Ebenso verhält sich Ammoniumchlorid. Da bei der voluminösen Beschaffenheit des Lithiumaluminates etwas Zink eingeschlossen werden kann, ist Doppelfällung erforderlich. Die Trennschärfe soll nach den Angaben der Autoren größer sein als nach der Ammoniak- oder der Phosphat-Methode.

Nach *Carter* [510] hat sich die Lithiumaluminat-Methode besonders bei der Aluminium-Bestimmung in Zink-Aluminium-*Legierungen* mit weniger als 1% Aluminium bewährt.

Diese Fällungsmethode als Lithiumaluminat hat heute nur noch wissenschaftliches Interesse und praktisch *keine analytische* Bedeutung.

Bestimmung des Aluminiums durch Fällung mit Calciumhexacyanoferrat(II)

Zum Nachweis und zur Bestimmung des Aluminiums verwendet *Gaspar y Arnal* [511] eine wäßrig-äthanolische Lösung von Calciumhexacyanoferrat(II). Zur *Herstellung* des Reagenses löst man 20 g Calciumhexacyanoferrat(II)-12-hydrat, $Ca_2[Fe(CN)_6] \cdot 12H_2O$, in 670 ml Wasser und setzt 400 ml 96%iges Äthanol zu. Zur Fällung des Aluminiums gibt man die 0,02 bis 1 mg Al je ml enthaltende, neutrale Aluminium-Lösung zu einer entsprechenden Menge Reagenses, erhitzt zum Sieden und läßt abkühlen.

Die quantitative Bestimmung des Aluminiums nach dieser Methode kann nephelometrisch, potentiometrisch, gewichtsanalytisch (durch Trocknen des Niederschlages bei 85 bis 90°) oder durch Bestimmung des Reagensüberschusses mittels Permanganat-Lösung durchgeführt werden. In diesem Fall ist der Niederschlag mit verd. Äthanol zu waschen und auch die Analysenlösung vor der Fällung mit Äthanol zu versetzen. Beryllium gibt ähnlich wie Aluminium einen Niederschlag mit Calciumhexacyanoferrat(II), der jedoch im Gegensatz zu dem Aluminium-Niederschlag in Wasser löslich ist. Daher sollen sich Aluminium und Beryllium nach den Angaben von *Gaspar y Arnal* durch Fällung mit äthanolischer Lösung, durch anschließendes Verdünnen mit Wasser und Filtration voneinander trennen lassen.

Bestimmung des Aluminiums und Trennung von anderen Metallen durch Fällung als Aluminiumchlorid

Die erstmals von *Gooch* und *Havens* [512] angewandte Methode beruht auf der Schwerlöslichkeit des Aluminiumchlorid-6-hydrats, $AlCl_3 \cdot 6H_2O$, in einem mit Chlorwasserstoff gesättigten Äther-Salzsäure-Gemisch in der Kälte. Sie hat nur Bedeutung für die Abtrennung des Aluminiums von anderen Metallen. Aluminiumchlorid ist in Äther-Salzsäure noch merklich löslich, so daß eine praktisch quantitative Fällung nur beim Arbeiten in möglichst geringen Lösungsmittelmengen zu erreichen ist.

Auch als Trennungsverfahren für Aluminium hat die Methode bisher kaum Verbreitung gefunden, obgleich sie die Abtrennung von zahlreichen anderen Metallen ermöglicht, z.B. von Quecksilber, Kupfer, Wismut, Eisen, Mangan, Zink, Kobalt, Gallium, Zirkonium, Uran, Beryllium, Calcium und den Alkalimetallen; auch Sulfat- und Phosphationen stören nicht. Ob der Versuch, das Äther-Salzsäure-Gemisch durch andere Fällungsmittel zu ersetzen, wie Aceton-Salzsäure (*Ato* [513], Trennung vom Gallium) oder Acetylchlorid-Aceton (*Minnig* [514], Trennung vom Beryllium; *Ato*, Trennung vom Gallium), zu einer Verbesserung der quantitativen Fällung führt, bleibt offen, da diese Methoden nicht von anderer Seite nachgeprüft wurden.

Analytische Bedeutung kommt dem Aluminiumchlorid-Verfahren in erster Linie als Vortrennungsmethode zur Abscheidung eines großen Aluminium-Überschusses zu unter Verzicht auf eine quantitative Fällung. Wesentlich für diese Anwendungsmöglichkeit ist, daß der ausfallende Niederschlag von kristallinem Aluminiumchlorid-6-hydrat auch bei großen Aluminium-Mengen keine Neigung zur Mitfällung oder Adsorption fremder Ionen zeigt (*Fischer* und *Seidel* [515]). Zur Abtrennung der Hauptmenge des Aluminiums genügt in den meisten Fällen die einfacher auszuführende Abscheidung des Aluminiumchlorids aus kalter, wäßriger, mit Chlorwasserstoff gesättigter Salzsäure, in der Aluminiumchlorid etwas löslicher ist als in Äther-Salz-säure.

Löslichkeit von Aluminiumchlorid und anderen Metall-Chloriden in Salzsäure und Äther-Salzsäure-Gemischen

Die Ergebnisse der von *Fischer* und *Seidel* in ätherisch-wäßriger Salzsäure ausgeführten Löslichkeitsbestimmungen enthält die folgende Tabelle 36.

Tabelle 36. *Löslichkeiten des Aluminiumchlorid-6-hydrats*

Temperatur °C	Volumenverhältnis Äther:Wasser	Löslichkeit mg Al/100 ml
15	0	4,7
15	0,49	3,4
15	0,61	3,1
15	0,76	2,5
15	0,93	0,85
15	1,14	0,42
15	1,71	0,21
15	2,65	0,11
0	1,0	0,16

Das in der Tabelle 36 angegebene Volumenverhältnis bezieht sich auf die Menge Äther und wäßrige, noch nicht salzsaure Lösung. Beim Sättigen mit Chlorwasserstoff findet eine Volumenvergrößerung statt, die z.B. bei einer Mischung aus gleichen Teilen Äther und Wasser bei 0° 29% beträgt. Das entstehende, mit Chlorwasserstoff gesättigte Gemisch enthält 39,3 Gew.-% HCl.

Die Löslichkeit des Aluminiumchlorids nimmt demnach mit sinkender Temperatur und steigendem Äther-Gehalt ab. Da aber naturgemäß auch die Löslichkeit anderer Metallchloride durch Erhöhung des Äthergehaltes und Temperaturerniedri-

Tabelle 37. *Löslichkeit von Metallchloriden in mit HCl gesättigter Mischung aus gleichen Teilen Äther und wäßriger Lösung (39 bis 39,5% HCl) bei 0°*

Kation	Löslichkeit in mg Metall/100 ml	Farbe der Lösung
Al^{3+}	0,15	farblos
Na^+	1,2	farblos
K^+	55,5	farblos
NH_4^+	159	farblos
Be^{2+}	335	farblos
Mg^{2+}	12,3	farblos
Ca^{2+}	490	farblos
Ti^{4+}	5000	intensiv gelb
Zr^{4+}	5200	
V^{4+}	7000	dunkelbraun
Cr^{3+} (violett)	6	ganz schwach violett
Cr^{3+} (grün)	30	bräunlich
Mn^{2+}	860	schwach grünlichgelb
Fe^{3+}	5000	gelb
Co^{2+}	7700	tief dunkelblau
Ni^{2+}	2,8	sehr schwach gelb
Cu^{2+}	6400	dunkelbraun
Zn^{2+}	5000	farblos

gung herabgesetzt wird, sind einer Vervollständigung der Aluminium-Abscheidung durch entsprechende Änderung dieser beiden Faktoren Grenzen gesetzt. *Fischer* und *Seidel* haben daher ihre Versuche stets bei 0° und in chlorwasserstoffgesättigten Mischungen aus gleichen Teilen Äther und Wasser ausgeführt. Die Löslichkeit verschiedener Metallchloride unter diesen Bedingungen gibt die Tabelle 37 wieder.

Nach diesen Befunden ist die Trennung des Aluminiums von Metallen wie Titan, Eisen, Kobalt, Kupfer und Zink in praktisch jedem Verhältnis möglich. Dagegen kann Aluminium nur von geringen Mengen Natrium, Nickel oder Magnesium abgetrennt werden, da größere Anteile dieser Metalle infolge der Schwerlöslichkeit ihrer Chloride ebenfalls ausgefällt werden. Die Trennungsmöglichkeiten sind jedoch durch Mitfällung und gegenseitige Beeinflussung der Ionen teilweise eingeschränkt (vgl. hierzu S. 152).

Die Löslichkeiten von Aluminiumchlorid, der Alkalichloride sowie von Beryllium- und Zirkoniumoxidchlorid in wäßriger, konz. Salzsäure nach Arbeiten von *Seidel* und *Fischer* [516], *Fischer* und *Zumbusch* [517], *Leikina* und *Nowosselowa* [518] sowie *Schmid* [519] sind in der folgenden Tabelle 38 zusammengestellt.

Tabelle 38. *Löslichkeit verschiedener Chloride in konz. Salzsäure*

Konzentration der Salzsäure Gew.-%	mg Kation in 100 ml gesättigter Lösung					
	Al^{3+}	Na^+	K^+	NH_4^+	Be^{2+}	Zr^{4+}
29,0	580					428
30,8	292	76,0	612	790	1638	520
32,1			598			
32,3	94	47,2	608	783	1463	643
35,4	18,4	35,6	650	835	1177	1565
39,0	5,0	22,2	795	980		8100
41,7	1,8	17,9	980	1210		
44,3	0,7	15,9	1300	1600		

Demnach liegen die Löslichkeiten in wäßriger über denjenigen in ätherischer Salzsäure.

Die Löslichkeit des Aluminiumchlorids läßt sich durch Temperaturerniedrigung weiter verringern. *Farhan* [520] fällt z.B. zur Bestimmung von Magnesiumspuren im Aluminium letzteres bei − 15° aus. Ob eine solche Arbeitsweise auch in anderen Fällen möglich ist, hängt von der Löslichkeit der abzutrennenden Metallchloride bei tieferen Temperaturen ab.

Überführung des Aluminiumchlorids in Aluminiumoxid zur gewichtsanalytischen Bestimmung

Eine Wägung als Aluminiumchlorid-6-hydrat ist nach *Dupuis* und *Duval* [521] auf Grund von Untersuchungen mit Hilfe der Thermowaage nicht möglich. Bereits zwischen 39 und 70° wird allmählich Kristallwasser abgegeben, bei weiterem Temperaturanstieg findet rasche Zersetzung statt. Die Umwandlung in Aluminiumoxid ist bei 542° vollständig.

Nach *Gooch* und *Havens* kann man die kristalline Fällung des Aluminiumchlorid-6-hydrats nach sorgfältigem Trocknen bei 150° glühen und das entstandene Oxid zur Wägung bringen. Da jedoch bei direktem Erhitzen des Aluminiumchlorids die Resultate etwas zu niedrig liegen, bringt man besser vor dem Glühen etwas reines Quecksilberoxid in dünner Schicht auf das Aluminiumchlorid, erhitzt zunächst langsam (Abzug!) und glüht dann vor dem Gebläse.

Andere Autoren (*Palkin* [522]; *Ato*) lösen das abgetrennte Aluminiumchlorid in Wasser und bestimmen Aluminium als Oxid nach Fällung mit Ammoniak in bekannter Weise. Auch *Fischer* und Mitarbeiter halten diese Arbeitsweise für zuverlässiger.

Arbeitsweisen zur Fällung des Aluminiums als Chlorid und Abtrennung von anderen Metallen

Die Arbeitsweisen zur Fällung des Aluminiumchlorids unterscheiden sich im wesentlichen durch die Art der Ausfällung bzw. des Lösungsmittels: Sättigen der wäßrigen Lösung mit Chlorwasserstoff oder Fällung mit einem Gemisch aus Aceton und Acetylchlorid. Die im folgenden wiedergegebenen Arbeitsvorschriften sind daher nach den Lösungsmitteln, aus denen die Fällung vorgenommen wird, zusammengefaßt.

Fällung mit Chlorwasserstoff aus ätherisch-wäßriger Lösung

Arbeitsvorschrift nach *Fischer* und *Seidel* [515]. Die wäßrige Lösung wird, wenn sie keine überschüssige Salzsäure enthält, mit dem gleichen Volumen Äther versetzt. Bei salzsauren Lösungen ist nur so viel Äther zu verwenden, daß je 1 Volumen salzsäurefreier Lösung 1 Volumen Äther zugegeben wird.

Dabei ist zu berücksichtigen, daß aus 40 ml wäßriger Lösung und 40 ml Äther 102 ml gesättigte, ätherisch-wäßrige Salzsäure entstehen. Da die Löslichkeit des Aluminiumchlorids in dieser Lösung bei 0° noch 0,15 mg Al/100 ml beträgt, muß das Fällungsvolumen möglichst klein gehalten werden. Um einen gut filtrierbaren und auswaschbaren Niederschlag zu erhalten, soll andererseits die Ausgangslösung nicht mehr als 0,4 g Al in 40 ml enthalten. Die abzutrennenden Metalle dürfen naturgemäß nur in solcher Konzentration vorliegen, daß ihre Löslichkeit nicht überschritten wird (vgl. hierzu Löslichkeitstabelle S. 149).

Unter ständigem kräftigem Rühren wird die ätherisch-wäßrige Lösung mit Chlorwasserstoff bei 0° vollständig gesättigt. Bei Verwendung der unten beschriebenen Apparatur läßt sich die Vollständigkeit der Sättigung leicht nachprüfen. Der Niederschlag wird nun in einen mittleren Filtertiegel (Glasfiltertiegel G 3 oder Porzellanfrittentiegel A 2), der vor Beginn der Filtration mit etwas Waschflüssigkeit vorgekühlt war, abfiltriert. Während des Filtrierens und Auswaschens ist der Tiegel mit einem Uhrglas bedeckt zu halten. Der Niederschlag muß stets von Flüssigkeit bedeckt sein, da er beim Durchsaugen von Luft Feuchtigkeit aufnehmen und Salzsäure aus der anhaftenden Mutterlauge abgeben würde; hierdurch würde die Löslichkeit des Aluminiumchlorids erhöht. Als Waschflüssigkeit dient ebenfalls bei 0° mit Chlorwasserstoff gesättigte, ätherisch-wäßrige Salzsäure aus gleichen Volumina Äther und Wasser. Fällungsgemisch und Waschflüssigkeit müssen bis zum Aufgeben auf den Filtertiegel auf 0° gekühlt bleiben. Bei Fällung von 100 mg Al genügt im allgemeinen 5maliges Auswaschen mit je 8 ml Waschflüssigkeit. Der Niederschlag wird in Wasser gelöst und nach Fällung mit Ammoniak durch Glühen als Aluminiumoxid ausgewogen.

Bemerkungen. Einzelheiten zur Ausführung. Die Fällung wird bei einem Gesamtfällungsvolumen von 100 ml in einem 200-ml-Weithals-Erlenmeyerkolben ausgeführt, der mit einem dicht schließenden, 3fach durchbohrten Gummistopfen verschlossen ist. Durch die mittlere Bohrung wird gasdicht ein mit einem Tropfen Glycerin geschmierter Glasrührer (z.B. KPG-Rührer) eingeführt, durch die beiden übrigen Bohrungen ein Gaseinleitungs- und ein Ableitungsrohr. Das Einleitungsrohr braucht nicht in die Lösung einzutauchen, da die Absorption des Chlorwasserstoffs bei lebhafter Rührung mit genügender Geschwindigkeit verläuft. Der Kolben taucht bis kurz unter den Hals in ein Kühlbad so ein, daß er von unten gut gekühlt wird.

Einen *kontinuierlichen* Chlorwasserstoffstrom entwickelt man am besten aus konz. Salzsäure und konz. Schwefelsäure. Die Geschwindigkeit der Chlorwasserstoffzufuhr wird so geregelt, daß über dem Fällungsgemisch noch keine Nebelbildung auftritt. Gegen Ende der Absorption läßt man nur noch langsam Chlorwasserstoff durch den Kolben durchströmen. Durch Kontrolle je eines vor und hinter das Fällungsgefäß geschalteten Blasenzählers läßt sich die Beendigung der Absorption, also die erreichte Sättigung, leicht erkennen. Man benötigt bei genügend kräftiger Rührgeschwindigkeit zur vollständigen Sättigung von 100 ml Fällungsgemisch weniger als 1 Std.

Die von *Gooch* und *Havens* sowie anderen älteren Bearbeitern häufig beobachteten, negativen *Fehler* und mangelhaft reproduzierbaren Ergebnisse führen *Fischer* und *Seidel* vor allem auf 2 Ursachen zurück: α) auf ungenügende Beachtung der Temperaturabhängigkeit der Löslichkeit und β) auf Übersättigungserscheinungen.

In chlorwasserstoffgesättigten Lösungen aus gleichen Volumina Wasser und Äther steigt die Löslichkeit bei Temperatur-Erhöhung von 0° auf 15° von 0,15 auf 0,8 mg Al/100 ml. Es ist daher besonders beim Arbeiten bei 0° wesentlich, eine Erwärmung während des Filtrierens möglichst auszuschließen.

Da ätherisch-wäßrige Salzsäure etwas viskos ist, kann die Fällung des Aluminiumchlorids teilweise erheblich verzögert werden. Wurde zur Fällung nicht gerührt, so blieben bei Filtration des Niederschlages bei 15° nach beendeter Fällung noch 4 mg, bei Filtration nach 6 Std. noch 2,6 mg Al/100 ml in Lösung; vollständige Fällung (0,8 mg Al/100 ml Filtrat) war erst nach 24stündigem Stehenlassen eingetreten. Durch kräftiges Rühren wird die Übersättigung aufgehoben, so daß etwa 15 min nach beendeter Sättigung mit Chlorwasserstoff filtriert werden kann.

Mitfällung fremder Ionen durch den Aluminiumchlorid-Niederschlag

Zur Feststellung der Trennschärfe haben *Fischer* und *Seidel* zahlreiche Fällungen des Aluminiums in Gegenwart fremder Ionen nach obiger Arbeitsvorschrift ausgeführt, deren Ergebnisse in folgender Tabelle 39 enthalten sind.

Tabelle 39. *Fällung von $AlCl_3 \cdot 6 H_2O$ in Gegenwart von Fremdionen*

	Bei Fällungen von je 100 mg Al aus 100 ml ätherisch-wäßriger HCl bei 0° mitgerissene Menge Fremdionen in mg bei Zusatz von			
	1000 mg	100 mg	10 mg	1 mg
SO_4^{2-}	bis 0,5	0,05	—	—
PO_4^{3-}	0,8	0,1	0,02	—
$PO_4^{3-} + Fe^{3+} + Ti^{4+}$ (je 100 mg)		bis 0,3		
$PO_4^{3-} + Mn^{2+} + Ti^{4+}$ (je 100 mg)		bis 0,4		
Be^{2+}	—	bis 0,06	0,01	bis 0,003
Mg^{2+}	—	—	bis 0,15	—
Ca^{2+}	0,03 (bei 400 mg)	0,01	—	—
Zn^{2+}	0,15	—	—	—
Mn^{2+}	bis 0,2 (bei 500 mg)	bis 0,05	0,008	—
Ni^{2+}	—	—	—	0,02
Co^{2+}	0,2	0,03	0,01	—
Fe^{3+}	bis 0,006	bis 0,002	—	—
Cr^{3+} (violett)	—	—	—	0,5
Cr^{3+} (grün)	—	3,4	1,2	0,35
Ti^{4+}	1,2	0,6	bis 0,15	0,03
V^{4+}	7,4	2,2	0,6	—

In gleichzeitiger Anwesenheit von Calcium- und Sulfationen kann Calciumsulfat mitgefällt werden, da dieses in Äther-Salzsäure schwerlöslich ist. Enthält die Aluminiumsalzlösung neben Titan- noch Ammonium- oder Kaliumionen, so können sich schwerlösliche Komplexsalze wie $(NH_4)_2TiCl_6$ oder K_2TiCl_6 bilden, die zusammen mit Aluminiumchlorid ausgefällt werden. Auch bei gleichzeitigem Vorliegen von viel Ammoniumchlorid oder Kaliumchlorid und Eisensalz können Störungen auftreten. Außer bei Chrom und Vanadium, die in verhältnismäßig starkem Maße mitgefällt werden, ist die Trennschärfe bei der Fällung des Aluminiumchlorids in Gegenwart der übrigen, untersuchten Metalle sehr gut.

Fischer und *Seidel* haben keine direkten Aluminium-Bestimmungen nach der angegebenen Arbeitsvorschrift ausgeführt. Die erreichbare *Genauigkeit* läßt sich jedoch abschätzen aus der Löslichkeit des Aluminiumchlorids, die bei 0° in dem mit Chlorwasserstoff gesättigten Gemisch aus gleichen Teilen wäßriger Lösung und Äther 0,16 mg Al/100 ml Filtrat beträgt. Bei genauer Einhaltung der beschriebenen Arbeitsbedingungen kann man daher den im Niederschlag ermittelten Aluminium-Wert der bekannten Löslichkeit des Aluminiumchlorids und dem gemessenen Volumen des Filtrats entsprechend korrigieren.

Arbeitsweise zur Trennung vom Zirkonium (und Hafnium) nach Fischer und Zumbusch [517]

Die Löslichkeit des Zirkoniumoxidchlorids in Salzsäure hat ein flaches Minimum bei einer Konzentration der Salzsäure zwischen 25 und 30% (*Schmid*). Man kann daher nach Fällung eines Zirkonium-(und Hafnium-)Überschusses aus 25%iger Salzsäure durch Sättigen des Filtrates mit Chlorwasserstoff in der Kälte Aluminium als Chlorid ausfällen und von dem noch in Lösung befindlichen Zirkonium (und Hafnium) abtrennen. Da nach den Feststellungen von *Fischer* und *Zumbusch* die Löslichkeit des Zirkoniums auch in chlorwasserstoffgesättigter, ätherisch-wäßriger Salzsäure mehr als 10 000mal größer als diejenige des Aluminiums ist, eignet sich die Fällung aus Äther-Salzsäure zur Abtrennung des Aluminiums vom Zirkonium.

Ältere Arbeitsvorschriften. Die von *Gooch* und Havens bzw. *Havens* [523] ursprünglich ausgearbeiteten Arbeitsweisen unterscheiden sich von der oben wiedergegebenen Arbeitsvorschrift nach *Fischer* und *Seidel* vor allem dadurch, daß nicht bei 0°, sondern bei 15° in Mischungen aus gleichen Raumteilen Salzsäure und Äther, also mit etwas höherem Äthergehalt, gearbeitet wird. Bei der Trennung vom Eisen wird der Äther-Zusatz unter Umständen sogar noch weiter erhöht.

In gleicher Weise kann auch die Trennung vom *Gallium* durchgeführt werden.

Die von *Ato* vorgeschlagene Trennung des Aluminiums vom Gallium durch Fällung des Aluminiumchlorids aus chlorwasserstoffgesättigter, acetonhaltiger Salzsäure bietet gegenüber der Fällung mit Äther-Salzsäure keinerlei Vorteile. Eine weitere, von *Ato* untersuchte Trennungsmöglichkeit beruht auf der verschiedenen Löslichkeit von Gallium- und Aluminiumchlorid in Acetylchlorid-Aceton (vgl. S. 154).

Havens [524] führt die Fällung in Gegenwart von *Zink, Kupfer, Quecksilber, Wismut* und *Kobalt* aus. *Pinerua* [525] trennt in analoger Weise Aluminium vom Kobalt. Zur Fällung in Gegenwart von *Beryllium* gibt *Havens* folgende

Arbeitsvorschrift. Die Lösung der Chloride wird mit dem gleichen Volumen einer Mischung aus gleichen Teilen konz. Salzsäure und Äther versetzt und mit Chlorwasserstoff bei 15° gesättigt. Darauf wird ein dem ursprünglichen Volumen der Lösung gleiches Volumen Äther zugesetzt und wieder Chlorwasserstoff bis zur vollständigen Sättigung eingeleitet. Der erhaltene Niederschlag wird wie üblich abfiltriert, ausgewaschen und weiterverarbeitet.

Bemerkungen. Churchill, Bridges und *Lee* [526] verwenden die Methode nach *Havens* ebenfalls zur Abtrennung eines großen Aluminium-Überschusses, allerdings unter Wiederholung der Fällung. Die im Filtrat verbleibenden, geringen Aluminium-Mengen werden nach dem *Oxin*-Verfahren abgetrennt.

Fällung mit Chlorwasserstoff aus acetonisch wäßriger Lösung
(Trennung vom Gallium nach Ato [513])

In einer Mischung aus je 20 ml 6n Salzsäure und Aceton, die bei 0° mit Chlorwasserstoff gesättigt wird, ist Aluminiumchlorid so wenig löslich, daß eine praktisch quantitative Trennung möglich ist. Die von *Ato* angeführten Beleganalysen lassen keine Erhöhung der *Genauigkeit* gegenüber der Fällung aus ätherisch-wäßriger Lösung erkennen.

Fällung mit Äther aus salzsaurer, äthanolischer Lösung
(Trennung vom Eisen nach Palkin [522])

Arbeitsvorschrift. Man dampft die Lösung, die etwa 0,5 g der gemischten Chloride enthält, zur Trockene, zerreibt den Rückstand mit einem Glasstab, trocknet 1/2 Std. bei 120° und nimmt mit äthanolischer Salzsäure mit einem Gehalt von 25 bis 35% Chlorwasserstoff auf, die durch Einleiten von Chlorwasserstoff in absolutes Äthanol erhalten wurde, und erwärmt, bis die Lösung vollständig klar geworden ist. Die Lösung dampft man bis zur Sirupdicke und Auskristallisation ein. Nach Zugabe von 0,5 ml äthanolischer Salzsäure erwärmt man, so daß der Rückstand vollständig damit durchdrungen ist, und fügt nach der Abkühlung anteilweise 30 ml Äther (D_{25} = 0,713 bis 0,716) unter beständigem Umrühren zu. Wenn sich der ausgefallene Niederschlag des Aluminiumchlorids klar abgesetzt hat, gibt man noch 40 ml wasserfreien Äther hinzu, läßt stehen und saugt in einen Filtertiegel ab. Man wäscht unter beständigem Auffüllen mit Waschäther, der auf 100 Teile Äther 2 Teile äthanolischer Salzsäure enthält. Das Aluminiumchlorid wird dann in Wasser aufgelöst, mit Ammoniak als Hydroxid gefällt und nach dem Glühen als Aluminiumoxid gewogen.

Fällung mit Acetylchlorid-Aceton

Durch ein Gemisch aus Acetylchlorid und Aceton (1:4) kann Aluminiumchlorid-6-hydrat quantitativ gefällt werden (*Gooch* und *Boynton* [527]), während Eisen und Beryllium (*Minnig*) sowie Gallium (*Ato*) so weit löslich sind, daß sie vom Aluminium getrennt werden können. Nach *Ato* entspricht die Löslichkeit des Aluminiumchlorids in 30 ml Acetylchlorid-Aceton-Mischung (1:4), unabhängig von der Menge des Bodenkörpers, 0,1 bis 0,2 mg Al_2O_3. Bei der Trennung des Aluminiums vom Eisen ist darauf zu achten, daß das Acetylchlorid phosphorfrei ist.

Arbeitsvorschrift nach *Minnig* zur Trennung vom Beryllium. Die Lösung der Chloride wird auf ein kleines Volumen eingeengt und unter Kühlung tropfenweise mit dem Acetylchlorid-Aceton-Gemisch (1:4) versetzt. Das gefällte, wasserhaltige Aluminiumchlorid wird abfiltriert, mit der Fällungsflüssigkeit sorgfältig ausgewaschen und nach dem Trocknen zum Aluminiumoxid geglüht.

Bemerkungen. Für die *Genauigkeit* der Methode ist die Erkennung der Vollständigkeit der Fällung des Aluminiums wesentlich. Wird zuviel Fällungsflüssigkeit zugesetzt, so scheidet sich nach dem Aluminiumchlorid auch Berylliumchlorid aus. Beide Chloride sind jedoch durch ihr Aussehen leicht zu unterscheiden. Zur Vermeidung des Einschlusses von Berylliumchlorid durch Aluminiumchlorid ist eine 2malige Fällung des Aluminiums zu empfehlen. In gleicher Weise verfährt *Minnig* bei der Trennung von Aluminium und *Eisen.*

Arbeitsvorschrift nach *Ato* zur Trennung vom Gallium. Die Lösung der Chloride wird zur Trockne eingedampft und der Rückstand unter ständigem Rühren mit 30 ml Acetylchlorid-Aceton-Mischung (1:4) versetzt. Man gießt vom Ungelösten ab und wäscht dieses mit 30 bis 50 ml derselben Flüssigkeit durch Dekantieren. Das Aluminium wird nach dem Lösen des Aluminiumchlorids in Wasser wie üblich als Hydroxid gefällt und als Aluminiumoxid bestimmt.

Bemerkung: In der folgenden Tabelle 40 sind die *Analysenergebnisse* von *Ato* wiedergegeben.

Tabelle 40. *Al-Bestimmung nach Ato*

Al_2O_3	
angewendet mg	gefunden mg
156,1	156,1
156,1	155,9
468,3	468,7

Bei den beiden letzten Bestimmungen wurde festgestellt, daß Galliumchlorid vom Aluminiumchlorid zurückgehalten worden war. Es ließ sich durch weiteres Auswaschen entfernen.

Die Trennschärfe der Fällung mit Chlorwasserstoff aus wäßriger Lösung scheint nach den Beobachtungen von *Seidel* und *Fischer* sowie *Fischer* und *Zumbusch* nicht ganz so gut zu sein wie bei der Fällung aus Äther-Salzsäure.

Das Verfahren wurde von *Schürmann* und *Schob* [528] sowie *Steinhäuser* [529] zur Bestimmung von Natrium und Lithium und von *Farhan* zur Bestimmung von Spuren Magnesiums im Aluminium-Metall angewandt. *Seidel* und *Fischer* haben es auf seine Brauchbarkeit zur Trennung von Aluminium und Beryllium untersucht, *Fischer* und *Zumbusch* zur Trennung von Aluminium und Zirkonium (bzw. Hafnium) herangezogen.

Arbeitsvorschrift nach *Seidel* und *Fischer* zur Trennung vom Beryllium sowie vom Zirkonium- bzw. Hafnium. Die Lösung wird entsprechend der ausführlichen Vorschrift nach *Fischer* und *Seidel* (S. 151), jedoch ohne Ätherzusatz, in der dort beschriebenen Apparatur bei 0° mit Chlorwasserstoff unter 1 At Druck gesättigt. Der abfiltrierte Niederschlag wird 5mal mit je 8 ml bei 0° gesättigter, wäßriger Salzsäure ausgewaschen.

Bemerkungen. Es *bleiben* noch 1,5 mg Al_2O_3/100 ml in Lösung.

Bei der Trennung vom Beryllium (*Seidel* und *Fischer*) wurden durch Fällung aus je 100 mg Al und 100 bzw. 10 mg Be enthaltenden Lösungen (Fällungsvolumen je 100 ml) von dem Aluminiumchloridniederschlag 0,2 bzw. 0,04 mg Be mitgerissen. Bei der Trennung vom Zirkonium (*Fischer* und *Zumbusch*) war die Trennschärfe ebensogut. Ein Vergleich mit entsprechenden Trennungen aus ätherisch-wäßriger Lösung zeigt jedoch, daß in letzterer die Trennschärfe *besser* ist.

Arbeitsvorschrift nach *Schürmann* und *Schob* [528] zur Trennung von Calcium und den Alkalimetallen (Alkali-Bestimmung im Aluminium-Metall). Um Natrium und Lithium im Aluminium zu bestimmen, scheiden *Schürmann* und *Schob* die Hauptmenge des Aluminiums durch Einleiten von Chlorwasserstoff in die Lösung der Chloride oder Sulfate ab.

5 bis 20 g Aluminium löst man in Salzsäure und bringt die Lösung mit verd. Salzsäure auf ein Volumen von 300 bis 600 ml. Man kühlt die Lösung durch eine Eis-Kochsalz-Kältemischung und sättigt durch Einleiten von Chlorwasserstoff. Als Einleitungsrohr benutzt man einen umgekehrten Trichter, um eine Verstopfung durch das sich abscheidende Aluminiumchlorid zu vermeiden. Nach dem Abscheiden des feinkristallinen Niederschlages wird er abfiltriert und mit gesättigter Chlorwasserstoffsäure ausgewaschen. Man filtriert in einen Neubauer-Tiegel aus Platin oder in

einen Porzellanfiltertiegel. Das Filtrat wird eingedampft, der Rückstand mit einigen Tropfen Salzsäure und Wasser aufgenommen und das noch in Lösung befindliche Aluminium (nebst Eisen) mit Ammoniak ausgefällt. Im Filtrat lassen sich Calcium und die Alkalimetalle bestimmen.

Literatur

 1. *Haber, F.:* B. **55**, 1717, 1728 (1922).
 2. *Willstätter, R., Kraut, H.:* B. 57 **B**, 1082 (1924).
 3. *Willstätter, R., Kraut, H., Erbacher, O.:* B. **58**, 2458 (1925).
 4. *Fricke, R., Meyring, K.:* Z. anorg. Ch. **214**, 269 (1933).
 5. *Fricke, R., Hüttig, G. F.:* Handbuch d. allg. Chemie, Bd. IX. Hydroxide, Oxyhydrate; Leipzig 1937.
 6. *Kohlschütter, V., Beutler, W., Sprenger, L., Berlin, M.:* Helv. **14**, 3 (1931).
 7. *Kohlschütter, V., Beutler, W.:* Helv. **14**, 316 (1931).
 8. *Weiser, H. B., Milligan, O. W.:* Advances in Colloid Science, Vol. I, New York 1942, p. 227.
 9. *Imelik, B.:* C. r. **233**, 1284 (1951).
10. *Teichner, S.:* C. r. **237**, 810, 900 (1953).
11. *Bentur, S., Marboe, E. C.:* Techn. Rep. 74, U. S. Office of Naval Research (Washington 1957).
12. *Bale, H. D., Schmidt, P. W.:* J. chem. Physics **31**, 1612 (1959).
13. *Gastucke, M. C., Herbillon, A.:* Bl. **1962**, 1404.
14. *Ginsberg, H., Hüttig, W., Stiehl, H.:* Z. anorg. Ch. **309**, 233 (1961).
15. *Ginsberg, H., Hüttig, W., Stiehl, H.:* Z. anorg. Ch. **318**, 238 (1962).
16. *Marboe, E. C., Bentur, S.:* Silicates ind. **26**, 389 (1961).
17. *Bye, G. C., Robinson, J. G.:* Kolloid-Z. u. Z. Polymere **198**, 53 (1964).
18. *Schirm, E.:* Ch.-Z. **33**, 877 (1909); **35**, 980 (1911).
19. *Stock, A.:* B. **33**, 548 (1900).
20. *Chancel, G.:* C. r. **46**, 987 (1858).
21. *Hinrichsen, W.:* Z. anorg. Ch. **58**, 83 (1908).
22. *Cavignac, H.:* C. r. **158**, 948 (1914).
23. *Szabó, Z. G., Csányi, L. J., Kával, M.:* Fr. **146**, 401 (1955).
24. *Jander, G., Ruperti, O.:* Z. anorg. Ch. **153**, 233 (1926); *Jander, G., Pfundt, O.:* Z. anorg. Ch. **153**, 219 (1926); durch Fr. **71**, 133 (1927).
25. *Remy, H., Kuhlmann, A.:* Fr. **65**, 161 (1924/25).
26. *Blum, W.:* Am. Soc. **38**, 1290 (1916); Sc. Pap. Bur. Stand. **19**, 515 (1916).
27. *Edwards, G. P., Buswell, A. W.:* Illinois State Water Surv. Divis. Bull. **22**, 47 (1925).
28. *Massink, A.:* Chem. Weekbl. **19**, 66 (1922).
29. *Cottin, G.:* Ing. Chimiste (Bruxelles) **23**, 39 (1939).
30. *Tucan, F.:* Neues Jb. Mineralog., Beilage-Bd. **34**, 401 (1912).
31. *Weimarn, P.:* Z. Chem. Ind. Kolloide 4, 38 (1909).
32. *Jander, G., Weber, R.:* Z. anorg. Ch. **131**, 266 (1923); Diss. Göttingen 1923 *(Weber)*.
33. *Wendehorst:* Diss. Göttingen (1923).
34. *Cross, C. F.:* Chem. N. **39**, 161 (1879).
35. *Sidener, C. F., Pettijohn, E.:* Ind. eng. Chem. 8, 714 (1916); durch Fr. **62**, 235 (1923).
36. *Frideaux, E. B. R.:* Analyst **65**, 83 (1940).
37. *Bertiaux, L.:* Ann. Chim. anal. **28**, 144 (1946).
38. *Frers, I. N.:* Fr. **95**, 119, 123 (1933).
39. *Fischer, H.:* Angew. Ch. **43**, 919 (1930).
40. *Willard, H. H.:* Anal. Chem. **22**, 1372 (1950).
41. *Willard, H. H., Tank, N. K.:* Ind. Eng. Chem. Anal. Edit. **9**, 357 (1937).
42. *Dupuis, T., Duval, C.:* Anal. chim. Acta **3**, 191 (1949).
43. *Fricke, R.:* Z. anorg. Ch. **175**, 249 (1928).
44. *Tananajew, N. A.:* Betriebslab. (russ.) 4, 1348 (1935).
45. *Lange, J.:* Chem. Techn. **10**, 420 (1958).
46. *Kovalenko, P. N.:* Chem. J. Ser. B (russ.) **30**, 1769 (1957).
47. *Bailey, P. H., Broadbank, R. W. C.:* Analyst **86**, 485 (1961).
48. *Charriou, A.:* C. r. **176**, 679 (1923).
49. *Swift, E. H., Barton, R. C.:* Am. Soc. **54**, 2219 (1932).
50. *Dahr, N. R., Sen, K. C., Chatterji, N. G.:* Kolloid-Z. **33**, 30 (1923).
51. *Mehrotra, M. R., Dahr, N. R.:* J. physic. Chem. **30**, 1189 (1926).
52. *Sen, K. C.:* Z. anorg. Ch. **182**, 124, 130 (1930).
53. *Newsome, J. W., Mitarbeiter:* Alumina Properties, Alcoa Techn. Paper Nr. 10, Pittsburgh 1960.

54. *Saalfeld, H.:* Neues Jb. Mineralog. Abh. **95**, 1 (1960).
55. *Torkar, K., Egghart, H., Krischer, H., Worel, H.:* M. **92**, 512 (1962).
56. *Wefers, K.:* Erzmetall **17**, 583 (1964).
57. *Erdey, L., Paulik, F., Paulik, J.:* Acta Chim. Acad. Sci. Hung. **10** (Fasciculi 1–3), 61 (1956).
58. *Miehr, W., Koch, P., Kratzert, J.:* Angew. Ch. **43**, 250 (1930).
59. *Milner, O. J., Gordon, L.:* Talanta **4**, 115 (1960).
60. *Fresenius, C. R.:* Anleitung zur quantitativen chem. Analyse, Bd. 2, S. 578; Braunschweig 1903.
61. *Blum, W.:* Am. Soc. **38**, 1295 (1916).
62. *Murawleff, L., Krassnowski, O.:* Fr. **69**, 389 (1926).
63. *Frers, J. N.:* Fr. **95**, 113 (1933).
64. *Kolthoff, I. M.:* Der Gebrauch der Farbindikatoren, 3. Aufl., S. 274; Berlin.
65. *Koenig, E. W.:* Chemist-Analyst **30**, 15 (1941).
66. *Biltz, W., Biltz, H.:* Ausführung quantitativer Analysen 1930, S. 63.
67. *Krleža, F.:* Croat. Chem. Acta **30**, 231 (1958).
68. *Bloch, L.:* Anal. chim. Acta **23**, 233 (1960).
69. *Treadwell, W. D.:* Schweiz. Ch.-Z. **2**, 59 (1918).
70. *Trombe, F.:* C. r. **215**, 539 (1942); **216**, 888 (1943); **225**, 1156 (1947).
71. *Klinger, P.:* Arch. Eisenhüttenw. **13**, 21 (1939).
72. *Hillebrand, W. F., Harned, H. S.:* Orig. Com. 8. int. Congr. Appl. Chem. **1**, 217 (1912).
73. *Parisielle, Laude:* C. r. **181**, 117 (1925).
74. *Kling, A., Lassieur, A.,* Frau *Lassieur:* C. r. **178**, 1551 (1924).
75. *Deterding, H. C., Taylor, R. G.:* Ind. eng. Chem. Anal. Edit. **18**, 127 (1946).
76. *Noyes, A. A., Bray, W. L., Spear, B.:* Am. Soc. **30**, 482, 532 (1908).
77. *Davis, J., Holton, L. J.:* Metal Ind. (London) **67**, 178 (1945).
78. *Lundell, G. E. F., Knowles, H. B.:* Am. Soc. **45**, 676 (1923).
79. *Austin, G. J.:* Analyst **67**, 132 (1942).
80. *Hillebrand, W. F., Lundell, G. F.:* Applied Inorganic Analysis, 1929.
81. *Dawson, L., Andes, R. V.:* Ind. eng. Chem. Anal. Edit. **12**, 138 (1940).
82. *Chirnside, R. C., Dauncey, L. A., Profitt, P. M. C.:* Analyst **65**, 446 (1940); **68**, 175 (1943); durch Fr. **138**, 348 (1953).
83. *Ardagh, E. G. R., Bongard, G. R.:* Ind. eng. Chem. **16**, 297 (1924).
84. *Jannasch, P., Rühl, J.:* J. pr. (2) **72**, 5 (1905).
85. *Friedheim, C., Hasenclever, P.:* Fr. **44**, 606 (1905).
86. *Roldan, G. C.:* An. Españ. **28**, 1080 (1930).
87. *Jannasch, P., Cohen, W.:* J. pr. (2) **72**, 14 (1905).
88. *Moore, Th.:* Chem. N. **57**, 125 (1888).
89. *Crookes, W.:* Selected Methods in Chemical Analysis, 1894.
90. *Ibbotson, J.:* The Chemical Analysis of Steel-Work, 1920.
91. *Lundell, G. E. F., Hoffman, J. I., Bright, H. A.:* Chemical Analysis of Iron and Steel, 1931.
92. *Wainer, E.:* J. chem. Educat. **11**, 526 (1934).
93. *Chirnside, R. C.:* Analyst **59**, 278 (1934).
94. *Mayr, C., Gebauer, A.:* Fr. **113**, 200 (1938); **116**, 239 (1939).
95. *Hummel, R. A., Sandell, E. B.:* Anal. chim. Acta **7**, 308 (1952).
96. *Schmied, W., Steiner, H.:* Euro-Ceram. **7**, 230 (1957).
97. *Hutchinson, G. E., Wollack, A.:* Connecticut Academy of Arts and Sciences Transactions **35**, 75 (1943).
98. *Bertin, M. E., Guerrero, A. H.:* An. Argentina **45**, 121 (1957).
99. *Classen, A.:* Z. anorg. Ch. **142**, 257 (1925).
100. *Funk, H., Winter, H.:* Fr. **67**, 68 (1924/25).
101. *Singleton, W., Chirnside, R. C.:* J. Soc. Glass Technol. **12**, Nr. 45, 18 (1928); durch Glastechn. Ber. **6**, 317 (1928).
102. *Krasnowsky, O. W.:* Fr. **79**, 175 (1930).
103. *Britton, H. St.:* Soc. 425 (1927).
104. *Britton, H. T. St., German, W. L.:* Soc. 1429 (1931).
105. *Rinne, R.:* Z. Pflanzenernähr. Düng. Bodenkunde A **33**, 35 (1934).
106. *Divine, R. E.:* J. Soc. chem. Ind. **24**, 11 (1905); durch Fr. **44**, 711 (1905).
107. *Guyard, A.:* Z. allg. österr. Apoth.-Vereins **18**, 445 (1880).
108. *Rinne, R.:* Ch.-Z. **57**, 992 (1933).
109. *Willard, H. H., Tang, N. K.:* Am. Soc. **59**, 1190 (1937); Ind. eng. Chem. Anal. Edit. **9**, 357 (1937).
110. *Krleža, F., Savić, M., Kićanović, J.:* Glasnik društva Chem. i tek. NRBiH **5**, 55 (1956); durch Fr. **178**, 293 (1960/61).
111. *Scipioni, A.:* Ann. Chim. applic. **29**, 550 (1939).
112. *Bandelin, F. I.:* J. Am. pharm. Assoc. **34**. 232 (1945); durch Chem. Abstr. **1945**, 5400.
113. *Green, N.:* Bl. Natl. Formulary Comm. **12**, 218 (1946); durch Chem. Abstr. **1947**, 4890.

114. *Willard, H. H.:* Anal. Chem. **22**, 1372 (1950).
115. *Boyle, A. J., Musser, D. F.:* Ind. eng. Chem. Anal. Edit. **15**, 621 (1943).
116. *Parker, R. I.:* Metallurgia **55**, 103 (1957).
117. *Bhaduri, A.:* J. Indian chem. Soc. **27**, 281 (1950); durch Chem. Abstr. **1951**, 2364.
118. *Kollo, C.:* Bl. Soc. România **2**, 89 (1920); durch C. **92**, II, 1042 (1921).
119. *Ray, P., Chattopadhya, A. K.:* Z. anorg. Ch. **169**, 99 (1928).
120. *Ray, P.:* Fr. **86**, 13 (1931).
121. *Böttger, W.:* Fr. **128**, 422 (1948).
122. *Lehrmann, L., Kabat, E., Weissberg, H.:* Am. Soc. **55**, 3509 (1933).
123. *Kollo, C., Georgian, N.:* Bl. Soc. România **6**, 111 (1924).
124. *Akiyama, T.:* J. pharm. Soc. Japan **56**, 893 (1936); **57**, 19 (1937).
125. *Ripan, R., Paron, J.:* Acad. Rep. Populare Rom. Studii Cercetari Stiint. **3**, 36 (1952).
126. *Ostroʉnow, E. A., Bomstein, R. I.:* Betriebslab. (russ.) **9**, 139 (1940).
127. *Šolaja, B.:* Ch.-Z. **49**, 337 (1925).
128. *Šušić, S. K., Njegovan, N. V.:* Anal. chim. Acta **7**, 304 (1952).
129. *Kranjčević, M., Rukonić, G.:* Arch. Hemija Farmaciju **1**, 18 (1927).
130. *Šolaja, B.:* Fr. **80**, 334 (1930).
131. *Fischer, E. J.:* Wiss. Veröffentl. Siemens-Konzern **4**, II, 171 (1925).
132. *Kozu, R.:* J. chem. Soc. Japan **54**, 682 (1933); **55**, 437 (1934).
133. *Azarello, E., Scalzi, A.:* Congr. Chim. ind. Nancy **18**, I, 359 (1938).
134. *Jaffe, E.:* Ann. Chim. applic. **22**, 737 (1932).
135. *Saxer, E. T., Jones, E. W.:* Blast Furnace Steel Plant **39**, 549 (1951).
136. *Maljarow, K. L.:* Arbeiten d. wiss. Naphtha-Institutes Moskau **1927**, Nr. **202**, S. 20.
137. *Ostroumow, E. A.:* Fr. **106**, 170 (1936).
138. *Makarovici, C. C.:* Bl. Soc. Stiinte Cluj România **9**, 207 (1939); durch C. **110**, II, 3854 (1939).
139. *Mendez, J. V., Pinto, R. A.:* Rev. Centro Estud. Ing. Quim. Univ. nacl. litoral, Santa Fé, Arg. **14**, 17 (1939); durch Chem. Abstr. **1940**, 6190.
140. *Ostroumow, E. A.:* Ann. Chim. anal. [3] **19**, 89 (1937); durch C. **1937**, II, 1054; Ann. Chim. anal. **20**, 9 (1938).
141. *Ostroumow, E. A., Bomstein, R. J.:* Betriebslab. (russ.) **11**, 146 (1945).
142. *Peltenburg, E.:* Rev. Fac. Cienc. Quim. Univ. Nacl. La Plata **22**, 175 (1947/49); durch Chem. Abstr. **1951**, 63.
143. *Box, F. W.:* Analyst **71**, 317 (1946).
144. *Kozu, R.:* J. chem. Soc. Japan **56**, 22, 562, 683 (1935).
145. *Chalupny, K., Breisch, E.:* Angew. Ch. **35**, 233 (1922).
146. *Hess, W. H., Campbell, E. D.:* Am. Soc. **21**, 776 (1899); durch Fr. **44**, 712 (1905).
147. *Allen, E. T.:* Am. Soc. **25**, 421 (1903).
148. *De Moraes Bastos, W. C.:* Minst. trabalho ind. com Inst. nacl. tec (Rio de Janeiro) 1942; Rev. brasil. chim. **16**, 348, 397 (1943); Analyst **68**, 345 (1943); durch Chem. Abstr. **1943**, 5922; **1944**, 1973.
149. *Clennell, J. E.:* Metal Ind. (London) **21**, 273 (1922); durch C. **94**, II, 123 (1923).
150. *Golowaty, R. N., Ssidorow:* Betriebslab. (russ.) **3**, 949 (1934).
151. *Leimbach, I. G.:* B. **55**, 3161 (1922).
152. *Ishimaru, S.:* Sci. Rep. Tôhoku. **25**, 780 (1936); durch Fr. **112**, 114 (1938).
153. *Hahn, F. L.:* Ch.-Z. **46**, 536 (1922).
154. *Edwards, F. H., Gailer, J. W.:* Analyst **70**, 365 (1945).
155. *Treadwell, W. D.:* Tabellen zur quantitativen Analyse, 1938, S. 77.
156. *Treadwell, W. D.:* Kurzes Lehrbuch der analytischen Chemie, 1930, Bd. 2, S. 125.
157. *Borck, H.:* Angew. Ch. **25**, 25 (1912).
158. *Biltz, H., Biltz, W.:* Ausführung quantitativer Analysen, 1930, S. 159, 205.
159. *Brunck, O.:* Ch.-Z. **28**, 514 (1904).
160. *Funk, W.:* Fr. **45**, 181, 196, 489, 504 (1906).
161. *Moser, L., Niessner, W.:* M. **48**, 113 (1927).
162. *Tschernichow, J. A.:* Arb. VI. Allruss. Mendelejew-Kongr. theoret. angew. Chem. **1932**, 2, Nr. 2, 338 (1935); durch C. **107**, II, 3573 (1936).
163. *Sekino, M.:* Sci. Pap. Inst. Tôkyô **28**, Nr. 610 (1933); Bl. Inst. physic. Res. Tôkyô **14**, 72 (1935); durch C. **107**, I, 873 (1936).
164. *Carus, M.:* Ch.-Z. **45**, 1194 (1921).
165. *Hanuš, J., Schebor:* Chem. Listy **35**, 150 (1941).
166. *Sponholz, K., Sponholz, E.:* Fr. **31**, 521 (1892).
167. *Pfeffer, P.:* Mitt. Lab. Preuss. Geolog. Landesanstalt **1931**, Nr. 15, 1.
168. *Meineke, C.:* Angew. Ch. **1888**, 252.
169. *Penfield, S. L., Harper, D. N.:* Am. J. Sci. **32**, 107 (1886).
170. *Tower, O. F.:* Am. Soc. **32**, 953 (1910); durch C. **81**, II, 997 (1910).
171. *Leclère, A.:* C. r. **138**, 146; Angew. Ch. **17**, 1277 (1904).

172. *Hillebrand, W. F., Lundell, G. E. F.:* Applied Inorganic Analysis 1927, S. 74.
173. *Mitscherlich, E.:* Jahresbericht von Kopp u. Will, 1858, 617.
174. *Fresenius, C. R.:* Anleitung zur quantitativen chem. Analyse, Braunschweig 1903, Bd. 2, S. 578.
175. *Kolthoff, I. M., Stenger, V. A., Moskovitz, B.:* Am. Soc. **56**, 812 (1934); durch Ind. eng. Chem. Anal. Edit. **14**, 798 (1942).
176. *Paris, A.:* Acta Comment. Univ. Tartu A **35**, 5 (1940); durch C. **111**, II, 2061 (1940).
177. *Lehrmann, L., Kramer, J.:* Am. Soc. **56**, 2648 (1934).
178. *Stenger, V. A., Kramer, W. R., Beshgetoor, A. W.:* Ind. eng. Chem. Anal. Edit. **14**, 797 (1942).
179. *Pollak, F. F., Pellowe, E. F.:* J. chem. Soc. **1945**, 300; durch Fr. **128**, 330 (1948).
180. *Halperin, L. V.:* Betriebslab. (russ.) **11**, 482 (1945); durch Chem. Abstr. **1946**, 1414.
181. *Ripan, R., Parvu, I.:* Acad. Rep. Populare Romine, Filiala Cluj, Studii Cercetari Stiint. **3**, 36 (1952).
182. *Smales, A. A.:* Analyst **72**, 14 (1947); durch Fr. **128**, 330 (1948).
183. *Irwing, R. J.:* Talanta **12**, 1046 (1965).
184. *Osborn, G. H., Jewsbury, A.:* Anal. chim. Acta **3**, 108 (1949).
185. *Wilson, H. N.:* Anal. chim. Acta **1**, **330** (1947).
186. *Milner, G, W. C., Woodhead, J. L.:* Analyst **79**, 363 (1954).
187. *Ponomarev. A. I., Seskolskaja, A. J.:* Ž. anal. Chim. (russ.) **11**, 102 (1956).
188. *Todeasa, A., Ciolan, D., Kovacs, A., Tureanu, C.:* Rev. Chim. (Bucarest) **9**, 577 (1958); durch Fr. **169**, 129 (1959).
189. *Bayley, W. J.:* Chem. Ind. **1950**, No. 2, 34.
190. *Milner, G. W. C., Townend, J.:* Analyst **76**, 424 (1951).
191. *Alfonsi, B., Bussi, M.:* Anal. chim. Acta **22**, 383 (1960).
192. *Wilson, A. D.:* Analyst **88**, 18 (1963).
193. *Vasjutinskij, A. I., Egorova, S. P.:* Ž. anal. Chim. (russ.) **19**, 660 (1964).
194. *Young, K., Lay, H.-C.:* Centr. Inst. Chem. Nat. Acad. Peiping **1**, 181 (1935); durch Chem. Abstr. **36**, 695 (1936).
195. *Fairchild, J. G.:* Ind. eng. Chem. Anal. Edit. **13**, 83 (1941).
196. *Hillebrand, W. F., Lundell, G. E. F.:* Applied Inorganic Analysis, 1927, S. 59.
197. *Nickolls, L. C.:* Analyst **59**, 16 (1934).
198. *Meineke, C.:* Angew. Ch. **1888**, 224.
199. *Biltz, H., Biltz, W.:* Ausführung quantitativer Analysen, 1937, 2. Aufl. S. 208.
200. *Majumdar, A. K., Sen, B.:* Anal. chim. Acta **8**, 378 (1953).
201. *Ferrari, C.:* Ann. Chim. applic. **27**, 479 (1937).
202. *Smith, G. F., Cagle, F. W.* jr.: Analyst-Chemist **20**, 574 (1948).
203. *Lessnig, R.:* Fr. **67**, 343 (1925/26).
204. *Vauquelin, A.:* A. Ch. **26**, 155, 170 (1798? 1898?).
205. *Aars, L. A.:* Fr. **46**, 445 (1907).
206. *Wunder, M., Chéladzé, N.:* Ann. Chim. anal. **16**, 205 (1911).
207. *Akiyama, T.:* Jap. Analyst **4**, 417 (1955).
208. *Schwarz, R.:* Helv. **3**, 336 (1920).
209. *Treadwell, W. D.:* Tabellen zur quantitativen Analyse, 1938, S. 77.
210. *Moser, L.:* Fr. **64**, 449 (1924).
211. *Kozu, T.:* Bl. Chem. Soc. Japan **70**, 356 (1935).
212. *Hart, E.:* Am. Soc. **17**, 604 (1895).
213. *Ruff, O., Hirsch, B.:* Z. anorg. Ch. **146**, 400 (1925).
214. *Parsons, Ch. L., Barnes, S. K.:* Am. Soc. **28**, 1589 (1906).
215. *Johnson, C. M.:* Chemical Analysis of Special Steels, Steel Making Alloys, Their Ores, Graphites and Bearing Materials, 4. Aufl., 1930.
216. *Schwarzenberg:* A. **97**, 216 (1856).
217. *Järvinen, K. K.:* Fr. **66**, 81 (1925).
218. *Meineke, C.:* Angew. Ch. **1888**, 252.
219. *Jannasch, P.:* Praktischer Leitfaden der Gewichtsanalyse, 1904, S. 73.
220. *Scheerer, Th.:* Pogg. Ann. **51**, 465 (1840); J. pr. **22**, 477 (1841).
221. *Kozu, T.:* J. Soc. Japan **54**, 682 (1933).
222. *Jílek, A., Lukas, J.:* Coll. Trav. chim. Tchécosl. **2**, 63, 113, 161 (1930).
223. *Jílek, A., Vřestal, I.:* Chem. Listy Vedu Przemysl **26**, 497 (1932).
224. *Volhard, J.:* A. **198**, 332 (1879).
225. *Ripan, R.:* Bl. Soc. Stiinte Cluj **3**, 311 (1927); durch Fr. **84**, 253 (1931).
226. *Dorrington, K. F., Ward, A. M.:* Analyst **55**, 625 (1930).
227. *Okáč, A.:* Publ. Fac. Sci. **1931**, Nr. 135; durch C. **102**, II, 3020 (1931).
228. *Wynkoops, G.:* Am. Soc. **19**, 434 (1897).
229. *Congdon, L. A., Carter, J. A.:* Chem. N. **128**, 98 (1924).
230. *Klinger, P.:* Arch. Eisenhüttenw. **13**, 25 (1939).

231. *Treadwell, W. D.:* Schweiz. Ch.-Z. **2**, 71 (1918).
232. *Hahn, F. L.:* B. **65**, 64 (1932).
233. *Moser, L., Reif, W.:* M. **52**, 344 (1929).
234. *Chancel, G.:* C. r. **46**, 987 (1858); durch Fr. **3**, 391 (1864); **28**, 97 (1889).
235. *Donath, E., Jeller, R.:* Repert. anal. Chem. **7**, 35; Fr. **28**, 97 (1889).
236. *Leo, R.:* Silikattechnik **3**, 205 (1952).
237. *Joy, C. A.:* J. pr. **92**, 253 (1864).
238. *Berthier, R.:* A. Ch. (3) **7**, 74 (1843); A. **46**, 182 (1843).
239. *Britton, H. T. S.:* Analyst **46**, 359, 437 (1921); **47**, 50 (1922).
240. *Krüger, A.:* Fr. **93**, 422 (1933).
241. *Barbier, M. P.:* Bl. **4** [7], 1027 (1910).
242. *Hofmeister, V.:* J. pr. **76**, 1 (1859).
243. *Travers, A., Schnoutka:* C. r. **192**, 285 (1931); durch C. **1931**, I, 2236.
244. *Malaprade, L., Schnoutka:* C. r. **192**, 1653 (1931); J. Soc. Glass Techn. **14**, 51 (1930).
245. *Gaspar y Arnal, T., Miner-Liceaga, J.:* An. Españ. **46** B, 299 (1950); durch Fr. **135**, 418 (1952).
246. *Gooch, F. A., Osborne, R. W.:* Z. anorg. Ch. **55**, 88 (1907).
247. *Tolkatscheff, S. A., Titowa, J. G.:* Chimičeskij J. **8**, 1271 (1935).
248. *Allen, E. T., Gottschalk, V. H.:* Am. Chem. J. **24**, 292 (1900); durch Fr. **44**, 711 (1905).
249. *Fricke, R., Meyring, K.:* Z. anorg. Ch. **188**, 127 (1930).
250. *Jakob, W.:* Anz. Krakau. Akad. **1913**, Reihe, A, 56.
251. *Sinkai, S., Nagata, T.:* J. Soc. chem. Ind. Japan **42**, (Suppl.) 397 (1939); durch Chem. Abstr. **1940**, 2275.
252. *Guerreiro, A., Ramos, M. Y. E.:* Brazil. Minist. agr. Dept. nacl. producao mineral. Lab. prod. mineral. Bol. **24**, 43 (1946); durch Chem. Abstr. **1948**, 7866.
253. *Uzumasa, Y., Hayashi, K., Nurishi, Y.:* Bunseki Kagaku **14** (10), 902 (1965); durch Chem. Abstr. **64**, 4243 (1966).
254. *Willard, H. H., Fowler, R. D.:* Am. Soc. **54**, 496 (1932); durch Fr. **94**, 343 (1933).
255. *Sainte Claire Deville, H.:* A. (3) **38**, 5 (1853); J. pr. **60**, 9 (1853).
256. *Fresenius, R.:* Quantitative Analyse 6. Aufl., 1903, Bd. I, S. 560, 593.
257. *Charriou, A.:* C. r. **174**, 751 (1921), **173**, 1360 (1920).
258. *Friedel, C., Cumenge, E.:* C. r. **128**, 532 (1899).
259. *Hillebrand, W. F., Ransome, F. L.:* Am. J. Sci. [4] **10**, 136 (1910).
260. *Miller, L. B.:* Soil Sci. **26**, II, 435 (1928).
261. *Travers, Perron:* A. Ch. **10**, 338 (1924).
262. *Glaser, C.:* Fr. **31**, 383 (1892).
263. *Lundell, G. E. F., Knowles, H. B.:* Ind. eng. Chem. **14**, 1136 (1922).
264. *Drown, F. M., McKenna, A. G.:* Chem. N. **64**, 196 (1891).
265. *Lejeune, A.:* Bl. Soc. chim. Belg. **37**, 110.
266. *Camp, L. M.:* Iron Age **65**, 17 (1900).
267. *Committee of Phosphate Rocks:* Ind. eng. Chem. **3**, 787 (1911).
268. *Cameron, F. K., Hurst, L. A.:* Am. Soc. **26**, 898, 899 (1904).
269. *Saxer, E. T., Jones, E. W.:* Blast Furnace Steel Plant **39**, 445, 476, 549 (1951).
270. *v. Wrangell, M., Koch, E.:* Landw. Jahrbuch **63**, 682 (1926).
271. *Weinland, R. F., Ensgraber, F. R.:* Z. anorg. Ch. **84**, 340 (1914).
272. *Osugi, S., Yoshie, S., Nishigaki, N.:* Bl. agric. chem. Soc. Japan **7**, 84 (1931).
273. *Britton, H. Th. St.:* Soc. **1927**, 625.
274. *Miller, L. B.:* Soil Sci. **26**, II, 435 (1928).
275. *Miehr, W., Koch, P., Kratzert, J.:* Angew. Ch. **43**, 253 (1930).
276. *van Royen, H. J., Grewe, H.:* Arch. Eisenhüttenw. **7**, 517 (1934).
277. *Shiokawa, T.:* J. chem. Soc. Japan **67**, 42 (1946); durch Chem. Abstr. **43**, 1681 (1949).
278. *Dupuis, T., Duval, C.:* Anal. chim. Acta **3**, 203 (1949).
279. *Austin, G. J.:* Analyst **65**, 340 (1940).
280. *Burger, M.:* Chemist-Analyst **34**, 89 (1945).
281. *Blumenthal, H.:* Met. Erz **37**, 315 (1940).
282. *Stead, J. E.:* J. Soc. chem. Ind. **8**, 965 (1889).
283. *Saxer, E. T., Jones, E. W.:* Blast Furnace Steel Plant **39**, 448, 549 (1951).
284. *Travers, Perron:* A. Ch. **10**, 2, 43 (1924).
285. *Carnot:* C. r. **111**, 914 (1890).
286. *Arnold, I. O.:* Steel Work Analysis, London 1907, 3. Aufl. S. 199.
287. *Campredon, L.:* Guide Practique du Chimiste Metallurgiste et de l'Essayeur, 1923, 3. Aufl., S. 600.
288. *van Royen, H. I.:* Ber. Chem. Aussch. Ver. dtsch. Eisenhl. **1919**, Nr. 18.
289. *Klinger, P.:* Arch. Eisenhüttenw. **8**, 337 (1934/35).
290. *Radmacher, W., Schmitz, W.:* Brennstoff-Chemie **39**, 164 (1958).
291. *Lehmann, K. B.:* Arch. Hyg. **106**, 310 (1931).

292. *Schmidt, C. L. A., Hogland, D. R.:* durch *E. E. Smith:* Aluminium compounds in food; New York 1928.
293. *Balls, A. K. A.:* Biochem. Bl. **1916**, 195.
294. *Ray, H. N., Biswas, S. S., Ray, S.:* Fr. **228**, 114 (1967).
295. *Hillebrand, W. F., Lundell, G. E. F.:* Applied Inorganic Analysis, New York 1929, S. 388.
296. *Podkopajew, L. N.:* Betriebslab. (russ.) **6**, 1053 (1937); durch C. **109**, II, 1282 (1938).
297. *Hammarberg, E., Phragmen, G.:* Jernkont. Ann. **127**, 608 (1943).
298. *Saxer, E. J.:* Blast Furnace Steel Plant **46**, 489 (1958).
299. *Berg, R.:* Hauszeitschr. Ver. Aluminiumwerke, Heft VII, 78 (1929).
300. *Massatsch, C.:* Hauszeitschr. Ver. Aluminiumwerke, Heft III, 78 (1929).
301. *Gwyer, A. G. C., Pullen, N. D.:* Analyst **57**, 704 (1932).
302. *Barclay, J. T. E.:* Austr. Chem. Inst. J. Proc. 8, 177 (1941).
303. *Luff, G.:* Ch.-Z. **46**, 366 (1922).
304. *Austin, G. J.:* Analyst **67**, 132 (1942).
305. *Ballay, M., Delbart, G.:* Fonte **1938**, 1163; durch C. **109**, II, 2309 (1938).
306. *Garzón-Ruipérez, L.:* Inform. Quim. analit. **14**, 64 (1960).
307. *Hahn, F. L., Vieweg, K.:* Fr. **71**, 122 (1927).
308. *Hahn, F. H.:* Ch.-Z. **50**, 754 (1926); Angew. Ch. **39**, 1198 (1926).
309. *Berg, R.:* J. pr. **115**, 178 (1927).
310. *Berg, R.:* Fr. **71**, 23 (1927); **70**, 341 (1927).
311. *Kolthoff, I. M.:* Chem. Weekbl. **24**, 606 (1927).
312. *Berg, R.:* Die analytische Verwendung von o-Oxychinolin (Oxin); Stuttgart 1938.
313. *Hollingshead, R. G. W.:* Oxine and its Derivatives; London 1954/56.
314. *Fleck, H. R., Ward, A. M.:* Analyst **58**, 388 (1933).
315. *Fleck, H. R.:* Analyst **62**, 378 (1937).
316. *Gotô, H.:* Sci. Rep. Tôhoku Imp. Univ. [1] **26**, 391, 418 (1937).
317. *Borrel, M., Paris, R. A.:* Anal. chim. Acta **6**, 389 (1952).
318. *Tanaka, T., Hayashi, K.:* J. chem. Soc. Japan **73**, 44 (1952).
319. *Miller, C. C., Chalmers, R. A.:* Analyst **78**, 686 (1953).
320. *Lacroix, S.:* Anal. chim. Acta **1**, 260 (1947).
321. *Bock, R., Umland, F.:* Angew. Ch. **67**, 420 (1955); durch Fr. **150**, 281 (1956).
322. *Hoffmann, J. I.:* Chemist-Analyst **49**, 126 (1960).
323. *Geilmann, W., Wrigge, F. W.:* Z. anorg. Ch. **209**, 129 (1932).
324. *Halberstadt, S.:* C. r. **205**, 987 (1937).
325. *Pfeiffer, H.:* Org. Molekülverb. **1927**, 418.
326. *Gotô, H.:* J. chem. Soc. Japan **54**, 725 (1933); durch Chem. Abstr. **27**, 5674 (1933).
327. *Stone, K. G., Friedmann, L.:* Am. Soc. **69**, 209 (1947).
328. *Berg, R.:* Fr. **71**, 369 (1927).
329. *Knowles, H. B.:* Bur. Stand. J. Res. **15**, 87 (1935).
330. *Borrel, M., Paris, R. A.:* Anal. chim. Acta **4**, 73 (1950).
331. *Berg, R., Teitelbaum, M.:* Fr. **81**, 1 (1930).
332. *Kolthoff, I. M., Sandell, E. B.:* Am. Soc. **50**, 1900 (1928).
333. *Steele, S. D., Russell, L.:* Iron and Steel (London) **16**, 182, 200 (1942).
334. *Hollingshead, R. G. W.:* Anal. chim. Acta **12**, 201, 401 (1955); **19**, 447 (1958); Analyst **80**, 729 (1955).
335. *Budnikoff, P. P., Zukowskaja, S. S.:* Chem. J. (Ser.) **9**, 2079 (1936).
336. *Smith, G. S.:* Analyst **64**, 577 (1939).
337. *Zukowskaja, S. S., Baljuk, S. T.:* Betriebslab. (russ.) **4**, 397 (1935).
338. *Hahn, F. L.:* Fr. **86**, 153 (1931).
339. *Benedetti-Pichler, A. A.:* Mikrochemie, Pregl Festschr., S. 6 (1929).
340. *Salesin, E. D., Gordon, L.:* Talanta **4**, 75 (1960).
341. *Howick, L. C., Trigg, W. W.:* Anal. Chem. **33**, 302 (1961).
342. *Howick, L. C., Jones, J. L.:* Talanta **9**, 1037 (1962).
343. *Lehmann, K. B.:* Arch. Hyg. **106**, 309 (1931).
344. *Zwenigorodskaja, V. M., Smirnova, T. N.:* Fr. **97**, 323 (1934).
345. *Zinberg, S. L.:* Betriebslab. (russ.) **2**, 13 (1933).
346. *Haslam, J.:* Analyst **58**, 270 (1933).
347. *Ishimaru, S.:* Sci. Rep. Tôhoku Imp. Univ. 1 [24], 493 (1935); durch C. **107**, I, 3872 (1936).
348. *Taylor-Austin, E.:* Analyst **63**, 566 (1938).
349. *Jung, E.:* Z. Pflanzenernähr. Düng. Bodenkunde A **26**, 1 (1932/33).
350. *Balanescu, G., Motzoc, M. D.:* Fr. **91**, 188 (1933).
351. *Duval, C.:* C. r. **226**, 1276 (1948); durch Anal. Chem. **23**, 1278, 1286 (1951).
352. *Dupuis, T., Duval, C.:* Anal. chim. Acta **3**, 203 (1949).
353. *Keattch, C. I.:* Talanta **11**, 543 (1964).
354. *Chirnside, R. C., Pritchard, C. F., Rooksby, H. P.:* Analyst **66**, 399 (1941).
355. *Samsel, E. P., Bush, S. H., Warren, R. L., Gordon, A. F.:* Anal. Chem. **20**, 144 (1948).

356. *Tamm, H.:* Svensk. Kem. Tidskr. **61**, 165 (1949); durch Fr. **134**, 155 (1951/52).
357. *Stumpf, K. E.:* Fr. **138**, 30 (1953).
358. *Klinger, P.:* Arch. Eisenhüttenw. **13**, 21 (1939/40).
359. *Navez, H.:* Ing. Chimiste **23**, 1 (1939).
360. *Klasse, F.:* Ber. dtsch. keram. Ges. **15**, 560 (1934).
361. *Kampf, L.:* Ind. engng. Chem. Anal. Edit. **13**, 72 (1941).
362. *Marec, D. J., Salesin, E. D., Gordon, L.:* Talanta **8**, 293 (1961).
363. *Lundell, G. E. F., Knowles, H. B.:* Bur. Stand. J. Res. **3**, 91 (1929).
364. *Lundell, G. E. F., Hoffman, J. I., Bright, H. A.:* Chemical Analysis of Iron and Steel, New York 1931, S. 81.
365. *Böttger, W., Kokta, D.:* siehe *Berg* [312], S. 48.
366. *Stumper, R.:* Ch. Z. **65**, 239 (1941).
367. *Trykow, M. D., Iwanowal:* Betriebslab. (russ.) **10**, 534 (1941).
368. *Pranter, H., Konopicky, K.:* Radex-Rundschau **1948**, 61.
369. *Box, F. W.:* Analyst **71**, 317 (1946).
370. *Stenger, V. A., Kramer, W. R., Beshgetoor, A. W.:* Ind. eng. Chem. Anal. Edit. **14**, 797 (1942).
371. *Pollak, F. F., Pellowe, E. F.:* Soc. **1945**, 300.
372. *Milner, G. W. C., Townend, J.:* Analyst **76**, 424 (1951).
373. *Balanescu, G., Motzoc, M. D.:* Fr. **91**, 188 (1933).
374. *Pope, C. G.:* Biochem. J. **25**, 1949 (1931).
375. *Bosch, H., Gonsior, T.:* Tonind. Z. Keram. Rundschau **90** (6), 261 (1966).
376. *Benedetti-Pichler, A. A., Schneider, F.:* Mikrochemie, Emich-Festschr., S. 1 (1930).
377. *Thurnwald, H., Benedetti-Pichler, A. A.:* Mikrochemie **9**, 324 (1931); **11**, 20 (1932).
378. *Benedetti-Pichler, A. A., Paulson, R. A.:* Mikrochemie **27**, 339 (1939).
379. *Hecht, F., Krafft-Ebing, H.:* Mikrochemie **15**, 39 (1934).
380. *Hecht, F., Kroupa, E.:* Fr. **102**, 81 (1935).
381. *Hecht, F.:* Mikrochim. A. **2**, 188 (1937).
382. *Alvarez-Querol, M. C.:* Mikrochemie **39**, 121 (1952).
383. *Parks, T. D., Lykken, L.:* Anal. Chem. **20**, 1102 (1948).
384. *Niessner, M.:* Fr. **76**, 135 (1928).
385. *Berl-Lunge:* 8. Aufl. Bd. 2, 1105 (1932).
386. *Fresenius, L., Frommes, M.:* Fr. **87**, 275 (1932).
387. *Britton, H. T. S.:* Analyst **46**, 359 (1921).
388. *Dewar, J., Gardiner, P.:* Analyst **61**, 536 (1936).
389. *Churchill, H. V., Bridges, R. N., Lee, M. F.:* Ind. eng. Chem. Anal. Edit. **2**, 405 (1930).
390. *Roebling, W., Trommau, H. W.:* Zbl. Mineralog. Geolog. Paläont. **A 1935**, 134.
391. *Halls, E. E.:* Ind. Chemist **17**, 120 (1941).
392. *Taler, W. A.:* Betriebslab. (russ.) **6**, 10 (1933); durch C. **106**, I, 2221 (1935).
393. *Schlossmacher, K., Trommau, H. W.:* Neues Jahrb. Mineral. Geolog. **A 68**, 349 (1934).
394. *Ritter, H.:* Glastechn. Ber. **9**, 667 (1931).
395. *Chandler, W. R.:* Rock Products **39**, 52 (1936); Chemikerausschuß VDEh., Arch. Eisenhüttenw. **13**, 21 (1939/40).
396. *Jones, J. H.:* J. Assoc. official agr. Chem. **28**, 734 (1945); durch Chem. Abstr. **40**, 987 (1946).
397. *Schoklitsch, K.:* Mikrochemie **15**, 247 (1936).
398. *Wenger, P., Besso, Z.:* Helv. **27**, 1038 (1944).
399. *Pigott, E. C.:* J. Soc. chem. Ind. **58**, 139 T (1939); durch Fr. **124**, 52 (1942); The Chemical Analysis of Ferrous Alloys, London 1942, S. 33; Iron and Steel **16**, 325 (1943); **18**, 641 (1945).
400. *Šicha, M.:* Hutnické Listy **3**, 293 (1948); durch Chem. Abstr. **43**, 4175 (1949).
401. *Koenig, E. W.:* Ind. eng. Chem. Anal. Edit. **11**, 532 (1939).
402. *Cashmore, J. A., Cowling, K. W.:* Trans. ceram. Soc. England **45**, 309 (1946).
403. *Lynam, T. R., Nicholson, A.:* Trans. ceram. Soc. England **47**, 116 (1948).
404. *Hutchinson, G. E., Wollack, A.:* Connecticut Acad. Trans. **35**, 37 (1943).
405. *Wassiljew, K. A.:* Betriebslab. (russ.) **6**, 432 (1937).
406. *Gassner, K.:* Fr. **152**, 417 (1956).
407. *Feigl, F., Schaeffer, A.:* Anal. Chem. **23**, 351 (1951).
408. *Tananaev, I. V., Vinogradova, A. D.:* Ž. anal. Chim. (russ.) **14**, 487 (1959).
409. *Mukai, K., Goto, K.:* Jap. Analyst **8**, 523 (1959); durch Fr. **174**, 438 (1960).
410. *Dubrovo, S. K.:* Chem. J. Ser. B (russ.) **25**, 1151 (1952); durch Fr. **142**, 381 (1954).
411. *Heczko, T.:* Ch. Z. **58**, 1032 (1934).
412. *Ramana Rao, D. V.:* Anal. chim. Acta **17**, 538 (1957).
413. *Zwenigorodskaja, V. M., Tschernikow, J. A.:* Betriebslab. (russ.) **9**, 1089 (1940); durch Chem. Abstr. **35**, 1342 (1941).
414. *Lang, R.:* Fr. **71**, 183 (1927).
415. *Lang, R., Reifer, J.:* Fr. **93**, 161 (1933).

416. *Reutel, C.:* Met. Erz **38**, 170 (1941); durch Fr. **126**, 390 (1943).
417. *Machlan, L. A., Hague, J. L.* u.a.: J. Res. **64 A**, 181 (1960).
418. *Pigott, E. C.:* Iron and Steel **16**, 325 (1943); **18**, 641 (1945).
419. *Gentry, C. H. R.:* Metallurgia **38**, 108 (1948).
420. *Lemoine, G., Miel, J.:* Ann. Chim. anal. **28**, 147 (1946).
421. *Edwards, W. T.:* Analyst **73**, 556 (1948).
422. *Alfonsi, B.:* Anal. chim. Acta **20**, 277 (1959).
423. *Kakita, J., Hosoya, M.* u.a.: Japan Inst. Metals **21**, 551 (1957).
424. *Mohr, E.:* Chem. Techn. **11**, 598 (1959).
425. *Nikitina, L. D.:* Betriebslab. (russ.) **25**, 1445 (1959).
426. *Detmar, D. A., van Aller, H. C.:* R. **75**, 1429 (1956).
427. *Claassen, A., Bastings, L., Visser, J.:* Analyst **92**, 618 (1967).
428. *Peters, F. P.:* Chemist-Analyst **24**, Nr. 4, 4 (1935); durch Fr. **108**, 354 (1937).
429. *Bright, H. A., Fowler, R. M.:* Bur. Stand. J. Res. **10**, 327 (1933).
430. *Kassner, J. L., Ozier, M. A.:* J. Am. ceram. Soc. **33**, 250 (1950).
431. *Sanko, A. M., Burssuk, A. J.:* Chem. J. Ser. B **9**, 895 (1936); durch C. **107, II**, 3928 (1936).
432. *Berg, R., Küstenmacher, H.:* Z. anorg. Ch. **204**, 215 (1932).
433. *Baudisch, O.:* Ch. Z. **33**, 1298 (1909).
434. *Pinkus, A., Martin, F.:* Chim. Ind. 17. Congr. Paris 182 (1927).
435. *Koch, O. G., Koch-Dedic, G. A.:* Handbuch der Spurenanalyse; 1964.
436. *Gastinger, E.:* Fr. **139**, 1 (1953).
437. *Pinkus, A., Belche, E.:* Bl. Soc. chim. Belg. **36**, 277 (1927).
438. *Pinkus, A., Dernies, E.:* Bl. Soc. chim. Belg. **37**, 274 (1928).
439. *Zwenigorodskaja, V. M., Tschernichov, J. A.:* Betriebslab. (russ.) **9**, 1089 (1940); durch Chem. Abstr. **35**, 1342 (1941).
440. *Raeder, M. G., Lyshoel, B.:* Kgl. Norske Videnskab. Selskab. Forh. **15**, 55 (1942); durch C. **113, II,** 2620 (1942).
441. *Fogelson, E. I., Kalmykowa, N. V.:* Betriebslab. (russ.) **11**, 359 (1945).
442. *de Brouckère, M. L., Belche, E.:* Bl. Soc. chim. Belg. **36**, 288 (1927).
443. *Meunier, P.:* C. r. **199**, 1250 (1934).
444. *Rocquet, P.:* Rev. Mét. **40**, 276 (1943); durch Chem. Abstr. **39**, 2261 (1945).
445. *Hadorn, H.:* Mitt. Geb. Lebensmitteluntersuch. Hyg. **38**, 314 (1947).
446. *Cheng, K. L.:* Anal. Chem. **30**, 1941 (1958).
447. *Rooney, R. C.:* Analyst **83**, 546 (1958).
448. *Gorbach, G., Pohl, F.:* Mikrochemie **38**, 258 (1951).
449. *Germuth, F. G.:* Analyst **17**, 3 (1928).
450. *Dupuis, Th., Duval, C.:* Anal. chim. Acta **3**, 204 (1949).
451. *Pinkus, A., Martin, F.:* Chim. Ind. 17. Congr. Paris 182 (1927).
452. *Achvonen, V. A.:* Betriebslab. (russ.) **23**, 295 (1957).
453. *Drefahl, G., Geissler, A.:* Fr. **160**, 34 (1958).
454. *Shome, S. C.:* Current Sci. **13**, 257 (1944).
455. *Bamberger, E.:* B. **52**, 1116 (1919).
456. *Shome, S. C.:* Analyst **75**, 27 (1950); durch Fr. **131**, 366 (1950).
457. *Devine, E.:* J. Soc. chem. Ind. **24**, 11 (1905).
458. *Moser, L., Niessner, M.:* M. **48**, 113 (1927).
459. *Nicols, M. L., Schempf, J. M.:* Ind. eng. Chem., Anal. Edit. **11**, 278 (1939).
460. *Schoeller, W. R., Webb, H. W.:* Analyst **54**, 709 (1929).
461. *Schoeller, W. R., Holness, H.:* Analyst **71**, 217 (1946).
462. *Schoeller, W. R., Powell, A. R.:* Analyst **57**, 550 (1932).
463. *Powell, A. R., Schoeller, W. R.:* Analyst **50**, 485 (1925); Z. anorg. Ch. **151**, 221 (1926).
464. *Schoeller, W. R., Jahn, C.:* Analyst **52**, 504 (1927); durch Fr. **75**, 199 (1928).
465. *Moser, L., Blaustein, W.:* M. **52**, 351 (1929).
466. *Holness, H., Kear, R. W.:* Analyst **74**, 505 (1949).
467. *Purushottam, A., Raghava Rao, B. S. V.:* R. **70**, 555 (1951); durch Fr. **137**, 230 (1952/53).
468. *Schoeller, W. R., Powell, A. R.:* The Analysis of Minerals and Ores of the Rarer Elements, 2. Aufl. 1940, S. 6.
469. *Feigl, F.:* Öst. Ch. Z. **51**, 137 (1950).
470. *Schiokawa, T.:* J. chem. Soc. Japan **67**, 42 (1946); durch Chem. Abstr. **43**, 1681 (1949).
471. *Holness, H., Mattock, G.:* Anal. chim. Acta **3**, 320 (1949).
472. *Sheskol'skaya, A. Y.:* Zhur. Anal. Khim. **21** (9), 1138 (1966).
473. *Haslam, J.:* Analyst **58**, 270 (1933).
474. *Singleton, W.:* Chem. Age **19**, 25 (1928).
475. *Mitschell, A. B., Ward, A. W.:* Modern Methods in quantitative Analysis, New York 1936, S. 304.
476. *Dixon, B. E.:* Analyst **54**, 268 (1929).

477. *Tschernichow, J. A.:* Arb. VI. allruss. Mendelejew-Kongr. theor. angew. Chem. 1932, 2, Nr. 2, 338 (1935), durch C. **107, II,** 3573 (1936).
478. *Ostroumow, E.:* Seltene Metalle (russ.) **2,** Nr. 5, 25 (1933), durch C. **105, I,** 2796 (1934).
479. *Sears, G. W., Gung, H.:* Ind. eng. Chem., Anal. Edit. **16,** 598 (1944).
480. *Britton, H. T. S.:* Soc. **127,** 2110 (1925).
481. *Daubner, W.:* Ber. dtsch. keram. Ges. **23,** 455 (1942).
482. *Shakhtakhtinskii, G. B., Mamedov, I. A.:* Trudy Azerb. Ind. Inst. **1957,** 273.
483. *Shakhtakhtinskii, G. B., Mukimov, A. M.:* Trudy Azerb. Ind. Inst. **1957,** 86.
484. *Portnov, A. I.:* Chem. J. Ser. A (russ.) **18,** 594 (1948); durch Chem. Abstr. **43,** 57 (1949).
485. *Pietsch, R.:* Mikrochem. **1957,** 161, 699, 705, **1958,** 220.
486. *Poddar, S. N., Sengupta, N. R., Adhya, J. N.:* Sci. and Cult. **29,** 258 (1963).
487. *Ostroumow, E. A., Volkov, I. I.:* Ž. anal. Chim. **15,** 719 (1960).
488. *Spacu, G., Pirtea, T. I.:* Rev. Chim. (Bucarest) **1,** 5 (1956).
489. *Pirtea, T. I., Mihail, G.:* Analele Univ. „C. I. Parhon" Bucaresti, Ser. Stiint. Nat. **15,** 83 (1957); durch Chem. Abstr. **53,** 3994f–h (1957).
490. *Mashima, M.:* Jap. Analyst. **9,** 199 (1960).
491. *Bheemasankara Rao, C. H., Venkateswarlu, V.:* Fr. **178,** 277 (1961).
492. *Caesar, F., Konopicky, K.:* Tonind. Z. **66,** 47 (1942).
493. *Bausova, N. V.:* Tr. Inst. Met. Ural. Filial. Akad. Nauk SSSR **1959,** 125.
494. *Singh, K., Sahoo, B., Patniak, D.:* Pr. Indian. Acad. Sci. **A 50,** 129 (1959).
495. *Treadwell, W. D., Bernasconi, E.:* Helv. **13,** 1500 (1930).
496. *Tananajew, J. V., Abilow, S. T.:* Chem. J. Ser. B (russ.) **15,** 61 (1942); durch Chem. Abstr. **37,** 1668 (1943).
497. *Tananajew, J. V., Lel'chuk, J. L.:* Doklady Akad. Nauk SSSR **41,** 118 (1943); Ž. anal. Chem. (russ.) **2,** 93 (1947).
498. *Pender, H. W.:* Anal. Chem. **31,** 1107 (1959).
499. *Lel'chuk, J. L., Rutskaja, E. I.:* Chem. J. Ser. B (russ.) **22,** 499 (1949); durch Chem. Abstr. **44,** 1308 (1950).
500. *Dupuis, T., Duval, C.:* Anal. chim. Acta **3,** 203 (1949).
501. *Tananajew, J. V., Talipow, S.:* Bl. Acad. USSR, Ser. chim. **1938,** Nr. 2, 547; durch C. **110, II,** 1341 (1939).
502. *Talipow, S., Sofeikowa, Z. T.:* Betriebslab. (russ.) **13,** 816 (1947).
503. *Tananajew, J. V., Jakovlev:* Betriebslab. (russ.) **16,** 1155 (1950).
504. *Prociv, D.:* Coll. Trav. chim. Tschécosl. **1,** 95 (1929).
505. *Heyrovský, J.:* Soc. **117/118,** 1013 (1920).
506. *Dobbins, J. T., Sanders, J. P.:* Am. Soc. **54,** 178 (1932).
507. *Fish, F. H., Smith, I. M.:* Ind. eng. Chem., Anal. Edit. **8,** 349 (1936).
508. *Duval, T., Duval, C.:* Anal. chim. Acta **2,** 59 (1948).
509. *Grothe, H., Lavelsberg, W.:* Fr. **110,** 81 (1937).
510. *Carter, N. L.:* Austral. Chem. Inst., J. a. Proc. **14,** 1342 (1947); durch Chem. Abstr. **42,** 2205 (1948).
511. *Gaspar y Arnal, T.:* An. Españ. **32,** 868 (1934); durch Fr. **103,** 210 (1935).
512. *Gooch, F. A., Havens, F. S.:* Am. J. Sci. **11,** 416 (1896).
513. *Ato, S.:* Papers Inst. Phys. Chem. Res. **14,** 35 (1930); Am. Soc. **50,** 2118 (1928); durch Fr. **93,** 115 (1933).
514. *Minnig, H. D.:* Am. J. Sci. (4) **39,** 197 (1915).
515. *Fischer, W., Seidel, W.:* Z. anorg. Ch. **247,** 333 (1941).
516. *Seidel, W., Fischer, W.:* Z. anorg. Ch. **247,** 367 (1941).
517. *Fischer, W., Zumbusch, M.:* Z. anorg. Ch. **252,** 253 (1944).
518. *Leikina, B. N., Nowosselowa, A. W.:* Chem. J., Ser. A (russ.) **7,** (69) 241 (1937); durch C. **109, I,** 3599 (1938).
519. *Schmid, P.:* Z. anorg. Ch. **167,** 369 (1927).
520. *Farhan, F.:* Mikrochemie **35,** 560 (1950).
521. *Dupuis, T., Duval, C.:* Anal. chim. Acta **3,** 201 (1949).
522. *Palkin, S.:* Ind. eng. Chem. **9,** 951 (1919).
523. *Havens, F. S.:* Z. anorg. Ch. **16,** 15 (1898).
524. *Havens, F. S.:* Z. anorg. Ch. **18,** 147 (1898).
525. *Pinerua, E.:* C. r. **124,** 862 (1897).
526. *Churchill, H. V., Bridges, R. W., Lee, M. F.:* Ind. eng. Chem., Anal. Edit. **2,** 405 (1930).
527. *Gooch, F. A., Boynton, C. N.:* Am. J. Sci. (4) **31,** 212.
528. *Schürmann, E., Schob, A.:* Ch. Z. **48,** 97 (1924).
529. *Steinhäuser, K.:* Sitzung des Chemikerausschusses der GDMB v. 26. 4. 34.

§ 2. Maßanalytische Bestimmungsverfahren

Zur maßanalytischen Bestimmung des Aluminiums sind zahlreiche Methoden ausgearbeitet worden; sie lassen sich in folgende Gruppen zusammenfassen:

A. Direkte alkalimetrische und acidimetrische Verfahren.

B. Alkali- und acidimetrische Verfahren unter Verwendung komplexbildender oder fällender Reagenzien.

C. Bestimmungen, die auf der Titration mit komplexbildenden Maßlösungen beruhen.

D. Verfahren, die auf der Fällung des Aluminiums als Oxinat oder Phosphat beruhen.

E. Jodometrische Bestimmung nach Fällung des Aluminiums als Arsenat.

F. Verfahren, die auf der maßanalytischen Bestimmung von Oxin nach Fällung des Aluminiums als Oxinat beruhen.

G. Versuche zur maßanalytischen Bestimmung des Aluminiums mit Kaliumpalmitat.

A. Direkte alkalimetrische und acidimetrische Verfahren

Das *Prinzip* dieser Methode ist einfach: Die neutrale, d.h. keinen Säureüberschuß enthaltende Aluminiumsalzlösung wird unter Anwendung eines geeigneten Indikators visuell, potentiometrisch oder konduktometrisch mit Natronlauge titriert, bis alles Aluminium als Hydroxid ausgefallen ist. Da aber nicht die Aluminiumionen selbst, sondern die äquivalente Menge Anionen titriert werden, Aluminium jedoch zur Bildung basischer Salze bzw. Aluminiumhydroxid zur Adsorption von Anionen neigt, verläuft die Reaktion nicht streng stöchiometrisch; die *Genauigkeit* der Bestimmung ist demnach nicht sehr groß. Liegen keine „neutralen" Aluminiumsalzlösungen vor, sondern saure oder basische Lösungen, so werden nicht nur die an Aluminium gebundenen Anionen, sondern auch die (gegebenenfalls nach Ansäuern basischer Lösungen) als freie Säure vorliegenden Anionen, also die „Gesamtsäure" bzw. für basische Lösungen das „Gesamtalkali", erfaßt. Es muß dann noch die „freie Säure" bzw. das „freie Alkali" ermittelt werden. Der Aluminium-Gehalt ergibt sich aus der Differenz der beiden Bestimmungen.

Die Hydrolyse der Aluminiumsalz-Lösungen verhindert die genaue Einstellung jenes pH-Wertes, der einer säurefreien Aluminiumsalz-Lösung entspricht. Der pH-Wert „neutraler" Aluminiumsalz-Lösungen ist sowohl vom Anion wie von der Konzentration abhängig, worauf u.a. *Kolthoff* und *Menzel* [1], *Whitehead, Clay* und *Hawthorne* [2] sowie *Davis* [3] hingewiesen haben.

Auch die Anwesenheit von Fremdsalzen und die Temperatur beeinflussen den pH-Wert neutraler Aluminiumsalz-Lösungen durch Zurückdrängung der Hydrolyse; nach *Khoroschkin* [4] liegt z.B. der pH-Wert von Aluminiumchlorid-Lösungen in Gegenwart eines Calciumchlorid-Überschusses im Umschlagsbereich von Bromphenolblau (pH = 3 bis 4,6).

Eine zuverlässige, allgemeingültige Bestimmung der freien Säure bzw. des freien Alkalis von sauren Aluminiumsalz- oder alkalischen Aluminium-Lösungen mit Hilfe von Indikatoren ist demnach überhaupt nicht möglich. Trotzdem werden zahlreiche derartige Arbeitsvorschriften im analytischen Schrifttum mitgeteilt und Ergebnisse erhalten, die den nicht sehr hohen Anforderungen genügen, die in bezug auf Genauigkeit an Schnellmethoden zur Betriebskontrolle gestellt werden.

Wie theoretisch leicht einzusehen ist, muß dagegen die potentiometrische Endpunktsanzeige zuverlässigere Werte ergeben, wenn nicht auf einen bestimmten pH-Wert titriert, sondern die der größten pH-Änderung entsprechende Menge Lauge (bzw. Säure bei Titration von Aluminat-Lösungen) nach den bekannten graphischen oder rechnerischen Verfahren ermittelt wird. Dies wird durch die Untersuchungen von *Bushey* [5] bestätigt. Auch auf konduktometrischem Wege läßt sich die freie Säure bestimmen.

Fehler durch Adsorption bzw. die Bildung basischer Aluminiumsalze erschweren die alkalimetrische Bestimmung des Aluminiums. Durch Adsorption von Anionen bzw. durch die Bildung basischer Salze ist der Verbrauch an Lauge zu niedrig und unabhängig davon, ob der Endpunkt visuell oder potentiometrisch bestimmt wird. Ob man diese schon frühzeitig beobachtete Erscheinung (*Erlenmeyer* und *Lewinstein* [6]) durch Bildung basischer Aluminiumsalze erklärt oder nach neueren Untersuchungen (*Nicolsky* und *Paramonowa* [7] sowie *Jander* und *Jahr* [8]) als Adsorptions- oder Ionenaustauschvorgang an Aluminiumhydroxid deutet, ist in diesem Zusammenhang unerheblich.

Zur Verminderung der störenden Adsorption und der Bildung basischer Salze können grundsätzlich ähnliche Wege eingeschlagen werden wie bei der Fällung des Aluminiumhydroxids zur gewichtsanalytischen Bestimmung, nämlich:

1. Bildung eines weniger zur Adsorption neigenden Niederschlages durch beschleunigte Alterung, also Fällung bei höherer Temperatur. Auf diese Weise lassen sich erhebliche Steigerungen der Genauigkeit erzielen (vgl. u.a. *Coetzee* [9]). Auch die jodometrischen Bestimmungsverfahren (*Feigl* und *Krauss* [10], *Moody* [11]), die auf der Freimachung von Jod aus einem Jodid-Jodat-Gemisch durch die infolge der Hydrolyse der Aluminiumsalze entstehenden Wasserstoffionen beruhen, arbeiten bei Siedetemperatur, so daß ein nicht zur Adsorption neigendes Aluminiumhydroxid entsteht.

2. Entfernung mehrwertiger Anionen, die besonders stark zur Bildung basischer Aluminiumsalze neigen, z.B. von Sulfationen durch Fällung mit Bariumchlorid (*Kolthoff* [12]; vgl. auch *Blum* und *Käsermann* [13]).

3. Zusatz nicht störender Stoffe, die bevorzugt adsorbiert werden wie z.B. Lithiumchlorid (*Glemser* und *Thelen* [14]).

4. Beseitigung gebildeter, basischer Salze durch Zugabe eines Überschusses an Alkali, der zurücktitriert wird (*Bayer* [15]; vgl. auch *Komárek* [16]).

Bei der acidimetrischen Titration von Aluminat-Lösungen liegen die Verhältnisse ähnlich. Das ausfallende Aluminiumhydroxid enthält ebenfalls basische Aluminiumsalze, die mit der als Maßlösung zugegebenen Säure entstehen, so daß der Endpunkt der Titration erst bei einem Säureüberschuß erreicht wird (*Bushey* [5]). Auch hier läßt sich der Fehler durch Fällung bei Siedehitze (z.B. Verfahren von *Tolkatscheff* und *Titowa* [17]) oder durch Zusatz von Stoffen, die wie Lithiumchlorid die Adsorptionsverhältnisse in günstigem Sinne beeinflussen (*Roeckerath* und *Glemser* [18]), verhindern.

Der Carbonatgehalt der zu untersuchenden Aluminat-Lösung wie auch der als Maßlösung verwendeten Lauge stellt eine weitere Fehlerquelle dar. Bei der Titration wird meistens der Gehalt an Alkalicarbonat mit erfaßt. Die alkalimetrischen Verfahren erfordern daher Titration mit carbonatfreier Natronlauge oder Bariumhydroxid- bzw. Calciumhydroxid-Lösung. Bei der acidimetrischen Bestimmung in Aluminat-Lösungen werden Carbonate durch Fällung mit Calcium- oder Bariumsalzen vor der Titration entfernt.

Die mit der Ausfällung von Aluminiumhydroxid verbundenen Schwierigkeiten lassen sich in einfacher Weise durch Anwendung von Ionenaustauschverfahren umgehen (*Samuelson* [19]; *Djurfelt, Hansen* und *Samuelson* [20]). Durch Entfernung der Kationen erhält man die Gesamtsäure als freie Säure, die titriert werden kann. Da auf diese Weise auch alle neben Aluminium vorhandenen Metall-Kationen gegen Wasserstoffionen ausgetauscht werden, ist das Verfahren ohne zusätzliche Trennungs- oder Bestimmungsoperationen nur auf reine Aluminiumsalz-Lösungen anwendbar.

Alkalimetrische Bestimmungsmethoden

a) Titration der freien Säure mit Indikatoren

Indikatoren

Da der pH-Wert neutraler Aluminiumsalz-Lösungen je nach Konzentration, Anion und Gehalt an Neutralsalzen etwa zwischen pH = 2,3 und Werten über pH = 4 liegen kann und die Änderung des pH-Wertes im Endpunkt der Titration der freien Säure nicht groß ist, gibt es praktisch keinen Indikator, der unabhängig von den jeweiligen Verhältnissen zur Bestimmung bzw. Neutralisation der freien Säure allgemein geeignet ist. Die unterschiedliche Beurteilung der einzelnen Indikatoren dürfte vielfach auf dieser Tatsache beruhen. Als allgemeine Richtlinie zur Wahl eines Indikators gilt, daß dessen Umschlag bei einem um so höheren pH-Wert liegen muß, je verdünnter die zu titrierende Aluminiumsalz-Lösung ist und umgekehrt (*Eder* [21]). Es ist anzustreben, daß der Zwischenfarbton des Indikators, auf den titriert wird, möglichst nahe dem pH-Wert der „neutralen" Aluminiumsalz-Lösung liegt. Dies läßt sich annähernd durch Titration auf den Farbton einer Vergleichslösung, die in ihrer Zusammensetzung der zu titrierenden Lösung entspricht, jedoch keine freie Säure enthält, erreichen (*Lacroix* [22], *Simmons* [23]).

Da bei der Neutralisation der freien Säure keine große pH-Änderung stattfindet, muß der Farbumschlag möglichst scharf sein, d.h. Indikatorgemische mit engerem Umschlagbereich könnten hier gegenüber reinen Indikatoren eine gewisse Verbesserung bringen (*Semljanitzyn* [24], *Simons, Wood* [25], *Coetzee*; über Mischindikatoren vgl. auch *Kolthoff* [26]; *Kolthoff* und *Stenger* [27]).

Am häufigsten verwendet wurden wohl folgende *reinen Indikatoren:*

Methylorange (Umschlag pH = 3,0 bis 4,4) von *Thomson* [28], *Atkinson* [29], *Gatenby* [30], *Lunge* [31], *Cross* und *Bevan* [32], *Bayer, v. Kéler* und *Lunge* [33], *Ruoss* [34], *Gyzander* [35], *Bellucci* und *Lucchesi* [36], *Eder* sowie *Lobanow* [37].

2,6-Dinitrophenol (Umschlag pH = 2,8 bis 4,4, farblos nach gelb) von *Eder* sowie *Kopchenova* und *Karyukina* [38].

Tropäolin OO (Umschlag pH = 1,3 bis 3,2) von *Bayer, v. Miller* [39], *Hiller* [40], *Semljanitzyn, Fuchs* [41], *Herrmann* [42] u.a.

Thymolblau (Umschlag pH = 1,2 bis 2,8) unter anderen von *Davis* sowie *del Arco* und *Peleato* [43].

Tabelle 41. *Titration von 10 ml 0,2 n Schwefelsäure neben 1 g Kalialaun mit 0,2 n Natronlauge*

Indikator	Ausgangsvolumen		
	30 ml	110 ml	1010 ml
	Umschlagsintervall in ml 0,2n NaOH		
Methylorange (Titration auf Orange)	9,5 bis 11,5	10 bis 11	10 bis 11
2,6 Dinitrophenol	10 bis 11	9,5 bis 10	9 bis 10
Thymolblau	7 bis 9	6 bis 8	kein Umschlag, da sofort gelb

Über die Brauchbarkeit der beiden ersten Indikatoren in Abhängigkeit von den Versuchsbedingungen unterrichtet die vorstehende, Versuchen von *Eder* entnommene Tabelle 41.

Indikatoren wie Methylorange und Dinitrophenol sind im allgemeinen geeigneter als die in noch stärker saurem Gebiet umschlagenden Indikatoren Thymolblau und Tropäolin. Ein scharfer Umschlag ist jedoch auch bei den ersteren nicht vorhanden.

Zur Erzielung eines schärferen Umschlagspunktes wurden folgende *Mischindikatoren* vorgeschlagen:

Methylorange (0,1%ige Lösung) nebst Indigocarmin (0,25%ige Lösung) im Mischungsverhältnis 1:1 (pH = 4,1; Umschlag von violett nach grün) von *Semljanitzyn* [24]; er fand gute Werte für den Aluminium-Gehalt (Gesamtsäure mit Phenolphthalein); 0,025% Methylorange nebst 0,05% Martiusgelb in 50%igem Äthanol (Umschlag bei pH = 3,5) von *Simmons*; Titration auf Farbgleichheit mit einer Vergleichslösung (Alaun), die mit dem gleichen Indikator versetzt wird;

0,2% Methylorange nebst 0,28% „xylene cyanole FF" in 50%igem Äthanol (Umschlag bei pH = 3,8 bis 4 von rot über grau in grün) von *Hickman* und *Linstead* [44], von *Coetzee* zur Titration verdünnter Lösungen mit 0,1 n Natronlauge verwendet;

0,05% Dimethylgelb nebst 0,05% Methylenblau in Äthanol (Umschlag von blauviolett bei pH = 3,2 nach grün bei pH = 3,4) von *Wood* sowie *Coetzee*;

0,1% Dimethylgelb nebst 0,3% „xylene cyanole FF" in Äthanol (Umschlag von violett über neutralgrau bei pH ~ 3,5 nach grün) ist nach *Wood* für die Titration bei künstlichem Licht dem Mischindikator Dimethylgelb-Methylenblau vorzuziehen; der Universalindikator nach *Merck* wird von *del Arco* und *Peleato* vorgeschlagen, wobei auf die einem pH von 2,5 bis 3 entsprechende Farbe titriert wird.

Allgemeines zur Arbeitsweise

Zweckmäßig titriert man im Gegensatz zur Gesamtsäure-Bestimmung bei Zimmertemperatur und in nicht zu verdünnten Lösungen (möglichst 0,5 bis 1 n an Aluminium). Man kann dann, insbesondere beim Vorliegen von Aluminiumchlorid-Lösungen, Thymolblau oder Tropäolin OO als Indikatoren verwenden. In stärker verdünnten Lösungen sind Indikatoren wie Methylorange, Dinitrophenol und entsprechende Mischindikatoren anzuwenden. Je verdünnter die Lösung ist, desto langsamer und vorsichtiger muß titriert werden, um eine vorzeitige Ausfällung von Aluminiumhydroxid zu vermeiden bzw. dessen vollständige Wiederauflösung zu gewährleisten. Aus dem gleichen Grunde soll der Äquivalenzpunkt stets von der sauren Seite her erreicht werden (vgl. *v. Kéler* und *Lunge* sowie *Bellucci* und *Lucchesi*; ist er überschritten, wird ein abgemessener Säureüberschuß zugegeben und mit Lauge zurücktitriert. Nach *Davis* soll bei der Titration freier Säure in Aluminiumsulfat-(Alaun-)Lösungen mit Thymolblau als Indikator ein Zusatz reichlicher Mengen Kochsalz eine Verschärfung des Farbumschlages bewirken.

Bellucci und *Lucchesi* bestimmten zu Kalialaun zugesetzte Schwefelsäuremengen bei Titration mit Methylorange und n Natronlauge mit einem *Fehler* von etwa +0,3%, bei kleineren Mengen, z.B. 5 ml n Schwefelsäure, jedoch +2%. Allgemein wird der Fehler um so größer, je kleiner der Gehalt an freier Säure und je größer die Verdünnung der Lösung ist.

Müssen verdünnte Lösungen (bis zu 0,005 m an Aluminium) mit 0,1 n Natronlauge titriert werden, so lassen sich nach *Coetzee* nur mit Methylorange-„xylene-cyanol FF"-Mischindikator noch annähernd richtige Ergebnisse erhalten. In diesen Fällen ist jedoch die Bestimmung nach *Craig* [45] (S. 188) unbedingt vorzuziehen. *Eder* erhielt bei der Titration von Lösungen mit 0,1 bis 0,2 g Al_2O_3/100 ml mit 0,2 n Natronlauge gegen Methylorange (Titration von Rot auf Orange, nicht auf Gelb!) Resultate, die um ± 0,5% freier Säure nahe einem um 0,2% (abs.) zu hohen Mittel-

wert lagen. Bei Verwendung von 2,6-Dinitrophenol betrugen die Schwankungen
± 0,3 % freie Säure; der Mittelwert war etwa 0,1 % (abs.) zu hoch.

Anwendungen

Außer zur Bestimmung der freien Säure (z. B. in Aluminiumsulfat, Alaunkuchen
usw.; *Simmons*) wird die Titration vor allem zur Aluminium-Bestimmung aus
der Differenz der freien Säure und der Gesamtsäure angewandt. Liegen Aluminat-
Lösungen vor, so kann zunächst mit Salzsäure angesäuert und wie bei Aluminiumsalz-Lösungen verfahren werden (z. B. *Kopchenowa* und *Karyukina*); sonst wird
nach Neutralisation des freien oder des gesamten Alkalis mit einer abgemessenen
Säuremenge angesäuert und der Überschuß an freier Säure zurücktitriert (z. B.
László [46]). Hierbei ist es notwendig, zur völligen Auflösung des Aluminiumhydroxids nach dem Ansäuern zu erhitzen. Einen Sonderfall stellt die von *Fuchs* beschriebene Methode zur Bestimmung des Gesamtaluminium-Gehaltes in Aluminiumacetat
bzw. -formiat dar.

Arbeitsvorschrift nach *Fuchs* zur Bestimmung des Aluminium-Gehaltes von
Aluminiumacetat und -formiat. 10 ml Lösung (etwa 2,6 g Al_2O_3/100 ml) werden auf
40 ml verdünnt, mit 0,3 ml einer 0,1%igen Lösung von Tropäolin OO und so viel
n Salzsäure (etwa 20 ml) versetzt, daß kräftige Rotfärbung eintritt und auch nach
2 bis 3 min langem Stehen erhalten bleibt.

Dann wird unter ständigem Rühren tropfenweise mit n Natronlauge auf den
rosagelblichen Farbton einer Vergleichslösung titriert, die aus 73 ml Wasser, 2,0 ml
0,1 n Salzsäure und 0,3 ml Tropäolinlösung besteht. Zur sicheren Einstellung des
Endpunktes wartet man gegen Ende der Titration nach jedem Tropfen einige Zeit,
bis keine Farbänderung mehr eintritt. In Anwesenheit anderer Acetate werden diese
mittitriert.

Bemerkungen. Zur Titration von *Aluminiumformiat* wird entsprechend verfahren.
Die Probe soll etwa 0,25 g Al_2O_3 enthalten und wird auf 50 ml verdünnt. Infolge
der stärkeren Dissoziation der freien Ameisensäure muß die Vergleichslösung jedoch
saurer sein (68,5 ml Wasser, 6,5 ml 0,1 n Salzsäure und 0,3 ml Tropäolin-Lösung).

Nach älteren Angaben werden Aluminiumacetat-Lösungen durch *Abrauchen* mit
Schwefelsäure oder nach *Wöhlk* [47] in das Sulfat (Alaun) überführt und dann
titriert (vgl. auch die von *Reichert* [48] angeführten Methoden des Dänischen Arznei-
buches).

Bei normalem Aluminiumacetat erhielt *Herbig* [49] bei Titration in der Hitze
gegen *Rosolsäure* gute Werte; basische Acetate müssen zuerst angesäuert werden.

Arbeitsvorschrift nach *László* zur Titration mit Eisen(III)-thiocyanat als Indikator. An Stelle eines Farbindikators setzt *László* der sauren Aluminiumsalz-Lösung
(10 bis 100 mg Al_2O_3) genau 1 Tropfen 10%iger Eisen(III)-chlorid-Lösung und 0,5 ml
einer halbgesättigten, wäßrigen Kaliumthiocyanat-Lösung zu; er titriert mit 0,5
oder 1 n Natronlauge, bis die Lösung gelb wird und eine leichte Trübung erscheint.

b) Titration der Gesamtsäure mit Indikatoren

Indikatoren

Zur Titration der Gesamtsäure bzw. der gebundenen, dem vorliegenden Aluminium äquivalenten Säure wurden verschiedene Indikatoren, deren Umschlagsgebiet
bei etwa pH = 6 bis 9 liegt, herangezogen.

Einige ältere Autoren stellten Versuche mit Lackmus (pH = 5,0 bis 8,0) an, so
Erlenmeyer und *Lewinstein*, *Willgerodt* [50], *Lescoeur* [51], *Bayer*. Später wurde Lackmus nicht mehr benutzt, da es vom Aluminiumhydroxid besonders stark adsorbiert
wird.

Rosolsäure („Corallin", pH = 6,9 bis 8,0) wurde ebenfalls schon in der älteren Literatur von *Merz* [52] sowie *Herbig* angeführt und ist später von *Bogolenow* [53] angewendet worden.

Mit Thymolblau, dessen zweiter Farbumschlag bei pH = 8,0 bis 9,6 erfolgt, titrieren *Davis* sowie *Birstein* und *Kronman* [54].

Nach *Clarens* und *Lacroix* [55], *Martin* [56] sowie *Lobanow* kann die Gesamt-säure auch gegen Methylrot (pH = 4,4 bis 6,3) titriert werden, wenn Alkali bis zur deutlichen Gelbfärbung zugesetzt wird.

Kongorot ist nach den Erfahrungen von *Wukolow* [57] als Adsorptionsindikator geeignet.

In letzter Zeit wurde mehrfach Bromthymolblau (pH = 6,0 bis 7,6) angewandt, so von *Chernow* und *Nekrasow* [58], *Queiroz* und *de Paiva Neto* [59] sowie *Lacroix*.

Weitaus die Mehrzahl aller Analytiker arbeitet mit Phenolphthalein (pH = 8,3 bis 10), wobei meistens brauchbare, wenn auch nicht in allem übereinstimmende Ergebnisse erzielt wurden.

Vergleichende Versuche von *Coetzee* mit verschiedenen Indikatoren gibt die folgende Tabelle 42 wieder. Es wurden jeweils gleiche Mengen einer 0,03 m Aluminiumnitrat-Lösung mit 0,1 n carbonatfreier Natronlauge titriert.

Tabelle 42. *Titration von Aluminiumnitrat-Lösungen mit 0,1 n Natronlauge*

Indikator	Umschlag bei pH	0,1 n NaOH ml	Bemerkungen zum Umschlag
		theoretisch: 43,87	
Bromthymolblau	6,0 bis 7,6	42,2 bis 43,2	schleppend
o-Kresolrot	7,2 bis 8,8	43,2 bis 43,7	weniger schleppend, jedoch unscharf
Phenolphthalein	8,3 bis 10,0	43,6 bis 43,8	auf 0,2 ml genau
Thymolphthalein	9,3 bis 10,5	44,5	verblassend

Da bei diesen Titrationen im Gegensatz zu den üblichen Arbeitsweisen bei Zimmertemperatur titriert wurde, zeigt sich bei den ersten beiden Indikatoren der durch Adsorption von Anionen durch das ausfallende Aluminiumhydroxid bedingte Fehler besonders deutlich.

Allgemeine **Arbeitsvorschrift** unter Verwendung von Phenolphthalein. Auf Grund der bisher vorliegenden praktischen Erfahrungen titriert man saure Aluminiumsalz-Lösungen direkt, neutrale Aluminiumsalz-Lösungen nach Zusatz von einigen Milli-litern n Salzsäure und Aluminat-Lösungen nach Zusatz eines Überschusses verd. Salzsäure und einige Minuten langem Kochen. Soll in der gleichen Probe zunächst die freie Säure bestimmt werden, etwa gegen Methylorange unter Verwendung einer Vergleichslösung, so wird zuerst bei kleinem Volumen (entsprechend etwa einer n Aluminium-Konzentration) in der Kälte titriert. Danach wird auf eine Konzentration von 0,1 n an Aluminium oder weniger verdünnt und mit n Natronlauge siedend heiß bis zur schwachen Rosafärbung des Phenolphthaleins titriert. Nach dem Abkühlen wird ein etwaiger Alkali-Überschuß mit 0,1 n Salzsäure zurücktitriert.

Bemerkungen. Wie mehrere Forscher feststellten (*Bellucci* und *Lucchesi, Kolthoff, Bogolenow, Davis* und *Farnham* [60]), findet beim Abkühlen der mit Natronlauge gegen Phenolphthalein in der Hitze bis zur schwachroten Färbung titrierten Alumi-niumsalz-Lösung eine deutliche *Nachrötung* statt, die bei den üblichen Mengenver-hältnissen einige Zehntel ml 0,1 n Säure zur Rücktitration in der Kälte erfordert. Nach *Coetzee* wird der schleppende Umschlag des Phenolphthaleins wesentlich schärfer, wenn der Lösung *Nitrobenzol* zugesetzt wird.

Da Sulfationen besonders stark zur Bildung basischer Salze neigen, werden Sulfate zweckmäßig vor der Titration durch Zusatz von *Bariumchlorid* ausgefällt.

Lacroix schlägt dagegen vor, zur Zerstörung etwa gebildeter basischer Salze zunächst etwas überzutitrieren, aufzukochen und den Laugenüberschuß mit Säure zurückzutitrieren. Nach *Glemser* und *Thelen* läßt sich durch Zusatz von Lithiumchlorid zu der zu titrierenden Lösung der Adsorptionsfehler auch bei der Titration von Aluminiumsulfat-Lösungen weitgehend ausschalten.

Ebenso wie Kohlensäure stören die Anionen anderer schwacher Säuren; Aluminiumacetat-Lösungen lassen sich aber bereits titrieren. Mit Aluminium *Komplexe* oder schwerlösliche Verbindungen bildende Anionen (Fluorid-, Phosphationen usw.) dürfen nicht vorhanden sein. *Ammoniumsalze* stören ebenfalls, weiter Metalle, die bei den während der Titration erreichten pH-Werten als Hydroxide gefällt werden, wie z.B. Beryllium, Zink, Cadmium, Titan, Chrom. *Eisen* wird bei der Bestimmung des Aluminiums mittitriert und muß in Abzug gebracht werden.

Verwendung anderer Maßlösungen

Prunier [61] bestimmt Aluminium im Zement durch Fällung mit eingestellter Ammoniaklösung und Rücktitration des Ammoniak-Überschusses mit Salpetersäure.

Von anderen Autoren (*Lescoeur, White* [62], *Telle* [63], *Tingle* [64], *Birstein* und *Kronman*) wurde Barytlauge zur Titration des Aluminiums angewendet. *Grigorjew* [65] titriert mit Calciumhydroxid-Lösung. Es wurden praktisch die gleichen Ergebnisse erzielt, auch bei Sulfatlösungen.

Nach *Coetzee* soll durch Zusatz von Nitrobenzol die Auflösung des Aluminiumhydroxid-Niederschlages durch den beim Umschlag des Phenolphthaleins vorhandenen Hydroxylionen-Überschuß unterdrückt werden, so daß der Indikator-Umschlag schärfer wird.

Arbeitsvorschrift. Da Nitrophenol wegen seiner Flüchtigkeit nur bei Zimmertemperatur verwendet werden kann, wird zunächst ein aliquoter Teil der zu analysierenden Lösung nach Zusatz von 2 bis 3 ml Nitrobenzol für je 0,1 g Aluminium bei Zimmertemperatur gegen Phenolphthalein (10 bis 15 Tropfen 0,1 %iger Lösung je 100 ml Volumen bei Titrationsende) titriert. Ein zweiter Teil der Lösung wird nun zur Ausführung der genauen Bestimmung zum Sieden erhitzt, mit der bei der Vortitration ermittelten Natronlauge-Menge versetzt und bei Zimmertemperatur zu Ende titriert.

Tabelle 43. *Titration von Aluminiumnitrat-Lösungen nach Coetzee*

NaOH	mg Al		Fehler in	
	angewandt	gefunden	mg	%
1 n	275,6	275,2	−0,4	−0,15
1 n	238,7	238,4	−0,3	−0,14
1 n	204,4	204,9	+0,5	+0,25
0,1 n	27,49	27,39	−0,1	−0,37
0,1 n	23,42	23,41	−0,01	−0,04
0,1 n	22,16	22,13	−0,03	−0,14

Bemerkung. Bei der Titration saurer Aluminiumnitrat-Lösungen mit 1 n bzw. 0,1 n Natronlauge erhielt *Coetzee* ausgezeichnete Werte, wie die *Beleganalysen* zeigen (Tab. 43).

Arbeitsweisen in Gegenwart von Sulfationen

Die besonders in Gegenwart von Sulfationen beträchtliche Adsorption am Aluminiumhydroxid verminderten schon *Erlenmeyer* und *Lewinstein* durch Umsetzung mit Bariumchlorid. Es haben sich später noch mehrere Analytiker (*Lescoeur, Bellucci* und *Lucchesi, Kolthoff, Tingle, Wöhlk, Davis* und *Farnham, Bogolenow, Blum* und *Käsermann, Coetzee*) mit der acidimetrischen Bestimmung der gesamten (bzw. gebundenen) Säure in Aluminiumsulfat-Lösungen beschäftigt, aus deren praktischen Erfahrungen hervorgeht, daß die direkte Titration mit Natronlauge gegen Phenolphthalein unter Zusatz von Bariumchlorid (nach *Coetzee* besser Bariumnitrat) gute Ergebnisse liefert, wenn sie in verdünnter Lösung und in der Hitze ausgeführt wird.

Arbeitsvorschrift nach *Bellucci* und *Lucchesi* [36]. Die vorhandene Aluminium-Konzentration wird durch Fällung einer Probe mit Ammoniak roh geschätzt.

Freie Säure

2 Proben der Aluminiumsulfat-Lösung versetzt man mit je genau 2 ml n Schwefelsäure, 3 Tropfen Methylorange-Lösung (0,02%ig) und 5 Tropfen Phenolphthalein-Lösung (1%ig in Äthanol), verdünnt auf etwa 50 ml (Aluminium-Konzentration etwa 1 n) und titriert die Probe mit n Natronlauge bis zum Verschwinden der roten Färbung (unter Vergleich mit der zweiten, rot gefärbten Probe). Die verbrauchte Natronlaugemenge (vermindert um 2 ml) entspricht der vorhandenen freien Säure.

Bestimmung der gebundenen (gesamten) Säure

Zur näherungsweisen Vorbestimmung der gebundenen Säure wird die gegen Methylorange neutralisierte Probe mit 5 ml Bariumchlorid-Lösung (kalt gesättigt) versetzt, mit Wasser auf 300 bis 400 ml verdünnt und mit Natronlauge titriert, bis die schwachrote Färbung des Phenolphthaleins bestehen bleibt. Die zweite, bisher beiseite gestellte Probe wird gleichfalls mit 5 ml Bariumchlorid-Lösung versetzt und in gleicher Weise verdünnt. Darauf gibt man 1 bis 2 ml weniger Natronlauge, als bei der Vortitration ermittelt wurde, hinzu und erhitzt 5 min zum Sieden. Nach dem Erkalten wird bis zur schwachen Rotfärbung zu Ende titriert.

Bemerkungen. Andere Autoren (*Kolthoff, Davis* und *Farnham, Bogolenow, Blum* und *Käsermann*) titrieren die *siedend* heiße Lösung mit Natronlauge bis zur schwachen Rotfärbung des Phenolphthaleins und nehmen den kleinen Natronlauge-Überschuß in der Kälte zurück. *Davis* und *Farnham* weisen darauf hin, daß es erforderlich ist, die Aluminiumlösung vor dem Alkalizusatz (zur Vertreibung des Kohlendioxids) und nach dem Alkalizusatz 5 min zu kochen.

In *reinen* Alaun- oder Aluminiumsulfat-Lösungen führte die Arbeitsweise der hier zuletzt genannten Autoren zu fast theoretischen Werten.

Bei sauren Lösungen wird die *Genauigkeit* aber durch die Fehlergrenze der Titration der freien Säure bestimmt (Differenzmethode!).

Bellucci und *Lucchesi* erhielten nach der angegebenen Arbeitsweise eine Genauigkeit von etwa 0,5% bei Kaliumalaun- und von etwa 1% bei *sauren* Aluminiumsulfat-Lösungen.

Im Rücktitrationsverfahren nach Lacroix [22] kocht man zur Zerstörung etwa gebildeter basischer Salze die mit einem geringen Überschuß an Natronlauge gegen Bromthymolblau versetzte Lösung und titriert den Überschuß mit Säure rasch bis zum Indikatorumschlag zurück.

Arbeitsvorschrift. Die etwa 25 mg Aluminium enthaltende, schwach saure Lösung wird in einem 250-ml-Becherglas auf 100 ml verdünnt, einige Minuten gekocht, mit

5 Tropfen Indikator (0,1%ige Lösung von Bromthymolblau in 20%igem Äthanol) versetzt und rasch mit 0,1 n Natronlauge bis zur bleibenden, schwachen Blaufärbung titriert. Nun werden 0,5 ml Natronlauge im Überschuß zugegeben, die Lösung abermals zum Sieden erhitzt und der Laugen-Überschuß möglichst rasch mit 0,1 n Salzsäure zurücktitriert. Man titriert hierbei auf den Farbton einer mit Bromthymolblau versetzten, auf pH = 7,0 (in Anwesenheit und Mittitration von Eisen auf pH = 7,2) eingestellten Vergleichslösung.

Bemerkungen. Lösungen basischer Aluminiumsalze oder von Aluminaten werden *vor* der Bestimmung mit einer abgemessenen Säuremenge angesäuert.

Ein *ähnliches* Verfahren hat früher bereits *Komárek* angegeben.

Bei der Titration von je 27 mg Al und Bestimmung der *freien* Säure nach dem Oxalatverfahren (S. 191) fand *Lacroix* Werte zwischen 26,9 und 27,0 mg Al (4 Bestimmungen); der Fehler betrug also nur maximal 0,37%.

In Anwesenheit von *Eisen(III)* erhält man die Summe von Eisen und Aluminium.

Arbeitsvorschrift nach *Glemser* und *Thelen* [14] (Zusatz von Lithiumchlorid). Die Aluminiumsalz-Lösung, die etwa 100 ml Al_2O_3 enthalten kann, wird mit 0,1 n Lithiumchlorid-Lösung (mindestens 8 bis 10 ml je 100 mg Al_2O_3) sowie einigen Tropfen Phenolphthaleins versetzt und bei Zimmertemperatur mit 0,1 n Natronlauge bis zur Rosafärbung titriert. Nun erhitzt man kurz zum Sieden und gibt weiter Natronlauge bis zur bleibenden Rotfärbung zu.

Bemerkung. In Verbindung mit der Bestimmung der freien Säure nach *Eder* erhielten *Glemser* und *Thelen* bei der Titration von je 100 mg Al_2O_3 mit 0,1 n Natronlauge nach Zugabe von je 20 ml 0,1 n Lithiumchlorid-Lösung Werte, die vom theoretischen maximal $\pm$ 0,6% abwichen. Der *Mittelwert* aus 5 Einzelbestimmungen lag 0,2% unter dem theoretischen.

Arbeitsvorschrift nach *Fuchs* [41] zur Bestimmung der Summe der freien und an Aluminium gebundenen Säure im Aluminiumacetat sowie -formiat. Die etwa 250 mg Al_2O_3 enthaltende Acetat- bzw. Formiatlösung wird auf etwa 100 ml verdünnt und nach Zusatz von Phenolphthalein mit n Natronlauge bis zur Rotfärbung titriert. Nun wird zum Sieden erhitzt, wobei die Rotfärbung wieder verschwindet, und die kochende Lösung bis zur bleibenden, kräftigen Rosafärbung zu Ende titriert. *Beleganalysen* hat *Fuchs* nicht mitgeteilt.

Arbeitsvorschrift nach *Wukolow* [57]. Das Verfahren beruht auf der Verwendung von Kongorot als Adsorptionsindikator. Man gibt zu 1 bis 10 ml 2%iger Kaliumalaun-Lösung 25 bis 30 ml Wasser und 1 Tropfen Kongorot-Lösung (0,5 g Kongorot in 90 Teilen Wasser und 10 Teilen Äthanol), erhitzt die Lösung fast zum Sieden und titriert unter Umrühren mit 0,1 n (carbonatfreier) Kalilauge. Der Aluminiumhydroxid-Niederschlag färbt sich zuerst violett-schwarzbraun, dann hellrot; die Lösung bleibt aber zunächst farblos. Man titriert unter Benutzung einer Vergleichslösung, bis die Lösung schwach rosa geworden ist.

Bemerkungen. Die beschriebene Titration wird bei sauren Aluminiumsalz-Lösungen erst *nach* Neutralisation der freien Säure gegen Methylorange vorgenommen.

Die vom Autor erreichte *Genauigkeit* beträgt etwa 1%.

c) Bestimmung der Gesamtsäure auf jodometrischem Wege

Diese Methode beruht wie das gewichtsanalytische Verfahren nach *Stock* [66] auf der Hydrolyse neutraler Aluminiumsalz-Lösungen in Gegenwart eines Kaliumjodid-jodat-Gemisches:

$$2\,Al^{3+} + 3\,H_2O \rightleftharpoons 2\,Al(OH)_3 + 6\,H^+;$$
$$6\,H^+ + 5\,J^- + JO_3^- \longrightarrow 3\,H_2O + 6\,J.$$

Während die Wägung des erhaltenen Aluminiumhydroxids nach dem Waschen und Glühen richtige Werte ergibt, findet man bei der direkten Titration mit Natrium thiosulfat nicht das gesamte Jod. Deshalb versuchte schon *Moody* durch Übertreiben des Jods aus dem Reaktionsgemisch in eine Vorlage die Reaktion quantitativ in der angegebenen Richtung durchzuführen. Die Ergebnisse stimmten dann bei einer Einwaage von 40 mg Al auf durchschnittlich 1,4% mit den theoretischen Werten überein.

Gooch und *Osborne* [67] versuchten die Hydrolyse in Gegenwart von Kaliumbromid-bromat-Lösung auszuführen, fanden aber, daß nur etwa 5/6 der berechneten Brommenge erfaßt werden. In drei russischen Arbeiten aus den Jahren 1914 und 1915 wird die Hydrolyse in Gegenwart eines Überschusses von 0,1 n Thiosulfat-Lösung ausgeführt. *Iwanow* [68] kocht 5 min mit dem Thiosulfat-Überschuß; *Ossipow* und *Kowscharowa* [69] halten die von *Stock* angewendeten Konzentrationsverhältnisse ein. *Kowscharowa* [70] endlich empfiehlt 20 bis 30 min langes Kochen mit nur kleinem Thiosulfat-Überschuß und achtet auf möglichst neutrale Reaktion der Aluminiumsalz-Lösung.

Die Anwendbarkeit des jodometrischen Verfahrens auf saure Lösungen von Aluminiumsalzen ist von der richtigen Neutralisation der freien Säure abhängig, da ja die freie Säure ebenfalls mit dem Jodid-Jodat-Gemisch reagiert. *Feigl* und *Krauss* führen deshalb das Aluminium in sauren Aluminiumsalz-Lösungen durch Zugabe von Kaliumoxalat in das nicht hydrolysierende Aluminiumoxalat $[Al_2(C_2O_4)_3]$ über und bestimmen dann jodometrisch die freie Säure, während sie in einer zweiten Probe jodometrisch die Gesamtsäure (ohne Oxalatzusatz) ermitteln.

Arbeitsvorschrift nach *Feigl* und *Krauss*. Zur Bestimmung der *Gesamtsäure* gibt man zu der Aluminiumsalz-Lösung, die ein Volumen von etwa 100 ml haben soll, Kaliumjodid-jodat-Lösung im Überschuß sowie eine abgemessene Menge 0,1 n Thiosulfatlösung bis zur völligen Farblosigkeit hinzu. Danach erwärmt man den durch einen Korkstopfen mit Natronkalkrohr verschlossenen Kolben 10 min auf dem siedenden Wasserbad und titriert das überschüssige Natriumthiosulfat mit Jodlösung zurück.

Die Bestimmung der *freien* Säure wird in gleicher Weise, jedoch nach Zusatz von 3 g Natriumoxalat vor dem Versetzen mit dem Jodid-Jodat-Gemisch ausgeführt. Aus der Differenz zwischen gesamter und freier Säure errechnet sich der Aluminium-Gehalt (g Al) durch Multiplikation mit dem empirischen Äquivalentgewicht-Faktor 0,000930.

Bemerkung. Bei 14 Aluminiumbestimmungen in salzsauren und schwach salzsauren Aluminiumchlorid-Lösungen mit 8 bis 43 mg Al ergab sich ein durchschnittlicher *Fehler* von ± 0,3%.

d) Bestimmung der Gesamtsäure unter Verwendung von Kationenaustauschern

Die Verwendung von Ionenaustauschern zur alkalimetrischen Bestimmung von Metallionen in Salzlösungen beruht auf dem Austausch der Wasserstoffionen des Austauschers gegen die Kationen der Lösung. Die den Kationen äquivalente Menge Säure wird alkalimetrisch titriert. *Samuelson* hat erstmals Kationenaustauscher zur Untersuchung von Aluminiumsalzen, insbesondere von Aluminiumsulfat herangezogen. Die Bestimmung des Aluminiums auf diesem Wege ist jedoch nur möglich, wenn keine weiteren Kationen vorliegen oder ihre Menge bekannt ist und in Abzug gebracht werden kann.

Arbeitsvorschrift zur Erfassung des Aluminiumsulfats. *Samuelson* verwendet Säulen von 130 mm Höhe und 12 mm innerem Durchmesser, gefüllt mit 3,2 bis 4 g (Trockengewicht) eines Kationenaustauschers mit Sulfogruppen, dessen Austauschkapazität 3,5 Millival/g betrug. Diese Menge reicht aus, um aus einer etwa 2 Millival Aluminiumsulfat (18 mg Al) enthaltenden Lösung (Volumen 25 bis 50 ml) Aluminium quantitativ gegen Wasserstoffionen auszutauschen. Ablauf und Waschwasser (etwa 100 ml Wasser) werden mit 0,1 n Natronlauge gegen Methylrot titriert.

Bemerkungen. Die nach Ionenaustausch durch Titration ermittelten Werte für die Gesamtsäure lagen bei 7 Aluminiumsulfatproben (30 Bestimmungen) im Mittel 0,22% (rel.) über den gewichtsanalytisch als $BaSO_4$ erhaltenen Ergebnissen; die größten Abweichungen betrugen $+0,6$ und $-0,05\%$ (rel.). Die *Streuung* der Einzelbestimmungen nach der beschriebenen Arbeitsweise betrug im Mittel $\pm 0,14\%$ (rel.) gegenüber $\pm 0,3\%$ bei der gravimetrischen Bestimmung.

Bestimmung in Gegenwart anderer Anionen. Mit gleicher Genauigkeit läßt sich nach *Samuelson* die Summe der Anionen auch in Lösungen bestimmen, die neben Ammoniumalaun noch Kaliumnitrat, Natriumperchlorat oder Überchlorsäure enthalten. Nach *Djurfelt, Hansen* und *Samuelson* kann auch in Aluminiumacetat-Lösungen die Gesamtsäure nach dem Austauschverfahren bestimmt werden, nicht jedoch in oxalathaltigen Lösungen, da dann Aluminium nicht mehr quantitativ ausgetauscht wird, sondern teilweise die Säule als Oxalatokomplex passiert. Auch in Anwesenheit von Bromiden, Jodiden (in Abwesenheit von Eisen) und Chloraten ist das Verfahren nach *Samuelson* anwendbar.

Acidimetrische Bestimmungsmethoden

Von den während der acidimetrischen Titration von Aluminat-Lösungen auftretenden 3-Stufen, Neutralisation des freien Alkalis, Neutralisation des an Aluminat gebundenen Alkalis unter Abscheidung von Aluminiumhydroxid und Auflösung des Aluminiumhydroxides zu neutralem Aluminiumsalz läßt sich die erste bei etwa $pH = 11$ nicht mit Indikatoren erfassen, da die auftretenden pH-Änderungen zu gering sind und ihr absoluter Wert von den Konzentrationsverhältnissen abhängig ist. Es bleibt daher nur die potentiometrische Bestimmung (*Bushey* [5]). Nach einem Vorschlag von *László* [46] läßt sich der Endpunkt der Neutralisation des freien Alkalis auch an der dann auftretenden Trübung der Lösung infolge Hydrolyse des Aluminats zumindest in Gegenwart von Fluorescein als Indikator erkennen. Auch *Watts* und *Utley* [71] verwenden die beginnende Trübung zur ungefähren Feststellung des Gehaltes an freiem Alkali in Aluminatlaugen (vgl. S. 199).

Zur Bestimmung des Gesamtalkalis und Aluminiums (2. und 3. Stufe) wird von vielen Autoren (*Bayer* [15]; *Atkinson* [29]; *Gatenby* [30]; *Cross* und *Bevan* [32]; *Lunge* [31]; *Lescoeur* [51]) die Titration der heißen Aluminat-Lösungen mit Säure gegen Phenolphthalein (Gesamtalkali) und Methylorange (Aluminiumhydroxid) angewandt. Saure oder neutrale Aluminiumsalz-Lösungen werden zunächst mit einem Überschuß an Natronlauge bis zur klaren Lösung des zuerst ausgeschiedenen Hydroxids versetzt und dann in gleicher Weise titriert. Als Indikator wurden auch Phenolrot (*Khoroshkin* [4]) und Neutralrot (*Beck* und *Szabó* [72]) vorgeschlagen.

Tolkatscheff und *Titowa* [17] leiten in die Aluminat-Lösung in der Hitze Kohlendioxid ein und titrieren das nach dem Erkalten gebildete Alkalihydrogencarbonat im Filtrat des Aluminiumhydroxids gegen Methylorange. *Roeckerath* und *Glemser* [18] versetzen die Aluminat-Lösung mit Ammoniumchlorid und bestimmen das abdestillierte Ammoniak acidimetrisch. Erwähnt sei hier noch das von *Nikolskaja* [73] vorgeschlagene, indirekte Verfahren zur Bestimmung des Aluminiums, das auch für Aluminat-Lösungen, die neben freiem Alkali noch Alkalicarbonate, -sulfide, -sulfite und -thiosulfate enthalten, anwendbar ist.

a) Titration des freien Alkalis und des Aluminiums mit Indikatoren

Nach einer Arbeitsvorschrift von *László* werden 1 bis 2 ml (entsprechend 10 bis 100 mg Al_2O_3) Aluminatlauge mit 1 bis 2 ml Wasser sowie 1 Tropfen Fluorescein-Lösung versetzt und unter ständigem Rühren mit 0,5n oder 1n Säure titriert bis zum Auftreten einer bleibenden Trübung. Ist Carbonation anwesend, so wird zuerst Bariumchlorid zur Ausfällung des Carbonats zugegeben. Zur Bestimmung des *Aluminiums* wird nun weiter Säure bis zur Wiederauflösung des ausfallenden Aluminiumhydroxids in geringem Überschuß zugegeben. Der Überschuß wird dann gegen Eisenthiocyanat als Indikator nach der S. 169 beschriebenen Arbeitsweise mit 0,5 oder 1n Natronlauge zurücktitriert [1 ml 1n HCl entspricht dann 12,75 mg Al_2O_3, entsprechend dem Äquivalenzpunkt der Reaktion $NaAl(OH)_4 + 4\,HCl \rightarrow AlCl_3 + NaCl + 4\,H_2O$].

b) Titration des Gesamtalkalis mit Indikatoren

Arbeitsvorschrift nach *Herrmann* [42]. 10 ml Aluminatlösung (technische Lösungen mit 115 bis 120 g Na_2O/l können direkt verwendet werden; von Autoklaven-Aufschlußlösungen mit 250 bis 300 g Na_2O/l werden 10 ml der 1 + 10 verdünnten Lösung angewandt) werden mit 50 ml Wasser verdünnt, mit 2 bis 3 Tropfen 1%iger äthanolischer Phenolphthalein-Lösung versetzt und bei Zimmertemperatur mit n Salzsäure bis zur Entfärbung titriert. Der letzte, gerade die Entfärbung bewirkende Tropfen wird nicht mitgerechnet.

Bemerkungen. Nach *Herrmann* beträgt die *Genauigkeit* $\pm 1\%$ Na_2O.

Bei der Untersuchung von *Autoklaven-Aufschlußlösungen* ist eine empirisch ermittelte Korrektur erforderlich, da hier die gefundenen Werte bis über 3% zu hoch liegen.

Alkalicarbonate, die in technischen Aluminat-Lösungen stets vorhanden sind, *stören. Herrmann* führt daher eine zweite Titration nach obiger Vorschrift, jedoch nach Ausfällung des Carbonations durch Zusatz von Bariumchlorid aus. Aus der Differenz beider Titrationen ergibt sich die für die Gesamtalkalibestimmung erforderliche Korrektur.

Beck und *Szabó* benutzen als Indikator *Neutralrot* (pH = 6,8 bis 8,0). Bei der Titration von Aluminiumsalz-Lösungen wird die Probe mit carbonatfreier 0,2n Natronlauge bis zur klaren Lösung des zunächst ausfallenden Aluminiumhydroxides versetzt.

Nach der Arbeitsweise von *Tolkatscheff* und *Titowa* gibt man zur sauren oder neutralen Aluminiumsulfat-Lösung einen Überschuß an 0,5n Natronlauge und leitet in die erhaltene Aluminat-Lösung in der *Hitze* Kohlendioxid ein. Nach der Abtrennung des gut filtrierbaren Aluminiumhydroxids kann dann im Filtrat das aus der überschüssigen Natronlauge durch Erkalten entstandene Hydrogencarbonat mit n Salzsäure gegen Methylorange genau zurücktitriert werden, nachdem überschüssiges Kohlendioxid durch Aufkochen entfernt wurde. Bestimmt man außer der Gesamtschwefelsäure auch noch die vorhandene freie Schwefelsäure, so kann der Aluminiumgehalt berechnet werden. Der erforderliche Überschuß an 0,5n Natronlauge ist abhängig von der vorhandenen Aluminium-Menge und soll so groß sein, daß bei 50 mg Al etwa 12 ml, bei 200 mg Al etwa 60 ml 0,5n Natronlauge zurücktitriert werden.

Roeckerath und *Glemser* führen die Bestimmung des Gesamtalkalis auf eine Ammoniak-Bestimmung zurück. Hierzu wird die Aluminat-Lösung mit *Ammoniumchlorid* versetzt und das freiwerdende Ammoniak in eine vorgelegte, abgemessene Säuremenge destilliert. Zur komplexen Bindung des Aluminiums wird Lithiumchlorid zugesetzt. Bei dieser etwas umständlichen Methode können durch hydrolytische Spaltung des Ammoniumchlorid-Überschusses in der Siedehitze Fehler auftreten. Der Ammoniumchlorid-Überschuß soll deshalb begrenzt sein. Zur Destillation verwenden sie die von *Parnas* [74] angegebene Apparatur.

Titration bis zur Wiederauflösung des Aluminiumhydroxids. Die direkte, acidimetrische Bestimmung des Aluminiumhydroxids setzt dessen vollständige und genügend rasch erfolgende Auflösung bei der Titration mit Säure voraus. Wie bereits erwähnt, ist aber die Reaktionsgeschwindigkeit sehr gering, so daß die Erreichung des Endpunktes der Titration entweder unsicher ist oder einen untragbaren Zeitaufwand erfordert; *Nikolskaja* wartet z.B. mehrere Stunden, bis der Indikatorumschlag bestehen bleibt. Am zweckmäßigsten ist es daher, nach angenähertem Erreichen des Endpunktes der Titration mit einem geringen Säureüberschuß zu versetzen, die etwa noch vorhandenen Reste ungelösten Aluminiumhydroxids unter Erwärmen zu lösen und den Säureüberschuß zurückzutitrieren. Damit ist die Bestimmung auf den Fall der alkalimetrischen Titration der freien Säure zurückgeführt.

Die direkte, acidimetrische Titration führen *Rosenfeld* [75] [basische Aluminiumsalz-Lösungen mit n Schwefelsäure und Gallein (Pyrogallolphthalein) als Indikator], *Khoroshkin* (Indikator: Bromphenolblau in Gegenwart von Calciumchlorid) sowie *Nikolskaja* (Indikator: Methylorange) durch.

Weiterhin sei hier die Möglichkeit erwähnt, Aluminium nicht aus der Differenz zweier Titrationen, sondern nach Ausfällung als Hydroxid oder Herstellung einer neutralen Aluminiumhydroxid-Suspension vermittels *einer* Titration acidimetrisch zu bestimmen (*Gormuth* [76]; *Honjo* [77]; *Stefkin, Rybkina, Sevostyanova* und *Karelskaya* [78]; *Komárek*; *Khoroshkin*).

Honjo fällt zunächst das Aluminium aus alkalischer Lösung mit Kohlendioxid. Nach sorgfältigem Auswaschen wird der Niederschlag in einer *bekannten*, überschüssigen Menge an Phosphorsäure gelöst und der nicht zum Lösen verbrauchte Überschuß mit Natronlauge gegen Methylorange zurücktitriert. *Stefkin* und Mitarbeiter lösen das gefällte Aluminiumhydroxid in einem abgemessenen Überschuß von *Schwefelsäure* und titrieren diesen Überschuß mit Kalilauge gegen Methylorange.

Gormuth löst das in üblicher Weise mit Ammoniak gefällte Aluminiumhydroxid in einem gemessenen *Überschuß* an 0,1 n Schwefelsäure und titriert mit Kalilauge gegen Methylorange zurück. Einfacher ist die Herstellung einer neutralen Suspension von Aluminiumhydroxid aus Aluminiumsalz- oder Aluminat-Lösungen, in der anschließend Aluminium acidimetrisch bestimmt wird.

Khoroshkin neutralisiert die zu untersuchende Aluminat-Lösung (20 bis 30 mg Al) mit Salzsäure gegen Phenolrot (pH = 6,8 bis 8,4). Die so erhaltene, neutrale Aluminiumhydroxid-Suspension wird nach Zugabe von 10 ml 10%iger Calciumchlorid-Lösung mit 0,1 n Salzsäure gegen Bromphenolblau titriert. Der Endpunkt ist erreicht, wenn die gelbe Farbe des Indikators sich 3 min nicht mehr ändert. Es erscheint fraglich, ob die hergestellte Aluminiumhydroxid-Suspension wirklich neutral ist und nicht durch Einschluß von Alkalialuminat oder gebildete basische Salze Fehler verursacht werden. *Khoroshkin* wendet das Verfahren zur Bestimmung des Aluminiums in metallischem Aluminium an.

Zur Herstellung der Aluminiumhydroxid-Suspension in *schwach alkalischer* Lösung neutralisiert *Komárek* die Aluminiumsalz-Lösung mit n Natronlauge gegen Phenolphthalein. Die so erhaltene Suspension wird gegen Bromphenolblau mit 0,1 n Salzsäure bis zum Verschwinden der Trübung titriert. Die Lösung soll klar sein, die gelbe Farbe des Indikators 5 min bestehen. Nun gibt man einen Überschuß von 1 bis 5 ml 0,1 n Salzsäure zu und erwärmt leicht, um die letzten Reste Aluminiumhydroxids in Lösung zu bringen. Nach dem Abkühlen wird mit 0,1 n Alkalilauge bis zum ersten Farbumschlag nach Gelbgrünbräunlich, anschließend mit 0,1 n Salzsäure wieder bis zum Umschlag nach Gelb titriert. Ammoniumsalze *stören* und dürfen nicht anwesend sein.

Potentiometrische Bestimmung

Eine größere Zahl von Veröffentlichungen ist über die potentiometrische Bestimmung des Aluminiums unter Anwendung von Natronlauge erschienen. Wenn es sich auch in der Hauptsache nur um Versuche mit reinen Aluminium-Lösungen handelt,

so sind diese doch für die Aufklärung der Reaktionsvorgänge zwischen Aluminiumsalzen und Alkali- bzw. Erdalkalihydroxiden von Bedeutung.

Verfolgt man den Verlauf der pH-Änderungen von Aluminiumsalz-Lösungen
nach Zugabe steigender Mengen Alkalilauge, so ergibt sich eine S-förmige Kurve,
die grundsätzlich die gleiche Form wie die bekannten Neutralisationskurven von
Säuren mit Laugen annimmt. Die an Aluminium gebundene Säure wird in Alkalisalz
überführt, während Aluminiumhydroxid ausfällt (vgl. Abb. 2: Titrationskurven von

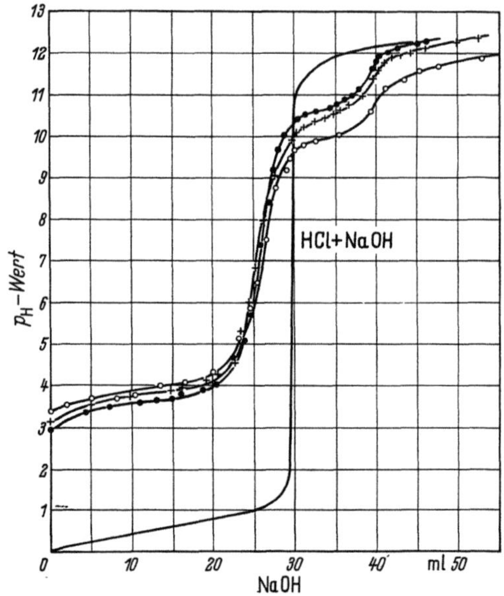

Abb. 2. Potentiometrische Titration des Aluminiums mit Natronlauge (*Davis* und *Farnham*, H$_2$-Elektrode/Kalo-
melelektrode)

Davis und *Farnham* [60]). Durch überschüssige Natronlauge wird Aluminiumhydroxid
unter Aluminat-Bildung (NaAl(OH)$_4$) gelöst. Die Konzentrationsverhältnisse haben
auf den Kurvenlauf im Gebiet der Aluminat-Bildung erheblichen Einfluß (*Davis* und
Farnham). In sauren Aluminiumsalz-Lösungen zeigt vor dem Beginn der Titration
der gebundenen Säure ein gewisser Potentialsprung die Beendigung der Titration der
freien Säure an. Bei der Titration von Aluminat-Lösungen mit Salzsäure werden die
gleichen Potentialkurven in entgegengesetzter Richtung erhalten (*Bushey* [5]). Die
auftretenden drei Potentialsprünge entsprechen also

bei der Titration von Aluminiumsalz-Lösungen:

   1. Neutralisation der freien Säure;
   2. Ausfällung von Aluminiumhydroxid:

$$AlCl_3 + 3\,NaOH \longrightarrow Al(OH)_3 + 3\,NaCl;$$

   3. Bildung von Aluminat:

$$Al(OH)_3 + NaOH \longrightarrow NaAl(OH)_4;$$

bei der Titration von Aluminat-Lösungen:

   1. Neutralisation von freiem Alkali;

2. Ausfällung von Aluminiumhydroxid:

$$NaAl(OH)_4 + HCl \longrightarrow Al(OH)_3 + NaCl + H_2O;$$

3. Bildung von löslichem Aluminiumsalz:

$$Al(OH)_3 + 3\,HCl \longrightarrow AlCl_3 + 3\,H_2O.$$

Die Aluminium-Bestimmung ist also theoretisch als Differenz der Messung je zweier dieser Potentialsprünge möglich.

Meßelektroden. Die von *Hildebrand* [79] sowie *Blum* [80] angewandte Wasserstoff-Elektrode, die Chinhydronelektrode (*Drossbach* [81]; *Treadwell* und *Züricher* [82]) sowie die Antimonelektrode, die *Treadwell* und *Bernasconi* [84], ferner *Toit* [85] sowie *Kanning* und *Kratli* [86] benutzten, sind heute allgemein von den Glas-Elektroden verdrängt worden. Glas-Elektroden sind im ganzen pH-Bereich verwendbar und zur Titration von Aluminiumsalz- sowie Aluminat-Lösungen geeignet (*Bushey*). *Mousa* [87] verwendet eine Arsen-Elektrode, die jedoch keinerlei Vorteile gegenüber der Glas-Elektrode bietet.

a) Titration von Aluminiumsalz-Lösungen

Bestimmung der freien Säure

Da der pH-Wert neutraler Aluminiumsalz-Lösungen vor allem von der Konzentration der Lösung sowie der Art der Anionen abhängig ist, ist die potentiometrische Titration der freien Säure nur möglich durch Messung des Potentialverlaufes und Bestimmung des dem Maximum der Potentialänderung entsprechenden Laugen-Verbrauches durch Interpolation nach den bekannten Methoden der Potentiometrie.

Die *Genauigkeit* dieses an sich langwierigen Verfahrens ist größer als diejenige, die sich bei der Titration mit Indikatoren erreichen läßt; sie wird jedoch eingeschränkt durch die langsame Einstellung des Gleichgewichtspotentials. Jeder Tropfen Natronlauge erzeugt an der Eintropfstelle zunächst einen Niederschlag von Aluminiumhydroxid, das in der Nähe des Äquivalenzpunktes nur sehr langsam wieder in Lösung geht. *Drossbach* konnte daher die freie Säure nur mit einem Fehler von 2 % ermitteln.

Tanabe und *Hasegawa* [88] untersuchen den Potentialverlauf der Titration von Aluminiumsulfat-Lösungen und freier Schwefelsäure mit Natronlauge. Sie erhielten jedoch keine scharfen Potentialsprünge. Bei der Titration der freien Säure in Gegenwart von Eisen(III)- und Aluminiumionen zeigt die Potentialkurve einen plötzlichen Anstieg erst beim Äquivalenzpunkt der $Fe(OH)_3$-Bildung und dann erst beim Äquivalenzpunkt der $Al(OH)_3$-Bildung. Durch Zusatz einer bekannten Menge an Eisen(III)-salz-Lösung läßt sich die freie Säure aus der Differenz des Verbrauches an Natronlauge bis zum 1. Potentialsprung und der den zugesetzten Eisen(III)-ionen äquivalenten Natronlauge bestimmen.

Gegenüber den gebräuchlichen Methoden zur Bestimmung der freien Säure nach komplexer Bindung des Aluminiums besitzt die alkalimetrische Bestimmung auf potentiometrischem Wege keine Vorteile und ist praktisch ohne Bedeutung.

Bestimmung der Gesamtsäure

Hildebrand sowie *Blum* [80] haben erstmals Neutralisationskurven von Aluminiumsulfat und Aluminiumchlorid mit Hilfe der Wasserstoff-Elektrode aufgenommen. Übereinstimmend mit allen späteren Nachprüfungen (*Davis* und *Farnham*; *Whitehead*, *Clay* und *Hawthorne*; *Thomas* und *Vartanian* [89]; *Nicolsky* und *Paramonova*; *G. Jander* und *Jahr*; *Lacroix*; *Bushey*; *Mousa*) ergab sich jedoch, daß der pH-Wert 7 erreicht wird, bevor die dem vorhandenen Aluminium äquivalente Natronlauge-Menge hinzugefügt wurde. Der Äquivalenzpunkt wird je nach der Konzentration der Lösung und dem vorliegenden Anion im allgemeinen erst bei einem pH-Wert über 9 bis über 10 erreicht, also in dem Gebiet bereits beginnender Aluminat-Bildung. Größere Mengen Alkalisalze stören dabei die Titration (*Drossbach*).

In Sulfat-Lösungen sind die Ergebnisse besonders schlecht. *Britton* [90] machte bereits auf den wechselnden Sulfat-Gehalt des bei der potentiometrischen Titration von Aluminiumsulfat erhaltenen Aluminiumhydroxids aufmerksam und erhält Mindergehalte von 5%. *Drossbach* konnte bei Aluminiumsulfat-Lösungen überhaupt keine brauchbaren Resultate erzielen. Um eine Verbesserung der Potentialkurven zu erhalten, versuchte *Britton* [91], mit Barium-, Strontium- und Calciumhydroxid zu titrieren. Die auf diese Weise erhaltenen Potentialkurven zeigen jedoch prinzipiell den gleichen Verlauf wie die Natronlauge-Kurven. *Wells* [92] stellte fest, daß die Fällung des Aluminiumhydroxids durch Calciumhydroxid zwischen $pH = 6{,}0$ und 7,5 vollständig ist und die Auflösung des Hydroxids zwischen $pH = 9$ und 10,9 vor sich geht. *Zipper* [93] schlägt zur potentiometrischen Bestimmung von Aluminium in Magnesium-Legierungen Titrationen mit 0,3 n Ammoniak vor, wobei der Berechnung das zwischen $pH = 3{,}37$ (freie Säure) und 5,37 (Gesamtsäure) verbrauchte Volumen an Ammoniak zugrunde gelegt wird. Die Potentialkurve bei Titration mit Ammoniak muß demnach von derjenigen, die durch Titration mit starken Basen erhalten werden, erheblich abweichen. Freie Säure und hydrolysierbare Kationen, darunter auch Aluminium, können nach *Kubota* und *Costanzo* [94] in 10 m Lithiumchlorid-Lösungen mit 0,1 m Lithiumhydroxid titriert werden. Bei der Titration verschieden konzentrierter Aluminium-Lösungen erhielten sie im Gegensatz zu anderen Kationen verschiedene Arten von Titrationskurven. Auf diese Weise sind Bestimmungen der freien Säure bis auf einen *Fehler* von 1 bis 3% möglich. Der Fehler bei der Bestimmung von Kationen beträgt 2 bis 10%.

Anwendungen

Martin [83] titriert Aluminium in Magnesium-Legierungen mit Natronlauge indem er sowohl für die Meßelektrode als auch für die Bezugselektrode die Chinhydron-Elektrodenanordnung verwendete, wobei die Lösung einer gleichbehandelten Probe einer ähnlich zusammengesetzten Aluminium-Magnesium-Legierung als Bezugselektroden-Flüssigkeit diente. *Bordoni* [95] bestimmt Aluminium in Stahl, Bronze und verschiedenen Legierungen auf Grund der Tatsache, daß die unlöslichen Hydroxide verschiedener Metalle bei einem jeweils bis zum Ende der Fällung praktisch konstanten pH-Wert ausfallen. Diese pH-Werte sind nach *Bordoni* für Mg 10,5, Ag 9, Mn 8,7, Hg 7,3, Co 6,8, Cd 6,7, Ni 6,7, Pb 6, Be 5,7, Fe(II) 5,5, Cu 5,3, Cr 5,3, Zn 5,2, Al 4,1, Fe(III) 2 und Sn 2. Liegen die Fällungs-pH-Werte genügend weit auseinander, so lassen sich mehrere Metalle, darunter auch Aluminium, in einer Lösung nebeneinander mit Natronlauge potentiometrisch bestimmen. *Hemmeler* [96] führt ähnliche Bestimmungen unter Verwendung von Bariumhydroxid an Stelle von Natronlauge aus. Nach den wiedergegebenen Potentialkurven (vgl. Abb. 2, S. 178) dürften die Verfahren von *Bordoni* sowie *Hemmeler* keine genauen Aluminium-Bestimmungen ermöglichen, ganz abgesehen von der zusätzlichen Schwierigkeit einer wirklich getrennten Ausfällung der einzelnen Metalle.

Kale und *Ioshpa* [97] benutzen zur Titration von Eisen- und Aluminiumnitrat-Lösungen mit 0,1 n Natronlauge die bereits früher von ihnen angewandte Methode der Tropf-Zeit-Potentiometrie [98]. Der Fehler der Bestimmung ist nicht größer als 0,14 mg. Eine direkte Proportionalität zwischen der Menge des zu titrierenden Ions und der Titrationszeit bis zum Umschlagspunkt besteht nicht.

Nesh und *Haas* [99] bestimmen die freie Säure und das Aluminium in Beizlösungen durch potentiometrische Titration auf pH = 3,5 (freie Säure) und pH = 7 (Aluminiumnitrat-Gehalt). Sie erhielten folgendes Ergebnis (Tab. 44).

Tabelle 44. *Titrationen nach Nesh und Haas*

	Milliäquivalente	
	gegeben	gefunden
HNO_3	2,20	2,15
$Al(NO_3)_3$	0,110	0,104

Auf ähnliche Weise bestimmt *Stammler* [100] Aluminium in Kupfer-Legierungen. Nach Abtrennung des Kupfers und gemeinsamer Fällung des Aluminiums, Eisens und Mangans mit Ammoniak wird die Lösung der Hydroxide in Gegenwart von Kaliumcyanid mit 0,1 n Natronlauge potentiometrisch titriert. Aus der Differenz der beiden Potentialsprünge bei pH = 3,60 und 6,95 wird der Aluminium-Gehalt bestimmt. Der *Fehler* der Bestimmung beträgt bei 20 mg Al bis zu 2,5 %.

Zur Analyse der Gemische aus Borsäure, Eisen- und Aluminiumsalzen geben *Ščigol* und *Burčinskaya* [101] folgende Methode an:

Lösungen, die frei von Mineralsäure sind, titriert man potentiometrisch an einer Pt/Platinschwarz-Elektrode mit 0,1 m $Na_2B_4O_7$-Lösung. Der 1. Potentialsprung entspricht dem Eisen, der 2. der Summe aus Eisen nebst Aluminium. Eine 2. Probe wird mit der zur Bestimmung des Eisens und Aluminiums benötigten Menge an Borsäure-Lösung versetzt. Man fügt Glycerin hinzu und titriert mit 0,1 n Natronlauge die freie Borsäure gegen Phenolphthalein als Indikator. Freie Mineralsäure wird nach Zugabe eines 10fachen Überschusses an Natriumoxalat durch Titration mit 0,1 n Natronlauge gegen Methylrot bestimmt (siehe S. 190).

Titration bis zur Aluminat-Bildung

Nach den in Abb. 2 (S. 178) wiedergegebenen Potentialkurven stimmt der Potentialsprung, welcher der Wiederauflösung des Aluminiumhydroxids zu Aluminat entspricht, viel genauer mit dem theoretischen Äquivalenzpunkt dieser Reaktion überein, als das bei dem Potentialsprung der Fall ist, welcher der Ausfällung des Aluminiumhydroxids, also der Neutralisation der Gesamtsäure entspricht. Es läge also nahe, diesen Sprung, der der Reaktion:

$$Al(OH)_3 + OH^- \rightleftarrows Al(OH)_4^-$$

entspricht, der Bestimmung des Aluminiums zugrunde zu legen. Daß dies bisher nicht versucht worden ist, dürfte damit zusammenhängen, daß die Auflösung des Aluminiumhydroxids unter den Titrationsbedingungen nur sehr langsam verläuft, eine solche Titration also mit erheblichem Zeitaufwand verbunden wäre. Da der Potentialsprung außerdem nur klein ist, ist anzunehmen, daß die erreichbare Genauigkeit in keinem tragbaren Verhältnis zur Analysendauer stehen würde.

b) Titration von Aluminat-Lösungen

Wie bereits erwähnt, ergibt die Titration von Aluminat-Lösungen mit Säure die gleiche, jedoch umgekehrte Potentialkurve wie diejenige von Aluminiumsalz-Lösungen mit Lauge. Nach *Bushey* fällt jedoch nur der erste Sprung, der der Neutralisation des freien Alkalis entspricht, mit ausreichender Genauigkeit mit dem Äquivalenzpunkt dieser Reaktion zusammen.

Bestimmung des *freien* Alkalis

Da der pH-Wert von Aluminat-Lösungen, die kein freies Alkali enthalten, von der Konzentration abhängig ist (etwa pH = 10 bis 11,5), muß auch bei der Bestimmung von freiem Alkali die Menge Säure ermittelt werden, die dem Maximum der Potentialänderung entspricht. Infolge der verhältnismäßig rasch erfolgenden Potentialeinstellung läßt sich diese Bestimmung gut durchführen.

Obwohl der Gehalt der Lösung an Alkalicarbonat bei dieser Titration nicht miterfaßt wird, müssen Carbonationen, z.B. durch Fällung mit Bariumchlorid entfernt werden, soweit sie bei der anschließenden zweiten Bestimmung mittitriert werden. Außer Carbonaten stören Ammoniumverbindungen. Ammoniak kann durch Auskochen aus der alkalischen Aluminat-Lösung entfernt werden. Fluoride, Phosphate und Acetate dürfen höchstens in sehr geringen Mengen vorliegen.

Bestimmung des *Gesamtalkalis* und des *Aluminiumhydroxids*

Nach Feststellungen von *Bushey* tritt bei der Titration von Aluminat-Lösungen mit Säure der Potentialsprung, welcher der Neutralisation des Gesamtalkalis entspricht, erst auf, wenn der berechnete Äquivalenzpunkt bereits überschritten ist. Eine genaue, acidimetrische Bestimmung des Gesamtalkalis ist also nach den bisherigen Versuchen potentiometrisch nicht durchführbar.

Auch die Fortführung der Titration mit Säure bis zur völligen Wiederauflösung des gefällten Aluminiumhydroxids ist nach *Bushey* nicht für ein potentiometrisches Verfahren geeignet. Das Aluminiumhydroxid löst sich nur sehr langsam vollständig auf, so daß sich der Potentialsprung, welcher der Bildung einer neutralen Aluminiumsalz-Lösung entspricht, nicht exakt bestimmen läßt.

Die Bestimmung des Gesamtalkalis und des Aluminiumhydroxides ist nach *Jamey* und *Magrone* [102] durch eine inverse Titration möglich. Eine bekannte vorgelegte Menge Säure bestimmter Normalität wird mit einer geeigneten Verdünnung der zu analysierenden Natriumaluminat-Lauge titriert. Man erhält die in Abb. 3

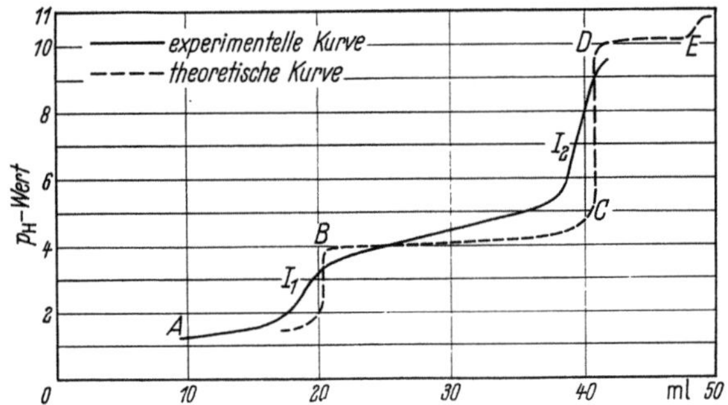

Abb. 3. Neutralisation einer sauren Aluminiumsalzlösung

gezeigte Titrationskurve, die derjenigen einer Säure-Base-Titration entspricht. Bei der Titration geht Aluminat zunächst in $AlCl_3$ und NaOH in NaCl über gemäß folgender Reaktionsgleichung:

$$(3a + b)\,H^+ + a\,AlO_2^- + (b - a)\,OH^- \longrightarrow a\,Al^{3+} + (a + b)\,H_2O;$$

gibt man weiter Lauge hinzu, fällt Aluminiumhydroxid gemäß folgender Reaktion aus:

$$b\,H^+ + a\,AlO_2^- + (b - a)\,OH^- + (2a - b)\,H_2O \longrightarrow a\,Al(OH)_3.$$

Die Festlegung der Äquivalenzpunkte (pH$_1$ und pH$_2$) geschieht mit einer Eichlösung, die den Reaktionsgleichungen entspricht, d.h. ein Molverhältnis Al$_2$O$_3$/Na$_2$O von 0,333 oder entsprechend einem Gewichtsverhältnis von 0,548 besitzt. *Jamey* und *Magrone* benutzen dazu eine Natriumaluminat-Lauge, die 186 g Na$_2$O/l (3 mol) und 102 g Al$_2$O$_3$/l (1 mol) in 20facher Verdünnung. Als Äquivalenzpunkte ergeben sich nach der Eichung: pH$_1$ = 3,00 und pH$_2$ = 8,25.

Die Berechnung erfolgt indirekt nach folgenden Formeln:

$$RP = 0{,}548 \left(\frac{n_2}{n_1} - 1 \right);$$

$$\mathrm{g\,Na_2O/l} = \frac{K}{n_2}$$

$$\mathrm{g\,Al_2O_3/l} = \mathrm{g\,Na_2O/l} \cdot RP;$$

n_1 und n_2 = ml Verbrauch an Lauge bis zu den einzelnen Äquivalenzpunkten;
RP = Molverhältnis: Al$_2$O$_3$/Na$_2$O;
K = Konstante, die vom Titer der Menge der vorgelegten Säure sowie von der Verdünnung der zu analysierenden Lauge abhängt.

Jamey und *Magrone* benutzen dieses Verfahren mit sehr guter *Genauigkeit* zur automatischen Analyse von Natriumaluminat-Laugen aus dem Bayer-Prozeß, wobei sie vor der Titration das Carbonation mit Bariumchlorid-Lösung ausfällen und das Bariumcarbonat abfiltrieren.

Konduktometrische Titration

Allgemeine praktische Bedeutung hat die konduktometrische Bestimmung des Aluminiums bisher nicht erlangt. *Kolthoff* [12] titrierte 0,1 m Lösungen von reinstem Kaliumalaun mit n Natronlauge und fand Titrationskurven, in welchen recht genau nach dem zur Aluminat-Bildung erforderlichen NaOH-Verbrauch ein gut erkennbarer Knickpunkt vorhanden war. Nach Zugabe von 4 Äquivalenten NaOH je 1 Äquivalent Al tritt eine starke Zunahme der Leitfähigkeit ein. Auch mit 0,276 n Bariumhydroxid-Lösung und 0,02 n Alaun-Lösung ist die Titration durchführbar. Die umgekehrte Titration von n Natronlauge bzw. Baryt-Lösung mit Alaun-Lösung ergibt die gleichen Leitfähigkeitskurven. Bei der Titration von Aluminiumchlorid-Lösungen mit 0,1 n Natronlauge beträgt der *Fehler* nach *Kanning* und *Lewis* [103] etwa 1%. Auch die konduktometrische Titration des Eisens, Aluminiums und Magnesiums nebeneinander ist möglich; jedoch sind die Fehler dann größer, für Aluminium neben Magnesium z.B. fast +4%.

a) Bestimmung der freien Säure

Erhardt [104] hat das konduktometrische Verfahren zur Bestimmung der freien Salzsäure in Aluminiumchlorid-Lösungen benutzt. Eisen stört dabei.

Nach *Murgulescu* und *Latiu* [105] ergibt der Schnittpunkt der Neutralisationsgeraden der freien Säure mit der der Aluminiumhydroxid-Ausfällung entsprechenden Geraden nicht genau den Äquivalenzpunkt für die Neutralisation der freien Säure. Der Grund hierfür liegt in der Hydrolyse der Aluminiumsalze, die eine Verschiebung der Geraden, die der Umsetzung des Aluminiumsalzes mit Lauge entspricht, nach höheren Leitfähigkeitswerten bewirkt, wie der gestrichelte tatsächliche Kurvenverlauf in Abb. 4 erkennen läßt. Der Schnittpunkt der beiden gemessenen Kurvenäste ergibt daher zu niedrige Werte für die freie Säure. *Murgulescu* und *Latiu* korrigieren die gemessenen Leitfähigkeitswerte des zweiten Kurvenastes, da praktisch nur dieser durch Hydrolyse beeinflußt wird.

Bei der Bestimmung von Gehalten von 1 bis 4% freier Säure (bezogen auf die vorgelegte, auf einen Gehalt von 10% Al_2O_3 umgerechnete Menge Aluminiumsulfats) erhielten *Murgulescu* und *Latiu* sehr gute Ergebnisse. Bei kleineren Gehalten ergeben sich jedoch erhebliche, positive Fehler.

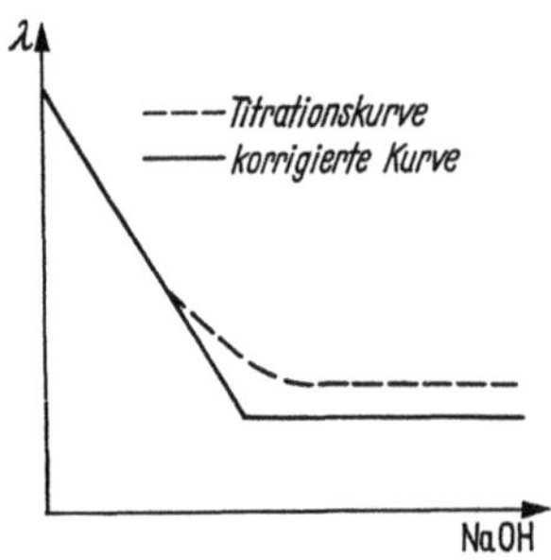

Abb. 4. Konduktometrische Bestimmung der freien Säure in Aluminiumsulfat nach *Murgulescu* und *Latiu*

b) Bestimmung des Aluminiums

Shuttleworth [106] schlägt die konduktometrische Titration zur Bestimmung des Aluminiums in Chrombädern zum Gerben vor.

Khudyakova [107] bestimmt freie Salzsäure und Aluminiumchlorid in Gegenwart von Calcium- und Magnesiumchlorid durch automatische, konduktometrische Titration mit Natronlauge und auch Boraxlösungen. Bei zeitlich konstanter Zugabemenge wird die Zeit bis zum Umschlagspunkt registriert. Bei der Analyse von Mischungen, die 0,06 bis 0,09 n an Aluminiumchlorid und 0,02 bis 0,03 n an Salzsäure waren, ist der *Fehler* der Bestimmung kleiner als 1%.

Mit einem Fehler von ± 1% läßt sich nach *Pasowskaya* [108] Aluminium in Gegenwart von Eisen, Calcium und Magnesium mit einer Natriumacetat-Lösung titrieren. In einer weiteren Arbeit [109] verwendet sie zur Titration eine Calciumlactat-Lösung und verfährt nach folgender

Arbeitsvorschrift. Zur schwach sauren Lösung (0,4 bis 1 mg Al) werden 2 Tropfen einer 1%igen KSCN-Lösung hinzugegeben und 3wertiges Eisen mit Ascorbinsäure reduziert. Nach Neutralisation mit verdünntem Ammoniak gegen Methylorange wird auf 20 ml verdünnt und mit einer etwa 0,2n Calciumlactat-Lösung, die gegen eine Aluminiumstandard-Lösung eingestellt wurde, titriert.

Hochfrequenztitration

Cruse und *Nettesheim* [110] untersuchen die Hochfrequenztitration auf ihre Verwendbarkeit zur Analyse von mit Säure umgesetzten Aluminat-Laugen und sauren Aluminiumsalz-Lösungen. Dieses Verfahren ergibt ein der Konduktometrie sehr ähnliches Kurvenbild (Abb. 5).

Da mit Elektroden gearbeitet wird, die nicht mit der Analysenlösung in Berührung kommen, entfallen Vergiftungserscheinungen an den Elektroden und ähnliche Störungen.

Bei der Titration von Aluminiumchlorid-Lösungen mit Natron- und Barytlauge erhält man völlig analoge Kurven. Die Auswertung des bei der basischen Aluminiumhydroxid-Ausfällung erhaltenen Kurvenstückes ergab einen konstanten Mindergehalt von 12%, der auf 0,7% genau reproduzierbar war.

Die Reaktion verläuft also nicht in den erwarteten stöchiometrischen Verhältnissen. Bei Berücksichtigung des Kurvenstückes der Aluminat-Bildung ergeben sich stark schwankende Ergebnisse, wahrscheinlich durch unvollständige Auflösung des Aluminiumhydroxides in der Kälte. Die Bestimmung der freien Säure war auf 1,5 % genau möglich. Die Dauer einer Titration beträgt 30 min infolge der langsamen Wiederauflösung von zunächst ausgefallenem Hydroxid und der langsamen Aluminat-Bildung. Durch Temperaturerhöhung wird zwar die Titriergeschwindigkeit vergrößert, die *Genauigkeit* jedoch geringer.

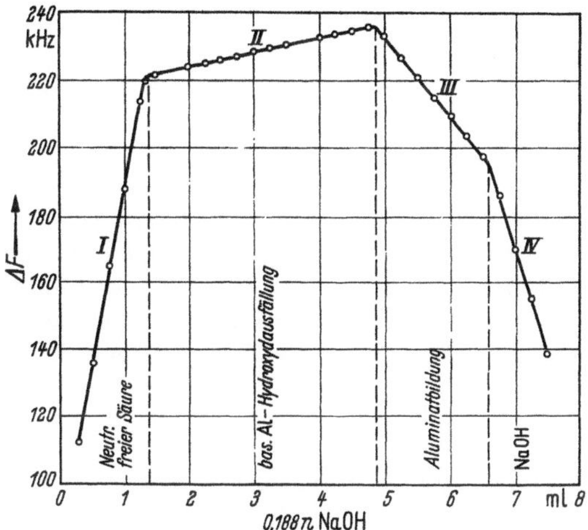

Abb. 5. Hochfrequenztitration von 2,5 ml 0,1 m AlCl₃-Lösung in 65 ml mit 0,188 n Natronlauge

Die direkte Titration von Aluminat-Laugen mit Salzsäure verläuft in der Kälte nicht quantitativ und erfordert unverhältnismäßig lange Titrierzeiten. Die Ergebnisse der Titration von Aluminiumnitrat-Lösungen decken sich im wesentlichen mit denjenigen der Aluminiumchlorid-Lösungen. Die Titration von Aluminiumsulfat-Lösungen ergibt einen abweichenden Kurvenverlauf (Abb. 6 und 7).

Der *Fehler* in der Bestimmung der freien Säure liegt wiederum bei etwa 1 %. Verwendung der Kurvenstücke zur Auswertung, die auf der Aluminat-Bildung beruhen, ergibt gegenüber den Chlorid- und Nitrat-Lösungen genauere Ergebnisse. Die

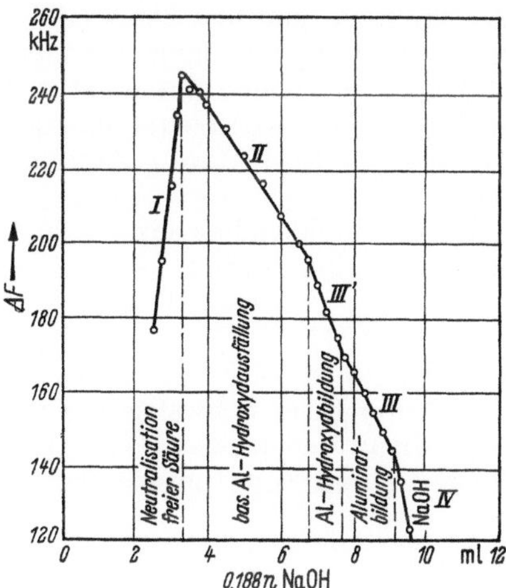

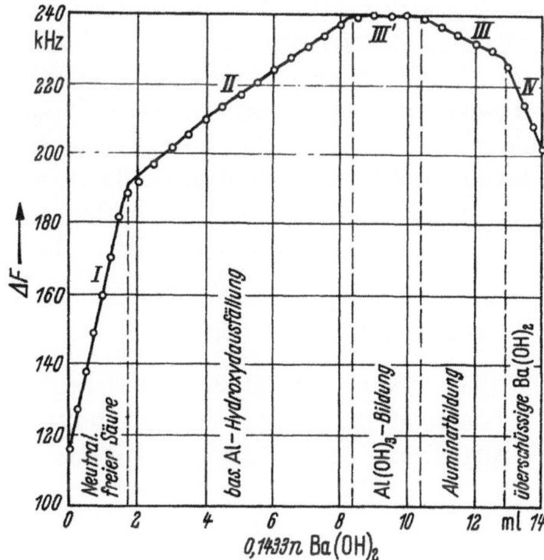

Abb. 6. Hochfrequenztitration von 5 ml 0,054 m Al₂(SO₄)₃-Lösung in 65 ml mit 0,188 n Natronlauge

Abb. 7. Hochfrequenztitration von 5 ml 0,054 m Al₂(SO₄)₃-Lösung in 65 ml mit 0,1433 n Barytlauge

Genauigkeit beträgt bei Titration mit Natronlauge 1%, bei Titration mit Barytlauge sogar 0,7%.

Eine praktische Bedeutung dieses Verfahrens für eine schnelle Aluminium-Bestimmung ist wegen der langen Titrationszeiten nicht gegeben.

Pungor und *Zapp* [111] haben sich in einigen Arbeiten mit der Bestimmung der freien Säure und des Aluminiums durch Hochfrequenztitration beschäftigt. In ihrer ersten Arbeit bestätigen sie im wesentlichen die von *Cruse* und *Nettesheim* erhaltenen Ergebnisse, sie geben später eine Erklärung für den unterschiedlichen Verlauf der Titrationskurven mit Bariumhydroxid-Lösung und Natronlauge. Auf Grund ihrer Untersuchungen schlagen sie in einer 3. Veröffentlichung folgende

Arbeitsvorschrift vor. Die saure Aluminium-Lösung wird zunächst mit einem bekannten Überschuß an Bariumhydroxid-Lösung versetzt und der Überschuß mit Essigsäure zurücktitriert. Ein vorhandener Säure- und Sulfat-Gehalt wird auf gleiche Weise zuvor bestimmt und dann erst der Überschuß zugesetzt, bis alles gefällte Aluminiumhydroxid gelöst ist. Chloridhaltige Lösungen können schnell, sulfathaltige Lösungen müssen langsamer (3 bis 4 min je Zugabe) titriert werden.

Bemerkungen. In Aluminiumbromid-Lösungen mit einem Aluminium-Gehalt bis zu 13,5 mg wird ein bis zu 1,5% steigender *Fehler* festgestellt.

In Sulfatlösungen (1 bis 5,7 mg Al) liegt der mittlere Fehler bei −0,4 bis +3,4%, für geringe Gehalte (1,15 mg Al) bis zu +13%. Die Gegenwart von *Eisen* erhöht diesen Fehler.

B. Alkalimetrische und acidimetrische Bestimmungsmethoden unter Verwendung fällender oder komplexbildender Reagenzien

Methoden zur Bestimmung der freien Säure unter Abtrennung des Aluminiums durch Fällung

Wie bei der Beschreibung der Verfahren zur direkten, alkalimetrischen Bestimmung der freien Säure von Aluminiumsalz-Lösungen hervorgehoben wurde, erschwert die während der Neutralisation saurer Aluminiumsalz-Lösungen eintretende Hydrolyse die Erkennung des Endpunktes der Titration erheblich und somit auch die Ermittlung der dem Aluminium-Gehalt äquivalenten, gebundenen Säure (Differenz zwischen freier und gesamter Säure). Wird jedoch das Aluminium ohne Änderung des Gehaltes der Lösung an freier Säure als unlösliche Verbindung ausgefällt und abgetrennt oder in eine praktisch nicht mehr hydrolysierende Komplexverbindung überführt, so läßt sich diese Fehlerquelle umgehen und die freie Säure genauer als durch direkte, alkalimetrische Titration bestimmen.

Obwohl einige dieser Methoden heute veraltet und durch andere ersetzt sind, sollen sie der historischen Vollständigkeit halber kurz erwähnt werden.

a) *Extraktionsmethode*

Die zuerst von *Miller* [112] angewendete Extraktion freier Schwefelsäure aus festem Aluminiumsulfat mit Äthanol wurde von *Beilstein* und *Grosset* [113] durch Überführung des Aluminiumsulfates in Ammoniumalaun und Filtration modifiziert.

b) *Phosphatmethode*

Zur Bestimmung der freien Schwefelsäure in Aluminiumsulfat kochen *Erlenmeyer* und *Lewinstein* [6] die Lösung mit überschüssigem, frisch gefälltem Ammoniummagnesiumphosphat. Dabei reagieren Aluminiumsulfat und dieses Phosphat nach folgender Gleichung:

$$Al_2(SO_4)_3 + 2\,NH_4MgPO_4 \longrightarrow 2\,AlPO_4 + (NH_4)_2SO_4 + 2\,MgSO_4.$$

Aluminiumphosphat ist praktisch unlöslich, Ammoniumsulfat und Magnesiumsulfat sind neutral. Die freie Schwefelsäure reagiert mit dem zugesetzten Magnesium-ammoniumphosphat unter Bildung von löslichem, sekundärem Magnesiumphosphat und Ammoniumsulfat:

$$H_2SO_4 + 2\,MgNH_4PO_4 \longrightarrow 2\,MgHPO_4 + (NH_4)_2SO_4.$$

Das sekundäre Magnesiumphosphat geht in Lösung und läßt sich nach Zusatz von Calciumchlorid mit Natronlauge tritimetrisch bestimmen:

$$6\,MgHPO_4 + 3\,CaCl_2 + 6\,NaOH \longrightarrow 2\,Mg_3(PO_4)_2 + Ca_3(PO_4)_2 + 6\,NaCl + 6\,H_2O.$$

Beilstein und *Grosset*, ferner *Stein* [114] sowie *v. Keler* und *Lunge* fanden nach dieser Methode brauchbare Werte, jedoch nur unter Verwendung frisch gefällten Ammoniummagnesiumphosphats.

c) *Cyanoferrat-Methode*

Zur Abtrennung des Aluminiums mit Kaliumhexacyanoferrat(II) nach *Iwanow* [68] bzw. *Zschokke* und *Häuselmann* [115] wird aus der warmen, neutralen oder schwachsauren Lösung des Sulfates mit Kaliumcyanoferrat(II) gefällt und die freie Säure nach Zugabe von Bariumchlorid mit Natronlauge titriert. *Zschokke* und *Häuselmann* änderten die Methode nach *Iwanow* dahin ab, daß sie zuerst Barium-chlorid- und dann erst Cyanoferrat(II)-Lösung zugaben; durch Zusatz einer kleinen Menge Gelatine-Lösung erreicht man gute Flockung und rasches Absetzen des Niederschlages.

d) *Kaliumfluorid-Methode*

Durch Reaktion mit Kaliumfluorid werden Aluminiumsalze in mäßig saurer Lösung in schwerlösliches, komplexes Kaliumhexafluoroaluminat, $K_3[AlF_6]$, über-führt. Die freie Säure kann dann mit Lauge titriert werden, ohne daß Hydrolyse des Aluminiumsalzes zu befürchten ist. Als Indikatoren werden außer Phenolphthalein, Phenolrot (*Eder* [116]), Neutralrot (*Hegedüs* [117]) und Thymolblau (*Lacroix* [22]) verwendet. *Eder* empfiehlt die Anwendung von Phenolrot (Umschlag: pH = 6,8 bis 8,4) in Anwesenheit kleinerer Ammoniumsalz-Mengen.

Nach den Untersuchungen von *Eder* [21] genügt ein geringer Überschuß an Kaliumfluorid über das theoretisch erforderliche Verhältnis 6 F : 1 Al hinaus, um richtige Werte zu erhalten. Ein größerer Fluorid-Überschuß ist unschädlich, *Green* und *Baker* [118] haben in Titrationen mit bis zu 30fachem Fluorid-Überschuß noch einwandfreie Ergebnisse erhalten. Im allgemeinen wird man den Kaliumfluorid-Zusatz derart bemessen, daß auch im ungünstigsten Falle mindestens das $1^1/_2$fache der theoretisch erforderlichen Menge vorhanden ist.

Bei der Titration von Aluminiumsalz-Lösungen mit größeren Gehalten an freier Säure (bis 10%, bezogen auf das gelöste Aluminiumsulfat) fand *Eder* [21] bis zu mehreren Prozenten (rel.) zu niedrige Werte. Sowohl *Eder* [116] wie später *Graham* [119] sowie *Glemser* und *Thelen* [14] neutralisieren daher zuerst den größten Teil der freien Säure mit Natronlauge nach dem Ergebnis einer Vortitration, setzen dann Kaliumfluorid zu und titrieren mit Natronlauge bis zum Endpunkt.

Telle [63] hat die Bildung von Fluoroaluminat erstmals zur Bestimmung der *freien Säure* in Aluminiumsalz-Lösungen und (in Verbindung mit der Bestimmung der Gesamtsäure) zur Aluminium-Bestimmung angewandt. Er gibt zu der zu untersuchenden Aluminiumsalz-Lösung 50 ml einer siedenden, gegen Phenolphthalein mit Natronlauge neutralisierten, 0,5 bis 1%igen Kaliumfluorid-Lösung und titriert bei Siedehitze mit 0,1 n Barytlauge bis zur schwachen Rotfärbung. Spätere Autoren, die allerdings die Arbeit von *Telle* nicht erwähnen, titrieren mit Natronlauge bei Raumtemperatur (*Fischl* [120]; *Craig* [45]; *Scott* [121]; *Congdon* und *Cartar* [122]). Da die heute üblichen Arbeitsweisen im wesentlichen auf die von *Craig* angegebene Arbeitsvorschrift zurückgehen, sei diese hier beschrieben.

Arbeitsvorschrift nach *Craig*. 20 ml Aluminiumsalz-Lösungen (mit etwa 0,1 bis 0,3 g Al_2O_3) werden unter Rühren zu 10 ml Kaliumfluorid-Lösung (siehe unten), welche mit 50 ml Wasser verdünnt und mit 0,5 ml 0,2%iger Phenolphthalein-Lösung versetzt wurde, gegeben. Zu dem in Anwesenheit freier Säure praktisch farblosen Gemisch gibt man langsam 0,5 oder 0,1 n Natronlauge bis zur bleibenden schwachen Rotfärbung.

Bemerkungen. Lösungen von nahezu neutralen oder basischen Aluminiumsalzen versetzt man *vor* Ausführung obiger Operationen mit einer gemessenen Menge 0,5 n Schwefelsäure, erhitzt und nimmt dann die Titration der erkalteten Lösung mit Natronlauge vor.

Kaliumfluoridlösung. 50 g Kaliumfluorid in 100 ml Wasser. Die Lösung wird mit Schwefelsäure- oder Natronlauge so neutralisiert, daß eine auf das 10fache verdünnte Probe schwache Rotfärbung mit Phenolphthalein zeigt.

Die nach der Arbeitsvorschrift von *Craig* erreichte *Genauigkeit* ist meistens besser als 1%. *Lacroix*, der in praktisch gleicher Weise, jedoch unter Verwendung von *Thymolblau* als Indikator die freie Säure in Lösungen, die neben Aluminium- noch Eisen(III)-salze enthalten, bestimmt, gibt sogar eine Genauigkeit von 0,2% an. Hierbei wird auf den Farbton einer mit Indikator versetzten Vergleichslösung, deren pH-Wert 8,5 beträgt, titriert. In Anwesenheit von Eisen(III)-salzen ergibt die Differenz aus freier und gesamter Säure die Summe aus Aluminium und Eisen.

Eder [21] führt bei seiner Arbeitsweise zunächst mit einem aliquoten Teil der Probe eine *Vortitration* nach der Arbeitsvorschrift von *Craig* aus. Dann wird ein zweiter aliquoter Teil der Probe mit der durch die Vortitration ermittelten Menge Lauge neutralisiert, dann erst mit Kaliumfluorid-Lösung versetzt und die Titration wie bei *Craig* beschrieben zu Ende geführt. Betrug die Differenz des Natronlaugeverbrauches zwischen Vor- und Haupttitration mehr als einige Zehntel Milliliter, führt man für möglichst genaue Bestimmungen noch eine dritte Titration aus.

Nach *Eder* [21] läßt sich nach seiner modifizierten Arbeitsweise eine Genauigkeit von bis zu ± *0,05% (abs.)* freier Säure erreichen. Auch *Graham* fand in Lösungen, die 0,007 bis 0,01 mol Al/l enthielten und 0,1 n in bezug auf freie Salzsäure waren, für letztere auf ± 0,1% (rel.) genaue Resultate, wenn nach dem Ergebnis der Vortitration *99,5%* der freien Säure vor Zugabe des Kaliumfluorids neutralisiert waren. *Glemser* und *Thelen* erhielten ähnlich gut reproduzierbare Werte, führten aber nicht Bestimmungen der freien Säure, sondern nur des Aluminiums aus.

Störende Ionen. Auf die störende Wirkung von *Ammonium*-Ionen wurde bereits hingewiesen. Sie läßt sich bei geringen Ammoniumsalz-Gehalten praktisch durch Verwendung eines Indikators ausschalten, der bereits in ganz schwach alkalischem Gebiet umschlägt. *Eder* [116] konnte auf diese Weise mit Phenolrot als Indikator bei der Untersuchung von Ammoniumalaunen die freie Säure noch mit einem mittleren Fehler von + 0,1% (abs.) bestimmen. Höhere Ammoniumsalz-Gehalte, als sie der Einwaage von 1 g Ammoniumalaun = 0,15 g Ammoniumsulfat entsprechen, dürfen nicht anwesend sein.

Natriumionen sollen nach den Angaben von *Craig* wie auch *Eder* zumindest in größeren Konzentrationen stören. Dagegen verwenden andere Autoren an Stelle von Kaliumfluorid Natriumfluorid zur Bildung des Fluoroaluminats, so z.B. *Rosin* [123], *Thorpe* und *Whiteley* [124] sowie *Chernow* und *Nekrasow* [58].

Calcium und *Magnesium* stören nicht, falls ein genügender Fluorid-Überschuß anwesend ist. Salze von Metallen, die in dem pH-Bereich der Titration als Hydroxide gefällt werden, müssen natürlich abwesend sein.

Über die Beeinflussung des Titrationsergebnisses durch Metalle, die wie Beryllium, Eisen(III) und Titan den Fluoroaluminaten analoge bzw. ähnliche Fluorokomplexe bilden, liegen Untersuchungen wohl nur beim Eisen vor.

Arbeitsweise in Gegenwart von *Eisen*. In Gegenwart eines ausreichenden Kaliumfluorid-Überschusses wird Eisen(III)-salz ebenso wie Aluminium in Hexafluoroferrat(III) umgewandelt. Die Differenz des Laugenverbrauches für freie und gesamte Säure ergibt dann jedoch die Summe aus Aluminium und Eisen. Da jedoch die Stabilität des Fluoroferrates geringer ist als diejenige des Fluoroaluminates, geht der im Endpunkt der Titration erfolgende Umschlag von Phenolphthalein infolge Zersetzung des Fluoroferrates und entsprechenden Laugenverbrauches rasch wieder zurück, in verdünnteren Lösungen innerhalb weniger Sekunden. Wie in Anwesenheit von Ammoniumsalzen ist es daher zweckmäßig, Phenolphthalein durch Indikatoren zu ersetzen, die bereits bei niedrigerem pH umschlagen. So titriert *Lacroix* gegen Thymolblau auf den einem pH-Wert von 8,5 entsprechenden Farbton, *Eder* [116] gegen Phenolrot bis zum Umschlag nach Carminrot (pH = 8 bis 8,4). Eisen(II) muß zuerst zum Eisen(III) oxydiert werden. Bei Oxydation durch Wasserstoffperoxid wird jedoch freie Säure gebunden. *Eder* schlägt daher Kaliumpersulfat als Oxydationsmittel vor.

Bestimmung des Aluminiums. Die Kaliumfluorid-Methode hat u.a. auch Anwendung gefunden zur Bestimmung von Aluminiumchlorid und freiem Chlorwasserstoff in *Kohlenwasserstoffdämpfen* (*Green* und *Baker*), zur Bestimmung des Aluminiums in Aluminatlösungen, in Aluminiumhydroxid und zur Bestimmung des Hydroxidanteils (Basizität) basischer Aluminiumsalze.

Bestimmung in Aluminat-Laugen. Durch Ansäuern einer Aluminat-Lauge mit abgemessener Säuremenge im Überschuß wird eine saure Aluminiumsalz-Lösung hergestellt und in dieser der Säure-Überschuß nach einer der beschriebenen Arbeitsweisen bestimmt. Bei Aluminat-Lösungen erhält man auf diese Weise die der Summe des Alkali- und Aluminium-Gehaltes äquivalente Säuremenge. Aus der Differenz gegenüber dem Säureverbrauch für freies Alkali oder Gesamtalkali oder auch gegenüber der in der angesäuerten Lösung ermittelten Gesamtsäure (Verfahren S. 169) läßt sich der Aluminium-Gehalt der Ausgangslösung in bekannter Weise berechnen. Als Beispiel diene die

Arbeitsvorschrift nach *Bushey*. Die gleiche Lösung, in der zunächst das freie Alkali potentiometrisch bestimmt wurde, wird weiterhin mit 0,1 n (bei 20 mg Al) bzw. 1 n Salzsäure (bei etwa 200 mg Al) versetzt, bis das ausgefallene Hydroxid gerade wieder aufgelöst und ein geringer Überschuß an Säure vorhanden ist.

Nun werden zunächst einige Tropfen Kaliumfluorid-Lösung (50 g $KF \cdot 2H_2O$ in 100 ml Wasser, gegen Phenolphthalein neutralisiert) zugesetzt. Dann werden je nach dem Aluminium-Gehalt weitere 10 bzw. 30 ml Kaliumfluorid-Lösung wie auch 4 bis 5 Tropfen Phenolphthalein zugegeben und mit 0,1 bzw. 1 n Natronlauge bis zur Rotfärbung, die mindestens 15 sec bestehen bleiben muß, titriert. Der Säure-Überschuß soll nicht größer als 1 bis 2 ml sein. Die derart ermittelten Aluminium-Werte liegen nach den Beleganalysen von *Bushey* bei Vorlage von 20 bis 280 mg Al im Mittel 0,22% (rel.), maximal 0,5% (rel.), zu hoch.

Bestimmung des Aluminiums im Aluminiumhydroxid. Durch Lösen von gefälltem und ausgewaschenem Aluminiumhydroxid in einem Säure-Überschuß, Versetzen mit Alkalifluorid und Rücktitration des Überschusses ist eine Aluminium-Bestimmung mittels *einer* Titration möglich. *Chernow* und *Nekrasow* fällen hierzu Aluminium aus der zu untersuchenden Lösung mit Ammoniak. Der Niederschlag wird nun in einer abgemessenen Menge Salzsäure unter Zusatz von Natriumfluorid-

Lösung gelöst und der Säure-Überschuß mit Natronlauge gegen Phenolphthalein zurücktitriert. Höheren Ansprüchen dürfte dieses Verfahren jedoch nicht genügen. In ganz ähnlicher Weise bestimmt *Hegedüs* den Aluminium-Gehalt in Vanadiumsalzen.

Bestimmung des Hydroxid-Anteils (Basizität) basischer *Aluminiumsalze.* Die häufiger vorgeschlagene, direkte acidimetrische Bestimmung der Basizität basischer Aluminiumsalze auf Grund der Titration des in Lösungen basischer Aluminiumsalze durch Zusatz von Kaliumfluorid freigemachten Kaliumhydroxids ist unsicher infolge der häufig nur langsam erfolgenden Umsetzung. Zweckmäßig verwendet man daher hier die bereits von *Congdon* und *Cartar* benutzte Arbeitsweise der Zugabe eines kleinen Säure-Überschusses, der nach erfolgter Lösung des basischen Salzes unter Erwärmen und Wiederabkühlung nach Zusatz von Kaliumfluorid zurücktitriert wird.

Konduktometrische Bestimmung nach *Pepkowitz, Sabol* und *Dutina* [125] für sehr kleine Probemengen (je 0,1 ml Probelösung) in größerer Verdünnung.

Zur Leitfähigkeitsmessung wird eine empfindliche Apparatur mit Wheatstonescher Brückenschaltung und Wechselstromgalvanometer sowie ein Leitfähigkeitsgefäß mit platinierten Platinelektroden verwendet.

Pepkowitz, Sabol und *Dutina* fanden, daß sich nur dann einwandfrei auswertbare Titrationskurven (Elektrolytwiderstand gegen zugegebene ml Maßlösung) ergaben, wenn je mol Aluminium- (oder Eisen(III)-Salz) 3 mol Natriumfluorid, also die Hälfte der zu vollständigen komplexen Bindung erforderlichen Menge zugesetzt wurden. Wird diese Menge um wesentlich mehr als 10% über- oder unterschritten, sind die Titrationskurven nicht mehr einwandfrei auswertbar.

Arbeitsvorschrift. 0,1 ml zu untersuchende Lösung (entsprechend 4 mg Al) werden im Titrationsgefäß mit 20 ml Wasser verdünnt und mit der berechneten Menge einer 0,5n Natriumfluorid-Lösung versetzt (6 F je 1 Al). Während der Titration mit Lauge wird die Lösung dauernd gerührt. Der Elektrolytwiderstand steigt bis zur Neutralisation der freien Säure an und fällt durch Zugabe überschüssiger Lauge wieder ab. Es sollen etwa 4 bis 6 Meßpunkte für den ansteigenden und fallenden Kurvenast ermittelt werden. Der Schnittpunkt der beiden durch die Meßpunkte gelegten Geraden ergibt den Endpunkt der Titration.

Die *Genauigkeit* des Verfahrens ist erheblich geringer als die Bestimmung der freien Säure nach den oben beschriebenen Arbeitsweisen von *Craig* bzw. *Eder* [21].

e) Oxalatmethode

Anwendung von Indikatoren

Analog der Reaktion von Aluminiumionen mit Alkalifluorid entsteht bei Zusatz von überschüssigem Alkalioxalat zu einer schwach sauren Aluminiumsalz-Lösung das komplexe Trioxalatoaluminat, $[Al(C_2O_4)_3]^{3-}$. Es besitzt jedoch nicht die Stabilität des Hexafluoaluminations, vor allem nicht im alkalischen Gebiet. Während in Gegenwart von Fluoridionen bei der Neutralisation der freien Säure ein pH-Sprung von pH = 7,3 bis über pH = 9 auftritt, findet in Gegenwart von Oxalationen nur eine pH-Änderung von pH = 7 bis pH = 7,5 statt, bei weiterer Zugabe von Natronlauge steigt der pH-Wert nur noch allmählich weiter an (*Lacroix*). Nach *Bleadel* und *Panos* [126] liegt dieser Knickpunkt im pH-Verlauf sogar bereits bei pH = 7,2. Hieraus ergibt sich, daß Phenolphthalein, das *Hahn* und *Hartleb* [127], *Vieböck* und *Fuchs* [128] sowie *Tscherwjakow* und *Deutschmann* [129] verwandten, als Indikator zum Oxalatverfahren ungeeignet ist (*Eder* [21]; auch *Vieböck* und *Brecher* [130]), insbesondere aber zur Bestimmung kleiner Mengen freier Säure (*Kolthoff* und *Menzel* [1]). Weiter folgt, daß ein größerer Überschuß an Oxalat- als an Fluoridionen erforderlich ist; man verwendet deshalb zweckmäßig nicht Natrium-, sondern das um ein Mehrfaches löslichere Kaliumoxalat.

Außer Phenolphthalein, Thymolblau und Phenolrot wurde noch Bromthymolblau angewandt (*Lacroix*; *Queiroz* und *de Paiva Neto* [59]). Methylrot, das *Wöhlk* [131] benutzte, dürfte ungeeignet sein, da der Umschlag bei zu niedrigem pH-Wert erfolgt (4,2 bis 6,3). *Bachmutowa* [132] schlägt als Indikator Berlinerblau vor, wobei jedoch mit nur gerigem Oxalatüberschuß gearbeitet wird.

Bleadel und *Panos* sowie *Karsten* und *van der Spek* [133] bestimmen den Endpunkt potentiometrisch. Nach *Bleadel* und *Panos* ergibt die potentiometrische Titration, wenn nur die zur Bildung des Oxalatokomplexes stöchiometrisch erforderliche Menge Oxalates anwesend ist, richtige Werte. Der Potentialsprung ist jedoch sehr flach. Mit zunehmendem Oxalat-Überschuß wird er steiler, die Auswertung also sicherer und genauer. *Bleadel* und *Panos* arbeiten daher in mit Kaliumoxalat gesättigter Lösung, also bei möglichst großem Oxalat-Überschuß. Nach den genannten Autoren hat auch die Temperatur einen ähnlichen Einfluß auf die Potentialkurven; diese werden mit steigender Temperatur flacher, so daß die potentiometrische Titration am zweckmäßigsten bei höchstens 10 bis 15 °C ausgeführt wird.

Erstmalig haben *Feigl* und *Krauss* [10] das Oxalatverfahren zur Bestimmung der freien Säure in Aluminiumsalz-Lösungen angewendet, wobei sie allerdings die freie Säure ebenso wie die Gesamtsäure jodometrisch ermittelten.

Arbeitsvorschrift nach *Hahn* und *Hartleb* [127]. 10 ml Aluminiumsalz-Lösung (etwa 5 mg Al enthaltend) werden mit etwa 70 ml kalt gesättigter Natriumoxalat-Lösung (mindestens das rund 6fache der stöchiometrisch erforderlichen Menge!) versetzt und anschließend kalt mit 0,1 n Natronlauge und Phenolphthalein als Indikator titriert. Die gesättigte Oxalat-Lösung ist vorher mit Natronlauge gegen Phenolphthalein zu neutralisieren.

Arbeitsvorschrift nach *Lacroix*. 10 ml etwa 0,1 m Aluminiumsalz-Lösung werden auf 100 ml verdünnt, mit 5 g Kaliumoxalat, das gegen Bromthymolblau neutral reagieren muß, versetzt (mindestens 3faches der stöchiometrisch erforderlichen Menge!) und zur Vertreibung von Kohlendioxid einige Minuten gekocht. Nach dem Abkühlen wird nach Zugabe von 5 Tropfen einer 0,1 %igen Lösung von Bromthymolblau in 20 %igem Äthanol mit 0,1 n Natronlauge bis zu dem einem pH = 7,1 entsprechenden Farbton unter Verwendung einer entsprechenden Vergleichslösung titriert.

Bemerkungen. Beide Autoren geben keine Beleganalysen zur Bestimmung der freien Säure an. Für das aus der Differenz zur Gesamtsäure bestimmte Aluminium erhalten sie durchschnittlich auf ± *0,3*% genaue Werte.

In Gegenwart von Eisen(III)-ionen ist das Oxalatverfahren *ungeeignet*, da sich infolge ungenügender Stabilität nur teilweise komplexes Eisen(III)-oxalat bildet. *Babko* [134] titriert daher bei der Aluminium-Bestimmung in Silicaten das mit Natronlauge gefällte Aluminium- und Eisenhydroxid nach Lösen in einem abgemessenen Säure-Überschuß und Zusatz von Alkalioxalat sowie Magnesiumchlorid gegen Methylrot als Indikator. Man erhält so die Summe aus Aluminium und Eisen. *Lacroix* zieht in Anwesenheit von Eisen die Fluoridmethode vor.

Das alkalimetrische Oxalatverfahren wurde von *Vieböck* und *Fuchs* zur Bestimmung der Basizität *officineller* Aluminiumacetat-Lösungen verwandt.

Häufig wurde das Oxalatverfahren auch zur *Aluminium-Bestimmung* herangezogen. So geben *Tscherwjakow* und *Deutschmann* eine Arbeitsweise zur Schnellbestimmung des Aluminiums in Bauxiten an, bei der sie die nach dem Schmelzen der Probe mit Ätznatron und Lösen in Wasser erhaltene Aluminatlauge (Eisen und Titan im Rückstand) mit Salzsäure ansäuern und dann die freie Säure nach dem Oxalatverfahren und die Gesamtsäure nach dem Tartratverfahren (vgl. S. 194) bestimmen. Aus der Differenz der gleichen Verfahren bestimmt *Pawlinowa* [135] Aluminium im Elektrolyten von Chromatbädern. In der gleichen Weise verfährt *Damodaran* [136] bei der Bestimmung der freien und gesamten Säure in Titan, Eisen- und Aluminium enthaltenden Lösungen, wobei nach Entfernung des Titans durch

Hydrolyse auch Aluminium bestimmt wird. *Klimovskaya* [137] benutzt die Oxalatmethode zur Bestimmung von Aluminium in Eisen und Nickel enthaltenden Legierungen. Schließlich kann nach Abscheidung des Aluminiums als Hydroxid und Lösen in einer abgemessenen Säuremenge der Säure-Überschuß nach dem Oxalatverfahren zurücktitriert werden. Diese von *Wöhlk* empfohlene Anwendung wird von *Tschigrin* [138] sowie *Babko* zur Aluminium-Bestimmung in Silicaten benutzt.

Queiroz und *de Paiva Neto* stellen bei der Analyse von Böden und Silicaten nach der Abtrennung des Eisens mit Natronlauge aus der erhaltenen Aluminat-Lauge eine gegen Bromthymolblau gerade alkalische Aluminiumhydroxid-Suspension her, titrieren mit 0,1 n Salzsäure bis zur Auflösung des Aluminiumhydroxides und nehmen den benötigten Säure-Überschuß nach Zugabe gesättigter Natriumoxalat-Lösung mit 0,1 n Natronlauge bis zum Umschlag des Bromthymolblaus nach Blau zurück.

Potentiometrische Arbeitsweisen

Nach *Bleadel* und *Panos* müssen folgende Bedingungen eingehalten werden, um nach der Oxalatmethode, insbesondere bei potentiometrischer Titration, zuverlässige und genaue Ergebnisse zu erhalten.

1. Die Temperatur der Lösung soll höchstens 15° betragen.

2. Die Oxalationen-Konzentration der Lösung soll möglichst groß sein. Am besten wird in mit Kaliumoxalat gesättigter Lösung gearbeitet.

3. Die zu untersuchende Lösung soll nicht zu stark sauer sein (Säureverluste durch teilweise Aus- bzw. Mitfällung von Kaliumhydrogenoxalat).

Arbeitsvorschrift nach *Bleadel* und *Panos*. Eine Probe der sauren Aluminiumsalz-Lösung, die bis zu 1,5 g Aluminium und 10 mval freier Säure enthalten kann, wird mit ausgekochtem, carbonatfreiem Wasser in einem 250-ml-Becherglas so weit verdünnt, daß das Volumen im Endpunkt der Titration etwa 100 ml beträgt. In einem Eisbad wird auf mindestens 10 °C abgekühlt und etwa 50 bis 70 g Kaliumoxalat in Anteilen von 15 bis 20 g bis zur Sättigung der Lösung zugegeben. Da je nach der Aluminium-Konzentration komplexes Kaliumaluminiumoxalat ausfallen kann, ist die erreichte Sättigung nur an dem konstanten pH-Wert der Lösung bei weiterer Zugabe von Oxalat zu erkennen. Die Lösung wird nun mit 0,5 n Natronlauge titriert, wobei die pH-Änderungen mit einem pH-Meßgerät verfolgt werden. Nach dem Laugenzusatz (in der Nähe des Endpunktes je 0,2 ml) wartet man bis zur Ablesung jeweils 1 min. Der Äquivalenzpunkt wird als Maximum der pH-Änderung aus der graphischen Darstellung der Potentialkurve ermittelt. Er liegt bei Einhaltung der angegebenen Arbeitsbedingungen zwischen pH = 6 und 7.

Bemerkungen. Eine Erwärmung der Lösung während der Titration auf bis zu 15° hat *keinen* merklichen Einfluß auf das Ergebnis.

Zur Feststellung eines etwaigen *Blindwertes* der Reagenzien wird die austitrierte Lösung mit 1 ml 0,5n Säure angesäuert, mit 100 ml ausgekochtem Wasser verdünnt, die gleiche Menge Oxalat wie bei der ersten Titration zugesetzt und erneut wie angegeben titriert.

Nach *Bleadel* und *Panos* läßt sich die freie Säure in der beschriebenen Weise auf ± 0,02 mval (= ± 0,05 ml 0,5n NaOH) genau bestimmen.

Zusätze von Eisen(III)-, Blei-, Acetat- und Fluoridionen hatten *keinen* Einfluß auf die Bestimmung der freien Säure. Dagegen ergeben sich in Gegenwart von Phosphorsäure zu niedrige Werte.

Die Arbeitsweise nach *Karsten* und *van der Spek* wendet die potentiometrische Titration zur Bestimmung der *freien Säure* bzw. (nach Versetzen mit überschüssiger Säure) der *Basizität* von pharmazeutisch wichtigen Aluminiumsalzen wie Aluminiumsulfat, Kaliumalaun und Aluminiumacetat an. Hierzu wird die Aluminiumsalz-Lösung (bei basischen Salzen nach Ansäuern mit einem gemessenen Säure-Überschuß) mit einer ausreichenden Menge gesättigter Kaliumoxalat-Lösung versetzt und potentiometrisch mit 0,1 n Natronlauge titriert. Aus der Differenz des Laugenverbrauches gegenüber demjenigen einer parallelen, potentiometrischen Titration in Gegenwart von Tartrationen bestimmen *Karsten* und *van der Spek* auch den Aluminium-Gehalt.

Die freie Säure in Lösungen *hydrolysierbarer* Salze vor allem des Aluminiums und Urans bestimmen *Booman, Elliott, Kimball, Cartan* und *Rein* [139] durch Titration auf einen bestimmten pH-Wert in Gegenwart von Oxalationen. Dieser pH-Wert ist je nach dem vorliegenden Metall verschieden und muß vorher durch konduktometrische Titration ermittelt werden.

Arbeitsvorschrift. Zu 15 ml 8%iger Kaliumoxalat-Lösung, die je nach dem anwesenden Metallion auf den entsprechenden pH-Wert eingestellt wird, gibt man 0,2 ml Probenlösung (0,002 bis 1,0 Milliäquivalente an freier Säure) und titriert mit Natronlauge auf den vorher eingestellten pH-Wert zurück. Zur Ermittlung des günstigsten pH-Wertes titriert man zunächst oxalatfreie Lösungen der betreffenden Salze konduktometrisch, wobei der Knickpunkt der Leitfähigkeits-Titriermittel-Verbrauchskurve den stöchiometrischen Neutralpunkt anzeigt. Bei der folgenden Titration in Gegenwart von Oxalationen liegt der gesuchte pH-Wert dort, wo man ebensoviel Titriermittel verbraucht hat wie bei der konduktometrischen Titration. Um zu vermeiden, daß infolge Hydrolyse die Knickpunkte der Leitfähigkeitstitration unscharf werden, titriert man je 25 ml 1,5 m Lösungen der Metalle in n Salpetersäure mit 10 n Natronlauge. Obwohl die Leitfähigkeitstitration allein schon die freie Säure anzeigt, zieht man bei Reihenuntersuchungen wegen der Zeitersparnis den pH-Wert als Endpunktsanzeige vor.

Jodometrische Arbeitsweise

Die ältere, jodometrische Bestimmung der freien Säure nach dem Oxalatverfahren (*Feigl* und *Krauss*) erfordert mehr Zeit als die entsprechenden, oben wiedergegebenen alkalimetrischen Arbeitsweisen, ohne dafür genauere Resultate zu liefern. Die Methode ist daher nicht mehr angewandt worden.

Alkalimetrische Methoden zur Bestimmung des Aluminiums bzw. der Gesamtsäure nach Komplexbildung mit organischen Oxysäuren

Die Verfahren zur alkalimetrischen Bestimmung des Aluminiums unter Komplexsalz-Bildung beruhen darauf, daß bei der Bildung der Komplex-Verbindungen Wasserstoffionen aus Hydroxyl- oder Carboxylgruppen freiwerden, die mit Lauge titriert werden können. Über die komplexen Aluminium-Verbindungen mit Weinsäure, Citronensäure, Milchsäure, Salicylsäure und über die Menge der bei der Komplexbildung freiwerdenden Wasserstoffionen besteht keine einheitliche Auffassung (*Hanuš* und *Quadrat* [140]; *Quadrat* und *Korecký* [141]; *Pawlinowa* [142]; *Karsten* und *van der Spek* [133]; *Tscherwjakow* und *Deutschmann* [129]; *Cădariu* und *Goina* [143]; *Cădariu, Goina* und *Oniciu* [144]). Die Zusammensetzung der Komplexe und die Menge der freiwerdenden Wasserstoffionen hängt stark von den Versuchsbedingungen, vor allem dem pH-Wert der Lösung, ab.

Die auf der Komplexbildung mit Oxysäuren beruhenden Verfahren zur alkalimetrischen Aluminium-Bestimmung haben bisher nur geringe, praktische Bedeutung erreicht. Im Hinblick auf die Schwierigkeiten der direkten, alkalimetrischen Titration, hervorgerufen durch die Ausfällung des Aluminiumhydroxids, die sich durch Komplexbildung vermeiden läßt, verdienen diese Verfahren jedoch Beachtung. Vielfach angewandt wurde bisher die Komplexbildung mit Tartrationen zur Herstellung einer neutralen Aluminiumsalz-Lösung als Ausgangspunkt zur anschließenden, acidimetrischen Bestimmung des Aluminiums nach Umsetzung mit Kaliumfluorid (z. B. Methode von *Vieböck* und *Brecher* [130]).

a) Verwendung von Weinsäure

Schon 1890 versuchte *Heidenhain* [145] die Bildung basischer Salze bei der Titration des Aluminiums durch Zugabe von Weinsäure zu umgehen. Bei dem angewendeten, 100- bis 200fachen Überschuß an Seignettesalz ist jedoch der Umschlag von Phenolphthalein unscharf. Schon 5 bis 10% vor Erreichung des Endpunktes tritt schwache Rotfärbung ein.

Nach *Tscherwjakow* und *Deutschmann* reagiert Aluminiumsalz mit Alkalitartrat unter Freiwerden von 2 Wasserstoffionen je Aluminiumion. Die genannten Autoren titrierten in der Kälte gegen Phenolphthalein. Sie erhalten auf diese Weise die Summe aus 2/3 der an Aluminium gebundenen Säure und der freien Säure. Die freie Säure wird in einer getrennten Probe nach der Kaliumfluorid- oder der Natriumoxalat-Methode titriert (gegen Phenolphthalein). Sie bestimmen auf diese Weise Aluminium in Bauxitproben mit befriedigendem Erfolg.

Pawlinowa [146] arbeitete zunächst (in Gegenwart von mindestens 1 mol Tartration je Grammatom Aluminium) bei 30 bis 40° unter Hinweis auf Störungen bei Erwärmung auf höhere Temperaturen, später widersprechend hierzu bei 100 °C. Nach einer letzten Arbeitsvorschrift wird schließlich die Titration bei Raumtemperatur, jedoch nach Zugabe eines großen Überschusses von Calcium- oder Strontiumsalz, in Anlehnung an die Arbeitsweise von *Vieböck* und *Brecher* vorgeschlagen (*Pawlinowa* [147, 135]).

Arbeitsvorschrift. 10 ml Lösung mit 15 bis 20 mg Aluminium werden mit 5 ml 10%iger Kalium- oder Natriumtartrat-Lösung versetzt und mit 0,1 n Natronlauge gegen Phenolphthalein auf schwach rosa titriert. Nun wird so viel 40%ige Calciumchlorid-, ($CaCl_2 \cdot 6 H_2O$)-, oder Strontiumnitrat-Lösung zugegeben, daß die Konzentration an Erdalkalisalz im Endpunkt der Titration 2,5 bis 3,5% beträgt. Durch diesen Zusatz steigt die Acidität der Lösung – wohl infolge Bildung eines im Überschuß von Calcium- bzw. Stroniniumionen stabileren komplexen Erdalkalialuminiumtartrates – wieder an, so daß nach weiterer Zugabe von 0,1 n Natronlauge bis zum Umschlag von Phenolphthalein der Laugenverbrauch der Summe der freien und der an Aluminium gebundenen Säure äquivalent ist.

Bemerkungen. Pawlinowa erhielt nach dieser Arbeitsweise in Lösungen bekannten Aluminium-Gehaltes gut mit den berechneten Werten übereinstimmende Ergebnisse. Die freie Säure wurde nach dem Oxalatverfahren gegen Phenolrot bestimmt. Das Verfahren wird von *Pawlinowa* zur Schnellbestimmung von Aluminium in *Chromatbädern* nach Abtrennung größerer Mengen an Eisen durch Natronlauge-Fällung angewandt.

Zur Bestimmung der wasserlöslichen Aluminiumsalze in *Bodenproben* werden diese nach *Pawlinowa* und *Bernštein* [148] mit n Kaliumchlorid-Lösung geschüttelt und filtriert. Die freie Säure wird nach dem Oxalatverfahren gegen Phenolrot und das Aluminium nach der oben angegebenen Vorschrift bestimmt. Da Eisen und Mangan sich dabei ähnlich wie Aluminium verhalten, muß ihr Gehalt getrennt bestimmt und berücksichtigt werden.

Potentiometrische Bestimmung nach Karsten und van der Spek

Die schwach saure Aluminiumsalz-Lösung (Lösungen basischer Salze werden vorher angesäuert), die etwa 7 bis 15 mg Aluminium enthalten soll, wird mit 25 ml gesättigter Seignettesalz-Lösung versetzt, auf etwa 70 ml verdünnt und potentiometrisch mit 0,1 n Natronlauge titriert. Der Äquivalenzpunkt entspricht der Summe aus der freien und der an Aluminium gebundenen Säure. Zur Bestimmung des Aluminiums aus der Differenz aus freier und gesamter Säure bestimmen *Karsten* und *van der Spek* die freie Säure nach dem Oxalat-Verfahren ebenfalls potentiometrisch.

b) Verwendung von Citronensäure

Titus und *Cannon* [149] stellten fest, daß die Menge der freiwerdenden Säure vom Konzentrationsverhältnis zwischen Aluminium und Citronensäure abhängig ist. Ähnliche Beobachtungen hat auch *Pawlinowa* [150] gemacht, welche in der Kälte bei einem Molverhältnis von Aluminium- zum Citration von mindestens 1:1 gegen Thymolphthalein titriert. *Titus* und *Cannon* legten empirisch zwei Kurven für die Abhängigkeit des Natronlaugeverbrauches von dem Verhältnis Aluminium : Citration fest und stellten an Hand dieser Kurven zwei Gleichungen auf, welche aus dem jeweiligen Natronlauge-Verbrauch die vorhandene Aluminium-Menge in Aluminium-salz-Lösungen zu berechnen gestatten. Nach *Pawlinowa* [150, 147] werden bei genügendem Citrat-Überschuß auf 1 mol Aluminiumsalz 2 Äquivalente Säure in Freiheit gesetzt. Ähnlich wie in ihrer Vorschrift unter Verwendung von Tartration gibt *Pawlinowa* der komplexen Aluminiumcitrat-Lösung vor der Titration konz. Strontiumnitrat- oder Calciumchlorid-Lösung zu oder sättigt die Lösung mit einem Alkalisalz.

Wood [25] hat die Citratmethode einer eingehenden Prüfung unterzogen und stellt fest, daß entsprechend den Befunden von *Pawlinowa* die Komplexbildung unter Freimachung von 2 Äquivalenten Säure je mol Aluminiumsalz vollständig verläuft, wenn ein ausreichender Überschuß von Citrationen vorhanden ist. Er benutzt die Methode zur Bestimmung des Aluminiums in Magnesiumlegierungen.

Ein Magnesium-Überschuß (es wurden 20 mg Al neben bis zu 1 g Mg bestimmt) stört nicht; der pH-Wert der titrierten Lösung im Äquivalenzpunkt ist jedoch von der Magnesiumionen-Konzentration abhängig; unter sonst gleichen Bedingungen fand *Wood* z.B. in Abwesenheit von Magnesium ein pH von 8,9, in Gegenwart von 1 g Magnesium dagegen 7,2. Soll also die Titration des Aluminiums in Magnesiumlegierungen nicht potentiometrisch (Äquivalenzpunkt = Maximum der pH-Änderung), sondern mit Indikatoren ausgeführt werden, so ist die Einhaltung einer bestimmten Magnesiumionen-Konzentration erforderlich. Als Indikator verwendet er einen Dimethylgelb-Xylene-cyanol-FF-Mischindikator (0,1 g Dimethylgelb und 0,3 g „Xylene-cyanol FF" in 100 ml Äthanol).

c) Verwendung von Milchsäure oder Salicylsäure

Gleichzeitig mit den bereits erwähnten Versuchen über die Anwendung von Citronensäure benutzte *Pawlinowa* [150] auch Natriumlactat. Der hierbei gefundene Verbrauch an 0,1 n Natronlauge zeigt, daß unter den angewendeten Bedingungen 3 Äquivalente Säure auf 1 Grammatom Aluminium frei werden. Das gleiche gilt auch für die Reaktion mit Natriumsalycilat. *Pawlinowa* [146] gibt an, daß die Komplexsalze des Aluminiums mit Milchsäure und Citronensäure beständiger seien als diejenigen mit Salicylsäure (und Weinsäure).

d) Verwendung von β-Resorcylsäure

Im Rahmen von Untersuchungen über die Komplexe 3wertiger Metalle mit Oxysäuren wurde von *Cădariu, Oniciu* und *Schmidt* [151] eine maßanalytische Bestimmung des Aluminiums mit dem Natriumsalz der β-Resorcylsäure als Komplexbildner vorgeschlagen. Die Komplexbildung verläuft analog derjenigen des Aluminiums mit Salicyl- und Weinsäure, wobei mit Natronlauge kein Hydroxid gefällt wird und durch Komplexbildung je mol Aluminium 2 mole Resorcylsäure frei werden. Die Titration erfolgt mit Natronlauge gegen Nilblau als Indikator. Auch die potentiometrische Titration von 0,1 m Aluminiumsalz-Lösungen läßt sich in Gegenwart von Natrium-β-resorcylat mit guter Genauigkeit ausführen. Man erhält bei der

13*

Titration mit Natronlauge zwei Potentialsprünge. Die Differenz des Natronlauge-verbrauchs dieser beiden Potentialsprünge entspricht 2 Äquivalenten Aluminium, bezogen auf 1 Äquivalent Natronlauge.

Alkalimetrische Bestimmung des Aluminiums bzw. der Gesamtsäure nach Komplexbildung mit Komplexonen

Die von *Schwarzenbach* in die analytische Chemie eingeführten „Komplexone" ermöglichen auf Grund der Tatsache, daß bei der Komplexbildung mit Metallen ähnlich wie bei deren Reaktion mit organischen Oxysäuren eine dem gebundenen Metall äquivalente Menge Säure frei wird, die alkalimetrische Titration von Metallen, u. a. auch diejenige des Aluminiums. *Schwarzenbach* und *Biedermann* [152] haben die alkalimetrische Bestimmung von Metallen mit Nitrilotriessigsäure (NTE), Uramildi-essigsäure und Äthylendiamintetraessigsäure (ÄDTE) eingehend untersucht. Aluminium sowie auch Eisen(III) und Chrom(III) verhalten sich hierbei anders als die übrigen, mehrwertigen Metalle durch ihre ausgesprochene Neigung zur Bildung von Hydroxokomplexen. Mit der neutral reagierenden Lösung der Dialkalisalze von Nitrilotriessigsäure oder Uramildiessigsäure,

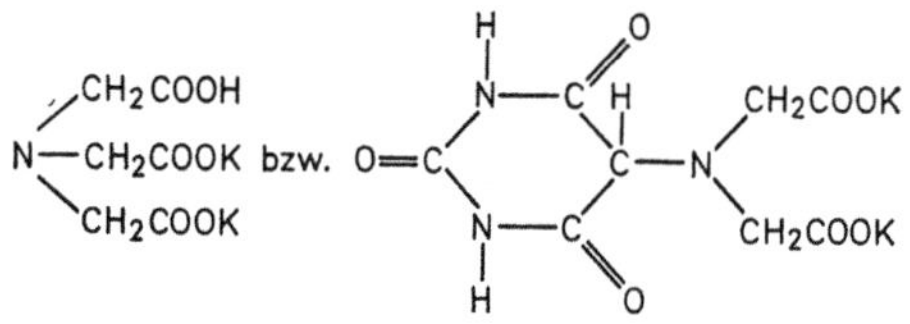

$$N(CH_2COOH)(CH_2COOK)_2 \quad bzw. \quad [Uramildiessigsäure-Struktur]$$

kurz K_2HX, bildet Aluminium zunächst einen neutralen Komplex unter Frei-machung eines Säureäquivalentes:

$$Al^{3+} + [HX]^{2-} \longrightarrow [AlX] + H^+.$$

Bei höheren pH-Werten wird unter Bildung eines Hydroxokomplexes ein weiteres Säureäquivalent abgespalten.

$$[AlX] + H_2O \longrightarrow [AlX(OH)]^- + H^+.$$

Die Bildung dieser Komplexe gibt sich in der Neutralisationskurve durch 2 pH-Sprünge bei der Neutralisation von 1 bzw. 2 Äquivalenten Säure je mol Aluminium-salz zu erkennen. *Biedermann* und *Schwarzenbach* nehmen die Bildung auch eines Dihydroxokomplexes an, der jedoch nicht mehr zu einem weiteren pH-Sprung, sondern nur zu einer deutlichen Pufferung bei weiterem Alkalizusatz führt.

Der Dihydroxokomplex geht schließlich unter Abspaltung des Komplexons in Alumination über.

Bei der alkalimetrischen Titration in Gegenwart des Dinatriumsalzes der Äthylen-diamintetraessigsäure, kurz Na_2H_2Y, treten pH-Sprünge auf bei der Neutralisation von 2 und 3 Äquivalenten Säure je Aluminiumatom, entsprechend der Komplex-bildung:

$$Al^{3+} + [H_2Y]^{2-} \longrightarrow [AlY]^- + 2H^+ \quad und \quad [AlY]^- + H_2O \longrightarrow [AlY(OH)]^{2-} + H^+.$$

Die bei der alkalimetrischen Titration von Aluminiumsalzen in Gegenwart der ge-nannten Komplexone auftretenden pH-Sprünge liegen bei den nachstehend auf-geführten pH-Werten (Tab. 45).

Die bei der Neutralisation von 1 Säureäquivalent auftretenden Sprünge sind jedoch für eine exakte, analytische Auswertung zu klein. Auch die der Neutralisation von 2 Säureäquivalenten entsprechenden Sprünge, die *Schwarzenbach* und *Bieder-mann* der Bestimmung des Aluminiums zugrunde legen, sind nicht so scharf wie bei den anderen untersuchten Metallen; sie sind von den Konzentrationsverhältnissen sowie der Größe des Komplexon-Überschusses abhängig. Es werden folgende Vor-

Tabelle 45. *pH-Stufen definierter Aluminiumkomplexone*

	pH-Wert bei Neutralisation von Säureäquivalenten		
	1	2	3
Nitrilotriessigsäure	~5	7,0 bis 8,0	–
Uramildiessigsäure	4,5	5,2 bis 7,2	–
Äthylendiamintetraessigsäure	–	5,0	~8

schriften zur allgemeinen Bestimmung mehrwertiger Metalle, die auch zur Bestimmung des Aluminiums geeignet sind, angegeben.

Arbeitsvorschrift unter Verwendung von *Nitrilotriacetat* oder *Uramildiacetat*. *Schwarzenbach* und *Biedermann* bestimmen zunächst den Gehalt der Aluminiumsalz-Lösung an freier Säure nach der Kaliumfluorid-Methode (Arbeitsvorschrift nach *Graham* [119] bzw. *Eder* [21]). Eine weitere Probe der Lösung (Konzentration an Aluminium 10^{-2} bis 10^{-3} m) wird nun entsprechend dem ermittelten Gehalt an freier Säure neutralisiert und mit so viel Nitrilotriacetat-(bzw. Uramildiacetat-)Lösung versetzt, daß nur ein möglichst geringer Überschuß vorliegt (je mol Aluminiumsalz etwas mehr als 1 mol Komplexon). Nun wird mit carbonatfreier 0,1 n Kalilauge titriert. Der Endpunkt kann potentiometrisch oder mit Phenolrot als Indikator ermittelt werden.

Bemerkungen. Kalilauge eignet sich *besser als Natronlauge*, da Natrium besonders mit Uramildiessigsäure bereits schwache Komplexe bildet.

Zur potentiometrischen Endpunktsbestimmung ist bei Verwendung von Uramildiessigsäure eine Chinhydron-Elektrode *nicht geeignet*, da Uramildiessigsäure offenbar mit Chinhydron reagiert.

Bei Titration gegen Phenolrot lassen sich nach *Schwarzenbach* und *Biedermann* bei einiger Übung leicht *Genauigkeiten* von 1 % erreichen.

Reagenslösungen. Zur Herstellung einer neutral reagierenden Lösung von *Nitrilotriacetat* wird eine Lösung von 0,1 mol (= 19,11 g) Nitrilotriessigsäure mit stärkerer Alkalihydroxid-Lösung bis zum Umschlag des Methylrots nach Reingelb neutralisiert und mit kohlensäurefreiem Wasser auf 1 l aufgefüllt. Bei der Herstellung der entsprechenden *Uramildiacetat*-Lösung verfährt man ebenso; es wird mit n Kalilauge neutralisiert; die Lösung verfärbt sich beim Stehen leicht rötlich, ohne ihren Titer zu verändern. Diese Rotfärbung stört bei der Titration mit Indikatoren.

Verwendung von *Dinatriumäthylendiamintetraacetat*. Infolge der Bildung der oben erwähnten Hydroxokomplexe ist der pH-Sprung, der bei der Titration von Aluminiumsalz-Lösungen in Gegenwart von ÄDTE bei der Neutralisation von 2 Säureäquivalenten auftritt, nur klein. Ein größerer ÄDTE-Überschuß ist daher hier besonders störend. Um einen solchen Fehler zu vermeiden, verfahren *Schwarzenbach* und *Biedermann* nach folgender

Arbeitsvorschrift. Die neutralisierte Aluminiumsalz-Lösung wird mit Methylrot oder einem Mischindikator aus Methylrot und Bromkresolgrün (Verhältnis 2:3) versetzt. Nun gibt man aus einer Bürette eine kleine Menge ÄDTE-Lösung (37,22 g Dinatriumäthylendiamintetraacetat im Liter gelöst, pH = 5,0) hinzu und titriert die entstehende Säure mit 0,1 n Kali- oder Natronlauge. Dann wird wieder ÄDTE-Lösung zugegeben, die Säure titriert und diese Operation so lange wiederholt, bis bei erneuter ÄDTE-Zugabe keine pH-Änderung mehr erfolgt. Zur sicheren Erkennung des richtigen Farbtones, auf den zu titrieren ist, verwendet man eine Vergleichslösung, die dieselbe Menge Indikator und einige Tropfen ÄDTE-Lösung, mit

Wasser auf das Volumen der zu titrierenden Lösung verdünnt, enthält. Wegen der Kleinheit des pH-Sprunges muß genau auf den pH-Wert 5 als Endpunkt titriert werden.

Bemerkungen. Praktische Anwendung haben die beiden wiedergegebenen Arbeitsweisen bisher *wenig* gefunden.

Ein ähnliches Verfahren der alternierenden Zugabe des Komplexbildners und der Maßlösung kann auch mit *Nitrilotriessigsäure* (NTE) als Komplexbildner durchgeführt werden.

Alkalimetrische Bestimmung mit Hilfe von 8-Oxychinolin

Die von *Hahn* und *Hartleb* [127] ausgearbeitete, alkalimetrische Bestimmung des Aluminiums beruht auf der Titration der bei der Fällung des Aluminiumoxinats aus neutraler Aluminiumsalz-Lösung freiwerdenden Säure mit Natronlauge:

$$Al^{3+} + 3\,C_9H_7ON \longrightarrow Al(C_9H_6ON)_3 + 3\,H^+.$$

Man verwendet äthanolische Oxinlösung, um Komplikationen durch die im Oxiniumacetat oder -chlorid enthaltene Säure zu vermeiden. Die in Abwesenheit von Puffersubstanzen (Natriumacetat) auszuführende Fällung des Aluminiumoxinates wird durch die Neutralisation der freigewordenen Säure mit Natronlauge vollständig. Das überschüssige Oxin stört die Titration bei Anwendung geeigneter Indikatoren, wie Phenolrot (pH = 6,8 bis 8,4) oder α-Naphtholphthalein (pH = 7,3 bis 8,7) nicht. Methylorange und Methylrot sind ungeeignet. Das ausfallende Aluminiumoxinat reißt den Indikator weitgehend nieder, weshalb man vor der ersten Rücktitration der in kleinem Überschuß zugesetzten Natronlauge mit Salzsäure nochmals Indikator zufügen muß. Außerdem wird Lauge vom Oxinat eingeschlossen, welche jedoch durch Erwärmen mit wenig überschüssiger 0,1 n Salzsäure und anschließende zweite Rücktitration mit 0,1 n Natronlauge erfaßt wird.

Die durch Mitreißen des Indikators verursachten Komplikationen vermeidet *Lacroix* [153] einmal durch potentiometrische Ermittlung des Titrationsendpunktes und in einer weiteren Vorschrift durch Verwendung einer Oxinlösung in Chloroform. Der entstehende Aluminiumoxinat-Niederschlag wird bei geringem Laugen-Überschuß aus der wäßrigen Phase ausgeschüttelt und in der Chloroform-Schicht gelöst. Die anschließende Rücktitration der Lauge in der wäßrigen Schicht gegen Bromthymolblau bereitet nun keine Schwierigkeiten.

Nach den angegebenen Arbeitsweisen wird die Gesamtsäure erfaßt; zur Ermittlung des Aluminium-Gehaltes aus der Differenz der gesamten und der freien Säure bestimmen *Hahn* und *Hartleb* sowie *Lacroix* letztere nach der Oxalatmethode bzw. nach der Fluoridmethode.

Im Gegensatz zu der Annahme von *Hahn* und *Hartleb* reißt das ausfallende Aluminiumoxinat nach *Lacroix* nur den Indikator, jedoch keine Lauge oder basische Salze mit, so daß die potentiometrische Titration (Äquivalenzpunkt = Maximum der pH-Änderung) die fehlerfreie Ermittlung des Äquivalenzpunktes ermöglicht. Die Methode unter Verwendung von Oxin hat bisher keine praktische Bedeutung erlangt.

Acidimetrische Methoden zur Bestimmung des Aluminiums bzw. des Gesamtalkalis

Fluoride und Oxalate, die bei der Komplexbildung mit Aluminiumsalzen keine Wasserstoffionen freimachen, reagieren mit Aluminiumhydroxid unter Bildung von 3 Äquivalenten Hydroxylionen, z.B.:

$$Al(OH)_3 + 6\,F^- \longrightarrow [AlF_6]^{3-} + 3\,(OH)^-.$$

Auf diese Weise ist die Bestimmung der Summe von Gesamtalkali und Aluminium-hydroxid in Aluminat-Laugen (*Beck* und *Szabó* [72]), des Aluminiums im Aluminium-hydroxid bzw. dessen neutraler Suspension und der Basizität in basischen Alumi-niumsalzen (*Fuchs* [41]) möglich. Tartrate und Gluconate, die bei der Komplex-bildung mit Aluminiumsalzen 3 Äquivalente Säure freimachen, reagieren mit Alu-miniumhydroxid demnach ohne Abgabe von Wasserstoff- oder Hydroxylionen; sie ermöglichen daher die acidimetrische Bestimmung des Gesamtalkalis in Aluminat-laugen (*Watts* und *Utley* [71]) bzw. dessen Neutralisation ohne die störende Abschei-dung von Aluminiumhydroxid, das komplex in Lösungen gehalten wird. Da weiterhin der Fluoroaluminatkomplex erheblich stabiler ist als die komplexen Aluminiumtartrate und -gluconate, lassen sich letztere mit Alkalifluoriden unter gleichzeitiger Bildung von 3 Äquivalenten Hydroxylionen je mol Aluminium in Fluoroaluminat umwandeln. Diese Umwandlung verläuft nach *Malaprade* [154] quantitativ.

Die potentiometrische Titration des Aluminiums in Gegenwart von Citrationen untersuchten *Cădariu*, *Goina* und *Oniciu* [155]. Bei pH = 9 erhält man bei einem Verbrauch von 2 OH- für 1 Al in Gegenwart des 30fachen Citrat-Überschusses einen gut reproduzierbaren Potentialsprung. Die umgekehrte Titration, Versetzen mit einem Laugenüberschuß und Rücktitration mit Salzsäure, ergibt eine identische Titrationskurve mit einem Potentialsprung bei pH = 9.

a) Gesamtalkali-Bestimmung in Aluminat-Lösungen unter Verwendung von Tartrationen

Wie zuerst *Vieböck* und *Brecher* [130] fanden, verläuft die alkalimetrische Titra-tion von Aluminiumsalz-Lösungen in Gegenwart von Tartrationen nur in Anwesen-heit eines Überschusses von Bariumionen quantitativ. Dasselbe gilt auch, wie *Watts* und *Utley* feststellten, für die acidimetrische Titration von Aluminat-Laugen. Man verfährt daher bei der Bestimmung des Carbonat-, Hydroxid- und Aluminium-Gehaltes von Aluminat-Lösungen gemäß der

Arbeitsvorschrift nach *Watts* und *Utley*. Eine etwa 0,1 bis 0,3 g Al_2O_3 enthaltende Probe wird in einem 400-ml-Becherglas mit kohlensäurefreiem Wasser auf 100 ml verdünnt und unter Rühren mit 25 ml einer 10%igen Bariumchlorid-Lösung ($BaCl_2$ · $2H_2O$) zur Fällung des Carbonations versetzt. Nach Zugabe von Filterschleim wird der Niederschlag von Bariumcarbonat abgesaugt und mit kohlesäurefreiem, 10 ml obiger Bariumchlorid-Lösung im Liter enthaltenden Wasser gründlich aus-gewaschen. Filtrat und Waschwasser werden auf 200 bis 300 ml Gesamtvolumen gebracht und sofort mit 0,3 bis 0,4 n Salzsäure bis zum Auftreten der ersten bleiben-den Trübung (*a* ml Säure) titriert. Nun werden 25 ml einer 25%igen, gegen Phenol-phthalein neutralisierten Natriumtartrat-Lösung ($Na_2C_4H_4O_6$ · $2H_2O$) sowie Phenol-phthalein zugegeben und bis zur gerade noch erkennbaren Rosafärbung weitertitriert.

Der Gesamtverbrauch an Säure (*b* ml) entspricht dem Gesamtalkalihydroxid-gehalt. Zur genauen Bestimmung des Aluminiumgehaltes geben *Watts* und *Utley* zu der Lösung 3 (*b* − *a*) ml Salzsäure, die zur Überführung in Aluminiumchlorid aus-reichen sollten, sowie einen Überschuß von 4 bis 6 ml hinzu; man versetzt mit 40 ml 50%iger Kaliumfluorid-Lösung (KF · $2H_2O$), die filtriert und gegen Phenolphthalein neutralisiert ist, und titriert den Säure-Überschuß nach kurzem Warten in bekannter Weise mit 0,3 bis 0,4 n Natronlauge zurück bis gerade zur ersten bleibenden Rosa-färbung.

Bemerkungen. Soll nur das Gesamtalkali bestimmt werden, so kann man in der Weise verfahren, daß die Probe mit kohlensäurefreiem Wasser auf 250 ml verdünnt, mit 25 ml Bariumchlorid versetzt und *ohne Filtration* nach Zugabe von 25 ml Na-triumtartrat-Lösung mit Salzsäure mit Hilfe eines pH-Meters auf ein pH = 8,3 titriert wird.

Fehlermöglichkeiten. Schwierig ist die *möglichst rasche* Filtration zur Abtrennung des gefällten Bariumcarbonats. Durch Kohlendioxid-Einwirkung während des Filtrierens werden zu hohe Carbonat- und entsprechend zu niedrige Werte für das Gesamtalkali gefunden. Zur genauen Bestimmung des letzteren führt man dann am besten eine Parallelbestimmung ohne Filtration des Bariumcarbonats wie oben angegeben aus.

Die *Genauigkeit* der Aluminium-Bestimmung ist von der richtigen Bemessung des zugegebenen Säure-Überschusses (3 bis 5 ml) abhängig. Ist er zu gering, kann die Umsetzung unvollständig oder zu langsam verlaufen. In diesem Falle verstärkt sich die Farbe des Phenolphthaleins nach beendeter Titration. Man gibt dann nochmals Säure zu und titriert erneut zurück. Ein zu großer Säure-Überschuß kann zu etwas hohen Aluminium-Werten führen.

Die verwendete Kaliumfluorid-Lösung muß möglichst frei von Carbonat- und Silicationen sein, da sonst der Endpunkt der Titration *unscharf* wird.

Bei Gesamtalkaligehalten (auf Na_2CO_3 berechnet) von 0,2 bis 0,6 g finden *Watts* und *Utley* im Mittel bei Titration gegen Phenolphthalein 1,5% (rel.), bei potentiometrischer Titration ohne Filtration des Bariumcarbonats 0,3% (rel.) zu wenig. 100 bis 300 mg Aluminiumoxid konnten mit einer Streuung von ± 0,3% (rel.) um einen 0,15% (rel.) *zu niedrigen* Mittelwert bestimmt werden.

Silicate ergeben Minderwerte sowohl für das Gesamtalkali wie für das Aluminium, wahrscheinlich durch Mitfällung von Barium-Aluminiumsilicat mit Bariumcarbonat.

Fluoride führen zu erheblichen, positiven Fehlern für das Gesamtalkali, beeinflussen die Aluminium-Bestimmung jedoch merkwürdigerweise erst, wenn neben 250 mg Al_2O_3 50 bis 100 mg NaF vorliegen. Sie erleichtern die Abtrennung des Bariumcarbonats, das sich bei Anwesenheit von Fluoriden erheblich besser abfiltrieren läßt.

Auch *Phosphate* haben bis zu 25 mg P_2O_5 praktisch keinen Einfluß auf die Aluminium-Bestimmung, ergeben jedoch zu niedrige Werte für die Gesamtalkali-Bestimmung.

b) *Umsetzung von Aluminationen bzw. Aluminiumhydroxid mit Alkalifluorid*

Wie bereits erwähnt, setzen sich auch Aluminationen, Aluminiumhydroxid und basisches Aluminiumsalz mit Alkalifluorid unter Bildung einer äquivalenten Menge Alkalihydroxid um, so daß aus der acidimetrischen Bestimmung des letzteren die vorliegende Menge Aluminium bzw. des basischen Anteils in Aluminiumsalzen ermittelt werden kann. Eine in genügend kurzer Zeit erfolgende, quantitative Umsetzung zum Fluoroaluminat setzt ein entsprechend reaktionsfähiges Aluminiumhydroxid voraus. Dies ist der Fall bei aus Alumination entstehendem oder frisch gefälltem Hydroxid, nicht jedoch bei basischen Aluminiumsalzen, deren Umsetzung mit Fluoridion längere Zeit in Anspruch nimmt. Die Umsetzung des Natriumaluminats mit Alkalifluorid gemäß der Gleichung:

$$Al(OH)_4^- + 6F^- \longrightarrow AlF_6^{3-} + 4OH^-$$

verläuft nicht stöchiometrisch. Je nach den Analysenbedingungen werden weniger Hydroxylionen in Freiheit gesetzt. So werden bei einer von *Watts* [156] angegebenen Arbeitsvorschrift etwa 3,9 mol Hydroxylionen je mol Aluminium freigesetzt, nach einer Vorschrift von *Paulson* und *Murphy* [157] nur etwa 3,6 mol. Nach Ansicht von *Paulson* und *Murphy* beruht dieser Verlust an Hydroxylionen auf Mitfällung von Alkalihydroxid mit dem ausfallenden Kryolith. Wesentlich ist nach *Watts* für die maßanalytische Anwendbarkeit ein hoher, im Existenzbereich des Aluminations liegender pH-Wert (nur wenig kleiner als 10). Bei zu niedrigem pH-Wert fällt Aluminiumhydroxid aus.

Aluminium-Bestimmung nach *Beck* und *Szabó* [72]

Prinzip. Aus der Differenz der Titrationen zweier aliquoter Teile der alkalischen Aluminat-Lösung gegen Neutralrot, wobei in einem Fall Alkalifluorid zugesetzt wird, ergibt sich der Aluminium-Gehalt.

Arbeitsvorschrift. Eine 20 bis 100 mg Aluminium entsprechende Probe der zu untersuchenden, leicht alkalilöslichen Aluminium-Verbindung wird in einem kleinen Überschuß carbonatfreier Natronlauge gelöst und auf 100 ml aufgefüllt. 20 ml dieser Lösung werden mit 20 ml einer neutralen, 7%igen Kalium-(oder 4%igen Natrium-) fluoridlösung versetzt und nach Zugabe von Neutralrot mit 0,1 n Salzsäure bis zum Umschlag nach Carminrot titriert. Eine zweite Probe wird in gleicher Weise, jedoch ohne Fluoridzusatz, bis zum gleichen Farbton titriert.

Bemerkungen. Nach den von *Beck* und *Szabó* angeführten Beleganalysen konnten nach obiger Vorschrift 4 bis 18 mg Al mit einem *Fehler* von meistens unter $\pm$ 0,3 % (rel.) bestimmt werden.

Carbonation *stört* und ergibt bei 5 mg CO_3^{2-} bereits einen Fehler von $-4,8\%$ Al. Ebenso stört Kieselsäure.

Aluminium-Bestimmung in Gegenwart von Titan, Eisen, Calcium, Silicium und anderer Verunreinigungen nach *Watts* [156]

Prinzip. Nach Abtrennung der Kieselsäure, Fällung des Calciums als Oxalat mit 10 ml einer 10%igen Kaliumoxalat-Lösung, Fällung des Titans und Eisens mit Natronlauge (pH mindestens 11,5) wird der pH-Wert mit Salzsäure bei einem Lösungsvolumen von 300 bis 350 ml und einem Gehalt von 0,004 bis 0,1 g Al_2O_3 auf einen pH-Wert knapp unter 10,0 gebracht. Nach Zusatz von 40 ml Kalium-fluorid-Lösung (siehe unten) wird mit 0,2 n Salzsäure auf den Ausgangs-pH-Wert titriert. Die Ermittlung des empirischen Faktors der 0,2 n Salzsäure erfolgt durch Titration gegen eine Lösung bekannten Aluminium-Gehalts.

Kaliumfluorid-Lösung. 50 g $KF \cdot 2H_2O$ in 100 ml. Der pH-Wert der Lösung wird so eingestellt, daß der durch Zugabe von 40 ml dieser Lösung zu einer Lösung, die 10 ml 10%ige Kaliumoxalat-Lösung und 300 ml Wasser enthält und die auf pH = 10 eingestellt wurde, hervorgerufene Titrationsfehler höchstens einem Tropfen 0,2 n Salzsäure entspricht.

Das Verfahren lieferte bei der Analyse von *Bauxit*, *Rotschlamm* und anderen aluminiumhaltigen Mineralen sehr gut reproduzierbare Werte.

Aluminium-Bestimmung in Glänzlösungen nach *Paulson* und *Murphy* [157]

Arbeitsvorschrift. 100 ml Lösung, die etwa 5 mg Al enthalten soll, wird mit 10 Tropfen äthanolischer Indikatorlösung (2 Teile 0,1%iger Thymolphthalein- und 1 Teil 0,1%ige Alizaringelb-Lösung) und so viel Natronlauge versetzt, daß die Lösung tief violett gefärbt ist. Man gibt Salzsäure bis zum Umschlag nach Grün hinzu (pH = 9,8), versetzt mit 20 ml 7%iger Kaliumfluorid-Lösung und titriert mit 0,1 n Salzsäure auf Gelb (pH = 9,35). Der Faktor der 0,1 n Salzsäure wird empirisch durch Titration einer Lösung bekannten Aluminium-Gehaltes ermittelt.

Bemerkungen. Carbonat-, Silicat-, Chrom(III)-, Eisen(III)- und Ammoniumionen *stören.* Davon fallen Chrom und Eisen als Hydroxide aus und können abfiltriert werden. Ammoniumionen entweichen als Ammoniak, und Carbonation kann mit Bariumchlorid gefällt werden.

Nach Abtrennung des Eisens durch *Extraktion* bestimmen *Elliot* und *Robinson* [158] in ähnlicher Weise wie *Paulson* und *Murphy* das Aluminium. Als Mischindikator benutzen sie Kresolrot und Thymolblau (gleiche Teile einer 0,2%igen wäßrigen Lösung).

Sokolowitsch [159] gibt an Stelle einer NaF-Lösung *festes* NaF in der Wärme zu. Die Titration des freien Alkalis wird gegen Phenolphthalein ausgeführt. Saure Lösungen werden vorher mit Natronlauge neutralisiert.

Sokolow [160] und später *Yarusow* [161] wandten die Titration des bei der Umsetzung von Aluminiumhydroxid mit Alkalifluorid entstehenden, freien Alkalis zur Bestimmung des austauschfähigen Aluminiums in *Böden* an. Durch extrahierende Behandlung mit Calciumhydroxid-Lösung (*Yarusow*) wird Calcium gegen das im Boden enthaltene, aktive Aluminium ausgetauscht und in Aluminiumhydroxid überführt. Dieses wird nach Umsetzung mit Natriumfluorid durch Titration des freigemachten Alkalis bestimmt.

Methoden zur Aluminium-Bestimmung durch Kombination des Tartrat- bzw. Gluconat- und Fluorid-Verfahrens

Den hier zu behandelnden Methoden liegt folgendes *Prinzip* zugrunde: Die Aluminiumsalz-Lösung wird zunächst nach Zugabe von neutralem Alkalitartrat bzw. -gluconat gegen Indikatoren wie Phenolphthalein oder Thymolphthalein neutralisiert. Bei der anschließenden Umsetzung mit Alkalifluorid bildet sich dann eine dem Aluminium-Gehalt der Probe äquivalente Menge Hydroxylionen, die acidimetrisch bestimmt wird.

Wie bereits *Vieböck* und *Brecher* [130] feststellten, erfolgt bei Neutralisation mit Natron- oder Kalilauge der Indikator-Umschlag bereits etwa 10% *vor* dem eigentlichen Äquivalenzpunkt. Gibt man jedoch eine dem Lauge-Verbrauch mindestens äquivalente Menge Bariumchlorid-Lösung hinzu, so fallen Indikator-Umschlag und Äquivalenzpunkt zusammen, offenbar infolge der größeren Stabilität des komplexen Barium-Aluminiumtartrates. *Snyder* [162] schlägt statt dessen Neutralisation mit Barytlauge vor; *Trump* und *Smith* [163] geben bei der Titration kleiner Aluminium-Mengen (5 bis 25 mg Al) mit Barytlauge noch Bariumchlorid hinzu. Nach *Synder* ergibt die Titration mit Barytlauge in Gegenwart von Sulfationen jedoch zu hohe Aluminium-Werte, während nach *Vieböck* und *Brecher* die Gegenwart des Bariums hemmend auf die Umsetzung des komplexen Aluminiumtratrates mit Alkalifluorid wirkt, so daß diese Autoren nach erfolgter Neutralisation Barium durch Zusatz von Kaliumsulfat wieder ausfällen. *Hale* [164] vermeidet diese Komplikationen durch Titration mit Lithiumhydroxid. *Watts* und *Utley* [165] benutzen Natriumgluconat an Stelle von -tartrat als Komplexbildner. Sie erhalten auch ohne Zusatz von Bariumionen bei der Neutralisation exakte Äquivalenzpunkte.

Als Indikator ist nach *Vieböck* und *Brecher* sowie *Snyder* Phenolphthalein geeignet; Phenolrot oder m-Kresolpurpur schlagen nur schleppend um und sind daher unbrauchbar. *Hale* hält auf Grund potentiometrischer Untersuchungen die Verwendung von Thymolphthalein für richtiger als diejenige von Phenolphthalein. *Trump* und *Smith* verwenden einen Mischindikator aus Phenolphthalein und Malachitgrün. *Watts* und *Utley* titrieren potentiometrisch. Der Vorteil des acidimetrischen Tartrat- bzw. Gluconat-Fluorid-Verfahrens gegenüber den entsprechenden, alkalimetrischen Verfahren ist vor allem der, daß eine Reihe von Metallen, insbesondere Eisen, das bei dem alkalimetrischen Fluorid-Verfahren zusammen mit Aluminium erfaßt wird, nicht stören. Nach *Hale* kann Eisen sogar in 5fachem Überschuß vorliegen, ohne die Aluminium-Bestimmung merklich zu beeinflussen.

Nach *Zolotukin* und *Dmiterko* [166] treten bei der Bestimmung von 1 mol Aluminium nach dem Tartrat-Fluorid-Verfahren folgende *Fehler* durch Fremdionen auf (Tab. 46).

Arbeitsvorschrift nach *Vieböck* und *Brecher*. Überschüssige Säure neutralisiert man zunächst mit verd. Natronlauge, bis Dimethylgelb nicht mehr ganz den vollen, roten Farbton zeigt (pH = 3). Liegt das Aluminiumsalz einer schwachen Säure vor, so muß man die überschüssige Säure durch eine annähernde Titration ermitteln und auf Grund dieses Ergebnisses den Säure-Überschuß abstumpfen. Nun setzt man für 2 bis 3 Milliäquivalente Aluminium 10 ml 20%ige neutrale Seignettesalz-Lösung hinzu und titriert unter Verwendung von viel Phenolphthalein bis zum Auftreten

Tabelle 46. *Titration nach Zolotukin und Dmiterko*

Verbindung	Anzahl der Mole	Fehler
$MgCl_2$	3 bis 3,8	−0,23%
$FeCl_3$	1,0	−0,75%
$Cu(NO_3)_2$	0,15	−0,90%
$Zn(NO_3)_2$	0,08	−0,78%
$MnCl_2$	0,06	−0,90%

eines rosa Farbtones, der sich etwa 10% vor dem Äquivalenzpunkte einstellt. Nun setzt man für je 10 ml verbrauchter Lauge 1 bis 1,5 ml n Bariumchlorid-Lösung hinzu, schwenkt um, bis sich wieder alles gelöst hat, und titriert auf bleibendes Rosa. War die Lösung sulfathaltig, so ist die Bariumchlorid-Menge entsprechend zu erhöhen. In diesem Falle ist es aber günstiger, das Bariumchlorid sogleich zur ursprünglichen Lösung zuzusetzen und hierauf erst die Seignettesalz-Lösung einzutragen. Man bringt nun für je 1 Milliäquivalent Aluminium 7 bis 8 ml 10%ige Kaliumfluorid-Lösung in die Lösung und titriert das entstehende Alkali mit 0,1 n Säure, bis die Lösung etwa 2 min farblos bleibt. Zum Schluß fällt man das Barium mit überschüssiger n Kaliumsulfat-Lösung und verbraucht danach noch etwa 0,2 ml Säure. Die insgesamt zugegebene Menge ist noch 1 bis 2% zu tief; man setzt daher noch 3 bis 4% der schon verbrauchten Säure hinzu und titriert den Überschuß nach 3 bis 5 min mit Lauge zurück.

Bemerkungen. 1 ml 0,1 n Säure entspricht *0,899 mg* Aluminium.

Die von *Vieböck* und *Brecher* ausgeführten Beleganalysen ergaben bei genau eingestellter Kaliumalaun-Lösung (15,812 g/l) und Aluminiumchlorid-Lösung (10,45 g $AlCl_3 \cdot 6 H_2O$/l) auf etwa *0,1 bis 0,4%* richtige Resultate.

Arbeitsvorschrift nach *Snyder* [162]. Eine 25 bis 100 mg Al enthaltende Probe der zu untersuchenden Aluminiumchlorid-Lösung wird auf 50 bis 75 ml verdünnt und mit gesättigter Barytlauge bis zur Trübung durch ausfallendes Aluminiumhydroxid versetzt. Nach Zugabe von 30 ml 30%iger Seignettesalz-Lösung wird die Neutralisation bis zum Umschlag von Phenolphthalein fortgesetzt. Nunmehr werden 30 ml einer gegen Phenolphthalein neutralisierten, 30%igen Kaliumfluorid-Lösung (30 g $KF \cdot 2H_2O$ in 100 ml) zugegeben und das gebildete Alkalihydroxid mit 0,3 n Salzsäure bis zum Verschwinden der Rotfärbung titriert. Der Endpunkt ist erreicht, wenn die Lösung mindestens 30 sec farblos bleibt.

Bemerkungen. Der Endpunkt ist *deutlicher*, wenn zunächst ein Säure-Überschuß zugegeben und dieser nach kräftigem Schütteln der Lösung mit Barytlauge zurücktitriert wird.

Bei der Bestimmung von 25 bis 130 mg Al in *reinem* Aluminiumchlorid-Lösungen erhielt *Snyder* auf ± 0,1 mg Al genaue Resultate, wenn die Salzsäure gegen eine Aluminiumchlorid-Lösung bekannten Gehaltes eingestellt wurde; bei üblicher Einstellung der Säure wurden dagegen um 0,8% (rel.) zu niedrige Aluminium-Werte gefunden.

Um genaue Resultate zu erhalten, ist es wichtig, daß die Kaliumnatriumtartrat-Lösung erst *nach* erfolgter, annähernder Neutralisation der freien Säure zugegeben wird, da sich aus zu stark saurer Lösung schwerlösliches Kaliumhydrogentartrat abscheiden kann.

Fällt bei Zugabe von Seignettesalz noch Kaliumhydrogentartrat aus, gibt man einen Überschuß von 1 bis 2 ml *Barytlauge* zu, erhitzt bis zur Auflösung des Niederschlages auf 60 bis 70° und neutralisiert mit Säure gegen Phenolphthalein.

Die Kaliumfluoridmenge ist derart zu bemessen, daß mindestens das *Doppelte* der zur Bildung des Hexafluoroaluminats erforderlichen Menge vorhanden ist.

Störende Ionen. Ammoniumsalze dürfen nicht anwesend sein, da sie infolge Pufferwirkung einen scharfen Indikatorumschlag verhindern. Weiterhin stören erheblich Kieselsäure und in geringerem Maße Sulfate (positive Fehler) sowie Phosphate (negative Fehler). Chrom(III)-, Eisen(III)-, Mangan- und Magnesiumsalze stören in Anwesenheit von mehr als einigen Mol.-% (bezogen auf den Aluminium-Gehalt), Calcium-, Kupfer- und Zinksalze erst bei Mengen über 10 Mol.-%, Natrium- und Kaliumchlorid bzw. -carbonat auch in größerer Konzentration nicht.

Trump und *Smith* bestimmen *kleinere* Aluminiummengen (5 bis 25 mg) in ähnlicher Weise unter Verwendung eines Mischindikators aus Phenolphthalein und Malachitgrün.

Jacobs [167] wendet die Arbeitsweise von *Snyder* zur schnellen, acidimetrischen Bestimmung des Aluminiums in *biologischen* Fällungen mit Alaun an.

Arbeitsvorschrift nach *Hale* [164]. Die zu untersuchende Probe soll 60 bis 300 mg Al_2O_3 als Sulfat enthalten. Sie wird auf ein Volumen von etwa 80 ml gebracht und unter mechanischem Rühren mit 0,5n Lithiumhydroxid-Lösung bis zur Neutralisation der freien Säure (eintretende Trübung) versetzt. Nach Zugabe von 6 bis 8 Tropfen Thymolphthalein-Lösung und 25 ml 25%iger Natriumtartrat-Lösung wird bis zum Auftreten der Blaufärbung, die 30 sec bestehen soll, weitertitriert, 0,1 bis 0,2 ml Lithiumhydroxid-Lösung im Überschuß zugegeben und mit 0,5n Salzsäure zurücktitriert, bis die Indikatorfarbe gerade verschwindet. Nun werden 25 ml 30%iger Kaliumfluorid-Lösung zugesetzt, mit Salzsäure auf farblos titriert, 1 ml im Überschuß zugesetzt und mit Lithiumhydroxid bis gerade zum Auftreten der Blaufärbung zurücktitriert.

Bemerkungen. In *reinen* Aluminiumsulfat-Lösungen konnte *Hale* nach obiger Arbeitsweise Aluminium auf ± 0,2 mg genau bestimmen, wenn die Salzsäure gegen Aluminiumsulfat- oder Alaun-Lösung eingestellt wurde.

Ammonium-, Zinn- wie auch Manganionen *stören* und verursachen erhebliche Fehler.

Nach der Arbeitsweise gemäß *Watts* und *Utley* [165] eignet sich *Gluconation* als Komplexbildner besser als Tartration unter Zugabe von Bariumchlorid. Störungen durch Sulfat- und Carbonationen werden dadurch ausgeschaltet und die Bestimmung des Carbonations ermöglicht.

Zur Bestimmung der Summe des Gesamtalkalis und des Gesamtcarbonat-Gehaltes wird die Lösung entsprechend folgender Gleichung:

$$NaAl(OH)_4 + xNa_2CO_3 + yNaOH + (2x + y + z + 4)\, HCl$$
$$\longrightarrow AlCl_3 + zHCl + (2x + y + 1)\, NaCl + (x + y + 4)\, H_2O + xCO_2$$

mit einem Überschuß an Salzsäure versetzt und das freie Kohlendioxid durch Kochen entfernt. Nach Zugabe von Gluconation wird der Überschuß an Salzsäure mit Natronlauge bis pH = 8,3 zurücktitriert.

Arbeitsvorschrift. Zur Lösung gibt man unter Umrühren einen Überschuß an 0,3 oder 0,4n Salzsäure, bis sich das ausgefallene Aluminiumhydroxid wieder vollständig gelöst hat. Man erhitzt bis zum Sieden und läßt 10 min leicht kochen. Nach Abkühlen auf Raumtemperatur gibt man 50 ml Natriumgluconat-Lösung (20 g in 100 ml, pH-Wert = 8,3) hinzu, verdünnt auf etwa 250 ml und titriert mit 0,3 oder 0,4n Natronlauge auf pH = 8,3.

Bemerkungen. Zur *getrennten* Bestimmung des Gesamtalkalis und des Carbonations nach folgenden Gleichungen:

$$NaAl(OH)_4 + xNa_2CO_3 + yNaOH + zNaC_6H_{11}O_7 + (x + y + 1)\, HCl$$
$$\longrightarrow [Al(OH)_3 + zC_6H_{11}O_7Na] + xNaHCO_3 + (x + y + 1)\, NaCl + (y + 1)\, H_2O;$$
$$NaHCO_3 + HCl \longrightarrow NaCl + H_2O + CO_2$$

verfahren *Watts* und *Utley* folgendermaßen:

Zur Lösung gibt man 50 ml Natriumgluconat-Lösung (20 g in 100 ml; pH-Wert = 8,1), verdünnt auf 250 ml und titriert mit 0,3 oder 0,4 n Salzsäure bis pH = 8,1. Zur Bestimmung der 2. Hälfte des Carbonations wird ein geringer Überschuß an 0,3 oder 0,4 n Salzsäure zugegeben, 10 min gekocht und nach Abkühlen mit 0,3 oder 0,4 n Natronlauge auf pH = 8,1 titriert.

Zur Bestimmung des *Aluminiums* kann man von einem pH-Wert von 8,3 als auch von 8,1 ausgehen, vorausgesetzt, daß derselbe pH-Wert für die Endpunkts-bestimmung benutzt wird. *Watts* und *Utley* schlagen zwei Bestimmungsverfahren in Fortsetzung an die Bestimmung der Summe des Gesamtalkalis und des Gesamt-carbonats die Arbeitsvorschrift a oder b, in Fortsetzung an die getrennte Bestimmung des Gesamtalkalis und des Carbonations die Arbeitsvorschrift b vor.

Arbeitsvorschrift a. Zu der austitrierten Lösung gibt man 25 ml 0,3 n Salzsäure, wenn der Aluminiumoxid-Gehalt < 0,105 g ist, und 50 ml, wenn der Aluminiumoxid-Gehalt zwischen 0,105 und 0,21 g liegt. Der Überschuß an Salzsäure sollte 5 bis 10 ml betragen, bezogen auf die freigesetzten Hydroxylionen. Nach Zugabe von 25 ml Kaliumfluorid-Lösung (50 g $KF \cdot 2H_2O$ in 100 ml, eingestellt auf pH = 8,3) wird mit 0,3 n Natronlauge auf pH = 8,3 zurücktitriert.

Arbeitsvorschrift b. Zur austitrierten Lösung werden 25 ml Kaliumfluorid-Lösung (siehe oben) zugegeben und schnell mit 0,3 n Salzsäure bis zum Umschlag des Phenolphthaleins auf farblos titriert. Man gibt 5 bis 10 ml 0,3 n Salzsäure im Überschuß zu und titriert mit 0,3 n Natronlauge bis zum Ausgangs-pH-Wert (8,3 oder 8,1) zurück.

Die Methode nach *Watts* und *Utley* liefert, besonders bei der Bestimmung des Aluminiums, *sehr genaue* Werte. Sie wird heute in größerem Maßstab in der Alumi-nium-Industrie zur Analyse der Natriumaluminat-Laugen aus dem *Bayer*-Prozeß sowohl zur Bestimmung des freien Alkalis, des Carbonations- und Aluminiumoxid-Gehaltes verwendet.

Weitere Anwendungen

Babachev [168] benutzt das Tartrat-Fluorid-Verfahren zur Bestimmung des Aluminiums im Klinker und Portlandzement ohne einen Zusatz von Bariumionen, *Tuma* und *Tietz* [169] zur Analyse von Eisenlegierungen. *Clarke* [170] bestimmt Aluminium in Kupolschlacken nach Abtrennung des Eisens und Mangans. *Clarke* und *Rooney* [171] benutzen die gleiche Methode zur Aluminium-Bestimmung in Gußeisen und Ferrosilicium. An Stelle von Tartrationen wendet *Borun* [172] zur Bestimmung des Aluminiums in Stahl, Hochtemperatur- und Nichteisenlegierungen Gluconationen als Komplexbildner an. Nach Abtrennung störender Ionen durch Elektrolyse an der Quecksilberkathode verfährt er in ähnlicher Weise wie *Watts* und *Utley*.

c) Umsetzung mit Oxalat- oder Gluconationen

Nach *Beck* und *Szabó* läßt sich die Bestimmung statt mit Kaliumfluorid auch mit Kaliumoxalat ausführen, wobei statt 20 ml Fluorid-Lösung 20 ml einer gegen Neutralrot neutralisierten 20%igen Kaliumoxalat-Lösung verwendet werden. 5 bis 10 mg Al konnten mit einem *Fehler* von höchstens ± 0,5% bestimmt werden.

Bei der Analyse von Natriumaluminat-Laugen bestimmt *Bensch* [173] neben dem freien Alkali auch den Al_2O_3-Gehalt. Durch Umsetzung der gegen freies Alkali neu-tralisierten Lösung mit Natriumgluconat – auch festes Natriumtartrat kann ver-wendet werden – wird aus dem Aluminat eine dem Al_2O_3-Gehalt äquivalente Menge an Natriumhydroxid in Freiheit gesetzt, das photometrisch unter Registrierung der Titrationskurven titriert wird. Als Indikator wird Dihydroxyweinsäure 2,4-Dini-trophenylosazon verwendet. Dieser von *Chugreeva* [174] vorgeschlagene Indikator spricht nur auf Alkalihydroxide an, nicht aber auf Alkalicarbonat, Ammoniumhydroxid und phenolische Hydroxylgruppen.

Arbeitsvorschrift. 20 ml Lauge werden in einen 200-ml-Meßkolben pipettiert und
aufgefüllt. Zur Analyse wird ein aliquoter Teil, der 100 bis 240 mg Al_2O_3 enthalten
kann, in ein sauberes, klares 100-ml-Becherglas hoher Form überführt und das
Volumen der Lösung auf 50 ml gebracht. Nach Zugabe von 0,3 ml Indikator-Lösung
(0,1 g in 100 ml Methanol) wird das Becherglas in den Titrationszusatz [es wurde
ein Photometer *Eppendorf* 1100 mit Titrationszusatz in Verbindung mit dem Potentiographen E 336 und Titrierstand (Fa. Methrom) benutzt] eingestellt, der Magnetrührer eingeschaltet und zunächst mit einer Titrationsgeschwindigkeit von 2,2 ml/min
mit 0,5n Salzsäure titriert. Nach Erreichen einer Extinktion von 0,5 wird auf eine
Geschwindigkeit von 0,7 ml/min umgeschaltet und etwa 2 ml über den Äquivalenzpunkt (wieder bis zu einer Extinktion von etwa 0,5) hinaus titriert. Nun werden
10 ml Natriumgluconat-Lösung (40 g in 100 ml) zugegeben, auf eine Titriergeschwindigkeit von 2,2 ml/min geschaltet und etwa 3 ml über den Äquivalenzpunkt titriert.
Zur Auswertung werden, wie in Abb. 8 angegeben, durch die Äste der Kurven Gerade
gezogen. Der Schnittpunkt ergibt bei der 1. Titrationsstufe direkt den Äquivalenzpunkt. Bei der 2. Stufe entspricht der Schnittpunkt nicht dem Äquivalenzpunkt.
Die verbrauchten Milliliter zur Titration des an Al_2O_3 gebundenen Na_2O müssen
deshalb mit einem Korrekturfaktor multipliziert werden. Der Korrekturfaktor wird
durch Titration einer synthetisch hergestellten Standardlauge bekannten Gehaltes ermittelt, die in ihrer Zusammensetzung den zu analysierenden Betriebslaugen entspricht.

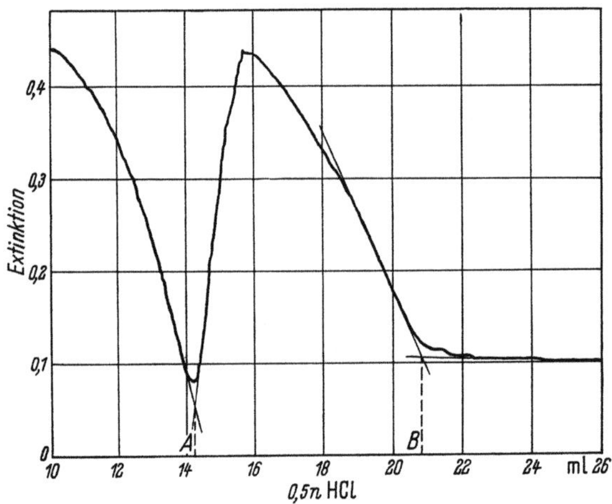

Abb. 8. Titrationskurve der Titration einer Natriumaluminat-Lauge mit 0,5 n Salzsäure
A Äquivalenzpunkt der 1. Stufe; *B* Äquivalenzpunkt der 2. Stufe

Bemerkungen. Berechnung.

$$g\,Na_2O/l = \frac{(a + b \cdot f) \cdot 155}{D};$$

$$g\,Al_2O_3/l = \frac{b \cdot f \cdot 255}{D};$$

a = Verbrauch ml bis zur 1. Titrationsstufe,
b = Verbrauch ml bis zur 2. Titrationsstufe.
f = Korrekturfaktor.
D = ml (pipettiert als aliquoter Anteil) aus dem 200-ml-Meßkolben.

Der mittlere *Fehler* der Aluminium-Bestimmung wird für Gehalte von 80 bis 150 g
Al_2O_3/l mit ± 1 g/l angegeben.

C. Bestimmung durch Titration mit komplexbildenden Maßlösungen

Von Methoden, die auf der Titration des Aluminiums mit Fluorid-, Oxalat-, Tartrat-, Oxin- oder Komplexon-Lösungen beruhen, haben bisher nur die Fluorid-Methoden, vor allem aber die Komplexon-Methoden, Anwendung in der analytischen Praxis gefunden.

Titration mit Natriumfluorid-Lösung

Um zur Aluminium-Bestimmung durch Titration einer Aluminiumsalz-Lösung mit Natriumfluorid-Lösung die quantitative Umsetzung zum Hexafluoroaluminat auch ohne den bei der acidimetrischen Titration (vgl. S. 187) anwendbaren Fluorid-Überschuß zu gewährleisten, wird im allgemeinen in nicht zu verdünnter Lösung gearbeitet, die zur Herabsetzung der Löslichkeit des Fluoroaluminates mit Natriumchlorid gesättigt und mit dem gleichen Volumen Äthanol versetzt wird.

Zur Endpunktsanzeige wird bei der potentiometrischen Titration meistens das von *Treadwell* und *Bernasconi* [84] verwendete Redoxsystem Fe(III)/Fe(II)/Pt (blank) benutzt, dessen Redoxpotential sich erst nach vollständiger Umsetzung des vorhandenen Al^{3+} zu AlF_6^{3-} unter Bildung des Komplexes FeF_6^{3-} mit dem ersten überschüssigen Natriumfluorid sprunghaft ändert.

In neuerer Zeit sind auch Vorschläge zur Anwendung von Indikator-Elektroden gemacht worden, die auf die Titration mit Natriumfluorid direkt ansprechen, so die Antimon-Elektrode (*Polyak* [175]) oder das Elektrodenpaar Al/Ni—Cr (*Tschirkow* [176]; *Kabanow* und *Polyak* [177]; *Gorelowa* und *Polyak* [178]; *Drwiega* und *Klajn* [179]). *Geyer* und *Bormann* [180] verwenden das Elektrodenpaar Al/Hg_2Cl_2 bzw. Al/Ni—Cr oder Al/Zn. Die Tatsache, daß sich der Hexafluoroferrat-Komplex erst nach vollständiger Umsetzung des Aluminiums bildet, läßt sich auch zur amperometrischen oder visuellen Indikation des Titrationsendpunktes heranziehen. So benutzen *Ringbom* und *Wilkmann* [181] zur Endpunktsanzeige den an der Quecksilber-Tropfkathode gegen eine gesättigte Kalomel-Elektrode gemessenen Diffusionsstrom des Eisen(III)-ions, der sich nach beendeter Aluminium-Titration infolge Bildung des Hexafluoroferrations ändert.

Varma [182] benutzt als Indikator-Elektrode zur amperometrischen Titration 2 Platin-Elektroden, *Jurczak* [183] zur schnelleren Gleichgewichtseinstellung eine Platin-Mikrodrehelektrode. Amperometrisch titrieren auch *Berkovich*, *Sirina* und *Lagunova* [184], die neben dem üblichen Fe(III)/Fe(II)-Indikatorsystem das System Fe(III)/Cu(II) verwenden. Einfach ist auch die visuelle Titration unter Verwendung von Indikatoren. Es wurden bisher an Indikatoren eingesetzt: Eisen(III)-thiocyanat (*Tananajew* und *Levina* [185]; *Ringbom* [186]), Eisen(III)-salicylat (*Kinnunen* und *Merikanto* [187]), Alizarin (*Babko* und *Nazarcuk* [188]), Morin (*Kinnunen* und *Merikanto*), Hämatoxylin (*Kabannik* und *Nazarcuk* [189]) sowie Salicylidenaminophenol (*Holzbecher* [190]). Die visuellen Arbeitsweisen erreichen jedoch nicht die Genauigkeit der potentiometrischen Verfahren.

Potentiometrische Titration nach Treadwell und *Bernasconi* [84]

Als Indikatorelektrode wird ein blankes Platinblech von 1 cm² Oberfläche und als Bezugselektrode eine Silberchlorid-Elektrode (0,382 V gegen Normal-Wasserstoffelektrode) benutzt. Durch einen Kohlendioxid-Strom wird der Luftsauerstoff ferngehalten und auf diese Weise die Oxydation des Eisen(II)-chlorids verhindert. Die Messung des Potentialverlaufes während der Titration und die Auswertung der Potentialkurve geschehen in üblicher Weise (vgl. *Hiltner* [191] sowie *Kolthoff* und *Furman* [192]).

Arbeitsvorschrift. Die Aluminiumsalz-Lösung, die höchstens 0,008 n an Säure sein soll, wird im Titrationsgefäß mit Kochsalz gesättigt und mit 96%igem Äthanol auf das Doppelte verdünnt. Nachdem 5 min ein kräftiger Kohlendioxid-Strom eingeleitet worden ist, setzt man 2 Tropfen Eisen(II, III)-Lösung (siehe unten) zu und führt nun die Titration mit 0,5 n Natriumfluorid-Lösung aus, wobei weiterhin Kohlendioxid eingeleitet und gerührt wird. Da die Bildung des Fluorid-Komplexes Zeit beansprucht, muß die Titration langsam vorgenommen werden. Man benötigt etwa 3/4 Std. zu einer Aluminium-Bestimmung.

Bemerkungen. Nach *Steuer* [193] und nach *Mannchen* [194] soll die Zugabe der Natriumfluorid-Lösung in *gleichen* Anteilen und *gleichen* Zeitabständen erfolgen.

Zur *Herstellung* der Eisen(II, III)-Lösung löst man 20 g $FeCl_2 \cdot 4 H_2O$ in 100 ml Wasser und versetzt mit etwas Eisen(III)-chlorid.

Nach 5 Beleganalysen von *Steuer* konnten je 36 mg Al in Anwesenheit von Chrom(III), Eisen(III), Uran(VI) oder Titan(IV) mit einem *Fehler* von 0,2 mg = 0,5% (rel.) bestimmt werden.

In Silicaten und Erzen mit 0,25 bis 0,49% Al_2O_3 erhielten *Stefanowsky* und *Svirenko* [195] im Mittel auf 1,5% mit *gravimetrischen* Werten übereinstimmende Resultate.

Aluminium kann nach der beschriebenen Arbeitsweise ohne Störung bestimmt werden in Anwesenheit zahlreicher Metalle wie Magnesium (Abb. 9), Calcium, Mangan, Zink, Cadmium, Kupfer, Nickel, Kobalt, Eisen, Chrom, Uran und Titan.

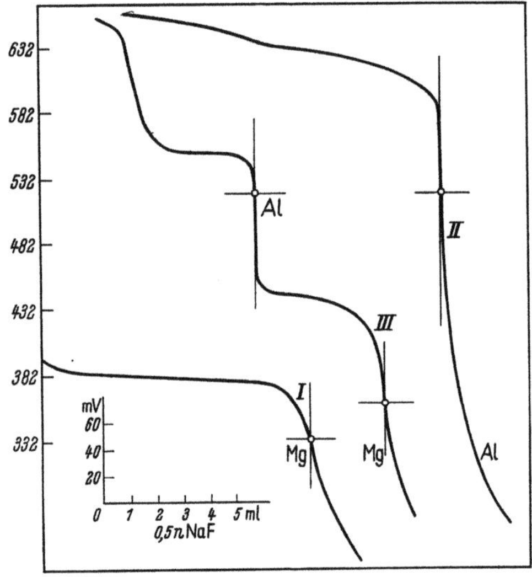

Abb. 9. Potentiometrische Titration von Aluminium-(Aluminium-Magnesium und Magnesium-)Lösung mit Natriumfluorid (*Treadwell* und *Bernasconi*)

Der Gehalt an Eisen(III) darf den an Aluminium jedoch *nicht beträchtlich* übersteigen, da sonst der Potentialsprung im Titrationsendpunkt zu klein und schlecht erkennbar wird (*Stefanowsky* und *Svirenko*).

Nicht anwendbar ist die Methode von *Treadwell* und *Bernasconi* in Anwesenheit von *Beryllium* (*Tarajan* und *Ovsepyan* [196]).

Die Bildung des Fluoaluminates wird auch durch Chlorid-, Nitrat-, Sulfat- und Silicationen *nicht gestört*, wie *Harms* und *Jander* [197] gelegentlich ihrer Versuche über die konduktometrische Bestimmung des Fluors durch Fällung als Natriumhexafluoroaluminat mitteilen. Nach *Tarajan* und *Ovsepyan* stören auch Phosphate und Borate nicht.

Der in Anwesenheit des Magnesiums vor dem Aluminium-Sprung auftretende Potentialabfall konnte von ihnen *nicht geklärt* werden. Nach *Mannchen* tritt er nur auf, wenn der pH-Wert der Titration kleiner als 3,6 ist. Nach *Treadwell* und *Bernasconi* darf aber der pH-Wert der zu titrierenden Lösung nicht kleiner als 2,1 sein. *Mannchen* erhält bei pH = 3,6 bis 4,0 die am besten auswertbaren Potentialkurven. In einer späteren Veröffentlichung [198] beobachtet er einen Einfluß der Redox-Mischung und erhält praktisch gleiche Kurven im pH-Bereich 2,5 bis 4,6. Bei pH = 5,7 trübt sich die Lösung. Nach *Tarayan* und *Ovsepyan* soll der Eingangs-pH-Wert der zu titrierenden Lösung 3,0 bis 3,1 betragen. Bei einem Wert von über pH = 3,2 erhält man infolge der Hydrolyse des Eisen(III)-ions und der Bildung basischer Aluminiumsalze zu niedrige Werte.

Zur *Berechnung* wird allgemein der Einfachheit halber die Reaktion:

$$Al^{3+} + 6F^- + 3Na^+ \longrightarrow Na_3[AlF_6]$$

zugrunde gelegt, obwohl nach *Tananajew* und *Lelchuk* [199] sowie *Ovsepyan* und *Ekimyan* [200] ein fluorärmeres Produkt der Zusammensetzung: $11\,NaF \cdot 4\,AlF_3$ entsteht. Eine *Einstellung* der NaF-Lösung ist in jedem Falle notwendig und muß auf die gleiche Weise und unter den gleichen Bedingungen erfolgen.

Anwendungen der Arbeitsweise von *Treadwell* und *Bernasconi*

Da die Titration des Aluminiums mit Natriumfluorid in Anwesenheit zahlreicher Metalle ausführbar ist, hat die Methode nach *Treadwell* und *Bernasconi* vielfach Anwendung zur Bestimmung des Aluminiums in Legierungen, Erzen, Silicaten und technischen Produkten gefunden. *Belenki* und *Ssokolow* [201] wenden sie an zur Aluminium-Bestimmung in Farbbädern, *Lomakin* [202] zur Untersuchung technischen Aluminiumchlorids. *McCallum* [203] übertrug die Methode in den Halbmikromaßstab und verwendete sie zur Bestimmung des Aluminiums in Papierasche. Die zur Aluminium-Bestimmung in Silicaten und Legierungen entwickelten Arbeitsweisen seien im folgenden kurz wiedergegeben.

Arbeitsvorschrift zur Bestimmung in Silicaten nach *Tarayan* [204]. In der salzsauren Lösung des Aufschlusses wird Aluminium, Titan und Eisen mit Ammoniak gefällt. Nach dem Waschen wird der Niederschlag durch tropfenweise Zugabe von n Salzsäure bis zur sauren Reaktion gegen Methylorange in Lösung gebracht. In dieser Lösung wird Aluminium gemäß der Vorschrift nach *Treadwell* und *Bernasconi* bestimmt, wobei nur bei Silicaten, die *wenig* Eisen enthalten, außer einigen Tropfen gesättigter Eisen(II)-sulfat-Lösung etwas 0,1 n Eisen(III)-chlorid-Lösung zugegeben wird. Der Aluminium-Sprung hat in Anwesenheit *größerer* Eisen-Mengen zwar eine etwas andere Gestalt; es werden aber trotzdem gute, mit den gravimetrischen Resultaten übereinstimmende Aluminiumwerte erhalten.

Bemerkungen. Nach *Stefanowsky* und *Svirenko* ist die Erkennung des Äquivalenzpunktes in Gegenwart von mehr als der 4- bis 5fachen Menge Eisenoxids gegenüber Aluminiumoxid schlecht.

Auf ähnliche Weise bestimmt *Miesserow* [205] in mit Al_2O_3 aktiviertem *Silicagel* das Aluminium.

Arbeitsvorschrift zur Bestimmung in Magnesiumlegierungen nach *Mannchen* [194]. 0,25 g Späne werden in etwa 14 ml 2n Salzsäure gelöst, die überschüssige Säure mit 0,2 n Natronlauge bis zur Gelbfärbung von Methylorange neutralisiert und die Lösung tropfenweise mit n Salzsäure angesäuert, bis die Rotfärbung derjenigen einer Vergleichslösung entspricht, die man durch Ansäuern von 50 ml dest. Wasser mit 0,2 bis 0,25 ml 0,1 n Salzsäure und Zugabe von 3 bis 4 Tropfen Methylorange-Lösung herstellt. Man füllt auf 100 ml auf und entnimmt 50 ml dieser Lösung zur Aluminium-Bestimmung nach der oben gegebenen Arbeitsvorschrift, wobei nach jeder Natriumfluorid-Zugabe nach der Uhr 2 bis 3 min gewartet wird.

Bemerkungen. Mannchen titriert auf *Sprung*, also ohne Aufnahme der Potential-kurve, und verwendet an Stelle von Äthanol Methanol.

Bei der Analyse von *Testlösungen*, die in ihrer Zusammensetzung Magnesium-legierungen mit rund 6% Al sowie bis zu 8,5% Zn und 1% Mn entsprachen, wurden bis auf wenige Hundertstel-% mit dem zu erwartenden Ergebnis übereinstimmende Werte erhalten.

Auch *Polyak* wendet die Titration mit Natriumfluorid zur Untersuchung von Magnesiumlegierungen auf Aluminium an, jedoch unter Benutzung einer *Antimon*-Indikatorelektrode. Das Verfahren ist nur als Betriebsmethode brauchbar.

Arbeitsvorschriften zur Bestimmung in Bronze und Stahl nach *Iwanow* und *Bez-jajko* [206]. 0,25 g *Bronze* werden in 10 ml Salzsäure (1:1) (etwa 6 m) und 3 ml konz. Salpetersäure gelöst und die Lösung bis zur Sirupkonsistenz eingedampft. Nach Zugabe von 10 bis 15 ml Wasser wird Ammoniak bis zum Umschlag von Tropäolin OO (pH etwa 2,6) zugegeben und nun Aluminium nach der Vorschrift von *Treadwell* und *Bernasconi* titriert.

Bemerkungen. In Vorversuchen konnten die Autoren 24 bis 31 mg Al neben 200 mg Cu, bis 40 mg Mn und je 12 mg Fe und Ni mit einer *Genauigkeit* von durch-schnittlich ± 0,7% (rel.) bestimmen; in Bronzen mit 7 bis 13% Al betrug der maxi-male Fehler ± 0,15% (abs.).

Der Einfluß geringer, in Bronze vielfach enthaltener Beimengungen wie Blei oder Zinn wurde *nicht untersucht.*

Zur Aluminiumbestimmung im *Stahl* wird die Lösung von 5 g Stahl in 100 ml Salzsäure (1:3) (etwa 3 m) und Salpetersäure nach Vertreiben der Stickstoffoxide mit Wasser verdünnt, der Säureüberschuß mit 20%igem Alkali teilweise neutralisiert und die zum Sieden erhitzte Lösung in 100 ml 20%ige, heiße Natronlauge ein-gegossen. Nach Abkühlen füllt man im 500-ml-Meßkolben auf. In 25 bis 50 ml des Filtrates wird nach Ansäuern mit Salzsäure, Aufkochen und Neutralisation mit Ammoniak gegen Tropäolin OO Aluminium wie oben angegeben titriert.

Bemerkungen. In Stählen mit 0,77 bis 1,15% Al wurde Aluminium mit einem *Fehler* von maximal ± 0,03% (abs.) bestimmt.

Proszt und *Györbiró* [207] verbesserten die Methode nach *Iwanow* und *Bezjajko*, indem sie an Stelle des Tropäolin OO einen Mischindikator aus 5 Teilen 0,1%iger äthanolischer Tropäolin OO- und 1 Teil 0,1%iger äthanolischer Methylenblau-Lösung zur Einstellung auf den Ausgangs-pH-Wert 1,9 bis 2,1 benutzen. Es gelang ihnen, auf diese Weise den Aluminium-Gehalt im Bauxit und Stahl auf eine *Genauig-keit* von ± 0,2% zu bestimmen.

Titan im *Bauxit* muß durch Natronlauge abgetrennt werden, Eisen im *Stahl* durch Elektrolyse an der Quecksilberkathode.

Zur *Schnellbestimmung* des Aluminiums in *Erzen* arbeitet *Tschirkow* [176] mit einer direkt ansprechenden Elektroden-Anordnung; er verwendet ein Elektroden-paar aus 3 mm dicken Drähten von Aluminium und Nichrom (Ni—Cr), die vor jeder Titration mit feinem Glaspapier und Filtrierpapier sorgfältig gereinigt und poliert werden müssen. Diese Elektroden, die über gut isolierte Kupferdrähte und einen Widerstand von 20000 bis 30000 Ohm mit einem Zeigergalvanometer (1 Skalenteil 0,1 bis 0,2 mV) verbunden sind, sollen 1 bis 1,5 cm tief in die zu titrierende Lösung eintauchen. Nach *Ovsepyan* und *Tarayan* [208] beträgt das Potential dieser Elektrode bei der Titration mit Natriumfluorid im Endpunkt − 1,38 Volt.

Arbeitsvorschrift. Zur Aluminium-Bestimmung im Bauxit wird die Schmelze der mit Natriumhydroxid aufgeschlossenen Probe mit warmem Wasser in einen 200-ml-Meßkolben ausgelaugt, nach dem Abkühlen aufgefüllt und filtriert. 100 ml Filtrat werden mit verd. Salzsäure (1:1) (etwa 6 m) gegen Methylrot neutralisiert, ein Säure-Überschuß von 2 bis 3 ml zugegeben und auf 20 bis 30 ml eingedampft. Zur erkalteten Lösung setzt man 2 g Natriumacetat (fest oder in 20%iger Lösung) hinzu, neutralisiert gegen Methylorange (pH 3,5 bis 4,5) und titriert mit 0,3 bis 0,4n Natrium-fluorid-Lösung.

Bemerkungen. Sind die Galvanometerausschläge – insbesondere in der Nähe des Äquivalenzpunktes – *schwankend* und unregelmäßig, wird die Titration in gleicher Weise, jedoch nach Zusatz von 5 bis 10 ml 20 %iger Natriumchlorid-Lösung wiederholt.

Tschirkow konnte in dieser Weise Aluminium in Bauxiten mit 17,5 bis 41,4% Al_2O_3 sowie in Eisen- und Titanerzen mit etwa 5% Al_2O_3 mit einem *Fehler* von 1 bis 2% bestimmen.

Nach Untersuchungen von *Kocharyan* [209] *stört* Titan die Bestimmung des Aluminiums nach der Methode von *Tschirkow*. Durch Reduktion des Titans mit Zinkamalgam und Arbeiten in essigsaurer Lösung läßt sich diese Störung vermeiden.

Die Methode von *Tschirkow* benutzt *Illiminskaya* [210] als Schnellanalyse zur Bestimmung des Aluminiums im Bauxit. Als *Fehler* der Bestimmung wird $\pm$ 0,45% angegeben.

Aluminium im *Stahl* bestimmen *Temyanko* und *Khazova* [211] nach Abtrennung des Eisens mit Natronlauge. Auch zur Analyse des Aluminiums in hitzebeständigen Nickellegierungen ist diese Methode nach *Gorelowa* und *Polyak* gut geeignet.

Drwiega und *Klajn* benutzen sie zur Analyse von Erzen. Nach Aufschluß und Abtrennung der Kieselsäure werden die Hydroxide gefällt, wieder gelöst, Kupfer- und Bleiionen durch Zinkspäne zu Metall, Eisen(III) zu Eisen(II) reduziert und filtriert. Die Titration wird bei pH = 5,5 bis 6,0 in Gegenwart von 10 g Natriumchlorid mit dem Elektrodenpaar Al und Ni/Cr ausgeführt.

Arbeitsvorschrift nach *Geyer* und *Bormann* [180] zur Bestimmung des Aluminiums in Alnico-Legierungen. 2 g Legierung werden auf dem Wasserbad in Salzsäure unter Zusatz einiger Tropfen Salpetersäure gelöst. Man läßt abkühlen und füllt bis 200 ml auf. 20 ml Lösung werden unter leichtem Erwärmen mit granuliertem Zn reduziert, bis die Lösung rosa gefärbt ist und blankes Zn nicht mehr anläuft. Nach dem Abkühlen wird filtriert und der Rückstand mit etwa 30 ml verd. Salzsäure ausgewaschen. Zu der salzsauren Lösung gibt man einige Tropfen Bromkresolgrün-Lösung als Indikator sowie 10 g festes NaCl, versetzt mit festem Natriumacetat bis zum Umschlag nach Blauviolett (pH $\sim$ 5) und verdünnt auf 100 ml. Die derart vorbereitete Lösung wird potentiometrisch mit 0,6 m NaF-Lösung titriert.

Bemerkungen. Als *Indikator-Elektrode* dient handelsüblicher Aluminiumdraht. Vor jeder Bestimmung wird die Elektrode mit feinem Sandpapier abgerieben. Als Vergleichselektrode dient eine gesättigte Kalomel-Elektrode. Ist der Potential-Bereich des verwendeten pH-Meters geringer als 1300 mV, so kann als Vergleichselektrode Cr-Ni-Draht oder ein Zn-Stab verwendet werden.

Zur *Endpunktsbestimmung* kann auch eine Umschlag-Elektrode, die am Äquivalenzpunkt das gleiche Potential wie die Indikator-Elektrode besitzt, verwendet werden. Die Potential-Differenz der beiden Elektroden ist am Äquivalenzpunkt gleich Null. Als Umschlag-Elektrode kann eine Zink-Elektrode benutzt werden.

Eisen(III)- und Kupfer(II)-ionen *stören* die Titration. Die Störung kann durch Reduktion mit Zink beseitigt werden.

Kobalt-, Nickel-, Eisen(II)- und Zinkionen haben *keinen Einfluß* auf das Ergebnis; sie wirken sich nur auf die Form der Titrationskurve aus.

Die *Standardabweichung* der Bestimmung für Aluminium-Gehalte von etwa 8% beträgt 0,03%.

Amperometrische Titration

Ringbom und *Wilkmann* benutzen zur Indikation des Endpunktes die Änderung des Diffusionsstromes des als Indikator zugesetzten Eisen(III)-chlorids an der Quecksilber-Tropfkathode, der sich im Äquivalenzpunkt sprunghaft ändert.

Es wird also das als Indikator zugesetzte Eisensalz im Anschluß an die Titration des Aluminiums amperometrisch titriert. Das der zugesetzten Menge Eisensalz äquivalente Volumen der Fluorid-Lösung muß deshalb vom Gesamtverbrauch in Abzug gebracht werden. Im Gegensatz zur potentiometrischen Titration wird also amperometrisch die Summe aus Aluminium und Eisen titriert.

Arbeitsvorschrift. 20 bis 25 ml Lösung, die 10 bis 40 mg Aluminium enthalten und ein pH von 2,5 bis 3,5 haben soll, werden mit 0,5 ml 0,1 m Eisen(III)-chlorid-Lösung, 25 ml Äthanol und einem Überschuß an festem Kochsalz versetzt. Zur Entfernung von Sauerstoff wird Stickstoff oder Kohlendioxid hindurchgeleitet und eine Quecksilber-Tropfelektrode sowie eine gesättigte Kalomel-Elektrode eingeführt. Die Elektroden werden mit einem Galvanometer (Empfindlichkeit $5,7 \cdot 10^{-8}$ A/Skalenteil) verbunden. Anlegen einer äußeren Spannungsquelle ist nicht erforderlich. Nun wird mit 0,6 n Natriumfluorid-Lösung aus einer 10-ml-Halbmikrobürette titriert bis zur sprunghaften Änderung des Diffusionsstromes nach erfolgter vollständiger Umsetzung des Eisen(III)-salzes zum Fluoroferrat (Polarogramm: Galvanometerausschläge gegen Menge zugefügter Natriumfluorid-Lösung).

Bemerkungen. Wie bereits erwähnt, muß vom Gesamtverbrauch an Natriumfluorid-Lösung die dem zugesetzten Eisen(III)-chlorid äquivalente Menge *in Abzug* gebracht werden.

Der *Fehler* der Bestimmung beträgt gemäß den Beleganalysen nach *Ringbom* und *Wilkmann* maximal 0,5%. Die Fluorid-Lösung wird gegen eine Alaun-Lösung bekannten Gehaltes eingestellt.

Varma verfährt in der gleichen Weise wie *Ringbom* und *Wilkmann*. Die Messung des Diffusionsstromes erfolgt jedoch nicht mit der Quecksilber-Tropfelektrode, sondern mit *2 Platin-Elektroden*. Er arbeitet in acetatgepufferter Lösung von pH = 6,2, die 0,05 m an Ammoniumchlorid ist. Nach jeder Zugabe der Kaliumfluorid-Lösung muß zur Einstellung des Gleichgewichtes 1 min gewartet werden. Die *Genauigkeit* ist bis zu Konzentrationen von 10^{-4} m zufriedenstellend.

Bei der Aluminium-Bestimmung in *Mehrkomponenten-Legierungen* auf Nickelbasis verwendet *Jurczak* [183] an Stelle einer Quecksilber-Tropfelektrode eine Mikro-Drehelektrode aus Platin. Er erreicht dadurch eine schnellere Einstellung des Gleichgewichtes. Die Titration wird mit einer Natriumfluorid-Lösung in 50%iger, mit Natriumchlorid gesättigter, äthanolischer Lösung am besten bei pH = $3,2 \pm 0,1$ durchgeführt. Als Indikator werden Eisen(III)-ionen zugesetzt. In der Lösung bereits vorhandenes Eisen wird zuerst mit Ascorbinsäure reduziert.

Die amperometrische Methode wird auch von *Usatenko, Bekleshova, Grenberg, Genis* und *Karpusha* [212] zur Bestimmung des Aluminiums in *Bronzen* und von *Berkovich, Sirina* und *Luganova* zur Bestimmung in *Chromiten* verwendet.

Konduktometrische Titration

Passowskaya [213] verwendet ein konduktometrisches Verfahren zur Bestimmung des Aluminiums in Silicat-Gesteinen. An Stelle von Natriumfluorid wird Ammoniumfluorid verwendet, wobei sich ein löslicher Komplex bildet, so daß Fehler durch Adsorption von Ionen am Niederschlag verhindert werden. Eisen und Mangan beeinflussen die Form der Titrationskurve. Ihre Menge soll nicht mehr als das 20fache des Aluminium-Gehaltes betragen.

Titration durch visuelle Bestimmung des Endpunktes

Eisen(III)-thiocyanat als Indikator

Arbeitsvorschrift nach *Tananajew* und *Levina* [185]. Die zu untersuchende, neutralisierte Aluminiumsalz-Lösung wird mit Natriumchlorid gesättigt oder mit 15 g

Ammoniumchlorid je 50 ml Lösung versetzt. Nach Zugabe von 5 ml 10%iger Ammoniumthiocyanat-Lösung, einer Spur Eisen(III)-salz sowie 15 ml Isobutanol wird mit 0,5n Natriumfluorid-Lösung bis zur Entfärbung der Isobutanol-Schicht titriert.

Bemerkungen. *Tananajew* und *Levina* erhielten auf etwa ± 1,5% *genaue Resultate.*

Kobalt, Nickel, Zink, Mangan und Kupfer *stören nicht;* dagegen müssen Magnesium und Eisen vorher abgetrennt werden.

Arbeitsvorschrift nach *Ringbom* [186]. Wie bei der potentiometrischen Bestimmung wird die zu untersuchende Lösung zunächst auf einen pH-Wert von etwa 3 eingestellt, mit Natriumchlorid gesättigt und mit dem gleichen Volumen Äthanol verdünnt. Dann werden als Indikator 1 Tropfen 0,05m Eisen(III)-chlorid-Lösung und 4 ml 60%ige Ammoniumthiocyanat-Lösung zugegeben und mit 0,6n Natriumfluorid-Lösung bis zur Farblosigkeit titriert.

Bemerkung. Anwesendes Eisen wird mitbestimmt und muß nach *gesonderter* Bestimmung in Abzug gebracht werden.

Eisen(III)-salicylat als Indikator

Arbeitsvorschrift nach *Kinnunen* und *Merikanto* [187] zur Schnellbestimmung des Aluminiums in Aluminium-Bronze und Zink-Formguß. 0,5 g Probe (bei Aluminium-Gehalten unter 5% 1 g) werden in wenig Salzsäure unter Zugabe 30%iger Wasserstoffperoxid-Lösung gelöst, die Lösung ammoniakalisch gemacht und der Peroxid-Überschuß durch Erhitzen zerstört. Der ausgefallene Hydroxid-Niederschlag wird in 50%iger Essigsäure gelöst und 6 ml im Überschuß zugegeben. In Anwesenheit von viel Eisen wird mit Eisessig gelöst und ein Überschuß von 25 ml zugesetzt. Nach Verdünnen mit 20 ml Wasser und 50 ml „Cellosolve" oder „Carbitol" wird die Lösung mit Natriumchlorid gesättigt und zur komplexen Bindung des Kupfers mit 20 ml gesättigter Thioharnstoff-Lösung versetzt. Als Indikator werden 5 ml 10%iger Natriumsalicylat-Lösung sowie, falls erforderlich, 1 Tropfen 0,1m Eisen(III)-chlorid-Lösung zugegeben und die Lösung sofort mit 0,6n Natriumfluorid-Lösung bis zum Verschwinden der roten Farbe des Eisen(III)-salicylats titriert.

Bemerkungen. Die Natriumfluorid-Lösung ist gegen eine Aluminium-Lösung bekannten Gehaltes oder eine *Standardprobe* einzustellen.

In Aluminiumbronzen mit rund 10% Al konnten *Kinnunen* und *Merikanto* nach obiger Vorschrift Aluminium mit einem *Fehler* von max. ± 0,20% (abs.) bestimmen. Auch in Zink-Formguß mit 3% Cu und 3,6 bis 9,4% Al wurde Aluminium mit etwa gleicher Genauigkeit bestimmt; hier genügte die Zugabe von 2 ml gesättigter Thioharnstoff-Lösung.

Eisen wird bei der Titration gegen Eisensalicylat als Indikator miterfaßt; vorhandenes Eisen muß also gesondert bestimmt werden.

Ebenso ist die Entfernung von Kupfer bei der Bestimmung des Aluminiums in Kupferlegierungen notwendig (*Temyanko* und *Khazova*). Blei und Zinn müssen vor der Titration *ebenfalls entfernt* werden.

Alizarin als Indikator. Rücktitration mit $KAl(SO_4)_2$ nach *Babko* und *Nazarcuk* [188]

Arbeitsvorschrift. Zur Probelösung werden 0,5 ml gesättigte, äthanolische Alizarin-Lösung und 25 ml 0,6n Natriumfluorid-Lösung gegeben. Ist die Lösung sauer, wird mit 0,5n Natronlauge bis zum Farbumschlag nach Blauviolett neutralisiert und tropfenweise 0,1m Essigsäure bis zum Umschlag nach Gelb zugegeben. Nach Zugabe von 25 ml Pufferlösung (3 Teile 0,1m Essigsäure und 2 Teile 0,1m Ammoniak) erhitzt man auf 80 bis 90 °C, sättigt mit Natriumchlorid und titriert den Überschuß an Natriumfluorid mit Standard-Alaun-Lösung zurück.

Bemerkungen. Die $KAl(SO_4)_2$-Lösung wird in ähnlicher Weise gegen Natriumfluorid *eingestellt.*

Probetitrationen mit 10 bis 60 mg Mengen Aluminium ergeben einen *Fehler* von etwa ± 1%.

Eisen *stört* und muß abgetrennt werden.

Das Verfahren wurde mit Erfolg zur Bestimmung des Aluminiums im *Bauxit* angewandt.

Hämatoxylin als Indikator

Arbeitsvorschrift nach *Solodovnikov* [215]. Zur Aluminiumsalz-Lösung, die 2 bis 10 mg Aluminium enthalten soll, gibt man 1 ml 30 bis 40%ige Essigsäure, verdünnt auf 25 ml und erwärmt auf 50 bis 60 °C. Es wird nun Natriumchlorid bis zur Sättigung und 1 bis 2 g Natriumacetat zugegeben. Die Titration erfolgt mit 0,2n Kaliumfluorid-Lösung gegen Hämatoxylin bis zum Farbumschlag von Violett auf Reingelb. Um Ausfällung basischer Salze zu vermeiden, wird das Natriumacetat anteilweise während der Titration zugegeben, um den gewünschten pH-Wert 4,8 bis 5,0 erst gegen Ende der Titration zu erreichen.

Bemerkungen. Störende Ionen. Größere Mengen an Kupfer, Eisen, Tartraten, Citraten und Oxalaten stören. Ohne Einfluß sind Magnesium (50facher Überschuß), Calcium, Zink und Mangan (10facher Überschuß).

Hämatoxylin als Indikator benutzen auch *Kabannik* und *Nazarcuk* [189] zu ihrer Rücktitrationsmethode überschüssigen Natriumfluorids mit Alaun-Lösung bei der Bestimmung des Aluminiums in Eisen-, Aluminium- und in *Titanlegierungen.* Störendes Titan und Eisen werden *vor* der Bestimmung als Cupferronate extrahiert und abgetrennt.

Arbeitsvorschrift. Nach der Abtrennung des Eisens und Titans werden zu der Lösung, die ein Volumen von etwa 300 ml einnehmen soll, 25 ml 0,6m Natrium-fluorid-Lösung, Ammoniak bis zum Neutralpunkt von Methylorange und 20 bis 30 m Ammoniumacetat-Pufferlösung (pH = 5) gegeben. Nach Sättigung mit Natrium-chlorid erwärmt man zum Sieden, gibt einige Tropfen 0,1%iger Hämatoxylin-Lösung zu und titriert mit eingestellter Aluminiumalaun-Lösung bis zum Umschlag auf Rot.

Bemerkungen. Die Indikatorlösung soll nach Ansetzen *mindestens* 24 Std. stehen.

Der relative *Fehler* der Bestimmung für 50 bis 140 mg Al beträgt 1%.

o-Salicylidenaminophenol als Fluoreszenz-Indikator besitzt die Eigenschaft, mit Aluminium eine stark fluoreszierende Verbindung zu bilden; es wird von *Holz-becher* [190] zur Endpunktsbestimmung der Titration des Aluminiums mit Natrium-fluorid benutzt.

Arbeitsvorschrift. Zu 10 ml schwach saurer Lösung (pH = 4 bis 5), die 20 bis 40 mg Al enthalten soll, gibt man 10 ml Acetat-Puffer (pH = 5,1; 1 Vol. m Essig-säure + 2 Vol. m Natriumacetat-Lösung) sowie 2 ml 0,05%ige äthanolische o-Sali-cylidenaminophenol-Lösung und titriert im UV-Licht mit 0,6m Natriumfluorid-Lösung bis zum Verschwinden der gelbgrünen Fluoreszenz.

Bemerkungen. Der relative *Fehler* beträgt ± 1%.

Störende Ionen. Es stört eine Reihe von Elementen und Ionen wie Mo, Fe^{3+}, Mg, Ca, Sr, Ba, Ti^{4+}, Ce^{3+}, Th^{4+}, Zr^{4+}, La^{3+}, Be, Sb, Sn und Tartrationen. Kleine Mengen Bi, Cu, Pb und Fe^{3+} lassen sich mit Thiosulfat-Lösung maskieren. Bei der Bestim-mung des Aluminiums in Kupferlegierungen (*Holzbecher* [216]) werden Kupfer und kleinere Mengen Blei elektrolytisch, Zinn durch Fällung als Metazinnsäure ab-getrennt.

Morin als Fluoreszenz-Indikator

Arbeitsvorschrift nach *Kinnunen* und *Merikanto* [187] zur Schnellbestimmung des Aluminiums in Aluminiumbronze. Nach dem Lösen des beim Versetzen mit Ammo-niak gefällten Hydroxid-Niederschlages in überschüssiger Essigsäure bzw. Eisessig werden 2 ml 1%ige Gummiarabicum-Lösung, 50 ml Methanol sowie 10 Tropfen einer 0,4%igen Morin-Lösung in Methanol zugegeben und die Lösung mit 0,6n Natriumfluorid-Lösung bis zum Verschwinden der Fluoreszenz titriert, die im ultravioletten Licht beobachtet wird.

Bemerkungen. Im Gegensatz zur Titration gegen Eisensalicylat als Indikator ermöglicht die Titration gegen Morin die Bestimmung des Aluminiums neben *Eisen.*

In 4 Aluminiumbronzen mit 9 bis 11% Al konnten *Kinnunen* und *Merikanto* Aluminium mit einem mittleren *Fehler* von ± 0,20% (abs.) bestimmen.

Titration mit Ammoniumoxalat-Lösung

v. Reis [217] berichtet in einer kurzen Notiz über praktische Erfahrungen in der Titration von Aluminiumsulfat- mit Ammoniumoxalat-Lösung, wobei er Calciumchlorid als Indikator zusetzt. Erst nachdem sich in der Hitze das komplexe Hexaoxalatoaluminat-Anion, $[Al(C_2O_4)_3]^{3-}$, gebildet hat, tritt bleibende Trübung durch Ausfällung von Calciumoxalat ein.

Eine konduktometrische Methode zur Bestimmung des Aluminiums mit Oxalation beschreibt *Passowskaya* [218]. Das Aluminium wird dabei in den Oxalatokomplex überführt und der Oxalat-Überschuß konduktometrisch mit Calciumnitrat-Lösung zurücktitriert. Eisen stört und muß abgetrennt werden.

Arbeitsvorschrift. Zu 5 ml 0,05n Natriumoxalat-Lösung gibt man eine abgemessene Aluminiumsalz-Lösung, 0,5 ml gesättigte Methylviolett-Lösung und gut ausgewaschenes, trockenes, zerkleinertes Calciumoxalat. Man füllt auf 30 ml auf und titriert konduktometrisch mit Calciumnitrat-Lösung.

Bemerkungen. Der *Titer* der Natriumoxalat-Lösung wird in Gegenwart von Methylviolett und Calciumoxalat gegen die Calciumnitrat-Lösung eingestellt.

Bei Anwendung von 0,3 bis 0,9 mg Aluminium beträgt der *Fehler* 0 bis 0,35%. Bei kleineren Aluminium-Mengen steigen die Fehler rasch an.

Titration mit Tartrationen

Passowskaya [219] titriert Aluminium in Gegenwart von Eisen konduktometrisch mit Tartratlösung. Eisen stört dabei nicht. Die Methode ist zur Bestimmung des Aluminiums in Bauxit und Silicat-Gesteinen geeignet.

Titration mit Vanillinazinnatrium-Lösung

Zur konduktometrischen Titration des Aluminiums und anderer 2- und 3wertiger Elemente eignet sich nach *Matyja* [220] eine Lösung des Dinatriumsalzes von Vanillinazin. Praktische Bedeutung dürfte diese Bestimmungsmethode wohl kaum haben.

Amperometrische Titration mit Oxin-Lösung

Prinzip. Sanko [449] empfiehlt, das nach beendeter Fällung des Aluminiums auftretende überschüssige Oxin polarographisch auf Grund des entsprechenden Diffusionsstromes festzustellen, Aluminium also amperometrisch mit Oxinlösung zu titrieren.

Arbeitsvorschrift. Als Vergleichselektrode dient eine n-Kalomel-Elektrode. Gelöster Wasserstoff wird nicht entfernt, sein Diffusionsstrom wird kompensiert. Die Titration kann in essigsaurer oder ammoniakalischer, tartrathaltiger Lösung ausgeführt werden. Bei Titration in essigsaurer Lösung wird zweckmäßig die essigsaure Natriumoxinat-Lösung vorgelegt und mit der zu untersuchenden Aluminiumsalz-Lösung titriert.

Bemerkungen. Nach den von *Sanko* mitgeteilten Ergebnissen liefert zumindest die Titration in ammoniakalischer, tartrathaltiger Lösung *brauchbare* Ergebnisse.

Nach *Stock* [450], der die Reduktion des 8-Oxychinolins an der Quecksilber-Tropfkathode in Abhängigkeit vom pH-Wert eingehend untersucht hat, ist im alkalischen Gebiet *um pH = 10* der Diffusionsstrom der Oxinkonzentration direkt proportional.

Die *Genauigkeit* ist um so größer, je kleiner das Anfangsvolumen und je konzentrierter die Oxin-Lösung ist.

Titration mit Komplexon-Lösungen

Seit den grundlegenden Arbeiten von *Schwarzenbach* und *Biedermann* [221] hat die Anwendung von Aminopolycarbonsäuren – allgemein Komplexone genannt – als Komplexbildner zur maßanalytischen Bestimmung von Metallionen große Bedeutung erlangt. Die Bestimmung des Aluminiums mit Komplexonen zeigt jedoch gegenüber der Bestimmung anderer Metallionen insofern eine Schwierigkeit, als das Aluminium zur Bildung polynuklearer Hydroxokomplexe befähigt ist, die nur sehr langsam mit Komplexonen reagieren, obwohl die Aluminiumkomplexe durchaus stabil sind. Eine direkte Titration des Aluminiums läßt sich deshalb nur unter besonderen Bedingungen durchführen und hat dazu geführt, daß zur Bestimmung des Aluminiums fast ausschließlich Rücktitrationsverfahren verwendet werden.

Wie jedoch *Wänninen* und *Ringbom* [222] zeigten, ist die Bildung des Aluminiumhydroxokomplexes vom pH-Wert und der Aluminium-Konzentration abhängig. Bei geeigneter Wahl der Aluminium-Konzentration und des pH-Wertes sowie der Temperatur läßt sich eine direkte Titration ohne weiteres durchführen (*Theis* [223]; *Flaschka* und *Abdine* [224]). Die Umsetzung kann durch Temperaturerhöhung beschleunigt werden. Allerdings besteht bei den in Frage kommenden pH-Werten die Gefahr der Hydrolyse, so daß die Temperatur entsprechend dem pH-Wert sorgfältig begrenzt werden muß.

Von den zur Aluminium-Bestimmung *verwendeten Komplexonen* wird in erster Linie die Äthylendiamintetraessigsäure (ÄDTE) benutzt. Daneben haben in letzter Zeit die Diaminocyclohexantetraessigsäure (CDTE), die Triäthylentetramin-N,N,N′, N′′,N′′′,N′′′-hexaessigsäure (TTHE) und die Hydroxyäthyl-äthylendiamintriessigsäure (HEDTE) Bedeutung erlangt. Die Nitrilotriessigsäure (NTE) bzw. die Uramildiessigsäure haben nur für die alkalimetrische Titration Bedeutung und sind ausführlich auf Seite 196 behandelt worden.

Äthylendiamintetraessigsäure (ÄDTE)

Die Äthylendiamintetraessigsäure wird meistens in Form ihres Dinatriumsalzes angewandt. Sie ist eine verhältnimäßig starke, mehrbasige Säure und liegt in Lösungen in der Regel in der Betainform vor:

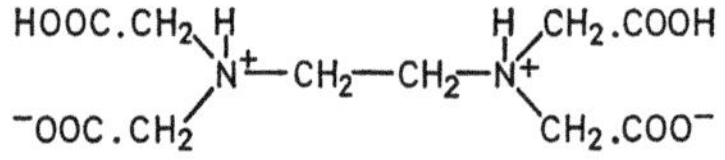

$$\text{HOOC.CH}_2 \diagdown \overset{\text{H}}{\underset{\text{}}{\text{N}^+}} - \text{CH}_2 - \text{CH}_2 - \overset{\text{H}}{\underset{\text{}}{\text{N}^+}} \diagup \text{CH}_2.\text{COOH}$$
$$^-\text{OOC.CH}_2 \diagup \qquad\qquad \diagdown \text{CH}_2.\text{COO}^-$$

Mit Aluminium reagiert sie im pH-Bereich 3 bis 8 nach der Gleichung:

$$[\text{Al(H}_2\text{O})_6]^{3+} + [\text{H}_2\text{Y}]^{2-} \longrightarrow [\text{Al(H}_2\text{O})_2\text{Y}]^- + 2\,\text{H}_3\text{O}^+ + 2\,\text{H}_2\text{O}$$

bei gewöhnlicher Temperatur sehr langsam. Der Logarithmus der Stabilitätskonstante des Normalkomplexes hat den Wert: $\log K = 16{,}135$; *Aikens* und *Bahbah* [225] erhalten aus Potentialmessungen einen Wert von $\log K = 16{,}5$. Für die scheinbaren Stabilitätskonstanten K' wird $\log K' = \log K - \log \alpha_{\text{H}}$; für die einzelnen pH-Werte ergeben sie sich zu:

pH	=3	4	5	6	7	8
$\log K'$	=5,5	7,7	9,7	11,5	12,8	14,4.

Oberhalb eines pH-Wertes von 8 bilden sich Hydroxo-ÄDTE-Komplexe wie:

$$[\text{Al(OH)(H}_2\text{O})\text{Y}]^{2-} \quad \text{und} \quad [\text{Al(OH)}_2\text{Y}]^{3-}$$

aus, die jedoch weniger stabil sind. Unterhalb von pH = 3 erfolgt die Bildung von Protonen-ÄDTE-Komplexen der Art: $[AlH(H_2O)Y]$. Ihre Stabilität ist ebenfalls gering, so daß Aluminium in diesem pH-Bereich nicht titriert werden kann.

Patzak und *Doppler* [226] haben die Beständigkeitsbereiche der einzelnen Aluminium-ÄDTE-Komplexe in Abhängigkeit vom pH-Wert untersucht und ihre Grenzen festgelegt. Die Ergebnisse dieser Untersuchungen zeigt Abb. 10.

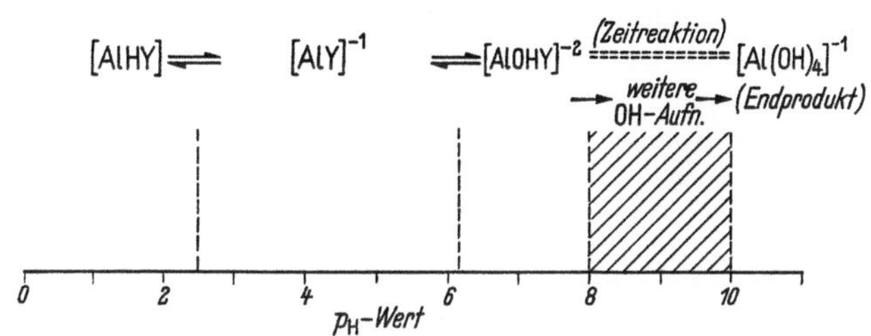

Abb. 10. Beständigkeitsbereiche der Aluminium-ÄDTE-Komplexe

Sočevano [227] berechnete aus den Bildungskonstanten der Metallkomplexe, den Säure-Base-Eigenschaften der freien ÄDTE und den Hydrolysekonstanten der Metallionen die Abhängigkeit der Komplexbildung vom pH-Wert. Bei Aluminium beginnt die Komplexbildung bei pH = 1,3; bei pH = 2,5 bis 3,5 beträgt sie etwa 0,5% und bei pH > 3,5 beginnt die Hydrolyse.

Als Maßlösungen werden fast ausschließlich Lösungen des Dinatriumsalzes der Äthylendiaminessigsäure ($Na_2H_2Y \cdot 2H_2O$), im Folgenden kurz als ÄDTE-Lösungen bezeichnet, benutzt. Das Formelgewicht der $Na_2H_2Y \cdot 2H_2O$ beträgt 372,16. Die Lösungen können auch aus der reinen, bei 110 °C getrockneten Säure durch Lösen in Natronlauge hergestellt werden, wobei 1 mol Säure mit 2 Äquivalenten NaOH umgesetzt wird. Es werden vorzugsweise 0,1 m und 0,05 m Lösungen verwendet. Der Verbrauch von 1 ml 0,1 m ÄDTE-Lösung entspricht einer Menge von 2.698 mg Al.

Cyclohexandiamin-(1,2)-tetraessigsäure (CDTE)

Die Cyclohexan-1,2-diaminotetraessigsäure (CDTE)

bildet generell etwas stabilere Komplexe als ÄDTE, deren Bildungsgeschwindigkeiten zwar langsamer sind, die aber auch langsamer zerfallen. Der Logarithmus der Stabilitätskonstante des Aluminiumkomplexes beträgt:

$\log K = 18,3$, nach *Aikens* und *Bahbah* 18,9 gegenüber $\log K = 16,1$ für den ÄDTE-Komplex.

Triäthylentetramin-N,N,N',N'',N''',N'''-hexaessigsäure (TTHE)

Přibil und *Veselý* [228] schlagen die TTHE als Komplexbildner vor. Diese 6basische Säure:

verhält sich ähnlich wie ÄDTE und bildet mit Metallionen ebenfalls stabile Komplexe, mit dem 3wertigen Aluminium wahrscheinlich in der Art von [Me$_2$X]. Durch Verwendung von TTHE und ÄDTE läßt sich auf Grund der Gleichgewichtsreaktionen:

$$Me_2X + 2Y \rightleftarrows 2MeY + X,$$
$$MeX + Y \rightleftarrows MeY + X,$$

wobei X = Anion der TTHE und Y = Anion der ÄDTE ist, Eisen und Aluminium nebeneinander ohne Maskierungsmittel bestimmen (siehe S. 238). Bei weniger stabilen Komplexen Me$_2$X bzw. MeX ist das Gleichgewicht ganz zur rechten Seite verschoben. Stabile Komplexe hingegen reagieren mit Y in einer nicht meßbaren Geschwindigkeit, so daß das Kation praktisch durch X blockiert bzw. maskiert ist.

Hydroxyäthyläthylendiamintriessigsäure (HEDTE)

Wilkins [229] untersuchte das Verhalten der HEDTE gegenüber Aluminium und stellt fest, daß gegenüber der Verwendung von ÄDTE kein großer Unterschied besteht.

Nach *Aikens* und *Bahbah* ist die Gleichgewichtseinstellung der Komplexbildung mit Aluminium im Gegensatz zur ÄDTE und CDTE schneller erreicht, so daß die HEDTE vor allem zu selektiven Titrationen geeignet ist, so z.B. zur Titration von Eisen und Aluminium nebeneinander. Da der Mangan-Komplex der HEDTE bei pH = 5 nicht stabil ist, besitzt dieser Komplexbildner einige Vorteile in der Titration von Aluminium-Lösungen, die Mangan enthalten.

Indikatoren

In komplexometrischen Titrationen kann das Verschwinden der freien Metallionen, der Äquivalenzpunkt der Titration, ähnlich wie bei der Säure-Base-Titration durch Indikatoren festgestellt werden. Die verwendeten Indikatoren müssen ähnliche Eigenschaften wie Säure-Base-Indikatoren aufweisen. Sie müssen stark gefärbte, wasserlösliche Komplexe bilden mit einer Stabilitätskonstante, für die $\log K'$ in der Nähe des pK-Sprunges am Äquivalenzpunkt liegt. Die meisten dieser metallochromen Indikatoren sind gleichzeitig auch Säure-Base-Indikatoren, so daß die Farbänderung vom pH-Wert abhängig ist. Deshalb ist eine pH-Wert-Kontrolle auch aus diesem Grund durch Anwendung von Puffersystemen notwendig.

Für komplexometrische Titrationen können auch Redoxindikatoren zur Anzeige des Äquivalenzpunktes verwendet werden, wobei das zu titrierende Metall die eine Komponente des Redoxsystems darstellt. Es gibt eine Reihe von Verbindungen, die mit Aluminium gefärbte Komplexe bilden; doch werden die Forderungen: rasche Reaktion, Reversibilität und gute Löslichkeit in wäßriger Lösung, die an einen Indikator gestellt werden müssen, nur in wenigen Fällen erfüllt. So stehen für die direkte Aluminium-Bestimmung nur eine beschränkte Anzahl von Indikatoren zur Verfügung. Man ist also in der Mehrzahl der Fälle auf eine indirekte Indikation durch das Verfahren der Rücktitration angewiesen. Viele der in der Komplexometrie verwendeten Indikatoren sprechen jedoch nur bei pH-Werten an, bei denen das als Maßlösung verwendete Metallion stärkere Komplexe mit dem Komplexbildner bildet als das Aluminium und letzteres aus seinem Komplex verdrängt. In einigen Fällen verhindern die gegenüber den Aluminiumkomplexonaten stabileren Indikator-Aluminiumkomplexe eine Indikation (z.B. Eriochromschwarz T, Brenzcatechinviolett), so daß auch hier die Anzahl der verfügbaren Indikatoren nicht sehr groß ist.

Potentiometrische Indikation wandten *Přibil, Kondela* und *Matyska* [230] zum erstenmal auf komplexometrische Titrationen an. Sie benutzten ein Pt-Kalomel-

Elektrodenpaar. Neben anderen Elementen bestimmen auf diese Weise *Přibil* und *Matyska* [231] auch Aluminium durch Rücktitration mit Eisen(III)-Lösungen.

Reilley [232] sowie *Reilley, Schmid* und *Lamson* [233] haben zur potentiometrischen Endpunktsbestimmung komplexometrischer Titrationen eine Hg-Elektrode vorgeschlagen. Nach Zusatz von Quecksilberkomplexonat wird mit folgender Elektrodenkette titriert:

$$\text{Hg / Hg-ÄDTE, Metall-ÄDTE / Metall.}$$

Das Potential dieser Elektrode entspricht dem pM-Wert der Titration. Zur Bestimmung des Aluminiums ist ein pH-Wert zwischen 4 bis 5,5 erforderlich, wobei mit Cu-, Zn-, Hg- oder Pb-Lösungen der Überschuß an ÄDTE zurücktitriert werden kann.

Štráfelda [234] und wie auch später *Fritz* und *Garralda* [235] benutzten zur Indikation eine Silberelektrode unter Zusatz einer geringen Menge an Silberionen. Die Aluminium-Bestimmung läßt sich durch Rücktitration mit Calciumnitrat-Lösung bei pH = 9,2 durchführen.

Auch das Redoxpaar Eisen(II,III)-cyanid im Verein mit einer Pt-Elektrode kann nach *Sajó* [236] zur Rücktitration mit Zn-Maßlösung verwendet werden. Nach diesem Verfahren bestimmen *Furlani* [237] sowie *Sosin* und *Strzeszewska* [238] gleichzeitig Aluminium und Chrom.

Amperometrische Indikation der Rücktitration des ÄDTE-Überschusses mit Eisen(III)-Lösung bei der Aluminium-Bestimmung wurde von *Babenyshev* und *Kuznetzova* [239] an einer rotierenden Pt-Elektrode angewendet. *Goldstein, Manning* und *Zittel* [240] verwenden eine stationäre Pt-Folienelektrode zur Rücktitration mit Vanadylsalz-Lösung.

Arbeitsverfahren. Einen guten Überblick über komplexometrische Titrationsverfahren sowohl der direkten und indirekten Methoden enthält die Arbeit von *Tichonov* [241].

. Direkte Titration

Verfahren nach *Theis* [223] mit *Chromazurol S* als Indikator

Prinzip. Chromazurol S bildet mit Aluminium bei pH = 4 einen violett gefärbten Farblack. Durch Zusatz von ÄDTE wird das Aluminium aus dem Farbkomplex verdrängt; der Indikator schlägt nach orange um. Dieser Umschlag ist nur nach einiger Übung zu erkennen, weshalb *Theis* vorschlägt, nach dem Umschlag mit Aluminium-Lösung wieder auf violett zurückzutitrieren.

Arbeitsvorschrift. Die Aluminium enthaltende Lösung wird auf etwa 150 ml verdünnt, mit 3 Tropfen 0,1 %iger wäßriger Chromazurol S-Lösung versetzt und auf etwa 80 °C erhitzt. Die Lösung muß einen pH-Wert von 4 aufweisen. Man titriert mit 0,05 m ÄDTE-Lösung bis zum Umschlag nach Orange. Dann werden 3 bis 5 ml 2 n Natriumacetat-Lösung zugesetzt. Schlägt die Farbe nach Tiefviolett um, wird mit ÄDTE-Lösung auf Gelborange titriert; wird die Lösung rein gelb, so titriert man mit einigen Tropfen einer 0,025 m Aluminiumnitrat-Lösung auf Violett zurück.

Bemerkungen. Die Methode der Rücktitration ist im *Zweifelsfalle* vorzuziehen.

Von *Theis* ausgeführte *Beleganalysen* ergaben zufriedenstellende Ergebnisse (Tab. 47).

Eisen(III)-ionen *stören* die Bestimmung des Aluminiums. Nach Reduktion der Eisen(III)-ionen in der Siedehitze mit Hydrazoniumsulfat läßt sich Aluminium neben Eisen bestimmen.

Paul [242] benutzt das von *Theis* angegebene Verfahren und erhält ebenfalls gute Ergebnisse. Bei Aluminium-Gehalten < 0,5 mg verwendet er eine *0,005 m Maßlösung.* Eisen wird durch Hydrazoniumsulfat reduziert oder durch eine Fällung mit Natronlauge abgetrennt.

Tabelle 47. *Titrationen nach Theis*

Al gegeben mg	Al gefunden mg	Differenz mg
6,77	6,76	−0,01
13,70	13,60	−0,1
6,98	6,99	+0,01
10,72	10,63	−0,09
14,30	14,38	+0,08
21,60	21,50	−0,1
9,59	9,50	−0,09

Nach Angaben von *Matsuo* [243], der Aluminium ebenfalls in schwach saurer Lösung (pH = 4) bei 80 °C gegen Chromazurol S titriert, ist der Umschlag des Indikators *nicht scharf.*

Bei der *gleichzeitigen* Titration des Eisens (bei pH = 2 mit dem Indikator o-Dianisidin) und des Aluminiums anschließend bei pH = 4 erhält man für das Aluminium stets zu niedrige Werte.

Verfahren nach *Taylor* [244] mit *Hämatoxylin* als Indikator

Prinzip. Hämatoxylin bildet mit Aluminium in schwach saurer Lösung einen violetten Farbkomplex (siehe auch S. 424). Die Titration wird bei pH = 6 und einer Temperatur von 70 °C ausgeführt. Da unter diesen Bedingungen die Gefahr der Hydrolyse besteht, führt *Taylor* eine inverse Titration durch, wobei eine vorgelegte ÄDTE-Lösung mit der Probelösung titriert wird. Die Bestimmung hat keine praktische Bedeutung erlangt.

Arbeitsvorschrift nach *Aarnes* und *Klerstrand* [245] zur Aluminium-Bestimmung in basischem Aluminiumacetat. 1 g Acetat wird in 25 bis 30 ml Wasser gelöst, mit 10 ml Natriumacetat-Puffer (pH = 5) und 10 Tropfen einer 0,5%igen äthanolischen Hämatoxylin-Lösung versetzt. Die schwach rot gefärbte Lösung wird zum Sieden erhitzt. Bei einer Temperatur von 80 bis 100 °C wird mit 0,1 m ÄDTE-Lösung bis zum Umschlag nach gelb titriert.

Bemerkung. Die erhaltenen Ergebnisse liegen 1,5 bis 2% reproduzierbar *tiefer* als die nach der gewichtsanalytischen Oxinmethode ermittelten.

Titration gegen *1-(2-Pyridylazo)-2-naphthol (PAN)* als Indikator

Prinzip. Nach Untersuchungen von *Flaschka* und *Abdine* [246] läßt sich Aluminium in sehr stark essigsaurer Lösung bei pH = 3 in Gegenwart von PAN und etwas Kupferkomplexonat als Indikator-System direkt titrieren. Der Farbstoff PAN spricht scharf und selektiv auf Cu-Ionen an. Bei der Titration entsteht nach der Gleichung:

$$Al^{3+} + Cu(II)\text{-}ÄDTE^+ \rightleftarrows Al\text{-}ÄDTE^{2+} + Cu^{2+},$$

obzwar das Gleichgewicht fast völlig nach links verschoben ist, eine geringe Menge an Kupfer(II)-Ionen, die mit PAN reagieren (violette Farbe). Am Endpunkt der Titration wird der gebildete PAN-Komplex wieder zerlegt und erzeugt den Umschlag nach gelb. Um die Hydratation der Aluminiumionen in der Lösung durch örtliche Überalkalisierungen bei Einstellung des pH-Wertes zu verhindern, wird zunächst mit Ammoniumacetat auf pH = 4 bis 5 gebracht und dann mit Essigsäure pH = 3 eingestellt.

Arbeitsvorschrift. Die stark saure Lösung wird mit Ammoniak auf einen pH-Wert 0 bis 1 eingestellt. Man setzt etwas 0,1%ige äthanolische Bromphenolblau-Lösung zu, tropft 10%ige Ammoniumacetat-Lösung ein bis zum Umschlag nach Graublau und schließlich rasch 5 ml Eisessig (pH = 3).

Bemerkungen. In Anwesenheit von *Eisen* ist der Zusatz von Bromphenolblau nicht notwendig. Die Bildung des braungefärbten Eisenacetatokomplexes kann zur Indikation benutzt werden. Der Umschlag erfolgt jedoch schon unterhalb pH = 3, so daß etwas mehr an Ammoniumacetat zugetropft werden muß. Enthält die Lösung Eisen, wird dieses zuerst gegen Salicylsäure titriert. Anschließend erhitzt man zum Sieden, setzt 1 bis 2 Tropfen Kupferkomplexonat-Lösung und genügend 0,1 %ige alkoholische PAN-Indikatorlösung bis zur starken Violettfärbung zu (in Gegenwart von Eisen bildet sich nur ein blaustichiges bis oranges Rot). Man titriert mit 0,01 bis 0,1 m ÄDTE-Maßlösung, wobei kurz vor Erreichen des Endpunktes tropfenweise titriert werden muß, bis nach einer Kochzeit von 1/2 bis 1 min keine Umfärbung von Gelb nach orangestichig erfolgt. Die Lösung muß während der Titration immer nahe am Sieden gehalten werden.

Kupferkomplexonat-Lösung. Eine 0,1 m Kupfersulfat-Lösung wird in ammoniakalischem Medium mit 0,1 m-ÄDTE-Lösung titriert. Gemäß dieser Titration werden äquivalente Mengen beider Lösungen gemischt. Die haltbare Lösung ist 0,05 m.

Bei der Titration des Aluminiums allein und in Gegenwart von Eisen erhielten *Flaschka* und *Abdine* sehr gute Ergebnisse. Bei Analysen von *reinen* Aluminium-Lösungen erhielten sie gegenüber dem theoretischen Verbrauch bei Anwendung von 0,01 bis 0,1 m Maßlösungen einen *Fehler* von etwa ± 1 bis 2 Tropfen, eine Genauigkeit, die innerhalb der üblichen Fehlergrenze für komplexometrische Titrationen liegt.

Spauszus und *Schwarz* [247], die das Verfahren zur Bestimmung des Aluminiums im *Stahl* benutzen, wobei Eisen und andere Legierungsbestandteile durch eine Laugentrennung abgetrennt werden, geben folgende *Standardabweichungen*, ermittelt aus jeweils 10 Bestimmungen an:

$$\text{Für einen Al-Gehalt von 0,05\%,} \quad \sigma = 0,0026\% ;$$
$$0,5 \ \% , \quad \sigma = 0,006 \ \% ;$$
$$1,5 \ \% , \quad \sigma = 0,01 \ \% .$$

Die *Einstellung* der ÄDTE-Lösung erfolgt gegen eine gelöste aluminiumfreie Stahlprobe, der eine bestimmte Menge Aluminiumsalz-Lösung zugesetzt wurde.

Bei Überprüfung verschiedener Indikatoren zur komplexometrischen Aluminium-Bestimmung und der Aufschlußmethoden zur Analyse von *Silicaten* und Gesteinen wird von *Chablo* [248] das Verfahren nach *Flaschka* und *Abdine* als das am meisten geeignete vorgeschlagen.

Tichonov [249], der die Bestimmung in *Magnesiumlegierungen* durchführte, findet eine leichte Tendenz zu Unterbefunden. Er empfiehlt deshalb die Einstellung der Maßlösung gegen einen Aluminiumstandard. Die relativen *Fehler* sind dann kleiner als 2%. Zink wird quantitativ mitbestimmt.

Anwendungen. Die Methode kann in Gegenwart von Ca, Mg, Ti und Mn (bis zu 30 mg in 100 bis 150 ml) durchgeführt werden. *Eisen* wird mit erfaßt, so daß in Gegenwart von Eisen die Summe aus Fe und Al bestimmt wird. Zur Bestimmung des Aluminiums im Stahl trennen deshalb *Kurjakovic* und *Plepelic* [250] das Eisen durch Elektrolyse an der Quecksilberkathode ab.

Maekawa, *Yoneyama* und *Kamada* [251] extrahieren Eisen in der Analyse von Ferrosilicium und Ferromangan aus salzsaurer Lösung mit Butylacetat und trennen Titan sowie Mangan mit Natronlauge. *Tichonov* und *Grankina* [252] trennen störendes Eisen und Titan durch Extraktion mit Cupferron.

Kinoshita [253] teilt die zu analysierende Lösung in 2 gleiche aliquote Teile. Der ersteren Lösung setzt er zur Komplexierung des Aluminiums eine Natriumfluorid-Lösung zu und titriert beide Lösungen gegen Cu-PAN als Indikator. Die Differenz beider Titrationen ergibt den Aluminium-Gehalt.

Iwamoto [254] verwendet an Stelle von PAN das von *Wehber* [255] als Indikator für komplexometrische Titrationen vorgeschlagene 4-(2-Pyridylazo)-resorcin (PAR), das eine bessere Löslichkeit besitzt. *Iwamoto* titriert in Gegenwart von Weinsäure, die nach seinen Angaben der Bildung von Hydroxokomplexen entgegenwirken soll, bei einem pH-Wert von 3,7 in der Siedehitze.

Auch *Radmacher* und *Schmitz* [256], die nach dieser Methode Aluminium in *Brennstoffaschen* bestimmen, benutzen neben dem PAN das PAR als Indikator. Im übrigen verfahren sie nach der von *Flaschka* und *Abdine* gegebenen Vorschrift.

Nach *Spauszus* und *Mueller* [257] läßt sich der Indikator-Umschlag des PAN durch Zusatz von Äthanol oder Aceton verbessern.

Zur Bestimmung des Aluminiums in *Siemens-Martin-Ofenschlacken* und in Chrom- und Manganerzen wenden *Endo* [258] sowie *Endo* und *Takagi* [259] das Titrationsverfahren nach *Flaschka* und *Abdine* an, benutzen aber an Stelle von ÄDTE als Maßlösung eine CDTE-Lösung. Der Vorteil der Anwendung von CDTE besteht darin, daß bei einem niedrigeren pH-Wert (2 bis 2,2) titriert werden kann. Man umgeht auf diese Weise die Bildung der Aluminiumhydroxokomplexe. Außerdem wird bei diesem pH-Wert die Störung durch Mangan ausgeschaltet. Aus der zur Bestimmung von Al, Fe, Ca und Mg ausgearbeiteten Vorschrift soll im folgenden nur die Bestimmung des Aluminiums beschrieben werden.

Arbeitsvorschrift. Nach der Titration des Eisens bei pH = 1,5 bis 2,2 gegen Salicylsäure als Indikator wird 1 ml 0,05 m Kupfer(II)-nitrat-Lösung zugesetzt und mit 5 %iger Ammoniumacetat-Lösung ein pH-Wert von 2 bis 2,2 eingestellt. Es wird zum Sieden erhitzt und die heiße Lösung nach Zugabe von 2 bis 3 Tropfen einer 0,1 %igen äthanolischen PAN-Lösung als Indikator mit 0,05 m CDTE-Lösung titriert. Der Verbrauch an CDTE-Lösung ergibt die Summe aus Al und Cu.

Titration gegen *Aluminon* als Indikator

Das zur photometrischen Bestimmung des Aluminiums verwendete Reagens Aluminon kann ebenfalls als Indikator für die komplexometrische Titration verwendet werden. *Kundu* [260] titriert Aluminium bei pH = 4,4 (Acetatpuffer) in der Siedehitze mit ÄDTE-Lösung. Als Indikator verwendet er eine Mischung aus Aluminon (Ammoniumsalz der Aurintricarbonsäure) und Methylenblau. Der Farbumschlag am Äquivalenzpunkt erfolgt von Blutrot nach Blauviolett.

Titration gegen *3-Hydroxy-8-naphthoesäure* als Indikator nach *Kristiansen* [261]

Aluminium ergibt mit 3-Hydroxy-8-naphthoesäure eine empfindliche und spezifische Fluoreszenz, die *Kristiansen* zur Endpunktsanzeige der direkten komplexometrischen Titration des Aluminiums ausnutzt. Die Lösung, die nicht mehr als 25 mg Al und ein Volumen von etwa 100 ml enthalten soll, wird mit einem Aminoessigsäure-Salzsäure-Puffer auf pH = 3 eingestellt. Man titriert bei etwa 50 °C im ultravioletten Licht, bis die Fluoreszenz von Blau nach Grün umschlägt. *Eisen* läßt sich neben Aluminium mit dem gleichen Indikator bei pH = 2 und einer Temperatur von 0 °C titrieren.

Titration gegen *Brenzkatechinviolett* als Indikator

Prinzip. Brenzkatechinviolett (3,3',4'-trihydroxyfuchson-2''-sulfonsäure) kann nach *Hazan*, *Flik* und *Korkisch* [262] als Indikator zur komplexometrischen Bestimmung des Aluminiums, Zirkoniums und Hafniums verwendet werden. Mit Aluminium bildet es im pH-Bereich 3,5 bis 4,5 einen blau gefärbten Farbkomplex, der bei der Titration mit ÄDTE-Lösung im Äquivalenzpunkt nach gelb umschlägt.

Arbeitsvorschrift. 5 mg Aluminium, gelöst in 1 ml 6 n Salzsäure, werden auf etwa 100 ml verdünnt, 1 ml 0,1 %ige wäßrige Brenzkatechinviolett-Lösung zugegeben und langsam mit m Natriumacetat-Lösung versetzt, bis die volle blaue Farbe erscheint. Ein Überschuß an Natriumacetat-Lösung ist zu vermeiden, da sonst der Endpunkt unscharf wird. Die Titration erfolgt mit 0,01 m ÄDTE-Lösung bis zum Umschlag nach Gelb.

Bemerkungen. Bei der Bestimmung von 0,1 bis 10 mg Mengen an Aluminium betrug der *Fehler* ± 3 % bzw. ± 0,4 %.

Es wurden nur *reine* Aluminiumlösungen titriert; Angaben über den Einfluß anderer Ionen fehlen.

Titration gegen das Indikator-System *Vanadiumkomplexonat–Diphenylcarbazon* nach *Sajó* [263]

Prinzip. 5wertiges Vanadium wird durch alle diejenigen Kationen, welche im pH-Bereich 3 bis 6,8 mit ÄDTE titriert werden können, aus dem ÄDTE-Komplex verdrängt. Das freigesetzte Vanadium ergibt mit vielen organischen Farbstoffen Farbreaktionen, die zur Anzeige des Endpunktes der Titration benutzt werden können. So bildet es mit Diphenylcarbazon einen violettroten Farbkomplex, der bei Zugabe von ÄDTE zerstört wird, wobei die Färbung verschwindet. Bei der direkten Titration erfolgt im Endpunkt bei pH-Werten < 5 ein Farbumschlag von Violettrot nach Farblos, bei pH-Werten > 5 von Violettrot nach Blaßrosa. Der Zusatz einiger Tropfen Methylenblau verbessert den Umschlag, der dann von Violettrot nach Hellblau erfolgt. Vanadationen bilden in schwach sauren Lösungen Polysäuren, die nur langsam mit ÄDTE reagieren. Diese Polykondensation kann durch Verdünnen der Vanadat-Lösungen verringert werden. In einer 0,001molaren Lösung spielt sie praktisch keine Rolle mehr. Auch der Zusatz von Glycerin setzt die Polykondensation der Vanadat-Lösungen infolge Komplexbildung herab. *Sajó* gibt folgende, allgemein anwendbare

Arbeitsvorschrift. Der zur Titration günstige pH-Wert wird mit Ammoniumacetat und Essigsäure eingestellt und die Lösung auf 150 bis 200 ml verdünnt. Die Lösung wird entweder mit etwa 1 ml 0,05 m Vanadiumkomplexonat-Lösung oder mit festem Vanadiumkomplexonat (siehe unten) versetzt. Nach Zugabe von 0,5 ml 0,2 %iger äthanolischer Diphenylcarbazon-Lösung wird bis zum Farbumschlag des Indikators titriert.

Bemerkungen. Das Aluminium kann auf diese Weise bei pH = 4,5 bis 6 in 50 %iger äthanolischer Lösung bei 80 °C direkt titriert werden, wenn man das Aluminium mit Sulfosalicylsäure als *Hilfskomplexbildner* in Lösung hält. Analysenergebnisse werden von *Sajó* für das Aluminium nicht angegeben.

Herstellung von festem Vanadiumkomplexonat. 18,72 g ÄDTE und 5,85 g Ammoniummetavanadat werden in 30 ml 10 %iger Natronlauge unter Erhitzen gelöst. Nachdem die Lösung klar geworden ist, werden 5 ml Eisessig zugegeben, die Masse mit 1 g Kaliumnitrat in einer Porzellanschale verrieben und vorwichtig bei 80 °C zur Trockene gebracht.

Titration gegen *saures Chromoxan-Reinblau* als *Indikator*

An Stelle von Chromazurol S verwenden *Sheyanova* und *Malenskaya* [264] als Indikator „saures Chromoxanreinblau" nachstehender Konstitution:

Dieser Farbstoff, der in der Siedehitze im pH-Bereich 1 bis 4 mit Aluminium einen violett gefärbten Komplex bildet, kann als Indikator zur Titration des Aluminiums mit ÄDTE verwendet werden. Der Umschlag am Äquivalenzpunkt von Violett nach Rosagoldfarben kann durch Zusatz von Kupfer(II)-ionen verbessert werden. Der Farbwechsel erfolgt dann von Violett nach Farblos. Bei einem pH-Wert von 2 stört bei der Titration nur Eisen und ein sehr großer Überschuß (80fach) an Kupfer. Zur Bestimmung des Aluminiums in Magnesiumlegierungen geben *Sheyanova* und *Malenskaya* folgende, einfache

Arbeitsvorschrift. 0,1 bis 0,15 g Legierung werden mit 5 bis 10 ml Salzsäure (1 : 1) (etwa 6 m) gelöst, abgekühlt und bis zur beginnenden Trübung mit 25%iger Ammoniak-Lösung versetzt. Die Trübung wird mit 1 bis 2 Tropfen Salzsäure (1 : 3) (etwa 3 m) zurückgenommen, die Lösung mit 20 ml Acetat-Pufferlösung (pH = 2), 0,6 ml 0,1 m Kupfer(II)-nitrat-Lösung, 4 Tropfen 0,1%iger Indikator-Lösung versetzt, zum Sieden erhitzt und mit 0,02 m ÄDTE-Lösung bis zum Umschlag nach Farblos titriert.

Bemerkungen. Die Titerstellung der ÄDTE-Lösung erfolgt am besten gegen einen *Magnesiumlegierungsstandard* bekannten Aluminium-Gehaltes.

Nach Angaben der Autoren entspricht die *Genauigkeit* der Bestimmung den gravimetrischen Verfahren.

Titration gegen einen Mischindikator aus *Xylenolorange* und *Methylthymolblau*

Eine Mischung aus Xylenolorange und Methylthymolblau kann nach *Geyer* und *Bormann* [265] als Mischindikator zur direkten komplexometrischen Titration des Aluminiums verwendet werden. In der Siedehitze ist das Gleichgewicht der Reaktion:

$$\text{Al-Indikator} + \text{ÄDTE} \rightleftarrows \text{Al-ÄDTE} + \text{Indikator}$$

ganz nach der rechten Seite verschoben, so daß eine Indikation des Äquivalenzpunktes möglich ist. Der Farbumschlag erfolgt von Violett nach Farblos bis schwach Gelborange. Die Titration erfolgt in Anwesenheit eines Kaliumhydrogenphthalat-Salzsäure-Puffers von pH = 4,0 in der Siedehitze. Die besten Ergebnisse werden bei Verwendung einer Mischung aus Xylenolorange und Methylthymolblau im Verhältnis 3 : 1 erzielt. Wie Beleganalysen zeigen, können Aluminium-Gehalte von 2 bis 30 mg/100 ml mit einer *Standardabweichung* von 0,02 mg bestimmt werden. Besser erkennbare Endpunkte erhält man bei Verwendung von CDTE an Stelle von ÄDTE.

Indirekte Titration (Rücktitration)

Nach den Rücktitrationsverfahren wird der Lösung eine überschüssige Menge an ÄDTE zugesetzt und der nicht für die quantitative Komplexbildung mit Aluminium verbrauchte ÄDTE-Überschuß mit einer geeigneten Maßlösung zurücktitriert. Da die Komplexbildungsreaktion zwischen Aluminium und ÄDTE verhältnismäßig langsam verläuft, ist zur raschen Überführung des Aluminiums in den ÄDTE-Komplex und zur Vervollständigung der Reaktion Kochen der Lösung vor der Titration erforderlich.

Zur selektiven Bestimmung des Aluminiums in Gegenwart zahlreicher Kationen hat ein Rücktitrationsverfahren besondere Bedeutung erlangt, nach welchem das Aluminium mit Fluoridionen quantitativ aus seinem ÄDTE-Komplex verdrängt wird. Unter Bildung des AlF_6^{3-}-Komplexes wird dabei eine äquivalente Menge an Äthylendiamintetraessigsäure frei, die titriert werden kann. Metallionen, die ebenfalls mit Fluoridionen reagieren, z.B. Fe^{3+}, Ti^{4+}, stören die Titration und müssen abwesend sein oder vor der Titration abgetrennt werden.

Visuelle Endpunktsanzeige (Indikatoren)
Titration gegen *Eriochromschwarz T*

Prinzip. Der violette Aluminiumkomplex des Eriochromschwarz T (Erio T) reagiert nicht mit ÄDTE, so daß Aluminium durch Zurücktitrieren mit Zink-,

Magnesium- oder Manganlösungen bestimmt werden kann. Der Farbwechsel am Umschlagspunkt ist im pH-Bereich 7 bis 11 am deutlichsten. Die Rücktitration muß rasch in kalter Lösung erfolgen, da sonst Aluminium den Indikator blockiert. Aus demselben Grund schlägt die rote Farbe der austitrierten Lösung nach Rotviolett um. Solche Lösungen lassen sich mit ÄDTE nicht mehr weiter titrieren. Diese Schwierigkeiten umgeht *Kiss* [266] durch Titration in Mischungen aus Wasser und organischen Lösungsmitteln, wie Äthanol, Methanol, Aceton. Die Konzentration des organischen Lösungsmittels soll dabei 50 bis 70% betragen. *Schmitz* [267] verhindert die Blockierung des Indikators durch Titration bei Temperaturen zwischen 1 bis 3 °C. Die ersten Bestimmungen mit „Erio T" führten *Přibil, Číhalík, Doležal, Simon* und *Zýka* [268] sowie *Schwarzenbach* [269] aus.

Arbeitsvorschrift nach *Přibil, Číhalík, Doležal, Simon* und *Zýka*. Die vorgelegte Aluminium-Menge soll etwa 70 bis 120 mg Al betragen. Die mit 0,1 m Komplexon-Lösung im Überschuß versetzte und dann ammoniakalisch gemachte Lösung wird mit 2 bis 3 ml Pufferlösung (1 Teil n NH_4Cl + 5 Teile n NH_3) auf einen pH-Wert von etwa 10 gebracht und gegen Eriochromschwarz T mit 0,1 m Zinksulfat-Lösung titriert. Durch *rasches* Arbeiten wird verhindert, daß die allmähliche Verdrängung des Aluminiums aus seiner weniger festen Komplexon-Bindung durch Zink zu falschen Ergebnissen führt.

Arbeitsvorschrift nach *Schwarzenbach*. Zur sauren Aluminiumsalz-Lösung wird ein kleiner Überschuß an ÄDTE hinzugefügt, mit Ammoniak auf einen pH-Wert zwischen 7 bis 8 gebracht, Erio-T-Lösung zugesetzt und mit Zinksulfat-Lösung so schnell wie möglich bis zum Umschlag nach Weinrot titriert. Der pH-Wert sollte dabei nicht wesentlich unter pH = 7 sinken.

Bemerkungen. Alle mit ÄDTE unter Komplexbildung reagierenden Metalle *stören* die Aluminium-Bestimmung.

Der Überschuß an ÄDTE soll *nicht zu groß* sein und der Verbrauch zur Rücktitration höchstens 2 bis 3 ml 0,1 m Zinksulfat-Lösung betragen.

Nach der Arbeitsvorschrift von *Schwarzenbach* bestimmten *Amin* [270] Aluminium in Legierungen, wobei Kupfer durch Fällung als *Kupfersulfid* abgetrennt wird, *Bieber* und *Večera* [271] in Kupolofenschlacken, *Zimmer* und *Herzog* [272] in pharmazeutischen Produkten sowie *Khasnobis* und *Das* [273] in Zink-Spritzgußlegierungen nach Abtrennung des Zinks durch Ionenaustausch.

Neben Zinkmaßlösung verwenden *Canic* und *Kiss* [274] Magnesium- und Mangan-Maßlösungen. Sie titrieren in Lösungen, die 70% Äthanol, Methanol, Isopropanol, Aceton oder Formamid enthalten.

Grüner, Soukup und *Drahotská* [275] führen bei der Bestimmung des Aluminiums in Salzen vom *Kryolithtyp* die Rücktitration mit 0,1 m Magnesiumsulfat-Lösung in Gegenwart einer ammoniakalischen Pufferlösung (pH = 10) aus. Sie verfahren sonst genau nach der von *Schwarzenbach* angegebenen Vorschrift.

Nach Untersuchungen von *Kinnunen* und *Wennerstrand* [276] kann die Endpunktsbestimmung mit „Erio T" durch Anwendung einer Mangansulfat-Lösung zur Rücktitration oder durch Zugabe von Mangankomplexonat-Lösung *verbessert* werden.

In einer weiteren Arbeit benutzen *Kinnunen* und *Merikanto* [277] dieses Verfahren zur Bestimmung von Aluminium in *Bronze* und *Messing*.

Arbeitsvorschrift. 0,25 g Messing oder Bronze werden in Salpetersäure unter Zusatz von 0,05 g Amidosulfonsäure gelöst und zuerst das Kupfer jodometrisch mit Thiosulfat-Lösung bestimmt. Man gibt nun weitere 0,5 ml 0,08 n Thiosulfatlösung, 0,04 m ÄDTE-Lösung im Überschuß und 0,1 g Ascorbinsäure zu. Nach 1 min Kochzeit fügt man unter dem Abzug 25 ml einer 20%igen Kaliumcyanidlösung hinzu und titriert den ÄDTE-Überschuß bei 10 °C mit 0,04 m Mangansulfat-Lösung gegen „Erio T" zurück. Man erhält auf diese Weise die Summe aus Al, Mn und Pb. Ein Zusatz von 20 ml Triäthanolamin zur austitrierten Lösung setzt nach dem Aufkochen den dem Aluminium entsprechenden ÄDTE-Anteil in Freiheit, der in derselben Weise mit 0,04 m Mangansulfat-Lösung titriert wird.

Bemerkung. Nach *Šir* und *Přibil* [278] läßt sich das Aluminium sicherer bestimmen, wenn man in *pyridinhaltigen* Lösungen titriert. Die Methode wurde von ihnen im Hinblick auf die Analyse von Eisen-Aluminium-Kupfer-Legierungen ausgearbeitet. Wegen des störenden Einflusses des Eisenkomplexonates auf das „Erio T" und der geringen Stabilität des Titankomplexonates läßt sich die Titration mit der üblichen, ammoniakalischen Pufferlösung nicht durchführen. Sie empfehlen folgende

Arbeitsvorschrift. Die schwach saure Aluminiumlösung, die eine beliebige Menge an Aluminium enthalten kann, wird mit einem Überschuß an 0,05 m ÄDTE-Lösung versetzt und auf 100 bis 200 ml verdünnt. Nach Zugabe von 3 bis 10 ml Pyridin und dem Indikator „Erio T" titriert man das überschüssige ÄDTE mit einer 0,05 m Zinksulfat-Lösung bis zum Umschlag nach Violett zurück.

Bemerkungen. An Stelle von ÄDTE kann auch die von *Přibil* [279] untersuchte *1,2-Diaminocyclohexantetraessigsäure* (CDTE) als Komplexbildner verwendet werden.

Den Zusatz von Pyridin empfiehlt auch *Patzwald* [280] bei der Bestimmung des Aluminiums in *Adsorbat-Impfstoffen.* Er verfährt in der gleichen Weise wie *Šir* und *Přibil.*

Bestimmung in Gegenwart *anderer Metallionen.* Zur raschen, komplexometrischen Bestimmung des Aluminiums in Gegenwart von Fe, Cu, Ti, Mn, Ca, Mg und PO_4^{3-} trennen *Cimerman, Alon* und *Mashall* [281] Ti, Mn, Ca und Mg mit einem Kationen-Austauscher und ÄDTE als Komplexbildner ab. Nach der Titration der Summe aus Fe, Cu und Al wird durch Zusatz von Natriumfluorid infolge der Bildung des stabilen Natriumhexafluoroaluminates eine dem Aluminium äquivalente Menge ÄDTE frei, die in der üblichen Weise titriert wird.

Arbeitsvorschrift. Nach Neutralisation der 5 bis 15 mg Al enthaltenden, 15 ml betragenden Analysenlösung mit Ammoniak gegen Methylorange gibt man 4 ml 0,1 n Salzsäure und in der Siedehitze kleine Anteile von 0,05 m ÄDTE-Lösung im geringen Überschuß. Man kocht noch einige Minuten, neutralisiert mit Ammoniak, setzt 2 ml 0,01 m Zinksulfat-Lösung und so lange 0,1 n Salzsäure bis zum Umschlag nach Orange zu. Die Lösung wird über eine Austauschersäule (Kationen-Austauscher Amberlite IR-120) gegeben. Das Eluat, etwa 200 bis 230 ml, wird mit 75 ml Isopropanol, 10 ml 10 %iger Ammoniumacetat-Lösung und 1 ml 10 %iger Triäthanolamin-Lösung versetzt. Der pH-Wert der Lösung soll zwischen 6,7 und 7,3 liegen. Nach Abkühlen auf unter 10 °C wird mit 0,01 m Zinksulfat-Lösung gegen „Erio T" zurücktitriert. Zur austitrierten Lösung gibt man 1,5 g Natriumfluorid, kocht 20 min, kühlt auf unter 10 °C ab und titriert das freigesetzte ÄDTE mit 0,01 m Zinksulfat-Lösung zurück.

Bemerkungen. Der relative *Fehler* der Bestimmung liegt im Bereich von − 0,5 bis + 0,9 %.

Störende Ionen. Chlorid-, Sulfat-, Acetat- und Nitrationen sind ohne Einfluß. Reduzierende Substanzen sowie Oxalate, Tartrate, Citrate, Pyrophosphate und Fluoride stören. Erstere werden mit Bromwasser entfernt, die letzteren beiden durch Abrauchen mit Schwefelsäure. Ohne Einfluß sind ebenfalls: 8 mg Fe, 3 mg Cu, 1 mg Ti, 20 mg Mn, Ca bzw. Mg und 40 mg P_2O_5.

Aluminium und Zink neben Eisen in sauren *Verzinkungselektrolyten* bestimmen *Bruile* und *Dombrovskaja* [282] nach folgender

Arbeitsvorschrift. 20 ml Probelösung werden mit 50 ml Wasser verdünnt. Man fügt 20 bis 30 ml 0,1 n ÄDTE-Lösung zu, säuert mit Schwefelsäure gegen Kongorot an und kocht 2 bis 3 min. Nach Abkühlen versetzt man mit 10 ml Pufferlösung (54 g

NH$_4$Cl und 350 ml Ammoniak in 1 l) sowie 0,1 g Indikator (1 g „Erio T" + 100 g NaCl) und titriert mit 0,1 m Zinksulfat-Lösung bis zum Umschlag nach Violett. Man erhält auf diese Weise die Summe aus Zn und Al. Zur Bestimmung des *Zinks* wird Aluminium in einer Parallellösung mit Natriumfluorid und Weinsäure maskiert und die Bestimmung in gleicher Weise ausgeführt. Aluminium wird aus der Differenz der beiden Titrationen ermittelt.

Bemerkungen. Der *Fehler* der Aluminium-Bestimmung soll kleiner als 3,84% sein.

Eine ähnliche Bestimmung des Aluminiums und des Zinks wird von *Sierra* und *Sánchez-Pedreño* [283] angegeben. Sie benutzen eine *Ba-Na$_2$-ÄDTE*-Lösung und führen die Rücktitration mit Zink-Lösung bei pH = 7 bis 8 aus. Zur Bestimmung des Zinks in einer Parallellösung wird zur Maskierung von Al und Fe Ammoniumtartrat zugesetzt.

Titration gegen *Alizarin S*

Prinzip. Alizarin S, auch Alizarinrot S genannt (1,2-Dihydroxyanthrachinon-3-sulfonsäure), bildet mit einer Reihe von Metallionen stark gefärbte Komplexe. Bei der komplexometrischen Titration wird es als Indikator zur direkten Titration des Thoriums und zur indirekten Titration des Aluminiums und Wismuts verwendet, wobei zur Rücktitration eine Thoriumnitrat-Maßlösung benutzt wird.

Arbeitsvorschrift nach *ter Haar* und *Bazen* [284]. Die 10 bis 50 mg Aluminium enthaltende Lösung der Probe (Volumen etwa 100 ml) wird mit einem abgemessenen Überschuß 0,05 m ÄDTE-Lösung versetzt, gegen Kongopapier annähernd neutralisiert und durch Versetzen mit 5 ml 2 m Monochloressigsäure- sowie 10 ml 1 m Natriumacetat-Lösung auf einen pH-Wert von 3,5 bis 3,6 abgepuffert. Anschließend titriert man nach Zugabe von 1,5 ml 0,1%iger Alizarinrot-S-Lösung den ÄDTE-Überschuß mit 0,05 m Thoriumnitrat-Lösung bis zum Farbumschlag von Orange auf Rot zurück.

Bemerkung. Eisen *stört;* die Bestimmung von Eisen und Aluminium nebeneinander ist jedoch möglich, wenn man zuerst Eisen bei einem pH-Wert von 2 gegen Thiocyanationen als Indikator titriert und anschließend Aluminium nach obiger Vorschrift bestimmt. Nickel, Kupfer, Zink, Cadmium, Blei und Wismut dürfen nicht zugegen sein; bis zu 40 mg Calcium, Barium und Magnesium sowie bis zu 3 mg Mangan stören nicht. Chlorid-, Perchlorat- und Nitrationen sind ohne Einfluß; Fluorid-, Phosphat- und Oxalationen müssen entfernt werden.

Arbeitsvorschrift zur *Mikrobestimmung* nach *Flaschka* [285]. *Flaschka* versetzt hierzu die neutrale oder schwach saure, etwa 1 mg Aluminium enthaltende Lösung mit 0,01 m Komplexon-Lösung im Überschuß, puffert mit Kaliumbiphthalat- oder Essigsäure-Natriumacetat-Lösung, verdünnt auf 25 bis 30 ml, erhitzt zum Sieden und titriert nach Zugabe von 5 bis 8 Tropfen Indikator (0,1%ige, wäßrige Alizarinrot-S-Lösung) mit 0,01 m Thoriumnitrat-Lösung bis zum gerade erfolgenden Umschlag nach Rot. Mit 0,01 m Komplexon-Lösung wird dann auf einen rein gelben Farbton zurücktitriert.

Bemerkungen. Nach *ter Haar* und *Bazen* sind die Ergebnisse zwar gut reproduzierbar, liegen aber gegenüber den zu erwartenden um etwa 1% zu *niedrig.* Der Titer der Komplexon-Lösung wird daher besser empirisch gegen eine Aluminium-Lösung bekannten Gehaltes eingestellt.

Gemäß der Mikrobestimmung nach *Flaschka* erhält man für Mengen unter 1 mg Aluminium auf ± 1% genaue Resultate; bei größeren Aluminiummengen findet man aber ebenfalls um bis zu 2% zu niedrige Werte.

Nach *Brookes* und *Johnson* [286], die Aluminium neben Wismut in *pharmazeutischen* Produkten bestimmen, erhält man einwandfreie Ergebnisse, wenn man mit einem 100%igen ÄDTE-Überschuß arbeitet.

Bestimmung in Gegenwart *anderer Metallionen.* Zur Bestimmung des Aluminiums in Anwesenheit der bereits oben angegebenen Störionen ist in jedem Fall eine Abtrennung oder Maskierung der störenden Metallionen erforderlich. So bestimmen *Chernikhov, Dobkina* und *Khersonskaya* [287] Aluminium in Silicaten und *Schlacken,* indem sie eine Natronlauge-Natriumsulfid-Fällung durchführen. Bei der Analyse von *Antimon-Aluminium-Gallium-Legierungen* extrahieren *Chernikhov* und *Cherkašina* [288] Antimon und Gallium aus der salzsauren Lösung mit Butylacetat. Aluminium verbleibt in der wäßrigen Phase und wird dort bestimmt. Aluminium von Zink und Kupfer in *Gußzink-Legierungen* trennt *Kojima* [289] mit Hilfe eines Anionen-Austauschers. Zink und Kupfer werden quantitativ als Chlorkomplexe vom Austauscher aufgenommen, während das Aluminium hindurchläuft. Zur Trennung des Kupfers vom Aluminium ist der Zusatz von Methanol oder Äthanol notwendig. Der *Fehler* der nach obiger Arbeitsvorschrift durchgeführten Titration des Aluminiums betrug ± 2 %. Zur Bestimmung von Aluminium in Titan und *Titanlegierungen* trennen *Cyvina* und *Konkova* [290] Aluminium von Titan durch Ionenaustausch mit dem Kationiten KU-2 in 0,75 n Salzsäure. Das Aluminium kann mit 3 n Salzsäure eluiert werden. Die komplexometrische Bestimmung wird jedoch nur in Legierungen bei Aluminium-Gehalten von 1 bis 5 % durchgeführt.

Titration gegen *Salicyl-* oder *Sulfosalicylsäure* als Indikatoren

Verbindungen mit phenolartigen Hydroxylgruppen wie Salicylsäure und Sulfosalicylsäure ergeben mit Eisen(III)-ionen chelatartige, gefärbte, stabile Komplexverbindungen und können der Rücktitration mit Eisen(III)-Lösungen als Indikatoren dienen. Da die Komplexe jedoch verhältnismäßig farbschwach sind, müssen größere Mengen als bei metallochromen Indikatoren (z. B. „Erio T") angewendet werden. Der pH-Bereich der Anwendung zur Titration des Eisens liegt im allgemeinen zwischen 1 und 4. Oberhalb pH = 4 sind die effektiven Stabilitätskonstanten von Indikator- und ÄDTE-Komplex nur wenig unterschiedlich. Die Titration des Aluminiums erfolgt in einem verhältnismäßig eng begrenzten pH-Bereich von 4 bis 7. Nach *Schwarzenbach* und *Flaschka* [291] ist der ÄDTE-Komplex des Eisens wesentlich stabiler als der Aluminium-Komplex, so daß es am Äquivalenzpunkt zu einem Austausch des Aluminiums im Al-ÄDTE-Komplex gegen Eisen nach folgender Gleichung kommt:

$$AlY^- + Fe^{3+} \longrightarrow FeY^- + Al^{3+}.$$

Da diese Reaktion jedoch sehr langsam verläuft, wird der Endpunkt trotzdem richtig indiziert. Beim Stehen, schneller beim Erwärmen verblaßt jedoch die rotbraune Farbe des Eisensalicylats. Die pH-Abhängigkeit dieser Reaktion verbietet deshalb nach *Schwarzenbach* und *Flaschka* eine Aluminium-Titration unterhalb eines pH-Wertes 5. Unterhalb pH = 5 ist die Geschwindigkeit dieser Reaktion bereits so groß, daß der Austausch des Aluminiums gegen Eisen bereits derart schnell erfolgt, daß eine einwandfreie Indikation des Endpunktes der Titration nur noch beschränkt möglich ist. Ist der pH-Wert andererseits zu hoch, reagieren die Eisen(III)-ionen nicht mehr mit der Salicylsäure, sondern mit den Hydroxyl- und Acetationen.

Arbeitsvorschrift nach *Milner* und *Woodhead* [292]. Die salzsaure Lösung, die 30 bis 60 mg Aluminium enthalten soll, wird mit einem genau abgemessenen, etwa 10 % betragenden Überschuß an 0,1 m ÄDTE-Lösung versetzt. Mit Ammoniak wird gegen Methylrot gerade ammoniakalisch gemacht. Nach 2 min langem Kochen läßt man abkühlen, gibt 3 g Ammoniumacetat hinzu und bringt mit verdünntem Ammoniak auf pH = 6,5 (pH-Meter). Nach Zugabe von 0,2 g Salicylsäure wird mit 0,1 m Eisen(III)-chlorid-Lösung titriert, bis die rotbraune Farbe des Eisensalicylatkomplexes bestehen bleibt.

Bemerkungen. Aluminium-Gehalte *kleiner* als 30 mg werden mit 0,02 m Maßlösung titriert.

Benzoesäure *stört* die Titration *nicht*, so daß eine Abtrennung des Aluminiums durch Fällung mit Benzoat vorausgehen kann. Beleganalysen, die *Milner* und *Woodhead* durchführten, ergaben *Fehler* von $< \pm 1\%$.

Anwendungen. Auf ähnliche Weise wie *Milner* und *Woodhead* verfahren *Kadlec* und *Boch* [293] in der Schnellbestimmung des Aluminiums im *Ferrosilicium*. Eisen und andere störende Elemente werden mit Natronlauge abgetrennt.

Über eine rasche Bestimmung des Aluminiums in Ferrosilicium, Silicaten und Mineralien berichtet *Brhaček* [294]. Nach der Abscheidung der Hauptmenge des Eisens durch Elektrolyse an der Quecksilberkathode wird zunächst restliches Eisen bei pH = 2 bis 2,5 gegen Salicylsäure als Indikator titriert, dann bei pH = 5 nach Zugabe von ÄDTE und 2 bis 3 min langem Kochen bei 70 °C das Aluminium mit 0,05 m Eisen(III)-chlorid-Lösung. Bei der Analyse von Silicaten und Mineralien entfällt die Abtrennung des Eisens.

An Stelle von Salicylsäure wird häufiger *Sulfosalicylsäure* verwendet. Die Indikator-Eigenschaften und Farbumschläge sind praktisch gleich; doch weist die Sulfoverbindung eine größere Löslichkeit auf. Die Bestimmung wird in der gleichen Weise wie mit Salicylsäure durchgeführt. Die verschiedenen Varianten des Verfahrens unterscheiden sich nur unwesentlich. Im folgenden ist die von *Baškirceva* und *Jakimec* [295] angegebene

Arbeitsvorschrift beschrieben. Der Aluminium-Gehalt der Lösung soll höchstens 50 mg betragen. Enthält die Lösung Eisen, wird mit Salpetersäure oxydiert, neutralisiert, 5 ml n Salzsäure zugesetzt und die etwa 50 ml betragende Lösung bei 60 bis 70 °C nach Zugabe von 1 bis 2 ml 10 %iger Natriumsulfosalicylat-Lösung direkt mit 0,05 m ÄDTE-Lösung titriert. Zur Aluminium-Bestimmung wird eine abgemessene Menge 0,05 m ÄDTE-Lösung zugegeben. Der Überschuß soll nicht mehr als 2 bis 10 ml betragen. Man kocht auf, neutralisiert mit 5 %igem Ammoniak gegen Kongorot, fügt 10 ml Pufferlösung, pH = 4,8 (540 g Natriumacetat-3-hydrat + 1 l 2n Essigsäure), hinzu und titriert nach Abkühlen den ÄDTE-Überschuß mit 0,02 m Eisen-(III)-Lösung.

Bemerkungen. Die ÄDTE-Lösung wird in gleicher Weise gegen *Eisen(III)-Lösung* eingestellt.

Die *Abweichungen* der Ergebnisse gegenüber gewichtsanalytisch ermittelten Werten schwanken je nach Gehalten zwischen $\pm 0,01\%$ und $\pm 0,3\%$ Al_2O_3.

Störende Ionen. Die Bestimmung stören Fe^{2+}, Fe^{3+}, Zn^{2+}, Cu^{2+}, Sn^{2+}, Pb^{2+} und Mn^{2+} in jeder Menge. Die Toleranzgrenzen für 100 ml betragen für Ti^{4+} 1 mg, F^- 10 mg, PO_4^{3-} 30 mg und Ca^{2+} 50 mg.

Anwendungen. Baškirceva und *Prudnikova* [296] bestimmen Aluminium in Aluminatlaugen. Nach elektrolytischer Abtrennung des Kupfers bestimmt *Rozenberg* [297] in Eisen-Aluminium-Bronzen zunächst das Eisen durch Titration bei pH = 0,5 bis 1 und anschließend das Aluminium. Zur Rücktitration benutzt er eine Eisen(III)-ammoniumsulfat-Lösung. Mit derselben Maßlösung titrieren *Kalinskij* und *Nikiforova* [298] bei pH = 6 Aluminium-Gehalte von 2 bis 20 % in Eisenlegierungen, Erzen und Konzentraten. Nach ihren Angaben stört Chrom bis zu einer Menge von 4,2 mg nicht.

Zur Bestimmung von Aluminium und Chrom(III) nebeneinander titrieren *Liteanu, Crisan* und *Calu* [299] die Summe aus Al und Cr nach Zugabe eines Überschusses an ÄDTE unter Erwärmen bei pH = 4 auf 40 °C mit Eisen(III)-chlorid-Lösung gegen Sulfosalicylsäure. Die austitrierte Lösung wird nun auf pH = 1 gebracht und erwärmt, wobei das Aluminiumkomplexonat quantitativ zerfällt, während der stabilere Chromkomplex bestehen bleibt. Die dem Aluminium-Gehalt äquivalente, dabei in Freiheit gesetzte ÄDTE-Menge wird durch Weitertitration mit der

Eisen(III)-chlorid-Lösung bestimmt. Ist gleichzeitig Eisen vorhanden, wird dieses zunächst bei pH = 1 bis 2 titriert (*Liteanu* und *Crisan* [300]).

Navyazhskaya und *Sporykhina* [301] trennen Aluminium vom Titan im Titan(IV)-oxid durch Aufschluß mit Natriumcarbonat und Auslaugen der Schmelze mit Wasser. Der mittlere relative *Fehler* der anschließenden Aluminium-Bestimmung nach der Sulfosalicylsäuremethode beträgt ± 3%.

Zur Schnellbestimmung des Aluminiums in Schmelzrückständen fällen *Morkovčina* und *Pinus* [302] Fe, Al und Mn mit Ammoniak und trennen anschließend vor der Titration Fe und Mn mit Natronlauge. *Konkin* und *Žichareva* [303] fällen mit Urotropin Fe nebst Al, titrieren zunächst das Eisen direkt und bestimmen dann nach Zugabe von Pufferlösung das Aluminium durch Rücktitration. Bei der Analyse von Ton, Kaolin und Talk titrieren *Jurist* und *Korotkova* [304] nach Aufschluß mit Kaliumhydrogensulfat, nach Lösen der Schmelze mit Schwefelsäure und nach Maskierung des Titans mit Wasserstoffperoxid zunächst das Eisen. Anschließend erfolgt die Titration des Aluminiums. Auch *Ishak* [305] trennt Aluminium bei der Analyse von Nephelinkonzentraten vor der Titration durch eine Alkalischmelze. Die Trennung des Aluminiums vom Eisen führt *Strelnikova* [306] vor der komplexometrischen Titration des Aluminiums mit einem Kationenaustauscher KU-2 durch. Aluminium kann im Gegensatz zu Eisen mit 4n Natronlauge eluiert werden.

Bei der Analyse von Kaolin trennen *Crisan* und *Lakatos* [307] zunächst Titan, Aluminium und Eisen durch Hydroxidfällung ab. Nach Lösen des Niederschlages wird Eisen bei pH = 1 und die Summe aus Al und Ti durch Titration bei pH = 4 bis 5 bestimmt.

Titration gegen *PAN* und *PAR*

Wie bereits ausführlich beschrieben (siehe S. 220), läßt sich Aluminium mit den Indikatoren PAN und PAR direkt titrieren. Diese Indikatoren können auch zur Rücktitration eines ÄDTE-Überschusses mit einer Kupfer(II)-Lösung verwendet werden. Das PAR hat dabei den Vorteil der größeren Löslichkeit. Die Titration wird in mäßig saurer Lösung durchgeführt, so daß keine Störung durch Erdalkalien, die in saurem Medium nicht mit ÄDTE reagieren, zu befürchten ist.

Gemäß der Arbeitsweise mit *PAN* nach *Lewis*, *Nardozzi* und *Melnick* [308] wird zur Bestimmung des Aluminiums, Calciums und Magnesiums in Rohprodukten, Sintern und Schlacken zunächst eine chromatographische Anionenaustauscher-Trennung der 3 Elemente von störenden Ionen durchgeführt und diese selektiv komplexometrisch bestimmt. Zur Aluminium-Bestimmung wurde eine bereits von *Welcher* [309] angegebene

Arbeitsvorschrift benutzt. Zu 50 ml (0,5 bis 10 mg Al) des auf 250 ml aufgefüllten, mäßig sauren Eluats gibt man eine abgemessene Menge 0,01 m ÄDTE-Lösung. Der Überschuß soll etwa 10 ml betragen. Nach Zufügen von 10 ml Pufferlösung, pH = 4,5, wird 2 min gekocht, 5 Tropfen PAN-Lösung (0,2 g in 50 ml Methanol) zugegeben und die heiße Lösung schnell mit 0,01 m Kupfer(II)-Lösung auf Violettrot titriert ohne Berücksichtigung des allmählich verblassenden Endpunktes.

Bemerkungen. Die Ergebnisse liegen reproduzierbar *zu tief* und müssen mit dem angegebenen Korrekturfaktor 1,02 korrigiert werden.

Phosphation stört die Bestimmung *nicht*.

Praktisch das gleiche Verfahren benutzen *Wilkins* und *Hibbs* [310] zur Bestimmung des Aluminiums in *Alnico*-Legierungen. Da bei der oben angegebenen Titration Nickel mit erfaßt wird, titriert man zunächst die Summe aus Ni und Al, setzt dann 1 g Ammoniumfluorid zu und titriert die vom Aluminium freigegebene äquivalente ÄDTE-Menge mit Kupfer(II)-sulfat-Lösung.

Cheng und *Warmuth* [311] bestimmen nach dem Verfahren von *Wilkins* und *Hibbs* Aluminium in *Hochtemperatur-Legierungen*, wobei sie Ni, Cr, Co, Fe und Mo durch Elektrolyse an der Quecksilberkathode abtrennen, restliches Cr als Chromyl-chlorid destillieren und Zr, Ti, Nb, Ta sowie restliches Mo mit Cupferron fällen.

Ähnlich verfahren *Freegarde* und *Allen* [312] in der Analyse von *Aluminium-bronzen*. Nach Abtrennung des Kupfers durch Elektrolyse wird gegen PAN titriert. Nach Zusatz von Natriumfluorid zur austitrierten Lösung wird durch Titration des freigesetzten ÄDTE der Aluminium-Gehalt selektiv bestimmt.

Weitere Anwendungen. Die komplexometrische Bestimmung des Aluminiums, Eisens und Mangans in *Schlacken* führen *Radko* und *Jakimec* [313] in 3 aliquoten Teilen durch. Im ersten Teil wird die Summe aus Al, Fe und Mn bei pH = 6 gegen PAN nach Zusatz eines Überschusses ÄDTE durch Rücktitration mit Kupfer(II)-Lösung bestimmt. In den anderen aliquoten Teilen werden jeweils das Eisen durch Titration bei pH = 1 gegen Natriumsulfosalicylat, das Mangan nach Maskierung des Eisens und Aluminiums mit Kaliumtartrat durch Titration bei pH = 8,5 bis 9 gegen „Erio T" titriert. Das Aluminium wird aus der Differenz ermittelt.

Als Differenz aus der Titration der Summe aus Al, Ti und Fe und der getrennten, photometrischen Bestimmung des Eisens und Titans bestimmt *Tsuchiya* [314] das Aluminium in *Silicaten*. Nach Zusatz von Wasserstoffperoxid und einem Überschuß an ÄDTE und 10 min langem Erhitzen titriert er bei pH = 3 bis 3,5 mit 0,01 m Kupfer(II)-sulfat-Lösung gegen PAN als Indikator zurück.

Eine interessante Bestimmung von Fe, Al, Mn, Ca und Mg hintereinander in *einer* Lösung führt *Wakamatsu* [315] durch. Bei pH = 2 titriert er Eisen mit Salicyl-säure als Indikator, anschließend in der gleichen Lösung bei pH = 3 Aluminium durch Rücktitration des ÄDTE-Überschusses mit Kupfer-Maßlösung gegen PAN. Auf gleiche Weise wird bei pH = 4,5 das Mangan titriert und zum Schluß bei pH = 10 ebenfalls durch Rücktitration des ÄDTE-Überschusses die Summe aus Mg und Ca.

Das Rücktitrationsverfahren mit PAN als Indikator und Kupfer(II)-Maßlösung wurde ferner von *Jenkins* [316] zur Bestimmung des Aluminiums in *Aluminium-bronzen*, von *Lahovsky* und *Michalek* [317] zur Bestimmung in *Zementrohstoffen* wie auch von *Takei, Misura* und *Yui* [318] in Mischungen aus *Phosphor- und Schwefelsäure* angewandt.

Hinsichtlich der Arbeitsweise mit *PAR* untersuchten *Kovách* und *Vastagh* [319] die Verwendung des wasserlöslichen Indikators 4-(2-Pyridylazo)-resorcinnatrium (PAR) zur Aluminium-Bestimmung durch Rücktitration des ÄDTE-Überschusses.

Arbeitsvorschrift. 15 ml Lösung, die etwa 4 bis 9 mg Al enthalten soll, werden mit 10 ml 0,05 m ÄDTE-Lösung, 10 ml Pufferlösung (136 g Natriumacetat-3-hydrat + 77 g Ammoniumacetat in 1 l nebst 250 ml Eisessig; pH = 4,6) und 3 Tropfen 0,1 %iger wäßriger PAR-Lösung versetzt. Man kocht 3 bis 4 min und titriert die heiße Lösung mit 0,05 m Kupfer(II)-sulfat-Lösung zurück.

Bemerkungen. Der Farbumschlag erfolgt von Gelb über Grün nach Violett. Bei großem ÄDTE-Überschuß wird die im Laufe der Titration vorübergehend entste-hende grüne Farbe so *intensiv*, daß die Schärfe des Farbumschlages beeinträchtigt wird.

Störende Ionen. Weinsäure, Borsäure, Calcium und Magnesium *stören nicht.* 2wertiges Eisen blockiert den Indikator. Mangan, Eisen und Zink werden mittitriert.

Langmyhr und *Kristiansen* [320] benutzen zur Rücktitration eine 0,05 m Blei(II)-nitrat-Lösung bei pH = 6,5 bis 7. Der Farbumschlag erfolgt von Gelb nach Gelb-orange. Der von ihnen angegebene relative *Fehler* der Aluminium-Bestimmung be-trägt etwa 0,1 %.

Mikromengen an Aluminium lassen sich auf gleiche Weise mit 0,001 m Lösungen bestimmen. *Koloba* [321] trennt in der Analyse von *Zirkonium-Konzentraten* Eisen und Aluminium mit Hilfe eines Kationen-Austauschers KU 2 vom Zirkonium und titriert zunächst das Eisen gegen Sulfosalicylsäure. Nach Zugabe eines Acetatpuffers (pH = 4,8 bis 5) wird anschließend das Aluminium mit Kupfer(II)-sulfat-Lösung gegen PAR bestimmt.

Titration gegen *Dithizon* als Indikator

Prinzip. Dithizon bildet mit einer Reihe von Metallionen Komplexe. Je nach Art des Kations geht die ursprüngliche grüne Färbung in Violett, Rot oder Orange über. Zur Bestimmung eines ÄDTE-Überschusses eignet sich besonders der Farbumschlag mit Zinksulfat-Lösung bei pH = 4,5, wenn in wäßrig-äthanolischer oder acetonhaltiger Lösung titriert wird. Der Farbumschlag erfolgt von Grünviolett nach Rot. Eine Aluminium-Bestimmung, die auf dieser Grundlage basiert, wurde zuerst von *Wänninen* und *Ringbom* [322] vorgeschlagen.

Arbeitsvorschrift. Zur Probelösung, die 5 bis 15 mg Al enthalten soll, wird ein Überschuß an 0,05m ÄDTE-Lösung, 10 ml Pufferlösung [gleiche Teile m Essigsäure nebst m $(NH)_4CH_3COO$-Lösung] und so viel Äthanol zugegeben, daß die Lösung 40 bis 50% Äthanol enthält. Nach Hinzufügen von 2 ml 0,025%iger äthanolischer Dithizon-Lösung wird mit 0,05m Zinksulfat-Lösung bis zum Farbumschlag von Grünviolett nach Rot titriert.

Bemerkungen. Beleganalysen, die von *Malissa* und *Kotzian* [323] nach der nur unwesentlich modifizierten Methode (nach der Zugabe der ÄDTE-Lösung wird kurz aufgekocht) durchgeführt wurden, ergaben bei Titration von 2,5 mg Al mit 0,01m ÄDTE-Lösung einen relativen *Fehler* von − 4,0%, unter Verwendung von 0,001m ÄDTE-Lösung einen solchen von − 0,7%.

Das Verfahren nach *Wänninen* und *Ringbom* wurde von verschiedenen Autoren untersucht und verbessert. *Nydahl* [324] stellt fest, daß die ursprünglich festgestellte Abhängigkeit des Titrationsfehlers von der Aluminium-Konzentration nicht existiert und der *Anwendungsbereich* der Methode größer ist als ursprünglich angenommen. Sie liefert für 0,2 bis 2 Millimol Al mit 0,1m Maßlösung 99,3%, mit 0,01m Maßlösung 100,04% des theoretischen Wertes.

Gottschalk [325] modifizierte die angegebene Methode und benutzt sie sowohl für eine Makro-, Halbmikro- und Mikrobestimmung im Bereich von 5 µg bis 25 mg Al. Die auf einen *definierten* Säuregehalt *eingestellte* Lösung wird mit einem Überschuß der entsprechenden ÄDTE-Lösung versetzt, mit 2m Natriumacetat-Lösung gepuffert, 10 min in ein siedendes Wasserbad gestellt und nach Zugabe von äthanolischer Dithizon-Lösung mit Zinksulfat- oder -acetat-Lösung bis zum 30 sec bleibenden Hellrot zurücktitriert. Die Einstellung der Maßlösungen erfolgt zweckmäßig gegen eine Aluminiumsalz-Lösung, hergestellt aus reinstem Aluminium (99,99%). Die von *Gottschalk* ermittelten Standardabweichungen für jeweils 24 Titrationen betrugen für die Makrobestimmung ± 0,045 mg, für die Halbmikrobestimmung ± 0,0025 mg und für die Mikrobestimmung ± 0,59 µg.

Zur *Schnellbestimmung* des Aluminiums in alumosiliciumorganischen Verbindungen verwenden *Kreschkov, Myschljaeva, Kutschkarew* und *Schatunova* [326] neben der Spektralanalyse auch die Titration mit ÄDTE gegen Dithizon als Indikator. Die Verbindungen werden zunächst durch Kochen in Gegenwart von etwas Säure in methanolischer oder acetonischer Lösung hydrolysiert. Die Titration wird direkt in der hydrolysierten Lösung nach Zugabe eines Überschusses ÄDTE, kurzem Kochen bei pH = 4,5 mit einer Zinksulfat-Lösung durchgeführt. Der relative *Fehler* dieser Bestimmung ist nicht größer als 2% (siehe auch *Myschljaeva* und *Schatunova* [327]).

Einfluß von Fremdionen. Alkalien und Erdalkalien mit einer Gesamtkonzentration von 0,1m sind ohne Einfluß. Alle sonstigen Kationen müssen abwesend sein, da sie entweder mittitriert (Zn, Cd, Pb, Seltene Erdmetalle, Th) werden oder den Indikator blockieren (Hg, Ag, Pt-Metalle). An Anionen stören: Cl^-, SO_4^{2-}, ClO_4^-, CH_3COO^- bis zu Konzentrationen von 0,2m, NO_3^- bis zur Konzentration von 0,1m nicht. F^-, PO_4^{3-}, organ. Hydroxysäuren, Wolframat- und Molybdationen verursachen einen schleppenden Endpunkt. Nach *Lukaszewski, Redfern* und *Salmon* [328] stört Phosphation nicht.

Ausführliche Untersuchungen vor allem über den Einfluß von Fremdionen führten *Elo* und *Polky* [329] bei der Ausarbeitung einer Aluminium-Bestimmung zur Analyse von Crack-Katalysatoren durch. Nach ihren Untersuchungen stören folgende Ionen bis zur 10fachen Molkonzentration des Aluminiums nicht: NH_4^+, K^+, Na^+, Cr^{3+}, Li^+, Mn^{2+}, W, CH_3COO^-, BO_3^{3-}, CO_3^{2-}, Cl^-, J^-, NO_3^-, PO_4^{3-}, SO_4^{2-}, SO_3^{2-}, $S_2O_3^{2-}$, Formiationen und Hydroxylamin. Quantitativ mittitriert werden: Cd, Co, Cu, Ga, In, Fe^{2+}, Fe^{3+}, Pb, Ni, Th, Ti, V(IV) und Zn. Mit dem Indikator reagieren und stören: Ce(IV), Cr(VI), Mn(VII), Hg, Mo, V(V), Zr, NO_2^-, F^-, S^{2-}, Tartrat- und Polyphosphationen. Die *Standardabweichung* der Aluminium-Bestimmung bei 120 Analysen betrug nach ihrer Methode $\pm\,0{,}047\%$ Al_2O_3.

Weitere Anwendungen. Weibel [330] verwendet das Verfahren zur Aluminium-Bestimmung in Silicaten, im Anschluß an eine Cupferronextraktion. Auf gleiche Weise, ebenfalls nach einer Cupferronextraktion, titrieren *Voinovitch* und *Lefranc-Kouba* [331] Aluminium in Silicaten. Auf einen *Fehler* von $\pm\,0{,}5\%$ genau bestimmen *Voinovitch, Debras, Yelatchich* und *Zalessky* [332] sowie *Zalessky* und *Voinovitch* [333] das Aluminium ebenfalls in Silicaten. *Espinola* und *Vokac* [334], *Berthelay* [335] sowie *Bennett, Hawley* und *Eardley* [336] verwenden das Verfahren zur Gesteinsanalyse, *Calleja* und *Paris* [337] sowie *Marti* und *Herrero* [338] zur Bestimmung des Al_2O_3-Gehaltes im Zement nach vorausgegangener Fällung des Aluminiums und Eisens mit Ammoniak.

Titration gegen *Xylenolorange*

Prinzip. Xylenolorange ([6-Di-(carboxymethyl-)aminomethyl-o-kresol-]sulfophthalein) bildet mit verschiedenen Metallionen gefärbte Verbindungen. Untersuchungen von *Körbl, Přibil* und *Emr* [339] haben gezeigt, daß Xylenolorange ein ausgezeichneter Indikator für komplexometrische Titrationen von Bi^{3+}, Th^{4+}, Sc^{3+}, La^{3+}, Pb^{2+}, Zn^{2+} und Cd^{2+} in saurer Lösung ist. Auch die Bestimmung eines Überschusses an ÄDTE durch Rücktitration kann mit Maßlösungen der genannten Metallionen ausgeführt werden. Vor allem im pH-Bereich kleiner als pH = 7 erfolgt ein sehr scharfer Farbumschlag. Zur Rücktitration des Aluminiums empfehlen *Houda, Körbl, Bažant* und *Přibil* [340] als Maßlösungen Blei(II)-nitrat-, Zink(II)-sulfat- oder *Thorium*(IV)-nitrat-Lösungen. Alle Titrationen sind ohne Einbuße an *Genauigkeit* neben hohen Konzentrationen an Alkali- und Ammoniumsalzen sowie neben großen Mengen von Mg-, Ca-, Sr- und Ba-Salzen ausführbar. Von den komplexometrischen Bestimmungsmethoden für das Aluminium ist dieses Verfahren eines der zuverlässigsten und wird in zunehmendem Maße angewandt.

Arbeitsvorschriften nach *Houda, Körbl, Bažant* und *Přibil.*

Rücktitration mit Blei(II)-nitrat-Lösung

Die schwach saure Lösung wird mit einer abgemessenen, überschüssigen 0,05 m ÄDTE-Lösung versetzt, aufgekocht, wenn größere Mengen an Neutralsalzen zugegen sind, abgekühlt und auf etwa 100 ml verdünnt. Nach Zugabe von 1 bis 3 Tropfen 0,5 %iger Xylenolorange-Lösung gibt man so viel festes Hexamethylentetramin (Hexamin) hinzu, bis die hellgelbe Indikatorfarbe zu verblassen beginnt (pH $\sim$ 5) und titriert mit 0,05 m Blei(II)-nitrat-Lösung bis zum Farbumschlag Gelb nach Rot. Der Farbumschlag ist zunächst reversibel; nach etwa 10 min geht die Farbe in ein irreversibles Rosenrot über.

Rücktitration mit Zink(II)-sulfat-Lösung

Sie erfolgt unter den gleichen Bedingungen wie mit Blei(II)-nitrat-Lösung.

Rücktitration mit Thorium(IV)-nitrat-Lösung

Man verfährt zunächst wie bei der Titration mit Blei(II)-nitrat-Lösung. Nach dem Abkühlen neutralisiert man die Lösung, setzt 5 bis 10 ml Acetatpuffer (pH = 3,6) hinzu und verdünnt auf etwa 100 ml. Nach Zugabe des Indikators wird mit 0,05 m Thorium(IV)-nitrat-Lösung zurücktitriert.

Bemerkungen. Vergleichsuntersuchungen von *Malissa* und *Kotzian* [323], nach denen die Xylenolorange-Methode mit der Methode von *Wänninen* und *Ringbom* [322] (Dithizon-Indikator) und derjenigen von *Sajó* [236] [Eisen(III)-hexacyanoferrat(II) als Indikator] verglichen wurde, ergaben folgendes Ergebnis (Tab. 48).

Tabelle 48. *Vergleichende Methoden nach Malissa und Kotzian*

Methode	Indikator	Puffer	Al mg	Molarität der $ZnSO_4$- Lösung	Relative Fehler %
Wänninen u. *Ringbom*	Dithizon	Acetat-P.	2,5	0,01 0,001	−4,0 −0,7
Sajó	Eisen(III)-hexa- cyanoferrat(II)	Acetat-P.	2,5	0,001	−2,8
Přibil u. Mitarbeiter	Xylenolorange	Acetat-P. Urotropin	2,5	0,001 0,001	−0,3 −0,3

Demnach ergibt die Methode mit Xylenolorange den geringsten Fehler.

Malissa und *Kotzian* untersuchten auch den Einfluß von *Salzen* und stellten fest, daß der Salzeffekt bei Verwendung von Hexamin und Natriumacetat am ausgeprägtesten ist und zu einem Mehrverbrauch an Zink-Maßlösung führen soll. Um diese mögliche Fehlerquelle auszuschalten, wurde bei der Titerstellung der Zinksulfat-Lösungen jeweils etwa die gleiche Menge an Puffer zugegeben wie bei der Titration.

Anwendungen. Das von *Houda* und Mitarbeitern vorgeschlagene Verfahren bildet die Grundlage zu zahlreichen Bestimmungsmethoden in den verschiedensten Materialien. Für die Bestimmung im komplex zusammengesetzten Proben ist es notwendig, Trennungen und Maskierungen der störenden Elemente vorzunehmen oder durch Kombination von Summentitrationen und anderweitigen Bestimmungen einzelner Elemente aus der Differenz den Aluminium-Gehalt zu ermitteln.

Bestimmung neben anderen Elementen sowie in Metallen und Metallegierungen

2wertige Elemente wie Cd, Zn, Co, Ni und Mn maskieren *Přibil* und *Vydra* [341] mit o-Phenanthrolin, das mit diesen Elementen stärkere Komplexe bildet als ÄDTE.

Arbeitsvorschrift. Die schwach saure Lösung (14 mg Al) wird mit überschüssiger ÄDTE-Lösung versetzt, 2 min gekocht, auf 100 bis 150 ml verdünnt und abgekühlt. Nach Zusatz von Xylenolorange-Lösung wird so viel festes Hexamin zugegeben, bis sich die Lösung schwach orange färbt. Nun wird o-Phenanthrolin-Lösung zugesetzt und mit 0,05 m Bleinitrat-Lösung bis zur rotvioletten Färbung titriert.

Bemerkungen. Der mittlere *Fehler* der Bestimmung betrug ± 0,14 %.

Zur Maskierung von Kupfer und Quecksilber benutzen *Berndt* und *Šara* [342] *Cystein.* Zur Bestimmung in Aluminium-Kupferlegierungen maskieren *Popova* und *Godovannaja* [343] Kupfer durch Zusatz von *Thioharnstoff.*

Bei der Bestimmung in Gegenwart von Vanadium zerstören *Filipov* und *Kirtchewa* [344] den gebildeten Vanadium-ÄDTE-Komplex durch Oxydation mit Wasserstoffperoxid. Sie verfahren gemäß folgender

Arbeitsvorschrift. 80 bis 100 ml Analysenlösung werden mit n Essigsäure und 1 g Hexamin auf pH 5 bis 5,5 eingestellt. Man fügt überschüssiges ÄDTE hinzu und erhitzt 5 min zum Sieden. Nach Abkühlen versetzt man mit 7 bis 10 ml Perhydrol und stellt gegegebenfalls mit Salzsäure wieder auf pH 5 bis 5,2, wobei nach 2 bis 3 min der Vanadium-ÄDTE-Komplex quantitativ zerstört wird. Die Rücktitration der überschüssigen ÄDTE erfolgt auf übliche Weise.

Bemerkungen. Eine selektive Bestimmung des Aluminiums und des *Galliums* beschreiben *Cheng* und *Goydish* [345]. Aluminium und Gallium werden nebst mehrwertigen Kationen mit ÄDTE bei pH 3 bis 7 titriert. Nach der Titration wird der pH-Wert der Lösung auf pH = 10,5 erhöht. Es bilden sich Aluminate und Gallate, und eine dem Aluminium und Gallium äquivalente Menge an ÄDTE wird in Freiheit gesetzt. Diese wird mit Blei- oder Kupfersalz-Lösung gegen Xylenolorange zurücktitriert.

Zur Bestimmung des Aluminiums in binären Legierungen mit Titan maskiert *Culp* [346] das Titan mit *Milchsäure.* Aluminium läßt sich dann selektiv nach dem üblichen Rücktitrationsverfahren mit einer Wismut-Lösung titrieren.

Horiuchi [347] bestimmt Aluminium im *Ferrochrom* neben Chrom und Eisen, indem er in einem aliquoten Teil der Analysenlösung zunächst bei pH 1 bis 2 das Eisen durch Rücktitration mit Wismutnitrat-Lösung gegen Xylenolorange titriert. Zur austitrierten Lösung wird erneut ein ÄDTE-Überschuß zugesetzt und nach Erhitzen auf 100 °C zur Bildung des Chromchelats wieder mit Wismut-Lösung zurücktitriert. Man erhält auf diese Weise den Chrom-Gehalt. In einem weiteren aliquoten Teil wird nach Zugabe von ÄDTE und 10 min langem Kochen die Summe aus Fe, Al und Cr bei pH = 5 mit Zinksulfat-Lösung gegen Xylenolorange titriert. Die Differenz aus der Summe Fe, Cr und Al sowie Fe und Cr ergibt den Aluminium-Gehalt. Der relative *Fehler* dieser Bestimmung beträgt $\pm$ 0,1 %.

Nazarčuk und *Mechanošina* [348] analysieren Zirkon-Nickel-Aluminium-Legierungen, indem sie zunächst in 2n Schwefelsäure *Zirkonium* neben Nickel und Aluminium gegen Xylenolorange titrieren. Anschließend wird das Nickel bei pH = 7 nach Maskierung des Zirkoniums und Aluminiums mit Natriumfluorid titriert und schließlich in einer 3. Probe die Summe aus Zr, Ni und Al durch Rücktitration bei pH = 5. Die Differenz ergibt den Aluminium-Gehalt.

Bestimmung in Silicaten, Erzen, Gesteinen, keramischem Material und anderen Produkten

Babachev [349] bestimmt Aluminium in *feuerfestem Material* neben Eisen und Chrom. Nach Abtrennung des Chroms mit einem Kationen-Austauscher wird zunächst das Eisen bei pH = 1,5 bis 2 direkt gegen Sulfosalicylsäure titriert. Die Bestimmung des Aluminiums erfolgt anschließend bei pH = 4,8 nach Zugabe eines ÄDTE-Überschusses und kurzem Kochen durch Rücktitration mit Zinkacetat-Lösung gegen Xylenolorange.

In weiteren Arbeiten [350] titriert *Babachev* Eisen und Aluminium ohne Abtrennung des Chroms. Um die Komplexierung des Chroms mit ÄDTE zu verhindern, wird die Lösung nach Zugabe von ÄDTE nicht gekocht, sondern nur auf 50 bis 60 °C erwärmt.

In der Analyse von *Zement, Ton* und *metallurgischen Schlacken* bestimmt *Babachev* [351] Eisen, Titan und Aluminium gemäß folgender

Arbeitsvorschrift. Nach Aufschluß der Probe mit Natriumcarbonat und Natriumborat sowie Abscheidung der Kieselsäure werden zunächst die Sesquioxide gefällt. Nach Lösen in wenig Salzsäure und Einstellen eines pH-Wertes auf 1,5 bis 2 mit Ammoniak werden einige Tropfen 30 %iger Wasserstoffperoxid-Lösung sowie Salicylsäure als Indikator zugesetzt und Eisen sowie Titan mit 0,05 m ÄDTE-Lösung titriert. Die austitrierte Lösung wird nun über eine 20 cm lange Säule (Durchmesser 1 cm) eines Kationen-Austauschers KY-2 oder Wofatit KPS-200 in der H^+-Form mit einer Geschwindigkeit von 2 bis 3 ml/min gegeben. Die ÄDTE-Komplexe von Fe^{3+} und Ti^{4+} gehen dabei in das Eluat, während das Aluminium adsorbiert wird. Nach Elution des Aluminiums mit 3n Salzsäure kann es in üblicher Weise mit ÄDTE bestimmt und das Titan photometrisch als $[TiO(H_2O_2)]^{2+}$ bestimmt werden.

Bemerkungen. Ohne Abtrennung bestimmt *Egorova* [352] *Scandium* und Aluminium. Die Lösung, die 0,01 bis 0,1 g Sc_2O_3 und 0,025 bis 0,1 g Al_2O_3 enthalten soll, wird auf 100 ml verdünnt, mit Ammoniak gegen Kongorotpapier (pH etwa 2) eingestellt und mit 3 bis 4 Tropfen 0,1%iger Xylenolorange-Lösung versetzt. Zunächst wird mit 0,05 m ÄDTE-Lösung das Scandium bis zum Umschlag von Rosa nach Gelb titriert. Nun wird sofort auf 200 ml verdünnt, ÄDTE-Lösung im Überschuß (5 bis 8 ml über die erforderliche dem Aluminium äquivalente Menge) zugegeben und mit Ammoniak bis zur schwachen Rosafärbung versetzt. Nun wird so viel Salzsäure (1:1) (etwa 6 m) zugefügt, bis die Lösung wieder farblos ist, weiter 20 ml Pufferlösung (500 g $CH_3COONa \cdot 3H_2O$ und 20 ml 80%ige Essigsäure in 1 l) zugegeben und 2 bis 3 min gekocht. Nach Abkühlen werden noch 3 bis 4 Tropfen Xylenolorange-Lösung zugesetzt und mit 0,05 m Zinknitrat-Lösung zurücktitriert (Umschlag von Gelb nach Rosa). Die Titration und die Komplexierung des Aluminiums muß schnell erfolgen, da Aluminium unter den Bedingungen der Scandium-Titration bereits reagiert.

Suzuki [353] fällt bei der Analyse von *Silicaten* die Hydroxide des Eisens, Titans und Aluminiums, trennt nach Lösen der letzteren das Eisen mit einem flüssigen Ionen-Austauscher (Amberlite LA-1) ab und titriert zunächst das Titan nach Zugabe von Wasserstoffperoxid- und ÄDTE-Lösung mit einer Wismut-Lösung zurück. Nach nochmaliger Zugabe von ÄDTE wird das Aluminium bei pH = 5 bis 6 mit Zinksulfat-Lösung zurücktitriert.

Staufenberger [354] bestimmt Aluminium in *keramischen* Rohstoffen und Fertigerzeugnissen. Er fällt zunächst die Hydroxide des Eisens, Titans und Aluminiums, titriert dann nach dem Lösen derselben die Summe aus Al und Fe; das Eisen bestimmt man photometrisch.

Weitere Aluminiumbestimmungen in Gläsern und Silicaten beschreiben *Sales* [355], *Přibil* und *Veselý* [356] sowie *Konkin* und *Zhikhareva* [357], in feuerfesten Materialien *Dippel* [358], in Manganerzen *Bhaduri*, *Sarkar* und *Majumdar* [359], in Bauxiten *Klein* und *Skrivanek* [360] und in aluminiumorganischen Verbindungen *Zelenetskaya* und *Vorontsova* [361].

Selektive Bestimmung des Aluminiums mit Hilfe von Alkalifluoriden

Ein elegantes selektives Verfahren zur Titration des Aluminiums beruht auf der Verdrängung des Aluminiums aus seinem ÄDTE-Komplex durch Fluoridionen, wobei eine äquivalente Menge an ÄDTE freigesetzt wird. Durch einen 5- bis 6fachen Überschuß an Fluoridion läßt sich das Gleichgewicht der Verdrängungsreaktion:

$$[Al(H_2O)_2Y]^- + 6F^- + 2H_3O^+ \rightleftarrows AlF_6^{3-} + [H_2Y]^{2-} + 4H_2O$$

quantitativ in Richtung des stabilen und schwer löslichen Fluoroaluminat-Komplexes verschieben. Die freigesetzte ÄDTE läßt sich analog wie ein ÄDTE-Überschuß titrieren. Zur praktischen Durchführung dieser Bestimmung werden zunächst alle komplexierbaren Kationen einschließlich des Aluminiums durch einen Überschuß an ÄDTE komplexiert und der Überschuß zurücktitriert. Nach Zugabe von Fluoridionen wird gekocht und die dem Aluminium äquivalente freigesetzte ÄDTE titriert. Kationen, die im pH-Bereich der Titration sowohl mit Fluoridion als auch mit ÄDTE reagieren, z.B. Ti, Fe und Zr, stören und müssen wenn möglich maskiert oder abgetrennt werden. Calcium, das zwar mit Fluoridion reagiert, aber im pH-Bereich der Titration von 5 bis 6 keinen ÄDTE-Komplex bildet, stört nicht. Bei höheren Calcium-Gehalten muß lediglich der Fluoridüberschuß erhöht werden.

Eine universell anwendbare

Arbeitsvorschrift geben *Busev*, *Petrenko* und *Bychovskaja* [362]. Zur austitrierten Lösung werden 40 ml 4%ige Natriumfluorid-Lösung gegeben, 2 bis 3 min gekocht, bis Kryolith ausfällt und die Lösung wieder orange wird. Man kühlt schnell ab und titriert die dem Aluminium äquivalente Menge ÄDTE bei pH = 5,2 bis 5,8 mit 0,05 m Zinknitrat-Lösung zurück.

Bemerkungen. Die Autoren benutzten ihr Verfahren zur Bestimmung des Aluminiums in Bauxit, Mergel, Schamotte, Zement und Schlacken. Der absolute *Fehler* der Bestimmung in den aufgeführten Materialien wurde mit ± 0,3 % angegeben. Nach ihren Angaben sollen Titanoxid-Gehalte bis zu 3,5 % und Calciumoxid-Gehalte bis 61,5 % keinen Einfluß auf das Ergebnis haben.

Zur Bestimmung des Aluminiums (0,1 bis 6 %) neben *Titan* (0,1 bis 5 %) maskiert *Jurczyk* [363] das Titan mit Wasserstoffperoxid. Zur Analysenlösung (etwa 200 ml) gibt er 1 %ige Wasserstoffperoxid-Lösung (1 ml je 5 mg Ti), erwärmt auf 40 °C und gibt einen Überschuß an 0,05 m ÄDTE-Lösung hinzu. Es wird auf pH 6 bis 6,5 eingestellt, 20 ml Acetat-Pufferlösung, pH = 6,5, zugegeben, 1 min gekocht und mit 0,05 m Zinkchlorid-Lösung gegen Xylenolorange zurücktitriert. Nun werden 20 ml gesättigte Natriumfluorid-Lösung hinzugefügt, 2 bis 3 min gekocht und die freigesetzte ÄDTE zurücktitriert. Der gebildete Titanperoxid-ÄDTE-Komplex ist stabil und wird durch Natriumfluorid nicht zersetzt.

Basierend auf einer früheren Arbeit [364] fällen *Přibil* und *Veselý* [365] Titan mit Natronlauge in Gegenwart von *Triaethanolamin*. Im Filtrat verbleiben Eisen und Aluminium als Triaethanolamin-Komplexe (Aluminium auch teilweise als Aluminat-ion). Aluminium wird im Filtrat mit der Fluorid-Methode bestimmt, wobei zur Rücktitration Blei(II)-nitrat-Lösung verwendet wird.

Eine interessante Aluminiumbestimmung führt *Bruile* [366] in der Analyse von Ferrotitan durch. Er titriert zunächst die Summe aus Fe, Ti und Al und setzt zu der austitrierten Lösung *Buttersäure* hinzu. Diese verdrängt das Titan aus dem Ti-ÄDTE-Komplex und setzt eine dem Titan äquivalente Menge an ÄDTE frei, die mit Zinksulfat-Lösung zurücktitriert wird. Anschließend wird mit Kaliumfluorid versetzt und nach Kochen die dem Aluminium äquivalente freigesetzte ÄDTE titriert.

Weitere Anwendungen. Nach einer vorausgehenden *Benzoat*-Fällung in Gegenwart von *Thioglykolsäure* bestimmt *Jurczyk* [367] Aluminium in Rohstoffen und Erzeugnissen der Eisenindustrie. Legierte Stähle können nach seiner Methode in Gegenwart von Cr (bis 30 %), Ti, Co, Mo, V, Cu, Ni und Mn analysiert werden. Zur Analyse von Gesteinen und Mineralien benutzen *Dempir* [368], *Sočevanova* [369] sowie *Klassova* [370] ebenfalls das Verfahren mit Xylenolorange und Fluoridionen. Auf gleiche Weise bestimmen *Cluely* [371] Al_2O_3 in Opalgläsern, *Federovskaya*, *Khaskina* und *Surina* [372] in Brennstoffaschen sowie *Brashnarova* und *Tutunarova* [373] in Fluoriten.

Titrationsverfahren mit CDTE und TTHE als Komplexbildner

Die von *Přibil* und *Veselý* [374] vorgeschlagene Cyclohexandiamin-(1,2)-tetraessigsäure (CDTE) als Komplexbildner für komplexometrische Titrationen bildet mit Aluminium im Gegensatz zur ÄDTE schon bei Zimmertemperatur auch in Anwesenheit großer Mengen von Neutralsalzen einen stabilen Komplex. Die Analysenvorschrift zur Bestimmung des Aluminiums mit CDTE ist dieselbe wie mit ÄDTE mit der Ausnahme, daß nicht gekocht zu werden braucht.

In einer weiteren Arbeit beschreiben *Přibil* und *Veselý* [375] die Bestimmung von Aluminium und Chrom neben Chromationen. Aluminium wird zuerst in der Kälte bestimmt, Chrom nach 10 min langem Kochen mit einem weiteren Zusatz an CDTE. Die Methode wurde von *Přibil* und *Veselý* [376] auch zur Bestimmung des Aluminiums in Kupferlegierungen benutzt, wobei zur Maskierung des Kupfers Thioharnstoff zugesetzt wird. Der Aluminium-Gehalt wird aus der Differenz bestimmt.

Burke und *Davis* [377] bestimmen Aluminium in verschiedenen Nickel-, Eisen- und Kupfer-Legierungen. Störende Elemente werden durch Elektrolyse an der

Quecksilber-Kathode durch Fällung und Extraktion abgetrennt. Der *Fehler* der Bestimmung von 3% Al in einer komplexen Hochtemperaturlegierung wird mit kleiner als 0,02% angegeben. Über eine einfache Abtrennung von Eisen und Titan bei gleichzeitiger Bestimmung des Aluminiums berichtet *Pritchard* [378].

Arbeitsvorschrift. Nach Aufschluß von 0,2 g Silicatprobe mit 2,5 g Natriumhydroxid in einem Silbertiegel wird ein aliquoter Teil von 50 ml, der mit 100 ml Salzsäure (1:1) (etwa 6 m) umgesetzten und auf 250 ml aufgefüllten Aufschlußlösung in einem Polypropylenbecher mit 60 ml 5%iger Natriumhydroxid-Lösung versetzt. Man fügt sofort 10 ml 0,08 m CDTE-Lösung und etwas Filterschleim hinzu und erhitzt 1 Std. auf dem Wasserbad. Nach Filtration und 6maligem Auswaschen mit je 6 ml 2%iger Natronlauge wird nach Zugabe einiger Tropfen Bromkresolgrün-Lösung mit Salzsäure (1:1) angesäuert und bis zum Farbumschlag nach Blau 5n Natronlauge zugegeben. Man gibt 25 ml Pufferlösung, pH = 5,5 (200 g Hexamin + 40 ml konz. Salzsäure in 1 l), sowie 5 Tropfen 0,1%iger Xylenolorange-Lösung hinzu und titriert den CDTE-Überschuß mit 0,025 m Zink(II)-chlorid-Lösung zurück.

Bemerkungen. Bei der Analyse synthetischer Lösungen erhält *Pritchard* folgende Ergebnisse (Tab. 49).

Tabelle 49. *Titrationen nach Pritchard*

Elemente, vorgelegt in mg						Al vorgelegt	Al gefunden	Fehler
Si	Mg	Ca	Fe	Ti	Mn	mg	mg	%
	2					11,88	11,87	−0,1
		2				11,88	11,87	−0,1
			4			11,88	11,82	−0,5
				0,6		11,88	11,92	+0,3
					0,7	11,88	11,98	+0,8
	2	2	4	0,6	0,7	11,88	11,88	0,0
20						9,87	9,86	−0,1
20	2	2	4	0,6	1	9,87	9,92	+0,5

Die von *Pritchard* angegebene Methode wird von *Bensch* und Mitarbeitern [379] zur Bestimmung des Al_2O_3-Gehaltes von *Bauxit* angewandt. An Stelle von CDTE benutzen die Autoren ÄDTE zur Titration und zur Einstellung des pH-Wertes nach Umsetzung des natronalkalischen Filtrats mit Salzsäure bis pH = 2 Natronlauge und bis pH = 5,5 Natriumacetat-Lösung. Die Titration des überschüssigen ÄDTE erfolgt mit Zinksulfat-Lösung. Bei Kontrollanalysen von 5 verschiedenen Bauxitproben mit Al_2O_3-Gehalten zwischen 50 und 60% wurde eine *Standardabweichung* von 0,2% ermittelt.

Wie schon erwähnt (siehe S. 217), läßt sich *Eisen* und Aluminium nebeneinander nach *Přibil* und *Veselý* [228] mit TTHE und ÄDTE bestimmen.

Arbeitsvorschrift. Zu 5 ml einer 0,05 m Lösung von Eisen und Aluminium gibt man 10 ml 0,05 m TTHE-Lösung, kocht 1 bis 2 min, kühlt ab, fügt 12 ml 0,05 m ÄDTE-Lösung hinzu und titriert mit 0,05 m Lanthannitrat-Lösung gegen Xylenolorange (Verbrauch a ml) die Summe $Al_2X + AlY = (22 - a)$ ml = b ml (X = Anion der TTHE, Y = Anion der ÄDTE). In einem zweiten 5-ml-Anteil der Lösung wird die Summe: $AlY + FeY = c$ ml durch Rücktitration mit ÄDTE bestimmt. Die Differenz: c ml − b ml, multipliziert mit dem Faktor 2, ergibt den Verbrauch der 0,05 m Maßlösung für das Aluminium, die Differenz: c ml $- 2 \cdot (c$ ml $- b$ ml$)$ den Verbrauch für das Eisen.

Bestimmung gegen das Redoxsystem Kaliumhexacyanoferrat(III)/ Kaliumhexacyanoferrat(II) und 3,3'-Dimethylnaphthidin bzw. Benzidin als Indikator

Prinzip. In Gegenwart des Redoxsystems: $[Fe(CN)_6]^{3-}/[Fe(CN)_6]^{4-}$ entsteht durch Zugabe von Zinkionen in Lösungen ein Sprung des Redoxpotentials, da das Zn^{2+}-Ion Zinkhexacyanoferrat(II) bildet. Zur Anzeige dieses Potentialsprunges läßt sich das von *Belcher* und Mitarbeitern [380] als Redoxindikator eingeführte 3,3'-Dimethylnaphthidin oder das von *Sajó* [381] benutzte Benzidin verwenden. Dabei wird das 3,3'-Dimethylnaphtidin zu einem violetten, das Benzidin zu einem blauen Produkt aufoxydiert.

Brown und *Hayes* [382] benutzen dieses Indikatorsystem mit 3,3'-Dimethylnaphthidin zur komplexometrischen Titration des Zinks bei pH = 5. Setzt man nämlich zu einem solchen System ÄDTE hinzu, so wird das an das Hexacyanoferrat(II) gebundene Zink in den ÄDTE-Komplex überführt; das Hexacyanoferrat(II)-ion wird in Freiheit gesetzt; das Redoxpotential sinkt und in der Lösung findet ein Farbwechsel von Violett nach Gelb statt. Da die Reaktion zwischen Zinkhexacyanoferrat(II) und ÄDTE sehr langsam verläuft, kurz vor Erreichen des Endpunktes muß sehr langsam titriert werden, ist die indirekte Titration eines ÄDTE-Überschusses einer direkten Titration vorzuziehen.

Für die Bestimmung des Aluminiums mit diesem Indikatorsystem haben zuerst *Flaschka* und *Abdine* [383] wie auch *Flaschka* und *Franschitz* [384] Arbeitsvorschriften angegeben, deren letztere hier wiedergegeben ist.

Arbeitsvorschrift. Die saure Aluminiumsalz-Lösung wird mit verd. Ammoniak gegen Tropäolin OO (0,1 %ig) von Rot auf Rosa gebracht; pH = 2 soll nicht überschritten werden. Man setzt 0,1 m ÄDTE-Lösung im Überschuß zu, kocht 2 min und kühlt ab. Nach Zugabe von genügend Pufferlösung (27,22 g krist. Natriumacetat + 60 ml n Salzsäure in 1 l), um pH = 5 zu erreichen (pH-Kontrolle), und 1 Tropfen Kaliumhexacyanoferrat(III)-Lösung [0,1 %ig; ein geringer Gehalt an Kaliumhexacyanoferrat(II) genügt für das Ansprechen des Indikators] sowie Naphthidinlösung (0,1 %ig in Eisessig) wird mit 0,1 m Zinkchlorid-Lösung zurücktitriert, bis ein leichter violetter Farbton in der Lösung auftritt. Gegen Ende der Titration verfährt man etwas langsamer. Zur besseren Ermittlung des Endpunktes werden mehrfach einige Tropfen ÄDTE-Lösung zugegeben und jeweils mit Zink-Maßlösung auf den Endpunkt titriert. Über die Zahl der Ablesungen wird gemittelt.

Bemerkungen. Zur Fällung des Zinkhexacyanoferrats(II) wird eine geringe Menge Zink-Maßlösung verbraucht, die *berücksichtigt* werden muß. Sie beträgt bei einem Titrationsvolumen von etwa 100 ml 0,05 ml, bei etwa 150 ml 0,06 ml 0,1 m Zink-Maßlösung.

Tabelle 50. *Titrationen nach Flaschka und Franschitz*

Fe	Al	0,1 m ÄDTE-Lösung		
		berechnet	gefunden	Differenz
mg	mg	ml	ml	ml
17,6	10,04	7,00	6,94	−0,06
7,7	13,4	7,16	7,14	−0,02
28,5	5,9	7,29	7,28	−0,01
11,9	14,0	7,32	7,33	+0,01
11,1	15,1	7,58	7,58	0,00
10,7	24,7	10,36	10,33	−0,03

Beleganalysen, in denen die *Summe aus Fe und Al* titriert wurde, ergaben folgende Resultate (Tab. 50).

Störende Ionen. Durch Anwesenheit von Erdalkalien wird die Bestimmung nicht gestört. Unter den Bedingungen der Titration werden Zn, Cd, Cu, Fe, Ni und Pb nicht erfaßt. Mangan wird zu etwa 50% mittitriert und stört. Kobalt reagiert mit dem Redoxsystem und stört die Bestimmung ebenfalls.

Nach dem beschriebenen Verfahren bestimmt *Obiols Salvat* [385] Aluminium im *Zement.* Nach Oxydation der Lösung mit Wasserstoffperoxid und Zusatz von Glykokoll wird zunächst das Eisen direkt gegen den Indikator Variaminblau titriert. Anschließend erfolgt die Aluminium-Bestimmung. Auf ähnliche Weise bestimmt auch *Wallraf* [386] das Aluminium im Zement, indem er die austitrierte Lösung mit Natriumfluorid dekomplexiert und das Aluminium selektiv bestimmt.

Drwiega und *Klajn* [387] titrieren zunächst in der Analyse von Eisen-, Kupfer- und Blei-Zink-*Erzen* Aluminium zusammen mit anderen erfaßbaren Elementen. Nach Zusatz von Natriumfluorid und Kochen der Lösung wird eine dem Aluminium äquivalente Menge an ÄDTE in Freiheit gesetzt, das auf die gleiche Weise bestimmt wird.

An Stelle von 3,3′-Dimethylnaphthidin verwendet *Sajó* [388] *Benzidin* als Redoxindikator. Er gibt folgende

Arbeitsvorschrift. Die Aluminiumsalz-Lösung wird mit einem abgemessenen Überschuß an ÄDTE-Lösung versetzt, auf 30 bis 40 °C erwärmt, gegen Phenolphthalein neutralisiert und mit Salzsäure (D 1,12) eben angesäuert. Man stellt mit 20 ml Acetatpuffer auf pH = 5 bis 6 ein, kocht 3 min und kühlt ab. Nach Zugabe von 1 ml Benzidin-Lösung in Eisessig, 1 ml Hexacyanoferrat(II,III)-Lösung (20 ml 1%ige $K_3[Fe(CN)_6]$-Lösung und 5 ml 1%ige $K_4[Fe(CN)_6]$-Lösung in 100 ml) wird der ÄDTE-Überschuß mit Zinkacetat-Lösung bis zum Farbumschlag nach Blau zurücktitriert. Zur austitrierten Lösung werden 30 ml neutrale, gesättigte Natriumfluorid-Lösung gegeben, 2 bis 3 min gekocht, abgekühlt, nochmals 1 ml Benzidin- und 1 ml Hexacyanoferrat(II,III)-Lösung zugesetzt und die freigesetzte ÄDTE titriert.

Bemerkungen. Ergebnisse von Beleganalysen werden von *Sajó nicht* mitgeteilt. *Gorcey de Longuyon* [389], der *Sajós* Methode zur Bestimmung des Al_2O_3-Gehaltes in Tonen und Schamotte anwendete, analysiert amerikanische *Standardproben* und erhält eine ausgezeichnete Übereinstimmung mit den angegebenen Werten. *Nečaeva* und *Lapidus* [390] geben den *Fehler* der Aluminium-Bestimmung in Tonen und Schamotten bei Gehalten von etwa 30% Al_2O_3 mit 0,5 bis 0,7% an. *Malissa* und *Kotzian* [323] hingegen erhielten in 6 Bestimmungen von 2,5 mg Al einen relativen Fehler von −8,0%.

Störende Ionen. Die Bestimmung kann in Gegenwart von den Erdalkalien, Fe, Mn, Cu, Cr, V, Si, PO_4^{3-}, Cl^-, NO_3^- oder SO_4^{2-} ausgeführt werden. Titan stört und muß entfernt werden. Der Einfluß von Kobalt kann durch Oxydation mit Wasserstoffperoxid ausgeschaltet werden. Nach *Yen Chin-Hwei* und *Chung-Hsian Tao* [391] beeinträchtigt ein hoher Chromgehalt (Cr : Al > 1 : 5) durch die tief purpurrote Farbe des Cr-ÄDTE-Komplexes die Erkennung des Farbumschlages. In Anwesenheit von *Sulfation* oder bei Titration mit Zinksulfat-Lösung ist der Redoxindikator 3,3′-Dimethylnaphthidin dem Benzidin vorzuziehen.

Weitere Anwendungen. Das von *Sajó* vorgeschlagene Verfahren wird von *Margolis* [392] zur Analyse von Quarzit, von *de Gomez* [393] zur Bestimmung in Gesteinen und von *Szüscs* [394] auf die Untersuchung von Böden angewandt. Nach dem gleichen Verfahren und nach vorausgehender Natronlauge-Trennung titriert *Spauszus* [395] das Aluminium in Stählen bei Gehalten > 0,2%. *Guennelon* [396] bestimmt die Summe aus Eisen und Aluminium in Silicaten. Eisen wird oxydimetrisch bestimmt und der Aluminium-Gehalt aus der Differenz berechnet. Von *Chetkovska, Sosin* und *Streszewska* [397] wird jenes Verfahren zur Analyse von Zink-Aschen benutzt.

Die komplexometrische Bestimmung des Aluminiums mit dem Indikator-System Kaliumhexacyanoferrat(III)/Kaliumhexacyanoferrat(II) mit Variaminblau B führen auch *Erdey* und *Pólos* [398] durch. Sie arbeiten dabei nach der von *Sajó* mit 3,3′-

Dimethylnaphthidin als Redoxindikator angegebenen Vorschrift. Die Standardabweichung aus 11 Bestimmungen bei einem Gehalt von 26,98 mg Al bestimmten sie zu $\pm$ 0,013 ml 0,05 m Maßlösung.

Auch Diphenylamin kann als Indikator zur Anzeige des Potentialsprunges verwendet werden (*Liu Czin, Czin Venin* [399]).

Bestimmung mit verschiedenen, weiteren Indikatoren.

Zur Bestimmung des Aluminiums durch Rücktitration wurden neben den bereits erwähnten noch eine Reihe von Indikatoren untersucht und Analysenvorschriften ausgearbeitet. Die meisten dieser Methoden besitzen jedoch nur geringe oder z.Zt. keine praktische Bedeutung.

Eriochromcyanin-R wurde von *Sajó* [400] zur Aluminium-Bestimmung verwendet. Die Titration erfolgt in acetatgepufferter Lösung von pH = 5 bis 7 mit Zink- oder Cadmiumsulfat-Lösung. Der Farbumschlag erfolgt von Gelb nach Violett. Durch Kieselsäure wird die Bestimmung gestört, ebenso durch größere Mengen an Ca, Mn, Ti, Cl^-, SO_4^{2-} und CO_3^{2-}.

Eriochromcyanin R als Indikator verwenden auch *Hegemann* und *Wilk* [401] zur Bestimmung des Aluminiums und Eisens in Silicaten. Sie führen die Titration mit photometrischer Endpunktsbestimmung aus und benutzen jeweils frisch angesetzte Indikator-Lösungen.

Arbeitsvorschrift. Nach Aufschluß der Probe mit Flußsäure-Schwefelsäure und Abrauchen des Fluorwasserstoffs wird zunächst das Eisen unter Zusatz einer Pufferlösung (51,9 Vol.-% 0,1 n Glykokollösung und 48,1 Vol.-% 0,1 n Salzsäure) und 0,5 ml 0,1 %iger Indikator-Lösung bei pH = 2,0 und 40 °C mit 0,02 m ÄDTE-Lösung titriert (Wellenlänge 528 nm). Zur Ermittlung des ungefähren ÄDTE-Verbrauches für das Aluminium wird dieses zunächst in der Siedehitze bei pH = 4,1 visuell titriert. Nun wird in einem weiteren, aliquoten Teil der Analysenlösung eine dem Verbrauch für Eisen und Aluminium entsprechende ÄDTE-Menge im Überschuß zugegeben, aufgekocht und nach Abkühlen bei 40 °C und pH = 4,1 mit 0,05 m Eisen(III)-chlorid-Lösung bei 582 nm zurücktitriert.

Brenzcatechinviolett. Der bereits bei der direkten Titration des Aluminiums verwendete Indikator Brenzcatechinviolett (siehe S. 222) wird von *Šir* und *Pribil* [402] auch zur indirekten Bestimmung, besonders aber der Summe aus Al, Fe und Ti benutzt.

Arbeitsvorschrift. Zur schwach sauren Aluminiumsalz-Lösung gibt man einen abgemessenen ÄDTE-Überschuß, verdünnt auf 100 bis 200 ml und fügt unter Rühren 3 bis 10 ml Pyridin hinzu. Nach Zusatz von Brenzcatechinviolett titriert man mit 0,05 m Kupfersulfat-Lösung bis zum Farbumschlag von Gelb nach Blau.

Bemerkung. Die Summe aus Al, Fe und Ti bestimmen *Patrovský* und *Huka* [403] in Silicaten; dabei stören jedoch Mn, Co, Ni, Zn, Be und Cr. Nach Angaben von *Dinnin* und *Kinser* [404] ist die Titration gegen Brenzcatechinviolett als Indikator gegen *Störungen* besonders anfällig. So stören in mit Pyridin-Acetatpuffer versetzten Lösungen Phosphate und Sulfate. Auch die Anwesenheit von Perchloraten und Chloriden beeinflußt die Bestimmung.

Hämatoxylin. Die bereits beschriebene (siehe S. 220) direkte Titration des Aluminiums läßt sich auch als Rücktitrationsverfahren ausführen. Der ÄDTE-Überschuß wird dabei in acetatgepufferter Lösung (pH = 6) mit Aluminiumsalz-Lösung gegen Hämatoxylin titriert (*Baškirceva* und *Jakimets* [405] sowie *Culkov* [406]). Die Bestimmung wird durch Fe^{2+}, Fe^{3+}, Cu, Ti, Zn und Mn gestört. Zur Bestimmung von Aluminium und Kupfer nebeneinander benutzt *Asensi-Mora* [407] ebenfalls den Indikator Hämatoxylin. Die Titration wird bei pH = 4 durchgeführt. Die anwesenden Kupferionen werden durch Zugabe von Thiosulfat maskiert.

Variaminblau-B. *Johannsen, Bobowski* und *Wehber* [408] benutzen den von *Wehber* [409] verwendeten Redoxindikator Variaminblau B in Verbindung mit dem

Redoxsystem Cu^{2+}/Cu^+ und Thiocyanation zur Indikation des Endpunktes bei der Aluminium-Bestimmung. Als Maßlösung wird eine Mischsalzlösung, die 0,005 m an Cu^{2+} und 0,1 m an Zn ist, benutzt, die eine wenn auch sehr geringe, jedoch für das Redoxsystem ausreichende Cu-Konzentration besitzt. Da Kupfer(I)-thiocyanat schwer löslich ist, erhöht sich das Redoxpotential kurz nach dem Äquivalenzpunkt sprunghaft und oxydiert die Variaminblau-B-Base. Die Rücktitration wird in mit 5 g natriumacetatgepufferter Lösung bei pH 5 bis 5,5 nach Zugabe von 2 g Ammoniumthiocyanat ausgeführt. Der Farbumschlag erfolgt nach Violett. In einer späteren Arbeit wird dieses Verfahren von *Wehber* [410] dahingehend abgeändert, daß nach Zugabe der ÄDTE-Lösung und Einstellung des pH-Wertes von 5,5 die Lösung 1 min gekocht wird und die Rücktitration mit reiner Kupfer(II)-chlorid-Lösung erfolgt. *Wehber* [411] benutzt zur Bestimmung des Aluminiums an Stelle von ÄDTE auch die Nitrilotriessigsäure (NTE) und Kupfer(II)-Maßlösung zur Titration des NTE-Überschusses. Da mit Urotropinpuffer gearbeitet wird, darf nicht gekocht werden. Die Titration ist deshalb mit einer bei Zimmertemperatur empirisch eingestellten Maßlösung vorzunehmen.

Calcein W, Methylcalcein und Methylcalcein-Blau als Fluoreszenzindikatoren werden von *Hibbs* und *Wilkins* [412] sowie von *Wilkins* [229] zur Titration eines ÄDTE- bzw. HEDTE-Überschusses mit Kupfer-Maßlösung bei pH = 4,8 bis 5 benutzt. Der Endpunkt der Titration wird durch das Verschwinden der Fluoreszenz des freien Indikators angezeigt. Nickel wird mittitriert, Mangan stört nicht und kann auf diese gleiche Weise bei pH = 9,5 titriert werden.

Durch automatisch derivative, photometrische Titration bestimmen *Vassiliades*, *Kawassiades*, *Hadjiioannou* und *Colovos* [413] neben Eisen auch Aluminium. Sie bestimmen zunächst durch direkte Titration das Eisen bei pH = 2,0 gegen 3,5-Dinitrosalicylsäure bei einer Wellenlänge von 470 nm. Zur pH-Einstellung wird eine Glycin-Pufferlösung von pH = 2,2 verwendet. Anschließend erfolgt die Titration der Summe des Eisens und Aluminiums, wobei zunächst mit einer Glycin-Pufferlösung von pH = 4,4 der pH-Wert der zu titrierenden Lösung eingestellt wird. Nach Zufügen 0,1%iger Calcein-W-Lösung in 0,001 n Natronlauge und so viel 0,01 m ÄDTE-Lösung, bis zum Auftreten der grünen Fluoreszenz des Indikators sowie nach weiterer Zugabe von 2 ml ÄDTE-Lösung wird mit 0,01 m Kupfer-Lösung bis zum Endpunkt titriert. Für höhere Eisen- und Aluminium-Gehalte von mehr als 0,1 Milliäquivalenten wird mit 0,1 m ÄDTE-Lösung und 0,04 m Kupfer-Lösung gearbeitet, nach der Zugabe der ÄDTE-Lösung gekocht und weitere 3 Tropfen Calcein-W-Lösung zugefügt. Der Aluminium-Gehalt wird aus der Differenz errechnet. Nach Angaben der Autoren lassen sich mit dieser Methode ebensogut Makro- und Mikrobestimmungen des Eisens und Aluminiums mit einem relativen *Fehler* von 0,3 % und weniger bestimmen.

Glycinkresolrot. *Skřivánek* und *Klein* [414] titrieren die durch Natriumfluorid in Freiheit gesetzte, dem Aluminium äquivalente Menge an ÄDTE mit Kupfersulfat-Maßlösung und Glycinkresolrot [3,3′-Di(N-carboxy-methylaminomethyl)-o-kresolsulfophthalein] als Indikator bei pH = 5 bis zum Farbumschlag von Grün nach Violett. In Anwesenheit von Titan ist der Farbumschlag schleppend.

Hydroxynaphthoesäuren. 1-Hydroxy-2-naphthoesäure und 2-Hydroxy-3-naphthoesäure wurden von *Pande* und *Srivastava* [415], später von *Sen* und *Chauran* [416] zur Rücktitration des ÄDTE-Überschusses als Indikatoren verwendet. *Pande* und *Srivastava* geben folgende

Arbeitsvorschrift. Zur Aluminiumlösung (10 bis 30 mg Al) gibt man eine abgemessene Menge 0,1 m ÄDTE-Lösung, bringt mit Ammoniak auf pH = 6 und kocht 1 min. Nach Abkühlen wird Acetatpuffer bis zu pH = 4,0 hinzugegeben, auf 100 ml verdünnt, 1 ml 2%ige 2-Hydroxy-3-naphthoesäure-Lösung hinzugefügt und mit 0,1 m Eisen(III)-chlorid-Lösung bis zum Farbumschlag nach Grün bis Blau titriert.

Bemerkungen. Ein *Blindwert* ist erforderlich.

Sen und *Chauron* verfahren auf ähnliche Weise und benutzen sowohl die 2-Hydroxy-3-naphthoesäure als auch die *1-Hydroxy-2-naphthoesäure* als Indikatoren. Sie führen die Titration bei einem pH-Wert zwischen 2 und 3 aus. Mittitriert werden Cu, Ni, Cr, Bi, Zr, Th und Pb.

Pyrogallolcarbonsäure, die als Indikator zur direkten Titration von Calcium benutzt werden kann, eignet sich auch zur Rücktitration eines ÄDTE-Überschusses in der Bestimmung des Aluminiums. Gemäß der

Arbeitsvorschrift nach *Kovařik* und *Moucka* [417] gibt man zur Lösung einen abgemessenen Überschuß an 0,1 m ÄDTE-Lösung, bringt mit NaOH auf pH = 12, fügt 1/10 des Flüssigkeitsvolumens an gesättigter, wäßriger Indikator-Lösung zu und titriert mit 0,1 m Bariumchlorid-Lösung bis zum Farbumschlag von Gelb nach Violettrot.

Murexid. Mit CDTE und ÄGTE [Äthylenglykol-bis(β-aminoäthyläther)/N,N'-tetraessigsäure] bestimmen *Bermejo-Martinez, Paz-Castro* und *Rey-Mendoza* [418] Eisen, Aluminium, Kupfer und Zink in Rohr- und Rübenzuckermelasse durch Rücktitration. Als Indikator dient Murexid bei pH = 11 bis 12. Zur Rücktitration wird eine 0,01 m Calciumchlorid-Lösung verwendet.

Das Indikatorsystem Diphenylcarbazid bzw. Diphenylcarbazon und o-Phenanthrolin kann nach *Bányai, Gere* und *Erdey* [419] zur Endpunktsbestimmung bei der Rücktitration des Aluminiums mit Quecksilber(II)-nitrat dienen.

Arbeitsvorschrift. Zur schwefel- oder salpetersauren Lösung (1 bis 20 mg Al) wird ein 20 bis 200%iger ÄDTE-Überschuß gegeben und auf ein Volumen von 100 ml gebracht. Man neutralisiert mit Natronlauge gegen Phenolphthalein, setzt 1 ml n Salpetersäure zu, kocht 2 bis 3 min, kühlt ab und versetzt mit 10 ml 20%iger Hexamethylentetramin-Lösung. Nach Zugabe von 0,2 ml 0,01 m Diphenylcarbazon-Lösung und 0,5 ml 0,2%iger o-Phenanthrolin-Lösung wird mit Quecksilber(II)-nitrat-Lösung auf Violett titriert.

Indikatorsystem Vanadiumkomplexonat/Diphenylcarbazon. Wie schon ausführlich beschrieben (siehe S. 223), läßt sich Aluminium nach *Sajó* [263] mit dem Indikatorsystem Vanadiumkomplexonat/Diphenylcarbazon direkt titrieren. *Sajó* gibt in seiner Arbeit auch eine allgemeine

Arbeitsvorschrift zur Rücktitration, die zur Titration des Aluminiums geeignet ist. Zur Analysenlösung gibt man einen Überschuß an ÄDTE-Lösung, versetzt mit 1 ml 0,05 m Vanadium(V)-komplexonat oder 1 g festem Vanadiumkomplexonat (S. 223) sowie 0,5 ml 0,3%iger Diphenylcarbazon-Lösung und titriert das überschüssige ÄDTE mit Zink-, Thorium-, Blei- oder Mangan-Lösung bis zum Farbumschlag nach Rotviolett zurück.

Methylthymolblau. Zur Bestimmung des Aluminiums in Mineralien entwickelten *Budewski* und *Simova* [420] folgende

Arbeitsvorschrift. 150 bis 200 ml schwach saure Lösung, die 10 bis 50 mg Al_2O_3 enthält (Lösung der Hydroxidniederschläge) und aus der das Eisen abgetrennt wurde, werden mit 20 bis 40 ml 0,05 m ÄDTE-Lösung versetzt. Man kocht 3 bis 4 min, gibt Methylthymolblau-Indikator hinzu (0,5 g + 50 g KNO_3, im Mörser verrieben) und versetzt mit Ammoniak (1:5) (etwa 2,1 m) bis zum Umschlag des Indikators nach Graugelb. Nach Zugabe von 5 ml Acetatpuffer-Lösung (95 ml Eisessig + 115 ml Ammoniak in 1 l) kocht man erneut 2 bis 3 min und titriert nach Abkühlen mit 0,05 m Bleinitrat-Lösung bis zum Farbumschlag nach Violett. Man versetzt nun mit 20 ml gesättigter, neutraler Natriumfluorid-Lösung, kocht 2 bis 3 min und titriert wiederum auf Violett.

Bemerkungen. Die Bestimmung wird *gestört* von Fe^{2+}, Cu, Co, Ni, Cr^{3+}, PO_4^{3-}, Ti > 3 mg, Mn > 10 mg. In Anwesenheit von Sulfationen ist mit Zinksulfat-Lösung zu titrieren.

16*

Přibil und *Veselý* [421] bestimmen Aluminium in *Gold-Plattierbädern*, indem sie nach Abtrennung des Goldes durch Abrauchen mit Schwefel- und Salpetersäure zunächst die Summe aus Indium, Nickel und Aluminium mit ÄDTE bei pH = 5 durch Rücktitration mit Zinknitrat-Lösung gegen Methylthymolblau titrieren. Nach Zusatz festen Ammoniumfluorids und kurzem Aufkochen wird das freigesetzte, dem Aluminium äquivalente ÄDTE titriert.

Methylthymolblau als Indikator benutzen *Přibil* und *Veselý* [422] auch zur Titration der Summe aus Aluminium und Eisen mit Cyclohexan-1,2-diaminotetraessigsäure (CDTE) und zur Rücktitration mit Zink-Lösung in der Analyse von *Eisenerzen* und *Schlacken*. Zur Bestimmung des Aluminiums wird mit Fluoridion komplexiert und das freigesetzte CDTE zurücktitriert.

Omega Chrom Fast Blue 2 G. Dieser Indikator wird von *Abd el Raheem, Abdel Aziz Amin* und *Moustafa* [423] vorgeschlagen. Die Rücktitration erfolgt bei pH = 10 mit Magnesium- oder Calcium-Maßlösung, der Farbumschlag von Blau nach Weinrot. Die Methode ist nur für die Analyse reiner Aluminiumsalz-Lösungen geeignet, da bei dem hohen pH-Wert der Lösung, bei dem die Titration ausgeführt wird, die Erdalkalimetalle mittitriert werden.

Omega Chromgrün BBL. An Stelle von Alizarin S als Indikator zur Titration mit Thoriumnitrat nach *ter Haar* und *Bazen* [284] verwenden *Abd el Raheem, Moustafa* und *Abdel Aziz Amin* [424] den Farbstoff Omega Chromgrün BBL (Sandoz, Basel).

Arbeitsvorschrift. Zur sauren Aluminiumsalz-Lösung wird ein Überschuß an 0,01 m ÄDTE-Lösung und 2 ml Acetat-Pufferlösung (25 ml 0,2 m Natriumacetat-Lösung und 475 ml 0,2 m Essigsäure) gegeben. Nach 15 min langem Kochen wird auf 1 bis 3 °C abgekühlt, einige Tropfen Indikator-Lösung (0,1 g in 100 ml) und 3 ml Äthanol hinzugegeben. Es wird mit 0,01 m Thoriumsalz-Lösung bis zum Farbumschlag von Gelb nach Violett titriert.

Azoderivate der 8-Hydroxychinolin-5-sulfonsäure. *Busev* und *Talipova* [425] untersuchten einige Azoverbindungen der 8-Hydroxychinolin-5-sulfonsäure. Die Verbindungen 7-(6-Sulfo-2-naphthylazo)-, die 7-(4,8-Disulfo-2-naphthylazo)- und die 7-(5,7-Disulfo-2-naphthylazo)-8-hydroxychinolin-5-sulfonsäure eignen sich zur indirekten Titration des Aluminiums bei pH = 6 mit Kupfer(II)-nitrat-Lösung.

2-Oxybenzol-(1-azo-4)-1-n-sulfophenyl-3-methyl-5-oxypyrazol. Das von *Živopiscev, Kalmykova* und *Pjatosin* [426] synthetisierte Reagens eignet sich als komplexometrischer Indikator zur Bestimmung einer Reihe von Elementen, darunter auch des Aluminiums. Die Rücktitration des ÄDTE-Überschusses erfolgt innerhalb eines pH-Bereiches von 8 bis 9 nach Zusatz einiger Tropfen 1 %iger wäßriger Indikator-Lösung mit einer Zinksalz-Lösung. Der Farbumschlag erfolgt von einem schwachen Rotorange zu einem klaren Gelb.

Schiffsche Base. Das Dinatriumsalz der aus Äthylendiamin und 3-Aldehydosalicylsäure erhaltenen Base wird von *Poddar, Sengupta* und *Dey* [427] als Indikator zur Titration von Eisen und Aluminium verwendet. Bei einem pH-Wert von 5,0 bis 5,5 (Acetatpuffer) wird Aluminium durch Rücktitration überschüssiger ÄDTE mit Eisen(III)-salz-Lösung bestimmt.

Thiocyanation. Auf die Möglichkeit der indirekten Titration von Metallionen mit Kobaltsalz-Lösung und Thiocyanationen als Indikator wurde von *Takamoto* [428] hingewiesen. *Liteanu, Lukács* und *Strusievici* [429] geben folgende

Arbeitsvorschrift zur Bestimmung des Eisens und Aluminiums mit diesem Indikator. Zu 10 ml Lösung, die 1 bis 30 mg Al und 0,5 bis 6 mg Fe^{3+} enthalten sowie einen pH-Wert von etwa 2 aufweisen soll, gibt man 5 Tropfen 1 %iger Ammoniumthiocyanat-Lösung und titriert mit 0,05 m ÄDTE-Lösung das Eisen bis zum Farbumschlag von Rot nach Gelb. Zur Aluminium-Bestimmung gibt man nun einen abgemessenen Überschuß an ÄDTE-Lösung hinzu, bringt mit Natronlauge und 1 g Ammoniumacetat auf pH = 5 bis 7; man fügt 1 ml gesättigte Ammoniumthiocyanat-Lösung und so viel Aceton zu, daß die Lösung am Ende der Titration 50%ig an Aceton ist. Den Überschuß an ÄDTE titriert man mit 0,05m Kobaltnitrat-Lösung. Während der Titration ändert sich die Farbe kontinuierlich von Gelb nach Rotorange, am Äquivalenzpunkt schlägt sie in Grünblau um.

Natriumazid bildet mit Kupferionen einen intensiv olivgrün gefärbten Komplex, der stabiler als der entsprechende Cu(II)-ÄDTE-Komplex ist. Diese Eigenschaften des Natriumazids benutzen *Sherif* und *Raafat* [430] zur komplexometrischen Bestimmung einiger Schwermetallionen und des Aluminiums.

Arbeitsvorschrift. Zu 15 ml 0,01m Aluminiumchlorid-Lösung gibt man 17,5 ml 0,02m ÄDTE-Lösung und 1 ml 1m Natriumazid-Lösung. Nun titriert man mit 0,02m Kupfer(II)-sulfat-Lösung. Es wird zunächst der blaue Cu(II)-ÄDTE-Komplex gebildet; am Endpunkt schlägt die Farbe plötzlich nach Grün um.

Chromazurol S. Neben der bereits beschriebenen, direkten Titration mit Chromazurol S (siehe S. 219) läßt sich Aluminium nach *Elofson* [431] mit diesem Indikator auch durch Rücktitration mit Zinkchlorid-Lösung bestimmen.

Chromogen ET. Zur Bestimmung des Aluminiums in Organoalumosiloxanen nach der nassen Verbrennung benutzen *Terentjew*, *Luskina* und *Sjavcillo* [432] die indirekte, komplexometrische Titration mit Chromogen ET-00 als Indikator. Titriert wird in ammoniakalischer Lösung mit Zinkchlorid-Maßlösung. Der Farbumschlag erfolgt von Blau nach Violett.

Chromogen Dunkelblau, ein dem Chromogen ET sehr ähnlicher Farbstoff, wird von *Bresler* und *Rogozhina* [433] als Indikator verwendet. Zur Bestimmung von bis zu 15 mg Al_2O_3 werden 10 ml 0,05m ÄDTE-Lösung zugegeben, auf 50 ml verdünnt, 7 bis 8 ml Chromogen-Dunkelblau-Lösung (0,5 g in 20 ml Pufferlösung, pH = 10,5, und mit Äthanol auf 100 ml verdünnt) sowie 2,5 ml Pufferlösung, pH = 10,5 (20 g NH_4Cl + 100 ml NH_4OH in 1 l) zugegeben. Die Titration des ÄDTE-Überschusses wird mit 0,05m Zinksulfat-Lösung bis zum Umschlag von Blau nach Karmesinrot vorgenommen. In Gegenwart von *Chrom* wird dieses zuvor in alkalischer Lösung mit Wasserstoffperoxid zum Chromation oxydiert.

Tiron. Der von *Häberli* [434] zur Titration des Eisens benutzte Indikator *Tiron* (Dinatrium-1,2-dihydroxybenzol-3,5-disulfonat) kann auch zur indirekten Bestimmung des Aluminiums durch Rücktitration mit Eisen(III)-salz-Lösungen verwendet werden. Der Vorteil dieser Methode liegt in dem verhältnismäßig niedrigen pH-Wert von etwa 3,7, bei dem die Titration durchgeführt wird. Nach *Dinnin* und *Kinser* [404] braucht die Lösung zur Komplexierung nicht gekocht, sondern nur auf 80 °C erwärmt zu werden. Die Methode gibt unter Anwendung einer photometrischen Endpunktsbestimmung scharfe Umschläge. Perchloration beeinflußt die Endpunktsbestimmung. In Anwesenheit nicht zu großer Gehalte kann diese Störung durch Zusatz von Natriumsulfat beseitigt werden. Phosphate dürfen nicht anwesend sein. *Dinnin* und *Kinser* führen die Titration automatisch mit photometrischer Endpunktsbestimmung nach folgender

Arbeitsvorschrift durch. Die Analysenlösung, die nicht mehr als 2 mg Al enthalten soll, wird mit 10 ml 0,01m ÄDTE-Lösung, einigen Tropfen Phenolphthalein-Lösung (0,1 g in 100 ml Äthanol) und bis zum Umschlag nach Rosa mit Ammoniak (1:1) (etwa 6,5 m) versetzt. Nach Zugabe von 25 ml Pufferlösung (140 g Natriumacetat und 60 ml Eisessig in 1 l), 1 ml Tiron-Lösung (2 g in 100 ml) und heißem Wasser (80 bis 90 °C) bis zu einem Volumen von 300 ml wird der Überschuß an ÄDTE mit Eisen(III)-chlorid-Lösung (0,2 mg Fe/ml) bei der Wellenlänge 620 nm zurücktitriert.

Bemerkungen. Dinnin und *Kinser* verwenden diese Methode zur Bestimmung von Al_2O_3 in *Chromiten*. Chrom, Eisen und Nickel werden dabei durch Elektrolyse an der Quecksilberkathode, Titan und Vanadium mit Cupferron abgetrennt. *Liteanu, Crisan*

und Mitarbeiter [435] bestimmen ebenfalls Aluminium neben Chrom durch *Rück-titration* des ÄDTE-Überschusses mit Eisen(III)-chlorid-Lösung gegen Tiron als Indikator.

Acetylaceton. An Stelle von Tiron verwendet *Mori* [436] Acetylaceton als Indikator zur Titration des Aluminiums.

SNAZOXS. Die 7-(4-Sulfo-1-naphthylazo)-8-hydroxychinolin-5-sulfonsäure (SNAZOXS) kann nach *Guerrin, Sheldon* und *Reilley* [437] als Indikator zu komplexo-metrischen Titrationen verwendet werden. Der Indikator hat im pH-Bereich 3 bis 7 eine rötlichorange Farbe; seine Metallkomplexe sind gelb. Zur Bestimmung des Aluminiums verdünnt man die Probelösung auf 50 ml (pH = 2), versetzt mit einem Überschuß an ÄDTE-Lösung, gibt 2 ml Pufferlösung (pH = 4,5 bis 5) und 2 Tropfen SNAZOXS-Lösung (in Dimethylformamid) hinzu und titriert mit Kupfer(II)-salz-Lösung bis zum Umschlag nach Gelb zurück.

Bemerkung. Aikens und *Bahbah* [225] benutzen diesen Indikator zur Titration des Aluminiums und Eisens nebeneinander, die selektiv bei Verwendung von HEDTE möglich ist, da der Aluminium-HEDTE-Komplex bei der Titration des Eisens bei pH = 2 *instabil* ist.

Arbeitsvorschrift. Nach der direkten Titration des Eisens in salpetersaurer Lösung bei pH = 2, wobei unter Verwendung von SNAXOS als Indikator mit HEDTE-Lösung bei 50 °C bis zum Farbumschlag nach Dunkelrot titriert wird, setzt man HEDTE-Lösung im Überschuß zu und bringt mit einer Acetat-Pufferlösung auf pH = 5. Der Überschuß an HEDTE wird mit einer Kupfer(II)-salz-Lösung zurück-titriert.

Die relative *Standardabweichung* wird für Eisen mit 0,6 %, für Aluminium mit 0,8 % angegeben.

Potentiometrische Titration

Wie schon auf Seite 218 erwähnt, benutzten *Přibil, Kondela* und *Matyska* als erste die potentiometrische Indikation. In diesem Verfahren wird ähnlich dem Flu-orid-Verfahren nach *Treadwell* und *Bernasconi* [84] das Redoxsystem $Fe^{3+}/Fe^{2+}/Pt$ als Indikator verwendet. Da jedoch die Stabilitätskonstante des Aluminiumkom-plexonates geringer ist als diejenige des Eisenkomplexonates, Eisen also vor Alumi-nium komplex gebunden werden würde, muß zunächst die zu titrierende Aluminium-salz-Lösung mit einem abgemessenen Überschuß an ÄDTE versetzt werden, der dann mit einer Eisen(III)-salz-Lösung potentiometrisch zurücktitriert wird.

Arbeitsvorschrift. Die Aluminium (und Eisen) enthaltende Lösung wird mit einem abgemessenen Überschuß einer 0,1 m ÄDTE-Lösung versetzt und durch Zugabe von Ammoniumacetat auf pH = 5 eingestellt. Nun wird der ÄDTE-Überschuß mit 0,1 n Eisen(III)-chlorid-Lösung zurücktitriert. Als Indikator-Elektrode dient ein blankes Platinblech.

In Anwesenheit von Eisen wird auf diese Weise die Summe aus Aluminium und Eisen ermittelt. Zur gesonderten Bestimmung der beiden Metalle wird die Verdrän-gung des Aluminiums aus dem ÄDTE-Komplex durch Eisen bei pH-Werten < 2 ausgenutzt: Zu der austitrierten Lösung gibt man ein bekanntes Volumen Eisen(III)-chlorid-Lösung und säuert mit Salzsäure auf pH = 2 an. Man läßt 30 min stehen, um vollständige Umsetzung des Eisens mit dem Aluminiumkomplexonat zu gewähr-leisten, und bestimmt den dann noch vorhandenen Eisenüberschuß in bekannter Weise jodometrisch. Der als Differenz ermittelte Verbrauch an Eisen(III)-chlorid-Lösung entspricht dem Aluminium-Gehalt der Lösung.

Bemerkungen. Nach dem mitgeteilten Beleganalysen konnten in der beschriebenen Weise 2,7 bis 134,5 mg Al neben 5,5 bis 110,9 mg Fe mit einem mittleren *Fehler* von ± 0,19 mg Al bestimmt werden. Die maximalen Abweichungen betrugen ± 0,30 mg Al.

Přibil und Mitarbeiter schlagen das Verfahren insbesondere zur Analyse der häufig in der analytischen Praxis anfallenden Niederschläge aus Eisen- und *Aluminiumhydroxid* bzw. des Gemisches der basischen Acetate vor.

Ebenfalls potentiometrisch und mit einer Platin-Elektrode als Indikator-Elektrode bestimmen *Patzak* und *Doppler* [226] nach Verkochen des Schwefelwasserstoffs, Oxydation des Eisens(II) mit HNO_3 und Verjagen der Stickstoffoxide gleichzeitig Eisen, Aluminium und *Chrom* nach folgender Grundlage. Bei pH-Werten < 2,0 und Temperaturen von 50 bis 60 °C wird Aluminium quantitativ durch Eisen aus seinem ÄDTE-Komplex verdrängt. Da Chrom(III)-ionen in diesem pH- und Temperaturbereich nicht oder nur sehr träge mit ÄDTE reagieren, lassen sich diese 3 Elemente bei geeigneter Wahl der Titrationsbedingungen in 3 aliquoten Teilen der Lösung titrieren.

Arbeitsvorschrift. Nach Abtrennung der Kupfer- und Arsengruppe durch Fällung mit Schwefelwasserstoff werden Eisen, Chrom und Aluminium als Hydroxide gefällt, die Hydroxide in Salzsäure gelöst und je 3 aliquote Teile entnommen, die jeder nicht mehr als 20 mg (Al + Fe + Cr) enthalten sollen. Die Titration der einzelnen aliquoten Teile wird wie folgt durchgeführt:

Teil 1. Man fügt 10 ml Acetatpuffer, pH = 5,0, und einen abgemessenen Überschuß an 0,01 m ÄDTE-Lösung hinzu. Das Titrationsvolumen soll jetzt nicht mehr als 100 ml betragen. Man kocht 5 min, kühlt auf 40 °C ab und titriert potentiometrisch mit 0,1 bzw. 0,01 m Eisen(III)-chlorid-Lösung. Man erhält die Summe (Al + Fe + Cr).

Teil 2. Nach Zugabe von 2 bis 3 ml Acetat-Pufferlösung, pH = 5,0, versetzt man mit der gleichen Menge an ÄDTE-Lösung, kocht ebenfalls 5 min und läßt auf 50 bis 60 °C abkühlen. Man versetzt mit 10 ml Monochloressigsäure-Pufferlösung, pH = 1,5, und führt die Rücktitration wie bei der ersten Titration durch (Summe aus Fe und Cr).

Teil 3. Zur Titration des Eisens gibt man zum 3. Teil der Lösung 10 ml Monochloressigsäure-Pufferlösung, pH = 1,5, wieder die gleiche Menge an 0,01 m ÄDTE-Lösung und titriert nach Erwärmen auf 50 °C zurück.

Bemerkungen. Titan stört und muß vorher abgetrennt werden. Das geschieht am besten durch Fällung des Titans als Hydroxid, nachdem man durch längeres Kochen bei pH = 2 Aluminium, Chrom und Eisen maskiert hat. Da man Eisen in dieser Lösung nicht mehr titrieren kann, ist eine Abtrennung in einem 2. aliquoten Teil durch Natronlauge mit anschließender Titration zur Eisen-Bestimmung notwendig.

Die *Apparatur* zur Durchführung der potentiometrischen Titration ist von *Doppler* und *Patzak* [438] schon früher angegeben worden. Als Indikator-Elektroden verwenden sie das Elektrodenpaar Platin-Elektrode/gesättigte Kalomel-Elektrode.

Zur *raschen* Bestimmung von Aluminium und *Titan* trennen *Giuffré* und *Capizzi* [439] den Aluminium-ÄDTE- und den Titanaquoperoxo-ÄDTE-Komplex mit Hilfe eines Kationenaustauschers und titrieren das abgetrennte Aluminium potentiometrisch.

Arbeitsvorschrift. Die schwefelsaure Lösung wird mit 3 %iger Wasserstoffperoxid-Lösung und 0,1 m ÄDTE-Lösung im Überschuß versetzt. Nach Einstellen des pH-Wertes auf 2,0 gibt man die Lösung über einen Kationenaustauscher (Dowex 50X8), wäscht und eluiert das auf der Säule verbleibende Aluminium mit 150 ml 4n Salzsäure. Das Eluat wird mit 1 bis 2 ml konz. Schwefel- und Salpetersäure abgeraucht, mit Wasser aufgenommen, ein Überschuß an 0,1 m ÄDTE-Lösung sowie 10 ml 20 %ige Ammoniumacetat-Lösung zugegeben und mit einer 0,01 m Lösung von Eisenalaun potentiometrisch titriert. In einem aliquoten Teil der ursprünglichen Lösung kann bei pH = 5 die Summe aus Al und Ti potentiometrisch und damit das Titan bestimmt werden.

Zur Bestimmung des Aluminiums in *Chromiten* titrieren *Berkovich, Sirina* und *Lagunova* [440] einen ÄDTE-Überschuß mit Kupfer(II)-sulfat-Lösung potentiometrisch mit dem Elektrodenpaar: reiner Kohlenstoff und Platin. Dazu wird nach

Zugabe von ÄDTE-Lösung 5 min gekocht, mit Ammoniak gegen Methylrot neutralisiert und titriert. Zur Überprüfung einer eventuellen Störung durch Fremdionen wird die Lösung mit 5 ml 10%iger Natriumacetat-Lösung und 10 ml gesättigter Kaliumfluorid-Lösung versetzt, 15 min gekocht und die freigesetzte, dem Aluminium äquivalente ÄDTE-Menge auf gleiche Weise titriert. Ca, Mg, ClO_4^-, SO_4^{2-} und Cl^- stören die Bestimmung nicht, Chrom(III)-ionen stören.

Pucher [441] führt die Bestimmung von Al_2O_3 im *Zement* mit der Dead-Stop-Methode und durch Polarisationsspannungs-Titration durch. Als Elektrode benutzt er eine Pt-Doppelelektrode. Die Titration kann in Gegenwart von MnO-Gehalten > 0,1 % nicht ausgeführt werden.

Das Redoxsystem Kaliumhexacyanoferrat(III)/Kaliumhexacyanoferrat(II) verwenden *Sosin* und *Strzeszewska* [238] zur Analyse von Chromerzen. Sie titrieren zunächst indirekt die Summe aus Al und Cr mit Zink-Maßlösung bei pH = 3 bis 5. Zur Komplexierung des Chroms muß längere Zeit gekocht werden. Aluminium wird nach Umsetzen mit Natriumfluorid durch Titration der freigesetzten ÄDTE-Menge auf die gleiche Weise bestimmt.

Bei der Aufbereitung von *Brennstoff-Elementen* von Kernreaktoren bestimmt *Casabe* [442] das Aluminium ebenfalls potentiometrisch mit Zink-Maßlösung gegen das Redoxsystem Kaliumhexacyanoferrat(III)/Kaliumhexacyanoferrat(II). Aus der stark radioaktiven Lösung, die in der Hauptsache U, Al, und Fe sowie Spuren an Mn, Cr, Ni und Mo enthält, werden Uran und Eisen in stark salzsaurer Lösung mit einem Anionenaustauscher Dowex 1-X-8 abgetrennt. Während das Uran und das Eisen vom Austauscher festgehalten werden, befindet sich das Aluminium quantitativ im Effluat, wo es nach Konzentrierung der Lösung titriert werden kann.

Zur *Schnellbestimmung* des Eisens und Aluminiums in Schlacken wird die Probe nach einer Vorschrift von *Bastius* [443] mit Natriumperoxid aufgeschlossen, in Salzsäure gelöst, Elemente der 2. Gruppe durch eine Sulfidfällung abgetrennt und schließlich nach Oxydation mit Brom die Hydroxide mit Ammoniak gefällt. Nach Lösen des Niederschlags in Salzsäure wird mit einem Überschuß an ÄDTE-Lösung versetzt, mit Ammoniak gegen Methylrot neutralisiert und eine Pufferlösung, pH = 6, zugegeben. Nach weiterer Zugabe von Kaliumhexacyanoferrat(II)-Lösung und einem Gemisch aus festem Kaliumhexacyanoferrat(III) und Natriumchlorid wird mit Zink-Maßlösung potentiometrisch titriert. Man titriert auf diese Weise die Summe aus Fe und Al. Zur Bestimmung des Aluminium-Gehaltes wird zur austitrierten Lösung Natriumfluorid zugesetzt und die freiwerdende ÄDTE auf gleiche Weise potentiometrisch titriert.

Zur Aluminiumbestimmung in chromhaltigem, *feuerfestem* Material trennt *Babachev* [444] Calcium, Eisen und Magnesium mit einem Anionenaustauscher, in der NH_4^+-Form ab, nachdem die Lösung zuvor mit einem Überschuß an ÄDTE-Lösung versetzt wurde. Im Effluat, welches das gesamte Aluminium und Chrom enthält, titriert er den Überschuß der ÄDTE potentiometrisch gegen das Redoxsystem Kaliumhexaxyanoferrat(III)/Kaliumhexaxyanoferrat(II) mit Zinkacetat-Lösung. Nach Zugabe von Natriumfluorid wird dann in einer 2. Titration die freigesetzte, dem Aluminiumgehalt äquivalente Menge ÄDTE titriert.

Eine Quecksilber-Elektrode benutzen wie bereits auf Seite 219 erwähnt, *Reilley* sowie *Reilley*, *Schmid* und *Lamson* zur potentiometrischen Indikation des Titrations-Endpunktes. Es wird eine Sargent No. S-30413-Quecksilber-Elektrode (siehe Abb. 11), verwendet. Vor Beginn der Titration muß die Oberfläche des Quecksilbers mit verd. Salpetersäure und destilliertem Wasser sorgfältig gereinigt werden. Als Gegenelektrode wird eine gesättigte Kalomelelektrode verwendet. Auch eine amalgamierte Goldelektrode (siehe Abb. 11) kann für die Titration benutzt werden. Eine solche Elektrode kann durch kurzes Eintauchen einer Beckmann-No. 39275-Gold-Elektrode in reines Quecksilber hergestellt werden.

Arbeitsvorschrift. 10 ml 0,1 m Aluminiumsalz-Lösung werden auf pH = 1 bis 2 angesäuert und 1 min gekocht. Zu der heißen Lösung gibt man 15 ml 0,1 m ÄDTE-Lösung, kühlt ab und gibt weiter Acetat-Pufferlösung (Ammoniak + Ammonium-nitrat) bis pH = 4,6 und etwas Quecksilber-ÄDTE (hergestellt durch Mischen äqui-

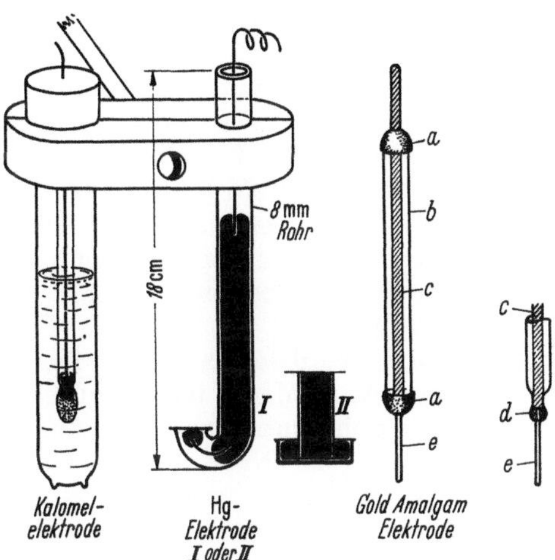

Abb. 11. Elektroden zur potentiometrischen Titration von Metallionen mit ÄDTE
a de Khotinsky-Zement; *b* Glasrohr; *c* Messingdraht; *d* Lötverbindung; *e* Golddraht

valenter Mengen von Quecksilber(II)-nitrat und ÄDTE) hinzu. Der ÄDTE-Überschuß wird mit Zink-Maßlösung zurücktitriert. Die Ermittlung des Endpunktes kann entweder graphisch erfolgen oder durch Interpolation zwischen 2 Ablesungen größter Potentialänderung.

Bemerkungen. Sadek und *Reilley* [445] benutzen dieses Verfahren zur komplexometrischen *Ultramikrotitration.* Es gelang ihnen, Aluminium im Bereich von 1 bis 3 µg zu bestimmen.

Aluminiummengen von *10 bis 100 µg* bestimmt *Khalifa* [446] ebenfalls durch potentiometrische Titration.

Arbeitsvorschrift. In das Titrationsgefäß wird eine abgemessene, überschüssige Menge 0,05- oder 0,02 m ÄDTE-Lösung vorgelegt, 40 ml Pufferlösung, pH = 8 (1 m NH_4NO_3-Lösung + 1 m Ammoniak bis pH = 8), zugegeben und ein aliquoter Teil der zu analysierenden Lösung. Nun wird mit einer 0,01- oder 0,05 m Quecksilber(II)-nitrat-Lösung (0,05 m an HNO_3) zurücktitriert, wobei der Endpunkt potentiometrisch bestimmt wird. In gleicher Weise wird eine Blindlösung titriert und berücksichtigt. Als Indikator-Elektrode dient eine Silber-Amalgam-Elektrode gegen die gesättigte Kalomel-Elektrode.

Aluminium in *titanhaltigen Legierungen* bestimmen *Förster, Zieger* und *Rüdiger* [447]. Nach Abtrennung störender Elemente durch Elektrolyse an der Quecksilberkathode und Extraktion mit Cupferron wird ein aliquoter Teil der Lösung (25 ml) mit einem Überschuß an 0,05 m CDTE-Lösung versetzt und auf einer Heizplatte zum Sieden erhitzt. Man engt auf 25 ml ein, kühlt ab, fügt 2 ml Pufferlösung (50%ige Lösung von Ammoniumacetat) hinzu und stellt mit Natronlauge auf pH = 5,4 bis 5,5 ein. Nach Zugabe von 1 ml Quecksilberkomplexonat-Lösung und doppelt dest. Quecksilber, so daß der Gefäßboden mit einer höchstens 5 mm hohen Quecksilberschicht bedeckt ist, titriert man den CDTE-Überschuß unter Registrierung der Titrationskurve mit Zinksulfat-Lösung zurück.

Die *Standardabweichung* dieses Verfahrens wird bei Gehalten von etwa 7% Al mit ± 0,08% angegeben.

Verwendung einer Silberchlorid-Elektrode. Ein von *Štráfelda* [234] vorgeschlagenes, komplexometrisches Verfahren zur potentiometrischen Titration des Silbers mit einer Silberchlorid-Elektrode wurde von *Fritz* und *Garralda* [235] zur Bestimmung anderer Metallionen, darunter auch des Aluminiumions, durch Rücktitration benutzt.

Gemäß der Arbeitsweise nach *Fritz* und *Garralda* wird durch Zugabe einer geringen Menge Silberionen gleichzeitig mit dem ÄDTE-Überschuß das Silber in gleicher Weise wie das zu bestimmende Ion von der ÄDTE komplex gebunden. An der Silberchlorid-Elektrode stellt sich ein bestimmtes, reversibles Potential ein. Wird nun der ÄDTE-Überschuß mit einer Maßlösung zurücktitriert, die ein Ion, z.B. Ca^{2+}, enthält, das mit ÄDTE einen stabileren Komplex bildet als das Silber, dann werden am Äquivalenzpunkt die Silberionen aus dem Komplex verdrängt und das Potential ändert sich sprunghaft.

Arbeitsvorschrift. Zur Lösung, die 0,05 bis 0,50 Millimole an Metallionen enthalten soll, gibt man eine abgemessene Menge 0,05m ÄDTE-Lösung im Überschuß, 50 ml 0,1m Borat-Pufferlösung (siehe unten) und verdünnt auf etwa 100 ml. Der pH-Wert wird auf etwa 9,2 eingestellt. Nach Zugabe von 0,05 ml 0,008m Silbernitrat-Lösung wird der ÄDTE-Überschuß potentiometrisch mit 0,05m Calciumnitrat-Lösung gegen das Elektrodenpaar Silberchlorid-Elektrode/Kalomel-Elektrode zurücktitriert.

Boratpufferlösung. 0,1m Borsäure-Lösung werde stöchiometrisch bis zur Hälfte mit 0,1m Natronlauge neutralisiert und mit Säure oder Base unter Zuhilfenahme eines pH-Meters auf pH = 9,2 gebracht.

Amperometrische Titration

Goldstein, Manning und *Zittel* [240] verwenden als Titrationsmittel zur amperometrischen Titration eine Vanadylsulfat-Lösung. Als Indikator-Elektrode dient eine Platinfolie (1 cm²), als Gegenelektrode eine gesättigte Kalomel-Elektrode. Die Titration wird bei einem Potential von +0,6 Volt durchgeführt. VO^{2+} reagiert zunächst mit dem ÄDTE zu VOY^{2-} (Y = ÄDTE-Anion), das bei dem vorgegebenen Potential nicht oxydiert wird. Der Grundstrom ist dementsprechend niedrig. Am Äquivalenzpunkt treten freie VO^{2+}-Ionen auf; der Diffusionsstrom steigt plötzlich steil und linear wachsend an.

Arbeitsvorschrift. Die Probelösung, die etwa $2,5 \cdot 10^{-5}$ mol des zu bestimmenden Ions enthalten soll, wird mit 3 ml 0,02m ÄDTE-Lösung, 20 ml Wasser sowie 2 ml 3m Natriumacetat-Lösung versetzt und das Gemisch mit Perchlorsäure (1:1) (etwa 5 m) auf den pH-Wert 4 eingestellt. Dann wird bei einem Potential von +0,6 Volt bis zum deutlichen Stromanstieg mit etwa 0,05m Vanadylsulfat-Lösung ($10 \text{ g } VOSO_4 \cdot 2H_2O$ in 1 l, eingestellt nach derselben Vorschrift gegen Zink) titriert und der Äquivalenzpunkt durch graphische Interpolation ermittelt. In gleicher Weise wird ein Blindwert aus 2 ml 3m Natriumacetat-Lösung und 25 ml Wasser, auf pH = 4 eingestellt, ermittelt und abgezogen. Die Standardisierung des Verfahrens erfolgt durch Titration einer vorgelegten, bekannten Menge des zu bestimmenden Ions.

Bemerkungen. Goldstein, Manning und *Zittel* geben die *Standardabweichung* zu etwa 1% an.

Stark oxydierende Ionen wie Chromate oxydieren das Vanadylion und *stören*. Reduzierende Substanzen wie Hydroxylamin, Ascorbinsäure und Wasserstoffperoxid werden beim Potential von +0,6 Volt sämtlich oxydiert und erschweren die Analyse infolge starker Erhöhung des Grundstroms.

Babenyshev und *Kuznetzova* [239] titrieren den ÄDTE-Überschuß mit Eisen(III)-salz amperometrisch zurück, wobei der an einer Platin-Mikroelektrode entstehende Diffusionsstrom gemessen wird. Als Vergleichselektrode dient eine gesättigte Kalomelelektrode; eine äußere Spannung wird *nicht angelegt.* Die in Magnesiumlegierungen vorkommenden Elemente Zn bis zu 0,25% sowie Cu, Mn, Ni und Fe bis 0,05% stören nicht. Der *Analysenfehler* ist kleiner als 2,5%.

Die amperometrische Titration bei *kontrolliertem pH-Wert* und Potentialen wird von *Oong* und *Lee* [448] zur Analyse von Mischungen, die Al, Bi, Ca und Mg enthalten, vorgeschlagen. Nach diesem etwas umständlichen Verfahren wird zunächst das Wismut, dann die Summe aus Ca, Al und Mg bestimmt, schließlich die Summe aus Ca und Mg. Der Aluminium-Gehalt der Lösung wird aus der Differenz errechnet.

D. Titrationsverfahren durch Fällung des Aluminiums als Phosphat

Alle volumetrischen Phosphatmethoden beruhen auf der Fällung des Aluminiums mit eingestellter Phosphat-Lösung. Der Endpunkt der Titration kann mit geeigneten Indikatoren festgestellt werden. Nach den Angaben der Bearbeiter sollen diese Verfahren genauer als die rein alkalimetrischen Bestimmungsmethoden sein. Diese Angaben gründen sich jedoch im wesentlichen nur auf Versuche an reinen Lösungen; umfangreichere Erfahrungen aus der Praxis werden nicht erwähnt.

Die älteste Ausführungsform der Fällung des Aluminiumphosphates aus essigsaurer Lösung durch Zugabe der Aluminiumsalz-Lösung zur Natriumphosphat-Lösung und Erkennung des Endpunktes der Reaktion am Ausbleiben weiterer Fällung (Trübung) ist wohl wegen der Unsicherheit der Endpunktsbestimmung nicht diskutabel. Die übrigen Methoden kann man folgendermaßen einteilen:

1. Direkte Titration der neutralen oder schwach essigsauren Aluminiumsalz-Lösung mit Dinatriumhydrogenphosphat-Lösung in der Hitze gegen Silbernitrat-Lösung als Indikator (*Kraus* [451]) oder Alizarinrot-Lösung als Tüpfelindikator (*Voznesenski* und *Polunina* [452]).

2. Direkte Titration der genau neutralisierten Aluminiumsalz-Lösung mit Trinatriumphosphat- oder Dinatriumhydrogenphosphat-Lösung gegen Methylrot als Indikator (*Jellinek* und Mitarbeiter [453], [454]).

3. Rücktitration eines zugegebenen Überschusses an Dinatriumhydrogenphosphat durch eingestellte Uranylacetat-Lösung mit Kaliumcyanoferrat(II)-Lösung als Tüpfelindikator (*Kretschmar* [455]) oder durch eingestellte Zinkchlorid-Lösung (*Krause* [456]).

Trotz der zumindest in reinen Aluminiumsalz-Lösungen erreichbaren *Genauigkeit* sind diese Phosphatmethoden gegenüber den einfacheren und vielseitig anwendbaren Bestimmungsverfahren mit Hilfe von Komplexbildnern ganz in den Hintergrund getreten.

Direkte Titration mit Dinatriumhydrogenphosphat in neutraler oder schwach essigsaurer Lösung

Arbeitsvorschrift nach *Kraus.* Die neutrale oder schwach saure Lösung wird mit einigen Tropfen konz. Silbernitrat-Lösung versetzt, zum Sieden erhitzt und das Aluminium mit Dinatriumhydrogenphosphat-Lösung bekannten Titers bis zum Umschlag nach Gelb titriert.

Bemerkungen. Die Aluminiumsalz-Lösung muß weitgehend *chloridfrei* sein.

Gleichzeitig anwesendes *Eisen* wird als Eisen(III)-phosphat mitbestimmt.

In Gegenwart von Chloridionen muß man entweder mit Schwefelsäure abrauchen oder die Titrationsmethode nach *Kretzschmar* mit Dinatriumphosphat- und Uranyl-acetat-Lösung anwenden.

Arbeitsvorschrift nach *Voznesenski* und *Polunina*. Zu 10 ml Aluminiumsalz-Lösung werden 5 ml 10%ige Essigsäure und 5 ml 10%ige Natronlauge gegeben. Dann wird mit eingestellter Dinatriumhydrogenphosphat-Lösung unter Tüpfeln in 1%ige äthanolische Alizarinrot-Lösung titriert.

Direkte Titration mit Trinatrium- oder Dinatriumhydrogenphosphat in genau neutralisierter Lösung

Die Änderung des pH-Wertes einer Aluminiumsulfat-Lösung durch Zugabe steigender Mengen an Trinatriumphosphat-Lösung kann nicht zur quantitativen Bestimmung des Aluminiums benutzt werden, wie *Miller* [457] bei der alkalimetrischen Titration einer mit der äquivalenten Menge primären Kaliumphosphats versetzten, 0,01 m Aluminiumchlorid-Lösung feststellte.

Arbeitsvorschriften. Trinatriumphosphat-Methode nach *Jellinek* und *Kresteff* [453]. Die Aluminiumsulfat-Lösung wird zunächst mit 0,1 n Natronlauge gegen Methylorange neutralisiert, dann mit einigen Tropfen Methylrot versetzt und mit 0,1 n Trinatrium-phosphat-Lösung bis zum Umschlag von Rot nach Gelb, welcher gut zu sehen ist, titriert. Der Verbrauch an Phosphatlösung stimmt *reproduzierbar* auf etwa ± 0,5% genau mit der zur Bildung des Doppelsalzes: $6 \, AlPO_4 \cdot 1 \, Na_3PO_4$ benötigten Menge überein.

Gemäß der Dinatriumphosphat-Methode nach *Jellinek* und *Kühn* [454] entspricht der Phosphatverbrauch nicht der zur Bildung des normalen Phosphates $AlPO_4$, sondern der zur Entstehung eines Doppelsalzes: $2 \, Al_2(HPO_4)_3 \cdot 3 \, Na_2HPO_4$ benötigten Menge, und zwar mit der gleichen *Genauigkeit* wie bei der Titration mit Trinatrium-phosphat-Lösung. Als Indikator dient ebenfalls Methylrot.

Rücktitration eines zur Fällung des Aluminiumphosphats zugegebenen Phosphat-überschusses

Methode nach *Kretzschmar*. Als *Maßlösungen* werden eine Natriumphosphat-Lösung mit 14,7 g $Na_2HPO_4 \cdot 2H_2O$ im Liter und eine 3,5%ige Uranylacetat-Lösung benutzt, die auf die gravimetrisch genau analysierte Phosphat-Lösung eingestellt wurde.

Arbeitsvorschrift. 50 ml schwach essigsaure, ammoniumsalzfreie Alaunlösung (0,114 g Al) werden mit 10 ml verd. Natriumacetat-Lösung und überschüssiger Natriumphosphat-Maßlösung versetzt. Man erhitzt zum Sieden und titriert das überschüssige Natriumphosphat mit der Uranylacetat-Lösung unter Tüpfeln in Kaliumhexacyanoferrat(II)-Lösung [braune Fällung von Uranylcyanoferrat(II)] zurück.

Bemerkungen. Der Farbumschlag tritt etwas *zu früh* ein. Die Titration muß einige Male wiederholt werden. *Eisen* wird bei der beschriebenen Arbeitsmethode mitbestimmt.

Methode nach *Kraus*. Das als Phosphat gefällte Aluminium wird *vor* der Rück-titration des Phosphatüberschusses mit Zinkchlorid-Lösung abfiltriert. Infolge der Löslichkeit des Niederschlages beim Auswaschen muß die Rücktitration in einem aliquoten Teil des Filtrates ausgeführt werden.

Als *Maßlösungen* verwendet man eine 0,2 m Diammoniumphosphat-Lösung [26,41 g $(NH_4)_2HPO_4$/l], die 0,8 bis 1,0% Phenol enthält, sowie eine etwa 0,3 m Zink-chlorid-Lösung, die aus 53,5 g einer bei 18 bis 20° gesättigten Lösung reinsten Zink-chlorids durch Versetzen mit 2 ml Eisessig und Auffüllen auf 1 Liter hergestellt wird. Der genaue Titer der Lösungen wird gravimetrisch ermittelt.

Arbeitsvorschrift. 10 bzw. 20 ml Phosphat-Lösung werden in ein Reagensglas entsprechender Größe vorgelegt und 5 bzw. 10 ml der zu untersuchenden, etwa 0,1 m Aluminiumsulfat-Lösung zugegeben. Nach Durchmischung läßt man noch 5 min stehen und saugt den Niederschlag in einen trockenen Filtertiegel ab. Um Verdampfungsverluste zu vermeiden, unterbricht man die Verbindung zur Saug-pumpe bereits nach 15 bis 25 sec, so daß das Absaugen nur durch das anfangs entstandene Vakuum bewirkt wird. Von dem klaren Filtrat werden genau 10 bzw. 20 ml, also 2/3 des ursprünglichen Gesamtvolumens, zur Rücktitration pipettiert, mit ganz wenig Ammoniak gegen Lackmus neutralisiert und mit 2 bzw. 4 ml 50%iger Ammoniumacetat-Lösung sowie 1,2 bis 1,5 (bzw. 2,4 bis 3) ml 50%iger Essigsäure versetzt. Nun erhitzt man durch Einhängen in ein siedendes Wasserbad auf nahezu 100° und titriert mit der eingestellten Zinkchlorid-Lösung, wobei man nach jeder Zugabe mit einem Glasstab umrührt. Gegen Ende der Titration läßt man den Niederschlag vor den jeweiligen Zinkchlorid-Zugaben erst völlig absitzen und beobachtet, ob noch eine Trübung durch weitere Bildung von Zinkammoniumphosphat entsteht. Ist es nicht mehr der Fall, so ist die Titration, die bis zum Schluß im kochenden Wasserbad ausgeführt wird, beendet.

Bemerkungen. Bei richtiger Ausführung ist der Endpunkt auf 1 bis 2 Tropfen Maßlösung *genau* zu erkennen.

Das Filtrat des Aluminium-Niederschlages muß wenigstens 2 mg H_3PO_4/ml enthalten; andernfalls kann die Bildung des Zinkammoniumphosphates ausbleiben bzw. sich sehr *stark verzögern.*

Genauigkeit der Phosphat-Methoden

Es ist einleuchtend, daß jene Ausführungsformen am zuverlässigsten sind, in denen die Aluminiumphosphat-Fällung der Formel $AlPO_4$ entspricht oder von deren Zusammensetzung nur ganz wenig abweicht. Bei der am einfachsten auszuführenden, direkten Titration mit Silbernitrat-Lösung als Indikator (*Krau*) beträgt die Genauigkeit nach den Beleganalysen 0,25 bis 0,3%. Für das Verfahren der Rücktitration mit Uranylacetat-Lösung (*Kretzschmar*) wird sogar eine Genauigkeit von 0,15% angegeben, während bei der Rücktitration mit Zinkchlorid nach *Kraus* die Fehler der Bestimmung von 28 bis 56 mg Al maximal 0,4 mg, im Mittel 0,2 mg Al betrugen, also etwas größer sind.

Auch in den von *Jellinek* und Mitarbeitern ausgeführten Titrationen beträgt die Genauigkeit ± 0,5 bis 1%; es muß aber mit der Bildung von Doppelsalzen gerechnet werden.

Es sei nochmals darauf hingewiesen, daß sich alle bisherigen Angaben auf Versuche an *reinen* Aluminiumsalz-Lösungen gründen und keine Erfahrungen aus der analytischen Praxis vorliegen.

E. Jodometrische Bestimmung nach Fällung des Aluminiums als Arsenat

Prinzip. Man fällt schwerlösliches Aluminiumarsenat oder basisches Aluminiumarsenat durch Zufügen der neutralen oder schwachsauren Aluminiumsalz-Lösung zu der verdünnten Arsenat-Lösung und titriert entweder die Lösung des abgetrennten und gewaschenen Niederschlages oder das überschüssige Arsenation in einem aliquoten Teil des Filtrats auf jodometrischem Wege.

Als erster führte *Valentin* [458] Analysen an reinen Aluminium-Lösungen bekannten Gehaltes mit gutem Erfolg aus. Er fügt die schwach essigsaure Aluminiumsalz-Lösung zu 50 ml 1%iger Lösung von primärem Kaliumarsenat, die sich mit 5 g Natriumacetat in einem 100-ml-Meßkolben befindet, füllt bis zur Marke auf und bestimmt nach 12stündigem Stehen in 50 ml Filtrat jodometrisch das überschüssige Kaliumarsenat. 9 mit je 31 mg Al ausgeführte Beleganalysen sind unter Zugrundelegung des basischen Arsenats: $3\,AlAsO_4 \cdot Al(OH)_3$ auf 0,1 mg genau, d.h. die Abweichungen liegen unter ± 0,4%, im Durchschnitt bei ± 0,2%.

Einer Arbeit von *Utz* [459] über die maßanalytische Aluminium-Bestimmung in Aluminiumacetat-Lösungen nach der Arsenat-Methode gemäß *Valentin* kommt wohl keine besondere Bedeutung zu, da *Utz* das 12stündige Stehen nach der Fällung wegläßt, ohne seinen Einfluß zu untersuchen, und so Abweichungen bis zu 8% gegenüber dem gravimetrisch durch Fällen mit Ammoniak ermittelten Aluminium-Gehalt und einen mittleren *Fehler* von ± 4% findet.

Daubner [460] hat auf Grund von (allerdings nicht näher beschriebenen) Versuchen festgestellt, daß nur bei Einhaltung gewisser Konzentrationsbedingungen neutrales Aluminiumarsenat, $AlAsO_4$, erhalten wird. Diese Bedingungen sind: Konzentrationen (bezogen auf das Volumen nach beendeter Fällung): 1 mg Al in 10 ml, 0,45% As_2O_5, 5% Essigsäure, 5% Ammoniumchlorid. Nur im Bereich von 0,38 bis 0,53% As_2O_5 erhält man $AlAsO_4$ als Niederschlag, während bei Konzentrationen über 0,53% das saure Aluminiumarsenat $Al_2(HAsO_4)_3$ und bei solchen unter 0,38% das basische Salz $3 AlAsO_4 \cdot Al(OH)_3$ ausfällt.

Nach *Iwanow* [461] ist sowohl die Methode von *Valentin* wie diejenige von *Daubner* nicht zuverlässig, da die Niederschläge keine definierte, chemische Zusammensetzung aufweisen.

Arbeitsvorschrift nach *Daubner* [462]. Das Volumen der Reaktionslösung soll nach beendeter Fällung 10 ml je mg der zu bestimmenden Aluminium-Menge betragen. Bezogen auf das Volumen von 10 ml, gibt man zu 5 ml an 0,9%iger Ammoniumarsenat-Lösung (der Arsen-Gehalt wird maßanalytisch *bestimmt*), die 5% Eisessig, 5% Ammoniumchlorid enthält, 5 ml schwach essigsaure Aluminiumsalz-Lösung. Nach dem Auffüllen bis zur Marke erhitzt man kurz zum Sieden, läßt absitzen, filtriert heiß in ein Papierfilter mittlerer Dichte und wäscht einige Male mit 90%igem Äthanol aus. Man löst den Niederschlag mit heißer 2,5n Salzsäure vom Filter in einen 300-ml-Erlenmeyer-Kolben mit Schliffstopfen, kühlt ab, gibt etwa 1 g Kaliumjodid hinzu und läßt 15 min verschlossen stehen. Anschließend wird das ausgeschiedene Jod mit 0,1n Thiosulfatlösung titriert.

Bemerkungen. Berechnung. 1 ml 0,1n Thiosulfatlösung entspricht 1,349 mg Aluminium.

3 Aluminium-Bestimmungen im Kaliumalaun (88, 100 bzw. 170 mg Einwaage) *neben* 26, 70 bzw. 52 mg Eisenalaun ergaben 5,78, 5,71, und 5,72% Al (theoretisch 5,69%).

Einfluß fremder Kationen. Eisen fällt unter den Bedingungen der Aluminium-Fällung nach *Daubner* als saures Arsenat von der Zusammensetzung $Fe_2(HAsO_4)_3$ mit aus. Allgemein sind alle Kationen, die schwerlösliche Arsenate oder irgendwelche Doppelsalze mit Aluminiumarsenat bilden, zu berücksichtigen.

F. Maßanalytische Verfahren nach Fällung des Aluminiums als Oxinat

Die hier zusammengefaßten Methoden beruhen auf der Fällung des Aluminiums mit Oxin und der anschließenden, maßanalytischen Bestimmung entweder des Oxin-Überschusses oder des an Aluminium gebundenen Oxins. Der eigentlichen, maßanalytischen Bestimmung muß also zunächst die Fällung des Aluminiums als Oxinat vorausgehen. Da 1 Atom Aluminium 3 Molekülen Oxin entspricht (vgl. S. 88), ergeben sich für die maßanalytische ebenso wie für die gravimetrische Bestimmung des Aluminiums als Oxinat sehr günstige Umrechnungsfaktoren und Äquivalentgewichte.

Von diesen verschiedenen Verfahren haben bisher nur die auf der Bromierung des Oxins mit Bromid-Bromat-Lösung beruhenden weitgehende, praktische Verbreitung gefunden.

Die von *Iwamoto* [463] beschriebene alkalimetrische Titration der bei der Oxinat-Bildung freiwerdenden Säure, die coulometrisch oder nach *Koppiker* und *Murthy* [464] auch potentiometrisch durchgeführt wird, kann nur zur Bestimmung in *reinen* Aluminium-Lösungen verwendet werden.

Die von *Castiglioni* [465] angegebene, alkalimetrische Bestimmung des Oxins beruht auf der Titration der bei der Bromierung des Oxychinolins zu Tribromoxychinolin mit einem Brom-Überschuß entstehenden Bromwasserstoffsäure. Sie ist bisher ohne praktische Bedeutung. Auch die auf der Oxydation des Oxins mit Permanganat-, Cer(IV)- oder Vanadationen beruhenden Verfahren, die infolge des sehr günstigen Äquivalentgewichtes zur Mikrobestimmung geeignet wären, haben bisher kaum Anwendung in der analytischen Praxis gefunden.

Titration des Oxins mit Bromat-Lösung

Das gebräuchlichste Verfahren ist die Titration mit Bromid-Bromat-Lösung. Es beruht auf der von *Berg* [466] analytisch ausgewerteten Bildung des 5,7-Dibromoxychinolins, zu welcher das Oxin als Phenolderivat befähigt ist. Der Vorgang vollzieht sich nach folgenden Gleichungen:

$$KBrO_3 + 5\,KBr + 6\,HCl \longrightarrow 6\,KCl + 3\,H_2O + 3\,Br_2;$$
$$C_9H_7ON + 2\,Br_2 \longrightarrow C_9H_5ONBr_2 + 2\,HBr.$$

Die Kaliumbromat-Lösung wird unter Anwendung eines geeigneten Indikators in kleinem Überschuß zugegeben, der nach Umsetzung mit Kaliumjodid mittels Thiosulfat-Lösung zurücktitriert wird. Da 3 Moleküle Oxin an ein Atom Aluminium gebunden sind, entsprechen letzterem 12 Atome Brom, 1 ml 0,1 n Bromatlösung also 0,225 mg Aluminium. Die Oxin-Titration ist also wesentlich empfindlicher als die acidimetrischen Verfahren (1 ml 0,1 n Säure oder Lauge = 0,9 oder 2,7 mg Al je nach Indikation) und daher besonders auch zu Mikrobestimmungen geeignet.

Neben diesen am meisten in der analytischen Praxis angewandten Verfahren sind zahlreiche andere Arbeitsweisen vorgeschlagen worden; so die Titration des Bromat-Überschusses mit arseniger Säure nach *Poethke* [467] oder die direkte Titration mit Bromat-Lösung entweder auf potentiometrischem Wege nach *Atanasiu* und *Velculescu* [468], auf coulometrischem Wege nach *Kostromin* und *Achmadeev* [489] oder mit geeigneten Indikatoren (z.B. *Kampf* [469]). Die direkte Titration gegen Indikatoren ist zwar einfacher, jedoch ungenauer als die Rücktitration eines Bromat-Überschusses.

Für die Bestimmung des Aluminiums in Silicaten (wie z.B. Tonen, Schamotten, Gläsern) oder Erzen (Bauxiten) hat die bromatometrische Titration besondere Bedeutung, da sie durch Anwesenheit von Kieselsäure nicht gestört wird.

Titrationsmethoden

Bei der direkten Titration mit Bromid-Bromat-Lösung kann der Endpunkt der Reaktion des Oxins mit Brom unter Bildung von 5,7-Dibromoxychinolin mittels geeigneter Indikatoren oder potentiometrisch festgestellt werden. Da jedoch die Bromierung des Oxins verhältnismäßig langsam verläuft, ist der Endpunkt schlecht zu erkennen; die Entfärbung des Indikators erfolgt meistens zu früh, wenn man nicht einen reversiblen Redox-Indikator wie z.B. α-Naphthoflavon verwendet.

Wie *Atanasiu* und *Velculescu* feststellten, verläuft jedoch die Bromierung des Oxins bei 50 °C genügend schnell, um die Titration auf potentiometrischem Wege ausführen zu können.

Weitaus am meisten angewandt wird die von *Berg* [470] eingeführte Arbeitsweise: Zur raschen, vollständigen Bromierung des Oxins wird zunächst ein Überschuß der Bromid-Bromat-Lösung zugegeben, der nach Umsetzung mit Kaliumjodid gegen

Stärkelösung als Indikator mit Thiosulfat-Lösung zurücktitriert wird. Der Überschuß an Bromationen darf nicht zu groß sein, da sonst durch Bildung eines schwerlöslichen Jodadditionsproduktes des Dibromoxychinolins Schwierigkeiten in der Rücktitration mit Thiosulfat auftreten können. Der ungefähre Endpunkt der direkten Titration wird daher mit Hilfe eines geeigneten Indikators festgestellt und dann ein geringer Überschuß der Bromid-Bromat-Lösung zugegeben.

Die bei der Rücktitration mit Thiosulfat möglichen, jedoch leicht vermeidbaren Komplikationen (vgl. Arbeitsvorschrift nach *Berg*) lassen sich umgehen, indem man nach beendeter Bromierung des Oxins eine abgemessene Menge arseniger Säure zugibt und gegen einen Indikator bis zum nun scharf erkennbaren Umschlagspunkt mit Bromat-Lösung zu Ende titriert (*Poethke* u.a.).

Die *Normalität der Maßlösung* paßt man zweckmäßig der Größenordnung der zu bestimmenden Aluminium-Menge an. Mit 0,5n Lösung kommt man in dem Bereich von 10 bis 50 mg aus; bei 1 bis 5 mg arbeitet man mit 0,1n und darunter mit 0,05n Lösung. Zur *Herstellung* der verschiedenen Bromat-Bromid-Lösungen bereitet man zunächst durch Auflösen von 27,855 g Kaliumbromat und 100 g Kaliumbromid in 1 l Wasser eine etwa 1n Lösung, deren Titer in einem aliquoten Teil nach dem Verdünnen auf das 10fache jodometrisch gegen 0,1n Thiosulfat-Lösung bestimmt wird.

Wiederauflösung des Aluminiumoxinat-Niederschlages

Gefälltes Aluminiumoxinat löst sich bekanntlich auch in konz. Salzsäure in der Kälte nur schlecht. Zum raschen Lösen ohne Erwärmen wurden daher Gemische aus gleichen Volumteilen Salzsäure (12,5%ig bis konz.) und Äthanol (*Berg; Berg* und *Teitelbaum* [471]) oder Methanol, der im Gegensatz zum Äthanol nicht mit Brom reagiert (*Poethke*), vorgeschlagen. Meistens wird der Niederschlag jedoch in wäßriger Salzsäure (1:1) (etwa 6 m) unter Erwärmen oder in heißer (75° bis Siedetemperatur), chlorgasfreier 2n bis konz. Salzsäure gelöst.

Rücktitrationsverfahren

Jodometrische Rücktitration des Bromat-Überschusses mit Thiosulfat nach *Berg* [466, 470, 472]

Arbeitsvorschrift. Der gewaschene Aluminiumoxinat-Niederschlag wird im Filtertiegel durch Übergießen mit kalter, äthanolischer Salzsäure oder heißer 10- bis 15%iger Salzsäure und warmem Wasser gelöst. Die auf 200 ml verdünnte, kalte Lösung bringt man auf eine etwa 2n Salzsäure-Konzentration und versetzt mit einigen Tropfen 0,5%iger Indigocarmin-Lösung bis zur deutlichen Blaufärbung. Dann titriert man langsam unter kräftigem Mischen mit der Kaliumbromat-Kaliumbromid-Lösung, bis der anfangs blaue, dann grüne Farbton in Gelb übergegangen ist. Gegen Ende der Titration setzt man nochmals etwas Indikator zu. Man gibt nun noch einen Überschuß von 1 bis höchstens 3 ml Maßlösung hinzu und versetzt nach 1/2 min mit 5 bis 10 ml 20%iger Kaliumjodid-Lösung (das dabei abgeschiedene, braune Jodadditionsprodukt reagiert mit Thiosulfat wie Kaliumtrijodid). Nach 1/2 min titriert man mit Thiosulfat-Lösung zurück, bis das Jodadditionsprodukt gelöst ist, und dann weiter wie üblich nach Stärke-Zusatz bis zum Verschwinden der Jodstärkefärbung.

Bemerkungen. Da bei *kleinen* Aluminium-Mengen die vom Indikator verbrauchte Titermenge nicht vernachlässigt werden kann, bringt man für je 10 Tropfen 0,5%ige Indigocarminlösung eine negative Korrektur von 0,5 ml 0,02n Bromat-Lösung an.

Wie die Beleganalysen von *Berg* sowie von *Fleck* und Mitarbeitern [473] zeigen, lassen sich bei der Titration von reinem Oxin auf etwa 0,2 bis 0,4% genaue Resultate erhalten. *Kolthoff* [474] fand maximale *Abweichungen* von 0,5%.

Fehlermöglichkeiten und Störungen. Nach *Berg* wird die bromatometrische Titration in 2n salzsaurer Lösung ausgeführt. Nach den Versuchen von *Fleck* und Mitarbeitern kann die Salzsäurekonzentration zwischen 0,5 und 4n schwanken, ohne daß Störungen auftreten. Bei zu geringer Acidität können jedoch je nach der Oxin-Konzentration während der Titration Abscheidungen von Oxin bzw. einer gelben Brom-Substitutionsverbindung eintreten, wodurch die Ergebnisse unbrauchbar werden (*Berg*). Auch durch die Bildung des schon erwähnten, schwerlöslichen Jodadditionsproduktes mit Dibromoxychinolin können nach *Fleck, Greenane* und *Ward Fehler* von + 1 bis + 3 % auftreten, wenn dieses nach beendeter Titration und Klärung der Lösung noch in kleiner Menge als schieferblauer Bodenkörper vorhanden ist. Man kann beobachten, wie von diesem ausgehend sich die blaue Jodstärke-Färbung zurückbildet. Die von *Fleck, Greenane* und *Ward* vorgeschlagene Zugabe von Schwefelkohlenstoff, in dem der blaue Bodenkörper löslich ist, halten andere Analytiker wie *Berg* oder *Smith* [475] für überflüssig. Nach *Poethke* läßt sich die Abscheidung des Dibromoxychinolins (bei zu hoher Oxinkonzentration, *Kolthoff*) bzw. diejenige der Jodadditionsverbindung auch bei geringerer Acidität durch Zugabe von Methanol verhindern.

Zur Vermeidung von Bromverlusten während der Titration sind von einigen Autoren besondere Titrierkolben angewendet worden (*Schulek* und *Clauder* [476]; *Greenberg, Anderson* und *Tufts* [477]). Nach *Berg* sind derartige Vorsichtsmaßnahmen bei der Titration von Metalloxinaten bei sachgemäßem Arbeiten (langsame Titration) nicht erforderlich.

Der zur raschen und vollständigen Bromierung des Oxins zugegebene Überschuß an Bromat-Bromid-Lösung soll nicht zu groß sein, bei einer Aluminiummenge von 20 mg etwa 1 bis 2 ml 0,5n Maßlösung.

Bei der Titration annähernd bekannter Aluminium-Mengen kann der Überschuß ohne Indikator richtig bemessen werden. Bei der Titration unbekannter Aluminium-Mengen ist es dagegen zweckmäßig, Indikator zuzusetzen. *Berg* empfiehlt Indigocarmin. Da bereits während der Bromierung des Oxins auch der Indikator sich langsam verfärbt, setzt man vor Beendigung des Bromat-Zusatzes nochmals einige Tropfen Indigocarmin-Lösung zu (rasche Entfärbung). *Smith* setzt die Indigocarmin-Lösung von vornherein der 0,1n Kaliumbromat-Kaliumbromid-Lösung zu (25 ml 0,5%ige Lösung je Liter 0,1n Bromat-Lösung). *Kolthoff* empfiehlt Methylrot und *Csipke* [478] Methylenblau als Indikator. Sehr zuverlässig kann das Auftreten des ersten Brom-Überschusses durch Tüpfeln in Kaliumjodid-Stärke-Lösung erkannt werden (*Knowles* [479]). Am gebräuchlichsten ist jedoch die Verwendung von Methylrot oder Indigocarmin.

Bei gleichzeitiger Fällung von Aluminium und *Eisen* mit Oxin sowie anschließender, bromatometrischer Bestimmung wird die Rücktitration des überschüssigen Broms mit Thiosulfat durch Eisen gestört, da in saurer Lösung sowohl Bromid- wie Jodid-Ionen durch Eisen(III) oxydiert werden. Wie *Berg* zeigte, läßt sich jedoch der Einfluß des Eisens durch Komplexbildung, z.B. durch Zusatz von Phosphorsäure, beseitigen. Man kann auf diese Weise noch 50 mg Aluminium (als Oxinat) in 200 ml 2n Salzsäure in Anwesenheit von 10 bis 15 ml konz. Phosphorsäure titrieren. Die Kaliumjodid-Menge ist dabei allerdings klein zu bemessen. Nach *Stuckert* und *Meier* [480] treten praktisch noch keine Störungen auf, wenn die Menge des Eisens nicht mehr als 6 bis 8 % des zu titrierenden Aluminiums beträgt. *Budnikoff* und *Zukowskaja* [481] verwenden mit gutem Erfolg Oxalsäure zur komplexen Bindung des Eisens. Auch durch die Anwendung des sogenannten Resttitrationsverfahrens, d.h. der bromatometrischen Titration des überschüssigen Oxychinolins im Filtrat der Fällung des Aluminiums, Eisens u.a. kann ein störender Einfluß größerer Eisen-Mengen umgangen werden. *Kampf* [469] schlägt in Anwesenheit von Eisen die direkte Titration des Oxins mit Bromat-Bromid-Lösung gegen Indikatoren mit anschließender, jodometrischer Bestimmung des Eisens in der austitrierten Probe vor.

Mikrobestimmung. Die Bestimmung kleiner Aluminium-Mengen läßt sich unter Anwendung verdünnterer Bromat-Bromid-Lösung sehr einfach in der beschriebenen Arbeitsweise durchführen, wobei man bis herunter zu einigen hundertstel Milligrammen Aluminium gelangt.

Resttitrationsmethode. Die Anwendung des in der Maßanalyse viel benutzten *Prinzips* der Rücktitration überschüssigen Fällungsmittels bei der Aluminium-Bestimmung mit Hilfe von Oxychinolin wurde 1927 von *Hahn* und *Vieweg* [482] vorgeschlagen, aber bisher praktisch selten ausgeführt. Grundbedingung zur Anwendbarkeit der Resttitration ist selbstverständlich, daß trotz der Flüchtigkeit des Oxins die angewendeten Arbeitsbedingungen während der Fällung keine störenden Reagens-Verluste zulassen. *Hahn* [483] gab 1931 eine Arbeitsweise an, nach welcher er durch Aceton-Zusatz zur Aluminiumsalz-Lösung schon unter mäßiger Erwärmung zu kristallinen Niederschlägen gelangt und auf diese Weise Oxin-Verluste durch Verflüchtigung vermeidet. Die Löslichkeit von Aluminium- und Magnesiumoxinat in 10%igem Aceton soll unbedenklich sein (vgl. hierzu jedoch *Berg* [470]). Das Aceton muß vor der bromatometrischen Titration des überschüssigen Oxins unter Fällung des letzteren mit Zink-Lösung durch anschließendes Abdampfen entfernt werden, weil es ebenfalls bromiert wird. Beleganalysen teilt *Hahn* nur für Magnesium mit. Vorteile gegenüber der direkten Bestimmung des Aluminiumoxinats bietet diese umständliche Arbeitsweise nicht.

Stuckert und *Meier* beobachteten bei der Anwendung der Resttitrationsmethode erhebliche positive und negative Abweichungen, deren Ursache sich nicht erklären ließ. Einige Versuche von *Budnikoff* und *Zukowskaja* ergaben, daß bei 25 min langem Erhitzen auf 75° in einem mit dem Uhrglas bedeckten 300-ml-Kolben (Lösungsvolumen 150 ml, Verbrauch an 0,2n Kaliumbromat-Lösung 20 ml) der Verlust an Oxin nur 0,3% betrug.

Nach den Erfahrungen von *Zukowskaja* und *Baljuk* [484] liegen die Oxin-Verluste bei der Fällung in essigsaurer Lösung innerhalb niedriger Grenzen, falls man nur auf Temperaturen von 60 bis 70 °C erhitzt.

Rücktitration des Bromat-Überschusses mit arseniger Säure nach *Poethke* [467]

Arbeitsvorschrift. Das gefällte, abfiltrierte und ausgewaschene Aluminiumoxinat wird in wäßriger Salzsäure gelöst, wobei die Menge der Salzsäure derart zu bemessen ist, daß ihre Konzentration in der Lösung am Ende der Titration möglichst nicht höher ist als 5%. Die Acidität darf aber nicht zu gering sein, da sonst die Titration durch Abscheidung von Dibromoxychinolin erschwert oder gestört werden kann. Man gibt nun 0,5 bis 1 g Kaliumbromid sowie 1 bis 2 Tropfen Methylrot-Lösung hinzu und titriert mit eingestellter Kaliumbromat-Lösung (je nach Menge des vorliegenden Oxinates 0,1 bis 0,01 n), bis der Farbton der Lösung rein Gelb ist. Nach Zugabe eines Überschusses von 1 bis 2 ml Bromat-Lösung gibt man aus einer Pipette genau 5 ml arsenige Säure entsprechender Normalität sowie je nach der Menge an Oxinat 0,05 bis 0,2 ml 0,1%iger p-Aethoxychrysoidin-Lösung (Lösung des Hydrochlorids in Methanol) hinzu und titriert mit der Bromat-Lösung auf einen reingelben Farbton.

Bemerkungen. Zur *Einstellung* der arsenigen Säure und der Ermittlung des Bromat-Verbrauches des Indikators verfährt man in analoger Weise. Der Bromat-Verbrauch für Methylrot ist nur bei der Titration mit Bromat-Lösungen geringerer Konzentration als 0,1n zu berücksichtigen.

Nach den von *Poethke* angegebenen Beleganalysen lassen sich auf diese Weise 4 bis 8 mg Oxin (entsprechend 0,25 bis 0,50 mg Al) mit 0,01n Bromat-Lösung mit einem *Fehler* von höchstens $+0,03$ mg, im Mittel $+0,02$ mg Oxin (= 0,0012 mg Al) bestimmen. Bei der Bestimmung von 80 bis 160 mg Oxin (5 bis 10 mg Al) mit 0,1n

Bromat-Lösung betrug der Fehler höchstens − 0,4 mg, im Mittel − 0,3 mg Oxin (= 0,019 mg Al).

Die Methode ist der oben beschriebenen nach *Berg* gleichwertig; bei gleichzeitiger Anwesenheit von *Eisen* (Bestimmung der Summe aus Eisen und Aluminium) dürfte sie vorzuziehen sein, da die durch Reaktion des 3wertigen Eisens mit Jodidion bedingte Störung bei der Rücktitration mit Thiosulfat-Lösung fortfällt. Allerdings ist es zumindest bei größeren Eisen-Mengen zweckmäßig, Phosphorsäure zuzusetzen.

Geeignete Indikatoren. Da die Arbeitsweise von *Poethke* auf die bekannte bromatometrische Bestimmung der arsenigen Säure hinausläuft, sollten die für ihre Titration üblichen Indikatoren auch hier verwendbar sein, also z. B. Methylrot, Methylorange oder Indigocarmin. Da jedoch das aus dem Oxin entstehende Dibromoxychinolin intensiv gelb gefärbt ist, vollzieht sich der Umschlag dieser Indikatoren nicht von Rot bzw. Violett nach Farblos, sondern von Orange bzw. Grün nach Gelb, ist also bei der Titration von Oxin weniger gut zu erkennen. Als erheblich besser geeignet erwies sich das bereits von *Schulek* und *Rosza* [485] zur Bromatometrie empfohlene p-Äthoxychrysoidin. Der Umschlag erfolgt in Gegenwart von Dibromoxychinolin von Braunrot nach Gelb, wobei sich vor der Entfärbung die Farbe zunächst noch merklich vertieft. Die Titration kann ohne Erwärmen der Lösung ausgeführt werden. Nach *Poethke* ist auch *Brillantcarmoisin* in 0,1 %iger wäßriger Lösung als Indikator geeignet.

Direkte Titration unter Verwendung von Indikatoren

Die direkte Titration der sauren Lösung des Oxins oder Aluminiumoxinats mit Bromat gegen Indikatoren ist ungenau, da die Bromierung des Oxins so langsam erfolgt, daß gleichzeitig auch ein Teil des Indikators durch Brom zerstört wird; der Indikatorumschlag erfolgt also zu früh. Dies gilt sowohl für Methylrot, Methylorange und Indigocarmin wie auch besonders für die gegen Halogen noch empfindlicheren Indikatoren p-Äthoxychrysoidin und Brillantcarmoisin (*Poethke*).

Trotz der zu früh erfolgenden Entfärbung des Indikators empfiehlt *Fischinger* [486] die direkte Titration von Magnesium-(oder Aluminium-)oxinat mit Bromat gegen Methylrot. Der bei der Titration durch vorzeitige Entfärbung des Indikators bedingte *Fehler* läßt sich durch erneute Indikator-Zugabe nach zunächst erfolgter Entfärbung umgehen. War der Titrationsendpunkt noch nicht erreicht, so bleibt die Färbung des zugegebenen Indikators bestehen. Man titriert weiter bis zur Entfärbung, setzt wieder Indikator zu und setzt die Titration fort, bis erneut zugefügter Indikator sofort entfärbt wird. Der Verbrauch an Bromat-Lösung ist dann entsprechend der bei der Titration insgesamt benötigten Menge an Indikator-Lösung zu korrigieren.

Belcher [487] hat versucht, Oxin bromatometrisch zu titrieren unter Verwendung von α-Naphthoflavon als reversiblem Redox-Indikator. Hier tritt der Farbumschlag jedoch schon bei Zugabe von Bromat-Lösung zu Beginn der Titration ein, geht aber beim Schütteln der Lösung in einigen Sekunden wieder zurück. Man muß also nach jedesmaliger Bromat-Zugabe warten, ob der zunächst erfolgende Farbumschlag bestehen bleibt.

Arbeitsvorschrift nach *Kampf* [469] zur gemeinsamen Bestimmung von Aluminium und Eisen. Der ausgewaschene Niederschlag von Aluminium- und Eisen(III)-oxinat, der höchstens 50 mg Aluminium- und Eisen(III)-oxid enthalten soll, wird mit 50 ml heißer Salzsäure (1:2) (etwa 4 m) und wenig heißem Wasser gelöst und die Mischung bis zur vollständigen Auflösung des Niederschlages erhitzt. Nach Abkühlen versetzt man mit 2 Tropfen Methylrot-Lösung und titriert mit 0,2 n Bromat-Bromid-Lösung. Nähert sich die Titration scheinbar dem Endpunkt, so setzt man wieder 2 Tropfen Indikator zu, wartet 15 sec und titriert weiter, bis der Indikator erneut von Rot nach Orange umschlägt. Nach abermaliger Zugabe von 2 Tropfen Indikator

17*

verfährt man in der gleichen Weise weiter, bis die jeweils zugesetzten 2 Tropfen Indikator-Lösung sich innerhalb von 15 sec völlig entfärben, die Farbe der Lösung also rein Gelb ist (Dibromoxychinolin). Der so festgestellte Verbrauch an Kaliumbromat-Lösung ist für genaue Bestimmungen durch Abzug der zur Entfärbung des Indikators benötigten Menge Bromat-Lösung zu korrigieren. 15 Tropfen einer 0,5%igen Methylrot-Lösung verbrauchen *etwa* 0,10 ml 0,2n Bromat-Lösung.

Bemerkungen. Bei der bromatometrischen Titration soll die Konzentration der Lösung an Salzsäure etwa *15%* betragen.

Zur Bestimmung eventuell mitgefällten Eisens werden zur austitrierten Lösung einige Tropfen der zur Fällung der Oxinate verwendeten 1,25%igen Oxin-Lösung in 3%iger Essigsäure gegeben und die Lösung nötigenfalls auf 15 bis 20° abgekühlt. Nun versetzt man mit 6 g Natriumcarbonat und anschließend mit 20 ml 15%iger Kaliumjodid-Lösung. Nach 5 min gibt man 10 ml konz. Salzsäure zu und titriert das ausgeschiedene Jod, das der vorliegenden Menge an Eisen(III) äquivalent ist, mit 0,02n Thiosulfat-Lösung gegen Stärke. Die jodometrische Bestimmung des Eisens muß in *unmittelbarem* Anschluß an die bromatometrische Oxin-Bestimmung erfolgen.

Kampf bestimmt nach dieser Arbeitsweise Aluminium und Eisen im *Zement.*

Potentiometrische Titration

Wie *Atanasiu* und *Velculescu* [468] feststellten, verläuft die Bromierung des Oxins bei 50° genügend schnell, so daß sich die Titration auch potentiometrisch durchführen läßt. Die Autoren nahmen jeweils die ganze Titrationskurve auf und verwendeten Platin-Nickel als anzeigendes Elektrodenpaar. Zur Durchführung der Versuche wurden jeweils 10 ml 0,1 m Oxin-Lösung (2%ig an Salzsäure) in einem Volumen von 150 ml titriert. Die Bromierungsgeschwindigkeit erreicht in 10%iger Salzsäure bereits ihr Maximum. Der Umschlagspunkt ist jedoch nach *Savioli* [488] in 20%iger Salzsäure besser zu erkennen. Die Titration kann auch in Gegenwart von Schwefelsäure vorgenommen werden. Bei Zimmertemperatur verläuft die Reaktion zu langsam, während oberhalb 50° durch das Auftreten anderer Bromierungsvorgänge kein scharfer Knickpunkt der Titrationskurve mehr erhalten wird.

Die *Genauigkeit* der direkten, potentiometrischen Titration beträgt nach *Savioli* etwa 1%.

Eine ganze Anzahl fremder Säuren und Salze, wie Essigsäure, Oxalsäure, Weinsäure, Natriumacetat, Natriumsulfat, Ammoniumsulfat, Ammoniumoxalat, die Chloride von Ammonium, Aluminium, Nickel, Calcium, Magnesium haben nach *Atanasiu* und *Velculescu keinen störenden* Einfluß auf die potentiometrische Titration. Das der Oxin-Lösung äquivalente Volumen Bromat-Lösung (1 mol Oxin = 0,667 mol $KBrO_3$) wurde stets befriedigend genau wiedergefunden. Auch Eisen und Kupfer stören nicht.

Coulometrische Titration

Prinzip. Kleine Aluminiumgehalte bestimmen *Kostromin* und *Achmadeev* [489] coulometrisch durch Bromierung des Oxins. Das Brom wird aus einer 0,2n Kaliumbromid-Lösung in 0,1n Schwefelsäure anodisch entwickelt. Der Äquivalenzpunkt wird nach dem „dead stop"-Verfahren bestimmt. Als Indikator-Elektroden dienen 2 Platin-Elektroden.

Arbeitsvorschrift. Das Aluminiumoxinat wird in 2 ml konz. Salzsäure gelöst und die Lösung in einem 100-ml-Meßkolben aufgefüllt. Ein aliquoter Teil dieser Lösung wird in das Elektrolyse-Gefäß gebracht, 0,2n Kaliumbromid-Lösung wie auch 0,1n Schwefelsäure zugegeben und unter kräftigem Rühren elektrolysiert.

Bemerkung. In der Spurenanalyse wird das Aluminiumoxinat mit Benzol *extrahiert,* freies Oxin mit 0,1n Kalilauge ausgewaschen, die Lösung zur Trockene eingedampft und mit 1 ml heißer Salzsäure aufgenommen.

Manganometrische Titration des Oxychinolins

Im Gegensatz zur Bromierung des Oxins verläuft die Oxydation unter den bisher angewandten Arbeitsbedingungen nicht stöchiometrisch; es handelt sich also um Verfahren, die die genaue Einhaltung einer bestimmten Arbeitsvorschrift und empirische Eichung der Maßlösung unter denselben Bedingungen voraussetzen.

Bei der Oxydation mit Permanganat entsteht vermutlich als Hauptreaktionsprodukt Pyridindicarbonsäure-(2,3) (Chinaldinsäure):

$$\text{Pyridindicarbonsäure-(2,3) (Chinaldinsäure)}$$

Nach *Raskin* [490] werden zur Oxydation von 1 mol Oxin 3 mol, nach *Phillips* und *O'Hara* [491] 3,2 mol Permanganat verbraucht. Demnach entspricht 1 ml 0,1 n Permanganat 0,060 bzw. 0,0562 mg Al. Infolge dieses sehr niedrigen Äquivalentgewichtes eignet sich die Titration mit Permanganat-Lösung nur zur Bestimmung sehr kleiner Aluminiummengen bis zu etwa 2 mg.

Raskin hat die Titration mit Permanganat zur Bestimmung von Magnesiumoxinat angewandt. Die Lösung des Oxinats in 2n Schwefelsäure wird bei 80 bis 90° direkt mit Permanganat-Lösung titriert. *Phillips* und *O'Hara* lösen das Metalloxinat, z.B. Aluminiumoxinat, dessen Menge 13 bis 29 mg Oxin entsprechen soll, in etwa 10%iger Schwefelsäure und geben überschüssige 0,1 n Permanganat-Lösung hinzu (0,5 bis 2 ml im Überschuß). Nach einer Einwirkungszeit von 15 min werden 0,5 g Kaliumjodid zugefügt, und das freigemachte Jod mit 0,1 n Thiosulfat-Lösung zurücktitriert. Nur wenn die Höhe des Permanganat-Überschusses und die Reaktionszeit eingehalten werden, ist der *Fehler* der Bestimmung nicht größer als 0,4 mg Oxin (~0,025 mg Al).

Von anderer Seite scheint die Titration mit Permanganat bisher nicht nachgeprüft worden zu sein.

Cerimetrische Titration des Oxychinolins

Die Oxydation mit Cer(IV)-ionen dürfte ebenso wie diejenige mit Permanganationen vor allem für Mikrobestimmungen von Vorteil sein. Oxin wird von Cer(IV)-ionen noch weitgehender oxydiert als von Permanganat; je mol Oxin werden etwa 29,8 Aquivalente Cer(IV) verbraucht. 1 ml 0,1 n Cer(IV)-Lösung entspricht demnach etwa 0,03 mg Al.

Wie bei der Titration mit Permanganat sind Einhaltung bestimmter Arbeitsbedingungen und empirische Titerstellung der Maßlösung sowie die parallele Ausführung von Blind-Bestimmungen erforderlich, um brauchbare Resultate zu erhalten. Nach *Gerber*, *Claassen* und *Boruff* [492] ist Cer(IV)-sulfat zur Oxydation des Oxins ungeeignet; zweckmäßig wird eine Lösung von Ammoniumnitratocerat(IV) in 2n Perchlorsäure verwendet.

Arbeitsvorschrift nach *Flagg* [493]. *Flagg* gibt auf Grund der Arbeiten von *Nielsen* [494] sowie *Gerber*, *Claasen* und *Boruff* folgende Arbeitsweise an. Der Oxinatniederschlag wird in 2n Perchlorsäure gelöst, die Lösung auf 90 bis 100° erhitzt und mit einem Überschuß eingestellter Ammoniumnitratocerat(IV)-Lösung in 2n Perchlorsäure versetzt. Bei 90 bis 100° soll die Oxydation innerhalb von 15 min vollständig sein. Man kühlt ab und bestimmt den Cer(IV)-Überschuß durch Titration mit eingestellter Oxalat-Lösung gegen Setopalin C als Indikator (Farbstoff der Triarylmethangruppe, vgl. *Knop* [495]; Umschläge von Rot nach Gelb).

Bemerkungen. Der dem vorliegenden Aluminium bzw. Oxin äquivalente Verbrauch an Cer(IV)-Lösung wird als Differenz gegen eine in gleicher Weise ausgeführte *Blindwert*-Bestimmung ermittelt.

Die *Einstellung* der Cer(IV)-Lösung erfolgt in gleicher Weise durch Titration mit Natriumoxalat-Lösung.

Arbeitsvorschrift nach *Mehlig* und *Dernbach* [496]. Der etwa 10 mg Al entsprechende, bis zur Säurefreiheit gewaschene Niederschlag des Aluminiumoxinats wird in 20 ml 2n Perchlorsäure unter Erwärmen gelöst und die Lösung nach dem Erkalten in einem 1-l-Meßkolben zur Marke aufgefüllt. 10 ml dieser Lösung werden mit eingestellter Cer(IV)-Lösung versetzt und 12 min im siedenden Wasserbad erhitzt. Nach dem Abkühlen wird der Überschuß an Cer(IV)-ionen mit entsprechend eingestellter Eisen(II)-salz-Lösung unter Verwendung von o-Phenanthrolin-Eisen(II)-Komplex(Ferroin) als Indikator (*Willard* und *Young* [497]) zurücktitriert (Umschlag von schwach Blau nach tief Braunrot).

Bemerkungen. Die Cer(IV)-Lösung muß in gleicher Weise gegen eine Oxin-Fällung aus *reiner* Alaun-Lösung bekannten Gehaltes eingestellt werden.

Bei Einhaltung der gegebenen Vorschrift [Angabe der Konzentration der Cer(IV)-Lösung fehlt im Referat] wurden von *Mehlig* und *Dernbach ausgezeichnete* Resultate erhalten.

Die *Indikator*-Lösung wird durch Lösen von 1,486 g Phenanthrolin-1-hydrat in 100 ml säurefreier 0,025n Eisen(II)-sulfat-Lösung (3 mol Phenanthrolin je mol Eisen) hergestellt. Nach Zusatz von 1 Tropfen Indikator je 200 ml Titrationslösung ist die Farbstärke am besten; 1 Tropfen Indikator verbraucht weniger als 0,01 ml 0,1n Cer(IV)-Lösung.

Vanadometrische Titration des Oxins

Die Oxydation mit Vanadium(V)-ionen, wie sie von *Mathur* und *Bhargava* [498] vorgeschlagen wurde, ist ebenfalls nur auf Milligramm-Mengen anzuwenden. Der in 0,1n Salzsäure gelöste Oxinat-Niederschlag wird mit überschüssiger Vanadium(V)-Lösung und so viel Schwefelsäure versetzt, daß die Lösung daran 2 bis 4n ist. Die Oxydation des Oxins wird durch 45 bis 90 min langes Kochen am Rückfluß durchgeführt. Die überschüssigen Vanadium(V)-ionen werden mit Eisen(II)-ionen gegen n-Phenylanthranilsäure als Indikator zurücktitriert.

Alkalimetrische Titration des Oxins

Titration nach Castiglioni [465] *durch Überführung des Oxins in Tribromoxychinolin*

Wie *Castiglioni* eindeutig nachgewiesen hat, bildet o-Oxychinolin mit überschüssigem Bromwasser über 5,7-Dibrom-8-oxychinolin hinaus das Tribrom-8-oxychinolin (Schmelzpunkt: 128 bis 130 °C (Zersetzung); leicht löslich in Chloroform und Aceton, schwer löslich in Äthanol, Methanol, Äther, Tetrachlorkohlenstoff und Ligroin, unlöslich in Alkalien). Da bei der Bildung dieser Tribromverbindung 3 mol Bromwasserstoff entstehen, läßt sich durch Titration dieser Säure mit n Natronlauge das Oxin und damit auch das Aluminium im Aluminiumoxinat quantitativ bestimmen. Bekanntlich wird jedoch die Bromierung des Oxins in saurer Lösung ausgeführt, weshalb man zwei Titrationen, die eine vor und die andere nach der Zugabe des Bromwassers vornehmen muß. Die Differenz beider Titrationen ergibt die Menge des gebildeten Bromwasserstoffs und damit auch diejenige des entsprechenden Oxins bzw. Aluminiums.

Titration nach Iwamoto [463]

Prinzip. Bei der Komplex-Bildung des Aluminiums mit Oxin wird eine äquivalente Menge an Wasserstoffionen frei, die mit Hydroxylionen titriert werden kann. Durch Zugabe von aprotischen Lösungsmitteln wie z.B. Äthanol wird die Komplex-Bildung kleiner Aluminium-Gehalte begünstigt und die Hydrolyse des Aluminiumoxinats verhindert. Auf diese Weise erhält man bei der Titration wesentlich schärfere Endpunkte. Ein Überschuß an Oxychinolin, der die Komplex-Bildung zwar begünstigt, ist infolge der Pufferwirkung des Oxins zu vermeiden und führt zu flachen, schlecht auswertbaren Titrationskurven. *Iwamoto* führt die Titration coulometrisch mit bekannten Mengen reiner Aluminiumsulfat-Lösungen aus.

Arbeitsvorschrift. Als Titrationszelle dient ein 250-ml-Griffinbecher. Die Erzeuger-Elektrode besteht aus einem 1 cm² großen Platinblech mit einem angeschweißten Platindraht. Die Hilfselektrode, ebenfalls aus Platin, befindet sich eingetaucht in den Leitelektrolyten in einem Frittenrohr. Zur pH-Messung dient ein Glas-Kalomel-Elektrodenpaar. Als Leitelektrolyt wird für Gehalte von 560 µg Al eine Lösung, die 48%ig an Äthanol, 0,049 m an Natriumsulfat und 0,0061 m an Oxin, für Gehalte von 56 und 5,6 µg Al eine solche, die 59%ig an Äthanol, gesättigt an Natriumsulfat (etwas weniger als 0,05 m) und 0,0048 m an Oxin ist, verwendet.

Die Aluminiumlösung mit 560, 56 und 5,6 µg Al wird mit dem Leitelektrolyten auf 75 ml verdünnt. Für die Titration der 560 µg-Mengen werden 0,5 ml gesättigte Kaliumchloridlösung zugegeben. Bei kleineren Mengen unterbleibt die Zugabe. Nach 10 bis 15 min langer Entlüftung mit Stickstoff wird mit der Elektrolyse begonnen. Bei Annäherung an den Äquivalenzpunkt wird die Elektrolyse in kurzen Intervallen fortgesetzt und die pH-Kurve registriert.

Bemerkungen. Störende Ionen. Ionen, die an der Platin-Kathode direkt reduzierbar sind, und solche, die mit Oxin Komplexe bilden, stören die Bestimmung und müssen abgetrennt werden. Magnesium, Alkalien und Erdalkalien stören nicht, weil sie mit Oxin entweder keine Komplexe bilden oder die Komplex-Bildung erst bei höheren pH-Werten einsetzt.

Nach den von *Iwamoto* ausgeführten Beleganalysen ist die Bestimmung außerordentlich genau. Der maximale *Fehler* beträgt für Gehalte von 560 µg Al 0,7%, für 56 µg Al 1,9% und für 5,6 µg Al 8,2%.

Koppiker und *Murthy* [464] führen die Titration potentiometrisch durch. Nach ihren Angaben kann die Methode, da sie *nicht selektiv* ist, nur zur Standardisierung reiner Aluminium-Lösungen verwandt werden.

G. Nephelometrische Titration zur Bestimmung des Aluminiums

Die hier angegebenen Methoden zur Bestimmung des Aluminiums beruhen auf einem Titrationsverfahren mit einer Maßlösung, die mit dem Aluminium eine unlösliche Verbindung bildet. Die dadurch hervorgerufene Trübung, die bis zum Äquivalenzpunkt zunimmt und dann konstant ist bzw. durch die Verdünnung wieder abnimmt, wird gemessen. Die Auswertung erfolgt graphisch analog der Leitfähigkeitstitration. Ein scharfer Knick in der Titrationskurve ergibt den Äquivalenzpunkt. Das Verfahren eignet sich besonders zu Mikrobestimmungen.

Zur Bestimmung des Aluminiums verwenden *Bobtelsky* und *Bar-Gadda* [499] Kaliumphthalat. Die Titration wird in einer Lösung, die 50 oder 90% Äthanol enthält, ausgeführt. Als Maßlösung wird eine 0,1 oder 0,05 m Kaliumphthalat-Lösung, die 50% Äthanol enthält, benutzt. Die Titration erfolgt in einem Photometer, das von *Bobtelsky* und *Bar-Gadda* [500] ausführlich beschrieben wird. Bei der Titration mit Phthalat-Lösung wird zunächst ein löslicher Komplex [AlPhth₂] gebildet. Genau beim Molverhältnis 2 Phth : 1 Al beginnt die Titrationskurve plötzlich zu steigen. Das Maximum der Kurve liegt bei einem Molverhältnis von etwa 3 Phth : 1 Al. Bei der umgekehrten Titration mit Aluminium-Lösung in eine vorgelegte Phthalat-Lösung steigt die Titrationskurve allmählich bis zum Maximum bei einem Molverhältnis von 2 Phth : 1 Al. Bei weiterer Zugabe von Aluminium-Lösung löst sich der Niederschlag beim Molverhältnis 3 Phth : 2 Al (= Al_2Phth_3) vollständig auf.

Bobtelsky und *Bar-Gadda* bestimmen auf diese Weise Aluminium in Lösungen, die Aluminium, Chrom und Eisen enthalten, mit guter Genauigkeit (Tab. 51).

Tabelle 51. *Titrationen nach Bobtelsky und Bar-Gadda*

Al gegeben mg	Al gefunden mg	
8,091	8,091	
4,045	3,910	in Anwesenheit von Fe und Cr
2,697	2,697	
5,394	5,290	
4,045	4,112	
2,697	2,697	in Abwesenheit von Fe und Cr
4,045	4,045	

Bobtelsky und *Welwart* [501] untersuchten auch die Brauchbarkeit einer Oxin-Lösung als Maßlösung zur nephelometrischen Titration des Aluminiums. Maximale Extinktion tritt dann auf, wenn der Niederschlag die Zusammensetzung $AlOx_3$ annimmt.

Arbeitsvorschrift. Die Lösung, die in einem Volumen von 20 ml etwa 0,5 mg Aluminium enthalten soll, wird mit Natriumacetat auf pH = 5,5 bis 6,0 eingestellt und mit einer 0,05m äthanolischen Oxin-Lösung titriert. Man kann *auch* derart verfahren, daß man zur Probenlösung 1 bis 2 ml 5m Natriumacetat-Lösung gibt und mit einer 0,02 bis 0,05m Oxin-Lösung in 0,1 bis 0,25m Essigsäure titriert.

Bemerkungen. Auf diese Weise läßt sich das Aluminium mit einem *Fehler* bis zu ± 0,5 µg/ml bestimmen.

Die Verwendung der *Aurintricarbonsäure* zur nephelometrischen Bestimmung wurde von *Bobtelsky* und *Ben-Bassat* [502] untersucht. Nach diesen Untersuchungen soll sich Aluminium zwischen pH = 3 und 4 nephelometrisch titrieren lassen.

H. Thermometrische Titration zur Bestimmung des Aluminiums

Prinzip. Im Rahmen der thermometrischen Schnellanalyse von Martin- und Hochofenschlacken sowie anderen Silicaten bestimmen *Sajó* und *Sipos* [503] auch das Aluminium. Aluminiumionen bilden mit Flußsäure einen Komplex, wobei eine bedeutende Reaktionswärme entwickelt wird. Durch Messung der Temperaturänderung der Lösung läßt sich der Gehalt des Aluminiums in der Lösung bestimmen. Die Komplex-Bildung beginnt relativ langsam, kann aber durch Anwesenheit von Phosphorsäure beschleunigt werden. Kieselsäure, die ebenfalls mit Flußsäure reagiert, muß durch Abrauchen mit Perchlorsäure und Filtration abgetrennt werden. Um die auftretende Verdünnungswärme, die durch Verdünnen der Lösung mit der Reagens-Lösung auftritt, zu kompensieren, wird ein Flußsäure-Carbamid-Gemisch als Reagens verwendet. Bei der Verdünnung der Flußsäure allein überwiegt die Hydratation, die Reaktion ist deshalb exotherm. Wenn man die Flußsäure mit Carbamid versetzt, so bilden beide eine wenig stabile Verbindung. Bei dieser Verbindung tritt jedoch im Laufe der Verdünnung die Dissoziation in den Vordergrund, und auf diese Weise ist der Verdünnungsvorgang endotherm. Durch geeignete Einstellung des Gemisches kann man erreichen, daß die Verdünnungswärme gleich Null wird.

Arbeitsvorschrift. 1 g feingepulverte Schlacke wird mit 20 ml Perchlorsäure (D = 1,54) und 10 ml Schwefelsäure (D = 1,84) gelöst, bis zum Rauchen der Perchlorsäure eingeengt und noch 4 min gekocht. Man kühlt ab, verdünnt mit 50 ml Wasser, setzt 30 ml Salzsäure (D = 1,12) hinzu und filtriert die Kieselsäure ab. Zum Filtrat gibt man 20 ml Phosphorsäure (D = 1,71), weitere 30 ml Salzsäure (D = 1,12) und verdünnt mit Wasser auf 200 ml. Die Temperatur der Analysenlösung wird auf 0,5 °C unter Zimmertemperatur gebracht, die Lösung in einen Kunststoffbecher überführt und mit 4 ml carbamidhaltiger Flußsäure (siehe unten) versetzt. Nach der Zugabe wird der Temperaturanstieg der Lösung gemessen. Der Aluminium-Gehalt wird mit Hilfe einer *Eichkurve* ermittelt, welche mit Lösungen bekannter Gehalte unter den gleichen Bedingungen der Analyse aufgestellt wird.

Bemerkungen. Flußsäure-Carbamidlösung. Man löst 130 g Carbamid in 1000 ml 40%iger Flußsäure. Zur Kontrolle des Reagenses mischt man 10 ml Schwefelsäure (D = 1,84), 20 ml Perchlorsäure (D = 1,54), 20 ml Phosphorsäure (D = 1,71) mit 60 ml Salzsäure (D = 1,12) und verdünnt mit Wasser auf 200 ml.

Die Lösung wird in einen *Kunststoff*-Becher überführt und mit 4 ml Flußsäure-Carbamidlösung versetzt. Erwärmt sich dabei die Probelösung, so gibt man einige Gramme Carbamid, im entgegengesetzten Fall einige Milliliter Flußsäure hinzu, bis die Verdünnungswärme praktisch gleich Null wird.

Die Bestimmung wird durch Eisenoxid und Titanoxid *gestört*. Die Störung kann durch empirische Faktoren korrigiert werden. 1% Fe_2O_3 entspricht dabei 0,03% Al_2O_3 und 1% TiO_2 entspricht 0,78% Al_2O_3.

Die von *Sajó* und *Sipos* angegebenen Resultate verschiedener Schlacken-Proben sind in der Tabelle 52 angegeben.

Tabelle 52. *Titration nach Sajó und Sipos*

Al_2O_3		Fehler
chelatometrisch %	thermometrisch %	
8,67	8,8	+0,13
6,50	6,2	−0,30
8,28	8,5	+0,22
3,57	3,7	+0,13
4,55	4,3	−0,25
3,17	3,4	+0,23
4,08	4,3	+0,22
6,67	6,9	+0,23
6,03	6,4	+0,37

Literatur

1. *Kolthoff, I. M., Menzel, H.:* Die Maßanalyse, 2. Aufl., Berlin 1931.
2. *Whitehead, T., Clay, H., Hawthorne, C. R.:* Am. Soc. **59**, 1349 (1937).
3. *Davis, H. L.:* J. physic. Chem. **36**, 1449 (1932).
4. *Khoroschkin, M. N.:* Acta Univ. Vorogeniensis (USSR) **11**, Nr. 2, 2 (1939); Chem. Ref. J. (russ.) **1940**, Nr. 2, 62; durch Chem. Abstr. **36**, 1258 (1942).
5. *Bushey, A. H.:* Anal. Chem. **20**, 169 (1948).
6. *Erlenmeyer, E., Lewinstein, G.:* Jbr. **1860**, 638; J. pr. **81**, 254 (1890).
7. *Nicolsky, B. P., Paramonova, V. I.:* Zhur. Priklad. Khim. **B 2**, 687 (1931); Ph. Ch. A **159**, 47 (1932).
8. *Jander, G., Jahr, K. F.:* Kolloidberichte **43**, 295 (1935/36).
9. *Coetzee, J. F.:* Soc. **1951**, 997.
10. *Feigl, F., Krauss, G.:* B. **58**, 398 (1925).
11. *Moody, S. E.:* Am. J. Sci. **20**, 181 (1905); Z. anorg. Ch. **46**, 423, 427 (1905).

12. *Kolthoff, I. M.:* Z. anorg. Ch. **112**, 181 (1920).
13. *Blum, C., Käsermann, H.:* Festschrift Paul Casparis **1949**, 128; durch Chem. Abstr. **44**, 9625 (1950).
14. *Glemser, O., Thelen, L.:* Angew. Ch. **62**, 269 (1950).
15. *Bayer, K. G.:* Ch.-Z. **14**, 736 (1890); **11**, 53 (1887); Fr. **24**, 542 (1885); **25**, 180 (1886).
16. *Komárek, K.:* Coll. Trav. chim. Tchécosl. **11**, 189 (1939); durch Fr. **129**, 275 (1949).
17. *Tolkatscheff, S. A., Titowa, J. G.:* Chimičeskij J. **8**, 1271 (1935).
18. *Roeckerath, M., Glemser, O.:* Angew. Ch. **59**, 277 (1947).
19. *Samuelson, O.:* Svensk Kem. Tidskr. **51**, 195 (1939); **57**, 158 (1945); **52**, 115, 241 (1940); **54**, 131 (1942).
20. *Djurfelt, R., Hansen, J., Samuelson, O.:* Svensk Kem. Tidskr. **59**, 13 (1947).
21. *Eder, T.:* Fr. **119**, 399 (1940).
22. *Lacroix, S.:* Anal. chim. Acta **1**, 3 (1947); Ann. Chim. [12] **4**, 5 (1947); durch Fr. **132**, 118 (1951); Analyst **73**, 353 (1948).
23. *Simmons, J. R.:* Analyst **65**, 456 (1940).
24. *Semljanitzyn, W. P.:* Leichtmetalle (russ.) **3**, 115 (1934).
25. *Wood, C. H.:* J. Soc. chem. Ind. **61**, 29 (1942); **63**, 317 (1944); durch Fr. **128**, 334 (1948).
26. *Kolthoff, I. M.:* Säure-Basen-Indikatoren; Berlin 1932.
27. *Kolthoff, I. M., Stenger, V. A.:* Volumetric Analysis, 2. Aufl., Bd. 2, S. 195; New York 1947.
28. *Thomson, R. T.:* Chem. N. **47**, 123, 135 (1883); **49**, 32, 38 (1884).
29. *Atkinson, E. B.:* Chem. N. **52**, 311 (1885).
30. *Gatenby, R.:* Chem. N. **55**, 289 (1887).
31. *Lunge, G.:* J. Soc. chem. Ind. **10**, 314 (1891); Angew. Ch. **3**, 227 (1890); **4**, 432 (1891).
32. *Cross, C. F., Bevan, E. I.:* J. Soc. chem. Ind. **10**, 202 (1891).
33. *v. Kéler, H., Lunge, G.:* Angew. Ch. **7**, 669 (1894).
34. *Ruoss:* Fr. **35**, 143 (1896).
35. *Gyzander, C.:* Chem. N. **84**, 296, 306 (1901).
36. *Bellucci, I., Lucchesi, F.:* Giornale **49**, I, 216 (1919); Ann. Chim. applic. **II**, 12, 199 (1919).
37. *Lobanow, A. I.:* Ogneupory **12**, 222 (1947); durch Chem. Abstr. **42**, 1715 (1948).
38. *Kopchenowa, E. V., Karyukina, V. N.:* Betriebslab. (russ.) **11**, 360 (1945).
39. *v. Miller, W.:* Fr. **17**, 474 (1878).
40. *Hiller, H.:* Laboratoriumsbuch Tonerdeindustrie, Halle 1922.
41. *Fuchs, P.:* Ch. Z. **66**, 73 (1942).
42. *Herrmann, E.:* Archiv za Kemiju **21**, 218 (1949); durch Fr. **134**, 154 (1951).
43. *del Arco, E., Peleato, M.:* An. Españ. **43**, 45 (1947); durch Chem. Abstr. **41**, 4061 (1947).
44. *Hickman, K. C. D., Linstead, R. P.:* Soc. **121**, 2502 (1922).
45. *Craig, T. J. I.:* J. Soc. chem. Ind. **30**, 184 (1911).
46. *László, A.:* Aluminium (Budapest) **1**, 241 (1949); durch Chem. Abstr. **45**, 3291 (1951).
47. *Wöhlk, A.:* Ber. dtsch. pharm. Ges. **33**, 195 (1923); Dansk Tidsskr. Farm. **2**, 320 (1928); **1**, 525 (1927).
48. *Reichert, B.:* Pharm. Ind. **9**, 55 (1942).
49. *Herbig, W.:* Färber-Z. **1912**, 418.
50. *Willgerodt, G.:* Dingl. J. **220**, 49 (1876).
51. *Lescoeur, H.:* Bl. [3] **17**, 119, 706 (1897).
52. *Merz, G.:* Dingl. J. **220**, 229 (1876).
53. *Bogolenow, N. I.:* Leichtmetalle (russ.) **5**, 22 (1936).
54. *Birstein, G., Kronman, J.:* Przemysl Chem. **18**, 317 (1934); durch C. **106**, II, 3549 (1935).
55. *Clarens, J., Lacroix, J.:* Bl. [4] **51**, 668 (1932).
56. *Martin, A. E.:* J. Soc. chem. Ind. Trans. **56**, 179 (1937); durch Fr. **112**, 117 (1938).
57. *Wukolow, P.:* Chem. J. Ser. B **9**, 1679 (1936); durch C. **108**, I, 2827 (1937).
58. *Chernow, V. A., Nekrasow, N. S.:* Betriebslab. (russ.) **10**, 375 (1941); durch Chem. Abstr. **35**, 7312 (1941).
59. *Queiroz, M. S., de Paiva Neto, J. E.:* Rev. brasil. chim. **13**, 137 (1942); durch Chem. Abstr. **36**, 4248 (1942).
60. *Davis, H. L., Farnham, E. C.:* J. physic. Chem. **36**, 1057 (1932).
61. *Prunier, H.:* J. Pharm. Chim. 5, **10**, 97 (1884).
62. *White, H. A.:* Am. Soc. **24**, 457 (1902).
63. *Telle, L.:* Bl. Sci. pharmacol. **16**, 656 (1909).
64. *Tingle, A.:* Ind. engng. Chem. **13**, 420, 655 (1921).
65. *Grigorjew, P. N.:* Feuerfeste Mat. (russ.) **5**, 105 (1937).
66. *Stock, A.:* B. **33**, 548 (1900); C. r. **130**, 175 (1900).
67. *Gooch, F. A., Osborne, R. W.:* Z. anorg. Ch. **55**, 88 (1907).
68. *Iwanow, W. N.:* Ch. Z. **37**, 805, 814 (1913); J. Russ. phys.-chem. Ges. **46**, 119 (1914).
69. *Ossipow, I., Kowscharowa, T.:* J. Russ. phys.-chem. Ges. **47**, 613 (1915).
70. *Kowscharowa, T.:* J. Russ. phys.-chem. Ges. **47**, 616 (1915).
71. *Watts, H. L., Utley, D. W.:* Anal. Chem. **25**, 864 (1953).

72. *Beck, M., Szabó, Z. G.:* Anal. chim. Acta **6**, 316 (1952).
73. *Nikolskaja, Y. P.:* Betriebslab. (russ.) **13**, 119 (1947).
74. *Parnas, J. K.:* Fr. **114**, 261 (1938).
75. *Rosenfeld, A.:* Pharm. J. (russ.) **1**, 309 (1928); durch C. **99**, II, 1132 (1928).
76. *Gormuth, F. G.:* Ind. eng. Chem. **19**, 144 (1927).
77. *Honjo, T.:* J. Japan Ind. Metals **18**, 114 (1954).
78. *Stefkin, F. S., Rybkina, A. A., Sevostyanova, M. V., Karelskaya, G. F.:* Uch. Zap. Mosk. Gos. Univ. No. **46**, 40 (1965) (russ.); durch Zhur. Khim. **1966** (9), Pt. I, No. 9675.
79. *Hildebrand, J. H.:* Am. Soc. **35**, 863 (1913).
80. *Blum, W.:* Am. Soc. **35**, 1500 (1913); **38**, 1284 (1916).
81. *Drossbach, P.:* Z. anorg. Ch. **166**, 225 (1927).
82. *Treadwell, W. D., Züricher, M.:* Helv. **15**, 980, 984 (1932); durch Fr. **113**, 138 (1938).
83. *Martin, A. E.:* J. Soc. chem. Ind. Trans. **56**, 179 (1937); durch Fr. **112**, 117 (1938).
84. *Treadwell, W. D. Bernasconi, E.:* Helv. **13**, 500 (1930); durch Fr. **83**, 298 (1931).
85. *Toit, M. S.:* S. Afr. J. Sci. **27**, 233 (1930).
86. *Kanning, E. W., Kratli, F. H.:* Ind. eng. Chem. Anal. Edit. **5**, 381 (1933).
87. *Mousa, A. A.:* Analyst **76**, 96 (1951); durch Fr. **136**, 374 (1952).
88. *Tanabe, H., Hasegawa, F.:* Ann. Repts. Takeda Res. Lab. **9**, 63 (1950).
89. *Thomas, A. W., Vartanian, R. D.:* Am. Soc. **57**, 4 (1935).
90. *Britton, H. T. S.:* Soc. **127**, 2121 (1925).
91. *Britton, H. T. S.:* Soc. **130**, 428 (1927).
92. *Wells, L. S.:* Bur. Stand. J. Res. **1**, 997 (1928).
93. *Zipper, D. H.:* Chemist-Analyst **37**, 28 (1948).
94. *Kubota, H., Costanzo, D. A.:* Anal. Chem. **36**, 2454 (1964).
95. *Bordoni, C.:* Ann. Chim. applic. **33**, 10, 224 (1943); durch Chem. Abstr. **41**, 2347 (1947).
96. *Hemmeler, A.:* Ann. Chim. applic. **37**, 119 (1947); durch Chem. Abstr. **41**, 7309 (1947).
97. *Kale, A. K., Ioshpa, I. E.:* Tr. Gorkovsk. Politekh. Inst. **13**, 50 (1957); durch Zhur. Khim. **1958**, Ref. Nr. 53403.
98. *Kale, A. K.:* Betriebslab. (russ.) **12**, 773 (1946); **13**, 413 (1947).
99. *Nesh, F., Haas, E. C.:* Anal. Chem. **28**, 2034 (1956).
100. *Stammler, M.:* Metall **13**, 103 (1959).
101. *Ščigol, M. B., Burčinskaya, N. B.:* Ž. anal. Chim. (russ.) **11**, 106 (1956).
102. *Jamey, M., Magrone, R.:* Mitt. Centre d'Etude de l'Alumine, Péchiney, Gardanne (France) **1967**.
103. *Kanning, E. W., Lewis, E. H.:* Pr. Indian Acad. Sci. **46**, 109 (1937); durch C. **110**, I, 1012 (1939).
104. *Ehrhardt, N.:* Ch. Fabr. **2**, 443, 445, 465 (1929).
105. *Murgulescu, I. G., Latiu, E.:* Fr. **128**, 142 (1948).
106. *Shuttleworth, S. G.:* J. Intern. Soc. Leather Trades Chem. **24**, 115, 166 (1940); durch Chem. Abstr. **34**, 6121 (1940).
107. *Khudyakova, T. A.:* Tr. Gor'kovsk Politekh. Inst. **13**, 37 (1937); durch Zhur. Khim. **1958**, Ref. Nr. 60, 582.
108. *Pasowskaya, G. B.:* Zhur. Anal. Khim. **20** (3), 392 (1965).
109. *Pasowskaya, G. B.:* Izv. Vysshikh Učhebn. Zavedenii (Ivanovo) Chim. i chim. Technol. **8**, 345 (1965).
110. *Cruse, K., Nettesheim, G.:* Fr. **152**, 19 (1956).
111. *Pungor, E., Zapp, E. E.:* Fr. **171**, 161 (1959); **197**, 404 (1963); Egypt. J. Chem. **2**, 81 (1959); Bl. **1960**, 121.
112. *Miller, O.:* B. **16**, 1991 (1883).
113. *Beilstein, F., Grosset, T.:* Bl. Acad. Sci. Pétersb. **13**, 41; durch Fr. **29**, 73 (1890).
114. *Stein, W.:* Polyt. Zentralbl. **1866**, 1521; **1868**, 189; Fr. **5**, 35, 289 (1866).
115. *Zschokke, H., Häuselmann, L.:* Ch. Z. **46**, 302 (1922).
116. *Eder, T.:* Fr. **119**, 409 (1940).
117. *Hegedüs, A.:* Kohász. Lapok **9**, 333 (1954).
118. *Green, W., Baker, S. R.:* Ind. eng. Chem. Anal. Edit. **17**, 351 (1945).
119. *Graham, R. P.:* Ind. eng. Chem. Anal. Edit. **18**, 472 (1946).
120. *Fischl, S.:* Diss. Prag 1900; Dtsch. Abh. naturw. med. Ver. Böhmens „Lotos" **3**, 213 (1912); durch Ch. Z. **46**, 504 (1922).
121. *Scott, W. W.:* Ind. eng. Chem. **7**, 1059 (1915).
122. *Congdon, L. A., Cartar, A.:* Chem. N. **128**, 98 (1924).
123. *Rosin, J.:* Reagent Chemicals and Standards, New York **1937**, S. 22, 28.
124. *Thorpe, J. F., Whiteley, M. A.:* Thorpe's Dictionary of applied Chemistry, 4. Aufl., London 1938, Bd. II, S. 646.
125. *Pepkowitz, L. P., Sabol, W. W., Dutina, D.:* Anal. Chem. **24**, 1956 (1952).
126. *Bleadel, W. J., Panos, J. J.:* Anal. Chem. **22**, 910 (1950); durch Fr. **134**, 236 (1951/52).
127. *Hahn, F. L., Hartleb, E.:* Fr. **71**, 225 (1927).

128. *Vieböck, F., Fuchs, K.:* Pharm. Monatsh. **15**, 34 (1934).
129. *Tscherwjakow, N. I., Deutschmann, E. N.:* Betriebslab. (russ.) **4**, 508 (1935).
130. *Vieböck, F., Brecher, C.:* Ar. **270**, 114 (1932); durch Fr. **94**, 47 (1933).
131. *Wöhlk, A.:* Dansk Tidsskr. Farm. **1**, 525 (1927).
132. *Bachmutowa, M. K.:* Leichtmetalle (russ.) **3**, 37 (1934).
133. *Karsten, P., van der Spek, J.:* Pharm. Weekbl. **85**, 725 (1950).
134. *Babko, A. K.:* Betriebslab. (russ.) **4**, 891 (1935).
135. *Pawlinowa, A. W.:* Acta Univ. Vorogeniensis **11**, Nr. 2, 15 (1939).
136. *Damodaran, V.:* J. Sci. Ind. Res. (India) B **15**, 253 (1956).
137. *Klimovskaya, M. F.:* Sovrem. metody Anal. Metall. M., Metallurgizdat **1955**, 185.
138. *Tschigrin, M. F.:* Betriebslab. (russ.) **6**, 758 (1937).
139. *Booman, G. L., Elliott, M. C., Kimball, R. B., Cartan, F. O., Rein, J. E.:* Anal. Chem. **30**, 284 (1958).
140. *Hanuš, J., Quadrat, O.:* Z. anorg. Ch. **63**, 306 (1909); C. r. Acad. tchéque Sci. **1909**.
141. *Quadrat, O., Korecký, I.:* Coll. Trav. chim. Tchécosl. **2**, 169 (1930).
142. *Pawlinowa, A. W.:* Chem. J. Ser. A (russ.) **17**, (79), 3 (1947).
143. *Cădariu, I., Goina, T.:* Studia Univ. Victor Babes Bolyai **3**, 9 (1958), No. 4, Ser. 1, No. 2; durch Chem. Abstr. **54**, 12875h–12876a (1960).
144. *Cădariu, I., Goina, T., Oniciu, L.:* Studia Univ. Babes Bolyai, Ser. Chem. **7**, 81 (1962); durch Fr. **206**, 295 (1964).
145. *Heidenhain, H.:* Pharm. Rdsch. **8**, 189 (1890).
146. *Pawlinowa, A. W.:* Chem. J. Ser. B **10**, 732 (1937); Acta Univ. Vorogeniensis **9**, 59 (1937).
147. *Pawlinowa, A. W.:* Acta Univ. Vorogeniensis **11**, Nr. 2, 7 (1939).
148. *Pawlinowa, A. W., Bernštein, B. I.:* Ž. anal. Chim. (russ.) **14**, 356 (1959).
149. *Titus, A. C., Cannon, M. C.:* Ind. eng. Chem. Anal. Edit. **11**, 137 (1939).
150. *Pawlinowa, A. W.:* Chem. J. Ser. B **9**, 1682 (1936); durch C. **108**, I, 2828 (1937).
151. *Cădariu, I., Oniciu, L., Schmidt, E.:* Studia Univ. Victor Babes Bolyai, Ser. Chem. **7**, 111 (1962).
152. *Schwarzenbach, G., Biedermann, W.:* Helv. **31**, 331, 456, 459 (1948).
153. *Lacroix, S.:* Anal. chim. Acta **1**, 267 (1947); durch Fr. **130**, 355 (1949/50).
154. *Malaprade, L.:* Congr. chim. ind. Nancy 18, I, 115 (1938).
155. *Cădariu, I., Goina, T., Oniciu, L.:* Studia Univ. Victor Babes Bolyai, Ser. Chem. **7**, 81 (1962).
156. *Watts, H. L.:* Anal. Chem. **30**, 967 (1958).
157. *Paulson, R. V., Murphy, J. F.:* Anal. Chem. **28**, 1182 (1956).
158. *Elliot, C., Robinson, I. W.:* Anal. chim. Acta **13**, 309 (1955).
159. *Sokolowitsch, W. E.:* Betriebslab. (russ.) **31**, 1441 (1965).
160. *Sokolow, A. V.:* Chemisat. socialist. Agr. (russ.) **1939**, Nr. 7, 70; durch Chem. Abstr. 4845 (1940).
161. *Yarusow, S. S.:* Dokl. Vses. Akad. Sel'skokhoz. Nauk (V. I. Lenina) **13**, Nr. 1, 14 (1948); durch Chem. Abstr. **42**, 6481 (1948).
162. *Snyder, L. J.:* Ind. eng. Chem. Anal. Edit. **17**, 37 (1945).
163. *Trump, W. N., Smith, L.:* Proc. Iowa Acad. Sci. **55**, 277 (1948).
164. *Hale, M. N.:* Ind. eng. Chem. Anal. Edit. **18**, 568 (1946).
165. *Watts, H. L., Utley, D. W.:* Anal. Chem. **28**, 1731 (1956).
166. *Zolotukin, V. K., Dmiterko, O. P.:* Sovrem. Metody. Anal. Metall. M., Metallurgizdat **1955**, 176; durch Zhur. Khim. **1956**, Ref. Nr. 29, 321.
167. *Jacobs, M. B.:* J. Am. pharm. Assoc. **39**, 523 (1950).
168. *Babachev, G. N.:* Zhur. Anal. Khim. **13**, 716 (1958).
169. *Tuma, H., Tietz, N.:* Hutn. Listy **11**, 98 (1956).
170. *Clarke, W. E.:* J. Res. Brit. Cast Iron Assoc. **6**, 505 (1957).
171. *Clarke, W. E., Rooney, R. C.:* J. Res. Brit. Cast Iron Assoc. **6**, 666 (1957); durch Anal. Abstr. **5**, 1221 (1958).
172. *Borun, G. A.:* Anal. Chem. **34**, 1166 (1962).
173. *Bensch, H.:* Aluminium **43**, 360 (1967).
174. *Chugreeva, N.:* Isvest. vyšsych učebnich zavedenij USSR, Chimija i chimiceskaja technologija **1961**, Nr. 1, S. 16.
175. *Polyak, L. Y.:* Betriebslab. (russ.) **12**, 268 (1946).
176. *Tschirkow, S. K.:* Betriebslab. (russ.) **12**, 777 (1946); **14**, 783 (1948).
177. *Kabanow, B. N., Polyak, L. J.:* Ž. anal. Chim. (russ.) **13**, 538 (1958).
178. *Gorelowa, A., Polyak, L. J.:* Betriebslab. (russ.) **25**, 285 (1959).
179. *Drwiega, I., Klajn, R.:* Prace Inst. Hutniczych **17**, 391 (1965).
180. *Geyer, R., Bormann, R.:* Neue Hütte **12**, 632 (1967).
181. *Ringbom, A., Wilkmann, B.:* Acta chem. Scand. **3**, 22 (1949); durch Fr. **130**, 236 (1950).
182. *Varma, A.:* Bl. chem. Soc. Japan **35**, 1444 (1962).
183. *Jurczak, K.:* Prace Inst. Mech. **12** (2) (44), 59 (1964).

184. *Berkovich, M. R,. Sirina, A. M., Luganova:* Tr. Ural'sk. Nauchn.-Issled. Khim. Inst. **1964**, 26.
185. *Tananajew, I. V., Levina, M. I.:* Betriebslab. (russ.) **11**, 804 (1945).
186. *Ringbom, A.:* Svensk Papperstid. **50**, 145 (1947); durch Chem. Abstr. **41**, 7300 (1947).
187. *Kinnunen, J., Merikanto, B.:* Anal. Chem. **23**, 1690 (1951); durch Fr. **137**, 386 (1952/53).
188. *Babko, A. K., Nazarcuk, T. N.:* Ukrain. chem. J. **20**, 678 (1954).
189. *Kabannik, G. T., Nazarcuk, T. N.:* Betriebslab. (russ.) **28**, 546 (1962).
190. *Holzbecher, Z.:* Chem. Listy **52**, 430 (1958).
191. *Hiltner, W.:* Ausführung potentiometrischer Analysen, 1935, S. 92.
192. *Kolthoff, I. M., Furman, H.:* Potentiometric Titrations, 2. Aufl., New York 1931.
193. *Steuer, H.:* Fr. **118**, 385 (1940).
194. *Mannchen, W.:* Aluminium **25**, 250 (1943).
195. *Stefanowsky, V. F., Svirenko, V. D.:* Betriebslab. (russ.) **9**, 1151 (1940).
196. *Tarayan, W. M., Ovsepyan, E. N.:* Isv. Akad. Nauk Arm. SSR, Fiz-Mat. Estestven. i. Tekh. Nauki **3**, 499 (1950); durch Chem. Abstr. **46**, 2954 (1952).
197. *Harms, I., Jander, G.:* Z. El. Ch. **42**, 315 (1936).
198. *Mannchen, W.:* Neue Hütte **1**, 163 (1956).
199. *Tananaew, J. V., Lelchuk, J. L.:* Zhur. Anal. Chem. (russ.) **2**, 93 (1947).
200. *Ovsepyan, E. N., Ekimyan, M. G.:* Estestven i. Tekh. Nauki. **8**, 41 (1955).
201. *Belenki, L. I., Ssokolow, I. I.:* Za. Rekonstrukziyn Tekstil Prom. (Wiederaufbau Textilind.; russ.) **13**, (11) 35 (1934).
202. *Lomakin, L.:* Betriebslab. (russ.) **10**, 307 (1941).
203. *McCallum, J. R.:* Canad. J. Chem. **34**, 915 (1956).
204. *Tarayan, W. M.:* Betriebslab. (russ.) **8**, 273 (1939).
205. *Miesserow, K. G.:* Zhur. Priklad. Khim. (russ.) **27**, 677 (1959).
206. *Iwanow, B. G., Bezjajko, S. M.:* Betriebslab. (russ.) **15**, 511 (1949).
207. *Proszt, J., Györbiró, K.:* Magyar Chem. Folyóirat **58**, 117 (1952); durch C. **125**, 11013 (1954).
208. *Ovsepyan, E. N., Tarayan, V. M.:* Nauchn. Tr., Erevansk. Gos. Univ. **53**, 85 (1956); durch Zhur. Khim. **1956**, Ref. Nr. 54755.
209. *Kocharyan, A.:* Sb. Stud. Nauchn. Tr. Erevansk. Univ. **1958**, 197; durch Zhur. Khim. **1958** (23), Ref. Nr. 77233.
210. *Illiminskaya, V. T.:* Abrasivy **1955**, 24; durch Zhur. Khim. **1956**, Ref. Nr. 4203.
211. *Temyanko, S. V., Khazova, I. P.:* Symp. Sovrem Metody Anal. Metall M., Metallurgizdat **1955**, 28; durch Zhur. Khim. **1956**, Ref. Nr. 29319.
212. *Usatenko, J. I., Bekleshova, G., Grenberg, E. I., Genis, M. Y., Karpusha, E. E.:* Betriebslab. (russ.) **21**, 26 (1955).
213. *Passowskaya, G. B.:* Ž. anal. Chim. (russ.) **18**, 537 (1963).
214. *Kinnunen, J., Merikanto, B.:* Chemist-Analyst **42**, 16 (1953).
215. *Solodovnikov, P. P.:* Ž. anal. Chim. (russ.) **16**, 237 (1961).
216. *Holzbecher, Z.:* Chem. Listy **52**, 1822 (1958).
217. *v. Reis, M. A.:* B. **14**, 1172 (1881).
218. *Passowskaya, G. B.:* Ž. anal. Chim. (russ.) **12**, 760 (1957).
219. *Passowskaya, G. B.:* Hochschulnachr. (Iwanowa) Chem. u. chem. Technol. **5**, 43 (1962).
220. *Matyja, R.:* Chem. Anal. (Warsaw) **8**, 533 (1963).
221. *Schwarzenbach, G., Biedermann, W.:* Helv. **31**, 331, 456, 459 (1948).
222. *Wänninen, E., Ringbom, A.:* Anal. chim. Acta **12**, 308 (1955).
223. *Theis, M.:* Fr. **144**, 106 (1954).
224. *Flaschka, H., Abdine, H.:* Fr. **152**, 77 (1956).
225. *Aikens, D. A., Bahbah, F. J.:* Anal. Chem. **39**, 646 (1967).
226. *Patzak, R., Doppler, G.:* Fr. **156**, 248 (1957).
227. *Sočevano, V. G.:* Betriebslab. (russ.) **29**, 531 (1963).
228. *Přibil, R., Veselý, V.:* Talanta **9**, 939 (1962).
229. *Wilkins, D. H.:* Anal. chim. Acta **23**, 309 (1960).
230. *Přibil, R., Kondela, Z., Matyska, B.:* Chem. Listy **44**, 222 (1950); Coll. Czechoslov. Chem. Comm. **16**, 80 (1951).
231. *Přibil, R., Matyska, B.:* „Use of Complexones in Chemical Analysis", Coll. Czechoslov. Chem. Comm. **16**, 139 (1951).
232. *Reilley, C. N.:* Sci. Apparatus and Methods (E. H. Sargent and Co.) **9**, 15 (1957).
233. *Reilley, C. N., Schmid, R. W., Lamson, D. W.:* Anal. Chem. **30**, 953 (1958).
234. *Štráfelda, F.:* Coll. Czechoslov. Chem. Comm. **27**, 343 (1962).
235. *Fritz, J. S., Garralda, B. B.:* Anal. Chem. **36**, 737 (1964).
236. *Sajó, I.:* Magyar Chem. Folyóirat **60**, 268 (1954).
237. *Furlani, A. D.:* G. **90**, 1380 (1960).
238. *Sosin, Z., Strzeszewska, I.:* Chem. Anal. (Warsaw) **9**, 425 (1964).
239. *Babenyshev, V. M., Kuznetzova, O. M.:* Zhur. Anal. Khim. **15**, 568 (1960).
240. *Goldstein, G., Manning, D. L., Zittel, H. E.:* Anal. Chem. **35**, 17 (1963).

241. *Tichonov, V. N.:* Zhur. Anal. Khim. **20** (11), 1219 (1965).
242. *Paul, R. M.:* Biochem. J. **62**, 38 P (1956); durch Fr. **154**, 359 (1957).
243. *Matsuo, T.:* Japan Analyst **7**, 557 (1958).
244. *Taylor, M. P.:* Analyst **80**, 153 (1955).
245. *Aarnes, E. D., Klerstrand, R.:* Medd. Norsk Farm. Selskap. **18**, 17 (1956).
246. *Flaschka, H., Abdine, H.:* Fr. **152**, 77 (1956).
247. *Spauszus, S., Schwarz, C.:* Neue Hütte **7**, 180 (1962).
248. *Chablo, A.:* Chem. Anal. (Warsaw) **9**, 501 (1964).
249. *Tichonov, V. N.:* Zhur. Anal. Khim. **17**, 422 (1962).
250. *Kurjakovic, M., Plepelic, R.:* Kem. Ind. (Zagreb) **16** (8), 650 (1965).
251. *Maekawa, Sh., Yoneyama, Y., Kamada, T.:* Japan Analyst **10**, 187 (1961).
252. *Tichonov, V. N., Grankina, M. I.:* Betriebslab. (russ.) **29**, 653 (1963).
253. *Kinoshita, S.:* Bunseki Kagaku (Japan Analyst) **14**, 1154 (1965).
254. *Iwamoto, T.:* Japan Analyst **10**, 190 (1961).
255. *Wehber, P.:* Fr. **166**, 186 (1959).
256. *Radmacher, W., Schmitz, W.:* Brennstoff-Chem. **40**, 161 (1959).
257. *Spauszus, S., Mueller, W.:* Kohasz. Lapok **95**, 439 (1962).
258. *Endo, Y.:* Japan Analyst **7**, 611 (1958).
259. *Endo, Y., Takagi, H.:* Japan Analyst **8**, 491, 829 (1959).
260. *Kundu, P. C.:* Naturwiss. **48**, 644 (1961).
261. *Kristiansen, H.:* Anal. chim. Acta **25**, 513 (1961).
262. *Hazan, I., Flik, F., Korkisch, J.:* Fr. **210**, 171 (1965).
263. *Sajó, I.:* Talanta **10**, 493 (1963).
264. *Sheyanova, F. R., Malenskaya, V. P.:* Tr. Komis. po. Analit. Khim., Izd. AN SSSR. **11**, 243 (1960); Betriebslab. (russ.) **23**, 907 (1957); durch Fr. **165**, 53 (1959).
265. *Geyer, R., Bormann, R.:* Z. Chem. **7**, (1) 30 (1967).
266. *Kiss, T. A.:* Fr. **208**, 334 (1965).
267. *Schmitz, B.:* Dtsch. Apoth. Z. **95**, 637 (1955).
268. *Pribil, R., Cíhalík, J., Doležal, J., Simon, V., Zýka, J.:* Pharmacie **8**, 561 (1953); durch Fr. **143**, 213 (1954); Československ. Farm. **2**, 7, 233 (1953).
269. *Schwarzenbach, G.:* Die komplexometrische Titration, Stuttgart 1955.
270. *Amin, A. M.:* Chemist-Analyst **44**, 66 (1955).
271. *Bieber, B., Večera, Z.:* Slévárenstvi **9**, 73 (1957).
272. *Zimmer, P., Herzog, K.:* Pharmazie **9**, 628 (1959).
273. *Khasnobis, S. K., Das, H. B.:* Indian. J. Appl. Chem. **27**, 187 (1964).
274. *Canic, V. D., Kiss, T. A.:* Glasník Hem. Drustva Kraljevine Jugoslav. **28** (3/4), 143 (1963).
275. *Grüner, K., Soukup, M., Drahotská, B.:* Hutn. Listy **13**, 153 (1958).
276. *Kinnunen, I., Wennerstrand, B.:* Chemist-Analyst **44**, 33 (1955).
277. *Kinnunen, I., Merikanto, B.:* Chemist-Analyst **44**, 75 (1955).
278. *Šir, Z., Pribil, R.:* Coll. Czechoslov. Chem. Comm. **21**, 866 (1956).
279. *Pribil, R.:* Coll. Czechoslov. Chem. Comm. **20**, 162 (1955).
280. *Patzwald, H. G.:* Pharmazie **21**, 468 (1966).
281. *Cimerman, C., Alon, A., Mashall, J.:* Talanta **1**, 314 (1958).
282. *Bruile, E. S., Dombrovskaja, N. S.:* Zhur. Prikl. Kim. **36**, 2305 (1963).
283. *Sierra, F., Sánchez Pedreño, C.:* An. Español. Ser. B **58**, 223 (1962).
284. *ter Haar, K., Bazen, J.:* Anal. chim. Acta **10**, 23 (1954).
285. *Flaschka, H.:* Mikrochim. A. **1953**, 345.
286. *Brookes, H. E., Johnson, C. A.:* J. Pharmacy Pharmacol. **7**, 836 (1955).
287. *Chernikhov, Y., Dobkina, B. M., Khersonskaya, L. M.:* Betriebslab. (russ.) **21**, 638 (1955).
288. *Chernikov, Y., Cherkašina, T. V.:* Betriebslab. (russ.) **25**, 26 (1959).
289. *Kojima, M.:* Japan Analyst **6**, 369 (1957).
290. *Cyvina, B. S., Konkova, O. V.:* Betriebslab. (russ.) **25**, 403 (1959).
291. *Schwarzenbach, G., Flaschka, H.:* Die komplexometrische Titration, Stuttgart 1965, S. 159.
292. *Milner, G. W. C., Woodhead, I. L.:* Analyst **79**, 363 (1954).
293. *Kadlec, J., Boch, J.:* Hutn. Listy **13**, 57 (1958).
294. *Brhaček, L.:* Chem. Listy **52**, 1820 (1958).
295. *Baškirceva, A. A., Jakimec, E. M.:* Betriebslab. (russ.) **25**, 1166 (1959).
296. *Baškirceva, A. A., Prudnikova, L. D.:* Betriebslab. (russ.) **26**, 1107 (1960).
297. *Rozenberg, M. I.:* Betriebslab. (russ.) **24**, 1060 (1958).
298. *Kalinskij, J. M., Nikiforova, K. J.:* Betriebslab. (russ.) **28**, 413 (1962).
299. *Liteanu, C., Crisan, I., Calu, C.:* Rev. Chim. (Bucharest) **10**, 351 (1959).
300. *Liteanu, C., Crisan, I.:* Acad. Rep. Populare Romine, Filiala Cluj, Studii Cercetari Chem. **12**, 261 (1961).
301. *Navyazhskaya, E. A., Sporykhina, V. S.:* Lakokrasochnye Materialy i ikh Primenenie **1962**, 52; durch Zhur. Khim. **19**, G. D. E., 1963 (11), Abstr. Nr. 11 G, 87.
302. *Morkovčina, K. C., Pinus, A. M.:* Betriebslab. (russ.) **28**, 805 (1962).

303. *Konkin, V. D., Žichareva, V. I.:* Betriebslab. (russ.) **27**, 143 (1961).
304. *Jurist, I. M., Korotkova, O. N.:* Betriebslab. (russ.) **27**, 274 (1961).
305. *Ishak, I. G.:* Betriebslab. (russ.) **30**, 1449 (1964).
306. *Střelnikova, N. P.:* Betriebslab. (russ.) **26**, 62 (1960).
307. *Crisan, I., Lakatos, A.:* Rev. Chim. (Bucharest) **17**, 557 (1966).
308. *Lewis, L. L., Nardozzi, M. J., Melnick, L. M.:* Anal. Chem. **33**, 1551 (1961).
309. *Welcher, F.:* The Analytical Uses of Ethylenediamintetraacetic Acid, New York 1958.
310. *Wilkins, D. H., Hibbs, L. E.:* Anal. chim. Acta **18**, 372 (1958).
311. *Cheng, K. L., Warmuth, F. I.:* Chemist-Analyst **48**, 74 (1959).
312. *Freegarde, M., Allen, B.:* Analyst **85**, 731 (1960).
313. *Radko, V. A., Jakimec, E. M.:* Betriebslab. (russ.) **27**, 1464 (1961).
314. *Tsuchiya, Y.:* Japan Analyst **11**, 517 (1961).
315. *Wakamatsu, S.:* Japan Analyst **9**, 238 (1960).
316. *Jenkins, M. A.:* Pr. Soc. Anal. Chem. **1** (11), 116 (1964).
317. *Lahovsky, J., Michalek, Z.:* Stavivo **37**, 59 (1959).
318. *Takei, S., Misura, S., Yui, N.:* Nippon Kagaku Zasshi **85**, 114 (1964).
319. *Kovách, A., Vastagh, G.:* P. C. H. **99**, 595 (1960).
320. *Langmyhr, F. I., Kristiansen, H.:* Anal. chim. Acta **20**, 524 (1959).
321. *Koloba, K. K.:* Tr. Vses. Inst. Nauchn.-Issled. Proekt. Rab. Ogneupor. Prom. Nr. **37**, 74 (1965).
322. *Wänninen, E., Ringbom, A.:* Anal. chim. Acta **12**, 308 (1955).
323. *Malissa, H., Kotzian, H.:* Anal. chim. Acta **26**, 128 (1962).
324. *Nydahl, F.:* Talanta **4**, 141 (1960).
325. *Gottschalk, G.:* Fr. **172**, 192 (1960).
326. *Kreschkov, A. P., Myschljaeva, L. V., Kutschkarew, E. A., Schatunova, T. G.:* Lakokrasochnye Materialy i ikh Primenenie **3**, 60 (1966).
327. *Myschljaeva, L. V., Schatunova, T. G.:* Tr. Mosk. Khim.-Tekhnol. Inst. No. **48**, 48 (1965).
328. *Lukaszewski, G. M., Redfern, J. P., Salmon, J. E.:* Lab. Practice **6**, 389 (1957).
329. *Elo, A., Polky, J. R.:* Anal. Chem. **32**, 294 (1960).
330. *Weibel, M.:* Fr. **184**, 322 (1961).
331. *Voinovitch, I. A., Lefranc-Kouba, A.:* Chim. Anal. **42**, 543 (1960).
332. *Voinovitch, I. A., Debras, J., Yelatchich, C., Zalessky, Z.:* Ind. Céram. **501**, 291 (1958).
333. *Zalessky, Z., Voinovitch, I. A.:* Ind. Céram. **532**, 287 (1961).
334. *Espinola, A., Vokac, L.:* Anais. Assoc. Brasil. Quim. **20**, 45 (1961).
335. *Berthelay, I. C.:* Ann. Fac. Sci. Univ. Clermont, Geol. Mineral. No. **11**, 12 (1966).
336. *Bennett, H., Hawley, W. C., Eardley, R. P.:* Trans. ceram. Soc. **61**, 201 (1962).
337. *Calleja, J., Paris, I. M. F.:* Rev. Cienc. Apl. (Madrid) **13**, 325 (1959).
338. *Marti, F. B., Herrero, C. A.:* Rev. Cienc. Apl. (Madrid) **19**, 396 (1965).
339. *Körbl, J., Přibil, R., Emr, A.:* Chem. Listy **50**, 1440 (1956).
340. *Houda, M., Körbl, J., Bažant, V., Přibil, R.:* Chem. Listy **51**, 2259 (1957).
341. *Přibil, R., Vydra, F.:* Coll. Czechoslov. Chem. Comm. **24**, 3103 (1959).
342. *Berndt, W., Šara, J.:* Talanta **8**, 653 (1961).
343. *Popova, O. I., Godovannaja, I. N.:* Ž. anal. Chim. **20**, 355 (1965).
344. *Filipov, D., Kirtchewa, N.:* Dokl. Bolgar. Akad. Nauk **17**, 467 (1964).
345. *Cheng, K. L., Goydish, B. L.:* Talanta **13**, 1161 (1966).
346. *Culp, S. L.:* Chemist-Analyst **56**, 29 (1967).
347. *Horiuchi, Y.:* Iwate Daigaku Kogakubu Kenkyu Hokoku **18**, 1 (1965); durch Chem. Abstr. **65**, 1371 (1966).
348. *Nazarčuk, T. N., Mechanošina, L. N.:* Ž. anal. Chim. **20**, 269 (1965).
349. *Babachev, G. N.:* Ž. anal. Chim. **21**, 881 (1966).
350. *Babachev, G. N.:* Ogneupory **30**, 44 (1965); Ž. anal. Chim. **21**, 789 (1966).
351. *Babachev, G. N.:* Chim. Anal. **48**, 258 (1966).
352. *Egorova, L. G.:* Tr. Inst. Met. i Obogashch. Akad. Nauk Kaz. USSR **12**, 151 (1965).
353. *Suzuki, T.:* Japan Analyst **13**, 524 (1964).
354. *Staufenberger, O.:* Sprechsaal **94**, 9 (1961).
355. *Sales, R.:* J. Soc. Glass. Technol. **43**, 370 (1959).
356. *Přibil, R., Veselý, V.:* Chemist-Analyst **53**, 43 (1964).
357. *Konkin, V. D., Zhikhareva, V. I.:* Betriebslab. (russ.) **30**, 31 (1964).
358. *Dippel, C. P.:* Silikattechnik **17**, 293 (1966).
359. *Bhaduri, B. P., Sarkar, B., Majumdar, S. K.:* Central Mining Res. Sta. Dhanbod Ref. V 2/3, 15 (1962).
360. *Klein, P., Skrivanek, V.:* Chem. Listy **56**, 72 (1962).
361. *Zelenetskaya, A. A., Vorontsova, I. M.:* Maslob-Zhir. Prom. **32**, 22 (1966).
362. *Busev, A., Petrenko, A. G., Bychovskaja, I. A.:* Betriebslab. (russ.) **27**, 659 (1961).
363. *Jurczyk, J.:* Chem. Anal. (Warsaw) **10**, 441 (1965).
364. *Přibil, R., Veselý, V.:* Talanta **10**, 233 (1963).

365. *Přibil, R., Veselý, V.:* Talanta **10**, 383 (1963).
366. *Bruile, E. S.:* Zhur. Priklad. Khim. **39**, 1192 (1966).
367. *Jurczyk, J.:* Fr. **210**, 324 (1965).
368. *Dempir, J.:* Stavivo **38**, 28 (1960).
369. *Sočevanova, M. M.:* Betriebslab. (russ.) **29**, 143 (1963).
370. *Klassova, N. S.:* Zhur. Anal. Khim. **22** (5), 810 (1967).
371. *Cluely, H. J.:* Glass Technol. **2**, 71 (1961).
372. *Federovskaya, N. P., Khaskina, I. M., Surina, N. L.:* Khim. Pererabotka Topliva, Akad. Nauk SSSR, Inst. Goryuch, Iskop. **1965**, 198.
373. *Brashnarova, A., Tutunarova, I.:* Stroit. Materialy Silikat. Prom. (bulg.) **7** (2), 24 (1966).
374. *Přibil, R., Veselý, V.:* Talanta **9**, 23 (1962).
375. *Přibil, R., Veselý, V.:* Talanta **10**, 1287 (1963).
376. *Přibil, R., Veselý, V.:* Chemist-Analyst **54**, 46 (1965).
377. *Burke, K. E., Davis, C. M.:* Anal. Chem. **36**, 172 (1964).
378. *Pritchard, D. T.:* Anal. chim. Acta **32**, 184 (1965).
379. *Bensch, H., Helmboldt, O., Köster, M., Hübner, K., Protzer, H.:* Mitt. Nr. 5 des Chemiker-ausschusses der GDMB, Erzmetall **20** (11), 522 (1967).
380. *Belcher, R., Nutten, A. J., Stephen, W. I.:* J. chem. Soc. **1951**, 1520.
381. *Sajó, I.:* Magyar Chem. Folyóirat **60**, 268, 331 (1954).
382. *Brown, E. G., Hayes, T. J.:* Anal. chim. Acta **9**, 1 (1953).
383. *Flaschka, H., Abdine, H.:* Mikrochim. A. **1955**, 37.
384. *Flaschka, H., Franschitz, W.:* Fr. **144**, 421 (1955).
385. *Obiols Salvat, J.:* Afinadad **18**, 40 (1961).
386. *Wallraf, M.:* Zement–Kalk–Gips **14** (50), 504 (1961).
387. *Drwiega, I., Klajn, R.:* Rudy i Metale Niezelazne **7** (6), 271 (1962).
388. *Sajó, I.:* Acta Chim. Acad. Sci. Hung. **6**, 251 (1955).
389. *Gorcey de Longuyon, I.:* Ber. dtsch. keram. Ges. **35**, 155 (1958).
390. *Nečaeva, E. A., Lapidus, E. S.:* Betriebslab. (russ.) **25**, 544 (1959).
391. *Jen Chin-Hwei, Chung-Hsian Tao:* Chem. World **13**, 210 (1958).
392. *Margolis, L. D.:* Betriebslab. (russ.) **28**, 290 (1962).
393. *de Gomez, R. R.:* Univ. Nac. Autonoma Mex., Inst. Geol., Bol. No. **63**, 59 (1962).
394. *Szücs, L.:* Agrokém. Talajtan **7**, 189 (1958).
395. *Spauszus, S.:* Neue Hütte **6**, 653 (1961).
396. *Guennelon, R.:* Ann. Inst. Natl. Rech. Agron., Ser. A, Agron. **10**, 77 (1959).
397. *Chetkovska, M., Sosin, Z., Strzeszewska, I.:* Chem. Anal. (Warsaw) **6**, 309 (1961); durch Fr. **191**, 138 (1962).
398. *Erdey, L., Pólos, L.:* Fr. **174**, 333 (1960).
399. *Liu Czin, Czin Venin:* durch Zhur. Khim. (russ.) **1960**, 73059.
400. *Sajó, I.:* Magyar. Chem. Folyóirat **59** (10), 319 (1953).
401. *Hegemann, F., Wilk, G.:* Ber. dtsch. keram. Ges. **39**, 483 (1962).
402. *Šir, Z., Přibil, R.:* Chem. Listy **50**, 221 (1956); Coll. Czechoslov. Chem. Comm. **21**, 866 (1956).
403. *Patrovský, V., Huka, M.:* Chem. Listy **50**, 1108 (1956); Coll. Czechoslov. Chem. Comm. **22**, 37 (1957).
404. *Dinnin, J. I., Kinser, C. A.:* U. S. Geol. Surv. Professional Paper No. **424**-B, 329 (1961).
405. *Baškirceva, A. A., Jakimec, E. M.:* Tr. Ural'sk. Politekhn. Inst. **1957**, 76.
406. *Culkov, J. I.:* Betriebslab. (russ.) **26**, 429 (1960).
407. *Asensi-Mora, G.:* An. Real. Soc. Españ. Fis. Quim. (Madrid), Ser. B **58**, 525 (1962).
408. *Johannsen, J., Bobowski, E., Wehber, P.:* Metall **10**, 211 (1956).
409. *Wehber, P.:* Mikrochim. A. **1955**, 927.
410. *Wehber, P.:* Fr. **158**, 321 (1957).
411. *Wehber, P.:* Fr. **149**, 419 (1956).
412. *Hibbs, L. E., Wilkins, D. H.:* Talanta **2**, 16 (1959).
413. *Vassiliades, C., Kawassiades, C. T., Hadjiioannou, T. P., Colovos, G.:* Anal. chim. Acta **36**, 115 (1966).
414. *Škrivánek, V., Klein, P.:* Fr. **184**, 360 (1961).
415. *Pande, C. S., Srivastava, T. S.:* Fr. **173**, 195 (1960).
416. *Sen, A. B., Chauran, V. B. S.:* Fr. **195**, 255 (1963).
417. *Kovařik, M., Moucka, M.:* Fr. **150**, 416 (1956).
418. *Bermejo-Martinez, F., Paz-Castro, M., Rey-Mendoza, R.:* Inform. Quim. Anal. (Madrid) **14**, 61, 80 (1960).
419. *Bányai, E., Gere, E. B., Erdey, L.:* Talanta **4**, 133 (1960).
420. *Budewski, O., Simova, L.:* Doklady bolgar. Akad. Nauk **14**, 179 (1961); durch Fr. **188**, 150 (1962).
421. *Přibil, R., Veselý, V.:* Chemist-Analyst **55**, 38 (1966).
422. *Přibil, R., Veselý, V.:* Chemist-Analyst **55**, 68 (1966).

423. *Abd el Raheem, A. A., Abdel Aziz Amin, Moustafa, A. S.:* Fr. **172**, 347 (1960).
424. *Abd el Raheem, A. A., Moustafa, A. S., Abdel-Aziz Amin:* Fr. **175**, 19 (1960).
425. *Busev, A. I., Talipova, L. L.:* Ž. anal. Chim. **17**, 447 (1962).
426. *Živopiscev, W. P., Kalmykova, I. S., Pjatosin, L. P.:* Uch. Zap. Permsk. Gos. Univ. A. M. Gor'kogo **25** (2), 108 (1963).
427. *Poddar, S. N., Sengupta, N. R., Dey, K.:* J. Chem. **2**, 12 (1964).
428. *Takamoto, S.:* Japan Analyst **4**, 178 (1955).
429. *Liteanu, C., Lukács, I., Strusievici, C.:* Anal. chim. Acta **24**, 200 (1961).
430. *Sherif, F. G., Raafat, B. I.:* Anal. Chem. **35**, 2116 (1963).
431. *Elofson, A.:* Glastek. Tidskr. **16**, 171 (1961); durch Chem. Abstr. **56**, 10892 (1962).
432. *Terentjev, A. P., Luskina, B. M., Sjavcillo, S. V.:* Ž. anal. Chim. **16**, 635 (1961).
433. *Bresler, S. M., Rogozhina, V. A.:* Nauchn.-Issled. Tr. Tsentr. Nauchn.-Issled. Inst. Kozh.-Obunv. Prom. No. **35**, 44 (1966).
434. *Häberli, E.:* Experientia **10**, 34 (1954).
435. *Liteanu, C., Crisan, I.* und Mitarbeiter: Studia Univ. Victor Babes Bolyai, Ser. **1**, 105 (1959).
436. *Mori, K.:* Bunseki Kagaku (Japan Analyst) **11**, 690, 763 (1962).
437. *Guerrin, G., Sheldon, M. V., Reilley, C. N.:* Chemist-Analyst **49**, 36 (1960).
438. *Doppler, G., Patzak, R.:* Fr. **152**, 45 (1956).
439. *Giuffré, L., Capizzi, F. M.:* Ann. Chimica **49**, 1834 (1959).
440. *Berkovich, M. T., Sirina, A. M., Lagunova, N. L.:* Tr. Ural'sk. Nauchn.-Issled. Khim. Inst. **1964**, 31; durch Zhur. Khim. **1965**, Abstr. No. 11 G, 144.
441. *Pucher, S.:* Zement–Kalk–Gips **18**, 530 (1965).
442. *Casabe, J.:* Arg. Rep. Com. Nac. Energia At., Informe No. **136**, 20 (1965).
443. *Bastius, H.:* Neue Hütte **4**, 179 (1959).
444. *Babachev, G. N.:* Tonind.-Z. Keram. Rundschau **90**, 214 (1966).
445. *Sadek, F., Reilley, C. N.:* Microchem. J. **1** (2), 183 (1957).
446. *Khalifa, H.:* Fr. **163**, 81 (1958).
447. *Förster, W., Zieger, M., Rüdiger, H.:* Neue Hütte **12**, 150 (1967).
448. *Oong, Y. K., Lee, H. C.:* Acta Pharm. Sinica **7**, 99 (1959); durch Anal. Abstr **6**, 4673 (1959).
449. *Sanko, A. M.:* Rep. Acad. Sci. Ukr. SSR **1940**, 27, 32.
450. *Stock, J. M.:* J. chem. Soc. **1949**, 586.
451. *Kraus, E. I.:* Ch. Z. **45**, 1173 (1921).
452. *Voznesenski, N. N., Polunina, V. N.:* Tekstil'n. Prom. (russ.) **3**, 12, (1943); durch Chem. Abstr. **38**, 4721 (1944).
453. *Jellinek, K., Kresteff, W.:* Z. anorg. Ch. **137**, 343 (1924).
454. *Jellinek, K., Kühn, W.:* Z. anorg. Ch. **138**, 124 (1924).
455. *Kretschmar, M.:* Ch. Z. **14**, 1223 (1890).
456. *Krause, H.:* Fr. **128**, 18, 102 (1948); **126**, 404 (1944).
457. *Miller, L.:* Soil Sci. **26**, 436 (1928).
458. *Valentin, J.:* Fr. **54**, 76 (1915).
459. *Utz, F.:* P. C. H. **62**, 509 (1921).
460. *Daubner, W.:* Angew. Ch. **48**, 589 (1935).
461. *Iwanow, N.:* Bl. Soc. Chim. (russ.) **7**, 939 (1940).
462. *Daubner, W.:* Angew. Ch. **49**, 137 (1936).
463. *Iwamoto, R. T.:* Anal. chim. Acta **19**, 272 (1958).
464. *Koppiker, K. S., Murthy, T. K. S.:* Indian J. Chem. **3**, 393 (1965).
465. *Castiglioni, A.:* Ann. Chim. applic. **25**, 236 (1935).
466. *Berg, R.:* Pharm. Z. **71**, 1542 (1926).
467. *Poethke, W.:* P. C. H. **86**, 2 (1947).
468. *Atanasiu, J. A., Velculescu, A. J.:* Fr. **97**, 102 (1934).
469. *Kampf, L.:* Ind. eng. Chem. Anal. Edit. **5**, 381 (1933).
470. *Berg, R.:* Fr. **71**, 369 (1927).
471. *Berg, R., Teitelbaum, M.:* Fr. **81**, 1 (1930).
472. *Berg, R.:* Fr. **71**, 23 (1927).
473. *Fleck, H. R., Greenane, F. J., Ward, A. M.:* Analyst **59**, 325 (1934).
474. *Kolthoff, I. M.:* Chem. Weekbl. **24**, 606 (1927).
475. *Smith, G. S.:* Analyst **64**, 577 (1939).
476. *Schulek, E., Clauder, O.:* Fr. **108**, 385 (1937).
477. *Greenberg, D. M., Anderson, C., Tufts, E. V.:* J. biol. Chem. **111**, 56 (1935).
478. *Csipke, Z.:* Ber. ungar. pharm. Ges. **9**, 437 (1933).
479. *Knowles, H. B.:* Bur. Stand. J. Res. **15**, 87 (1935).
480. *Stuckert, L., Meier, F. W.:* Sprechsaal **68**, 527 (1935).
481. *Budnikoff, P. P., Žukowskaja, S. S.:* Chem. J. (Ser.; russ.) **9**, 2079 (1936).
482. *Hahn, F. L., Vieweg, K.:* Fr. **71**, 122 (1927).
483. *Hahn, F. L.:* Fr. **86**, 153 (1931).

484. *Zukowskaja, S. S.; Baljuk, S. T.:* Betriebslab. (russ.) **4**, 397 (1935).
485. *Schulek, E., Rosza, P.:* Fr. **115**, 185 (1939).
486. *Fischinger:* Gesundheits-Ing. **70**, 85 (1949); durch Chem. Abstr. **43**, 4973 (1949).
487. *Belcher, R.:* Anal. chim. Acta **3**, 578 (1949).
488. *Savioli, F.:* Chim. e Ind. (Mailand) **29**, 206 (1947); durch Chem. Abstr. **42**, 5805 (1948).
489. *Kostromin, A. I., Achmadeev, M. C.:* Betriebslab. (russ.) **29**, 402 (1963).
490. *Raskin, L. D.:* Betriebslab. (russ.) **5**, 1129 (1936).
491. *Phillips, J. P., O'Hara, F. J.:* Anal. Chem. **23**, 535 (1951).
492. *Gerber, L., Claassen, R. I., Boruff, C. S.:* Ind. eng. Chem. Anal. Edit. **14**, 658 (1942).
493. *Flagg, J. F.:* Organic Reagents; New York 1948.
494. *Nielsen, J. P.:* Ind. eng. Chem. Anal. Edit. **11**, 649 (1939).
495. *Knop, J.:* Fr. **85**, 253 (1931).
496. *Mehlig, J. P., Dernbach, C. J.:* Chemist-Analyst **32**, 80 (1943).
497. *Willard, H. H., Young, P.:* Am. Soc. **55**, 3260 (1933).
498. *Mathur, N. K., Bhargava, S. P.:* Indian J. Chem. 1, D 138 (1963).
499. *Bobtelsky, M., Bar-Gadda, I.:* Anal. chim. Acta **9**, 446, 525 (1953).
500. *Bobtelsky, M., Bar-Gadda, I.:* Bl. **1953**, 276, 382, 687.
501. *Bobtelsky, M., Welwart, J.:* Anal. chim. Acta **10**, 151 (1954).
502. *Bobtelsky, M., Ben-Bassat, A.:* Anal. chim. Acta **14**, 344 (1956).
503. *Sajó, I., Sipos, B.:* Fr. **222**, 23 (1966).

§ 3. Photometrische Bestimmungsverfahren

Übersicht über die Bestimmungsmöglichkeiten und ihre Anwendungsbereiche

Unter photometrischen Verfahren sind die Methoden zur Bestimmung des Aluminiums auf spektralphotometrischem (colorimetrischem), nephelometrischem und fluorimetrischem Wege zusammengefaßt. Diese Einteilung ist nicht nur vom Standpunkt des Analytikers aus gerechtfertigt – dienen doch alle genannten Verfahren in erster Linie der quantitativen Bestimmung kleiner und kleinster Aluminium-Mengen –, sondern auch vom methodischen Gesichtspunkt aus, da diese Verfahren sämtlich auf dem Vergleich oder der Messung von Farb- bzw. Lichtintensitäten beruhen. So dient als Maß der Aluminium-Konzentration entweder die Farbintensität oder Lichtabsorption von Lösungen farbiger Aluminium-Verbindungen (Colorimetrie, Photometrie), die Lichtschwächung oder die Intensität des abgebeugten Lichtes in kolloiden Lösungen unlöslicher Aluminium-Verbindungen (Nephelometrie) oder die Intensität der durch Bestrahlung mit Ultraviolettlicht angeregten Fluoreszenz-Strahlung fluoreszierender Aluminium-Verbindungen (Fluorimetrie). Eine Unterscheidung zwischen colorimetrischen und photometrischen Verfahren wird nicht durchgeführt, da diese rein meßtechnischer Natur ist.

Bezüglich der allgemeinen Arbeitsmethodik der Photometrie sei auf Spezialwerke verwiesen, z.B. von *Kortüm* [1], *Lange* [2] sowie *Radley* und *Grant* [3].

Während für klassische Analysenverfahren, die Gewichtsanalyse und Maßanalyse, der allein mit der Wägung oder Messung des Volumens verbundene, absolute *Fehler* und damit die absolute Meßgenauigkeit recht genau angegeben werden können, läßt sich über die erreichbare Genauigkeit photometrischer Bestimmungen kaum etwas Allgemeingültiges aussagen, allein schon im Hinblick auf die unterschiedlichen, optisch-physikalischen Bedingungen der verschiedenen Meßmethoden. Dadurch wird die Prüfung der Zweckmäßigkeit und Zuverlässigkeit der ausgearbeiteten Analysen-Methoden erschwert, da sich naturgemäß nur solche Fehler eines Analysenganges feststellen lassen, die eindeutig außerhalb der Meßgenauigkeit liegen.

So mag es zu erklären sein, daß insbesondere die Verfahren zur photometrischen Bestimmung des Aluminiums mit Hilfe von Farblacken durch Steigerung der Meßgenauigkeit der Photometer immer wieder abgeändert und auch verbessert wurden. Dieser Prozeß ist noch keineswegs abgeschlossen, so daß man mit einem Vergleich der einzelnen Verfahren in bezug auf die erreichbare Genauigkeit auf Grund der Angaben der verschiedenen Autoren sehr vorsichtig sein muß.

Oxinverfahren

Von den zur photometrischen Bestimmung des Aluminiums herangezogenen, gefärbten Aluminium-Verbindungen sei an erster Stelle das Aluminiumoxinat genannt, das als Innerkomplex-Verbindung in Chloroform und anderen unpolaren Lösungsmitteln löslich ist bzw. mit diesen aus wäßrigen Aluminiumsalz-Lösungen nach Zugabe von Oxin zu einer der beiden Phasen extrahiert werden kann. Die derart erhaltenen, grünlichgelben Lösungen des Aluminiumoxinats können direkt photometriert oder auf Grund der durch Ultraviolett-Bestrahlung angeregten Fluoreszenz des Aluminiumoxinats fluorimetrisch bestimmt werden.

Gegenüber den Methoden zur photometrischen Bestimmung des Aluminiums mit Hilfe von Farblacken hat die Oxin-Methode den Vorteil, daß die Lösungen des Aluminiumoxinats in Chloroform und anderen organischen Lösungsmitteln beständige Lösungen bilden und der Überschuß an freiem Oxin praktisch farblos ist. Es liegen also konstante Verhältnisse zur photometrischen Messung vor im Gegensatz zu den gegen geringfügige Abänderungen der Arbeitsbedingungen recht anfälligen Farblack-Verfahren.

In bezug auf die Erfaßbarkeit kleinster Aluminium-Mengen und die Vielseitigkeit der Anwendungsmöglichkeiten steht das Oxin-Verfahren den Farblack-Methoden nicht nach (vgl. Tabelle 53, S. 278); es ist heute eine der sichersten Methoden zur photometrischen oder fluorimetrischen Bestimmung des Aluminiums.

Farblackverfahren

Aluminium reagiert mit einer Reihe organischer Farbstoffe unter Bildung gefärbter Verbindungen, „Farblacken", die sich zum Nachweis und zur photometrischen Bestimmung des Aluminiums eignen. Die wichtigsten dieser Farbstoffe sind Eriochromcyanin R, Aluminon, Alizarin S, Hämatoxylin, Morin und Chromazurol S; gelegentlich wurden Alizarin, Chinalizarin und neuerdings Quercetin, Ferron, Pontachromblauschwarz R, Pontachromviolett SW, Solochromcyanin R 200, Diaminreinblau FFG, Xylenolorange sowie Stilbazo (systematische Bezeichnungen und Strukturformeln in den entsprechenden Abschnitten) angewandt.

Die Konstitution dieser sogenannten „Farblacke" ist noch nicht eindeutig geklärt; sicher ist sie auch nicht bei allen Farblacken gleich. Bei einigen glaubt man, daß sie innere Komplex-Verbindungen sind, bei anderen neigt man dazu, sie für weniger fest gebundene Adsorptionsverbindungen zu halten. Für die erste, schon von *Werner* [4] vertretene Auffassung spricht, daß die lackbildenden Farbstoffe ihrer Konstitution nach zur Bildung von Innerkomplex-Verbindungen befähigt sind und daß ein Aluminiumion dementsprechend bis zu 3 Farbstoff-Moleküle zu binden vermag (z. B. bei Eriochromcyanin, Morin, Alizarin S). Für die Auffassung der Farblack-Bildung als chemischer Adsorption spricht die allen Aluminium-Farblacken gemeinsame Eigenschaft, nur innerhalb eines pH-Bereiches von etwa 4 bis 9 existenzfähig zu sein. Dieser pH-Bereich deckt sich mit dem Existenz-Gebiet des Aluminiumhydroxids, insbesondere in Form seines Sols. Die Bildung von Farblacken ist also offenbar an das Vorliegen von Aluminiumhydroxid gebunden.

Feigl [5] sieht daher die Farblacke als Adsorptionsverbindungen an, in denen die Farbstoff-Moleküle „haupt- und nebenvalenzmäßig mit Metallatomen an der Oberfläche von Gel- oder Solpartikeln der betreffenden Hydroxide verbunden sind". Diese chemische Adsorption durch Haupt- und Nebenvalenzen stellt gewissermaßen eine Vorstufe zur Bildung von Innerkomplex-Verbindungen dar; ein an der Oberfläche eines Kolloidteilchens des Aluminiumhydroxids liegendes Aluminium-Atom verbindet sich nicht durch alle 3 Haupt- und Nebenvalenzen mit Farbstoff-Molekülen, was zur Bildung eines echten Innerkomplex-Moleküls führen würde, sondern nur mit einem Teil derselben; es wird also nicht aus dem Verband des Kolloidteilchens herausgelöst.

Von diesen Vorstellungen ausgehend wird verständlich, daß die Anwesenheit des Aluminiumhydroxids zur Lackbildung notwendig ist. Alle Umstände, die zur Beseitigung des Hydroxids führen, wirken sich daher ungünstig auf die Beständigkeit der Farblacke aus. Hierher gehören nicht nur höherer oder niedrigerer pH-Wert, sondern auch die noch nicht bei allen Farblacken systematisch untersuchte Anwesenheit komplexbildender Anionen wie Tartrat-, Citrat-, Fluorid- und Phosphationen.

Weiterhin wird die Tatsache verständlich, daß das Verhältnis Aluminiumhydroxid zu Farbstoff in den Farblacken und damit die Beziehung der Aluminium-Konzentration zur Farbintensität sowohl vom pH-Wert, den Konzentrationsverhältnissen sowie von den Reaktionsbedingungen, die die Art des entstehenden Aluminiumhydroxids beeinflussen, abhängt.

Gegen Veränderungen des pH-Wertes sind die Farblackverfahren sehr empfindlich. Die Bemühungen zahlreicher Bearbeiter sind daher hauptsächlich darauf gerichtet, den günstigsten pH-Bereich zu ermitteln und Bedingungen zu seiner Konstanthaltung (z.B. durch geeignete Pufferung) zu finden.

Auch Metallionen, die weder mit Aluminiumionen noch unter den angewandten Arbeitsbedingungen mit dem Farbstoff reagieren, können die Intensität der Färbung wohl infolge Änderung des Adsorptionsgleichgewichts beeinflussen. Es ist also sehr wichtig, daß die Vergleichs- bzw. Eichlösungen auch in bezug auf den Gehalt an Fremdionen möglichst die gleiche Zusammensetzung wie die zu untersuchenden Lösungen aufweisen.

Als Adsorptionsverbindungen benötigen Farblacke zu ihrer Bildung eine gewisse Zeit, die zur Erreichung des Adsorptionsgleichgewichtes erforderlich ist. In fast allen Fällen muß daher vor dem Photometrieren noch eine Zeitlang gewartet werden, bis die Färbung ihre höchste Intensität und auch eine annähernde Konstanz erreicht hat. Von manchen Autoren wurde gelegentliches Ausflocken des kolloid gelösten Farblackes bei größeren Mengen Aluminiums oder in Gegenwart stark flockend wirkender Salze beobachtet, insbesondere beim Erhitzen der Lösungen. Diese Störung kann in den meisten Fällen durch Zusatz von als Schutzkolloide wirkenden Stoffen beseitigt werden.

Im Prinzip wird die Bestimmung bei allen Farblack-Methoden in gleicher Weise ausgeführt. Nach Abtrennung oder Maskierung störender Metalle wird die auf einen bestimmten pH-Wert eingestellte Lösung mit der Farbstoff-Lösung versetzt; auf den für die Messung geeigneten pH-Wert gebracht und nach Konstantwerden der Farbintensität photometriert oder ihre Fluoreszenz-Strahlung gemessen.

Indirekte photometrische Verfahren

Indirekte photometrische Verfahren zur Bestimmung des Aluminiums haben bisher noch keine praktische Bedeutung erlangt.

Parri [6] schlägt vor, Aluminium indirekt zu bestimmen durch Fällung als Phosphat, Überführung der dem Aluminium äquivalenten Phosphationen in Phosphormolybdänsäure, die in Aceton ohne Reduktion mit gelber Farbe löslich ist und photometriert werden kann.

Nach Szabó und *Beck* [7] läßt sich Aluminium indirekt bestimmen durch Messung des Extinktionsanstieges einer mit Oxalsäure versetzten Eisen(III)-thiocyanat-Lösung. Die auf Zugabe von Oxalsäure erfolgende teilweise Entfärbung des komplexen Thiocyanats wird durch Aluminium in dessen Menge entsprechendem Maße wieder rückgängig gemacht infolge der Bildung komplexen Aluminiumoxalats und der dadurch hervorgerufenen Rückbildung von Eisen(III)-thiocyanat. Auch dieser methodisch interessante, aber wohl nur für Aluminium-Mengen über 1 mg geeignete Vorschlag hat noch keine praktische Anwendung gefunden.

Nephelometrische Verfahren

Quantitative Bestimmungen durch Trübungsmessung von gefälltem, kolloidalem Aluminiumhydroxid haben *Jablecoynski* und *Stankiewitsch* [8] sowie *Andrejew* und *Andrejewa* [9] als Betriebsschnellmethode zur Bestimmung mittlerer Aluminium-Mengen (etwa 26 mg Al/l) durchgeführt. Durch Zusatz von Äthanol wird dabei die Löslichkeit (und wohl auch die Solvatation) des Aluminiumhydroxids herabgesetzt.

Tabelle 53. *Überblick über die photometrischen Verfahren zur Bestimmung des Aluminiums*

Reagens; Methode	Grenzkonzentration der Bestimmung (praktische) oder Empfindlichkeit nach der *Sandell*-Skala	Störungen durch Ionen	Beseitigung der Störung durch Maskierung	Bemerkung
Oxin Methode mit Folinschem Reagens	0,3 µg/ml [21]	Ionen, die bei der Fällung des Aluminiums stören, siehe gewichtsanalytische Bestimmungen; Oxin, S. 86	siehe S. 110	Heute kaum noch angewandtes Verfahren
Methode nach Bildung von Azofarbstoffen	0,04 µg/ml [23]	Ionen, die bei der Fällung des Aluminiums stören, siehe gewichtsanalytische Bestimmungen; Oxin, S. 86	siehe S. 110	Heute kaum noch angewandtes Verfahren
Methode nach *Parks* u. *Lykken:* Messung im UV	1 bis 2 µg/ml [16]	Ionen, die bei der Fällung des Aluminiums stören, siehe gewichtsanalytische Bestimmungen; Oxin, S. 86	siehe S. 110	Heute kaum noch angewandtes Verfahren
Übliche Methode, Messung als Aluminium-oxinat	0,1 µg/ml [16] 0,0025 µg/cm² bei 395 nm [56]	Bi, Cd, Ce^{4+}, Cu, Fe^{2+}, Fe^{3+}, Hg_2^{2+}, Hg^{2+}, Ni, Pb, Sb, Sn^{2+}, Ti, U, Zn Bei pH = 5 außerdem: Zr, Mo(VI), V(V) Bei pH = 9 außerdem: Be, Mg, Mn, Ce^{3+}, Nd, Pr PO_4^{3-}, F^-, Oxalat-, Tartrat-, Citrationen	*KCN:* Fe, Cu, Zn, Cd, Ni, Co *KCN* und H_2O_2: Zn, Cu, Cd, Ti, Zr, Sn, V, Cr, Mo, U, Mn, Fe, Ni *o-Phenanthrolin:* Fe *Dipyridyl:* Fe *Picolinsäure:* Fe *ÄDTE, NTE, CDTE, KCN;* zusätzlich noch: Pb, Mg *4-Sulfophenylarsonsäure:* Th *Ammoniumcarbonat:* U	Sehr genaue, sichere und zuverlässige Verfahren
Fluorimetrische Methode	0,02 µg/ml [107] 0,00035 µg/cm² Bei 260 nm [56]	Ga, In (Zn, Cd stören, wenn extrahiert wird, nicht), Fe, Ti, Ce, Cr, V, Th, Tl^{3+}	*KCN:* Fe, Cu, Zn, Cd, Ni, Co *KCN* und H_2O_2: Zn, Cu, Cd, Ti, Zr, Sn, V, Cr, Mo, U, Mn, Fe, Ni *o-Phenanthrolin:* Fe *Dipyridyl:* Fe *Picolinsäure:* Fe *ÄDTE, NTE, CDTE, KCN;* zusätzlich noch: Pb, Mg *4-Sulfophenylarsinsäure:* Th *Ammoniumcarbonat:* U	Sehr empfindliche Analysenmethode

Tabelle 53. (Fortsetzung)

Reagens; Methode	Grenzkonzentration der Bestimmung (praktische) oder Empfindlichkeit nach der *Sandell*-Skala	Störungen durch Ionen	Beseitigung der Störung durch Maskierung	Bemerkung
Eriochromcyanin	0,1 µg/ml [121, 122]	Fe^{3+}, Mn, Cr^{3+}, V(IV), Cu, Fe^{3+}, (Ni, Ti), $PO_4{}^{3-}$, F^-, $SiO_3{}^{2-}$, $SiF_6{}^{2-}$, $BF_4{}^-$, $CrO_4{}^{2-}$, $[Fe(CN)_6]^{3-}$, Oxalat-, Tartrationen	*Natriumthiosulfat:* Fe, Cu *Thioglykolsäure:* Fe (Mn) *Ascorbinsäure:* Fe *Mercaptoessigsäure:* Fe	Oft angewandtes Verfahren, das bei genauer Einhaltung der Arbeitsbedingungen gute Resultate erbringt
Aluminon	Etwa 0,05 bis 0,1 µg/ml 0,002 µg/cm² [56]	Fe^{3+}, Cr^{3+}, Be, Sc, Y, seltene Erden, Zr, Th, Ga, In, Tl, V, Cu, Ti, Hf, Cr(VI), Mo(VI), Mn, Ni, Co, Cu, Ag, Hg^{2+}, Sn^{2+}, Pb, Sb, Bi, (Ca, Mg), $PO_4{}^{3-}$, F^-, $SiO_3{}^{2-}$, SiF_6^2, Citrat-, Oxalat-, Tartrationen, S^-, SO_3^{2-}, $S_2O_8^{2-}$, ÄDTE	*Thioglykolsäure:* Fe *Hydroxylamin:* Fe *Ascorbinsäure:* Fe *Mercaptoessigsäure:* Fe *Kaliumbiphthalat:* Fe *N-Dioxyäthylglycinnatrium:* Fe	Oft angewandtes Verfahren, das bei genauer Einhaltung der Arbeitsbedingungen gute Resultate erbringt
Alizarinrot S	Etwa 0,1 µg/ml [297] 0,003 µg/cm²]56]	Ca, Li, Sn^{4+}, Ti, Pb, Mn, Fe^{3+}, Cr^{3+}, Co, Ni, Cu, Be, Sb^{3+}, Bi, V(V), Mo(VI), As(V), $HPO_4{}^{2-}$, F^-, $SiO_3{}^{2-}$, Citrat-, Oxalat-, Tartrationen	*Citration:* Fe, Cr^{3+} *Thiosulfation:* Fe *Calcium:* $PO_4{}^{3-}$	Heute wenig angewandte Methode
Alizarin	0,2 µg/ml [314] 0,05 µg/ml [322]	Ca, Li, Sn^{4+}, Ti, Pb, Mn, Fe^{3+}, Cr^{3+}, Co, Ni, Cu, Be, Sb^{3+}, Bi, V(V), Mo(VI), As(V), $HPO_4{}^{2-}$, F^-, $SiO_3{}^{2-}$, Citrat-, Oxalat-, Tartrationen	*Citration:* Fe, Cr^{3+} *Thiosulfation:* Fe *Calcium:* PO_4^{3-}	Methode wird praktisch nicht mehr angewandt
Chinalizarin	Qualitative Nachweisgrenze 0,007 µg/ml [325]	—	—	Methode hat keine Bedeutung
2-Chinizarinsulfonsäure	0,002 µg/cm² [328]	Unter anderem auch: Be, Sc, Th, Ti, Y, Zr, $PO_4{}^{3-}$, F		Methode hat keine Bedeutung
Chromazurol S	0,001 25 µg/cm² [333]	Fe^{3+}, Cu, Be, Ti, V(IV), Zr, Th, $UO_2{}^{2+}$, Sn^{4+}, Mo(V), Cr^{3+}, W(VI), F^-, Tartrat-, Citrationen, $(PO_4{}^{3-})$	*Thioglykolsäure:* Fe *Ascorbinsäure:* Fe *Thiosulfation:* Cu *Phosphation:* Ti, Mo(V) *Calciumionen:* W(VI)	In jüngster Zeit besonders zur Stahlanalyse häufig angewandtes, genaues Verfahren

Tabelle 53 (Fortsetzung)

Reagens; Methode	Grenzkonzentration der Bestimmung (praktische) oder Empfindlichkeit nach der *Sandell*-Skala	Störungen durch Ionen	Beseitigung der Störung durch Maskierung	Bemerkung
Chromoxan-Reinblau V	Ähnlich wie Chromazurol S			Noch unbekanntes Verfahren
Hämatoxylin	0,02 µg/ml [345, 223, 344]	Nur wenig untersucht: Ca, Mg, Fe, Cu, Mn, Sn, As, Sb, Bi, Mo, F^-	*KCN:* Fe	Heute nur noch gelegentlich angewandte Methode
Stilbazo	0,0014 µg/cm² [353]	Cr^{3+}, Cu, Fe, Mo(VI), Sn^{2+}, Ti, V, W(VI), Zr, F^-, Oxalat-, Tartrat-, Citrationen, NTE, ÄDTE	*Ascorbinsäure:* Fe, Cu H_2O_2: Ti, V *Thiosulfation:* Cu	Nicht sehr häufig angewandte Methode
Solochromcyanin RS	0,03 µg/ml [193] Etwa 0,1 µg/ml [194]	Be, Mg, Fe^{3+}, Cu, F^-, PO_4^{3-}, Tartrat-, Citrationen	—	Methode hat kaum noch praktische Bedeutung
Ferron	0,4 µg/ml [363]	Fe, Kationen, die im pH-Bereich 5,0 bis 5,5 auch mit Oxin reagieren, darunter: Cu, Zn, Ni, Zr, Th, Cr(VI), Mo(VI), U(VI)		Brauchbare Methode
Eriochromcyanin und Ketoamin	Ähnlich wie Eriochromcyanin	Geringere Störungen als beim Eriochromcyanin-Verfahren; keine Störung durch Co	—	Ähnliche Methode wie mit reinem Eriochromcyanin
Xylenolorange	0,0015 µg/cm² [375]	Seltene Erden, Zr, Hf, Bi, Fe^{3+}, Ti, Pb, Th, Cr^{3+}, V(V), Nb, In, Y, Sc, Ni, (Cd), F^-, PO_4^{3-}, Oxalat-, Tartrationen	*ÄDTE*, pH = 3 und 5: Pb, Co, La, Ce, Mo, Pd, Mg, Fe, Bi, Be, In, Cd, Th, seltene Erden; *Thioglykolsäure:* Fe, Bi, Cu, Pb *Ascorbinsäure;* Fe *KCN;* Cu, Cd, Ni	Erst in der jüngsten Zeit entwickeltes Verfahren, über das noch wenig Erfahrungen vorliegen
Diaminreinblau FFG	0,12 µg/ml [381]	Keine Angaben	—	Nur spezielle Bedeutung
Arsenazo	Keine Angaben	ZrO^{2+}, Hf, Ga, In, Pa, Fe^{3+}, Th, Ti	—	Nur spezielle Bedeutung
Brenzkatechinviolett	Keine Angaben	Fe^{3+}, Cu, Bi, Sn^{4+}	—	Nur spezielle Bedeutung
Eriochrom-Garnet L	Keine Angaben	Außer Fe keine Angaben	*Thioglykolsäure:* Fe	Nur spezielle Bedeutung

Tabelle 53 (Fortsetzung)

Reagens; Methode	Grenzkonzentration der Bestimmung (praktische) oder Empfindlichkeit nach der *Sandell*-Skala	Störungen durch Ionen	Beseitigung der Störung durch Maskierung	Bemerkung
5-Sulfo-4'-diäthylamino-2',2-dihydroxyazobenzol	Keine Angaben	Fe, Cr, Co, Cu, Ti, V, W, U, Th, (Be)	*Hexacyanoferrat(II)-ion;* Fe, Co	Nur spezielle Bedeutung
Methylthymolblau	$0{,}00015\ \mu g/cm^2$ [392]	In Gegenwart von ÄDTE: Ti, V, Cr, Zr, Ga, Ni, Cu, Be	*Ascorbinsäure:* Fe	Nur spezielle Bedeutung
o-Carboxyphenylazo-chromotropsäure		Ti, Zr, Ce, Sn, U, Fe^{3+}, Co, Bi, Mn, Th, Be, V, Mo, F^-, PO_4^{3-}, Oxalat-, Citrat-, Thiosulfationen	—	Zur Zeit keine Bedeutung
Calcichrom	$0{,}0037\ \mu g/cm^2$ [395]	Co, Cr^{3+}, Cu, Fe^{3+}, Hg^{2+}, Mg, Ni, Ti, V(V), Zr	—	Zur Zeit keine Bedeutung
Chloranilsäure Indirekte Bestimmung	Keine weiteren Angaben			Zur Zeit keine Bedeutung
Juglon	Keine weiteren Angaben			Zur Zeit keine Bedeutung
α-Methylformaurin-3,3'-dicarboxylsäure	Keine Angabe	Ca, Mg, Zn, Cr^{3+}, Fe^{3+}, Cu, F^-, PO_4^{3-}	*Hydroxylamin:* Fe	Zur Zeit keine Bedeutung
α-SNADNS und β-SNADNS	Keine weiteren Angaben			Zur Zeit keine Bedeutung
Sendachrom AL	Keine Angabe	Cu, Be, U, Zr, F^-	—	Zur Zeit keine Bedeutung
2-(Pyridyl-3-azo)-chromotropsäure	$0{,}0045\ \mu g/cm^2$ [403]	Keine Störung durch Fe^{3+}		Zur Zeit keine Bedeutung
2-(2-Carboxypyridyl-3-azo)-chromotrop-säure	$0{,}0028\ \mu g/cm^2$ [403]			Zur Zeit keine Bedeutung
Eisenthiocyanat und Oxalsäure	Keine weiteren Angaben			Keine Bedeutung
Komplexaustausch mit ÄDTE	Keine weiteren Angaben			Al wird gegen Fe ausgetauscht und dieses mit 2,4,6-Tripyridyl(symm.)-triazin bestimmt. Wird zur automatischen Analyse im Auto-Analyzer benutzt

Tabelle 53 (Fortsetzung)

Reagens; Methode	Grenzkonzentration der Bestimmung (praktische) oder Empfindlichkeit nach der *Sandell*-Skala	Störungen durch Ionen	Beseitigung der Störung durch Maskierung	Bemerkung
Morin	Sehr unterschiedliche Angaben; Grenzkonzentration des Nachweises: 0,01 µg/ml [410], 0,002 µg/ml [40 in Äthanol 0,02 µg/ml in Cyclohexan 0,5 µg/ml in wäßriger Lösung	Fe, Cr, Ga, In, Sc, Zr, (Zn, Pb), Erdalkalien, (Mo bei höheren pH-Werten), Be in alkalischer Lösung	—	Heute wenig angewandte Methode
Quercetin	Keine weiteren Angaben			Keine Bedeutung
Pontachromblauschwarz	0,002 bis 0,005 µg/ml (meisten Autoren) 0,0001 µg/ml [422]	Fe, Ti, Co, Ga, V, Ni, Zr, Nb, Cr, Mo, W, Ru, Rh, Pt, Ag, Au, Sn^{2+}, Bi, Ce, Th, U, F^-, NO_2^-; geringe Störungen durch Sc, La, Y, Mn, Zn, Hg^{2+}, In, Sb^{3+}	*Bathophenanthrolin:* Fe	Gut untersuchte, genaue Methode
Pontachromviolett SW	Ähnliche Methode wie mit Pontachromblauschwarz			
Salicyliden-o-amino-phenol	0,01 µg Al/ml	Fe, Cu, (Y, $C_2O_4^{2-}$)	—	Verhältnismäßig neues, gut brauchbares Verfahren
Salicylaldehydformyl-hydrazon		Zn, Cr^{3+}, Cu, Fe^{3+}, Ni, Co, U, Hg^{2+} F^-, Formiat-, Acetat-, Tartrat-, Citrationen, *ÄDTE*	*Thioglykolsäure:* Fe, Zn Ni, Cr *Thiosulfation:* Cu	Über diese Methode liegen keine Erfahrungen vor
2-Hydroxy-3-naphthoë-säure	0,002 µg Al/ml	Tl^+, Cu, U, Th, Ce^{4+}, Sb^{3+}, Bi, In, Fe^{3+}, Ti, Sn^{4+}, Be, Sc, NO_2^-, SO_3^{2-}, $B_4O_7^{2-}$	—	Verhältnismäßig neues Ver-fahren
N-Salicyliden-2-amino-3-hydroxyfluoron	Keine Angabe	Vor allem Fe, Ga, F^-, PO_4^{3-}		Verhältnismäßig neues Ver-fahren
Eriochromdunkelblau V	Keine weiteren Angaben			Zur Zeit keine Bedeutung
Mordant Blau 9	0,004 µg/ml	Ti, Zr, V, Nb, Cr(VI), Mn(VII), Fe^{2+}, Pt, Cu, Au, Ga, Sn^{2+}, F^-, Ce^{4+}		Zur Zeit keine Bedeutung
o,o'-Dihydroxyazobenzol	Keine weiteren Angaben			Zur Zeit keine Bedeutung
Cupferron (nephelometrisch)	1,5 µg/ml 1 µg/ml [13]	Fe, Cu, Ti, Zr, Bi, Hg_2^{2+}, Sn, Sb^{3+}	—	Methode hat heute keine Bedeutung mehr
$Al(OH)_3$, nephelometrisch	20 µg/ml	—	—	Methode hat heute keine Bedeutung mehr

Ohne Äthanol-Zusatz arbeiten *Sabinina* und *Kuminowa* [10] zur Bestimmung von Aluminium (1 bis 6 mg Al/ml) in Chromatbädern und technischen Laugen, bei letzteren nach Zugabe von Chromaten. Diese Verfahren genügen aber nur sehr geringen Ansprüchen an die erreichbare Genauigkeit.

Günstiger liegen die Verhältnisse bei der Fällung des Aluminiums als Cupferronat. Bezüglich der Eigenschaften des Aluminium-Cupferron-Komplexes sei auf die bei der gravimetrischen Aluminium-Bestimmung mit Hilfe von Cupferron gemachten Angaben verwiesen (S. 129). Man erhält die kolloiden Lösungen des Niederschlages durch Zugabe wäßriger Cupferron-Lösung zu schwach sauren oder neutralen Aluminiumsalz-Lösungen, deren Aluminium-Konzentration unterhalb etwa $5 \cdot 10^{-6}$ Grammatom Aluminium im Liter (etwa 0,15 µg Al/ml; *Meunier* [11]) liegt. Durch Zusatz eines geeigneten Schutzkolloides (Gelatine) haben *de Brouckère* und *Belche* [12] auch noch bei $5 \cdot 10^{-4}$ Grammatom Aluminium im Liter (etwa 13 µg Al/ml) stabile Lösungen erhalten, während *Schams* [13] schon bei 10 µg Al/ml trotz Anwesenheit von Gelatine-Lösung Ausflockung des Niederschlages beobachtete. Die Grenzkonzentration des Aluminiums zur Bildung der kolloiden Trübung liegt etwa bei 10^{-6} Grammatom im Liter (etwa 0,03 µg Al/ml). Für die quantitative Auswertung soll der pH-Wert zwischen 2,5 und 4,5 liegen; die Trübung bildet sich aber auch schon bei pH = 2 (*Meunier*).

Vergleich der verschiedenen Bestimmungsmethoden

Für eine vergleichende Beurteilung der zahlreichen Bestimmungsverfahren sind in erster Linie die Empfindlichkeit, d.h. der Bereich der Aluminium-Konzentration oder -Mengen, innerhalb deren eine quantitative Bestimmung möglich ist, und zum anderen der störende Einfluß fremder Kationen und Anionen maßgebend.

In Tabelle 53 wird ein Überblick über die Bestimmungsverfahren gegeben, wobei die Empfindlichkeit und die Störung durch andere Ionen und ihre Beseitigung angegeben werden.

Hinsichtlich der *Störungen* ist zu berücksichtigen, daß die Fälle, in denen die Bestimmung laut Übersicht nicht gestört wird, sich im allgemeinen auf Verhältnisse beziehen, nach denen die fremden Ionen nicht in größerem Überschuß (etwa nicht mehr als 100fach) vorliegen.

Das über den Einfluß häufiger vorkommender Anionen vorliegende Material ist sehr lückenhaft. Zumindest für die Farblack-Verfahren kann aber wohl angenommen werden, daß die Mehrzahl der nach der gründlicher durchgearbeiteten Eriochromcyaninmethode störenden Anionen auch die Bestimmung des Aluminiums nach den übrigen Verfahren behindert.

Der Einfluß störender Fremdionen läßt sich auf verschiedenen Wegen beseitigen, so durch Abtrennung, Maskierung oder entsprechende Korrektur der Meßwerte. Die anzuwendenden Methoden zur Beseitigung des Einflusses dieser Störionen werden im Zusammenhang mit den einzelnen Bestimmungsverfahren behandelt.

A. Bestimmungen mit Oxin

Die photometrischen und fluorimetrischen Methoden zur Bestimmung des Aluminiums mit Hilfe von Oxin beruhen teils auf Eigenschaften, die dem Oxin allein zukommen, teils auf solchen des Aluminiumoxinats.

Teitelbaum [14] verwendet die Reaktion der aromatischen Hydroxylgruppe des Oxins mit Phosphor-Wolfram-Molybdänsäure (Reagens nach *Folin* und *Denis* [15]), die in alkalischem Medium zu intensiv blaugefärbten, kolloiden Lösungen von niederen Oxiden des Wolframs und Molybdäns führt. Weiterhin besitzt das Oxin als Phenolderivat die Eigenschaft, in alkalischer Lösung mit Diazoverbindungen (wie z.B. Diazobenzoesäure oder Diazonaphthionsäure) zu farbigen Kupplungsprodukten (5-Arylazofarbstoffen) zusammenzutreten, die sich auch zur spektralphotometrischen Bestimmung des Oxins eignen.

Schließlich sind Verbindungen, die eine Ringstruktur wie das Oxin besitzen, durch ein charakteristisches Absorptionsspektrum im ultravioletten Bereich mit einem starken Absorptionsmaximum ausgezeichnet. Diese Eigenschaft des Oxins verwenden *Parks* und *Lykken* [16] zur photometrischen Bestimmung des Aluminiums.

Alle erwähnten Verfahren haben jedoch praktisch neben der Bestimmung als Aluminiumoxinat keine Bedeutung erlangt. Aluminiumoxinat ist als Innerkomplexsalz in organischen Lösungsmitteln, z.B. in Chloroform oder Benzol, mit grüngelber Farbe löslich, während die Lösung von reinem Oxin in Chloroform farblos ist (vgl. S. 288). Hierauf gründet sich eine erstmals von *Alexander* [17] angegebene Möglichkeit zur photometrischen Bestimmung des Aluminiums, die inzwischen von zahlreichen Bearbeitern untersucht wurde und vielfach Anwendung gefunden hat. Weiterhin wurde die Tatsache, daß die Lösung des Aluminiumoxinats in Chloroform im ultravioletten Licht grünlichgelb fluoresziert, von *Tullo, Stringer* und *Harrison* [18] zu einer fluorimetrischen Bestimmungsmethode für Aluminium ausgenutzt, die noch empfindlicher ist als die photometrische Bestimmung.

Alle Verfahren setzen die vorangehende Abtrennung des Aluminiums als Oxinat voraus. Durch Extraktion des Aluminiums aus seiner wäßrigen Lösung mit einer Lösung des Oxins in Chloroform (*Alexander*) läßt sich eine solche Trennung am leichtesten erreichen.

Bestimmung nach *Teitelbaum* [14] mit Hilfe des Folinschen Reagenses nach Abscheidung als Aluminiumoxinat

Von *Joshimatsu* [19] wurde die Reaktion des Oxins mit dem Reagens nach *Folin* und *Denis* erstmalig gelegentlich der Bestimmung des Magnesium-Gehaltes im Blut angewendet. Auch *Berg* [20] teilte Beleganalysen zur Magnesium-Bestimmung mit. Etwa zur gleichen Zeit führte *Teitelbaum* Aluminium-Bestimmungen nach demselben Prinzip aus, wobei er eine entsprechend modifizierte Fällungsweise in essigsaurer Lösung benutzte. *Eveleth* und *Myers* [21] betrachten das Verfahren als zu ungenau, erhielten allerdings mit einer abgeänderten Vorschrift immer noch bessere Werte als nach der Aluminon- und der Alizarin-Methode. Mengen von 10 bis 15 µg Aluminium je 50 ml Lösung ergaben nur schwache Blaufärbung, die jedoch wegen der grünlichen Eigenfärbung des Folin-Reagenses nicht leicht zu messen ist.

Erforderliche Lösungen gemäß der Arbeitsweise nach *Teitelbaum* sowie *Berg*

I. Lösung nach *Folin* und *Denis*: 4 g Phosphormolybdänsäure und 20 g Natriumwolframat werden in 10 ml 85%iger Phosphorsäure (D = 1,7) sowie 150 ml Wasser 2 Std. am Rückflußkühler bis zum Sieden erhitzt. Nach dem Abkühlen verdünnt man auf 200 ml und filtriert.

II. 0,5%ige Oxychinoliniumacetat-Lösung: 1 g Oxin wird in 2 ml Eisessig in der Wärme gelöst und mit warmem Wasser auf 200 ml verdünnt.

III. Kalt gesättigte (25%ige) Natriumcarbonat-Lösung.

Arbeitsvorschrift. Die schwach saure, etwa 1 ml betragende Aluminiumsalz-Lösung (pH etwa 3) wird in einem Zentrifugen-Röhrchen von ungefähr 10 ml Inhalt mit 0,3 bis 0,5 ml gesättigter Natriumacetat-Lösung und darauf in der Kälte mit 3 bis 4 Tropfen 0,5%iger Oxychinoliniumacetat-Lösung versetzt. Bei konzentrierteren Aluminium-Lösungen bildet sich sofort, bei verdünnteren erst in der Wärme ein kristalliner Niederschlag. Die Röhrchen werden nun 15 min im siedenden Wasserbad erhitzt und dann abgekühlt. Man verdünnt mit kaltem Wasser auf etwa 5 ml und zentrifugiert bei 2000 Touren/min etwa 5 min lang. Danach wird dekantiert (oder abgehebert), mit 5 ml kaltem Wasser aufgeschlemmt, wieder zentrifugiert und das gleiche mit 2 ml Wasser 2mal wiederholt; der Niederschlag wird nun in 1 ml äthanolischer Salzsäure gelöst und mit wenig Wasser in ein Meßkölbchen von 25 ml Inhalt übergespült. Nach Zusatz von 5 ml 25%iger Sodalösung und 1 ml *Folin*-Reagens füllt man bis zur Marke auf, erwärmt 1/2 Std. auf 80° und führt nach einer weiteren 1/2 Std. den Vergleich mit einer gleichzeitig angesetzten Probe der Standardlösung durch.

Bemerkungen. Teitelbaum gibt folgende *Beleganalysen* an (Tab. 54).

Tabelle 54. *Bestimmungen nach Teitelbaum*

Aluminium		Fehler	
gegeben µg	gefunden µg	µg	%
31,9	31,3	−0,6	−1,9
28,9	29,3	+0,4	+1,4
8,6	8,4	−0,2	−2,3
5,6	5,8	+0,2	+3,6
4,1	4,2	+0,1	+2,4
2,3	2,5	+0,2	+8,7
1,8	1,7	−0,1	−5,5

Auf ähnliche Weise wie *Teitelbaum* bestimmen *Kokorin* und *Ropot* [22] das Aluminium. An Stelle des Folinschen Reagenses benutzen sie die Heteropolysäure des Molybdäns mit *Vanadin-* und *Kieselsäure* sowie mit Wolfram- und Kieselsäure.

Bestimmung durch Bildung von Azofarbstoffen nach Abscheidung des Aluminiumoxinats

Verfahren nach Alten, Weiland und *Loofmann* [23] *durch Kupplung des Oxins mit Sulfanilsäure*

Prinzip. Oxin (bzw. gelöstes Aluminiumoxinat) bildet mit Diazobenzolsulfosäure einen intensiv gelbroten Azofarbstoff (siehe Strukturformel), der sich nach den Versuchen von *Alten* und Mitarbeitern zur mikrocolorimetrischen Aluminium-Bestimmung eignet:

$$HO_3S-\!\!\bigcirc\!\!-N\!=\!N-\!\!\bigcirc\!\!-OH$$

Man mißt die Farbstoff-Lösung, welche, vor direktem Sonnenlicht geschützt, etwa 4 Std. unverändert haltbar ist, bei einer Wellenlänge von 531 nm. Es können noch 2 µg Aluminium bei einem Volumen der Farbstoff-Lösung von 50 ml erfaßt werden. Die *Genauigkeit* der Aluminium-Bestimmung war allerdings bei Konzentrationen von weniger als etwa 20 µg Aluminium in 50 ml Lösung nicht ausreichend. Die Abscheidung des Aluminiumoxinates führten *Alten* und Mitarbeiter in grundsätzlich gleicher Weise wie *Teitelbaum* in essigsaurer Lösung aus. Für die kleinen Aluminium-Mengen von weniger als 20 µg ist wohl das angewendete Fällungsvolumen von mehreren Millilitern zu einer quantitativen Abscheidung noch zu groß (vgl. die Versuche von *Schams* [13]); außerdem führt das Waschen mit heißem Wasser zu Verlusten. Bei den unten angeführten Beleganalysen hat *Schams* die Fällung im Mikrofilterbecher ausgeführt, um jeglichen, mechanischen Verlust an Oxin zu verhindern. Die beobachteten, negativen *Fehler* müssen daher durch das Auswaschen nach den Angaben von *Alten* und Mitarbeitern verursacht worden sein.

Erforderliche Lösungen gemäß der Arbeitsweise *für reine Aluminiumsalz-Lösungen* von *Alten, Weiland* und *Loofmann*

a) 1%ige Oxiniumacetat-Lösung. Oxiniumacetat-Stammlösung: 0,3228 g Oxin werden in 10 ml Eisessig gelöst und dann mit Wasser auf 1000 ml verdünnt; 1 ml $\triangleq$ 20 μg Aluminium.

b) Gesättigte Natriumacetat-Lösung (etwa 4,5 m).

c) Äthanol-Salzsäure-Mischung: Äthanol und 2n Salzsäure im Verhältnis 1:1.

d) Sulfanilsäure-Lösung: 8,6 g Sulfanilsäure werden in 1000 ml 30%iger Essigsäure gelöst.

e) Natriumnitrit-Lösung: 2,85 g Natriumnitrit werden in 1000 ml Wasser gelöst.

f) 2n Natronlauge.

g) 0,5n Natronlauge.

h) 30%ige Hexamethylentetramin-Lösung.

Arbeitsvorschrift. Die mit 2 Tropfen Eisessig angesäuerte Aluminiumsalz-Lösung (Volumen 3 bis 4 ml) wird mit 0,6 ml gesättigter Natriumacetat-Lösung und 0,5 bis 1 ml Oxinreagens versetzt. Aluminium-Mengen über 50 μg fallen schnell aus, kleinere erst beim Stehen *über Nacht*. Die Fällungsröhrchen stellt man nun etwa 1/2 Std. in 70° warmes Wasser, saugt dann die Mutterlauge mit einem Filterstäbchen (B2) ab und wäscht 3mal mit je 1 ml heißem Wasser aus.

Das Filterröhrchen beläßt man im Fällungsröhrchen und löst das Oxinat in 2 ml Äthanol-Salzsäure-Mischung unter Erwärmen im Wasserbad. Dann wird die Lösung durch das Filterröhrchen unter Nachspülen mit Wasser in ein 50-ml-Meßkölbchen übergesaugt. Bei Niederschlägen, welche schätzungsweise mehr als 50 μg Aluminium entsprechen, wird nur ein *aliquoter* Teil der Lösung des Oxinates weiterverarbeitet. Man gibt nun je 1 ml Sulfanilsäure- und Nitrit-Lösung zu und nach 10 min 10 ml 2n Natronlauge. Jetzt wird auf 50 ml aufgefüllt und nach weiteren 10 min gegen eine Standard-Oxin-Lösung, welche wie beschrieben angefärbt wurde, colorimetriert.

Bemerkung. Es ist nach Ergebnissen von *Alten* und Mitarbeitern sowie von *Schams* mit *Fehlern* von 4 bis 7% zu rechnen.

Bestimmung in Gegenwart von Eisen, Calcium, Magnesium und Phosphorsäure

Prinzip. In gleichzeitiger Anwesenheit von Aluminium, Eisen, Calcium, Magnesium und Phosphorsäure wird zuerst eine Fällung von Eisen- und Aluminiumhydroxid (phosphathaltig) mit Urotropin (Hexamethylentetramin) nach *Rây* und *Chattopadhya* [24] sowie *Rây* [25] vorgenommen.

Zur Aluminiumbestimmung in *Bodenauszügen* trennt *Rode* [26] Eisen durch Extraktion als Thiocyanat mit Äther-Pentanol ab; Aluminium wird nach Zerstörung der organischen Substanz und des Thiocyanations aus acetatgepufferter, essigsaurer Lösung mit Oxin gefällt und auf diese Weise von Erdalkalien und Phosphorsäure getrennt. *Chabannes* und *Barbier* [27] fällen zuerst Aluminium zusammen mit Eisen durch Ammoniak bzw. Urotropin, trennen vom Eisen mit Natronlauge ab und fällen wie üblich bei pH = 5,5 mit Oxin. Eine ähnliche Arbeitsvorschrift geben auch *Alten, Weiland* und *Loofmann*. Nach *Cholak, Hubbard* und *Story* [28] ist die Bestimmung von Aluminium unter 50 μg unsicher infolge der Schwierigkeit, vollständige Fällung des Aluminiums zu erreichen.

Verfahren nach Schams durch Kupplung mit Naphthionsäure

Schams fand in der diazotierten Naphthionsäure eine Azokomponente zur Kupplung mit Oxin, welche einen permanganatfarbenen Azofarbstoff liefert. Die Färbung ist so intensiv, daß man zur Messung von 10 μg Aluminium auf 200 ml verdünnen muß. In eingehenden Versuchsreihen mit genau eingestellter Oxin-Lösung untersucht *Schams* die Reaktionsbedingungen zur eigentlichen Farbreaktion der Kupplung des Oxins mit diazotierter Naphthionsäure und gibt folgende

Arbeitsvorschrift. Nach einer vorausgegangenen Abtrennung des Aluminiums und Eisens durch Phosphatfällung werden die in 0,5 bis 2 ml 10%iger Salzsäure (je nach der Aluminium-Menge) auf dem Wasserbad gelösten Phosphate (von Eisen und Aluminium) nach dem Abkühlen mit 0,2 ml gesättigter Ammoniumtartrat-Lösung versetzt, gemischt und mit 3 bis 8 Tropfen konz. Ammoniak ammoniakalisch gemacht (gegen Phenolphthalein), bis die anfängliche Trübung verschwindet. Dann fügt man 6 bis 15 Tropfen einer frisch bereiteten, gesättigten Kaliumcyanid-Lösung zu und kocht die klare, nun braune Lösung 2 min. Die Lösung versetzt man noch heiß mit 1 Tropfen gesättigter Kaliummetabisulfit-Lösung, wodurch Reduktion zu farblosem Hexacyanoferrat(II)-ion erfolgt.

Nach Zusatz von 0,5 ml gesättigter Ammoniumchlorid-Lösung wird auf 60° erwärmt und das Aluminium mit 2 bis 8 Tropfen (je nach Aluminium-Menge) Oxin-Lösung gefällt. Vorher ist das Volumen der zu erwartenden Aluminium-Menge anzugleichen, und zwar beträgt es für 10 μg Aluminium 0,5 bis 1 ml, für 20 bis 50 μg 2 ml, für Mengen über 50 μg 2 bis 5 ml. Die quantitative Ausfällung des Oxinates erfolgt durch 1/2stündiges Erwärmen auf 60° und 4stündiges Aufbewahren im Kühlschrank.

Danach wird die Mutterlauge, anschließend die Waschflüssigkeit (vgl. oben) dekantiert und in einen Porzellan-Filtertiegel filtriert, in welchen erst nach der dritten Waschung die Hauptmenge des Niederschlages überführt wird. Niederschlagsmengen unter 50 μg Aluminium löst man in 2 ml warmer 30%iger Essigsäure, größere Mengen in 10 Tropfen Eisessig oder 3 Tropfen konz. Salzsäure, wobei man direkt in den 200-ml-Meßkolben absaugt, in welchem nachher die Farbentwicklung stattfindet. Nachgewaschen wird anteilsweise mit im ganzen 20 ml warmem Wasser.

Man verdünnt die Oxin-Lösung auf 150 ml, fügt 1 ml Naphthionsäure- sowie 1 ml Natriumnitrit-Lösung hinzu und läßt 2 min diazotieren. Nun macht man mit 20 ml 8 n Natronlauge alkalisch, füllt mit Wasser bis zur Marke auf und mischt gut. Die permanganatfarbene Lösung kann sofort oder nach 1 Std. (Aufbewahrung im Dunkeln) gegen die in gleicher Weise behandelte Oxin-Standardlösung, die in 1 ml 4 μg Aluminium enthält, gemessen werden.

Bemerkung. Aluminium wurde mit einem mittleren *Fehler* von etwa ± 1 bis 2% wiedergefunden.

Bestimmung durch Messung der Absorption des Oxins im Ultraviolett nach *Parks* und *Lykken* [16]

Wie bereits erwähnt, besitzt Oxin ein charakteristisches Absorptionsspektrum im Ultraviolett. Nach den Messungen von *Parks* und *Lykken* liegt das Absorptionsmaximum bei 251,5 nm, nach *Phillips* und *Merritt* [29] treten auch bei 318 bis 319 und bei 358 nm Maxima auf. Durch Messung der Absorption der Lösungen von Oxin oder Metalloxinaten läßt sich demnach Oxin bzw. das als Oxinat vorliegende Metall quantitativ bestimmen, da die Intensität der Absorption dem Gehalt proportional ist. *Parks* und *Lykken* messen mit einem Ultraviolett-Spektralphotometer die Extinktion salzsaurer Lösungen des Aluminiumoxinats, deren Absorptionsspektrum sich nicht von dem reiner, salzsaurer Oxin-Lösungen unterscheidet. Dies ist verständlich, da in beiden Lösungen Oxychinoliniumionen bzw. freie Oxin-Moleküle vorliegen.

Der eigentlichen photometrischen Bestimmung muß wieder die Abtrennung des Aluminiumoxinates durch Fällung oder Extraktion mit Chloroform vorangehen. Die Extraktion bietet bei diesem Verfahren jedoch keine Vorteile, da die Chloroform-Lösung eingedampft und der Rückstand nach *Parks* und *Lykken* bei 140° getrocknet werden muß, offenbar zur Entfernung überschüssigen Oxins.

Arbeitsvorschrift. Zur Fällung des Aluminiums (0,05 bis 1 mg) wenden *Parks* und *Lykken* die auf Seite 109 wiedergegebene Arbeitsweise an. Der mit einem Filterstäbchen abfiltrierte, ausgewaschene Niederschlag wird dann im Fällungsgefäß mit 10 ml 0,1 n Salzsäure durch Erwärmen auf dem Dampfbad vom Filterstäbchen gelöst. Nach erfolgter Auflösung wird abgekühlt und die Lösung durch das Filterstäbchen hindurch in einen Meßkolben (Volumen entsprechend der vorliegenden Aluminium-Menge) überführt und mit 0,1 n Salzsäure zur Marke aufgefüllt. Anschließend wird die Extinktion der Lösung bei 251,5 nm gemessen und der Aluminium-Gehalt einer entsprechend aufgestellten Eichkurve entnommen.

Bemerkungen. Zur Herstellung der *Eichkurve* wird eine größere, bekannte Menge Aluminiums mit Oxin gefällt, der ausgewaschene Niederschlag in 0,1 n Salzsäure gelöst und in einem Meßkolben zur Marke aufgefüllt. Aliquote Teile dieser Lösung werden wiederum mit 0,1 n Salzsäure auf ein bestimmtes Volumen verdünnt und Eichlösungen innerhalb eines größeren Konzentrationsbereiches an Aluminium hergestellt.

Bei der Bestimmung von 1 bis herunter zu 0,05 mg Aluminium betrug der mittlere *Fehler* der Einzelbestimmung ± 0,002 mg Al; für kleinere Aluminium-Mengen waren die Differenzen erheblich größer und stets negativ. Ließ man jedoch den Niederschlag nach erfolgter Fällung mindestens 3 Std. bis zur Filtration stehen (statt 1 Std., wie in der Arbeitsvorschrift S. 190 angegeben), so erhielten *Parks* und *Lykken* auch bei Bestimmung von 10 µg Aluminium noch gute Resultate. Die Methode wird also nicht durch die Fehler der photometrischen Messung, sondern durch die Schwierigkeit begrenzt, noch kleinere Mengen als 10 µg Al quantitativ zu fällen.

Zur Abtrennung von Metallen, die zusammen mit Aluminium als Oxinate gefällt und daher mitbestimmt würden, z.B. *Eisen*, *Titan* und *Zirkonium* bei der Untersuchung von Oxid- und Sulfat-Rückständen, wenden *Parks* und *Lykken* die Trennung mittels Sodaschmelze an, gegebenenfalls nach vorangegangener Abscheidung des Hauptanteils der Schwermetalle an der Quecksilberkathode.

Evans und *Hashitani* [30] messen im Gegensatz zu *Parks* und *Lykken* bei der Aluminium-Bestimmung in Aluminium-Plutonium-Legierungen mit einer Wellenlänge von 360 nm. Nach ihren Erfahrungen ist die Absorption bei dieser Wellenlänge innerhalb eines Bereiches von 0,006 bis 10,0 molar unabhängig von der Salzsäure-Konzentration, während sie bei anderen Wellenlängen genau eingehalten werden muß. In Anwesenheit anderer Säuren, z.B. Salpetersäure, Schwefelsäure, Perchlorsäure und Phosphorsäure, verschieben sich die Absorptionsmaxima, und eine Abhängigkeit von der Säure-Konzentration bei der Messung im Ultravioletten wird beobachtet.

Bestimmung durch Messung der Absorption der Lösungen
von Aluminiumoxinat in unpolaren Lösungsmitteln

Prinzip. Die im folgenden beschriebenen Methoden haben gegenüber den bisher wiedergegebenen den großen Vorteil, daß zu ihrer Ausführung keine vorangehende, quantitative Fällung der zu bestimmenden, geringen Aluminium-Mengen als Oxinat erforderlich ist. Die Probelösung wird mit Oxin versetzt und mit einem geeigneten Lösungsmittel – meistens Chloroform – extrahiert. Da neben Aluminiumoxinat auch das freie Oxin praktisch vollständig extrahiert wird, ist es zweckmäßiger, die wäßrige Lösung sogleich mit einer Oxin-Lösung in Chloroform zu extrahieren, da auf diese

Weise die Bildung eines die Extraktionsgeschwindigkeit herabsetzenden Oxin-Niederschlages vermieden wird. Das Absorptionsmaximum der grünlichgelben Lösung des Aluminiumoxinats liegt bei 385,0 bis 410,0 nm; die Absorption der praktisch farblosen Lösung des reinen Oxins ist in diesem Bereich dagegen vernachlässigbar klein, so daß die bei der Extraktion erhaltene Lösung ohne weitere Behandlung photometriert und der Aluminium-Gehalt nach entsprechender Eichung bestimmt werden kann. Dieses von *Alexander* [17] 1941 veröffentlichte Verfahren ist von vielen Autoren untersucht und weiterentwickelt worden; es hat zahlreiche Anwendungen in der analytischen Praxis gefunden.

Zur *Extraktion des Aluminiumoxinats* wurden bisher folgende Lösungsmittel angewandt bzw. auf ihre Eignung untersucht: Chloroform, Tetrachlorkohlenstoff, Benzol, Brombenzol, Toluol, Xylol, Leichtbenzin, Isopentanol, Äthyläther, Pentylacetat, Butylacetat und Benzylacetat. Äthyläther ist ebenso wie das von *Kuskowa* [31] vorgeschlagene Isopentanol ungeeignet; nach *Mervel* [32] bilden sich bei der Extraktion mit ihnen keine klaren Lösungen des Aluminiumoxinats. Auch die Farbintensität ist bei den genannten Extraktionsmitteln unterschiedlich. Um die Färbung der Lösung durch das gelöste Aluminiumoxinat gerade noch zu erkennen, sind nach *Raynes* und *Larionow* [33] für je 10 ml Lösungsmittel erforderlich bei:

Chloroform	
Tetrachlorkohlenstoff }	0,002 mg Al,
Benzol	
Butylacetat	0,005 mg Al,
Leichtbenzin	0,01 mg Al,
Isopentanol	0,02 mg Al.

Chloroform, Tetrachlorkohlenstoff und Benzol sind also mindestens in bezug auf die Empfindlichkeit der Bestimmung den anderen Extraktionsmitteln vorzuziehen. Nach *Raynes* und *Larionow* soll sich Tetrachlorkohlenstoff vor Chloroform und Benzol durch größere Reinheit der Färbung und Klarheit der Lösung auszeichnen. Nach *Sudo* [34] (siehe auch *Kakita* und *Yokohama* [35]) sind im Hinblick auf die Geschwindigkeit und Vollständigkeit der Extraktion Benzol Toluol, Xylol und Tetrachlorkohlenstoff etwa gleichwertig und dem Chloroform überlegen; die Ausschüttelung mit Pentylacetat, Benzylacetat oder Pentanol ist unvollständig. *Sudo* zieht Benzol allen anderen Extraktionsmitteln vor. Die meisten Autoren verwenden jedoch Chloroform.

Die quantitative Extraktion des Aluminiumoxinats ist nur innerhalb eines pH-Bereiches von etwa 4 bis 11 möglich; es ist annähernd der gleiche Bereich, innerhalb dessen Aluminium quantitativ als Oxinat gefällt werden kann (vgl. S. 86). Infolge unterschiedlicher Extraktionsbedingungen weichen die Angaben verschiedener Autoren im einzelnen voneinander ab; einige ausführlichere Meßergebnisse sind in Abb. 12 graphisch wiedergegeben.

Die Versuche zur Bestimmung des Verteilungsgleichgewichtes von reinem Oxin (*Lacroix*) wurden so ausgeführt, daß eine 0,1 m Oxin-Lösung in Chloroform mit dem gleichen Volumen einer wäßrigen, jeweils auf einen bestimmten pH-Wert gebrachten Lösung bis zur Einstellung des Gleichgewichtes geschüttelt wurde. Praktisch geht also das gesamte Oxin zwischen pH 4 bis 5 wie auch 10 bis 11 schon bei einmaligem Schütteln in die Chloroformschicht, d.h., diese enthält neben dem Aluminiumoxinat auch den gesamten Überschuß an angewandtem Oxin. Aus diesem Grunde ist es für genaue, photometrische Bestimmungen wichtig, stets mit der gleichen Menge Oxins zu arbeiten.

Bei der Extraktion von 0,02 m Aluminium-Lösungen mit etwa dem gleichen Volumen 0,1 m Oxin-Lösung in Chloroform findet *Lacroix* Werte, die sich mit dem theoretisch abgeleiteten Extraktionsverlauf (ausgezogene Kurve in Abb. 12) decken.

Die Extraktion ist bei pH-Werten über 4 praktisch quantitativ. Bei den von *Moeller* [38] wie auch von *Gentry* und *Sherrington* [37] sowie *Wiberley* und *Bassett* [39] ausgeführten Messungen wird der von *Lacroix* angegebene Extraktionsgrad zwischen pH = 2 und 4,5 nicht erreicht. Nach *Gentry* und *Sherrington* ist die Extraktion des Aluminiums erst ab pH = 4,6 quantitativ; im pH-Bereich um den Neutralpunkt ist sie

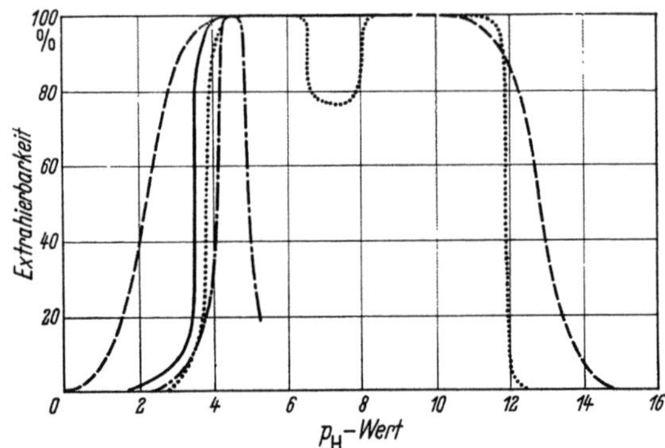

Abb. 12. Extrahierbarkeit des Aluminiumoxinats mit Chloroform in Abhängigkeit vom pH-Wert der wäßrigen Phase: – – – – Extrahierbarkeit des Oxins nach *Lacroix* [36]; ——— Extrahierbarkeit des Aluminiumoxinats nach *Lacroix*; ······ *Gentry* und *Sherrington* [37]; – · – · – *Moeller* [38]

unvollständig. Durch erhebliche Verlängerung der Schütteldauer läßt sich aber auch zwischen pH = 6 und 8 vollständige Extraktion durch einmaliges Ausschütteln erzwingen.

Dagegen ist nach *Moeller* die Extraktion nur in dem engen pH-Bereich von 4,3 bis 4,6 quantitativ. Der von ihm gefundene plötzliche Abfall der Extrahierbarkeit bei pH-Werten über 4,6 zeigt, daß hier infolge der Bildung von langsamer reagierenden, basischen Aluminiumsalzen bzw. Aluminiumhydroxid die Extraktionsgeschwindigkeit so stark herabgesetzt wird, daß beim Ausschütteln mit sehr verdünnten Oxin-Lösungen unter normalen Arbeitsbedingungen keine quantitative Extraktion mehr erreicht wird.

Auch Versuche von *Gentry* und *Sherrington* zeigen den erheblichen Einfluß der Oxin-Konzentration auf den Extraktionsgrad; es wurden je 50 µg Aluminium in 50 ml Lösung von pH = 8,9 mit je 10 ml Oxin-Lösung verschiedener Konzentration in Chloroform je 6 min ausgeschüttelt (Tab. 55).

Tabelle 55. *Extraktion des Aluminiumoxinats nach Gentry und Sherrington*

Konzentration der Oxin-Lösung %	Extrahiertes Aluminium %
0,01	3,3
0,05	64,6
0,1	75,2
0,5	96,2
1,0	100,0
2,0	98,5

Die Oxin-Lösung in Chloroform muß also mindestens 1%ig (0,07 m) sein, um eine quantitative Extraktion unter normalen Arbeitsbedingungen sicherzustellen.

Spätere Extraktionsversuche von *Moeller* und *Pfundsack* [40] zeigten im Gegensatz zu den anderen Untersuchungen, daß Oxin quantitativ nur zwischen pH = 6 bis 8 in die Chloroform-Phase übergeht. Nach *Umland* und *Puchelt* [41] zeigt die Verteilung des Oxins zwischen Wasser und Benzol ihren Maximalwert zwischen pH = 5 bis 10.

Als günstigste und sicherste pH-Bereiche für die Extraktion des Aluminiums ergeben sich somit pH = 4,6 bis 6,7 und pH = 8,2 bis 11,5. Auch die von anderen Autoren z.T. im Hinblick auf störende Begleitelemente angewandten günstigsten pH-Einstellungen liegen praktisch innerhalb dieser Bereiche, z.B. pH = 4,3 bis 4,6 nach *Moeller;* 4,7 bis 5,0 nach *Margerum, Sprain* und *Banks* [42] (Aluminium-Bestimmung im Thorium); 5 bis 7 nach *Wiberley* und *Bassett;* 8,9 nach *Kassner* und *Ozier* [43] (Al-Bestimmung in Eisenerzen und Stahl).

Störungen der Extraktion

Die Extraktion des Aluminiums wird verhindert oder zumindest gestört durch Verbindungen, die unter den Extraktionsbedingungen lösliche, komplexe Aluminium-Verbindungen bilden wie z.B. Flußsäure oder organische Oxysäuren. Den Einfluß von Fluorid-, Phosphat- und Tartrationen untersuchten *Gentry* und *Sherrington.*

Während Phosphation keinen deutlichen Einfluß auf die Extraktion des Aluminiums ausübt, verhindern Fluoride sie fast vollständig. Nur in Anwesenheit noch stärkerer Fluorkomplex-Bildner (z.B. Thorium) stören geringe Mengen Fluoride nicht. Tartration behindert die Extraktion.

Diese Behinderung überrascht zunächst, da ja Aluminiumoxinat aus tartrathaltigen Lösungen quantitativ gefällt wird. Da aber innerhalb des pH-Bereiches, in dem Aluminiumoxinat quantitativ extrahiert wird, auch das Fällungsmittel Oxin praktisch vollständig in die Chloroformschicht übergeht, daher nur in geringer Konzentration in die wäßrige Phase gelangt und in Anwesenheit von Tartration auch die Aluminiumionen-Konzentration infolge der Bildung komplexer Aluminotartrate nur sehr klein ist, können sich jeweils nur sehr geringe Mengen extrahierbares Aluminiumoxinat bilden. Infolgedessen ist die Extraktionsgeschwindigkeit nur klein und nimmt mit fortschreitender Extraktion immer stärker ab, so daß eine vollständige Extraktion des Aluminiums nur durch extrem langes oder mehrfach wiederholtes Ausschütteln erreicht werden kann. Nach *Gentry* und *Sherrington* ist aber auch dann eine quantitative Extraktion des Aluminiums nicht möglich. Nach 3maligem Ausschütteln bleibt noch ein wenn auch vernachlässigbar kleiner Rest in der wäßrigen Schicht. *Kassner* und *Ozier* bestimmen trotzdem 10 bis 50 µg Aluminium durch Extraktion aus etwa je 40 ml Lösung, die 0,2 g Weinsäure enthält, durch 4maliges Ausschütteln mit je 5 ml einer 2%igen Oxin-Lösung und anschließende, photometrische Messung. Allerdings stellen sie auch die Eichlösungen in gleicher Weise her, so daß ein durch unvollständige Extraktion des Aluminiums entstehender *Fehler* eliminiert wird.

Kenyon und *Bewick* [44] umgehen diese durch Tartration bedingte Störung, indem sie Aluminium in der Tartration enthaltenden Lösung mit einem Überschuß an Oxin in bekannter Weise fällen. Das einmal gebildete Aluminiumoxinat kann nun mit Chloroform ohne Schwierigkeiten extrahiert werden.

Der Einfluß anderer Oxysäuren wurde bisher nicht näher untersucht. *Margerum, Sprain* und *Banks* erwähnen nur, daß Citrate ebenso wie Tartrate stören und sogar konzentriertere Formiat-Lösungen, die zur Maskierung von Thorium untersucht wurden, infolge Komplex-Bildung die Extraktion des Aluminiums verhindern. Auch durch hohe Acetat-Konzentration wird die Aluminium-Extraktion erschwert, so daß wiederholtes Ausschütteln erforderlich ist.

Chlorid-, Nitrat-, Sulfat-, Perchlorat-, Cyanid- und Sulfidionen stören auch in größerer Konzentration die Extraktion des Aluminiums als Oxinat nicht. Die Tatsache, daß Cyanide ebenso wie bei der Fällung des Aluminiums als Oxinat nicht

19*

stören, haben erstmals *Gentry* und *Sherrington* zur Tarnung von Metallen, die sonst zusammen mit Aluminium als Oxinate extrahiert werden würden, ausgenutzt.

Äthylendiamintetraessigsäure (ÄDTE) verhindert nach Versuchen von *Claassen*, *Bastings* und *Visser* [45] die Extraktion des Aluminiums aus einer alkalischen Lösung von pH = 8 bis 9 mit oxinhaltiger Chloroform-Lösung. Die Extraktion gelingt jedoch, wenn man das Oxin in alkalischer Lösung zusetzt, die Analysenlösung 1 Std. bei Raumtemperatur stehen läßt und anschließend mit Chloroform extrahiert.

Störende Metalle und Möglichkeiten ihrer Abtrennung bzw. Maskierung

Ein erheblicher Nachteil der photometrischen Bestimmung des Aluminiums als Oxinat ist die Unspezifität der Extraktion und des Absorptionsspektrums des Aluminiumoxinats. Praktisch lassen sich alle als Oxinat fällbaren Metalle (vgl. S. 86) innerhalb des Bereiches ihrer Fällbarkeit auch als Oxinate mit unpolaren Lösungsmitteln extrahieren. Eine Zusammenstellung der pH-Bereiche, in welchen die einzelnen Elemente extrahiert werden können, geben *Motojima* und *Hashitani* [46] sowie *Koch* und *Koch-Dedic* [47]. Die erhaltenen Metalloxinat-Lösungen unterscheiden sich im allgemeinen nur unwesentlich in ihrem Absorptionsspektrum und dementsprechend in ihrer Farbe, so daß sich ihre störende Anwesenheit nur in wenigen Fällen, z.B. bei Eisen (Lösung des Oxinats in Chloroform grünschwarz), beim Ausschütteln bemerkbar macht. Der Bestimmung des Aluminiums muß also eine sorgfältige Abtrennung oder Maskierung der etwa anwesenden störenden Metalle vorausgehen (vgl. z.B. *Umland* [48]); hierbei ist zu berücksichtigen, daß die Bestimmung von Mikromengen Aluminiums bereits Mikromengen anderer Metalle stören, für diese aber die sonst üblichen Abtrennungsmethoden nicht immer ausreichend sind.

Die nach den Untersuchungen von *Gentry* und *Sherrington* störenden Fremdionen sind in Tabelle 56 angegeben.

Tabelle 56. *Elemente und Ionen, die bei der Extraktion des Aluminiumoxinats mitextrahiert werden und die Bestimmung stören*

pH = 5	Zr, Mo(VI), V(V)	Bi, Cd, Ce^{4+}, Co, Cu, Fe^{2+}, Fe^{3+}, Hg_2^{2+}, Hg^{2+}, Ni, Pb, Sb, Sn^{2+}, Ti, U, Zn
pH = 9	Be, Mg, Mn, Ce^{3+}, Nd, Pr	

Die zunächst in Chloroform als Oxinate in Lösung gehenden Metalle Magnesium, Zink und Cadmium fallen jedoch nach einiger Zeit unter Entfärbung der Chloroformschicht als Niederschläge aus. Dieses eigenartige Verhalten steht in Zusammenhang mit der Tatsache, daß Magnesium, Zink und Cadmium im Gegensatz zu den übrigen Metallen aus wäßriger Lösung als kristallwasserhaltige Oxinate (Dihydrate) gefällt werden, die in Chloroform unlöslich sind. Offenbar bilden sich die Hydrate auch aus der Chloroformlösung, solange diese noch Wasser enthält oder mit der wäßrigen Schicht in Berührung steht. Die Elemente können jedoch in Anwesenheit von Aminen extrahiert werden, ohne daß unlösliche Dihydrate ausfallen.

Der Einfluß störender Fremdionen kann durch Abtrennung, Maskierung oder Korrektur der Meßwerte beseitigt werden. Welche von diesen Möglichkeiten angewandt wird, hängt im wesentlichen von der Konzentration des Aluminiums und seiner Begleitelemente sowie von der Art und Zusammensetzung der Analysen-Probe ab. Die Abtrennung wenigstens der Hauptmenge störender Ionen wird immer zu bevorzugen sein, wenn neben Aluminium-Spuren andere Metalle in großem Überschuß vorliegen, wie z.B. bei der Aluminium-Bestimmung im Stahl. Natürlich sind hier nur solche Trennungsverfahren anwendbar, die Aluminium-Verluste ausschließen. Über die Möglichkeit der Abtrennung des Aluminiums von störenden Begleitionen informiert das Kapitel „Trennungen" (S. 577) dieses Buches. Einige wichtige Trennungsmethoden sind in den nachfolgenden Arbeitsvorschriften beschrieben.

Liegen die störenden Ionen in nicht zu großem Überschuß vor, wird man schon zur Einsparung zeitraubender Trennungsoperationen die Maskierung dieser Ionen durch Überführung in nicht störende Komplex-Verbindungen wählen. Zur Maskierung des Eisens haben sich als geeignet erwiesen die Überführung in Hexacyanoferrat(II)-ionen (*Gentry* und *Sherrington* [37]) sowie in die Eisen(II)-Komplexe mit 1,10-Orthophenanthrolin (*Margerum, Sprain* und *Banks* [42]), 2,2'-Dipyridyl (*Riley* [49]; *Riley* und *Williams* [50]) sowie mit Picolinsäure (Pyridincarbonsäure-(2) (*Majumdar* und *Sen* [51]); Maskierung mit Thioglykolsäure ist nach Angabe von *Gentry* und *Sherrington* nicht möglich.

Durch Überführung in komplexe Cyanide lassen sich auch Kupfer, Zink, Cadmium, Nickel und Kobalt maskieren. Man kann diese Metalle auch aus dem Oxin-Chloroform-Extrakt mit wäßriger Kaliumcyanid-Lösung wieder auswaschen (*Margerum, Sprain* und *Banks*). Aus Kaliumcyanid und Wasserstoffperoxid enthaltender Lösung ist in Analogie zu dem entsprechenden, gravimetrischen Verfahren zur Bestimmung des Aluminiums (vgl. S. 124) auch die Extraktion des Aluminiums in Anwesenheit von Zink, Cadmium, Kupfer, Titan, Zirkonium, Zinn, Vanadium, Chrom, Molybdän, Uran, Mangan, Eisen und Nickel möglich (*Kassner* und *Ozier*). Thorium kann mit 4-Sulfophenylarsonsäure oder durch Anwendung einer konzentrierten Acetat-Pufferlösung maskiert werden (*Margerum, Sprain* und *Banks*).

Die Selektivität der Extraktion mit Oxin wird durch Zusatz von Äthylendiamintetraessigsäure (ÄDTE) als Maskierungsmittel erhöht (siehe S. 129, *Claassen, Bastings* und *Visser*). *Goldstein, Manning* und *Menis* [52] benutzen an Stelle der ÄDTE die Nitrilotriessigsäure (NTE) zur Maskierung. Nach *Yuasa* [53] kann durch Zusatz von 1,2-Diaminocyclohexantetraessigsäure (CDTE) und Kaliumcyanid die Extraktion von Fe, Pb, Cu, Bi und Mg aus ammoniakalischer Lösung verhindert werden.

Die Bestimmung des Aluminiums auch ohne Abtrennung oder Maskierung begrenzter Mengen störender Metalle ist in einigen Fällen durch Messung der einzelnen Farbverbindungen bei verschiedenen Wellenlängen möglich. Das setzt jedoch voraus, daß die Absorptionsspektren der einander entsprechenden, zur Messung herangezogenen Oxinate des Aluminiums und der störenden Komponenten genügend voneinander abweichen (*Arnfeldt, Freyschuss* und *Rönnholm* [54]).

Photometrische Messung der Lösung des Aluminiumoxinats

Die Lösung reinen Aluminiumoxinats in Chloroform zeigt ein flaches Absorptionsmaximum bei 395 nm (*Moeller*; *Gentry* und *Sherrington*). In Anwesenheit überschüssigen Oxins verschiebt sich das gemessene Maximum infolge Überlagerung des Absorptionsspektrums des Oxins nach kürzeren Wellenlängen; so fanden *Wiberley* und *Bassett* 390, *Kassner* und *Ozier* 389, *Margerum, Sprain* und *Banks* etwa 385 nm. Nach *Gentry* und *Sherrington* ist die Messung in dem Bereich zwischen 385 und 410 nm möglich; sie messen bei der Hg-Linie 404,7 nm, *Sudo* sogar mit einem Filter, dessen Durchlässigkeitsmaximum bei 436 nm lag.

Daß man die Absorption durch gleichzeitig anwesendes, überschüssiges Oxin nicht in allen Fällen vernachlässigen darf, zeigt die folgende Abbildung 13, in der die Extinktion von Chloroform-Lösungen des Aluminiumoxinats und reinen Oxins nach *Moeller* sowie von einer mit m Ammoniumacetat-Essigsäure-Puffer (pH = 5) bis zur Gleichgewichtseinstellung geschüttelten Oxin-Lösung in Chloroform nach *Margerum, Sprain* und *Banks* wiedergegeben ist. Nach den zuletzt genannten Autoren geht beim Schütteln von acetatgepufferten Lösungen mit Chloroform auch etwas Essigsäure in die Chloroformschicht; sie führt zu einer teilweisen Ionisation des gelösten überschüssigen Oxins, das dann eine starke Absorption mit einem ausgeprägten

Maximum bei 372 nm hervorruft. Durch einfaches Ausschütteln mit verd. Ammoniumacetat-Lösung läßt sich die Essigsäure aus dem Chloroform-Extrakt wieder entfernen und damit die Störung beseitigen. Abgesehen von diesem Sonderfall steigt die Absorption des Oxins bei Wellenlängen unter etwa 385 nm rasch an; um jede

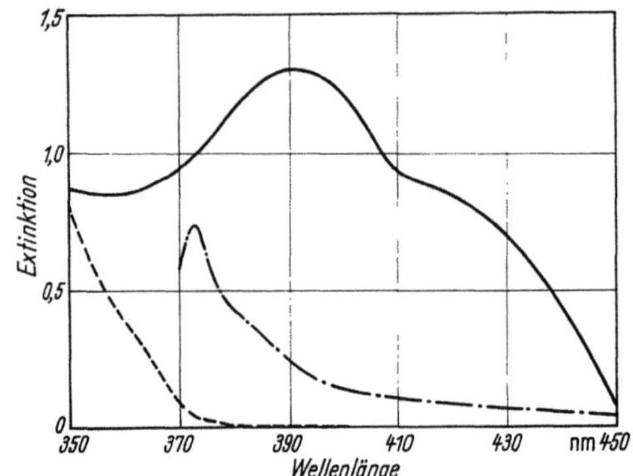

Abb. 13. Extinktion von Chloroformlösungen von: —— Aluminiumoxinat, entsprechend 2,25 mmol Oxin/l; - - - Oxin, 4 mmol/l; - · - 1 %iger Oxinlösung (70 mmol/l) nach Ausschütteln mit dem 5fachen Volumen in 1 m Acetatpuffer (pH = 5)

Störung auszuschließen, wird man die Messung nur bei Wellenlängen über 385 nm ausführen. Es ist zweckmäßig, stets gegen eine Vergleichslösung zu messen, die, von einer Blindlösung ausgehend, in genau gleicher Weise wie der Chloroform-Extrakt der Probelösung hergestellt wird.

Die Lösungen des Aluminiumoxinats in Chloroform sind stabil und verändern ihre Farbe mindestens 24 Std. nicht (*Wiberley* und *Bassett*). Man darf die Lösungen nach *Margerum*, *Sprain* und *Banks* jedoch nicht dem Sonnenlicht aussetzen, da sie dann dunkler werden. Nach *Linnell* und *Raab* [55] zersetzen sich Lösungen des Aluminiumoxinats in Chloroform in Anwesenheit von Sauerstoff und bei gleichzeitiger Lichteinwirkung sehr schnell. Die Zersetzung ist von der Art des verwendeten Chloroforms abhängig und dürfte auf Zersetzungsprodukte des Chloroforms zurückzuführen sein. Die Lösung in Isopentanol ist nach *Kuskowa* nur etwa 30 min farbbeständig. Bei längerem Stehen nimmt die Farbintensität langsam zu.

Nach den bisher vorliegenden Untersuchungen lassen sich durch Extraktion des Aluminiumoxinats mit Chloroform auf photometrischem Wege Aluminium-Mengen von 1 μg (*Parks* und *Lykken*) bis 1 mg Al (*Moeller*) bestimmen. Die untere Grenze der noch photometrisch erfaßbaren Aluminium-Konzentration liegt bei etwa 0,1 μg Al/ml Chloroform (*Parks* und *Lykken*); das Beersche Gesetz ist zumindest bis zu Konzentrationen von 3 μg Al/ml erfüllt. Die erreichbare *Genauigkeit* beträgt nach *Margerum*, *Sprain* und *Banks* etwa ± 0,5 μg bei der Bestimmung von 2 bis 120 μg Al.

Arbeitsweisen in Abwesenheit bzw. nach Abtrennung störender Ionen

a) Extraktion des Aluminiums mit einer Oxinlösung in Chloroform

Arbeitsvorschrift nach *Gentry* und *Sherrington* [37] durch *Sandell* [56]. Die Lösung, die 10 bis 50 μg Aluminium und keine störenden Metalle enthalten soll, wird je nach den Erfordernissen (siehe unten) auf einen pH-Wert von 5 oder 9 eingestellt, auf 50 ml verdünnt und in einem Schütteltrichter mit genau 10 ml 1 %iger Oxin-Lösung in reinem Chloroform 3 min geschüttelt. Nach erfolgter Schichtentrennung läßt man den Chloroform-Extrakt in einen kleinen Meßkolben ab, der 1 g wasserfreies Natriumsulfat enthält, und schüttelt zur Entfernung mitgerissener Tropfen der wäßrigen Lösung. Nun füllt man die Chloroform-Lösung in die Küvette des Photometers und mißt die Extinktion bei etwa 395 nm.

Bemerkungen. Der Aluminium-Gehalt wird einer *Eichkurve* entnommen, die durch Ausschütteln bekannter Aluminium-Mengen in gleicher Weise hergestellt wurde.

Zur Entfernung *saurer* Bestandteile wird das verwendete Chloroform zuerst mit einer ammoniakalischen Ammoniumchlorid-Lösung ausgeschüttelt.

Nach der gegebenen Vorschrift läßt sich Aluminium in Gegenwart von Alkalimetallen, Calcium, Chrom(III)-Ionen und Wolfram bei pH = 5 und 9, in Gegenwart von Beryllium, Magnesium, Cer(III)-Ionen, Neodym, Praseodym und Mangan bei pH = 5 und in Gegenwart von Zirkonium, Vanadium(V) und Molybdän (VI) bei pH = 9 extrahieren und bestimmen. Alle anderen untersuchten Metalle sowie Fluorid-, Phosphationen und organische Oxysäuren *stören* mehr oder weniger und müssen daher vor der Extraktion des Aluminiums maskiert oder entfernt werden.

Gentry und *Sherrington* führten zur Prüfung der *Genauigkeit* Bestimmungen von 9 bis 50 µg Aluminium bei pH = 9 aus; bei 12 Parallelbestimmungen von je 50 µg Al betrug der mittlere Fehler der Einzelbestimmung ± 0,47 µg Al.

Das gleiche, von *Sandell* angegebene Verfahren benutzen *Vahldiek*, *Lynch* und *Robinson* [57] zur Bestimmung der Hauptkomponente Aluminium in Aluminiumoxid-Whiskern. Nach ihren Angaben beträgt der *absolute Fehler* bei Al_2O_3-Gehalten von 85 bis 90% etwa ± 2,0%.

Arbeitsvorschrift nach *Parks* und *Lykken* [16]. Man stellt die Lösung, die 1 bis 150 µg Aluminium enthalten soll, nach Zugabe von 2 ml 2n Ammoniumacetat-Lösung auf einen pH-Wert von 4,3 bis 4,6 ein (Kontrolle mit einem pH-Meter). Bei 1 bis 10 µg Aluminium wird die Extraktion in gleicher Weise, wie bei *Sandell* angegeben, durchgeführt; liegen, was möglichst der Fall sein soll, mehr als 10 µg Aluminium vor, wird mit 20 ml 1%iger Oxin-Lösung in Chloroform extrahiert und die abgetrennte Chloroformschicht in einem 50-ml-Meßkolben mit der Extraktionslösung bis zur Marke aufgefüllt. Die Messung der Extinktion wird bei 395 nm ausgeführt.

Bemerkung. Zur *Eichung* werden bekannte Aluminium-Mengen in genau gleicher Weise ausgeschüttelt und die Extinktion der extrahierten Lösungen gemessen.

b) Extraktion des zunächst in wäßriger Lösung gefällten Aluminiumoxinats

Arbeitsvorschrift nach *Wiberley* und *Bassett* [39]. Die bis zu 200 µg Aluminium enthaltende Lösung wird mit 2 ml 2%iger Oxin-Lösung in etwa n Essigsäure (20 g Oxin in 60 ml Eisessig gelöst, auf 1 l verdünnt) und 2 ml Pufferlösung, die 200 g Ammoniumacetat und 70 ml konz. Ammoniak im Liter enthält, versetzt. Der pH-Wert der gepufferten Lösung soll 6,0 ± 1,0 betragen; er muß bei stärker sauren Ausgangslösungen durch Zugabe von verd. Ammoniak eingestellt werden. Man verdünnt gegebenenfalls auf ein Volumen von etwa 60 ml und schüttelt in einem Schütteltrichter 3mal mit je 10 bis 15 ml Chloroform aus. Die vereinigten Chloroform-Extrakte werden zur Entfernung mitgerissener Tröpfchen der wäßrigen Lösung in ein mit Chloroform benetztes Filter gegeben und in einem 50-ml-Meßkolben mit Chloroform aufgefüllt.

Bemerkungen. Zur *Herstellung* der Eichlösungen einschließlich einer Blindlösung wird in gleicher Weise verfahren.

Die photometrische Bestimmung führen *Wiberley* und *Bassett* entweder mit einem Spektralphotometer bei 390 nm oder mit einem Filterphotometer aus. Bei Verwendung eines Corning-Filters 420 nm ist die erhaltene Eichkurve bei höheren Aluminiumkonzentrationen *nicht* mehr streng *linear*.

Kenyon und *Bewick* schlagen nach Prüfung obiger Arbeitsvorschrift folgende *Änderungen* vor:

Ein Zusatz von 3 ml 10%iger Weinsäure-Lösung soll Spuren bis zu 5,6 µg Eisen komplex in Lösung halten.

Die von *Gentry* und *Sherrington* beobachtete Störung durch Weinsäure läßt sich dadurch ausschalten, daß man nach Zugabe der Oxin-Lösung und Pufferung auf einen pH-Wert von 6,6 (in Anwesenheit von Mangan auf 5,7) 15 min auf dem Wasserbad bei 60 bis 70° stehen läßt und erst dann nach Abkühlen und Auffüllen auf 80 ml mit Chloroform extrahiert. Es genügt zweimalige Extraktion mit je 10 ml Chloroform, wobei das erste Mal 2 min, das zweite Mal nur 1 min geschüttelt wird.

Die Eichlösungen müssen natürlich in gleicher Weise hergestellt werden.

Sudo gibt eine ähnliche Vorschrift (ohne Weinsäurezusatz) an, extrahiert jedoch die 4 bis 40 µg Aluminium enthaltende Lösung, deren Volumen 50 ml betragen soll, einmal mit 8 ml Benzol.

Mervel extrahiert ebenfalls mit Benzol. Auch *Kuskowa* verfährt auf gleiche Weise unter Verwendung von Isopentanol als Extraktionsmittel.

Nach den von *Wiberley* und *Bassett* sowie *Kenyon* und *Bewick* mitgeteilten Beleganalysen zur Bestimmung des Aluminiums in Stahl bzw. in Alkalien entspricht die *Genauigkeit* der wiedergegebenen Arbeitsweise derjenigen, die sich auch bei Extraktion mit einer Oxin-Lösung in Chloroform erreichen läßt.

Kenyon und *Bewick* fanden in der Analyse von 14 aluminiumfreien, mit je 100 µg Aluminiumoxid versetzten Alkaliproben im Mittel den *theoretischen* Aluminium-Wert; die Abweichung der Einzelbestimmungen vom Mittelwert betrug maximal ± 0,4 µg, im Mittel ± 0,2 µg Aluminiumoxid.

c) Spezielle Anwendungen nach Abtrennung störender Ionen

In den hier angeführten Analysenmethoden wird Aluminium nach Abtrennung störender Metalle gemäß einer der oben beschriebenen Arbeitsvorschriften von *Gentry* und *Sherrington*, *Wiberley* und *Bassett* sowie *Sandell* oder in analoger Weise bestimmt. Da die quantitative Entfernung störender, vielfach in großem Überschuß vorliegender Metalle ohne Aluminium-Verluste meistens umständliche und zeitraubende Operationen erfordert oder aber unvollständig und daher unsicher ist, sind Verfahren (S. 308), nach denen störende Metalle durch Komplex-Bildung maskiert werden, grundsätzlich vorzuziehen.

Bestimmung in Metallen und Legierungen

Bestimmung in *Stahl* und *Eisen*. Gemäß der Arbeitsweise nach *Wiberley* und *Bassett* [39] scheiden die Autoren Eisen sowie andere Schwermetalle an der Quecksilberkathode ab (vgl. S. 615). Es bleiben jedoch noch Spuren Eisen in Lösung, die im Widerspruch zu den Angaben anderer Autoren bei Gehalten von 1 µg Fe^{2+}/ml nicht stören sollen. Auch Titan, Vanadium und Zirkonium werden durch Elektrolyse nicht entfernt. In ihrer Anwesenheit wird Abtrennung durch Fällung mit Cupferron vorgeschlagen, wodurch auch die noch vorhandenen Eisenspuren entfernt werden. Der Cupferron-Überschuß muß vor der Fällung des Aluminiums mit Oxin zerstört werden.

Arbeitsvorschrift. 2 g Stahlprobe werden in einer Mischung aus 10 ml Wasser, 10 ml konz. Salpetersäure und 20 ml 72%iger Perchlorsäure gelöst unter Erhitzen bis zum Auftreten von Perchlorsäurenebeln. Dann wird weitere 5 min abgeraucht, abgekühlt, auf 150 ml mit Wasser verdünnt und in einen 250-ml-Meßkolben filtriert. Der Filterrückstand wird mit Wasser ausgewaschen (Waschwasser in den Meßkolben) und die Lösung zur Marke aufgefüllt.

Zur Bestimmung des „säurelöslichen" Aluminiums wird ein aliquoter Teil entnommen, dessen Volumen sich ebenso wie die Menge zuzugebender 6n Schwefelsäure nach dem vermuteten Aluminium-Gehalt der Probe richtet (Tab. 57).

Tabelle 57. *Zusätze 6n H_2SO_4 gemäß Wiberley und Bassett*

Al-Gehalt %	Aliquoter Teil ml	ml 6n H_2SO_4 Zusatz
0,01	50	–
0,05	25	5
0,25	5	10
0,50	3	10
1,00	2	10

Die gegebenenfalls angesäuerte Lösung wird nun auf etwa 50 ml verdünnt und bei 5 A Stromstärke bis zur Entfernung des Eisens elektrolysiert. Zur Prüfung auf Eisenfreiheit wird ein Tropfen der Elektrolyt-Lösung nach Reduktion durch Hydroxylammoniumchlorid-Lösung mit o-Phenanthrolin-Lösung versetzt. Ist die entsprechende Rotfärbung schwächer als diejenige eines in gleicher Weise behandelten Tropfens einer 1 µg Eisen/ml enthaltenden *Standardlösung*, so kann die Elektrolyse abgebrochen werden. In der nun fast eisenfreien Lösung wird Aluminium nach der bereits wiedergegebenen Arbeitsvorschrift nach *Wiberley* und *Bassett* (S. 295) bestimmt.

Zur Ermittlung des „säureunlöslichen" Aluminiums wird der beim Lösen der Probe in Salpeter- und Perchlorsäure erhaltene Rückstand noch einmal mit 5 %iger Schwefelsäure ausgewaschen, geglüht, mit Flußsäure und Schwefelsäure abgeraucht, zur Trockene eingedampft und wieder geglüht. Der Rückstand wird mit 0,50 g Kaliumhydrogensulfat aufgeschlossen und die erkaltete Schmelze in Wasser gelöst. Die genaue Einhaltung einer bestimmten Menge Kaliumhydrogensulfats ist erforderlich, da der Blindwert von der Sulfatmenge abhängig ist. Die mit Schwefelsäure auf eine Acidität von 1n gebrachte Lösung wird nun nach der obigen Vorschrift elektrolysiert und zur Aluminium-Bestimmung weiterverarbeitet.

Bemerkung. Eichkurven und Blindwerte werden parallel nach der gleichen Vorschrift aufgestellt und ausgeführt.

Arbeitsweise nach *Kuskowa* [31]. *Kuskowa* hat bereits vor *Wiberley* und *Bassett* ein Verfahren zur Bestimmung des Aluminiums im Stahl ausgearbeitet. In der schwefelsauren Lösung der Stahlprobe, die mit dem Pyrosulfat-Aufschluß des unlöslichen Anteils vereinigt wird, wird Aluminium zusammen mit dem geringen, in 3wertiger Form vorliegenden Teil des Gesamteisens nach dem Benzoat-Verfahren (vgl. S. 57) abgetrennt; in der Lösung des Benzoat-Niederschlages werden Eisen sowie Titan durch Fällung mit Cupferron entfernt und Aluminium nach Zerstörung des Cupferron-Überschusses in einem aliquoten Teil des Filtrates als Oxinat mit Isopentanol extrahiert und bestimmt. *Kuskowa* gibt an, daß sich 0,01 bis 0,1% Aluminium im Stahl mit weniger als 2% Chrom mit einer relativen *Genauigkeit* von etwa ± 10% bestimmen lassen.

Gemäß der Arbeitsweise nach *Specker* und *Hartkamp* [58] zur Bestimmung in Rohstählen extrahieren jene aus der salzsauren Lösung zunächst das Eisen als Thiocyanatokomplex mit Äther und Tetrahydrofuran. Dabei gehen mit Ausnahme von Nickel die üblichen Begleiter des Eisens, die die Aluminium-Bestimmung stören, in die organische Phase. Anschließend wird das Nickel mit Diacetyldioxim abgetrennt. Nach der Abtrennung erfolgt in der gleichen Lösung die Aluminium-Bestimmung.

Arbeitsvorschrift. Die Stahlprobe (Einwaage 10 bis 100 mg) wird mit Salzsäure und Salpetersäure unter Zusatz einer Spatelspitze Natriumchlorids gelöst, zur Trockne eingedampft und zur Entfernung der Nitrate einige Male mit Salzsäure abgeraucht. Den mit 2 bis 3 ml Salzsäure (D = 1,19) aufgenommenen Rückstand überführt man in einen Scheidetrichter, gibt 10 ml Salzsäure (D = 1,19) und 30 ml

Wasser hinzu. Unter Kühlung versetzt man mit je 30 ml Äther und Tetrahydrofuran, danach mit 15 ml Ammoniumthiocyanat-Lösung und schüttelt 2 bis 3 min. Die Extraktion wird nach Zusatz von weiteren 10 ml Ammoniumthiocyanat-Lösung und je 20 ml Äther und Tetrahydrofuran wiederholt. Man schüttelt noch mit 20 ml Äther oder Chloroform nach. Die eisenfreie Lösung wird mit 2 bis 3 ml Ammoniak (D = 0,91) versetzt und mit 50 ml Pufferlösung (247 g Ammoniumacetat, 109 g Natriumacetat und 6 ml Eisessig in 1 l) auf pH = 5,5 bis 6 eingestellt. Man gibt 5 ml Diacetyldioxim-Lösung (1%ig) in Äthanol hinzu und extrahiert mit 10 ml Chloroform. Die nickelfreie Lösung versetzt man mit 10 ml Oxin-Lösung (1%ig) in Chloroform und extrahiert das Aluminiumoxinat mit 10 ml Chloroform. Der organische Extrakt wird in einem 25- oder 50-ml-Meßkolben aufgefüllt. Die Messung erfolgt in der üblichen Weise bei einer Wellenlänge von 405 nm.

Bemerkung. Beleganalysen, die an *Rohstahlproben* durchgeführt wurden, enthält die folgende Tabelle 58.

Tabelle 58. *Aluminium-Bestimmung nach Specker und Hartkamp*

Aluminium		Aluminium	
gegeben %	gefunden %	gegeben %	gefunden %
0,025	0,027	0,015	0,014
	0,029		0,016
	0,027		0,017
0,045	0,050	0,035	0,033
	0,047		0,030
	0,046		0,030

Arbeitsweise nach *Hynek* und *Wrangell* [59]. Störungen durch andere Legierungsmetalle bei der Bestimmung des Aluminiums in Eisen- und Nichteisenlegierungen schalten *Hynek* und *Wrangell* durch Elektrolyse an der Quecksilberkathode und Extraktion mit 8-Hydroxychinaldin in Chloroform in Gegenwart von Wasserstoffperoxid und einem pH-Wert von 9,2 aus (Verfahren a). Für einige Legierungen, die nur geringe Mengen an Cu, Fe, Mn, Zn und Cr enthalten, ist die Abtrennung durch Elektrolyse nicht notwendig, hier führt die Extraktion mit 8-Hydroxychinaldin zum Ziel (Verfahren b). Dieses universelle, für verschiedene Probleme anwendbare Bestimmungsverfahren für Aluminium soll deshalb im folgenden etwas ausführlicher behandelt werden.

Arbeitsvorschriften. Die Analysenschemen dieser beiden Verfahren zeigen die Tabellen 60 und 61.

Verfahren a

Säurelösliches Aluminium

Die in der Tabelle 59 angegebene Einwaage wird mit der entsprechenden Menge Mischsäure (gleiche Teile Salzsäure, Salpetersäure und Wasser) gelöst, 10 ml Perchlorsäure (70%) und einige SiC-Siedesteinchen zugegeben. Man erhitzt bis zum Auftreten von Perchlorsäure-Dämpfen, läßt 1 bis 2 min rauchen, kühlt ab, spült Becher- und Uhrglas mit etwas Wasser und filtriert einen gegebenenfalls noch vorhandenen, unlöslichen Rückstand. Die Lösung wird in die Elektrolysezelle, die 20 ml Quecksilber enthält, überführt und unter den angegebenen Bedingungen elektrolysiert. Nach Reduzieren der Stromstärke auf 5 A kühlt man auf etwa 40 °C ab. Ist die Lösung durch Permanganation gefärbt, gibt man Eisen(II)-Lösung bis zur

Tabelle 59. *Einwaage und Elektrolysebedingungen zur Vorabtrennung*

Al-Gehalt	Einwaage	Mischsäure	Elektrolyse-zeit	Stromstärke
%	g	ml	min	A
0,0 bis 0,01	2,0	30	60	20
0,01 bis 0,1	1,0	20	40	15
0,1 bis 10,0	0,5	15	20	15

Tabelle 60. *Analysenschema, Verfahren a*

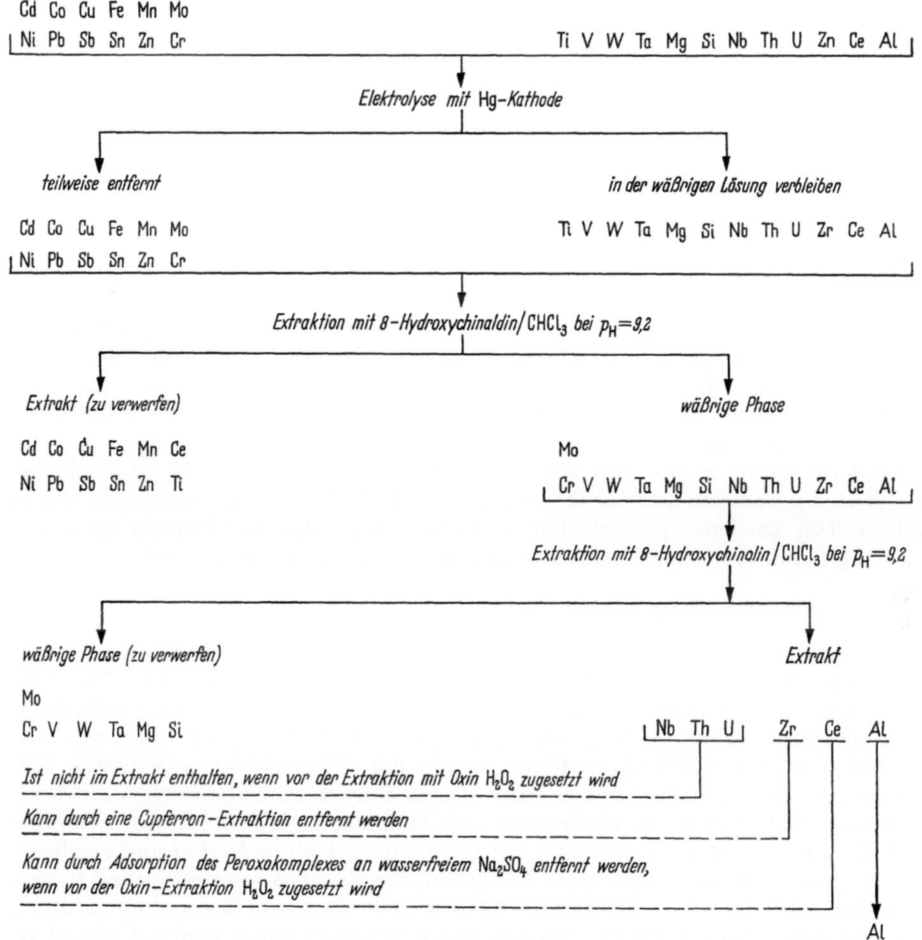

Entfärbung zu. Enthält das Elektrolysat weniger als 250 µg Al, wird die gesamte Lösung nach etwaigem Filtrieren weiterverarbeitet; andernfalls ist aus einer Auffüllung entsprechend zu aliquotieren. Nach Überführen der Lösung bzw. des aliquoten Teiles in einen 250-ml-Scheidetrichter wird auf etwa 100 ml verdünnt, 2 ml 50%ige Weinsäure-Lösung sowie 2 ml 50%ige Ammoniumacetat-Lösung hinzugefügt und, falls nicht die gesamte Probelösung verarbeitet worden ist, noch 5 ml Perchlorsäure (70%ig). Anschließend werden noch 12 ml 15n Ammoniak-Lösung zugegeben. Man extrahiert nun mit 5 ml 8-Hydroxychinaldin-Lösung (12,5 g 8-Hy-

Tabelle 61. *Analysenschema, Verfahren b*

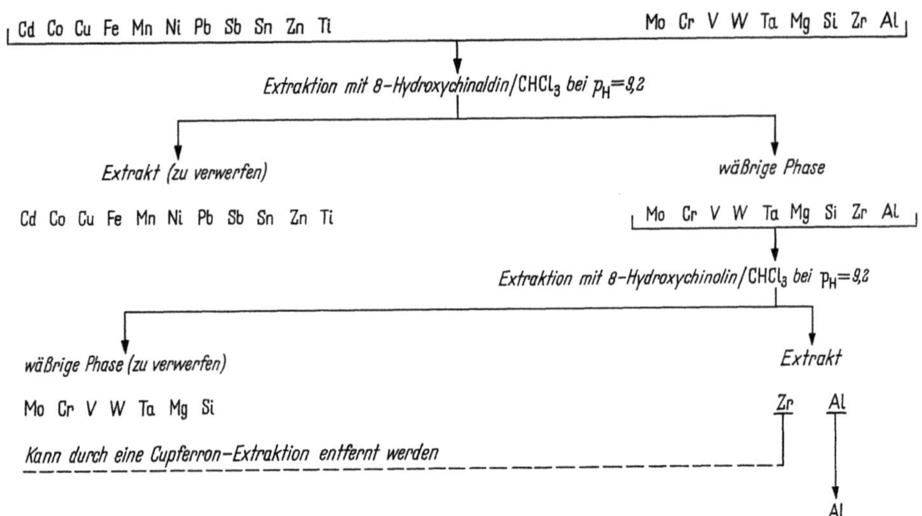

droxychinaldin werden in 25 ml Eisessig gelöst, 200 ml Wasser hinzugegeben, filtriert und zu 500 ml aufgefüllt) und 5 ml Chloroform 15 bis 20 sec, verwirft die organische Phase und wiederholt die Extraktion, bis der Extrakt farblos oder ganz schwach gelb gefärbt erscheint. Bei Aluminium-Gehalten *unter 0,1%* fügt man 5 ml 30%ige Wasserstoffperoxid-Lösung zu und extrahiert noch 2mal mit 5 ml Chloroform. Anschließend versetzt man mit 3 ml Oxin-Lösung (in der gleichen Konzentration und Weise hergestellt wie die 8-Hydroxychinaldin-Lösung) und extrahiert mit 5 ml Chloroform 15 bis 20 sec. Den Extrakt überführt man in einen 50-ml-Meßkolben, der etwa 1 g wasserfreies Na_2SO_4 enthält. Die Extraktion wird mehrmals wiederholt, zuletzt 2mal mit je 5 ml Chloroform und aufgefüllt. Der Extrakt wird gegen eine in gleicher Weise angesetzte Blindprobe bei 389 nm photometriert.

Säureunlösliches Aluminium.

Eine bis zu 250 µg säureunlösliches Aluminium enthaltende Einwaage wird mit der entsprechenden Menge Mischsäure unter leichtem Erwärmen gelöst, 10 ml Perchlorsäure (70%ig) zugesetzt und bis zum Auftreten von Perchlorsäuredämpfen erhitzt (bei Einwaagen von mehr als 2 g ist mehr Perchlorsäure erforderlich). Nach Abkühlen wird auf 100 ml verdünnt, in ein mit Filterschleim gedichtetes Filter filtriert und der Rückstand mit warmer 1%iger Schwefelsäure gewaschen. Nach Veraschen des Filters in einem Platintiegel und Abrauchen mit 2 bis 3 Tropfen Schwefel- und Flußsäure wird der Rückstand mit maximal 2 g Kaliumdisulfat aufgeschlossen. Die erkaltete Schmelze wird unter Erwärmen mit 25 ml Wasser gelöst und in einen Scheidetrichter überführt. Enthält die Lösung mehr als 10 mg Eisen, muß sie 10 min bei 10 A elektrolysiert werden. Die Lösung im Schütteltrichter wird auf 100 ml verdünnt und wie oben angegeben weiterverarbeitet.

Verfahren b

0,2 g Probe werden in 15 ml Mischsäure unter gelindem Erwärmen gelöst, 10 ml Perchlorsäure (70%ig) und einige SiC-Siedesteinchen zugegeben und bis zum Auftreten von Perchlorsäure-Dämpfen erhitzt. Man läßt 1 bis 2 min rauchen, kühlt ab, verdünnt und überführt in einen 1-l-Meßkolben, der bis zur Marke aufgefüllt wird. Ein aliquoter Teil, der nicht mehr als 10 mg Probe und 250 µg Al enthalten soll, wird in einen 250-ml-Scheidetrichter überführt und auf 100 ml verdünnt. Nach Zugabe von 2 ml 50%iger Weinsäure-Lösung, 2 ml 50%iger Ammoniumacetat-Lösung, 5 ml Perchlorsäure (70%ig), 12 ml 15n Ammoniak-Lösung und 10 ml 8-Hydroxychinaldin-Lösung (siehe oben) extrahiert man mit 30 ml Chloroform 15 bis 20 sec. Der Extrakt wird verworfen und die Extraktion solange wiederholt, bis der Extrakt farblos oder ganz schwach gelb gefärbt erscheint. Man schüttelt noch mehrmals mit geringeren Reagens-Mengen und schließlich noch 2mal mit je 5 ml Chloroform. Nach Zugabe von 5 ml Oxinlösung (siehe oben) zur wäßrigen Phase verfährt man weiter, wie bei Verfahren *a* angegeben.

Bemerkungen. 95% der nach den Verfahren *a* und *b* durchgeführten Kontrollanalysen zeigten im Konzentrationsbereich von 0 bis 0,5% Al *Abweichungen* von ± 0,0006 von den Sollwerten, im Bereich von 0,5 bis 1,5% Al Abweichungen von ± 0,028 und im Bereich von 1,5 bis 7% von ± 0,14.

Die von *Hynek* und *Wrangell* vorgeschlagene Arbeitsweise benutzt *Bauer* [60] in einer etwas modifizierten Form zur Bestimmung von *Aluminiumnitrid* im Stahl. Die Abtrennung des Nitrids vom Grundmetall erfolgt durch Lösen in einem Gemisch aus Brom und Methanol.

Arbeitsweise nach *Lancina* [61]. Bei Untersuchungen zur Anwendung verschiedener Reagenzien, darunter auch Oxin, zur photometrischen Aluminium-Bestimmung in Eisenmetallen und Eisen-Legierungen schlägt *Lancina* folgendes Trennungsverfahren vor. Die Hauptmenge des Eisens wird durch Extraktion mit Isopentylacetat aus salzsaurer Lösung abgetrennt und restliches noch in der Lösung verbleibende Eisen nach Reduktion mit Hydroxylamin als Hexacyanoferrat(II)-ion entfernt. Chrom, Nickel, Kobalt, Molybdän, Kupfer, Wolfram, Mangan und Zink werden durch Extraktion mit 8-Hydroxychinaldin und Chloroform abgetrennt.

Rooney [62] verwendet in gleicher Weise zur Entfernung des Eisens die Extraktion mit Isobutylacetat und extrahiert anschließend störende Ionen mit Natriumdiäthyldithiocarbamidat.

Arbeitsweise nach *Burke* [63] zur Bestimmung in Eisen-, Nickel- und Kupferlegierungen

Prinzip. Zur Abtrennung des Eisens vom Aluminium empfiehlt *Burke* die Natronlauge-Fällung in Gegenwart von Borsäure, welche die Mitfällung und die Adsorption des Aluminiums am Eisenhydroxid verhindert. Eine Abtrennung des Nickels ist auf diese Weise nicht möglich, da trotz der Gegenwart von Borsäure Mitfällung des Aluminiums eintritt. Um die Fällung des Nickels zu verhindern, maskiert *Burke* das Nickel mit Kaliumcyanid, welches die im Anschluß an die Abtrennung durchgeführte Extraktion des Aluminiums mit Oxin nicht beeinträchtigt und gleichzeitig das Nickel maskiert.

Arbeitsvorschrift. Die Probenmenge wird so gewählt, daß aliquote Teile von 10 bis 100 µg entnommen werden können. Man löst die Probe in Salz- und Salpetersäure und verdünnt auf etwa 50 ml. In Gegenwart von Chrom muß dieses entweder mit Perchlorsäure zum Chrom(VI) oxydiert oder mit Natronlauge unter Kochen als Hydroxid gefällt werden. Enthält die Probe weniger als 0,1 g Fe, fügt man 0,4 g Fe als Eisen-(III)-nitrat hinzu. Alle weiteren Operationen mit stark alkalischen Lösungen müssen in Teflon- oder Platin-Gefäßen ausgeführt werden. Man gießt die Probelösung vorsichtig in eine frisch bereitete, warme Lösung ($70 \pm 10\,°C$) von 40 g Natriumhydroxid, 6 g Borsäure und 10 g Natriumcyanid in 100 ml. Fällt kein filtrierbarer Eisenhydroxid-Niederschlag aus, setzt man eine Lösung, die 0,4 g Eisen(III)-ionen enthält, hinzu. Nach dem Abkühlen wird die Lösung auf 250 ml aufgefüllt, ein 10 bis 100 µg Al enthaltender, filtrierter aliquoter, Teil entnommen und der pH-Wert mit Salzsäure auf pH = 9,5 bis 10 gebracht. Nun versetzt man mit 10 ml Pufferlösung, pH = 9 [207 g NH_4Cl und 266 ml Ammoniak (D = 0,91) in 2 l], verdünnt in einem Scheidetrichter auf etwa 100 ml und extrahiert mit 10 ml 1%iger Oxin-Lösung in Chloroform 1 min. Die Extraktion wird noch 2mal mit je 5 ml reinem Chloroform wiederholt. Die vereinigten Chloroform-Lösungen werden mit Aceton auf 50 ml aufgefüllt und die Absorption bei 390 nm gegen reines Aceton gemessen.

Bemerkungen. Burke verwendet seine Methode zur Bestimmung des Aluminiums in Nickel-, Eisen- und Kupfer-Legierungen mit Aluminiumgehalten von *0,005 bis 5%*. In Beleganalysen von 2 Stahlproben mit Aluminium-Gehalten von 0,15 und 0,26% erhält er eine mittlere *Genauigkeit* von etwa 7%.

Die Bestimmung im *Reinnickel* mit einem Gehalt von 0,0007% Al ist bei einer Einwaage von 10 g noch möglich.

Magnesium *stört* bei der Natronlauge-Fällung durch Mitfällung des Aluminium- mit dem Magnesiumhydroxid.

Die Abtrennung des Eisens vom Aluminium durch Fällung mit Natronlauge und die anschließende, photometrische Bestimmung des Aluminiums mit Oxin führt auch *Stacy* [64] durch. Die Arbeit enthält jedoch keine Angaben über den *Fehler*, der durch Mitfällung des Aluminiums entsteht.

Mikrobestimmung in Oxideinschlüssen im Stahl nach *Meyer* und *Koch* [65]

Arbeitsvorschrift. 400 µg isolierte Oxideinschlüsse werden nach Abrauchen mit Perchlorsäure und Flußsäure mit einem Gemisch aus 3 Teilen Soda, 3 Teilen Pottasche und 4 Teilen Borax aufgeschlossen. Die abgekühlte Schmelze wird mit 1 bis 2 Tropfen Wasser sowie einigen Tropfen 6n Salzsäure gelöst, mit Wasser und konz. Salzsäure auf ein Volumen von 30 ml und eine Normalität von 6 gebracht. Nach Oxydation des Eisens mit 2 bis 3 Tropfen Wasserstoffperoxid-Lösung wird das Eisen mit 15 ml Äther, der mit 6n Salzsäure gesättigt worden ist, extrahiert. Die Extraktion wird mit 1 Tropfen Wasserstoffperoxid-Lösung und 10 ml Äther wiederholt. Bei größeren Eisengehalten wird die Extraktion noch ein *drittes* Mal wiederholt. Die wäßrige, salzsaure Phase wird unter Zusatz von 2 bis 3 Tropfen konz. Salpetersäure in einer 50-ml-Quarzschale zur Trockne eingeengt. Man nimmt mit 3 bis 5 Tropfen konz. Salzsäure und tropfenweisem Zusatz von Wasser auf, überführt in einen 50-ml-Scheidetrichter und bringt auf ein Volumen von 30 ml. Nach Zugabe von 1 ml Ammoniumacetat-Pufferlösung (54,8 g NH_4CH_3COO + 21,8 g $NaCH_3COO$ + 1,2 ml Eisessig im Liter) wird mit 6n Ammoniak auf pH = 5 eingestellt und mit 10 ml 1%iger Oxin-Lösung in Chloroform extrahiert. Nach Überprüfung des pH-Wertes wird die Extraktion mit 5 ml Oxin-Lösung noch 2mal wiederholt. Die Messung erfolgt bei 395 nm.

Arbeitsweise nach *Böltz* [66] zur Bestimmung in Aluminium-*Nickel-Bronzen*. *Böltz* bestimmt Aluminium-Gehalte von 1 bis 12% in Aluminium-Nickel-Bronzen. Nach Abtrennung störender Elemente durch Fällung mit Ammoniak und Ammoniumsulfid aus Weinsäure enthaltender Lösung und Maskierung mit Kaliumcyanid wird das Aluminiumoxinat aus ammoniakalischer Lösung durch Zugabe von 2 ml 0,5%iger Oxiniumacetat-Lösung (15 ml Eisessig in 100 ml) gefällt, kurz aufgekocht, abgekühlt und 30 sec mit Chloroform extrahiert.

Zur Bestimmung in Titan und Titan-Legierungen nach *Goto* und *Takeyama* [67] wird die Hauptmenge des Titans durch Äther-Extraktion des Thiocyanats entfernt; restliche Mengen werden durch Fällung mit Natronlauge abgetrennt.

Arbeitsvorschrift. 2 g Titan werden in 25 ml konz. Salzsäure in der Wärme gelöst, die Lösung in einen Scheidetrichter überführt, 20 ml gesättigte Kaliumthiocyanat-Lösung zugesetzt und unter Kühlen mit fließendem Wasser mit 70 bis 90 ml Äther extrahiert. Zur wäßrigen Lösung gibt man nochmals 1 bis 2 ml gesättigte Kaliumthiocyanat-Lösung sowie 30 bis 50 ml Äther und extrahiert. Die Extraktion wird so lange wiederholt, bis die wäßrige Lösung fast farblos ist. sie wird nach Zagabe von 10 bis 15 ml konz. Salzsäure in einem Becherglas erwärmt und tropfenweise mit Salpetersäure versetzt, um kleine Reste Thiocyanat-, Titan- und Eisenionen zu oxydieren. Man engt auf 50 bis 60 ml ein, überführt in einen 100-ml-Meßkolben und füllt auf. Zur Aluminium-Bestimmung werden 25 ml dieser Lösung mit 1 ml 10%iger Eisen(III)-chlorid-Lösung versetzt und mit 6n Natronlauge neutralisiert. Diese Lösung gießt man in 25 ml heiße 20%ige Natronlauge, kocht einige Minuten und verdünnt nach dem Abkühlen auf 100 ml. Nach kurzer Standzeit wird in ein trockenes Filter filtriert. 20 ml Filtrat – die ersten Anteile werden verworfen – überführt man in einen Scheidetrichter, versetzt mit 2 ml 50%iger Ammoniumnitrat-Lösung, 3 ml 3%iger Oxiniumacetat-Lösung und stellt mit Salzsäure auf einen pH-Wert zwischen 8,6 bis 9,2. Man extrahiert das Aluminiumoxinat 1 min mit genau 15 ml Benzol und mißt die Absorption der Benzollösung bei 434 nm.

Arbeitsweise nach *Zywina* und *Konkowa* [68]. Die Hauptmenge des Titans in der Analyse des Reintitans und der Titan-Legierungen wird durch Ionenaustausch mit einem starksauren Kationen-Austauscher Kationit KU-2 in 0,75n Salzsäure vom Aluminium abgetrennt. Das vom Austauscher festgehaltene Aluminium kann mit 3n Salzsäure eluiert werden. Restliches Titan sowie kleine Mengen Eisen und Nickel können durch Extraktion mit Diäthyldithiocarbamidat bzw. mit Oxin in Gegenwart von H_2O_2 mit Chloroform bei pH = 2,2 entfernt werden. Die Extraktion des Aluminiums erfolgt bei pH = 5,2 bis 5,5.

Bestimmung im Chrom (*Kawase* [69]). Säurelösliches Aluminiumoxid wird zusammen mit dem Chrom gefällt, die Hauptmenge des Chroms als Chrom(III)-chlorid abgetrennt und der Rest gemeinsam mit dem Eisen als Diäthyldithiocarbamidat-Komplex extrahiert. Nach dieser Abtrennung erfolgt die Aluminium-Bestimmung nach Extraktion des Oxinats aus Wasserstoffperoxid und Ammoniumcitrat enthaltender Lösung mit Chloroform.

Bestimmung in Plutonium-Aluminium-Legierungen. *Cleveland* und *Nance* [70] extrahieren die Hauptmenge des Plutoniums und vorhandenes Eisen mit Cupferron in Chloroform. Aluminium wird in der üblichen Art als Oxinat extrahiert und bei 385 nm gemessen. Störungen durch Mitextraktion des restlichen Plutoniums als Plutoniumoxinat können durch Extinktionsmessungen bei 500 und 650 nm korrigiert werden.

Jones und *Phillips* [71] trennen Plutonium als Chlorokomplex durch Anionen-Austausch vom Aluminium und extrahieren weitere Verunreinigungen mit 8-Hydroxychinaldin und Chloroform.

Auf gleiche Weise trennen auch *Evans* und *Hashitani* [30] Plutonium vom Aluminium.

Bestimmung im Gallium. Zur photometrischen Bestimmung des Aluminiums mit Oxin im Reinstgallium ist die vollständige Abtrennung des Galliums notwendig. *Ishihara, Koga* und *Komuro* [72] extrahieren deshalb das Gallium aus salzsaurer Lösung mit Isopropyläther, Reste des Galliums und andere störende Ionen mit Natriumdiäthyldithiocarbamidat und Äthylacetat. Die Bestimmung des Aluminiums bis herab zu 0,0001% erfolgt nach einer der üblichen Methoden.

Nach *Černikow* und *Dobkina* [73] wurde das Verfahren zur Bestimmung des Aluminiums in Neodym-Magnesium-Legierungen und in Chloridschmelzen seltener Erden angewandt.

Arbeitsvorschrift. Die salzsaure Lösung der Probe wird bis fast zur Trockne eingedampft, in der Wärme mit 10 bis 12 ml Wasser sowie 3 Tropfen Essigsäure aufgenommen und zunächst zur Reduktion des Ce(IV) mit 0,1 g Hydroxylammoniumchlorid versetzt. Nach Zugabe einer Acetat-Pufferlösung wird etwa pH = 4,5 eingestellt, 3 bis 4 ml Chloroform, 0,5 ml 3%ige Natriumdiäthyldithiocarbamidat-Lösung zugesetzt und das Eisen, Kupfer und Nickel extrahiert. Die Extraktion wird nach Zusatz von weiteren 0,2 ml Carbamidat-Lösung wiederholt und die wäßrige Phase mit 3 ml Chloroform gewaschen. Ist die Chloroformschicht noch gefärbt, muß weiter extrahiert werden. Die wäßrige Lösung versetzt man mit 2 ml 2m Natriumacetat-Lösung – der pH-Wert soll nun etwa 5 betragen – und in Anwesenheit von

Thorium mit 4 bis 5 ml 0,2m Kaliumhydrogenphthalat-Lösung. Die Extraktion erfolgt einmal mit 2 ml 0,5%iger Oxin-Lösung in Chloroform, anschließend mit 1 ml Oxin-Lösung. Gemessen wird bei 380 bis 400 nm.

Bemerkung. Černikow und *Dobkina* geben die *Empfindlichkeit* ihrer Methode mit 0,01% an.

Bestimmung in Alkalimetallen nach *Kenyon* und *Bewick* [44]. Die Lösung der Probe wird mit Salzsäure auf einen pH-Wert von 4 oder weniger angesäuert; silicathaltige Proben werden hierbei zu überschüssiger Säure gegeben, um die Ausfällung von Kieselsäure, die Aluminiumhydroxid mitreißen würde, zu vermeiden. Ein aliquoter Teil der auf diese Weise erhaltenen Lösung, der nicht mehr als 100 µg Aluminium enthalten und dessen Volumen höchstens 50 ml betragen soll, wird nun zur Aluminium-Bestimmung nach der von *Kenyon* und *Bewick* angegebenen Abänderung der Arbeitsvorschrift von *Wiberley* und *Bassett* verwandt.

Sind auch *Kupfer, Eisen* oder *Nickel* als Verunreinigungen anwesend, so werden diese vor der Bestimmung des Aluminiums durch Extraktion ihrer Oxinate bei pH = 2,8 entfernt. Die eisen- und kupferfreie, nur noch die nicht mehr störende Nickel-Menge enthaltende, wäßrige Lösung wird mit 1 ml Oxin-Reagens versetzt, auf pH = 6,6 eingestellt und, wie bereits beschrieben, zur Aluminium-Bestimmung weiterbehandelt.

Bestimmung in Mineralien, Gesteinen und Erzen

Bestimmung in *Silicaten*. Bei der Bestimmung des Aluminiums in Silicat-Gesteinen stören eine Reihe von Elementen, unter anderem Eisen, Titan, Uran, Vanadium, Zirkonium, Kupfer und Nickel. *Riley* [49] maskiert bei seinem Analysenverfahren das Eisen als Dipyridyl-Komplex. Titan wird bei der Bestimmung mitgerissen und korrigiert, Kupfer und Nickel durch Extraktion mit 8-Hydroxychinaldin entfernt. *Riley* und *Williams* [50] geben ein verbessertes Verfahren an. Es beruht auf der Abtrennung des Urans durch Ionenaustauscher als Acetatokomplex, Extraktion des Titans mit 8-Hydroxychinaldin bei pH = 4, der meisten anderen Elemente mit 8-Hydroxychinaldin bei pH = 10 und Maskierung des Zirkoniums mit Chinalizarin-3-sulfonsäure. Störungen durch Fluoridionen werden durch Zusatz von Berylliumsulfat verhindert. *Weibel* [74] hat das Verfahren von *Riley* überprüft, aber keine befriedigenden Resultate erhalten. Er zieht die titrimetrische Bestimmung mit ÄDTE dem von ihm modifizierten, photometrischen Verfahren nach *Riley* vor.

Bestimmung in *Phosphaten*. *Barkley* [75] trennt das Eisen durch Elektrolyse an der Quecksilber-Kathode ab; geringere Gehalte maskiert er mit o-Phenanthrolin nach Reduktion mit Hydroxylamin. Die Proben werden im Teflonbecher mit Salpetersäure und Flußsäure sowie durch Abrauchen mit Perchlorsäure aufgeschlossen. Die Extraktion des Aluminiumoxinats erfolgt aus mit acetatgepufferter Lösung von pH = 5,6 bis 5,7 mit Chloroform. Sehr geringe Gehalte werden fluorimetrisch bestimmt.

Bestimmung im *Limonit*. Störende Ionen, vor allem aber Eisen, trennt *Masami Ichikuni* [76] als Chlorokomplexe mit Hilfe eines Anionen-Austauschers in stark salzsaurer Lösung (9n). Die Extraktion des Aluminiumoxinats erfolgt bei pH = 9,4. Störungen durch Vanadium(IV) lassen sich durch Oxydation zum Vanadium(V) mit Wasserstoffperoxid und Maskierung beseitigen.

Bestimmung in sauren Auslaugungen von *Uranerzen* nach *Jarman* und *Matic* [77]
Prinzip. Durch Ionen-Austauschchromatographie wird eine Abtrennung einer Fraktion, die nur noch Aluminium, Calcium, Magnesium, Mangan und Nickel enthält, erreicht. Aus dieser Lösung wird Aluminium zusammen mit Nickel durch Oxin und Chloroform bei pH = 5 extrahiert. Das Verfahren ist deshalb nur in nickelfreien oder im Verhältnis zum Aluminium nur sehr geringe Mengen Nickel enthaltenden Laugen anwendbar.

Arbeitsvorschrift. 10 ml Probelösung werden mit 1 ml Perhydrol zur Trockne eingedampft, mit wenig 9 m Salzsäure aufgenommen und durch die vorher mit 9 m Salzsäure gewaschene Austauschersäule (Anionen-Austauscher Amberlite CG-400 Typ 1 in der Cl-Form, Korngröße 0,15 bis 0,07, Höhe 30 cm, $\varnothing$ 1 cm) gegeben. Man eluiert mit 50 ml 9 m Salzsäure (Elutionsgeschwindigkeit 80 ml/h). Das Eluat wird auf 100 ml aufgefüllt und 10 ml dieser Lösung zur Trockne eingedampft. Man nimmt mit 1 ml Salzsäure (1:4) (etwa 2,5 m) auf, überführt in einen 100-ml-Scheidetrichter, fügt 10 ml 10%ige Natriumacetat-Lösung und 40 ml Wasser hinzu (pH = 5,0). Nach Zugabe von 10 ml 5%iger Oxin-Lösung in Chloroform wird 1 min extrahiert. Die Extraktion wird 2mal mit je 5 ml Oxin-Lösung, die mit 5 ml Chloroform verdünnt wird, wiederholt; schließlich wird mit 10 ml reinem Chloroform geschüttelt. Die vereinigten Chloroform-Extrakte werden auf 100 ml aufgefüllt, 2 g wasserfreies Natriumsulfat zugegeben und die Extinktion gegen eine 1%ige Oxin-Lösung in Chloroform bei 395 nm gemessen.

Bemerkung. Die angegebenen Beleganalysen in Gegenwart von *Mangan, Nickel, Calcium* und *Magnesium* sind zufriedenstellend.

Zur Bestimmung in Industrie-Abwässern trennen *Noll* und *Stefanelli* [78] störende Elemente nach Komplexierung des Aluminiums mit Fluoridionen vor der Bestimmung durch Ionen-Austausch und Extraktion mit Oxin ab.

Arbeitsvorschrift. Zur Bestimmung des Gesamtgehaltes wird die entsprechende Wasserprobe mit 5 ml konz. Salzsäure bis auf 1 ml eingeengt und nach Zugabe von 5 ml konz. Salpetersäure auf dem Wasserbad bis zur Trockne eingedampft. Der Rückstand wird mit 2 ml 0,1 n Salzsäure unter späterem Zufügen von 80 ml Wasser aufgenommen, mit 4 ml Natriumfluorid-Lösung (2,21 g NaF/l) versetzt und in einer Schüttelflasche mit 20 ml feuchtem IRC-50-Kationen-Austauscher 20 min geschüttelt, nachdem noch 0,5 ml Pufferlösung [238 ml Ammoniak (D = 0,90) + 111 ml Eisessig in 1 l] zugegeben wurden. Nach Abtrennung der Lösung vom Austauscher gibt man 2 ml Oxin-Lösung (2 g in 6 ml Eisessig gelöst, und zu 100 ml aufgefüllt), wartet 2 bis 5 min und extrahiert einmal mit 25 ml, das zweite Mal mit 10 ml Chloroform je 1 min. Die organischen Extrakte werden verworfen. Zur Dekomplexierung des Aluminiums gibt man 10 ml Pufferlösung [238 ml Ammoniak (D = 0,90) + 111 ml Eisessig in 1 l] zu, fügt 2 ml Oxin-Lösung (2 g in 6 ml Eisessig gelöst, und zu 100 ml aufgefüllt) und extrahiert nach einer Wartezeit von 2 min in der gleichen Weise wie vorher mit Chloroform. Die organischen Extrakte werden über ein Filter, das mit festem Na_2SO_4 gefüllt ist, in einen 50-ml-Meßkolben filtriert, mit Chloroform aufgefüllt und in der üblichen Weise gemessen.

Tabelle 62. *Störungen durch Fremdionen nach Noll und Stefanelli*

Ion	Konzentrationsgrenze in ppm, unterhalb der keine Beeinflussung festgestellt werden konnte
Fe^{3+}	3,0
Cu^{2+}	0,5
Cr^{3+}	10,0
Zn^{2+}	5,0
Mn^{2+}	0,3
PO_4^{3-}	30,0
BO_3^{3-}	5,0
Cl^-	1000,0
SO_4^{2-}	500,0
NO_3^-	100,0
CrO_4^{2-}	60,0
F^-	20,0
SiO_3^{2-}	100,0

Bemerkungen. Die *Endbestimmung* kann auch fluorometrisch erfolgen.

Die von *Noll* und *Stefanelli* durchgeführten Kontrollanalysen an Abwasser-Proben ergaben für den Konzentrationsbereich $< 0{,}00005\%$ eine *Standardabweichung* von $\pm 0{,}000002$.

Störungen durch Fremdionen konnten von den Autoren unterhalb folgender Konzentrationsgrenzen (Tab. 62) nicht beobachtet werden.

Bestimmung in organischem Material

Im Wein

Prinzip. Gehalte von einigen Milligrammen Al/l Wein bestimmt *Eschnauer* [79] nach naßchemischem Aufschluß durch Extraktion des Aluminiums mit Oxin. Eisen wird durch Zugabe mit Kaliumhexacyanoferrat(II) als Berlinerblau gefällt. Da die Vanadium-Gehalte im Wein sehr gering sind – die dadurch verursachten Störungen liegen im Bereich der *Fehler* der Bestimmungsmethode –, ist eine Abtrennung nicht erforderlich.

Arbeitsvorschrift. 25 ml Wein werden in einem weithalsigen Quarz-Kjeldahl-Kolben mit 5 ml konz. Salpetersäure vorsichtig erwärmt und unter tropfenweiser Zugabe weiterer Salpetersäure auf 5 ml eingeengt. Zur Vermeidung starken Schäu-mens setzt man öfter einige Tropfen Dodecanol zu. Zur abgekühlten Lösung gibt man 5 ml konz. Schwefelsäure, dampft bis zur beginnenden Verkohlung ein, läßt vorsichtig rote rauchende Salpetersäure zutropfen, bis die dunkle Farbe sich aufhellt und man beim weiteren Eindampfen kein Verkohlen mehr beobachtet. Vorhandene Nitrosylschwefelsäure, erkennbar an der braunen Farbe der Lösung, wird durch Verdünnen zerstört und die Lösung mit einigen Millilitern Salpetersäure erneut eingedampft. Letzte Reste organischer Substanz können mit Perhydrol entfernt werden, das man tropfenweise mit einer Capillare direkt in die rauchende Schwefel-säure einträgt. Man erhitzt bis zum Rauchen der Schwefelsäure. Die Aufschluß-lösung soll klar und farblos sein. Nach Zugabe von 0,5 g Ammoniumsulfat und Nach-spülen mit 1 ml Wasser läßt man die Schwefelsäure etwa 5 min rauchen – die Lösung soll dann auf etwa 2 bis 3 ml eingeengt sein – und verdünnt nach Abkühlen mit 5 ml Wasser.

Zur Aluminiumbestimmung überführt man die Lösung in einen 100-ml-Scheide-trichter, gibt 100 mg Kaliumhexacyanoferrat(II) und nach 5 min 50 ml Puffer-lösung (247 g Ammoniumacetat, 109 g Natriumacetat und 6 ml Eisessig in 1 l, zur Entfernung von Al mit 1%iger Oxin-Lösung geschüttelt) hinzu. Die Extraktion er-folgt mit 10 ml 1%iger Oxin-Lösung in Chloroform während 30 sec. Der Chloroform-Extrakt wird über ein Weißband-Filter in einen 50-ml-Meßkolben filtriert, die wäßrige Lösung noch 2mal mit je 10 ml Chloroform ausgeschüttelt und die ver-einigten Extrakte auf 50 ml aufgefüllt. Die Messung erfolgt bei 400 nm gegen eine 1%ige Oxin-Chloroform-Lösung.

In Blättern der Hevea brasiliensis. Die von *Middleton* [80] vorgeschlagene Methode kann auch zur Bestimmung in anderen pflanzlichen Proben angewandt werden. Zur Zerstörung der organischen Substanz wird die Probe mit einer Mischung aus konz. Salpetersäure, Perchlorsäure und Schwefelsäure aufgeschlossen. Störendes Eisen wird durch eine Oxin-Extraktion abgetrennt. Nach Untersuchungen von *Middleton* beträgt die pH-Differenz zwischen der quantitativen Extraktion des Eisen(III)-oxinats und dem Beginn der Extrahierbarkeit des Aluminiumoxinats 0,5 pH-Ein-heiten. Bei genauer Einhaltung des pH-Wertes im Bereich von 2,8 bis 3,0 läßt sich Eisen durch Extraktion als Oxinat vom Aluminium trennen.

Arbeitsvorschrift. Die getrocknete, zerkleinerte Probe, die 8 bis 32 µg Al ent-halten soll, wird in einem Kjeldahl-Kolben je 0,5 g Probe mit 5 ml Salpetersäure $(D = 1{,}42)$, 0,5 ml Perchlorsäure $(D = 1{,}70)$ und 0,5 ml Schwefelsäure $(D = 1{,}84)$

zunächst langsam, dann stärker erhitzt. Nach dem Aufschluß wird die Hauptmenge Perchlorsäure durch etwa 5 min langes Erhitzen verflüchtigt, 25 ml Wasser zur abgekühlten Lösung zugesetzt und vorsichtig bis auf 5 bis 6 ml eingeengt. Die Lösung wird nun mit wenig Wasser (nicht mehr als 10 ml) in einen Schütteltrichter überführt, 1 ml Oxin-Lösung (0,6% an Oxin und 2% an Essigsäure) zugesetzt und vorsichtig unter Vermeidung örtlicher Überschüsse neutralisiert. Die zugesetzte Oxin-Lösung dient dabei als Indikator. Nach Zugabe von 5 ml Acetatpuffer (0,1 n Ammoniumacetat-Lösung in 5n Essigsäure von pH = 2,85) wird das Eisenoxinat durch Extraktion mit 10 ml Oxin-Lösung (0,3%ig in Chloroform) entfernt. Zur eisenfreien Lösung gibt man 4,5 ml 5n Ammoniak, extrahiert mit 10 ml Oxin-Lösung (0,3%ig in Chloroform) und mißt die Extinktion bei 385 nm.

Bemerkungen. Nach Untersuchungen von *Middleton* verursachen die in den Blättern vorhandenen Elemente Kalium, Magnesium, Calcium, vor allem aber Mangan sowie Phosphation *keine Störungen.*

Mit der beschriebenen Methode lassen sich noch Aluminium- Gehalte von *0,00015%* bestimmen

Die *Standardabweichung* der Aluminium-Bestimmung bei Gehalten von etwa 0,02% wird mit ± 0,00033 angegeben.

Das gleiche Verfahren verwendet *Middleton* [81] zur Bestimmung des Aluminiums und Eisens in *tropischen Böden.* Durch Schütteln der Boden-Proben mit einer sauren Bariumnitrat-Lösung werden Aluminium und Eisen in die wäßrige Phase überführt (Ionenaustausch), wo sie bei verschiedenen pH-Werten nacheinander mit Oxin extrahiert werden.

Bestimmung in verschiedenen Materialien

In *hochreinem Selen* nach *Miamoto* [82]. Die Bestimmung von Mikromengen bis herab zu 0,1 ppm Aluminium in hochreinem Selen erfolgt durch Extraktion mit Oxin und Chloroform. Störende Ionen werden durch Diäthyldithiocarbamidat-Chloroform-Extraktion abgetrennt und Selen durch Verdampfen entfernt.

In Verbindungen *hochreinen Thoriums* nach *Athavale* und *Subramanian* [83]. Thorium wird als Sulfatokomplex durch Anionen-Austausch abgetrennt und Aluminium nach Extraktion mit Oxin und Chloroform photometrisch bestimmt.

Mikrobestimmung im *Glas* nach *Geilmann* und *Tölg* [84]. Bei der Mikrovollanalyse von Glasproben wird eine 20-mg-Probe in einem Flußsäure-Perchlorsäure-Gemisch gelöst. Nach Abtrennung der Phosphorsäure mit Hilfe eines Kationen-Austauschers werden die Schwermetalle durch Extraktion mit Diäthyldithiocarbamidat und Chloroform bei pH = 5 entfernt und Aluminium in der üblichen Weise durch Extraktion mit Oxin und Chloroform bei dem selben pH-Wert bestimmt.

Bestimmung in *Berylliumsalzen* nach *Mervel* [32]. Durch eine vorangehende Trennung mit Natronlauge werden störende Metalle, wie Eisen, Titan sowie Nickel, entfernt und die Aluminium-Bestimmung in der üblichen Weise durchgeführt. In Anwesenheit von 10 µg Eisen und 5 µg Aluminium neben 100 mg Berylliumsulfat soll der Eisenhydroxid-Niederschlag höchstens 0,5 µg Aluminium mitreißen. Zink und Cadmium *stören* in Mengen bis zu 0,5 mg nicht merklich.

Arbeitsvorschrift nach *Andrew* und *Gentry* [85] zur Bestimmung im *Elektrolytnickel.* 50 mg Nickel werden in 2 ml Salpetersäure (1:1) (etwa 7 m) gelöst und auf 30 ml verdünnt. In der Kälte wird Ammoniak (1:1) (etwa 6,5 m) hinzugegeben, bis der blaue Nickelkomplex gebildet wird. Nach Zugabe von 5 ml 15%iger KCN-Lösung erwärmt man auf 50 °C, fügt 5 ml 10%ige Na_2S-Lösung zu und nach 3 min 2 g festes Ammoniumsulfat. Man verdünnt auf etwa 50 ml und schüttelt 3 min mit 10 ml einer 1%igen Oxin-Chloroform-Lösung. Zur Entfernung vorhandenen Magnesiums gibt man 5 ml 0,05%ige ÄDTE-Lösung hinzu, schüttelt 3 min und mißt den Chloroform-Extrakt bei 400 nm.

20*

Zur photometrischen Bestimmung des Aluminiums in *Polyäthylen* maskiert *Bolleter* [86] nach nassem oder trockenem Aufschluß der Probe störende Elemente durch Zusatz von Natriumcyanid-Lösung und 10%iger Thioglykolsäure.

Den störenden Einfluß von Begleitelementen im *Stahl* bei der Bestimmung des Aluminiums im Eisen und Stahl beseitigen *Kakita Yachiyo* und *Yokoyama* [87] ebenfalls durch Zusatz von Kaliumcyanid als Maskierungsmittel. Es gelingt ihnen auf diese Weise, Gehalte von 0,1 bis 2% mit ausreichender *Genauigkeit* zu bestimmen.

Arbeitsweisen unter Maskierung anwesender störender Ionen

Maskierung mit *Kaliumcyanid*

Arbeitsvorschriften nach *Gentry* und *Sherrington* [37]. In Anwesenheit von Kupfer, Nickel, Kobalt, Zink oder Cadmium. Die 10 bis 50 μg Aluminium sowie die genannten Metalle (in Mengen bis zu je 100 mg) enthaltende, annähernd neutralisierte Lösung wird mit 2 g Ammoniumnitrat, 1 g Kaliumcyanid und 1 ml verd. Ammoniak (1:1) (etwa 6,5 m) versetzt und nach Auflösung der Salze auf 50 ml verdünnt. Dann wird in einem Schütteltrichter mit genau 10 ml einer 1%igen Oxin-Lösung in reinem Chloroform versetzt und gemäß der schon wiedergegebenen Arbeitsvorschrift nach *Gentry* und *Sherrington* (S. 294) weiter verfahren. Blindwert sowie Eichwerte werden durch Ausschütteln bekannter Aluminium-Mengen nach Zusatz derselben Reagenzien in gleicher Weise gemessen.

In Anwesenheit von Eisen. Die bis zu 50 μg Aluminium und bis etwa 30 mg Eisen enthaltende, annähernd neutralisierte Lösung wird mit 2 g Kaliumcyanid und nach 3 min langem Erwärmen auf 50 bis 70° mit 10 ml 10%iger Natriumsulfid-Lösung versetzt. Nach Abkühlen und Zugabe von 2 g Ammoniumnitrat wird die Lösung im Schütteltrichter auf 50 ml aufgefüllt und in üblicher Weise Aluminium mit genau 10 ml einer 1%igen Oxin-Lösung in Chloroform extrahiert.

Bemerkung. Gentry und *Sherrington* geben an, daß die Bestimmung von je 50 μg Aluminium neben je 10 mg Kupfer, Nickel, Kobalt, Zink oder Cadmium bzw. neben 250 mg Eisenalaun (etwa 29 mg Eisen) in der beschriebenen Weise mit der gleichen *Genauigkeit* wie in reinen Aluminium-Lösungen möglich war.

Arbeitsvorschrift zur Bestimmung in Wolframsäure. 6,3 g Wolframsäureanhydrid (entsprechend 5 g Wolfram) werden mit 10 g Natriumcarbonat geschmolzen, die Schmelze mit Wasser ausgelaugt und im 500-ml-Meßkolben bis zur Marke aufgefüllt. Ein aliquoter Teil von 50 ml wird in ein 100-ml-Becherglas pipettiert, mit 1 g Kaliumcyanid sowie 0,5 g Natriumsulfid versetzt und 3 min auf 70° erwärmt. Nach dem Abkühlen führt man mit wenig Wasser in den Schütteltrichter über, gibt 3 g Ammoniumnitrat hinzu, schüttelt bis zur völligen Lösung und extrahiert dann mit genau 10 ml 1%iger Oxin-Lösung in Chloroform.

Maskierung mit *Tartrat-, Cyanidionen* und *Wasserstoffperoxid* zur Bestimmung des *Aluminiums im Stahl und Eisenerz* nach *Kassner* und *Ozier* [43]

Prinzip. Durch Tartrat- und Cyanidionen werden neben Eisen, Kupfer, Zink, Cadmium, Zinn, Mangan, Kobalt und Nickel als Komplex-Verbindungen, durch Wasserstoffperoxid vor allem Titan sowie Vanadium, Niob, Tantal, Molybdän und Uran als Peroxosäuren maskiert. Zirkonium, Vanadium, Chrom, Molybdän und Wolfram *stören* nach *Gentry* und *Sherrington* die Extraktion des Aluminiums als Oxinat bei pH = 9 *nicht*.

Arbeitsvorschrift für Stähle mit mehr als 0,08% Aluminium. 1 g Stahl wird in einer Mischung von 5 ml Wasser, 5 ml Salpetersäure (D = 1,42) und 10 ml 70%iger Perchlorsäure gelöst, die Lösung bis zur Entwicklung von Perchlorsäuredämpfen eingeengt und 5 min abgeraucht. Nach Verdünnen mit 100 ml Wasser wird in einen 500-ml-Meßkolben filtriert. Der Rückstand wird mit 1%iger Salzsäure, anschließend mit heißem Wasser ausgewaschen, verascht, mit Flußsäure und Schwefelsäure zur Entfernung der Kieselsäure abgeraucht und mit 2 g Natriumcarbonat geschmolzen. Die erkaltete Schmelze wird mit Wasser behandelt, zum Sieden erhitzt, filtriert und das Filtrat nach dem Ansäuern zum Hauptfiltrat gegeben. Nach dem Auffüllen auf 500 ml wird ein aliquoter Teil von 5 ml in ein 100-ml-Becherglas gegeben und auf etwa 25 ml verdünnt. Diese Lösung, die etwa 10 bis 150 μg Aluminium enthalten soll (0,1 bis 1,5% Al in der Probe), wird mit 0,2 g Weinsäure und 1 ml 3%iger Wasserstoffperoxid-Lösung versetzt. Man läßt etwa 5 min stehen und gibt dann 5 ml gesättigte Natriumsulfit-Lösung hinzu. Nach etwa 3 min versetzt man mit 1,3 g Kaliumcyanid, die in etwa 5 ml Wasser gelöst wurden, erhitzt auf 70 bis 80° und kühlt wieder auf 25 bis 30° ab. Nach Auflösen von 2 g zugesetztem Ammoniumnitrat soll der pH-Wert 8,9 ± 0,3 betragen; gegebenenfalls wird dieser Wert durch Zugabe von Ammoniak oder Salzsäure eingestellt. Nun wird die Lösung im Schütteltrichter 4mal mit je 5 ml 2%iger Oxin-Lösung in Chloroform 2 min ausgeschüttelt und die Chloroformschichten nach erfolgter Schichten-Trennung in einen 50-ml-Meßkolben abgelassen. Nach Auffüllen mit Chloroform auf 50 ml wird die Extinktion einer Blind- wie auch der Probelösung bei 389 nm gemessen und der Aluminium-Gehalt einer in gleicher Weise hergestellten *Eichkurve* entnommen.

Bemerkungen. Nach den Beleganalysen von *Kassner* und *Ozier* ließen sich in dieser Weise 12,2 bzw. 30,4 μg Aluminium neben jeweils 15 mg Eisen und 17 μg Titan sowie Einzelzugaben von Kobalt (1 mg), Chrom (4 mg), Mangan (0,16 mg), Nickel (3 mg), Zinn (0,1 mg), Uran (0,02 mg) oder Vanadium (0,2 mg) mit einem *Fehler* von maximal ± 0,35 μg Al bestimmen.

Abgeänderte Vorschriften. Bei *Stählen mit weniger als 0,08% Aluminium* ist eine Abtrennung des Hauptteils der störenden Elemente *vor* der Aluminium-Extraktion durch Elektrolyse an der Quecksilber-Kathode erforderlich. Anschließend wird nach obiger Vorschrift Aluminium bestimmt.

Zum Lösen *hochlegierter Chromstähle* muß konz. Salpetersäure oder Königswasser verwendet werden. Beim anschließenden Erhitzen mit 15 ml 70%iger Perchlorsäure darf nur so lange abgeraucht werden, bis sich die Lösung orange färbt. Durch längeres Abrauchen können in Gegenwart von Chlorwasserstoff Aluminium-Verluste eintreten.

Bei *Proben mit höherem Titangehalt* darf die Titan-Menge im aliquoten Teil nicht größer als 17 μg sein; sonst muß es abgetrennt werden.

Arbeitsvorschrift für *Eisenerze. Kassner* und *Ozier* gehen von einer Einwaage von 2 g aus, die in 20 ml konz. Salzsäure unter Erhitzen gelöst wird. Nach Zugabe von 5 bis 10 ml konz. Salpetersäure sowie 12 bis 15 ml 70%iger Perchlorsäure wird wieder bis zum Auftreten von Perchlorsäuredämpfen erhitzt und 5 min abgeraucht. Anschließend erfolgt eine *Vortrennung* durch Fällung des Aluminiums mit Ammoniak.

Bemerkungen. Das Verfahren nach *Kassner* und *Ozier* hat den Nachteil, daß nur *begrenzte* Titan-Mengen und auch nur verhältnismäßig *geringe* Mangan-Gehalte vorliegen dürfen. Nach eingehenden Untersuchungen von *Luke* [88] gelangen von den Metallen, die nicht durch Elektrolyse an der Quecksilber-Kathode abgeschieden werden, außer Titan auch Uran(VI) sowie Beryllium, Gallium, Indium, Yttrium und Scandium zumindest teilweise in den Chloroformextrakt. Beryllium, Scandium und Yttrium können wieder entfernt werden durch Ausschütteln der Chloroformschicht mit einer Pufferlösung vom pH-Wert 5. Die Störung durch Titan und Uran(VI) beruht offenbar auf zu geringer Stabilität der Peroxid-Komplexe dieser Metalle. Die teilweise Mitextraktion von Titan und Uran(VI) soll sich wesentlich verringern lassen, wenn man nicht, wie in der Arbeitsvorschrift vorgesehen, nach der Sulfit-Zugabe auf 80° erhitzt. *Luke* fand aber, daß dann Zirkonium teilweise mitextrahiert wird und *stören* kann.

Geilmann und *Tölg* [89] schalten die Störung durch Titan bei der Bestimmung des Aluminiums in Gläsern durch Maskierung mit *Chromotropsäure* bei pH = 6 aus.

Arbeitsweise nach *Yokosuka* [90] zur Bestimmung im *Nickel*. Die Extraktion des Aluminiumoxinats mit Benzol aus mit Ammoniumacetat gepufferter Lösung (pH = 9), die Tartration und Kaliumcyanid enthält, wird nach *Yokosuka* außer durch Mangan (> 200 μg) und Blei von keinen anderen Metallionen gestört. Der Einfluß des Bleies kann durch Schütteln des Benzol-Extraktes mit einer Acetat-Pufferlösung von pH = 5 beseitigt werden. Höhere Mangan-Gehalte können durch Elektrolyse an der Quecksilber-Kathode in schwefelsaurer Lösung entfernt werden.

Zur Bestimmung des Aluminiums (nur als Verunreinigung) in Siliconpolymeren maskieren *Fujiwara* und *Narasaki* [91] störende Begleitelemente *vor* der Extraktion durch Zugabe von Wasserstoffperoxid und Kaliumcyanid.

Maskierung mit 1,2-Diaminocyclohexantetraessigsäure (CDTE), Tartrat- und Cyanidionen

Prinzip. Zur Bestimmung von Spurengehalten an Aluminium < 0,001 % im metallischen Tellur maskiert *Yuasa* [53] störende Elemente (Gehalte < 15 mg) wie Eisen, Blei, Kupfer, Wismut und Magnesium mit CDTE, Tartrat- und Cyanidionen.

Arbeitsvorschrift. Eine Einwaage, kleiner als 1 g, wird in nicht mehr als 10 ml Königswasser gelöst. Man fügt 1 ml 0,1 %ige Ammoniumtartrat-Lösung und so viel Ammoniak hinzu, bis die Lösung klar wird. Nach Zugabe von 20 ml 2m Ammoniumchlorid-Puffer von pH = 10 setzt man 5 ml 0,1 %ige CDTE-Lösung, 0,5 ml 1 %ige Kaliumcyanid-Lösung und 3 ml 1 %ige Oxin-Lösung in 3 %iger Essigsäure zu; man extrahiert mit 10 ml Tetrachlorkohlenstoff 1 min. Der Extrakt wird mit 1 g wasserfreiem Natriumsulfat getrocknet und die Extinktion bei 395 nm gemessen.

Kombinierte Maskierungs- und Extraktionsverfahren als universell anwendbare Arbeitsweisen nach *Claassen, Bastings* und *Visser* [45]

Die mit der gleichzeitigen Anwendung mehrerer Maskierungsmittel verbundenen Schwierigkeiten lassen sich durch aufeinanderfolgende Extraktion des Aluminiumoxinats aus jeweils anders maskierter Lösung umgehen. Durch Extraktion der Chloroform-Phasen mit 2n Salzsäure werden die Metalloxinate wieder in die wäßrige Lösung zurückgebracht und schließlich eine reine, zur photometrischen Bestimmung des Aluminiums geeignete Lösung des Aluminiumoxinats in Chloroform erhalten. Der Vorteil dieses Verfahrens besteht einmal in seiner Anpassungsfähigkeit an die verschiedensten Verhältnisse, zum anderen in der Möglichkeit, die einzelnen Extraktionen bei verschiedenen, jeweils geeigneten pH-Werten ausführen zu können. Der Nachteil liegt jedoch in der langwierigen, praktischen Durchführung des Verfahrens, das seine Anwendung vor allem auf die Routineanalyse beeinträchtigt.

Bei dem unten wiedergegebenen Arbeitsgang wurden folgende Elemente berücksichtigt (Tab. 63).

Tabelle 63. *Kombinierte Maskierungs- und Extraktionsverfahren zur Aluminium-Bestimmung in Anordnung des Perioden-Systems*

Li	Be												B[6]					F
	Mg													Si	P[8]			
	Ca	Sc		Ti	V[2]	Cr[1]	Mn	Fe	Co	Ni	Cu	Zn	Ga	Ge[7]	As[9]	Se[10]	Br[11]	
	Sr			Zr	Nb	Mo					Ag	Cd	In	Sn[4]	Sb[9]	Te[10]	J[11]	
Cs	Ba	La, Ce[1]		Ta	W				Pt[4]	Au[1]	Hg[5]	Tl	Pb	Bi				
			Th		U[3]													

Untersuchte Wertigkeiten: [1] III; [2] IV und V; [3] VI; [4] IV; [5] I und II; [6] als Borat; [7] als Germanat; [8] als Phosphat; [9] III und V; [10] IV und VI; [11] als Bromid- bzw. Jodidion.

Zur Isolierung des Aluminiums von diesen Elementen schlagen *Claassen, Bastings* und *Visser* folgenden *Trennungsgang* vor.

a) Nach Maskierung mit Äthylendiamintetraacetat und Cyanidionen Fällung mit Oxin und Extraktion der Oxinate mit Chloroform. Außer Aluminium gelangen von den oben genannten unter diesen Bedingungen in den Chloroformextrakt:

Ti, Zr, V(IV), Nb, Ta, U(VI), Ga, In, Sb(III,V) und Bi sowie teilweise Be. Größere Mengen Fluorid-Ionen stören und dürfen nicht anwesend sein.

Rückextraktion der abgetrennten Chloroformschicht mit 2n Salzsäure.

b) Einstellen der salzsauren Lösung von a) auf pH = 5 und Extraktion mit Chloroform. Die unter a) genannten Elemente gelangen bis auf Beryllium wieder mit Aluminium in die Chloroformschicht und werden wieder mit 2n Salzsäure rückextrahiert.

c) Nach Maskierung mit Wasserstoffperoxid Extraktion mit Chloroform bei pH = 7,5 bis 8. Ti, V, Nb, Ta und U bleiben hierbei als Peroxoverbindungen in der wäßrigen Schicht; beim Aluminium verbleiben noch Zr, Ga, In, Sb und Bi. Rückextraktion mit 2n Salzsäure.

d) Nach Versetzen mit Cupferron Extraktion der Cupferronate von Zr, Ga, Sb und Bi mit Chloroform. Zerstörung des Cupferron-Überschusses durch Abrauchen mit Schwefelsäure.

e) Extraktion des Indiums mit Diäthyldithiocarbamidat und Chloroform bei pH = 4.

f) Nach Zerstören des überschüssigen Diäthyldithiocarbamidates (Kochen der angesäuerten Lösung) und Zugabe von Oxin Extraktion des Aluminiumoxinates mit Chloroform bei pH = 7,5 bis 8 und photometrische Bestimmung bei 390 nm.

g) Der Trennungsgang vereinfacht sich in Abwesenheit der in der einzelnen Stufen abzutrennenden Elemente entsprechend; Mengen unter 0,1 mg Sb und 0,5 mg Bi stören die Bestimmung von 2 bis 1000 µg Al nicht und sind daher nicht abzutrennen.

Arbeitsvorschriften. *Extraktion (Maskierung mit ÄDTE und Cyanidionen).* Die schwefel-, salz- oder perchlorsaure Lösung der Probe soll zwischen 2 und 100 µg Aluminium und höchstens 1 ml konz. Salpetersäure enthalten; sie soll etwa 1n in bezug auf freie Säure sein und ein Volumen von etwa 50 ml einnehmen (vgl. Bemerkung, S. 313). Enthält sie *mehr als 50 mg Eisen(III)*, so muß dieses durch 2 min Kochen mit 2 ml einer Ammoniumhydrogensulfit-Lösung (hergestellt durch Einleiten von Schwefeldioxid in 6n aluminiumfreies Ammoniak bis zur gerade sauren Reaktion gegen Lackmus) reduziert werden. Man kühlt ab und gibt in Anwesenheit von Vanadium 1 ml einer 2n schwefelsauren, 1 mg Ti/ml enthaltenden Titan-Lösung hinzu (vgl. Bemerkung, S. 314). Weiter versetzt man mit so viel ÄDTE, daß etwa ein 10facher Überschuß vorliegt, mindestens jedoch 1 g. Nach erfolgter Lösung macht man mit Ammoniak gegen Lackmus gerade alkalisch.

Die Lösung wird nun mit dem 10fachen Überschuß an Kaliumcyanid versetzt, mindestens jedoch 3 g. Für perchlorsaure Lösungen ist Natriumcyanid geeigneter. Nach allmählichem Erhitzen wird 3 min gekocht, auf Raumtemperatur abgekühlt und nach Überführung in einen 125-ml-Schütteltrichter unter Umschwenken mit 1 ml 5%iger, äthanolischer Oxin-Lösung versetzt. Man läßt nun mindestens 1 Std. stehen und gibt, falls in Anwesenheit von Beryllium dieses als Hydroxid ausfallen sollte, einige Tropfen einer Schutzkolloid-Lösung (z.B. Lösung eines Polyvinylalkohols; die Verfasser verwenden „Tergitol") zu, damit der Niederschlag kolloidal gelöst bleibt. Dann schüttelt man die Lösung, deren pH-Wert zwischen 7 und 9,5 liegen soll, mit 10 ml Chloroform 1 min aus und wiederholt die Extraktion so lange mit je 5 ml Chloroform, bis der gesamte Oxinat-Niederschlag in Lösung gegangen ist und die Chloroformschicht völlig farblos bleibt. Die vereinigten Chloroform-Extrakte werden nun mit 25 ml Wasser ausgeschüttelt. Die zurückbleibende, wäßrige

Schicht wird nochmals mit 5 ml Chloroform behandelt und dieses mit dem Hauptextrakt vereinigt. Letzteres schüttelt man dann 1 min kräftig mit 25 ml 2n Salzsäure und läßt die Chloroformschicht ab, die in Anwesenheit größerer Mengen an Oxinaten nochmals mit 10 ml 2n Salzsäure geschüttelt und dann verworfen wird.

Extraktion bei pH = 5 (Abtrennung des Berylliums). In Anwesenheit von Beryllium werden nun die vereinigten Salzsäure-Extrakte nach Zugabe einiger Tropfen Methylorange mit konz. Ammoniak gerade bis zum Umschlag nach gelb neutralisiert, mit 5 ml Acetat-Puffer (70 ml 0,2m Natriumacetat-Lösung und 30 ml 0,2m Essigsäure, auf 500 ml mit Wasser aufgefüllt; pH-Wert der Pufferlösung = 5) versetzt und 1 min mit 10 ml Chloroform ausgeschüttelt. Die Extraktion wird noch 2mal mit je 5 ml Chloroform wiederholt. Die vereinigten Extrakte werden dann wie bei der ersten Extraktion mit 25 ml 2n Salzsäure ausgeschüttelt und die Chloroformschicht verworfen.

Extraktion (Maskierung mit Wasserstoffperoxid). Die in Abwesenheit von Beryllium nach der ersten, sonst nach der zweiten Extraktion erhaltene Salzsäure-Lösung wird unter Umschwenken mit 20 ml 3%iger Wasserstoffperoxid-Lösung und einigen Tropfen Phenolrot-Lösung versetzt und mit 6n Ammoniak bis zum Umschlag des Indikators nach Rot neutralisiert (pH etwa 8). Nun schüttelt man wieder je 1 min zuerst mit 10 ml, dann 2mal mit je 5 ml Chloroform aus und vereinigt die Extrakte in einem Schütteltrichter. Anschließend führt man wie bei den vorausgegangenen Extraktionen wieder in 2n Salzsäure über.

Extraktion (Entfernung von Zr, Ga, Sb und Bi als Cupferronate). Zu der nach der dritten Extraktion erhaltenen, salzsauren Lösung werden 5 ml frisch bereitete, wäßrige 6%ige Cupferron-Lösung gegeben und nach gründlichem Durchmischen mit 10 ml Chloroform 1 min ausgeschüttelt. Nach Ablassen der Chloroformschicht wird die Extraktion mit je 5 ml Chloroform wiederholt, bis der Niederschlag der Cupferronate vollständig gelöst und ausgeschüttelt ist; gegebenenfalls setzt man nochmals etwas Cupferron zu. Die auf diese Weise von Zirkonium, Gallium, Antimon und Wismut befreite, salzsaure Lösung wird zur Zerstörung von überschüssigem Cupferron und Oxychinolin in einem 100-ml-Becherglas mit je 1 ml konz. Salpetersäure und konz. Schwefelsäure (Schutzbrille!) bis zum Auftreten von dichten Schwefelsäure-Nebeln abgeraucht, wobei noch einige Tropfen Salpetersäure zugegeben werden, falls die Lösung beim Abrauchen dunkel werden sollte. Nach dem Abkühlen wird mit 25 ml Wasser verdünnt.

Extraktion (Entfernung des Indiums). Zu der nach der vierten Extraktion erhaltenen, schwefelsauren Lösung werden 1 bis 2 Tropfen Methylrot sowie 3 ml 10%ige Natriumacetat-Lösung gegeben und mit Ammoniak bis zum Umschlag nach Gelborange (pH etwa 4) neutralisiert. Nun versetzt man mit 10 ml jeweils frisch bereiteter, wäßriger 2%iger Natriumdiäthyldithiocarbamidat-Lösung, vermischt gut und schüttelt 2mal mit je 10 ml Chloroform aus, gegebenenfalls bis zur vollständigen Lösung des bei Zugabe des Reagenses gebildeten Niederschlages. Die zurückbleibende, wäßrige Lösung wird nun in einem 100-ml-Becherglas mit 10 ml 6n Salzsäure zur Zerstörung des restlichen Carbamidats einige Minuten gekocht und nach dem Abkühlen unter Nachwaschen mit wenig Wasser in einen Schütteltrichter überführt.

Extraktion (Bestimmung des Aluminiums). Die nach der fünften oder in Abwesenheit von In nach der vierten Extraktion erhaltene Lösung wird mit 1 ml 5%iger äthanolischer Oxin-Lösung sowie 5 Tropfen Phenolrot versetzt und mit Ammoniak bis zum Umschlag nach Rot neutralisiert (pH etwa bei 8). Die – falls notwendig abgekühlte – Lösung wird nun 1mal mit 10 ml und 2mal mit 3 bis 5 ml Chloroform ausgeschüttelt; die in einen 25-ml-Meßkolben überführten Extrakte werden mit Chloroform zur Marke aufgefüllt. Man filtriert in ein kleines, trockenes Filter, verwirft die ersten 5 Milliliter und füllt zur photometrischen Messung in eine Küvette geeigneter Schichtdicke. Die Extinktion wird bei 390 nm gegen reines Chloroform

als Vergleichslösung gemessen. Vom Meßwert wird der Blindwert einer in genau
gleicher Weise behandelten Blindprobe in Abzug gebracht und der dem so korri-
gierten Meßwert entsprechende Aluminium-Gehalt der *Eichkurve* (siehe unten) entnommen.

*Bemerkungen. Vereinfachungen in Abwesenheit der Elemente Be oder Zr, Ga, Sb
und Bi oder In.* Wie schon eingangs erwähnt, läßt sich der beschriebene Trennungs-
vorgang vereinfachen, wenn ein Teil der berücksichtigten, störenden Elemente nicht
in der Probe enthalten ist. Fehlt Beryllium, so fällt die Extraktion bei pH = 5
fort. Sind Zirkonium, Gallium, Antimon, Wismut und Indium abwesend, so kann
der bei Extraktion bei pH = 8 (Maskierung mit Wasserstoffperoxid) erhaltene Chloroform-Extrakt direkt zur photometrischen Messung herangezogen werden, wobei
man sich an die bei der Extraktion des Aluminiumoxinats gegebene Vorschrift hält.
Enthält die Probe neben höchstens 0,1 mg Antimon und 0,5 mg Wismut nur Indium,
jedoch kein Zirkonium oder Gallium, so entfällt die Extraktion der Cupferronate.

Sind Zirkonium, Gallium, Antimon (> 0,1 mg) oder Wismut (> 0,5 mg), aber kein
Indium anwesend, so wird die zur Zerstörung des Cupferrons mit Schwefelsäure abgerauchte Lösung zur Extraktion direkt herangezogen.

Aufstellung der Eichkurve und Ermittlung des Blindwertes. Zur Eichung stellen
Claassen, Bastings und *Visser* durch Auflösen reinsten Aluminiums (99,99%) in
Salzsäure und Verdünnen eines aliquoten Teiles dieser Lösung mit 0,1n Salzsäure
eine *Standardlösung* her, die 2 μg Al/ml enthält. Durch Zugabe entsprechender
Mengen dieser Lösung zu je 25 ml 2n Salzsäure werden Probelösungen mit Gehalten
von 0 bis 100 μg Al hergestellt; nach der Vorschrift zur Extraktion des Aluminiumoxinats werden die Meßwerte zur Aufstellung der Eichkurve gewonnen.

Diese Art der Eichung läßt *Fehler*, die mit den ersten fünf Extraktionen verbunden sind, unberücksichtigt; sie setzt also voraus, daß die Extraktions- und Trennungsoperationen absolut quantitativ verlaufen. Tatsächlich lassen die wiedergegebenen
Beleganalysen keine einseitigen Fehler erkennen, wenn wie vorgeschrieben der
Blindwert berücksichtigt wird, der sich aus einer Blindprobe ergibt, die in gleicher
Weise und mit denselben Reagenzien wie die zu untersuchende Probe behandelt
wird.

Änderung der vorgeschriebenen Volumina und Reagens-Mengen. Die angegebenen
Volumina und Reagens-Mengen können innerhalb gewisser Grenzen variiert werden
und müssen gegebenenfalls den vorliegenden Mengen an störenden Elementen angepaßt werden.

So kann das Volumen der zur ersten Extraktion vorbereiteten Probelösung zwischen 50 und 200 ml schwanken, ohne daß hierdurch die quantitative Extraktion des
Aluminiums beeinträchtigt wird.

Die für die Extraktion zuzusetzenden Mengen ÄDTE und Cyanid sind, wie
schon erwähnt, entsprechend dem Gehalt an zu maskierenden Metallen zu wählen.
Insbesondere erfordert *Mangan* einen hohen ÄDTE-Zusatz, mindestens das 20fache
der vorliegenden Gewichtsmenge Mangans. Der Bestimmung des Aluminiums im
Eisen und Stahl genügen nach Versuchen von *Claassen* und Mitarbeitern folgende
Zusätze (Tab. 64).

Tabelle 64. *Erforderliche Zusätze gemäß obiger Verfasser*

Probe	Zusätze	
g	ÄDTE	KCN
	g	g
0,1	1	3
0,5	3	5
1,0	8	8

Bei Einwaagen von 0,5 bis 1 g Eisen und Stahl muß man zur Reduktion des großen Eisen-Überschusses statt 2 ml 10 ml Ammmoniumhydrogensulfit-Lösung zusetzen.

Der zur ersten Extraktion vorgeschriebene Zusatz von 1 ml 5%iger Oxin-Lösung reicht zur Fällung von insgesamt etwa 5 mg Begleitelementen (Ti, Zr, V, Nb, Ta, U, Ga, In, Sb, Bi). Liegen größere Mengen dieser Metalle vor, so ist der Oxin-Zusatz entsprechend zu erhöhen.

Einfluß der ÄDTE auf die Extrahierbarkeit des Aluminiums als Oxinat. Das bei der Extraktion zugesetzte ÄDTE erschwert die Extraktion des Aluminiums als Oxinat mit Chloroform in ähnlicher Weise wie Oxysäuren, z.B. Weinsäure. Daher ist es notwendig, Aluminium aus der ÄDTE-haltigen Lösung durch Zugabe eines Oxin-Überschusses zunächst vollständig auszufällen und dann das gebildete Aluminiumoxinat mit Chloroform auszuschütteln.

Störender Einfluß von Kationen. Einige Metalle üben einen ungünstigen Einfluß auf die Extrahierbarkeit des Aluminiumoxinats aus. So wird *Vanadium(IV)*, das auch bei Vorliegen von 5wertigem Vanadium (letzteres reagiert nicht mit Oxin) durch Reduktion mit Sulfit entsteht, nur sehr langsam, aber *vor* dem Aluminium als Oxinat mit Chloroform ausgeschüttelt; zur vollständigen Extraktion des Aluminiums sind daher in Anwesenheit von Vanadium zahlreiche Ausschüttelungen mit Chloroform erforderlich. *Claassen* und Mitarbeiter fanden, daß in gleichzeitiger Anwesenheit von 0,5 bis 1 mg Titan Vanadium- und Aluminiumoxinat sich rasch mit Chloroform extrahieren lassen. Aus diesem Grunde wird bei Vorliegen von Vanadium Titan zugesetzt, falls es nicht bereits in ausreichender Menge in der Probe enthalten ist.

Bis zu 25 mg *Thorium* beeinflussen die Bestimmung des Aluminiums nicht; größere Mengen verhindern dagegen die quantitative Extraktion; 100 mg Th unterbinden sie bereits völlig. Auch *Scandium* verhält sich ähnlich; sein Einfluß läßt sich aber durch ausreichenden Oxin-Zusatz ausschalten. Bei Anwendung von 1 ml 5%iger Oxin-Lösung (Arbeitsvorschrift) darf nicht mehr als 1 mg Scandium vorliegen.

Störender Einfluß von Anionen. Von anorganischen Säuren stören nur größere Gehalte an Salpeter-, Phosphor- und Flußsäure.

Genauigkeit. Claassen, Bastings und *Visser* haben zahlreiche Beleganalysen an synthetischen Lösungen ausgeführt, die neben 10 bis 100 µg Al bis zu 200 mg Fe, 500 mg Cu oder Mo, 1000 mg W oder 2 g Se enthielten sowie die übrigen, in der Übersicht (S. 310) aufgeführten Metalle in Mengen zwischen 1 und 100 mg in verschiedensten Kombinationen. Der maximale *Fehler* der Aluminium-Bestimmung betrug ± 3 µg Al; bei 85% aller Analysen lag er bei ± 1 µg Al oder darunter.

Anwendungen. Nach den angeführten Beleganalysen ist die Methode nach *Claassen, Bastings* und *Visser* vielseitig anwendbar sowohl zur Bestimmung von Aluminium-Spuren wie von höheren Aluminium-Gehalten, u.a. in Gläsern, Gesteinen, Nichteisenlegierungen, Eisen, hochlegierten Stählen und Ferrolegierungen.

Zur Bestimmung des Aluminiums in *Gläsern* werden die Proben zum Entfernen der Kieselsäure mit Flußsäure und Schwefelsäure abgeraucht, der Rückstand mit Disulfat geschmolzen und mit Säure aufgenommen. Die Einwaage bzw. ein zur Analyse herangezogener, aliquoter Teil derselben richtet sich nach dem Aluminium-Gehalt, z.B. 4 mg Einwaage bei 2% Al_2O_3 oder 50 mg bei 0,15% Al_2O_3.

Zur Bestimmung des Aluminiums in *Eisen und Stahl* löst man in Schwefelsäure (1:9) (etwa 2 m) oder Salzsäure (1:1) (etwa 6 m) unter Zugabe von Salpetersäure. Zur Bestimmung des säurelöslichen Aluminiums wird das Filtrat der Lösung verwendet, der ungelöste Rückstand zur Bestimmung des unlöslichen oder Gesamtaluminiums verascht, mit Flußsäure-Schwefelsäure abgeraucht, mit Disulfat geschmolzen und die Schmelze in verd. Schwefelsäure aufgenommen. Diese Lösung wird entweder getrennt untersucht (unlösliches Al) oder mit dem Hauptfiltrat vereinigt (Gesamt-Al). Bei *wolframhaltigen* Stählen wird in gleicher Weise verfahren;

die Abtrennung der Wolframsäure ist nicht erforderlich, da sie auf Zusatz von ÄDTE und Cyanid vollständig in Lösung geht und nicht stört.

Bei Aluminium-Gehalten über 0,01% genügt eine Proben-Menge (Einwaage oder aliquoter Teil der Probenlösung) von 0,1 g; bei Aluminium-Gehalten unter 0,01% wählt man Einwaagen von 0,5 bis 1 g.

Auf eine sehr einfache und schnelle Weise bestimmen *Zibulski, Slowinski* und *White* [92] das Aluminium in Stahl und *Hochtemperaturlegierungen.* Nach einer Cupferron-Chloroform-Trennung werden die restlichen, verbleibenden Störelemente durch Maskierung mit Tartrationen und Natriumcyanid getarnt. Zur Erfassung höherer Aluminium-Gehalte wird nicht wie üblich die Extinktion zwischen 380 und 410 nm, sondern bei 425 nm gemessen.

Arbeitsvorschrift. Eine 100-mg-Probe (0,01 bis 6% Al) wird mit 15 ml Salzsäure (D = 1,19) gelöst. Zur Zerstörung vorhandener Carbide werden gegen Ende des Lösens einige Tropfen Salpetersäure (D = 1,42) zugesetzt. Nach Beendigung des Lösevorganges werden 15 ml Perchlorsäure (70%ig) zugegeben und zur Oxydation des Chroms bis zum Rauchen erhitzt. Die Salze werden mit 50 ml kochendem Wasser gelöst, wenn notwendig filtriert, wobei das Filter mit 10%iger Salzsäure nachgewaschen wird, und die Lösung in einem 200-ml-Meßkolben aufgefüllt. Man überführt einen geeigneten, aliquoten Teil in einen Scheidetrichter, fügt 10 ml 10%ige Perchlorsäure und 1 ml Cupferron-Lösung (6 g in 100 ml) hinzu und extrahiert 2 min mit 20 ml Chloroform. Zur wäßrigen Lösung gibt man 2 ml Ammoniumtartrat-Lösung (10 g in 100 ml) und 10 ml Natriumsulfit-Lösung (kalt gesättigt). Nach einer Wartezeit von 3 min werden 10 ml Natriumcyanid-Lösung (10 g in 100 ml) hinzugefügt, der pH-Wert mit Ammoniak oder Salzsäure auf etwa 9 eingestellt und 5 ml Butylcellosolve-Lösung (50 ml zu 100 ml mit Wasser aufgefüllt) zugegeben. Nach Zugabe von 20 ml Oxin-Lösung (20 g in 100 ml Chloroform) wird 3 min extrahiert. Die Extraktion wird noch 2mal mit je 10 ml Oxin-Lösung wiederholt und die vereinigten Extrakte in einem 100-ml-Meßkolben mit Chloroform aufgefüllt. Die Messung erfolgt je nach Aluminium-Gehalt bei 380 oder 425 nm gegen einen Blindwert.

Bestimmung im *Thoriumoxid*

Prinzip. Aluminium-Gehalte von 0,5 bis 150 µg im Thoriumoxid, das durch Korrosionsprodukte aus Stahl verunreinigt ist, bestimmen *Goldstein, Manning* und *Menis* [52] nach Lösen des Oxids in Salpetersäure, wobei zunächst das Thorium durch Extraktion mit Thenoyltrifluoraceton in 4-Methyl-2-pentanon (Hexon) entfernt wird, da es sonst zusammen mit dem Aluminium als Oxinat gefällt und extrahiert wird. Nach Maskierung weiterer störender Ionen mit Wasserstoffperoxid und Nitrilotriessigsäure (NTE) wird Aluminium als Oxinat extrahiert.

Arbeitsvorschrift. 0,1 g Probe löst man in 20 ml Salpetersäure (1 : 1) (etwa 7 m) und einigen Tropfen Flußsäure, setzt 3 ml Perchlorsäure (72%ig) hinzu und erhitzt bis zum Rauchen. Nach Abkühlen versetzt man mit 5 ml Wasser sowie 8 ml 50%iger Ammoniumacetat-Lösung und stellt mit Perchlorsäure einen pH-Wert von 1,5 ein. Man verdünnt mit Wasser auf 25 ml und extrahiert mit 10 ml 0,5m Thenoyltrifluoraceton-Lösung in Hexon durch 5 min langes Rühren. Die wäßrige Phase wird nochmals mit 10 ml extrahiert, mit 10 ml reinem Hexon gewaschen und auf 75 ml verdünnt. Nach Zugabe von 5 ml neutraler 0,2m Nitrilotriessigsäure-Lösung, 2 ml 3%iger Wasserstoffperoxid-Lösung, 2 ml Acetat-Pufferlösung [200 g Ammoniumacetat + 70 ml Ammoniak (D = 0,91) in 1 l; pH = 8] und 2 ml 2%iger Oxin-Lösung in m Essigsäure wird mit Ammoniak (1 : 1) (etwa 6,5 m) auf pH = 8 eingestellt und 2mal mit je 20 ml Chloroform extrahiert. Die vereinigten Chloroform-Extrakte werden in einem 50-ml-Meßkolben, der 1 g wasserfreies Natriumsulfat enthält, mit Chloroform aufgefüllt und bei 390 nm gegen eine gleichbehandelte, aluminiumfreie Probe gemessen.

Bemerkungen. In Anwesenheit von *Nickel, Zink* und *Cadmium* muß der Chloroform-Extrakt zur Entfernung dieser Elemente 2 min mit 100 ml alkalischer Cyanid-Lösung [40 g Ammoniumnitrat + 20 g Kaliumcyanid + 10 ml Ammoniak (D = 0,91) in 1 l] geschüttelt werden.

In Anwesenheit von *Mangan, Kobalt* und *Titan* wird die Lösung nach der Thenoyl-trifluoraceton-Extraktion mit 2 ml 2%iger Diäthyldithiocarbamidat-Lösung versetzt und bei pH = 9 mit 20 ml Chloroform 2 min extrahiert.

In Anwesenheit von Mangan und Kobalt *ohne* Titan arbeitet man in gleicher Weise, bringt den pH-Wert der wäßrigen Lösung jedoch auf 1,5 und extrahiert dann mit 20 ml Chloroform. Die wäßrige Phase wird auf 75 ml verdünnt und 5 ml Nitrilo-triessigsäure-Lösung und genügend Acetat-Puffer versetzt, bis die Lösung 1 m an Acetat ist. Der pH-Wert wird auf 5 eingestellt und das Aluminiumoxinat extrahiert.

Methoden zur Maskierung bzw. gleichzeitigen Bestimmung geringer Eisen-Mengen

Von den zahlreichen Verbindungen, die mit Eisen(III)- bzw. Eisen(II)-ionen mehr oder weniger stabile Komplexe bilden, sind bisher zur Maskierung des Eisens in Verbindung mit der Extraktion des Aluminiums als Oxinat herangezogen bzw. untersucht worden: Weinsäure, Cyanwasserstoffsäure, Thioglykolsäure, Picolinsäure, o-Phenanthrolin und 2,2-Dipyridyl. Nach *Kenyon* und *Bewick* [44] sollen Spuren an Eisen durch einen Weinsäure-Überschuß getarnt werden können; Thioglykolsäure reicht nach Versuchen von *Gentry* und *Sherrington* [37] nicht zur Maskierung des Eisens aus. Sehr gut bewährt hat sich dagegen die bereits beschriebene Überführung des Eisens in Hexacyanoferrat(II)-ionen, auch zur Maskierung eines großen Eisen-Überschusses. Picolinsäure, o-Phenanthrolin oder Dipyridyl dürften nur dann mit Vorteil an Stelle des Kaliumcyanids anzuwenden sein, wenn *geringe* Gehalte an Eisen und Aluminium nebeneinander bestimmt werden sollen.

a) Maskierung mit o-Phenanthrolin nach *Sprain* und *Banks* [93] zur Bestimmung des Aluminiums (und Eisens) im Calciummetall

Prinzip. In der Lösung der Probe wird zunächst Eisen in den Eisen(II)-Phen-anthrolin-Komplex überführt (und photometrisch bestimmt). Aus einem aliquoten Teil dieser Lösung wird Aluminium bei pH = 5 mit einer Oxin-Lösung in Chloroform extrahiert und photometriert.

Arbeitsvorschrift. Die Einwaage von etwa 1 g wird in einem Becherglas mit wenig Wasser umgesetzt. Die entstandene Aufschlämmung von Calciumhydroxid wird dann mit 6 ml konz. Salpetersäure versetzt und die Mischung bis zur vollständigen Lösung der Probe erwärmt. Nun gibt man 1 ml 10%ige Hydroxylammonium-chlorid-Lösung, 20 ml 0,1%ige, wäßrige Lösung von o-Phenanthrolin (Phenanthro-liniumchlorid-1-hydrat) und 30 ml einer 200 g Ammoniumacetat und 100 ml Eisessig im Liter enthaltenden Pufferlösung hinzu, stellt auf einen pH-Wert von 5 ein und verdünnt auf 100 ml. Nach 30 min kann Eisen photometrisch bei 515 nm bestimmt werden.

Zur Aluminium-Bestimmung werden 50 ml dieser Lösung im Schütteltrichter mit genau 10 ml 1%iger Oxin-Lösung in Chloroform nach der Vorschrift von *Gentry* und *Sherrington* (S. 294) extrahiert und der Chloroform-Extrakt photometriert.

Bemerkungen. In Testlösungen, die neben 1 g Calcium und 100 µg Eisen 20 bis 60 µg Aluminium enthielten, konnten *Sprain* und *Banks* letzteres mit einem *Fehler* von höchstens ± 0,9 µg, im Mittel ± 0,5 µg, Al bestimmen (16 Analysen).

Chrom, Mangan, Magnesium *stören* die Bestimmung des Aluminiums (und Eisens) nach der beschriebenen Arbeitsweise *nicht*.

Von *Margerum, Sprain* und *Banks* [42] wurde die Maskierung des Eisens mit o-Phenanthrolin auch zur Bestimmung von Aluminium-Verunreinigungen im *Thorium* angewandt (vgl. folgenden Abschnitt).

o-Phenanthrolin als Maskierungsmittel für Eisen verwenden auch *Pollock* und *Zopatti* [94] zur Bestimmung des Aluminiums in hochreinem *Beryllium, Frink* und *Peech* [95] zur Analyse von *Bodenextrakten* und *Goto* [96] zur Analyse eisenhaltiger Industriewässer.

b) Maskierung mit Picolinsäure nach Majumdar und Sen [51]

Von der vorigen Methode unterscheidet sich die Arbeitsweise nach *Majumdar* und *Sen* nur durch die Verwendung der billigeren Picolinsäure [Pyridin-carbonsäure(2)] an Stelle des o-Phenanthrolins zur komplexen Bindung des Eisens. Zur Maskierung wird 1 ml einer 1%igen Lösung verwendet.

c) Die Maskierung des Eisens mit Dipyridyl bei der Extraktion des Aluminiums

schlagen *Riley* [49], sowie *Riley* und *Williams* [50] zur Analyse von Silicaten, ferner *Chung* und *Riley* [97] zur Analyse des Monazits vor.

Arbeitsvorschrift nach *Riley*. 1 ml der nach dem Aufschluß mit Fluß- und Perchlorsäure erhaltenen Lösung wird mit 10 ml Wasser verdünnt und mit 10 ml Dipyridyl-Lösung [4 ml 20%ige Hydroxylammoniumchlorid-Lösung, 50 ml 0,5n Natriumacetat-Lösung, 20 ml einer Lösung aus 0,2 g 2,2'-Dipyridyl in 100 ml 0,2n Salzsäure und 10 ml 4%ige ($BeSO_4 \cdot 4H_2O$)-Lösung werden gemischt und auf 100 ml verdünnt] versetzt. Nach 5 min wird die Analysenlösung 5 bis 8 min mit 20 ml Oxin-Lösung (1,25 g in 250 ml Chloroform) geschüttelt. Der Chloroform-Extrakt wird mit Chloroform auf 25 ml aufgefüllt und die Extinktion bei 410 nm gegen Chloroform gemessen.

d) Bestimmung von Aluminium und Eisen nebeneinander durch gemeinsame Extraktion der Oxinate

Arnfelt, Freyschuss und *Rönnholm* [54] bestimmen nach dieser Methode Aluminium neben bis zur 10fachen Menge Eisens durch Messung der Extinktion der Lösung der Oxinate beider Metalle in Chloroform bei 390 und 470 nm. Die bei 390 nm gemessene Extinktion entspricht der Summe der Einzelextinktionen von Aluminium- und Eisenoxinat; bei 470 nm absorbiert Aluminiumoxinat nicht mehr, hier wird also nur die Extinktion des Eisenoxinates gemessen. Aus dieser läßt sich die Extinktion des Eisens bei 390 nm berechnen; die Differenz aus der bei 390 nm gemessenen Gesamtextinktion und diesem berechneten Wert ergibt dann die dem Aluminium-Gehalt entsprechende Extinktion.

Arnfelt, Freyschuss und *Rönnholm* haben das Verfahren nicht zu einer an sich möglichen, gleichzeitigen Bestimmung von Aluminium und geringen Mengen Eisen verwendet, sondern zur Korrektur des *Fehlers*, der bei der Aluminium-Bestimmung im Stahl entsteht, wenn bei der vorangegangenen Abtrennung des Eisens noch etwas Eisen in Lösung bleibt.

Arbeitsvorschrift zur Aluminium-Bestimmung im Stahl. *Arnfeld, Freyschuss* und *Rönnholm* verfahren zunächst nach der Vorschrift von *Wiberley* und *Bassett* (S. 296). Die elektrolytische Abscheidung des Eisens an der Quecksilber-Kathode braucht praktisch jedoch nicht vollständig zu sein; man kommt daher mit kürzeren Elektrolysezeiten aus und benötigt bei einer Stromdichte von 0,3 A/cm² z.B. mindestens 30 min für Eisen-Mengen bis zu 0,3 g und 60 min für 0,5 g Eisen. Ist die Elektrolyse beendet, läßt man die Lösung in ein kleines Becherglas ab und spült das Elektrolysiergefäß mit wenig Wasser aus. Anschließend setzt man 1 ml 0,1%ige Hydrazoniumsulfat-Lösung zu und verfährt weiter nach der Arbeitsvorschrift von *Wiberley* und *Bassett*. Die Extinktion wird, wie erwähnt, bei 390 nm und 470 nm gemessen.

Bemerkungen. In 13 Beleganalysen von Lösungen, die 0,3 bis 0,5 g Fe neben 20 bis 160 µg Al enthielten, bestimmt *Arnfelt, Freyschuss* und *Rönnholm* Aluminium mit einem mittleren *Fehler* von ± 3,1 µg Al. In 3 Standardstählen mit 0,5 bis 1,0% Mn, 0,3 bis 1,2% Cr und bis zu 0,28% Ni, 0,20% Mo, 0,002% V, 0,003% Ti sowie 0,16% Cu wurden gefunden (Tab. 65):

Tabelle 65. *Aluminium-Bestimmungen im Stahl*

Stahl	% säurelösliches Al		Einzelbestimmungen	
	angegeben	gefunden (Mittelwert)	Anzahl	mittlere Streuung in % rel.
NBS 106a	1,07	1,12	6	1
IK 5	0,016	0,017	7	4
IK 6	0,009	0,010	6	3

Störende Elemente

Die nicht durch Elektrolyse abscheidbaren Metalle Ti, V und Zr müssen vor Ausführung der Aluminium-Bestimmung im Anschluß an die Elektrolyse abgetrennt oder maskiert werden. Geeignet ist die Extraktion dieser Metalle als Cupferronate mit Chloroform.

Titan und Zirkonium können auch durch Soda-Aufschluß des beim Eindampfen des Elektrolysats erhaltenen Trockenrückstandes quantitativ abgetrennt werden (*Parks* und *Lykken* [16]). Die Abtrennung des Vanadiums läßt sich nach *Gentry* und *Sherrington* [37] erreichen durch Extraktion des Aluminiumoxinats bei pH = 9.

Nach ähnlichen Verfahren bestimmen auch *Motojima, Hashitani* und *Kat-suyama* [98] Mikrogrammengen Aluminium und Eisen in hochreinem *Magnesium, Motojima* und *Hashitani* [99] in *natürlichen Wässern, Hashitani* und *Yamamoto* [100] im *Seewasser* sowie *Awaya, Miyoshi* und *Motojima* [101] in *Alkali-Verbindungen.*

Methode zur Maskierung des Thoriums

Nach den Untersuchungen von *Margerum, Sprain* und *Banks* [42] läßt sich Thorium mit 4-Sulfo-phenylarsonsäure und noch besser mit 2-Sulfo-äthylarsonsäure maskieren, allerdings nur in verdünntem Ammoniumacetat-Essigsäure-Puffer. Ohne diesen Puffer reichen Löslichkeit und Stabilität der untersuchten Thoriumsulfoarsonate nicht aus, um die teilweise Fällung des Thoriums als Sulfoarsonat und bei einem pH-Wert höher als 3 auch als Hydroxid zu verhindern. Konzentrierte Acetat-Essigsäure-Pufferlösungen maskieren Thorium auch ohne Zusatz von Sulfoarsonsäuren; jedoch wird aus derartigen Lösungen durch die Oxin-Chloroform-Lösung auch Essigsäure in störenden Mengen extrahiert. Diese extrahierte Essigsäure muß daher vor der photometrischen Messung durch Ausschütteln mit verd. Acetat-Lösung wieder entfernt werden.

Arbeitsvorschriften nach *Margerum, Sprain* und *Banks*

Maskierung mit 4-Sulfophenylarsonsäure

Die Einwaage von etwa 1 g Thoriummetall wird in einem 100-ml-Becherglas in 50 ml Salpetersäure (1:1) (etwa 7 m) und 1 bis 2 ml einer verdünnten Lösung von Hexafluorokieselsäure unter Erwärmen gelöst. Nach Verkochen der Stickstoffoxide und Abkühlen wird die Lösung in einem 100-ml-Meßkolben zur Marke aufgefüllt.

25 ml dieser Lösung (= 0,25 g Thorium) pipettiert man in ein 150-ml-Becherglas, das bereits 25 ml verd. Acetat-Puffer-Lösung (200 g Ammoniumacetat und 100 ml Eisessig zu 1 l gelöst), 20 ml 0,1 %ige wäßrige Lösung von o-Phenanthrolin-1-hydrat, 1 ml 10 %ige Lösung von Hydroxylammoniumchlorid und 10 ml 4-Sulfophenylarsonsäure-Lösung (siehe unten) enthält. Man verdünnt auf etwa 100 ml und stellt möglichst genau auf einen pH-Wert von 4,80 ein. Während man zur vollständigen Bildung des Eisen(II)-Phenanthrolin-Komplexes etwa 15 bis 20 min stehen läßt, setzt man eine Blindlösung mit den gleichen Reagenzien an und stellt sie auf den gleichen pH-Wert ein. Nun überführt man Versuchs- und Blindlösung in je einen 250-ml-Schütteltrichter, gibt zu jeder Lösung genau 20 ml 1 %ige Oxin-Lösung in Chloroform und schüttelt 3 min. Nach erfolgter Schichten-Trennung wird die Chloroformschicht in ein 25-ml-Erlenmeyerkölbchen mit Schliffstopfen abgelassen und mit 1 bis 2 g wasserfreiem Natriumsulfat durch Schütteln getrocknet. Man läßt noch 15 min stehen und mißt dann die Extinktion in einem Spektralphotometer bei einer Wellenlänge von 390 nm.

Bemerkung. Zur Aufstellung der *Eichkurve* verwendet man Lösungen mit je 0,25 g Thorium und 10 bis 120 µg Aluminium; die Blindlösung muß hierbei ebenfalls 0,25 g der gleichen Thoriumprobe enthalten, falls diese nicht mit Sicherheit frei von Aluminium ist.

Maskierung mit konz. Acetat-Essigsäure-Lösung

Eine Einwaage von 2 bis 3 g Thoriummetall wird entsprechend obiger Vorschrift aufgelöst. Zu einem aliquoten, annähernd 1 g Thorium enthaltenden Teil dieser Lösung werden 1 ml 10 %ige Hydroxylammoniumchlorid-Lösung und 20 ml 0,1 %ige o-Phenanthrolin-Lösung gegeben; man läßt einige Minuten stehen, damit alles Eisen in den Eisen(II)-Phenanthrolin-Komplex überführt wird. Dann versetzt man mit 100 ml konz. Acetat-Puffer (300 g Ammoniumacetat und 300 ml Eisessig zu 1 l gelöst) und stellt auf den pH-Wert 4,80 ein. Eine *Blindlösung* wird mit den gleichen Reagenzien hergestellt und auf denselben pH-Wert gebracht. Nun wird mit je 20 ml 1 %iger Oxin-Lösung in Chloroform nach obiger Vorschrift extrahiert, die Chloroformschicht jedoch in einen weiteren 250-ml-Schütteltrichter abgelassen und mit einer Mischung aus 50 ml Wasser, 25 ml verd. Acetat-Puffer-Lösung, 20 ml 0,1 %iger Phenanthrolin-Lösung und 1 ml 10 %iger Hydroxylammoniumchlorid-Lösung 3 min geschüttelt. Nach erfolgter Schichten-Trennung wird die Chloroformschicht abgelassen, getrocknet und photometriert.

Bemerkungen. Reagens-Lösungen. 4-Sulfophenylarsonsäure, $HSO_3C_6H_4AsO(OH)_2$, wurde als Natriumsalz nach einer etwas modifizierten Vorschrift von *Oneto* [102] hergestellt und gereinigt. Angewandt wurde eine 0,24 m Lösung. Alle Reagenzien müssen frei von störenden Metall-Verunreinigungen sein und gegebenenfalls durch Oxin-Extraktion gereinigt werden.

Fehlermöglichkeiten. Es ist zweckmäßig, das Volumen der wäßrigen Phase möglichst konstant zu halten, um stets die gleiche Konzentration an Essigsäure einhalten zu können. Aus den fertig angesetzten, wäßrigen Lösungen fällt mit der Zeit Thorium aus; man soll daher nicht länger, als in den Vorschriften angegeben, bis zur Extraktion mit Oxin-Chloroform warten. Die Verwendung von Natrium- an Stelle von Ammoniumacetat verringert die Stabilität der wäßrigen Lösungen, ebenso ein die angegebenen Grenzen überschreitender Thorium-Gehalt.

Das Molverhältnis von 4-Sulfo-phenylarsonsäure zu Thorium muß mindestens 2:1 betragen; andernfalls wird Thorium teilweise zusammen mit Aluminium extrahiert.

Störende Anionen. Die vorgeschriebene Zugabe geringer Mengen von Hexafluorokieselsäure dient der rascheren Auflösung des Thoriums. Es dürfen aber nicht mehr als 0,5 mg Fluor als Natriumfluorid oder Hexafluorokieselsäure auf je 0,25 g Thorium anwesend sein, da sich sonst Störungen bei der Extraktion des Aluminiums ergeben. Weinsäure oder Citronensäure, konz. Formiat-Lösung, die ähnlich wie Acetatlösungen Thorium in Lösung halten, verhindern ebenfalls die Extraktion des Aluminiums. Perchlorate stören ebenfalls durch Bildung eines in Wasser unlöslichen, mit Chloroform extrahierbaren Salzes des Eisen(II)-Phenanthrolin-Komplexes.

Störende Kationen und *Arbeitsweise in Anwesenheit von Kupfer, Zink, Kobalt und Nickel.* Von den untersuchten Metallen stören Beryllium (1 mg), Natrium, Kalium, Magnesium, Neodym, Blei, Mangan, Eisen (je 0,1 mg), Cer(III) wie auch Silicium (je 0,02 mg) nicht. Je 0,1 mg Chrom oder Nickel verursachen einen *Fehler* von + 1 µg Aluminium. Kupfer Zink, Titan, Zirkonium, Wismut und Kobalt stören in stärkerem Maße.

In Anwesenheit von Kupfer, Zink, Kobalt und Nickel verfahren die Autoren zunächst nach Arbeitsvorschrift, S. 319. Der ausgeschüttelte Chloroform-Extrakt wird jedoch anschließend mit 100 ml einer Lösung von 40 g Ammoniumnitrat, 20 g Kaliumcyanid und 10 ml konz. Ammoniak im Liter 3 min geschüttelt.

Nach Angaben von *Margerum, Sprain* und *Banks* können nach beiden Arbeitsvorschriften 2 bis 120 µg Aluminium mit einer *Genauigkeit* von ± 0,5 µg bestimmt werden.

Methode zur Maskierung des Urans als Carbonatokomplex nach *Pollock* [103]

Arbeitsvorschrift. 2 g Probe werden in 4 ml 12n Salzsäure gelöst und das Uran durch Zugabe von etwas Salpetersäure oxydiert. Man füllt auf ein geeignetes Volumen auf und entnimmt einen 4 bis 150 µg Al enthaltenden aliquoten Teil der Lösung zur Analyse. Nach Zugabe von 25 ml 20%iger Ammoniumcarbonat-Lösung in Ammoniak-Lösung derart, daß der Gesamtammonium-Gehalt einer 30%igen Ammoniumcarbonat-Lösung entspricht, wird der pH-Wert auf 8,8 bis 9,2 eingestellt; nach weiterem Zusatz von 5 ml 8%iger Mercaptoessigsäure und 5 ml 0,2n Kaliumcyanid-Lösung wird 3mal mit je 10 ml 3%iger Oxin-Lösung in Chloroform extrahiert. Die Extinktion des Chloroform-Extraktes wird bei 392 nm gegen Wasser gemessen, wobei eine Blindprobe berücksichtigt wird.

Bemerkung. Die Maskierung des Urans mit einem Ammoniumcarbonat-Ammoniak-Puffer verwenden auch *Ashbrook* und *Ritcey* [104].

Bestimmung durch Messung der Fluoreszenz der Lösungen des Aluminiumoxinats in unpolaren Lösungsmitteln

Lösungen von Aluminiumoxinat in Chloroform fluoreszieren intensiv gelbgrün bei Bestrahlung mit ultraviolettem Licht. Diese schon von *Gentry* und *Sherrington* [37] mitgeteilte Beobachtung wurde durch *Feigl* und *Heisig* [105] eingehender qualitativ untersucht und von *Tullo, Stringer* und *Harrison* [18] erstmals zur quantitativen, fluorimetrischen Bestimmung des Aluminiums herangezogen.

Die fluorimetrische Bestimmung hat gegenüber der photometrischen zwei wesentliche Vorteile. Einmal ist sie empfindlicher; nach *Goon, Petley, McMullen* und *Wiberley* [106] lassen sich noch Mengen bis herunter zu 0,2 µg Aluminium, als Oxinat in 50 ml Chloroform gelöst, zuverlässig bestimmen und vom Blindwert einwandfrei unterscheiden. Nach *Rees* [107] beträgt die Nachweisgrenze sogar 0,02 ppm. Weiter geben nur die Lösungen des Gallium- und Indiumoxinats eine ähnliche Fluoreszenz (*Sandell* [56]), wobei nach *Rees* 1 µg Gallium, 0,15 µg Aluminium und 1 µg Indium 0,03 µg Aluminium entspricht. Lösungen des Zinkoxinats fluoreszieren schwach grünlichgelb, solche des Cadmiumoxinats schwach gelblich, wobei die Intensität der

Fluoreszenz von je 50 µg dieser Metalle etwa derjenigen von 2 µg Aluminium entspricht. Extrahiert man aber die zuvor in wäßriger Lösung gefällten Oxinate mit Chloroform etwa nach der Arbeitsvorschrift von *Wiberley* und *Bassett* (S. 295), so werden die Oxinate des Zinks und Cadmiums nicht ausgeschüttelt oder fallen infolge Hydrat-Bildung wieder aus. Aus dem gleichen Grunde stören auch Magnesium und Calcium nicht. Die übrigen, chloroformlöslichen Metalloxinate, vor allem diejenigen der Metalle Eisen, Titan und Vanadium fluoreszieren nicht. Ihre Anwesenheit stört daher die fluorimetrische Bestimmung des Aluminiums in weit geringerem Maße als die photometrische Bestimmung. Wismutoxinat stört in äquimolarer Konzentration die Aluminium-Bestimmung überhaupt nicht; die Oxinate von Eisen, Titan, Vanadium, Cer, Chrom, Thorium sowie Thallium(III) dämpfen die Fluoreszenz des Aluminiumoxinats und löschen sie mit steigender Konzentration schließlich aus (*Feigl* und *Heisig*; *Goon* und Mitarbeiter). Durch Verdünnen der Chloroform-Lösungen läßt sich daher der Fehler so weit verringern, daß er bei günstigen Konzentrationsverhältnissen vernachlässigt werden kann (*Tullo, Stringer* und *Harrison* [18]).

Nach *Rees* können Eisen(III)-, Zink-, Kobalt-, Nickel-, Kupfer-, Cadmium-, Zinn(II)-, Wismut-, Thallium-, Molybdat- und Uranylionen bis zur 20fachen Menge des Aluminium-Gehaltes toleriert werden.

Die Extraktion des Aluminiumoxinats aus der wäßrigen Probelösung wird hierbei in gleicher Weise wie bei der photometrischen Bestimmung ausgeführt. Da die Intensität der Fluoreszenz nicht nur von der Konzentration an Aluminiumoxinat, sondern auch von derjenigen des überschüssigen, freien Oxins im Chloroform-Extrakt abhängt, muß sowohl zur Herstellung der Eichlösungen wie zur Untersuchung der Probelösung stets die gleiche Oxin-Menge angewandt werden. Im Gegensatz zur photometrischen Messung wird zur Einstellung des Nullwertes und der Empfindlichkeit eine fluoreszierende Lösung als Standard benötigt. Hierzu wäre eine Aluminiumoxinat-Lösung geeigneter Konzentration brauchbar; *Tullo, Stringer* und *Harrison* verwenden statt dessen eine wäßrige Lösung von Fluorescëin (1,33 µg/ml), *Goon* und Mitarbeiter eine Lösung von Chininsulfat (1 µg/ml) in n Schwefelsäure. Diese Lösungen lassen sich einfacher und schneller herstellen als eine Standardlösung des Aluminiumoxinats.

Arbeitsvorschrift nach *Tullo, Stringer* und *Harrison* [18] zur Bestimmung des Aluminiums neben vernachlässigbar kleinen Mengen störender Metalle. Das Volumen der Probelösung soll etwa 40 ml betragen; sie kann bis zu 80 µg Aluminium enthalten. Die Probelösung wird im Schütteltrichter mit 10 ml einer Lösung von 0,2 g Oxin in 100 ml Chloroform versetzt und durch Zugabe von Ammoniak unter ständigem Schütteln auf einen pH-Wert zwischen 8 und 11 gebracht. Dann wird noch 1/2 min kräftig geschüttelt und nach erfolgter Schichten-Trennung die Chloroform-Phase in einen 20-ml-Meßkolben abgelassen. Die wäßrige Schicht wird noch 2mal mit je 4 ml Chloroform ausgeschüttelt, die vereinigten Extrakte werden auf 20 ml gebracht und mit 1 g wasserfreiem Natriumsulfat getrocknet. Zur fluorimetrischen Messung wird ein aliquoter Teil der getrockneten, klaren Lösung auf 20 ml verdünnt, und zwar bei Gehalten von:

$$\begin{array}{ll} 0 \text{ bis } 20 \text{ µg Al} & 5 \text{ ml,} \\ 10 \text{ bis } 40 \text{ µg Al} & 2 \text{ ml,} \\ 20 \text{ bis } 80 \text{ µg Al} & 1 \text{ ml.} \end{array}$$

Die Verdünnung ist *erforderlich*, um störende Absorption des UV-Lichtes durch überschüssiges, freies Oxin bzw. andere Metalloxinate auf ein vernachlässigbar kleines Maß herabzudrücken.

In der oben erhaltenen, verdünnten Lösung wird nun unter Verwendung eines Grünfilters (z.B. Hilger-Nr. 5) die Intensität des Fluoreszenz-Lichtes gemessen, das bei Bestrahlung mit UV-Licht durch ein nur für dieses durchlässiges Filter entsteht.

Bemerkungen. Als *Vergleichsstandard* dient eine wäßrige, 200 µg Fluorescëin/ 150 ml enthaltende Lösung.

Das Intensitätsverhältnis der Fluoreszenz-Strahlungen von Probe- zur Standard-lösung ist für genügend verdünnte Lösungen praktisch von der Aluminium-Konzentration *linear* abhängig. Zu ihrer Ermittlung stellt man nach obiger Arbeitsvorschrift mit Hilfe bekannter Aluminium-Mengen *Eichkurven* auf. Aus diesen Eichkurven können die den Meßwerten zugehörigen Aluminium-Gehalte abgelesen werden.

Einfluß fremder Metalle. Bei nach obiger Vorschrift ausgeführten Extraktionen der Lösungen von je 50 μg verschiedener Metalle fanden *Tullo* und Mitarbeiter *keine* Fluoreszenz bei folgenden Metallen:

Mg, Ca, Ce, Th, V, Cr, Mo, W, U, Mn, Fe, Co, Ni, Cu, Ag, Hg, Tl, Sn, Pb, Bi
und wahrscheinlich auch Be.

Eine schwach gelbgrüne bzw. gelbliche Fluoreszenz zeigen Zink und Cadmium, deren Oxinate jedoch nur beschränkt in feuchtem Chloroform löslich sind und mit der Zeit als Hydrate wieder ausfallen.

Wenn die Oxinate der erstgenannten Metalle auch nicht infolge eigener Fluoreszenz stören, so dürfen sie doch nur in solchen Mengen neben Aluminium vorkommen, daß sie noch keine merklichen *Fehler* durch Absorption des eingestrahlten UV- oder des emittierten Fluoreszenz-Lichtes verursachen. Ein größerer Überschuß an fremden Metallen muß also unbedingt abgetrennt werden.

Im Gegensatz zur photometrischen Bestimmung ist hierbei aber keineswegs auch die *letzten Spuren* erfassende, quantitative Abtrennung erforderlich.

Tullo, Stringer und *Harrison* haben die beschriebene Methode zur Bestimmung des Aluminiums im *Bier* ausgearbeitet. Eine Abtrennung störender Metalle ist hier nicht erforderlich; bei Eisen-Gehalten über 1 mg Fe/l Bier muß der ursprüngliche Chloroform-Extrakt jedoch unabhängig vom Aluminium-Gehalt auf das 20fache verdünnt werden.

Arbeitsvorschrift. Man dampft 25 ml Bier in einem Kjeldahl-Kolben aus Quarz zur Syrupdicke ein. Nun wird Salpetersäure zugegeben, vorsichtig erwärmt, dann mit 4 ml konz. Schwefelsäure versetzt und kräftiger bis zur beginnenden Dunkel-färbung infolge Verkohlung erhitzt. Man hellt durch tropfenweise Zugabe von Salpetersäure immer wieder auf, bis keine Dunkelfärbung mehr eintritt. Das ist nach Zugabe von etwa 1 ml Salpetersäure der Fall. Man erhitzt nun, bis keine nitrosen Gase mehr entweichen und Schwefelsäurenebel auftreten. Nach dem Abkühlen soll die Lösung dann farblos sein. Man fügt etwa 0,5 g Ammoniumsulfat unter Nach-spülen der Gefäßwandungen mit wenig Wasser zu, erhitzt nochmals und raucht zur völligen Entfernung von Salpetersäure 5 min ab. Nach Abkühlen verdünnt man den Rückstand mit Wasser auf 40 ml und verfährt zur Aluminium-Bestimmung weiter nach obiger Vorschrift.

Bemerkungen. Nach den von *Tullo, Stringer* und *Harrison* mitgeteilten Beleg-analysen betrug bei Doppelbestimmungen in Bierproben, in denen 34 bis 100 μg Al/l gefunden wurden, die *Differenz* der Einzelmessungen im Mittel 12 μg Al/l, maximal 20 μg Al/l.

Zugesetzte Aluminiummengen von 16 bis 30 μg Al je 25 ml Probe wurden mit einem *Fehler* von maximal 6%, im Mittel unter ± 5% rel. wiedergefunden.

Das Verfahren nach *Goon, Petley, McMullen* und *Wiberley* gleicht bis zur Ge-winnung des Chloroformextraktes des Aluminiumoxinats im wesentlichen der be-reits mitgeteilten Vorschrift nach *Wiberley* und *Bassett* zur photometrischen Bestim-mung (S. 295). Entsprechend der größeren Empfindlichkeit der fluorimetrischen Bestimmung wird jedoch mit *erheblich geringeren* Aluminium-Mengen (bis zu 16 μg Al) gearbeitet.

Arbeitsvorschrift. Ein aliquoter, etwa 2 bis 10 μg, nicht über 16 μg Aluminium enthaltender Teil der Probelösung wird auf etwa 100 ml verdünnt und im Schüttel-trichter mit 2 ml 2%iger Oxin-Lösung in n Essigsäure sowie 2 ml Pufferlösung

versetzt, die 200 g Ammoniumacetat und 70 ml konz. Ammoniak im Liter enthält.
Mit verd. Ammoniak stellt man auf einen pH-Wert von 8,0 ± 1,5 ein und schüttelt
2mal mit je 15 bis 20 ml Chloroform aus. Die vereinigten Extrakte werden in einen
50-ml-Meßkolben aus Borsilicatglas filtriert und zur Marke aufgefüllt.

Bemerkungen. Zur fluorimetrischen Messung werden Glasküvetten, ein Filter zur
Isolierung des anregenden UV-Lichtes (Corning Nr. 5970, Durchlässigkeit für das
Quecksilbertriplett bei 365 nm etwa 80%) sowie eine Glasfilter-Kombination zur
Isolierung des zu messenden Fluoreszenz-Lichtes (80% Durchlässigkeit bei 450 nm,
unter 410 nm undurchlässig) verwendet.

Als Vergleichs- und Standardlösung dient eine *Chininsulfat*-Lösung (1 μg Chinin-
sulfat/ml).

Störende Ionen. Anionen, die mit Aluminium Komplex-Verbindungen bilden, behindern die Extraktion als Oxinat und dürfen nicht anwesend sein (vgl. S. 291). In
Gegenwart von Eisenspuren, Titan und Vanadium ergeben sich infolge Herabsetzung
der Fluoreszenz-Intensität zu niedrige Aluminium-Werte. Der *Fehler* betrug bei der
Bestimmung von 10 μg Aluminium neben 60 μg Eisen, Vanadium oder Titan etwa
−35%, neben 10 μg Eisen oder Vanadium −11 bis 17%, während 10 μg Titan
praktisch ohne Einfluß waren. Diese gegenüber den Befunden von *Tullo*, *Stringer*
und *Harrison* erheblich stärkere Störung hängt wahrscheinlich mit den höheren
Konzentrationen der fluorimetrierten Chloroform-Extrakte an Aluminium und vor
allem an freiem Oxin zusammen.

Einflüsse anderer Art. Die Intensität der Fluoreszenz bleibt mindestens 24 Std.
konstant, solange die Chloroform-Extrakte keiner intensiven UV-Belichtung ausgesetzt werden, wie dies während des kurzen Zeitraumes der eigentlichen Messung
im Fluorimeter der Fall ist. Läßt man die in die Küvette eingefüllten Lösungen im
Fluorimeter stehen, so nimmt die Intensität der Fluoreszenz laufend ab, für je
10 min Bestrahlung um etwa 5%. Da man zur Ausführung der Messung weniger als
1 min benötigt, kann die während der Meßzeit erfolgende Intensitätsabnahme unberücksichtigt bleiben.

Arbeitsvorschrift zur *Bestimmung des Aluminiums in Stahl und Bronze. Goon*,
Petley, *McMullen* und *Wiberley* verfahren zunächst nach der Arbeitsvorschrift von
Wiberley und *Bassett* zur photometrischen Bestimmung (S. 296); sie gehen jedoch
von einer Einwaage von nur 1 g aus. Weiterhin wird je nach dem erwarteten Alumi-
nium-Gehalt die Lösung der Probe auf 250 oder 2000 ml aufgefüllt (Meßkolben aus
Borsilicatglas!) und der verdünnten Lösung ein etwa 2 bis 10 μg Aluminium ent-
haltender aliquoter Teil entnommen. Diesen verdünnt man gegebenenfalls mit 0,5 n
Schwefelsäure auf 50 ml und scheidet Eisen bzw. Kupfer, Zinn an der Quecksilber-
Kathode in bekannter Weise ab. Nach beendeter Elektrolyse wird Aluminium gemäß
obiger Vorschrift nach *Goon* und Mitarbeitern fluorimetrisch bestimmt.

Bemerkungen. Nach den von *Goon* und Mitarbeitern in der beschriebenen Weise
ausgeführten Aluminium-Bestimmungen in Standardproben ist die *Genauigkeit* der
Methode insbesondere bei kleineren Aluminium-Gehalten recht befriedigend
(Tabelle 66).

Tabelle 66. *Genauigkeit des Verfahrens nach Goon, Petley, McMullen und Wiberley*

Standardprobe	Al-Gehalt		Einzelwerte	
	angegeben %	gefunden (Mittelwert) %	Zahl	mittlere Streuung
Phosphorbronze	0,05	0,046	3	± 0,005
Si-Stahl	0,261	0,259	11	± 0,014
Cr-Mo-Al-Stahl	1,07	1,09	6	± 0,04

Verfahren nach *Grimaldi* und *Levine* [108] zur Bestimmung des Aluminiums in *Rohphosphaten*. Um bei der Bestimmung von Aluminium-Spuren in phosphathaltigen Mineralien die durch Phosphationen verursachte Störung möglichst auszuschließen, muß nach den Erfahrungen von *Grimaldi* und *Levine* Oxin in großem Überschuß angewandt werden. Man gibt hierzu im Gegensatz zur üblichen Arbeitsweise zweckmäßig die aluminiumhaltige Probelösung zur essigsauren Oxin-Lösung und extrahiert anschließend bei einem pH-Wert von 4,6 mit Chloroform. Es sollen sich in Probemengen von nur 0,1 mg Rohphosphat noch 0,01% Aluminiumoxid neben bis zu 10% Eisen bestimmen lassen. Bezüglich der Einzelheiten der Arbeitsweise muß auf die Originalarbeit verwiesen werden.

Gemäß der Arbeitsweise nach *Fioletova* [109] zur Bestimmung im *Magnesium* stören Nitrat-, Sulfat-, Calcium- und Chrom(III)-ionen nicht. Bei Eisen-Gehalten, größer 10^{-5} g/ml, muß das Eisen durch Extraktion entfernt werden.

Arbeitsvorschrift. 0,2 g Probe werden mit 5 ml Wasser benetzt und durch tropfenweise Zugabe von 6n Salzsäure gelöst. Die Lösung wird bis zur Sirupkonsistenz eingeengt und mit 10 ml 6n Salzsäure aufgenommen. Die Lösung wird so lange mit je 10 ml Äther extrahiert, bis im Extrakt mit Thiocyanationen kein Eisen mehr nachzuweisen ist. Die wäßrige Lösung wird eingeengt und im Meßkolben auf 200 ml aufgefüllt. 10 ml Lösung werden mit 1 ml Natriumhydrogencarbonat-Lösung (80 g/l) versetzt (pH-Wert 7). Nach Zugabe von 1 ml 2%iger Oxin-Lösung in n Essigsäure wird mit 5 ml Chloroform 5 min extrahiert. Die Extraktion wird wiederholt und die Extrakte vereinigt. Die Fluoreszenz-Intensität dieser Lösung wird mit einer Vergleichslösung verglichen, deren Aluminium-Gehalt etwa demjenigen der Probe entspricht.

Bemerkungen. Zur *genaueren* Bestimmung des Gehaltes der Probe wird die aus der beobachteten Intensitätsdifferenz berechnete Aluminium-Menge der Probe oder Vergleichslösung zugesetzt, bis beide nach wiederholten Bestimmungen gleiche Intensitäten zeigen.

Im Bereich von 0,001 bis 0,004% Al zeigen die mitgeteilten Analysenwerte eine *Streuung* von weniger als ± 0,0005%, vorausgesetzt daß alle Reagenzien frei von Aluminium und Eisen sind.

Auf die gleiche Weise bestimmt *Fioletova* [110] Aluminium-Spuren im *Uran*. Mit Hydrogencarbonat wird Uran bei der Extraktion des Aluminiumoxinates als Carbonatokomplex maskiert.

Bestimmung von *Submikrogrammengen* Aluminiums in *hochreinen Säuren und Quarz* (*Rees* [107]). Zur Bestimmung von Submikrogrammengen ist eine sorgfältige Reinigung der angewendeten Reagenzien unerläßlich. Es dürfen nur Geräte und Gefäße aus Quarzglas benutzt werden. Gefäße aus Polyäthylen geben Spuren Aluminiums an die Lösungen ab und sind deshalb ungeeignet. Aus dem gleichen Grund dürfen auch keine Stopfen aus Polyäthylen benutzt werden.

Die Reinigung des zur Extraktion verwendeten Chloroforms erfolgt durch Destillation, nachdem es vorher mit 2m Ammoniak und Ammoniumchlorid geschüttelt wurde. Zum Verdünnen der Reagenzien und Lösungen wurde doppelt dest. Wasser, das über einen Ionen-Austauscher gegeben wird, benutzt. Zur Herstellung reinsten Ammoniaks und reinster Salzsäure wurde durch die reinen, konzentrierten Reagenzien gefilterte Luft geleitet und das mitgeführte NH_3 bzw. HCl in einer Quarzvorlage mit entionisiertem Wasser aufgefangen. Auch die isotherme Destillation nach *Irving* und *Cox* [111] kann zur Reinigung angewendet werden. Konz. Schwefelsäure wird durch Destillation gereinigt, ebenso die Flußsäure durch Destillation bei 80 bis 90 °C aus einem Polyäthylen-Gefäß, besser jedoch durch Redestillation aus einem Platin-Kolben in ein Platin-Gefäß. Die Aufbewahrung erfolgt ebenfalls in Platin-Gefäßen. Pufferlösungen werden mit Oxin-Chloroform-Lösungen extrahiert. Eine Reinigung des Oxins ist nicht erforderlich.

Herstellung der Analysenlösungen. 1 bis 10 ml *Säure* werden in einem Platin-Tiegel unter Zusatz von 1 ml 0,1 n Schwefelsäure eingedampft, bis nur noch ein dünner Säurefilm den Boden des Tiegels bedeckt. Nach Zugabe von 5 ml Wasser wird das Eindampfen in gleicher Weise wiederholt. Man nimmt mit 2,5 ml Wasser auf und arbeitet wie unten angegeben weiter.

0,1 bis 0,5 g gemahlene *Quarzprobe* wird in einem Platin-Tiegel mit Flußsäure geätzt, mit entionisiertem Wasser gewaschen, bei 1000 °C geglüht und nach dem Abkühlen mit 2 ml gereinigter Flußsäure versetzt. Bei bedecktem Tiegel läßt man schwach sieden, wobei man bis zur vollständigen Lösung abgemessene Mengen an Flußsäure zusetzt. Nach Zugabe von 1 ml 0,1 n Schwefelsäure wird so lange eingedampft, bis nur noch ein dünner Säurefilm zurückbleibt. Nach Zusatz von 5 ml Wasser wird das Eindampfen in gleicher Weise wiederholt. Man nimmt mit 2,5 ml Wasser auf und verfährt weiter wie unten angegeben.

Arbeitsvorschrift. Die Analysenlösung wird in einer Platin-Schale mit 1 ml 0,1 n Ammoniak, 0,5 ml 0,1 %iger Oxin-Lösung in 0,04 n Essigsäure und 5 ml Pufferlösung (0,05 n Salzsäure + 1 m Natriumacetat-Lösung) versetzt. Die Lösung wird in einen 50-ml-Quarz-Scheidetrichter überführt, wobei die Schale nur mit einer sehr geringen Menge an entionisiertem Wasser nachgewaschen wird. Man extrahiert mit 20 ml Chloroform, filtriert den Chloroform-Extrakt über Quarz-Wolle in einen Quarz-Meßkolben und überführt zur Messung in eine Quarz-Küvette. Die Fluoreszenz-Messung wird mit einer Quecksilber-Lampe durchgeführt und die Primärstrahlung mit einer Filter-Kombination aus einem 405 nm Interferenzfilter, einem Filter aus einer 2 cm dicken Schicht 1 %iger Jod-Lösung in Tetrachlorkohlenstoff und einem Filter aus einer 0,5-cm-Schicht 2 %iger Natriumnitrit-Lösung isoliert. Die Sekundärstrahlung wird durch ein 4-mm-Chance-OY8-Glas gemessen. Als Fluoreszenz-Standard dient eine Chininhydrogensulfat-Lösung in 0,1 n Schwefelsäure (5 μg/ml), die gleich 50 Skalenteile gesetzt wird.

Bemerkungen. Die Intensitätsmessung wird mit einer gleich behandelten Blindlösung *korrigiert.*

Zur Aufstellung von *Eichkurven* im Bereich von 0,0 bis 0,3 μg Al wird eine frisch bereitete Kaliumaluminiumsulfat-Lösung verwendet. Die Eichlösungen werden dem gleichen Analysengang unterworfen wie die Proben; lediglich der Zusatz an Schwefelsäure und Ammoniak unterbleibt.

Collat und *Rogers* [112] beschreiben eine Methode zur gleichzeitigen Bestimmung des *Aluminiums und Galliums* nebeneinander durch Messung der fast gleichen Fluoreszenzspektren bei 2 verschiedenen Wellenlängen und gleicher Anregung sowie einer Wellenlänge und zwei verschiedenen Anregungen. Obwohl eine Anordnung aus 2 Beckman-Photometern Modell DU, das eine zur Herstellung der monochromatischen Anregungsstrahlung, das zweite zur Messung der Fluoreszenz-Strahlung, benutzt wird, sind die erreichten Analysengenauigkeiten sehr mäßig.

Arbeitsweisen zur Bestimmung in *verschiedenen anderen Materialien.*

Die Bestimmung des Aluminiums im Gußeisen und Stahl unter Verwendung des EEL-Fluorimeters für Gehalte von 0,0002 bis 0,2 % Al beschreiben *Green, Laband* und *Bryan* [113]. 10^{-5} % Aluminium in Wolfram und Wolframoxiden bestimmt *Danneil* [114]. Sämtliche zur Analyse verwendeten Reagenzien und Lösungen müssen bei dieser Bestimmung sorgfältig gereinigt werden. Zur halbquantitativen Schnellbestimmung des Aluminiums in natürlichen Wässern vergleichen *Nagy* und *Polyik* [115] die Fluoreszenz der Aluminiumoxinat-Chloroform-Extrakte visuell mit auf gleiche Weise bereiteten Eichlösungen unter einer Analysenquarzlampe. Nach Abtrennung des Zirkoniums als Fluorozirkonat mittels Ionen-Austauscher bestimmen *Burd, Goward* und Mitarbeiter [116] Aluminium in Zirkonium und Zirkonlegierungen fluorimetrisch.

B. Bestimmungen mit Eriochromcyanin

Grundlagen und Anwendungsbereich des Verfahrens

Eriochromcyanin bildet mit Aluminium in wäßriger Lösung innerhalb eines pH-Bereiches von etwa 3,5 bis 6,5 einen rotvioletten Farblack. Seine Bildung wurde erstmals von *Eegriwe* [117] zum qualitativen Nachweis kleinster Aluminium-Mengen benutzt. Noch 0,5 µg Aluminium in 1 bis 2 ml essigsaurer Lösung lassen sich mit Eriochromcyanin nachweisen (*Eegriwe* [117, 118]). Zur quantitativen Aluminium-Bestimmung – zunächst in Pflanzenaschen – wurde Eriochromcyanin nach den Erfahrungen von *Eegriwe* durch *Alten, Weiland* und *Knippenberg* [119] 1934 herangezogen. Seither haben sich zahlreiche Autoren mit dem Eriochromcyanin-Verfahren beschäftigt, so daß es neben der Aluminon-Methode zu den am gründlichsten durchgearbeiteten Farblack-Verfahren gehört und weitgehend Eingang in die analytische Praxis gefunden hat.

Vor der Bestimmung des Aluminiums mit Eriochromcyanin müssen – wie bei allen photometrischen Verfahren – zuerst die störenden Metalle abgetrennt oder maskiert werden. Gegenüber anderen photometrischen Methoden hat das Eriochromcyanin-Verfahren den Vorteil, daß es durch Anwesenheit geringer Eisen-Mengen verhältnismäßig wenig gestört wird.

Die Hauptschwierigkeiten des Verfahrens liegen jedoch in der starken, mit dem pH-Wert wechselnden Eigenfärbung des überschüssigen Reagenses im Gebiet maximaler Absorption des Farblackes und in der vom Alter der Reagens-Lösung und dem pH-Wert der Lösung abhängigen Bildungsgeschwindigkeit und Farbintensität des Farblackes. Die hier vorliegenden, verwickelten Verhältnisse sind vor allem durch die Arbeiten von *Millner* [120], *Millner* und *Kunos* [121], *Werner* [122], *Richter* [123], *Thrun* [124] sowie *Hegedüs* [125] weitgehend geklärt worden. Auf Grund der gewonnenen Erkenntnisse konnte die zur vollständigen Bildung des Farblackes, also zur Erreichung der maximalen, konstant bleibenden Farbintensität des Aluminiumlackes erforderliche Zeit durch geeignete pH-Einstellung von 20 Std. (*Millner* und *Kunos*) auf 5 bis 20 min (*Werner; Seuthe* [126]; *Ikenberry* und *Thomas* [127]) abgekürzt werden.

Reagens

Eriochromcyanin R ist ein Triphenylmethanfarbstoff, das Trinatriumsalz der 5,5′-Dimethyl-4′-oxyfuchsonsulfonsäure-(2″)-dicarbonsäure-(3,3′)   nebenstehender Konstitution.

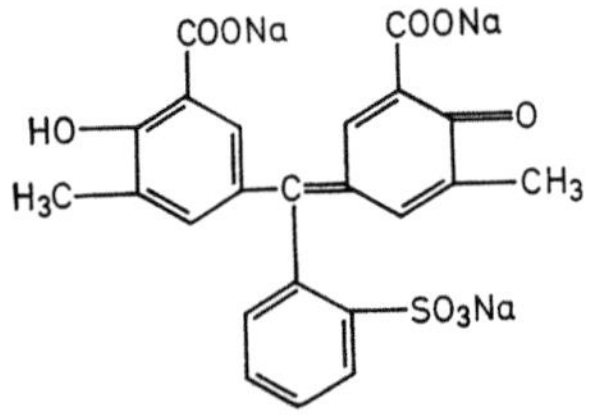

Die Farbe der wäßrigen Lösung von Eriochromcyanin R ist vom pH-Wert abhängig; sie ist bei

pH = 1:	orangegelb,	pH = 5:	orangerot,
pH = 2:	rotorange,	pH = 6 bis 10:	gelb,
pH = 3:	rot,	über pH = 10:	violett.
pH = 4:	tiefrot,		

Mit diesem Befund übereinstimmende Angaben machten *Ikenberry* und *Thomas*, während die älteren Angaben von *Werner*, die auch von *Rönnholm* [128] wiedergegeben werden, im sauren Gebiet hiervon abweichen.

Entsprechend der Farbvertiefung von Gelb bei pH = 6 nach Tiefrot bei pH = 3,5 bis 4,0 ist auch die Absorption der Farbstofflösung bei 530 nm, dem Extinktionsmaximum des Aluminium-Farblackes, bei pH = 3,5 bis 4,0 etwa doppelt so stark wie bei pH = 6 (*Ikenberry* und *Thomas*). Das Absorptionsmaximum der Farbstofflösung, das im pH-Bereich von 5,5 bis 7,5 bei etwa 440 nm liegt (*Werner;* vgl. auch *Alten, Weiland* und *Knippenberg* sowie *Koch* [129]), verschiebt sich mit abnehmendem pH-Wert nach längeren Wellenlängen hin (siehe auch *Hegedüs*). Puffert man eine saure Eriochromcyanin-Lösung (pH = 2,5) auf ein pH von 6 ab, so dauert es längere Zeit, etwa 10 Std., bis ein konstanter, dem pH-Wert 6 entsprechender Extinktionswert erreicht ist (*Werner*). Ähnlich sind frisch bereitete, wäßrige Lösungen des Farbstoffes zunächst orangefarben und hellen sich erst im Laufe längeren Stehens auf, bis sich nach etwa 3 Wochen der schwach gelbe Farbton der neutralen Lösung eingestellt hat. Diese ,,Alterung" frisch hergestellter Eriochromcyanin-Lösungen ist für die Aluminium-Bestimmung bedeutungsvoll, da frische Lösungen mit Aluminium einen intensiver gefärbten Lack als gealterte Lösungen ergeben sollen. Wie *Richter* gezeigt hat, wird jedoch mit beiden Lösungen der gleiche Extinktionswert erreicht; nur ist im Falle frisch bereiteter Lösungen die Bildungsgeschwindigkeit des Farblackes bei pH = 6 erheblich größer. *Millner* erklärte diese Erscheinungen durch die Annahme, daß Eriochromcyanin in einer Säure- und einer Neutralform existiert, die sich bei neutraler Reaktion nur langsam ineinander umwandeln. Nur die Säureform soll zur Bildung des Aluminiumlackes befähigt sein.

Auf Grund von Untersuchungen kommen *Scholes* und *Smith* [130] zu einem ähnlichen Ergebnis wie *Richter*. Obzwar eine Alterung von geringem Einfluß ist, empfehlen sie dennoch zwischen Ansetzen der Farbstoff-Lösung und Anwendung eine Wartezeit von 1 Std.

Richter weist darauf hin, daß sich verschiedene Eriochromcyanin-Präparate teils infolge verschiedenen Reinheitsgrades, teils weil es sich bei ihnen nicht um das Trinatriumsalz, sondern um die freie Farbsäure handelt, verschieden verhalten können. Es ist daher zweckmäßig, neue Eriochromcyanin-R-Präparate einer entsprechenden Prüfung vor ihrer Anwendung zu unterziehen.

Im allgemeinen wird der Farbstoff als 0,1 oder 0,5%ige wäßrige Lösung angewendet, wobei es nach dem oben Gesagten zumindest beim Arbeiten in annähernd neutralen Lösungen (pH = 5,0 bis 6,5) wichtig ist, ob man frisch hergestellte Reagens-Lösungen oder mehrere Wochen ,,gealterte" Lösungen verwendet. Wird jedoch entsprechend den neueren Vorschriften zur Bildung des Aluminiumlackes die Lösung auf einen niedrigeren pH-Wert eingestellt (pH = 2,5 oder 3,8), so dürfte es zweckmäßiger sein, mit sauren Farbstoff-Lösungen (z.B. nach *Hadorn* [131] 0,1 n essigsauer) zu arbeiten.

Nach *Hill* [132] werden die chromophoren Gruppen des Farbstoffes durch Reduktionsmittel angegriffen und mehr oder weniger vollständig zerstört, wobei der pH-Wert eine gewisse Rolle spielt. Einige Farbstoffe, z.B. der von *Richter* benutzte, enthalten reduzierende Gruppen als Verunreinigungen und benötigen längere Alterungszeiten zur Stabilisierung. Diese Reaktion ist reversibel und kann durch Oxydationsmittel wieder rückgängig gemacht werden. Da die Stabilität des Aluminium-Komplexes in hohem Maße von einer konstanten Konzentration der chromophoren Gruppen abhängt, ist diese oxydative Stabilisierung dieser Gruppen wichtig. Sie gelingt am besten durch Zugabe von Natriumchlorid, Ammoniumnitrat und Salpetersäure. *Spauszus* [133], der die Angaben von *Hill* nachgeprüft hat, konnte sie vollauf bestätigen und empfiehlt ebenfalls eine Stabilisierung mit Salpetersäure.

Eigenschaften des Aluminium-Eriochromcyanin-R-Farblackes und seine photo-
metrische Bestimmung

Der rotviolette, im pH-Bereich von 3,5 bis 6,5 praktisch beständige Aluminium-
Eriochromcyanin-R-Lack soll je Atom Aluminium 3 Moleküle Eriochromcyanin R
enthalten, wie *Millner* und *Kunos* gezeigt haben. Von *Hill* wird folgende Strukturformel vorgeschlagen:

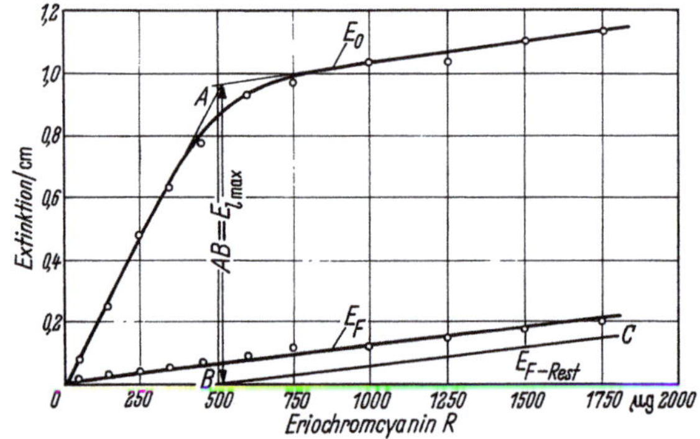

Diese Zusammensetzung ist konstant und vom Überschuß an Farbstoff unabhängig,
wie aus dem Verlauf der bei konstanter Aluminium-Menge (8 bis 15 μg) und wachsender Farbstoffmenge erhaltenen Extinktionskurve (E_0 in Abb. 14) hervorgeht.

Abb. 14. Extinktionskurven für Eriochromcyanin-R-Aluminiumfarblack (E₀) und Eriechromcyanin-R-Lösun-
gen (E_F) nach *Millner* und *Kúnos*

Die Gesamtextinktion E_0, die sich aus der höchstmöglichen Extinktion des Farblackes $E_{1\,max}$ und der Extinktion des Farbüberschusses $E_{F\text{-Rest}}$ zusammensetzt, verläuft nämlich vom Knickpunkt *A* ab parallel zu der den vorhandenen Farbstoff-
Mengen allein entsprechenden Extinktionskurve E_F. Bei dem Knickpunkt *A*
(Äquivalenzpunkt) ist das Molverhältnis zwischen Aluminium und Eriochromcyanin R nahe gleich 1:3, womit die Zusammensetzung Al ≡ (Eriochromcyanin R)₃
zumindestens im pH-Bereich um 6 bewiesen ist.

Es ist damit aber nicht sichergestellt, daß der bei den verschiedenen Arbeitsweisen
entstehende Farblack stets diese Zusammensetzung haben muß. So fanden *Millner*
und *Kunos* bei der Aufnahme der Extinktionskurven von Farblack-Lösungen mit
konstantem Farbstoff- und steigendem Aluminium-Gehalt, daß die drei an Aluminium gebundenen Eriochromcyanin-Moleküle offenbar verschieden stark gebunden
sind. Wahrscheinlich wird nur bei Farbstoff-Überschuß der vollständige Farblack
Al(EC)₃ gebildet. Bei geringer Farbstoff-Konzentration erhält man eine Zwischen-
stufe, in der z.B. etwa 2 Moleküle Eriochromcyanin an ein Al-Atom gebunden sind.
Hierfür spricht, daß bei vielen Arbeitsvorschriften (z.B. *Werner; Bischof* und *Geuer*
[134]; *Thrun; Pohl* [135]; *Glemser, Raulf* und *Giesen* [136]) die zugesetzte Farbstoff-

Menge gar nicht zur Bildung von Al(EC)$_3$ innerhalb des ganzen Meßbereiches ausreicht. Nach eingehenden Untersuchungen kommt *Hegedüs* zu dem Schluß, daß in der Aluminium-Eriochromcyanin-Verbindung kein definiertes, stöchiometrisches Verhältnis vorliegt. Mit dem Jobschen Verfahren erhält er in Gegenwart eines Natriumacetat-Essigsäure-Puffers sowohl bei pH = 3,6 als auch 5,6 eine Verbindung, die der Formel Al(EC)$_{1,1-1,6}$ entspricht.

Die Gesamtextinktion E_0 für die Farblack- und Farbstoff-Lösung ist bei Gültigkeit des Lambert-Beerschen Gesetzes:

$$E_0 = e_L \cdot c_{Al} + e_F (c_F - 3 \cdot c_{Al})$$
$$= c_{Al} (e_L - 3 e_F) + c_F \cdot e_F,$$

wobei e_L und e_F die molaren Extinktionskoeffizienten des Farblackes und des freien Farbstoffes, c_{Al} und c_F die Konzentrationen an Aluminium und an Gesamtfarbstoff (überschüssiger und als Farblack gebundener) bedeuten.

Die Änderung der gemessenen Gesamtextinktion E_0 erfolgt also linear mit dem Aluminium-Gehalt und ist bei Anwendung stets gleicher Farbstoff-Mengen von dessen Absolutmenge unabhängig. Zur Aufstellung der *Eichkurve* ist es allerdings zweckmäßig, den Aluminium-Gehalt nicht gegen E_0, sondern gegen die Differenz $E_0 - c_F \cdot e_F = E_0 - E_F$ aufzutragen. Hierzu behandelt man die Blindlösung zur Bestimmung von E_F in gleicher Weise wie die zu untersuchenden Proben und die Eichproben; man erhält auf die Weise gleichzeitig die stets erforderliche Blindwert-Korrektur.

Aus obiger Gleichung für die Gesamtextinktion E_0 geht weiter hervor, daß Empfindlichkeit und Meßgenauigkeit der photometrischen Bestimmung um so größer werden, je größer die Differenz $(e_L - 3 e_F)$ ist; weiterhin muß $c_F \cdot e_F$ möglichst klein sein, um die Messung nicht in dem meßtechnisch ungünstigen Gebiet hoher Gesamtextinktionen ausführen zu müssen. Es ist also – vor allem zur Bestimmung kleinster Aluminium-Gehalte – wichtig, einmal nicht mehr Farbstoff anzuwenden, als für den zu erwartenden Höchstwert an Aluminium erforderlich ist, wobei man auch die Eichkurve diesem Höchstwert anpaßt; zum anderen wird man die Messung in einem Wellenlängen-Bereich und bei einem pH-Wert ausführen, für welche die Extinktion des Farblackes möglichst groß und diejenige des freien Farbstoffes möglichst klein ist, die Differenz $(e_L - 3 e_F)$ also ein Maximum besitzt.

Das Absorptionsmaximum des Aluminium-Eriochromcyanin-R-Lackes liegt unabhängig vom pH-Wert der Lösung bei etwa 530 nm (nach *Hill* bei 535,5 nm); die Intensität der Extinktion ist jedoch im pH-Bereich von 5,5 bis 6,5 am größten und nimmt mit geringer werdendem pH ab. Auch zeigt die reine Eriochromcyanin-R-Lösung bei 530 nm eine beträchtliche Absorption. Diese fällt jedoch umgekehrt von einem Maximum im pH-Bereich 3,5 bis 4 bis zum pH-Wert 7,5 stark ab (vgl. die Messungen von *Ikenberry* und *Thomas* bei 525 nm). Die photometrische Messung wird daher am zweckmäßigsten im Wellenlängen-Bereich um 530 nm und bei einem pH-Wert der Lösung von 5,5 bis 6,5 ausgeführt. Diese Bedingungen werden von den meisten Autoren eingehalten, insbesondere bei der Bestimmung kleinster Aluminium-Gehalte (1 bis 15 µg Al). Für größere Aluminium-Mengen (10 bis 250 µg Al) ist diese Meßanordnung jedoch zu empfindlich. *Werner* und *Corleis* [137], *Thrun* sowie *Pohl* messen dann bei 576, 600 bzw. 610 nm. Ebenfalls unempfindlicher ist die von *Richter* vorgeschlagene Messung im Absorptionsmaximum des Farblackes bei 530 nm, jedoch bei einem pH von 3,8. Bei diesem pH-Wert ist die Bildungsgeschwindigkeit des Farblackes erheblich größer als im pH-Bereich um 6.

In dieser nicht nur vom pH-Wert der Lösung, sondern auch vom Zustand der Reagens-Lösung – frisch hergestellt oder mehrere Wochen gealtert – abhängigen Bildungsgeschwindigkeit des Farblackes liegt die Hauptschwierigkeit des Eriochromcyanin-Verfahrens. Je nach den Reaktionsbedingungen erfordert die vollständige

Bildung des Aluminiumlackes und die Einstellung des pH-abhängigen Gleichgewichtes zwischen Säure- und Neutralform des überschüssigen Farbstoffes und damit die Einstellung reproduzierbarer, konstanter Extinktionsverhältnisse eine mehr oder weniger lange Zeit (bis zu 20 Std.).

Wie zuerst *Koch* und später in eingehenderen Untersuchungen *Werner* gezeigt haben, läßt sich die zur praktisch vollständigen Bildung des Farblackes und Erreichung der Höchstextinktion erforderliche Zeit auf wenige Minuten herabsetzen, wenn man zunächst in stärker saurem Gebiet (pH = 2 bis 3) als *Richter* (pH = 3,8) arbeitet. *Werner* hat auf diese Weise durch Zugabe der Reagens-Lösung zur Aluminium-Lösung bei einem pH-Wert von etwa 2,5 und Pufferung nach einer Wartezeit von 20 min auf pH = 6 Lösungen erhalten, deren Extinktion, gemessen gegen die gleichbehandelte Farbstoff-Lösung $(E_0 - E_F)$, während mehrerer Stunden praktisch konstant blieb.

Es ist hierbei jedoch zu beachten, daß sowohl die Extinktion des freien Farbstoffes in der Farblack- wie in der Farbstoff-Vergleichslösung allmählich abnimmt, infolge der bei pH = 6 langsam erfolgenden Einstellung des Gleichgewichtes zwischen Säure- und Neutralform des Eriochromcyanins. Sowohl E_0 wie E_F nehmen mit der Zeit ab (vgl. *Koch*), und zwar infolge des verschiedenen Gehaltes an freiem Farbstoff in verschiedenem Maße; auch die gemessene (oder aus den Einzelmessungen von E_0 und E_F berechnete) Differenz $(E_0 - E_F)$ muß sich daher ändern. Diese Änderung wird um so stärker sein, je größer der Unterschied der Konzentration an freiem Farbstoff in der Farblack- gegenüber der Vergleichslösung ist, d.h., sie muß von der Aluminium-Konzentration im Verhältnis zur angewandten Farbstoff-Menge abhängig sein. Es liegen also bei den Bestimmungsmethoden, die sich an die Arbeiten von *Koch* sowie *Werner* anlehnen, trotz möglicher Konstanz der gar nicht direkt meßbaren Extinktion des reinen Farblackes (E_L) keine stabilen, zeitunabhängigen Extinktionsverhältnisse vor. Es ist daher bei Anwendung dieser Arbeitsweisen die Einhaltung stets annähernd gleicher Zeiten für die einzelnen Arbeitsschritte einschließlich der photometrischen Messungen unerläßlich.

Auch wurde die Beschleunigung der Farblack-Bildung durch Temperaturerhöhung verschiedentlich angewandt. So erhitzen *Richter* und ebenso *Thrun* die mit Eriochromcyanin versetzte und auf den zur Messung geeigneten pH-Wert (3,8 bzw. 5,4) eingestellte Lösung kurz zum Sieden oder 10 min auf 70° und kommen bereits nach einer Wartezeit von 1 Std. zu konstanten Extinktionswerten. *Werner* erhielt dagegen beim Erhitzen weniger gut reduzierbare Ergebnisse.

Einteilung der Arbeitsweisen

Nach dem oben Gesagten sind sehr verschiedene Arbeitsweisen möglich, auch vorgeschlagen und geprüft worden, um nach dem Eriochromcyanin-Verfahren zu reproduzierbaren, nur von der Aluminium-Konzentration und der angewandten Reagens-Menge abhängigen Extinktionswerten zu gelangen. Eine Einteilung der Arbeitsweisen kann nach folgenden Gesichtspunkten vorgenommen werden:

1. pH-Wert der Lösung unmittelbar vor bzw. während der Bildung des Farblackes: Dieser für die Bildungsgeschwindigkeit des Farblackes maßgebende pH-Wert kann

    I. identisch sein mit demjenigen, bei dem die photometrische Messung ausgeführt wird, oder

    II. von ihm verschieden sein;

2. Reaktionstemperatur: Die Bildung des Farblackes kann

    I. bei Zimmertemperatur erfolgen oder

    II. durch Erhitzen beschleunigt werden;

3. pH-Wert der Lösung bei der Extinktionsmessung: Letztere kann bei einem

pH-Wert der Farblacklösung von

  I. 5,1 bis 6,5 oder bei

  II. 3,8 vorgenommen werden;

  4. Zeitpunkt der Messung: Die Messung kann erfolgen

    I. nach erreichter, vollständiger Gleichgewichtseinstellung (absolute Konstanz von E_0 und E_F, Wartezeit 1 bis über 20 Std.) oder

    II. zu bestimmtem Zeitpunkt vor Erreichen der Gleichgewichtseinstellung [nur annähernde Konstanz der Differenz $(E_0 - E_F)$ innerhalb eines bei allen Messungen einzuhaltenden Zeitraumes; Wartezeit wenige Minuten bis zu 1 Std.].

Bei gleichbleibendem pH-Wert und Ausführung der Messung nach Erreichen eines konstanten Extinktionswertes (Kombination 1.I mit 4.I) arbeiten *Millner* und *Kunos, Hadorn, Thrun* sowie *Richter*. Nachteilig ist hierbei die lange Wartezeit, die bei pH = 5,4 bis 6 etwa 20, bei pH = 3,8 4 Std. beträgt. Durch kurzes Erhitzen läßt sie sich auf 1 Std. verringern (*Richter, Thrun*).

Die meisten Autoren geben die Reagens-Lösung zur sauren, Aluminium enthaltenden Lösung und puffern erst dann auf einen zur Messung geeigneten pH-Wert ab. Die Extinktionsmessung wird ausgeführt, sobald die Differenz $(E_0 - E_F)$ annähernd konstant geworden ist (Kombination 1.II, 4.II). In bezug auf die Wartezeiten zwischen dem Versetzen mit Reagens und dem Abpuffern sowie zwischen letzterem und der Extinktionsmessung unterscheiden sich die einzelnen Arbeitsvorschriften erheblich. Die älteren Arbeitsvorschriften (*Alten* und Mitarbeiter; *Koch*; *Rauch* [138]; *Bischof* und *Geuer*) sehen überhaupt keine Wartezeit vor dem Abpuffern der sauren Lösung vor; auch *Glemser, Raulf* und *Giesen*, die allerdings bei pH = 3,8 messen, erwähnen sie nicht. Offenbar braucht diese Wartezeit auch nur kurz zu sein (5 min nach *Seuthe* sowie *Ikenberry* und *Thomas*). Erwähnt sei, daß die Vorschriften von *Alten* und Mitarbeitern sowie von *Bischof* und *Geuer* in bezug auf die Einstellung eines genügend sauren pH-Wertes nicht eindeutig und daher nicht zu empfehlen sind.

Auch für die Wartezeit zwischen Pufferung und Ausführung der Extinktionsmessung werden unterschiedliche Angaben gemacht (0 bis 40 min). Allgemein wird die Reproduzierbarkeit um so besser, je länger die Wartezeit ist.

Fehlerquellen

Die als Maß der Aluminium-Konzentration photometrisch bestimmte Extinktionsdifferenz $(E_0 - E_F)$ hängt, wie schon erwähnt, nicht allein von der Konzentration an Aluminium und Farbstoff sowie vom Zeitpunkt der Messung ab. Auch Faktoren wie das Alter der Reagens-Lösung und der Gehalt der Lösung an Fremdionen, die weder mit Aluminium noch mit Eriochromcyanin chemisch zu reagieren brauchen, können das Meßergebnis ganz erheblich beeinflussen. Eine weitere Fehlerquelle ist durch Aluminium-Verunreinigungen aus den Reagenzien und den verwendeten Glas-Geräten gegeben. Diese kann zu Störungen führen, die um so ernsthafter sind, je geringer die zu bestimmende Aluminium-Menge ist.

Das Alter der Reagens-Lösung übt, wie schon ausgeführt wurde, erheblichen Einfluß auf die Geschwindigkeit der Farblack-Bildung aus. Um stets unter reproduzierbaren Versuchsbedingungen zu arbeiten, wird man daher immer gleich alte Reagens-Lösungen verwenden. Besonders wichtig ist dies bei den Arbeitsweisen, nach denen sowohl die Lack-Bildung wie die photometrische Messung in annähernd neutralem Medium (pH = 5,4 bis 6,5) erfolgen, da hier Lack-Bildung wie Gleichgewichtseinstellung besonders langsam verlaufen. Am zweckmäßigsten dürfte jedoch der Vorschlag von *Rauch* sowie *Hadorn* sein, schwach saure Eriochromcyanin-Lösungen zu verwenden (z.B. 0,1 oder 1 n essigsauer), am besten die von *Hill* empfohlene, mit

Salpetersäure und Ammoniumnitrat stabilisierte Farbstoff-Lösung. Derartige Lösungen verändern sich auch in längeren Zeiträumen nicht, so daß auch im Hinblick auf die Reagens-Lösung die Reproduzierbarkeit der Arbeitsweise sichergestellt ist. Außerdem liegt in diesen Lösungen das Gleichgewicht zwischen Säure- und Neutralform des Farbstoffes weitgehend auf der Seite der allein zur Lackbildung befähigten Säureform, so daß die Lack-Bildung schneller verläuft als unter Verwendung gealterter, wäßriger Eriochromcyanin-Lösungen.

Über den Einfluß von Fremdionen, die „Salzfehler" hervorrufen können, berichten verschiedene Autoren (*Millner* und *Kunos; Koch; Richter; Thrun; Boettcher* und *Hellwig* [139]). Ihre Beobachtungen weichen jedoch zum Teil erheblich voneinander ab, was wohl auf die sehr unterschiedlichen Versuchsbedingungen zurückzuführen ist. Den Einfluß höherer Salzkonzentrationen hat *Richter* untersucht. Die Extinktion einer Lösung von 150 μg Aluminium, 15 mg Eriochromcyanin und 20 ml Natriumacetat-Pufferlösung vom pH-Wert 3,8, aufgefüllt auf 100 ml, wurde durch Zugabe von je 3 g Salz auf die im folgenden aufgeführten, prozentualen Anteile des Extinktionswertes ($E_0 - E_F$) herabgedrückt (Tab. 67).

Tabelle 67. *Salzfehler in Eriochromcyanin-Lösungen*

Zusatz von 3 g Salz auf 100 ml Lösung	Extinktion der Lösung in %
NaCl	96,7
NH_4Cl	93,5
KCl	70,7
$CaCl_2$	88,0
$MgCl_2$	52,2
Na_2SO_4	21,7
$(NH_4)_2SO_4$	38,0
K_2SO_4	16,3
$MgSO_4$	12,0

Allgemein ist also der Einfluß 2wertiger Ionen größer als derjenige 1wertiger Ionen. In Übereinstimmung mit älteren Beobachtungen stören Natrium- und Chloridionen praktisch kaum. Auch Ammoniumionen stören nur wenig, zumindest bei pH = 3,8. *Richter* konnte demnach die Angaben von *Millner* und *Kunos*, daß Ammoniumionen auch als Ammoniumacetat-Puffer die Farbintensität des Aluminiumlackes wesentlich herabsetzen, nicht bestätigen. Kalium- und Calciumionen stören bereits erheblich, noch stärker Magnesium-, am stärksten Sulfationen. *Richter* löst daher zur Aluminium-Bestimmung im *Stahl* die Proben in Salzsäure, nicht in Schwefelsäure, durch deren Verwendung er stark streuende Werte fand. *Koch* erwähnt ebenfalls die Herabsetzung der Extinktion durch größere Mengen Ammonium- und insbesondere Kaliumionen.

Der zugesetzte Puffer setzt die Farbintensität des Aluminiumlackes mit steigender Konzentration herab; andererseits wächst mit abnehmender Puffer-Konzentration der Einfluß von Fremdionen auf die Farbintensität. Hier macht sich also auch ein gegenseitiger Einfluß der Fremdionen bemerkbar. So ist z.B. nach *Thrun* die Störung durch Magnesiumionen bei Verwendung von Ammonium- statt Natriumacetat-Puffer erheblich geringer.

Der Salzfehler ist nicht der Salz-Konzentration proportional, sondern bei kleineren Salz-Gehalten relativ stärker (*Richter*). Außerdem kann die Wirkung geringer Mengen Fremdionen derjenigen großer Mengen entgegengesetzt sein. So wird z.B. durch kleine Magnesium-Gehalte die Farbintensität des Aluminiumlackes nicht herabgesetzt, sondern erhöht. Diese Wirkung ist bei kleinen Aluminium-Gehalten

(5 bis 15 µg) und bei Verwendung 6fach verdünnter Pufferlösung offenbar besonders stark. So mußten *Boettcher* und *Hellwig* zur Aluminium-Bestimmung in Magnesium-Legierungen mit 30 bis 70% Aluminium, also größenordnungsmäßig gleichen Gehalten an beiden Metallen, eine Schar von Eichkurven für die verschiedenen Magnesium-Gehalte aufstellen. Nach *Thrun*, der konzentriertere Pufferlösungen verwendete, stören dagegen bis zu 50 µg Magnesium die Bestimmung von 10 bis 70 µg Aluminium praktisch nicht.

Als Folgerung ergibt sich aus diesen Beobachtungen, daß zur Herabsetzung des Einflusses von Fremdionen die Pufferlösung unter Inkaufnahme einer geringen Herabsetzung der Farbintensität ausreichend konzentriert sein soll. Nach *Koch* ist das Eriochromcyanin-Verfahren dann gegen geringe und vielfach auch größere Mengen an Verunreinigungen verhältnismäßig unempfindlich. Weiterhin kann bei ausreichenden Aluminium-Gehalten die Konzentration an Fremdionen durch Verdünnen herabgesetzt werden. Am sichersten wird der Salzfehler vermieden, wenn die Gehalte an Fremdionen in Probe-, Blind- und Eichlösungen gleich sind.

Weiterhin ist zu beachten, daß auch die Extinktion der reinen Farbstoff-Lösung durch einen Gehalt an Fremdsalzen herabgesetzt wird. Durch diesen wird vor allem die Einstellung des konstanten Endwertes der Extinktion von Farblack- und Farbstoff-Lösungen merklich verzögert.

Störende Ionen und Möglichkeiten ihrer Abtrennung oder Maskierung

Wie beim Einfluß von Fremdsalzen sind auch die zahlreichen Beobachtungen über Ionen, die die quantitative Bestimmung des Aluminiums mit Eriochromcyanin stören oder verhindern, zum Teil widersprechend. Dies dürfte in erster Linie ebenfalls auf unterschiedliche Versuchsbedingungen zurückzuführen sein. So sind die Erfahrungen von *Eegriwe* über den qualitativen Nachweis des Aluminiums in Gegenwart eines Überschusses zahlreicher anderer Metalle, insbesondere des Eisens, auf die quantitative Bestimmung nicht übertragbar.

Alten und Mitarbeiter fanden bereits, daß *Eisen(III)* in weit stärkerem Maße stört, als nach den Angaben durch *Eegriwe* zu erwarten war. Bezogen auf gleiche Gewichtsmengen Metall entspricht bei pH = 6 die Extinktion des Eisenlackes etwa 30% derjenigen des Aluminiumlackes; 3 µg Eisen(III) rufen also einen positiven Fehler von etwa 1 µg Aluminium hervor (*Werner* und *Corleis; Ikenberry* und *Thomas*). Mit fallendem pH-Wert nimmt auch die Extinktion des Eisen(III)-lackes ab (*Thrun*); bei pH = 3,8 beträgt sie nur noch etwa 10% derjenigen des Aluminiumlackes (*Richter*). Nach der Arbeitsweise von *Thrun* (S. 336) sollen 50 µg Eisen(III) die Bestimmung von 10 bis 70 µg Aluminium noch nicht merklich stören. *Thrun* mißt die Extinktion bei 600 nm (pH-Wert = 5,4); möglicherweise ist in diesem Wellenlängen-Bereich das Extinktionsverhältnis vom Eisen(III)- zum Aluminiumlack kleiner als bei 530 nm.

Eisen(II) stört als solches die Aluminium-Bestimmung nicht (*Richter*). Die bei größeren Eisen(II)-Gehalten (Fe^{2+} : Al = 25 : 1) bereits auftretenden, positiven Fehler (*Ikenberry* und *Thomas*) werden bereits auf teilweise Oxydation zu Eisen(III) zurückzuführen sein.

Außer Eisen geben nach *Eegriwe* auch *Mangan*, Chrom und Vanadium ähnliche rot- oder blauviolette Färbungen wie Aluminium. Nach *Richter* bildet nur Mangan(III) einen blauvioletten, leicht ausflockenden Farblack. Daher führt die Anwesenheit von an sich nicht mit Eriochromcyanin reagierendem Mangan(II) infolge teilweiser Oxydation zu Mangan(III)-hydroxid zu positiven Fehlern (*Alten* und Mitarbeiter) oder, wenn der Farblack ausfällt, gelegentlich zu Minderbefunden (*Richter*). Nach *Ikenberry* und *Thomas* sowie *Thrun* beeinflußt Mangan(II) die Aluminium-Bestimmung mit Eriochromcyanin jedoch praktisch nicht.

Chrom(III) stört fast so stark wie Eisen(III); auf gleiche Metallmengen bezogen, beträgt die Extinktion des Chrom(III)-lackes etwa 25% derjenigen des Aluminiumlackes (*Richter; Thrun*). Chromationen sind dagegen ohne Einfluß (*Thrun*). *Ikenberry* und *Thomas* erwähnen zwar, daß Chrom-Gehalte bis 0,5% die Bestimmung von 0,03% Aluminium im Stahl nicht stören; sie führen aber nur Testversuche an, in denen Chrom als Chromation zugegeben wurde.

Vanadium stört nach *Richter* nur schwach; die Extinktion von 50 µg Vanadium entspricht etwa derjenigen von 1 µg Aluminium. Wahrscheinlich stört Vanadium(V) selbst überhaupt nicht, sondern nur durch teilweise Reduktion gebildetes Vanadium(IV), das mit Eriochromcyanin reagiert. Durch Zusatz von Reduktionsmitteln wie Thioglykolsäure wird daher die Störung durch Vanadium fast verzehnfacht. Nach Beobachtungen von *Hill* [140] erhöht sich die Extinktion des Vanadium-Farblackes in Anwesenheit von Aluminium und Eisen gegenüber der reinen Vanadium-Lösung um das Doppelte.

Kupfer hat nach *Werner* und *Corleis* in reiner Lösung etwa 6% der Extinktion des Aluminiums; neben Aluminium ist die Extinktion des Kupfers noch geringer. Übersteigt also der Gehalt an Kupfer denjenigen an Aluminium, so können erhebliche Fehler hervorgerufen werden. Nach *Thrun* sowie *Ikenberry* und *Thomas* ist jedoch die Störung durch Kupfer wesentlich geringer, so daß 500 bzw. 300 µg Kupfer die Bestimmung von 10 bis 70 µg Aluminium noch nicht merklich beeinflussen. Nach Untersuchungen von *Seibold* [141], der zu Aluminium-Mengen von 2,28 µg und 3,42 µg in einem Volumen von 10 ml etwa 25 µg Cu^{2+} zugab, ergaben sich Minderbefunde an Aluminium von 0,34 µg bzw. 0,12 µg. Wahrscheinlich beruhen diese Minderbefunde auf einem teilweisen Ausfallen des Farblackes.

Titan gibt in annähernd neutraler Lösung mit Eriochromcyanin eine schwache Blaufärbung. Diese stört die quantitative Bestimmung des Aluminiums, wenn nicht zu große Titan-Mengen vorliegen, die positive Fehler verursachen, nicht (*Koch*). 500 µg Titan hatten auf die Bestimmung von 150 µg Aluminium weder bei pH = 3,8 noch bei pH = 5,4 merklichen Einfluß (*Richter*); nach *Glemser*, *Raulf* und *Giesen* stört Titan beim Arbeiten bei pH = 3,8 überhaupt nicht.

Nickel, Zink, Cadmium, Blei und *Zinn* sind praktisch ohne Einfluß auf die Extinktion des Aluminiumlackes. Nickel(II) kann nach *Richter* aus ähnlichen Gründen wie Mangan(II) zu geringen Unterbefunden führen; die Störung dürfte aber in den meisten Fällen vernachlässigbar klein sein. Nach *Ikenberry* und *Thomas* ist die Bestimmung des Aluminiums auch noch in Stählen mit 3% Nickel ohne Abtrennung des letzteren möglich. Zink kann bei den älteren Arbeitsweisen, nach denen die Lösung zunächst alkalisch gemacht wird, infolge Ausfällung von Zinkhydroxid, das Aluminium mitreißt, stören. Dies läßt sich schon durch Verwendung von Ammoniumacetat enthaltender Pufferlösung verhindern (*Werner* und *Corleis*). *Ikenberry* und *Thomas* bestimmen noch 5 µg Aluminium in 250 mg Zink (entsprechend 0,002% Al). Auch erhebliche Blei- und *Cadmium*-Gehalte stören diese Aluminium-Bestimmung im Zink nicht. Zinn beeinträchtigt die Extinktion des Aluminiumlackes nicht; wird es aber beim Lösen der Probe ganz oder teilweise als Metazinnsäure abgeschieden, so können sich durch Mitreißen des Aluminiums durch den Niederschlag erhebliche Minderbefunde ergeben.

Über den Einfluß weiterer Metalle liegen nur die Beobachtungen von *Eegriwe* [118] beim qualitativen Nachweis vor. Danach läßt sich noch 1 µg Aluminium nachweisen neben 100 µg der folgenden Kationen bzw. Anionen:

Be, Sr, Ba, La, Ce^{3+}, Zr, Th, MoO_4^{2-}, WO_4^{2-}, UO_2^{2+}, Co, Ag, Hg_2^{2+}, Hg^{2+}, Tl^+, Sb^{3+}.

Thallium(III) stört den Nachweis; Zirkonium und Thorium geben zwar blaue Färbungen mit Eriochromcyanin; diese stören aber den Aluminium-Nachweis nicht. Auch Beryllium reagiert mit Eriochromcyanin; es läßt sich jedoch noch 1 µg Aluminium neben 500 μg Beryllium an der stärker violetten Färbung des Aluminium-lackes erkennen. Bemerkenswert ist der Einfluß von Gemischen an Kationen, die, wenn einzeln anwesend, keinerlei Störung verursachen. Wie *Seibold* feststellte, ver-ursachen Gemische aus Fe^{2+} und Cu^{2+} sowie Fe^{2+}, Cu^{2+} und Mn^{2+} erhebliche Farb-lack-Störungen.

Von den Anionen stören beim qualitativen Nachweis nach *Eegriwe* die folgenden:

$$PO_4^{3-}, \ F^-, \ SiO_3^{2-}, \ SiF_6^{2-}, \ BF_4^-, \ CrO_4^{2-}, \ [Fe(CN)_6]^{3-}, \ C_2O_4^{2-} \ \text{und} \ C_4H_4O_6^{2-}.$$

Im Zusammenhang mit der quantitativen Bestimmung liegen Beobachtungen nur vor über den Einfluß von Phosphat-, Silicat-, Fluorid- und Chromationen. Daß letztere die photometrische Bestimmung nicht stören, wurde bereits weiter oben erwähnt. Fluoride dürfen nach *Thrun* auch bei der qualitativen Bestimmung höch-stens in geringster Konzentration anwesend sein, ebenso Kieselsäure. *Richter* fand dagegen, daß Kieselsäure, die nach vorangegangener Abtrennung des Eisens mit Natronlauge wenigstens teilweise als Orthosilication ins Filtrat geht, nicht stört. Auch Mengen, die einem Gehalt der *Stahlprobe* von 10 % Silicium entsprechen, hatten keinen Einfluß auf die Aluminium-Bestimmung. Nach *Scholes* und *Smith* [130] stört ein hoher Silicium-Gehalt die Aluminium-Bestimmung infolge der Bildung von Metakieselsäure.

Phosphationen schwächen nach *Alten* und Mitarbeitern schon in kleinen Mengen (gleiche Größenordnung wie Aluminium) die Intensität der Farbreaktion des Alu-miniums. *Hadorn* fand dagegen, daß erst größere Phosphat-Gehalte beträchtliche Fehler verursachen, die durch gleichzeitige Anwesenheit von Natriumchlorid noch bedeutend verstärkt werden. *Thrun* stellt bei seiner Arbeitsweise, nach der die Lösung nicht vorübergehend stärker alkalisch gemacht wird wie bei *Alten* und Mit-arbeitern sowie *Hadorn*, keine Minderbefunde an Aluminium fest, solange nicht mehr als die 29fache Gewichtsmenge Phosphationen gegenüber Aluminium anwesend war. Nach der Arbeitsweise von *Richter*, also beim pH-Wert 3,8, stört Phosphation die Bestimmung von 100 μg Aluminium überhaupt nicht. Auch bedeutend größere Phosphat-Gehalte beeinträchtigen die Extinktion des Aluminiumlackes bei pH = 3,8 nur in ähnlicher Weise wie auch andere Salze („Salzfehler").

Abtrennung störender Ionen kann je nach ihrer Art und Menge auf verschiedene Weise erfolgen. Über die Möglichkeiten der Abtrennung ist im Kapitel „Trennungen", S. 577, nachzuschlagen. Außerdem enthalten die nachfolgenden Arbeitsvorschriften eine Reihe der wichtigsten Trennungsverfahren.

Über die Maskierung störender Ionen liegen in Verbindung mit der Bestimmung des Aluminiums mit Eriochromcyanin bisher nur Erfahrungen mit Natriumthio-sulfat [Maskierung von Kupfer und Eisen(III)], Thioglykolsäure, Ascorbinsäure und Mercaptoessigsäure [Maskierung von Eisen(III)] vor. *Werner* und *Corleis* verwenden zur Tarnung von Kupfer und Eisen bei der Aluminium-Bestimmung in Zink und Zinklegierungen Thiosulfationen, ein Verfahren, das bereits *Kolthoff* auf die Alumi-nium-Bestimmung mit Chinalizarin angewandt hatte. Die Methode ist auch bei kleinsten Aluminium-Gehalten und vielfachem Kupfer-Überschuß brauchbar.

Thioglykolsäure wurde erstmals von *Richter* angewandt, um die Störung durch nicht zu große Eisen-Mengen (bis 2 mg Fe neben 150 μg Al) beim Eriochromcyanin-Verfahren auszuschließen. Er stellte fest, daß Thioglykolsäure auch die Störung durch Mangan beseitigt, diejenige durch Chrom(III) und Vanadium(V) dagegen ver-stärkt. Die Maskierung mit Thioglykolsäure wurde auch von *Hadorn* sowie *Glemser*, *Raulf* und *Giesen*, *Radmacher* und *Schmitz* [142], *Dozinel* [143], von *Lilie* und *Rosin* [144], und von *Giebler* [145] angewandt. Ascorbinsäure als Maskierungsmittel ver-wenden *Kuhn* [146] sowie *Lüdemann* und *Zimmermann* [147]. Natriummmercaptoacetat wird von *Hill* [140] zur Tarnung des Eisens bei der Aluminium-Bestimmung in Eisenerzen angewandt.

Methoden der Farblack-Bildung und photometrischen Messung in annähernd neutraler Lösung (pH = 5,4 bis 6,5)

Arbeitsvorschrift nach *Millner* und *Kunos* [121]. In einem 25-ml-Meßkolben fügt man zu der etwa 5 ml betragenden, nicht mehr als 15 µg Aluminium enthaltenden, salzsauren Aluminium-Lösung aus einer Mikrobürette 1,50 ml Eriochromcyanin-R-Lösung (siehe unten). Man versetzt tropfenweise mit 2n Natronlauge bis zur Erreichung einer blaßgrauen Färbung, gibt noch einen Tropfen Natronlauge zu und versetzt die nunmehr blauviolette Lösung unter Umschütteln tropfenweise mit 0,2n Essigsäure, bis die Lösung blaßgelb gefärbt ist. Nach Zugabe von 15 ml Pufferlösung (siehe unten) wird bis zur Marke aufgefüllt. In einem zweiten 25-ml-Meßkolben bereitet man in gleicher Weise eine Farbstoff-Lösung mit 1,50 ml Eriochromcyanin-R-Lösung, aber ohne Aluminium. Beide Lösungen läßt man 20 Std. (über Nacht) stehen und mißt dann bei 530 nm ihre Extinktion gegen reines Wasser (E_0 und E_F). Einer entsprechend hergestellten Eichkurve (Al-Gehalt gegen Extinktionsdifferenz: $E_0 - E_\mathrm{F}$) wird der zugehörige Aluminium-Gehalt entnommen.

Bemerkungen. Erforderliche Lösungen. α) 0,1 %ige wäßrige Lösung von Eriochromcyanin R (vermutlich freie Farbsäure an Stelle des Trinatriumsalzes). Die Farbstoff-Lösung soll mindestens 3 Wochen alt sein und dauernd im Dunkeln aufbewahrt werden. β) Die aus Natriumhydroxid p. a. hergestellte 2n Natronlauge soll in Polyäthylen-Flaschen aufbewahrt werden. γ) Pufferlösung, pH-Wert 5,4: 14,2 g Natriumacetat-3-hydrat und 1,74 g Essigsäure im Liter.

Da keine Notwendigkeit besteht, die Lösung erst stark alkalisch zu machen, wird man die Probelösung einfacher und sicherer durch Titration mit Natronlauge gegen Phenolphthalein *vor* Zugabe des Reagenses oder mit Ammoniumcarbonat neutralisieren oder nur auf den vorgesehenen pH-Wert abpuffern.

Die an reinen Aluminiumchlorid-Lösungen ausgeführten Bestimmungen ergaben bei 1 bis 15 µg Aluminium *Abweichungen* von ± 0,25 µg. *Millner* und *Kunos* konnten nach der beschriebenen Arbeitsweise noch Aluminium-Spuren von einigen Mikrogrammen in 0,1 g Wolfram bestimmen.

Arbeitsvorschrift nach *Thrun* [124]. Von der Probelösung wird ein 5 bis 70 µg Aluminium enthaltender, aliquoter Teil von nicht mehr als 10 ml pipettiert und in ein Proberöhrchen aus Pyrex-Glas mit Marken bei 15 und 20 ml Inhalt gegeben (*Thrun* verwendet zum Spektralphotometer passende, als Küvetten dienende Proberöhrchen). Durch tropfenweise Zugabe 10 %iger Ammoniumcarbonat-Lösung bis zum Aufhören der Kohlendioxid-Entwicklung wird neutralisiert; dann werden mit der Pipette genau 5 ml Reagens-Mischung (siehe unten) zugesetzt und mit Wasser bis zur 15-ml-Marke aufgefüllt. Nach gründlichem Durchmischen wird im Wasserbad erhitzt und 10 min auf einer Temperatur von 70° belassen (die Temperatur wird durch Eintauchen eines Thermometers in ein zweites, ebenfalls in das Wasserbad getauchtes, mit 15 ml Wasser gefülltes Proberöhrchen gemessen). Beim Erhitzen färben sich aluminiumfreie Lösungen gelblich, Aluminium enthaltende Lösungen braunrot. Anschließend kühlt man die Lösung auf Raumtemperatur ab, wodurch die Farbe Aluminium enthaltender Lösungen in Rot bis Violett übergeht, füllt bis zur 20-ml-Marke auf, mischt durch und läßt 1 Std. stehen. Nach Ablauf der Wartezeit wird die Extinktion bei einer Wellenlänge von 600 nm gegen Wasser als „Vergleichslösung" gemessen.

Bemerkungen. Die Eichwerte werden in gleicher Weise ermittelt; zur Aufstellung der *Eichkurve* werden die gemessenen E_0-Werte gegen den Aluminium-Gehalt aufgetragen.

Erforderliche Lösungen. α) 0,3 %ige wäßrige Lösung von Eriochromcyanin R, die in einer Flasche aus Pyrex-Glas aufbewahrt wird. *Thrun* gibt auch eine Vorschrift zur Herstellung von reinem Eriochromcyanin R. β) Gummi-arabicum-Lösung: 0,1 g gepulvertes Gummi-arabicum und 0,5 g Ammoniumbenzoat werden mit Wasser zu 50 ml gelöst. γ) Pufferlösung: 25 g Ammoniumacetat und 0,5 g Ammoniumbenzoat, in 50 ml Wasser gelöst, mit 2 ml Eisessig versetzt; es wird noch so viel Eisessig oder Ammoniak zugefügt, daß ein Gemisch aus 2 ml Pufferlösung und 1 ml Gummi-arabicum-Lösung, mit Wasser auf 20 ml verdünnt, gerade einen pH-Wert von 5,4 zeigt. δ) Reagens-Mischung: 3 Volumteile von Lösung (α) werden mit 1 Volumenteil von Lösung (β) und 3 Volumenteilen von Lösung (γ) gemischt. Die rote Farbe dieser Reagens-Mischung hellt sich mit der Zeit auf, was aber die Resultate nicht beeinflußt.

Die *Eichkurve* ist von 10 bis 70 µg Aluminium geradlinig. Für Mengen unter 10 µg Aluminium erreicht die Extinktion nicht den zu erwartenden Wert; *Thrun* vermutet als Ursache, daß sich der Farblack teilweise an den Gefäß-Wandungen absetzt. Für Mengen über 75 µg Aluminium reicht die zugesetzte Farbstoff-Menge nicht mehr zur vollständigen Farblack-Bildung aus.

Nach den mit Lösungen von je 10 bis 70 µg Aluminium ausgeführten Bestimmungen beträgt der mittlere relative *Fehler* ± 1,5 bis ± 1,6%.

Störende Ionen. In der wiedergegebenen Arbeitsweise stören nach *Thrun* Mangan(II), Zink und Nickel nicht; Kupfer bis zu 500 µg sowie Eisen(III) und Magnesium bis zu je 50 µg beeinflussen die Bestimmung des Aluminiums praktisch nicht, höhere Gehalte an diesen Metallen ergeben positive Fehler. Sehr stark stören Chrom(III)-ionen, während Chromationen ohne Einfluß sind. Auch Phosphationen sind bis zur 29fachen Gewichtsmenge des vorliegenden Aluminiums unschädlich; Silicationen sollen dagegen stören; ebenso darf die Lösung keine Fluoridionen enthalten.

Arbeitsweise nach *Hill* [132]. Aluminium-Verluste bei der Abtrennung des Eisens als Eisen(III)-hydroxid verhindert *Hill* durch Zusatz verhältnismäßig großer Mengen eines Elementes, das in seinem Verhalten dem Aluminium ähnlich ist, jedoch nicht mit Eriochromcyanin R reagiert. Von den untersuchten Elementen zeigte eine Kombination von Zink und Bor das beste Ergebnis. Durch Anwendung metallischen Zinks werden auch Chrom und Vanadium reduziert, ersteres vollständig, letzteres zum größten Teil mit abgetrennt.

Arbeitsvorschrift. *Säurelösliches Aluminium.* 1 g Probe wird in einem 150-ml-Erlenmeyerkolben mit 25 ml Salzsäure (1:1) (etwa 6 m) und 15 ml 3n Salpetersäure in mäßiger Wärme gelöst. Nach dem Auflösen gibt man 0,25 bis 0,50 g festes Persulfat zu, kocht 1 bis 2 min, verdünnt auf etwa 75 ml und versetzt mit 0,25 g granuliertem Zink. Nachdem sich das Zink gelöst hat, fügt man noch etwa 0,7 g Borsäure hinzu und erwärmt bis zum Lösen. Die heiße Lösung gießt man langsam in einen Polyäthylen-Becher, der 15 g festes Natriumhydroxid enthält. Man verdünnt mit 100 ml Wasser, überführt in einen 250-ml-Meßkolben und füllt auf. Die Lösung wird nun wieder in den Polyäthylen-Becher zurückgegossen; man läßt absitzen und filtriert partiell, wobei die ersten 25 ml verworfen werden. 5 ml Filtrat werden in einen 50-ml-Meßkolben überführt, 2 bis 3 Tropfen Oxin-Lösung (1 g in 100 ml Tetrachlorkohlenstoff) und 2 Tropfen 1%iger p-Nitrophenol-Indikatorlösung zugefügt. Nun titriert man mit 3n Salzsäure bis zum Umschlag von gelb nach farblos und gibt noch 3 Tropfen im Überschuß hinzu. Nach Zugabe von 5,0 ml Eriochrom-cyanin-R-Lösung [0,35 g Eriochromcyanin werden mit 2 ml Salpetersäure (D = 1,20) 2 min geschüttelt, 75 ml Wasser und 0,25 g Harnstoff oder Sulfanilsäure zugegeben und zu 1 l aufgefüllt] werden nach 2 min 5 ml Ammoniumacetat-Pufferlösung, pH = 7 (320 g in 1 l; der pH-Wert wird mit Essigsäure oder Ammoniak derart eingestellt, daß 5 ml Lösung in der angefärbten Analysen-Lösung von 50 ml einen pH = 5,8 ergeben), zugegeben und nach einer Wartezeit von 7 min aufgefüllt. Man mißt bei 535 nm gegen eine aluminiumfreie Eisen-Blindlösung.

Bemerkung. Die *Eichkurve* wird durch Zugabe bekannter Aluminium-Mengen zu 1 g Probe aus reinstem Eisen hergestellt, wobei man genau, wie in der Analysenvorschrift angegeben, verfährt.

Säureunlösliches Aluminium. 1 g Probe wird in einem 250-ml-Becherglas in 25 ml Salzsäure (1:1) (etwa 6 m) und 15 ml 3n Salpetersäure gelöst. Man filtriert in ein mit Filterschleim gedichtetes Filter und wäscht zunächst mit heißem Wasser, verd. Salzsäure und wieder mit heißem Wasser aus. Nach dem Veraschen wird mit wenig Natriumdisulfat aufgeschlossen und die Schmelze in 10 ml 3n Salzsäure und 25 ml Wasser gelöst. Nun wird die alkalische Abtrennung des Eisens, wie in der Vorschrift für säurelösliches Aluminium angegeben, ausgeführt. Man verdünnt das Filtrat in einem Meßkolben auf 100 ml. 5 ml Lösung werden in einen 50-ml-Meßkolben überführt. Nun wird genauso weiter verfahren, wie in der Arbeitsvorschrift zur Bestimmung des säurelöslichen Aluminiums beschrieben.

Zur Bestimmung des *Gesamtaluminiums* wird die abgekühlte Schmelze des unlöslichen Rückstandes im Filtrat gelöst, auf 75 ml eingeengt, 0,25 g Zink sowie 0,7 g Borsäure zugegeben und weiter wie angegeben verfahren.

Bemerkungen. Genauigkeit. Die von *Hill* ausgeführten Beleganalysen an verschiedenen niedrig- und hochlegierten Stahlproben ergaben im Mittel aus 3 Bestimmungen einen Maximalfehler von $\pm$ 0,002%. Auch die Abweichungen zu den mit anderen Methoden bestimmten Aluminium-Werten in verschiedenen Proben betrugen maximal nur 0,002%.

Störungen durch Fremdelemente. Störungen durch Vanadium werden durch die Zugabe von Oxin ausgeschaltet. Chrom wird zusammen mit dem Eisen abgetrennt. Beryllium stört und muß abgetrennt werden.

Die von *Hill* angegebene Arbeitsvorschrift wird vom Verein Deutscher Eisenhüttenleute [148] in etwas veränderter Form zur Aluminium-Bestimmung in *Ferrosilicium* und *Calciumsilicium* vorgeschlagen.

Arbeitsvorschrift. Die Proben (0,25 g) werden in einer Platin-Schale in 10 ml Salpetersäure (1:1) (etwa 7 m), 5 ml Flußsäure (40%ig) sowie 10 ml Schwefelsäure (1:1) (etwa 9,3 m) gelöst und die Flußsäure durch Abrauchen entfernt. Nach Zugabe von 15 ml Salpetersäure (1:4) (etwa 3,7 m) wird in ähnlicher Weise wie nach *Hill* verfahren, wobei zur Maskierung gegebenenfalls nicht quantitativ abgetrennten Eisens der Endlösung 1 mg Natriumthioglykolat zugesetzt werden.

Nach der *Arbeitsweise des Vereins der Deutschen Eisenhüttenleute* [149] wird zur Abtrennung störender Elemente die Elektrolyse an der Quecksilber-Kathode mit anschließender Natronlaugetrennung vorgeschlagen.

Arbeitsvorschrift. 1 g Probe, bei Gehalten über 0,1% Al entsprechend weniger, wird in 20 ml Salzsäure (1:1) (etwa 6 m), Salpetersäure (1:1) (etwa 7 m) oder einem Gemisch beider gelöst. Bei Verwendung von Salzsäure muß mit etwas Salpetersäure oxydiert werden. Nach Zugabe von 20 ml Schwefelsäure (1:1) (etwa 9,3 m) wird bis zum starken Rauchen eingeengt. Nach Abkühlen wird mit 50 ml Wasser aufgenommen und die Sulfate unter Erwärmen gelöst. Die ungelösten Anteile werden in ein Blauband-Filter abfiltriert und mit heißer Schwefelsäure (1:100) (etwa 0,2 m) gewaschen. Nach Veraschen wird in einem Platin-Tiegel mit 2 ml Flußsäure (40%ig) und 0,5 ml Schwefelsäure (1:2) (etwa 6,2 m) abgeraucht. Man schließt den Rückstand mit Kaliumdisulfat auf, löst die Schmelze in Wasser und vereinigt die Lösung mit dem Filtrat. Zur Lösung gibt man so viel Natronlauge (20 g NaOH in 100 ml), bis sich die ausgefallenen Hydroxide gerade wieder lösen und überführt in das Elektrolyse-Gefäß mit Quecksilber-Kathode. Man elektrolysiert bei 16 bis 20 A. Bildet sich während der Elektrolyse Permanganation, so wird es mit etwas Wasserstoffperoxid-Lösung (30%ig) reduziert. Durch Tüpfeln mit Kaliumhexacyanoferrat(III)-Lösung wird gegen Ende der Elektrolyse die erfolgte Abscheidung des Eisens festgestellt. Nach Beendigung der Elektrolyse wird der Elektrolyt abgehebert und filtriert. Das Filtrat wird eingeengt, in eine Platin-Schale überführt, zur Abscheidung des Titans wie auch restlicher Mangan- und Eisen-Mengen mit Natronlauge (20 g NaOH in 100 ml) und 5 ml Wasserstoffperoxid-Lösung (3 %ig) versetzt. Man erhitzt, läßt kurz absitzen, filtriert über einen Polyäthylen-Trichter und wäscht mit heißer Natronlauge (0,4 g NaOH in 100 ml) aus. Das Filtrat fängt man in einer Platin-Schale auf, säuert mit Salzsäure (D = 1,19) an, überführt in einen 250-ml-Meßkolben und füllt auf.

20 ml Lösung, bei Gehalten über 0,1 % Al entsprechend weniger, verdünnt man in einem 100-ml-Meßkolben auf etwa 40 ml, gibt 15 ml Eriochromcyaninlösung [0,1 g Eriochromcyanin werden 2 min mit 0,5 ml Salpetersäure (D = 1,4) verrührt, 75 ml Wasser und 0,25 g Harnstoff zugefügt und auf 100 ml aufgefüllt; die Lösung ist 3 Tage haltbar] und unter Umschwenken so viel Natronlauge (10 g NaOH in 100 ml) zu, bis der rote Farbton in Blauviolett umschlägt. Dann gibt man tropfenweise Essigsäure (12 ml Eisessig in 1 l) hinzu, bis der Farbton der Lösung von Blauviolett gerade auf Gelb umschlägt, und noch 10 Tropfen im Überschuß. Nach Zugabe von 50 ml Pufferlösung (260 g $CH_3COONa \cdot 3H_2O$ in 1 l 0,1 n Essigsäure; pH-Wert soll 6 betragen) wird zur Marke aufgefüllt. Nach einer Wartezeit von 15 min mißt man bei etwa 535 nm gegen eine Blindlösung, die ohne Zusatz von Eisen oder Stahl nach dem gleichen Analysengang herzustellen ist.

Bemerkungen. Zur Aufstellung der *Eichkurve* werden zu je 1 g Ferrum reductum abgestufte Aluminium-Mengen gegeben und die Eichproben, wie in der Analysenvorschrift angegeben, behandelt.

Sämtliche alkalischen Lösungen müssen in *Polyäthylen*-Gefäßen aufbewahrt werden.

Arbeitsweise nach *Scholes* und *Smith* [150]. *Bestimmung in Eisen und Stahl.* Basierend auf einer früheren Arbeit [151] geben *Scholes* und *Smith* eine umfassende Arbeitsvorschrift zur Bestimmung des Aluminiums in Eisen und Stahl, die auch zur Analyse von Nickel-Legierungen brauchbar ist.

Arbeitsvorschrift (für Gehalte > 0,002 %). 1 g Probe, bei Al-Gehalten > 0,12 % eine entsprechend geringere Einwaage, wird in 15 ml verd. Schwefelsäure [12,5 ml Schwefelsäure (D = 1,84) in 100 ml] gelöst. Löst sich die Probe nicht in Schwefelsäure, wird in Salzsäure gelöst, nach dem Lösen mit der gleichen Menge Schwefelsäure versetzt und bis zum Rauchen eingeengt. In Anwesenheit von Niob, Tantal und Silicium (> 1 %) muß ebenfalls bis zum Rauchen eingedampft, mit Wasser verdünnt und filtriert werden. Je nach Bedarf kann sowohl das säurelösliche als auch das säureunlösliche Aluminium getrennt bestimmt werden. Zur Bestimmung des Gesamtaluminium-Gehaltes wird der Rückstand mit einigen Tropfen Schwefelsäure und 2 ml Flußsäure abgeraucht, mit 0,5 g Natriumhydrogensulfat aufgeschlossen, die Schmelze in heißem Wasser gelöst und die Lösung zum Filtrat gegeben. Es wird mit gesättigter Natriumcarbonat-Lösung bis zum Auftreten eines Niederschlages neutralisiert (der Verbrauch an Carbonat-Lösung richtet sich nach dem Chrom-Gehalt der Lösung), der Niederschlag mit Schwefelsäure wieder vorsichtig gelöst und 1 ml im Überschuß zugegeben. Die auf 60 ml verdünnte Lösung wird bei 2 bis 3 A $1^1/_2$ Std. der Elektrolyse an der Quecksilber-Kathode unterworfen. Nach Entfernung des Eisens [Kaliumhexacyanoferrat(III)-Probe] wird noch 10 min weiter elektrolysiert, bis in Anwesenheit von Chrom die grüne Farbe des Chrom(III)-sulfats verschwunden ist. Das Elektrolysat wird auf 10 ml eingeengt. Ist die Lösung noch grün gefärbt, wird mit etwas Salpetersäure oxydiert und bis zum Rauchen eingeengt. Permanganation wird mit schwefliger Säure reduziert. Nun läßt man die Lösung vorsichtig in 10 ml 10 n Natronlauge einfließen, setzt 5 ml 5 %ige Wasserstoffperoxid-Lösung zu, kocht 10 min mäßig und filtriert nach Zugabe von etwas Filterschleim. Man neutralisiert das Filtrat nach Zugabe einiger Tropfen Phenolphthalein-Lösung mit Salzsäure (50 ml konz. Salzsäure in 100 ml), gibt 0,5 ml im Überschuß zu und füllt auf 200 ml auf. 20 ml, bei höheren Gehalten 10 ml, Lösung werden mit 5 ml Wasserstoffperoxid-Lösung (5%ig) versetzt und mit 2n Natronlauge neutralisiert. Nun wird mit 0,2n Salzsäure bis zum Umschlag nach farblos titriert, 1 ml im Überschuß zugegeben, mit 5 ml Eriochromcyanin-Lösung (0,1%ig) sowie 50 ml Pufferlösung (275 g CH_3COONH_4 und 110 g $CH_3COONa \cdot 3H_2O$ werden in 900 ml Wasser gelöst, auf 1 l verdünnt und 11 ml Eisessig zugegeben; die Lösung wird vor Bedarf 1 + 5 verdünnt) versetzt und auf 100 ml aufgefüllt. Nach 30 min wird die Extinktion bei 535 nm gegen eine Blindlösung gemessen.

Bemerkungen. Bei Aluminium-Gehalten von *0,0005 bis 0,012%* wird die nach der Natronlauge-Fällung neutralisierte Lösung eingeengt und auf 100 ml aufgefüllt. Davon werden 50 ml entnommen, 1 ml Wasserstoffperoxid-Lösung zugefügt, wie angegeben neutralisiert und 1 ml Eriochromcyanin-Lösung (0,5%ig) sowie 45 ml Pufferlösung zugegeben.

Scholes und *Smith* haben eine Reihe von Stählen analysiert. Der Vergleich der Ergebnisse nach ihrer und einer *volumetrischen* Methode ergab gute Übereinstimmung.

Bestimmung in eisenmetallurgischen Schlacken [152]. Die Probe (0,15 bis 22% Al_2O_3) wird in Salzsäure (D = 1,16 bis 1,19), Salpetersäure (D = 1,42) und Perchlorsäure gelöst, der ungelöste Rückstand mit Flußsäure abgeraucht, mit einem Soda-Borax-Gemisch aufgeschlossen, mit Salzsäure umgesetzt und zur Ausgangslösung gegeben. Die Bestimmung wird auf ähnliche Weise wie oben angegeben weitergeführt.

Ähnliche Arbeitsweisen. Auf ähnliche Weise bestimmt auch *Spauszus* [153] das Aluminium im Stahl. *Blair;* *Power, Griffiths* und *Wood* [154] benutzen als Grundlage für ihre Arbeitsvorschrift die Arbeit von *Scholes* und *Smith* [151]. An Stelle der Natronlauge-Trennung nach der Elektrolyse an der Quecksilber-Kathode entfernen sie restliches Eisen durch Cupferron-Extraktion. Als Reagens verwenden sie das von *Hill* [132] vorgeschlagene, mit Salpetersäure stabilisierte (nitrierte) Eriochromcyanin R. *Študlar* und *Eichler* [155] trennen Eisen in der Stahlanalyse durch Natronlauge-Fällung, *Verelst* und *de Sy* [156], *Kurjaković-Bogunović* und *Plepelić* [157] sowie *Schnell* [158] durch Elektrolyse an der Quecksilber-Kathode.

Ebenfalls die Natronlauge-Trennung zur Entfernung störender Ionen bevorzugen *Steele* und *England* [159] bei der Analyse von Aluminium-Kupfer-Legierungen wie auch *Miniussi* und *Rozados* [160] bei der Bestimmung kleiner Aluminium-Gehalte im Zink.

Die Abtrennung des Eisens in der Stahlanalyse führen *Liao* [161] sowie *Liao* und *Chang* [162] mit Hilfe eines Anionen-Austauschers durch. Eine kombinierte Ionen-Austauschermethode, wobei Phosphation mit einem Kationen-Austauscher (Dowex 50 × 8) und die Chlorokomplexe bildenden Elemente Eisen, Kupfer, Mangan und Zink mit einem Anionen-Austauscher (Dowex 1 × 10) abgetrennt werden, benutzt *Seibold* [141] zur Vorbehandlung von *Serum* bei der Aluminium-Bestimmung mit Eriochromcyanin R.

Methode der Farblackbildung und photometrischen Messung in schwach saurer Lösung (pH = 3,8)

Arbeitsvorschrift für reine Aluminium-Lösungen nach *Richter* [123]. Die ganz schwach saure, bis 250 µg Aluminium enthaltende Lösung wird in einem 100-ml-Meßkolben mit oberhalb der Marke erweitertem Hals erst mit 20 ml Pufferlösung (siehe unten), dann mit genau 15 ml Eriochromcyanin-Lösung (siehe unten) aus einer Bürette versetzt, zur Marke aufgefüllt, gut durchgeschüttelt und auf einer Heizplatte bis zum Sieden erhitzt. Nach dem ersten Aufkochen kühlt man sofort unter fließendem Wasser auf Raumtemperatur ab und läßt 1 Std. stehen. Anschließend wird die Extinktion bei 530 nm gegen eine gleichbehandelte, aber aluminiumfreie Vergleichslösung gemessen ($E_0 - E_F$).

Bemerkungen. Die *Eichkurve* wird in gleicher Weise mit Lösungen bekannten Aluminiumgehaltes aufgestellt.

Erforderliche Lösungen. α) 0,1%ige wäßrige Lösung des Eriochromcyanins R. *Richter* empfiehlt, nur Lösungen, die wenigstens 1 bis 3 Tage alt sind, zu verwenden. β) Pufferlösung, pH = 3,8: 6,44 g Natriumacetat und 10,45 ml Essigsäure (98%ig) auf 1 l Lösung; die Lösung hat, auf das 5fache verdünnt, mit ausreichender Genauigkeit einen pH-Wert von 3,8. Es kann auch eine Ammoniumacetat enthaltende Pufferlösung verwendet werden.

Die *Genauigkeit* der bei pH = 3,8 ausgeführten Messungen ist geringer (flachere Eichkurve und im Gebiete höherer Extinktionen liegender Meßbereich) als bei pH-Werten von 5,4 bis 6. Die Messung bei pH = 3,8 ist infolgedessen für kleinste Aluminium-Gehalte nicht geeignet.

Arbeitsweise zur Aluminium-Bestimmung im *Stahl* (Natronlauge-Trennung) nach *Richter.* Bei der von *Richter* angewandten Abtrennung des großen Eisen-Überschusses mit Natronlauge ist die teilweise Adsorption des Aluminiums durch den Eisenhydroxid-Niederschlag unvermeidbar. Die Menge des mitgefällten Aluminiums ist abhängig: α) von der Konzentration an Aluminium, β) von der Menge des zu fällenden Eisens und γ) von den Fällungsbedingungen (Verdünnung, Natronlauge-Überschuß, Temperatur, Salzgehalt). Arbeitet man für einen bestimmten Gehaltsbereich an Aluminium stets mit gleichen Einwaagen und unter genau gleichen Fällungsbedingungen, so müßte der Adsorptionsfehler stets gleich, d.h. reproduzierbar, sein. Wird nun die Eichung in gleicher Weise, d.h. einschließlich der Natronlauge-Trennung ausgeführt, so lassen sich die durch Mitfällen des Aluminiums entstehenden Fehler eliminieren. *Richter* hat daher in Abhängigkeit vom Aluminium-Gehalt der Probe 4 Meßbereiche mit jeweils konstanter Einwaage (= Menge des zu fällenden Eisens) festgelegt, um Aluminium-Gehalte bis zu 12,5% im Stahl zu bestimmen. Für jeden dieser Bereiche muß dabei eine entsprechende Eichkurve aufgestellt werden.

Arbeitsvorschrift. Die Einwaage, je nach dem vermuteten Aluminium-Gehalt 0,1 bis 1,0 g Späne, wird unter gelindem Erwärmen in 10 bis 20 ml Salzsäure (1:2) (etwa 4 m) gelöst; nach Abkühlen der Lösung gibt man noch je nach Einwaage 2 bis 5 ml konz. Salzsäure (D = 1,19) hinzu. Nun versetzt man bei Zimmertemperatur mit 2 bis 5 ml 30%iger Wasserstoffperoxid-Lösung und dampft ein, bis sich Kristalle ausscheiden. Anschließend versetzt man mit genau 10 ml Salzsäure (1:2). Die erhaltene Lösung soll bis auf ausgeschiedene Kieselsäure klar sein; sie wird mit etwa 30 ml Wasser verdünnt und durch einen Glas-Trichter, dessen Hals zu einer Kapillare von 1 mm innerem Durchmesser ausgezogen ist, in ein 100 ml 10%ige Natronlauge enthaltendes 600-ml-Becherglas gegossen. Während des Einfließens wird das Becherglas kräftig ungeschwenkt und so gehalten, daß der dünne Strahl der Eisen-Lösung immer die Peripherie der kreisenden Lauge trifft. Man spült den Rest der Eisen-Lösung aus Becherglas und Trichter mit Wasser nach, überführt die gefällte Lösung in einen Meßkolben von 250 bzw. 500 ml, füllt zur Marke auf und schüttelt durch.

Ein Teil der Lösung wird nun in ein trockenes Faltenfilter unter Verwerfen der ersten 30 bis 50 Milliliter filtriert, dem klaren Filtrat ein aliquoter Teil von 50 bzw. 10 ml je nach Aluminium-Gehalt entnommen und in einen 100-ml-Meßkolben gegeben. Nach Versetzen mit einigen Tropfen Phenolphthalein-Lösung neutralisiert man vorsichtig mit Salzsäure (1:1) (etwa 6 m) und setzt tropfenweise n Natronlauge zu, bis gerade 1 Tropfen die Lösung wieder rot färbt. Nach anschließender Entfärbung mit 1 bis 2 Tropfen n Salzsäure (es sollen nicht mehr als 2 Tropfen Salzsäure im Überschuß vorliegen!) verfährt man weiter nach der oben wiedergegebenen Vorschrift für reine Aluminium-Lösungen.

Bemerkungen. Infolge des hohen Salzgehaltes der Lösung verwendet man jedoch eine etwas anders zusammengesetzte Pufferlösung (32,7 g Natriumacetat und 105 ml

96%ige Essigsäure zu genau 5 l gelöst) und wartet nach dem Erhitzen der Lösung mindestens $1^1/_2$, besser 2 Std. bis zur Ausführung der photometrischen Messung.

Vergleichs- und Eichlösungen. Zur Herstellung der Vergleichslösungen geht man von entsprechenden Einwaagen von aluminiumfreiem Stahl (am besten Armco-Eisen) oder auch von Lösungen des Eisen(III)-chlorids p. a. bekannten Gehaltes aus, die genau wie die zu untersuchenden Proben behandelt werden. Ebenso verfährt man mit den Eichlösungen, denen vor der Fällung des Eisens bekannte Aluminium-Mengen von 0 bis 250 µg zugesetzt werden.

Genauigkeit. In Lösungen von Armco-Eisen, denen bekannte Aluminium-Mengen, entsprechend 0,03 bis 12% Aluminium, zugesetzt waren, betrug nach *Richter* der maximale, relative *Fehler* der Einzelbestimmung

für Aluminium-Gehalte von 0,03 bis   0,125% weniger als 2 % rel.,
für Aluminium-Gehalte von 0,5 bis 2,5   % weniger als 1 % rel.,
für Aluminium-Gehalte von 5   bis 12,5   % bis zu   0,5% rel.

Auch war die Übereinstimmung mit den *gravimetrisch* ermittelten Aluminium-Gehalten verschiedener Stahl-Proben (0,12 bis 5,1 % Al) gut, selbst neben Silicium-Gehalten bis zu 9%.

Geringere Aluminium-Gehalte als etwa 0,003% können nach der Arbeitsweise von *Richter* nicht mehr erfaßt und bestimmt werden.

Nach *Richter stören* Chrom, Nickel, Kobalt, Vanadium, Molybdän und Wolfram. Das Verfahren ist daher nur zur Bestimmung des säurelöslichen Aluminiums in unlegierten Stählen und Eisen geeignet.

Farblack-Bildung in schwach saurer und photometrische Messung in annähernd neutraler Lösung

Die erste, von *Alten* und Mitarbeitern *auf Grund des* qualitativen *Nachweisverfahrens* nach *Eegriwe* entwickelte Methode der quantitativen Bestimmung des Aluminiums mit Eriochromcyanin schließt sich eng an den erwähnten Nachweis an, ebenso auch die späteren Vorschriften nach *Millner* und *Kunos*, *Bischof* und *Geuer* sowie teilweise diejenige von *Koch*. Nach diesen Arbeitsweisen wird der in schwach saurer Lösung bereits teilweise oder ganz gebildete Farbstoff zunächst wieder zerstört, indem die Lösung alkalisch gemacht wird. Wie schon Seite 336 erwähnt, ist dieser Umweg über die alkalische Lösung zur quantitativen Bestimmung offenbar nicht erforderlich. Nach den Arbeitsvorschriften wird der Vorteil der schnelleren Bildung des Farblackes in schwach saurer Lösung gar nicht ausgenutzt; sie gehören daher eigentlich zusammen mit derjenigen von *Millner* und *Kunos* in Abschnitt, Seite 336. Trotzdem wurden sie hier zusammengefaßt, da sich durch Fortlassen des Umweges über die alkalische Lösung aus ihnen die hier zu behandelnden Arbeitsweisen ergeben.

Die *Genauigkeit* einer von *Alten*, *Wandrowski* und *Hille* [163] entwickelten Methode ist, obzwar das Verfahren eine verhältnismäßig rasche Bestimmung von Aluminium-Mengen zwischen 10 und 80 µg erlaubt, gegenüber den neueren Methoden sehr gering.

Zur Bestimmung des Aluminiums in *Zink*-Legierungen wenden *Bischof* und *Geuer* [134] die beschriebene Arbeitsweise in Verbindung mit der vorangehenden Abtrennung störender Legierungsbestandteile (Fe, Cu, Mn, Mg) mittels Natronlauge an.

Arbeitsvorschrift. 5 ml (= 12,5 bis 75 µg Al) schwach saure, nach Abtrennung störender Metalle mit Natronlauge erhaltene Probelösung werden in einem 50-ml-Meßkolben mit 1 ml 0,2n Essigsäure und 2 ml 0,1%iger Lösung von Eriochromcyanin R versetzt. Die Lösung, deren pH-Wert etwa 3,5 betragen soll, läßt man nun 15 min stehen. Dann wird tropfenweise mit 2n Natronlauge bis zum Farbumschlag über Gelb und Rotviolett nach Blauviolett und anschließend mit 0,2n Essigsäure über Gelb bis zu einem roten Farbton titriert und mit 15 ml Pufferlösung, pH = 5,2 bis 5,4 (14,2 g CH_3COONa und 4,0 g Eisessig in 1 l) versetzt. Man wartet nochmals 15 min, füllt zur Marke auf und photometriert bei etwa 578 nm gegen eine aluminiumfreie, sonst aber unter gleichen Bedingungen und mit den gleichen Reagenzien behandelte Vergleichslösung.

Arbeitsvorschrift zur Bestimmung des Aluminiums im Stahl nach *Koch* [129]. Eisen und weitere störende Metalle werden durch elektrolytische Abscheidung an der Quecksilber-Kathode abgetrennt. Je nach dem zu erwartenden Aluminium-Gehalt wird von folgenden *Einwaagen* ausgegangen:

bis zu	0,5% Al	0,05 bis 0,2 g Probe,
von 0,5 bis 2,5% Al		0,005 bis 0,02 g Probe.

Die Einwaage (entsprechend 10 bis 150 μg Al) wird in einem Platin-Tiegel in 3 ml Schwefelsäure (1:3) (etwa 4,7 m) und 3 Tropfen Salpetersäure (1:1) (etwa 7 m) gelöst und bis zum Auftreten dichter Schwefelsäure-Nebel erhitzt. Die auf etwa 1 ml eingeengte, konz. schwefelsaure Lösung wird einige Sekunden bis auf etwa 300 °C erhitzt, um auch anwesende, kleine Mengen Aluminiumoxids in Lösung zu bringen. Dann kühlt man ab, verdünnt auf etwa 30 ml, spült in das Elektrolysiergefäß und elektrolysiert 30 min bei etwa 3 A Stromstärke. Die nunmehr von Eisen, Mangan, Chrom und Nickel befreite, jedoch Titan, Vanadium und Phosphor enthaltende Lösung wird mit einigen Tropfen Schwefelwasserstoffwasser versetzt, um kleine Mengen in Lösung gegangenes Quecksilber auszufällen, das zusammen mit etwa mitgerissenen Quecksilber-Tröpfchen abfiltriert wird. Das Filtrat wird in einem 100-ml-Meßkolben nach Zugabe von 1 Tropfen Phenolphthalein-Lösung mit Natronlauge bis zur schwachen Rosafärbung neutralisiert, mit genau 10 Tropfen (= 0,4 ml) 5%iger Salzsäure angesäuert, mit 15 ml 0,1%iger Eriochromcyanin-Lösung und anschließend mit 20 ml Pufferlösung (siehe unten) versetzt. Hierbei soll sich ein pH-Wert von annähernd 6 einstellen. Man füllt nun auf 100 ml auf, schüttelt mehrmals durch und läßt bis zur Messung 15 min oder besser 60 min stehen. Man mißt gegen eine gleich behandelte, nur die Reagenzien enthaltende Blindprobe als Vergleichslösung bei 530 nm.

Bemerkungen. Erforderliche Lösungen. α) 0,1%ige, wäßrige Lösung von Eriochromcyanin R; es soll nur eine höchstens 2 Tage alte Lösung verwendet werden. β) Pufferlösung, pH-Wert = 6,0: 274 g Ammoniumacetat, 109 g Natriumacetat und 6 ml Eisessig, zu genau 1 l gelöst; durch weitere Zugabe von Eisessig oder 50%iger Natronlauge wird diese Lösung so eingestellt, daß ihr pH-Wert nach Verdünnen mit Wasser auf das 5fache Volumen genau 6,0 beträgt.

Störende Legierungsbestandteile. Sind bei kleinen Aluminium-Gehalten (0,001 bis 0,05% Al) Einwaagen von 0,2 g oder mehr erforderlich, so scheidet sich Mangan nicht mehr mit Sicherheit vollständig an der Quecksilber-Kathode ab. Man gießt dann das schwefelsaure Elektrolysat unter Umschwenken in 5 ml 20%ige Natronlauge, die sich in einer Platinschale befinden, kocht nach Zugabe von 5 ml 3%iger Wasserstoffperoxid-Lösung kurz auf, filtriert vom ausgefallenen Mangan(IV)-oxidhydrat in einen 100-ml-Meßkolben ab, neutralisiert mit 5%iger Salzsäure gegen Phenolphthalein, gibt genau 10 Tropfen Salzsäure im Überschuß zu und verfährt weiter nach obiger Vorschrift. Auch in Anwesenheit größerer Mengen Titans, die zu hohe Aluminium-Werte ergeben würden, kann man in gleicher Weise verfahren. Chrom, Nickel, Wolfram, Vanadium, Molybdän und andere Legierungsbestandteile stören nach *Koch* die Aluminium-Bestimmung nach der wiedergegebenen Arbeitsvorschrift nicht.

Genauigkeit. Koch führt eine größere Anzahl Beleganalysen für Stähle, deren Aluminium-Gehalte zuvor gravimetrisch ermittelt wurden, durch; hierzu mußte bei den niedrigsten Gehalten von 100-g-Einwaagen ausgegangen werden, um zuverlässige Werte zu erhalten. Die Genauigkeit der Methode ist relativ gering; nur bei kleinsten Aluminium-Gehalten dürfte sie derjenigen anderer Bestimmungsmöglichkeiten gleichwertig oder überlegen sein.

In Anlehnung an die Arbeitsweisen von *Alten* und Mitarbeitern sowie *Koch* geben *Werz* und *Neuberger* [164] eine Vorschrift zur photometrischen Bestimmung des *säurelöslichen Aluminiums* im Stahl, wobei der Eisen-Überschuß vorher entweder durch Ausäthern, durch elektrolytische Abscheidung an der Quecksilber-Kathode oder als Betriebsschnellverfahren durch Fällung mit Natronlauge abgetrennt wird.

Arbeitsvorschriften. *Abtrennung des Eisens durch Ausäthern.* 5 g Stahl werden mit 60 ml Salzsäure (2:1) (etwa 8 m) in einem 400-ml-Becherglas gelöst und die Lösung nach Zugabe von genau 0,125 g Kaliumchlorat bis zur beginnenden Salz-Ausscheidung eingeengt. Nach Verdünnen mit heißem Wasser auf etwa 50 ml wird eine etwaige Trübung abfiltriert, das Filtrat nochmals in gleicher Weise eingeengt, die Lösung anschließend mit Wasser in einen 50-ml-Meßkolben überspült und bis zur Marke aufgefüllt.

10 ml Lösung (= 1 g Probe) werden nun nach Zusatz von 15 ml Salzsäure (D = 1,19) und genau 0,25 g Kaliumchlorat im Extraktionsgerät nach *Malissa* zuerst 30 min und nach weiterer Zugabe von 0,125 g Kaliumchlorat nochmals 45 min mit Äther extrahiert. Die nun praktisch eisenfreie Lösung wird zur Vertreibung des Äthers eingeengt und mit Wasser auf etwa 100 ml verdünnt. Nach Erwärmen auf 60° wird Schwefelwasserstoff eingeleitet, ausgefällte Sulfide abfiltriert und mit frisch hergestelltem, schwefelwasserstoffhaltigem Wasser ausgewaschen. Das Filtrat wird auf zunächst 50 ml, nach Versetzen mit 1 ml 3%iger Wasserstoffperoxid-Lösung weiter auf etwa 15 bis 20 ml eingeengt. Die noch warme Lösung spült man dann unter Rühren in eine Platin-Schale von 150 ml Inhalt, die eine frisch hergestellte Mischung aus 10 ml Natronlauge (40 g NaOH in 100 ml) und 10 ml 3%iger Wasserstoffperoxid-Lösung enthält, und kocht. Man filtriert sofort in eine zweite Platin-Schale und wäscht das Filter 4mal mit heißer Natronlauge (0,4 g NaOH in 100 ml) nach. Das Filtrat wird mit genau 10 ml konz. Salzsäure (D = 1,19) angesäuert und so weit eingeengt, daß es in einen 100-ml-Meßkolben überspült werden kann. Nach Auffüllen zur Marke werden 5 ml (= 0,05 g Einwaage) zur photometrischen Bestimmung des Aluminiums (siehe unten) in einen 100-ml-Meßkolben pipettiert und mit 20 ml Wasser verdünnt.

Elektrolytische Abtrennung des Eisens und weiterer Schwermetalle. 0,2 g Stahl werden mit 7 ml Schwefelsäure (1:9) (etwa 1,9 m) in einem 100-ml-Becherglas gelöst; die Lösung wird abfiltriert, das Filter gut ausgewaschen und das Filtrat, dessen Volumen 40 bis 50 ml betragen soll, in die Elektrolyseapparatur gefüllt. Lösungen unlegierter Stähle werden 30 min bei 4 A, solche chromlegierter Stähle nacheinander je 30 min bei 2, dann 3 und schließlich 4 A elektrolysiert. Ohne Unterbrechung des Stromes wird das Elektrolysat in ein 250-ml-Becherglas überführt, mit 5 ml gesättigtem, frisch hergestelltem Schwefelwasserstoffwasser aufgekocht und filtriert. Das Filter wird mit schwefelwasserstoffhaltigem Wasser gut ausgewaschen, das gesamte Filtrat auf ein Volumen von etwa 10 ml eingeengt und noch heiß in eine Platin-Schale gespült, die 5 ml Natronlauge (300 g Natriumhydroxid p.a. zu 1000 ml mit Wasser gelöst) und 5 ml 3%ige Wasserstoffperoxid-Lösung enthält. Man verfährt weiter wie oben beschrieben, säuert jedoch nur mit 2 ml Salzsäure (1:1) (etwa 6 m) an. Nach Auffüllen im Meßkolben auf 100 ml werden 25 ml Lösung (= 0,05 g Einwaage) zur photometrischen Bestimmung in einen 100-ml-Meßkolben überführt.

Abtrennung des Eisens mit Natronlauge. 1 g Stahl wird in einem 100-ml-Becherglas mit 20 ml Salzsäure (1:4) (etwa 2,5 m) gelöst und tropfenweise mit 2 ml konz. Salpetersäure (D = 1,4) oxydiert. Nach kurzem Aufkochen spült man die noch heiße Lösung unter ständigem Umrühren mit einem Platin-Rührer in eine 20 ml heiße

Natronlauge (25 g NaOH in 100 ml) enthaltende Platin-Schale und kocht 5 min unter Rühren weiter. Dann wird auf Raumtemperatur abgekühlt, in einen 100-ml-Meßkolben überspült und nun rasch hintereinander – um die Einwirkung der stark alkalischen Flüssigkeit auf das Glas möglichst abzukürzen – zur Marke aufgefüllt, durchgemischt und durch ein doppeltes trockenes Faltenfilter in einen trockenen Polyäthylen-Becher filtriert. 5 ml des Filtrates (= 0,05 g Einwaage) werden zur Aluminium-Bestimmung in einen 100-ml-Meßkolben gegeben, der 0,6 ml Salzsäure (D = 1,12) enthält, und mit 20 ml Wasser verdünnt.

Die nach *einer* der beschriebenen 3 Arbeitsweisen erhaltene, eisenfreie Lösung wird im Meßkolben mit 5 ml 0,1 %iger wäßriger Eriochromcyanin-Lösung (1 Std. alt) und anschließend tropfenweise mit 2n Natronlauge versetzt bis zum Farbumschlag über Gelb in Blauviolett. Nun gibt man ebenfalls tropfenweise 0,2n Essigsäure zu, bis die Farbe der Lösung über Gelb gerade nach Rotviolett umschlägt, versetzt dann mit 10 ml Pufferlösung (S. 343), füllt zur Marke auf und mischt. Von diesem Zeitpunkt an gerechnet, wartet man mindestens 15 bis höchstens 45 min bis zur Ausführung der photometrischen Messung. Alle Messungen, einschließlich derjenigen der Eich- und Blindlösungen, sind nach stets genau gleichen Wartezeiten auszuführen. Es wird die Extinktion bei 530 nm und 1 cm Schichtdicke gegen Wasser als „Vergleichslösung" gemessen. Nach Korrektur mit einer unter gleichen Bedingungen ausgeführten Blindprobe wird der entsprechende Aluminium-Gehalt einer *Eichkurve* entnommen.

Zur Aufstellung der Eichkurve geht man von entsprechenden Einwaagen eines aluminiumfreien Stahles aus und setzt nach Lösen der Proben bekannte, Gehalten von 0,005 bis 0,03 % entsprechende Aluminiummengen als Aluminiumchlorid- oder -sulfatlösungen zu. Diese Lösungen werden genau wie die Analysenproben behandelt.

Bemerkungen. Genauigkeit. Nach den 3 angegebenen Trennungsverfahren haben *Werz* und *Neuberger* verschiedene Stahl-Proben untersucht. Die Ergebnisse stimmen gut untereinander und auch mit den von anderer Seite nach den gleichen Verfahren ermittelten Werten überein.

Nach *Werz* und *Neuberger* sind die nach dem Elektrolyse-Verfahren erhaltenen Werte die *genauesten*.

Die Trennung mit Natronlauge führt zu Ergebnissen, die im allgemeinen etwas niedriger liegen. Die Methode ist aber als *Schnellverfahren* durchaus geeignet.

Nach dem Elektrolyse-Verfahren können auch Stähle mit höherem *Chrom*-Gehalt auf Aluminium untersucht werden. Man darf jedoch zur Elektrolyse kein frisches Quecksilber verwenden, sondern eine bereits verwendete Quecksilber-Füllung.

Zur Analyse kleinster Mengen von *AlMg-Legierungen* mit etwa 30 bis 70 % Aluminium haben *Boettcher* und *Hellwig* [139] die Arbeitsvorschrift nach *Koch* in abgewandelter Form angewandt. Da keine weiteren Metalle anwesend waren, konnte die Lösung der Probe bzw. ein 5 bis 15 µg Aluminium enthaltender, aliquoter Teil im 100-ml-Meßkolben nach Neutralisation und schwachem Ansäuern direkt mit dem Reagens versetzt werden. Infolge der geringen Aluminium-Menge (bis 15 µg) verwenden die Autoren jedoch nur 3 ml Eriochromcyanin-Lösung und eine auf das 6fache verdünnte Pufferlösung.

Unter diesen Bedingungen ist das Lambert-Beersche Gesetz nicht mehr erfüllt; außerdem wird die Extinktion des Aluminium-Farblackes durch das anwesende *Magnesium* stark erhöht. An Stelle einer Eichkurve mußten daher die Extinktionen für Aluminium-Mengen von 5 bis 15 µg in Anwesenheit verschiedener Mengen Magnesium, ebenfalls zwischen etwa 5 bis 15 µg, bestimmt werden.

Wie bereits ausgeführt, wird gemäß den Arbeitsweisen auf der Grundlage der Methode von *Rauch* [138] bzw. *Werner* [122] die saure Aluminium-Lösung (pH etwa 2,5) nach Versetzen mit Eriochromcyanin abgepuffert auf den pH-Wert, bei dem die photometrische Messung ausgeführt werden soll (etwa 5,4 bis 6,5). In der sauren

Lösung bildet sich noch kein Farblack; es stellt sich nur das in saurer Lösung weitgehend auf der Seite der Säureform liegende Gleichgewicht zwischen dieser und der Neutralform des Farbstoffes ein. Je nach dem Alter der verwendeten Eriochromcyanin-Lösung ist die hierfür erforderliche Einstellzeit verschieden; die einzelnen Arbeitsvorschriften sehen daher auch verschiedene Wartezeiten von der Zugabe des Eriochromcyanins bis zum Abpuffern der Lösung vor.

Arbeitsvorschrift nach *Thaler* und *Mühlberger* [165]. Die etwa 10 bis 100 µg Aluminium enthaltende, von Schwermetallen und Phosphation befreite Lösung (etwa 20 ml) wird in einem 100-ml-Meßkolben mit n Natronlauge gegen Phenolphthalein (1 Tropfen 1%ige Lösung) neutralisiert und durch Zusatz von 0,7 ml n Salzsäure auf einen pH-Wert von 2,1 gebracht. Man mischt die Lösung, deren Volumen höchstens 25 ml betragen soll, gut durch und läßt längs des Halses des Meßkolbens 15 ml einer 0,1%igen Eriochromcyanin-Lösung, die 6 ml n Salzsäure im Liter enthält (pH = 2,5), zufließen. Unter dauerndem Umschwenken gibt man nun aus einer langsam ablaufenden Pipette 20 ml Acetatpuffer, pH = 6 (54,8 g CH_3COONH_4, 21,8 g CH_3COONa und 1,2 ml Eisessig in 1 l), zu, wobei sich sofort der Aluminiumlack bildet, und füllt anschließend auf 100 ml auf. Nach 45 min wird die Extinktion bei 530 nm gemessen ($E_0 - E_F$).

Bemerkungen. Als Vergleichslösung dient eine zur gleichen Zeit angesetzte und in gleicher Weise behandelte *Blindlösung.*

Zur Aufstellung der *Eichkurve* gehen die Autoren von einer 0,01 n salzsauren, 10 µg Al/ml enthaltenden Standardlösung reinsten Kaliumaluminiumsulfats aus. Die Eichlösungen müssen möglichst den gleichen Fremdelektrolyt-Gehalt wie die zu untersuchenden Probelösungen aufweisen.

Thaler und *Mühlberger* haben die angegebene Arbeitsvorschrift zur Bestimmung des Aluminiums in Lebensmitteln und biologischem Material angewandt, indem der Aluminium-Bestimmung die Abtrennung störender Kationen und Anionen vorausgehen muß und die zur photometrischen Messung vorbereitete Lösung noch mit Thioglykolsäure zur Maskierung geringer Reste von Kupfer und Mangan versetzt wird.

Ältere Arbeitsweisen. Die Vorschrift nach *Thaler* und *Mühlberger* geht zurück auf das zuerst von *Rauch* sowie *Werner* ausgearbeitete und später von *Seuthe* [126], von *Pohl* [135] sowie von *Ickenberry* und *Thomas* [127] angewandte Verfahren. Von diesen Autoren wendet nur *Rauch* eine saure Eriochromcyanin-Lösung (in 0,1%iger Essigsäure) an und kann daher unmittelbar nach Zugabe der Farbstoff-Lösung zur sauren Aluminium-Lösung auf den zur photometrischen Messung geeigneten pH-Wert abpuffern. Die übrigen Vorschriften sehen vor dem Abpuffern eine Wartezeit von 5 bis 30 min vor. Nicht berücksichtigt wird dagegen die anfänglich rasche Änderung der Extinktion des überschüssigen Farbstoffes (bzw. des Farbstoffes in der Vergleichslösung) *nach* dem Abpuffern; nur *Rauch* läßt die fertige Endlösung noch 30 min vor Ausführung der Messung stehen.

Arbeitsvorschrift nach *Werner* [122]. Die saure Probelösung (0,5 bis 500 µg Al) wird in einem 100-ml-Meßkolben mit 5%iger Natronlauge gegen Phenolphthalein als Indikator neutralisiert (schwache Rotfärbung) und mit genau 0,20 ml n Salzsäure angesäuert. Nun werden 15 ml 0,1%ige wäßrige Eriochromcyanin-Lösung und nach genau 20 min 20 ml Pufferlösung, pH = 6,0, zugegeben und auf 100 ml aufgefüllt.

Bei Aluminium-Gehalten von 10 bis 100 µg wird *sofort* nach dem Auffüllen der Lösung bei 530 oder 546 nm photometriert, bei Mengen über 100 µg Aluminium mißt *Werner* erst *20 min nach* dem Auffüllen der Lösung bei 570 nm. Bei Aluminium-Gehalten unter 10 µg säuert man die mit Natronlauge neutralisierte Lösung mit 0,10 ml n Salzsäure an, gibt nur 3 ml Eriochromcyanin-Lösung sowie 15 ml Pufferlösung zu und füllt auf 25 ml auf. Die Messung wird bei 530 bzw. 546 nm ausgeführt.

Bemerkungen. Zur *Eichung* werden Lösungen bekannten Aluminium-Gehaltes in gleicher Weise vorbereitet und gemessen.

Zur Aluminium-Bestimmung in Magnesium-Legierungen mit 0,5 bis 3,5% Zink, 0,1 bis 0,5% Mangan und 2 bis 15% Aluminium hat *Rauch* [138] ein *Schnellverfahren* ausgearbeitet und die erreichbare Genauigkeit an entsprechenden synthetischen Lösungen untersucht. Über praktische Ergebnisse wird jedoch nicht berichtet; der Einfluß anderer Beimengungen, z.B. geringer Eisen- oder Kupfer-Gehalte, bleibt unberücksichtigt; eine Lösevorschrift wird nicht gegeben.

Arbeitsvorschrift zur Aluminium-Bestimmung im Stahl nach *Seuthe* [126]. In Verbindung mit dem Eriochromcyanin-Verfahren hat *Seuthe* wohl erstmals die Abtrennung des Eisens mittels Natronlauge zur Bestimmung des Aluminiums im Stahl angewandt. Das Verfahren ist als Betriebsschnellmethode in Eisenhüttenlaboratorien in Gebrauch (z.B. *Heczko* [166]). Zur Ermittlung des säurelöslichen, unlöslichen und Gesamt-Aluminiums gibt *Seuthe* folgende Vorschriften.

Bestimmung des säurelöslichen Aluminiums. 1 g Stahl wird in 20 ml Mischsäure [2 Teile Salzsäure (D = 1,19) und 1 Teil Salpetersäure (D = 1,2)] auf der Heizplatte in einem 250-ml-Becherglas gelöst. Dann setzt man zur Ausfällung des Eisens 20 ml 40%ige aluminiumfreie Natronlauge zu und rührt 2 min mit einem elektrisch angetriebenen Rührer. Den Inhalt des Becherglases spült man in einen 100-ml-Meßkolben, kühlt ab und füllt zur Marke auf. Nach gutem Durchschütteln filtriert man durch ein doppeltes Faltenfilter und pipettiert 20 ml des klaren Filtrates (= 0,2 g Einwaage) in einen weiteren 100-ml-Meßkolben. Nach Zugabe von 1 Tropfen Phenolphthalein-Lösung neutralisiert man mit 5%iger Salzsäure, gibt 10 Tropfen Säure im Überschuß zu, schüttelt durch und versetzt mit genau 15 ml Eriochromcyanin-Lösung. Nach 5 min gibt man 20 ml Pufferlösung (siehe S. 343) zu, füllt zur Marke auf, schüttelt kräftig durch und photometriert bei 530 nm gegen eine gleichzeitig angesetzte, in gleicher Weise behandelte Blindlösung.

Bestimmung des unlöslichen Aluminiums (grobdisperses Aluminiumoxid). Die Probe wird wie oben gelöst, mit Wasser verdünnt und filtriert. Der Rückstand wird mit Salzsäure (1:1) (etwa 6 m), dann mit Wasser und zuletzt mit Äthanol ausgewaschen und mit dem Filter im Platin-Tiegel verascht. Den Glührückstand schließt man mit 0,5 g Kaliumhydrogensulfat kurz auf, löst die Schmelze in heißem Wasser, versetzt mit 3 ml 40%iger Natronlauge, filtriert in einen 100-ml-Meßkolben und füllt nach dem Abkühlen zur Marke auf. 20 ml Lösung werden nun pipettiert und wie oben weiterverarbeitet.

Bestimmung des Gesamt-Aluminiums. Die Probe wird wie oben gelöst, der Rückstand abfiltriert und aufgeschlossen, die Lösung der Schmelze mit dem Filtrat vereinigt, auf etwa 20 bis 25 ml eingedampft, mit Natronlauge gefällt und weiterverarbeitet.

Bemerkungen. Jede der 3 Bestimmungen erfordert grundsätzlich die Aufstellung einer besonderen *Eichkurve.*

Genauigkeit und Fehlerquellen. Nach *Seuthe* ergibt die beschriebene Arbeitsweise, die die Bestimmung des säurelöslichen Aluminiums in 20 min, diejenige des unlöslichen Aluminiumoxids in 35 min ermöglicht, gut reproduzierbare Werte. Allerdings wurden teilweise Abweichungen gegenüber den für unlösliches und Gesamt-Aluminium aus je 10 g Einwaage gravimetrisch ermittelten Werten festgestellt. Auch auf legierte Stähle ist das Verfahren anwendbar. *Werz* und *Neuberger* kamen jedoch nicht zu befriedigenden Resultaten.

Arbeitsweise nach Ikenberry und Thomas [127] zur Bestimmung des Aluminiums in *Zink* und *Stahl.* Da Zink die Bestimmung des Aluminiums mit Eriochromcyanin nicht stört, kann in Abwesenheit anderer störender Metalle die Lösung der Probe direkt zur photometrischen Messung verwendet werden. Bei Stahl trennen die Autoren die Hauptmenge des Eisens durch Ausäthern, den Rest durch Fällung mit

Cupferron ab. Im eisenfreien Filtrat muß der Cupferron-Überschuß vor der photometrischen Bestimmung des Aluminiums zerstört werden.

Pohl benutzt ein ähnliches Verfahren zur Bestimmung des Aluminiums in *Kupfer* und Kupfer-Legierungen. Die Abtrennung des Kupfers erfolgt durch Fällung mit Natronlauge.

Störendes *Zinn* wird durch Behandlung mit Brom-Bromwasserstoffsäure abgetrennt.

Arbeitsweisen unter Maskierung anwesender, störender Ionen

Maskierung des Eisens und Kupfers mit Thioglykolsäure

Arbeitsvorschrift zur Aluminium-Bestimmung in Gesteinen, Mineralien, Eisen-Aluminium-Legierungen nach *Richter* [123]. Man geht je nach dem vermuteten Aluminium-Gehalt von folgenden Einwaagen aus:

Gehalt an Aluminium bzw. Aluminiumoxid		Einwaage
bis 6,25%	12%	200 mg,
bis 12,5 %	24%	100 mg,
bis 25 %	48%	50 mg.

Die Probe wird in einer Platin-Schale (100 ml Inhalt, oberer Durchmesser etwa 7 cm) auf einer Heizplatte mit 15 ml 40%iger Flußsäure und 2 ml Schwefelsäure (1:1) (etwa 9,3 m) innerhalb 1 Std. zur Trockne abgedampft. Der Trockenrückstand wird mit genau 3 g Kaliumhydrogensulfat aufgeschlossen (Aufschlußdauer etwa 2 bis 3 min). Unter Umständen muß der Aufschluß nach Zugabe von 8 bis 10 Tropfen konz. Schwefelsäure wiederholt werden.

Die erkaltete Schmelze wird in 40 ml Wasser unter Zugabe von 5 Tropfen konz. Salzsäure durch Erwärmen auf 80 bis 90° (Heizplatte) gelöst und die Lösung in einen 500-ml-Meßkolben überführt. Zur Lösung (Volumen etwa 80 bis 100 ml) gibt man 10 ml 5- bis 6%ige schweflige Säure, erhitzt und läßt 3 min kräftig sieden, bis nur noch ein schwacher Geruch nach Schwefeldioxid wahrnehmbar ist. Man kühlt ab, füllt zur Marke auf und filtriert gegebenenfalls einen Teil der Lösung durch ein trockenes Filter.

10 ml klare Lösung (bzw. klares Filtrat) werden in einen 100-ml-Meßkolben überführt, der oberhalb der Marke eine kugelige Erweiterung aufweist. Man gibt 1 Tropfen 80%ige Thioglykolsäure sowie 1 Tropfen Phenolphthalein-Lösung zu und neutralisiert mit n Natronlauge bis zum gerade erfolgten Umschlag nach Rot. Mit 2 Tropfen n Salzsäure soll die Lösung wieder entfärbt werden, wobei in Gegenwart von Eisen vorübergehend ein grünblauer Farbton zu beobachten ist. Nun versetzt man mit 20 ml Pufferlösung, pH = 3,8 (32,7 g CH_3COONa und 105 ml Eisessig in 5 l), läßt 15 ml 0,1%ige Eriochromcyanin-Lösung (1 bis 3 Tage alt) aus einer Bürette zufließen, füllt zur Marke auf, schüttelt, erhitzt und verfährt weiter gemäß der bereits wiedergegebenen Arbeitsvorschrift nach *Richter*, Seite 341.

Bemerkungen. Blind- und Eichlösungen müssen in *gleicher* Weise behandelt werden.

Liegen neben nur geringen Aluminium-Mengen größere Mengen störender Elemente vor, so wird man den Hauptanteil derselben zunächst unter gleichzeitiger Anreicherung des Aluminiums abtrennen. *Richter* schlägt z.B. die gemeinsame Fällung der *Hydroxide* von Eisen, Titan und Aluminium sowie anschließende Abtrennung des Aluminiums vom Eisen vor. Der Aluminiumhydroxid-Niederschlag wird dann in einer Platin-Schale verascht, geglüht und anschließend nach der wiedergegebenen Arbeitsvorschrift mit 3 g Kaliumhydrogensulfat aufgeschlossen und weiterbehandelt.

Genauigkeit. Richter hat zahlreiche Aluminium-Bestimmungen in den verschiedensten Proben mit 0,9 bis 60% Aluminium ausgeführt. Die Reproduzierbarkeit bei Gehalten von etwa 1% Al betrug $\pm$ 0,01% abs., bei etwa 60% $\pm$ 0,26% abs. Auch die Übereinstimmung mit gravimetrisch nach bekannten Verfahren ausgeführten Kontrollbestimmungen war sehr gut; die relative Differenz zwischen gravimetrischen und photometrischen Werten lag bei Gehalten um 2% Al_2O_3 unter 5%, bei solchen von 60% Al unter 0,5% rel.

Auf eine ähnliche Weise wie *Richter* bestimmt auch *Wallraf* [167] das Aluminium im *Zement*. Die Zugabe der Eriochromcyanin-Lösung erfolgt in die siedende Lösung. Die Wartezeit bis zur Messung beträgt 35 min.

Arbeitsvorschrift von *Glemser, Raulf* und *Giesen* [136] zur Aluminium-Bestimmung in Tonen und feuerfesten Stoffen. Die von *Glemser* und Mitarbeitern ausgearbeitete Methode entspricht im wesentlichen derjenigen von *Richter*. Wegen des verhältnismäßig niedrigen Eisengehaltes ($< 3\%$) in Tonen und feuerfesten Stoffen erübrigt sich eine besondere Reduktion des Eisens vor der Maskierung mit Thioglykolsäure. Im Gegensatz zu *Richter* erhitzen *Glemser, Raulf* und *Giesen* die mit dem Farbstoff versetzte, auf pH = 3,8 abgepufferte Lösung nicht zur schnelleren Einstellung des konstanten Extinktionswertes, sondern messen nach einer bestimmten Wartezeit, zu der die Änderung der Extinktion mit der Zeit nur noch gering ist.

Arbeitsvorschriften nach *Hadorn* [131] sowie *Thaler* und *Mühlberger* [165] zur Aluminium-Bestimmung in Lebensmitteln und biologischem Material. Da Aluminium in Lebensmitteln und biologischem Material nur in Spuren enthalten ist, entfällt der Hauptanteil der auszuführenden Arbeitsschritte auf die Vorbereitung des Probematerials, wie Veraschen, Aufschließen, auf die Abtrennung störender Kationen und Anionen sowie auf die Isolierung des Aluminiums. Bezüglich der Einzelheiten der im folgenden nur im Prinzip skizzierten Arbeitsweisen von der Aufbereitung der Proben bis zu den Ausgangslösungen für die eigentliche photometrische Bestimmung muß auf die Originalarbeiten von *Hadorn* sowie *Thaler* und *Mühlberger* verwiesen werden.

Aufbereitung der Proben. Die Probe-Menge ist nach *Hadorn* derart zu bemessen, daß etwa zwischen 5 und 65 µg Aluminium vorliegen. *Thaler* und *Mühlberger* gehen von Einwaagen aus, die etwa 10 bis 100 µg Aluminium enthalten. Nach Veraschen der Probe in einem Platin-Tiegel, Aufschließen mit Natriumcarbonat und nach Umsetzen mit Salzsäure werden zunächst Eisen und andere Schwermetalle mit Cupferron gefällt (pH = 1 bis 1,3 bei *Hadorn*, pH = 0,4 bei *Thaler* und *Mühlberger*) und die Cupferronate mit Chloroform extrahiert. Anschließend wird bei pH = 4 bis 5 das Aluminium extrahiert, das Chloroform abgedampft und das Aluminiumcupferronat zum Oxid verglüht. Nun wird wieder mit Natriumcarbonat aufgeschlossen und die Schmelze mit etwas Wasser und n Salzsäure gelöst.

Photometrische Bestimmung

Langzeitverfahren nach Hadorn. Die Aufschluß-Lösung im Tiegel versetzt man mit 0,1 ml frisch bereiteter, 1%iger Thioglykolsäure-Lösung sowie 1 Tropfen 0,1%iger Phenolphthalein-Lösung und neutralisiert mit etwa 0,2n Natronlauge bis zur bleibenden, schwachen Rosafärbung. Die Lösung wird nun in einen 10-ml-Meßkolben überführt und der Tiegel zuerst mit 2,0 ml Pufferlösung, pH = 5,4 (23,25 g $CH_3COONa \cdot 3H_2O$ und 1,7 ml Eisessig in 1 l), und dann mit Wasser nachgespült. Nach Zugabe von 1,5 ml Eriochromcyanin-Lösung (1 g und 4 ml n Salzsäure in 1 l) füllt man mit Wasser bis zur Marke auf, läßt dann 18 bis 24 Std. stehen und photometriert bei 530 nm gegen eine Blindprobe.

Bemerkung. Thaler und *Mühlberger* verfahren ebenso unter Verwendung der 10fachen Reagenzien-Mengen und eines 100-ml-Meßkolbens entsprechend dem Aufschluß mit 1 g Natriumcarbonat. Statt einer 1%igen Thioglykolsäure-Lösung geben sie jedoch 2 Tropfen 80%ige Thioglykolsäure sowie 20 ml Pufferlösung (116,25 g CH_3COONa und 8,5 ml Eisessig in 1 l) zu und photometrieren nach 19 Std.

Kurzzeitverfahren nach *Thaler* und *Mühlberger*. Die lange Wartezeit der obigen Arbeitsweise läßt sich durch Anwendung der Methode von *Rauch* bekanntlich umgehen. *Thaler* und *Mühlberger* lösen zu diesem Zweck die mit 1 g Natriumcarbonat erhaltene Schmelze in 10 ml 2n Salzsäure, entfernen die Kohlensäure durch Erhitzen, überführen die wieder abgekühlte Lösung in einen 100-ml-Meßkolben und versetzen mit 2 Tropfen 80%iger Thioglykolsäure. Nun wird nach der bereits wiedergegebenen Vorschrift der Autoren (S. 346) verfahren.

Eichung. Zur Aufstellung der Eichkurve gehen *Hadorn* sowie *Thaler* und *Mühlberger* von Standard-Aluminium-Lösungen aus. *Hadorn* setzt 1 bis 10 µg Aluminium entsprechende Mengen der Standard-Lösung (hergestellt durch Auflösen von Reinstaluminium in Salzsäure) zu je 100 mg Natriumcarbonat und verfährt mit diesen Eichproben nach obiger Arbeitsvorschrift. Die Extinktion wird gegen eine nur mit Natriumcarbonat angesetzte, in gleicher Weise behandelte Vergleichslösung gemessen ($E_0 - E_F$). *Thaler* und *Mühlberger* versetzen die 10 bis 100 bzw. 200 µg Aluminium enthaltenden, aliquoten Teile der Standard-Lösung in 100-ml-Meßkolben mit je 10 ml einer 10,69%igen Natriumchlorid-Lösung, um die gleiche Salz-Konzentration wie nach Auflösen der Schmelze von 1 g Natriumcarbonat zu erhalten. Als Vergleichslösung zur photometrischen Messung dient eine entsprechende Kochsalz-Lösung ohne Aluminium-Zusatz.

Die mit der Isolierung des Aluminiums aus der Probe verbundenen *Fehler* werden ausgeschaltet, indem als Vergleichslösung eine Blindlösung verwandt wird, die in gleicher Weise wie die Probe behandelt wurde.

Genauigkeit. Hadorn führt Beleganalysen mit synthetisch hergestellten Mischungen (rund 45% K_2O, je 3,2 bis 3,6% Na_2O, CaO und MgO, 1% Fe_2O_3, 9% P_2O_5 und 0,005 bis 0,15% Al) an. Der Fehler der Bestimmung liegt bei absoluten Aluminium-Mengen von 5 bis 70 µg (= 0,01 bis 0,15% Al in der Asche) unter 10% rel.; für Mengen unter 5 µg ist er erheblich größer. Zu Lebensmittelproben zugesetzte, bekannte Aluminium-Mengen (3 bis 10 µg) wurden mit einem Fehler von ± 0,2 µg wiedergefunden.

Thaler und *Mühlberger* erhielten jedoch nach der Arbeitsvorschrift von *Hadorn* für zugesetzte, bekannte Aluminium-Mengen stets erheblich *zu niedrige* Werte. Sie sehen die Ursache dieser Fehlresultate einmal in dem zu hohen pH-Wert bei der Abtrennung des Eisens mit Cupferron, wodurch Aluminium mitgerissen wird, zum anderen in der Störung durch Phosphorsäure. Diese verhindert die quantitative Extraktion des Aluminiums als Cupferronat, wenn Cupferron erst nach dem Abpuffern der Lösung auf einen pH-Wert von 4 bis 5 zugegeben wird; es bildet sich dann zunächst Aluminiumphosphat, das sich nur sehr langsam mit Cupferron umsetzt.

Nach entsprechend modifizierter Arbeitsweise erhielten *Thaler* und *Mühlberger* dagegen befriedigende Resultate bei der Aluminium-Bestimmung sowohl in synthetisch hergestellten Aschen wie in Lebensmitteln. Der Fehler bei der Bestimmung von 10 bis 100 µg Aluminium betrug im allgemeinen 2 bis 5%, falls die Asche mit Soda aufgeschlossen werden mußte, 4 bis 6%.

Während Eisen und Kupfer mittels Cupferron abgetrennt werden, bleiben *Mangan* und – bei Fällung der Schwermetalle bei pH = 0,4 – geringe Anteile Kupfer beim Aluminium. Bei ungewöhnlich hohen Mangan-Gehalten kann sich dann beim Lösen der Natriumcarbonatschmelze so viel Braunstein abscheiden, daß es nach *Thaler* und *Mühlberger* zweckmäßig ist, diesen durch Zugabe von 1 Tropfen 1,5%iger Wasserstoffperoxid-Lösung und Erhitzen zu reduzieren. Die beim Aluminium verbliebenen, geringen Mengen Mangan und Kupfer stören in Anwesenheit von Thioglykolsäure die photometrische Bestimmung des Aluminiums nicht.

Arbeitsweise nach Lilie und Rosin [144]. Bei Anwendung der von *Lilie* und *Sturze-becher* [168] (siehe auch *Lilie* [169]) für Stahl-Analysen vorgeschlagenen Aluminium-Bestimmung auf legierte, vor allem chromhaltige Stähle, wurde der Einfluß des Chroms durch Zusatz einer entsprechenden Chrom-Menge zur Eichlösung kompen-siert. Bei Aluminium-Gehalten von 0,2 bis 2 % kann die zugesetzte Chrom-Menge auf Zehntelprozente Chrom auf- oder abgerundet werden; bei niedrigen Aluminium-Gehalten (<0,2 %) muß die *Genauigkeit* der Chrom-Zugabe ± 0,01 % betragen.

Arbeitsvorschrift. 1 g Stahl wird in 40 ml Schwefelsäure (1:5) (etwa 3,1 m) unter tropfenweiser Zugabe von Salpetersäure (D = 1,40) gelöst und bis zum Auftreten von SO_3-Nebeln eingedampft. Nach Zusatz von Wasser und 50 ml Salzsäure (1:1) (etwa 6 m) wird in einen 500-ml-Meßkolben filtriert, der Rückstand mit salzsäure-haltigem Wasser gewaschen und nach dem Abkühlen aufgefüllt. Bei Aluminium-Gehalten von 0 bis 0,2 % werden 100 ml Lösung in einem 200-ml-Meßkolben auf-gefüllt und davon 25 ml zur Analyse in einen 200-ml-Meßkolben überführt, bei Aluminium-Gehalten von 0,2 bis 2 % 50 ml in einem 250-ml-Meßkolben aufgefüllt, davon 25 ml entnommen und in den 200-ml-Meßkolben überführt. Nach Zusatz von 50 ml Wasser und 15 ml Thioglykolsäurelösung (5 ml 97 %ige Säure in 1 l) wird unter Schütteln n Natronlauge bis zum Auftreten einer blauvioletten Färbung zu-gegeben (bei Auftreten eines grünlichen Niederschlages ist zu viel Natronlauge zu-gefügt worden, die Lösung ist dann zu verwerfen). Man säuert mit 7,5 ml n Salzsäure an, versetzt mit 7,5 ml Pufferlösung (300 g $CH_3COONa \cdot 3H_2O$ nebst 6 ml Eisessig in 1 l) sowie 15 ml Eriochromcyanin-Lösung (1 g in 1 l), erhitzt bis zum Sieden und kühlt anschließend ab. Nach dem Auffüllen wird nach einer Wartezeit von 15 min gegen eine gleich behandelte Blindlösung gemessen.

Bemerkungen. Aufstellung der Eichkurven. Je nach Aluminium-Gehalt werden 25 bzw. 10 ml Eisenlösung [9,956 g $FeSO_4 \cdot 7H_2O$, in Wasser gelöst, mit 60 ml Schwefelsäure (1:5) (etwa 3,1 m), 100 ml Salzsäure (1:1) (etwa 6 m) und wenigen Tropfen Salpetersäure (D = 1,40) versetzt und zu 500 ml aufgefüllt] mit den ent-sprechenden, steigenden Aluminium-Mengen und der ermittelten, dem Chromgehalt des Stahles entsprechenden Menge Chrom-Lösung [1 ml = 10 µg Cr(III)] versetzt und weiter, wie in der Arbeitsvorschrift angegeben, behandelt.

Einfluß von Fremdionen. Durch Zusatz von Fremdionen wurde der Einfluß auf die Analysen-Ergebnisse untersucht. Demnach stören Titan und Vanadium, indem Titan die Extinktion stark herabsetzt und Vanadium zu hohe Aluminium-Gehalte vortäuscht.

Auf ähnliche Weise bestimmt *Lilie* [170] das Aluminium auch in *Kupfer-Legierun-gen.* Kupfer und Blei werden durch Elektrolyse aus saurer Lösung, Zink durch Elektrolyse aus alkalischer Lösung abgetrennt. Bei Aluminium-Gehalten von 0,2 % beträgt der Fehler ± 10 %.

Arbeitsweise zur Bestimmung in Brennstoffaschen nach Radmacher und Schmitz [142]. Als Reagens zur Aluminium-Bestimmung wurde Eriochromcyanin gewählt, da die Bestimmung mit diesem Reagens durch Silicationen nicht gestört wird. Eisen wird mit Thioglykolsäure maskiert. Die normalerweise vorhandenen Titan- und Phosphat-ionen stören nicht. Um Aluminium-Verunreinigungen durch Natronlauge zu ver-hindern, wird die von *Richter* angewandte Neutralisation mit Natronlauge um-gangen und der Reagens-Lösung ein Puffer zugesetzt. Unter den festgelegten Be-dingungen vollzieht sich die Bildung des Farblackes im pH-Bereich 3,6 bis 3,7.

Arbeitsvorschrift. 0,1 g Brennstoffasche wird im Platin-Tiegel mit 3 g Aufschluß-mittel [100 g Soda, 30 g Borax (wasserfrei), 0,5 g Kaliumnitrat] aufgeschlossen. Man löst die Schmelze in 65 ml 2n Salzsäure, überführt in einen 500-ml-Meßkolben und füllt auf. 5 ml Lösung überführt man in einen 500-ml-Meßkolben, gibt 5 ml Thio-glykolsäure (10 ml 80 %ige Thioglykolsäure werden mit 800 ml Wasser verdünnt, mit Natronlauge auf pH = 3,7 eingestellt und zu 1 l aufgefüllt) und 20 ml Eriochromcyanin-Lösung (1 g Eriochromcyanin und 78 g $CH_3COONa \cdot 3H_2O$ nebst 250 ml Eisessig in 1 l) hinzu. Man füllt auf und mißt nach 3 Std. bei 546 nm gegen eine gleich behandelte Vergleichslösung, die ohne Brennstoffasche angesetzt wird.

Der Aluminium-Gehalt wird einer *Eichkurve* entnommen.

Arbeitsvorschrift zur Bestimmung in Erzen und ähnlichen Stoffen nach *Neuberger, Schöffmann* und *Herkenhoff* [171]. 0,25 g Probe werden 15 min mit 2 g Borax in einem Platin-Tiegel geschmolzen, mit 100 ml Salpetersäure (1:9) (etwa 1,4 m) gelöst und in einem Meßkolben zu 250 ml aufgefüllt. 20 ml Lösung werden in einem 100-ml-Meßkolben aufgefüllt und je nach Al_2O_3-Gehalt (5 bis 20%) 20 bis 5 ml in einen 250-ml-Meßkolben überführt. Man fügt 1 Tropfen 80%ige Thioglykolsäure, 3 ml Eriochromcyanin-Lösung (0,5 g in 100 ml, mindestens 1 Std. alt) sowie 50 ml Pufferlösung (278 g Ammoniumacetat + 109 g Natriumacetat in 1 l, nach Verdünnen 1:5, pH-Wert 6) hinzu und füllt auf. Nach einer Wartezeit von 15 min wird bei 546 nm gegen eine Blindlösung gemessen.

Bemerkung. Übersteigt der TiO_2-*Gehalt* der Probe 0,5%, so muß der Blindlösung eine entsprechende Menge TiO_2 zugesetzt werden.

Arbeitsweise zur Bestimmung in Ton, Schamotte und daraus hergestellten, feuerfesten Erzeugnisse nach *Budan* [172]. Die Farblack-Bildung und die Messung erfolgt bei einem pH-Wert von 3,80. Die in den Proben vorkommenden Titan-Gehalte haben keinen Einfluß auf die Bestimmung. Eisen wird durch Zusatz von Thioglykolsäure maskiert.

Arbeitsvorschrift. 0,5 g feinst gepulverte Probe werden in einer Platin-Schale mit 25 ml konz. Flußsäure und 2,5 ml konz. Schwefelsäure bis zur Trockne abgeraucht. Der Rückstand wird mit 5 g Kaliumdisulfat aufgeschlossen. Die erkaltete Schmelze wird in der Wärme in 0,1 n Schwefelsäure gelöst und in einem 250-ml-Meßkolben mit 0,1 n Schwefelsäure aufgefüllt. 5 ml Lösung, bei Schamotte nur 4 ml, werden in einen 250-ml-Meßkolben überführt, 0,02 ml Thioglykolsäure (80%ig), 20 ml Eriochromcyanin-Lösung (5 g Eriochromcyanin + 5 ml 0,1 n Schwefelsäure in 1 l) wie auch 50 ml Pufferlösung (19,32 g Natriumacetat + 49,5 ml Eisessig in 3 l, pH-Wert = 3,8) zugesetzt und aufgefüllt. Nach einer Wartezeit von 70 min erfolgt die Messung gegen eine Blindlösung (mit dem Filter S53E/Zeiss), die mit 5 ml 0,1 n Schwefelsäure angesetzt wird. In gleicher Weise werden Eichlösungen hergestellt, denen entsprechend dem Fe_2O_3-Gehalt (bis zu 3% und darüber) eine 3%ige Eisen(III)-chlorid-Lösung zugesetzt wird.

Genauigkeit. Die Ergebnisse der durchgeführten Beleganalysen enthält die nachfolgende Tabelle 68.

Tabelle 68. *Aluminium-Bestimmungen nach Budan*

Probe	Aluminium	
	photometrisch %	Klassisches Verfahren, ber. aus Summe der Sesquioxide %
Schamotte	40,70	40,98
Schamotte	40,75	40,69
Gebrannter Ton	36,67	36,73
Cowper-Stein	49,81	49,51

Weitere Arbeitsweisen mit Zusatz von Thioglykolsäure. Zur Bestimmung des Aluminiums in *Kupfer-Legierungen* benutzt *Dozinel* [143] das Eriochromcyanin-Verfahren, wobei er Thioglykolsäure als Maskierungsmittel sowohl für Kupfer als auch für andere Elemente anwendet. Zink, Zinn, Blei und Mangan beeinflussen die Bestimmung auch bei großem Überschuß nicht; Phosphor, Antimon, Arsen und Kieselsäure stören unter 1% nicht; Nickel und Eisen ($< 1\%$) erfordern eine kleine Korrektur. Chrom, Beryllium und Fluor verursachen *erhebliche Störungen*.

Barrachina-Gómez, *Gascó-Sánchez* und *Fernández-Cellini* [173] geben auf Grund ihrer Untersuchungen eine Arbeitsvorschrift an, die sich von der durch *Glemser*, *Raulf* und *Giesen* angegebenen nicht wesentlich unterscheidet.

Jones und *Thurman* [174] bestimmen Aluminium in Böden, Aschen und pflanzlichem Material, *Bennett* [175] Al_2O_3-Gehalte in Aluminiumsilicaten. Als Blindlösung benutzt er eine Analysen-Lösung, in der Aluminium und Eisen durch ÄDTE komplex gebunden und maskiert sind.

Bei vergleichenden Untersuchungen zur Bestimmung von Aluminiumionen in Wässern prüfte *Giebler* [176] die Eriochromcyanin-Methode in Anlehnung an die Arbeitsweise von *Thaler* und *Mühlberger*. Die Methode lieferte jedoch keine befriedigenden Ergebnisse.

Zur Aluminium-Bestimmung in aus Aluminium-Metall isoliertem Aluminiumoxid verwenden *Fischer* und *Bechtel* [177] sowie *Ginsberg* [178] eine ähnliche Arbeitsweise wie *Werner* (siehe S. 346), setzten aber zur Maskierung des Eisens Thioglykolsäure zu. Nach Angaben von *Matelli* und *Attini* [179] erhält man bessere Ergebnisse, wenn man den Ausgangs-pH-Wert genau auf 1,8 einstellt und nicht, wie bei *Ginsberg* angegeben, auf $2 \pm 0,2$.

Maskierung des Eisens mit Mercaptoessigsäure in Eisenerzen nach *Hill* [140]

Arbeitsvorschrift. 0,2 g gepulvertes Erz werden in einem Platin-Tiegel mit 2 g Natriumcarbonat 10 bis 15 min aufgeschlossen. In einem 250-ml-Becherglas wird die Schmelze mit 30 ml Salzsäure (1:2) (etwa 4 m) gelöst, CO_2 verkocht, abgekühlt und in einem 250-ml-Meßkolben aufgefüllt. Je 1 ml Lösung (2 ml bei Aluminiumgehalten $< 0,5\%$) werden in zwei 50-ml-Meßkolben gebracht und noch in jeden Kolben 25 ml Natriummercaptat-Lösung (siehe unten). In den als Blindlösung vorgesehenen Kolben setzt man außerdem 25 ml ÄDTE-Lösung (0,04%ig) zu. In beide Kolben gibt man weiter 5 ml Eriochromcyanin-R-Lösung und 5 ml Pufferlösung (siehe unten). Nach Auffüllen wird die Extinktion bei 535 nm gegen die Blindlösung gemessen.

Bemerkungen. Um den Einfluß des *Vanadiums* auszuschalten, wird eine Probe wie zur Bestimmung des Aluminiums vorbereitet. Man gibt jedoch noch 2 ml 2,4%ige Natriumfluorid-Lösung zu, füllt auf und mißt gegen eine Eisen-Blindlösung (siehe unten). In einer weiteren Lösung wird der Vanadium-Komplex mit einigen Tropfen 1%iger Oxin-Lösung in Tetrachlorkohlenstoff zerstört; die zur Maskierung des Eisens verwendete Natriummercaptat-Lösung muß in diesem Fall ohne Äthanol angesetzt werden.

Erforderliche Lösungen. Natriummercaptat-Lösung: 1,5 g Natriummercaptat werden in Wasser gelöst, 50 ml 95%iges Äthanol zugesetzt und zu 500 ml aufgefüllt. Die Lösung ist nach 3 Tagen zu erneuern. Eriochromcyanin-R-Lösung: 0,75 g Eriochromcyanin R werden in etwa 200 ml Wasser gelöst, 25 g NaCl, 25 g NH_4NO_3 sowie 2 ml Salpetersäure (D = 1,42) zugegeben und zu 1 l aufgefüllt. Pufferlösung, pH = 6: 320 g Ammoniumacetat nebst 5 ml Eisessig in 1 l. Eisen-Blindlösung: Man löst 0,1 g reinstes Eisen in Salzsäure, dampft zur Trockne ein und nimmt mit 30 ml Salzsäure (1:2) (etwa 4 m) auf. In dieser Lösung löst man 2 g im Platin-Tiegel geschmolzenes Natriumcarbonat, verkocht CO_2, kühlt ab und füllt zu 250 ml auf.

Eichkurve. In eine Reihe von 50-ml-Meßkolben gibt man je 1 ml Eisen-Blindlösung sowie abgestufte, aliquote Teile einer Aluminium-Standard-Lösung (1 ml $\triangleq 8\ \mu g\ Al_2O_3$) und verfährt, wie in der Arbeitsvorschrift beschrieben.

Genauigkeit. Die Ergebnisse der ausgeführten Vergleichsanalysen verschiedener Proben stimmen mit den gewichtsanalytisch ermittelten Werten ausgezeichnet überein. Die größten Abweichungen betrugen ± 0,03% abs. für Gehalte von etwa 0,5 bis 5% Aluminium. Die Standardabweichung von wiederholt ausgeführten Analysen betrug etwa ± 0,20.

Doubek [180] hat die Methode von *Hill* überprüft und gibt einen *Fehler* von ± 0,003% an. Nach seinen Erfahrungen *stört Chrom* die Bestimmung. Die Störung kann durch Korrektionstabellen oder entsprechende Kurven mit Chrom-Zusatz eliminiert werden.

Mit Ascorbinsäure

Arbeitsweise zur direkten Bestimmung im Stahl nach Hill [132]. Als ein besseres Maskierungsmittel als das früher von *Hill* [140] angewandte Natriummercaptoacetat erwies sich die Ascorbinsäure. Eine höhere Oxydationsstufe dieser Säure, die in Gegenwart 3wertigen Eisens oder anderen reduzierbaren Elementen gebildet wird, maskiert Eisen und geringe Gehalte anderer störender Elemente.

Arbeitsvorschrift. 0,5 g Probe werden in einem calibrierten 250-ml-Erlenmeyerkolben mit 25 ml 3 n Salpetersäure in der Wärme gelöst. Nach Verkochen der Stickstoffoxide gibt man einen kleinen Überschuß einer gesättigten Kaliumpermanganat-Lösung zu und kocht 1 bis 2 min. Der Permanganat-Überschuß wird durch tropfenweise Zugabe 10%iger Natriumnitrit-Lösung reduziert, indem man 1 bis 2 Tropfen im Überschuß zufügt. Nach Verkochen der Stickstoffoxide wird abgekühlt und aufgefüllt. 5 ml Lösung werden in einen 25-ml-Meßkolben überführt, 5 ml 1%ige Ascorbinsäure-Lösung und 5 ml Eriochromcyanin-R-Lösung (siehe unten) zugegeben. Nach 1 min werden 5 ml Pufferlösung, pH = 8 (400 g $CH_3COONa \cdot 3H_2O$ in 1 l; der pH-Wert wird so eingestellt, daß 5 ml Lösung, nach der Arbeitsvorschrift behandelt, einen pH-Wert von 5,5 ergeben) zugegeben. Man läßt noch 2 bis 3 min stehen und füllt auf. Die Messung erfolgt gegen eine entsprechende, aluminiumfreie Eisen-Lösung bei 535 nm.

Bemerkungen. Der Aluminium-Gehalt wird einer *Eichkurve* entnommen.

Eriochromcyanin-Lösung. 0,35 g Eriochromcyanin R werden mit 2 ml Salpetersäure (D = 1,20) 2 min geschüttelt, bis die Lösung orangerot gefärbt ist. Nach Zugabe von 0,25 g Harnstoff oder Sulfamidsäure wird zu 1 l aufgefüllt. Die Reagens-Lösung ist mehr als 6 Monate haltbar.

Anwendungsbereich und störende Fremdelemente. Die Methode kann auf die Analyse niedrig legierter Stähle und Kohlenstoffstähle angewandt werden. In hoch legierten Stählen *blockiert Chrom* die Bildung des Aluminium-Farblacks; Vanadium verursacht einen positiven *Fehler* von 0,12% Aluminium je 1% Vanadium. Chrom kann durch Abrauchen mit Perchlorsäure und trockenem Chlorwasserstoff entfernt werden (Chromylchlorid). Für bekannte Vanadium-Gehalte kann eine Korrektur angebracht werden. Auf diese Weise ist eine direkte Bestimmung auch in hoch legierten Stählen möglich. Die Bildung des Farblackes in perchlorsaurer Lösung verläuft langsamer als in salpetersaurer Lösung. Auch muß der Farbstoff *vor* der Ascorbinsäure zugegeben werden.

Genauigkeit. Die von *Hill* durchgeführten Beleganalysen verschiedener Stahl-Proben ergaben für Gehalte von 0,02 bis 0,09% Aluminium eine maximale Abweichung von ± 0,003%. Die Standardabweichung betrug ± 0,001.

Lüdemann und *Zimmermann* [181] haben gemäß der Vorschrift nach *Hill* an einer Vielzahl von Modellgemischen, Vergleichsproben und Normalstählen Beleganalysen ausgeführt. Sie geben folgende *Fehler* (abs.) an: bei Al-Gehalten < 0,005% ± 0,0006%, bei Al-Gehalten um 0,05% ± 0,004% und bei Gehalten um 0,1% ± 0,002%.

Radonic [182] und *Doleschel* [183] geben ebenfalls Arbeitsvorschriften zur Bestimmung des Aluminiums an, die auf der Vorschrift nach *Hill* basieren und sich von dieser nur unwesentlich unterscheiden. Nach *Doleschel* stören *hohe Silicium*-Gehalte, da die bei der Auflösung in Säure entstehenden Polykieselsäuren die Hauptmenge des Aluminiums einschließen. Silicium muß daher entweder durch Abrauchen mit Flußsäure oder Eindampfen mit Salzsäure entfernt werden.

Arbeitsvorschrift *des Chemikerausschusses des VDEh* [184]. 5 g Stahl werden in einem 400-ml-Becherglas unter mäßigem Erwärmen in 150 ml Mischsäure [110 ml Salpetersäure (D = 1,40) und 140 ml Salzsäure (D = 1,19) in 1 l] gelöst, die Stickstoffoxide verkocht, mit 5 ml Wasserstoffperoxid-Lösung (30 %ig) oxydiert und der Überschuß zerkocht. Man filtriert über ein dichtes Filter in einen 250-ml-Meßkolben, wäscht mit heißem Wasser säurefrei und füllt auf. Das Filtrat dient der

Bestimmung des säureunlöslichen Anteils. Das Filter wird in einem Quarz- oder Platin-Tiegel verascht und der Rückstand mit 1 g Kaliumdisulfat aufgeschlossen. Man löst die Schmelze in heißem Wasser, überführt in einen 100-ml-Meßkolben, setzt 0,5 ml Mischsäure zu und füllt auf. 10 ml Lösung gibt man in einen 100-ml-Meßkolben, setzt unter Umschwenken 1 ml Ascorbinsäure-Lösung (4 %ig, täglich frisch bereitet) und 10 ml Pufferlösung (260 g $CH_3COONa \cdot 3H_2O$ in 0,1 n Essigsäure, zu 1 l gelöst) hinzu. Nach 2 min gibt man 5 ml Eriochromcyanin-Lösung [1,5 g Reagens, in Wasser gelöst, + 1 ml Essigsäure (96 %ig) in 1 l] zu und füllt auf. Man mißt bei 546 nm gegen eine Blindlösung, die mit 1 g Kaliumdisulfat in der gleichen Weise angesetzt wird.

Bemerkungen. Die Messung soll 5 min nach Zufügen der Eriochromcyanin-Lösung *beendet* sein.

Zur Aufstellung der *Eichkurve* werden je 1-g-Mengen an Kaliumdisulfat 3 min geschmolzen, gelöst und, dem Aluminium-Gehalt von 0,002 bis 0,02 % entsprechend, aliquote Teile einer Aluminium-Standardlösung [hergestellt durch Lösen von 0,5 g Reinstaluminium mit 2,5 g NaOH in 5 bis 10 ml Wasser, Ansäuern mit Salzsäure (1 : 1) (etwa 6 m), auffüllen zu 1 l und Verdünnen dieser Lösung 1 + 9; 1 ml = 50 mg Al] zugesetzt. Nach Zugabe von je 0,5 ml Mischsäure wird in einem 100-ml-Meßkolben aufgefüllt. Je 10 ml dieser Lösungen werden nun, wie in der Arbeitsvorschrift angegeben, behandelt.

Bestimmung des säurelöslichen Anteils. 25 ml Filtrat werden in einen 100-ml-Meßkolben überführt und aufgefüllt. 10 ml dieser verdünnten Lösung pipettiert man in einen weiteren 100-ml-Meßkolben, fügt unter Umschwenken 5 ml Ascorbinsäure-Lösung (4 %ig) zu, wartet 1/2 min und setzt dann 10 ml Pufferlösung (siehe oben) zu. Nach 2 min werden 5 ml Eriochromcyanin-Lösung (siehe oben) zugegeben und aufgefüllt. Die Messung erfolgt wie bei der Bestimmung des säureunlöslichen Anteils gegen eine Blindlösung. Zur Aufstellung der *Eichkurve* werden 10 g aluminiumfreies Reinsteisen in 300 ml Mischsäure gelöst und nach Abkühlen mit 10 ml Wasserstoffperoxid-Lösung (30 %ig) versetzt. Nach Verkochen der Stickstoffoxide, wobei Säureverluste vermieden werden müssen, filtriert man in einen 500-ml-Meßkolben, wäscht das Filter mit heißem Wasser aus und füllt nach Abkühlen auf. Man entnimmt je 25-ml-Anteile Lösung, gibt sie in je einen 100-ml-Meßkolben sowie entsprechende, aliquote Teile der Aluminium-Standardlösung (siehe oben). Nach Auffüllen werden je 10 ml entnommen und, wie in der Arbeitsvorschrift angegeben, behandelt. Eine Lösung ohne Aluminium-Zusatz dient als *Blindlösung.*

Weitere Arbeitsweisen mit Ascorbinsäure. Bei der Bestimmung des Aluminiums in Kupfer-Legierungen und Bronzen maskiert *Kuhn* [185] Eisen ebenfalls mit Ascorbinsäure, wenn er Kupfer nur durch Niederschlagen mit Blei entfernt. Die Maskierung mit Ascorbinsäure benutzen auch *Maltsev* und *Luyanenko* [186] bei der Bestimmung in Kupfer-Zink-Legierungen, *Liu* [187] zur Analyse von Gesteinen, *Picasso* [188] zur Analyse von Stählen, *Lelchuk, Sokolovich* und *Drelina* [189] in reinstem Zinn sowie *Marek* und *Kabrt* [190] zur Aluminium-Bestimmung im Ferrosilicium.

23*

Scholes [191] benutzt zur Bestimmung des Aluminiums in Schlacken bei der automatischen Analyse mit dem Technicon-Auto-Analyzer die photometrische Bestimmung mit Eriochromcyanin. Zur Maskierung des Eisens benutzt er ebenfalls Ascorbinsäure.

Maskierung des Kupfers mit Thiosulfationen

Arbeitsvorschrift zur Aluminium-Bestimmung in Zink-Legierungen nach *Werner* und *Corleis* [137]. Zur Aluminium-Bestimmung in Legierungen vom Typ ZnAl 1 (0,7 bis 0,9% Al, 0,3 bis 0,5% Cu) werden 0,3 g Einwaage im 100-ml-Meßkolben mit 2,5 ml Salpetersäure (D = 1,3) unter Erwärmen auf dem Wasserbad bis zur Entfernung der Stickstoffoxide gelöst. Man kühlt ab, füllt zur Marke auf, pipettiert genau 1 ml Lösung in einen weiteren 100-ml-Meßkolben und verdünnt auf etwa 30 ml. Nach Zusatz von 2 Tropfen 0,5%iger Phenolphthalein-Lösung wird mit 5%iger Natronlauge bis zur schwachen Rotfärbung neutralisiert und mit 0,2 ml n Salzsäure wieder angesäuert. Man schwenkt nun mehrfach um, bis nach etwa 5 min ausgeschiedene, basische Zinksalze wieder vollständig in Lösung gegangen sind. Dann gibt man genau 10 ml 0,1%ige, wäßrige Eriochromcyanin-Lösung zu, wartet 30 min, versetzt mit 20 ml Pufferlösung (nach *Koch*, S. 343) sowie 1 ml 5%iger Natriumthiosulfat-Lösung und füllt zur Marke auf. Bei *kleineren* Aluminium-Gehalten wird sofort, bei *größeren* nach einer Wartezeit von 15 bis 20 min bei 530 nm photometriert.

Bemerkungen. Zur Aufstellung der *Eichkurve* geht man von einer Standard-Aluminium-Lösung aus und photometriert nach obiger Vorschrift behandelte Eichlösungen mit etwa 15 bis 40 µg Aluminium.

Bei Legierungen mit höheren Aluminium-Gehalten geht man von entsprechend kleineren Einwaagen bzw. aliquoten Teilen aus oder mißt die Extinktion bei *576 nm*.

Einfluß anderer Legierungsbestandteile. Werner und *Corleis* prüften mit Rücksicht auf die zu untersuchenden Zink-Legierungen den Einfluß von Blei, Mangan, Magnesium, Kupfer und Eisen auf die Aluminium-Bestimmung. Sie stellten fest, daß *Blei, Mangan* und *Magnesium* die Extinktion des Aluminiumlackes in Konzentrationen bis mindestens zum 3fachen des Aluminium-Gehaltes *nicht* beeinflussen. Kupfer wird auch in vielfachem Überschuß durch Maskierung mit Thiosulfationen unschädlich gemacht. Thiosulfat darf jedoch nur zur bereits auf etwa pH = 6 abgepufferten Lösung zugesetzt werden. Eisen(III) stört *erheblich*. Die Vorschrift von *Werner* und *Corleis* ist also nur für eisenfreie oder nur wenig Eisen gegenüber Aluminium enthaltende Zink-Legierungen geeignet. Außerdem dürfte die Maskierung mit Thioglykolsäure derjenigen mit Thiosulfationen vorzuziehen sein.

C. Bestimmung mit Eriochromcyanin und Ketoamin

Prinzip. Nach Beobachtungen von *Hill* [192] bilden Aluminiumionen mit Eriochromcyanin und tertiären heterocyclischen Fettsäureaminen stabile Komplexe. Für die Untersuchungen wurde ein hochmolekulares Derivat des Harzsäureamins verwendet. Ähnliche stabile Komplexe erhält man auch mit den Aminen der Laurin-, Öl- und Stearinsäure. Der Aluminium-Komplex gehorcht dem Lambert-Beerschen Gesetz und zeigt die für Amin-Koordinationsverbindungen charakteristische, hohe Stabilität. Die Farb-Entwicklung erfolgt in Gegenwart einer Pufferlösung und Natriumsulfit. Die Farbe ist für die Zeit von 5 Std. stabil. Der Komplex kann zur direkten Bestimmung des Aluminiums, auch in Spurengehalten, in den verschiedensten, metallurgischen Produkten herangezogen werden.

Einfluß des pH-Wertes. Der optimale pH-Bereich der Farb-Entwicklung liegt zwischen 5,3 und 5,6. Die Extinktion ändert sich in diesem Bereich praktisch kaum, fällt aber gegen höhere pH-Werte stark ab. Als Pufferlösung wird eine Ammonium-acetat-Lösung benutzt, da das Ketoamin in Natriumacetat-Lösung nicht vollständig löslich ist.

Absorptionsspektrum. Abb. 15 zeigt das Absorptionsspektrum des Aluminium-Eriochromcyanin-R-Komplexes ohne und mit Zusatz von Ketoamin.

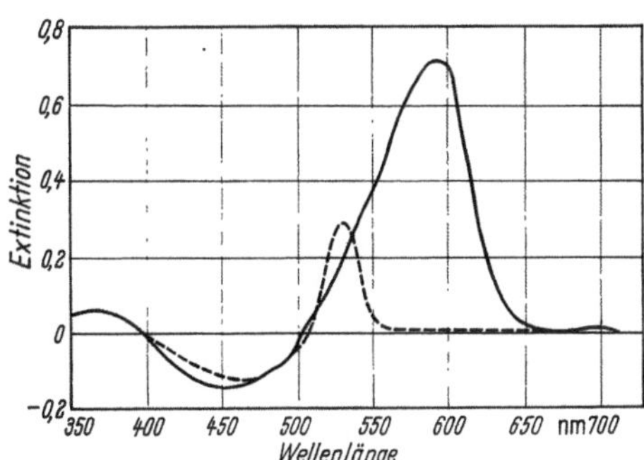

Abb. 15. Vergleich der Absorptionsspektren des Aluminium-Eriochromcyanin-R-Komplexes mit (———) und ohne (– – –) Ketoamin (0,2 µg Al/ml, 1-cm-Küvette)

Die Lage des Maximums ist abhängig von der Temperatur, von der Bildungs-geschwindigkeit des Komplexes und von der Art und Konzentration der zum Lösen verwandten Säure sowie der Anwesenheit von Maskierungsreagenzien. Bei Verwen-dung von Ascorbinsäure als Maskierungsmittel erfolgt die Komplex-Bildung schneller bei gleichzeitiger Verschiebung des Absorptionsmaximums nach längeren Wellen-längen.

Einfluß der Temperatur. Einstellen der Lösung für 1 min in heißes Wasser redu-ziert die Zeit der Farb-Entwicklung von 20 auf 5 min. Auch ist das Auffüllen bis zur Marke mit heißem Wasser zu empfehlen. Nachdem der Farbkomplex einmal gebildet ist, ist eine geringe Temperatur-Änderung praktisch ohne Einfluß auf die Extinktion.

Störungen durch Fremdelemente. Gegenüber den bisher von *Hill* [132, 140] an-gewendeten Methoden ist der Einfluß von Störelementen geringer. Kobalt z. B. bildet mit Eriochromcyanin R einen gefärbten Komplex und stört bei der Messung bei 535 nm, nicht aber bei der vorliegenden Arbeitsweise. Chrom bildet einen schwachen Komplex mit einem Absorptionsmaximum bei 560 nm. Nach *Hill* verursacht ein Chromgehalt von 1 % einen positiven Fehler von 0,002 % Al, derselbe Gehalt (1 %) an Titan, Vanadium und Zirkonium zusammen einen positiven Fehler von 0,05 % Al.

Arbeitsvorschriften für Stähle. *Lösliches Aluminium.* 0,5 g Probe werden in einem 300-ml-Erlenmeyerkolben mit 50 ml Mischsäure (4 Teile 3n Schwefelsäure und 1 Teil 3n Salpetersäure) unter Erwärmen gelöst, die Stickstoffoxide verkocht und zur Oxyda-tion des Kohlenstoffs 1 bis 2 Tropfen einer gesättigten Kaliumpermanganat-Lösung zugesetzt. Der Überschuß des Permanganats wird durch tropfenweise Zugabe 10 %iger Natriumnitrit-Lösung oder gesättigter schwefliger Säure zurückgenommen. Nach kurzem Aufkochen und nach Abkühlen wird auf 250 ml aufgefüllt. Als *Blindlösung* werden 40 ml 3n Schwefelsäure auf 250 ml aufgefüllt. 2 ml Analysenlösung und 2 ml Blindlösung überführt man in je zwei 25-ml-Meßkolben, fügt je 2 ml 0,1 %ige wäßrige Eriochromcyanin-R-Lösung zu und läßt einige Minuten stehen oder er-wärmt kurz in heißem Wasser. Man gibt nun 2 ml 2 %ige Mercaptoessigsäure, 2 ml Cyclo-Ketoamin (Anachem. Products Inc. Ambler, Pa.), Natriumsulfit und

Pufferlösung (320 g Ammoniumacetat + 25 g Natriumsulfit in 1 l; der pH-Wert wird mit Ammoniak oder Essigsäure auf 7,6 eingestellt) hinzu, läßt 2 min reagieren und füllt bis zur Marke auf. Nach kurzem, 30 sec langem Erwärmen läßt man noch 7 min bei Raumtemperatur stehen und mißt die Extinktion der Analysen-Lösung bei 595 nm gegen den Blindwert.

Gesamtaluminium. Methode a) Man löst die Probe, wie in der Vorschrift für das säurelösliche Aluminium angegeben, filtriert den Rückstand in ein Blaubandfilter ab, verascht, schließt mit Kaliumdisulfat auf und löst die abgekühlte Schmelze im Filtrat.

Methode *b*) Man löst die Probe wie unter *a*), engt bis zum starken Rauchen ein und nimmt nach dem Abkühlen mit 20 ml Salzsäure (1 : 1) (etwa 6 m) auf. Man verfährt nun weiter, wie in der Vorschrift für säurelösliches Aluminium angegeben.

Legierte Stähle. Zu 0,4 g Probe gibt man in einem 300-ml-Erlenmeyerkolben 5 ml Wasserstoffperoxid-Lösung (30 %ig) und vorsichtig genügend Salzsäure zum Lösen der Probe. Nach dem Lösen fügt man 10 ml Salpetersäure sowie 15 ml Perchlorsäure hinzu, engt bis zum starken Rauchen der Perchlorsäure ein und entfernt das Chrom mit gasförmigem Chlorwasserstoff. Man läßt in Eiswasser abkühlen, verdünnt auf 50 ml und fügt einen Überschuß an kalter 6 %iger Cupferron-Lösung zur Fällung von Vanadium, Titan und Zirkonium hinzu. Man läßt einige Minuten stehen, verdünnt in einem Meßkolben auf 100 ml und filtriert partiell, wobei der erste Anteil des Filtrats verworfen wird. 1 ml Filtrat überführt man in einen 25-ml-Meßkolben und verfährt weiter wie oben beschrieben.

Bemerkung. Aufstellung der *Eichkurve.* Man löst unter den gleichen Bedingungen, wie in der Arbeitsvorschrift angegeben, eine aluminiumfreie oder aluminiumarme Stahl-Probe und setzt zu den entsprechenden, aliquoten Teilen (2 ml) in 25-ml-Meßkolben 0 bis 6 ml einer Aluminium-Standardlösung, entsprechend 0 bis 6 µg Al, hinzu. Man verfährt, wie in der Arbeitsvorschrift angegeben, und mißt gegen die Lösung ohne Aluminium-Zusatz.

Eisenerze. 0,1 g Probe werden in einem Platin-Tiegel mit 3 Tropfen Schwefelsäure (1 : 3) (etwa 4,7 m) und 1 bis 2 ml Flußsäure abgeraucht. Man glüht den Rückstand und schließt mit 2 g Kaliumdisulfat auf. Nach Abkühlen löst man die Schmelze in 80 ml Mischsäure (4 Teile 3n Schwefelsäure und 1 Teil 3n Salpetersäure) und füllt in einem 250-ml-Meßkolben auf. Man überführt 1 ml Lösung in einen 25-ml-Meßkolben und verfährt nach der für Stähle angegebenen Vorschrift.

Bemerkung. Genauigkeit. Von *Hill* ausgeführte Beleganalysen ergaben folgende Standardabweichungen: Für Gehalte von 0,06 % ± 0,0007, für Gehalte von 0,28 % ± 0,0019 und für Gehalte von 1,0 % ± 0,0076.

D. Bestimmungen mit Solochromcyanin RS

Prinzip. Zu den Farbstoffen, die mit Aluminium und anderen Metallen [z. B. Beryllium, Magnesium, Kupfer und Eisen(III)] Farb-Lacke bilden, gehört auch Solochromcyanin RS (nach *Bacon* [193] RS, nach *Pollak* und *Pellowe* [194] R 200). Seine Eignung zur photometrischen Aluminium-Bestimmung wurde von *Bacon* festgestellt, als er nach einem brauchbaren Ersatz für das seinerzeit nicht erhältliche Eriochromcyanin R suchte. *Bacon* hat Vorschriften zur Bestimmung des Aluminiums in Magnesium-Legierungen für die Bereiche bis 0,02 %, bis 0,35 % und bis 14 % Aluminium ausgearbeitet. *Pollak* und *Pellowe* geben eine Vorschrift zur Aluminium-Bestimmung in Zink-Legierungen mit 1 bis 6 % Aluminium an.

Die Bildung des Aluminiumlackes mit Solochromcyanin RS erfolgt nach *Bacon* zwar schneller als diejenige mit Eriochromcyanin; Solochromcyanin RS zeigt aber den großen Nachteil, daß es in acetatgepufferter, schwach saurer Lösung instabil ist und seine Färbung verhältnismäßig rasch verblaßt. Das Eriochromcyanin-Verfahren ist daher der Solochromcyanin-Methode vorzuziehen; letztere dürfte als zeitbedingter Notbehelf heute wohl ohne praktische Bedeutung sein.

Reagens. Solochromcyanin RS ähnelt nach *Bacon* in seinen Eigenschaften dem Eriochromcyanin R. Die wäßrige Lösung des Farbstoffes ist in saurer Lösung rot, in alkalischer gelb gefärbt; der Farbumschlag erfolgt im pH-Bereich von 3,0 bis 8,0.

Solochromcyanin löst sich in genügendem Maße in Wasser; es wird als 0,025 bis 0,05%ige, rein wäßrige Lösung angewandt. Nach Auflösung des Reagenses muß die Lösung zuerst 1 Std. altern – man läßt sie am besten über Nacht stehen –, dann ist sie unter Aufbewahrung im Dunkeln mindestens 15 Tage unverändert haltbar. In verd. Essigsäure angesetzte Farbstoff-Lösungen verhalten sich ebenso. Lösungen von Solochromcyanin in 0,001 n Natronlauge zeigen keine Alterung nach der Herstellung, sind also sofort verwendbar; alkalische Reagens-Lösungen sind aber nach *Bacon* weniger haltbar als gealterte, rein wäßrige Lösungen. Ganz unbeständig sind eigenartigerweise Lösungen des Farbstoffes in 20%iger, mit Essigsäure auf pH = 5,8 gepufferter Natriumacetat-Lösung. Auch in den zur photometrischen Messung mit Acetat und Essigsäure gepufferten Lösungen des Aluminium-Solochromcyanin-Lackes verblaßt der überschüssige, freie Farbstoff in gleicher Weise, und zwar um so schneller, je größer seine Konzentration und je höher die Temperatur der Lösung ist. Durch Anwendung eines möglichst geringen Farbstoff-Überschusses und Einhaltung stets gleicher Wartezeiten vom Ansatz bis zur Messung der Lösungen erhält man reproduzierbare Meßwerte, wobei Eich- und Probelösungen bei möglichst gleicher Temperatur angesetzt und gemessen werden sollen.

Eigenschaften des Aluminium-Solochromcyanin-RS-Lackes und seine photometrische Messung

Die Bildung des Farblackes beginnt nach *Bacon* bei einem pH-Wert von etwa 4; innerhalb des pH-Bereiches von 5,0 bis 6,2 entsteht er im Gegensatz zum Eriochromcyanin-R-Lack so schnell, daß bereits 10 min nach Ansatz der Endlösungen die photometrische Messung ausgeführt werden kann. Ein stabiler Endzustand der Farblack-Entwicklung ist allerdings zu diesem Zeitpunkt noch nicht erreicht.

Das Absorptionsmaximum des Farblackes liegt zwischen 520 und 550 nm; die größte Farb-Intensität wird im pH-Bereich von 5,0 bis 6,2 erreicht. Da auch die Extinktion des freien Farbstoffes bei 520 bis 550 nm noch beträchtlich ist, sich jedoch mit zunehmendem pH-Wert verringert, wäre es am zweckmäßigsten, die Meßlösungen auf einen möglichst hohen pH-Wert, etwa 6,1, einzustellen, da hier die Extinktionsdifferenz $(E_0 - E_F)$ am größten ist. Nach *Bacon* erhält man aber bei pH = 6,1 schon stark streuende Meßwerte, während die bei pH = 5,8 gefundenen Resultate gut reproduzierbar sind.

Die Farb-Intensität der Lack-Lösung ist um so beständiger, je geringer der Überschuß an freiem Solochromcyanin RS ist. Anderseits wird die volle Farb-Intensität des Aluminiumlackes erst bei einem gewissen Überschuß an freiem Farbstoff erreicht. Nach den Untersuchungen von *Bacon* genügen für Gehalte von 0 bis zu 20, 40 bzw. 80 µg Al/100 ml Endlösung 2,5, 5 bzw. 10 mg Solochromcyanin RS.

Fehlerquellen und Störungen

Wie schon eingangs erwähnt, bilden neben Aluminium auch andere Metalle mit Solochromcyanin RS Farblacke, so Beryllium, Magnesium, Eisen(III) und Kupfer. Der Magnesiumlack entsteht jedoch erst bei wesentlich höheren pH-Werten, so daß dieses Metall die Aluminium-Bestimmung ebensowenig stört wie Zink, Nickel,

Mangan und Cadmium, die nicht mit Solochromcyanin RS reagieren. Aluminium läßt sich also mit Solochromcyanin ohne vorherige Abtrennung in Magnesium- und Zink-Legierungen bestimmen (*Bacon; Pollak* und *Pellowe*). Allerdings muß man infolge des großen Überschusses dieser Metalle mit einem „Salzfehler" rechnen, der am einfachsten in üblicher Weise eliminiert wird, indem man auch den zur Auswertung herangezogenen Eich- und Standard-Lösungen gleiche Mengen dieser Metalle zusetzt oder Vergleichslösungen aus entsprechenden Standardlegierungen herstellt.

Eisen(III) und *Kupfer* bilden im gleichen pH-Bereich, in dem der Aluminiumlack entsteht, ähnlich gefärbte Lacke mit Solochromcyanin RS. Das Absorptionsmaximum der Eisen(III)- und Kupfer-Verbindungen liegt bei 550 nm; die größte Farb-Intensität des Eisenlackes wird bei einem pH von etwa 4, diejenige des Kupferlackes um pH = 7 erreicht. Die Bildungsgeschwindigkeiten dieser Farblacke werden ähnlich wie die Farb-Intensitäten vom pH-Wert abhängig und bei pH = 5,8 von derjenigen des Aluminiumlackes verschieden, nach *Bacon* wahrscheinlich geringer sein. *Bacon* benutzt zur Ausschaltung des Einflusses von Eisen und Kupfer ein Korrektur-Diagramm.

Bei der Aluminium-Bestimmung in Magnesium-Legierungen mit über 0,1% Aluminium können Verunreinigungen an Eisen und Kupfer unter 0,1% praktisch vernachlässigt werden; nach *Pollak* und *Pellowe* wird die Bestimmung von etwa 4% Aluminium in Zink-Legierungen durch Gehalte von bis zu 0,075% Eisen und 0,5% Kupfer noch nicht merklich beeinflußt. Größere Eisen- und Kupfer-Gehalte müssen jedoch vor der Bestimmung des Aluminiums abgetrennt werden. Eisen(II) bildet keinen Farblack mit Solochromcyanin RS.

Wie bei den übrigen Farblack-Methoden stören Tartrate und Citrate; durch Komplex-Bindung des Aluminiums beeinträchtigen oder verhindern sie die Farblack-Bildung. Auch Phosphate beeinflussen die Farblack-Bildung in gleichem Sinne, allerdings erst bei Konzentrationen über 300 μg P_2O_5/100 ml Endlösung. Geringere Gehalte üben keinen Einfluß aus.

Arbeitsweisen zur Aluminium-Bestimmung in Legierungen

Arbeitsvorschrift zur Aluminium-Bestimmung in Magnesium-Legierungen nach *Bacon* [193]. 0,5 g der bis zu 14% Aluminium enthaltenden Legierung werden in genau 20 ml 9,5n Schwefelsäure und 50 ml Wasser gelöst. Man kocht mit 1 ml Salpetersäure (D = 1,2) auf, kühlt ab, überführt die Lösung in einen 200-ml-Meßkolben, füllt auf, pipettiert 10 ml in einen 500-ml-Meßkolben ab und füllt wiederum zur Marke auf. 10 ml Lösung (= 0,5 mg Probe) verdünnt man in einem 100-ml-Meßkolben mit Wasser auf etwa 60 ml und versetzt mit der genau abgemessenen Reagens-Lösung (siehe unten), und zwar mit

> 20 ml für Aluminium-Gehalte bis 14%,
> 10 ml für Aluminium-Gehalte bis 7% und
> 5 ml für Aluminium-Gehalte bis 3,5%.

Anschließend gibt man sofort 5 ml Pufferlösung (siehe unten) zu, verdünnt auf 100 ml und photometriert nach möglichst genau 10 min, der zugesetzten Reagensmenge entsprechend, in 1-, 2- bzw. 4-cm-Küvetten bei etwa 530 nm. Gleichzeitig mit der Probe wird eine Standardlösung bekannten Aluminium-Gehaltes ebenfalls nach obiger Vorschrift behandelt und photometriert; die Differenz der für Probe und Standard erhaltenen Extinktionswerte wird dann zur Ermittlung des gesuchten Aluminium-Gehaltes mit Hilfe einer vorher aufgestellten *Eichkurve* herangezogen.

Bemerkungen. Erforderliche Lösungen. Reagens-Lösung: Solochromcyanin RS wird zu einer 0,05%igen Lösung in Wasser gelöst; man läßt die Lösung über Nacht stehen und bewahrt sie in einer dunklen Flasche auf.

Pufferlösung: 20 g Natriumacetat-3-hydrat werden in Wasser gelöst und die Lösung nach Zugabe von 6 ml n Essigsäure auf 100 ml verdünnt.

Änderung der Arbeitsweise zur Bestimmung geringer Aluminium-Gehalte. Um auch Aluminium-Gehalte unter 0,35% in gleicher Weise bestimmen zu können, muß der aliquote Teil der Einwaage für die Endlösung von 0,5 mg auf 20 mg erhöht werden. Dies erfordert eine Änderung der in obiger Vorschrift angewandten Säure-Mengen und -Konzentrationen sowie der Puffer-Mischung, um abgesehen von dem zwangsweise höheren Magnesium-Gehalt den gleichen Elektrolyt-Gehalt und pH-Wert zu erreichen wie in den nach obiger Vorschrift erhaltenen Endlösungen.

Arbeitsvorschrift. 0,5 g Legierung mit bis zu 0,35% Aluminium werden in 50 ml n Schwefelsäure gelöst; die Lösung wird nach Zugabe von 1 ml n Salpetersäure zum Sieden erhitzt, abgekühlt und in einem 250-ml-Meßkolben zur Marke aufgefüllt. 10 ml Lösung werden in einem 100-ml-Meßkolben nach Verdünnen mit Wasser auf 60 ml mit genau abgemessenen Mengen der Solochromcyanin-RS-Lösung nach obiger Vorschrift versetzt, und zwar mit:

20 ml bei Gehalten bis zu 0,35% Al und Verwendung von 1-cm-Küvetten,
10 ml bei Gehalten bis zu 0,175% Al und Verwendung von 2-cm-Küvetten und
 5 ml bei Gehalten bis zu 0,10% Al und Verwendung von 4-cm-Küvetten.

Anschließend werden sofort 5 ml Pufferlösung zugegeben, die jedoch neben 20 g Natriumacetat-3-hydrat nur 1,65 ml n Essigsäure auf 100 ml enthält. Dann wird auf 100 ml verdünnt und nach 10 min photometriert.

Genauigkeit. Im Bereich von 5 bis 14% Aluminium beträgt – bei genauer Einhaltung der wiedergegebenen Arbeitsvorschrift – die Reproduzierbarkeit der Bestimmungen nach *Bacon* ± 0,08%, im Mittel sogar ± 0,03% Aluminium abs. Die entsprechende relative Genauigkeit wird auch in den Bereichen von 2,5 bis 7% und 1 bis 3% Aluminium erreicht. Bei niedrigen Aluminium-Gehalten ist der *Fehler* größer.

Arbeitsvorschrift zur Aluminium-Bestimmung in Zink-Umschmelzlegierungen nach *Pollak* und *Pellowe* [194]. 0,5 g der etwa 1 bis 6% Aluminium enthaltenden Legierung (Bohrspäne) werden in genau 20 ml 8,21 n Schwefelsäure unter Zugabe von 2 ml konz. Wasserstoffperoxid-Lösung in der Kälte, zum Schluß unter vorsichtigem Erhitzen gelöst. Nach Verdünnen mit 20 ml Wasser hält man die Lösung 5 min im Sieden, kühlt ab und füllt in einem 100-ml-Meßkolben auf. Ein aliquoter Teil dieser Lösung von genau 1 ml wird in einem weiteren 100-ml-Meßkolben zur Marke aufgefüllt, 10 ml dieser verdünnten Lösung (= 0,5 mg Probe) werden wiederum in einen 100-ml-Meßkolben pipettiert und analog der obigen Vorschrift nach *Bacon* (S. 360) weiterverarbeitet.

Bemerkungen. Als *Bezugslösung* dient die Lösung einer synthetischen, 4% Aluminium enthaltenden Zink-Legierung. Als Maß des Aluminium-Gehaltes wird die Differenz der Extinktionen aus Probe- und Bezugslösung ermittelt, für die aus einer entsprechend aufgestellten *Eichkurve* der gesuchte Aluminiumwert entnommen wird.

E. Bestimmungen mit Aurintricarbonsäure („Aluminon")

Aurintricarbonsäure bzw. deren unter dem Namen „Aluminon" im Handel befindliches Ammoniumsalz bildet mit Aluminiumionen innerhalb eines pH-Bereiches von etwa 4 bis 7,4 einen intensiv rot gefärbten Farblack, der nach *Hammett* und *Sottery* [195] zum qualitativen Nachweis sehr geringer Aluminium-Mengen geeignet ist. Die Nachweisgrenze liegt bei etwa 0,1 µg Aluminium in 1 ml. *Lundell* und *Know-*

les [196] benutzten als erste Aluminon zur quantitativen colorimetrischen Aluminium-Bestimmung (1926). Seitdem hat das Aluminon-Verfahren insbesondere in den USA weite Verbreitung gefunden. Wie beim Eriochromcyanin-Verfahren handelt es sich bei diesen Arbeitsweisen in der Regel um die Bestimmung kleiner und kleinster Aluminium-Gehalte, z.T. aber auch um die Schnellbestimmung größerer Aluminium-Gehalte.

Aurintricarbonsäure ist ebensowenig wie Eriochromcyanin ein spezifisches Reagens auf Aluminium; zahlreiche Metalle ergeben ähnliche Farblacke. Der eigentlichen, photometrischen Bestimmung muß also die Abtrennung störender Metalle vorausgehen, soweit diese nicht maskiert werden können.

Wesentlich für die *Genauigkeit* und Reproduzierbarkeit der Aluminium-Bestimmung mit Aluminon ist die genaue Einhaltung und Reproduzierbarkeit der gewählten Arbeitsvorschrift, da sowohl die Extinktion des Farblackes wie diejenige des überschüssigen freien Farbstoffes abhängig sind vom pH-Wert, der Fremdionen-Konzentration, der Temperatur, der Entwicklungszeit des Farblackes, seiner Neigung zum Ausflocken sowie anderen Faktoren, z.B. der Reinheit des verwendeten Farbstoff-Präparates.

Reagens

Aluminon ist das tertiäre Ammoniumsalz der Aurintricarbonsäure (4′,4″-Dioxyfuchsontricarbonsäure-(3,3′,3″) nebenstehender Konstitution. Das Molekulargewicht

ist entsprechend der Summenformel $C_{22}H_{11}O_9(NH_4)_3$: 473,44. Aluminon bildet rote bis schwarzbraune, metallglänzende Kristalle; es ist in Wasser löslich, schwerlöslich auch in warmem Äthanol und fast unlöslich in Äther, Aceton oder Chloroform. Nach *Smith*, *Sager* und *Sievers* [197] ist die wäßrige Lösung von reinem Aluminon bzw. reiner Aurintricarbonsäure im schwach sauren Gebiet rot gefärbt. Das Absorptionsmaximum im sichtbaren Teil des Spektrums liegt bei etwa 525 bis 530 nm, wie schon *Schwartze* und *Hann* [198] feststellten. Die Färbung ist am intensivsten bei pH = 4,6, nimmt mit abnehmender Wasserstoffionen-Konzentration ab und erreicht bei pH-Werten von 5,8 bis 6,3 (*Smith*, *Sager* und *Sievers*; *Roller* [199]) ein Minimum. Dieser pH-Bereich sollte daher zur photometrischen Messung des Aluminiumlackes am geeignetsten sein, da hier der überschüssige Farbstoff praktisch nicht absorbiert. Mit weiter steigenden pH-Werten nimmt die Farbintensität wieder zu; über pH = 7 wird die Lösung zunächst intensiv rot, die Farbe verblaßt jedoch allmählich, in stärker alkalischer Lösung (pH etwa 12) sogar innerhalb 24 Std. fast vollständig.

Smith, *Sager* und *Sievers* vergleichen diese Abnahme der ursprünglichen Farb-Intensität in alkalischer Lösung mit dem ähnlichen Verhalten von Phenolphthalein sowie Sulfophthalein-Indikatoren; sie vermuten eine Umwandlung der chinoiden Form des eigentlichen Farbstoffes in dessen farblose Carbinolform. Hiermit würde sich auch die vielfach beobachtete Tatsache erklären lassen, daß frisch hergestellte Aluminon-Lösungen erst im Laufe von etwa 3 Tagen ihre volle Farb-Intensität erreichen. Je nach den Herstellungsbedingungen liegt der feste Farbstoff teilweise in

Carbinolform vor, die sich je nach Temperatur und pH-Wert der Lösung schneller oder langsamer in die chinoide Form des eigentlichen Farbstoffes umwandelt. Auch die im Reagens vorhandenen Verunreinigungen, die je nach Herstellungsverfahren und Alter verschieden sind, beeinflussen die Eigenschaften und das Verhalten des Aluminons. Nach Beobachtungen von *Smith, Sager* und *Sievers* sind sie die Ursache für die in älteren Veröffentlichungen oft voneinander abweichenden Angaben.

Aluminon wird im allgemeinen als 0,1 oder 0,2%ige wäßrige Lösung angewandt, vielfach auch als Mischung mit Pufferlösung unter Zusatz von Konservierungsmitteln (z.B. Benzoesäure) und Schutzkolloiden zur Stabilisierung des Farblackes. So setzen *Owen* und *Price* [200] zur Stabilisierung neben Benzoesäure noch Isopropanol zu. Sowohl die rein wäßrigen wie die gemischten Lösungen sind zumindest wochenlang unverändert haltbar, sobald sich im Laufe von etwa 3 Tagen nach dem Ansatz die volle Farb-Intensität entwickelt hat und die Lösungen, vor Licht geschützt, aufbewahrt werden. Da die maximale Reaktionsfähigkeit des Farbstoffes erst nach Umwandlung der vermuteten, farblosen Carbinolform in die zur Lack-Bildung befähigte, chinoide Form erreicht wird, wird empfohlen, die angesetzten Lösungen vor Gebrauch einige Tage stehen zu lassen. Reine Präparate, die offenbar kein Carbinol enthalten, sind unmittelbar nach erfolgter Lösung farbkonstant und können sofort verwendet werden (*Luke* und *Braun* [201]). Nach *Samsel* und Mitarbeitern [202] ergeben Schutzkolloide enthaltende Reagens-Lösungen bei der Bestimmung verhältnismäßig hoher Aluminiumkonzentrationen (20 bis 120 μg Al/25 ml Endlösung) nach *Olsen, Gee* und *McLendon* [203] sowie *Craft* und *Makepeace* [204] keine brauchbaren Resultate. Sie ziehen zumindest in diesem Falle die Verwendung rein wäßriger Aluminon-Lösungen vor.

Eigenschaften, Bildungsbedingungen und photometrische Messung des Aluminium-Aluminon-Lackes

Nach *Feigl* [5] bildet Aluminium mit Aurintricarbonsäure ein Innerkomplexsalz folgender Struktur:

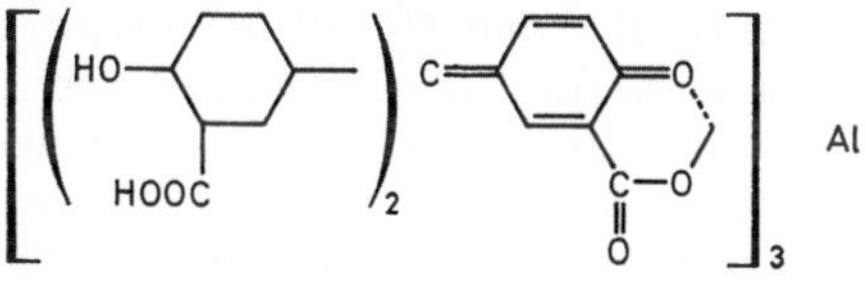

$$\left[\left(\mathrm{HO}-\!\!\!\bigcirc\!\!\!-\!\!\!\underset{\mathrm{HOOC}}{}\right)_2 \mathrm{C}=\!\!\!\bigcirc\!\!\!\right]_3 \mathrm{Al}$$

Es muß jedoch angenommen werden, daß unter den zur photometrischen Bestimmung des Aluminiums angewandten Reaktionsbedingungen Farblacke entstehen, die auf 1 Aluminiumion weniger als 3 Moleküle Aurintricarbonsäure enthalten. So werden nach einigen Arbeitsvorschriften (*Mussakin* [205]; *Sabinina* und *Kuminowa* [10]; *Speight* [206]; *Samsel* und Mitarbeiter; *Quentin* [207]) durchaus brauchbare Eichkurven erhalten mit Reagens-Mengen, die nicht zur vollständigen Bildung des oben angegebenen Innerkomplexsalzes ausreichen. Die Zusammensetzung des Farblackes ist offenbar je nach den Bildungsbedingungen verschieden.

Eine Erklärung dieser Tatsache kann auf Grund der Untersuchungen von *Hsu* [208] gegeben werden, nach denen Aluminium nur in stärker sauren Lösungen als Aluminium(III)-ion vorliegt. Bei pH-Werten von 4 und darüber erfolgt eine Polymerisation zu positiv geladenen Komplexen, wobei die positiven Ladungen mit ansteigendem pH-Wert abnehmen. Aluminon reagiert nun mit diesen Aluminium-Komplexen, wobei die Menge des gebildeten Farb-Komplexes von den zur Verfügung stehenden, positiven Ladungen abhängt. Größte Farb-Intensität und stöchiometrische Zusammensetzung erhält man also nur dann, wenn in der Lösung Aluminium-

(III)-ionen vorliegen, was nur unterhalb pH = 4 der Fall ist, wobei der ursprüngliche pH-Wert der Analysen-Lösung eine Rolle spielt. Einmal gebildete Komplexe zersetzen sich bei Raumtemperatur und in verd. Säure nur sehr langsam, so daß ein korrekt eingestellter pH-Wert unterhalb von 4 nicht immer eine Garantie für einen vollständigen Abbau der Komplexe und damit eine einwandfreie Bestimmung bildet. Da Aluminon unterhalb pH = 3,7 auszufallen beginnt, ist nur innerhalb eines pH-Bereiches von 3,7 bis 4,0 eine optimale Farb-Ausbildung möglich. In diesem Bereich ist die Zugabe eines Schutzkolloids unnötig.

Das Maximum der Lichtabsorption des roten Aluminium-Aluminon-Lackes liegt nach *Smith*, *Sager* und *Sievers* unabhängig vom pH-Wert der Lösung bei 515 bis 520 nm, nach älteren Messungen von *Schwartze* und *Hann* bei etwa 545 nm. Für die photometrische Messung ist ein Wellenlängen-Bereich von 510 bis 540 nm geeignet; die größte Empfindlichkeit wird bei 515 bis 520 nm erzielt (*Smith*, *Sager* und *Sievers*; *Front* und *Kirsner* [209]). Im schwach sauren Gebiet fällt das Absorptionsmaximum des Aluminium-Aluminon-Lackes mit demjenigen des reinen Aluminons praktisch zusammen; die Farb-Intensität des Lackes ist jedoch erheblich größer als diejenige des reinen Farbstoffes. Grundsätzlich gelten für die photometrische Messung des Aluminon-Lackes die gleichen Voraussetzungen wie nach dem Eriochromcyanin-Verfahren, auf deren Darstellung hier verwiesen sei. Es wird danach auch beim Aluminon-Verfahren stets die Gesamtextinktion E_0 gemessen, die sich additiv aus der Extinktion des Farblackes und derjenigen des überschüssigen freien Farbstoffes zusammensetzt; die gemessene Gesamtextinktion E_0 ist daher nur dann eine Funktion des Aluminium-Gehaltes, wenn immer die gleiche Farbstoff-Menge angewandt wird. Die erreichbare *Genauigkeit* ist aber, wie *Smith*, *Sager* und *Sievers* ausdrücklich betonen, größer, wenn die Extinktionsdifferenz: $E_0 - E_F$ gemessen wird, d.h. die Gesamtextinktion E_0 der Lösung der Probe gegen die Extinktion E_F einer gleich behandelten und mit der gleichen Farbstoff-Menge versetzten *Blindprobe* als Vergleichslösung.

Trotz zahlreicher Einzeluntersuchungen besteht noch keine befriedigende Klarheit über die günstigsten Bedingungen zur Erzielung möglichst großer Farb-Intensität, Konstanz und Bildungsgeschwindigkeit des Farblackes; erwähnt seien hierzu neben älteren Arbeiten (z.B. *Yoe* und *Hill* [210]; *Thrun* [211]; *Winter*, *Thrun* und *Bird* [212]; *Roller*) insbesondere die Untersuchungen von *Mussakin*, von *Olsen*, *Gee* und *McLendon*, von *Craft* und *Makepeace*, *Smith*, *Sager* und *Sievers* sowie *Hsu*.

Erheblichen Einfluß auf Farbton und -intensität des gebildeten Lackes hat, wie schon erwähnt, die Reinheit des verwendeten Aluminon-Präparates. *Eichkurven*, die in gleicher Weise, jedoch mit verschiedenen Aluminon-Präparaten erhalten wurden, können daher sehr unterschiedlich verlaufen und sich sogar überschneiden (*Luke* und *Braun*). Die Eichung vor Gebrauch einer neuen Aluminon-Lieferung, auch des gleichen Herstellers, ist daher immer zu empfehlen.

Die Farb-Intensität ist bei gleichem Aluminium-Gehalt vom pH-Wert der Lösung abhängig. Das Extinktionsmaximum wird erreicht durch Bildung des Farblackes im pH-Bereich um 4 (*Winter*, *Thrun* und *Bird*); nach *Hsu* ändert sich im Bereich des Maximums von pH = 3,7 bis 4,0 die Farbtiefe praktisch nicht. Mit steigendem pH-Wert nimmt die Farb-Intensität in zunehmendem Maße ab, und zwar stärker als diejenige des freien Aluminons (*Mussakin*), die sich bei pH-Werten über 4,9 bis 5,0 nur noch wenig ändert (*Short* [213]). Auch wenn man nach erfolgter Bildung des Farblackes bei pH = 4 zur Extinktionsmessung auf höhere pH-Werte abpuffert, nimmt die Intensität der Färbung mit steigendem pH-Wert ab (*Mussakin*). Die Meßempfindlichkeit für E_0 oder: $E_0 - E_F$ ist am größten, wenn sowohl die Lackbildung wie die Messung der Farb-Intensität bei pH-Werten unter 5 erfolgen, nach *Hsu* infolge der Bildung von Aluminium-Komplexen besser unterhalb eines pH-Werts von 4. Die Eigenfarbe reiner Aluminon-Lösungen ist auch bei pH = 4 noch gering gegenüber derjenigen des Farblackes, so daß die Genauigkeit der photometrischen Messung bei entsprechender Eichung kaum beeinträchtigt wird.

Weiterhin ist die Farb-Intensität abhängig von den absoluten Konzentrationen und dem Konzentrationsverhältnis der Reaktionspartner während der Lack-Bildung (*Craft* und *Makepeace;* vgl. auch *Olsen, Gee* und *McLendon*). Bei gleichen Absolutmengen an Aluminium und Aluminon ist die nach Auffüllen der Farblack-Lösungen auf das gleiche Volumen gemessene Extinktion um so größer, je kleiner das Volumen der Lösung während der Bildung des Farblackes war (siehe auch *Banerjee* [214]). Bei gleichem Aluminium-Gehalt nimmt unter sonst gleichen Arbeitsbedingungen die Farb-Intensität des gebildeten Lackes mit steigender Menge des angewandten Farbstoffes zu, wobei das Intensitätsmaximum bei Zusatz der zur vollständigen Bildung des Komplexes Al(Aluminon)$_3$ ausreichenden Farbstoff-Menge noch keineswegs erreicht wird; erst bei mehrfachem Überschuß nähert sich die Extinktion allmählich einem oberen Grenzwert. Die sich hieraus ergebenden Möglichkeiten zur Steigerung der Farb-Intensität sind allerdings begrenzt, da bei zu hoher Konzentration der Reaktionspartner der Farblack ausfallen kann und der Farbstoff in merklicher Menge an den Gefäßwandungen adsorbiert wird. Außerdem setzt die Eigenfarbe des Farbstoffes die Empfindlichkeit der Bestimmung vor allem kleinster Aluminium-Mengen erheblich herab. Ähnlich wie beim Eriochromcyanin-Lack wird die Farbintensität des Aluminon-Lackes durch Anwesenheit von Fremdsalzen herabgesetzt, so z.B. durch größere Mengen von Sulfaten und Acetaten, also auch durch konz. Pufferlösungen, weiter durch Natrium-, Ammonium- und besonders Calciumsalze (*Yoe* und *Hill; Mussakin; Kulberg* [215]; *Luke* und *Braun*). *Short* setzt den Probelösungen vor Zugabe des Aluminons 1 g Ammoniumchlorid zu, um unabhängig vom jeweiligen Fremdsalz-Gehalt stets mit annähernd konstantem Salzfehler zu arbeiten.

Daß mit Aluminium Komplexe bildende Ionen wie Tartrationen die Lack-Bildung behindern und daher die Farb-Intensität schwächen, ist vorauszusehen. *Luke* [216] setzt trotzdem den Probelösungen vor der Entwicklung des Farblackes Tartrationen zu, um Aluminium durch Komplex-Bildung in Lösung zu halten, Hydroxokomplexe abzubauen oder bereits gebildetes Hydroxid wieder aufzulösen.

Auch Zusätze von Stabilisatoren setzen die Farb-Intensität etwas herab, so z.B. Stärke (*Thrun*), weniger Gummi arabicum, nicht merklich dagegen Gelatine (*Craft* und *Makepeace*). Die neuerdings von *Eckardt, Hartinger* und *Holleck* [217] als Stabilisator vorgeschlagene Sulfosalicylsäure schwächt als Komplex-Bildner die Farb-Intensität des Aluminiumlackes jedoch erheblich.

Durch Zugabe von Schutzkolloiden bzw. Stabilisatoren läßt sich die Haltbarkeit der Farblack-Lösung erhöhen. Verwendet wurden bisher Stärke (z.B. *Yoe* und *Hill; Schams* [13] und *Stepanenko* [218]), Gummi arabicum (*Thrun*) oder Akaziengummi (*Chenery* [219]), Glycerin (*Lampitt, Sylvester* und *Belham* [220]; *Speight*), Gelatine (*Craft* und *Makepeace*), Sulfosalicylsäure (*Eckardt, Hartinger* und *Holleck*) sowie Polyvinylalkohol (*Maryczenko* und *Stepien* [221]) und Triton (*Owen* und *Price*). Nach *Molot* und *Kulberg* [222] ist zur Stabilisierung des Farblackes Gummi arabicum am besten geeignet, während Gelatine und Glycerin nicht zu empfehlen sind. Nach *Hsu* ist, wie schon erwähnt, ein Zusatz von Schutzkolloiden im pH-Bereich 3,7 bis 4,0 nicht notwendig.

Die Stabilität der Farblacklösung und die Konstanz der Farbintensität hängen auch vom Konzentrationsverhältnis des Aluminons zum Aluminium ab. Nach *Mussakin* verhindert ein erhöhter Aluminon-Zusatz die Koagulation des nicht stabilisierten Farblackes. Das vielfach angewandte Erhitzen der Lösung zur Beschleunigung der Farblack-Bildung begünstigt eine Koagulation und Ausfällung (*Short*). Bei ausreichendem Aluminon-Zusatz und durch Lack-Bildung bei Raumtemperatur entstehen auch ohne Zusatz von Stabilisatoren beständige, farbkonstante Lösungen.

Die Beständigkeit des Farblackes nimmt in ähnlicher Weise wie die Farb-Intensität mit steigendem pH-Wert ab. Die allmähliche Zersetzung des Farblackes unter gleichzeitigem Verblassen der Farbe beginnt, etwa bei pH = 7 die photometrische Auswertung zu beeinträchtigen; bei pH-Werten über 8 verläuft sie bereits schnell unter völliger Zerstörung des Farblackes. Unter Verwendung von Stabilisatoren sind noch befriedigende Ergebnisse bei pH-Werten über 7 erhalten worden, z.B. von *Winter, Thrun* und *Bird* sowie von *Sabinina* und *Kuminowa* [10] bei pH = 7,1, von *Strafford* und *Wyatt* [223] sowie *Speight* bei etwa pH = 7,5 und von *Lampitt, Sylvester* und *Belham* sogar bei pH = 8,6. Die Zersetzungsgeschwindigkeit wächst mit abnehmender Aluminium-Konzentration (*Mussakin, Craft* und *Makepeace*). Bei kleinsten Aluminium-Gehalten macht sie sich bereits bei einem pH-Wert von 5,5 bemerkbar (*Samsel* und Mitarbeiter; *Meunier* und *Flament* [224] sowie *Urbain* [225]).

Durch stabilisierende Zusätze kann also die Zersetzung des Farblackes soweit gehemmt werden, daß auch noch quantitativ auswertbare Messungen im schwach alkalischen Gebiet möglich sind. So ist nach *Sabinina* und *Kuminowa* die Farb-Intensität des Aluminium-Aluminon-Lackes nach Zusatz von Stärke bei pH-Werten von 7,1 bis 7,5 noch 20 bis 30 min annähernd konstant, während bei pH-Werten von 8 bis 8,6 die Farbe unmittelbar nach erfolgter pH-Einstellung zu verblassen beginnt. Bei kleinsten Aluminium-Gehalten ist jedoch die photometrische Messung, bei höheren pH-Werten auch in Anwesenheit von Stabilisatoren, zweifelhaft. Im pH-Bereich von 3,7 bis 5,5 ist der Farblack mindestens 24 Std. stabil und praktisch farbkonstant (*Craft* und *Makepeace; Chenery; Smith, Sager* und *Sievers*). Die photometrische Messung in diesem pH-Bereich (3,7 bis 5,5) ist also derjenigen bei höheren pH-Werten unbedingt vorzuziehen.

In stärkerem Maße als bei anderen Farblacken ist die Farb-Intensität des Aluminium-Aluminon-Lackes temperaturabhängig. Durch Erhöhung der Meßtemperatur um 3° steigt nach *Pellowe* und *Hardy* [226] die Extinktion um 4%; *Werz* und *Neuberger* [227] fanden sogar um durchschnittlich 22% höhere Extinktionswerte, wenn die Messung bei 30° statt bei 20° ausgeführt wurde. Es ist daher erforderlich, stets bei der gleichen Temperatur zu photometrieren, am einfachsten durch Einstellen der Lösungen vor Ausführung der Messung in einen etwa auf (20 ± 0,1)°C konstant gehaltenen Thermostaten.

Die Bildung und Entwicklung des Aluminium-Aluminon-Lackes bis zu maximaler Farb-Intensität ist eine Zeitreaktion; ihre Geschwindigkeit ist vor allem abhängig vom pH-Wert, der Temperatur, der Konzentration der Reaktionsteilnehmer sowie dem Gehalt der Lösungen an Fremdsalzen und stabilisierenden Zusätzen. Bei Raumtemperatur verläuft die Lack-Bildung im pH-Bereich von etwa 3 bis 5 mit ausreichender Geschwindigkeit; bei höheren pH-Werten erfolgt sie zwar noch langsam, bleibt aber unvollständig (*Mussakin*). Bei pH = 4,2 und 25° ist sie innerhalb von etwa 20 min praktisch beendet (*Smith, Sager* und *Sievers*); bei pH = 5,5 erreicht sie im Verlauf der ersten 10 bis 20 min nach Ansatz erst 60 bis 70% der nach 20 bis 24 Std. gemessenen, maximalen Intensität (*Mussakin; Craft* und *Makepeace*). Nach den Untersuchungen von *Hsu* ist die Farb-Entwicklung bei Raumtemperatur auch nach 2 Tagen noch nicht abgeschlossen, obwohl die Farbänderung nach einer Reaktionszeit von 1 Std. nur noch sehr gering ist.

Daß auch der pH-Wert der Aluminium-Lösung vor der Reaktionseinstellung zur Lack-Bildung von Einfluß ist, wurde bereits bei der Besprechung der Farb-Intensität erwähnt. In nicht genügend saurer Lösung bereits gebildete Hydroxokomplexe reagieren mit Aluminon erheblich langsamer (*Mussakin; Luke; Hsu* sowie *Jones* und *Clark* [228]).

Eine wesentliche Beschleunigung der Lack-Bildung, zumindest bei pH-Werten von etwa 5 und darüber, läßt sich durch Erhitzen der mit Aluminon versetzten Lösungen auf Temperaturen über 75° in einem Wasserbad erreichen. Bei pH-Werten der Reaktionslösung von 5,3 bis 5,5 genügt 15 bis 20 min langes Erhitzen; zum gleichen Ergebnis führt auch eine Erhitzungsdauer von 10 min, wenn man die Lösung anschließend 10 min an der Luft erkalten läßt. Nach den Angaben von *Hsu* ist ein Erhitzen der Lösung nach Zugabe des Reagenses nicht zu empfehlen. *Hsu* schlägt jedoch vor, zum Abbau der Hydroxokomplexe die saure Analysen-Lösung (in 10 ml 3 ml n Salzsäure) 30 min auf 80 bis 90 °C zu erwärmen und dann erst Puffer- und Reagens-Lösung zuzusetzen.

Über den Einfluß der Absolutkonzentration und des Konzentrationsverhältnisses von Aluminon und Aluminium auf die Bildungsgeschwindigkeit des Farblackes liegen keine systematischen Untersuchungen vor. Daß mit wachsendem Molverhältnis von Aluminon zum Aluminium die Bildungsgeschwindigkeit des Farblackes zunimmt, lassen die von verschiedenen Autoren angegeben, unterschiedlichen Wartezeiten von der Zugabe des Aluminons bis zur Ausführung der Messung erkennen. *Chenery* bzw. *Quentin* arbeiten bei pH = 4,0 bzw. 4,2 mit einem Molverhältnis (berechnet für die untersuchte Aluminium-Höchstmenge) von 2,8 bzw. 0,6 und geben eine Wartezeit von $1^1/_2$ bis 2 Std. an. *Lacourt* und Mitarbeiter [229] sowie *Corey* und *Jackson* [230], die bei ähnlichen pH-Werten (4,7 bzw. 4,2), jedoch mit einem wesentlich höheren Molverhältnis von 7,6 bzw. 6,5 arbeiten, benötigen nur eine Wartezeit von 15 bzw. 25 min. Auch durch Erhöhung der Konzentration beider Reaktionspartner bei gleichbleibendem Konzentrationsverhältnis wird die Bildungsgeschwindigkeit des Farblackes beschleunigt (*Craft* und *Makepeace*).

In welcher Weise unterschiedliche Gehalte an Fremdsalzen auf die Farbintensität und auf die Bildungsgeschwindigkeit des Lackes einwirken, ist bisher nicht untersucht worden; auch über den Einfluß von Stabilisatoren liegen kaum Angaben vor. Nach *Craft* und *Makepeace* soll Gelatine die Entwicklung des Farblackes im Gegensatz zu Stärke und Gummi arabicum nicht behindern. Vielleicht ist es zweckmäßig, den Stabilisator nach dem Beispiel von *Sabinina* und *Kuminowa* erst nach beendeter Lack-Bildung zuzusetzen und so jede Verzögerung der Farblack-Entwicklung auszuschließen.

Zweckmäßige Arbeitsbedingungen und Einteilung der vorgeschlagenen Arbeitsweisen

Aus dem vorigen Abschnitt über die Eigenschaften des Aluminium-Aluminon-Lackes ergeben sich die folgenden allgemeinen Schlußfolgerungen zur Ausführung der Aluminium-Bestimmung mit Hilfe des Aluminonverfahrens.

Die Entwicklung des Farblackes wird am besten bei pH-Werten zwischen 3,7 und 5 ausgeführt, wobei in bezug auf pH-Wert, Puffer- bzw. Fremdsalz-Konzentration, angewandte Aluminonmenge, gegebenenfalls Zusatz von Stabilisatoren, Temperatur sowie Dauer etwaiger Erhitzung stets gleiche Bedingungen eingehalten werden müssen. Die angewandte Aluminon-Menge soll dem Aluminium-Gehalt angepaßt sein; das günstigste Molverhältnis von Aluminon zum Aluminium (Höchstgehalt des jeweiligen Meßbereiches) dürfte etwa 3 bis 7 sein.

Die vom Beginn der Farblack-Entwicklung bis zur Ausführung der photometrischen Messung einzuhaltende Wartezeit ist derart zu bemessen, daß entweder zum Zeitpunkt der Messung die zeitliche Änderung der Farb-Intensität sehr klein geworden oder der konstante Höchstwert der Farbtiefe bereits erreicht ist.

Die photometrische Messung wird bei etwa 520 nm, am einfachsten und zweckmäßigsten ebenfalls im pH-Bereich 4 bis 5 ausgeführt. Für *genaue* Bestimmungen ist die Messung gegen eine gleich behandelte *Blindlösung*, also der Extinktionsdifferenz $E_0 - E_F$, der Messung der Gesamtextinktion: E_0 vorzuziehen. Die Eichung mit bekannten Aluminium-Mengen muß stets in gleicher Weise wie die Untersuchung der Probelösung ausgeführt werden. Daß die Aluminon-Lösung voll reaktionsfähig, d.h. in der Regel mindestens 3 Tage alt, sein muß, sei nochmals erwähnt. Die von *Ham-*

mett und *Sottery* angewandten Reaktionsbedingungen zum Nachweis des Aluminiums – Entwicklung des Farblackes in essigsaurer Lösung und Farbvergleich in schwach alkalischer Lösung wie auch Zusatz von Ammoniak und Ammoniumcarbonat – wurden von *Lundell* und *Knowles*, die als erste das Aluminon zur quantitativen Aluminium-Bestimmung benutzten, und den meisten Autoren beibehalten.

Der offenbar größeren Spezifität, dem einzigen Vorteil dieser Arbeitsweise, stehen jedoch die im vorigen Abschnitt behandelten Nachteile der geringeren Empfindlichkeit und vor allem der ungenügenden Stabilität des Farblackes im alkalischen Gebiet gegenüber, die sich auch durch Zusatz von Stabilisatoren bisher nicht in befriedigendem Maße beseitigen ließen. Hierzu kommt noch die Schwierigkeit, mit Hilfe von Ammoniak und Ammoniumcarbonat zuverlässig pH-Werte zwischen 7,1 und 8 einzustellen.

Seit den Arbeiten von *Roller*, *Kulberg* bzw. *Kulberg* und *Rowinskaja* [231] sowie *Mussakin* haben sich daher die Arbeitsweisen, nach denen Farb-Entwicklung und Messung der Farb-Intensität bei gleichem pH-Wert im sauren Bereich zwischen pH = 3,7 und 6 ausgeführt werden, durchgesetzt, und die älteren Methoden wurden verdrängt. Es ergibt sich somit folgende Einteilung der Arbeitsweisen:

1. Neuere Verfahren. Farblack-Entwicklung und photometrische Extinktionsmessung bei gleichem pH-Wert,

    I. im pH-Bereich etwa maximaler Farb-Intensität des Aluminiumlackes (pH = 3,7 bis 5),

    II. im Bereich möglichst geringer Eigenfärbung des überschüssigen, freien Aluminons (pH = 5 bis 6).

2. Ältere Verfahren. Farblack-Entwicklung wie unter 1. im schwach sauren Gebiet, Farbvergleich bzw. photometrische Messung im

    I. neutralen Gebiet (pH = 6),

    II. schwach alkalischen Gebiet (pH = 7,1 bis 8,6).

Die Anwendung der älteren, zur zweiten Gruppe gehörenden Vorschriften, dürfte heute wohl nur noch in besonderen Fällen, etwa zur Aluminium-Bestimmung neben einem großen Überschuß an Chrom (*Sabinina* und *Kuminowa*) vorteilhaft sein; diese Methoden werden daher im speziellen Teil nur noch kurz behandelt.

Störende Ionen und Möglichkeiten ihrer Abtrennung oder Maskierung

Die Bestimmung des Aluminiums mit Aluminon wird mehr oder weniger empfindlich gestört durch zahlreiche Ionen und zwar durch:

a) Kationen, die ebenfalls Farblacke bilden oder die unter den Bildungsbedingungen des Aluminiumlackes als unlösliche Verbindungen ausfallen bzw. störende Trübungen bilden,

b) Anionen, die mit Aluminium unter Bildung schwerlöslicher oder komplexer Verbindungen reagieren,

c) Stoffe, die in dem zur Messung herangezogenen Bereich der Lichtabsorption des Aluminiumlackes ebenfalls stärker absorbieren und

d) Oxydations- und Reduktionsmittel, die mit Aluminon reagieren.

Zur ersten Gruppe a) gehören Eisen(III), Chrom(III), Beryllium, Scandium, Yttrium, die Ionen seltener Erdmetalle wie Lanthan, Cer, Neodym und Erbium, Zirkonium, Thorium, Gallium, Indium und Thallium, Vanadium (IV oder V), Kupfer, Titan und Hafnium sowie schließlich bei hoher Konzentration wohl auch Magnesium. Nach qualitativen Untersuchungen von *Mukherji* und *Dey* [232] reagiert Aluminon noch mit weiteren Kationen wie Silber, Quecksilber, Blei, Cadmium, Zinn, Nickel, Kobalt, Mangan, Zink, Barium, Strontium, Calcium und dem Uranylion, wobei zum

Teil Farblacke, zum Teil Niederschläge gebildet werden. Die Arbeit enthält jedoch keine pH-Wert-Angaben, bei denen die Reaktionen ausgeführt wurden. Über das Ausmaß der durch diese Metalle hervorgerufenen Störungen der Aluminium-Bestimmung werden sehr unterschiedliche Angaben gemacht. Wahrscheinlich haben die störenden Farb-Komplexe andere Beständigkeitsbereiche und Bildungsgeschwindigkeiten, so daß der Grad der Störung wesentlich von den Arbeits- und Meßbedingungen abhängig ist, worüber jedoch keine systematischen Untersuchungen vorliegen.

Vor allem stört *Eisen*. Auf gleiche Metall-Gehalte der Lösung bezogen, ist die Farb-Intensität des Aluminiumlackes nach *Craft* und *Makepeace* bei pH = 5,3 und 525 nm, 2,5mal so groß wie diejenige des Eisenlackes; 2,5 µg Eisen(III) würden demnach die gleiche Extinktion wie 1 µg Aluminium mit Aluminon hervorrufen.

Mit Ausnahme von Beryllium, Scandium, einigen seltenen Erdmetallen wie Cer sowie Chrom(III) und nach *Charlot* [233] auch Titan und Gallium scheinen andere Metalle durch Farblack-Bildung oder Eigenfärbung weit weniger zu stören als Eisen(III). Die hierüber vorliegenden, sehr dürftigen, quantitativen Angaben sind im folgenden zusammengestellt, wobei jeweils die Aluminium-Menge in µg angegeben ist, deren Extinktion als Aluminon-Lack derjenigen von 100 µg des geprüften Metalls in Gegenwart von Aluminon entspricht (Tab. 69).

Tabelle 69. *Vergleiche über Störungen der Bildung des Aluminium-Aluminon-Lackes*

Untersuchtes Metall, je 100 µg	Menge Al gleicher Extinktion µg	pH-Wert der Meßlösung	Autoren
Be	75	5,3	*Luke* [216]
Sc	10	5,3	*Luke* [216]
Cr^{3+}	bis 20	4,9	*Short* [213]
Cr^{3+}	etwa 5	5,3	*Luke* [216]
CrO_4^{2-}	0,4	5,3	*Craft* u. *Makepeace* [204]
CrO_4^{2-}	1,2	7,1	*Yoe* u. *Hill* [210]
V (IV, V)	etwa 5	5,3	*Luke*
V (IV, V)	0,2	5,3	*Craft* u. *Makepeace*
Cu	etwa 5	5,3	*Luke*
Cu	1	5,3	*Craft* u. *Makepeace*
Cu	–	7,1	*Yoe* u. *Hill*
Ti	etwa 5	5,3	*Luke*
Zr	etwa 5	5,3	*Luke*
Hf	etwa 5	5,3	*Luke*
Th	etwa 5	5,3	*Luke*
Co	etwa 5	5,3	*Luke*
Co	1	7,1	*Yoe* u. *Hill*
Ni	0,05	5,3	*Craft* u. *Makepeace*
Ni	0,8	7,1	*Yoe* u. *Hill*
Mn	0,04	5,3	*Craft* u. *Makepeace*
Mo(VI)	0,05	5,3	*Craft* u. *Makepeace*
Mg	0,2	7,1	*Yoe* u. *Hill*

Auch hier ist der Grad der Störung in hohem Maße von der Arbeitsweise abhängig. Der mit Chrom(III) gebildete Lack ist in schwach alkalischer Lösung wesentlich unbeständiger als der Aluminiumlack, so daß bei pH-Werten von etwa 7 bis 7,1 Aluminium noch nach erfolgter Zerstörung des Chromlackes photometrisch bestimmt werden kann (*Sabinina* und *Kuminowa*). Bei Überschreiten dieses sehr engen pH-Bereiches wird aber der Aluminiumlack praktisch ebenso schnell wie der Chromlack zersetzt, so daß das Verfahren unsicher ist (*Mussakin*). Nach *Short* bildet sich der Chromlack in schwach saurer Lösung (pH = 4,9) mit einer dem Aluminiumlack entsprechenden Geschwindigkeit nur beim Erhitzen der Lösung, bei Raumtemperatur dagegen so langsam, daß noch Gehalte bis zu etwa 1 mg Chrom(III) die Aluminium-Bestimmung nicht wesentlich beeinflussen. Auch nach den allerdings nur qualitativen Untersuchungen von *van Nieuwenburg* und *Uitenbroek* [234] ist in schwach schwefelsaurer Lösung der Chrom(III)-lack im Gegensatz zum Aluminiumlack nicht mehr beständig. Chrom(VI) reagiert nicht mit Aluminon und stört daher nur durch die Eigenfarbe der Chromationen. Es ist jedoch darauf zu achten, daß nicht teilweise Reduktion zum Chrom(III) eintritt.

Ähnlich dem Chrom(III)-lack sind auch, wie schon ·erwähnt, die Aluminon-Komplexe des Scandiums, Yttriums, der seltenen Erdmetalle, des Zirkoniums, Thoriums, Indiums, Thalliums sowie Magnesiums in schwach ammoniakalischer, ammoniumcarbonathaltiger Lösung wesentlich unbeständiger als der Aluminiumlack. Im schwach sauren Gebiet ist nach *van Nieuwenburg* und *Uitenbroek* die Beständigkeit der Farblacke des Berylliums, Scandiums, Zirkoniums, Indiums und Galliums geringer als diejenige des Aluminiumlackes. Eine Übertragung derartiger, für den qualitativen Nachweis wichtiger Unterschiede des Stabilitätsbereiches auf die quantitative Bestimmung des Aluminiums ist aber erst nach eingehender Prüfung von Fall zu Fall möglich; Erfahrungen hierüber liegen, von Chrom(III) und Magnesium (*Strafford* und *Wyatt*) abgesehen, nicht vor.

Neben den Metallionen, die, wie Chrom(VI), Molybdän(VI), Mangan(II), Nickel, Kobalt und Kupfer, praktisch nur in größerer oder wie Mangan(VII) bereits in geringster Konzentration durch ihre Eigenfarbe Fehler verursachen, stören auch Silber, Quecksilber(II), Zinn(II), Blei, Antimon und Wismut schon in verhältnismäßig geringer Konzentration durch Bildung von Niederschlägen und Trübungen, die die photometrische Messung beeinträchtigen (*Hammett* und *Sottery; Luke; Luke* und *Braun*). In Anwesenheit größerer Mengen können auch je nach den Reaktionsbedingungen Calcium, Magnesium, Kobalt, Nickel und Kupfer störende Trübungen hervorrufen (*Yoe* und *Hill*); größere Mengen Calciums setzen die Farb-Intensität des Aluminiumlackes herab (*Kulberg*). Im Gegensatz zu *Kulberg* erhielten *Frink* und *Peech* [95] in 10^{-3}m CaCl$_2$-Lösungen Überbefunde der Aluminium-Werte von etwa 10%.

Uran(VI) (*Luke*), Cadmium und Zink (*Hammett* und *Sottery*) sowie Germanium, das keinen Farblack bildet (*Corey* und *Rogers* [235]), stören dagegen zumindest in geringen Konzentrationen überhaupt nicht.

Von den Anionen verdient die Störung durch Phosphation das größte Interesse. Größere Mengen, nach *Craft* und *Makepeace* 200 mg PO$_4^{3-}$/50 ml, verhindern die Farblack-Bildung vollständig (*Hammett* und *Sottery; Olsen* und Mitarbeiter). Über die Grenzkonzentration an Phosphationen, die gerade noch keine merkliche Beeinträchtigung der Aluminium-Bestimmung bewirkt, gehen die Angaben weit auseinander. Nach *Yoe* und *Hill* stört eine Absolutmenge von 1 mg Phosphation die Aluminium-Bestimmung bei pH = 7 noch nicht; nach *Price* und *Payne* [236] liegt der *Fehler* der Bestimmung auch bei einem Verhältnis des Phosphors zum Aluminium wie 100:1 noch innerhalb einer Grenze von 10% rel. (Messung bei pH = 4,7). *Chenery* bestimmt bei pH = 4 Aluminium-Mengen unter 10 μg in Anwesenheit von bis zu 200 μg PO$_4^{3-}$ noch ohne merklichen Fehler; *Kulberg* und *Rowinskaja* geben an, daß im gleichen pH-Bereich 5 μg Aluminium in 10 ml Lösung sogar noch in Gegenwart von 3 mg Phosphorsäure bestimmt werden können. Dagegen stört nach *Codell* und *Norwitz* [237] schon ein Verhältnis des Phosphors zum Aluminium über 1 (Messung bei pH = 5,3). Nach *Craft* und *Makepeace* liegt bei der Bestimmung von 10 bis 50 μg Aluminium (Endvolumen 50 ml, Messung bei pH = 5,3), die zulässige Grenze des Phosphat-Gehaltes, oberhalb deren empfindliche Fehler entstehen, bei 50 μg PO$_4^{3-}$/ 50 ml; die durch 10 μg Phosphation hervorgerufene Schwächung der Farbintensität entspricht einem Fehler von − 0,32 μg Aluminium.

Offenbar hängt der Grad der Störung wesentlich von den Reaktionsbedingungen der Farblack-Bildung, vor allem wohl von den Konzentrationsverhältnissen, dem pH-Wert und der Temperatur ab; auch anwesende fremde Kationen können die Störung verstärken, so z.B. Calcium (*Kulberg*) oder Zinn(II) (*Price* und *Payne*) infolge der Bildung unlöslicher Phosphate, die Niederschläge oder Trübungen verursachen. Nach Untersuchungen von *Hsu* ist die Bildung des Aluminiumphosphat-Komplexes stark vom pH-Wert der Analysen-Lösung abhängig. Für jedes Konzentrationsverhältnis des Aluminiums zum Phosphat existiert eine bestimmte pH-Schwelle, unterhalb welcher keine Komplex-Bildung stattfindet. Bei pH-Werten über 10 ist der Aluminiumphosphat-Komplex ebenfalls nicht mehr stabil; es bildet sich Alumination. Durch Kochen der sauren Analysen-Lösung vor der Zugabe der Puffer- und Reagens-Lösung kann der Abbau der Aluminiumphosphat-Komplexe erreicht werden.

Polymere Phosphate wie Pyrophosphate, die etwa beim vorangehenden Abrauchen oder Eindampfen der Proben entstehen können (*Kulberg*), oder Hexametaphosphate (*Robertson* [238]) beeinträchtigen die Aluminium-Bestimmung in weit höherem Maße als Orthophosphate und müssen daher vor Ausführung der Bestimmung durch Hydrolyse zerstört werden. Silicate bilden mit Aluminium ähnlich wie Phosphate leicht lösliche, komplexe Verbindungen über Si-O-Al-Bindungen. Sie sind ebenfalls pH-empfindlich und können durch Erhitzen mit Säuren rasch zerstört werden (*Hsu*).

Die mit Aluminium Komplexe bildenden Anionen können in ausreichender Konzentration die Bildung des Aluminium-Farblackes vollständig verhindern. Besonders empfindlich ist die Aluminon-Reaktion gegen Fluoridionen; die durch sie hervorgerufene Schwächung der Farb-Intensität des Aluminium-Aluminon-Lackes wurde daher auch zur photometrischen Bestimmung von Fluoridionen herangezogen (*Feldmann* und *Oscherowitz* [239]). Nach *Muntoni* [240] nimmt der störende Einfluß der von diesem Autor untersuchten Anionen in folgender Reihenfolge ab:

Fluorid > Fluorosilicat > Citrat > Oxalat > Silicat > Malat > Tartration.

Citrationen sind daher zur Maskierung des Eisens bei der Aluminium-Bestimmung mit Aluminon nicht brauchbar (*Yoe* und *Hill*). Die geringere Schwächung der Farblack-Entwicklung durch Weinsäure- und Sulfosalicylsäure-Ionen ermöglicht dagegen ihre Verwendung als Stabilisatoren (*Luke; Eckardt, Hartinger* und *Holleck*). Auch die zur Maskierung des Eisens vielfach zugesetzte Thioglykolsäure setzt die Farb-Intensität des Aluminiumlackes herab (*Luke* und *Braun*); Äthylendiamintetraessigsäure beeinträchtigt die Farblack-Bildung ebenfalls und verhindert sie in ausreichender Konzentration vollständig.

Peroxodisulfate, Sulfite und Sulfide oxydieren bzw. reduzieren das Aluminon und dürfen daher nicht anwesend sein (*Craft* und *Makepeace; Hammett* und *Sottery*).

Sulfationen vermindern nur in hoher Konzentration die Farb-Intensität des Aluminiumlackes (*Luke* und *Braun*); in normalen Gehalten beeinträchtigen sie ebenso wie Chlorid-, Perchlorat-, Nitrat- und Thiocyanationen (nach Extraktion des Eisens als Thiocyanat) die Bildung und Farb-Intensität des Aluminiumlackes nicht (*Craft* und *Makepeace*).

Die Bestimmung des Aluminiums ist auch in Gegenwart einzelner störender Metalle möglich unter der Voraussetzung, daß deren Konzentration bekannt ist oder ebenfalls ermittelt wird. So bestimmt *Silverman* [241] bei der Analyse wärmebeständiger Legierungen nach Abscheidung von Eisen, Kobalt, Nickel und Chrom an der Quecksilber-Kathode Aluminium in Gegenwart von Titan. In ähnlicher Weise verfahren *Hedin* [242] bei der Bestimmung des Aluminiums in Silicaten, *Caroll, Geld* und *Norwitz* [243] sowie *Norwitz* [244] bei der Analyse von Mangan-Bronze. Ein-

24*

facher und wohl auch genauer als diese Verfahren sind jedoch die im folgenden angegebenen Methoden zur Maskierung störender Kationen.

Zur Maskierung störender Metalle, insbesondere des Eisens, wurde in Verbindung mit dem Aluminon-Verfahren im wesentlichen außer Hydroxylamin nur Thioglykolsäure angewandt. Hydroxylamin kann nicht als eigentliches Maskierungsmittel bezeichnet werden; seine Wirkung beruht allein auf der Reduktion des Eisens(III) zum Eisen(II), das nicht mit Aluminon reagiert. Thioglykolsäure setzt zwar die Farb-Intensität des Aluminium-Aluminon-Lackes herab; ihre Anwendung hat aber den großen Vorteil, daß Aluminium neben nicht zu großen Eisen-Mengen ohne vorherige Abtrennung bestimmt werden kann. Auch bei großem Überschuß an Eisen muß nur dessen Hauptmenge entfernt werden. Mit Thioglykolsäure kann nur bei pH-Werten unter 6 gearbeitet werden, da bei höheren pH-Werten die dann erfolgende Bildung des rotgefärbten, komplexen Eisen(II)-thioglykolates (max. Absorption bei 530 nm) die photometrische Messung des Aluminiumlackes stören würde. Nach *Banerjee* stört auch Kobalt, das mit Thioglykolsäure reagiert.

Außer Eisen wird auch Kupfer durch Thioglykolsäure maskiert. Der gebildete Komplex ist nach *Pellowe* und *Hardy* schwach grünlich gefärbt, so daß bei zu großem Kupfer-Überschuß (z.B. Bestimmung von 0,001 bis 0,01 % Al neben mehr als 1 % Cu in Zink-Legierungen) die Extinktionsmessung gegen eine Vergleichslösung gleicher Kupfer-Konzentration auszuführen ist. Andere 2wertige Metalle werden ebenfalls durch Thioglykolsäure komplex gebunden, z.B. Zink und wahrscheinlich auch Zinn. Im Gegensatz zu dem auch bei höherer Temperatur beständigen Eisen(II)-Thioglykolsäure-Komplex (*Chenery*) zersetzt sich Kupferthioglykolat bei längerem Erhitzen der Lösung; auch erzeugt Blei mit Thioglykolsäure nach einiger Zeit, schneller beim Erhitzen, eine störende Trübung (*Pellowe* und *Hardy*); ebenso verhalten sich nach *Luke* Silber, Zinn und Wismut.

In Gegenwart von Thioglykolsäure bilden nach *Luke* die Metalle Beryllium, Scandium und Chrom schwache, bei höherer Metall-Konzentration auch Titan, Zirkonium, Hafnium, Thorium, Vanadium sowie Kupfer und Kobalt störende Färbungen. Nach *Chenery* müssen auch die seltenen Erdmetalle (und Chrom) in Anwesenheit von Thioglykolsäure vor Ausführung der Bestimmung entfernt werden, wenn ihr Gehalt 1/8 der vorliegenden Aluminium-Menge übersteigt. Neben Hydroxylamin und Thioglykolsäure kann zur Reduktion und Maskierung des Eisens auch Ascorbinsäure (*Bogdanova* [245]; *Maryczenko* und *Stepien*; *Stepanenko*) und Mercaptoessigsäure (*Groot*, *Peekema* und *Troutner* [246]) verwendet werden. *Smuth* und *Shute* [247] benutzen beim qualitativen Nachweis des Aluminiums N-Dioxyäthylglycinnatrium zur Maskierung des Eisens. Zur Ausschaltung der Störung durch Eisen und Chrom setzen *Signorelli* und *Alderisio* [248] Kaliumhydrogenphthalat als Maskierungsmittel zu, wobei sie in wäßrig-äthanolischer Lösung arbeiten. Eisen wird zuvor mit Ascorbinsäure reduziert.

Methoden der Farblack-Bildung und photometrischen Messung in schwach saurer Lösung (pH = 3,5 bis etwa 5)

Diese Arbeitsweisen zeichnen sich durch Einfachheit und Schnelligkeit aus. Ein Erhitzen der Lösungen nach erfolgter Zugabe des Aluminons zur Beschleunigung der Farblack-Entwicklung ist nach *Smith*, *Sager* und *Sievers* überflüssig; 15 min bis 2 Std Wartezeit bis zur Ausführung der Extinktionsmessung genügen, um reproduzierbare Werte zu erhalten; auch ist der Zusatz von Stabilisatoren nicht erforderlich. Die Eichkurven sind in der Regel geradlinig.

Arbeitsvorschrift nach *Smith*, *Sager* und *Sievers* [197]. Ein etwa 2 bis 50 µg Aluminium enthaltender Teil der zu untersuchenden Lösung wird mit Essigsäure-Natriumacetat-Puffer auf pH = 4,2 eingestellt und mit einer auf den gleichen pH-

Wert gepufferten Aluminon-Lösung versetzt. Man füllt auf 100 ml auf, mischt und mißt nach mindestens 20 min die Extinktion bei etwa 520 nm gegen eine aluminiumfreie, die gleichen Mengen Puffer und Reagens enthaltende Vergleichslösung.

Bemerkung. Eine *genaue* Arbeitsvorschrift geben *Smith, Sager* und *Sievers nicht* an. Nach den genannten Autoren sind die Ergebnisse besonders gut reproduzierbar, wenn folgende Bedingungen eingehalten werden: Die zu untersuchende Lösung und die Aluminon-Lösung müssen getrennt auf einen pH-Wert von 4,2 gebracht, die Extinktionsdifferenz ($E_0 - E_\mathrm{F}$ s. S. 364) ermittelt und der Eichung zugrunde gelegt werden; es dürfen nur einwandfreie, keine Verunreinigungen und Verharzungsprodukte enthaltenden Aluminon-Präparate verwendet werden; *Smith, Sager* und *Sievers* geben daher eine Vorschrift zur Darstellung reiner Aurintricarbonsäure.

Arbeitsvorschrift nach *Short* [213]. Die etwa 0,4 n salzsaure Probelösung, die nicht mehr als 100 µg Aluminium enthalten soll, wird mit 1 g Ammoniumchlorid, 5 ml 0,2%iger, wäßriger Lösung von Aluminon und 5 ml Ammoniumacetat-Lösung (35 g in 100 ml gelöst und filtriert) versetzt. Mit Hilfe eines pH-Meters stellt man durch Zugabe von Salzsäure oder Ammoniak den pH-Wert der Lösung auf 4,9 bis 5,0 ein und füllt in einem 50-ml-Meßkolben zur Marke auf. Nun läßt man die Lösung 15 min stehen und mißt dann die Extinktionsdifferenz ($E_0 - E_\mathrm{F}$) gegen eine aluminiumfreie, die gleichen Reagenzien enthaltende Vergleichslösung bei 530 nm.

Bemerkung. Short hat das beschriebene Verfahren zur Bestimmung von löslichem Aluminium (bis zu 0,001 % Al) in *reinem Eisen* angewandt (Arbeitsvorschrift siehe weiter unten).

Arbeitsvorschrift nach *Corey* und *Jackson* [230]. 10 ml Pufferlösung vom pH-Wert 4,2 (siehe unten) werden in einem 50-ml-Meßkolben auf 30 ml verdünnt und mit genau 10·ml gepufferter 0,04%iger Aluminon-Lösung (siehe unten) versetzt. Nach Umschwenken gibt man nun einen 5 bis 35 µg Aluminium enthaltenden Anteil der zu prüfenden, sauren Lösung zu, füllt sofort zur Marke auf und mischt gründlich durch. Nach 25 min wird bei 520 nm photometriert.

Bemerkungen. Lösungen. Pufferlösung vom pH-Wert 4,2: Etwa 60 ml Eisessig werden auf 900 ml mit Wasser verdünnt und mit 100 ml 10%iger, frisch bereiteter Natronlauge versetzt. Unter Kontrolle mit einem pH-Meter stellt man nun durch vorsichtige, weitere Zugabe von Natronlauge den pH-Wert 4,2 genau ein. Gepufferte Aluminon-Lösung: Genau 0,20 g Aurintricarbonsäure (hergestellt nach *Smith, Sager* und *Sievers*) werden in 100 ml der obigen Pufferlösung (pH = 4,2) gelöst und die Lösung mit Wasser auf 500 ml aufgefüllt.

Corey und *Jackson* bestimmen in der beschriebenen Weise Aluminium in *silicatischem* Material nach Abscheidung der Kieselsäure, gemeinsamer Fällung von Aluminium, Eisen und Titan mit Ammoniak und Abtrennung des Aluminiums vom Eisen und Titan mittels Natronlauge.

Arbeitsvorschrift nach *Lacourt, Sommereyns* und *de Geyndt* [229]. Die annähernd neutrale, 3 bis 15 µg Aluminium enthaltende Probe-Lösung wird in einem 25-ml-Meßkolben mit 1 ml 0,2%iger wäßriger Aluminon-Lösung und 5 ml Pufferlösung vom pH-Wert 4,7 (Essigsäure-Ammoniumacetat) versetzt und zur Marke aufgefüllt; man mischt gründlich durch und läßt 15 min stehen. Dann wird bei 520 nm photometriert.

Bemerkung. Die Autoren wandten die beschriebene Arbeitsweise zur Bestimmung kleiner Aluminium-Mengen nach Trennung geringer, etwa gleicher Mengen Eisen, Titan und Aluminium auf chromatographischem Wege an. Die *Reproduzierbarkeit* der sehr einfachen Arbeitsweise wird als gut bezeichnet; bei 23 Parallelbestimmungen von je 10,5 µg Aluminium nach obiger Vorschrift betrug der mittlere *Fehler* nur ± 1,5 %.

Arbeitsvorschrift nach *Quentin* [207]. Die an Salzsäure etwa 1%ige, bis zu 10 μg Aluminium enthaltende Probe-Lösung, deren Volumen annähernd 10 ml betragen soll, wird in einem 25-ml-Meßkölbchen mit 0,1 ml gepufferter, 0,1%iger Aluminon-Lösung sowie 5 ml Acetat-Pufferlösung (pH-Wert = 4,2) versetzt und mit doppelt dest. Wasser zur Marke aufgefüllt. Nach 2stündigem Stehen wird die Lösung wie üblich gegen eine in gleicher Weise vorbereitete, aluminiumfreie Vergleichslösung photometriert.

Bemerkungen. Die *Reagens-Lösung* wird durch Auflösen von 100 mg Aluminon in 100 ml der auf pH = 4,2 eingestellten Acetat-Pufferlösung erhalten. Das Verfahren wurde von *Quentin* zur Aluminium-Bestimmung in *Mineralwässern* angewandt, indem nach Entfernung der Kieselsäure zunächst Eisen und Aluminium gemeinsam als Hydroxide gefällt und schließlich papierchromatographisch getrennt werden.

Arbeitsvorschrift nach *Hsu* [208]. Die Probe-Lösung, die bis zu 60 μg Al enthalten kann, wird in einem 50-ml-Meßkolben mit so viel Salzsäure versetzt, daß die Lösung etwa 2,5 bis 4,0 Milliäquivalente enthält. Höhere Salzsäure-Gehalte sind zulässig, wenn die Aluminon-Acetat-Pufferlösung so abgeändert wird, daß sich nach ihrer Zugabe ein End-pH-Wert von 3,7 bis 4,0 ergibt. Man erwärmt die salzsaure Lösung 30 min auf 80 bis 90 °C auf einem Wasserbad, kühlt ab, verdünnt auf 35 ml, setzt 10 ml Aluminon-Acetat-Pufferlösung (siehe unten) zu und füllt auf. Nach mindestens 1 Std. wird die Extinktion der Lösung bei 530 nm gemessen.

Aluminon-Acetatpufferlösung. 120 ml Eisessig werden in 900 ml Wasser gelöst, 24 g Natriumhydroxid sowie 0,35 g Aluminon hinzugegeben und zu 1 Liter verdünnt. Der pH-Wert der Lösung soll 4,2 sein. Die Lösung ist mindestens 6 Wochen stabil.

Spezielle Arbeitsweisen unter Abtrennung störender Elemente

Arbeitsvorschrift zur Bestimmung geringer Aluminium-Gehalte in sehr reinem Eisen nach *Short* [213]. Zur Bestimmung von säurelöslichem Aluminium (0,001% Al und mehr) in sehr reinem Eisen werden 10 g in konz. Salzsäure gelöst und mit wenig konz. Salpetersäure oxydiert. Man dampft zur Trockne ein, löst den Rückstand in 80 ml Salzsäure, dampft nochmals ein bis zur beginnenden Salz-Ausscheidung, gibt 50 ml Salzsäure (D = 1,12) hinzu, bringt die Lösung in einen Scheidetrichter und extrahiert mit Diäthyl- oder Isopropyläther. Nach beendeter Ausschüttelung erwärmt man die wäßrige Schicht zur Vertreibung des Äthers auf dem Wasserbad, oxydiert mit einigen Tropfen konz. Salpetersäure und dampft wieder zur Trockne ein. Der Rückstand wird in wenig Salzsäure (D = 1,12) gelöst und die Extraktion mit Äther wiederholt bei möglichst kleinem Volumen der wäßrigen Schicht. Diese wird anschließend wieder zuerst auf dem Wasserbad erwärmt, mit einigen Tropfen konz. Salpetersäure oxydiert, weitgehend eingedampft und auf 50 ml verdünnt. Zu dieser Lösung werden 3 g Ammoniumchlorid gegeben und der pH-Wert unter Kontrolle mit einem pH-Meßgerät auf 0,3 bis 0,4 eingestellt. In einem Schütteltrichter versetzt man dann mit 0,1 g in wenig Wasser gelöstem Cupferron, läßt mindestens 5 min stehen und extrahiert so oft mit kleinen Mengen Chloroforms, bis die Chloroformschicht farblos bleibt. Dann erwärmt man die nunmehr eisenfreie, wäßrige Schicht einige Minuten auf dem Wasserbad zur Vertreibung des Chloroforms und füllt auf 50 bzw. 100 ml mit Wasser auf. In einem aliquoten Teil dieser Lösung, der nicht mehr als 100 μg Aluminium enthalten soll, wird Aluminium dann nach der Vorschrift von *Short*, (S. 373) bestimmt.

Bemerkungen. Genauigkeit und Fehlerquellen. Nach den von *Short* wiedergegebenen Beleganalysen von Proben reinsten Eisens, denen bekannte Aluminium-Mengen zugesetzt waren, lassen sich Gehalte von 0,001 bis 0,03% lösliches Aluminium nach obiger Arbeitsweise mit einer Genauigkeit von etwa ± 0,0005% abs. bestimmen. Bei der Extraktion des restlichen Eisens als Cupferronat darf der pH-Wert der Lösung nicht höher als 0,4 sein, da sonst bereits geringe Mengen Aluminium mitextrahiert werden. Geringe Gehalte anderer Metalle, die meistens in Eisen enthalten sind, wie Chrom, Mangan und Nickel, beeinträchtigen die Aluminium-Bestimmung nicht. Der an sich störende Chrom(III)-lack bildet sich unter den Bedingungen der Arbeitsweise nach *Short* (Farblack-Entwicklung bei Raumtemperatur) nicht. Die störenden Metalle Kupfer, Titan und Vanadium werden bei der Extraktion des restlichen Eisens als Cupferronat ebenfalls zum größten Teil mitentfernt.

Arbeitsweise zur Bestimmung im *Gußeisen* nach *Repas* [249]. Aluminium wird in Gegenwart von Kupfer, Nickel, Eisen, Chrom und Mangan bestimmt. Eisen und ein Teil des Chroms werden durch Extraktion aus stark salzsaurer Lösung mit Isobutyl-methylketon abgetrennt. Die photometrische Bestimmung erfolgt nach einer ähnlichen Vorschrift, wie sie von *Lacourt, Sommereyns* und *de Geyndt* (S. 373) angegeben wird.

Gemäß der erprobten Arbeitsweise des *Vereins Deutscher Eisenhüttenleute* [250] zur Bestimmung in Roheisen und Stählen werden nach Extraktion des Eisens aus stark salzsaurer Lösung restliche Anteile von Mangan und anderen Elementen durch Fällung mit Natronlauge abgetrennt. Bei legierten Stählen werden Chromgehalte >5% als Chromchlorid entfernt. Die Abtrennung störenden Eisens wie auch anderer Legierungselemente mit Ausnahme des Vanadiums erfolgt durch Elektrolyse an der Quecksilber-Kathode und anschließende Fällung mit Natronlauge. Vanadium-gehalte >0,4% müssen bei Aufstellung der Eichkurve berücksichtigt werden.

Arbeitsvorschrift für Roheisen und unlegierte Stähle. Bei Aluminium-Gehalten von 0,02 bis 0,1% werden 1 g Einwaage, bei kleineren oder größeren Gehalten entsprechende Mengen in Salzsäure (1:1) (etwa 6 m) gelöst und mit Salpetersäure (D = 1,40) oxydiert. Nach Eindampfen zur Trockene wird der Rückstand mit Salz-säure (D = 1,19) durchfeuchtet, wieder eingedampft und 1 Std. bei 130 °C erhitzt. Nach Erkalten wird der Rückstand mit 20 ml Salzsäure (D = 1,19) durchfeuchtet, 40 ml heißes Wasser zugegeben und erwärmt. Ungelöste Anteile werden abfiltriert und mit Salzsäure (1:10) (etwa 1,1 m) eisenfrei gewaschen. Die Lösung wird bis zur beginnenden Kristallisation eingedampft, mit Salzsäure von 6,5 bis 7,5 Normalität in einen Scheidetrichter überführt (Volumen: 30 bis 50 ml), 2 Tropfen Wasserstoff-peroxid-Lösung (30 Gew.-%) zugegeben und mit dem gleichen Lösungsvolumen an Methylisobutylketon 1 min geschüttelt. Die wäßrige Phase wird in einen zweiten Scheidetrichter abgelassen, die organische Phase mit 5 ml Salzsäure (6,5 bis 7,5 n) 10 sec geschüttelt und die wäßrigen, salzsauren Lösungen vereint. Zur Entfernung, auch von Spuren an Eisen, muß die Extraktion wiederholt werden. Zur Extraktion kann auch Diäthyläther (Normalität der salzsauren, auszuschüttelnden Lösung 6 bis 6,5 an HCl) oder Diisopropyläther (Normalität der Lösung 7,7 bis 8,2 an HCl) verwendet werden. Bei der Ausschüttelung mit Diäthyläther ist das doppelte Volu-men an Extraktionsmittel anzuwenden. Anschließend wird die wäßrige Lösung in einem Quarzbecher etwas eingeengt. Das Filter mit dem Rückstand wird in einem Platin-Tiegel verascht, mit 2 ml Flußsäure (40 Gew.-%) und 0,5 ml Schwefelsäure (1:2) (etwa 6,2 m) eingedampft; der Rückstand wird mit Kaliumdisulfat geschmol-zen, mit wenig Wasser sowie 3 bis 5 Tropfen Schwefelsäure (1:1) (etwa 9,3 m) auf-genommen, filtriert und die Lösung zum Filtrat gegeben.

Die Lösung wird mit einigen Tropfen Wasserstoffperoxid-Lösung (15%ig) oxydiert und nach Zugabe von 20 ml Schwefelsäure (1:5) (etwa 3,1 m) bis zum Rauchen der Schwefelsäure eingeengt. Man verdünnt mit 15 ml Wasser, erhitzt zum Sieden und gießt in die heiße Lösung unter Umrühren 20 ml Natronlauge (40 g NaOH in 100 ml). Nachdem man noch 5 min gerührt hat, läßt man abkühlen, überführt in einen 100-ml-Meßkolben, füllt auf und filtriert partiell über ein doppeltes Falten-filter und einen Kunststofftrichter in ein Kunststoffgefäß. Die ersten Anteile des Fil-trates werden verworfen.

20 ml Filtrat werden auf 50 ml verdünnt; man stellt mit Schwefelsäure (1:5) pH = 2,0 ein und überführt die Lösung in einen 100-ml-Meßkolben. Nach Zugabe von 3 ml Aluminon-Lösung (0,2 g in 100 ml, täglich frisch angesetzt) und 10 ml Pufferlösung [200 g $CH_3COONa \cdot 3H_2O$ und 50 ml Salzsäure (D = 1,19) in 950 ml; der pH-Wert wird mit Salzsäure (1:1) auf 4,5 eingestellt] stellt man die Lösung 4 min in ein siedendes Wasserbad, kühlt anschließend auf etwa 20 °C ab und füllt auf. Man mißt bei 530 nm gegen eine Vergleichslösung, die ohne Verwendung von Eisen und Stahl nach dem gleichen Analysengang herzustellen ist.

Bemerkung. Zur Aufstellung der *Eichkurve* werden zu je 1 g Ferrum reductum aliquote Mengen Aluminium-Standardlösung, entsprechend 0 bis 1 mg Al, zugefügt und, wie in der Analysenvorschrift angegeben, behandelt.

Arbeitsvorschrift für legierte Stähle. Die Einwaage wird mit Salzsäure (1:1) (etwa 6 m) unter Zufügen von Salpetersäure (D = 1,40) gelöst und anschließend mit 50 ml Perchlorsäure (60 Gew.-%) bis zum starken Rauchen erhitzt, bis die Lösung durch sich bildendes Dichromation tiefrot gefärbt ist. Dann wird das Chrom durch Einleiten von Chlorwasserstoff verflüchtigt. Man dampft anschließend bis zur beginnenden Kristallisation ein, läßt abkühlen, gibt 50 ml Wasser zu und verkocht das Chlor. Abgeschiedene Anteile werden abfiltriert. Nach Filtration läßt man zum Filtrat unter Rühren so viel Natronlauge (20 g NaOH in 100 ml, aufbewahrt in einer Polyäthylenflasche) zutropfen, daß ausgefallene Hydroxide sich eben lösen, und elektrolysiert die abgekühlte Lösung an der Quecksilber-Kathode (16 bis 20 A, 50 bis 90 min). Nach Beendigung der Elektrolyse wird der Elektrolyt abgehebert und in einen Quarzbecher filtriert. Das Filter wird in einem Platin-Tiegel mit 20 ml Flußsäure (40 Gew.-%) und 0,5 ml Schwefelsäure (1:2) (etwa 6,2 m) eingedampft, der Rückstand mit Kaliumdisulfat geschmolzen. Man löst den Schmelzkuchen mit 50 ml Salzsäure (1:50) (etwa 0,25 m), fügt 20 ml schweflige Säure (6%ig) zu und kocht 5 min. Anschließend läßt man 30 min in der Wärme stehen, filtriert etwa abgeschiedene Oxidhydrate des Niobs und Tantals ab, wäscht das Filter mit Salzsäure (1:50) und gibt die Lösung zum Filtrat aus der Elektrolyse. Nun verfährt man weiter, wie in der Arbeitsvorschrift für Roheisen und unlegierte Stähle (siehe oben) angegeben.

Genauigkeit. Vom Verein Deutscher Eisenhüttenleute werden folgende Fehlergrenzen angegeben:

bei 0,01% Al etwa ± 0,001%,
bei 0,1 % Al etwa ± 0,01 %,
bei 1 % Al etwa ± 0,02 %.

Arbeitsvorschrift zur Bestimmung des Aluminiums im Titanmetall nach *Corbett* [251]. 0,5 g Probe werden in 30 ml 5n Salzsäure unter Erhitzen gelöst. Die verdampfte Lösung wird durch Auffüllen mit konz. Salzsäure auf 20 ml ergänzt und mit Wasser auf 100 ml verdünnt. Nach Zugabe von 2 g Ammoniumchlorid wird die auf 10° abgekühlte Lösung in einem 500-ml-Scheidetrichter mit 80 ml 9%iger, filtrierter Cupferron-Lösung kräftig durchgeschüttelt. Man läßt 5 min stehen und extrahiert je 1 min mit 50, dann mit je 25 ml Chloroform, bis beide Phasen farblos sind. Die wäßrige Phase wird anschließend filtriert und zur Trockne eingedampft. Der Rückstand wird mit 20 ml Wasser aufgenommen, die Lösung mit verd. Salzsäure bzw. Ammoniak genau auf pH von 3,5 eingestellt (Messung mit pH-Meter), auf 10° abgekühlt und in einem Scheidetrichter mit 2 ml 9%iger Cupferron-Lösung 1 min geschüttelt. Nach 5 min extrahiert man das Aluminiumcupferronat durch 4maliges, je 1 min dauerndes Ausschütteln mit je 10 ml Chloroform. Die vereinigten Extrakte werden im Platin-Tiegel eingedampft und vorsichtig unterhalb 500° verascht. Der Rückstand wird in 5 ml konz. Salzsäure unter Erwärmen gelöst und unter Verdünnen und Nachspülen mit insgesamt etwa 30 ml Wasser in einen 50-ml-Meßkolben filtriert. In der erhaltenen Lösung wird nun Aluminium nach der wiedergegebenen

Vorschrift von *Short* bestimmt. Vergleichs- und Eichlösungen werden in gleicher Weise einschließlich der Cupferron-Extraktion behandelt.

Arbeitsvorschrift zur Bestimmung im Alunit-Gestein nach *Akhmedli* und *Bashirov* [252]. Die Proben werden in einer Sodaschmelze aufgeschlossen und SiO_2 in der üblichen Weise abgetrennt. Die Abtrennung des Eisens geschieht durch Extraktion mit Thiocyanat und einer Mischung aus Butanol und Äther. Die wäßrige Phase wird auf 50 bzw. 100 ml aufgefüllt. Zu 1 ml Lösung gibt man 4 ml einer Acetat-Pufferlösung (pH = 4,4) und 0,1 ml 0,5%iger Aluminon-Lösung. Die Messung erfolgt nach 10 min bei 533 nm.

Ältere Arbeitsweisen. Die älteren, wohl im Anschluß an die Untersuchungen von *Babko* [253], der einen pH-Wert von 4,7 vorschlägt, entwickelten Arbeitsvorschriften nach *Kulberg* [215], nach *Kulberg* und *Rowinskaja* [231] sowie nach *Temirenko* [254] unterscheiden sich von den auf Seite 372 bereits ausführlich beschriebenen Methoden im wesentlichen durch das Fehlen genauer pH-Angaben und durch die Anwendung kurzzeitigen Erhitzens der Lösungen zur Beschleunigung der Farblack-Entwicklung. Die fehlende pH-Kontrolle läßt größere Fehler der Aluminium-Bestimmung als bei genauer Einhaltung bestimmter pH-Werte erwarten.

Die von *Temirenko* vorgeschlagene Methode wurde deshalb von *Maltsev* [255] für die Analyse hochlegierter Stähle abgeändert. Durch Neutralisation des Elektrolysats nach der Quecksilber-Elektrolyse gegen den Indikator Tropäolin OO und durch Zugabe einer Pufferlösung wird die Einstellung eines definierten pH-Wertes erreicht.

Methoden der Farblack-Bildung und photometrischen Messung in annähernd neutraler Lösung (pH etwa 5 bis 6)

Die Bildung und Photometrierung des Aluminium-Aluminon-Lackes im pH-Bereich 5 bis 6 bietet keinerlei Vorteile gegenüber den Arbeitsweisen bei höherer Wasserstoffionen-Konzentration (vgl. die Ausführungen S. 363). Sie wird trotzdem noch in Anlehnung an die Arbeitsweise nach *Roller* angewandt, der als erster die colorimetrische Bestimmung im schwach sauren Gebiet (pH = 6) ausführte. Auch im pH-Bereich 5 bis 6 verläuft die Farblack-Bildung bei Raumtemperatur noch ausreichend schnell, wenn in genügend kleinem Volumen gearbeitet wird. Die meisten Arbeitsweisen sehen jedoch Erhitzen vor; häufig wird noch ein Stabilisator zugesetzt.

Arbeitsweisen ohne Anwendung höherer Temperatur und ohne Stabilisator-Zusatz

Arbeitsvorschrift nach *Roller* [199]. Die Lösung der Probe, die bis 10 µg Aluminium enthalten darf und deren pH-Wert etwa 6,3 sein soll, wird auf ein Volumen von 12 ml gebracht. Durch Zusatz von 5 ml Pufferlösung (4n Ammoniumacetat-Lösung mit Salzsäure auf einen pH-Wert von 6,3 gebracht) wird der pH-Wert der Reaktionslösung auf genau pH = 6,3 eingestellt. Man fügt nun 1 ml 0,1%ige, wäßrige Aluminon-Lösung zu und mischt gut. Nach etwa 15 min kann gemessen werden.

Bemerkung. Roller führte die Bestimmung noch durch Farb-Vergleich im *Colorimeter*, bei Aluminium-Mengen unter 2 µg in *Nessler*-Zylindern aus.

Arbeitsvorschrift nach *Mussakin* [205]. Die neutrale, bis 100 µg Aluminium enthaltende Probe-Lösung, deren Volumen nicht mehr als 10 ml betragen darf, wird mit 20 ml Pufferlösung vom pH-Wert 5,5 (175 mval Natriumacetat und 25 mval Essigsäure in 1 Liter) sowie 2 ml 0,1%iger, wäßriger, einige Tage gealterter Aluminon-Lösung versetzt. Man füllt auf 32 ml auf, läßt mindestens 1 Std., besser über Nacht, stehen und führt dann die photometrische Messung aus.

Bemerkung. In Anwesenheit von *Eisen* wurde dieses vor Ausführung der Bestimmung durch 2maliges Ausschütteln der mit 1 ml 30%iger Kaliumthiocyanat-Lösung versetzten Lösung mit Pentanol entfernt.

Arbeitsvorschrift nach *Samsel, Bush, Warren* und *Gordon* [202]. 10 ml schwach saure Probe-Lösung, die bis zu 120 µg Aluminium enthalten darf, werden in einem 25-ml-Meßkolben mit 1 ml Salzsäure (1 : 9) (etwa 1,3 m) und 1 ml 0,2 %iger Aluminon-Lösung versetzt. Nach Durchmischen stellt man durch Zugabe von 10 ml Ammoniumacetat-Lösung auf einen pH-Wert von 5,5 ein, füllt zur Marke auf und photometriert nach 15 min gegen eine entsprechend behandelte Blindlösung.

Bemerkung. Die Autoren haben die Methode zur *Schnellbestimmung* des Aluminiums in Aluminium-Carboxymethylcellulose angewandt.

Arbeitsweisen mit Farblack-Bildung bei erhöhter Temperatur, jedoch ohne Stabilisator-Zusatz

Arbeitsvorschrift nach *Meunier* und *Flament* [224]. Die etwa 50 bis 500 µg Aluminium enthaltende Lösung wird auf ein Volumen von 50 ml gebracht, mit 1 Tropfen Methylrot versetzt, mit 10n Ammoniak gerade alkalisch gemacht, mit 5n Salzsäure neutralisiert und mit 1 Tropfen dieser Säure angesäuert. Zur Zerstörung des Indikators gibt man 2 Tropfen Bromwasser zu, dessen Überschuß mit 0,5 ml 10 %iger Hydroxylammoniumchlorid-Lösung beseitigt wird. Man verdünnt auf 100 ml (Meßkolben) und pipettiert 10 ml Lösung in ein kalibriertes Röhrchen von etwa 40 ml Inhalt (Eggertz-Röhrchen aus Pyrexglas, die in das benutzte Spekker-Photometer eingesetzt werden können). Man gibt nacheinander 5 ml Pufferlösung (siehe unten) sowie 2 ml 0,2 %ige, wäßrige Aluminon-Lösung zu, stellt 10 min in ein siedendes Wasserbad, kühlt dann in fließendem Wasser ab, verdünnt auf 30 ml und photometriert bei 515 bis 520 nm gegen eine gleichzeitig angesetzte, in gleicher Weise behandelte Blindlösung.

Bemerkungen. Zur *Eichung* geht man von aliquoten Teilen einer Aluminium-Standardlösung aus, die nach Verdünnen auf 50 ml in der beschriebenen Weise untersucht werden.

Pufferlösung: 156 g Ammoniumacetat und 108 g Ammoniumchlorid im Liter (pH-Wert zwischen 5,5 und 5,6).

Sowohl *Meunier* und *Flament* wie *Urbain* [225] wenden das beschriebene Verfahren zur Bestimmung von Aluminium (bzw. des an Aluminium gebundenen Sauerstoffs und Stickstoffs) in *Kohlenstoff-Stählen* an nach Entfernung des Eisens und anderer Schwermetalle durch elektrolytische Abscheidung an der Quecksilber-Kathode.

Bemerkenswert an der Arbeitsweise nach *Front* und *Kirsner* [209], die sonst derjenigen von *Meunier* und *Flament* entspricht, ist die Verwendung eines *Phthalatpuffers*, mit dem die Aluminium-Lösung vor Zugabe des Aluminons auf einen pH-Wert von 4,9 bis 5,0 eingestellt wird. Das Volumen der Lösung soll während der Farblack-Entwicklung möglichst nicht mehr als 10 ml betragen; vor dem Photometrieren wird dann mit Wasser verdünnt. *Front* und *Kirsner* wandten die Methode zur Aluminium-Bestimmung in biologischem Material (Blut, Faeces, Urin) an. Anwesendes Eisen wurde nach Zerstörung der organischen Substanz als Thiocyanat mit Äther extrahiert.

Arbeitsweisen mit Farblack-Entwicklung bei erhöhter Temperatur und Stabilisator-Zusatz

Arbeitsvorschrift zur Aluminium-Bestimmung in Laugen nach *Olsen, Gee* und *McLendon* [203]. Eine Laugen-Probe wird mit Salzsäure (D = 1,19) angesäuert und z. B. in einem 250-ml-Meßkolben mit Wasser zur Marke aufgefüllt. Man entnimmt einen aliquoten Teil, der 10 bis 60 µg Aluminiumoxid enthält, verdünnt ihn in einem kalibrierten Blutzucker-Röhrchen bis zur 12,5-ml-Marke, mischt, gibt 10 ml Reagens-

Lösung (siehe unten) hinzu und füllt bis zur 25-ml-Marke mit Wasser auf. Nach gründlichem Durchmischen stellt man genau 10 min in ein siedendes Wasserbad, kühlt dann 5 min unter fließendem Wasser und photometriert bei 525 nm.

Bemerkungen. Die mit bekannten Aluminium-Mengen in gleicher Weise erhaltene *Eichkurve* ist *nicht* linear.

Reagens-Lösung. 154 g Ammoniumacetat, 5 ml Salzsäure (D = 1,19), 0,4 g Aluminon und 1 g Gummi arabicum werden getrennt in möglichst wenig Wasser gelöst, dann in der angegebenen Reihenfolge zusammengegeben und die Mischung zu 1 Liter aufgefüllt. Der pH-Wert der Reagens-Lösung ist etwa 6. Sie ist, vor Licht geschützt, aufzubewahren, um vorzeitige Zersetzung zu vermeiden.

Arbeitsvorschrift nach *Craft* und *Makepeace* [204]. Der neutralen oder schwach sauren Probe-Lösung, die 2 bis 8 µg Aluminium/ml enthalten soll, wird ein aliquoter Teil von 5 ml entnommen und in einen 100-ml-Meßkolben aus Pyrex-Glas überführt. Man versetzt mit 15 ml Reagens-Lösung (siehe unten), beläßt 10 min im siedenden Wasserbad, läßt 10 min an der Luft abkühlen, verdünnt dann erst auf 100 ml und photometriert bei 525 nm.

Reagens-Lösung. Zur Herstellung des Reagens-Gemisches werden gleiche Volumteile der folgenden 3 Lösungen zusammengegeben: α) Aluminon-Lösung: 0,10 g Aluminon werden in Wasser gelöst, mit 10 ml 10%iger Lösung von Benzoesäure in Methanol versetzt und auf 100 ml verdünnt; β) Gelatinelösung: 1 g Gelatine wird in Wasser unter Erhitzen bis fast zum Sieden gelöst, die Lösung abgekühlt, mit 10 ml methanolischer, 10%iger Benzoesäure versetzt und auf annähernd 100 ml verdünnt; γ) Pufferlösung: Etwa 470 ml 15n Ammoniak werden mit 430 ml Eisessig gemischt. Nach Abkühlung wird weiterhin so viel Ammoniak bzw. Eisessig zugegeben, bis die Lösung bei 20facher Verdünnung gerade einen pH-Wert von 5,30 ± 0,05 zeigt. Dann verdünnt man auf 1 Liter.

Arbeitsvorschrift nach *G. W. Smith* [256]. Die saure, bis etwa 0,4 mg Aluminium enthaltende Probelösung wird bis zur beginnenden Salz-Abscheidung eingedampft, nach Abkühlung mit genau 10 ml 5n Salzsäure sowie 50 bis 75 ml Wasser aufgenommen und die klare Lösung in einem 250-ml-Meßkolben zur Marke aufgefüllt. 25 ml Lösung werden in einen 100-ml-Erlenmeyerkolben pipettiert und mit 25 ml Reagens-Lösung (siehe unten) unter · Umschwenken versetzt. Unter Ausschluß direkten Sonnenlichtes erhitzt man im siedenden Wasserbad genau 10 min, kühlt in fließendem Wasser auf Raumtemperatur ab und photometriert gegen eine gleich behandelte *Blindlösung* (50 ml Wasser, 1 ml 5n Salzsäure und 25 ml Reagens-Lösung).

Reagens-Lösung. 92 g Ammoniumacetat, 0,20 g Aluminon und 1 g Gummi arabicum werden getrennt in Wasser gelöst und in der angegebenen Reihenfolge in einen 1-Liter-Meßkolben gefüllt; man füllt bis zur Marke auf und mischt gut durch.

Arbeitsvorschrift nach *Gajan* und *Geehan* [257]. Die saure, bis zu 100 µg Aluminium enthaltende Lösung wird in einen 100-ml-Meßkolben überführt, 15 ml Aluminon-Lösung zugefügt und genau 5 min in ein siedendes Wasserbad gestellt. Man kühlt ab, füllt auf und mißt bei 525 nm gegen Wasser.

Reagens-Lösung. Man löst 450 g Ammoniumacetat in 500 ml Wasser, gibt 80 ml Eisessig, 1 g Aluminon in 50 ml Wasser sowie 2 g Benzoesäure in 20 ml Äthanol oder Methanol hinzu und füllt zu 2 Liter auf. Weiterhin löst man in der Wärme 10 g Gelatine in 250 ml Wasser und füllt zu 1 Liter auf. Beide Lösungen werden nun vermischt und in einer braunen Flasche aufbewahrt.

Bemerkungen. Vergleich der vier Arbeitsweisen und Anwendungen. Die vier wiedergegebenen, im Prinzip gleichen Arbeitsvorschriften zeigen, in welchem Maße die Methode abgewandelt und den jeweiligen Verhältnissen angepaßt werden kann. Es müssen nur sowohl bei der Eichung wie bei der Untersuchung der Probe-Lösungen stets die gleichen Bedingungen exakt eingehalten werden.

Nach ihrer Vorschrift bestimmen *Olsen* und Mitarbeiter Aluminium in Laugen mit Gehalten von etwa 3 bis 5 g Al_2O_3/l ohne vorherige Trennungsoperationen. *Craft* und *Makepeace* verwenden ihre Vorschrift zur Aluminium-Bestimmung im Stahl und in Titan-Legierungen. Bei der Stahl-Untersuchung wird Eisen durch Ausäthern entfernt und störendes Chrom(III) zum Chromation oxydiert, während *Caroll, Geld* und *Norwitz* [258] Eisen wie auch andere Schwermetalle an der Quecksilber-Kathode abscheiden und Titan durch Fällung mit Cupferron abtrennen. Ähnlich wie *Caroll, Geld* und *Norwitz* bestimmen *Bendigo* und *Bell* [259] Gehalte von 0,01 bis 0,3% Al im Stahl. *Codell* und *Norwitz* [237] entfernen bei der Untersuchung von Titan-Legierungen mit weniger als 0,25% Aluminium Titan sowie Eisen, Wolfram und Vanadium ebenfalls durch Fällung mit Cupferron. *Smith* bestimmt Aluminium in Magnesia nach Abscheidung der Kieselsäure und Entfernung des Eisens durch Extraktion mit Dichloräthyläther. *Gajan* und *Geehan* benutzen ihre Vorschrift zur Bestimmung von Aluminium-Gehalten bis zu 10% in Zink-Legierungen.

Genauigkeit. Olsen und Mitarbeiter konnten in Laugen Gehalte von 3 bis 5 mg Al_2O_3/l mit einem *Fehler* von maximal 3%, im Mittel 2% gegenüber gravimetrischen Parallelanalysen bestimmen; die Reproduzierbarkeit der Ergebnisse lag bei ±1%, bei sehr sorgfältigem Arbeiten (möglichst genaue Volumen-Abmessung, Temperatur-Konstanz) sogar ± 0,6%. Der mittlere Fehler betrug nach den Beleganalysen von *Craft* und *Makepeace* in reinen Aluminium-Lösungen bei einem Gehalt von 5 µg Aluminium (bezogen auf die auf 100 ml aufgefüllte Endlösung für die photometrische Messung) ± 7,5%, bei 50 µg ± 1,0%.

Arbeitsweise (getrennte Reagens-Lösungen) nach *Fainberg* und *Zaglodina* [260]. Zur Bestimmung von Aluminium in Zinn und Blei-Zinn-Lötmetall versetzen die Autoren die nach Abtrennung der Schwermetalle erhaltene, saure Aluminium-Lösung (Volumen 10 ml) mit 1 ml 0,1%iger Aluminon-Lösung sowie 0,5 ml 0,3%iger Stärke-Lösung, füllen in einem Eggertz-Röhrchen mit einer Acetat-Pufferlösung auf 30 ml auf und mischen durch. Nun stellen *Fainberg* und *Zaglodina* das Röhrchen 10 min in ein Becherglas mit 90 bis 95° heißem Wasser, warten nach dem Herausnehmen 30 min und vergleichen dann die Farb-Intensität visuell mit derjenigen entsprechend hergestellter Vergleichslösungen.

Anwendungen zur Bestimmung des Aluminiums *in weiteren Metall-Legierungen, anorganischen und organischem Material*

Die im folgenden aufgeführten Verfahren zur Bestimmung des Aluminiums in anorganischen Produkten sind nur kurz wiedergegeben, da sie nur eine Kombination verschiedener, im Prinzip bekannter Aufarbeitungs- und Trennungsmethoden enthalten, die in Verbindung mit der Aluminon-Methode angewandt wurden.

Arbeitsvorschrift zur Bestimmung in Titan-Legierungen nach *Codell* und *Norwitz* [237]. 1 g der bis zu 0,25% Aluminium enthaltenden Probe wird in Salzsäure unter Zusatz von etwas Salpetersäure unter Erwärmen bis zum Sieden gelöst und die Lösung auf 500 ml aufgefüllt. 10 ml werden pipettiert, mit 6 ml verd. Salzsäure versetzt, auf 50 ml verdünnt und zur Fällung von Titan (sowie Eisen, Wolfram und Vanadium) mit 6 ml 5%iger Cupferronlösung behandelt. Der nach 5 min abfiltrierte Niederschlag wird mit salzsaurer, verd. Cupferron-Lösung ausgewaschen und das Gesamtfiltrat mit 5 ml konz. Salpetersäure und 3 ml 60%iger Perchlorsäure bis zum beginnenden Rauchen eingedampft. Enthielt die Probe mehr als 1% Chrom, so wird dieses nach Zugabe von etwas Salzsäure als Chromylchlorid verflüchtigt. Man dampft zur Trockne ein, engt nach Zugabe von 20 ml Wasser auf 5 ml ein und verfährt nun zur Bestimmung des Aluminiums nach der Vorschrift von *Craft* und *Makepeace* (S. 379), wobei *Codell* und *Norwitz* jedoch nicht 10, sondern *30 min* auf dem Wasserbad zur Farblack-Entwicklung erhitzen.

Arbeitsvorschrift zur Bestimmung von Aluminium-Spuren in Vernickelungsbädern nach *Serfass* und *Levine* [261]. Man bestimmt Gehalte von 1 bis 100 mg Aluminium/l indem man, von einer dem Aluminium-Gehalt entsprechenden Probe ausgehend, zunächst Eisen als Cupferronat mit Amylacetat, dann Nickel als Komplex-Verbindung, mit Natriumdiäthyldithiocarbamidat gefällt, mit Chloroform extrahiert. Die Fällung und Extraktion des Nickels wird bei einem pH von etwa 2 ausgeführt, um Aluminium-Verluste sowie Zersetzung des Reagenses zu vermeiden. In der nun eisen- und nickelfreien, wäßrigen Lösung wird Aluminium mit Aluminon bestimmt.

Bemerkungen. Die von *Serfass* und *Levine* mitgeteilte Vorschrift entspricht im wesentlichen derjenigen nach *Meunier* und *Flament* (S. 378); es wird erst nach einer Wartezeit von *30 min* photometriert.

Die *Genauigkeit* der erhaltenen Aluminium-Werte beträgt $\pm 5\%$ rel.

Eine *weitere* Vorschrift zur Bestimmung von Aluminium mit Aluminon in Vernickelungsbädern gibt *Silverman* [262].

Arbeitsvorschrift zur Bestimmung in Nickel-Legierungen nach *Eckert* [263]. Die von *Eckert* vorgeschlagene Methode ist zur Bestimmung von 0,002 bis 0,1 % Al geeignet und auch zur Analyse von Eisen und Eisenlegierungen verwendbar. Die Abtrennung des Nickels und der anderen Schwermetalle erfolgt durch Extraktion der Diäthyldithiocarbamidate.

Die Einwaage wird derart gewählt, daß 3 bis 20 µg Aluminium zur Bestimmung gelangen. Nach Lösen in Salpetersäure (1 : 1) (etwa 7 m) wird zur Überführung in die Chloride mit Salzsäure (D = 1,19) zur Trockene abgeraucht. Man überführt mit Wasser in einen Scheidetrichter, stellt mit 2 ml Ammoniumacetat-Pufferlösung [470 ml Ammoniak (D = 0,91) + 430 ml Eisessig in 1 Liter] auf pH = 5,2, fügt 2 ml Natriumdiäthyldithiocarbamidat-Lösung (5,7 g in 100 ml) hinzu und extrahiert mit 15 bis 20 ml Chloroform (auch können Äthylenchlorid oder Trichloräthylen benutzt werden). Die Extraktion wird mit 2 ml, zum Schluß mit 0,5 ml Carbamidat-Lösung wiederholt, bis die organische Phase völlig farblos bleibt. Die wäßrige Phase wird zur Entfernung des Extraktionsmittels kurz erwärmt, abgekühlt, in einen 50-ml-Meßkolben überführt, 2 ml Ammoniumacetat-Pufferlösung (siehe oben) sowie 2 ml Aluminon-Lösung [100 mg Aluminon + 0,5 g Gelatine werden in 50 ml Wasser gelöst, mit 10 ml Ammoniumacetatpuffer (siehe oben) und 20 ml einer 2 %igen Benzoesäure-Lösung in Methanol versetzt und zu 100 ml aufgefüllt] hinzugegeben und die Lösung nach 20 min langem Stehen in einem siedenden Wasserbad gemessen.

Bemerkungen. Der Aluminium-Gehalt wird einer *Eichkurve* entnommen. Da sich die einzelnen, gelieferten Extraktionsmittel-Chargen in ihrer Beeinflussung auf die Extinktion unterschiedlich verhalten, ist eine *Prüfung notwendig.* Es können nur solche Lösungsmittel verwendet werden, bei denen keine merklichen Extinktionserhöhungen auftreten. Zur Prüfung werden 10 µg Al in 10 ml Wasser mit 2 ml Ammoniumacetat-Pufferlösung (siehe oben) sowie 2 ml Carbamidat-Lösung (siehe oben) versetzt und mit 15 ml Lösungsmittel 2 min geschüttelt. Die wäßrige Schicht wird in entsprechender Weise angefärbt. Die gemessenen Extinktionswerte vergleicht man mit denjenigen, die ohne Extraktion ausgeführt wurden.

Ein außerordentlich einfaches Verfahren, die *Schnellbestimmung in Hochofenschlacken* nach *Procenko* [264], arbeitet *ohne* Abtrennung und Maskierung störender Elemente. Es dürfte jedoch nicht frei von Beeinflussungen und deshalb nicht auf eine exakte Analyse anzuwenden sein.

Arbeitsvorschrift. 1 g feingepulverte Schlacke wird in einem 100-ml-Meßkolben mit 20 ml Salpetersäure (D = 1,40) gelöst und zur Marke aufgefüllt. 5 ml Lösung werden in einem 100-ml-Meßkolben mit Acetat-Aluminon-Lösung (15 g Natriumacetat und 0,1 g Aluminon in 1 Liter Wasser) aufgefüllt und nach einer Wartezeit von 5 min gemessen.

Arbeitsvorschrift zur Bestimmung in Pflanzen nach *Hunter* und *Coleman* [265]. 2 g getrocknetes und fein gepulvertes Pflanzenmaterial werden 4 Std. mit 10 ml einer Mischung aus 1 ml 60%iger Perchlorsäure und 10 ml Salpetersäure (D = 1,40) gekocht und mit weiteren 3 Millilitern Säuremischung zur Trockene eingedampft. Der Rückstand wird mit 4 ml 9n Salzsäure aufgenommen und zentrifugiert. 2 ml Zentrifugat gibt man auf eine Ionen-Austauschersäule (Höhe 30 cm, $\varnothing$ 5 mm) mit dem Anionen-Austauscher Dowex 1 × 8 (100 bis 200 mesh), der mit 9n Salzsäure vorbehandelt wurde. Man eluiert mit 5 ml 9n Salzsäure (Durchflußgeschwindigkeit 1 ml/10 min) das Aluminium und verdünnt das Eluat in einem 50-ml-Meßkolben. Zu 5 ml der verdünnten Lösung gibt man 15 ml Reagens-Pufferlösung (siehe unten), stellt die Lösung 5 min in kochendes Wasser, füllt auf und mißt bei 520 nm.

Bemerkungen. Reagens-Pufferlösung. 50 g Ammoniumacetat werden in 100 ml gelöst, mit 8 ml Eisessig versetzt, filtriert und 0,1 g Aluminon, in 5 ml Wasser gelöst, zugegeben. Zu dieser Lösung gibt man weiterhin 0,6 g unter Kochen in 25 ml Wasser gelöstes Gummi arabicum sowie 0,01 g Thymol. Zum Schluß werden noch 10 ml Pyridin zugegeben und auf 300 ml aufgefüllt.

Eine ähnliche Abtrennung des Aluminiums von störenden Elementen durch Ionen-Austausch wenden *Bradford, Pratt, Bair* und *Goulben* [266] auf die Bestimmung des Aluminiums in *Erdproben* an.

Methoden mit Farblack-Bildung in saurer Lösung und photometrischer Messung in annähernd neutraler oder alkalischer Lösung

Wie bereits erwähnt (S. 363), bringt die Messung der Farb-Intensität des bei pH = 4 bis 5 gebildeten Aluminonlackes bei pH-Werten über 6 im allgemeinen keinerlei Vorteile. Das Minimum der durch überschüssiges, freies Aluminon hervorgerufenen Färbung wird bereits bei pH = 5,8 erreicht, so daß auch bei visuellem Farb-Vergleich keine Erhöhung des pH-Wertes über 6 erforderlich ist; bei pH-Werten über 7 nimmt die Beständigkeit des Farblackes rasch ab. Diese meistens älteren Arbeitsweisen, die eine Messung der Farb-Intensität bei pH-Werten über 7 vorsehen, sind heute als überholt anzusehen.

Arbeitsweisen mit photometrischer Messung des Farblackes in annähernd neutraler Lösung (pH = 6)

Arbeitsvorschrift nach *Strafford* und *Wyatt* [267]. Zu einem aliquoten Teil der 0,25n salzsauren Probe-Lösung von 20 ml, der bis zu 70 µg Aluminium enthalten darf, werden nacheinander unter Umschwenken 10 ml Wasser, 1 ml 5%ige Gummi-arabicum-Lösung, 5 ml Ammoniumacetat-Pufferlösung (siehe unten) und 2 ml 0,2%ige, wäßrige Aluminon-Lösung gegeben. Dann wird bis zum Sieden erhitzt, 5 min vorsichtig gekocht, auf Raumtemperatur abgekühlt, mit genau 4,0 ml Ammoniumborat-Pufferlösung (siehe unten) versetzt, auf ein Volumen von 50 ml mit Wasser verdünnt und durchgemischt. Nach frühestens 5 min photometriert man bei 525 nm.

Bemerkungen. Erforderliche Lösungen. Ammoniumacetat-Puffer: 156 g Ammoniumacetat und 108 g Ammoniumchlorid werden zu 1 Liter gelöst. Ammoniumborat-Puffer: 93 g Borsäure werden in 1 Liter n Ammoniak gelöst und so weit verdünnt, daß die durch Titration mit Salzsäure ermittelte Alkalität 0,8n ist. Durch Zugabe dieser Borat-Lösung zu der zu messenden Lösung wird deren pH-Wert auf etwa 6 gebracht.

Zur Herstellung der *Eichkurve* geht man von bekannten Mengen einer Aluminium-Standardlösung aus, versetzt mit je 1 ml 5n Salzsäure, verdünnt auf je 30 ml und verfährt dann nach obiger Vorschrift.

Strafford und *Wyatt* benutzen ihre Methode zur Bestimmung von Aluminium-Spuren in *organischem* Material. Nach Aufschluß der Probe mit Schwefelsäure, Salpetersäure und Perchlorsäure wird zur Entfernung des Eisens mit Cupferron-Lösung extrahiert. Gehalte der ursprünglichen Probe bis zu je 10 mg Calcium, Magnesium und Phosphat (als P_2O_5) stören nach *Strafford* und *Wyatt* die Bestimmung nicht.

Nach *Price* und *Paine* [236] kann das *direkte* Erhitzen der Lösungen zum Sieden während der Farblack-Bildung zu unreproduzierbaren pH-Änderungen führen. Bei der Bestimmung geringer Aluminium-Gehalte in *Bronze* erhitzen sie die Probe im siedenden Wasserbad.

Grant [268] benutzt die Methode nach *Strafford* und *Wyatt* zur Bestimmung des Aluminiums in Ablagerungen von Dampfkesseln. Zur Reduktion des Eisens setzt er einige Tropfen 10%ige Hydroxylammoniumchlorid-Lösung zu, und zur Entwicklung der Färbung erhitzt er 10 min. Die Messung wird bei einer Wellenlänge von 535 nm ausgeführt.

Arbeitsweisen mit photometrischer Messung des Farblackes in schwach alkalischer Lösung (pH = 7 bis 8)

Die visuelle Beobachtung der Farbintensität des Aluminium-Aluminon-Lackes bzw. deren colorimetrische oder photometrische Messung bei pH-Werten über 7 wurde vom qualitativen Nachweisverfahren nach *Hammett* und *Sottery* [195] bei den ersten Untersuchungen zur quantitativen Bestimmung des Aluminiums mit Aluminon übernommen. Diese älteren Arbeiten beschäftigen sich vor allem mit den dem Farb-Vergleich bzw. der Messung der Farb-Intensität des Lackes im alkalischen Gebiet anhaftenden Mängeln, insbesondere der Schwierigkeit der genauen pH-Einstellung und der durch die Instabilität des Farblackes in schwach alkalischer Lösung bedingten, schlechten Reproduzierbarkeit. Weiter ergaben sich beim Arbeiten Schwierigkeiten, da die Farb-Intensität der Aluminium-Konzentration nicht direkt proportional ist. So mußten Vergleichslösungen herangezogen werden, deren Aluminium-Gehalte denjenigen der Probe möglichst gleich waren (*Schams* [13]; *Myers*, *Mull* und *Morrison* [269]; *Steudel* [270]; *Eveleth* und *Myers* [21]); die Instabilität der Vergleichslösungen führte dazu, stabile Lösungen anderer Farbstoffe als Bezugslösungen zu verwenden (*Cox* und Mitarbeiter [271]); verschiedene Stabilisatoren wurden zugesetzt, um Lacklösungen ausreichender Farb-Konstanz zu erhalten (*Yoe* und *Hill* [210]; *Schams*; *Thrun* [211]; *Lampitt*, *Sylvester* und *Belham* [220]; *Speight* [272]). Es wurden daher zahlreiche Arbeitsweisen entwickelt (*Lundell* und *Knowles* [196]; *Schwartze* und *Hann* [198]; *Steudel*) sowie spezielle Methoden zur Bestimmung von Aluminium in biologischem Material (*Yoe* und *Hill*; *Myers*, *Mull* und *Morrison*; *Winter*, *Thrun* und *Bird* [212]; *Cox* und Mitarbeiter), in Metallen (*Scherrer* und *Mogerman* [273]; *Speight*; *Taylor-Austin* [274]) sowie in Wasser (*Yoe* und *Hill*; *Strafford* und *Wyatt* [223]).

Wenngleich die genannten Autoren teilweise beachtlich gute Resultate erzielen konnten, so sind die von ihnen ausgearbeiteten Verfahren doch heute überholt durch die zuverlässigeren und einfacheren Methoden der Messung der Farb-Intensität in schwach saurer Lösung; auf ihre Wiedergabe kann daher verzichtet werden.

Praktische Bedeutung kommt der Messung der Farb-Intensität im alkalischen Gebiet vielleicht noch zu bei der Aluminium-Bestimmung in Gegenwart eines großen Chromat-Überschusses, da der mit geringen, durch Reduktion leicht entstehenden Mengen von Chrom(III) gebildete Chromlack in ganz schwach alkalischer Lösung im Gegensatz zum Aluminiumlack bereits rasch zerstört wird, so daß bei pH-Werten über 7 die Aluminium-Bestimmung neben einem großen Chromat-Überschuß möglich ist (vgl. jedoch die Bemerkungen S. 369). Die für diesen Spezialfall ausgearbeitete Vorschrift von *Sabinina* und *Kuminowa* sei daher hier wiedergegeben.

Arbeitsvorschrift zur Bestimmung des *Aluminiums neben einem großen Chromat-Überschuß* nach *Sabinina* und *Kuminowa* [10]. 10 ml der zu analysierenden Lösung werden mit 2n Salzsäure bis zum Farb-Umschlag von Kongorot (Tüpfeln auf Kongopapier; Farb-Umschlag bei pH = 3,0 bis 5,2) neutralisiert. Dann gibt man 5 ml 5n Ammoniumacetat-Lösung, 10 bis 12 ml dest. Wasser sowie 5 ml 0,2%ige Aluminon-Lösung zu, mischt 1 bis 2 min gut durch und läßt zur Lackbildung weitere 5 min stehen. Unter dauerndem Umschütteln werden nun 2 ml 5n Ammoniak und so viel Ammoniumcarbonat-Lösung zugegeben, wie zur Beseitigung der Chromat-Färbung in der Vergleichsprobe (Blindprobe gleichen Chromat-Gehaltes) erforderlich waren. Nach Hinzufügen von 5 ml Stärkelösung füllt man auf 50 ml mit Wasser auf und photometriert gegen die Vergleichslösung.

Arbeitsweisen in Gegenwart bzw. nach Maskierung störender Elemente

Differenzmethoden ohne Maskierung störender Elemente

In gleichzeitiger Anwesenheit von Aluminium und Eisen oder Titan entstehen mit Aluminon neben dem Aluminiumlack auch die Farblacke von Eisen(III) und Titan; die gemessene Gesamtextinktion setzt sich dann additiv aus den Extinktionen der Farblacke des Aluminiums und Eisens bzw. Titans zusammen. Man kann nun einerseits die Extinktionsdifferenz gegen eine Vergleichslösung messen, die den gleichen Eisen- bzw. Titan-Gehalt wie die zu untersuchende Lösung aufweist; auf diese Weise wird der auf Eisen bzw. Titan entfallende Extinktionsanteil eliminiert; der Meßwert entspricht dem Aluminium-Gehalt. Andererseits kann man nach entsprechender Eichung mit reinen Eisen- und Titan-Lösungen den Extinktionsanteil dieser Metalle von der gemessenen Gesamtextinktion in Abzug bringen, um so die dem Aluminium-Gehalt entsprechende Extinktion zu·erhalten. Beide Bestimmungsmöglichkeiten setzen voraus, daß der Gehalt der Probe an Eisen oder Titan bekannt ist oder gesondert bestimmt wird. Entsprechende Arbeitsweisen sind von *Hedin* [242] zur Schnellbestimmung in Silicaten, von *Silverman* [241] zur Bestimmung in hitzebeständigen Legierungen, von *Caroll*, *Geld* und *Norwitz* [243] zur Analyse von Mangan-Bronzen vorgeschlagen worden. In den letzten beiden Arbeiten wird, abgesehen von den Titan- und Eisen-Zusätzen, nach der Arbeitsvorschrift von *Craft* und *Makepeace* (S. 379) verfahren.

Maskierung mit Thioglykolsäure

Thioglykolsäure ist zuerst von *Chenery* als Maskierungsmittel angewandt worden. Als einfaches und schnelles Verfahren dürfte die Thioglykolsäure-Methode den bereits beschriebenen Arbeitsweisen, welche die umständliche, quantitative Entfernung auch kleinster Eisen-Mengen erfordern oder eine indirekte Bestimmung notwendig machen, eindeutig vorzuziehen sein.

Von den in den vorausgehenden Abschnitten beschriebenen Arbeitsweisen unterscheiden sich die im folgenden wiedergegebenen nur durch den vor der Zugabe des Aluminons erfolgten Zusatz der Thioglykolsäure, deren Konzentration in der Endlösung nach *Chenery* bis zu 0,8 mg/l betragen kann, ohne daß die Aluminium-Bestimmung beeinträchtigt wird.

Arbeitsvorschrift nach *Chenery* [219]. Ein aliquoter Teil der nur schwach sauren Probe-Lösung von etwa 3 ml, der bis zu 10 µg Aluminium enthalten darf, wird in einem bei 5 ml graduierten Probe-Röhrchen mit 0,2 ml verd. Thioglykolsäure (1 ml reine Thioglykolsäure auf 100 ml verdünnt) versetzt und gut gemischt. Nach Zugabe von 1 ml Reagens-Lösung (siehe unten) wird auf 5 ml aufgefüllt, gründlich durchgemischt und genau 4 min in einem kräftig siedendem Wasserbad erhitzt. Man läßt an der Luft abkühlen, wartet mindestens $1^1/_2$ bis 2 Std., füllt wieder auf 5 ml auf, mischt durch und photometriert in bekannter Weise.

Bemerkungen. Die Lösungen sind etwa 24 Std. *farbkonstant.*

Reagens-Lösung. 0,75 g Aluminon, 15 g Akaziengummi und 200 g Ammonium-acetat werden getrennt gelöst, die Lösungen vermischt, nach Zugabe von 189 ml konz. Salzsäure filtriert und auf 1500 ml aufgefüllt. Der pH-Wert dieser gepufferten Reagens-Lösung, die monatelang beständig ist, beträgt 4,0.

Genauigkeit und Einfluß von Fremdionen. Nach *Chenery* können 0 bis 10 µg Aluminium neben 200 µg Eisen mit befriedigender Genauigkeit nach obiger Arbeits-vorschrift bestimmt werden, nach weiteren Angaben auch neben mehr als 2 mg Magnesium- und 200 µg Phosphationen. Chrom und seltene Erdmetalle müssen vor der Aluminium-Bestimmung abgetrennt werden, wenn ihre Menge 1/8 des vorlie-genden Aluminium-Gehaltes übersteigt.

Ähnliche Arbeitsweisen zur Bestimmung des Aluminiums in *speziellen Fällen*

Im Gegensatz zu der Methode nach *Chenery* wird in den folgenden Arbeitsweisen mit einem größeren Endvolumen, 50 bis 100 ml, entsprechend der Vorschrift nach *Craft* und *Makepeace* (S. 379) gearbeitet. Da der Thioglykolsäure-Zusatz auf die Entwicklung des Farblackes keinen Einfluß ausübt, können wahrscheinlich alle beschriebenen Arbeitsweisen, nach denen die Farblack-Entwicklung und Messung im pH-Bereich von 4 bis 5,5 vorgenommen wird, ohne Abänderung auch mit einem Zusatz von Thioglykolsäure angewandt werden. Die *Eichung* muß dann naturgemäß auch mit Thioglykolsäure enthaltenden Lösungen ausgeführt werden, da die Farb-Intensität des Aluminium-Aluminon-Lackes durch Thioglykolsäure herabgesetzt wird.

Arbeitsvorschrift nach *Owen* und *Price* [200]. Zu 20 ml Probe-Lösung, die 10 bis 20 µg Al enthalten soll, gibt man 2 ml 5%ige Thioglykolsäure-Lösung, bringt mit Ammoniak oder Säure auf pH = 2 (schwach Rosafärbung des zugesetzten m-Kresol-purpur-Indikators) und fügt weiterhin 1 ml 0,1%ige Lösung von Triton, 10 ml Iso-propanol sowie 15 ml Reagens-Lösung (siehe unten) hinzu. Nach Durchmischen erhitzt man 2 min im siedenden Wasserbad, versetzt mit 20 ml Wasser (20 °C), erhitzt wieder 3 min im Wasserbad, läßt weitere 5 min stehen und kühlt auf etwa 30 °C ab. Nach Zusatz von 10 ml Isopropanol läßt man 20 min bei 20 °C stehen, ver-dünnt auf 100 ml und mißt nach 5 min mit einem Ilford-Filter Nr. 604.

Reagens-Lösung. Lösung A: Zu einer filtrierten Lösung von 500 g Ammonium-acetat in 1 Liter Wasser gibt man 80 ml Eisessig, 1 g Aluminon, gelöst in 100 ml Wasser, 2 g Benzoesäure, gelöst in 300 ml Isopropanol, 450 ml Isopropanol und ver-dünnt mit Wasser auf 2 Liter.

Lösung B: Man löst 10 g Gelatine in 250 ml heißem Wasser, verdünnt mit 500 ml kaltem Wasser, filtriert und füllt zum Liter auf. Zur Lösung B läßt man Lösung A unter gleichmäßigem Rühren zufließen. Die klare Lösung ist, in einer dunklen Flasche aufbewahrt, längere Zeit haltbar.

Arbeitsvorschrift zur Untersuchung von Boden-Extrakten, Tonen und tonhaltigen Mineralien nach *Robertson* [238]. 20 bis 80 µg Aluminiumoxid enthaltende, aliquote Teile der Probe-Lösungen werden mit Thioglykolsäure versetzt, auf pH = 5 ab-gepuffert, nach Aluminon-Zugabe 30 min im siedenden Wasserbad erhitzt und nach Abkühlen und Auffüllen auf 100 ml in bekannter Weise photometriert.

Bemerkungen. Der mittlere *Fehler* der Aluminium-Bestimmung lag unter Einhal-tung der Arbeitsvorschrift (Einzelheiten in der Originalarbeit) zwischen 6% (bei 20 µg Al_2O_3) und 1% rel. (bei 80 µg).

Arbeitsvorschrift zur Bestimmung in Glas-Sanden nach *Poole* und *Segrove* [275]. 0,1 g gepulverte Probe wird mit 5 ml Flußsäure (40 Gew.-%) und 5 Tropfen Schwefel-säure (D = 1,84) zersetzt und der Rückstand mit 0,5 g Natriumcarbonat geschmol-zen. Man löst den Schmelzkuchen mit 5 ml Salzsäure (D = 1,19) (Vorsicht! Starkes Schäumen!) in der Wärme und füllt auf 100 ml auf. Zu einem aliquoten Teil (50 bis 10 ml für Proben mit 0,1 bis 2% Al_2O_3) gibt man 1 Tropfen 1%iger p-Nitrophenol-

Lösung und Ammoniak bis zur Gelbfärbung (pH = 4,2 bis 4,5), die mit Salzsäure (1:1) (etwa 6 m) gerade wieder beseitigt wird. Nach Zugabe von 16 Tropfen 1%ige Thioglykolsäure-Lösung und 12 ml Reagens-Lösung (siehe unten) wird 10 min auf 100 °C erhitzt, abgekühlt, auf 100 ml aufgefüllt und bei 555 nm gemessen.

Bemerkungen. Die Bestimmung wird *gestört*, wenn die Probe mehr als 0,05% TiO_2 enthält.

Reagens-Lösung. 0,25 g Aluminon und 5 g Gummi arabicum werden in 250 ml heißem Wasser gelöst, 87 g Ammoniumacetat und 126 ml Salzsäure (1:1) (etwa 6 m) zugegeben, filtriert und auf 500 ml aufgefüllt.

Arbeitsvorschrift zur Bestimmung in carbonat- und silicathaltigen Kalksteinen nach *Chichilo* [276]. Die Analysen-Probe wird bei 1000 °C geglüht und mit Perchlorsäure aufgeschlossen. Ein aliquoter Teil dieser Lösung, der nicht mehr als 80 µg Al enthalten soll, wird auf pH = 4,5 gebracht und auf 20 ml verdünnt. Nach Zugabe von 2 ml 10%iger Thioglykolsäure-Lösung, 0,5 ml Entschäumer (Dow-Corning Antifoam A) und 10 ml Aluminon-Lösung (siehe unten) wird 20 min auf dem siedenden Wasserbad erhitzt. Nach dem Abkühlen wird auf 100 ml aufgefüllt und bei 525 nm gemessen.

Aluminon-Lösung. Man löst 100 g Ammoniumacetat in 400 ml Wasser, gibt 56 ml Salzsäure zu und stellt auf pH = 4,5. Diese Lösung wird mit einer Lösung von 0,5 g Aluminon in 100 ml Wasser sowie einer Lösung von 10 g Gummi-arabicum in 200 ml versetzt und zu 1 Liter aufgefüllt.

Verfahren zur Bestimmung in der Wasser-, Metall-, Silicat- und Pflanzen-Analyse

Rolfe, Russell und *Wilkinson* [277] bestimmen Gehalte bis zu 20 µg Aluminium mit einem mittleren *Fehler* von ± 0,3 µg abs., indem sie Eisen mit Thioglykolsäure maskieren. *Zdeněk* [278] benutzt ebenfalls Thioglykolsäure zur Tarnung des Eisens. Nach den Untersuchungen von *Giebler* [145] gelingt die Tarnung des Eisens mit Thioglykolsäure nur bis zu einer Konzentration von 1 mg Fe/l. Bei höheren Gehalten muß diese Beeinflussung durch Zusatz von Eisen bei der Aufstellung der Eichkurve berücksichtigt werden. *Giebler* benutzt zur Bestimmung in Anlehnung an *Craft* und *Makepeace* (S. 379) folgende

Arbeitsvorschrift. In Wasserproben werden eventuell vorhandene Fluoridionen in Konzentrationen > 1 mg/l, und organische Stoffe durch Abrauchen mit Schwefelsäure (D = 1,84) beseitigt. Man versetzt nun 50 ml der annähernd neutralen Probe in einem 100-ml-Meßkolben mit 2 ml 1%iger Thioglykolsäure-Lösung, läßt 2 min stehen und fügt 15 ml Aluminon-Pufferlösung (siehe unten) zu. Die Lösung wird 15 min in ein kochendes Wasserbad gestellt, anschließend sofort auf 20 °C abgekühlt und aufgefüllt. Man mißt bei 530 nm.

Bemerkungen. Die *Eichkurve*, die für jede neu angesetzte Aluminon-Lösung zu ermitteln ist, wird unter Verwendung einer Aluminium-Standardlösung (0,01 mg Al/ml) aufgestellt.

Aluminon-Pufferlösung. 250 g Ammoniumacetat werden in 500 ml Wasser gelöst, 40 ml Eisessig, 0,5 g Aluminon, in 25 ml Wasser gelöst, und 0,2 g Benzoesäure, in 10 ml Methanol gelöst, hinzugegeben. Zu der auf 1 Liter aufgefüllten Lösung gibt man eine Lösung von 5 g Gelatine in 400 ml Wasser von 60 °C, die nach Abkühlen auf 500 ml aufgefüllt worden ist. Die Lösung ist 3 Tage vor Gebrauch anzusetzen und etwa 3 Monate haltbar.

Anwendungsbereich und Empfindlichkeit. Es können Aluminium-Gehalte bis zu 0,5 mg/l bestimmt werden. Die Empfindlichkeit beträgt unter Verwendung einer 5-cm-Küvette 0,01 bis 0,02 mg Al/l.

Störungen durch Fremdionen. Fluoridionen < 0,3 mg/l stören die Bestimmung nicht. Enthält die Untersuchungslösung > 0,3 mg bis 1 mg F⁻/l, werden die entsprechenden Fluorid-Mengen der Eichlösung zugesetzt. Der störende Einfluß von Calciumionen in Konzentrationen $> 20°$ Calcium-Härte wird durch Verdünnen vermieden. Die Beseitigung der Störung durch Eisen wurde bereits erwähnt.

Arbeitsvorschrift nach *Shull* [279]. Zur Bestimmung von 0,02 bis 1,0 mg Al/l werden 50 ml Wasser-Probe in einem 250-ml-Erlenmeyerkolben mit 1 Tropfen 1%iger wäßriger p-Nitrophenol-Lösung versetzt. Bei Gelbfärbung der Lösung wird bis zur Entfärbung n Salzsäure zugegeben. Ist die Lösung von vornherein farblos, wird mit 3n Ammoniak bis zur schwachen Gelbfärbung versetzt und mit 1n Salzsäure gerade entfärbt. Zur Ausschaltung von Färbungen und Trübungen der Wasser-Probe wird in der Blindprobe die Anfärbung des Aluminiums mit Aluminon durch Zusatz von 1 ml 10%iger Citronensäure-Lösung verhindert. Beide Lösungen werden mit 2 ml 1%iger Thioglykolsäure-Lösung und mit 10 ml Aluminon-Pufferlösung (siehe unten) versetzt (pH-Wert = 3,8 bis 4,0). Man stellt 15 min in ein kochendes Wasserbad, kühlt schnell (in einem Eisbad) auf 20 bis 25 °C, füllt auf und mißt bei 525 nm gegen die Blindprobe.

Bemerkungen. Die *Eichkurve* muß für jede neu angesetzte Aluminon-Pufferlösung erneut aufgestellt werden.

Aluminon-Pufferlösung. In jeweils 100 ml Wasser werden der Reihe nach gelöst: 133 g Ammoniumacetat, 126 ml Salzsäure (D = 1,19), 0,9 g Aluminon und 10 g Gummi-arabicum, die Lösungen zusammengegeben, zu 1 Liter verdünnt und gut durchgemischt. Der pH-Wert der Lösung liegt zwischen 3,8 und 4,0. Sie ist etwa 6 Monate haltbar.

Störende Ionen und ihre Beseitigung. Störungen durch Fe^{3+}, PO_4^{3-}, Cr^{3+} und Ti^{4+} werden durch Zusatz von Thioglykolsäure, Polyphosphate durch Kochen mit 6n Schwefelsäure, Sulfite durch Oxydation mit Wasserstoffperoxid und freies Chlor mit Natriumthiosulfat beseitigt.

Arbeitsweise des Joint A.B.C.M. – S.A.C. Committee [280] *zur Bestimmung des Aluminiums in Abwässern.* Gehalte von 10 µg Cu, 100 µg Fe^{3+} und Mn sowie mehr als 1000 µg P_2O_5 stören die Bestimmung nicht. Vorhandene organische Substanz muß vorher zerstört werden.

Arbeitsvorschrift. 25 ml saure Probe-Lösung mit Gehalten kleiner als 20 µg Al werden in einem 50-ml-Meßkolben mit 1 ml Indikator-Lösung (0,5 g $FeCl_3 \cdot 6 H_2O$ in 100 ml; 1 ml davon auf 1 Liter verdünnt), 2 ml 2%iger Thioglykolsäure-Lösung und so viel Ammoniak (D = 0,91) versetzt, bis die Lösung eben violett wird. Man gibt weiterhin 2 ml 5n Salzsäure, 3 ml 1%ige Stärke-Lösung wie auch 5 ml Ammonium-acetat-Lösung [210 g Essigsäure + 49,5 g Ammoniak (D = 0,91) in 1 l] zu, verdünnt auf 45 ml und füllt nach Zugabe von 3 ml 0,2%iger Aluminon-Lösung auf. Der Kolben wird nun genau 4 min in ein kochendes Wasserbad gestellt, 1 Std. abgekühlt, noch 30 min in Wasser von (20 ± 0,5) °C eingestellt und bei 520 nm gegen Wasser gemessen.

Arbeitsvorschrift zur Aluminium-Bestimmung in Kupfer-, Zink- und Magnesium-Legierungen nach *Luke* und *Braun* [201]. Der entsprechend verdünnten Lösung der Metall-Probe (siehe unten) wird ein aliquoter Teil, der nicht mehr als 10 ml betragen und bis 100 µg Aluminium enthalten soll, entnommen, in einen 100-ml-Meßkolben gefüllt und gegebenenfalls auf 10 ml Gesamtvolumen verdünnt. Man gibt 2 ml 4%ige Thioglykolsäure-Lösung sowie 15 ml gepufferte Reagens-Lösung (siehe unten) zu, schüttelt um und stellt genau 5 min in ein kräftig siedendes Wasserbad. Nach dem Herausnehmen läßt man 1 min an der Luft stehen, setzt dann den Meßkolben in kaltes Wasser, füllt nach dem Abkühlen zur Marke auf, vermischt gründlich und photometriert bei 515 nm.

Bemerkungen. Herstellung der Analysen-Lösungen. 0,2 g Manganbronze mit 0,1 bis 1 % Al werden in 5 ml Salzsäure und 5 ml 30%iger Wasserstoffperoxid-Lösung in Lösung gebracht. Nach erfolgter Auflösung dampft man zur Zerstörung des über-

.schüssigen Peroxids auf ein Volumen von 2 ml ein, führt in einen 200-ml-Meßkolben über und füllt zur Marke auf. In 10 ml Lösung wird Aluminium, wie in der Arbeitsvorschrift beschrieben, bestimmt.

Zur Aufstellung der *Eichkurve* geht man von Lösungen bekannten Aluminium-Gehaltes (0 bis 100 µg Al) aus, denen man je 5 mg Kupfer (= 1 ml einer Kupferchlorid-Lösung entsprechender Konzentration, siehe unten) zusetzt und mit Wasser auf 10 ml verdünnt.

Zink- und Magnesium-Legierungen mit 4 bis 12% Aluminium. Zu 0,1 g Probe werden 5 ml Salzsäure (1:1) (etwa 6 m) gegeben. Sobald der Hauptteil der Probe in Lösung gegangen ist, wird nach Zugabe von 1 bis 2 Tropfen 30%iger Wasserstoffperoxid-Lösung erwärmt und schließlich auf etwa 2 ml eingedampft. Die abgekühlte Lösung wird in einem 500-ml-Meßkolben zur Marke aufgefüllt. Mit aliquoten, etwa 20 bis 60 µg Aluminium enthaltenden Teilen dieser Lösung verfährt man nach der Arbeitsvorschrift.

Erforderliche Lösungen. Die gepufferte Reagens-Lösung ist die gleiche wie in der Vorschrift nach *Craft* und *Makepeace* (S. 379) angegeben.

Kupferchlorid-Lösung (5 mg Cu/ml): 1,35 g (feuchtes) krist. Kupferchlorid-2-hydrat werden in 100 ml Wasser gelöst.

Einfluß der Legierungsbestandteile. Es ist zweckmäßig, den Eichlösungen die Hauptbestandteile der zu untersuchenden Legierungen in gleicher Konzentration zuzusetzen, wie sie in den Probe-Lösungen vorliegen; der Thioglykolsäure-Zusatz ist der vorliegenden Menge an komplexbildenden – nicht nur an zu maskierenden – Metallen anzupassen. Größere Mengen Eisen sollen hierbei vor dem Thioglykolsäure-Zusatz bereits 2wertig vorliegen, da sonst zur Reduktion des Eisens(III) erhebliche Thioglykolsäure-Mengen als Reduktionsmittel verbraucht würden. Von weiteren Schwermetallen stören Blei und Wismut in Mengen bis zu 100 µg nicht.

Genauigkeit. Bei den von *Luke* und *Braun* angegebenen Beleganalysen von 3 Legierungen mit rund 1, 3 und 4% Aluminium betrug die maximale Differenz gegenüber dem Sollwert 0,01, 0,03 und 0,07% Aluminium abs.

Modifiziertes Verfahren nach *Pellowe* und *Hardy* [226] *zur Bestimmung von Aluminium-Spuren (0,001 bis 0,01%) in Zink-Legierungen.* Infolge der erforderlichen größeren Einwaagen wird der Probe-Lösung ein aliquoter Teil von 20 ml entnommen, mit 2 ml 10%iger Thioglykolsäure und anschließend nach der Vorschrift von *Luke* und *Braun* mit 15 ml gepufferter Reagens-Lösung versetzt. Man erhitzt 4 min, in Anwesenheit von Kupfer und Blei nur 3 min, da bei längerem Erhitzen Trübungen auftreten können. Nach 4 min langem Kühlen in kaltem Wasser läßt man 20 min in einem Wasserbad von 17° stehen, füllt auf 100 ml auf und photometriert gegen eine entsprechende Blindprobe als Vergleichslösung.

Durch den erhöhten Zusatz von Thioglykolsäure wird außer Eisen und Kupfer auch *Zinn* (bis zu 10% der untersuchten Probe) in Lösung gehalten.

Die grünliche Färbung des Kupfer-Komplexes *stört*, wenn die Probe mehr als 1% Kupfer enthält. Zur Eliminierung des auf diese Weise entstehenden *Fehlers* müssen dann auch die Eichlösungen entsprechende Kupfer-Zusätze enthalten.

Blei erzeugt mit Thioglykolsäure nach einiger Zeit, rascher beim Erwärmen, eine störende Trübung; daher wird bei der Untersuchung bleihaltiger Proben die Erhitzungsdauer abgekürzt; die Eichlösungen sind dann in gleicher Weise zu behandeln.

Bei Einhaltung der Arbeitsbedingungen beträgt die *Genauigkeit* der Bestimmungen nach der von *Pellowe* und *Hardy* angegebenen Arbeitsweise 1 bis 3% rel.

Eine weitere Vorschrift zur *direkten Bestimmung* des Aluminiums in Zink und seinen Legierungen ohne Abtrennung wird von *Jezka* [281] angegeben. Zur Maskierung störender Elemente wird ebenfalls Thioglykolsäure verwendet. Auf eine ganz ähnliche Weise bestimmt auch *Ota* [282] geringe Aluminium-Gehalte in Zinn- und Blei-Legierungen.

Arbeitsvorschrift zur Bestimmung im Stahl nach *Lilie* und *Sturzebecher* [168]. Bei Aluminium-Gehalten von 0 bis 1% löst man 2 g Stahl in 40 ml Schwefelsäure (1:5) (etwa 3,1 m) unter tropfenweisem Zusatz von Salpetersäure (D = 1,40), engt fast bis zur Trockne ein, nimmt den Rückstand mit Wasser sowie 50 ml Salzsäure (1:1) (etwa 6 m) auf und filtriert in einen 500-ml-Meßkolben. Nach Auswaschen des Rückstandes mit salzsäurehaltigem Wasser füllt man auf. 25 ml Lösung überführt man in einen 100-ml-Meßkolbem, gibt 10 ml Thioglykolsäure-Lösung (5 ml 97%ige Thioglykolsäure in 100 ml), Ammoniak bis zur Entfärbung, 5 ml n Salzsäure und 30 ml Aluminon-Reagens (Zusammensetzung nicht angegeben) hinzu, erhitzt bis zum beginnenden Sieden, kühlt sofort unter fließendem Wasser ab und füllt auf. Nach 15 min mißt man bei 530 nm gegen Wasser oder gegen eine Blindlösung.

Arbeitsvorschrift zur Schnellbestimmung des Aluminiums in Silicaten nach *Ingamells* [283], basierend auf der Arbeit von *Hsu* [208]. In Anwesenheit von Sulfiden und größeren Mengen an Eisen(II) wird die fein gepulverte Probe bei 550°C geröstet. 0,2 g dieser Probe werden mit 1 g Lithiummetaborat aufgeschlossen und nach Abschrecken der Schmelze in 25 ml Salpetersäure (1:24) (etwa 0,6 m) gelöst. Nach Verdünnen mit weiteren 50 Millilitern Salpetersäure (1:24) werden in Anwesenheit von *Mangan* einige Tropfen 3%iger Wasserstoffperoxid-Lösung zugegeben und auf 100 ml aufgefüllt. Diese Lösung wird noch 1 + 19 verdünnt und ein aliquoter Teil von 4 ml in einen 100-ml-Meßkolben überführt. Nach Zugabe von 1 ml Salpetersäure (1:24) und 50 ml Wasser wird 2 Std. auf dem Wasserbad erwärmt. Ohne abzukühlen fügt man 1 ml Natriumthioglykolat-Lösung (1 g in 200 ml) und nach 1 bis 2 min 5 ml Acetat-Borat-Puffer (700 ml 2m CH_3COONa-Lösung, 550 ml Eisessig und 700 ml Wasser; zu je 1 Liter dieser Lösung werden 10 g Dinatriumtetraborat-5-hydrat zugegeben) sowie 5 ml Aluminonlösung (0,1 g in 100 ml) hinzu. Nun wird zum Teil aufgefüllt und in 30°C Wasserbad eingestellt, bis das Temperaturgleichgewicht erreicht ist, schließlich ganz aufgefüllt und 18 Std. im Bad belassen.

Bemerkungen. Der End-pH-Wert der Lösung soll *3,8* betragen. Die Messung erfolgt gegen eine *Blindlösung* bei 520 nm.

Mit dem angegebenen Verfahren lassen sich Al_2O_3-Gehalte bis zu *20%* bestimmen. Es ist jedoch darauf zu achten, daß bei größeren Aluminium-Gehalten entsprechende Verdünnungen verwendet werden, da sonst Fällungen auftreten können. *Störungen* treten gelegentlich in Anwesenheit von Beryllium, Chrom und den seltenen Erdmetallen auf. In den meisten Fällen sind diese Störungen bei der Silicat-Analyse zu vernachlässigen. Höhere Cr_2O_3-Gehalte stören jedoch. Übliche, in Silicaten vorkommende Titan-Gehalte stören nur gering.

Arbeitsvorschrift zur Bestimmung in pflanzlichem Material nach *Thompson* und *Raven* [284]. Nach Entfernung anhaftender Boden-Verunreinigungen wird 1 g Pflanzen-Probe verascht, mit Natriumcarbonat aufgeschlossen, mit 1 ml Salpetersäure (D = 1,40) und 3 ml Wasser gelöst. Nach sehr langsamem Eindampfen bis zur Trockne wird mit 10 ml Wasser und 10 ml Salpetersäure (1:50) (etwa 0,28 m) 20 min auf dem Wasserbad erhitzt und zur Lösung des Eisens 10 ml 0,5%ige Thioglykolsäure-Lösung zugegeben. Nach Filtration wird der Rückstand abwechselnd mit Salpetersäure (1:50) und heißem Wasser ausgewaschen. Nach Auffüllen auf 100 ml wird ein 10 bis 15 µg Al enthaltender, aliquoter Teil mit 1 ml Salpetersäure (1:10) (etwa 1,3 m), 1 ml 0,5%iger Thioglykolsäure-Lösung und 2 ml Reagens-Lösung [0,75 g Aluminon, 200 g Ammoniumacetat, 15 g Akaziengummi, 189 ml Salzsäure (D = 1,19), alles getrennt gelöst, werden zusammengegeben und auf 1500 ml aufgefüllt] versetzt, auf 10 ml aufgefüllt und in einem Wasserbad auf 90°C erhitzt. Nach Abkühlen auf 20°C wird nach 6 und innerhalb von 48 Std. bei 537 nm gemessen.

Maskierung mit Ascorbinsäure

Zur Reduktion und Maskierung des Eisens kann auch Ascorbinsäure verwendet werden. Die Gegenwart von Ascorbinsäure beeinflußt nach *Dolaberidze, Politova, Gvelesiani* und *Dzhaliashvili* [285] die Ausbildung des Aluminon-Aluminium-Farblackes und die Intensität der Färbung nicht. Eine allgemein anwendbare Arbeitsvorschrift geben *Stolyarova* und *Shuvalova* [286], die speziell zur Bestimmung des Aluminiums bis zu Gehalten von 7% in Eisenerzen, Quarziten und Apatiten ausgearbeitet wurde.

Arbeitsvorschrift. 0,2 g Probe werden mit einer Flußsäure-Schwefelsäure-Mischung behandelt und das Siliciumdioxid durch Fällung in Gegenwart von Gelatine abgetrennt. Die saure Lösung wird je nach Aluminium-Gehalt auf 200 bis 500 ml aufgefüllt. Ein aliquoter Teil dieser Lösung (3 bis 10 ml) wird in einen 50-ml-Meßkolben überführt, mit Ammoniak (1:1) (etwa 6,5 m) und Salzsäure (1:1) (etwa 6 m) auf pH = 4,0 eingestellt. Nacheinander werden zugegeben: 1 ml n Salzsäure, 1 ml 0,1%ige Ascorbinsäure-Lösung, 30 ml Acetat-Pufferlösung (pH = 4,3) und 5 ml 1%ige Aluminon-Lösung. Nach Auffüllen wird nach 30 sec gemessen.

Bemerkung. Weitere Vorschriften, nach denen die Maskierung des Eisens mit Ascorbinsäure angewendet wird, geben *Bogdanova* [245] zur Bestimmung in Materialien der Zement-Industrie, *Stepanenko* [218] zur Bestimmung in Luft-Verunreinigungen, *Ajrapetjana* und *Kačanova* [287] zur Analyse des Calciumcarbids, *Kopylova* und *Nazarchuk* [288] zur Bestimmung in Lanthan- und Titanaluminiden sowie *Nazarenko* [289] zur Analyse von Chromerzen. Zur Bestimmung des Aluminiums in Eisen und Stahl benutzen *Maekawa, Kato* und *Sakurai* [290] eine *kombinierte* Trenn-Maskierungsmethode, in der Ascorbinsäure Verwendung findet.

Ausschaltung der Störung des Eisens durch Reduktion mit Hydroxylamin

Durch Zusatz von Hydroxylamin wird Eisen(III) zum Eisen(II) reduziert, das nicht mit Aluminon reagiert. Von dieser Möglichkeit der Ausschaltung der Störung durch Eisen wird von *Konkin* [291] bei der Schnellbestimmung des Aluminiums im Stahl und Gußeisen und von *Yuan* und *Fiskell* [292] bei der Analyse von Boden- und Pflanzen-Proben Gebrauch gemacht. Nach Untersuchungen von *Zdeněk* über die Bestimmung des Aluminiums in Wasser-Proben ist die Beseitigung der Eisen-(III)-Störung durch Hydroxylamin nicht möglich.

Maskierung mit Kaliumbiphthalat und Ascorbinsäure

Zur Bestimmung des Aluminiums in Fe-Cr-Ni-Legierungen maskieren *Signorelli* und *Alderisio* [248] Eisen und Chrom mit Kaliumbiphthalat in äthanolisch-wäßriger Lösung. Zur Maskierung der Eisenionen müssen diese vor Zusatz des Kaliumbiphthalats mit Ascorbinsäure reduziert werden. Außerdem geht der Bestimmung eine Abtrennung durch Ammoniak-Fällung voraus. Die Bestimmung wird durch die Anwesenheit von Mangan, Molybdän und Titan beeinflußt.

Arbeitsweisen unter Anwendung kombinierter Abtrenn- und Maskierungsverfahren in verschiedenen Materialien

Verfahren nach *Horton* und *Thomason* [293]

Die bei der Aluminium-Bestimmung mit Aluminon störenden Ionen lassen sich weitgehend, zum Teil quantitativ, aus 9n salzsaurer Lösung mit einem Anionen-Austauscher abtrennen. Nicht quantitativ abgetrennt werden Mn^{2+}, $V(IV)$, Cr^{3+}, Ni^{2+}, Ti^{3+}, Ti^{4+}, Pb, Th, Be und Mg. Die Elemente Beryllium und Magnesium stören die Bestimmung mit Aluminon nicht; ebenso stören nicht Titan, sofern seine Menge diejenige des Aluminiums nicht übersteigt, und Mn^{2+} bis zu 25fachem Überschuß.

Chrom verbleibt nach Oxydation mit Perchlorsäure als Chromation auf dem Austauscher. Nickel kann mit Pyridin maskiert und Blei mit dem gleichen Austauscher aus 2n Salzsäure adsorbiert werden. Diese von *Horton* und *Thomason* angegebene Methode kann zur Analyse von Kupfer-Aluminium-, Uran-Aluminium-, Zinn-Blei-Legierungen, rostfreien Stählen und Eisen-Legierungen verwendet werden.

Arbeitsvorschrift. Die Proben werden in Salzsäure oder Perchlorsäure gelöst, zur Trockene eingedampft und mit 9n Salzsäure aufgefüllt. Übersteigt der Chrom-Gehalt denjenigen des Aluminiums, so muß das Chrom abgetrennt werden (am besten als Chromylchlorid). Ein aliquoter Teil der 9n-salzsauren Lösung, die nicht mehr als 50 µg Al enthalten soll, wird nun auf die mit 9n Salzsäure gewaschene Austauschersäule (4,5 ml feuchten Anionen-Austauscher Dowex 1 × 8 enthaltend) aufgegeben. Anschließend läßt man noch 15 ml 9n Salzsäure nachfließen. Das Eluat (Durchfluß-Geschwindigkeit 1 ml/min) wird in einem 50-ml-Meßkolben aufgefangen, bis zur Trockne eingedampft und Salzsäure (D = 1,19) und Pyridin zugegeben.

Die zugesetzte Menge an Salzsäure (D = 1,19) und Pyridin richtet sich nach dem Ni-Gehalt (siehe Tab. 70).

Tabelle 70. *Bemessung der Salzsäure und des Pyridins in Abhängigkeit vom Ni-Gehalt*

Ni-Gehalt mg	Zusätze von 11,7n HCl ml	11,9m Pyridin ml
0 bis 0,75	0,25	0,40
0,75 bis 2,5	0,50	0,65
2,5 bis 7,5	1,00	1,15
7,5 bis 12,5	2,00	2,15
12,5 bis 17,5	3,00	3,15
17,5 bis 22,5	4,00	4,15
22,5 bis 27,5	5,00	5,15

Man gibt nun 15 ml Aluminon-Puffer-Lösung (siehe S. 379, Vorschrift nach *Craft* und *Makepeace* unter Reagens-Lösung) zu, erhitzt 5 min im siedenden Wasserbad und mißt anschließend bei 525 nm gegen Wasser.

Bemerkungen. Enthält die Probe merkliche Mengen an *Blei*, wird das 9n-salzsaure Eluat auf 2n verdünnt, über eine zweite gleiche, mit 2n Salzsäure gewaschene Austauschersäule gegeben und mit 15 ml 2n Salzsäure nachgewaschen. Das Eluat wird zur Trockene eingeengt, mit der nötigen Salzsäure-Menge (Tab. 70) aufgenommen und in den 50-ml-Meßkolben überführt. Man verfährt nun weiter wie oben beschrieben.

Die *relative Standardabweichung* im Bereich von 5 bis 50 µg Al beträgt 1,5%.

Verfahren zur Bestimmung von Aluminium-Spuren in Legierungen (insbesondere Blei-, Antimon- und Zinn-Legierungen) nach *Luke* [216]

Die im folgenden beschriebene Methode ist ganz allgemein zur Bestimmung von Aluminium-Spuren in Legierungen verwendbar. Schwermetalle werden zunächst elektrolytisch an der Quecksilber-Kathode abgeschieden, dann werden Metalle, wie Titan, Zirkonium, Hafnium und Vanadium, als Cupferronate extrahiert, anschließend Aluminium durch eine Oxin-Chloroform-Extraktion vom Beryllium und Scandium getrennt und als Aluminon-Lack in Anwesenheit von Thioglykolsäure photometrisch bestimmt. Zur Untersuchung von Blei-, Antimon- und Zinn-Legierungen wird der Hauptteil dieser Metalle noch *vor* Abscheidung an der Quecksilber-Kathode abgetrennt.

Infolge der zahlreichen, nacheinander auszuführenden Trennungsoperationen ist das Verfahren langwierig und dürfte nur dann Anwendung finden, wenn mit der

Anwesenheit der zahlreichen Metalle, auf die das Verfahren Rücksicht nimmt, zu rechnen ist. Die Verwendung von Thioglykolsäure nach elektrolytischer Abscheidung und anschließender Cupferronatextraktion erscheint eigentlich überflüssig. Nach *Luke* soll Thioglykolsäure als schwacher Komplexbildner für Aluminium das Entstehen nur schwer mit Aluminon reagierender Hydrolyseprodukte bei der Neutralisation der sauren Aluminium-Lösung verhindern.

Allgemeine Arbeitsvorschrift. Das nach der Elektrolyse erhaltene, perchlorsaure Elektrolysat wird auf 50 ml verdünnt und nach Zugabe von 1 ml frisch bereiteter 1%iger Cupferron-Lösung mit 15 ml Chloroform kräftig ausgeschüttelt. Nach möglichst vollständiger Entfernung der Chloroformphase wird die wäßrige Schicht mit 1 Tropfen m-Kresolpurpur-Lösung (siehe unten) sowie 2 ml Ammoniumtartrat-Lösung (siehe unten) versetzt und mit Ammoniak vorsichtig bis zum Farbumschlag nach Gelb neutralisiert. Nach Zugabe von 1 ml 3%iger Wasserstoffperoxid-Lösung und 15 ml Pufferlösung, pH-Wert = 5 (siehe unten), wird 5 min mit 25 ml Oxin-Chloroform-Lösung (1 g Oxin in 100 ml Chloroform) ausgeschüttelt und die Chloroformschicht quantitativ in ein 100-ml-Becherglas abgelassen. Auf einer Heizplatte, deren Oberflächentemperatur 150 bis 160° nicht übersteigen darf, werden Chloroform und Oxin vollständig verdampft, bis nur noch ein geringer, durch organische Zersetzungsprodukte schwärzlich gefärbter Rückstand hinterbleibt. Das sich an der oberen Gefäßwand wieder kondensierende Oxin wird durch vorsichtiges Fächeln mit einem Bunsenbrenner entfernt. Der Rückstand wird nach erfolgter Abkühlung mit 1 ml Perchlorsäure versetzt und nach Bedecken mit einem Uhrglas bis zum Auftreten von Perchlorsäure-Nebeln abgeraucht. Man läßt abkühlen, gibt 10 ml Wasser zu und erhitzt zur Vertreibung von Chlor bis zum Sieden. Dann kühlt man wieder auf 30° ab und verdünnt auf 50 ml.

Zu dieser Lösung gibt man 2 ml verd. Thioglykolsäure sowie 1 Tropfen der m-Kresolpurpur-Lösung und neutralisiert vorsichtig mit Ammoniak, bis sich die Indikator-Färbung deutlich aufhellt; der Umschlag nach Orange darf noch nicht eintreten. (Zweckmäßig ist hier die Verwendung von Vergleichslösungen.) Nach Umfüllen in einen 100-ml-Meßkolben versetzt man die Lösung mit 15,0 ml gepufferter Reagens-Lösung (siehe unten), mischt durch Umschwenken und setzt genau 5 min in ein siedendes Wasserbad. Nach dem Herausnehmen läßt man 1 min stehen und kühlt dann durch Einstellen in kaltes Wasser. Man füllt zur Marke auf, mischt gründlich und photometriert bei 525 nm.

Bemerkungen. Entsprechende *Eichlösungen* werden mit bekannten Mengen einer Standard-Aluminium-Lösung hergestellt, die nach Zugabe von 1 ml Perchlorsäure auf 50 ml aufgefüllt werden. Diese Lösungen werden nach obiger Vorschrift einschließlich der Oxin-Chloroform-Extraktion aufbereitet und photometriert.

Erforderliche Lösungen. Indikatorlösung: 0,1 g m-Kresolpurpur werden unter Zugabe von 1 Plätzchen Natriumhydroxid in 10 ml Wasser gelöst, abgekühlt und mit Wasser auf 10 ml aufgefüllt.

Ammoniumtartrat-Lösung: 25 g Ammoniumtartrat in 250 ml; die Lösung wird in einer Kunststoff-Flasche (Polyäthylen) aufbewahrt.

Pufferlösung, pH = 5: 30 g krist. Natriumacetat-3-hydrat werden in Wasser gelöst; nach Zugabe von 4 ml Eisessig wird auf 500 ml verdünnt. Die Lösung soll ein pH von 5,0 bis 5,1 haben; sie wird in einer Kunststoff-Flasche aufbewahrt.

Gepufferte Reagens-Lösung: Zusammensetzung nach *Craft* und *Makepeace* (S. 379).

Genauigkeit. Zur Prüfung der beschriebenen Arbeitsweise untersuchte *Luke* Proben möglichst aluminiumfreier Metalle, denen einmal 10 bis 80 μg Aluminium und weiterhin teilweise je 100 μg folgender Metalle zugesetzt wurden: Beryllium, Scandium, Titan, Zirkonium, Hafnium, Thorium, Vanadium, Molybdän, Uran, Kobalt und Gallium. Die Einwaagen betrugen 10 g bei Blei und 2 g bei Antimon,

Zinn sowie Zinn- und Blei-Legierungen; die zugegebenen Aluminium-Mengen entsprachen also Gehalten von 0,0001 bis 0,004% Aluminium. Der mittlere *Fehler* der 22 Bestimmungen betrug ± 2,5 µg; die größten Differenzen waren ± 2 µg bei 10 µg und − 6 µg bei 80 µg Aluminium.

Abtrennung des Grundmetalls zur Aluminium-Bestimmung im Blei, Antimon und Zinn. Bei der Untersuchung dieser Metalle trennt *Luke* die Hauptmenge des Grundmetalls bereits *vor* der Elektrolyse an der Quecksilber-Kathode ab.

Arbeitsvorschriften. Zur Aluminium-Bestimmung im *Blei* werden 10,0 g Probe (bei Gehalten bis zu 0,0008% Al) in 50 ml Salpetersäure (1:3) (etwa 3,5 m) gelöst; die Lösung wird auf 100 ml verdünnt und mit einem möglichst geringen Überschuß an Schwefelsäure gefällt. Der Niederschlag von Bleisulfat wird abfiltriert und gründlich mit Wasser ausgewaschen. Das Filtrat wird nach Zusatz von 2 ml Perchlorsäure eingedampft und bis auf ein Volumen von 1 ml abgeraucht. Dann verdünnt man mit 45 ml Wasser, filtriert, füllt auf 50 ml auf und unterwirft diese Lösung der Elektrolyse an der Quecksilber-Kathode (30 ml Quecksilber, rotierende Netz-Anode; Elektrolysen-Dauer mindestens 30 min bei 4 bis 5 A). Das Elektrolysat wird nach obiger allgemeiner Vorschrift zur Aluminium-Bestimmung weiterverarbeitet.

Zur Untersuchung von *Antimon* werden 2,0 g Probe (bei Gehalten bis zu 0,004% Al) in einem mit Uhrglas bedeckten Becherglas in 20 ml Brom-Bromwasserstoffsäure [20 ml Brom gelöst in 180 ml Bromwasserstoffsäure (D = 1,49)] unter vorsichtigem Erwärmen zur Vermeidung von Brom-Verlusten gelöst. Dann dampft man auf einer Heizplatte, deren Oberflächen-Temperatur 175° nicht übersteigen darf, auf ein Volumen von 3 bis 4 ml ein, um die Hauptmenge Antimon (sowie Zinn und Arsen) als Bromid zu verflüchtigen. Schließlich wird nach Entfernen des Uhrglases zur Trockne eingedampft. Nach Abspülen der Gefäß-Wandungen mit Wasser und Zugabe von je 2 ml Bromwasserstoff- und Perchlorsäure wird nochmals auf ein Volumen von 1 ml eingeengt, die erkaltete Lösung mit 10 ml Wasser verdünnt, zur Entfernung von Chlor aufgekocht und schließlich auf 50 ml aufgefüllt. Diese Lösung wird der Elektrolyse an der Quecksilber-Kathode unterworfen und nach der allgemeinen Vorschrift von *Luke* weiterbehandelt.

Auch bei *Zinn, Lötmetall* und *Zinn-Blei-Legierungen* geht man wie beim Antimon von 2,0 g Probe aus, die unter Eiskühlung in 10 ml Brom-Bromwasserstoffsäure gelöst werden. Nach Zugabe von 5 ml Perchlorsäure wird zur Verflüchtigung des Zinns, Antimons und Arsens bis zur völligen Vertreibung von Brom und Bromwasserstoff erhitzt. Wenn die Hauptmenge des Antimons noch nicht entfernt ist − die Lösung ist dann trübe − wird die Destillation nach Zusatz von Bromwasserstoffsäure 1-, notfalls 2mal wiederholt, da sich sonst zu niedrige Aluminium-Werte ergeben. Zum Schluß wird bis auf ein Volumen von 1 ml abgeraucht und, wie beim Antimon oben beschrieben, weiterverfahren. Enthält die Probe *mehr als 5% Blei*, so fällt man mit einem möglichst geringen Überschuß an Schwefelsäure nach der für Blei angegebenen Vorschrift und arbeitet wie dort beschrieben weiter.

Arbeitsvorschrift zur Bestimmung von Aluminium-Gehalten zwischen 0,1 und 1% in Titan und Titan-Legierungen nach *Banerjee* [214]. 0,3 bis 1 g Probe werden mit 15 bis 50 ml Schwefelsäure (1:1) (etwa 9,3 m) bis zur Auflösung erhitzt. Titan oxydiert man mit wenig 30%iger Wasserstoffperoxid-Lösung und zerkocht den Überschuß. Die erkaltete Lösung wird auf 500 ml verdünnt. Ein aliquoter Teil (20 bis 30 µg Aluminium) wird mit 6 ml konz. Salzsäure versetzt, auf 50 ml verdünnt und eisgekühlt. Mit 6 ml 5%iger Cupferron-Lösung fällt man Titan; vorhandenes Eisen, Wolfram, Molybdän, Vanadium, Zinn, Antimon und Wismut fallen mit. Das Filtrat wird mit 10 ml konz. Salpetersäure sowie nochmals mit einem Gemisch aus 10 ml konz. Salpetersäure und 10 ml 60%iger Perchlorsäure bis zur Zerstörung organischer Substanz erhitzt. Liegt *Chrom* vor, so wird es mit Perchlorsäure und Salzsäure (tropfenweise zugeben) oxydiert und als Chromylchlorid verflüchtigt. Zu der auf

3 bis 4 ml eingeengten Lösung gibt man 15 ml Wasser sowie 1 ml Thioglykolsäure und verfährt weiter wie bei der Aufstellung der Eichkurve.

Bemerkungen. Eine *Blindprobe* durchläuft das gesamte Verfahren und wird bei der Berechnung des Gehaltes berücksichtigt.

Zur *Aufstellung der Eichkurve* werden 1 bis 5 ml einer Al-Standard-Lösung (10 μg Al/ml) mit 15 ml Wasser, 3 ml 60%iger Perchlorsäure und 1 ml 1%iger Thioglykolsäure Lösung gemischt. Nach 5 min gibt man einen Tropfen Metakresolpurpur (0,1%ige Lösung) hinzu, stellt mit Ammoniak (1:1) (etwa 6,5 m) auf Blaßrot ein, verdünnt die Lösung auf 25 ml und fügt 15 ml Aluminon-Lösung I (siehe unten) zu. Nach 30 min Erhitzens auf dem Dampfbad ist die Farb-Entwicklung beendet. Die kalte Lösung wird auf 100 ml verdünnt und die Extinktion bei 540 nm gegen Wasser gemessen.

Arbeitsvorschrift für Aluminium-Gehalte von 1 bis 10%. 0,2 bis 0,6 g Probe werden mit 15 bis 30 ml Schwefelsäure (1:1) (etwa 9,3 m) gelöst und wie oben weiterbehandelt. Der zu entnehmende, aliquote Teil soll etwa 120 μg Al enthalten. Zur Cupferron-Fällung werden 10 ml Cupferron-Lösung und zur Farb-Entwicklung 25 ml Aluminon-Lösung II (siehe unten) verwendet. Das Endvolumen der Meßlösung beträgt 200 ml. Gemessen wird wie bei der Aufstellung der Eichkurve gegen eine 100 μg Al-Bezugslösung.

Bemerkungen. Eine *Blindprobe* durchläuft das gesamte Verfahren. Ihr Al-Gehalt ist der Eichkurve für 0,1 bis 1% Al zu entnehmen.

Zur *Aufstellung der Eichkurve* legt man aliquote Teile einer Al-Standardlösung (40 μg Al/ml) mit 100 bis 150 μg Al vor und verfährt wie oben; es werden aber 25 ml einer Aluminon-Lösung II (siehe unten) mit doppeltem Aluminon-Gehalt zugesetzt. Das Endvolumen der Meßlösung beträgt 200 ml. Gemessen wird nach dem Differential-Verfahren gegen eine Bezugslösung mit 100 μg Al. Das Spektralphotometer wird mit dieser Bezugslösung bei 540 nm auf eine Extinktion von 0 eingestellt (Spaltbreite 0,055 bis 0,056 mm) und die Eichlösung in 1-cm-Küvetten gegen diese Bezugslösung gemessen.

Aluminon-Lösungen. Aluminon-Lösung I: Man löst 0,7 g Aluminon in 400 ml Wasser, gibt 140 ml 10%ige methanolische Benzoesäurelösung zu, verdünnt mit Wasser auf 700 ml, fügt 700 ml Pufferlösung (950 ml Ammoniak + 860 ml Eisessig mit Wasser auf 2 l verdünnt. Die Lösung soll bei Verdünnung 1:20 einen pH-Wert von 5,25 bis 5,35 haben) sowie 700 ml 1%ige Gelatinelösung zu und läßt 3 Tage zur Stabilisierung stehen.

Aluminon-Lösung II enthält die doppelte Menge Aluminons als die Lösung I (1,4 g).

Störungen durch Thioglykolsäure. Enthält die Lösung Kationen, die mit Thioglykolsäure störende Komplexe bilden, z.B. Kobalt in merklicher Menge, ist die Zugabe von Thioglykolsäure zu unterlassen.

Genauigkeit. Mit synthetischen Proben, die Titan und Chrom enthielten, durchgeführte Beleganalysen ergaben für Gehalte um 20 bis 30 μg Al *Standardabweichungen* von 0,8 μg, für Gehalte von 2 bis 4% Al im Mittel eine Standardabweichung von etwa 0,025% und für Gehalte von 10% Al eine solche von 0,098%.

Verfahren zur Bestimmung im Tellur nach Střelnikova und Pavlova [294]. Tellur wird mit einem Anionen-Austauscher EDE — 10 p in der Chloridform aus 6 m salzsaurer Lösung quantitativ aufgenommen, während Aluminium (außerdem Kupfer und Eisen) in das Filtrat gelangt.

Arbeitsvorschrift. Man löst 0,2 g Tellur-Probe in 10 ml Salpetersäure (1:1) (etwa 7 m), verdampft auf ein kleines Volumen, nimmt mit Salzsäure (1:1) (etwa 6 m) auf, bringt zur Trockne und wiederholt dies 2- bis 3mal. Den Salzrückstand löst man in 30 bis 40 ml 6n Salzsäure und gibt die Lösung auf die mit 100 ml 6n Salzsäure gewaschene Anionit-Säule auf. Der Ablauf wird auf ein kleines Volumen eingeengt und dann im 50-ml-Meßkolben zur Marke aufgefüllt. Eine Abnahme von 10 ml dieser Lösung neutralisiert man mit Ammoniak gegen Phenolphthalein, entfärbt gerade mit 0,5n Salzsäure und säuert mit 1,3 ml 1n Salzsäure an. Dann fügt man noch 1 ml 1n Salzsäure, 1 ml 0,5%ige Ascorbinsäure-Lösung und 5 ml 0,1%ige Aluminon-Lösung zu, füllt mit Acetat-Puffer pH = 5,5 zur 50-ml-Marke auf und photometriert nach 20 min unter Verwendung eines Grünfilters.

Verfahren zur Bestimmung in Aluminium-Korrosionsprodukten nach Groot, Peekema und *Troutner* [246]. Zur Bestimmung des Aluminiums werden die Korrosionsprodukte in einer 2% Chromsäure und 5% Phosphorsäure enthaltenden Lösung gelöst. Durch Chromat- und Phosphationen verursachte Störungen können durch Fällung des Aluminiums als Phosphat oder durch Abtrennung des Chromations und Phosphations mit einem Ionen-Austauscher eliminiert werden. Letztere Methode ist zuverlässiger und einfacher.

Arbeitsvorschriften. *a) Abtrennung durch Fällung.* Ein aliquoter Teil der Lösung (2 bis 40 mg Al) wird mit Ammoniak auf pH = 5,0 bis 5,5 gebracht. Man läßt über Nacht stehen, filtriert den Niederschlag in ein Filter ab und wäscht bis zum Verschwinden der Dichromat-Farbe. Mit vier 5-ml-Anteilen heißer Salzsäure (1:1) (etwa 6 m) wird der Niederschlag in einen 100-ml-Meßkolben gelöst, indem der letzte Anteil zum Spülen des Becherglases benutzt wird, das Filter gut mit Wasser ausgewaschen und das Filtrat aufgefüllt.

b) Abtrennung durch Ionen-Austausch. Ein aliquoter Teil der Lösung (0,2 bis 40 mg Al) wird über eine Austauscher-Säule ($\varnothing$ 14 mm, Höhe 5 cm), gefüllt mit einem Anionen-Austauscher Dowex 1 X 8, 50 bis 100 mesh, in der Chloridform, gegeben. Man spült die Säule 3mal mit je 10 ml Wasser. Das Eluat wird in einem 100-ml-Meßkolben aufgefangen und aufgefüllt.

Aluminiumbestimmung. Ein aliquoter Teil der Lösung (10 bis 40 µg Al) wird in einen 50-ml-Meßkolben überführt, 25 ml Aluminon-Pufferlösung (136 g CH_3COONa · $3H_2O$ nebst 57 ml Eisessig und 0,16 g Aluminon in 1 l; erst 3 Tage nach dem Ansetzen verwendbar) und sofort 2 ml 2%ige Mercaptoessigsäure-Lösung hinzugegeben. Man füllt auf und mißt genau (30,0 ± 0,5) min nach Zugabe der Aluminon-Pufferlösung bei 530 nm gegen eine Blindlösung.

Bemerkungen. Der Aluminium-Gehalt wird einer in gleicher Weise aufgestellten *Eichkurve* entnommen.

Bei Aluminium-Gehalten von 0,1 bis 25,0 mg beträgt der *Fehler* unter Anwendung der Austauscher-Methode 3%.

Zur Bestimmung im *Steinsalz* nach *Maryczenko* und *Stepien* [221] wird unter Verwendung von Calcium als Sammler das Aluminium durch Fällung mit 8-Hydroxychinolin angereichert. Nach Zerstörung des organischen Anteils des Niederschlages erfolgt die photometrische Bestimmung.

Arbeitsvorschrift. 25 bis 50 g Probe löst man unter Erwärmen in 10 bis 15 ml 2n Salzsäure und 120 bis 200 ml Wasser. Ohne abzufiltrieren gibt man zur 60 bis 70 °C warmen Lösung so viel Oxin-Lösung (50 g in 100 ml Eisessig gelöst und zu 1 l aufgefüllt), wie dem vorher komplexometrisch bestimmten Calcium-Gehalt entspricht (1 mg Ca $\cong$ 10 mg Oxin). Man versetzt mit Ammoniak bis pH = 9,5 bis 10,5 (Thymolphthalein-Indikator), hält etwa 20 min bei 60 bis 70 °C, läßt wenigstens 2 Std. stehen und filtriert. Nach Auswaschen mit schwach ammoniakalisch gemachtem Wasser wird Filter samt Niederschlag im Fällungsbecher mit 8 ml Schwefelsäure (D = 1,84) versetzt und bis zur Entwicklung von Schwefelsäuredämpfen erhitzt. Man gibt nun vorsichtig anteilsweise Salpetersäure (D = 1,40) und dann abwechselnd Salpetersäure (D = 1,40) und Perchlorsäure (D = 1,67) hinzu. Nach vollständiger Zerstörung der organischen Substanz engt man bis zur Entwicklung weißer Dämpfe ein, löst den Rückstand nach dem Erkalten in 50 ml Perchlorsäure (1:50) (etwa 0,24 m), erhitzt zum Sieden, filtriert, wäscht mit Perchlorsäure enthaltendem Wasser aus und füllt in einem 100-ml-Meßkolben auf. 10 bis 20 ml Lösung überführt man in einen 50-ml-Meßkolben, gibt 2 ml 2%ige Ascorbinsäure-Lösung zu und stellt nach 5 min mit Ammoniak auf etwa pH = 2. Nach Zugabe von 5 ml 1%iger Lösung von Polyvinylalkohol in 10%igem Äthanol, 10 ml 25%iger Ammoniumacetat-Lösung und 10 ml 0,2%iger Aluminon-Lösung wird aufgefüllt und nach 15 min gegen die Blindprobe gemessen.

Anwendungsbereich. Es lassen sich auf diese Weise Gehalte von 0,0001 bis 0,01% Al bestimmen. Die Methode ist auch zur Bestimmung des Aluminiums in natürlichen Wässern zu verwenden.

Zur Bestimmung in *Gesteinen, Carbonaten, Titan-Magnetiten und Mangan-Erzen* gemäß *Dolaberidze, Politova, Gvelesiani* und *Dzhaliashvili* [285] erfolgt nach der Fällung der Hauptmenge des Eisens und Titans mit Phenylarsonsäure sowie Maskierung des restlichen Eisens mit Ascorbinsäure die photometrische Bestimmung.

Arbeitsvorschrift. Zu einem aliquoten Teil der Aufschlußlösung nach Entfernung der Kieselsäure, der 10 bis 100 µg Al enthalten soll, gibt man 3 Tropfen 0,1%ige Pentamethoxyrot-Lösung in 70%igem Äthanol, 3 ml 5%ige Phenylarsonsäure-Lösung und bis zur Entfärbung der Lösung Ammoniak. Man gibt weiterhin 3 ml 0,2n Salzsäure zu, kocht auf, läßt 1 Std. heiß stehen und filtriert. Das Filter wird in einen 100-ml-Meßkolben überführt, 3 ml 5%ige Ascorbinsäure-Lösung zugegeben und 4 min darauf mit 15 ml Reagens-Lösung (siehe unten) versetzt. Nach 3 min langem Erhitzen im siedenden Wasserbad wird schnell abgekühlt, aufgefüllt und die Extinktion der Lösung gemessen.

Reagens-Lösung. 500 g CH_3COONH_4 werden in 1 l Wasser gelöst, 80 ml Eisessig zugegeben, 1 g in 50 ml schwach ammoniakalischem Wasser gelöstes Aluminon, 2 g Benzoesäure in 20 ml Methanol und nach Auffüllen auf 2 l eine Lösung von 10 g Gelatine in 1 l Wasser zugefügt. Die Lösung ist nach 3 Tagen gebrauchsfertig und in der Dunkelheit 3 bis 4 Monate haltbar.

Arbeitsvorschrift zur Bestimmung in Eisen und Stahl nach *Maekawa, Kato* und *Sakurai* [290]. 0,5 g Probe werden in einer Mischung aus 15 ml Schwefelsäure (1:9) (etwa 1,9 m) und 10 ml Wasserstoffperoxid-Lösung (15%ig) gelöst und störende Kationen durch Elektrolyse an der Quecksilber-Kathode entfernt. Die Lösung wird nun mit Ammoniak (1:1) (etwa 6,5 m) und 5m Salzsäure mit p-Nitrophenol als Indikator auf pH = 4 gebracht und zu 100 ml aufgefüllt. 25 ml Lösung werden in einen 100-ml-Meßkolben überführt, 1 ml 1%ige Ascorbinsäure-Lösung, 5 ml Aluminon-Pufferlösung (500 g CH_3COONH_4, 0,8 g Aluminon und 90 ml Eisessig in 1 l) und 2 ml 5%ige Gummi-arabicum-Lösung zugegeben. Nach Erhitzen der Lösung in einem Wasserbad wird abgekühlt, zur Marke aufgefüllt und bei 532 nm gemessen.

Arbeitsvorschrift zur Aluminium-Bestimmung im Zirkonium nach *Freund* und *Miner* [295]. Die Hauptmenge des Zirkoniums wird nach dem Ionen-Austauscher-Verfahren abgetrennt (siehe S. 632). Zirkonium wird aus 0,8n flußsaurer und 0,06n salzsaurer Lösung an einem Anionen-Austauscher in der Chloridform praktisch vollständig gebunden, während Aluminium unter gleichen Bedingungen die Austauscher-Säule quantitativ passiert. Das aus Einwaagen von 0,1 bis 1 g Zirkonium (mit Gehalten von 10 bis 80 µg Al) erhaltene salz- und flußsaure Eluat, dessen Volumen etwa 250 ml beträgt, wird nach Zugabe von 5 ml konz. Perchlorsäure eingeengt und in einer Platin-Schale abgeraucht. Man verdünnt mit Wasser auf 50 ml, bringt die Lösung in einen Schütteltrichter und kühlt ab. Nach Zugabe von 4 ml 1%iger Cupferron-Lösung extrahiert man mit 15 ml Chloroform und wiederholt die Extraktion nach weiterer Zugabe von 2 ml Cupferron-Lösung zuerst mit 15, dann mit 5 ml Chloroform. Die wäßrige Schicht filtriert man in ein 250-ml-Becherglas, engt weitgehend ein, gibt zur Zerstörung organischer Substanz 2 ml konz. Salpetersäure zu, dampft wieder ein, versetzt kurz vor dem beginnenden Abrauchen der Perchlorsäure nochmals mit 2 ml konz. Salpetersäure und raucht kräftig ab. Dann gibt man 3 ml konz. Salpetersäure, 2 ml konz. Salzsäure sowie bis zu 3 ml konz. Perchlorsäure zu, je nachdem, welche Menge Perchlorsäure vorher abgeraucht wurde, und engt bis zum Auftreten von Perchlorsäurenebeln ein. Anschließend wird abgekühlt, 50 ml Wasser zugegeben und zur Vertreibung von Chlor gekocht. Nach dem Abkühlen bringt man die Lösung in einen 100-ml-Meßkolben, füllt zur Marke auf und pipettiert einen aliquoten Teil (meistens 50 ml), der nicht mehr als 40 µg Aluminium enthalten soll, in ein 250-ml-Becherglas ab. Man setzt 2 ml 4%ige Thioglykolsäure-Lösung zu und stellt den pH-Wert der Lösung mit einem pH-Meter und einer gesättigten Lösung von Ammoniumcarbonat in Ammoniak (D = 0,91) auf 5,0 ± 0,1 ein. Dann bringt man die Lösung in einen 100-ml-Meßkolben, versetzt mit 15 ml Reagens-Gemisch nach *Craft* und *Makepeace* (S. 379), stellt den Meßkolben 10 min in ein kräftig siedendes Wasserbad, läßt 10 min an der Luft, dann 2 min unter fließendem Wasser abkühlen, füllt zur Marke auf und photometriert 30 min nach Einsetzen des Meßkolbens in das siedende Wasserbad bei 525 nm gegen eine in gleicher Weise behandelte Blindprobe als Vergleichslösung.

Zur Aufstellung der *Eichkurve* werden Eichlösungen mit 0 bis 80 µg Aluminium angesetzt und dem ganzen oben beschriebenen Arbeitsgang unterworfen.

Arbeitsvorschrift zur Bestimmung von säurelöslichem Aluminium im Stahl nach *Steele* [296]. Bei Aluminium-Gehalten von 0,0004 bis 0,022% werden 0,25 g Stahl-Probe in 20 ml 43%iger Perchlorsäure gelöst und vom Ungelösten (Aluminiumoxid und ein Teil der Kieselsäure) abfiltriert. Der Rückstand wird mit heißem Wasser gewaschen. Das Filtrat wird nun eingedampft und nach beginnender Entwicklung von Perchlorsäure-Nebeln noch 5 min abgeraucht. Der Rückstand wird mit 20 ml 5%iger Salzsäure aufgekocht und von noch ausgefallener Kieselsäure abfiltriert. Das Filtrat wird wieder bis zur beginnenden Entwicklung von Perchlorsäure-Nebeln eingedampft und mit 25 ml heißem Wasser verdünnt. Diese Lösung wird nun an der Quecksilber-Kathode elektrolysiert (2 Std. bei 3 A und 6 V, nach Abspülen der Gefäßwände mit Wasser nochmals 30 min). Das Elektrolysat wird filtriert und bis zur Trockne eingedampft. Mit insgesamt 20 ml Wasser spült man die Gefäßwandungen ab, löst den Rückstand und führt die Lösung in ein Reagens-Glas über, versetzt mit 0,5 ml 1%iger Thioglykolsäure-Lösung, 10 ml gepufferter Aluminon-Lösung (siehe unten) und 5 ml 1%iger Gelatine-Lösung. Nach 10 min langem Erhitzen im siedenden Wasserbad läßt man 10 min an der Luft, zum Schluß unter fließendem Wasser abkühlen, füllt nach Überführung in einen 100-ml-Meßkolben bis zur Marke auf und photometriert gegen eine entsprechend vorbehandelte Blindlösung.

Bemerkungen. Zur Aufstellung der *Eichkurve* geht man von Lösungen mit 0 bis etwa 55 µg Al aus.

Erforderliche Lösungen. Gepufferte Reagens-Lösung: Gleiche Teile der nachfolgend beschriebenen Aluminon- und Pufferlösungen werden miteinander vermischt.

Aluminon-Lösung: 0,5 g Aluminon werden in Wasser gelöst, und die Lösung wird nach Zugabe von 5 ml einer 1 g/l enthaltenden Lösung von Benzoesäure in Methanol auf 500 ml verdünnt; vor dem Gebrauch soll die Lösung wenigstens 3 Tage stehen.

Gepufferte Acetatlösung: 670 g Ammoniumacetat werden in 1 l Wasser gelöst, und der pH-Wert wird mittels Ammoniak oder Essigsäure auf 5,3 eingestellt.

F. Bestimmungen mit Alizarinsulfosäure
(Alizarinrot S oder Alizarin S)

Grundlagen und Anwendungsbereich des Verfahrens

Alizarinsulfosäure bzw. deren Natriumsalz, Alizarinrot S oder Alizarin S, bildet mit Aluminiumionen innerhalb eines pH-Bereiches von etwa 3 bis 11,5 einen roten Farblack. *Atack* [297] hat 1915 als erster diese Farbreaktion des Alizarinrot S zum qualitativen Nachweis sowie zur colorimetrischen Bestimmung des Aluminiums benutzt.

Die von *Atack* angegebene Arbeitsvorschrift zur quantitativen, colorimetrischen Bestimmung erwies sich jedoch als unzureichend, da wichtige Reaktionsbedingungen (z.B. pH-Einfluß) unberücksichtigt geblieben waren. Wie spätere, eingehendere Untersuchungen der Reaktionsverhältnisse von *Underhill* und *Peterman* [298], von *Babko* [299, 253], von *Mussakin* [205] sowie anderen Autoren zeigten, hängt die für eine quantitative Bestimmung erforderliche reproduzierbare Bildung der verdünnten, kolloiden Aluminium-Alizarinrot-S-Farblack-Lösung in prinzipiell gleicher Weise wie bei dem Eriochromcyanin- oder Aluminon-Lack von der möglichst genauen Einhaltung jeweils gleicher Reaktionsbedingungen, insbesondere vom pH-Wert ab. Die Reaktionsbedingungen zur Bestimmung des Aluminiums mit Alizarinrot S können dabei ebenso wie bei den schon beschriebenen Farblack-Methoden sehr verschieden sein; es wurde auch eine ganze Reihe von Arbeitsweisen entwickelt, die sich vor allem in bezug auf die Reaktionseinstellung bei der Farblack-Bildung und Photometrierung erheblich unterscheiden.

Wenn auch von einzelnen Autoren die Bestimmung des Aluminiums mit Alizarinrot S derjenigen mit anderen Farbstoffen vorgezogen wird (*Chclak, Hubbard* und *Story* [28]), so bietet das Alizarinrot-S-Verfahren gegenüber den gründlicher durchgearbeiteten Bestimmungsmethoden mit Eriochromcyanin oder Aluminon offenbar keine Vorteile; es ist daher in letzter Zeit hinter den eben genannten Verfahren zurückgetreten und besitzt nur noch untergeordnete Bedeutung.

Reagens

Alizarinrot S ist das Natriumsalz der 1,2-Dioxyanthrachinon-3-sulfosäure nebenstehender Konstitution. Der Summenformel $C_{14}H_7O_7SNa \cdot H_2O$ entsprechend, be-

trägt das Molekulargewicht 360,27. Alizarinrot S bildet orangefarbene Kristalle, die in Äthanol und Wasser leicht löslich, in Äther aber unlöslich sind. Es wird auch als Indikator verwendet; die Färbung der wäßrigen Lösung schlägt im pH-Bereich von 5,5 bis 6,8 von Gelb nach Violett (in verdünnten Lösungen Lila) um.

Im Handel erhältliche Präparate können mehr oder weniger verunreinigt und in ihren Eigenschaften daher unterschiedlich sein (*Haywood, Harrison* und *Wood* [300]; *Parker* und *Goddard* [301]). Zur Beseitigung dadurch bedingter Störungen und Fehlresultate empfehlen *Parker* und *Goddard* Reinigung durch Umkristallisieren.

Die der Arbeit von *Parker* und *Goddard* entnommene Abb. 16 zeigt die Änderung des Absorptionsspektrums wäßriger Alizarin-S-Lösungen mit dem pH-Wert. Bereits

Babko [253] hat unter Verwendung eines Filter-Photometers derartige Absorptionsmessungen an wäßrigen Alizarinrot-S-Lösungen im pH-Bereich von 3 bis 13 ausgeführt und angenommen, daß Alizarinrot S in 3 sich optisch verschieden verhaltenden Formen existiert, einer Säureform: H_2Aliz. sowie den Ionen: HAliz$^-$ und Aliz^{2-},

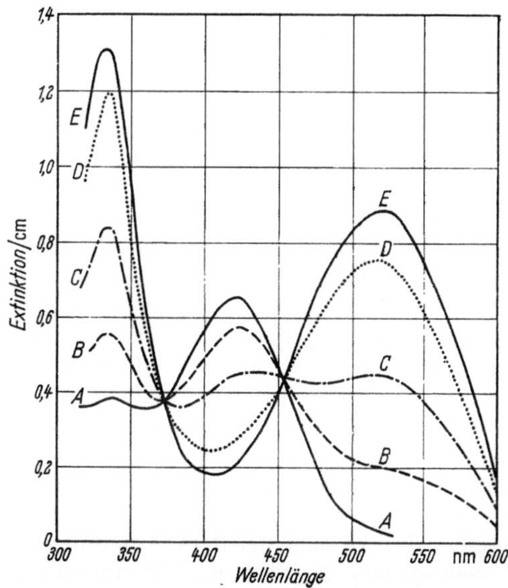

Abb. 16. Abhängigkeit des Absorptionsspektrums wäßriger Alizarinrot-S-Lösungen (Konzentration 37 µg Alizarinrot S/ml) vom pH-Wert nach *Parker* und *Goddard*
A für pH = 2,82; *B* für pH = 5,06; *C* für pH = 5,66; *D* für pH = 6,48; *E* für pH = 7,30

für welche sich die Dissoziationskonstanten: $K' = 3 \cdot 10^{-6}$ und $K'' = 3 \cdot 10^{-10}$ ergaben. In wäßriger Lösung liegen die 3 Formen nebeneinander vor, entsprechend dem vom pH-Wert abhängigen Dissoziationsgleichgewicht; langsam verlaufende Umwandlungen wie etwa beim Eriochromcyanin wurden bei Alizarinrot S nicht beobachtet.

Wie bei allen Farblack-Verfahren enthält auch die bei der Bestimmung des Aluminiums mit Alizarinrot S zu photometrierende Lösung neben dem Aluminium-Farblack überschüssigen Farbstoff; es wird also die Summe der Extinktionen beider gemessen (vgl. die Ausführungen bei Eriochromcyanin, S. 328). Die starke Abhängigkeit der erheblichen Lichtabsorption des freien, überschüssigen Alizarinrots S vom pH-Wert macht die strenge Einhaltung eines bestimmten pH-Wertes während der Messung erforderlich.

Meistens wird Alizarinrot S als 0,04 bis 0,1 %ige, wäßrige Lösung angewandt. *Gad* und *Naumann* [302] sowie *Bach* und *Raggio* [303] arbeiten mit angesäuerten Farbstoff-Lösungen. Zur Ausfällung des Farblackes nach dem indirekten Verfahren von *Praetorius* [304] wird eine konzentriertere Reagens-Lösung benötigt.

Eigenschaften und photometrische Messung des Aluminium-Alizarin-S-Lackes

Der durch Zugabe von Alizarinrot-S-Lösung zu schwach essigsauren Aluminiumsalz-Lösungen entstehende, rote Farblack fällt als flockiger Niederschlag aus; nur wenn kleinste Aluminium-Mengen in starker Verdünnung vorliegen, bleibt er kolloidal in Lösung. Aber auch bei diesen verdünnten Lösungen kann nach längerem Stehen noch Ausflockung eintreten. *Praetorius* zeigte bei der Ausarbeitung einer indirekten Methode zur photometrischen Bestimmung des Aluminiums, daß diese Ausfällung auch bei Aluminium-Mengen von einigen Hundertstelmilligrammen durch Zusatz geeigneter Elektrolyte in annähernd reproduzierbarer Weise erfolgt (vgl. Arbeitsvorschrift, S. 411). Der aus mäßig verdünnter Lösung gefällte Niederschlag hat annähernd die Zusammensetzung Al(Aliz.S)₃; sie ist jedoch nicht genau definiert. Statt des theoretischen Aluminium-Gehaltes von 2,74% fand z.B. *Atack* 2,85 und 3,0%; *Ramser* [305] sowie *Lehmann* [306] erhielten dagegen zu niedrige Aluminium-Gehalte, offenbar infolge Adsorption von überschüssigem Farbstoff an dem voluminösen, flockigen Niederschlag des Farblackes.

In stark verdünnten, zur photometrischen Bestimmung geeigneten Aluminiumsalz-Lösungen enthält der gebildete Farblack nach den von *Babko* [299] durchgeführten, optischen Messungen weniger Alizarinrot S und entspricht etwa der Verbindung Al₂(Alizarinrot S)₃. Nur bei großem Alizarinsulfosäure-Überschuß wird die Zusammensetzung Al(Alizarinrot S)₃ noch erreicht. Bei gleichbleibendem Mengen-Verhältnis von Alizarinrot S zum Aluminium wächst die an 1 Atom Metall gebundene Alizarin-Menge mit der Verdünnung. *Babko* stellte in seinen Untersuchungen eine Abhängigkeit der Zusammensetzung des Farblackes vom pH-Wert fest. Während sich bei pH = 8,8 ein Farblack Al(Alizarin S)₃ bildet, kommen in mit Essigsäure und Acetationen gepufferter Lösung (pH = 4,7) nur noch etwa 2 Moleküle Alizarinrot S auf 1 Atom Aluminium. *Parker* und *Goddard* haben ebenfalls gefunden, daß bei pH-Werten zwischen 3,5 und 3,9 der Farblack nur 1 Molekül Alizaronrot S je Aluminium-Atom enthält; mit steigendem pH-Wert nimmt der Gehalt des Farblackes an Alizarinrot S zu.

Diese Befunde zeigen, daß es sich bei dem Aluminium-Alizarin-S-Lack ebenso wie bei den schon beschriebenen Farblacken nicht um eine innere Komplexverbindung etwa nebenstehender Konstitution handelt, sondern um Adsorptionsverbin-

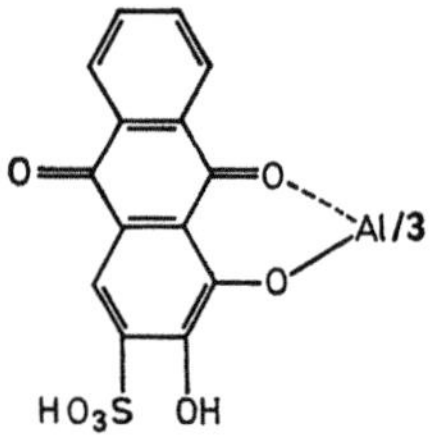

dungen im Sinne *Feigls* (vgl. die Ausführungen S. 276); nur Aluminium-Atome an der Oberfläche der Gel- oder Solpartikeln des Aluminiumhydroxids haben je 1 oder höchstens 2 Alizarinsulfosäuremoleküle haupt- und nebenvalenzmäßig gebunden. Das in dem Farblack jeweils vorliegende Verhältnis von Alizarinrot S zum Aluminium muß demnach in erster Linie abhängig sein von der ursprünglichen Konzentration der Lösung an Aluminium, der Konzentration an Alizarinrot S und dem pH-Wert. Nach *Babko* [253] beginnt die Bildung des Aluminium-Alizarinrot-S-Lackes bei pH = 3 merklich zu werden; bei pH = 5 ist sie vollständig; bei pH = 11,5 zerfällt der Farblack in Aluminat- und Alizarinsulfonationen.

Die von *Parker* und *Goddard* bei verschiedenen pH-Werten aufgenommenen Absorptionsspektren des Aluminiums und Alizarinrots S im Molverhältnis 1,05:1 enthaltenden Lösungen (Abb. 17) zeigen ebenfalls, daß unter pH = 3 praktisch noch kein Farblack gebildet wird; die Absorption bei pH = 2,82 (Kurve *A*) ist mit derjenigen reiner Alizarinrot-S-Lösungen beim gleichen pH-Wert (Kurve *A* in Abb. 16) fast identisch. Die Verschiebung des Absorptionsmaximums bei 480 nm nach längeren Wellenlängen mit steigendem pH-Wert ist nach *Parker* und *Goddard* auf die Überlagerung der Spektren des Farblackes und des freien, nicht gebundenen Farbstoffes

zurückzuführen, dessen Absorptionsmaximum im pH-Bereich über 5,6 bei 520 nm
liegt (vgl. Abb. 17). Die größte Differenz der Extinktionswerte von Farblack- und
Farbstoff-Lösung ($E_0 - E_F$) ergab sich für die Wellenlänge 485 nm und einen

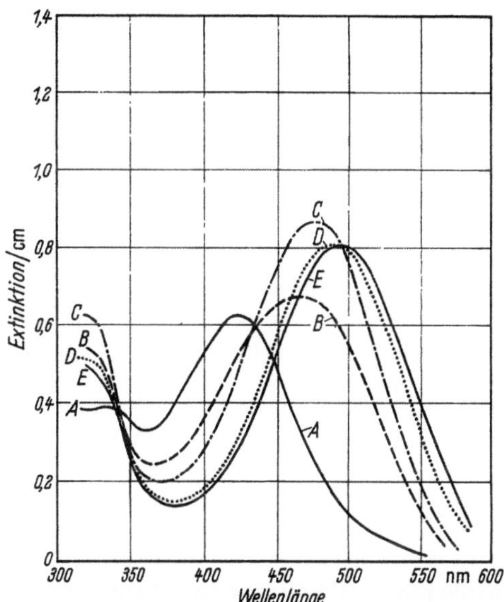

Abb. 17. Abhängigkeit des Absorptionsspektrums wäßriger Aluminium-Alizarinrot-S-Lösungen (Konzentration
3,2 µg Al + 37 µg Alizarinrot S/ml) vom pH-Wert nach *Parker* und *Goddard*
A für pH = 2,82; *B* für pH = 3,55; *C* für pH = 4,15; *D* für pH = 5,67; *E* für pH = 6,43

pH-Wert von 4,55. Nach den älteren, allerdings nur visuell mit Colorimetern ausgeführten Untersuchungen von *Underhill* und *Peterman* sowie *Mussakin* ist die
Differenz der Färbungsintensitäten zwischen Farblack und überschüssigem Farbstoff bei pH = 3,6 am größten. Nach *Babko* ist ein pH-Wert von 4,7 am günstigsten;
Haywood, *Harrison* und *Wood* sowie *Bach* und *Raggio* stellen die Lösungen auf einen
pH-Wert von 4,0 bis 4,1 ein und photometrieren bei 500 bzw. 515 nm. Auch *Öhman* [307] mißt im gleichen Wellenlängenbereich.

Wie aus den Abbildungen 16 und 17 hervorgeht, unterscheiden sich die Spektren
des Farblackes und des freien Farbstoffes bei höheren pH-Werten auch im ultravioletten Bereich; der freie Farbstoff absorbiert hier stärker als der Aluminiumlack.
Da die Extinktion des Eisen-Alizarinrot-S-Lackes bei einer Wellenlänge von 370 nm
nach *Barton* [308] praktisch mit derjenigen des freien Alizarinrot S identisch ist,
benutzt *Barton* die Extinktionsmessung bei 370 nm zur Bestimmung des Aluminiums
neben Eisen, daß die Messung bei anderen Wellenlängen empfindlich stört (vgl.
S. 414).

Auch im langwelligeren Bereich (um etwa 580 nm) absorbiert die ammoniakalische Lösung des freien Farbstoffes erheblich stärker als eine entsprechende Alumi-
niumlack-Lösung, wie *Babko* feststellte; er schlug auch vor, die Erzeugung des Farblackes und seine photometrische Messung bei pH = 11 auszuführen. *Cholack, Hubbard* und *Story* haben eine entsprechende Arbeitsweise zur Bestimmung des Aluminiums in biologischem Material ausgearbeitet (vgl. S. 410).

Die Messungen bei 370 oder 580 nm wird man jedoch nur in besonderen Fällen
anwenden. Am empfindlichsten, d.h. für möglichst genaue Bestimmungen kleinster
Aluminium-Konzentrationen am geeignetsten, ist die photometrische Bestimmung
bei Wellenlängen von 480 bis 520 nm in schwach saurer Lösung (pH = 4,0 bis 4,7).

Über die Bildungsgeschwindigkeit und die Beständigkeit des Aluminium-Alizarinrot-S-Lackes liegen nur vereinzelte Beobachtungen vor, die teilweise erheblich voneinander abweichen. *Atack* läßt die ammoniakalische Lösung 5 min stehen, damit sich der Farblack vollständig bilden kann; nach *Cholack, Hubbard* und *Story* ist es dagegen gleichgültig, ob man nur 1 oder 15 min bis zum Ansäuern mit Essigsäure bzw. zur photometrischen Messung in ammoniakalischer Lösung wartet. *Yoe* und *Hill* [210] stellten jedoch fest, daß die Farb-Intensität der angesäuerten Lösung mit der Dauer der Lack-Bildung zunimmt; *Underhill* und *Peterman* halten sogar – besonders bei kleinsten Aluminium-Mengen – 24stündiges Stehen der ammoniakalischen Lösung für erforderlich.

Auch die Angaben über die Bildungsgeschwindigkeit des Farblackes in neutraler und schwach saurer Lösung sind nicht einheitlich. *Parker* und *Goddard* haben sie untersucht und festgestellt, daß bei Raumtemperatur das vom pH-Wert abhängige Adsorptionsgleichgewicht, also der Höchstwert der Extinktion bei beendeter Farblack-Bildung, im pH-Bereich von 3 bis 7 innerhalb eines Zeitraumes von 3 Std. erreicht wird; bei höheren pH-Werten ist die Geschwindigkeit der Farblack-Bildung etwas größer als bei pH-Werten unter 4. Nach *Haywood, Harrison* und *Wood* soll die Farblack-Bildung bei pH-Werten über 4 dagegen schon in 15 bis 30 min beendet sein. *Babko* hält bei pH = 4,7 sogar 3 bis 5 min, *Öhman* 10 min für ausreichend. *Gad* und *Naumann*, die Aluminium mit Alizarinrot S in mit Kaliumhydrogencarbonat neutralisierter Lösung reagieren lassen, warten ebenfalls 10 min bis zum Ansäuern und zur Messung.

Durch Temperaturerhöhung läßt sich die Farblack-Bildung erheblich beschleunigen; bei 60° und einem pH von 4,55 genügen nach *Parker* und *Goddard* 15 min (in Anwesenheit von Calcium 30 min) bis zum Erreichen des dann längere Zeit konstanten Höchstwertes der Extinktion. *Bach* und *Raggio* erhitzen bis zum beginnenden Sieden, geben aber nicht an, ob dadurch bereits ein konstanter Extinktionshöchstwert erreicht wird.

Über die Beständigkeit des gebildeten Farblackes, also die Konstanz der Farb-Intensität, gehen die Beobachtungen ebenfalls auseinander. *Yoe* und *Hill* stellten bereits fest, daß die Farbe des in ammoniakalischer Lösung gebildeten Farblackes nach dem Ansäuern mit Essigsäure innerhalb der ersten 20 min nachläßt, und zwar um so stärker, je mehr Säure zugesetzt wurde. Nach dieser Zeit ändert sich die Farb-Intensität nicht mehr merklich und bleibt nach *Mussakin* etwa 15 Tage konstant. *Cholak, Hubbard* und *Story* fanden im Gegensatz zu *Yoe* und *Hill* keine Änderung der Farb-Intensität innerhalb der ersten 30 min nach dem Ansäuern des in ammoniakalischer Lösung gebildeten Farblackes. Auch wenn dieser ausflockte und durch Schütteln wieder suspendiert wurde, änderte sich die Farb-Intensität nicht wesentlich.

Ein Zusatz von Stabilisatoren, die etwaiges Ausflocken der kolloiden Farblack-Lösung unterbinden sollen, scheint nicht erforderlich zu sein, wenn die Lösung genügend verdünnt ist und keine zu großen Mengen Fremdelektrolyt enthält. Nur bei den älteren Arbeitsweisen von *Atack* sowie *Underhill* und *Peterman* ist ein Zusatz von Glycerin als Stabilisator vorgesehen.

Der Einfluß der Temperatur auf die Farb-Intensität des Aluminium-Alizarinrot-S-Lackes ist im Gegensatz zum Aluminium-Aluminon-Lack gering. Temperatur-Schwankungen zwischen etwa 20 und 30° haben keinen merklich störenden Einfluß auf die Extinktion (*Yoe* und *Hill; Cholak, Hubbard* und *Story; Barton*).

Einfluß und Störung anderer Ionen; Möglichkeiten ihrer Abtrennung oder Maskierung

Wie bei den übrigen Farblackverfahren beeinflussen zahlreiche Ionen die Bestimmung des Aluminiums mit Alizarinrot S in mehr oder weniger starkem Maße. Auch

Ionen, die in geringen Mengen nicht stören, können in größerer Konzentration „Salzfehler" hervorrufen. So beeinflussen Natrium, Kalium, Magnesium, Zink und Cadmium die Intensität des Aluminium-Alizarinrot-S-Lackes in Konzentrationen von 25 µg/ml (*Parker* und *Goddard*) bis 300 µg/ml (*Yoe* und *Hill*) praktisch nicht. Bei höheren Konzentrationen kann die Schwächung der Farb-Intensität aber sehr erheblich sein, wie Messungen von *Parker* und *Goddard* in Gegenwart von Natrium- bzw. Ammoniumsulfat zeigten. Der Einfluß der Chloride ist geringer.

Während nach *Yoe* und *Hill* auch Calcium in Konzentrationen bis zu 300 µg/ml keinen Einfluß ausübt, steigert es nach *Bach* und *Raggio* sowie *Parker* und *Goddard* schon in Konzentrationen von 100 µg/ml (als Calciumchlorid) die Farb-Intensität des Aluminium-Alizarinrot-S-Lackes auf etwa den doppelten Betrag. *Parker* und *Goddard* stellten fest, daß bei pH-Werten von 3,9 bis 4,55 der gebildete Farblack in Abwesenheit von Calcium je Aluminium-Atom 1 Molekül Alizarinsulfosäure, in Gegenwart eines Calcium-Überschusses jedoch 2 Moleküle Farbstoff enthält. Die Autoren schließen aus ihren Untersuchungen, daß Calcium mit Alizarinrot S zumindest im pH-Bereich von 3,9 bis 4,55 einen Komplex im Molverhältnis 1:1 bildet, dessen Absorptionsspektrum mit demjenigen des freien Farbstoffes praktisch übereinstimmt. Diese Calcium-Verbindung ist die Vorstufe zu einem sich vermutlich bildenden Aluminium-Calcium-Alizarinrot-S-Komplex der molaren Zusammensetzung 1:2:2 (vgl. *Feigl*). Sowohl *Bach* und *Raggio*, *Parker* und *Goddard*, *Farnaseri* und *Penta* [309] sowie *Corbett* und *Guerin* [310] nutzen diese Wirkung des Calciums zur Steigerung der Empfindlichkeit der Aluminium-Bestimmung aus. Zu hohe Calcium-Konzentrationen (etwa über 1 mg Ca/ml) sind zu vermeiden, da der Calcium-Komplex dann störende Trübungen und Niederschlagsbildung hervorruft. In alkalischer Lösung bewirken auch geringere Mengen Calcium und Zink blaue Fällungen mit Alizarinrot S, die aber beim Ansäuern ohne Eigenfarbe wieder in Lösung gehen (*Underhill* und *Peterman*). Lithium ruft eine ähnliche, aber wesentlich geringere Steigerung der Farb-Intensität des Aluminiumlackes hervor als Calcium.

Während sich der Einfluß der bisher behandelten Ionen durch entsprechenden Ansatz der Eichlösungen in einfacher Weise beseitigen läßt, ist dies bei den im eigentlichen Sinne störenden Ionen nicht möglich. Diese lassen sich in 3 Gruppen zusammenfassen. Die erste enthält Ionen, die unter den angewandten Reaktionsbedingungen Trübungen und Niederschläge bilden, z.B. Zinn(IV), Titan, in geringem Maße Blei und Mangan (*Parker* und *Goddard*). Zur zweiten Gruppe gehören Ionen, die mit Aluminium schwerlösliche oder komplexe Verbindungen bilden, vor allem also Säuren wie Kieselsäure, Phosphorsäure, Flußsäure, Weinsäure und andere Oxysäuren. Die dritte Gruppe umfaßt Metalle, die mit Alizarinrot S ebenfalls unter Bildung von Farblacken reagieren; hierzu gehören vor allem Eisen(III) und Chrom(III).

Über die durch Titan infolge der Bildung unlöslicher Hydrolyseprodukte hervorgerufene Störung liegen außer der Angabe von *Parker* und *Goddard* noch Untersuchungen von *Shapiro* und *Brannock* [311] vor. Nach ihren Erfahrungen täuscht ein TiO_2-Gehalt von 1% einen Al_2O_3-Gehalt von 0,5% vor, verursacht durch Adsorption von freiem Alizarin S an ausgeflocktem Titanoxidhydrat. Nach *Hegemann* und *Thomann* [312] ist die Beschaffenheit des Niederschlages und damit seine Adsorptionsfähigkeit abhängig von Fremdionen und von der Zeit, die nach dem Puffer-Zusatz verstreicht. Die Anwendung der Regel von *Shapiro* und *Brannock* gilt nach ihren Erfahrungen nur für TiO_2-Gehalte, kleiner als 0,4%. Blei stört nach *Bach* und *Raggio* die Aluminium-Bestimmung im Wasser (bis 1 mg Al/l) bis zu Konzentrationen von 1 mg Pb/l nicht. Zinn(IV) und Mangan bilden nach *Yoe* und *Hill* Farblacke mit Alizarinsulfosäure, deren Farb-Intensität gegenüber dem Aluminiumlack allerdings nur gering ist. Da ihre Bildung von *Parker* und *Goddard* nicht beobachtet wurde, ist anzunehmen, daß sie sich erst bei höheren pH-Werten bilden – *Yoe* und

Hill entwickelten Farblacke in ammoniakalischer Lösung – und nach dem Ansäuern nur allmählich wieder zersetzen. Ähnlich dürften sich auch Kobalt und Nickel verhalten. Bei der Aluminiumbestimmung im Wasser (bis 1 mg Al/l) stören Mengen bis 0,5 mg Mn/l nach der Arbeitsweise von *Bach* und *Raggio* nicht.

Durch Bildung von Farblacken bzw. gefärbter Komplex-Verbindungen mit Alizarinsulfosäure stören die Bestimmung des Aluminiums nach *Yoe* und *Hill* Eisen(III), andere Schwermetalle, wie Chrom(III), Kobalt, Nickel, Kupfer, Mangan und Zinn(IV), nach *Parker* und *Goddard* auch Beryllium, Antimon(III), Wismut, Vanadium(V), Molybdän(VI) und Wolfram(VI).

Nach den Angaben von *Yoe* und *Hill* ist das Verhältnis der Mengen von Aluminium und Eisen, die mit Alizarinrot S die gleiche Farb-Intensität erzeugen, 1:100. Aus den Extinktionsmessungen von *Parker* und *Goddard* ergibt sich dagegen ein Verhältnis von etwa 1:15; ähnlich ist es auch bei Chrom(III) (Messung bei 485 nm). Diese erheblichen Differenzen düften auf unterschiedliche Meßtechnik und Arbeitsweise zurückzuführen sein. Während nach *Yoe* und *Hill* die Störung in der Reihenfolge: Co > Cr(III) > Cu > Sn(IV) > Fe(III), Ni > Mn abnimmt, ist sie nach *Parker* und *Goddard* am größten beim Kupfer, Molybdän und Vanadium und verringert sich weiter in der Reihenfolge: Fe(III) > Cr(III) > W(VI) > Be > Sb(III) > Bi. Kobalt, das nach *Yoe* und *Hill* das am stärksten störende der untersuchten Schwermetalle ist, gehört nach *Parker* und *Goddard* ebenso wie Nickel und Arsen(III) zu den Ionen, die auch bei Konzentrationen von 25 μg/ml die Absorption des Aluminiumlackes und der Alizarinsulfosäure praktisch gar nicht beeinflussen. Die Kenntnis des Einflusses von Fremdmetallen auf die Aluminium-Bestimmung mit Alizarinrot S scheint demnach noch recht lückenhaft zu sein, so daß es wohl notwendig ist, sich im Einzelfalle über das Verhalten etwa vorliegender Fremdmetalle bei der Aluminium-Bestimmung nach einer bestimmten Arbeitsweise durch Vorversuche zu unterrichten.

Auch die Beobachtungen über Störungen, die durch Anionen hervorgerufen werden, die mit Aluminium unter Bildung komplexer oder schwerlöslicher Verbindungen reagieren, sind nicht einheitlich. So stören Phosphationen nach *Yoe* und *Hill* die Aluminium-Bestimmung nicht; auch *Underhill* und *Peterman* bestimmen Aluminium (bis 10 μg) noch neben 35 μg Phosphorsäure; *Barton* ermittelt sogar den Aluminium-Gehalt in Rohphosphaten nach der Alizarin-S-Methode. *Cholak, Hubbard* und *Story* trennen bei der Untersuchung biologischen Materials Aluminium durch Fällung als Phosphat mit 1 mg Eisen als Spurenfänger von anderen Metallen und bestimmen es nach Entfernung des Eisens mit Cupferron neben der verbleibenden Phosphorsäure (Messung in ammoniakalischer Lösung). Nach *Parker* und *Goddard* wird durch Anwesenheit von Phosphation die Extinktion des Farblackes vermindert. In gleichzeitiger Anwesenheit von Calcium beeinflußt Phosphorsäure auch bei einer Konzentration von 25 μg/mg der Endlösung die Farb-Intensität des Aluminiumlackes nicht.

Arsensäure dürfte sich entsprechend der Schwerlöslichkeit des Aluminiumarsenats ähnlich wie Phosphorsäure verhalten. Nach *Bach* und *Raggio* stören 10 μg Arsen(V) die Bestimmung von bis zu 25 μg Aluminium in einem Endvolumen von 100 ml nicht.

Kieselsäure sowie Borsäure haben nach *Parker* und *Goddard* nur geringen Einfluß auf die Farb-Intensität des Aluminium-Alizarinsulfosäure-Lackes; Kieselsäure schwächt sie etwas, Borsäure ruft eine leichte Farb-Vertiefung der Lösung von Alizarinrot S hervor.

Flußsäure darf nicht anwesend sein, da sie infolge der Stabilität der entstehenden Fluoroaluminate die Bildung des Farblackes verhindert (*Barton; Bach* und *Raggio*). Sie wird am einfachsten durch Abrauchen mit Schwefelsäure entfernt.

Über den Einfluß organischer, komplexbildender Säuren auf die Farblack-Bildung liegen mit Ausnahme von Citronensäure keine Untersuchungen vor. *Atack* hat vorgeschlagen, die Bildung des Eisen(III)- und Chrom(III)-Alizarinrot-S-Lackes durch

Zusatz von Citrationen zu verhindern. Andere Autoren (*Gad* und *Naumann; Mussakin*) halten eine solche Maskierung jedoch für unzweckmäßig, da durch Citration auch Aluminium komplex gebunden wird. Nach *Yoe* und *Hill* ist diese Befürchtung mindestens in einem begrenzten Konzentrationsbereich unbegründet; diese Autoren beobachten bei einer Aluminium-Menge von 100 µg und 10 ml 5n Ammoniumcitrat-Lösung in `250 ml Lösung noch keine Änderung der Lichtdurchlässigkeit gegenüber citratfreien Lösungen. *Underhill* und *Peterman* setzen auch nach der Extraktion des Eisens zu der zu analysierenden Lösung noch Citronensäure zu (siehe Arbeitsvorschrift S. 411). *Sabinina* und *Kuminowa* [10] gelang die Maskierung von Chrom(III) durch Citronensäure-Zusatz nicht. Weinsäure verhindert nach *Praetorius* die Fällung größerer Aluminium-Gehalte (2 mg/20 ml) mit Alizarinrot S nicht. Dieser Befund läßt jedoch keinen Rückschluß auf den Einfluß, den Tartrationen auf die direkte, photometrische Bestimmung des Aluminiums mit Alizarinrot S ausüben, zu.

Zur Abtrennung störender Ionen sei auf das Kapitel „Trennungen", S. 577, verwiesen. Sie werden im einzelnen auch bei den folgenden Arbeitsvorschriften behandelt.

Zur Maskierung störender Metalle, insbesondere des Eisens, wurde in Verbindung mit dem Alizarinrot-S-Verfahren praktisch nur Citration angewandt, und zwar von *Atack*, von *Yoe* und *Hill* sowie von *Underhill* und *Peterman*. Wegen der Möglichkeit der Bildung komplexer Aluminiumcitrate, wie schon erwähnt, halten *Mussakin* sowie *Gad* und *Naumann* dieses Verfahren für unzweckmäßig.

Da nach *Gad* und *Naumann* Eisen(II)-ionen in nicht zu hoher Konzentration die Bestimmung des Aluminiums nicht merklich beeinflussen, reduzieren sie 3wertiges Eisen mit einem Überschuß an Natriumthiosulfat. Die Reduktion mit Thiosulfat kann jedoch in zunächst zu sauren Lösungen zu einer die photometrische Messung störenden Trübung durch Abscheidung von Schwefel führen. *Bach* und *Raggio* halten daher nach Prüfung auch anderer Reduktionsmittel (Sulfite, Hydrazin, Hydroxylamin) die Reduktion mit Hydroxylammoniumchlorid für am geeignetsten. *Shapiro* und *Brannock* reduzieren Eisen(III)-ionen ebenfalls mit Hydroxylammoniumchlorid und binden die Eisen(II)-ionen mit Kaliumhexacyanoferrat(III), ein Verfahren, das auch von *Hegemann* und *Thomann* benutzt wird. *Giebler* [145] verwendet zur Maskierung Thioglykolsäure.

Die Verschiedenheit der Absorptionsspektren des Aluminium- und Eisen(III)-Alizarinrot-S-Lackes ermöglicht schließlich auch die photometrische Bestimmung des Aluminiums in Anwesenheit von Eisen(III), wenn nach *Barton* die Messung bei einer Wellenlänge von 370 nm ausgeführt wird. Sie ist aber nur möglich, wenn die Lösung nicht wesentlich mehr Eisen als Aluminium enthält und Alizarinrot S in ausreichendem Überschuß vorliegt.

Die Störung durch Chrom(III) läßt sich nach *Atack* durch Maskierung mit Citronensäure beseitigen; wie schon erwähnt, hatten *Sabinina* und *Kuminowa* auf diesem Wege keinen Erfolg. Dagegen stört Chrom(VI) (bis zu 15 mg Cr/50 ml gegenüber ∼10 µg Al) nach *Yoe* und *Hill* die Bestimmung des Aluminiums nicht.

Durch Zugabe von Calcium läßt sich der Einfluß der Phosphorsäure praktisch unterdrücken; in Gegenwart von Calcium stören bei der Arbeitsweise von *Parker* und *Goddard* Konzentrationen von 25 µg Phosphorsäure/ml Endlösung die Bestimmung des Aluminiums nicht. Calcium steigert jedoch nicht nur die Farb-Intensität des Aluminiumlackes, sondern auch diejenige des Eisenlackes, d.h. den störenden Einfluß geringer Eisen-Konzentrationen (*Bach* und *Raggio; Parker* und *Goddard*).

Arbeitsweisen in Abwesenheit bzw. nach Abtrennung störender Ionen

Farblack-Bildung in neutraler bis ammoniakalischer, photometrische Messung in schwach saurer Lösung

Arbeitsvorschrift nach *Atack* [297]. Man säuert die Aluminiumsalz-Lösung (5 bis 20 ml) mit Salz- oder Schwefelsäure an, gibt 10 ml Glycerin und 5 ml 1%ige Alizarin-rot-S-Lösung zu, verdünnt mit Wasser auf 40 ml und macht schwach ammoniakalisch. Nach 5 min langem Stehen wird mit verd. Essigsäure angesäuert, bis kein weiterer Farbwechsel mehr stattfindet. Die Lösung wird nun auf 50 ml aufgefüllt und mit Bezugslösungen bekannten Aluminium-Gehaltes (5 bis 50 µg Al_2O_3 in 50 ml) verglichen.

Bemerkung. *Schams* [13] hat die *Genauigkeit* des Verfahrens zu ± 10% angegeben. Später berichtet *Kolthoff* [313] jedoch, sehr schwankende Resultate erhalten zu haben, und empfiehlt seine Chinalizarin-Methode (vgl. S. 416). Auch andere Autoren, z. B. *Wolff* und Mitarbeiter [314], *Hatfield* [315], ferner *Lehmann* [306] sowie *Alten, Weiland* und *Knippenberg* [119], weiterhin *Rosanow* und *Markowa* [316] erhielten keine zufriedenstellenden Ergebnisse. *Yoe* und *Hill* verbesserten die Methode durch wesentliche Herabsetzung der zugesetzten Farbstoff-Menge.

Arbeitsvorschrift nach *Mussakin* [205]. Die eisenfreie, schwach saure oder neutrale Lösung (5 bis 80 µg Al in einem Volumen von höchstens 5 ml) wird mit 5 ml 0,1%iger Alizarinrot-S-Lösung und tropfenweise mit n Ammoniak, bis die Färbung gerade von Gelb nach Rotlila umschlägt, versetzt. Nach 5 min werden 40 ml Pufferlösung vom pH-Wert 3,6 (0,185 mol Essigsäure und 0,015 mol Natriumacetat auf 1 l) zugegeben. Nach Auffüllen auf 50 ml vergleicht man mit einer Lösung bekannten Aluminium-Gehaltes, die in gleicher Weise hergestellt wurde.

Arbeitsvorschrift nach *Babko* [299]. Zu der schwach sauren oder neutralen, 15 bis 80 µg Al enthaltenden Probe-Lösung (Volumen 5 bis 7 ml) fügt man 0,75 ml 0,001 m Alizarin-S-Lösung (~0,36 g/l) und 1 ml n Natriumacetat-Lösung hinzu, säuert nach 3 bis 5 min mit 1 ml n Essigsäure an und füllt auf ein Gesamtvolumen von 10 ml auf. Dann wird gegen eine Vergleichslösung bekannten Aluminium-Gehaltes colorimetriert.

Bemerkungen. Diese von *Babko* vorgeschlagene Arbeitsweise ist wohl die erste, nach welcher der Farblack in *essigsaurer* Lösung erzeugt wird.

Arbeitsvorschrift zur Bestimmung im *Wasser* nach *Öhman* [307]. Zu einer Wasser-Probe von 50 ml werden 0,5 ml 30%ige Essigsäure und 0,5 ml 0,1%ige Alizarinrot-S-Lösung gegeben. Die Lösung soll dann gelb aussehen. Nun setzt man tropfenweise Ammoniak aus einer Bürette zu, bis die Farbe nach Orange umschlägt. Nach 10 min werden 2 ml Essigsäure zugegeben und die Lösung auf 100 ml aufgefüllt. Anschließend wird gegen eine gleichbehandelte Blindprobe als Vergleichslösung die Extinktionsdifferenz: $E_0 - E_F$ bei 500 nm gemessen.

Im Verfahren nach *Oelschläger* [317] wird das Aluminium zunächst als Hydroxid oder basisches Acetat nach der Acetat-Methode (siehe S. 53) von Störelementen abgetrennt, wobei Eisen(III)-ionen als „Sammler" zugesetzt und mitgefällt werden. Die Abtrennung des mitgefällten Eisens geschieht durch eine anschließende Fällung mit Natronlauge. In Anwesenheit *größerer* Eisen-Mengen werden die Hydroxide in Salzsäure (D = 1,19) gelöst und die Hauptmenge des Eisens vor der Natronlauge-Fällung durch Ätherextraktion abgetrennt. *Oelschläger* verwendet die vorgeschlagene Arbeitsvorschrift in der Hauptsache zur Analyse biologischen Materials. Sie kann auch zur Analyse von Stahl und anderen Materialien benutzt werden.

Arbeitsvorschrift zur Bestimmung in biologischem Material, das wenig Eisen enthält (z. B. Harn, Milch, Heu). Die Proben werden trocken bei 550 °C im Platin-Tiegel verascht und mit Salzsäure (siehe unten) aufgenommen. Bei *Heu* muß die Kieselsäure mit 1 bis 2 ml Flußsäure abgeraucht und anschließend die Flußsäure durch Abrauchen mit Schwefelsäure entfernt werden. 2 bis 8 ml salzsaure Probe-Lösung gibt man in ein etwa 15 ml fassendes Quarz-Zentrifugen-Röhrchen mit Spitzboden, ergänzt nötigenfalls mit Wasser auf 8 ml und gibt 1 ml 1%ige Eisen(III)-chlorid-, 0,5 ml 5%ige Diammoniumhydrogenphosphat-, 1 ml 5%ige Natriumacetat- und

3 Tropfen 0,1%ige Bromkresolgrün-Lösung zu. Nach tropfenweiser Zugabe von 2n Ammoniak-Lösung (siehe unten) bis zum Farb-Umschlag nach Bläulichgrün, stellt man das Röhrchen in siedendes Wasser und beläßt 15 min. Man zentrifugiert dann 15 min und hebert die überstehende Lösung ab.

Den Rückstand im Röhrchen löst man mit 1 ml 6n Schwefelsäure und etwa 5 ml Wasser, überspült in einen 40 bis 50 ml Quarz-Erlenmeyerkolben und verdünnt die Lösung auf etwa 30 ml. Man stellt in ein siedendes Wasserbad, gibt nach ungefähr 10 min 5 ml 2n Natronlauge zu, beläßt noch weitere 30 min auf dem Wasserbad, kühlt ab und filtriert in einen 100-ml-Quarz-Erlenmeyerkolben, den man mit 1 ml 6n Schwefelsäure beschickt hat. Man wäscht Filter und Erlenmeyer-Kolben gut aus. Zu dem schwach sauren Filtrat gibt man 10 ml 0,1%ige Alizarin-S-Lösung, neutralisiert tropfenweise mit 2n Ammoniak-Lösung bis zum Umschlag nach Dunkelrot, fügt noch 5 Tropfen Ammoniak-Lösung im Überschuß zu und versetzt mit 5 ml 5%iger Ammoniumphosphat-Lösung. Man überführt die Lösung in einen 100-ml-Meßkolben, gibt 20 ml Pufferlösung, pH = 3,92 (230 g Eisessig + 100 g Natriumacetat in 2 l) hinzu, füllt auf und mißt bei 500 nm. Der Aluminium-Gehalt wird einer Eichkurve entnommen.

Bemerkungen. Bei der Analyse von *viel Eisen* enthaltenden Substanzen (z.B. *Blut, Stahl*) wird *vor* der Acetat-Trennung kein Eisen und in Anwesenheit von genügend *Phosphationen* auch dieses nicht zugegeben.

Zur Entfernung des Eisens nach der Acetat-Trennung löst man den Niederschlag in 5 ml Salzsäure (D = 1,19), gibt 5 ml Wasser zu und extrahiert so lange mit *Äther*, bis die wäßrige Lösung farblos ist. Dann trennt man, wie in der Vorschrift (siehe oben) beschrieben, mit Natronlauge.

Erforderliche Lösungen. Salzsäure: In einen Behälter aus Quarz oder Polyäthylen mit bidestilliertem Wasser wird Chlorwasserstoff eingeleitet, den man durch Eintropfen von konz. Schwefelsäure in konz. Salzsäure entwickelt.

2n Ammoniak-Lösung (Al-frei): Man beschickt den Boden eines leeren Exsiccators mit konz. Ammoniak, stellt auf den Einsatz eine Quarzschale mit Wasser und beläßt sie ein paar Tage dort. Nach der Titration gibt man zu der stärker als 2n gewordenen Lösung die entsprechende Menge Wasser und bringt die Lösung in eine Kunststoff-Flasche.

Genauigkeit. Oelschläger überprüfte seine Vorschrift an einer synthetischen Lösung, welche die gewöhnlichen Mineralbestandteile eines Heus enthielt und erhielt folgende Ergebnisse (Tab. 71).

Tabelle 71. *Al-Bestimmungen nach Oelschläger*

Al angewandt µg	Al gefunden µg
10,0	12,7
30,0	32,5
50,0	53,0
70,0	72,3
90,0	92,9
110,0	113,2

Wie aus der Tabelle 71 zu ersehen, sind die gefundenen Aluminium-Werte durchschnittlich um 2,8 µg zu hoch. Dieser Überbefund ist auf den Aluminium-Gehalt der Reagenzien zurückzuführen.

Die *Fehlerquellen*, die bei der Aluminium-Bestimmung durch Auslaugen des Aluminiums aus dem Glas und durch Verunreinigung der Chemikalien verursacht werden, hat *Oelschläger* [318] ausführlich beschrieben.

Farblack-Bildung und photometrische Messung in schwach saurer Lösung

Arbeitsvorschrift zur Aluminium-Bestimmung in Magnesium-Legierungen nach *Haywood, Harrison* und *Wood* [300]. 0,1 g Magnesium-Legierung mit bis zu 12% Aluminium werden in einer Mischung aus 10 ml Wasser und 5 ml 33%iger Essigsäure gelöst. Die mit 100 ml Wasser versetzte Lösung soll einen pH-Wert von annähernd 4 annehmen, der sich dann beim Auffüllen der Lösung auf genau 200 ml nicht wesentlich ändert. Je nach Aluminium-Gehalt werden 10 oder 20 ml dieser Lösung mit 100 ml Wasser und 10 ml 0,25%iger Alizarinrot-S-Lösung versetzt und auf 200 ml verdünnt. Man wartet nun 15 bis 30 min und photometriert bei 500 nm gegen Wasser als „Vergleichslösung" (Gesamtextinktion E_0).

Bemerkungen. Zur Aluminium-Bestimmung in *Zink-Legierungen* löst *Sherman* [319] 5 g Probe in verd. Salzsäure, neutralisiert die Lösung mit Ammoniak bis zur gerade ammoniakalischen Reaktion und säuert durch tropfenweise Zugabe von Essigsäure wieder schwach an. Nach Verdünnen der Lösung auf ein bestimmtes Volumen wird in einem entsprechenden, aliquoten Teil der verdünnten Lösung Aluminium nach obiger Vorschrift bestimmt. *Sherman* photometriert bei 525 nm gegen eine mit 5 g *Reinstzink* in gleicher Weise angesetzte Blindlösung.

In Anwesenheit störender Metalle, z.B. *Eisen*, löst man die Probe in Perchlorsäure und Salpetersäure; man entfernt die Schwermetalle *vor* der Bestimmung des Aluminiums durch elektrolytische Abscheidung an der Quecksilber-Kathode.

Arbeitsvorschrift nach *Parker* und *Goddard* [301]. 5 ml zu untersuchende, neutrale Aluminiumsalz-Lösung, die bis zu 12 µg Aluminium enthalten darf, werden in einem 10-ml-Meßkölbchen nacheinander mit je 1 ml 0,375n Salzsäure, Calciumchlorid-Lösung (siehe unten), 0,625 m Natriumacetat-Lösung und der Reagens-Lösung (siehe unten) unter Durchmischen nach jedem Zusatz versetzt. Die Lösung, deren pH-Wert nun 4,55 betragen soll, wird dann auf annähernd 10 ml mit Wasser aufgefüllt, nochmals durchmischt und 30 min im Wasserbad auf 60° erwärmt. Anschließend kühlt man durch 30 min langes Einsetzen in Wasser von 20° auf diese Temperatur ab, füllt zur Marke auf, mischt und mißt bei 485 nm gegen eine in gleicher Weise behandelte Blindprobe.

Bemerkungen. Zur *Eichung* werden Lösungen bekannten Aluminium-Gehaltes behandelt.

Über den Einfluß *störender* Ionen und des Calciums siehe das Kapitel „Einfluß und Störung anderer Ionen; Möglichkeiten ihrer Abtrennung oder Maskierung", Seite 402.

Erforderliche Lösungen. 0,04%ige Reagens-Lösung: 40 mg durch Umkristallisieren gereinigtes Alizarinrot S werden in 100 ml Wasser gelöst.

Die Calciumchlorid-Lösung wird aus analysenreinem Salz hergestellt und soll 1,00 mg Ca/ml enthalten.

Im allgemeinen wird der Bestimmung des Aluminiums die Abtrennung von störenden Elementen oder eine *Anreicherung* des Aluminiums vorangehen müssen. Geeignet hierzu sind die Extraktion als Oxinat mit Chloroform. Zur Bestimmung des Aluminiums in derartigen Extrakten geben *Parker* und *Goddard* folgende

Arbeitsvorschrift. Der Chloroformextrakt, der nicht mehr als 48 µg Aluminium enthalten soll, wird in einem 10-ml-Kjeldahl-Kölbchen zur Trockne eingedampft. Den Rückstand versetzt man zuerst mit einigen Tropfen konz. Salpetersäure, dann mit 1 ml Schwefelsäure (1:9) (etwa 1,9 m) und zerstört die organische Substanz in bekannter Weise. Nun spült man in ein 50-ml-Kölbchen über, verdünnt mit Wasser auf etwa 20 ml und neutralisiert nach Zugabe von 4 Tropfen 0,02%iger Bromphenolblau-Lösung mit 0,5n Natronlauge bis zum Umschlag des Indikators nach Grün. Nach Ansäuern mit 4 ml 0,375n Salzsäure setzt man einen Tropfen Bromwasser (0,5 ml Brom, mit Wasser auf 100 ml verdünnt) hinzu und engt auf ein Volumen von etwa 15 ml ein. Nach Abkühlung wird auf genau 20 ml aufgefüllt. 5 ml Lösung werden nun pipettiert und nach obiger Vorschrift weiterbehandelt, beginnend mit dem Zusatz von Calciumchlorid-Lösung, da Salzsäure bereits zugegeben wurde.

Blind- und Eichproben müssen in gleicher Weise vorbehandelt werden; nur kann die Extraktion mit Chloroform unterbleiben.

Arbeitsvorschrift zur Bestimmung in Abwässern nach Entfernung störender Kationen durch Cupferron-Extraktion gemäß *Zimmermann* [320]. 50 ml Wasser gibt man in einen Scheidetrichter und dazu 2,5 ml Perchlorsäure (10 g 20%ige Säure in 100 ml). Anschließend wird mit 2mal 10 ml Chloroform, das mit Cupferron gesättigt wurde, 1 bis 2 min geschüttelt. Die Ausschüttelung wird wiederholt, bis die Lösung farblos bleibt. Man schüttelt nochmals mit 10 ml reinem Chloroform nach. Der wäßrigen Phase entnimmt man 21 ml (man entnimmt 21 ml, da durch den Zusatz der Perchlorsäure eine Verdünnung von 20 auf 21 ml eingetreten ist) und gibt 1 ml n Natronlauge, 2 ml Reagens-Lösung (25 g alizarin-3-sulfosaures Natrium und 12 ml n Essigsäure in 100 ml), 3 ml Aceton sowie 1 ml n Essigsäure hinzu. Nach 10 min wird bei 495 nm gemessen.

Bemerkungen. Als „Vergleichslösung" dienen 50 ml *destilliertes Wasser*, die der gleichen Behandlung unterzogen werden.

Der Gehalt an Aluminium wird einer *Eichkurve* entnommen.

Zimmermann benutzt diese Methode in einer etwas abgeänderten Form auch zur Aluminium-Bestimmung in *Silicaten* und im *Titanmetall*.

Nach *Giebler* bleibt die Chloroform-Extraktion der Cupferronate unzureichend, wenn nicht jeweils eine *frischbereitete* Cupferron-Chloroform-Lösung verwendet wird. Außerdem soll der pH-Wert der Lösung bei der Extraktion 0,4 betragen und die Extraktion auf 3 bis 4 min bemessen werden.

Arbeitsvorschrift zur Bestimmung in Eisen und Stahl nach *Corbett* und *Guerin* [310]. 0,5 g Probe werden in 10 ml Salpetersäure (1:1) (etwa 7 m), gegebenenfalls unter Zugabe von 5 ml konz. Salzsäure, gelöst, 5 ml 60%ige Perchlorsäure zugegeben und bis zum Auftreten von $HClO_4$-Dämpfen abgeraucht (vorhandene Salzsäure muß *vollständig* entfernt werden). Es wird mit 10 ml Wasser aufgenommen, filtriert, der Rückstand mit Schwefelsäure/Flußsäure abgeraucht, mit Natriumhydrogensulfat aufgeschlossen, die Schmelze gelöst und die Lösung bei der Bestimmung des *Gesamtaluminiums* zum Filtrat gegeben. Die Lösung wird an der Quecksilber-Kathode bei 10 bis 15 A elektrolysiert und in einem 100-ml-Meßkolben aufgefüllt. 20 ml Lösung, die nicht mehr als 70 µg Al enthalten und 0,5 m an $HClO_4$ sein soll, werden mit 2 ml Salzsäure (1:1) (etwa 6 m) und 1 ml Cupferron-Lösung (2%ig) versetzt. Nach 5 min schüttelt man 30 sec mit 15 ml Chloroform. Nach nochmaligem Ausschütteln mit 10 ml Chloroform wird die Zugabe der Cupferron-Lösung und die Extraktion wiederholt. Zur Zerstörung des Cupferrons wird die wäßrige Phase mit Salpetersäure (Vorsicht! Schutzbrille!) bis zur Trockne abgeraucht. Man nimmt mit Wasser auf, neutralisiert mit 2 m Natronlauge gegen Phenolphthalein, titriert mit 0,2 m Salzsäure auf Farblos zurück und gibt 1 ml im Überschuß zu. Nach Überführung der Lösung in einen 100-ml-Meßkolben und Verdünnen auf 50 ml werden nun zugegeben: 2 ml $CaCl_2$-Lösung [14 g $CaCO_3$ in 50 ml Salzsäure (1:1) (etwa 6 m) kochen und auf 1 l auffüllen], 10 ml Pufferlösung (140 g CH_3COONa · $3H_2O$ und 60 ml Eisessig in 1 l) und 5 ml Alizarinrot-S-Lösung (0,14%ig in Wasser). Es wird aufgefüllt und nach 2 Std. bei einer Wellenlänge von 490 nm gegen eine Vergleichslösung (50 ml Wasser und 1 ml 0,2 m Salzsäure werden der angegebenen Farb-Entwicklung unterworfen) gemessen.

Bemerkungen. Eine *Blindlösung* muß den gesamten Arbeitsgang mit durchlaufen; außerdem wird bei jeder Bestimmung eine *Standardprobe* mit analysiert.

Durchgeführte Vergleichsanalysen zeigen gute Resultate. Die *Standardabweichung* für Aluminium-Gehalte bis zu 1% beträgt relativ 1%, für Gehalte von 0,05 bis 0,008% nur 1,5 bis 2,5%.

Farblack-Bildung und photometrische Messung in ammoniakalischer Lösung

Die Möglichkeit, die photometrische Messung des Aluminium-Alizarinrot-S-Lackes auch in ammoniakalischer Lösung auszuführen, wurde bereits von *Babko* erwähnt. *Cholak, Hubbard* und *Story* wenden diese Methode zur Bestimmung des Aluminiums in biologischem Material (Blut, Urin, Faeces) an, indem Aluminium durch Fällung als Phosphat zusammen mit Eisen(III) von den übrigen Metallen abgetrennt und durch anschließende Extraktion des Eisens als Cupferronat isoliert wird.

Arbeitsvorschrift nach *Cholak, Hubbard* und *Story* [28]. Die durch Isolierung des Aluminiums aus der Lösung der Probe erhaltene, schwefelsaure Aluminium-Lösung, die als Fremdionen praktisch nur noch Phosphationen enthält, wird bei Aluminium-Gehalten bis 5 µg (bzw. 50 µg) in einen mit Glasstopfen verschließbaren 25-(bzw. 100-)ml-Meßzylinder überführt. Dann wird auf 14 (bzw. 85) ml mit Wasser verdünnt und zuerst mit 1 (bzw. 5) ml wäßriger Alizarinrot-S-Lösung (0,075 g Alizarinrot S zu 100 ml gelöst), dann mit 10 ml verd. Ammoniak (30 ml konz. Ammoniak auf 100 ml verdünnt) versetzt und geschüttelt. Danach mißt man möglichst sofort bei 580 nm.

Die in gleicher Weise mit bekannten Aluminium-Mengen ermittelten *Eichwerte* ergeben eine geradlinige Eichkurve.

Arbeitsvorschrift zur Aluminium-Bestimmung in biologischem Material. Das Probematerial, z.B. Blut (bis 5 g), Urin (bis 100 ml), Faeces, Nahrungsmittel (5 bis 100 g), wird zunächst in bekannter Weise trocken verascht und der mineralische Rückstand in Lösung gebracht. Die Lösung bzw. ein bis 50 µg Aluminium enthaltender, aliquoter Teil wird in einem graduierten Zentrifugen-Röhrchen von 50 ml Inhalt mit 1 ml einer 1 mg Eisen/ml enthaltenden Eisen(III)-chlorid-Lösung sowie 1 ml gesättigter Ammoniumacetat-Lösung versetzt. (Der Zusatz des Eisens soll die quantitative Fällung der vorliegenden Aluminium-Spuren als Phosphat gewährleisten; er ist also nicht erforderlich, wenn die Probe bereits entsprechende Mengen Eisen enthält, z.B. im Blut.) Dann gibt man 200 mg Diammoniumhydrogenphosphat hinzu (= 5 ml einer 4 g/100 ml enthaltenden Lösung; bei Proben, die bereits entsprechende Mengen Phosphat enthalten, wird kein Phosphat zugesetzt, z.B. bei Urin; bei der Untersuchung von Blut genügt ein Zusatz von 100 mg Diammonium-hydrogenphosphat), verdünnt auf 20 ml, mischt gründlich und säuert gegebenenfalls nach Zugabe von 6 Tropfen wäßriger, 0,1%iger Bromkresolgrün-Lösung mit einigen Tropfen 6n Salzsäure an, damit noch keine Phosphate ausfallen. Nun stellt man durch tropfenweise Zugabe von verd. Ammoniak (30 ml konz. Ammoniak/ 100 ml) auf einen pH-Wert von 4,2 ein, am einfachsten durch Vergleich gegen eine Standard-Pufferlösung, die ebenfalls mit Bromkresolgrün versetzt wurde. Nach Verdünnen auf 30 ml wird 30 min in einem schwach siedenden Wasserbad erhitzt; durch Abspülen der Gefäß-Wandungen mit heißem Wasser wird das Volumen wieder auf 30 ml gebracht und dann 10 min zentrifugiert. Nach Entfernen der überstehenden, klaren Flüssigkeit schwemmt man den Niederschlag mit 2 ml heißem Wasser auf, gegebenenfalls unter Zerdrücken größerer Teilchen mit einem Glasstab und verdünnt auf 20 ml. Zur besseren Koagulation des Niederschlages erwärmt man zuerst 10 min im siedenden Wasserbad und zentrifugiert dann wieder 10 min. Nach Dekantieren der Waschflüssigkeit wird der Niederschlag mit 5 ml verd. Schwefelsäure (10 ml konz. Säure auf 100 ml verdünnt) unter Erwärmen im Wasserbad in Lösung gebracht, auf 10 ml verdünnt und die Lösung zur Abscheidung von Kieselsäure 10 min zentrifugiert. Die nun klare Lösung wird in einen 150-ml-Schütteltrichter überführt, auf 20 ml verdünnt und mit 2 ml kalter, 6%iger Cupferron-Lösung versetzt; nach kräftigem Schütteln läßt man sie 1 min stehen. Dann extrahiert man mit 10 ml wassergesättigter Benzol-Äther-Mischung (1:1). Die Extraktion wird in gleicher Weise wiederholt. Die wäßrige Phase wird dann in ein 30-ml-Kjeldahl-

Kölbchen abgetrennt und nach Zugabe von 1 ml konz. Salpetersäure bis zum Auf-treten von Schwefelsäure-Nebeln erhitzt. Zur vollständigen Entfernung von Stick-stoffoxiden läßt man abkühlen und erhitzt nach Zugabe von 1 ml Wasser nochmals bis zum beginnenden Abrauchen. In der erhaltenen Lösung wird Aluminium nach obiger Vorschrift bestimmt.

Bemerkungen. Genauigkeit. Cholak, Hubbard und *Story* geben zahlreiche Ver-gleichsbestimmungen des Aluminiums in Proben von Blut (20 bis 30 μg Al/100 g), Urin (10 bis 85 μg Al/l), Faeces und Diätnahrung (3 bis 340 mg Al/Tag) wieder; sie wurden einmal nach der beschriebenen Methode, zum anderen spektralanalytisch ausgeführt. Die Übereinstimmung der nach beiden Methoden erhaltenen Werte ist sehr befriedigend; auch wurden zugesetzte, bekannte Aluminium-Mengen mit einem *Fehler* unter $\pm$ 10% rel. wiedergefunden.

Unter den von *Cholak* und Mitarbeitern gewählten Reaktionsbedingungen ist der Farblack, wie schon erwähnt, nicht stabil; die Färbung der Lösung bleibt *nur etwa 10 bis 15 min* nach Ansatz praktisch unverändert. Die photometrische Messung muß also innerhalb dieser Zeit ausgeführt werden.

Indirekte photometrische Bestimmung nach Auflösung des ausgefällten Farb-lackes in Natronlauge

Zur Bestimmung des Aluminiums neben viel *Beryllium* hat *Praetorius* [304] eine Methode ausgearbeitet, nach der Aluminium zunächst als Alizarinrot-S-Lack aus-gefällt und von dem in Lösung bleibenden Beryllium abgetrennt wird. Der Farblack wird dann in Natronlauge gelöst und die neben Alumination in Lösung gehende Alizarinsulfosäure, deren Menge dem gesuchten Aluminium-Gehalt annähernd pro-portional ist, photometrisch bestimmt. Das Verfahren ist jedoch zeitraubend (etwa 2 Tage) und benötigt größere Aluminium-Mengen (100 bis 500 μg) als andere photo-metrische Verfahren. Zur Trennung vom Beryllium sind die Oxinverfahren vorzu-ziehen, so daß die von *Praetorius* entwickelte Methode heute wohl nicht mehr an-gewandt wird.

Arbeitsweisen in Gegenwart bzw. nach Maskierung störender Elemente, insbesondere des Eisens

Maskierung des Eisens mit Citronensäure

Atack hat bereits vorgeschlagen, die Bildung des Eisen-Alizarinrot-S-Komplexes durch Zusatz von Citrationen zu verhindern. Diese Möglichkeit der Maskierung stören-den Eisens wurde später von *Yoe* und *Hill* sowie *Underhill* und *Peterman* ange-wandt, indem die letztgenannten Autoren allerdings die Hauptmenge des anwesen-den Eisens zuerst durch Extraktion abtrennen. Die Maskierung mit Citronensäure wird jedoch von anderen Autoren als ungeeignet abgelehnt.

Arbeitsvorschrift nach *Underhill* und *Peterman* [298]. Aus der zu untersuchenden Lösung wird zunächst die Hauptmenge an Eisen durch Extraktion als Thiocyonat mit Äther entfernt. 5 ml der nun fast eisenfreien, sauren Aluminium-Lösung werden in einem 25-ml-Meßkölbchen mit 2,5 ml eines Gemisches aus 4 Teilen Glycerin und 1 Teil 10%iger Citronensäure sowie anschließend mit 1 Tropfen 0,5%iger Alizarinrot-S-Lösung versetzt. Die Lösung wird dann mit Ammoniakgas neutralisiert, bis die Färbung von Gelb nach Rosa übergeht. Alle angesetzten Proben und ebenso die Vergleichslösungen werden sorgfältig auf die gleiche Färbung eingestellt. Man gibt noch 0,5 ml 0,5%ige Farbstoff-Lösung und 0,2 ml konz. Ammoniak zu, mischt die Lösung und läßt 24 Std. verschlossen stehen. Anschließend versetzt man mit 0,5 ml Eisessig und füllt mit Wasser bis zur Marke auf. Dann wird der Farbvergleich mit einer der in gleicher Weise gleichzeitig hergestellten Bezugslösungen (0,5 bis 5 μg Al/25 ml) vorgenommen, wobei man die der Untersuchungslösung möglichst gleich-gefärbte Bezugslösung zum Vergleich benutzt.

Bemerkung. Die Auswertung mit Hilfe von Bezugslösungen möglichst ähnlichen Aluminium-Gehaltes ist durch die heute veraltete Vergleichsmessung mit einem Eintauchcolorimeter bedingt; bei photometrischer Auswertung würde man zweckmäßig in bekannter Weise eine *Eichkurve* aufstellen.

Reduktion und Maskierung des Eisens mit Thiosulfationen

Arbeitsvorschrift zur Aluminium-Bestimmung im Wasser nach *Gad* und *Naumann* [302]. In 50 ml des zu untersuchenden Wassers löst man durch Umschütteln 0,1 bis 0,2 g festes Natriumthiosulfat. Darauf fügt man nacheinander unter jedesmaligem Umschwenken 1 ml Alizarinrot-S-Reagens (siehe unten), 1 ml Kaliumhydrogencarbonat-Lösung (siehe unten), bei stark sauren Wässern unter Umständen entsprechend mehr, bis die reingelbe Farbe der sauren Alizarinrot-S-Lösung in einen bräunlichen Farbton umschlägt, und nach 10 min langem Stehen noch 1 ml 30%ige Essigsäure hinzu. Man vergleicht nun mit einer Reihe ebenso behandelter Vergleichslösungen.

Bemerkungen. Erforderliche Lösungen. Reagens-Lösung. Das Alizarinrot-S-Reagens bereitet man durch Lösen von 0,1 g alizarinsulfosaurem Natrium in 100 ml Wasser und Mischen dieser Lösung mit 100 ml 3%iger Essigsäure.

Die Kaliumhydrogencarbonat-Lösung wird durch Lösen von 20 g Kaliumhydrogencarbonat in 100 ml Wasser hergestellt.

Die *Standard-Aluminium-Lösung* enthält 0,8401 g unverwitterten Ammoniumalaun [$NH_4Al(SO_4)_2 \cdot 12 H_2O$] in 1 l wäßriger Lösung (1 ml = 50 µg Al).

Die *Vergleichslösungen* werden aus der Standard-Aluminium-Lösung bereitet mit Gehalten von 0,05, 0,1, 0,2, 0,5 und 1 mg Al/l; ein Zusatz von Natriumthiosulfat erübrigt sich bei ihnen.

Reduktion und Maskierung des Eisens mit Hydroxylamin

Arbeitsvorschrift zur Aluminium-Bestimmung im Wasser nach *Bach* und *Raggio* [303]. 50 ml Wasser-Probe, die bis 1 mg Aluminium und 3,6 mg Eisen im Liter enthalten darf, werden in einem 250-ml-Erlenmeyer-Kolben mit 5 ml Calciumchlorid-Lösung und 2 ml Reagens-Lösung versetzt (Reagens-Lösungen siehe unten). Man neutralisiert unter Umschwenken tropfenweise mit annähernd gesättigter Natriumhydrogencarbonat-Lösung, bis die auftretende Rotfärbung bestehenbleibt, und gibt noch 1 ml im Überschuß zu. Nach kräftigem Umschütteln wartet man 4 bis 5 min, säuert mit 1 ml 30%iger Essigsäure an und gibt 1,5 ml 10%ige Hydroxylammoniumchlorid-Lösung zu. Nun wird bis zum beginnenden Sieden erhitzt, wieder abgekühlt, auf genau 200 ml mit Wasser verdünnt, gründlich durchgemischt und die Extinktion der Lösung, deren pH-Wert 4,0 bis 4,1 betragen soll, bei 515 nm gegen eine gleichbehandelte Blindprobe gemessen.

Bemerkungen. Erforderliche Lösungen. Zur *Herstellung der Eichlösungen* werden zu je 50 ml dest. Wasser 0 bis 5 ml der Standard-Aluminium-Lösung (siehe unten) gegeben.

Calciumchloridlösung: 37 g Calciumchlorid ($CaCl_2 \cdot 2 H_2O$) werden mit Wasser zu 1 l gelöst.

Reagens-Lösung: 0,3 g Alizarinrot S werden in einer Mischung aus 195 ml Wasser und 5,5 ml konz. Schwefelsäure (D = 1,84) gelöst.

Natriumhydrogencarbonat-Lösung: 100 g Natriumhydrogencarbonat werden mit 1 l Wasser geschüttelt, bis die Lösung gesättigt ist. Man filtriert und verdünnt das Filtrat mit 20 ml Wasser.

Standard-Aluminium-Lösung: 1,758 g Kaliumalaun, $KAl(SO_4)_2 \cdot 12 H_2O$, werden unter Zusatz von 2 ml konz. Schwefelsäure zu 1 l gelöst; 10 ml dieser Lösung werden vor Gebrauch auf 100 ml mit Wasser verdünnt. Die verdünnte Lösung enthält 10 µg Al/ml.

Störende Ionen. Die Aluminium-Bestimmung in Wasser wird nach der gegebenen Arbeitsvorschrift nicht beeinflußt durch Gehalte der Probe bis zu 0,1 mg Arsen/l, 0,25 mg Vanadium/l, je 0,5 mg/l an Mangan und Kupfer, 1 mg Blei/l und 100 mg Magnesium/l. Fluoridionen stören auch in geringster Konzentration.

Genauigkeit. Zur Prüfung ihrer Methode geben *Bach* und *Raggio* einige Analysen von Wasser-Proben an, die ohne und mit Zusatz bekannter Aluminium-Mengen untersucht wurden. Bei ursprünglichen Gehalten der Proben zwischen 0,115 und 0,447 mg Al/l wurden zugesetzte Mengen von 0,100 bis 0,200 mg Al/l mit einem *Fehler* von max. 3,8% rel. wiedergefunden.

Arbeitsvorschrift zur Bestimmung in Ton nach *Hegemann* und *Thomann* [312]. 0,05 g Tonprobe werden in einem Nickel-Tiegel mit 3 ml Natronlauge (50 g in 100 ml) versetzt, zur Trockene eingedampft und aufgeschlossen. Nach Zugabe von 50 ml Wasser läßt man die Schmelze über Nacht aufweichen; der Tiegelinhalt wird dann in ein Becherglas überführt, das 400 ml Wasser und 20 ml Salzsäure (1:1) (etwa 6 m) enthält, und schließlich in einem Meßkolben zu 1 l aufgefüllt. Gleichzeitig wird in einem zweiten Tiegel 0,05 g einer Standardprobe und in einem weiteren Tiegel nur mit Natronlauge eine Blindlösung hergestellt. Bei Gehalten von *weniger als 5%* Fe_2O_3 und *0,4% TiO_2* gibt man in einen 100-ml-Meßkolben folgende, aliquote Teile je nach Al_2O_3-Gehalt:

10 bis 20%	20 ml Aufschluß-Lösung,
20 bis 25%	15 ml Aufschluß-Lösung und 5 ml Blindlösung,
25 bis 40%	10 ml Aufschluß-Lösung und 10 ml Blindlösung.

In einen zweiten Meßkolben gibt man 20 ml Standard-Lösung und in einen dritten Meßkolben 20 ml Blindlösung. Zu jedem Kolben werden 1 ml Calciumchlorid-Lösung (7 g $CaCO_3$, 50 ml Wasser und so viel verd. Salzsäure bis zur vollständigen Lösung werden kurze Zeit gekocht und auf 500 ml aufgefüllt), 1 ml Hydroxylammonium-chlorid-Lösung (10 g in 100 ml) und 1 ml Kaliumhexacyanoferrat(III)-Lösung (1 g in 100 ml) zugegeben. Nach 5 min folgen 10 ml Pufferlösung (70 g $CH_3COONa \cdot 3H_2O$ und 30 ml Eisessig in 500 ml) und nach weiteren 10 min 5 ml Alizarin-S-Lösung (0,1 g in 100 ml). Man füllt zur Marke auf und mißt nach 60 bis 90 min bei 485 nm gegen die Blindlösung. Der Al_2O_3-Gehalt wird bei Einsatz von 20 ml Analysen-Lösung wie folgt berechnet:

$$\% \; Al_2O_3 = \frac{a \cdot d \cdot 18,895}{b \cdot c},$$

wobei a = Extinktion der Analysen-Lösung,
     b = Extinktion der Standard-Lösung,
     c = Einwaage der Probe,
     d = Einwaage der Standardprobe.

Bemerkung. In Gegenwart von mehr als 5% Fe_2O_3 und mehr als 0,4% TiO_2 muß dieses durch eine Cupferron-Extraktion abgetrennt werden. Dazu werden die aliquoten Teile, einschließlich Standard- und Blindlösung, mit 10 ml n Schwefelsäure und 1 ml Cupferron-Lösung (5 g Cupferron und 0,05 g Phenacetin in 100 ml) versetzt und 2mal mit 3 bis 5 ml Chloroform geschüttelt. Die Extraktion wird wiederholt. Die wäßrigen Phasen werden auf 30 ml eingeengt, mit 1 ml Calciumchlorid-Lösung versetzt und mit Natriumacetat-Lösung (324 g $CH_3COONa \cdot 3H_2O$ in 1 l) auf pH = 4,55 gebracht. Dabei soll für alle Lösungen etwa gleich viel Acetat ($\pm$ 0,3 ml) verbraucht werden. Nach Überführung der Lösung in einen 100-ml-Meßkolben werden 5 ml Alizarin-S-Lösung (siehe oben) zugegeben, aufgefüllt und nach 2 Std. gemessen.

Maskierung mit Thioglykolsäure

Gemäß der Arbeitsweise nach *Giebler* [145] zur Bestimmung im Wasser benutzt man zur Maskierung des Eisens Thioglykolsäure. Man setzt wie *Parker* und *Goddard* zur Farb-Vertiefung Calciumionen zu.

Arbeitsvorschrift. Nach Beseitigung der Störsubstanzen (siehe unten) werden 50 ml Probe in einen 100-ml-Meßkolben mit Calciumchlorid-Lösung (siehe unten) versetzt, und zwar in einer Menge, daß die Calcium-Konzentration (einschließlich der im Wasser vorhandenen) in dem später auf 100 ml aufzufüllendem Meßvolumen 71,47 mg/l beträgt. Enthält das Wasser bereits höhere Calcium-Gehalte, so muß verdünnt werden. Man gibt nun 2 ml 1%ige Thioglykolsäure-Lösung (täglich frisch angesetzt), 10 ml Pufferlösung (siehe unten) und 2 ml Alizarin-Lösung (siehe unten) zu. Man füllt auf (der pH-Wert soll 4,6 betragen) und mißt nach 30 min bei 490 nm.

Bemerkungen. Der Aluminium-Gehalt wird einer *Eichkurve* entnommen, die für jede neu angesetzte Alizarin-Lösung aufgestellt wird.

Erforderliche Lösungen. Calciumchlorid-Lösung: 178,5 mg $CaCO_3$ werden mit 36 ml 0,1 n Salzsäure gelöst und auf 100 ml aufgefüllt (1 ml $\triangleq$ 0,7147 mg Ca).

Pufferlösung: 232 g $CH_3COONa \cdot 3H_2O$ werden in 500 ml Wasser gelöst, mit 60 ml Eisessig versetzt und auf 1 l aufgefüllt.

Alizarin-Lösung: 0,1 g in 100 ml. Der Lösung wird 1 Tropfen Eisessig zugemischt.

Entfernung störender Ionen. Fluoridionen in Konzentrationen $> 0,5$ mg/l und organische Stoffe werden durch Abrauchen mit Schwefelsäure entfernt. In Anwesenheit von Fluoridionen in Konzentrationen von 0,1 bis 0,5 mg/l neben Aluminiumionen $> 0,2$ mg/l werden die entsprechenden Fluorid-Mengen den Eichlösungen, bei visuellem Vergleich der Vergleichslösung zugesetzt.

Bestimmung neben Eisen (photometrische Messung im UV). Wie bereits erwähnt, hat die schwach essigsaure, mit Ammoniumacetat gepufferte Lösung des Eisen-Alizarinrot-S-Lackes bei der im Ultraviolett liegenden Wellenlänge 370 nm nach den Messungen von *Barton* [308] die gleiche Extinktion wie die Lösung der entsprechenden Menge des freien Farbstoffes. Die Extinktion des Aluminiumlackes ist unter den gleichen Bedingungen erheblich geringer. Die Gesamtextinktion aus Aluminiumlack und freiem Farbstoff (E_0) bzw. die Extinktionsdifferenz ($E_0 - E_F$) bei 370 nm wird also durch die Anwesenheit von Eisen(III) nicht beeinflußt, solange noch ein genügender Überschuß an freiem Farbstoff vorliegt. Ist dies nicht der Fall, so ändert sich die von der Konzentration der Lösung an überschüssigem, freiem Alizarinrot S abhängige Zusammensetzung des Aluminiumlackes und damit dessen Extinktion. Die Bestimmung des Aluminiums neben Eisen(III) durch Messung der Extinktion bei 370 nm ist daher auf engere Konzentrationsbereiche beschränkt.

Arbeitsvorschrift zur Bestimmung in Rohphosphaten nach *Barton*. 0,5 g getrocknete, feingepulverte Probe wird mit 10 ml Salzsäure (1:1) (etwa 6 m) 2 bis 3 min gekocht. Man verdünnt mit 25 ml Wasser, filtriert durch ein gehärtetes Filter in einen 500-ml-Meßkolben und wäscht das Filter mit Rückstand 4mal mit Wasser nach. Nach Auffüllen des Filtrates bis zur Marke entnimmt man zur Untersuchung von Rohphosphaten mit einem Gesamtgehalt von höchstens 2% Eisen(III)- und Aluminiumoxid einen aliquoten Teil von 10 ml (= 10 mg Einwaage) in ein kleines Becherglas. Nach Zugabe von 0,5 ml Schwefelsäure (1:1) (etwa 9,3 m) dampft man bis zum kräftigen Rauchen der Schwefelsäure ein, verdünnt anschließend mit etwas dest. Wasser und spült mit etwa 30 ml Wasser in einen 100-ml-Meßkolben über. Nun versetzt man mit 5,0 ml 0,1%iger Alizarinrot-S-Lösung und 10 ml 3n Ammoniak, mischt gründlich und säuert wieder mit 5,0 ml 5n Essigsäure an. Dann füllt man auf 100 ml auf, schüttelt kräftig durch und mißt die Extinktion bei 370 nm gegen eine gleichbehandelte Blindprobe.

Bemerkungen. Den Aluminiumgehalt ermittelt man mit Hilfe einer *Eichkurve*.

Die *Eichlösungen* müssen etwa den gleichen Gehalt an Calcium-, und Phosphationen wie die Probe-Lösungen aufweisen.

Anwendungsbereich. *Barton* hat die beschriebene Methode zur Schnellbestimmung
des Aluminiums in Florida-Phosphaten ausgearbeitet, in denen der Gesamtgehalt
an Aluminium- und Eisenoxid den Wert von 2% in der Regel nicht übersteigt. Die
Anwendbarkeit des Verfahrens wurde auch bis zu einem Verhältnis des Eisens zum
Aluminium von 1,5 und einer Gesamtoxid-Menge im aliquoten Teil der Probe-Lösung
von nicht wesentlich über 200 μg untersucht. *Barton* fand, daß die Bestimmung
von 50 bzw. 100 μg Aluminium durch 50 bzw. 75 μg Eisen noch nicht merklich gestört wird. während in Lösungen von je 100 μg der beiden Metalle bereits etwas zu
niedrige Aluminium-Werte ermittelt wurden. Bei Vorliegen höherer Oxid-Gehalte
muß also die obige Vorschrift abgeändert werden, entweder durch Verwendung
kleinerer, aliquoter Anteile oder nach dem Vorschlag von *Barton* durch Erhöhung
der Konzentration an Alizarinrot S.

Genauigkeit. Für die Reproduzierbarkeit der Ergebnisse ist nach *Barton* besonders
wichtig, daß die in der Vorschrift angegebenen Volumina an Ammoniak- und Essig-
säure-Zusatz auf mindestens ± 0,2 ml genau eingehalten werden (Einstellung eines
konstanten pH-Wertes, über den *Barton* jedoch keine Angaben macht). Bezüglich
der Wartezeiten zwischen Reagens-Zugabe und Ansäuern mit Essigsäure sowie
zwischen Auffüllen der Lösung auf das Endvolumen und Ausführung der Messung
macht *Barton* keine genauen Angaben. Die erstere kann 1 bis 15 min, die letztere
bis zu 30 min betragen, ohne daß das Meßergebnis beeinflußt wird. Sogar ein Ausflocken des Farblackes soll keine Änderung des Extinktionswertes zur Folge haben,
wenn man den Farblack vor Ausführung der Messung durch kräftiges Schütteln
wieder in Suspension bringt.

Nach den von *Barton* angeführten Analysen der Rohphosphate stimmen die nach
obiger Methode ermittelten Aluminiumgehalte (0,7 bis 1,2% Al_2O_3 neben 0,6 bis
1,3% Fe_2O_3) mit den nach anderen Verfahren erhaltenen Mittelwerten anderer
Laboratorien im Durchschnitt auf 0,06% Al_2O_3 genau überein; die größte Differenz
betrug 0,19% Al_2O_3 abs.

G. Bestimmung mit Alizarin

Alizarin bildet mit Aluminium einen Farblack, der eine tiefere Rotfärbung besitzt als der Alizarinrot-S-Lack. *Atack* [297] hat zuerst Alizarin zum Aluminium-
Nachweis verwendet, hielt dann jedoch wegen der „Säureempfindlichkeit" des
Alizarinlackes und des störenden Einflusses fremder Metalle Alizarinrot S für geeigneter. Bekanntlich muß man aber auch bei Verwendung von Alizarinrot S Schwermetalle (besonders Eisen) entfernen und die Säurekonzentration mit Pufferlösungen
auf einen bestimmten pH-Wert einstellen. Die Arbeitsweise zum Nachweis des
Aluminiums mit Alizarin ist die gleiche wie zum Nachweis mit Alizarinrot S: Erzeugung des Farblackes in ammoniakalischer Lösung und Farbvergleich gegen eine
Blindprobe nach Ansäuern mit Essigsäure. Auch die Versuche von *Wolff, Vorstman*
und *Schoenmaker* [321] zur colorimetrischen Bestimmung des Aluminiums wurden
in gleicher Weise ausgeführt. Die Angaben über die noch nachweisbaren Aluminium-
Konzentrationen sind nicht einheitlich. Nach den Erfahrungen von *Wolff* und Mitarbeitern kann man noch 0,2 μg Al/ml, nach *Gad* [322] sogar 0,05 μg Al/ml erfassen.
Feigl und *Stern* [323] fanden bei der Ausführung des Nachweises als Tüpfelreaktion
(mit Alizarinpapier) eine wesentlich höhere Grenzkonzentration (10 μg Al/ml).

Im Gegensatz zum Alizarinrot S wurde Alizarin nur selten zur quantitativen
Bestimmung herangezogen, so z.B. von *Gad* zur halbquantitativen Bestimmung

des Aluminiums im Wasser. Seit 1936 liegen überhaupt keine Untersuchungen nach der Alizarin-Methode mehr vor. Praktische Bedeutung dürfte die Alizarin-Methode daher heute nicht mehr besitzen.

Eine spezielle Anwendung jedoch hat die Alizarin-Methode in neuerer Zeit auf die organische Synthese gefunden. *Pobiner* [324] bestimmt mit Alizarin den Aluminiumbromid-Verbrauch bei der *Friedel-Crafts*-Synthese neben Paraffinkohlenwasserstoffen in methanolischer Lösung. Um Störungen durch die Bromwasserstoffsäure zu vermeiden, werden ein Ammoniakpuffer und Thioglykolsäure zugesetzt. Die Bestimmung erfolgt in methanolischer Lösung bei pH = 8,5, die Messung der Extinktion bei einer Wellenlänge von 508 nm.

H. Bestimmung mit Chin(al)izarin

Nach den Erfahrungen von *Kolthoff* [313] und von *Hahn* [325] ist Chinalizarin ähnlich wie Alizarinrot S ein empfindliches Nachweisreagens für Aluminium, das sich auch zur spektralphotometrischen Bestimmung des Aluminiums eignet. Die violettrote Farbe des Aluminium-Chinalizarin-Lackes ist in schwach essigsaurer Lösung beständig und neben dem überschüssigen Farbstoff relativ gut zu beobachten. Chinalizarin ist besonders zum Aluminium-Nachweis neben größeren Magnesium-Mengen geeignet (*Hahn*). Bei reinen Aluminium-Lösungen stellte *Hahn* die Erfassungsgrenze zu 0,03 µg Aluminium (Reagens-Glas-Probe) und das Grenzverhältnis zu 1,5:10⁸ fest.

Seit den Arbeiten von *Kolthoff, Hahn, Lehmann* [306], *Schams* [13], *Burriel* und *Taccheo* [326] sowie *Burriel-Marti* und *Taccheo* [327] ist das Chinalizarin-Verfahren zur Bestimmung des Aluminiums nicht mehr untersucht worden. Es hat heute wohl kaum noch Bedeutung.

I. Bestimmung mit 2-Chinizarinsulfonsäure

Die von *Owens* und *Yoe* [328] beschriebene Methode beruht auf der Bildung eines intensiv violett gefärbten Komplexes des Aluminiums mit dem Reagens in methanolischer Lösung, in einem molaren Verhältnis von 1:1. Das Absorptionsmaximum liegt bei 560 nm. Die Empfindlichkeit wird mit 1:5 · 10⁸ angegeben; das entspricht nach der Sandell-Skala einem Wert von 0,002 µg Al/cm². Das Lambert-Beersche Gesetz ist bis zu einer Konzentration von 1,7 ppm Al erfüllt. Der Farbkomplex ist stabil, benötigt kein Schutzkolloid zur Stabilisierung, und die Farbentwicklung kann in der Kälte erfolgen. Ein Nachteil ist das Arbeiten in methanolischer Lösung, das die Verwendung eines Puffers zur Einstellung des pH-Wertes verbietet. Zahlreiche Kationen und einige Anionen stören die Bestimmung, so daß *Owens* und *Yoe* in der Analyse von Stahl und Bronze störende Ionen durch Elektrolyse an der Quecksilber-Kathode abtrennen. Störungen verursachen noch folgende durch die Elektrolyse nicht abgetrennte Ionen: Be^{2+}, Sc^{3+}, Th^{4+}, Ti^{4+}, Y^{3+}, Zr^{4+}, F^-, PO_4^{3-} und die seltenen Erdmetallionen.

Arbeitsvorschrift. Nach Entfernung störender Ionen durch Elektrolyse an der Quecksilber-Kathode wird ein aliquoter Teil von 5 bis 15 ml, der 30 bis 70 µg Al enthalten kann, bei verhältnismäßig niedriger Temperatur fast bis zur Trockene, schließlich bei höherer Temperatur bis ganz zur Trockene abgeraucht (der Rückstand muß weiß erscheinen). Nach Zusatz von 10 Tropfen konz. Salzsäure und 5 Tropfen konz. Salpetersäure sowie etwa 5 ml Wasser engt man bis auf 1 Tropfen ein, nimmt mit 5 ml abs. Methanol auf und überführt in einen 50-ml-Meßkolben. Zu dieser Lösung gibt man 10 ml Reagens-Lösung (0,16 g des Natriumsalzes der 2-Chinizarinsulfon-säure in 500 ml Methanol mit maximal 0,1% Wasser) und füllt mit Methanol auf. Der pH-Wert der Lösung muß nun zwischen 0,3 und 0,5 liegen. Nach 1 Std. wird die Extinktion bei 560 nm gegen eine Blindlösung gemessen.

Bemerkungen. Der Aluminiumgehalt wird einer *Eichkurve* entnommen.

Die *Genauigkeit* der Methode ist zufriedenstellend. Nach Beleganalysen von *Owens* und *Yoe* an einer Mangan-Bronze mit einem Aluminium-Gehalt von 1,13% beträgt die Standardabweichung 0,015%.

J. Bestimmung mit 2-Phenoxychinizarin-3,4'-disulfonsäure

Bei der Untersuchung weiterer 1,4-Dihydroxyanthrachinone fanden *Owens* und *Yoe* [328], daß 2-Phenoxychinizarin-3,4'-disulfonsäure ebenfalls, vor allem neben Beryllium, zur Bestimmung des Aluminiums geeignet ist. Dieses Reagens bildet mit beiden Elementen bei pH = 6 rotviolette Komplexe mit einem Absorptionsmaximum zwischen 550 und 560 nm. Durch Zusatz von Ca-ÄDTA läßt sich Aluminium mas-kieren. Bei der Bestimmung der Summe aus Aluminium und Beryllium wird Cd-ÄDTA zur Maskierung störender Ionen zugesetzt. Die Bestimmung des Aluminiums mit diesem Reagens ist weniger genau; der *Fehler* der Bestimmung beträgt ± 10%.

K. Bestimmung mit Chromazurol S

Grundlagen und Anwendung des Verfahrens

Kaškovskaja und *Mustafin* [329] beschreiben in Fortführung früherer Versuche (*Mustafin* und *Matveev* [330]) ein photometrisches Verfahren, das auf der Reaktion des Aluminiums mit dem als komplexometrischer Indikator bekannten Chromazurol S (auch Alberon, Solochrombrillantblau B und Polytrop Blau genannt) beruht. Von Vorteil gegenüber anderen Farblack-Verfahren ist bei etwa gleicher Empfindlichkeit die große, zeitliche Konstanz der Farb-Tiefe der Aluminium-Verbindung und die wesentlich geringere Eigenfärbung des Reagenses. Nach *Kaškovskaja* und *Mustafin* lassen sich mit diesem Verfahren noch 0,01 µg Al in 1 ml bestimmen; die Nachweis-grenze liegt nach ihren Angaben bei 0,001 ppm. Die Bestimmung mit Chromazurol S wird vor allem auf die Analyse von Eisen und Stahl angewendet (*Kaškovskaja* und *Mustafin; Hosoya, Kakita* und *Gotô* [331]; *Brockmann* und *Keller* [332]; *Neuberger* [184]; *Pakalns* [333]; *Buck* [334]). Vorschriften zur Bestimmung des Aluminiums in Magnesium- und Titan-Legierungen werden von *Tichonov* [335], zur Bestimmung in reinem Zinn von *Švajger* und *Rudenko* [336] und zur Analyse von Eisenerzen, Sintern und Schlacken von *Bhargava* und *Hines* [337] angegeben.

Reagens

Chromazurol S ist das Natriumsalz der 3''-Sulfo-2'',6''-dichloro-3,3'-dimethyl-4-hydroxyfuchson-5,5'-dicarbonsäure nachstehender Struktur und der Summen-formel $C_{23}H_{13}Cl_2Na_3O_9S$. Das Molekulargewicht beträgt 605,29. Chromazurol ist in Wasser und Äthanol mit gelber Farbe löslich. Die Färbung ist pH-abhängig; im pH-Bereich von 2,0 bis 4,5 ist sie rotorange bis rot, im Bereich > pH = 11 blauviolett. Chromazurol S wird zur Aluminium-Bestimmung meistens als 0,1 bis 3%ige wäßrige

Lösung (*Kaškovskaja* und *Mustafin; Pakalns*) oder als 50%ige äthanolische Lösung (*Brockmann* und *Keller; Neuberger; Buck*) verwendet.

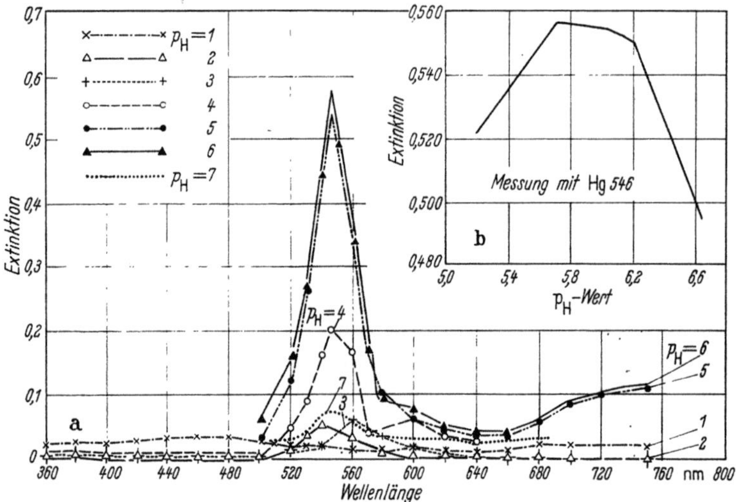

Eigenschaften des Aluminium-Chromazurol-Komplexes

Chromazurol S bildet mit Aluminium im pH-Bereich von 2,9 bis 6,5 einen violett-blau gefärbten Komplex, in dem von 1 Aluminiumatom 2 Moleküle Chromazurol S gebunden werden (*Chiaccherini* und *D'Ascenzo* [338]). Nach ihren Angaben soll im pH-Bereich < 2,9 ein weiterer, beständiger, bei einer Wellenlänge von 570 nm absorbierender (1:1)-Komplex existieren, der jedoch von *Brockmann* und *Keller*, die Messungen über einen pH-Bereich von 1 bis 7 durchgeführt haben (siehe Abb. 18), nicht

Abb. 18. Änderung des Absorptionshöchstwertes des Aluminium-Chromazurol-S-Komplexes mit dem pH-Wert der Lösung

beobachtet wurde. Das Absorptionsmaximum des (1:2)-Komplexes liegt bei einer Wellenlänge von 546 nm, nach Untersuchungen von *Kaškovskaja* und *Mustafin* bei 530 nm. Die Höhe des Maximums ist, wie die Abb. 18 zeigt, stark pH-abhängig. *Pakalns* hat diese pH-Abhängigkeit untersucht und gefunden, daß die Absorption bei Erhöhung des pH-Wertes linear ansteigt und plötzlich nach Erreichen eines Wertes von 5,8 stark abfällt. Nach *Brockmann* und *Keller* ist die Änderung der Extinktion mit dem pH-Wert im Bereich von 5,7 bis 6,1 am geringsten (siehe Abb. 18). Diese Abhängigkeit erfordert das genaue Einhalten des pH-Wertes unter Anwendung von Pufferlösungen. In den meisten Arbeitsvorschriften wird ein pH-Wert innerhalb eines Bereiches von 4,6 bis 5,2 (*Neuberger; Pakalns; Brockmann* und *Keller; Kaškovskaja* und *Mustafin*) oder innerhalb eines Bereiches von 5,6 bis 6,0 (*Tichonov; Hosoya,*

Kakita und *Gotô; Buck*) bevorzugt. Seltener erfolgt die Messung bei pH-Werten $> 6,0$ (*Munshi* und *Dey* [339]). Die Verwendung größerer Mengen Pufferlösung ist jedoch zu vermeiden. Wie *Pakalns* feststellte, nimmt die Farb-Tiefe und damit die Absorption der Lösung bei Verminderung der Zugabe von 5 auf 2 ml um 20% zu. Die Färbung der Lösung wird außerdem von der zugesetzten Chromazurol-S-Menge und vom Volumen der Lösung vor dem Anfärben beeinflußt. Bei Zusatz der doppelten Menge an Farb-Reagens erhöht sich nach *Pakalns* die Extinktion um 55%. Infolge der Eigenfärbung des Reagenses ist eine Erhöhung der Reagens-Konzentration jedoch begrenzt. Sie sollte in der Endlösung nicht größer als 0,014% sein. Die Temperatur übt praktisch keinen Einfluß auf die Farb-Tiefe aus.

Die Ausbildung des Farb-Komplexes ist nach *Kaškovskaja* und *Mustafin* nach 15 min beendet. Danach bleibt die Extinktion über 2 Std. konstant und erhöht sich nach 30 Std. nur geringfügig. Nach *Pakalns* erfolgt sie bei einem pH-Wert von 4,6 augenblicklich und verringert sich je Stunde um etwa 2%.

Die Messung der Extinktion erfolgt in den meisten Fällen im Absorptionsmaximum bei 546 nm; die Eichkurven verlaufen jedoch nicht geradlinig; sie biegen unterhalb eines Extinktionswertes von 0,1 in den Nullpunkt. Nach *Pakalns* erhält man gradlinige Eichkurven, wenn man die Messung bei der Wellenlänge von 567,5 nm ausführt. Bei dieser Wellenlänge ist die molare Extinktion noch $21,6 \cdot 10^3$; das entspricht $0,00125 \ \mu g \ Al/cm^2$ nach der Sandell-Skala. Das Lambert-Beersche Gesetz ist im Bereich bis zu $1,2 \ \mu g \ Al/ml$ erfüllt.

Störende Ionen und Möglichkeiten zur Beseitigung der Störung

Über die Störung, verursacht durch Kationen, liegen einige ausführliche Untersuchungen vor.

Chromazurol S bildet neben dem Aluminium in dem in Frage kommenden pH-Bereich noch mit einer ganzen Anzahl von Kationen gefärbte Komplexe: Mit Eisen(III)-, Kupfer(II)-, Beryllium-, Titan(IV)-, Vanadium(IV)-, Zirkonium(IV)-, Thorium(IV)- und UO_2^{2+}-Ionen. Diese Komplexe stören die Bestimmung des Aluminiums außerordentlich stark. Nach *Hosoya, Kakita* und *Gotô* bildet auch Zinn(IV) einen störenden Komplex und muß vor der Bestimmung entfernt werden. Von den anderen Kationen verringern Molybdän(V), Chrom(III) und Wolfram(VI) die Farb-Tiefe und stören. Die Störung durch Wolfram(VI) liegt nach *Brockmann* und *Keller* in Anwesenheit von 1 mg noch innerhalb der Fehlergrenze des Verfahrens, die von ihnen mit $\pm 2\%$ relativ angegeben wird. Molybdän(V) verringert in Anwesenheit von 0,1 mg und bei der Bestimmung von 20 μg Al das Analysen-Ergebnis um etwa 2% relativ. Nach Angaben von *Pakalns* soll auch Vanadium(V) eine geringfügige Störung verursachen. Keinen Einfluß üben die Elemente Kalium, Natrium, Calcium, Magnesium, Zink, Mangan(II), Kobalt(II), Nickel(II), Chrom(VI), Eisen(II) und Arsen(V) aus.

Nach Angaben von *Hosoya, Kakita* und *Gotô* stören Tartrat-, Citrat- und Fluorid-, nicht dagegen Chlorid- und Sulfationen. Die Anwesenheit von Wasserstoffperoxid gibt ebenfalls Ursache zu Störungen. Unklar ist der Einfluß von Phosphationen auf die Bestimmung mit Chromazurol S. Nach *Brockmann* und *Keller* verringert die Anwesenheit von Phosphationen die Farb-Tiefe in der gleichen Weise wie Molybdän(V), und zwar je 0,1 mg um jeweils etwa 2% relativ. Nach Angaben von *Pakalns* dagegen stört Phosphation nicht. Um die Störung durch Titan und Molybdän zu beseitigen, setzt er Phosphationen als Maskierungsmittel zu. Neutralsalze, wie größere Mengen an Natriumchlorid, Natriumnitrat, Natriumsulfat und Natriumacetat, verringern etwas die Farb-Tiefe. Die Menge dieser Salze muß deshalb in den Lösungen gleichgehalten und bei Aufstellung der Eichkurve berücksichtigt werden.

Zur Abtrennung störender Elemente vor der Bestimmung des Aluminiums sei auf das Kapitel „Trennungen", Seite 577, verwiesen. Zur Maskierung störender Ionen, insbesondere des Eisens, wurden in Verbindung mit dem Chromazurol-S-Verfahren im wesentlichen die gleichen Maskierungsmittel wie bei den anderen Farblack-Verfahren angewandt. So maskieren *Brockmann* und *Keller* wie auch *Hosoya, Kakita* und *Gotô* geringe Mengen an Eisen mit Thioglykolsäure. Die weitaus größere Zahl von Autoren benutzen jedoch Ascorbinsäure als Reduktions- und Maskierungsmittel für Eisen. Vorsicht ist bei Verwendung von Ascorbinsäure in Anwesenheit des Vanadiums geboten. Es kann durch die Zugabe der Ascorbinsäure zur Reduktion des Vanadiums zur 4wertigen Stufe kommen, die, wie bereits erwähnt, Störungen verursacht. Ascorbinsäure beeinflußt nach *Astanina* und *Ponomarev* [340] ebenso wie Thioglykolsäure die Farb-Tiefe des Chromazurol-S-Aluminium-Komplexes. Die zugesetzte Menge muß bei der Aufstellung der Eichkurve mit berücksichtigt werden. Die Störung durch Kupfer kann durch Zusatz von Thiosulfationen als Maskierungsmittel verhindert werden (*Kaškovskaja* und *Mustafin; Brockmann* und *Keller; Pakalns*), die Störung durch Molybdat- und Titanionen nach *Pakalns* durch Zugabe von Phosphationen. Die Zugabe von 0,5 mg Phosphation erfolgt bei pH = 1,5. Dem entgegen steht, wie bereits erwähnt, die Angabe nach *Brockmann* und *Keller*, die eine Störung der Bestimmung durch Phosphationen festgestellt haben. Die Störung durch Wolfram läßt sich nach *Pakalns* mit Calciumionen beseitigen.

Arbeitsvorschrift zur Bestimmung in Eisen- und Kupfer-Legierungen nach *Kaškovskaja* und *Mustafin* [329]. Zur Bestimmung von Aluminium-Gehalten zwischen *0,01 und 0,05%* werden 0,5 g der Stahl-Probe mit 15 bis 20 ml Salzsäure (1 : 1) (etwa 6 m) gelöst. In Anwesenheit von Carbiden gibt man 1 bis 2 ml Salpetersäure (1 : 1) (etwa 7 m) hinzu, engt fast bis zur Trockene ein, nimmt mit Wasser und 2 bis 3 Tropfen Salzsäure (1 : 1) auf und füllt auf 50 ml auf. 2 ml Lösung versetzt man mit 0,5 ml 5%iger Ascorbinsäure-Lösung, 7,2 ml Ammoniumacetat-Pufferlösung (keine näheren Angaben) und 0,3 ml 0,3%iger Chromazurol-S-Lösung. Der pH-Wert der Endlösung soll bei 5,12 liegen. Nach 15 min wird bei 530 nm gemessen. Bei Aluminium-Gehalten von *0,5 und 1%* wird die Einwaage auf 0,1 g reduziert, auf 100 ml aufgefüllt und 1 ml entnommen; bei Gehalten von *5 bis 6%* wird nur noch eine Einwaage von 0,015 g verwendet.

Die Aufstellung der *Eichkurve* erfolgt mit einer Stahl-Standardprobe mit genau bekanntem Aluminium-Gehalt.

Zur Bestimmung in Aluminium-Bronzen mit Gehalten von 8 bis 10% Al werden 0,1 g Bronze in 10 bis 15 ml Salpetersäure gelöst, die Lösung fast bis zur Trockene eingeengt, mit Wasser aufgenommen und in einem 100-ml-Meßkolben zur Marke verdünnt. 1 ml Lösung wird nun mit 0,1 ml 5%iger Ascorbinsäure, 0,25 ml 15%iger Natriumthiosulfat-Lösung, 8,35 ml Ammoniumacetat-Pufferlösung und 0,3 ml 0,3%iger Chromazurol-S-Lösung versetzt.

Bemerkungen. Die Messung erfolgt wie oben angegeben, die Aufstellung der *Eichkurve* mit Hilfe von synthetisch hergestellten Eichlösungen gleicher oder sehr ähnlicher Zusammensetzung wie die Analysen-Proben.

Die durchgeführten Beleganalysen von Stählen und Bronzen sind in der nachfolgenden Tabelle 72 wiedergegeben. Wie die Ergebnisse zeigen, ist die *Genauigkeit* des Verfahrens zufriedenstellend.

Die von *Kaškovskaja* und *Mustafin* vorgeschlagene Methode wurde von *Stepin, Kurbatova* und *Kruglova* [341] zur Analyse von Transformatoren-Stählen und zur Bestimmung von 0,2 bis 0,3% Al im Ferrobor benutzt. Sie empfehlen 2 Vorschriften, eine direkte Methode und eine weitere mit chromatographischer Abtrennung des Aluminiums.

Arbeitsvorschrift nach *Hosoya, Kakita* und *Gotô* [331]. Zur Bestimmung in Eisen und Stählen wird zunächst das störende Eisen durch Extraktion als Chlorokomplex

Tabelle 72. *Genauigkeit des Chromazurol-S-Verfahrens*

Probe	Aluminium gegeben %	gefunden %	Abs. Fehler %
Stahl 123	5,71	5,65	−0,06
		5,68	−0,03
Stahl 86–b	0,72	0,72	0
		0,75	+0,03
Stahl 1	0,053	0,052	−0,001
		0,055	+0,002
Stahl 2	0,041	0,048	+0,007
		0,043	+0,002
Stahl 3	0,035	0,034	+0,001
		0,035	0
Stahl 4	0,050	0,042	−0,008
		0,048	−0,002
Stahl 5	0,047	0,047	0
		0,052	+0,005
Stahl 6	0,022	0,020	−0,002
		0,017	−0,005
Bronze AZh 9–4	8,32	8,32	0
Bronze 68–a	9,82	9,80	−0,02

mit Methylisobutylketon extrahiert. Dazu werden 0,5 g Probe mit 20 ml Salzsäure
(1 : 1) (etwa 6 m) und 1 ml Salpetersäure gelöst, zur Trockene eingedampft und der
Rückstand mit 20 ml Salzsäure (1 : 1) aufgenommen. Unlösliches wird mit Flußsäure abgeraucht, mit Kaliumhydrogensulfat aufgeschlossen, in Wasser gelöst und
die Lösung zum Hauptfiltrat gegeben. Nach Einengen auf 10 ml wird mit 7 n Salzsäure in einen Scheidetrichter überführt und mit zwei 20-ml-Anteilen Methylisobutylketon extrahiert. Die wäßrige Phase wird zur Trockene eingedampft, 2 bis 3 min
mit 5 ml Königswasser gekocht, erneut zur Trockene eingedampft und der Rückstand
mit 5 ml Salzsäure (1 : 1) gelöst. Nach Auffüllen in einem 100-ml-Meßkolben werden
10 bis 20 ml Lösung mit 1 ml 10%iger Thioglykolsäure- und 2 ml 0,1%iger Chromazurol-S-Lösung versetzt und der pH-Wert mit 0,2 m Natriumacetat-Lösung auf
pH = 5,6 bis 6,8 eingestellt. Nach Auffüllen in einem 100-ml-Meßkolben wird nach
20 min bei 550 nm gegen eine Blindlösung gemessen.

Bemerkungen. Die *Eichkurve* muß unter Zusatz von Thioglykolsäure aufgestellt
werden.

In Anwesenheit von *Zinn* wird dieses als SnO_2 abgetrennt. Die Abtrennung
störenden *Titans* kann durch Cupferron-Extraktion erfolgen.

Gemäß der Arbeitsweise nach *Brockmann* und *Keller* werden störende Elemente, vor allem Eisen, durch Natronlauge-Trennung oder durch Extraktion als
Chlorokomplex abgetrennt. Nach ihren Untersuchungen gehen jedoch durch Laugen-
Trennung etwa 20% Aluminium verloren; bei der Extraktion sollen etwa 10% nicht
erfaßt werden. Da die Eichkurven aber mit Lösungen aus aluminiumfreiem Stahl mit
bekannten Aluminium-Zusätzen, die genau den gleichen Arbeitsgang wie in der
Analyse durchlaufen, aufgestellt werden, wird eine *Kompensation* dieser *Fehler* erreicht. In einer weiteren Vorschrift wird auch ein Verfahren ohne Abtrennung angegeben, das später vom Verein Deutscher Eisenhüttenleute [342] übernommen und
ausführlich beschrieben wurde.

Arbeitsvorschrift. 5 g Probe werden mit 100 ml Mischsäure [150 ml Salpetersäure
(D = 1,4)und 180 ml Salzsäure (D = 1,19) in 1 l] gelöst und mit 5 ml Wasserstoff-
peroxidlösung (30%ig) oxydiert. Nach Vertreiben der Stickstoffoxide durch mäßiges
Sieden (siehe S. 422) filtriert man in einen 250-ml-Meßkolben und wäscht mit heißem
Wasser aus.

Bestimmung des *säureunlöslichen* Anteils. Das Filter wird mit heißer Salzsäure (1:25) (etwa 0,5 m) eisenfrei gewaschen, verascht, mit Kaliumdisulfat 3 min aufgeschlossen, die Schmelze mit Wasser gelöst und in einen 100-ml-Meßkolben gespült. Nach Zugabe von 0,5 ml Mischsäure wird aufgefüllt. 5 ml Lösung werden in einem 100-ml-Meßkolben mit 25 ml Methanol, 1 ml 4%iger Ascorbinsäure-Lösung, 10 ml Chromazurol-S-Lösung (0,05 g in 100 ml 50%igem Methanol) und 10 ml Pufferlösung (60 g $CH_3COONa \cdot 3H_2O$ in 1 l) versetzt. Nach Auffüllen und einer Wartezeit von 15 min wird bei 546 nm gegen Wasser gemessen. Der pH-Wert der Lösung soll nun 5,7 bis 5,9 betragen.

Bemerkung. Zur Aufstellung der *Eichkurve* und der Blindlösung werden je Lösung 1 g Kaliumdisulfat wie oben angegeben geschmolzen, gelöst und nach Zugabe abgestufter Mengen einer Aluminium-Standardlösung (bis zu 1000 µg Al) zu 100 ml aufgefüllt. 5 ml dieser Lösung werden dann wie oben beschrieben verarbeitet.

Bestimmung des *säurelöslichen* Anteils. Zum Filtrat in dem 250-ml-Meßkolben gibt man 20 ml einer Aluminium-Standardlösung, entsprechend 0,20% Al bei 5 g Einwaage und füllt auf. 25 ml Lösung werden auf 100 ml aufgefüllt, davon 10 ml zur Bestimmung entnommen und in einem 100-ml-Meßkolben mit 25 ml Methanol, 10 ml Ascorbinsäure-Lösung, 10 ml Reagens-Lösung und 10 ml Pufferlösung versetzt. Nach dem Auffüllen wird in der gleichen Weise wie oben angegeben gemessen.

Bemerkungen. Zur Bestimmung des *Blindwertes* werden wenigstens 2mal 5 g aluminiumfreies Reinsteisen nach der Arbeitsvorschrift gelöst, 20 ml Aluminium-Standardlösung zugesetzt (entsprechend 0,20% Al bei 5 g Einwaage), wie die Probe weiterbehandelt und gegen Wasser gemessen. Der Mittelwert der Extinktion des Blindwertes ist von dem Probenwert abzuziehen, bevor der Aluminiumgehalt der Eichkurve entnommen wird.

Bei Aluminium-Gehalten, größer als 15%, wird die Einwaage auf *2,5 g reduziert.*

Die Aufstellung der *Eichkurven* erfolgt in analoger Weise, jedoch ohne Zusatz der konstanten 20-ml-Aluminium-Standardlösung.

Die Extinktion ist in starkem Maße *vom pH-Wert abhängig.* Aus diesem Grund müssen die Arbeitsbedingungen, besonders das Kochen der Lösung zur Entfernung der Stickstoffoxide, in stets gleichbleibender Weise durchgeführt werden.

Der Zusatz der Aluminium-Standardlösung erfolgt auch beim *Blindwert*, um bei sehr geringen Aluminium-Gehalten immer in dem sicheren, fast geraden Teil der Eichkurve zu liegen.

Genauigkeit. Die vom Verein Deutscher Eisenhüttenleute angegebenen Fehlergrenzen sind:

bei 0,002% Al (unlöslich)	etwa	± 0,0002% Al
bei 0,01% Al (unlöslich)	etwa	± 0,0008% Al
bei 0,02% Al (unlöslich)	etwa	± 0,001 % Al
bei 0,002% Al (löslich)	etwa	± 0,0004% Al
bei 0,03% Al (löslich)	etwa	± 0,001 % Al
bei 0,1% Al (löslich)	etwa	± 0,003 % Al

Die Methode wurde auch zur Bestimmung des an Stickstoff gebundenen Aluminiums nach Abtrennung mit dem *Brom-Ester-Verfahren* verwendet.

Verfahren zur Bestimmung in Stahl und Eisenerz nach *Buck* [334]. Ähnlich wie der Verein Deutscher Eisenhüttenleute löst *Buck* die Stahl-Probe in verd. Schwefelsäure und verfährt in analoger Weise, indem lediglich die Mengen der Zusätze, wie Ascorbinsäure, Chromazurol-S, Pufferlösung, geringfügig abgeändert wurden. Eisenerzproben werden in Salzsäure (2:1) (etwa 8 m) gelöst, der unlösliche Rückstand mit Flußsäure abgeraucht und mit Kaliumhydrogensulfat aufgeschlossen. Die *Standardabweichung* dieses Verfahrens bei der Bestimmung von 4,0% Al_2O_3 wird mit ± 0,02% Al_2O_3 angegeben.

Eine ähnliche Vorschrift benutzen auch *Bhargava* und *Hines* zur Analyse von *Eisenerzen, Sintern* und *Schlacken*. Der Aufschluß der Probe erfolgt in einem Nickel-Tiegel mit Natriumperoxid. Fluoridion, das erheblich stört, wird durch Abrauchen mit Perchlorsäure entfernt.

Gemäß einer einfachen, universell anwendbaren

Arbeitsvorschrift nach *Pakalns* [333] wird ein aliquoter Teil der Analysen-Lösung, der 1 bis 35 µg Al enthalten soll, in einen 25-ml-Meßkolben überführt. In einem getrennten 2. Ansatz wird die Menge an Natronlauge, die zur Neutralisation dieser Lösung notwendig ist, gegen Methylorange als Indikator ermittelt. Zur Analysen-Lösung gibt man 1 ml 1%ige Ascorbinsäurelösung, 5 ml Acetat-Pufferlösung, pH = 4,6 (238 g $CH_3COONa \cdot 3H_2O$ und 102 ml Eisessig in 1 l; diese Lösung wird 1 + 4 verdünnt), und die vorher ermittelte Natronlauge-Menge. Nach Verdünnen auf 20 ml werden 1 ml 2%ige Natriumthiosulfat-Lösung und 2 ml 0,165%ige Chromazurol-S-Lösung zugesetzt, zur Marke aufgefüllt und nach 10 min bei 567,5 nm gegen den Blindwert gemessen.

Bemerkungen. Störende Ionen. Die vorliegende Vorschrift ist nur bei Kupfer-Mengen kleiner als 2 mg, Eisenmengen kleiner als 4 mg und in Abwesenheit von Molybdän, Thorium, Titan, Wolfram und Vanadium anwendbar. In Anwesenheit größerer Eisen-Mengen muß die Menge zugesetzter Ascorbinsäure erhöht werden. Das gleiche gilt für den Zusatz von Thiosulfationen bei erhöhten Kupfer-Gehalten. Da jedoch in der sauren Lösung die Gefahr der Reduktion des Kupfer(II)-ions durch Ascorbinsäure besteht, muß die Reihenfolge der Reagens-Zusätze geändert werden. Die Ascorbinsäure-Lösung darf erst *nach* der Zugabe der Pufferlösung zugesetzt werden. Der Einfluß von Molybdat- und Titanionen kann durch Zusatz von 0,5 mg Phosphationen zu der Lösung von pH = 1,5 ausgeschaltet werden (siehe S. 419). Nach 5 min langem Stehen erfolgt dann die weitere Zugabe der Ascorbinsäure und des Puffers. Die Störung durch Wolfram kann durch Zusatz von Calciumionen eliminiert werden.

Beim Vergleich mit dem *Eriochromcyanin-R-* und dem *Aluminon-Verfahren* kommt *Pakalns* zu dem Ergebnis, daß die Chromazurol-S-Methode, was Selektivität, Einfachheit und Schnelligkeit betrifft, den anderen beiden Verfahren überlegen ist.

Weitere Arbeitsweisen durch Abtrennung störender Kationen. Bei der Bestimmung des Aluminiums in Lötlegierungen trennen *Onuki, Watanuki* und *Yoshino* [343] störende, Chlorokomplexe bildende Kationen mit Hilfe eines Anionen-Austauschers ab. *Tichonov* trennt in der Analyse von Magnesium- und Titan-Legierungen Aluminium vom Eisen und Titan durch eine Cupferron-Extraktion. Bei der Bestimmung des Aluminiums im Zinn mit dem Chromazurol-S-Verfahren maskieren *Švajger* und *Rudenko* [336] Eisen und Kupfer mit Ascorbinsäure. Zinn wird als $SnCl_4$ entfernt.

Arbeitsvorschrift. 1 g Zinn, das 0,001 bis 0,2 mg Al enthalten kann, wird mit 5 bis 7 ml Königswasser gelöst und vorsichtig eingeengt. Man versetzt mit 2 bis 3 ml Salzsäure (D = 1,19) und engt wieder fast zur Trockene ein. Diese Operation wird so lange wiederholt, bis keine $SnCl_4$-Nebel mehr auftreten. Der Rückstand wird mit 1 bis 2 ml Schwefelsäure abgeraucht, mit 2 ml Salzsäure (1:10) (etwa 1,2 m) aufgenommen und das Abrauchen noch 2mal wiederholt. Die salzsaure Lösung wird mit 0,85 ml 10%iger Natronlauge versetzt und auf 25 ml aufgefüllt. 2,5 ml Lösung werden mit 0,2 m 5%iger Ascorbinsäure-Lösung, 0,3 ml 0,3%iger wäßriger Chromazurol-S-Lösung und 7 ml Acetat-Pufferlösung, pH = 5,37 (150 ml 0,2n Essigsäure und 850 ml 0,2n Natriumacetat-Lösung) versetzt. Nach 5 min erfolgt die Messung der Extinktion.

L. Bestimmung mit Chromoxan-Reinblau V

Šejanova und *Malenskaja* [344] benutzen den Farbstoff: Chromoxan-Reinblau V
nebenstehender Konstitution zum Nachweis und zur photometrischen Bestimmung

des Aluminiums. Dieser Farbstoff unterscheidet sich vom Chromazurol-S nur durch
das Fehlen einer Sulfogruppe und ist in seinem Verhalten diesem außerordentlich
ähnlich. Aluminium bildet mit Chromoxan-Reinblau V einen ebenfalls violett ge-
färbten Komplex, jedoch im Molverhältnis des Aluminiums zum Farbstoff wie 1:3.
Sein Absorptionsmaximum liegt bei pH = 6,0 zwischen 540 und 550 nm. In diesem
Bereich ist die Absorption des goldgelben, reinen Farbstoffes gering. Die Farb-
Intensität des Komplexes ist mindestens 8 Std. konstant und das Lambert-Beersche
Gesetz im Konzentrationsbereich von 1 bis 12 µg Al/10 ml Lösung erfüllt.

Die Bestimmung wird *nicht gestört* von den Kationen Magnesium, Zink, Mangan,
ferner von Kupfer im Verhältnis: $Al^{3+}:Cu^{2+} = 1:0,7$ und Eisen im Verhältnis:
$Al^{3+}:Fe^{3+} = 50:1$. Nach Reduktion und Maskierung mit Ascorbinsäure ist Aluminium
noch neben der 40fachen Eisen-Menge zu bestimmen. *Šejanova* und *Malenskaja*
bestimmen nach dieser Methode Aluminium-Gehalte von 3 bis 8% in Magnesium-
und Zink-Legierungen mit einem *Fehler* von ± 6%.

Arbeitsvorschrift. Man versetzt die zu untersuchende Lösung, die nicht mehr als
14 µg Al enthalten soll, in einem 10-ml-Meßkolben mit 3 ml Pufferlösung, pH = 6,0,
sowie 5 ml 0,05%iger Farbstoff-Lösung, füllt auf und mißt bei 546 nm.

M. Bestimmung mit Hämatoxylin

Grundlagen und Anwendung des Verfahrens

Hämatoxylin bildet mit Aluminium und anderen Metallen gefärbte Verbindungen
bzw. Farblacke. *Hatfield* [315] hat als erster die Verwendung dieses Farbstoffes zur
annähernd quantitativen, colorimetrischen Bestimmung des Aluminiums in Wässern
vorgeschlagen. Die von *Hatfield* entwickelte Arbeitsweise wurde in der Folgezeit
mehrfach nachgeprüft und modifiziert, aber im allgemeinen wohl nur zur Aluminium-
Bestimmung in Wässern angewandt (*Gad* und *Naumann* [302]; *Knudson, Meloche*
und *Juday* [345]; *Houghton* [346]; *Strafford* und *Wyatt* [223]). Zur Bestimmung von
Aluminium-Spuren in Alkali-Verbindungen und anderen Reagenzien hat *Tartakowski* [347] das Hämatoxylin-Verfahren herangezogen.

Mit anderen Farblack-Methoden hat das Aluminium-Hämatoxylin-Verfahren
gemeinsam: die Abhängigkeit der Farb-Intensität des freien Farbstoffes und des
Farblackes vom pH-Wert sowie den Konzentrationsverhältnissen, die Notwendigkeit, das bereits an sich gefärbte Reagens im Überschuß anzuwenden, die Änderung
der Farb-Intensität des Aluminiumlackes mit der Zeit und die mangelnde Spezifität,
da Hämatoxylin auch mit anderen Metallen ähnlich gefärbte Lacke bildet. Diese

den Farblack-Verfahren ebenfalls anhaftenden Nachteile sind jedoch beim Hämatoxylin teilweise so stark ausgeprägt, daß sie das Verfahren nicht als besonders empfehlenswert erscheinen lassen. Es sind auch in den letzten Jahren keine wesentlichen Beiträge zur Hämatoxylin-Methode mehr veröffentlicht worden; offenbar wird sie praktisch kaum noch zur Aluminium-Bestimmung herangezogen.

Reagens

Hämatoxylin ist ein 3,7,8,5',6'-Pentaoxy-(indeno-2',1'-3,4-chromen)-dihydrid-

(3,4) nebenstehender Struktur und der Summenformel $C_{16}H_{14}O_6$. Das Molekulargewicht beträgt 302,28. Hämatoxylin ist in kaltem Wasser wenig, in heißem leichter löslich; es löst sich auch in Äthanol und Äther. An der Luft färbt sich die farblose Lösung des reinen Hämatoxylins durch Oxydation allmählich, schneller beim Erwärmen tiefrot.

Der zunächst in neutraler oder alkalischer Lösung entstehende, rote Farbton der Hämatoxylin-Lösung ändert sich mit dem pH-Wert von Rot bis Purpur bei pH = 8 bis 8,5, nach Hellgelb bei pH = 4,5 (worauf auch die Anwendung des Hämatoxylins als Indikator beruht).

Hämatoxylin wird zur Aluminium-Bestimmung meistens als 0,1 %ige, wäßrige Lösung angewandt, die aber nicht sehr stabil ist. Haltbarer ist eine schwach essigsaure oder salzsaure Lösung.

Eigenschaften des Aluminium-Hämatoxylin-Lackes

Offenbar liegen bisher keine eingehenden Untersuchungen über die Zusammensetzung des Aluminium-Hämatoxylin-Lackes und seine Bindungsverhältnisse vor. Die Aluminium-Verbindung mit Hämatoxylin ähnelt jedoch in ihrem physikalischen und chemischen Verhalten in so weitgehendem Maße den Aluminiumlacken mit Eriochromcyanin, Aluminon und Alizarinrot S bzw. Alizarin, daß eine analoge Betrachtungsweise gerechtfertigt erscheint.

Nach *Hatfield* wird der Hämatoxylin-Lack in ammoniakalischer Lösung entwickelt und die Extinktion nach Ansäuern mit Essigsäure auf einen pH-Wert von etwa 4,5 gemessen. Der Farblack wird in dem relativ engen Bereich von pH = 8 bis 8,5 am schnellsten und offenbar weitgehend vollständig gebildet. *Strafford* und *Wyatt* fanden dagegen, daß die maximale Farb-Intensität im pH-Bereich von 7,1 ± 0,2 erreicht wird. Allerdings ist hier die Bildungsgeschwindigkeit geringer als bei höheren pH-Werten; *Strafford* und *Wyatt* halten es daher für zweckmäßig, die Farb-Entwicklung durch Erhöhung des pH-Wertes auf etwa 7,5 zu beschleunigen. Der Farblack bildet sich auch noch in neutraler Lösung (pH = 6,8) allerdings nur sehr langsam; er soll sich dann aber durch erhöhte Stabilität auszeichnen (*Houghton*).

Die Stabilität des Aluminium-Hämatoxylin-Lackes wird sehr unterschiedlich beurteilt. Nach *Hatfield* ist der einmal entstandene Farblack auch bei niedrigeren pH-Werten, z.B. bei pH = 4,5, beständig. *Ginsberg* [348] fand dagegen, daß sich der

Farbton des Aluminium-Lackes bei pH = 4,5 bereits im Laufe von 1/4 bis 1/2 Std. deutlich verändert. Nach den spektralphotometrischen Messungen dieses Autors nimmt die Absorption mit zunehmender Aluminium-Konzentration sogar ganz unregelmäßig und willkürlich ab. Auch *Strafford* und *Wyatt* beobachteten, daß durch Ansäuern der ammoniakalischen Lösung des Farblackes mit Essigsäure auf pH = 4,5 die Farb-Intensität des Lackes zurückgeht und unregelmäßige Meßergebnisse erhalten werden; ähnliche Beobachtungen teilt *Houghton* mit. Offenbar ist die Zusammensetzung des Hämatoxylin-Lackes in ähnlicher Weise wie beim Alizarinrot-S-Lack vom pH-Wert abhängig (vgl. S. 401). Beim Ansäuern auf pH = 4,5 ändert sich also zunächst die Zusammensetzung und damit die Farb-Intensität des Lackes, bis der dem neu eingestellten pH-Wert entsprechende Gleichgewichtszustand erreicht ist; anschließend bleibt dann die Farb-Intensität stabil. Entweder wartet man also mit der Messung, bis sich das Gleichgewicht eingestellt hat, oder man mißt unmittelbar bzw. zu einem bestimmten, stets einzuhaltenden Zeitpunkt nach dem Ansäuern.

Wenn auch die photometrische Messung bei einem pH-Wert von 4,5 infolge der hier sehr geringen Extinktion des überschüssigen Farbstoffes besonders günstig erscheint, zieht *Houghton* die Messung und auch Entwicklung des Farblackes beim gleichen pH-Wert von 6,8 vor. Die Farblack-Entwicklung erfolgt zwar bei pH = 6,8 nur verhältnismäßig langsam; der so erhaltene Farblack ist aber sehr stabil. *Gad* und *Naumann* sowie *Strafford* und *Wyatt*, die den Farb-Vergleich bzw. die photometrische Messung in ammoniakalischer Lösung ausführen, machen über die Stabilität des Farblackes bei pH-Werten über 7 keine Angaben.

Zur Erhöhung der Beständigkeit des Aluminium-Hämatoxylin-Lackes werden wie bei den übrigen Farblack-Methoden vielfach Schutzkolloide als Stabilisatoren zugesetzt, z.B. Gummi arabicum (*Gad* und *Naumann*), Stärke (*Knudson, Meloche* und *Juday*) oder Stärke-Glycerin (*Strafford* und *Wyatt*). Der Zusatz von Stärke-Glycerin hat nach *Strafford* und *Wyatt* noch den weiteren Vorteil, daß er den störenden Einfluß von Calcium- und Magnesiumsalzen auf die Aluminium-Bestimmung in Wässern verschiedener Härtegrade beseitigt (Arbeitsvorschrift, S. 429).

Störende Ionen und Möglichkeiten zur Beseitigung der Störungen

Nach den bisher vorliegenden Arbeiten ist im wesentlichen nur der Einfluß derjenigen Ionen untersucht worden, die in Gebrauchswässern vorkommen. Von diesen beeinflussen Calcium und Magnesium in merklichem Maße die Farb-Intensität des Aluminium-Hämatoxylin-Lackes. Dieser von anderen Farblacken her bekannte „Salzfehler" läßt sich außer durch Abtrennung des Aluminiums von diesen Metallen durch entsprechenden Ansatz der Vergleichs- bzw. Eichlösungen beseitigen (*Houghton*) oder – nach *Strafford* und *Wyatt* – durch Zusatz von *Stärke*-Glycerin. Eine französische Gesamthärte von bis zu 0,4 g/l (als $CaCO_3$ berechnet) stört nach der Vorschrift dieser Autoren die Aluminium-Bestimmung im Wasser dann nicht. Auch durch einen Überschuß an Ammoniumacetat wird der Einfluß des Calciums und Magnesiums gegenüber acetatfreien Lösungen wesentlich vermindert.

Durch Farblack-Bildung mit Hämatoxylin stört vor allem *Eisen*. Die Farb-Intensität des Eisenlackes ist, auf äquivalente Mengen bezogen, etwa ebenso groß wie diejenige des Aluminiumlackes. In schwach sauren Lösungen (pH = 4,5) liegt nach *Knudson, Meloche* und *Juday* das Absorptionsmaximum des Eisenlackes bei etwa 660 nm, dasjenige des Aluminiumlackes dagegen bei 550 nm. Da auch schon geringe Eisen-Gehalte von 0,2 mg Fe/l bei gleicher Größenordnung der Aluminium-Mengen nicht mehr vernachlässigt werden können (*Houghton*), sehen alle beschriebenen Arbeitsweisen die Ausschaltung des durch Eisen verursachten Fehlers auf einem der folgenden Wege vor:

1. durch colorimetrischen Vergleich oder photometrische Messung ($E_0 - E_F$) gegenüber Vergleichslösungen, die die gleiche Menge Eisen wie die zu untersuchenden Probe-Lösungen enthalten (*Hatfield*; *Tartakowski*), oder durch Anwendung empirischer Korrekturen (*Guerreschi* und *Romita* [349]);

2. durch Abtrennung des Eisens und anderer störender Metalle (*Strafford* und *Wyatt*);

3. durch Maskierung des Eisens, z.B. mit Kaliumcyanid (*Gad* und *Naumann; Houghton*);

4. durch Messung der Extinktion der Aluminium- und Eisen-Hämatoxylin-Lack enthaltenden Lösung bei zwei verschiedenen Wellenlängen und entsprechende, indirekte Bestimmung (*Knudson*, *Meloche* und *Juday*).

Durch Maskierung mit Kaliumcyanid können Eisengehalte bis 1 mg/l unschädlich gemacht werden, sowohl beim Farb-Vergleich in schwach essigsaurer wie in schwach ammoniakalischer (*Gad* und *Naumann*) oder auch neutraler Lösung (pH = 6,8; *Houghton*). Wird der Farblack jedoch bei pH-Werten von 7,5 und darüber entwickelt, so soll nach *Strafford* und *Wyatt* Kaliumcyanid die Reaktion des Eisens(III) mit Hämatoxylin nicht mehr ganz verhindern.

Die indirekte Bestimmung durch Messung der Extinktion bei 2 Wellenlängen, den Absorptionsmaxima des Aluminium- und Eisen-Lackes, setzt voraus, daß nur dem geringen Aluminium-Gehalt der Probe vergleichbare Eisen-Mengen vorliegen. Übersteigt der Eisen-Gehalt den an Aluminium um mehr als etwa das 3fache, muß Eisen vor der Bestimmung des Aluminiums abgetrennt werden. *Knudson*, *Meloche* und *Juday* schlagen hierzu die Fällung des Eisens mit Natronlauge vor.

Außer Eisen stören Kupfer und Mangan; die geringen, in Wässern üblicherweise vorliegenden Mengen dieser beiden Metalle rufen jedoch nur einen vernachlässigbar kleinen Fehler hervor. Kupfer bildet mit Hämatoxylin einen, nach *Strafford* und *Wyatt* instabilen, purpurstichtig-blauen Farblack, der durch Zusatz von Borationen weitgehend zersetzt wird. Kupfer wird auch durch Cyanid-Zusatz maskiert (*Houghton*).

Mangan katalysiert die Oxydation des Hämatoxylins über Hämatein zu gelben Oxydationsprodukten und beschleunigt auch die Zersetzung des Aluminium-Lackes. Nach *Strafford* und *Wyatt* kann bis zu 0,1 mg Mangan vorliegen, ohne daß eine merkliche Störung eintritt; die photometrische Messung muß dann allerdings unmittelbar nach dem Ansatz des Farblackes ausgeführt werden.

Nach *Gad* und *Naumann* stören die in Wässern vorkommenden Mengen Blei, Zink und Kupfer die Bestimmung des Aluminiums mit Hämatoxylin nicht. Wenn auch keine Beobachtungen über weitere Metalle vorliegen, welche die Aluminium-Bestimmung mit Hämatoxylin stören, so reagieren doch zahlreiche andere Metalle mit Hämatoxylin (oder Hämatein) und müssen *vor* der Bestimmung des Aluminiums entfernt oder maskiert werden. Erwähnt sei, daß z.B. Zinn, Arsen, Antimon, Wismut und Molybdän mit Hämatein unter Bildung blau- bis violettgefärbter Verbindungen reagieren (*Vassallo* [350]). Nach *Hatfield* werden die von vielen Schwermetallen gebildeten Hämatoxylin-Lacke jedoch in schwach saurer Lösung zerlegt (Gelbfärbung), so daß der colorimetrische Vergleich bzw. die photometrische Messung zweckmäßig nach Ansäuern auf etwa pH = 4,5 ausgeführt wird.

Über den störenden Einfluß von Anionen berichtet *Houghton*, daß Gehalte der zu untersuchenden Wasserproben an Phosphorsäure bis zu 0,8 mg P_2O_5/l, an freiem Chlor bis zu 0,7 mg Cl_2/l und an Fluoridionen bis zu 1 mg F^-/l keine merklichen Fehler hervorrufen (Farbvergleich bei pH = 6,8); 5 mg F^-/l stören dagegen bereits merklich. Nach *Gad* und *Naumann* beeinflussen jedoch auch größere Fluorid-Mengen die Aluminium-Bestimmung im Wasser nicht, wenn der Farb-Vergleich in ammoniakalischer Lösung ausgeführt wird. Vor Ausführung der Messung in schwach saurer Lösung müssen aber Fluoridionen abwesend sein; auf der Schwächung der Farb-

Intensität des Aluminium-Hämatoxylin-Lackes durch Fluoridionen bei pH = 4,9 beruht eine von *Hunter, MacNulty* und *Terry* [351] ausgearbeitete Methode zur quantitativen photometrischen Bestimmung kleiner Mengen Fluoridionen.

Arbeitsweisen

Farblack-Bildung in ammoniakalischer, Bestimmung in schwach saurer Lösung

Neben der älteren Vorschrift nach *Hatfield*, die mangels genügender Einengung der Arbeitsbedingungen nur eine annähernde Schätzung des Aluminium-Gehaltes erlaubt und daher heute nur noch historisches Interesse besitzt, wird die Vorschrift nach *Houghton* wiedergegeben. Sie unterscheidet sich von ersterer vor allem dadurch, daß die Farblack-Lösung vor der Messung nur auf einen pH-Wert von 6,8 angesäuert wird. Hier soll der Farblack stabiler sein als in stärker saurer Lösung. Beide Vorschriften wurden zur Aluminium-Bestimmung in Wässern ausgearbeitet.

Arbeitsvorschrift nach *Houghton* [346]. 25 ml Wasser-Probe gibt man in ein kleines Erlenmeyer-Kölbchen, versetzt mit 5 ml n Salzsäure und erhitzt bis zum beginnenden Sieden. Man unterbricht dann das Erhitzen, gibt 4,75 ml n Natriumcarbonat-Lösung hinzu und vertreibt das Kohlendioxid, indem man wieder bis zum Siedebeginn erhitzt. Nach Abkühlung auf Raumtemperatur überführt man die Lösung in ein 100-ml-Neßler-Rohr, versetzt mit 10 ml Ammoniumacetat-Lösung (40 g in 100 ml) sowie 2 ml der gemischten Natriumcarbonat-Cyanid-Lösung (siehe unten), mischt und läßt (nur in Anwesenheit von Eisen, Mangan und Kupfer) 5 min stehen. Nun gibt man 1 ml Hämatoxylin-Lösung (siehe unten) zu, mischt wieder gut, läßt 10 min stehen, säuert mit 2 ml Essigsäure (10 ml Eisessig in 100 ml) an, mischt und vergleicht die Färbung der Lösung, deren pH-Wert 6,8 betragen soll, nach einer Wartezeit von 20 min mit derjenigen gleichbehandelter, aus einer Standard-Aluminium-Lösung und dest. Wasser hergestellter Lösungen bekannten Aluminium-Gehaltes.

Bemerkungen. Erforderliche Lösungen. Hämatoxylin-Lösung: 0,1 g reines Hämatoxylin werden in 100 ml 0,005n Salzsäure unter Erhitzen bis zum beginnenden Sieden gelöst und die erkaltete Lösung mit Chloroform gesättigt; sie wird am besten im Dunkeln aufbewahrt. Gemischte Natriumcarbonat-Kaliumcyanid-Lösung: 10,0 g Natriumcarbonat und 10,0 g Kaliumcyanid werden in 200 ml Wasser gelöst.

Störende Ionen. In der beschriebenen Arbeitsweise stören infolge der hohen Ammoniumacetat-Konzentration Calcium-Gehalte bis zu 0,3 g $CaCO_3$/l und Magnesium-Gehalte (als Calciumcarbonat berechnet) bis zu 0,15 g $CaCO_3$/l praktisch nicht. Durch den Cyanid-Zusatz wird die Störung durch Kupfer bis zu Gehalten von 0,5 mg Cu/l vollständig beseitigt, diejenigen durch Eisen und Mangan jedoch nicht ganz. Auch noch 0,2 mg/l Eisen oder Mangan rufen eine merkliche Farb-Änderung hervor; es ist daher angebracht, den Vergleichslösungen gleiche Eisen- bzw. Mangan-Mengen zuzusetzen, wie die Probelösung enthält.

Genauigkeit. Nach *Houghton* beträgt der *Fehler* der Bestimmung im Durchschnitt ± 0,016 mg Al/l; die Genauigkeit ist also für einen einfachen Farb-Vergleich sehr zufriedenstellend. *Strafford* und *Wyatt* konnten jedoch gemäß der Arbeitsvorschrift nach *Houghton* nicht die Stabilität des Farblackes und damit die Zuverlässigkeit der Bestimmung erreichen wie nach ihrer, weiter unten beschriebenen Methode.

Arbeitsvorschrift zur Bestimmung des Aluminiums in Alkalihydroxiden nach *Tartakowski* [347]. 2 g des zu untersuchenden Natriumhydroxids werden in einem Silberbecher mit 10 ml Wasser gelöst, mit Salzsäure (1:1) (etwa 6 m) gegen Phenolphthalein neutralisiert und mit einem Überschuß von 0,1 bis 0,2 ml angesäuert. Dann macht man nach Überführung in ein 100-ml-Colorimeter-Röhrchen mit n Natronlauge gerade bis zur bleibenden Rotfärbung alkalisch, gibt 1 ml Natronlauge im Überschuß zu und verdünnt mit Wasser auf 40 ml. Nach Zugabe 1%iger Natriumacetat-Lösung (nur bei Gehalten der Probe unter 0,001 % = 20 µg Al_2O_3) und 0,1 %iger Hämatoxylin-Lösung wird durchgeschüttelt, auf 50 ml verdünnt und mit 1 ml Essigsäure angesäuert. Nun vergleicht man die Färbung der Lösung mit derjenigen gleichbehandelter Standardlösungen oder verdünnt mit einer derartigen Standard-lösung, bis eine bestimmte Farb-Intensität erreicht ist.

Zur Eliminierung eines *störenden Eisen*-Gehaltes werden die Vergleichslösungen mit einer diesem Gehalt der Probe entsprechenden Menge einer Standard-Eisen-Lösung versetzt.

Farblack-Bildung und Bestimmung in ammoniakalischer Lösung

Arbeitsvorschrift zur Bestimmung im Wasser nach *Gad* und *Naumann* [302]. Zu 50 ml Wasser-Probe gibt man nacheinander unter jedesmaligem Umschwenken 1 ml Gummi-arabicum-Lösung, 2 Tropfen 10 %ige Kaliumcyanid-Lösung, 1 ml 0,1 %ige Hämatoxylin-Lösung und 1 ml gesättigte Ammoniumcarbonat-Lösung (Reagens-Lösungen siehe unten). Dann läßt man 15 min stehen, gibt 1 ml 30 %ige Essigsäure zu, schüttelt um und vergleicht mit einer Reihe ebenso behandelter, mittels der Standard-Aluminium-Lösung und dest. Wasser bereiteter Vergleichsproben, die 0,05 bis 2,0 mg Al/l enthalten.

Bemerkungen. Zu den Vergleichslösungen braucht man nach *Gad* und *Naumann* *kein Kaliumcyanid* zuzusetzen, da letzteres den Farbton nicht beeinflußt.

Erforderliche Lösungen. Hämatoxylinlösung: 0,1 g reines, farbloses, gepulvertes Hämatoxylin wird in 100 ml 1 %iger Essigsäure kalt gelöst; die Lösung wird in einer braunen Flasche aufbewahrt.

Gummi-arabicum-Lösung: Die Lösung soll 10 %ig sein; sie wird kalt bereitet und zweckmäßig durch Zusatz einiger Tropfen Chloroforms konserviert.

Störende Ionen und Genauigkeit. Der in der Vorschrift angewandte Zusatz des Kaliumcyanids reicht aus, um Störungen durch geringe Eisen-Gehalte bis zu etwa 1 mg Fe_2O_3/l auszuschalten. Auch größere Fluorid-Mengen sollen praktisch nicht stören. *Gad* und *Naumann* geben keine Beleganalysen an und äußern sich auch sonst nicht über die Genauigkeit der Methode.

Arbeitsvorschrift zur Aluminium-Bestimmung im Wasser nach *Strafford* und *Wyatt* [223]. Die Wasser-Probe wird vor der Untersuchung mit 0,1 n Natriumcarbonat-Lösung oder 0,1 n Salzsäure gegen Methylorange neutralisiert. Bei Gehalten von weniger als 0,1 mg Al/l gibt man 25 ml, von 0,1 bis 0,5 mg Al/l 10 ml, bei höheren Gehalten ein entsprechend kleineres Volumen der Wasser-Probe in einen 100-ml-Erlenmeyer-Kolben unter gleichzeitigem Ansatz einer Blindprobe. Zu den Proben und der Blind-probe gibt man nun je 1,0 ml 5 n Salzsäure sowie 1 ml Bromwasser (Reagens-Lösungen siehe unten) und kocht zur Entfernung des Brom-Überschusses. Verschwindet die Färbung bereits vor Erreichen des Siedepunktes, so gibt man jeweils noch 1 ml Brom-wasser zu, bis die Gelbfärbung noch bei beginnendem Sieden erkennbar ist, organische Bestandteile der Probe also restlos zerstört sind. Das überschüssige Brom wird ver-kocht und die Lösung abgekühlt. Enthält die Probe auch *Eisen*, so muß dieses ent-fernt werden (Extraktion mit Thiocyanat), wobei die Blindlösung in gleicher Weise wie die Probelösung zu behandeln ist. Die eisenfreien Lösungen werden gegebenen-falls auf ein Volumen von 30 bis 35 ml verdünnt und mit 2 n Ammoniumcarbonat-Lösung unter Umschwenken auf einen pH-Wert von 7,5 ± 0,2 eingestellt. An-schließend versetzt man mit 1 ml Stärke-Glycerin-Lösung und 5 ml Hämatoxylin-Lösung, mischt durch und läßt 15 min stehen. Nach Ablauf der Wartezeit gibt man 5 ml 0,8 n Ammoniumborat-Lösung zu und wartet nochmals 2 min. In dieser Zeit soll die Färbung der Blindlösung fast verblassen. Man überführt nun die Lösungen in 50 ml Neßler-Zylinder, verdünnt auf genau 50 ml und vergleicht die Färbung mit einer entsprechend geeichten Farb-Skala. Geeignet sind Farb-Skalen, wie sie zur Phosphat-Bestimmung nach der Molybdänblau-Methode verwandt werden.

Bemerkungen. Erforderliche Lösungen. Bromwasser: Ein 1-1-Rundkolben, der mittels eines Glasschliffes mit einem langen Liebig-Kühler verbunden ist, wird mit gesättigtem Bromwasser und einigen Millilitern Broms bis zur Hälfte gefüllt. Dann destilliert man in eine halb mit dest. Wasser gefüllte, mit Eiswasser gekühlte 1-1-Flasche, die man häufiger schüttelt, bis die Lösung an Brom gesättigt ist. Stärke-Glycerin-Lösung: 1 g feingepulverte Stärke wird mit 20 ml Glycerin zu einem Teig verrührt. Dieser wird über kleiner Flamme bis zur Entwicklung von Dämpfen so lange unter stetem Rühren erhitzt, bis die Masse in ruhigen Fluß kommt und vollständig klar wird; Überhitzen ist hierbei tunlichst zu vermeiden. Nach erfolgter Abkühlung verdünnt man mit 80 ml Wasser, läßt über Nacht stehen und dekantiert bzw. filtriert. Hämatoxylinlösung: 0,1 g gepulvertes Hämatoxylin werden in 100 ml kaltem dest. Wasser unter Zusatz von 0,1 ml 5n Salzsäure gelöst. Etwa 1n Ammoniumthiocyanatlösung: 80 g Ammoniumthiocyanat werden in 1 l Wasser gelöst. 50 ml Lösung werden mit 1 ml 5n Salzsäure versetzt und 3mal mit je 10 ml einer Extraktionsmischlösung (5 Volumteile Pentanol werden mit 2 Volumteilen Diäthyläther gemischt) ausgeschüttelt. Die so von Eisenspuren gereinigte Lösung wird mit 1 ml 5n Ammoniak wieder neutralisiert. Die Entfernung des Eisens ist nur dann erforderlich, wenn neben Aluminium auch Eisen bestimmt werden soll.

Die *Genauigkeit* der Bestimmung betrug bei Gehalten von 0,01 bis 0,1 mg Al/l ± 0,01 mg, bei höheren Gehalten von 0,1 bis 0,5 mg Al/l etwa ± 0,05 mg, wenn der ursprüngliche Eisen-Gehalt der Probe denjenigen an Aluminium um nicht mehr als das 10fache übersteigt.

Die Bestimmung mit Hämatoxylin soll nach *Strafford* und *Wyatt* einfacher und etwas *empfindlicher* sein als diejenige mit Aluminon.

Indirekte Bestimmung (Messung der Gesamtextinktion bei 2 Wellenlängen)

Die **Arbeitsvorschrift** zur Aluminium-Bestimmung im Wasser nach *Knudson, Meloche* und *Juday* [345] wurde ausgearbeitet für Aluminium-Gehalte von etwa 0,05 bis 0,3 mg Al/l; Wasser-Proben mit höheren bzw. geringeren Aluminium-Gehalten müssen daher erst durch Verdünnen bzw. Eindampfen auf diesen Konzentrationsbereich eingestellt werden.

50 ml Probe werden unter gründlichem Umschütteln nacheinander mit 1 ml Stärkelösung, 1 ml Hämatoxylin-Lösung und möglichst genau 1 ml Ammoniumcarbonat-Lösung versetzt (Reagens-Lösung siehe unten). Man wartet 10 min und säuert mit 1 ml 35%iger Essigsäure an; der pH-Wert soll nun zwischen 4,5 und 4,6 liegen. Nach Entfernung überschüssigen Kohlendioxids durch Schütteln wird die Extinktion bei den Wellenlängen 540 und 660 nm gemessen. Als Vergleichslösung dient eine gleichbehandelte Blindlösung (50 ml dest. Wasser).

Bemerkungen. Zur Eichung stellt man reine Aluminiumsalz- und reine Eisensalz-Lösungen her. Entsprechend den verschiedenen Absorptionsspektren des Aluminium- und Eisen-Hämatoxylin-Lackes ergeben sich somit *4 verschiedene Eichkurven,* und zwar für Aluminium sowie für Eisen jeweils bei den Wellenlängen 540 und 660 nm. Diese Eichkurven sind nach *Knudson, Meloche* und *Juday* geradlinig, so daß sich innerhalb des Meßbereiches von 0 bis 0,30 mg Metall/l konstante Extinktionskoeffizienten angeben lassen, die zur Berechnung der einzelnen Konzentrationen verwendet werden.

Erforderliche Lösungen. Hämatoxylin-Lösung: 0,1 g Hämatoxylin werden in etwa 100 ml siedendem Wasser gelöst und die Lösung nach dem Abkühlen auf genau 200 ml verdünnt. Stärkelösung: 2 g lösliche Stärke werden mit wenig Wasser zu einer Paste verrieben und in 100 ml siedendem Wasser gelöst. Ammoniumcarbonat-Lösung: 50 g Ammoniumcarbonat-1-hydrat werden in 200 ml Wasser gelöst; die Lösung wird in einer verschlossenen Flasche (besser wäre wohl eine Kunststoff-Flasche) an einem kühlen Ort aufbewahrt; sie ist nach 2 bis 3 Tagen neu anzusetzen.

Anwendungsbereich. Die Methode wurde speziell zur Bestimmung geringer Konzentrationen an Aluminium in Gegenwart ebensolcher an Eisen ausgearbeitet. Die Summe beider Metalle soll nicht größer als 0,3 mg/l sein. *Knudson, Meloche* und *Juday* empfehlen, zu hohe Eisen-Gehalte durch Fällung mit Natronlauge zu entfernen. Soll der Gesamtaluminium-Gehalt in unfiltrierten Wasser-Proben bestimmt werden, so muß eine Säure-Behandlung vorausgehen, damit auch das ursprünglich nicht in löslicher, reaktionsfähiger Form vorliegende Aluminium miterfaßt wird. Bei *stärker gefärbten* Wasser-Proben, die viel organische Substanz enthalten, müssen Färbung und organische Substanz vor der Aluminium-Bestimmung beseitigt bzw. zerstört werden (vgl. Arbeitsvorschrift nach *Strafford* und *Wyatt*).

Genauigkeit: Knudson, Meloche und *Juday* führen folgende Beleganalysen reiner Aluminium-Eisen-Lösungen an (Tab. 73).

Tabelle 73. *Bestimmung des Aluminiums neben Eisen*
nach Knudson, Meloche und Juday

Probe-Nr.	Gegeben mg Fe/l	mg Al/l	Gefunden mg Al/l
1	0,050	0,150	0,153
2	0,100	0,100	0,094
3	0,150	0,050	0,044
4	0,150	0,150	0,114
5	0,050	0,250	0,258
6	0,000	0,300	0,315
7	0,150	0,050	0,049
8	0,150	0,100	0,100

Mit Ausnahme der Bestimmung 4 sind die Ergebnisse zufriedenstellend; der *Fehler* der übrigen 7 Bestimmungen liegt im Durchschnitt unter $\pm 5\%$ rel.

N. Bestimmungen mit „Stilbazo"

Grundlagen und Anwendung des Verfahrens

Kusnetzow, Karanowitsch und *Drapkina* [352] fanden bei der Suché nach Farb-Reagenzien, die sich zur spektralphotometrischen Aluminium-Bestimmung eignen, den Farbstoff „Stilbazo". Dieser soll nach den genannten Autoren gegenüber den schon bekannten Farb-Reagenzien, insbesondere auch gegenüber Eriochromcyanin R und Aluminon, den Vorteil haben, daß mit ihm die Bestimmung des Aluminiums in Anwesenheit größerer Mengen Eisen(II) und Titan besser als mit den anderen Farb-Reagenzien ausgeführt werden kann. Außerdem erfolgt die Farblack-Entwicklung sehr schnell, so daß die Bestimmung auch auf dem Wege der photometrischen Titration möglich sein soll.

In letzter Zeit hat *Jean* [353] die Stilbazo-Methode eingehender untersucht und ihre Eignung zur Aluminium-Bestimmung auch nach der sonst üblichen, photometrischen Arbeitsweise bestätigt. *Jean* wendet Stilbazo zur Bestimmung des Aluminiums in Stählen an; auch soll es zur Aluminium-Bestimmung in Zink-Legierungen geeignet sein.

In neuerer Zeit haben *Wetlesen* und *Omang* [354] die Aluminium-Bestimmung mit Stilbazo untersucht, die dann später von *Wetlesen* [355] zur Bestimmung des Aluminiums im Stahl angewandt wurde.

Reagens

„Stilbazo" ist das Diammoniumsalz der Stilben-4,4'-bis [(azo-1)-3,4-dihydroxy-phenyl]-2,2'-disulfosäure nachstehender Konstitutionsformel:

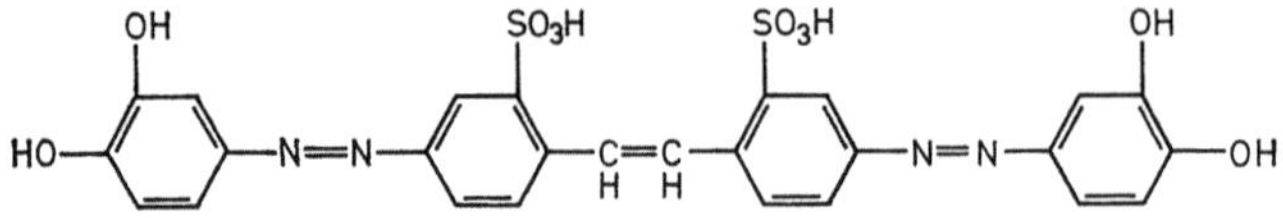

Entsprechend der Bruttoformel $C_{26}H_{20}O_{10}N_4S_2 \cdot 2\,NH_3$ beträgt das Molekulargewicht des Stilbazo 646,65. *Kusnetzow*, *Karanowitsch* und *Drapkina* beschreiben auch die Synthese des Farbstoffes durch Tetrazotierung von Diaminostilbendisulfosäure und Kupplung mit Brenzcatechin.

Das von *Kusnetzow* und Mitarbeitern dargestellte Stilbazo ist ein dunkelbraunes Pulver, das sich mit orangebrauner Farbe in Wasser löst; die stark verdünnte Lösung ist orangegelb. Diese Farbe ändert sich beim Ansäuern nicht; erst aus konzentrierteren, stärker orangefarbenen Lösungen fällt beim Ansäuern die freie Farbsäure aus, deren kolloide Suspension die Lösung grünlich bis bläulich erscheinen läßt. Beim Alkalisieren der verdünnten Lösung des Farbstoffes schlägt die Farbe der Lösung über Himbeerrot und Violett nach Blauviolett um. Wie die anderen zur Aluminium-Bestimmung herangezogenen Farbstoffe ist Stilbazo kein spezifisches Reagens auf Aluminium, sondern bildet mit zahlreichen Metallen Farblacke, die sich jeweils annähernd in dem pH-Bereich bilden, in dem die betreffenden Metallsalze hydrolysieren. Stilbazo wird als 0,01%ige (*Kusnetzow* und Mitarbeiter) oder 0,05 bis 0,1%ige wäßrige Lösung (*Jean*) angewandt.

Eigenschaften des Aluminium-Stilbazo-Farblackes

Aluminium bildet in schwach saurer Lösung mit Stilbazo einen rosaroten Farblack, der auf 1 mol Aluminiumion 1 mol Farbstoff enthält. Die Reaktion beginnt bei einem pH-Wert von etwa 3,6; maximale Farbintensität wird im pH-Bereich von 5,2 bis 5,6 erreicht. Nach *Wetlesen* und *Omang* steigt jedoch die Absorption des Aluminium-Komplexes von pH = 4 bis 7 linear an, während der Farbstoff selbst im pH-Bereich 4 bis 5,8 praktisch konstant bleibt. Die Stabilitätskonstante des Komplexes beträgt $5,96 \cdot 10^{-6}$, der molare Extinktionskoeffizient 19500.

Der Farblack entwickelt sich in der mit Acetat-Essigsäure-Puffer auf ein pH von etwa 5,4 abgepufferten Lösung sehr rasch. Nach visueller Beobachtung ist die endgültige, maximale Farb-Intensität bereits nach 10 min erreicht; die Farbe bleibt dann mindestens 3 Std. konstant, nach Angaben von *Kusnetzow* und Mitarbeitern sogar bis zu 8 Std. Das Beersche Gesetz ist zwischen 0,1 bis 0,8 µg Al/ml erfüllt.

Nach den Untersuchungen von *Landi* und *Braicovich* [356] ist die Farb-Intensität des Aluminium-Komplexes stark pH-abhängig. Sie erhöht sich bei steigendem pH-Wert und wird von der Art und der Konzentration der angewandten Pufferlösung beeinflußt. So zeigt sich bei Acetat- und Biphthalat-Pufferlösungen im Gegensatz zu Hexamethylentetramin-Puffern im mittleren pH-Bereich um 5 keine Abhängigkeit von der Ionenstärke. Bei höheren pH-Werten tritt Suspensionsbildung auf, erkennbar an einer Opalescenz der Lösungen. *Landi* und *Braicovich* arbeiten deshalb bei pH = 5 und verwenden 10 ml einer Acetat-Pufferlösung (14,5 g Ammoniumacetat + 3 ml Eisessig in 100 ml).

Jean arbeitet mit dem 10fachen Molverhältnis von Stilbazo zum Aluminium wie 4:1, wie es etwa den Arbeitsweisen mit anderen Farbstoffen entspricht. Ob der auf das 10fache erhöhte Zusatz von Stilbazo die Geschwindigkeit der Farblack-Bildung und die Zeit bis zum Eintreten der Farbkonstanz beeinflußt, wurde von

Jean nicht untersucht. *Fainberg* und *Bljachman* [357] erhalten bei einem Verhältnis von Stilbazo zum Aluminium wie 2:1 die am besten reproduzierbaren Resultate. *Landi* und *Braicovich* verwenden 20 mg Reagens in 100 ml Endlösung. *Jean* führt die Messung des Farblackes bei einer Wellenlänge von 515 nm aus, da hier das Maximum der Extinktionsdifferenz: $E_0 - E_F$ liegt. *Wetlesen* und *Omang* messen bei 500 nm, *Fainberg* und *Bljachman* bei 490 nm, *Landi* und *Braicovich* bei 520 nm.

Störende Ionen und Möglichkeiten zur Beseitigung der Störungen

Bei der Bestimmung des Aluminiums mit Stilbazo stören folgende Kationen: Chrom(III), Kupfer, Eisen(III) und (II), Molybdän(VI), Zinn(II), Titan(IV), Vanadium(IV) und (V), Wolfram(VI) und Zirkonium(IV). Nicht gestört wird die Bestimmung von 0,3 µg Al in Gegenwart folgender Ionen in µg/ml: As^{3+} (100); As(V) (10), Ca (300), Cd (30), Co (300), Cr(VI) (4), Mg (300), Mn^{2+} (300), Ni (30), Pb (30), Sn^{4+} (30), Zn (30), Nb (3) und NH_4^+ (1000). An Anionen stören Oxalat-, Tartrat-, Citrationen, Nitrilotriessigsäure, ÄDTE und Fluoridionen im Mengenverhältnis Anion: Al wie 1:1. Nicht gestört wird die Bestimmung von 0,3 µg Al/ml durch folgende Anionen (in µg/ml): PO_4^{3-} (5), Cl^- (1000), SO_4^{2-} (10000) und NO_3^- (1000).

Eisen beeinflußt nach Reduktion zu Eisen(II) gemäß *Kusnetzow* und Mitarbeitern bis zu einer Konzentration von 0,2 bis 0,5 mg/5 ml Endlösung die Bestimmung von bis zu 5 µg Aluminium im gleichen Volumen praktisch nicht mehr. Auch bei der von *Jean* entwickelten, photometrischen Arbeitsweise liegen die Verhältnisse ähnlich: Bis zu 50 µg Aluminium in 100 ml Endlösung können noch ohne merkliche Störung in Gegenwart von 2, höchstens 4 mg Eisen(II) bestimmt werden. Zur Reduktion wird Ascorbinsäure verwendet (*Agrinskaya* [358]; *Krasilnikova* und *Maksai* [359]; *Iwasaki* und *Ohmori* [360]; *Nazarenko* und *Biryuk* [361]). Andere Reduktions- und Maskierungsmittel (von *Jean* wurden geprüft: Hydroxylamin, Thioglykolsäure, Thiomaleinsäure, Citronensäure, Weinsäure und Phosphorsäure) erwiesen sich als ungeeignet. Höhere Eisen-Gehalte müssen vor der Aluminium-Bestimmung abgetrennt werden.

Titan soll sich in Mengen bis zu 0,05 mg/5 ml Endlösung in Abwesenheit von Eisen mit Wasserstoffperoxid maskieren lassen. In gleichzeitiger Anwesenheit von Eisen sowie größeren Titan-Gehalten muß das Titan entfernt werden. *Jean* trennt Titan durch Extraktion als Cupferronat oder durch Fällung mit p-Hydroxyphenylarsonsäure ab, deren im Filtrat bleibender Überschuß bei der Stilbazo-Methode nicht stört.

Vanadium stört bereits in Mengen, die nur einen Bruchteil des Aluminium-Gehaltes betragen, und muß daher entfernt werden. Am geeignetsten ist hierzu die Extraktion mit Cupferron oder α-Benzoinoxim und Chloroform. *Iwasaki* und *Ohmori* benutzen Wasserstoffperoxid zur Maskierung des Vanadiums.

Chrom beeinflußt die Aluminium-Bestimmung erst, wenn es in erheblichem Überschuß vorliegt, z.B. in nichtrostenden Stählen (18% Cr gegenüber etwa 1% Al). In diesem Falle muß Chrom abgetrennt werden, z.B. durch elektrolytische Abscheidung an der Quecksilber-Kathode zusammen mit Eisen. Bei der Aluminium-Bestimmung in Magnetstählen (14% Cr neben bis zu 20% Al) oder Nitrierstählen (bis 3% Cr neben etwa 1,5% Al) braucht Chrom nicht abgetrennt zu werden.

Molybdän-Gehalte bis 0,35% beeinflussen die Aluminium-Bestimmung in Nitrierstählen (etwa 1,5% Al) nicht merklich. Zirkonium und Wolfram stören nach *Jean* nicht.

Zweiwertige Metalle reagieren, mit Ausnahme des Kupfers, nicht wie Aluminium in schwach saurer Lösung mit Stilbazo, sondern erst bei höheren pH-Werten; sie sollten daher die Aluminium-Bestimmung noch nicht beeinflussen. *Jean* bestätigt es für Kobalt und Nickel. Kupfer kann in Mengen bis zu 50 µg in 5 ml Endlösung durch

Ascorbinsäure-Zusatz maskiert werden (*Kusnetzow* und Mitarbeiter). Auch Thiosulfation ist als Maskierungsmittel brauchbar (*Iwasaki* und *Ohmori*). Beryllium stört nach den Untersuchungen von *Kusnetzow* und Mitarbeitern auch in 15- bis 20facher Menge des Aluminium-Gehaltes die Bestimmung praktisch nicht. Bei noch größerem Überschuß nimmt es jedoch in steigendem Maße an der Farblack-Bildung teil und führt zu positiven Fehlern. *Kusnetzow* und Mitarbeiter schlagen vor, den Standardlösungen dann die etwa gleiche Menge Berylliums, wie sie in der Probe vorhanden ist, zuzusetzen.

Arbeitsvorschrift nach *Kusnetzow, Karanowitsch* und *Drapkina* [352]. Ein aliquoter Teil der zu untersuchenden Lösung, der 0,2 bis 5,0 μg Aluminium und nicht mehr als 0,1 ml 0,1 n freie Salzsäure enthalten soll, wird in einem Reagensglas mit Wasser auf 2,0 ml verdünnt. Dann versetzt man mit 0,50 ml Stilbazo-Lösung (Reagens-Lösungen siehe unten) und füllt mit Pufferlösung auf ein Volumen von 5 ml auf. Nach mindestens 10 min führt man den visuellen Farb-Vergleich mit einer Reihe ebenso behandelter Standardlösungen steigenden Aluminium-Gehaltes aus. Die Färbungen sind, wie schon erwähnt, 8 Std. *beständig.*

Bemerkungen. Erforderliche Lösungen. Farbstofflösung: 0,01 %ige wäßrige Lösung von Stilbazo. – Pufferlösung: 29 ml 0,2 m Essigsäure werden mit 171 ml 0,1 m Natriumacetat-Lösung gemischt. Die Lösung soll einen pH-Wert von 5,4 annehmen.

Bestimmung durch colorimetrische Titration. Wie nach obiger Vorschrift wird ein aliquoter Teil der Untersuchungslösung, der nicht mehr als 5 μg Aluminium und 0,1 ml 0,1 n Salzsäure enthalten darf, mit Wasser auf 2,0 ml aufgefüllt und mit 0,50 ml Farbstoff-Lösung sowie 3,0 ml Pufferlösung versetzt. In ein zweites Reagensglas gibt man 1 bis 1,5 ml angesäuertes Wasser sowie 0,50 ml Stilbazo- und 3,0 ml Pufferlösung. Dann wird aus einer Mikrobürette mit der 2,5 μg Al/ml enthaltenden Standardlösung langsam titriert (anfangs etwa 2 Tropfen, gegen Ende der Titration höchstens 1 Tropfen – etwa 0,03 ml – in der Minute). Die Titration ist beendet, wenn der Farbton in beiden Reagensgläsern übereinstimmt. Etwa auftretende Volumen-Unterschiede beider Lösungen gleicht man durch Zugabe von Wasser aus.

Bestimmung in Gegenwart von *Eisen* und *Titan.* Enthält die zu untersuchende Lösung je ml neben bis zu 5 μg Aluminium und 0,1 m 0,1 n Salzsäure nicht mehr als 0,2 mg *Eisen*, so geht man von 1 ml dieser Lösung aus, setzt 0,15 ml frisch hergestellte, 5 %ige Ascorbinsäure-Lösung sowie anschließend 0,50 ml Stilbazo-Lösung zu und füllt mit der Pufferlösung auf 5,0 ml auf. Nach 10 min vergleicht man mit einer nach der oben wiedergegebenen Vorschrift hergestellten Reihe eisenfreier Standardlösungen.

Die Bestimmung von bis zu 5 μg Aluminium kann auch noch neben Eisen-Mengen von bis zu 1 mg ausgeführt werden. Es ist dann aber ein Zusatz von 0,5 ml 5 %iger Ascorbinsäure-Lösung erforderlich. Dieser macht eine zusätzliche Pufferung durch Zugabe von etwa 0,15 bis 0,20 ml 25 %iger Natriumacetat-Lösung unter Kontrolle des pH-Wertes notwendig.

In Abwesenheit des Eisens können *Titan-Gehalte* bis zu 0,05 mg neben bis zu 5 μg Aluminium durch Zusatz von Wasserstoffperoxid maskiert werden, wobei man im übrigen nach der oben wiedergegebenen Arbeitsvorschrift verfährt. Bei höheren Titan-Gehalten sowie in gleichzeitiger Anwesenheit von Eisen muß Titan *vor* der Aluminium-Bestimmung abgetrennt werden.

Arbeitsvorschrift zur Aluminium-Bestimmung im Stahl nach *Jean* [353]. Zur Untersuchung aluminiumberuhigter Stähle (mit bis zu 0,1 % Al) löst man 1 g Stahl in 10 ml Schwefelsäure (1:1) (etwa 9,3 m) unter Erwärmen, oxydiert mit einigen Tropfen 1 %iger Ammoniumperoxodisulfat-Lösung und zerstört deren Überschuß durch Kochen. Man verdünnt die Lösung auf 70 ml und elektrolysiert etwa 3 Std. bei 5 A an der Quecksilber-Kathode. Nach beendeter Elektrolyse wird das Elektrolysat filtriert und nach Ausspülen des Elektrolyse-Gefäßes und Nachwaschen des

Filters auf ein Volumen von etwa 25 ml eingedampft. Die Lösung wird nun mit Natronlauge gegen Lackmuspapier neutralisiert, sofort mit 5 ml 2n Schwefelsäure angesäuert und in einem Schütteltrichter mit 5 ml 5%iger Cupferron-Lösung versetzt. Nach kräftigem Schütteln versetzt man mit 10 ml Chloroform, schüttelt wieder und läßt die Chloroformschicht ablaufen. Die Extraktion mit je 10 ml Chloroform wird noch 3mal wiederholt, die wäßrige Schicht in einen 100-ml-Meßkolben filtriert und zur Marke aufgefüllt. Man pipettiert einen aliquoten Teil dieser Lösung (5 oder 10 ml) in einen weiteren 100-ml-Meßkolben, gibt unter Umschütteln nacheinander 10 ml 5%ige Ascorbinsäure-Lösung (5 g in 100 ml) und 25 ml Pufferlösung (150 ml 0,1n Essigsäure und 150 g Ammoniumacetat in 1 l) hinzu. Man läßt nun 10 min stehen, versetzt dann mit 10 ml Stilbazo-Lösung, (siehe S. 432) schüttelt durch, füllt mit Wasser auf 100 ml auf und mißt gegen eine aus 1 g reinstem Eisen hergestellte und in gleicher Weise behandelte Vergleichslösung bei 515 nm.

Bemerkungen. Der dem Meßwert entsprechende Aluminium-Gehalt wird einer *Eichkurve* entnommen.

In *Abwesenheit* von Titan und Vanadium kann die Extraktion mit Cupferron und Chloroform unterbleiben. Man füllt dann das filtrierte Elektrolysat in einem 100-ml-Meßkolben zur Marke auf und arbeitet mit einem aliquoten Teil weiter.

Genauigkeit. Der Vergleich von 8 Aluminium-Bestimmungen in aluminiumberuhigten Stählen mit 0,02 bis 0,1 % Al nach der Stilbazo-Methode mit den auf spektrographischem Wege ermittelten Werten zeigt gute Übereinstimmung. Die Differenz zwischen den beiden Verfahren betrug im Mittel weniger als 0,003 % Al abs.

Abgeänderte Arbeitsweisen für Spezialstähle. Bei titanfreien Nitrierstählen mit Gehalten bis zu 1,25 % Aluminium kann die Abtrennung der Schwermetalle (Nickel bis 1,5 %, Chrom bis 3 % und Molybdän bis 0,35 %) unterbleiben; zur Beseitigung der Störung durch Eisen(III) genügt die Reduktion mit Ascorbinsäure.

Bei titanhaltigen Nitrierstählen (bis 2 % Al, bis 2 % Ti) muß Titan abgetrennt werden. *Jean* fällt Titan in diesem Falle mit p-Hydroxyphenylarsonsäure. 0,5 g Stahl werden nach der Vorschrift von *Jean* gelöst und an der Quecksilber-Kathode elektrolysiert. Das filtrierte Elektrolysat wird auf etwa 60 ml eingeengt und mit Ammoniak (1:1) (etwa 6,5 m) gegen Lackmuspapier neutralisiert. Anschließend wird mit 15 ml 4n Schwefelsäure wieder angesäuert und mit 20 ml 5%iger p-Hydroxyphenylarsonsäure-Lösung versetzt. Man erhitzt rasch zum Sieden, kühlt ab, füllt in einem 100-ml-Meßkolben mit Wasser zur Marke auf und läßt 12 Std. stehen. Dann wird durch ein trockenes Filter filtriert, und 5 ml Filtrat werden in einem 50-ml-Meßkolben bis zur Marke mit Wasser verdünnt. 5 ml verdünnte Lösung gibt man in einen 100-ml-Meßkolben, versetzt mit 20 ml 5%iger Ascorbinsäure-Lösung sowie 25 ml Pufferlösung (siehe oben) und läßt 10 min stehen. Nach Zugabe von 10 ml Stilbazo-Lösung und Auffüllen auf 100 ml wird dann in bekannter Weise gemessen.

In Magnetstählen, die bis 15 % Aluminium neben etwa 14 % Chrom und 5 % Kobalt enthalten, kann Aluminium *ohne* Abtrennung der Schwermetalle mit Stilbazo bestimmt werden.

Agrinskaya maskiert im Gegensatz zu einer früheren Vorschrift nach *Agrinskaya* und *Petraschen* [362] zur Bestimmung des Aluminiums, indem Eisen durch Elektrolyse abgetrennt wird, in einer später beschriebenen Vorschrift zur Analyse von Stahl und Gußeisen das Eisen mit Ascorbinsäure. Es lassen sich auf diese Weise noch Aluminium-Gehalte von 0,01 µg/ml neben großen Mengen an Eisen und Chrom bestimmen.

Arbeitsvorschrift. 0,05 g Probe werden mit 6 ml Salzsäure (1:5) (etwa 2 m) gelöst, die Lösung zur Trockene eingedampft, der Rückstand schwach geglüht und nach Abkühlen mit wenig dest. Wasser und 0,25 ml Salzsäure (1:5) aufgenommen. Man überführt nach Filtrieren in einen 25-ml-Meßkolben, gibt 1 ml 10%ige Ascorbinsäure-Lösung, 10 ml Acetat-Puffer, pH = 5,65 (1710 ml 0,2n Natriumacetat-Lösung

+ 290 ml 0,2 n Essigsäure), 3 ml 0,08%ige Stilbazo-Lösung hinzu und füllt auf. Nach 5 min wird bei 520 nm gemessen.

Bemerkungen. Der Gehalt wird einer *Eichkurve* entnommen. Bei *Chrom-Gehalten* > 0,5% muß ein entsprechender Stahl zur Aufstellung der Eichkurve verwendet werden.

Mangan, Nickel, Molybdän, Wolfram und Vanadium sollen in den üblichen, im Stahl vorkommenden Mengen *nicht stören*.

Nach *Wetlesen* [355] wird durch Zugabe von *Ascorbinsäure* die Farb-Tiefe und die Stabilität des Komplexes verringert. Deshalb müssen bei Aufstellung der Eichkurve den Eichlösungen dieselben Mengen an Eisen und Ascorbinsäure zugesetzt werden.

Gemäß der Arbeitsweise nach *Wetlesen* [355] zur Bestimmung im Stahl werden Eisen und andere störende Elemente durch Ionenaustausch abgetrennt.

Arbeitsvorschrift. 1 g Probe wird in Salzsäure (1:1) (etwa 6 m) gelöst, mit etwas Salpetersäure oxydiert und zur Trockene abgeraucht. Nach Zugabe von 3 ml konz. Salzsäure wird erneut zur Trockene abgedampft. Man nimmt mit Salzsäure (1:1) auf und filtriert. Der Rückstand mit Filter wird geglüht, mit 1 g Natrium-carbonat aufgeschlossen und die Schmelze mit Salzsäure aufgenommen. Man erhitzt zum Sieden, macht gerade ammoniakalisch und filtriert die gefällten Hydroxide, wobei das Filter mit sehr stark verdünntem Ammoniak ausgewaschen wird. Nach Auflösen der Hydroxide wird die Lösung zum 1. Filtrat gegeben und dieses bis zur Trockene eingeengt. Man nimmt mit konz. Salzsäure sowie 2 ml Wasser auf und füllt in einem 25-ml-Meßkolben mit Salzsäure (D = 1,19) auf. 5 ml Lösung werden über eine mit Salzsäure (D = 1,19) behandelte Anionen-Austauschersäule (15 cm lang, ∅ 1,3 cm, Dowex 1 × 8, 100 bis 200 mesh) gegeben. Man eluiert mit 25 ml Salzsäure (D = 1,19), dampft bis zur Trockene ein, nimmt mit 10 ml dest. Wasser auf und gibt nacheinander 10 ml Reagens-Lösung (0,2 g Stilbazo in 1 l) und tropfenweise Natriumacetat-Lösung (24 g $CH_3COONa \cdot 3H_2O$ in 1 l) bis pH = 4,8 ± 0,05 (pH-Meter) hinzu. *Im Notfall* muß mit 10%iger Essigsäure oder 10%igem Ammoniak nachgestellt werden. Nach Überführung in einen 50-ml-Meßkolben und nach Auffüllen wird bei 500 nm gegen eine Blindlösung gemessen.

Bemerkungen. Der Aluminium-Gehalt wird einer *Eichkurve* entnommen.

Störende Ionen. Scandium, Yttrium, Thorium, seltene Erdmetalle und große Mengen Chrom stören, ebenso Titanmengen > 10 mg, im Eluat. Für weniger anspruchsvolle Bestimmungen kann in Abwesenheit störender Ionen Aluminium direkt bestimmt werden, wobei ein Thiosulfat-Zusatz Kupfer, ein Ascorbinsäure-Zusatz Eisen maskiert.

Arbeitsvorschrift zur Bestimmung in Kupfer- und Blei-Schmelzschlacken nach *Fainberg, Bljachman* und *Stankova* [363]. 0,5 g Probe werden mit 3 g Natriumhydroxid und 2 g Natriumperoxid im Eisen-Tiegel aufgeschlossen. Man löst die Schmelze in 150 bis 160 ml heißem Wasser, setzt mit 20 ml konz. Salzsäure um, kocht 1 bis 2 min, kühlt ab und füllt in einem 500-ml-Meßkolben auf. 20 ml Lösung überführt man in einen 100-ml-Meßkolben, gibt 2 ml konz. Salzsäure zu und füllt auf. 25 ml Lösung (etwa 5 mg Einwaage) erwärmt man auf 60 bis 70°, gibt 1 g Ammonium-chlorid, 2 bis 3 Tropfen Methylrot-Lösung und Ammoniak bis zum Farbumschlag hinzu. Die gefällten Hydroxide werden abfiltriert, mit heißer 1%iger Ammonium-chlorid-Lösung gewaschen und mit 20 bis 25 ml heißer Salzsäure (1:1) (etwa 6 m) gelöst. Man überführt nach Abkühlen in einen Scheidetrichter und schüttelt mit dem gleichen Volumen an Amylacetat 1 bis 2 min. Das Ausschütteln wird nach Zusatz von 1 bis 2 ml, notfalls 4 bis 5 ml konz. Salzsäure wiederholt. Nach Zugabe von 2 Tropfen Perhydrol wird die wäßrige Phase im Wasserbad eingedampft, der Rückstand mit 1 bis 2 ml Salzsäure (1:1) durchfeuchtet, erneut eingedampft, der Rückstand mit 20 ml angesäuertem Wasser unter Erwärmen gelöst und in einem

50-ml-Meßkolben aufgefüllt. 10 bis 20 ml Lösung (1 bis 2 mg Einwaage) gibt man in einen 100-ml-Meßkolben, fügt 0,5 ml frisch bereitete 2,2%ige Ascorbinsäure-Lösung, 30 ml Acetat-Pufferlösung, pH = 5,4, und 15 ml 0,02%ige Stilbazo-Lösung zu. Nach Auffüllen wird mit einem Grünfilter gemessen.

Der Aluminium-Gehalt wird einer *Eichkurve* entnommen.

O. Bestimmungen mit 8-Oxy-7-jod-chinolin-5-sulfosäure (Ferron)

Grundlagen und Anwendung des Verfahrens

„Ferron", das mit Eisen(III)-ionen in acetatgepufferter Lösung eine lösliche, gefärbte Komplex-Verbindung bildet, reagiert auch mit Aluminium, wie *Davenport* [364] fand. Der Aluminium-Komplex ist jedoch praktisch farblos; sein Absorptionsmaximum liegt bei 370 nm, nach *Bril* [365] bei 365 nm. Die Extinktion der Eisen(III)-Verbindung des Ferrons bei dieser Wellenlänge ist zwar ebenfalls beträchtlich; die Eisen-Verbindung hat aber noch ein zweites Absorptionsmaximum bei 600 nm. Da die Komplex-Verbindungen des Eisens und Aluminiums mit Ferron und auch deren Farbintensitäten recht beständig sind, ist auf dem Wege der Extinktionsmessung bei den beiden genannten Wellenlängen die photometrische Bestimmung des Aluminiums in Gegenwart von Eisen möglich.

Davenport hat ein entsprechendes Verfahren ausgearbeitet, das er zur Bestimmung von Aluminium-Spuren in Wässern und Boden-Extrakten vorschlägt. *Greenfield* und *Sparrow* [366] haben die Methode von *Davenport* zur Aluminium-Bestimmung in oxydischen Einschlüssen im Stahl, *Shapiro* und *Brannock* [367] zur Schnellbestimmung des Aluminiumoxids in Silicaten, *Bril* zur Bestimmung des Aluminiums und Eisens in technischem Silicium angewandt.

Die Bestimmung des Aluminiums mit Ferron hat gegenüber den Farblack-Verfahren den Vorteil, daß sich die Ferron-Komplexe mit Aluminium und Eisen schnell bilden und ihre Lösungen mindestens 24 Std. beständig sind. Allerdings ist das Ferron-Verfahren wohl nicht so empfindlich wie einige der Farblack-Methoden und daher nicht zur Bestimmung sehr kleiner Aluminium-Mengen (einige µg und darunter) geeignet.

Eigenschaften des Aluminium-Ferron-Komplexes

Wie aus der nebenstehenden Konstitutionsformel der 8-Oxy-7-jodchinolin-5-sulfosäure, $C_9H_6O_4NJS$ (Mol.-Gewicht 351,18; gelbe Blättchen, wenig löslich in

Wasser und Äthanol), hervorgeht, enthält „Ferron" die gleiche, für die komplexe Bindung des Aluminiums und anderer Metalle wichtige Atomgruppierung wie das Oxin (vgl. S. 88). Die Bildung einer in Wasser unlöslichen Innerkomplex-Verbindung wird offenbar durch die Sulfogruppe verhindert. Ob im löslichen Aluminium-Ferron-Komplex ebenso wie beim Aluminiumoxinat 3 Moleküle Ferron an 1 Aluminiumion gebunden sind, wurde bisher wohl nicht untersucht. Die in den Arbeitsvorschriften nach *Davenport* sowie *Greenfield* und *Sparrow* angewandten Reagens-Mengen würden jedenfalls zur Bildung eines derartigen Komplexes ausreichen. Da in dem geeigneten pH-Bereich von 4,9 bis 5,5 die Einstellung der über einen längeren Zeitraum konstanten Absorptionswerte rasch erfolgt, ist anzunehmen, daß kein Farblack, sondern tatsächlich eine stöchiometrisch zusammengesetzte Komplex-Verbindung des Aluminiums mit Ferron entsteht.

Wie schon erwähnt, liegt das Absorptionsmaximum des Aluminium-Ferron-Komplexes bei 370 nm. Die Höhe der Absorption ist vom pH-Wert abhängig; sie ist gegenüber der Absorption reiner Ferron-Lösungen am größten im pH-Bereich zwischen 4,9 und 5,5 und sinkt mit weiter steigenden pH-Werten rasch ab. Bei pH = 6,4 und λ = 370 nm ist sie geringer als diejenige reiner Ferron-Lösungen. Diese absorbieren auch im Wellenlängen-Bereich von 410 bis 540 nm stärker als Lösungen der Aluminium-Verbindung. Im Bereich des Absorptionsmaximums des Eisen-Ferron-Komplexes bei 600 nm ist die Absorption der Aluminium-Verbindung praktisch gleich Null.

Die genaue Einhaltung eines bestimmten pH-Wertes ist demnach zur quantitativen Bestimmung des Aluminiums mit Ferron notwendige Voraussetzung. Bei Konzentrationen bis zu 40 µg Aluminium/25 ml Endlösung in Gegenwart von 4 mg Ferron (Molverhältnis des Aluminiums zum Ferron mindestens 1:7,7) und bei pH = 5,5 ist die Absorption vom Aluminium-Gehalt linear abhängig. Infolge der allerdings nur schwachen Eigenabsorption der freien Jod-Oxychinolinsulfosäure ist es erforderlich, stets gegen eine Blindlösung zu photometrieren, also die Extinktionsdifferenz: $E_0 - E_F$ zu messen.

Verhalten der Ferron-Komplexe anderer Metalle

Eisen reagiert mit Ferron unter den gleichen Reaktionsbedingungen wie Aluminium. Das Maximum der Farb-Entwicklung liegt nach *Davenport* ebenfalls im pH-Bereich um 5. Die Extinktion der Eisen-Ferron-Verbindung bei 370 nm erreicht – auf gleiche Metall-Mengen bezogen – nur etwa den halben Wert derjenigen der Aluminium-Verbindung. Das zweite Absorptionsmaximum des Eisen-Komplexes liegt, wie schon erwähnt, bei 600 nm. Da die Aluminium-Verbindung hier nicht absorbiert, läßt sich nach entsprechender Eichung aus dem Meßwert der Extinktion der Eisen-Verbindung bei 600 nm die entsprechende Extinktion bei 370 nm angeben und aus der gemessenen Gesamtextinktion der Aluminium- und Eisen-Verbindung der auf Aluminium entfallende Extinktionsanteil berechnen. Die Extinktion des Eisen-Ferron-Komplexes folgt bis zu Mengen von 120 µg Eisen/25 ml Endlösung sowohl bei 370 nm wie bei 600 nm dem Lambert-Beerschen Gesetz.

Viele Metalle, die Oxinate bilden, reagieren auch mit Ferron, und zwar nach *Davenport* im allgemeinen in dem gleichen pH-Bereich, in dem auch die Oxinat-Bildung erfolgt. Es sollten daher beim Ferron-Verfahren solche Metalle stören, die wie Aluminium im pH-Bereich um 5,0 bis 5,5 Oxinate bilden; Magnesium, das erst in ammoniakalischer Lösung mit Oxin gefällt wird, beeinträchtigt die Aluminium-Bestimmung mit Ferron nicht. *Davenport* hat den Einfluß einiger Metalle auf diese Bestimmung untersucht; in der folgenden Tabelle 74 sind die zu je 20 µg Aluminium/25 ml Endlösung zugegebenen Metalle, ihre Menge und der durch sie verursachte, prozentuale Anstieg der bei 370 nm gemessenen Absorption, bezogen auf die Absorption der reinen Aluminium-Lösung, wiedergegeben.

Nach *Greenfield* und *Sparrow*, *Bril* sowie *Shapiro* und *Brannock* stört auch *Titan*, das mit Ferron ebenfalls eine Verbindung bildet, die bei 370 nm absorbiert. Allerdings ist diese Absorption wesentlich schwächer als diejenige des Aluminium-Komplexes, so daß geringe Titan-Gehalte (etwa in der Rückstandsanalyse des Stahls) praktisch nicht stören. Da die durch Titan hervorgerufene Extinktion bei 370 nm dem Titan-Gehalt proportional ist, läßt sich ähnlich wie beim Eisen nach entsprechender Eichung

Tabelle 74. *Absorption der Ferron-Komplexe nach Davenport*

Metall (Ion)	Menge μg/25 ml	Steigerung der Al-Absorption %
Ca	1000	0
Mg	20	0
Cu^{2+}	20	100
Zn	20	65
Mn^{2+}	20	5
Ni^{2+}	20	100
Zr^{4+}	20	35
Th^{4+}	14,5	50
Cr(VI)	20	14
Mo(VI)	20	24
U(VI)	20	19

eine Korrektur für den gesondert zu bestimmenden Titan-Gehalt anbringen. Nach *Bril* bilden auch Beryllium und Gallium störende Komplexe.

Der Einfluß verschiedener Anionen wurde bisher nicht untersucht.

Arbeitsvorschrift nach *Davenport* [364]. Von der annähernd neutralen Probe-Lösung werden 5 bis 10 ml, die insgesamt 10 bis 60 μg Aluminium und Eisen enthalten, in einen 25-ml-Meßkolben gebracht. Nacheinander gibt man 1 ml Salzsäure (1:9) (etwa 1,2 m), 1 ml Salpetersäure (1:9) (etwa 1,4 m) und anschließend 5 ml 10%ige Ammoniumacetat- sowie 2 ml 0,2%ige Ferron-Lösung hinzu. Nun verdünnt man auf 25 ml, photometriert in 1-cm-Küvetten bei 370 und 600 nm gegen eine gleichbehandelte Vergleichslösung.

Bemerkungen. Man *ermittelt* den gesuchten Aluminium-Gehalt wie folgt:

Mit Hilfe von Standardlösungen stellt man 2 Reihen von Eichlösungen her, die eine mit 0 bis 60 μg Aluminium, die andere mit 0 bis mindestens 60 μg Eisen, behandelt und photometriert nach obiger Vorschrift und stellt *Eichkurven* für die Extinktion der Aluminium-Lösungen bei 370 nm sowie diejenige der Eisen-Lösungen bei 370 und 600 nm auf. Aus dem in der zu prüfenden Lösung gemessenen Extinktionswert für 600 nm ermittelt man aus der Eichkurve für Eisen den Eisen-Gehalt der Lösung und den diesem zugehörigen Extinktionswert des Eisens bei 370 nm. Aus der Differenz der gemessenen Gesamtextinktion der Probe-Lösung bei 370 nm und dem nun bekannten Extinktionsanteil des Eisens ergibt sich die Extinktion des gesuchten Aluminium-Gehaltes. Dieser kann der für Aluminium aufgestellten Eichkurve entnommen werden.

Alle photometrischen Messungen sind, wie schon betont, zweckmäßig gegen eine gleich behandelte, die gleichen Reagens- und Ferron-Mengen enthaltende *Blindprobe* als Vergleichslösung auszuführen (Messung von $E_0 - E_F$).

Genauigkeit. Davenport gibt 10 Beleganalysen von Lösungen wieder, die neben 10 bis 40 μg Aluminium/25 ml Endlösung 80 bis 10 μg Eisen enthielten. Er konnte Aluminium nach der beschriebenen Arbeitsweise mit einem mittleren *Fehler* von $-0,7$ μg bzw. -4% bestimmen.

Anwendungen der Methode nach Davenport

Arbeitsvorschrift zur Aluminium-Bestimmung in der Rückstandsanalyse des Stahls nach *Greenfield* und *Sparrow* [366]. Zur Untersuchung oxidischer Einschlüsse im Stahl, die als Rückstand der chlorierenden Behandlung des Stahls anfallen, verfahren *Greenfield* und *Sparrow* folgendermaßen: Der Rückstand wird im Platin-Tiegel bei 1000° geglüht, mit 0,5 g Natriumhydrogensulfat aufgeschlossen, die erkaltete

Schmelze mit wenig Wasser ausgelaugt und die Lösung in einen 100-ml-Meßkolben filtriert. Das Filter wäscht man mit wenig Wasser aus, verascht den verbliebenen Rückstand mit dem Filter und schließt im Platin-Tiegel mit 0,5 g Natriumcarbonat auf. Die Schmelze wird in 60 ml 14%iger Schwefelsäure gelöst, die Lösung mit dem Auszug des Hydrogensulfataufschlusses vereinigt und dann bei 20° auf 100 ml aufgefüllt. Parallel wird eine *Blindprobe* in genau gleicher Weise zu einer entsprechenden Blindlösung aufgearbeitet.

Zur Bestimmung des Aluminiums (und Eisens) entnimmt man der Stamm-Lösung einen aliquoten Teil, der nicht mehr als 0,1 mg Al_2O_3 oder 0,16 mg FeO + Al_2O_3 enthalten soll; die gleiche Teilmenge der Blindlösung wird für die Vergleichslösung angesetzt. Nach Zugabe von 2 g Ammoniumchlorid wird auf 50 ml verdünnt; man oxydiert mit einigen Tropfen konz. Salpetersäure unter Erhitzen und fällt in bekannter Weise mit Ammoniak. Der Niederschlag wird abfiltriert, mit heißer 2%iger Ammoniumnitrat-Lösung ausgewaschen und mit heißer Salzsäure (1:1) (etwa 6 m) in das Fällungsgefäß zurückgelöst. Die Lösung wird mit 10%igem Ammoniak gegen Kongopapier genau neutralisiert und abgekühlt. Dann versetzt man nacheinander mit 2 ml 10%iger Salzsäure, 2 ml 10%iger Salpetersäure, 10 ml 40%iger Ammoniumacetat-Lösung sowie 5 ml 0,16%iger Ferron-Lösung und füllt im Meßkolben auf 50 ml auf. Nach 15 min photometriert man gegen die gleichbehandelte Blindlösung bei 370 und 600 nm.

Bemerkungen. Man *ermittelt* den Aluminium-(und Eisen-)Gehalt in der von *Davenport* angegebenen Weise mit Hilfe der *Eichkurven* für Aluminium und Eisen. Zur Aufstellung der Eichkurven werden Lösungen, die 0 bis 0,20 mg Al_2O_3 bzw. 0 bis 0,35 mg FeO enthalten, nach obiger Vorschrift behandelt und photometriert.

Titan-Gehalte unter 0,1 mg TiO_2 stören praktisch nicht; bei größeren Gehalten ist eine Korrektur für die durch Titan erhöhte Extinktion bei 370 nm erforderlich.

Arbeitsvorschrift zur Schnellbestimmung des Aluminiums in Silicaten nach *Shapiro* und *Brannock* [367]. 0,1 g Probe werden im Nickel-Tiegel mit Natriumhydroxid aufgeschlossen. Die erkaltete Schmelze löst man in Wasser, macht die Lösung salzsauer, überführt sie in einen Meßkolben und füllt zur Marke auf. Zur Bestimmung wird der hundertste Teil der Probelösung (= 1 mg Einwaage) pipettiert und entsprechend der Vorschrift nach *Davenport* (S. 439) weiterbehandelt.

Bemerkungen. Nach Fertigstellung der Endlösung *warten Shapiro* und *Brannock* jedoch 60 min bis zur Ausführung der Extinktionsmessungen.

Shapiro und *Brannock* bestimmen in der beschriebenen Weise Aluminiumoxid-Gehalte von *9 bis 36*%.

Bei der Analyse von Standardproben bekannten Aluminium-Gehaltes ergaben sich *Abweichungen* bis zu − 0,8% Al_2O_3 gegenüber dem Sollwert.

Bei der Untersuchung *titanhaltiger* Proben muß die bei 370 nm gemessene Extinktion dem ermittelten Titan-Gehalt entsprechend korrigiert werden.

Auf ähnliche Weise bestimmt auch *Jokelleova* [368] Aluminium-Gehalte von 0,1 bis 10% in *Silicaten*.

Nach *Bril* [365] wird die Probe zur Bestimmung im technischen Silicium in bekannter Weise gelöst, die Kieselsäure durch Behandeln mit Flußsäure verflüchtigt und die überschüssige Flußsäure durch Abrauchen mit Schwefelsäure entfernt. Zur Bestimmung wird ein aliquoter Teil, der nicht mehr als zusammen 100 μg Eisen und Aluminium enthält, in einen 50-ml-Meßkolben überführt. Man gibt 10 ml Acetat-Pufferlösung (1 n Natriumacetat-Lösung + 1 n Essigsäure) sowie 5 ml 0,2%ige Ferron-Lösung zu und füllt zur Marke auf. Die Messung erfolgt entsprechend der Vorschrift von *Davenport*, nach der die Gesamtextinktion des Aluminium- und Eisenferron-Komplexes bei 365 nm, diejenige des Eisen-Komplexes wie angegeben bei 600 nm gemessen wird.

In Anwesenheit *gleicher* Gehalte an Titan erhöht sich die Extinktion bei 365 nm um etwa 40%. Diese Extinktionserhöhung läßt sich durch eine Titan-Bestimmung, z.B. mit Tiron, berechnen und von der gemessenen Extinktion abziehen.

Zur Analyse des *Ferrosiliciums* muß Eisen durch eine Äther-Extraktion entfernt werden.

Weitere Arbeitsweisen nach der Methode von *Davenport* sind von *Loodin* [369] zur Bestimmung im *Glas* wie auch von *Langmyrh* und *Saether* [370] zur Bestimmung im *Kalk, Klinker* und *Zement* ausgearbeitet worden.

Arbeitsvorschrift zur Bestimmung in Phosphaten nach *Delavaux, Smith* und *Grimaldi* [371]. Nach Lösen einer 0,33-g-Probe in 5 ml 7,5n Salpetersäure, 5 ml Flußsäure und 5 ml Perchlorsäure wird bis auf 1 ml abgeraucht, mit 62 ml 6n Salzsäure aufgenommen und in einem 200-ml-Meßkolben aufgefüllt. 3 ml Lösung werden in ein Zentrifugen-Gläschen überführt, 2 ml 3%ige wäßrige Cupferron-Lösung zugegeben und mit 10 ml Chloroform extrahiert. Man zentrifugiert 10 min, entnimmt 1 ml wäßrige Schicht, zerstört überschüssiges Cupferron durch Abrauchen mit Salpetersäure und Perchlorsäure sowie Glühen bei 300 °C. Es wird mit 2 ml Salzsäure im Wasserbad digeriert und zur Trockene eingedampft. Nach Aufnehmen mit 5 ml 1%iger Salzsäure wird in einen 25-ml-Meßkolben überführt, 5 ml 0,16%ige wäßrige Ferron-Lösung sowie 5 ml Pufferlösung (412 g Ammoniumacetat + 109 ml Eisessig in 1 l) zugegeben und aufgefüllt. Gemessen wird bei 370 nm gegen eine Blindlösung.

Bemerkungen. Der P_2O_5-Gehalt in der Endlösung soll < 400 µg sein. Fluoridion *stört* die Bestimmung. Die *Genauigkeit* der Bestimmung beträgt bei Gehalten von 30% $Al_2O_3 \pm 3\%$.

Differentialphotometrische Bestimmung hoher Aluminium-Gehalte nach Pötzl [372]. Nach Abtrennung störender Elemente mit Cupferron oder nach vorausgehender Fällung des Aluminiums mit N-Benzoylphenylhydroxylamin nach *Shome* (siehe S. 134) wird ein genau definierter Anteil des Aluminiums durch Komplex-Bildung der Farb-Reaktion entzogen, so daß die verbleibende, geringe Restkonzentration mit hoher Genauigkeit bestimmt werden kann.

Arbeitsvorschrift zur Aluminium-Bestimmung in Silicaten. 0,1 bis 0,25 g Probe werden im Platin-Tiegel mit 3 g Kaliumnatriumcarbonat-Borax (50:15) aufgeschlossen. Die erkaltete Schmelze wird in 50 ml 7n Schwefelsäure gelöst und auf 250 ml aufgefüllt. 100 ml Lösung werden in einem Scheidetrichter mit einer Spatelspitze Cupferrons versetzt, umgeschüttelt und die ausgefallenen Cupferronsalze mit 20 ml Trichloräthylen extrahiert. Dieser Vorgang wird bis zur völligen Extraktion von Fe, Ti und Zr wiederholt. Durch 2- bis 3maliges Nachwaschen mit dem Lösungsmittel wird der Cupferron-Überschuß entfernt. Ein aliquoter Teil mit einem Al_2O_3-Gehalt von 3 bis 4 mg wird in einen 250-ml-Meßkolben mit 7n Ammoniak-Lösung vorneutralisiert und mit 25 ml Acetat-Pufferlösung (siehe unten) ein pH-Wert von $4,6 \pm 0,05$ (pH-Meter) eingestellt. Enthält die Probe 2wertige Metalle (bis 0,5% Mn können vernachlässigt werden), wird Aluminium in der gepufferten Lösung mit N-Benzoylphenylhydroxylamin (siehe S. 134) gefällt. Der Niederschlag wird nach 20 min abfiltriert, mit verd. Ammoniak gewaschen und im Platin-Tiegel verascht. Die Asche schließt man mit 1 g Kaliumnatriumcarbonat-Borax auf, löst in 10 ml 7n Schwefelsäure, neutralisiert mit 7n Ammoniak und stellt mit Acetat-Pufferlösung wieder pH = $4,6 \pm 0,05$ ein. Zur gepufferten Lösung im 250-ml-Meßkolben gibt man nun 50 ml CDTE-Lösung (siehe unten) und läßt 20 min stehen. Zur Bestimmung des Aluminium-Überschusses gibt man 25 ml Ferron-Lösung (siehe unten) zu, füllt auf und mißt nach 5 bis 8 min bei 366 nm. *Gleichzeitig* ist ein Reagenzien-Blindwert mitzumessen, der eine 3 mg Al_2O_3 äquivalente Menge Aluminium-Komplexonat enthält.

Bemerkungen. Erforderliche Lösungen. Acetat-Pufferlösung, pH = 4,6: 200 g Natriumacetet + 50 ml Eisessig in 1 l, elektrometrisch auf pH = 4,6 eingestellt. –

CDTE-Lösung: Eine wäßrige Lösung von Diaminocyclohexantetraessigsäure mit einem nach der vorliegenden Methode gegen eine Aluminium-Standardlösung eingestellten Titer, entsprechend 3 mg Al_2O_3 in 50 ml; die Lösung ist in Kunststoff-Flaschen unbegrenzt haltbar. – Ferron-Lösung: Gesättigte, wäßrige Lösung (etwa 0,2%ig), die mindestens einen Tag alt und nicht älter als 3 Monate sein soll.

Genauigkeit. Zur Erzielung genauer Werte müssen die angegebenen Konzentrationen und Zeiten eingehalten werden. Eine Steigerung der Genauigkeit durch Erhöhung der Einwaage im Bereich über 5 mg Al_2O_3 ist infolge der Instabilität des Komplex-Gleichgewichtes nicht möglich. Die *Temperatur* der Meß- und Vergleichslösungen ist konstant zu halten. Für alle Volumen-Messungen sind geeichte Meßkolben und Pipetten zu verwenden. Der *Fehler* der Bestimmung beträgt bei der Analyse von Schamotte mit einem Gehalt von 39,3% $Al_2O_3 \pm 0,13\%$, bei der Analyse eines metamorphen Gesteins mit einem Gehalt von 23,1% $Al_2O_3 \pm 0,04\%$.

Arbeitsweise unter Verwendung eines Ferron-Aluminon-Reagenses zur Bestimmung in Schlacken und Legierungen nach Green [373]

Prinzip. Ein Gemisch aus Ferron und Aluminon ergibt mit Aluminium einen stark gefärbten Komplex, dessen Absorptionsmaximum bei 520 nm liegt. Der Vorteil dieses Mischreagenses gegenüber Aluminon allein ist einmal der erweiterte Bestimmungsbereich, zum anderen die bessere Stabilität des Aluminium-Komplexes, dessen Farb-Tiefe mindestens 24 Std. unverändert stabil ist.

Arbeitsvorschrift *für Gehalte von 1,5 bis 12,5% Al.* 1 g Probe wird in 20 ml Perchlorsäure gelöst oder nach Lösen in anderen Säuren, wie Salzsäure, Salpetersäure oder Flußsäure, mit Perchlorsäure versetzt und bis zum Rauchen eingeengt. Nach Abkühlen wird mit Wasser aufgenommen, wenn notwendig, filtriert und die Lösung an der Quecksilber-Kathode bei 3 A elektrolysiert. Von dem auf 200 ml aufgefüllten Elektrolysat werden 5 ml in einen Scheidetrichter überführt, 3 ml 25%ige Salzsäure und 3 ml 6%ige wäßrige Cupferronlösung zugegeben. Die Cupferronate des Eisens und Titans werden nun mit 20 ml und weiterhin mit 2mal je 10 ml Chloroform extrahiert. Die wäßrige Lösung wird zur Abtrennung restlichen Chloroforms in einer Zentrifuge bei 2000 U/min zentrifugiert. 5 ml zentrifugierte Lösung werden in einem 50-ml-Becherglas mit 2 ml Perchlorsäure (D = 1,54) sowie 2 bis 3 ml Salpetersäure (D = 1,4) bis zum Rauchen und bis zur Farblosigkeit der Lösung eingeengt. Wenn notwendig, muß noch Salpetersäure zugesetzt werden. Es wird noch heiß mit Wasser aufgenommen, 4 ml 5%ige Salzsäure zugegeben und die Lösung in einen 100-ml-Meßkolben überführt. Dazu gibt man 10 ml Ferron-Reagens (0,15 g in 100 ml), 5 ml Aluminon-Reagens (1,6 g Aluminon, 312 g Ammoniumacetat und 216 g Ammoniumchlorid in 2 l) wie auch 20 ml Pufferlösung (412 g Ammoniumacetat und 110 ml Eisessig in 1 l) und füllt zur Marke auf. Die Lösung wird nun 5 min in ein kochendes Wasserbad gestellt und zunächst 2 bis 3 min auf 30 bis 35 °C abgekühlt. Die Messung erfolgt bei Raumtemperatur bei 520 nm gegen eine *Blindlösung.*

Für Gehalte von 0,2 bis 1,5% Al. Nach der Elektrolyse wird auf 100 ml aufgefüllt und ein 25-ml-Anteil in einem Schütteltrichter mit 12 ml 25%iger Salzsäure und 6%iger Cupferron-Lösung versetzt. Drei Extraktionen werden mit je 20 ml Chloroform durchgeführt und ein 40-ml-Anteil zur weiteren Verarbeitung entnommen.

Nach der Elektrolyse und der Extraktion verbleiben an störenden Elementen nur noch *Beryllium* in der Lösung.

P. Bestimmungen mit Xylenolorange

Grundlagen und Anwendung des Verfahrens

Das als Indikator bei komplexometrischen Titrationen häufig angewandte Xylenolorange (siehe S. 233) kann auch zur photometrischen Bestimmung einiger Elemente, darunter auch des Aluminiums, verwendet werden. Die Bestimmung des Aluminiums mit Xylenolorange wurde zum ersten Mal von *Buděšinsky* [374] bei der Analyse des Urans angewandt. Die Empfindlichkeit der Bestimmung entspricht denjenigen anderer Farblack-Verfahren (z.B. Eriochromcyanin R, Chromazurol S). Von Vorteil ist die hohe Beständigkeit des Farb-Komplexes, von Nachteil dagegen die geringe Selektivität und die Beeinflussung durch zahlreiche Kationen. Grundlegende Untersuchungen zur Xylenolorange-Bestimmung haben neben *Buděšinsky* noch *Otomo* [375] sowie *Dvořák* und *Nývltová* [376] durchgeführt. Letztere geben eine Arbeitsvorschrift zur Bestimmung in Säuren, Laugen und Wässern. *Tichonov* [377] verwendet die Methode zur Bestimmung in Titan-Verbindungen, *Miyajima* [378] in Kupfer-Legierungen, *Pritchard* [379] in Boden-Auszügen und *Artemeva* [380] zur Analyse von Nephelin-Konzentraten.

Reagens

Xylenolorange ist das Tetranatriumsalz von 3′,3″-Bis[bis(carboxymethyl)aminomethyl]-kresolsulfonphthalein nebenstehender Struktur und der Summenformel

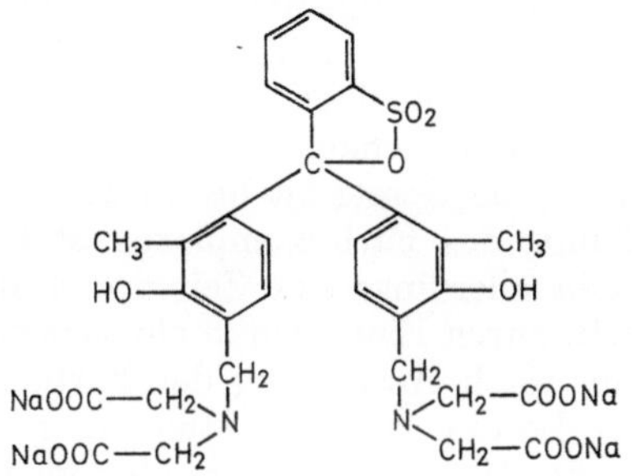

$C_{31}H_{28}N_2O_{13}SNa_4$. Das Molekulargewicht beträgt 760,60. Es ist ein braunrotes, kristallines Pulver, in Äthanol und Wasser mit gelber Farbe gut löslich. Bei etwa pH = 7 schlägt die Farbe in violett um. Xylenolorange wird zur Aluminium-Bestimmung meistens in wäßriger 0,05 bis 0,2%iger Lösung angewandt. Die Lösungen sind nur begrenzt haltbar.

Eigenschaften des Aluminium-Xylenolorange-Komplexes

Xylenolorange bildet mit Aluminium 2 Komplexe. Das Gleichgewicht der Komplex-Bildung ist stark pH-abhängig; der (1:1)-Komplex bildet sich nach *Otomo* vorzugsweise in einem pH-Bereich, kleiner als pH = 3, und zeigt ein Absorptionsmaximum bei 555 nm. Der (1:2)-Komplex ist oberhalb pH = 5 stabil; sein Absorptionsmaximum liegt bei einer Wellenlänge von etwa 505 nm. Analytisch interessant und zur Bestimmung geeignet ist nur der rot gefärbte (1:1)-Komplex, dessen Bildungskonstante nach *Buděšinsky* $2 \cdot 10^{14}$ beträgt. Eingehende Untersuchungen über die pH-Abhängigkeit der Färbung, den Einfluß des Reagens-Überschusses, Beständigkeit des Farb-Komplexes und Einfluß von Begleitelementen haben *Dvořák* und *Nývltová* durchgeführt. Im Gegensatz zu *Buděšinsky*, aber in Übereinstimmung mit

Otomo, liegt das Optimum der Färbung bei einem pH-Wert von 3,4. Die zugesetzte Reagens-Menge übt einen starken Einfluß auf den Verlauf der Absorptionskurve aus. Die bei verschiedenen Reagens-Mengen erhaltenen Kurven schneiden sich alle in einem isobestischen Punkt bei der Wellenlänge von 535 nm (Abb. 19), so daß es zweckmäßig erscheint, die Messung der Extinktion nicht bei der Wellenlänge des Maximums, sondern bei 535 nm durchzuführen.

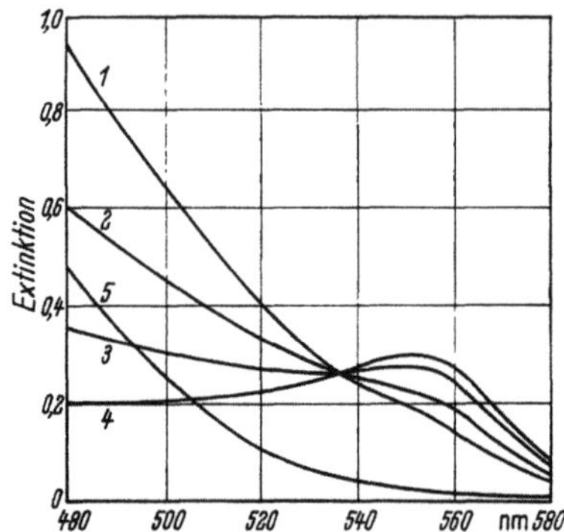

Abb. 19. Einfluß der Reagenskonzentration auf den Verlauf der Absorptionskurve des Al-Komplexes mit Xylenolorange 0,74 · 10⁻⁵ m Al-Lösung, 0,08 m Acetatpufferlösung pH = 3,4, 2-cm-Küvette, gegen Wasser gemessen
1 Xylenolorange 8 · 10⁻⁵ m; *2* Xylenolorange 4 · 10⁻⁵ m; *3* Xylenolorange 2 · 10⁻⁵ m; *4* Xylenolorange 1,2 · 10⁻⁵ m; *5* Reagens allein

Wie Abbildung 19 zeigt, ist die Eigenfärbung des reinen Reagenses bei dieser Wellenlänge noch verhältnismäßig gering. Die molare Absorption beträgt bei dieser Wellenlänge und den angegebenen Bedingungen nach *Dvořák* und *Nývltová* $16,9 \cdot 10^3$; das entspricht etwa einer Empfindlichkeit von $0,0015\ \mu g\ Al/cm^2$, nach *Otomo* $21,6 \cdot 10^3$, und das Lambert-Beersche Gesetz ist bis zu einer Konzentration von $1,6\ \mu g$ Al/ml erfüllt. Die Ausbildung des Farb-Komplexes ist bei Raumtemperatur nach 1 Std. beendet – *Otomo* gibt allerdings eine Zeit von 4 Std. an – und kann durch Temperatur-Erhöhung, z.B. durch Einstellen in ein siedendes Wasserbad, auf einige Minuten reduziert werden. Nach Ausbildung der Färbung ist die Farb-Tiefe und damit die Extinktion der Lösung mehrere Stunden, nach *Dvořák* und *Nývltová* mindestens 3 Std., konstant. Wie bei anderen photometrischen Verfahren beeinflussen größere Mengen an Neutralsalzen wie KCl, $NaNO_3$, KNO_3, infolge Änderung der Ionenstärke der Lösung die Extinktion. Die Farb-Tiefe der Lösung sinkt mit steigender Menge von Neutralsalzen, und kann durch Anwendung größerer Reagens-Überschüsse zum größten Teil eliminiert werden. In gleicher Weise wird auch die Bildungsgeschwindigkeit des Farb-Komplexes durch Neutralsalze vermindert. Sie kann durch Zusatz von Äthanol wesentlich beschleunigt werden, und die optimale Farb-Tiefe wird schon bei Raumtemperatur nach einigen Minuten erreicht. Mit steigendem Äthanol-Zusatz erhöht sich auch die Extinktion der Lösung; der Zusatz ist jedoch durch die geringe Löslichkeit der Salze begrenzt.

Störende Ionen und Möglichkeiten zur Beseitigung der Störungen

Es ist bekannt, daß Xylenolorange ein Reagens geringer Selektivität ist und mit einer ganzen Reihe von Elementen reagiert. Da die Reaktionsbedingungen, vor allem aber der pH-Wert und die Temperatur der Farb-Entwicklung, für die einzelnen Elemente sehr verschieden sind, ist die Störung durch diese Elemente für die einzelnen Arbeitsvorschriften sehr unterschiedlich. Diese Tatsache erklärt auch die unterschiedlichen Angaben über die störenden Ionen. Störende Farb-Komplexe bilden vor allem die seltenen Erdmetalle, Zirkonium(IV), Hafnium, Wismut, Eisen(III), Titan(IV). Blei, Thorium(IV), Chrom(III). Weiterhin sollen stören die Kationen der Elemente: Vanadium(V), Niob(V), Indium, Yttrium, Scandium, Nickel und gegebenenfalls auch Cadmium. An Anionen stören Fluorid-, Phosphat-, Citrat-, Oxalat- und nach Angaben von *Dvořák* und *Nývltová* auch Sulfationen.

Die Störung durch *Eisen* kann durch Thioglykolsäure beseitigt werden, die auch den Einfluß von Wismut, Kupfer und bei Raumtemperatur auch von Blei eliminiert. Auch Ascorbinsäure kann zur Reduktion und zur Maskierung des Eisens verwendet werden (*Miyajima*). Kupfer, Cadmium und Nickel können bei Raumtemperatur durch Zusatz von Kaliumcyanid, der vor dem Zusatz der Pufferlösung erfolgen muß, maskiert werden. Nach *Dvořák* und *Nývltová* tritt der störende Einfluß der Chrom-(III)-ionen bei Raumtemperatur nicht auf; er macht sich nur bei längerem Erhitzen der Lösung bemerkbar. Als wirksames Maskierungsmittel, das die Selektivität des Xylenolorange-Verfahrens erhöht, wird von *Tichonov* ÄDTE vorgeschlagen. So wird durch ÄDTE-Zusatz bei pH = 3 bzw. pH = 5 die Störung durch Blei, Kobalt, Lanthan, Cer, Molybdän, Palladium, Magnesium, Eisen(III) und (II), Wismut, Beryllium, Indium, die seltenen Erdmetalle, Cadmium sowie Thorium ausgeschaltet und bei einer weiteren Zahl von Elementen verringert. Nach *Pritchard* ergibt die Bestimmung von 50 µg Aluminium neben störenden Ionen in Gegenwart von ÄDTE folgendes Ergebnis (Tab. 75).

Tabelle 75. *Störungen des Aluminium-Xylenolorange-Komplexes*
nach Pritchard

Zugesetztes Ion	µg/100 ml	Al gefunden µg
Fe^{3+}	1 000	50,0
Ti	50	55,0
Ca	5 000	50,3
Mg	5 000	50,3
Mn	1 000	50,3
Silication	500	50,3
Fluoridion	50	47,3
Citration	1 000	47,0
Oxalation	1 000	11,7
Pyrophosphation	1 000	15,8
Orthophosphation	10 000	49,3

Der Einfluß des *Titans* kann mit ÄDTE nicht völlig ausgeschaltet werden; eine Abtrennung, am besten durch Cupferronextraktion, ist erforderlich.

Arbeitsweisen

Das Verfahren nach *Buděšinsky* als erste Vorschrift zur Bestimmung des Aluminiums mit Xylenolorange im Uran, nach der die Bestimmung direkt ohne Abtrennung und ohne Verwendung der üblichen Maskierungsmittel durchgeführt wird, dürfte infolge Störungen von Begleitionen nicht sehr sicher und zuverlässig sein.

Arbeitsvorschrift zur Bestimmung in Säuren, Laugen und Wässern nach *Dvořák* und *Nývltová* [376]. Zu einer annähernd neutralen Probe-Lösung, die 2 bis 40 µg Al enthalten soll – Hydroxide werden durch Neutralisation gegen p-Nitrophenol, Säuren durch Abdampfen mit Natriumcarbonat bis zur Trockene und Wasser wird bis auf 5 ml eingeengt –, werden in einem 25-ml-Meßkolben 1 ml 1 %ige Thioglykol-säure-Lösung (mit Ammoniak auf pH = 5 gebracht), 10 ml Pufferlösung, pH = 3,4

(0,2 m Essigsäure und 0,2 m Natriumacetat-Lösung im Volumen-Verhältnis 21:1) und 2 ml einer 10^{-3} m Xylenolorange-Lösung zugegeben. Nach Auffüllen wird 2 min auf dem siedenden Wasserbad erhitzt, abgekühlt und bei 536 nm gemessen.

Der *mittlere Fehler* der Bestimmung beträgt für 5 bzw. 2,5 μg Aluminium 7,2 bzw. 8,5%.

Arbeitsvorschrift zur Bestimmung in Titan-Verbindungen nach *Tichonov* [377]. 1 g Probe wird in 30 ml Salzsäure (1:1) (etwa 6 m) gelöst, filtriert, der Rückstand mit 3 g Natriumcarbonat und 1,5 g Borax aufgeschlossen, die Schmelze mit Wasser sowie 30 ml Salzsäure (1:1) aufgenommen und zum Hauptfiltrat gegeben, das auf 250 ml aufgefüllt wird. Ein 5 bis 10 ml betragender, aliquoter Teil dieser Lösung wird mit 5 bis 7 ml 6%iger wäßriger Cupferron-Lösung versetzt und mit 15 ml Chloroform extrahiert. Die wäßrige Phase wird auf 500 ml aufgefüllt und davon ein aliquoter Teil von 5 bis 25 ml mit 10%iger Natronlauge auf pH = 3 gebracht. Nach Zugabe von 1 ml 1%iger Ascorbinsäure-Lösung, 2 ml 0,1%iger Xylenolorange-Lösung und 5 ml Pufferlösung, pH = 3 (179 ml n Ammoniumchlorid-Lösung und 821 ml n Glykokoll-Lösung) wird auf 40 ml gebracht, 3 min auf einem siedenden Wasserbad erhitzt und nach Abkühlen mit 3 ml 0,025 m ÄDTE-Lösung versetzt. Man füllt auf 100 ml auf und mißt die Extinktion nach 30 min.

Bemerkung. Mit dieser Methode gelingt *Tichonov* die Bestimmung von 2 bis 3,5% Al mit einem maximalen absoluten *Fehler* von 0,2% gegenüber komplexometrisch ermittelten Werten.

Arbeitsvorschrift zur Bestimmung in Boden-Auszügen nach *Pritchard* [379]. 2 g zerriebene Erdprobe wird mit 100 ml Tamms Reagens über Nacht geschüttelt und zentrifugiert. Von der zentrifugierten Lösung werden 25 ml mit 40%iger Wasserstoffperoxid-Lösung versetzt und mit 10 ml 9 n Schwefelsäure bis zum Rauchen der Schwefelsäure eingeengt. Nach dem Abkühlen wird die Lösung auf pH = 2 gebracht und auf 100 ml aufgefüllt. Ein aliquoter Teil dieser Lösung, der bis zu 60 μg Al enthalten kann, wird mit 25 ml Acetat-Puffer, pH = 3,8, sowie 10 ml 0,15%iger Xylenolorange-Lösung versetzt und $1^1/_2$ Std. bei 40 °C erwärmt. Nach Abkühlen werden 0,05 m ÄDTE-Lösung zugesetzt, auf 100 ml aufgefüllt und die Extinktion der Lösung bei 550 nm nach 1 Std. bei Raumtemperatur gemessen.

Weitere Arbeitsweisen

Miyajima benutzt die Xylenolorange-Methode zur Schnellbestimmung des Aluminiums in Kupfer-Legierungen. Eisen wird mit Ascorbinsäure reduziert und maskiert, andere störende Ionen mit ÄDTE komplexiert. Die Methode wurde zur Bestimmung von Aluminiumgehalten < 0,5% benutzt.

Mit Hilfe eines differentiellen, spektralphotometrischen Verfahrens bestimmt *Artemeva* Al_2O_3-Gehalte bis zu 5% in Nephelin-Konzentraten und Nephelin-Apatit-Erzen. Dabei erfolgt die Messung der Extinktion gegen eine entsprechende Eichlösung, die zur Aufstellung der Eichkurve verwendet wurde. Bei Gehalten > 5% muß eine *neue Eichkurve* aufgestellt werden. Einige störende Ionen, vor allem Eisen und Titan, werden durch Natronlauge-Fällung abgetrennt; Maskierungsmittel werden nicht verwendet. Auf ähnliche Weise bestimmen *Bazalitskaja* und *Djhamaletjinova* [381] das Aluminium im Nephelin und Apatit.

Q. Bestimmung mit Diaminreinblau FFG

Nach *Semjakin* und *Barskaja* [382] geht die Blaufärbung einer sehr verdünnten, schwach sauren Lösung von Diaminreinblau FFG unter Zusatz von Aluminium-Spuren in einen blaßvioletten Farbton über. Die genannten Autoren haben auf der

Grundlage dieser Farb-Reaktion ein Verfahren zur annähernd quantitativen Schätzung geringer Mengen Aluminium in Stahl, metallischem Chrom und Kobalt ausgearbeitet.

Diaminreinblau FFG ist nach *Semjakin* und *Barskaja* ein Trisazofarbstoff folgender Struktur:

Die Bruttoformel des Farbstoffes ist $C_{38}H_{28}O_{13}S_3N_6$; sein Molekulargewicht beträgt 872,86. Die Farb-Reaktion mit Aluminium findet in schwach saurer Lösung (berechneter pH-Wert 2,7) statt; Magnesium, Mangan, Kupfer und Zink reagieren unter diesen Bedingungen nicht; Eisen, Kobalt und Chrom müssen jedoch abgetrennt werden.

Ob sich Diaminreinblau FFG zur photometrischen Bestimmung des Aluminiums nach einem den übrigen Farblack-Methoden analogen Verfahren eignet, geht aus den Untersuchungen von *Semjakin* und *Barskaja* nicht hervor. Nach ihren Versuchen wird die größte Empfindlichkeit der Farb-Reaktion erreicht bei Konzentrationen von 0,2 mg Farbstoff und 1,2 bis 4,8 µg Aluminium in 10 ml Endlösung (pH-Wert etwa 2,7); bei größeren Aluminium-Mengen nimmt die Farb-Intensität praktisch nicht mehr zu. Letzteres ist verständlich; denn auch bei Annahme eines Molverhältnisses vom Farbstoff zum Aluminium in der Aluminium-Diaminreinblau-FFG-Verbindung von nur 1 : 1 würde die angewandte Farbstoff-Menge von 0,2 mg zur Bindung von höchstens 6,2 µg Aluminium ausreichen. *Semjakin* und *Barskaja* verdünnen daher die Probe-Lösung so weit, bis die Grenze der Erkennbarkeit der durch Aluminium hervorgerufenen Farbänderung, die bei ihrer Versuchsanordnung bei 1,2 µg Aluminium in 10 ml Endlösung liegt, erreicht ist. Durch Multiplikation dieses Grenzwertes mit dem durch Versuch bestimmten Verdünnungsfaktor kann dann der gesuchte Aluminium-Gehalt der Probe-Lösung angenähert ermittelt werden.

Semjakin und *Barskaja* benutzen diese Methode zur Bestimmung geringer Aluminium-Mengen in Stahl, metallischem Chrom und Kobalt. Sie machen weder Angaben über die erreichbare Genauigkeit des beschriebenen Verfahrens, noch geben sie Beleganalysen wieder. Die *Genauigkeit* kann naturgemäß nicht sehr groß sein und dürfte nur zur halbquantitativen Schätzung von Aluminium-Gehalten über 0,012% (bei 1 g Einwaage) ausreichen. Von anderen Bearbeitern ist das Verfahren wohl noch nicht nachgeprüft worden.

R. Bestimmung mit Arsenazo

„Arsenazo", die 7-(2-Arsenophenylazo)-1,8-dihydroxy-3,6-naphthalindisulfosäure, ergibt mit Aluminium einen violetten Farblack (*Kuznetsov* [383]; *Kuznetsov* und *Golubtsova* [384]). Nach *Kutejnikov* [385] bildet Aluminium einen (1:1)-Komplex. Bei der Bildung des Komplexes in schwach saurer Lösung werden je mol Arsenazo 1 mol H^+ frei. Der Aluminium-Komplex ist nur in dem engen pH-Bereich von 4,2 bis 4,7 stabil; sein Absorptionsmaximum liegt zwischen 550 und 565 nm. Arsenazo gibt auch mit ZrO^{2+}, Hf, Ga, In, Pd, Fe^{3+}, Th und Ti gefärbte Komplexe, welche die

Bestimmung des Aluminiums stören. Keinen Einfluß üben die Alkalien, Erdalkalien, Mg, Mn und Fe^{2+} aus.

Arbeitsvorschrift nach *Kuznetsov* und *Golubtsova* [384]. 2 bis 3 ml Lösung, die nicht mehr als 5 µg Al enthält und deren Acidität nicht mehr als 0,02 bis 0,03 n an Salzsäure sein darf, wird mit 1 Tropfen Salzsäure und 1 Tropfen Wasser gemischt. Zu dieser Lösung wird nun in folgender Reihenfolge zugegeben, indem nach jeder Zugabe gemischt wird: 0,3 ml 0,005%ige Arsenazo-Lösung, 1 Tropfen 10%ige Ascorbinsäure-Lösung zur Maskierung des Eisens und 25%ige Hexamethylentetramin-Lösung. Die Lösung wird auf 5 ml verdünnt (pH = 4,3) und mit einer Standardreihe, die 0 bis 5,3 µg Al enthält und nach obiger Vorschrift behandelt wird, verglichen.

Bemerkung. Zur Bestimmung bis zu 0,001 % Al in *Chrom-, Nickel-* und *Magnesium-Legierungen* benutzen *Kuznetsov* und *Golubtsova* [386] ihre oben angegebene Methode. Chrom, Nickel und die Hauptmenge Eisens wird durch Elektrolyse an einer Quecksilber-Kathode, restliches Eisen, Zirkonium und Titan durch Cupferron-Fällung abgetrennt.

Arbeitsvorschrift. 0,1 g Probe werden in einem Quarz-Becherglas in 3 ml Salzsäure und 1 ml Salpetersäure gelöst und mit 1 ml Schwefelsäure bis zum Rauchen der Schwefelsäure abgeraucht. Nach Erkalten wird mit 20 ml Wasser aufgenommen, filtriert und die Lösung bei 4 bis 5 A/cm^2 sowie 4 bis 5 V 20 bis 25 min elektrolysiert. Nach beendeter Elektrolyse überführt man, ohne den Strom zu unterbrechen, in einen 50- oder 100-ml-Meßkolben und füllt auf. In Abwesenheit von Ti, Zr und Nb wird nun die Bestimmung mit einem aliquoten Teil wie oben angegeben ausgeführt. In Anwesenheit dieser Elemente versetzt man einen aliquoten Teil mit einigen Tropfen 6%iger Cupferron-Lösung, filtriert nach 20 min und wäscht 3mal mit Waschflüssigkeit [100 ml Wasser, 0,1 ml 6%ige Cupferron-Lösung und 1 ml Schwefelsäure (D = 1,84)]. Nach Abrauchen des Filtrates mit Salpetersäure und anschließend mit Schwefelsäure zur Zerstörung der organischen Substanz wird mit 1 ml Salzsäure (D = 1,10) aufgenommen, in einen Colorimeterzylinder überführt, mit Ammoniak (1:1) (etwa 6,5 m) bis zur Rotfärbung von Kongopapier neutralisiert und mit 1 Tropfen Salzsäure (D = 1,10) bis zur Wiederblaufärbung versetzt. Zur Maskierung des *Eisens* wird die Lösung mit 1 Tropfen 5%iger Ascorbinsäure versetzt und nun nach der von *Kuznetsov* und *Golubtsova* oben angegebenen Vorschrift weiter verfahren.

Bemerkung. Um das Herauslösen von Aluminium aus Glasgeräten zu verhindern, werden sie 8 bis 10 Std. mit 1 bis 2%iger- Salzsäure ausgekocht. Zweckmäßiger ist jedoch die Verwendung von *Quarz*-Gefäßen.

S. Bestimmung mit Brenzcatechinviolett

Suk und *Malat* [387] schlagen den bei chelatometrischen Titrationen verwendeten Indikator Brenzcatechinviolett (3,3′,4′-Trihydroxyfuchson-2″-sulfonsäure) nebenstehender Konstitution als Reagens zur photometrischen Bestimmung des Aluminiums vor. Brenzcatechinviolett bildet mit Aluminium einen blauen Komplex. Nach

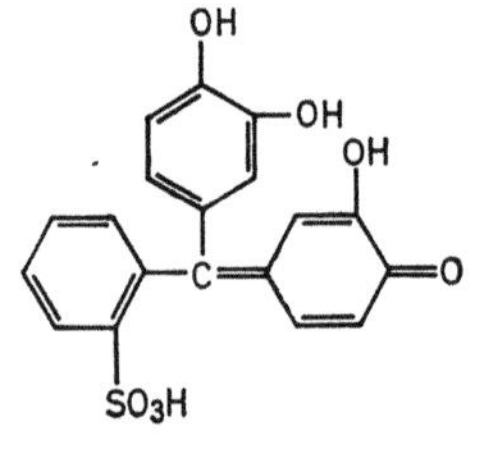

Untersuchungen von *Ryba, Cifka, Ježková, Malat* und *Suk* [388] werden mono- und bimetallische Komplexe gebildet. Bei der Anwendung des Verfahrens der kontinuierlichen Variation zur Bestimmung des Molverhältnisses fand *Anton* [389] ein Molverhältnis des Aluminiums zum Brenzcatechinviolett von 1:1,5 bei einem pH-Wert von 5,0. Das Maximum der Absorption des Komplexes liegt nach *Anton* bei 615 nm, dasjenige des freien Brenzcatechinvioletts bei 450 nm, die Absorption des Reagenses ist bei 615 nm sehr gering und praktisch zu vernachlässigen.

Nach Angaben von *Anton* stören bei Verwendung eines Pyridinacetat-Puffers Zink, Magnesium und Mangan bis zu Gehalten von 50 ppm nicht. Eisen(III), Kupfer, Wismut und Zinn(IV) geben bei Gehalten >2 ppm Anlaß zu Störungen.

Arbeitsvorschrift nach *Anton* [389]. Die schwach saure Probe-Lösung, die nicht mehr als 1,5 mg Al enthalten soll, wird in einem 100-ml-Meßkolben mit 10 ml Pufferlösung (77 ml Pyridin + 63 ml Eisessig) sowie 2 ml Reagens-Lösung (0,3864 g Brenzcatechinviolett in 100 ml) versetzt und mit Wasser aufgefüllt. Man mißt bei 615 nm gegen eine Blindlösung.

Der Aluminiumgehalt wird einer *Eichkurve* entnommen.

Arbeitsvorschrift zur Bestimmung in Mineralen nach *Wilson* und *Sergeant* [390]. Etwa 20 ml schwach saure Probe-Lösung mit nicht mehr als 40 µg Al werden mit 2 ml 10%iger Hydroxylammoniumchlorid-Lösung, 0,15%iger o-Phenanthrolin-Lösung und 0,15%iger Brenzcatechinviolett-Lösung versetzt. Man gibt 5 ml Pufferlösung, pH = 6,2 (10%ige Ammoniumacetat-Lösung wird mit Essigsäure auf pH = 6,2 gebracht), hinzu und bringt mit verd. Ammoniak oder Essigsäure auf pH = 6,1 bis 6,2, wobei die Lösung nicht alkalisch werden darf. Man überführt in einen 100-ml-Meßkolben, verwendet etwa 50 ml Pufferlösung zum Nachspülen und füllt auf. Nach 2 Std. mißt man bei 580 nm gegen Wasser unter Berücksichtigung des Reagens-Blindwertes.

Bemerkung. In manchen Fällen ist zur Entfernung störender Ionen eine Extraktion mit 1%iger Cupferron-Lösung in Chloroform erforderlich. In diesem Fall wird die Probe-Lösung (20 ml) mit 2 ml Salzsäure (D = 1,19) versetzt und mit mehreren 5-ml-Anteilen Cupferron-Lösung extrahiert. Man verfährt dann weiter wie oben angegeben, indem die Zugabe von o-Phenanthrolin entfällt.

T. Bestimmung mit Eriochrom Garnet L

Eriochrom Garnet L (C.I. Mordant Rot 5) kann nach *Landi, Braicovich* und *Battaglia* [391] zur Bestimmung geringer Aluminium-Gehalte verwendet werden. Die Bestimmung ist gegenüber derjenigen mit Stilbazo zwar weniger empfindlich, die Konstanz der Farb-Intensität jedoch wesentlich besser. Der zur Ausbildung des Aluminium-Farblackes optimale pH-Wert ist 4,6. Das Absorptionsmaximum des Lackes liegt bei 450 nm, dasjenige des freien Farbstoffes bei 400 nm. Die größte Extinktionsdifferenz erhält man bei 480 nm. Die Farb-Entwicklung wird bei einer Temperatur von 65°C vorgenommen. Von möglicherweise störenden Elementen wurde nur der Einfluß des Eisens untersucht. Er kann durch Zugabe von Thioglykolsäure ausgeschaltet werden. Beleganalysen von 3 Proben ergaben Standardabweichungen von 0,0008% für einen Gehalt von 0,02% Al, 0,0018% für einen Gehalt von 0,08% Al und 0,0015% für einen Gehalt von 0,15% Al.

Arbeitsvorschrift. In einen 100-ml-Meßkolben gibt man einen Teil der Probe-Lösung. Den gleichen Teil der Lösung überführt man in ein 150-ml-Becherglas. Er dient zur Ermittlung der Menge an Ammoniumacetat-Lösung bzw. Essigsäure, die zur Einstellung des pH-Wertes auf 4,6 erforderlich ist. Man verdünnt auf 30 ml, gibt 5 ml Reagens-Lösung (0,5 g Eriochrom Garnet L, in 40 ml Wasser gelöst und mit Äthanol auf 250 ml aufgefüllt) und 5 ml Pufferlösung (38,5 g Ammoniumacetat in 250 ml Wasser und eine Lösung von 30 g Eisessig in 100 ml, auf 500 ml aufgefüllt) hinzu. Nun stellt man in der Lösung, die sich im Becherglas befindet, mit Ammoniumacetat-Lösung (7,7 g in 100 ml) oder 0,1 m Essigsäure mit Hilfe eines pH-Meters ein pH von 4,6 ein. Die ermittelte Menge an Ammoniumacetat-Lösung oder Essigsäure wird zur Lösung im 100-ml-Meßkolben zugegeben, die Lösung im Becherglas verworfen. Man verdünnt auf etwa 65 ml, stellt 15 min in ein Wasserbad von 65 °C, läßt erkalten und mißt nach 30 bis 60 min bei 480 nm.

Bemerkungen. Der Aluminium-Gehalt wird einer *Eichkurve* entnommen.

In Anwesenheit von Eisen setzt man *vor* der Reagens-Zugabe 2 bis 3 ml Thioglykolsäure-Lösung (10 ml Thioglykolsäure in 100 ml Wasser) hinzu.

U. Bestimmung mit 5-Sulfo-4′-Diäthylamino-2′,2-Dihydroxyazobenzol nach Florence [392]

Das Reagens bildet mit Aluminium bei pH = 4,7 einen rosa gefärbten (1:1)-Komplex, dessen Absorptionsmaximum bei 540 nm liegt. Beryllium stört die Bestimmung nur in Anwesenheit größerer Mengen, indem es die Farb-Intensität des Aluminium-Komplexes vermindert. Fe, Cr, Co, Cu, Ti, V, W, U, Th bilden ebenfalls Komplexe und stören. Die Störung kann durch Zusatz von ÄDTE verhindert werden, da der einmal gebildete Aluminium-Komplex von ÄDTE nur langsam angegriffen wird. Fe und Co können durch Zugabe von Hexacyanoferrat(II)-ionen maskiert und weitere störende Ionen durch Extraktion mit Triisooctylamin aus 8 m Salzsäure entfernt werden. *Florence* benutzt seine Methode zur Bestimmung des Aluminiums im Beryll und in Berylliumoxid.

Arbeitsvorschrift. Ein Teil der schwach sauren Lösung, die nicht mehr als 15 µg Al enthalten soll und weniger als 10 mg Be, überführt man in einen 25-ml-Meßkolben. Man gibt 2 ml 0,1 %ige Kaliumhexacyanoferrat(II)-Lösung, 2,5 ml m Natriumacetat-Essigsäure-Puffer-Lösung, pH = 4,70, und 3 ml 0,03 %ige 5-Sulfo-4′-Diäthylamino-2′,2-Dihydroxyazobenzol-Lösung (30 mg mit 1 Tropfen 15 m Ammoniak gelöst und zu 100 ml aufgefüllt) hinzu. Nach Verdünnen auf 20 ml stellt man 15 min in ein Wasserbad von 40 bis 55 °C, kühlt ab, gibt 2 ml 2 %ige ÄDTE-Lösung zu und füllt auf. Nach 15 min mißt man bei 540 nm gegen eine Reagens-Blindlösung.

Bemerkungen. Bei Beryllium-Gehalten > 200 µg muß der Einfluß des Berylliums in der *Eichkurve* berücksichtigt werden.

Extraktion störender Kationen mit Triisooctylamin. Nach Eindampfen des aliquoten Teils der Probe-Lösung bis fast zur Trockne wird mit 5 ml 8 m Salzsäure aufgenommen, in einen 50-ml-Scheidetrichter überführt, wobei zum Auswaschen weitere 5 Milliliter 8 m Salzsäure benutzt werden. Nun extrahiert man mit 10 ml Triisooctylamin-Lösung in Toluol (vorher mit 8 m Salzsäure geschüttelt) 1 min. Der organische Extrakt wird mit 5 ml 8 m Salzsäure gewaschen, die Waschlösung zur wäßrigen Phase gegeben und diese nach Zugabe von 1 ml 15 m Salpetersäure und 5 ml Perchlorsäure (72 Gew.-%) fast bis zur Trockene eingedampft. Man nimmt auf und verfährt nun weiter wie oben angegeben.

V. Bestimmung mit Methylthymolblau

Methylthymolblau, ein für komplexometrische Titrationen verwendeter Indikator, bildet mit einer ganzen Anzahl von Elementen, darunter auch Aluminium, gefärbte Komplexe. *Tichonov* [393] hat diese Fähigkeit der Komplex-Bildung mit

Aluminium zur photometrischen Bestimmung des Aluminiums ausgenutzt. Durch Zusatz von ÄDTE kann die Bestimmung verhältnismäßig selektiv gestaltet werden.

Nach Untersuchungen von *Tichonov* (siehe auch *Tichonov* und *Grankina* [394]) bildet Aluminium mit Methylthymolblau einen blau gefärbten (1:1)-Komplex mit einem Absorptionsmaximum bei 585 bis 590 nm (Abb. 20). Bei dieser Wellenlänge

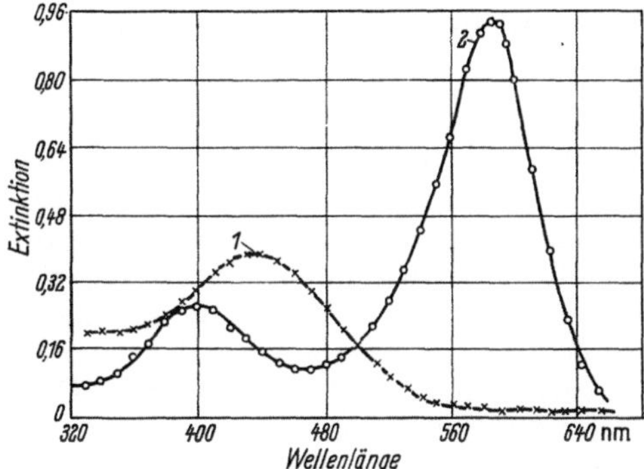

Abb. 20. Absorptionsspektren des Methylthymolblaus (1) und des Aluminium-Methylthymolblaukomplexes (2)

ist die Absorption des freien Farbstoffes praktisch gleich Null. Die molare Extinktion bei pH = 3 und λ = 590 nm beträgt $1{,}9 \cdot 10^4$. Die pH-Abhängigkeit der Färbung ist sehr gering und zeigt bei pH = 3,5 ein flaches Maximum. Von *Tichonov* wird ein pH von 3,0 und 5,0 vorgeschlagen. Die Bestimmung bei pH = 5,0 besitzt den Vorteil der geringeren Störung durch Chloride und Sulfate, obwohl bei diesem pH-Wert die Färbung des Komplexes geringer ist als bei pH = 3. Der Komplex bildet sich in der Kälte nur sehr langsam, in der Siedehitze jedoch augenblicklich, und seine Farb-Tiefe nimmt mit der Zeit beim Stehen geringfügig ab. Der Zusatz von ÄDTE beeinflußt die Färbung und die Beständigkeit des Komplexes nicht; ein Reagens-Überschuß steigert die Farb-Tiefe nur unwesentlich.

Wie schon erwähnt, wird die Bestimmung bei pH = 3 durch Chloride und Sulfate gestört (zulässig sind noch etwa 0,4 g), nicht jedoch bei pH = 5. Die Störung eines Teiles der Kationen kann durch Zugabe von ÄDTE, das mit diesen Elementen beständigere Komplexe bildet als mit Methylthymolblau, ausgeschaltet werden. Nicht beseitigen läßt sich auf diese Weise der Einfluß des Titans, Vanadiums, Chroms, Zirkoniums, Galliums, Nickels, Kupfers und Berylliums. Einige weitere Elemente wie die Erdalkalien, Magnesium, Wolfram und Thallium bilden mit Methylthymolblau farblose Komplexe, die selbst Reagens verbrauchen. Ihr Einfluß kann durch Erhöhung der zugesetzten Reagens-Menge eliminiert werden. Störendes Eisen(III) kann mit Ascorbinsäure, die in kleinen Mengen keinen Einfluß auf die Farb-Entwicklung des Aluminium-Komplexes ausübt, reduziert und maskiert werden (3 ml 1%ige Lösung).

Arbeitsvorschrift zur Bestimmung des Aluminiums in titanhaltigem Material nach *Tichonov*. 1 g Probe mit maximal etwa 10 mg Al wird in 0,01 n Salzsäure gelöst, zur Verhinderung der Hydrolyse mit 2 bis 3 g Natriumsulfat versetzt und in einem 250-ml-Meßkolben mit 0,01 n Salzsäure aufgefüllt. Die Lösung wird partiell filtriert und 10 ml Filtrat wieder in einem 250-ml-Meßkolben mit 0,01 n Salzsäure aufgefüllt. Ein aliquoter Teil von 5 bis 25 ml wird in einen 100-ml-Meßkolben überführt, auf 30 ml verdünnt, 1 ml 1%ige Ascorbinsäure-Lösung, 2 ml 0,1%ige Methylthymolblau-Lösung und 5 ml Pufferlösung, pH = 3 (179 ml n Salzsäure und 821 ml n Glykol-Lösung), zugegeben. Man erhitzt 3 min zum Sieden, läßt abkühlen und füllt nach

29*

Zugabe von 3 ml 0,025 m ÄDTE-Lösung auf. Nach 30 min wird die Extinktion bei 590 nm gegen eine Blindlösung gemessen.

Bemerkung. Bei der Bestimmung in salzsaurer Lösung *stört* Titan *nicht*, da es als $TiO_2 \cdot xH_2O$ ausgefällt wird; sonst muß es durch Cupferron-Extraktion entfernt werden.

W. Bestimmung mit o-Carboxyphenyl-azo-chromotropsäure

Prinzip. o-Carboxyphenyl-azo-chromotropsäure (Na-Salz), auch als Chromotrop 2C bezeichnet, bildet nach *Majumdar* und *Savariar* [395] bei pH = 5 mit Aluminium einen blauvioletten Komplex im Molverhältnis 1:1 mit einem Absorptionsmaximum bei 590 nm. Das Lambert-Beersche Gesetz ist im Konzentrationsbereich von 0,1 bis 1 ppm Al erfüllt. Die Bestimmung wird durch die Elemente bzw. Kationen: Ti, Zr, Ce^{3+}, Ce^{4+}, Sn^{2+}, Sn^{4+}, U, Fe^{3+}, Co, Bi, Mn, Th und Be gestört, die entweder mit dem Farbstoff gefärbte Komplexe bilden oder die Farb-Intensität des Aluminium-Komplexes vermindern. An Anionen stören PO_4^{3-}, F^-, Oxalat-, Citrat-, Thiosulfat-, Vanadat- und Molybdationen.

Arbeitsvorschrift. Ein aliquoter Teil der schwach sauren Probe-Lösung wird in einen 25-ml-Meßkolben überführt, 2,5 ml einer 0,05 %igen wäßrigen Chromotrop-2-C-Lösung hinzugegeben und der pH-Wert mit 1 ml Hexamethylentetramin-Lösung, pH = 5,0 (5 g Hexamethylentetramin, in Wasser gelöst, werden mit n Salzsäure bis pH = 5,0 versetzt und zu 100 ml aufgefüllt). Nach Auffüllen wird bei 590 nm gegen Wasser gemessen, wobei ein Reagens-Blindwert berücksichtigt wird.

Der Aluminium-Gehalt wird einer *Eichkurve* entnommen.

X. Bestimmung mit Calcichrom

Prinzip. Calcichrom bildet mit Aluminium nach *Ishii* und *Einaga* [396] bei einem pH-Wert von 6 einen stabilen, blauviolett gefärbten (1:1)-Komplex mit Absorptionsmaxima bei 317 und 560 nm. Bei Messung der Extinktion gegen eine reine Reagens-Lösung verschiebt sich das 2. Maximum nach 620 nm. Der molare Extinktionskoeffizient bei 620 nm beträgt $7,2 \cdot 10^3$; das entspricht einer Empfindlichkeit von 0,0037 µg Al/cm^2. Die Bildung des Farb-Komplexes erfolgt bei Raumtemperatur innerhalb von 20 min nach Reagens-Zugabe; sie kann durch Erhitzen auf etwa 90 °C wesentlich beschleunigt werden. Die Färbung ist für eine Dauer von etwa 24 Std. konstant. Um maximale Farb-Intensität zu erhalten, ist ein etwa 2facher Überschuß an Reagens, bezogen auf die Aluminium-Konzentration, erforderlich.

Nach den Untersuchungen von *Ishii* und *Einaga* wird die Bestimmung durch Kobalt(II), Chrom(III), Kupfer(II), Eisen(III), Quecksilber(II), Magnesium(II), Nickel(II), Titan(IV), Vanadium(V) und Zirkonium(IV), wohl infolge von Komplex-Bildung mit dem Calcichrom, gestört.

Arbeitsvorschrift. Zur schwach sauren Probe-Lösung mit bis zu 1 µg Al/ml werden in einem 25-ml-Meßkolben 5 ml Calcichrom-Reagens-Lösung (0,1982 g/l) sowie 5 ml Pufferlösung, pH = 6,0 ± 0,1 (1 m Essigsäure und 1 m Natriumacetat-Lösung im notwendigen Verhältnis gemischt) hinzugegeben und aufgefüllt. Nach 30 min wird bei 317 oder 620 nm gegen eine Blindlösung gemessen.

Y. Indirekte Bestimmung mit Chloranilsäure

Prinzip. Bei der Untersuchung der Behinderung der Fällung von Calciumionen mit Chloranilsäure durch Aluminiumionen fand *Hoffmann* [397], daß eine Suspension von Calciumchloranilat mit Aluminiumionen reagiert unter Bildung eines wahrscheinlich löslichen Aluminiumchloranilats, das die gleiche Färbung zeigt wie die freie Chloranilsäure. Auf Grund dieser Tatsache wurde von *Hoffmann* eine indirekte, photometrische Bestimmung des Aluminiums ausgearbeitet.

Arbeitsvorschrift. Zur Eichung der Chloranilsäure werden 10 ml einer Lösung von Aluminiumsulfat bekannten Aluminium-Gehaltes mit 0,1 g Calciumchloranilat geschüttelt. Man läßt 10 min stehen, zentrifugiert, entnimmt 5 ml klare, überstehende Flüssigkeit und stellt mit verd. Schwefelsäure etwa pH = 4 ein. In ein 2. Reagensglas gibt man 5 ml Wasser, eingestellt auf denselben pH-Wert, und läßt aus einer Bürette eine Lösung freier Chloranilsäure bis zur Farb-Gleichheit zufließen.

Zur Bestimmung unbekannter Aluminium-Gehalte wird ein aliquoter Teil der Probe-Lösung, die 14 bis 42 µg Al enthalten soll, wie oben angegeben, behandelt.

Bemerkungen. Der unbekannte Aluminium-Gehalt wird durch *Interpolation* erhalten.

Um störende Ionen zu entfernen, wird die Fällung und Abtrennung des Aluminiums als *Hydroxid* empfohlen.

Z. Indirekte Bestimmung mit Phosphationen als Molybdänblau

Dymov und *Koroneva* [398] fällen das Aluminium in Eisen-Legierungen zunächst als Phosphat. Die Fällung kann nach den auf den Seiten 78 bis 83 angegebenen Vorschriften ausgeführt werden. Nach Abfiltrieren wird das Aluminiumphosphat in 4 n Salzsäure gelöst und das Phosphation photometrisch als Molybdänblau bestimmt.

ZA. Weitere Bestimmungsverfahren

Bei den folgenden Bestimmungsmethoden handelt es sich nicht um gut ausgearbeitete Verfahren, sondern lediglich um Hinweise auf Möglichkeiten zur photometrischen Bestimmung des Aluminiums, in den meisten Fällen auch nur zur Lösung eines speziellen Problems. Diese Methoden sollen hier in einer nur kurzen Zusammenfassung aufgeführt werden.

Bestimmung mit Juglon

Aizenberg, Suprunenko und *Aizenberg* [399] benutzen Juglon, das mit Aluminium einen purpurroten Komplex bildet, zur Bestimmung. Zu 2,5 ml Aluminiumnitrat- bzw. -chlorid-Lösung, die 0,1 bis 0,26 mg Al enthält, gibt man 2 ml 0,04%ige Natriumhydrogencarbonat-Lösung, 1 ml 0,2%ige Juglon-Lösung in Äthanol und füllt mit Äthanol auf. Die Messung der Absorption erfolgt mit Hilfe einer Lichtdurchlässigkeitsskala. Zur Analyse eines Aluminiumsulfates wird das Sulfation vor der Bestimmung durch Fällung als Bariumsulfat abgetrennt.

Bestimmung mit α-Methylformaurin-3,3′-dicarboxylsäure nach *Arikawa* [400]

Zur photometrischen Bestimmung des Aluminiums empfiehlt *Arikawa* die α-Methylformaurin-3,3′-dicarboxylsäure, die mit Aluminium einen rosa gefärbten

(1:1)-Komplex bei pH = 3,7 bis 4,2 bildet (*Arikawa* und *Kato* [401]). Sein Absorptionsmaximum liegt bei 510 nm. Zur optimalen Farb-Entwicklung wird bei pH = 3,8 5 min auf 50 °C erwärmt. Ca, Mg, Zn, F^- und PO_4^{3-} erniedrigen die Absorption; Cr^{3+} und Cu^{2+} erhöhen sie. Fe^{3+} stört und muß mit Hydroxylamin reduziert werden.

Bestimmung mit α-SNADNS-6 und β-SNADNS-6

Datta [402] untersuchte die Farb-Reaktionen der 3-[6-Sulfo-1-naphtylazo]- und 3-[6-Sulfo-2-naphtylazo]-Derivate der 4,5-Dihydroxy-2,7-naphthalindisulfosäure (Chromotropsäure) mit Metallionen und fand, daß auch Aluminium bei pH = 5,0 bis 6,5 einen gefärbten Komplex bildet, der zur photometrischen Bestimmung des Aluminiums verwendet werden kann. *Datta* gibt nur eine allgemeine Arbeitsvorschrift für verschiedene Metallionen an. Spezielle Angaben für das Aluminium fehlen.

Bestimmung mit Sendachrom AL

Takeuchi und *Suzuki* [403] bestimmen Aluminium mit Sendachrom AL. Die zu analysierende Lösung wird mit Hydroxylammoniumchlorid-Lösung, Acetat-Pufferlösung, pH = 3,6, und Reagens-Lösung versetzt. Nach 5 min langem Erhitzen im Wasserbad auf 50 °C wird auf 25 ml aufgefüllt und bei 510 nm gemessen. Die Farbe ist 6 Std. stabil; Kupfer, Beryllium, Uran(VI), Zirkonium(IV) und Fluoridionen stören.

Bestimmung mit Pyridylazofarbstoffen der Chromotropsäure

Majumdar und *Chatterjee* [404] haben die 2-(Pyridyl-3-azo)- und die 2-(2-Carboxypyridyl-3-azo)-chromotropsäure auf ihre Eignung zur photometrischen Aluminium-Bestimmung untersucht. Diese bilden mit Aluminium bei pH = 5,0 einen (3:1)- bzw. (1:1)-Komplex. Die molaren Extinktionskoeffizienten bei λ_{max} = 580 nm betragen $5,95 \cdot 10^3$ bzw. $9,75 \cdot 10^3$, entsprechend den Empfindlichkeiten 0,0045 bzw. 0,0028 µg Al/cm². Das Lambert-Beersche Gesetz ist im Bereich von 0,5 bis 3,5 und für die 2-(2-Carboxypyridyl-3-azo)-chromotropsäure von 0,2 bis 2,2 ppm Aluminium erfüllt. Die relativen *Fehler* der Bestimmung betragen etwa 2,7 %. Die 2-(Pyridyl-3-azo)-chromotropsäure reagiert im Gegensatz zur Carboxyverbindung nicht mit Eisenionen.

Indirekte Bestimmung durch Komplex-Austausch

Über eine automatische Bestimmung des Aluminiums durch Verdrängung des Eisens aus seinem ÄDTE-Komplex durch Aluminium und Bestimmung des freigesetzten Eisens mit 2,4,6-Tripyridyl-symm.-triazin berichten *Wrightman* und *McCadden* [405]. Der Austausch erfolgt in einem Dialysator im Gegenstrom bei pH = 5, die Messung der Extinktion des Eisen-Farbkomplexes bei 593 nm.

Indirekte Bestimmung mit Eisenthiocyanat und Oxalsäure nach *Szabó* und *Beck* [7]

Die von *Szabó* und *Beck* vorgeschlagene Möglichkeit der photometrischen Aluminium-Bestimmung beruht auf der Schwächung der Extinktion einer Eisen(III)-thiocyanat-Lösung durch Oxalationen, die in Anwesenheit von Aluminium teilweise wieder rückgängig gemacht wird, indem der Wiederanstieg der Extinktion dem Aluminium-Gehalt der Lösung angenähert proportional ist.

§ 4. Fluorimetrische Bestimmungsverfahren

A. Fluorimetrische Bestimmung mit Morin

Grundlagen und Anwendungsbereich des Verfahrens

Morin ist bereits 1869 von *Goppelsroeder* [406] zum qualitativen Nachweis des Aluminiums als sehr empfindliches Reagens herangezogen worden. Der Nachweis beruht auf der grünlichen Fluoreszenz, die bei Zusatz von Morin zu neutralen bis essigsauren Aluminiumsalz-Lösungen auch in starker Verdünnung auftritt. Die Messung der Intensität dieser Fluoreszenz ermöglicht die quantitative Bestimmung des Aluminiums mit Morin.

Die Morin-Methode dürfte die photometrischen Farblack-Verfahren an Empfindlichkeit teilweise erheblich übertreffen und daher bei zweckmäßiger Ausführung besonders zur Bestimmung kleinster Aluminium-Mengen geeignet sein. Für diese ist sie nach *White* und *Lowe* [407] genauer als die Aluminon-Methode. Eine endgültige Beurteilung ist jedoch auf Grund der bisherigen, in sehr unterschiedlicher Weise und zum Teil nur mit behelfsmäßigen Meßanordnungen ausgeführten Untersuchungen nicht möglich.

Reagens

Morin ist ein 3,5,7,2′,4′-Pentaoxyflavon nebenstehender Strukturformel. Das

Dihydrat, $C_{15}H_{10}O_7 \cdot 2H_2O$, das aus wäßriger Lösung in hellgelben Nadeln auskristallisiert, hat das Molekulargewicht 338,28. Morin ist in Äthanol und Methanol löslich, besonders leicht in Alkalilauge, in letzterer unter Bildung einer gelben, auch in Gegenwart des Aluminiums nicht fluoreszierenden Lösung. Essigsaure, äthanolische Morin-Lösung fluoresziert gelb. In Äther ist Morin wenig, in Wasser schwer löslich.

White und *Lowe* lösen zur quantitativen Bestimmung 1,5 g Gelbholz-Extrakt in 1 l 95 %igem Methanol unter Schütteln und filtrieren vom Ungelösten ab. Die erhaltene Lösung ist etwa 0,005 m. Spätere Autoren verwenden meistens verdünntere Lösungen von reinem Morin (*Okač* [408] sowie *Strohecker* und *Matt* [409]: 0,1 %ige methanolische Lösung; *Kavanagh* [410]: 0,075 %ige wäßrige Lösung, die konzentrierter ist, als es der Löslichkeit entspricht; *Hadorn* [131]: 0,025 %ige wäßrige Lösung).

Eigenschaften der Aluminium-Verbindung mit Morin

Die Komplex-Verbindung des Aluminiums mit Morin ist von *Schantl* [411] hergestellt und analysiert worden. Die Analyse ergab im Mittel 2,97 % Al, entsprechend der Zusammensetzung: $Al(C_{15}H_9O_7)_3$ mit einem theoretischen Gehalt von 2,899% Al. Das molare Verhältnis vom Aluminium zum Morin im Aluminium-Morin-Komplex wurde von *Schantl* auch durch Titration von Aluminiumsalz-Lösungen mit Morin-Lösung bzw. umgekehrt bis zum Erreichen der maximalen Trübung sichergestellt; die Titrationen ergaben ebenfalls ein Molverhältnis von 1:3. Ein solches von 1:1 fanden dagegen *Szabó* und *Beck* [7]. Wie bei anderen Farblacken wird auch bei der Aluminium-Morin-Verbindung die Zusammensetzung von den Reaktionsbedingungen abhängig sein.

Daß es sich bei den stark verdünnten, fluoreszierenden Lösungen kleinsten Aluminium-Gehaltes um kolloide Lösungen der Aluminium-Morin-Verbindung handelt, zeigt bereits das Auftreten des *Tyndall*-Kegels im Tageslicht (*Goppelsroeder*) oder ultravioletten Licht (*Schantl*). Bei Ultrafiltration durch eine Kolloid-Membran wird ein nicht mehr fluoreszierendes Filtrat erhalten, die abfiltrierte Aluminium-Morin-Verbindung ist also der Träger der Fluoreszenz. Das Maximum des Fluoreszenz-Spektrums liegt bei 546 nm, während das Absorptionsspektrum des Komplexes ein Maximum bei etwa 420 nm besitzt. Aluminium kann mit Morin also auch photometrisch wie nach den üblichen Farblack-Methoden bestimmt werden (*Szabó* und *Beck*).

Schon die sehr unterschiedlichen Beobachtungen über die untere Grenze der Nachweis-Reaktion mit Morin lassen die Abhängigkeit der Fluoreszenz-Intensität von den Versuchsbedingungen erkennen. Bei Beobachtung im Tageslicht lassen sich nach *Goppelsroeder* noch 1,5 bis 3 µg/ml, nach *Eegriwe* [117] 0,6 µg/ml und nach *Feigl* [5] 1 µg/ml erkennen.

Schantl konnte dagegen durch Belichtung mit einer Bogenlampe noch 0,01 µg/ml nachweisen. Die Fluoreszenz ist also auch unter sonst gleichen Versuchsbedingungen viel intensiver bei Anregung mit ultravioletter Strahlung als mit sichtbarem Licht.

Die Intensität der Fluoreszenz hängt weiter, wie *Okač* unter Beobachtung im Licht der Quecksilber-Lampe feststellte, in starkem Maße vom angewandten Lösungsmittel ab. Er fand als Grenzkonzentration des Nachweises in Methanol 0,002 µg Al/ml, in Cyclohexan 0,02 µg/ml und in wäßrigen Lösungen 0,5 µg/ml. *Hadorn* füllt daher die acetatgepufferte, mit Morin versetzte Lösung mit Methanol auf, um eine möglichst hohe Fluoreszenz-Intensität zu erzielen. Auch *White* und *Lowe* führen die Bestimmung in methanolhaltiger Lösung aus; sie stellten jedoch fest, daß die Intensität nicht stetig mit dem Methanol-Gehalt zunimmt, sondern bei einem bestimmten Gehalt (etwa 40% 95%igem Methanol) ein Maximum erreicht.

Die Bildung der fluoreszierenden Aluminium-Morin-Verbindung ist vom pH-Wert abhängig. In salz- oder schwefelsaurer Lösung verschwindet die Fluoreszenz, tritt aber beim Abstumpfen der überschüssigen Säure mit Ammoniak wieder auf. Salpetersäure wirkt auf Morin oxydierend und darf nicht zugegen sein. Nach *Schantl* soll Essigsäure eine spezifische, verstärkende Wirkung auf die Fluoreszenz ausüben. *Strohecker* und *Matt* haben die Abhängigkeit der Bildung des Aluminium-Morin-Komplexes und seiner Fluoreszenz vom pH-Wert untersucht. In Lösungen, die in 10 ml 10 µg Aluminium und 1 mg Morin enthielten, stellten sie folgende Fluoreszenz-Intensitäten in Abhängigkeit vom pH-Wert fest (Tab. 76).

In alkalischer Morin-Lösung ruft Aluminium, wie schon erwähnt, keine Fluoreszenz mehr hervor. Die Bestimmung des Aluminiums mit Morin ist demnach im pH-Bereich um 3 am günstigsten; sie ist aber auch noch zwischen pH = 3 und 6,5 ausführbar.

Nach *White* und *Lowe* ist ein etwa 3- bis 4facher Überschuß an Morin gegenüber der theoretisch zu erwartenden Menge erforderlich. *Hadorn* fand dagegen unter ähnlichen Reaktionsbedingungen, daß auch bei gleicher Aluminium-Konzentration die durch wesentlich geringere Reagens-Zusätze (Molverhältnis etwa 1:1) hervorgerufene Fluoreszenz viel stärker ist als bei höheren Morin-Gehalten. Diese Beobachtung deutet darauf hin, daß ebenso wie bei den Farblacken die Zusammen-

Tabelle 76. *Abhängigkeit der Fluoreszenz der Al-Morin-Verbindung vom pH-Wert*

Säurezusatz	pH-Wert	Stärke der Fluoreszenz	Lösung
0,1 ml 25%ige Salzsäure	~1,2	keine Fluoreszenz	farblos
1 ml 20%ige Essigsäure	2,7	sehr stark	farblos
0,1 ml 20%ige Essigsäure	3,0	stark	farblos
0,02 ml 20%ige Essigsäure	3,3	schwach	farblos
0,1 ml 20%ige Essigsäure + CH_3COONa	4,3	schwach	gelblich
0,1 ml Salzsäure + CH_3COONa	6,36	schwach	gelblich

setzung der fluoreszierenden Aluminium-Morin-Verbindung durchaus nicht die Zusammensetzung der vollständigen, inneren Komplex-Verbindung $Al(Morin)_3$ annehmen muß. Weiterhin besteht die Möglichkeit, daß die Fluoreszenz-Strahlung von überschüssigem Morin und auch von der Aluminium-Verbindung teilweise absorbiert bzw. gestreut wird.

Bei der quantitativen Bestimmung des Aluminiums mit Morin ist weiterhin zu beachten, daß die Stärke der Fluoreszenz mit steigender Temperatur rasch abnimmt. Nach *White* und *Lowe* beträgt der Intensitätsabfall durch Erwärmung der Lösung von 15 auf 30° etwa 35%.

Über die Bildungsgeschwindigkeit des Aluminium-Morin-Komplexes bis zum Erreichen der maximalen, über einen längeren Zeitraum konstanten Fluoreszenz berichten die meisten Autoren nicht.

Nach *White* und *Lowe* ist ein konstanter Gleichgewichtszustand 15 bis 20 min nach Fertigstellung der zu messenden Lösung erreicht. *Hadorn*, der jedoch mit erheblich geringeren Morin-Zusätzen arbeitete (siehe oben), fand daß, die Fluoreszenz mit der Zeit langsam zunimmt und nach 1 Std. Wartezeit gut reproduzierbare Werte erhalten werden können.

Einfluß von Fremdionen auf die Reaktion des Aluminiums mit Morin

Die Bestimmung des Aluminiums mit Morin kann durch mit Aluminium reagierende Anionen gestört werden.

Fluoride, Phosphate, Arsenate stören in jeder Konzentration; auch größere Mengen von Sulfaten beeinträchtigen die Fluoreszenz (*White* und *Lowe*). Untersuchungen über weitere, störende Anionen, allerdings unter anderen Reaktionsbedingungen (indirekter Nachweis von Anionen mit Hilfe der Morin-Reaktion), hat *Bishop* [412] angestellt; er fand, daß u.a. auch Fluoroborate, Fluorosilicate, Oxalate, Tartrate und Citrate die Bildung der fluoreszierenden Aluminium-Morin-Verbindung mehr oder weniger stark beeinträchtigen. Chloride und Nitrate sind nach *White* und *Lowe* ohne Einfluß.

Störende Kationen sind vor allem Eisen und Chrom, die schwerlösliche, schwarze Niederschläge bzw. Trübungen mit Morin bilden (*Schantl*).

Im gleichen pH-Bereich wie Aluminium reagieren unter Bildung fluoreszierender Komplex-Verbindungen auch Gallium, Indium und Scandium (*Beck* [413]), bereits in stark saurer Lösung (10n salzsauer) Zirkonium (*Charlot* [233]), bei höheren pH-Werten auch Aluminium, Zink, Blei und Molybdän (*White* und *Lowe*) und in alkalischer Lösung schließlich Beryllium. Zirkonium stört ebenfalls. Zink, Blei und Molybdän stören nicht, wenn der pH-Wert der zu messenden Lösung nicht zu hoch ist. Auch Beryllium ist in ausreichend saurer Lösung ohne Einfluß.

Erdalkalimetalle bilden nach *Schantl* mit Morin flockige, schwerlösliche Fällungen, die die Fluoreszenz-Messung stören. Silber stört die Bestimmung des Aluminiums durch Auslöschen der Fluoreszenz (*White* und *Lowe*). *Eegriwe* stellte in Übereinstimmung mit *Schantl* fest, daß 1 μg Aluminium noch neben folgenden Mengen der Metalle der Ammoniumsulfid-Gruppe nachweisbar ist:

Co	Ni	Zn	Mn	Cr	Fe
100	100	100	100	10	3 μg.

Naturgemäß lassen sich diese Beobachtungen nicht ohne weiteres auch auf die quantitative Bestimmung übertragen; nach *White* und *Lowe* beeinflussen stark gefärbte Ionen wie Nickel, Kobalt und Kupfer zumindestens die Fluoreszenz-Farbe.

Übersicht über Arbeitsweisen

Okač vergleicht die zu untersuchende Probe visuell mit einer Reihe gleich behandelter Lösungen bekannten Aluminium-Gehaltes im ultravioletten Licht, indem die von der Anregungsquelle ausgehende, sichtbare Strahlung durch ein geeignetes Filter zurückgehalten wird. In gleicher Weise führen auch *Strohecker* und *Matt* sowie *Gotô* [414] Aluminium-Bestimmungen mit Morin aus. Die Arbeitsvorschrift nach *Okač* ist jedoch unvollständig, da nicht genügend auf die Einstellung eines bestimmten pH-Wertes geachtet wird. Nichteinhaltung geeigneter, konstanter Reaktionsbedingungen dürfte auch der Grund sein, daß in früheren Untersuchungen der Morin-Methode (*Alten*, *Weiland* und *Knippenberg* [119] sowie *Schams* [13]) keine brauchbaren Ergebnisse erzielt wurden. *Lehmann* [306] hielt zwar Morin zur Aluminium-Bestimmung in eisen- und phosphatfreier Lösung geeignet, teilte aber keine Arbeitsvorschrift mit.

White und *Lowe* haben zur Messung der Fluoreszenz des Aluminium-Morin-Komplexes das *Pulfrich*-Photometer (mit Quecksilberdampf-Lampe) wie auch ein lichtelektrisches Fluorimeter verwendet.

Kavanagh benutzt ein lichtelektrisches Fluorimeter mit 2 Strahlengängen; es wird also gegen eine Vergleichslösung gemessen, so daß die am Potentiometer abgelesenen Meßwerte unter Verwendung der gleichen Standard-Vergleichslösung von der Fluoreszenz-Intensität der Probe-Lösungen linear abhängig und von der Intensität der Strahlungsquelle unabhängig sind. Als Standard-Vergleichslösung wird eine Chinin-Lösung angewandt.

Die Arbeitsweise nach *White* und *Lowe* unterscheidet sich von den übrigen dadurch, daß die Lösungen innerhalb eines Meßbereiches nicht mit der gleichen Reagens-Menge versetzt werden, sondern daß diese vom Aluminium-Gehalt abhängig gemacht wird. Der für den unbekannten Aluminium-Gehalt einer Lösung günstigste Morin-Zusatz muß erst jeweils in einem Vorversuch festgestellt werden. Ein Vergleich mit den Ergebnissen nach den wesentlich einfacheren Arbeitsweisen, die mit konstantem Morin-Zusatz für alle Aluminium-Konzentrationen innerhalb des durch die Eichung festgelegten Meßbereiches arbeiten, läßt keine merklichen Vorteile der Methode nach *White* und *Lowe* erkennen.

Arbeitsvorschrift nach *Okač* [408]. 10 ml einer 0,0033m Morin-Lösung (1,13 g Morin/l) in Methanol gibt man in einen Zylinder von etwa 10 mm lichter Weite, fügt einen etwa 0,3 bis 60 μg Aluminium enthaltenden Teil der zu untersuchenden, „neutralen" Aluminiumsalz-Lösung (Sulfat oder Chlorid) hinzu und verdünnt mit Methanol auf 15 ml. Nach sorgfältigem Mischen vergleicht man im ultravioletten Licht mit einer Reihe in gleicher Weise hergestellter Vergleichslösungen bekannten Aluminium-Gehaltes.

Bemerkung. Der *Anwendungsbereich* erstreckt sich auf methanolische Lösungen von 0,02 μg Al/ml und verschiebt sich bei steigenden Wasser-Gehalten nach höheren Aluminium-Konzentrationen. Bei genügender Methanol-Konzentration ist die kolloide Lösung des Aluminium-Morin-Komplexes nach *Okač* stabil. Beleganalysen werden nicht mitgeteilt.

Arbeitsvorschrift nach *White* und *Lowe* [407]. 25 ml zu untersuchende Aluminium-salz-Lösung werden auf fast 250 ml verdünnt, mit Essigsäure auf den pH-Wert 3,3 eingestellt und nun auf ein Volumen von 250 ml gebracht. 5 ml verdünnte Lösung, die 10 bis 120 μg Aluminium enthalten sollen, werden in einem 100-ml-Meßkolben mit 20 ml Wasser, 2 ml Morin-Lösung (siehe unten) sowie 35 ml 95%igem Methanol versetzt und mit Wasser zur Marke aufgefüllt. Man mißt nun im Fluorimeter die Intensität der Fluoreszenz dieser Lösung und wiederholt die Messung so oft nach weiterer Zugabe von je 1 ml Morin-Lösung, bis das Fluoreszenzmaximum erreicht ist. Ist das z.B. nach Zugabe von insgesamt 6 ml Morin-Lösung der Fall, so gibt man erneut 5 ml der verdünnten, auf pH = 3,3 eingestellten Ausgangslösung in einen 100-ml-Meßkolben, versetzt nun mit 20 ml Wasser, 6 ml Morin-Lösung sowie 34 ml Methanol (das Gesamtvolumen Methanol-Morin-Lösung soll stets 40 ml betragen) und füllt auf 100 ml auf. Nach 15 min langem Stehen mißt man die Fluoreszenz mit Hilfe eines Fluorimeters.

Bemerkungen. Zur *Eichung* stellt man nach der gegebenen Vorschrift Lösungen bekannten Aluminium-Gehaltes von 10 bis 120 μg Al/100 ml Endvolumen her, die mit 1 ml Morin-Lösung je 10 μg Aluminium versetzt werden, und mißt deren Fluoreszenz in der beschriebenen Weise.

Reagens-Lösung. White und *Lowe* lösen 1,5 g Gelbholzextrakt in 1 l 95%igem Methanol unter Schütteln und Filtrieren vom Ungelösten ab. Zweckmäßiger wird man heute von den im Handel erhältlichen, reinen Morin-Präparaten ausgehen und die Konzentration der Lösung derart einstellen, daß mit je 1 ml Morin-Lösung/ 10 μg Al die maximale Fluoreszenz erreicht wird.

Genauigkeit. Nach 4 Beleganalysen mit 20 bis 95 μg Al/100 ml Endlösung, entsprechend 4 bis 19 μg je ml in der verdünnten Ausgangslösung, betrug der *Fehler* der Bestimmung im Mittel 3,5%, in einem Falle sogar 9%.

Weissler und *White* [415] ziehen die später ausgearbeitete, fluorimetrische Bestimmung des Aluminiums mit *Pontachromblauschwarz R* dem Morin-Verfahren vor (S. 461).

Arbeitsvorschrift nach *Kavanagh* [410]. Zu der mit Acetat-Puffer auf einen pH-Wert von 4 eingestellten Aluminium-Lösung wird 1 ml wäßrige, 0,075%ige Morin-Lösung gegeben, die Lösung mit dem Acetat-Puffer auf ein Volumen von 25 ml gebracht und die Fluoreszenz im Fluorimeter gegen eine Standard-Chininsulfat-Lösung (1 mg Chininsulfat/l 0,1 n Schwefelsäure) als Vergleichslösung gemessen.

Bemerkungen. In gleicher Weise werden zur Aufstellung der *Eichkurven* Lösungen bekannten Aluminium-Gehaltes aufbereitet und gemessen, und zwar eine Reihe mit 1 bis 22,5 μg sowie eine zweite mit 2,5 bis 150 μg Al/25 ml Endlösung. In den Strahlengang der Vergleichs-Chinin-Lösung werden die Filter Corning 597 (Lichtquelle) und 306 (Photozelle), in den Strahlengang der Probe-Lösungen für den ersten Meßbereich die Filter Corning 554 und 338, für den zweiten die Filter 597 und 306 eingeschaltet. Die Eichkurven sind nur im unteren Teil (bis 7,5 bzw. 15 μg Al) linear.

Kavanagh macht *keine* Angaben über die *Genauigkeit* der vorgeschlagenen Arbeitsweise; seine Messungen wurden nur an reinen Aluminiumsalz-Lösungen ausgeführt.

Ähnliche Arbeitsweisen. Bestimmung kleinster Aluminium-Mengen nach *Strohecker* und *Sierp* [416]. Nach dem Vorschlag von *Strohecker* und *Sierp* bestimmen *Strohecker* und *Matt* [409] bei Untersuchungen über die Löslichkeit und Flüchtigkeit von Aluminium in wäßrigen Lösungen und im Wasserdampfstrom dasselbe gemäß folgender

Arbeitsvorschrift. 10 ml zu prüfende Wasser-Probe (1 bis 25 μg Al) werden mit 1 ml methanolischer 0,1%iger Morin-Lösung versetzt und mit Essigsäure auf pH = 3,3 gebracht; gegebenenfalls wird mit Natriumacetat abgepuffert. Nach kräftigem Schütteln in einem mit Normalschliff versehenem Reagens-Rohr vergleicht man die

Fluoreszenz der Lösung unter der Quarzlampe mit derjenigen von entsprechend behandelten Vergleichslösungen bekannten Aluminium-Gehaltes.

Bemerkungen. Die Lösungen mit mehr als 2 μg Aluminium flocken jedoch bald aus und sind dann für die Messung *nicht mehr brauchbar.*

Strohecker und *Matt* bestimmen auf diese Weise Aluminium im *Wasser* und verschiedenen wäßrigen Lösungen. In Leitungswasser sowie 1%iger Kochsalzlösung ließ sich in der beschriebenen Weise ein pH-Wert von 3,3 nicht erreichen; hier wurden die Messungen bei pH-Werten von 4,1 bzw. 6,5 ausgeführt; die in diesem pH-Bereich erhaltenen Ergebnisse sind jedoch *ungenauer.*

Bestimmung des Aluminiums in Bronze und Messing nach *Rouir* und *Dietz* [417]. Nach elektrolytischer Abtrennung der störenden Metalle wird Aluminium fluorimetrisch mit Morin bestimmt. *Rouir* und *Dietz* haben Gehalte von 0,001 bis 9% Aluminium in Bronze und Messing bestimmt mit einem relativen *Fehler* von ± 2% bei Gehalten über 1% Aluminium. Bei geringeren Gehalten stieg der Fehler bis auf ± 7,5% rel. an.

Arbeitsvorschrift zur Bestimmung durch Absorptionsmessung nach *Szabó* und *Beck* [7]. Ein Teil der zu untersuchenden Probe, der bis zu 40 μg Aluminium enthalten darf, wird in Äthanol gelöst, in einem 25-ml-Meßkolben mit 5 ml einer äthanolischen $3 \cdot 10^{-4}$m Morin-Lösung versetzt, bei 15° mit Äthanol zur Marke aufgefüllt und bei 420 nm gegen eine äthanolische, $6 \cdot 10^{-5}$m Morin-Lösung als Vergleichslösung gemessen (Messung von $E_0 - E_F$).

Bemerkungen. Die *Eichkurve* wird mit äthanolischen Standard-Aluminium-Lösungen (2,5 bis 40 μg Al/25 ml Endlösung), die in gleicher Weise behandelt werden, aufgestellt.

Die *Genauigkeit* der Bestimmung beträgt nach *Szabó* und *Beck* für Aluminium-Mengen von 2,5 bis 40 μg im Mittel ± 3,5%. Andere mit Morin reagierende Metalle müssen vorher entfernt werden, z.B. auf papierchromatographischem Wege.

Die *Temperatur* der Lösungen soll nicht mehr als 15 °C betragen, da sich der Komplex bei höherer Temperatur zu zersetzen beginnt.

Arbeitsvorschrift zur Bestimmung des Aluminiums in gereinigtem Kesselwasser im Nanogrammbereich nach *Will* [418]. Die Probe- und Aluminium-Standardlösungen werden mit 1 ml Essigsäure (1:1) (etwa 51%ig) auf 100 ml aufgefüllt. 5 ml Morin-Reagens-Lösung (siehe unten) wird nun mit diesen angesäuerten Lösungen in 100-ml-Meßkolben aufgefüllt. Man läßt 20 min bei Raumtemperatur stehen oder stellt für Schnellbestimmung 1/2 min in ein heißes Wasserbad und mißt nach Abkühlen die Fluoreszenz nach Gleichsetzen der höchst konzentrierten Aluminium-Standard-lösung des in Frage kommenden Konzentrationsbereiches der Probe und einer Chininsulfat-Lösung (10 mg in 1 l 0,1n Schwefelsäure) auf 100 am Konzentrations-meßknopf des Gerätes (Fischer-Nefluoro-Photometer).

Bemerkungen. Der Aluminium-Gehalt wird einer *Eichkurve* entnommen, indem für die verschiedenen Konzentrationsbereiche Eichkurven aufgestellt werden.

Erforderliche Flüssigkeiten. Morin-Reagens-Lösung: 0,1 g Morin in 100 ml einer Mischlösung aus 86% Äthanol, 9% Methanol und 5% Wasser. – Reinstes Wasser: Dest. Wasser wird über einen in einem Polyäthylenrohr befindlichen Ionenaustauscher Amberlite MB-1 gegeben. – Aluminium-Standardlösung (1 ml ≙ 10 μg Al): 0,1758 g $KAl(SO_4)_2 \cdot 12H_2O$ und 1 ml Schwefelsäure (1:1) (etwa 9,3 m) in 1 l. Lösungen geringerer Konzentration werden durch Verdünnen hergestellt.

Genauigkeit. Die Standardabweichungen betragen nach *Will* für Gehalte von 0,25 ppb ± 0,09 ppb, für Gehalte von 0,5 bis 2,0 ppb ± 0,06 ppb.

B. Bestimmung mit Quercetin

Davydoff und *Dewecki* [419] stand zur fluorimetrischen Bestimmung des Aluminiums kein Morin zur Verfügung; sie versuchten daher, es durch das isomere Quercetin, 3,5,7,3',4'-Pentaoxyflavon nebenstehender Strukturformel zu ersetzen. Die

Methode von *White* und *Lowe* (S. 459) erwies sich jedoch als ungeeignet zur Verwendung von Quercetin; *Davydoff* und *Dewecki* haben daher die folgende

Arbeitsvorschrift ausgearbeitet. Ein aliquoter Teil der zu untersuchenden Lösung, der etwa 1 bis 5 µg Aluminium enthalten und dessen Volumen nicht mehr als 15 ml betragen soll, wird in ein passendes Nephelometer-Röhrchen gebracht und mit 2,8 ml einer Pufferlösung versetzt, die aus 5 Teilen n Natriumacetat-Lösung und 2 Teilen n Salzsäure besteht. Zu dieser gepufferten Lösung, die etwa den pH-Wert 4,8 zeigen soll, gibt man nacheinander 3,6 ml Äthanol sowie 2 ml 0,1%ige Quercetin-Lösung, verdünnt mit Wasser auf 24 ml, mischt gut durch und mißt die Intensität der Fluoreszenz in einer geeigneten Meßanordnung.

Bemerkungen. Der gesuchte Aluminiumgehalt wird einer *Eichkurve* entonmmen.

Davydoff und *Dewecki* erhielten nach dieser Arbeitsvorschrift *befriedigende* Resultate.

C. Bestimmung mit Pontachromblauschwarz R

Grundlagen und Anwendungsbereich des Verfahrens

White und *Lowe* [407] fanden bereits 1937, daß der Farbstoff Pontachromblauschwarz R mit Aluminium einen fluoreszierenden Farblack bildet, der sich zum empfindlichen Nachweis des Aluminiums eignet. Versuche, diese Reaktion auch zur quantitativen Bestimmung des Aluminiums heranzuziehen, führten zunächst nicht zum Erfolg (*White* und *Lowe*; *Davydoff* und *Dewecki* [419]). Nach Untersuchung der Abhängigkeit der Fluoreszenz-Intensität von den Reaktionsbedingungen, wie Temperatur, Entwicklungszeit, pH-Wert, Farbstoff- und Aluminium-Konzentration, gelang es *Bourstyn* [420] sowie *Weissler* und *White* [415], Aluminium auch mit Pontachromblauschwarz R sowie mit dem sich ähnlich verhaltenden, durch *Radley* [421] zum Aluminium-Nachweis vorgeschlagenen Pontachromviolett SW quantitativ zu bestimmen. Nach den Angaben von *Weissler* und *White* übertrifft die Aluminium-Bestimmung mit Pontachromblauschwarz R diejenige mit Morin sowie nach den gebräuchlichen Farblack-Verfahren an Schnelligkeit, Empfindlichkeit und Genauigkeit; sie wird in geringerem Maße durch störende Fremdionen beeinflußt. Die genannten Autoren teilen Arbeitsvorschriften zur Bestimmung des Aluminiums im Stahl (0,001 bis 1% Al), in Bronze (0,05 bis 1,1% Al) und in silicatischen Mineralien (0,06 bis 2% Al_2O_3) mit.

In der Folgezeit ist die Reaktion des Aluminiums mit Pontachromblauschwarz noch von *Charlot* [233], *Ishibashi*, *Shigematsu* und *Nishikawa* [422] sowie sehr ausführlich von *Possidoni de Albinati* [423] untersucht worden.

Reagens

Pontachromblauschwarz R (*Du Pont*) ist nach den Farbstoff-Tabellen von *Schultz* identisch mit Superchromblauschwarz (National Aniline, USA) und Erio-chromblauschwarz R (*Geigy*). Nach *Possidoni de Albinati* ist eine wäßrige 0,01%ige Lösung vorzuziehen. Der Farbstoff ist das Natrium- oder Zinksalz der 2,2'-Dihydroxy-1,1'-azo-naphthalin-4-sulfosäure nebenstehender Konstitution mit dem der

Bruttoformel $C_{20}H_{14}O_5N_2S$ entsprechenden Molekulargewicht 394,41 (für das Na-Salz 416,39). *Weissler* und *White* verwenden eine 0,1%ige Lösung des Farbstoffes in 95%igem Äthanol, die einige Tage vor dem Gebrauch angesetzt werden soll.

Eigenschaften der Aluminiumverbindung mit Pontachromblauschwarz R

Pontachromblauschwarz R bildet mit Aluminium bei pH-Werten von etwa 2 bis 8 eine rot fluoreszierende Komplex-Verbindung. Untersuchungen nach *Weissler* und *White*, die das Reaktionsprodukt aus Pontachromblauschwarz R und Kalium-Aluminiumsulfat bei pH = 5 mit n-Pentanol extrahierten und analysierten, ergaben eine Komplex-Verbindung mit dem Verhältnis des Aluminiums zum Farbstoff wie 1:2. Aus den Ergebnissen von Messungen der Farb-Intensität bei verschiedenen Reagens- und Aluminium-Konzentrationen ist jedoch nicht auf eine streng stöchiometrische Zusammensetzung zu schließen, so daß ähnlich wie bei anderen Farblack-Verfahren die Zusammensetzung des Farbkomplexes von den Reaktionsbedingungen abhängen dürfte.

Das Maximum der Fluoreszenz wird nach *Weissler* und *White* bei einem pH-Wert der Lösung von 4,8 bis 5,0 erreicht. Nach Untersuchungen von *Possidoni de Albinati* liegt das Maximum bei pH = 4,3; die Fluoreszenz ändert sich jedoch bis pH = 4,8 nicht wesentlich. In den meisten Arbeitsvorschriften wird ein pH-Wert von 4,8 bevorzugt.

Wie bei anderen Farblacken erfordert auch die Entwicklung des Aluminium-Blauschwarz-R-Lackes bis zum Erreichen optimaler, annähernd konstanter Fluoreszenz eine gewisse Zeit. In Lösungen, die in 50 ml Endvolumen 10 bzw. 100 µg Aluminium wie auch 1,5 ml 0,1%ige Farbstoff-Lösung enthielten und auf pH = 4,9 abgepuffert waren, stellte sich ein konstanter Fluoreszenz-Höchstwert etwa eine knappe Stunde nach dem Ansatz der Lösung ein, wenn bei 24° gearbeitet wurde.

Dem entgegen stehen die Angaben von *Possidoni de Albinati*, nach denen das Maximum der Farb-Entwicklung erst nach 48 Std. erreicht ist. Die Farb-Entwicklung kann im Gegensatz zu der Annahme von *Weissler* und *White* durch Erhitzen wesentlich beschleunigt werden. Nach übereinstimmenden Untersuchungsergebnissen von *Ishibashi, Shigematsu* und *Nishikawa* sowie von *Possidoni de Albinati* ist die Farb-Entwicklung durch Erhitzen auf 80 bis 90 °C nach 10 min abgeschlossen. Die Fluoreszenz-Intensität ist über 2 Std. konstant und ändert sich anschließend nur geringfügig.

Die Angaben über die Empfindlichkeit der Methode sind nicht einheitlich. Die meisten Autoren geben eine Empfindlichkeit von 0,002 bis 0,05 ppm an. Nach *Possidoni de Albinati* liegt die Bestimmungsgrenze bei 0,0001 ppm.

Mit Pontachromblauschwarz R läßt sich auch eine photometrische Bestimmung durch Absorptionsmessung bei 560 nm durchführen. Die Empfindlichkeit soll 0,01 µg Al/cm² betragen (*Possidoni de Albinati*).

Störende Ionen

Nach den sehr ausführlichen Untersuchungen von *Possidoni de Albinati*, die mit anderen Autoren übereinstimmen (*Ishibashi, Shigematsu* und *Nishikawa; Donaldson* [424]), stört vor allem *Eisen*, das die Fluoreszenz-Intensität stark verringert. Die Abnahme ist vom Eisen-Gehalt linear abhängig und ist von *Block* und *Morgan* [425] zu einer sehr empfindlichen Eisen-Bestimmung im ppb-Bereich benutzt worden. Die Störung durch Eisen(III) als auch Eisen(II) eliminiert *Donaldson* durch Komplex-Bildung mit Bathophenanthrolin. Weitere stark störende Elemente bzw. Ionen sind Titan(IV), Kobalt(II), Kupfer(II), Gallium(III), Vanadium(IV), Nickel(II), Zirkonylion, Niob(V), Chrom(VI), Chrom(III), Molybdat-, Wolframat-, Permanganationen, Ruthenium(III), Rhodium(III), Platin(IV), Silber, Gold(III), Zinn(II), Wismut(III), Cer(III) und (IV), Thorium(IV) sowie Uranylionen und Fluorid- sowie Nitritionen. Geringere Störungen, die bis zu 4 µg/ml zu vernachlässigen sind, verursachen Scandium(III), Lanthan(III), Yttrium(III), Mangan(II), Zink(II), Quecksilber(II), Indium(III) und Antimon(III). Die übrigen Anionen, darunter auch Phosphation, stören nicht. Nach Angaben von *Donaldson* sind auch Fluorid-Gehalte bis zu 8 ppm ohne Einfluß.

Arbeitsvorschrift nach *Weissler* und *White* [415]. In einen 50-ml-Meßkolben gibt man 5 ml 10%ige Ammoniumacetat-Lösung, 0,06 bis 0,1 ml Eisessig [oder 1 ml verd. Schwefelsäure (1 : 25) (etwa 0,72 m)] sowie 1,5 ml Farbstoff-Lösung (0,5 g in 500 ml Äthanol, erst nach einigen Tagen verwendbar) und versetzt mit einem bis 20 µg Aluminium enthaltenden, aliquoten Teil der zu untersuchenden, annähernd neutralen Lösung. Anschließend füllt man zur Marke auf, mischt und läßt mindestens 1 Std. stehen. Dann mißt man die Fluoreszenz-Intensität in einem geeigneten Fluorimeter nach entsprechender *Eichung* mit gleich behandelten Lösungen bekannten Aluminium-Gehaltes.

Bemerkungen. Weissler und *White* benutzen die Methode zur Bestimmung in reinen Lösungen, haben aber auch Arbeitsvorschriften zur Bestimmung in Stahl, Bronze, Silicaten und Mineralien ausgearbeitet, die sich von der oben angegebenen Grundvorschrift nur dadurch unterscheiden, daß *störende* Elemente durch Elektrolyse an der Quecksilber-Kathode abgetrennt werden. Die nach den Arbeitsvorschriften von *Weissler* und *White* ermittelten Werte stimmen zufriedenstellend mit den garantierten Gehalten überein.

Für höhere Aluminium-Gehalte ist das Verfahren *weniger gut* geeignet.

Nach der Methode von *Weissler* und *White* bestimmen *Simons, Monaghan* und *Taggart* [426] Aluminium im *Meerwasser*.

Arbeitsvorschrift nach *Ishibashi, Shigematsu* und *Nishikawa* [422]. Die zu analysierende Aluminium-Lösung von pH = 4,8 mit einem Aluminium-Gehalt von 0,2 bis 1,0 µg, 1 bis 12 µg bzw. 12 bis 18 µg wird mit 1,0 ml, 1,5 ml bzw. 2,0 ml 1%iger Pontachromblauschwarz-R-Lösung versetzt und 10 min auf dem Wasserbad erhitzt. Nach dem Abkühlen wird auf 50 ml abgekühlt und die Fluoreszenz der Lösung gemessen.

Arbeitsvorschrift nach *Possidoni de Albinati* [423]. Zur Analysenlösung (nicht mehr als 10 ml) gibt man 5 ml Acetat-Pufferlösung, pH = 4,3 (1 m Natriumacetat-Lösung und Zusatz von Essigsäure bis pH = 4,3), und 5 ml 0,01%ige wäßrige Pontachromblauschwarz-R-Lösung. Der pH-Wert der Lösung wird mit Natronlauge oder Salzsäure auf 4,3 eingestellt. Nach Auffüllen der Lösung auf 25 ml wird 10 min in ein siedendes Wasserbad eingestellt, abgekühlt und die Fluoreszenz bei einer Wellenlänge von 605 nm gemessen.

Bemerkungen. Gleichzeitig erfolgt die Messung der *Blind-* und *Eichlösungen.*
Beleganalysen zur Überprüfung der *Genauigkeit* und *Reproduzierbarkeit* ergaben
bei einem Gehalt von 0,040 µg Al/ml eine Abweichung von 0,0001 µg Al/ml.

Weitere Anwendungen

Das Pontachromblauschwarz-R-Verfahren ist von *Danneil* [427] zur Bestimmung
des Aluminiums in ZnS-Leuchtstoffen verwendet worden. Nach dem Abrauchen
der Probe mit Schwefelsäure werden störende Ionen durch Elektrolyse an der Quecksilber-Kathode entfernt.

Donaldson benutzt die Methode zur Bestimmung des Aluminiums im Wasser.
Die Störung durch *Eisen* wird wie schon erwähnt durch Reduktion und Maskierung
mit Bathophenanthrolin ausgeschaltet.

D. Bestimmung mit Pontachromviolett SW

Wie schon erwähnt wurde das nach *Radley* [421] zum Nachweis von Aluminium
ebenfalls geeignete Pontachromviolett SW auch von *Weissler* und *White* [415] an
Stelle von Pontachromblauschwarz R zur fluorimetrischen Bestimmung des Aluminiums herangezogen. Pontachromviolett SW, in Deutschland früher unter der Be-
zeichnung Säurealizarinviolett N, heute als Diamantkorinth N im Handel, hat als
Benzol(1,1′)-azo-naphthalin-2,2′-dihydroxy-5-sulfosäure (Konstitutionsformel neben-
stehend) einen Benzolring an Stelle eines Naphthalinringes im Pontachromblauschwarz R. Das Molekulargewicht der freien Sulfosäure, $C_{16}H_{12}O_5N_2S$, beträgt 344,35.
Weissler und *White* verwenden es in gleicher Weise wie Blauschwarz R als 0,1%ige
Lösung in 95%igem Äthanol.

Die Aluminium-Violett-SW-Verbindung fluoresziert Orange im Bereich von 585
bis 625 nm. Bei Verwendung von Violett SW an Stelle von Blauschwarz R ist die
Intensität der Fluoreszenz weniger stark von der Farbstoff-Konzentration abhängig.
Die Eichkurven sind bei Einhaltung der oben beschriebenen Arbeitsweise für Blauschwarz R auch unter Anwendung von Violett SW linear; die Streuung ist jedoch
geringer, so daß mit Violett SW genaue, gut reproduzierbare Resultate bei Aluminium-Konzentrationen von nur wenigen Zehntel µg/50 ml Endlösung erzielt werden
können. Andererseits erfordert das Arbeiten mit Violett SW eine sorgfältigere
pH-Kontrolle; weiterhin ist die Fluoreszenz des Aluminium-Violett-SW-Lackes
gegen Spuren von Eisen noch empfindlicher als diejenige der Blauschwarz-R-Verbin-
dung. Aus diesem Grunde ist im allgemeinen das Pontachromblauschwarz-R-Verfahren der Verwendung von Pontachromviolett SW vorzuziehen.

E. Bestimmung mit Salicyliden-o-aminophenol

In neuerer Zeit hat *Holzbecher* [428] Derivate des Salicylaldehyds und 2-Hydroxy-
1-naphthaldehyds auf ihre Eignung zum Nachweis und zur fluorimetrischen Bestimmung des Aluminiums untersucht. Von den geprüften Verbindungen war insbesondere

das Salicyliden-o-aminophenol (SAP) brauchbar. Mit diesem Reagens sind noch 0,01 µg Al/ml durch die grüngelbe Fluoreszenz der Aluminium-Verbindung nachweisbar.

Die Aluminium(III)-salicyliden-o-aminophenol-Verbindung hat bei einem pH-Wert von 5,0 ein molares Verhältnis von SAP zum Aluminium wie 2:1 (*Holzbecher; Saylor* und *Ledbetter* [429]). Im Gegensatz dazu finden *Dagnall, Smith* und *West* [430] einen (1:1)-Komplex. Nach Untersuchungen von *Saylor* und *Ledbetter* liegen in sauren Lösungen des Reagenses in Gegenwart von Aluminiumionen 3 Verbindungen vor, neutrales SAP, saures SAP und der Aluminium-Komplex. Der Aluminium-Komplex ist nach *Dagnall, Smith* und *West* in einigen organischen Lösungsmitteln löslich und läßt sich mit n-Butanol, Isopentanol, n-Pentanol und n-Hexanol extrahieren. Nach *Holzbecher* haben die Fluoreszenz-Spektren der Aluminium-Verbindung ihre Maxima zwischen 450 und 490 nm. *Dagnall, Smith* und *West* [431] fanden bei ihren Untersuchungen ein Hauptanregungsmaximum bei 410 nm und ein Emissionsmaximum bei 520 nm. Die Fluoreszenz-Intensität ist stark pH-abhängig und beginnt nach *Saylor* und *Ledbetter* bei etwa pH = 3, erreicht bei pH = 5,5 ihr Maximum, um dann wieder langsam abzusinken (*Saylor* und *Ledbetter*). Nach *Dagnall, Smith* und *West* liegt das Maximum ebenfalls bei pH = 5,6; der pH-Wert muß nach ihren Angaben bei der Bestimmung auf ± 0,05 Einheiten genau eingehalten werden. Die Zeitabhängigkeit der Fluoreszenz-Intensität ist bei pH = 5,0 gering und ändert sich nach 42 Std. nicht mehr. Bei ihren Untersuchungen arbeiten *Saylor* und *Ledbetter* bei pH von 5,0 und messen bei 405 nm. Die Fluoreszenz-Intensität ist nach *Boshewolnow* und *Janischewskaja* [432] sowie *Klimov, Didkovskaja* und *Kozačenko* [433] bis zu einem Gehalt von 0,10 µg/10 ml der Aluminium-Konzentration proportional.

Störende Elemente

Nach Angaben von *Klimov* und Mitarbeitern stören die Elemente Ag, Tl, Y (bis zu 100 µg/ml) und Bi, Cd, V, Mo, Gd sowie das Anion: $C_2O_4^{2-}$ (10 µg/10 ml) die Bestimmung nicht. Fe^{3+}, Fe^{2+}, Cu^{2+} (>7 µg/ml) und Fluoridion erniedrigen die Fluoreszenz-Intensität.

Arbeitsvorschrift zur halbquantitativen Bestimmung nach *Holzbecher* [428]. Zu 5 ml annähernd neutraler Aluminium-Lösung gibt man 0,5 ml 5%ige Natriumacetat-Lösung und 1 Tropfen 5%ige Essigsäure, so daß ein pH-Wert von 5 bis 5,5 erreicht wird. Nun versetzt man mit 3 bis 5 Tropfen äthanolischer, 0,1%iger Reagens-Lösung, vermischt und säuert mit 0,5 bis 1 ml 0,2n Salpeter- oder Salzsäure an. Nach 5 min vergleicht man die gelbgrüne Fluoreszenz mit derjenigen gleichzeitig angesetzter und ebenso behandelter Lösungen bekannten Aluminium-Gehaltes im ultravioletten Licht.

Bemerkungen. Das Ansäuern nach Bildung des fluoreszierenden Aluminium-Komplexes ist *erforderlich,* da in der fast neutralen Lösung auch andere Metalle wie Zink und Blei gelbgrüne Fluoreszenz hervorrufen, die jedoch beim Ansäuern verschwindet.

Zinn, Titan, Zirkonium, Thorium, Antimon und Wismut *stören;* diese Metalle können durch Zusatz von Ammoniumcitrat (50 mg/5 ml) weitgehend maskiert werden. Allerdings wird durch Citrat-Zusatz auch die Fluoreszenz der Aluminium-Verbindung erheblich herabgesetzt, so daß die Grenze des Nachweises nur noch bei 3,5 µg Al/5 ml liegt. Auch Beryllium fluoresziert ähnlich dem Aluminium noch nach dem Ansäuern, jedoch blaugrün. Da aber die Nachweis-Empfindlichkeit des Berylliums und auch des Zirkoniums (30 µg Be und 150 µg Zr/5 ml) wesentlich geringer als diejenige des Aluminiums ist, läßt sich Aluminium auch noch neben diesen Metallen nachweisen bzw. schätzen. Auch Kupfer, Zink, Quecksilber(II), Chrom, Eisen, Kobalt, Nickel und Uran(VI) setzen die Empfindlichkeit des Aluminium-Nachweises herab; die Alkalimetalle und Erdalkalimetalle, die seltenen Erdmetalle sowie Silber, Cadmium, Thallium(I), Blei und Mangan stören bei der oben wiedergegebenen Arbeitsweise praktisch nicht.

Diese halbquantitative Methode ermöglicht nach *Holzbecher* die Bestimmung von Aluminiumverunreinigungen in Salzen mit einem *Fehler* von etwa 50% rel.

Arbeitsvorschrift nach *Dagnall, Smith* und *West* [430]. Aliquote Teile einer 10^{-6} bis 10^{-4}m Kaliumaluminiumsulfat-Lösung werden zu 5 ml Pufferlösung, pH = 5,6 (etwa 10 ml Eisessig, 40 g Ammoniumacetat und 400 ml Wasser) gegeben, mit 5 ml 0,1%iger Salicyliden-o-aminophenol-Lösung in Aceton versetzt und auf 100 ml verdünnt. Nach einer Wartezeit von 5 min wird die Fluoreszenz-Intensität der Lösung gemessen.

Bemerkung. In einer weiteren Arbeit geben *Dagnall, Smith* und *West* [431] eine ausführliche Vorschrift zur Bestimmung von Submikrogramm-Mengen Aluminiums, nach der störende Kationen durch Extraktion mit Natriumdiäthyldithiocarbamidat entfernt werden.

Arbeitsvorschrift. 10 ml Probe-Lösung, die $2,7 \cdot 10^{-2}$ µg bis 2,7 µg Al enthalten soll, wird in einem Scheidetrichter, der 10 ml Pufferlösung von pH = $5,6 \pm 0,05$ (etwa 10 ml Eisessig und 50 g Ammoniumacetat in 400 ml) und 30 bis 35 ml Äthylacetat enthält, gegeben und nach Zugabe von 10 ml frischbereiteter 0,2%iger Natriumdiäthyldithiocarbamidat-Lösung 30 sec geschüttelt. Die wäßrige Phase überführt man in einen 100-ml-Meßkolben, gibt 5 ml 0,1%ige Salicyliden-o-aminophenol-Lösung in Aceton hinzu und füllt zur Marke auf. Die Messung erfolgt nach 20 min bei 520 nm, wobei eine Anregungsstrahlung der Wellenlänge 410 nm benutzt wird.

Bemerkung. Dagnall, Smith und *West* machen ausführliche Angaben über die *Störungen* von Begleitionen in ihrer Methode. Bei der Bestimmung von $1,35 \cdot 10^{-1}$ µg Al verursacht nach dem beschriebenen Arbeitsgang der 100fache Überschuß folgender Kationen oder Elemente einen maximalen relativen *Fehler* von $\pm 5\%$: Alkali- und Erdalkalimetallionen, Mg, Be, Ga, In, Tl^+, Tl^{3+}, Sn^{4+}, Pb, As^{3+}, Se(IV), Te(IV), V(IV), Mn, Fe^{3+}, Fe^{2+}, Co, Ni, Cu^{2+}, Zn, Cd, Hg^{2+}, Y, La, Mo(VI), Ag und Ce^{3+}. In Anwesenheit von Sb^{3+}, Bi und U(VI) sind mehrere NaDDTC-Extraktionen unter Verwendung von Kohlenstofftetrachlorid erforderlich. Wolfram stört, wenn es in 10fachem Überschuß vorhanden ist. V(V), Fe^{3+} und Ce^{4+} werden vor der Extraktion mit Ascorbinsäure reduziert. Zr kann mit Mandelsäure, Pt mit Kaliumcyanid maskiert werden. Beryllium stört auch bei 1000fachem Überschuß nicht. An Kationen stören die Bestimmung: Th, Sc und Cr^{3+}, an Anionen: Fluorid-, Tartrat-, Citrat- und Oxalationen durch Verminderung der Fluoreszenz-Intensität.

Arbeitsvorschrift zur Bestimmung in Bleisalzen nach *Klimov, Didkovskaja* und *Kozačenko* [433]. 1 g Probe löst man in 7 bis 8 ml 2m Acetat-Pufferlösung (pH = 6,0); Bleisulfid wird in 6 bis 8 ml Salpetersäure (D = 1,4) behandelt, bis der Schwefel quantitativ oxydiert ist, und Bleisulfat in 10 bis 15 ml 5m Acetat-Pufferlösung (pH = 6,0) gelöst. Nach Zugabe von 0,3 ml 0,1%iger Salicyliden-o-aminophenol-Lösung in Aceton wird mit Acetatpuffer auf 10 ml aufgefüllt (bei der Bleisulfat-Lösung wird ein aliquoter Teil < 10 ml verwendet). Nach 40 bis 50 min wird die Fluoreszenz gemessen, der Aluminium-Gehalt einer Eichkurve entnommen.

Bemerkungen. Der Aluminium-Gehalt der *Reagenzien* soll $< 10^{-6}\%$ sein.

Wasser wird mit einem Kationen-Austauscher gereinigt.

Die Pufferlösung wird mit „Lumogallion" (2′,2,4-Trihydroxy-5-5′-chlorazobenzol-3-sulfonsäure) versetzt und mit Aktivkohle behandelt oder über einen Anionen-Austauscher gereinigt.

Die Lösungen müssen in *Quarz-* oder *Polyäthylen*-Gefäßen aufbewahrt werden.

Genauigkeit. Bei Aluminium-Gehalten von $10^{-6}\%$ liegt der relative *Fehler* zwischen -30 und $+20\%$.

Auf ähnliche Weise bestimmen *Lel'chuk, Sokolovich* und *Kurysheva* [434] Aluminium-Spuren in *reinstem Zinn*, wobei eine 1-g-Probe in einer Mischung von 2 ml Salzsäure, 2,5 ml Bromwasserstoffsäure und 1,5 ml Brom gelöst, anschließend mehrmals zur Trockene abgeraucht und mit Salzsäure (1:1) (etwa 6 m) aufgenommen wird.

Arbeitsvorschrift zur Bestimmung in Lithium-, Caesium-, Rubidiumchloriden und -nitraten nach *Boshewolnov* und *Serebryakova* [435]. 4 g Chloride löst man in einer Acetat-Pufferlösung von pH = 6,3. Liegen Nitrate vor, werden 0,4 g der Probe zunächst mit einer möglichst geringen Menge an Salzsäure gelöst, zur Trockne eingedampft und mit 20 ml Acetat-Pufferlösung, pH = 6,3, gelöst. Die vorbereiteten Lösungen verteilt man auf 4 Reagens-Gläser und gibt in das 1. Glas 0,01 μg Al, in das 2. Glas 0,02 μg Al und in die ersten 3 Gläser 0,2 ml 0,01 %ige Salicyliden-o-aminophenol-Lösung in Aceton. Nach 40 min mißt man die Fluoreszenz bei 520 nm in allen 4 Gläsern und errechnet den Aluminium-Gehalt.

Bemerkungen. Genauigkeit. Der relative *Fehler* beträgt ± 15 bis 20 % bei Gehalten von 10^{-5} bis 10^{-6} %.

Störende Ionen. Kupfer und Eisen in Gehalten > 0,1 μg/5 ml verhindern die Fluoreszenz und *stören*. Andere Kationen bis zu 25 μg/5 ml zeigen keinen Einfluß.

Arbeitsvorschrift zur Bestimmung im Germaniumtetrachlorid nach *Boshewolnov* und *Serebryakova*. 3 g Probe werden in einer Quarz-Destillationsapparatur eingedampft. Das Eindampfen wird nach Zugabe von 0,3 ml Salzsäure (1:1) (etwa 6 m) wiederholt. Man verfährt nun weiter, wie oben in der Vorschrift zur Bestimmung in Li, Cs- und Rb-Salzen angegeben, nur mit dem Unterschied, daß man die Lösung auf 3 Reagens-Gläser verteilt und 0,001 und 0,002 μg Al zusetzt. In das 4. Reagens-Glas gibt man als Blindwert eine mit 0,3 ml Salzsäure (1:1) eingedampfte und wieder aufgenommene Lösung.

Genauigkeit. Der relative *Fehler* beträgt ± 25 bis 30 % bei Gehalten von 10^{-7} %.

F. Bestimmung mit Salicylaldehydformylhydrazon

Nach Untersuchungen von *Holzbecher* und *Půlkrab* [436] eignet sich auch Salicylaldehydformylhydrazon zur fluorimetrischen Bestimmung geringer Aluminium-Gehalte. Die Bestimmung wird in äthanolischer Lösung (26 bis 28 %) bei pH = 5,25 durchgeführt. Nach Zusatz der Reagenzien wird nach 30 min die blaue Fluoreszenz bei 440 nm gemessen. Die Nachweis-Grenze liegt bei 0,08 μg/25 ml; die optimale Konzentration beträgt 0,7 bis 22 μg Al/25 ml. Die Zusammensetzung des fluoreszierenden Komplexes ist nicht konstant; im pH-Bereich von 4,7 bis 5,9 ist das Verhältnis des Aluminiums zum Salicylaldehydformylhydrazon 1:1 bis 1:2. Die Methode wird nicht gestört durch: Na, K, NH_4^+, Ag, Tl, Mg, Ca, Sr, Ba, Cd, Bi, Pb und Mn in 10 bis 10000fachem Überschuß. Auch NO_3^-, Cl^- und kleine Mengen SO_4^{2-} stören nicht. In Gegenwart größerer Mengen Zn treten positive *Fehler* infolge Bildung eines fluoreszierenden Zn-Komplexes auf. Cr^{3+}, Cu^{2+}, Fe^{3+}, Ni, Co, U und Hg^{2+} erniedrigen die Fluoreszenz-Intensität. Der störende Einfluß von Zn, Fe, Ni und Cr kann durch Zusatz von Thioglykolsäure verringert, Spuren an Cu mit Natriumthiosulfat maskiert werden. An Anionen stören Acetat-, Tartrat-, Formiat-, Citrat-, Fluoridionen wie auch ÄDTE.

G. Fluorimetrische Bestimmung mit 2-Hydroxy-3-naphthoësäure nach Kirkbright, West und Woodward [437]

Prinzip. Aluminium bildet mit 2-Hydroxy-3-naphthoësäure einen blau fluoreszierenden Komplex, der eine Bestimmung bis herab zu Gehalten von 0,002 ppm erlaubt. Der gebildete Komplex zeigt ein Molverhältnis des Aluminiums zum Reagens wie 1:1. Das Fluoreszenz-Maximum liegt bei 460 nm und einem pH-Wert von 5,8;

die Fluoreszenz-Intensität des Aluminium-Komplexes nimmt jedoch langsam ab (5% innerhalb 18 Std.).

Nach Untersuchungen von *Kirkbright* und Mitarbeitern *stören* die folgenden Elemente im 1000fachen molaren Überschuß die Bestimmung von 10 μg Al in 100 ml nicht: Ag, Li, Na, K, NH_4^+, Mg, Ca, Sr, Ba, Co^{2+}, Ni, Fe^{2+}, Mn^{2+}, Pb, Cd, Hg^{2+}, As^{3+}, Ce^{3+}, V(V), Cl^-, Br^-, J^-, CN^-, NO_3^-, ClO_4^-, SCN^-, SO_4^{2-}, CO_3^{2-} und $S_2O_3^{-2}$. Einen Rückgang der Fluoreszenz-Intensität um 20% bewirken Tl^+, Cu^{2+}, NO_2^- und SO_3^{2-}, während U(VI), Th, Ce^{4+}, Sb^{3+}, Bi, In, Fe^{3+}, Ti^{4+}, Sn^{4+} einen starken Rückgang verursachen. Be, Sc^{3+} und $B_4O_7^{2-}$ erhöhen die Fluoreszenz. Ga und Zn ergeben Niederschläge, die ebenfalls fluoreszieren.

Arbeitsvorschrift. Bis zu 25 ml Lösung, die nicht mehr als 2,5 μg Al enthalten soll, überführt man in einen 100-ml-Meßkolben, der 5 ml Pufferlösung, pH = 5,8 (40 ml Eisessig in 800 ml Wasser und Ammoniak bis pH = 5,8, zu 1 l aufgefüllt), enthält. Man gibt 10 ml 10^{-4} m 2-Hydroxy-3-naphthoësäure-Lösung hinzu, füllt auf und mißt nach 60 min bei 460 nm mit einer Anregungsstrahlung von 370 nm.

Der Aluminium-Gehalt muß einer auf gleiche Weise ermittelten *Eichkurve* entnommen werden.

H. Bestimmung mit N-Salicyliden-2-amino-3-hydroxyfluoron (NSAHF)

Bei der Untersuchung einer größeren Anzahl von Verbindungen auf ihre Eignung zur fluorimetrischen Bestimmung empfehlen *Argauer* und *White* [438] das Reagens NSAHF zur Aluminium-Bestimmung. *White, McFarlane, Fogt* und *Fuchs* [439] haben die Reaktion des Aluminiums mit NSAHF eingehender untersucht und teilen eine Arbeitsvorschrift zur Bestimmung geringer Aluminium-Gehalte mit. Nach ihren Angaben soll die Empfindlichkeit dieses Verfahrens gegenüber den anderen üblichen, fluorimetrischen Methoden am größten sein. Es lassen sich noch Gehalte von 0,001 μmol Aluminium bestimmen. Ein Vorteil gegenüber den anderen Verfahren bedeutet auch die geringe Eigenfluoreszenz des Reagenses.

Die Bestimmung wird in 10%iger äthanolischer Lösung durchgeführt. Nach *Dale, Jones* und *Radley* [440] ist auch eine nichtwäßrige Lösung von 20 ml Dimethylformamid, die 2 ml Eisessig enthält, geeignet. Maximale Fluoreszenz ist nach etwa 30 min erreicht; sie bleibt danach bis zu 80 min konstant. Wie Untersuchungen der pH-Abhängigkeit der Fluoreszenz-Intensität ergeben, liegt im Bereich von pH = 5,1 bis 5,4 ein Maximum. Innerhalb dieses pH-Bereiches ist die Intensität praktisch konstant und im Bereich von 0,001 bis 0,04 μmol Al (pH = 5,2) linear von der Konzentration abhängig. Die Anwendung der Methode der kontinuierlichen Variation zur Ermittlung der Komplex-Zusammensetzung ergab, daß 1 Aluminiumion von 2 Molekülen NSAHF gebunden wird. Zu große Reagens-Überschüsse erhöhen die Eigenfluoreszenz; deshalb ist der Reagens-Zusatz so knapp wie möglich zu bemessen; ein Molverhältnis des Reagenses zum Aluminium von mindestens 4:1 ist für eine quantitative Bestimmung notwendig. Das Maximum der Fluoreszenz der Aluminium-Verbindung liegt bei einer Wellenlänge von 525 bis 530 nm, dasjenige der Anregung bei 445 nm. Da das Emissionsmaximum im gleichen Bereich wie dasjenige des Fluoresceins liegt, kann als Fluoreszenz-Standard eine alkalische Fluorescein-Lösung verwendet werden. 10 ml Fluorescein-Lösung in 0,1 n Natronlauge, die 0,5 μg Fluorescein je ml enthält, ergeben die gleiche Fluoreszenz wie 10 ml Lösung, die 0,25 μmolar an Aluminium und 0,5 μmolar an Reagens ist.

Störende Ionen. Die Störungen durch Begleitionen sind ähnlich denjenigen der anderen fluorimetrischen Aluminium-Bestimmungsmethoden. So stören Fluorid- und

Phosphat-, Eisenionen in Konzentrationen, größer oder gleich dem Aluminium-Gehalt, ebenso Gallium und größere Neutralsalz-Mengen. Detaillierte Angaben über weitere Beeinflussungen fehlen in der Arbeit.

Arbeitsvorschrift. Zur Probelösung in einem Quarzbecher gibt man 1 ml NSAHF-Lösung (9 mg in 30 ml Äthanol, nur 2 Tage haltbar), 1 ml Pufferlösung, pH = 5,2 (Essigsäure und Ammoniak), und so viel Äthanol, daß 10 ml Endlösung 10% Äthanol enthalten, und füllt auf 10 ml auf. Nach 30 min wird im Fluorimeter gemessen.

I. Bestimmung mit Eriochrom-Dunkelblau V

Nazarenko, Šustova, Ravickaja und *Nikonova* [441] bestimmen Aluminium im Antimon mit Eriochrom-Dunkelblau V. Dieses Reagens ist wahrscheinlich mit dem Eriochromschwarzblau B identisch, das von *Nazarenko, Šustova, Šitarjeva, Jagnjatinskaja* und *Ravickaja* [442] später zur Bestimmung im Titan verwendet wird.

Arbeitsvorschrift. 1 g Antimon wird im Quarz-Tiegel mit 2 ml konz. Salpetersäure zur Trockene abgedampft, diese Operation noch 4mal immer nach Zugabe von 2 ml Bromwasserstoffsäure und zum Schluß nach Zugabe von 1 ml konz. Salzsäure wiederholt. Der Rückstand wird mit 4 ml 10n Salzsäure aufgenommen und der Rest des Antimons durch Extraktion mit 1 ml geschmolzenem Paraffin in 2 ml Isopentanol entfernt. Die wäßrige Schicht wird zur Trockene eingedampft, wenig geglüht, der Rükstand mit 0,1 ml 0,25n Salzsäure gelöst und mit Wasser zu 1,6 ml ergänzt. Nach Zugabe von 0,4 ml 5%iger Kaliumjodid-Lösung folgen nach 1 Std. 0,2 ml Acetat-Pufferlösung (1m Natriumacetat- und 0,1m Essigsäurelösung), 0,1 ml 0,25%ige o-Phenanthrolin-Lösung in Äthanol, 0,1 ml 0,002%ige Eriochrom-Dunkelblau-V-Lösung in Äthanol und 1 ml Äthanol. Man vergleicht die Fluoreszenz im Licht einer Quarz-Lampe mit Standardlösungen (0 bis 0,4 mg Al).

Bemerkung. Mit dieser Methode lassen sich nach Angaben der Autoren Aluminiumgehalte bis herab zu 0,05 ppm bestimmen. Die *Fehler* sind kleiner als 5%.

J. Bestimmung mit Mordant Blau 9

Aluminiummengen von 0,004 bis 0,44 µg Al/ml lassen sich nach *Possidoni de Albinati* [443] bei pH = 4,1 bis 4,7 mit Natrium-6-(2-hydroxy-3-sulfo-5-chlorophenylazo)-2-hydroxy-1-naphthalinsulfonat (Mordant Blau 9) bestimmen. Beryllium und Mangan stören die Bestimmung praktisch nicht. Dagegen stören Ti^{4+}, ZrO^{2+}, VO_3^-, $Nb(V)$, CrO_4^{2-}, MnO_4^-, Fe^{2+}, Pt^{2+}, Cu^{2+}, Au^{3+}, Ga^{3+}, Sn^{2+}, F^- und Ce^{4+}.

K. Bestimmung mit o,o'-Dihydroxyazobenzol (DHAB)

Eine fluorimetrische Untersuchung über die Zusammensetzung der Komplexe des Aluminiums und Galliums mit DHAB, die *Saylor* und *Ledbetter* [444] durchführten, zeigt die Möglichkeit einer quantitativen Bestimmung des Aluminiums. Aluminium bildet mit dem Reagens einen (1:1)- und einen (2:1)-Komplex (DHAB: Al). Das Intensitätsmaximum liegt bei 573 nm, bei hohen Aluminium-Konzentrationen bei 575 nm. Zur Messung wurden $4 \cdot 10^{-5}$m DHAB-Lösungen, die 0,1n an Kaliumchlorid und 35%ig an Äthanol waren, mit 2,5m Natriumacetat-Lösung auf pH = 6,3 gebracht und mit einer Aluminium-Lösung versetzt.

§ 5. Nephelometrische Bestimmungsverfahren

A. Bestimmung mit Cupferron

Grundlagen der analytischen Methodik

Die Möglichkeit der nephelometrischen Bestimmung des Aluminiums mit Cupferron wurde bereits bei der gravimetrischen Bestimmung mit Cupferron erwähnt; auf die dort gemachten Angaben über die Eigenschaften des Aluminiumcupferronats sei hingewiesen (S. 130).

Martin [445] hat bereits 1926 die Bildung der kolloiden Lösung des Aluminiumcupferronats zur nephelometrischen Bestimmung kleiner Aluminium-Mengen herangezogen und gefunden, daß die durch die Trübung hervorgerufene Lichtschwächung dem Beerschen Gesetz folgt. Bei Untersuchungen über die Löslichkeit der Cupferron-Komplexe zahlreicher Metalle haben *Pinkus* und *Martin* [446] auch die Löslichkeit des Aluminium-Komplexes in Wasser bestimmt, und zwar auf nephelometrischem Wege (ohne nähere Angaben). Der gefundene Wert für die Löslichkeit des Aluminiumcupferronats ($3{,}4 \cdot 10^{-5}$ g-Atom Al/l) kann jedoch zur Beurteilung der Empfindlichkeit der Reaktion des Aluminiums mit Cupferron nicht benutzt werden, da die Löslichkeit in Gegenwart eines Überschusses an Fällungsmittel wesentlich kleiner ist. Im Anschluß an die Versuche von *Martin* haben *de Brouckère* und *Belche* [12] eine Arbeitsvorschrift angegeben (siehe unten). Eine genauere Arbeitsvorschrift gibt *Meunier* [11]. Er berücksichtigt in seiner Arbeitsweise, daß die Trübung erst eine gewisse Zeit nach dem Ansatz des Reaktionsgemisches ihr Maximum erreicht und dieses Maximum nur innerhalb eines bestimmten Konzentrationsbereiches an Fremdelektrolyt eine Funktion des zu bestimmenden Aluminium-Gehaltes ist. Nach den Angaben von *Meunier* wird die Trübungsmessung zweckmäßig 20 bis 30 min nach Zugabe des Cupferrons ausgeführt. *Schams* [13] gibt an, daß die *Genauigkeit* der Bestimmung auf 1 % gesteigert werden kann, wenn erst nach 1stündigem Stehen gemessen wird. Über einen Einfluß von Änderungen der Wasserstoffionen-Konzentration auf den Grad der Trübung wird nicht berichtet.

Auch von *Grant* [447] wird die nephelometrische Cupferron-Methode erwähnt; weiterhin gibt *Rocquet* [448] eine ähnliche Arbeitsweise wie *Meunier* an und bestimmt nach ihr den Aluminium-Gehalt im Stahl; er stellt hierbei jedoch auf einen bestimmten pH-Wert ein, mißt die Trübung jeder Lösung mehrmals, und zwar in gleichen Zeitabständen nach dem Ansatz, und zieht den so ermittelten Maximalwert der Trübung zur Bestimmung des Aluminiums mittels einer entsprechend aufgestellten *Eichkurve* heran.

Nach *Hadorn* [131] ist die nephelometrische Bestimmung mit Cupferron nicht sehr zuverlässig. Das Maximum der Trübung wird nach *Hadorns* Versuchen mit reinen Aluminium-Lösungen erst nach 3 bis 4 Std. erreicht; später beginnt das Aluminiumcupferronat unter Wiederaufhellung der Lösung auszuflocken. Es wurden auch unter Einhaltung genau gleicher Versuchsbedingungen keine reproduzierbaren Werte gefunden, wenn die Bestimmungen an verschiedenen Tagen wiederholt wurden. *Hadorn* hält das nephelometrische Cupferron-Verfahren daher in erster Linie nur für orientierende Schnellbestimmungen geeignet.

Einfluß fremder Ionen

Die nephelometrische Aluminium-Bestimmung ist grundsätzlich neben allen jenen Metallen möglich, die in schwach saurer Lösung (0,001 n an Salzsäure) durch Cupferron nicht gefällt werden, wie Magnesium, Silber, Quecksilber(II), Antimon(V), Arsen(V), Arsen(III), Blei, Cadmium, Zink, Nickel, Kobalt, Mangan und Chrom(III). Beleganalysen liegen allerdings nur für die Aluminium-Bestimmung neben Zink- und Nickel-Überschuß vor (*de Brouckère* und *Belche*). Die Gruppe der bereits aus saurer Lösung durch Cupferron fällbaren Metalle, wie Eisen, Titan, Kupfer, Zirkonium, Wismut, Quecksilber(I), Zinn (II), Zinn(IV), Antimon(III), stört selbstverständlich die Aluminium-Bestimmung.

Roucquet sowie *Jaudon* [449] scheiden Eisen zur Aluminium-Bestimmung im Stahl elektrolytisch an der Quecksilber-Kathode ab. Nach *Rosotte* [450] ist es jedoch erforderlich, die Eisenmenge, die nach der elektrolytischen Abtrennung noch in Lösung verbleibt, entweder mit o-Phenanthrolin photometrisch zu bestimmen und eine Korrektur anzubringen oder das störende Eisen in stärker saurer Lösung mit Cupferron zu fällen und durch Extraktion zu entfernen. *Meunier* verfährt in gleicher Weise und entfernt in der Analyse von Pflanzen-Aschen Eisen, Titan und Kupfer durch Extraktion der Cupferron-Komplexe mit Chloroform. Phosphationen verzögern nach *Meunier* die Bildung der kolloiden Lösung des Aluminium-Komplexes und dürfen in nicht höherer als 0,01 n Konzentration vorhanden sein.

Arbeitsvorschrift nach *de Brouckère* und *Belche* [12]. *1. für Aluminiumkonzentrationen von 3 bis 30 mg Al/l (10⁻⁴ bis 10⁻³ m).* Zu 25 ml schwach saurer Aluminium-Lösung gibt man 1 ml wäßrige 1%ige Cupferron-Lösung und 1 ml 0,1%ige Gelatine-Lösung als Schutzkolloid. 25 ml einer Bezugslösung bekannten Aluminiumsulfat- oder -chlorid-Gehaltes (0,001 bis 0,002 n schwefel- oder salzsauer) werden gleichzeitig ebenso behandelt; anschließend ermittelt man den gesuchten Aluminium-Gehalt durch Vergleich beider Lösungen.

2. für Aluminiumkonzentrationen von etwa 1,5 bis 3 mg Al/l. 25 ml zu untersuchende Aluminium-Lösung werden mit 1 ml wäßriger 1%iger Cupferron-Lösung versetzt. Man vergleicht nun die Trübung mit derjenigen einer ebenso hergestellten Bezugslösung bekannten Aluminium-Gehaltes.

Bemerkungen. Bei den vorliegenden, großen Verdünnungen ist ein Schutzkolloid-Zusatz *nicht erforderlich.*

De Brouckère und *Belche* fanden Mengen von 338 µg, 60,8 µg und 9,1 µg Al/25 ml Endlösung auf im Mittel *1 bis 2% genau* wieder, auch in Gegenwart eines etwa 300-fachen Zink- und 2000fachen Nickel-Überschusses.

Die Cupferron-Lösung muß stets frisch hergestellt werden, da schon bei wenige Tage alten Lösungen zu starke Eigenfärbung vorhanden ist.

Nach *de Brouckère* und *Belche* ergibt das Kaliumsalz des *Nitrosophenols* beständigere Lösungen als Cupferron und ist deshalb vorzuziehen.

Arbeitsvorschrift nach Abtrennung des Eisens, Kupfers und Titans gemäß *Meunier* [11]. Eisen, Kupfer, Titan sowie alle in saurer Lösung mit Cupferron fällbaren Kationen werden nach Zugabe von überschüssigem Cupferron-Reagens durch Extraktion mit Chloroform entfernt. Hierzu werden in einem 50-ml-Scheidetrichter 10 ml etwa 0,6 n salzsaure Aluminium-Lösung mit wäßriger 5%iger Cupferron-Lösung versetzt, bis ein weißer Niederschlag auftritt. Der entstandene Niederschlag der Cupferronate des Eisens, Kupfers und Titans wird durch 2maliges Ausschütteln mit je 5 ml Chloroform entfernt. Die nun klare, wäßrige Phase spült man in einen 50-ml-Meßkolben, fügt 5 ml 20%ige Ammoniumacetat-Lösung sowie 0,5 ml Cupferron-Lösung zu und mischt nach dem Auffüllen auf 50 ml gut durch. Der pH-Wert der Lösung soll 3 bis 4 betragen. Nach 20 bis 30 min wird die entstandene Trübung photometrisch oder nephelometrisch gemessen.

Bemerkung. Nach *Meunier* ließen sich 10 bis 60 µg Aluminium, die zu je 1 g getrockneten Pflanzen-Teilen zugesetzt wurden, nach Veraschung der Proben und Bestimmung nach obiger Vorschrift mit einer *Genauigkeit* von ± 5% wiederfinden. *Schams* erreichte die gleiche Genauigkeit in der Bestimmung von 1 bis 5 µg Aluminium. *Hadorn* konnte dagegen nach der Arbeitsweise von *Meunier* in getrockneten Pflanzen-Teilen und synthetischen Pflanzen-Aschen Aluminium nur mit einer Genauigkeit von etwa ± 25% bestimmen.

Arbeitsvorschrift zur Bestimmung im Calcium nach *Ostertag* und *Cappelliez* [451]. Etwa 1,3 g Probe werden in Wasser gelöst, die Lösung mit 2n Salzsäure neutralisiert und auf 100 ml aufgefüllt. Zu einem aliquoten Teil (200 bis 400 mg Ca) gibt man 4 ml 0,02n Salzsäure sowie 5 ml Cupferron-Lösung und füllt auf 50 ml auf. Nach Umrühren und 70 min langem Stehenlassen im Dunkeln werden 2 ml 0,1%ige Gelatine-Lösung zugegeben und bei 400 nm gemessen.

Genauigkeit. 5 bis 200 ppm Aluminium können mit einer *Standardabweichung* von ± 2 ppm bestimmt werden.

B. Bestimmung als Aluminiumhydroxid
nach Sabinina und Kuminowa [10]

Wie schon erwähnt, ist die Fällung des Aluminiums als Hydroxid zur nephelometrischen Bestimmung des ersteren wenig geeignet; sie ist vor allem für die Bestimmung geringer Konzentrationen, die vorzugsweise photometrisch bestimmt werden, viel zu unempfindlich.

Jablecoynski und *Stankiewitsch* [8] sowie *Andrejew* und *Andrejewa* [9] setzen zur nephelometrischen Bestimmung des Aluminiums als Hydroxid Äthanol zu, um eine ausreichende Empfindlichkeit zu erzielen (Herabsetzung der Löslichkeit und wohl auch der Solvatation des Aluminiumhydroxids). Sie konnten auf diese Weise Aluminium-Gehalte von etwa 26 mg/l in einfacher Weise schnell bestimmen. *Sabinina* und *Kuminowa* fanden, daß auch durch ausreichenden Zusatz von Chromationen das in farblosen Lösungen infolge der starken Solvatation kaum erkennbare, kolloide Aluminiumhydroxid besser sichtbar gemacht und damit die Empfindlichkeit der Bestimmung erheblich gesteigert werden kann. Durch Zugabe von Gummi arabicum als Stabilisator konnten die genannten Autoren in Gegenwart von Chromation 1 bis 6 mg Aluminium in etwa 50 ml Endvolumen mit einer *Genauigkeit* von mindestens 10 bis 15% bestimmen. Die Methode hat heute für die Bestimmung des Aluminiums keine Bedeutung.

Literatur

1. *Kortüm, G.:* Kolorimetrie, Photometrie und Spektralphotometrie, 3. Aufl., Berlin–Göttingen–Heidelberg 1955.
2. *Lange, B.:* Kolorimetrische Analyse, 4. Aufl., Weinheim 1952.
3. *Radley, J. A., Grant, J.:* Fluorescence Analysis in Ultraviolett Light, 4. Aufl., New York 1953.
4. *Werner, A.:* B. **41**, 1062 (1908).
5. *Feigl, F.:* Öst. Ch. Z. **51**, 139 (1950); Chemistry of Specific, Selective and Sensitive Reactions, New York 1949; Qualitative Analyse mit Hilfe von Tüpfelreaktionen, 8. Aufl., Leipzig 1938.
6. *Parri, W.:* Ann. Chim. applic. **33**, 193 (1943).
7. *Szabó, Z. G., Beck, M. T.:* Anal. Chem. **25**, 103 (1953); Acta Chim. Acad. Sci. Hung. 4, 211 (1954); durch Fr. **147**, 113 (1955).
8. *Jablecoynski, K., Stankiewitsch, W.:* Roczniki Chem. 7, 534 (1927); durch *Sabinina, L. E., Kuminowa, E. J.* [10].

9. *Andrejew, N. J., Andrejewa, E. W.:* Chem. J. Ser. A (russ.) **12**, 594 (1934); durch *Sabinina, L. E., Kuminowa, E. J.* [10].
10. *Sabinina, L. E., Kuminowa, E. J.:* Betriebslab. (russ.) **9**, 38 (1940).
11. *Meunier, P.:* C. r. **199**, 1250 (1934).
12. *de Brouckère, M. L., Belche, E.:* Bl. Soc. chim. Belg. **36**, 288 (1927).
13. *Schams, O.:* Mikrochemie **25**, 16 (1938).
14. *Teitelbaum, M.:* Fr. **82**, 373 (1930).
15. *Folin, O., Denis, W.:* J. biol. Chem. **12**, 239 (1912); **22**, 305 (1915).
16. *Parks, T. D., Lykken, L.:* Anal. Chem. **20**, 1102 (1948).
17. *Alexander, J. W.:* Colorimetric Determination of Iron and Steel; Diss. Wisconsin 1941.
18. *Tullo, J. W., Stringer, W. J., Harrison, G. A. F.:* Analyst **74**, 296 (1949).
19. *Joshimatsu:* Tôhoku J. exp. Med. **14**, 29 (1929).
20. *Berg, R.:* Die analytische Verwendung von 8-Oxychinolin (Oxin) und seiner Derivate, Stuttgart 1938, S. 87.
21. *Eveleth, D. F., Myers, V. E.:* J. biol. Chem. **113**, 449 (1936).
22. *Kokorin, J., Ropot, V. M.:* Uchen. Zapiski Kishinev. Univ. **56**, 105 (1960).
23. *Alten, F., Weiland, H., Loofmann, H.:* Angew. Ch. **46**, 668 (1933).
24. *Rây, P., Chattopadhya, A. K.:* Z. anorg. Ch. **169**, 99 (1928).
25. *Rây, P.:* Fr. **86**, 13 (1931).
26. *Rode, A. A.:* Probl. Sovrem. Pochrovedeniya **1938** (6) 653; durch Chem. Ref. J. (russ.) **2** (2), 73 (1939); durch Chem. Abstr. **34**, 687 (1940).
27. *Chabannes, J., Barbier, G.:* Ann. Inst. Natl. Rech. Agron., Ser. A: Ann. Agron. **1**, 1 (1950); durch Chem. Abstr. **44**, 6996 (1950).
28. *Cholak, J., Hubbard, D. M., Story, R. V.:* Ind. eng. Chem. Anal. Edit. **15**, 57 (1943).
29. *Phillips, J. P., Merritt, L. L.:* Am. Soc. **71**, 3984 (1949); durch Fr. **139**, 369 (1953).
30. *Evans, H. B., Hashitani, H.:* Anal. Chem. **36**, 2032 (1964).
31. *Kuskowa, N. K.:* Ž. anal. Chim. (russ.) **2**, 7 (1947); durch Chem. Abstr. **43**, 5328 (1949).
32. *Mervel, R. V.:* Ž. anal. Chim. (russ.) **2**, 103 (1947); USSR-Patent 69608 (30. 11. 1947); durch Chem. Abstr. **43**, 5697 (1949); **44**, 78 (1950).
33. *Raynes, M. M., Larionow, Y. A.:* Betriebslab. (russ.) **14**, 1000 (1948).
34. *Sudo, E.:* Sci. Rep. Res. Inst. Tôhoku Univ., Ser. A **4**, 268 (1952); durch Fr. **138**, 275 (1953).
35. *Kakita, Y., Yokohama, Y.:* Japan Analyst **2** (2), 106 (1953); durch Anal. Abstr. **2**, 1478 (1955).
36. *Lacroix, S.:* Anal. chim. Acta **1**, 260 (1947).
37. *Gentry, C. H. R., Sherrington, L. G.:* Analyst **71**, 432 (1946); **75**, 17 (1950).
38. *Moeller, T.:* Ind. eng. Chem. Anal. Edit. **15**, 346 (1943).
39. *Wiberley, S. E., Bassett, L. G.:* Anal. Chem. **21**, 609 (1949).
40. *Moeller, F., Pfundsack, F. L.:* Am. Soc. **75**, 2258 (1953).
41. *Umland, F., Puchelt, H.:* Anal. chim. Acta **16**, 334 (1957).
42. *Margerum, D. W., Sprain, W., Banks, C. V.:* Anal. Chem. **25**, 249 (1953).
43. *Kassner, J. L., Ozier, M. A.:* Anal. Chem. **23**, 1453 (1951).
44. *Kenyon, O. A., Bewick, H. A.:* Anal. Chem. **24**, 1826 (1952).
45. *Claassen, A., Bastings, L., Visser, J.:* Anal. chim. Acta **10**, 373 (1954).
46. *Motojima, K., Hashitani, H.:* Japan Analyst **9**, 151 (1960); durch Fr. **178**, 49 (1960).
47. *Koch, O. J., Koch-Dedic, G. A.:* Handbuch der Spurenanalyse, 1964.
48. *Umland, H.:* Angew. Ch. **66**, 329 (1954).
49. *Riley, J. P.:* Anal. chim. Acta **19**, 413 (1958).
50. *Riley, J. P., Williams, H. P.:* Mikrochim. A. **1959**, 804, 825.
51. *Majumdar, A. K., Sen, B.:* Anal. chim. Acta **8**, 384, 369 (1953).
52. *Goldstein, G., Manning, D. L., Menis, O.:* Talanta **2**, 52 (1959).
53. *Yuasa, T.:* Japan Analyst **11**, 1269 (1962); durch Anal. Abstr. **11**, 1706 (1964).
54. *Arnfeldt, H., Freyschuss, S., Rönnholm, B.:* Jernkont. Ann. **137**, 819 (1953).
55. *Linnell, R. H., Raab, F. H.:* Anal. Chem. **33**, 154 (1961).
56. *Sandell, E. B.:* Colorimetric Determination of Traces of Metals, 2. u. 3. Aufl.; New York 1950, S. 1959.
57. *Vahldiek, F. W., Lynch, C. T., Robinson, L. B.:* Anal. Chem. **34**, 1667 (1962).
58. *Specker, H., Hartkamp, H.:* Fr. **145**, 260 (1955).
59. *Hynek, R. J., Wrangell, L. J.:* Anal. Chem. **28**, 1520 (1956).
60. *Bauer, G. A.:* Anal. Chem. **37**, 300 (1965).
61. *Lancina, M. H.:* Rev. Acad. Cienc. Exact., Fis-Quim. Nat. Zaragoza **19** (2), 85 (1964).
62. *Rooney, R. C.:* J. Res. Brit. Cast Iron Ass. **7**, 436 (1958).
63. *Burke, K. E.:* Anal. Chem. **38**, 1608 (1966).
64. *Stacy, B. D.:* Biochem. J (Proc.) **56**, 47 (1954).
65. *Meyer, S., Koch, O. G.:* Mikrochim. A. **1958**, 744.
66. *Böltz, G.:* Metall **1956**, 821.

67. *Goto, H., Takeyama, S.:* Sci. Rep. Res. Inst. Tôhoku Univ., Ser. A **9**, 138 (1957); durch Fr. **161**, 64 (1958).
68. *Zywina, B. S., Konkowa, O. W.:* Betriebslab. (russ.) **25**, 403 (1959).
69. *Kawase, A.:* Japan Analyst **11**, 844 (1962); durch Anal. Abstr. **11**, 1708 (1964).
70. *Cleveland, J. M., Nance, P. D.:* U.S. A. E. C. Rep. RFP – 53, **1958**; durch Anal. Abstr. **6**, 868 (1959).
71. *Jones, J. G., Phillips, G.:* UKAEA, AERE-R-2879 (1960).
72. *Ishihara, Y., Koga, M., Komuro, H.:* Japan Analyst **15** (4), 372 (1966).
73. *Černikow, J. A., Dobkina, B. M.:* Betriebslab. (russ.) **25**, 131 (1959).
74. *Weibel, M.:* Fr. **184**, 322 (1961).
75. *Barkley, D. J.:* Can. Dep. Mines Tech. Surv., Mines Branch, Tech. Bull. TB 68, 22 (1965); durch Chem. Abstr. **64**, 4245 (1966).
76. *Masami Ichikuni:* Japan Analyst **13**, 1040 (1964).
77. *Jarman, L., Matic, M.:* Talanta **9**, 219 (1962).
78. *Noll, C. A., Stefanelli, L. J.:* Anal. Chem. **35**, 1914 (1963).
79. *Eschnauer, H.:* Aluminium **40**, 700 (1964).
80. *Middleton, K. R.:* Analyst **89**, 421 (1964).
81. *Middleton, K. R.:* Soil Sci. **100**, 361 (1965).
82. *Miamoto, M.:* Japan Analyst **10**, 98 (1961).
83. *Athavale, V. T., Subramanian, A. R.:* J. Sci. Ind. Res. **19 B**, 431 (1960); durch Chem. Abstr. **55**, 8165 ef (1961).
84. *Geilmann, W., Tölg, G.:* Glastechn. Ber. **35**, 281 (1962).
85. *Andrew, T. R., Gentry, C. H. R.:* Metallurgia **60**, 27 (1959).
86. *Bolleter, W. T.:* Anal. Chem. **31**, 201 (1959).
87. *Kakita Yachiyo, Yokoyama, Y.:* Sci. Rep. Res. Inst. Tôhoku Univ., Ser. A, **8**, 332 (1956).
88. *Luke, C. L.:* Anal. Chem. **24**, 1122 (1952).
89. *Geilmann, W., Tölg, G.:* Glastechn. Ber. **31**, 260 (1958).
90. *Yokosuka, S.:* Japan Analyst **5**, 71 (1956); durch Anal. Abstr. **3**, 3059 (1956).
91. *Fujiwara, S., Narasaki, H.:* Anal. Chem. **36**, 206 (1964).
92. *Zibulski, H., Slowinski, M. F., White, J. A.:* Anal. Chem. **31**, 280 (1959).
93. *Sprain, W., Banks, C. V.:* Anal. chim. Acta **6**, 363 (1952).
94. *Pollock, E. N., Zopatti, L. P.:* Anal. chim. Acta **28**, 68 (1963).
95. *Frink, C. R., Peech, M.:* Soil Sci. **93**, 317 (1962).
96. *Goto, K.:* Chem. Ind. **1957**, 329; durch Fr. **159**, 150 (1957/58).
97. *Chung, K. S., Riley, J. P.:* Anal. chim. Acta **28**, 1 (1963).
98. *Motojima, K., Hashitani, H., Katsuyama, K.:* Japan Analyst **9**, 517 (1960).
99. *Motojima, K., Hashitani, H.:* Japan Analyst **6**, 642 (1957).
100. *Hashitani, H., Yamamoto, K.:* Nippon Kagaku Zasshi **80**, 727 (1959); durch Chem. Abstr. **54**, 3072 f h (1960).
101. *Awaya, H., Miyoshi, S., Motojima, K.:* Japan Analyst **6**, 503 (1957).
102. *Oneto, J. F.:* Am. Soc. **60**, 2058 (1938).
103. *Pollock, E. N.:* Energia nucleare **10**, 496 (1963).
104. *Ashbrook, A. W., Ritcey, G. M.:* Can. J. Chem. **39**, 1109 (1961).
105. *Feigl, F., Heisig, G. B.:* Anal. chim. Acta **3**, 561 (1949).
106. *Goon, E., Petley, J. E., McMullen, W. H., Wiberley, S. E.:* Anal. Chem. **25**, 608 (1953).
107. *Rees, W. T.:* Analyst **87**, 202 (1962).
108. *Grimaldi, F., Levine, H.:* US Geol. Surv., Trace Elements Invest. Rep. 60 (1950).
109. *Fioletova, A. F.:* Ž. anal. Chim. (russ.) **14**, 739 (1959); durch Fr. **177**, 307 (1960).
110. *Fioletova, A. F.:* Ž. anal. Chim. (russ.) **17**, 302 (1962).
111. *Irving, H., Cox, J. J.:* Analyst **83**, 526 (1958).
112. *Collat, J. W., Rogers, L. B.:* Anal. Chem. **27**, 961 (1955).
113. *Green, H., Laband, M., Bryan, M. A.:* BCIRA J. **12**, 749 (1964).
114. *Danneil, A.:* Techn. wiss. Abh. Osram-Ges. **7**, 350 (1958).
115. *Nagy, Z., Polyik, E.N.:* Hidrol. Közling (Z. Hydrol.) **39**, 243 (1959).
116. *Burd, R. M., Goward, G. W., Hartmann, M. D., McCracken, M. A., Wilson, B. B.:* U.S. A. E. C. Rep. WAPD-C(AR)-**143**, 1–7 (1957); durch Anal. Abstr. **7**, 939 (1960).
117. *Eegriwe, E.:* Fr. **76**, 438 (1929).
118. *Eegriwe, E.:* Fr. **108**, 268 (1937).
119. *Alten, F., Weiland, H., Knippenberg, E.:* Fr. **96**, 91 (1934).
120. *Millner, T.:* Fr. **113**, 83 (1938); Math. nat. Anz. ung. Akad. Wiss. **57**, 584 (1938).
121. *Millner, T., Kunos, F.:* Fr. **113**, 102 (1938); Magy. Kem. Egyesülete, Szakmai Egyesülete Közlemenyek **1939**, 68.
122. *Werner, O.:* Beih. Z. V. D. Ch. **48**, 92 (1944); Die Chemie **55**, 364 (1942).
123. *Richter, F.:* Fr. **126**, 426 (1944); **127**, 113 (1947).
124. *Thrun, W. E.:* Anal. Chem. **20**, 1117 (1948); J. physic. Chem. **33**, 977 (1929).
125. *Hegedüs, A. J.:* Mikrochim. A. **1963**, 831.

126. *Seuthe, A.:* Stahl Eisen **64**, 493 (1944).
127. *Ikenberry, L. C., Thomas, A.:* Anal. Chem. **23**, 1806 (1951); durch Fr. **138**, 219 (1953).
128. *Rönnholm, B.:* Jernkont. Ann. **137**, 827 (1953).
129. *Koch, W.:* Techn. Mitt. Krupp, Forschungsber. **1**, 37; **3**, 43 (1938); Arch. Eisenhüttenw. **12**, 74 (1938).
130. *Scholes, P. H., Smith, D. V.:* Analyst **83**, 615 (1958).
131. *Hadorn, H.:* Mitt. Geb. Lebensmitteluntersuch. Hyg. **38**, 314 (1947).
132. *Hill, U. T.:* Anal. Chem. **31**, 429 (1959).
133. *Spauszus, S.:* Neue Hütte **6**, 653 (1961).
134. *Bischof, E., Geuer, G.:* Erzmetall **41**, 57 (1944).
135. *Pohl, H.:* Fr. **132**, 322 (1951).
136. *Glemser, O., Raulf, E., Giesen, K.:* Fr. **141**, 86 (1954); Forschungsber. Wirtsch. Verkehrsministeriums Nordrhein-Westfalen Nr. 59 (1954).
137. *Werner, O., Corleis, W.:* Metall **3**, 146 (1949).
138. *Rauch, A.:* Fr. **124**, 17 (1942).
139. *Boettcher, A., Hellwig, E.:* Z. anorg. Ch. **263**, 39 (1950); durch Fr. **134**, 430; **135**, 197 (1952).
140. *Hill, U. T.:* Anal. Chem. **28**, 1419 (1956).
141. *Seibold, M.:* Fr. **173**, 388 (1960).
142. *Radmacher, W., Schmitz, W.:* Brennstoffchem. **38**, 225 (1957).
143. *Dozinel, C.:* Chim. Anal. **38**, 244 (1956).
144. *Lilie, H., Rosin, H.:* Fr. **166**, 261 (1958).
145. *Giebler, G.:* Fr. **184**, 401 (1961).
146. *Kuhn, M.:* Chim. Anal. **40**, 11 (1958).
147. *Lüdemann, K. F., Zimmermann, R.:* Neue Hütte **6**, 666 (1961).
148. *VDEh.:* Handbuch Eisenhüttenlab., Bd. 2 (1966), S. 172.
149. *VDEh.:* Handbuch Eisenhüttenlab., Bd. 2 (1966), S. 48.
150. *Scholes, P. H., Smith, D. V.:* J. Iron Steel Inst. **200**, 729 (1962).
151. *Scholes, P. H., Smith, D. V.:* Analyst **83**, 615 (1958).
152. *Scholes, P. H., Smith, D. V.:* J. Iron Steel Inst. **195**, 190 (1960).
153. *Spauszus, S.:* Neue Hütte **6**, 653 (1961).
154. *Blair, D., Power, K., Griffiths, D. L., Wood, J. H.:* Talanta **7**, 80 (1960).
155. *Študlar, K., Eichler, V.:* Chemist-Analyst **51**, 68 (1962).
156. *Verelst, J., de Sy, A.:* Gießerei **43**, 306 (1956).
157. *Kurjaković-Bogunović, K., Plepelić, R.:* Kem. Ind. (Zagreb) **11**, 700 (1962); durch C. **135**, 186 (1964).
158. *Schnell, E.:* Rev. chim. (Bukarest) **5**, 124 (1954); durch Chem. Abstr. **49**, 13013e (1955).
159. *Steele, M. C., England, L. J.:* Anal. chim. Acta **16**, 148 (1957).
160. *Miniussi, C. L., Rozados, E.:* An. Argentina **49**, 22 (1961); durch Fr. **192**, 337 (1963).
161. *Liao, C.:* Hua Hsueh Hsueh Pao **25**, 152 (1959); durch Chem. Abstr. **54**, 3066i (1960).
162. *Liao, C., Chang, C.:* Wu Han Ta Hsueh Tzu K'o Hsueh Hsueh Pao **1959**, 24; durch Chem. Abstr. **54**, 22155i (1960).
163. *Alten, F., Wandrowski, L., Hille, E.:* Angew. Ch. **48**, 273 (1935).
164. *Werz, W., Neuberger, A.:* Arch. Eisenhüttenw. **26**, 205 (1955).
165. *Thaler, H., Mühlberger, F. H.:* Fr. **144**, 241 (1955).
166. *Heczko, T.:* Mikrochem. **36/37**, 826 (1951).
167. *Wallraf, M.:* Zement–Kalk–Gips **9**, 186 (1956).
168. *Lilie, H., Sturzebecher, B.:* Chem. Tech. **8**, 672 (1956; durch Fr. **158**, 60 (1957).
169. *Lilie, H.:* Chem. Tech. **9**, 364 (1957).
170. *Lilie, H.:* Chem. Tech. **9**, 421 (1957).
171. *Neuberger, A., Schöffmann, E., Herkenhoff, K.:* Arch. Eisenhüttenw. **29**, 547 (1958).
172. *Budan, F.:* Radex Rundschau **1966**, 129.
173. *Barrachina-Gómez, M., Gascó-Sánchez, L., Fernández-Cellini, R.:* An. Españ., Ser. B **56**, 861 (1960); durch Fr. **184**, 375 (1961).
174. *Jones, L. H., Thurman, D. A.:* Plant and Soil **9**, 131 (1957).
175. *Bennett, H.:* Brit. Ceram. Res. Assoc. **1960**, 10.
176. *Giebler, G.:* Fr. **184**, 401 (1961).
177. *Fischer, J., Bechtel, H.:* Z. Metallkunde **45**, 612 (1954).
178. *Ginsberg, H.:* Leichtmetallanalyse, 3. Aufl., 1955, S. 69.
179. *Matelli, G., Attini, E.:* Alluminio **28**, 61 (1959).
180. *Doubek, L.:* Hutn. Listy **15**, 477 (1960); durch C. **133**, 16074 (1962).
181. *Lüdemann, K. F., Zimmermann, R.:* Neue Hütte **6**, 666 (1961).
182. *Radonic, V.:* Kem. u. Ind. (Zagreb) **9**, 131 (1960); durch C. **134**, 9430 (1963).
183. *Doleschel, H. H.:* Stahl Eisen **81**, 448 (1961).
184. Bericht 346 des Chemikerausschusses des VDEh, durch *Neuberger, A.:* Stahl Eisen **85**, 1446 (1965); siehe auch Handbuch für das Eisenhüttenlaboratorium, 2. Aufl., Düsseldorf 1966, S. 52.

185. *Kuhn, M.:* Chim. Anal. **40**, 11, 50 (1958).
186. *Maltsev, V. F., Lukyanenko, L. P.:* Betriebslab. (russ.) **27**, 807 (1961).
187. *Liu, K. C.:* K'o Hsueh T'ung Pao **1958**, 637; durch Chem. Abstr. **53**, 21401 (1959).
188. *Picasso, G.:* Metallurgia ital. **53**, 269, 276 (1961).
189. *Lelchuk, Y. L., Sokolovich, V. B., Drelina, O. A.:* Izv. Tomsk. Politekhn. Inst. **128**, 101 (1964); durch Chem. Abstr. **64**, 16607 (1966).
190. *Marek, Z., Kabrt, L.:* Hutn. Listy **16**, 743 (1961); durch Chem. Abstr. **58**, 12298 (1962).
191. *Scholes, P. H.:* Fr. **222**, 162 (1966).
192. *Hill, U. T.:* Anal. Chem. **38**, 654 (1966).
193. *Bacon, A.:* Analyst **77**, 90 (1952).
194. *Pollak, F. F., Pellowe, E. F.:* Metallurgia **41**, 281 (1950).
195. *Hammett, L. P., Sottery, C. T.:* Am. Soc. **47**, 142 (1925); durch Fr. **70**, 316 (1927).
196. *Lundell, G. E. F., Knowles, H. B.:* Ind. eng. Chem. **18**, 60 (1926).
197. *Smith, W. H., Sager, E. E., Sievers, I. J.:* Anal. Chem. **21**, 1334 (1949).
198. *Schwartze, E. W., Hann, R. H.:* Science **69**, 167 (1929).
199. *Roller, P. S.:* Am. Soc. **55**, 2437 (1933).
200. *Owen, A. G., Price, W. J.:* Analyst **85**, 221 (1960).
201. *Luke, C. L., Braun, K. C.:* Anal. Chem. **24**, 1120 (1952).
202. *Samsel, E. P., Bush, S. H., Warren, R. L., Gordon, A. F.:* Anal. Chem. **20**, 142 (1948).
203. *Olsen, A. L., Gee, E. A., McLendon, V.:* Ind. eng. Chem. Anal. Edit. **16**, 169 (1944).
204. *Craft, C. H., Makepeace, G. R.:* Ind. eng. Chem. Anal. Edit. **17**, 206 (1945).
205. *Mussakin, A. P.:* Chem. Ser. B **9**, 1340 (1936); Betriebslab. (russ.) **3**, 1085 (1934).
206. *Speight, G. E.:* J. Iron Inst. **143**, 371P–75P (1941).
207. *Quentin, K. E.:* Fr. **140**, 92 (1953); Z. Lebensm. **95**, 305 (1952).
208. *Hsu, P. H.:* Soil Sci. **96**, 230 (1963).
209. *Front, J. S., Kirsner, J. B.:* J. Labor. clin. Med. **27**, 1598 (1942); durch Chem. Abstr. **37**, 3465 (1943).
210. *Yoe, J. H., Hill, W. L.:* Am. Soc. **49**, 2395 (1927); **50**, 748 (1928).
211. *Thrun, W. E.:* J. physic. Chem. **33**, 977 (1929).
212. *Winter, O. B., Thrun, W. E., Bird, O. D.:* Am. Soc. **51**, 2721 (1929).
213. *Short, H. G.:* Analyst **75**, 420 (1950).
214. *Banerjee, D. K.:* Anal. Chem. **29**, 55 (1957).
215. *Kulberg, L. M.:* Vpr. Pitaniya **8** (5), 75 (1939); durch Chem. Abstr. **34**, 4816 (1940).
216. *Luke, C. L.:* Anal. Chem. **24**, 1122 (1952).
217. *Eckardt, D., Hartinger, L., Holleck, L.:* Angew. Ch. **67**, 178 (1955).
218. *Stepanenko, E. M.:* Gigiena i Sanit. **26**, 66 (1961); durch Fr. **187**, 307 (1962).
219. *Chenery, E. M.:* Analyst **73**, 501 (1948).
220. *Lampitt, L. H., Sylvester, N. D., Belham, P.:* Analyst **57**, 418 (1932).
221. *Maryczenko, Z., Stepien, A.:* Chem. Anal. (Warsaw) **5**, 247 (1960); durch Fr. **184**, 138 (1961).
222. *Molot, L. A., Kulberg, L. M.:* Ž. anal. Chim. **11**, 198 (1956).
223. *Strafford, N., Wyatt, P. T.:* Analyst **68**, 319 (1943).
224. *Meunier, F., Flament, P.:* Rev. Mét. **50**, 603 (1953); durch Fr. **144**, 146 (1955).
225. *Urbain, M.:* Rev. Mét. **50**, 617 (1953); durch Fr. **144**, 147 (1955).
226. *Pellowe, E. F., Hardy, F. R. F.:* Analyst **79**, 225 (1954).
227. *Werz, W., Neuberger, A.:* Arch. Eisenhüttenw. **26**, 205 (1955).
228. *Jones, W. R., Clark, B. W.:* J. Am. Water Works Assoc. **48**, 783 (1956).
229. *Lacourt, A., Sommereyns, G., Geyndt, de E.:* Mikrochem. **36/37**, 312 (1951).
230. *Corey, R. B., Jackson, M. L.:* Anal. Chem. **25**, 624 (1953).
231. *Kulberg, L. M., Rovinskaja, E. J.:* Betriebslab. (russ.) **9**, 145 (1940).
232. *Mukherji, A. K., Dey, A. K.:* Fr. **152**, 424 (1956).
233. *Charlot, G.:* Anal. chim. Acta **1**, 218 (1947).
234. *van Nieuwenburg, C. J., Uitenbroek, G.:* Anal. chim. Acta **2**, 88 (1948).
235. *Corey, R. B., Rogers, H. W.:* Am. Soc. **49**, 216 (1927).
236. *Price, J. B., Payne, S. T.:* Analyst **74**, 641 (1949).
237. *Codell, M., Norwitz, G.:* Anal. Chem. **25**, 1437 (1953).
238. *Robertson, G.:* J. Sci. Food Agr. **1**, 59 (1950).
239. *Feldmann, M. M., Oscherowitsch, R. E.:* Betriebslab. (russ.) **9**, 127 (1940).
240. *Muntoni, F.:* Ann. Chim. applic. **37**, 340 (1947); Rend. Ist. Super Sanitá **12**, 728 (1949).
241. *Silverman, L.:* Chemist-Analyst **37**, 62 (1948).
242. *Hedin, R.:* Svenska Forskningsinst. Cement Betong Vid. Kgl. Tek. Hogskol. Stockholm, Handl. **8**, 110 (1947); durch Chem. Abstr. **42**, 1150 (1948).
243. *Caroll, J., Geld, I., Norwitz, G.:* Am. Foundryman **16** (5), 43 (1949); durch Analyst **76**, 316 (1951).
244. *Norwitz, G.:* Analyst **76**, 314 (1951).
245. *Bogdanova, I. V.:* Betriebslab. (russ.) **21**, 1043 (1955).
246. *Groot, C., Peekema, R. M., Troutner, V. H.:* Anal. Chem. **28**, 1571 (1956).

247. *Smuth, S. B., Shute, J. M.:* J. chem. Educat. **32**, 380 (1955).
248. *Signorelli, G., Alderisio, A.:* Ann. chim. Roma **56**, 143 (1966); durch Chem. Abstr. **64**, 18387 (1966).
249. *Rejas, P.:* Ontode (ungar.) **16**, 136 (1965); durch Chem. Abstr. **65**, 11332 (1966).
250. *VDEh:* Handbuch Eisenhüttenlab., Bd. 2 (1966), S. 50.
251. *Corbett, J. A.:* Analyst **78**, 20 (1953).
252. *Akhmedli, M. K., Bashirov, E. A.:* Uch. Zap. Azerb. Gos. Univ. **1955**, 25; durch Rlf. Zhur. Khim. (russ.) **1956**, Ref. Nr. **39**, 834.
253. *Babko, A. K.:* Chem. J. Ser. B (USSR) **12**, 1560 (1939).
254. *Temirenko, T. P.:* Betriebslab. (russ.) **13**, 621 (1947).
255. *Maltsev, V. F.:* Bull. Nauch Tekh. Inform. Vses. Nauchi Trubnye Inst. **1957**, 108; durch Zhur. Khim. (russ.) **1958**, Ref. Nr. **17**, 549.
256. *Smith, G. W.:* Anal. Chem. **20**, 1085 (1948).
257. *Gajan, R. J., Geehan, D. M.:* Metal Ind. **21**, 319 (1961).
258. *Caroll, J., Geld, I., Norwitz, G.:* Am. Foundryman **17**, April 105 (1950); **19**, Juni 57 (1951).
259. *Bendigo, B. B., Bell, R. K.:* J. Res. Nat. Bureau of Standards **64** A, 235 (1960).
260. *Fainberg, S. Y., Zaglodina, T. V.:* Betriebslab. (russ.) **11**, 1109 (1945).
261. *Serfass, E. J., Levine, W. S.:* Plating **35**, 1019 (1948).
262. *Silverman, L.:* Metal Finishing **48**, 59, 66 (1950).
263. *Eckert, G.:* Fr. **153**, 261 (1956).
264. *Procenko, P. I.:* Betriebslab. (russ.) **23**, 911 (1957).
265. *Hunter, A. H., Coleman, N. T.:* Soil Sci. **90**, 214 (1960).
266. *Bradford, G. R., Pratt, P. F., Bair, F. L., Goulben, B.:* Soil Sci. **100**, 309 (1965).
267. *Strafford, N., Wyatt, P. F.:* Analyst **72**, 54 (1947); durch Fr. **128**, 335 (1948).
268. *Grant, J.:* J. appl. Chem. **14**, 525 (1964).
269. *Myers, V. C., Mull, I. W., Morrison, D. B.:* J. biol. Chem. **78**, 597 (1928).
270. *Steudel, E.:* Biol. Z. **253**, 387 (1932).
271. *Cox, G. J., Schwartze, E. W., Hann, R. M., Unangst, R. B., Neal, J. L.:* Ind. eng. Chem. **24**, 403 (1932).
272. *Speight, G. E.:* J. Iron Steel Inst. **143**, I, 371P–75P (1941).
273. *Scherrer, J. A., Mogerman, W. D.:* J. Res. Nat. Bureau of Standards **21**, 105 (1938); durch Fr. **128**, 335 (1948).
274. *Taylor-Austin, E.:* J. Soc. chem. Ind. **60**, 37 (1941).
275. *Poole, P., Segrove, D. D.:* J. Soc. Glass. Technol. **39**, 205 (1955).
276. *Chichilo, P.:* J. Assoc. Offic. agric. Chem. **47**, 620 (1964).
277. *Rolfe, A. C., Russell, F. R., Wilkinson, N. T.:* J. appl. Chem. **1**, 170 (1951).
278. *Zdeněk, V.:* Voda **36**, 35 (1957).
279. *Shull, K. E.:* J. Am. Water Works Assoc. **52**, 779 (1960).
280. *Joint A.B.C.M. – S.A.C. Committee:* Analyst **82**, 443 (1957).
281. *Jezka, D.:* Sb. Ved. Praci, Vysokej Skoly Banske Ostrave **11**, 45 (1965).
282. *Ota, K.:* Japan Analyst **7**, 162 (1958); durch Anal. Abstr. **6**, 79 (1959).
283. *Ingamells, C. O.:* Anal. Chem. **38**, 1228 (1966).
284. *Thompson, A., Raven, A. M.:* J. Sci. Food Agr. **6**, 768 (1955).
285. *Dolaberidze, L. D., Politova, Y. V., Gvelesiani, Dzhaliashvili, A. G.:* Tr. Kavkazsk. Inst. Mineraln. Syr'ya, Min. Geol. Okhrany Nedr. **5**, (7), 81 (1965); durch Chem. Abstr. **63**, 17125 (1965); Betriebslab. (russ.) **30**, 1439 (1964).
286. *Stolyarova, I. A., Shuvalova, N. I.:* Inform. Sb. Vses. Nauchn.-Issled. Geol. Inst. No. 51, 97 (1961); durch Chem. Abstr. **63**, 17133 (1965).
287. *Ajrapetjana, E. G., Kačanova:* Betriebslab. (russ.) **31**, 412 (1965).
288. *Kopylova, V. P., Nazarchuk, T. N.:* Zhur. Anal. Khim. (russ.) **20**, 892 (1965).
289. *Nazarenko, Z. L.:* Sb. Nauchn. Tr., Ukr. Nauchn.-Issled. Inst. Ogneuporov **8** (55), 307 (1965); durch Chem. Abstr. **66**, 8546 (1967).
290. *Maekawa, S., Kato, K., Sakurai, M.:* Japan Analyst **15**, 852 (1966).
291. *Konkin, V. D.:* Bull. Nauch.-Tekh. Inform. Ukr. Nauch. Inst. Metallov. **1957**, 76; durch Anal. Abstr. **5**, 4126 (1958).
292. *Yuan, T. L., Fiskell, J. G. A.:* J. Agr. Food Chem. **7**, 115 (1959).
293. *Horton, A. D., Thomason, P. F.:* Anal. Chem. **28**, 1326 (1956).
294. *Střelnikova, N. P., Pavlova, V. N.:* Betriebslab. (russ.) **26**, 425 (1960).
295. *Freund, H., Miner, F. J.:* Anal. Chem. **25**, 564 (1953).
296. *Steele, M. C.:* Am. Foundryman **25**, 56 (1954).
297. *Atack, F. W.:* J. Soc. chem. Ind. **34**, 936 (1915).
298. *Underhill, E. P., Peterman, F. J.:* Am. J. Physiol. **90**, 1 (1929).
299. *Babko, A. K.:* Chem. J. Ser. B (russ.) **9**, 375 (1936); Bl. Sci. Univ. Etat Kiew, Ser. Chim. **1935** (1), 163; **1936** (2), 59.
300. *Haywood, F. W., Harrison, F., Wood, A. M. R.:* J. Soc. chem. Ind. **62**, 187 (1943); durch Chem. Abstr. **38**, 929 (1944).

301. *Parker, C. A., Goddard, A. P.:* Anal. chim. Acta **4**, 517 (1950).
302. *Gad, G., Naumann, K.:* Gas- und Wasserfach **80**, 58 (1937); **81**, 164 (1938).
303. *Bach, J. M., Raggio, J. A.:* Rev. Obras Sanit. Nacion (Buenos Aires) **13**, Nr. 132, 28 (1949); durch Chem. Abstr. **44**, 10971 (1951).
304. *Praetorius, P.:* Festschr. z. 60. Geburtstag v. *H. Goldschmidt,* Dresden–Leipzig 1921, S. 55.
305. *Ramser, H.:* Diss. Berlin 1927.
306. *Lehmann, K. B.:* Arch. Hyg. **102**, 349 (1929); **106**, 309 (1931).
307. *Öhman, V.:* Tek. Tidskr. **71**, Nr. 28, Uppl. A–C Kemi, 56 (1941).
308. *Barton, C. J.:* Anal. Chem. **20**, 1068 (1948).
309. *Farnaseri, M., Penta, A.:* Periodico Mineral. (Roma) **26**, 171 (1957).
310. *Corbett, J. A., Guerin, B. D.:* Analyst **91**, 490 (1966).
311. *Shapiro, L., Brannock, W. W.:* Rapid analysis of silicate rocks; U.S. Geol. Surv. Bl. 1036-C; Washington 1956.
312. *Hegemann, F., Thomann, H.:* Ber. dtsch. keram. Ges. **37**, 127 (1960).
313. *Kolthoff, I. M.:* Chem. Weekbl. **24**, 447 (1927); J. Am. pharm. Assoc. **17**, 360 (1928).
314. *Wolff, L., Vorstman, N., Schoenmacker, P.:* Chem. Weekbl. **20**, 193 (1923).
315. *Hatfield, W. D.:* Ind. eng. Chem. **16**, 233 (1924).
316. *Rosanow, S. R., Markowa, G. A.:* Betriebslab. (russ.) **4**, 1023 (1935); durch Chem. Abstr. **30**, 1683 (1936).
317. *Oelschläger, W.:* Fr. **154**, 321 (1957).
318. *Oelschläger, W.:* Fr. **154**, 329 (1957).
319. *Sherman, M.:* Die Casting **5** (10), 42 (1947); **7** (2), 24, 64 (1949).
320. *Zimmermann, W.:* Photometrische Metall- und Wasseranalysen; Stuttgart 1954, 1957.
321. *Wolff, L., Vorstman, N., Schoenmaker, P.:* Chem. Weeklb. **20**, 193 (1923).
322. *Gad, G.:* Kl. Mitt. Ver. Wasser-, Boden-, Lufthyg. **15**, 126 (1939).
323. *Feigl, F., Stern, P.:* Fr. **60**, 9 (1921).
324. *Pobiner, H.:* Anal. Chem. **33**, 791 (1961).
325. *Hahn, F. L.:* Mikrochemie **11**, 33 (1932).
326. *Burriel, F., Taccheo, S. B.:* Anales Real Soc. Españ. Fis. Quim. (Madrid) **50 B**, 957 (1954).
327. *Burriel-Martí, F., Taccheo, S. B.:* Anal. chim. Acta **14**, 553 (1956).
328. *Owens, E. G., Yoe, J. H.:* Anal. Chem. **31**, 384 (1959); Talanta **8**, 505 (1961).
329. *Kaškovskaja, E. A., Mustafin, I. S.:* Betriebslab. (russ.) **24**, 1189 (1958).
330. *Mustafin, I. S., Matveev, L. O.:* Betriebslab. (russ.) **24**, 259 (1958).
331. *Hosoya, M., Kakita, Y., Gotô, H.:* Sci. Rep. Res. Inst. Tôhoku Univ., Ser. A, **13**, 206 (1961); durch Fr. **194**, 138 (1963).
332. *Brockmann, H., Keller, H.:* Archiv. Eisenhüttenw. **35**, 367 (1964).
333. *Pakalns, P.:* Anal. chim. Acta **32**, 57 (1965).
334. *Buck, L.:* Chim. Anal. **47**, 10 (1965).
335. *Tichonov, V. N.:* Zhur. Anal. Khim. (russ.) **19**, 1204 (1964).
336. *Švajger, M. J., Rudenko, E. J.:* Betriebslab. (russ.) **26**, 939 (1960).
337. *Bhargava, O. P., Hines, W. G.:* Anal. Chem. **40**, 413 (1968).
338. *Chiaccherini, A., D'Ascenzo, G.:* Ann. chim. Roma **56**/12, 1485 (1966).
339. *Munshi, K. N., Dey, A. K.:* J. pr. [290] **18**, 233 (1962); durch Chem. Abstr. **58** 5026 (1963).
340. *Astanina, A. S., Ponomarev, A. I.:* Probl. Bol'shoi Met. i Fiz. Khim. Novykh. Splavov, Akad. Nauk SSSR, Inst. Met. **1965**, 300; durch Chem. Abstr. **64**, 14 (1966).
341. *Stepin, V. V., Kurbatova, V. I., Kruglova, M. N.:* Tr. Vses. Nauchn.-Issled. Inst. Standartn. Obraztsov. Spektraln., Etalonov **1**, 62 (1964); durch Chem. Abstr. **64**, 16606 (1966).
342. *VDEh:* Handbuch Eisenhüttenlab., Bd. 2 (1966), S. 54.
343. *Onuki, S., Watanuki, K., Yoshino, Y.:* Japan Analyst **15** (9), 924 (1966).
344. *Šejanova, F. R., Malenskaja, V. P.:* Betriebslab. (russ.) **23**, 907 (1957).
345. *Knudson, H. B., Meloche, V. W., Juday, C.:* Ind. eng. Chem. Anal. Edit. **12**, 715 (1940); Analyst **66**, 176 (1941).
346. *Houghton, G. U.:* Analyst **68**, 208 (1943); **70**, 335 (1945).
347. *Tartakowski, V. Y.:* Betriebslab. (russ.) **9**, 971 (1940).
348. *Ginsberg, G.:* Angew. Ch. **51**, 663 (1938).
349. *Guerreschi, L., Romita, R.:* Ric. Sci. **29**, 2178 (1959).
350. *Vassalo:* G. **41**, II, 204 (1911).
351. *Hunter, S. J., McNulty, B. J., Terry, E. A.:* Anal. chim. Acta **8**, 351 (1953).
352. *Kusnetzow, V. J., Karanowitsch, G. G., Drapkina, D. A.:* Betriebslab. (russ.) **16**, 787 (1950).
353. *Jean, M.:* Anal. chim. Acta **10**, 526 (1954); Circ. Inform. techn. du C. D. S. **11**, 310 (1954); durch Anal. chim. Acta **10**, 527 (1954).
354. *Wetlesen, C. U., Omang, S. H.:* Anal. chim. Acta **24**, 294 (1961).
355. *Wetlesen, C. U.:* Anal. chim. Acta **26**, 191 (1962).
356. *Landi, M. F., Braicovich, L.:* Metallurgia ital. **8**, 389 (1962).
357. *Fainberg, S. Y., Bljachman, A. A.:* Sb. Nauch. Tr. Gos. Nauch. Inst. Tvet. Met. **1956**, 119; durch Anal. Abstr. **5**, 408 (1958).

358. *Agrinskaya, N. A.:* Betriebslab. (russ.) **23**, 279 (1957).
359. *Krasilnikova, L. N., Maksai, L. I.:* Sb. Trud., Vses. Nauchn.-Issled. Inst. Tsvetn. Metal. **1956**, 159; durch Anal. Abstr. **5**, 4024 (1958).
360. *Iwasaki, I., Ohmori, T.:* Kogyo Yosui **54**, 30 (1963); durch Chem. Abstr. **60**, 4773 (1964).
361. *Nazarenko, V. A., Biryuk, E. A.:* Rep. Symposium „Sovrem. Metody Anal. Metal., M., Metallurgizdat" **1955**, 188; durch Anal. Abstr. **4**, 1159 (1957).
362. *Agrinskaya, N. A., Petraschen, V. J.:* Tr. Novocherkas. Politekhn. Inst. **31**, 63 (1955).
363. *Fainberg, S. J., Bljachman, A. A., Stankova, S. M.:* Betriebslab. (russ.) **23**, 647 (1957).
364. *Davenport, W. H.:* Anal. Chem. **21**, 710 (1949).
365. *Bril, J.:* Mikrochim. A. **1958**, 212.
366. *Greenfield, S., Sparrow, L. E.:* Metallurgia **45**, 263, 270 (1952).
367. *Shapiro, L., Brannock, W. W.:* U.S. Geol. Surv., Washington 1952, Circular **165**.
368. *Jokelleova, D.:* Silikaty **11** (1), 35 (1967).
369. *Loodin, O.:* Glastek. Tidskr. **13**, 43, 53 (1958); durch Glastech. Ber. **31**, 320 (1958).
370. *Langmyhr, F. I., Saether, B.:* Zement–Kalk–Gips **45**, 429 (1956).
371. *Delavaux, M., Smith, R., Grimaldi, F. S.:* U.S. A. E. C. **1954**, TEI – 450.
372. *Pötzl, K.:* Fr. **223**, 10 (1966).
373. *Green, H.:* Metallurgia **57**, 157 (1958).
374. *Budĕšinsky, B.:* Zhur. Anal. Khim. (russ.) 18 (9), 1071 (1963).
375. *Otomo, M.:* Bl. chem. Soc. Japan **36**, (7), 809 (1963).
376. *Dvořák, J., Nývltová, E.:* Mikrochim. A. **1966** (6), 1082.
377. *Tichonov, V. N.:* Zhur. Anal. Khim. (russ.) 20 (9), 941 (1965).
378. *Miyajima, T.:* Japan Analyst **13**, 1042 (1964).
379. *Pritchard, D. T.:* Analyst **92**, 103 (1967).
380. *Artemeva, V. Y.:* Betriebslab. (russ.) **33** (4), 426 (1967).
381. *Bazalitskaja, V. S., Djhamaletjinova, M. K.:* Betriebslab. (russ.) **33** (4), 426 (1967).
382. *Semjakin, F. M., Barskaja, S. I.:* Betriebslab. (russ.) **16**, 278 (1950).
383. *Kuznetsov, V. I.:* Dokl. Akad. Sci. SSSR **50**, 227 (1954).
384. *Kuznetsov, V. I., Golubtsova, R. B.:* Betriebslab. (russ.) **21**, 1422 (1955).
385. *Kutejnikov, A. F.:* Betriebslab. (russ.) **24**, 1050 (1958).
386. *Kuznetsov, V. I., Golubtsova, R. B.:* Betriebslab. (russ.) **22**, 161 (1956).
387. *Suk, V., Malat, M.:* Chemist-Analyst **45**, 30 (1956).
388. *Ryba, O., Cifka, J., Ježková, D., Malat, M., Suk, V.:* Chem. Listy **51**, 62 (1957).
389. *Anton, A.:* Anal. Chem. **32**, 725 (1960).
390. *Wilson, A. D., Sergeant, G. A.:* Analyst **88**, 109 (1963).
391. *Landi, M. F., Braicovich, L., Battaglia, A.:* Metallurgia ital. **55**, 355 (1963).
392. *Florence, T. M.:* Anal. Chem. **37**, 704 (1965).
393. *Tichonov, V. N.:* Zhur. Anal. Khim. (russ.) 21 (3), 275 (1966).
394. *Tichonov, V. N., Grankina, M. Y.:* Betriebslab. (russ.) **32** (3), 278 (1966).
395. *Majumdar, A. K., Savariar, C. P.:* Fr. **174**, 269 (1960).
396. *Ishii, H., Einaga, H.:* Bl. chem. Soc. Japan **39**, 1721 (1966).
397. *Hoffmann, E.:* Fr. **185**, 372 (1962).
398. *Dymov, A. M., Koroneva, V. V.:* Izwest. VUZ Chem. Met. (russ.) **1961**, 192.
399. *Aizenberg, I. L. N., Suprunenko, A. I., Aizenberg, R. S.:* Tr. Kishinevsk. Sel'skokhoz. Inst. **43**, 193 (1966); durch Chem. Abstr. **66**, 101328 (1967).
400. *Arikawa, Y.:* Jap. Analyst 9, 806 (1960).
401. *Arikawa, Y., Kato, T.:* Techn. Rep. Tôhoku Univ. **25**, 55 (1960).
402. *Datta, S. K.:* Chemist-Analyst **50**, 104 (1961).
403. *Takeuchi, T., Suzuki, M.:* Jap. Analyst **10**, 58 (1961).
404. *Majumdar, A. K., Chatterjee, A. B.:* Mikrochim. A. **1967**, (4) 663.
405. *Wrightman, K. B., McCadden, R. F.:* Ann. New York Acad. Sci. **130**, 827 (1965).
406. *Goppelsroeder, F.:* J. pr. **101**, 408 (1867); Fr. **7**, 195 (1868).
407. *White, C. E., Lowe, C. S.:* Ind. eng. Chem. Anal. Edit. **9**, 430 (1937); **12**, 229 (1940).
408. *Okač, A.:* Coll. Trav. chim. Tchéchosl. **10**, 177 (1938).
409. *Strohecker, R., Matt, F.:* Fr. **131**, 334 (1950).
410. *Kavanagh, F.:* Ind. eng. Chem. Anal. Edit. **13**, 108 (1941).
411. *Schantl, E.:* Mikrochem. 2, 174 (1924).
412. *Bishop, E.:* Anal. chim. Acta 4, 6 (1950).
413. *Beck, G.:* Mikrochim. A. 2, 9, 287 (1937).
414. *Gotô, H.:* J. chem. Soc. Japan **60**, 937 (1939).
415. *Weissler, A., White, C. E.:* Ind. eng. Chem. Anal. Edit. 18, 530 (1946).
416. *Strohecker, R., Sierp, E.:* Fr. **128**, 392 (1948).
417. *Rouir, E. V., Dietz, H.:* Congr. Group. Avan. Méthodes Anal. Spectrog. Prod. Mét. **12**, 149 (1949); durch Chem. Abstr. **45**, 4167 (1951).
418. *Will, F.:* Anal. Chem. **33**, 1360 (1961).
419. *Davydoff, A. L., Dewecki, U. S.:* Betriebslab. (russ.) **10**, 134 (1941).

420. *Bourstyn, M.:* Mull. Soc. Chim. (?) **8**, 540 (1941).
421. *Radley, J. A.:* Analyst **68**, 369 (1943).
422. *Ishibashi, M., Shigematsu, T., Nishikawa, Y.:* Jap. Analyst. **6**, 568 (1957).
423. *Possidoni de Albinati:* An. Argentina **51** (1), 96, 207 (1963).
424. *Donaldson, D. E.:* U. S. Geol. Surv. Profess. Papers No. **550-D**, 258 (1966).
425. *Block, J., Morgan, E.:* Anal. Chem. **34**, 1647 (1962).
426. *Simons, L. H., Monaghan, P. H., Taggart, M. S.:* Anal. Chem. **25**, 989 (1953).
427. *Danneil, A.:* Techn.-wiss. Abh. Osram-Ges. **7**, 350 (1958).
428. *Holzbecher, Z.:* Chem. Listy **49**, 1030 (1955).
429. *Saylor, J. H., Ledbetter, J. W.:* Anal. chim. Acta **30**, 427 (1964).
430. *Dagnall, R. M., Smith, R., West, T. S.:* Talanta **13**, 609 (1966).
431. *Dagnall, R. M., Smith, R., West, T. S.:* Chem. Ind. **1965**, 1499.
432. *Boshewolnow, J. A., Janischewskaja, W. M.:* J. chem. Allunions-Mendelejew-Ges. (USSR) **5**, 356 (1960).
433. *Klimov, V. V., Didkowskaja, D. S., Kozačenko, V. N.:* Betriebslab. (russ.) **28**, 652 (1962).
434. *Lel'chuk, Y. L., Sokolovich, V. B., Kurysheva, E. A.:* Izv. Tomsk. Politekhn. Inst. (russ.) **128**, 106 (1964).
435. *Boshewolnov, E. A., Serebryakova, G. V.:* Metody Analiza Khim. Reaktivovo i. Preparatov No. **11**, 15, 19 (1965).
436. *Holzbecher, Z., Pŭlkrab, P.:* Coll. Czechoslov. Chem. Comm. **27**, 1142 (1962).
437. *Kirkbright, G. F., West, T. S., Woodward, C.:* Anal. Chem. **37**, 137 (1965).
438. *Argauer, R. J., White, C. E.:* Anal. Chem. **36**, 2141 (1964).
439. *White, C. E., McFarlane, H. C. E., Fogt, J., Fuchs, R.:* Anal. Chem. **39**, 367 (1967).
440. *Dale, A. R., Jones, P. A., Radley, J. A.:* Res. Inst. Rep. U. S. Dept. Army Res. Contract DA – 91 – 591 EUC 3309 (1965).
441. *Nazarenko, V. A., Šustova, M. B., Ravickaja, R. V., Nikonova, M. P.:* Betriebslab. (russ.) **28**, 537 (1962).
442. *Nazarenko, V. A., Šustova, M. B., Šitarjeva, G. G., Jagnjatinskaja, G. J., Ravickaja, R. V.:* Betriebslab. (russ.) **28**, 645 (1962).
443. *Possidoni de Albinati, J. F.:* An. Argentina **53** (2), 61 (1965).
444. *Saylor, J. H., Ledbetter, J. W.:* Anal. chim. Acta **32**, 398 (1965).
445. *Martin, F.:* Thèse; Brüssel 1926.
446. *Pinkus, A., Martin, F.:* Chim. Ind. 17. Congr. Paris 182 (1927).
447. *Grant, J.:* Metal Ind. (London) **46**, 457 (1935).
448. *Rocquet, D.:* Rev. Mét. **40**, 276 (1943); durch Chem. Abstr. **39**, 2261 (1945).
449. *Jaudon, E.:* Chim. Anal. **37**, 45, 104 (1955).
450. *Rosotte, R.:* Chim. Anal. **38**, 250 (1956); durch Fr. **156**, 52 (1957).
451. *Ostertag, H., Cappelliez, Y.:* C. r. **246**, 1550 (1958).

§ 6. Polarographische Bestimmungsverfahren

Auf Grund seiner Reduzierbarkeit an der Quecksilber-Tropfelektrode in schwach saurer Lösung kann Aluminium direkt polarographisch bestimmt werden. Daneben sind verschiedene Methoden zur indirekten Bestimmung, zur voltammetrischen Bestimmung sowie polarometrischen Titration entwickelt worden. Bezüglich der allgemeinen Arbeitsmethoden der Polarographie sei auf die bekannten Spezialwerke verwiesen (*Heyrovský* [1]; *Hohn* [2]; *Kolthoff* und *Lingane* [3], *v. Stackelberg* [4]).

A. Methoden zur direkten polarographischen Bestimmung

Allgemeine Arbeitsbedingungen

Die direkte polarographische Bestimmung ist gegenüber anderen Metallen durch das stark negative Reduktionspotential des Aluminiums von $-1,66$ bis $-1,88$ Volt (gegen die n-Kalomel-Elektrode) erschwert; es ist noch negativer als dasjenige des Wasserstoffs, so daß im Polarogramm die Aluminium-Stufe unmittelbar auf die Stufe des Wasserstoffs folgt (vgl. Abb. 21).

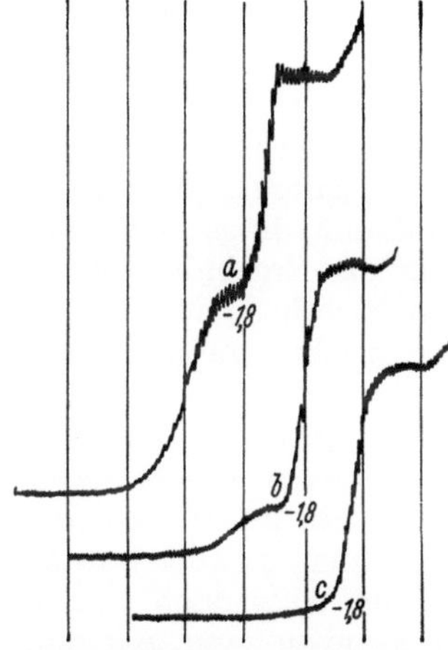

Abb. 21. Aluminium- und Wasserstoff-Stufen nach *v. Stackelberg*
0,01 n Al$_2$(SO$_4$)$_3$ in 1 n LiCl mit Agar und *a* 0,0070 n HCl, pH = 2,2, E$_{1\,2}$ = $-1,86$ V; *b* 0,0025 n HCl, pH = 2,6, E$_{1/2}$ = $-1,80$ V; *c* 0,0010 n HCl, pH = 3,0, E$_{1/2}$ = $-1,76$ V
O$_2$-frei. Potentiale gegen n-Kalomel-Elektrode. Vor der Al-Stufe bei $-1,6$ V die H-Stufe

In alkalischer Lösung ist Aluminium nicht an der Quecksilber-Tropfelektrode reduzierbar; auch in neutraler sowie ganz schwach saurer Lösung, etwa $>$pH=4, ist es infolge vollständiger bzw. teilweiser, hydrolytischer Ausfällung polarographisch nicht oder nur teilweise erfaßbar. Die Grenze des pH-Bereiches, oberhalb dessen die Höhe der Aluminium-Stufe infolge Hydrolyse merklich abnimmt, liegt nach *Evers* [5] in Natriumsulfat-Grundlösungen bei pH = 4,35, nach *Hodgson* und *Glo-*

ver [6] in Calcium- bzw. Bariumchlorid-Grundlösungen bei pH = 4,14 bzw. 4,76 (vgl. jedoch *Ford* und *LeMar* [7]). Man erhält zwar auch bei höheren pH-Werten noch sauber auswertbare Polarogramme (nach *Evers* bis zu pH = 9,5), und nach älteren Methoden (*Prajzler* [8], *Hohn*) wird die polarographische Aluminium-Bestimmung im pH-Bereich von 4,2 bis 6,3 ausgeführt; die erhaltenen Ergebnisse dürften aber auch bei entsprechender Eichung ungenau sein, da das Hydrolyse-Gleichgewicht in diesem Gebiet sehr stark pH-abhängig ist und sich ein bestimmter Hydrolysegrad kaum reproduzierbar einstellen lassen dürfte. Als obere Grenze darf demnach der pH-Wert nicht überschritten werden, bei dem Hydrolyse eintritt und die Fällung des Aluminiumhydroxids einsetzt (*Kolthoff* und *Lingane* [3]).

Mit zunehmender Acidität der Lösung wird das Halbstufenpotential des Aluminiums, für das *Heyrovský* den Wert $-1,70$ V angibt, negativer. *v. Stackelberg* fand in Chloridlösung, gemessen gegen die n-Kalomel-Elektrode:

pH:	1,9	2,15	2,6	3,0	4,0
$E_{1/2}$:	$-1,88$	$-1,86$	$-1,80$	$-1,76$	$-1,66$ V.

Die Aluminium- und die vorangehende Wasserstoff-Stufe sollten sich daher um so besser trennen lassen, je saurer die Lösung ist. Dem steht jedoch eine mit abnehmendem pH-Wert zunehmende Verbreiterung der Wasserstoff-Welle (*Hövker* [9]) und ein immer steiler werdender Übergang der Wasserstoff- zur Aluminiumstufe (*Gull* [10]; *Hodgson* und *Glover*) gegenüber, so daß die Trennung der beiden Stufen und die exakte Auswertung der Aluminium-Stufe immer schlechter werden; außerdem nimmt die Höhe der Wasserstoff-Stufe naturgemäß mit steigender Acidität zu. *Hövker* gibt als untere Grenze des für die polarographische Aluminium-Bestimmung geeigneten pH-Bereiches den Wert 2,6 an, *Perkins* und *Reynolds* [11] einen Wert von etwa 3, *Gull* sogar 3,5.

Zur Einstellung des pH-Wertes sind Pufferlösungen nicht geeignet, da sie viel zu hohe Wasserstoff-Stufen und schlecht auswertbare Polarogramme ergeben, wie schon *Heller* und *Sanko* [12] feststellten (vgl. auch *Vandenbosch* [13]). Der Zusatz von Spuren (0,8 bis 1,0 mM) Kaliumhydrogenphthalats wirkt sich nach *Reynolds* und *Webber* [14] jedoch günstig auf die Ergebnisse bei oszillographischer Bestimmung des Aluminiums nach der Impulsmethode aus. Die Einstellung des pH-Wertes mit Hilfe starker Basen muß sehr vorsichtig ausgeführt werden, um örtliche Ausfällung von Aluminiumhydroxid, das nur schwer wieder in Lösung geht, möglichst zu vermeiden. *Gull* und andere Autoren lassen die Lösung nach Einstellen des pH-Wertes mehrere Stunden oder über Nacht stehen, damit etwa gebildetes Aluminiumhydroxid sich wieder löst. Zur Einstellung des pH-Wertes werden vielfach Indikatoren verwendet. Dabei ist jedoch zu beachten, daß der Indikator-Zusatz merklichen Einfluß auf die Reduktionspotentiale von Wasserstoff und Aluminium sowie auf die Ausbildung der Reduktionsstufen ausüben kann. Als einfache Methode zur Einstellung eines exakten pH-Wertes benutzen *Talesnick* und *Page* [15] die bereits von *Lingane* [16] vorgeschlagene Elektrolyse, wobei die Wasserstoffionen an einer Platin-Kathode reduziert werden.

Verwendete Leitsalze und Grundlösungen. Wie die folgende Übersicht (Tab. 77) zeigt, werden als Leitsalze zur polarographischen Bestimmung des Aluminiums die Chloride des Magnesiums, Calciums und Bariums sowie die Chloride und Sulfate des Lithiums und Natriums angewandt. Kaliumchlorid ist nach *Nežerka* und *Pietrosz* [17] nur für hohe Aluminium-Konzentration verwendbar; Ammoniumchlorid ist nach *Hövker* zwar geeignet, bietet aber gegenüber den Salzen des Lithiums und Natriums keine Vorteile und wurde bisher nicht angewandt.

v. Stackelberg weist darauf hin, daß die Verwendung von Alkalisulfaten als Leitsalze in schwach schwefelsaurer Lösung vorteilhaft sein kann, da Aluminiumsulfat weniger zur Hydrolyse neigt als -chlorid.

Tabelle 77. *Zur Aluminium-Bestimmung verwendete Leitsalze*

Leitsalz (Grundlösung)	Konzentration des Leitsalzes in der fertigen Meßlösung mol/l	pH-Wert der Meßlösung	Al-Konzentration in der Meßlösung mol/l	Autoren
$MgCl_2$	etwa 0,1	3,3	$1,5$ bis $7,5 \cdot 10^{-3}$	*Heller* u. *Sanko* [12]
	0,1	3,8	$0,2$ bis $1 \cdot 10^{-2}$	*Gull* [10]; *Stross* [18]
$CaCl_2$	etwa 0,04	3,7 bis 4,18	1 bis $10 \cdot 10^{-3}$	*Koslowa* u. *Portnow* [19]
$BaCl_2$	0,075	3,6	$0,5$ bis $4 \cdot 10^{-3}$	*Ford* u. *Le Mar* [7]
	0,02 bis 0,05	4,5	$0,2$ bis $1 \cdot 10^{-3}$	*Hodgson* u. *Glover* [6]
$NaCl$	1	etwa 3	1 bis $7 \cdot 10^{-4}$	*Nežerka* u. *Pietrosz* [17]
Na_2SO_4	etwa 0,1	2,9	$0,14$ bis $1,7 \cdot 10^{-2}$	*Hövker* [9]; *Evers* [5]
$LiCl$	0,2	etwa 3	$0,4$ bis $1,6 \cdot 10^{-3}$	*Vandenbosch* [13];
	1	etwa 3	ab $2 \cdot 10^{-5}$	*Nežerka* u. *Pietrosz* [17]
Li_2SO_4	0,1	4,2 bis 6,3		*Hohn* [2]
	0,1	etwa 2,5	$0,5$ bis $3 \cdot 10^{-2}$	*Zuman* [20]
	0,2	2,65	$0,2$ bis $2 \cdot 10^{-2}$	*Hövker* [9]

Die Bestimmung des Aluminiums kann auch in Pyridin und Lithiumchlorid als Leitsalz durchgeführt werden, wie Untersuchungen von *Cisak* und *Elving* [21] zeigen. Man erhält zwei polarographische Stufen; letztere ist der Aluminium-Konzentration proportional. Tetraalkylammoniumsalze sind von *Kolthoff* und *Lingane* sowie *Heyrovský* [22] vorgeschlagen worden. Untersuchungen über diesen Leitelektrolyten liegen in der Literatur nicht vor.

Zur Dämpfung etwa auftretender Maxima setzen viele Autoren der Grundlösung Dämpfer zu, z.B. Gelatine (*Gull; Stross; Koslowa* und *Portnow; Nežerka* und *Pietrosz*), Agar (*v. Stackelberg*) oder Methylcellulose (*Hövker; Evers*). Auch Farbindikatoren können als Maximadämpfer wirksam sein; bekannt sind Methylrot, Methylorange und Methylenblau. Bei Verwendung von Bariumchlorid als Leitsalz ist nach *Ford* und *Le Mar* infolge der dämpfenden Wirkung des Bariumchlorids jeder Zusatz von Maximadämpfern oder Farbstoffen unnötig.

Auswertung und Konzentrationsbereich der polarographischen Aluminium-Bestimmung. Die quantitative Auswertung der im Polarogramm erhaltenen Aluminium-Stufe bereitet Schwierigkeiten, da der Beginn der Welle von der unmittelbar vorausgehenden Wasserstoff-Welle beeinflußt wird. Auch die obere Begrenzung der Aluminium-Stufe ist je nach Aluminium- und Leitsalz-Konzentration, Art des Leitsalzes und Galvanometer-Empfindlichkeit verschieden stark geneigt. *Hövker* wertet die Strom-Spannungs-Kurve nach der Schnittpunkt-Methode aus, d.h., es werden durch die drei Kurvenäste der Aluminium-Welle Geraden gelegt und bis zu den Schnittpunkten verlängert; die Höhe der Aluminium-Welle wird dann als Differenz der Ordinaten dieser Schnittpunkte ermittelt.

Evers bestimmt nur den Fußpunkt der Aluminium-Stufe nach der Schnittpunkt-Methode. Als obere Begrenzung wird durch die Mitte der den oberen Kurvenabschnitt bildenden Oszillationen, die in der Regel wenigstens ein kleines Stück parallel zur Abszissenachse des Polarogramms verlaufen, eine Parallele zur Abszissenachse gelegt. In gleicher Weise messen auch *Ford* und *Le Mar* die Höhe der Aluminium-Stufe. Das der Arbeit dieser Autoren entnommene Polarogramm (Abb. 22) läßt erkennen, daß der als Schnittpunkt der geradlinig verlängerten Kurvenäste ermittelte Fußpunkt der Aluminium-Stufe dem Grenzstrom der Wasserstoff-Stufe (Kurve 2 in Abb. 22) entspricht, also den Beginn der Aluminium-Stufe richtig wiedergibt.

Eich- und Probelösungen sollen stets in der gleichen, einmal gewählten Weise ausgemessen werden. Diese Auswertung wird um so genauer, je gleichartiger die

31*

Aluminium-Stufen ausgebildet sind. Es ist daher notwendig, die Arbeitsbedingungen (pH-Einstellung, Konzentration des Leitsalzes und der Zusätze, Empfindlichkeit des Galvanometers) möglichst konstant zu halten. Naturgemäß sinkt bei gleichem, absolutem Meßfehler die *Genauigkeit* mit abnehmender Aluminium-Konzentration;

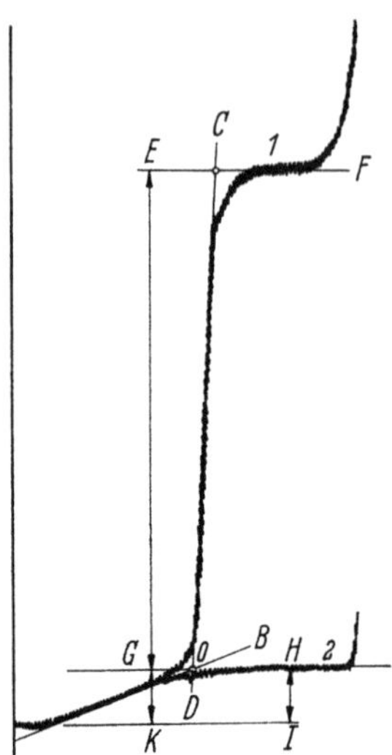

Abb. 22. Ausmessung der Aluminium-Stufe nach *Ford* und *Le Mar* (bzw. nach *Evers*): Höhe der Aluminium-Stufe = EG

1 Strom-Spannungs-Kurve der Lösung eines Al enthaltenden Portlandzementes, Leitsalz BaCl₂; *2* Strom-Spannungs-Kurve einer entsprechenden aluminiumfreien Vergleichslösung

letztere soll daher in der zur polarographischen Messung fertig zubereiteten Lösung nicht geringer als etwa $1 \cdot 10^{-3}$ m sein. Hier liegt bisher größenordnungsmäßig die Grenze der noch auf üblichem Wege polarographisch bestimmbaren Aluminium-Mengen. Man kann zwar den Diffusionsstrom der Wasserstoff-Stufe kompensieren und nun die Aluminium-Stufe durch Erhöhung der Galvanometer-Empfindlichkeit vergrößern; die erzielte, genauere Ausmessung wird aber zumindest teilweise wieder aufgehoben durch die dann größere Steilheit der die Aluminium-Stufe begrenzenden Kurvenäste und die hierdurch bedingte Beeinträchtigung der Genauigkeit der Auswertung.

Die Bestimmung geringerer Aluminium-Mengen ist noch nach einem Verfahren der Differentialpolarographie (vgl. *Semerano* und *Riccoboni* [23]) möglich, wie dies *Nežerka* und *Pietrosz* zur Bestimmung des Aluminiums im *Stahl* vorgeschlagen haben. Diese Autoren kompensieren automatisch den vorher gemessenen Diffusionsstrom einer entsprechenden, aluminiumfreien Lösung (Verfahren nach *Heyrovský* und *Zuman* [24]), messen also bei hoher Galvanometer-Empfindlichkeit nur den dem Aluminium-Gehalt entsprechenden Anteil des Gesamt-Diffusionsstromes. Auf diese Weise konnte Aluminium bis herunter zu Konzentrationen von $2 \cdot 10^{-5}$ m in der Meßlösung bestimmt werden. In Abb. 23 sind derartige, von *Nežerka* und *Pietrosz* bei der Aluminium-Bestimmung im Stahl erhaltene „Differential"-Polarogramme wiedergegeben (vgl. Arbeitsvorschrift S. 494).

Störende Ionen und Einflüsse anderer Art. Die polarographische Bestimmung des Aluminiums wird gestört durch:

1. Kationen, deren Abscheidungspotentiale so nahe an demjenigen des Aluminiums liegen, daß die Reduktionsstufen mit derjenigen des Aluminiums mehr oder weniger zusammenfallen; dazu gehören vor allem Beryllium, Zinn sowie auch Mangan und bei großem Überschuß gegenüber Aluminium auch Magnesium.

2. Anionen, die mit Aluminium schwerlösliche oder komplexe Verbindungen bilden, so daß je nach ihrer Konzentration die Aluminiumstufe teilweise oder ganz

unterdrückt wird. *Fluoridionen* verhindern infolge Bildung komplexer Fluoroaluminate die Reduktion des Aluminiums und müssen durch gegebenenfalls mehrmaliges Abrauchen mit Schwefelsäure oder Perchlorsäure vollständig entfernt werden (*Vandenbosch*). Auch Kieselsäure ist vor der Aluminium-Bestimmung quantitativ zu entfernen.

3. Ionen oder molekular gelöste Stoffe, deren Reduktionspotentiale edler sind als dasjenige des Aluminiums. Diese Lösungspartner stören aber nur, wenn sie in derart

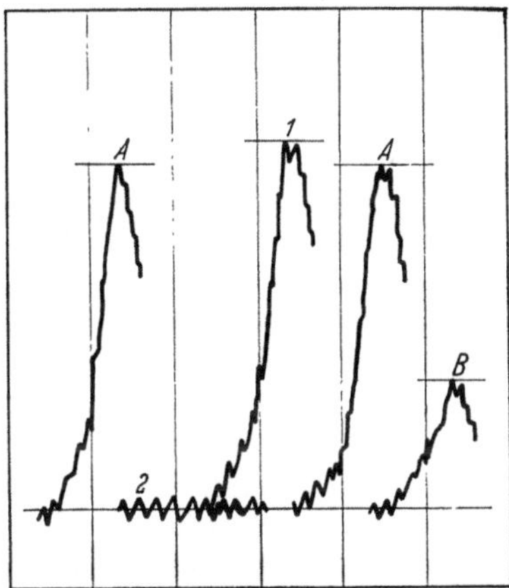

Abb. 23. Differentialpolarogramme nach *Nežerka* und *Pietrosz*
1 Standardprobe (Stahl mit 0,20% Al); *2* Standardprobe von Al-freiem Stahl; *A* und *B* Stahlproben mit unbekanntem, zu ermittelndem Aluminium-Gehalt

hoher Konzentration vorliegen, daß der vor dem Beginn der Aluminium-Abscheidung erreichte Grund-Diffusionsstrom so groß ist, daß eine ausreichend genaue Messung des der vorliegenden Aluminium-Konzentration entsprechenden Teil-Diffusionsstromes nicht mehr möglich ist. Dazu gehören Eisen, Chrom, Kupfer, Blei, Zink und Cadmium. In geringer Konzentration können diese Metalle dagegen zusammen mit Aluminium polarographisch bestimmt werden, z.T. auch mehrere von ihnen gleichzeitig. *Blei* stört nach *Hodgson* und *Glover* in Gehalten bis zu 5 mg/100 ml die Bestimmung von bis zu 5 mg Aluminium/100 ml nicht und kann zusammen mit Aluminium polarographisch bestimmt werden. Größere Bleimengen müssen jedoch entfernt werden.

Nähere Angaben über die noch nicht störenden und zusammen mit Aluminium bestimmbaren Mengen an Kupfer, Zink und Cadmium liegen nicht vor; nach *Stross* muß der Aluminium-Gehalt die Summe aller dieser Metalle, einschließlich Eisen und Blei, überwiegen.

4. Stoffe, die die Wasserstoff-Abscheidung in ungünstiger Weise katalysieren, so daß die exakte Trennung der Wasserstoff- und Aluminium-Stufe erschwert oder unmöglich gemacht wird. Eine katalytische Beeinflussung der Abscheidungspotentiale und Stufenformen des Wasserstoffs und Aluminiums durch Spuren von *Platin* beobachtete *Vandenbosch*.

Einfluß der Temperatur. Bekanntlich übt die Temperatur erheblichen Einfluß auf die Höhe des Diffusionsstromes aus, im wesentlichen als Folge der Temperatur-Abhängigkeit der Viskosität und damit der Diffusionskoeffizienten. Allgemein steigt die Höhe der Reduktionsstufen in wäßrigen Lösungen nach *v. Stackelberg* um etwa 1,6% je Grad, bei Nachregulierung der Tropf-Geschwindigkeit, die ebenfalls mit der Temperatur ansteigt, um etwa 1,4% je Grad. *Evers* fand für reine Aluminium-sulfat-Lösung (Grundlösung: Natriumsulfat mit Sulfit- und Methylcellulose-Zusatz, vgl. Arbeitsvorschrift unten) bei Meßtemperaturen zwischen 16 und 25° Temperatur-koeffizienten von etwa 1,2 bis 1,6% je Grad. Offenbar wächst der Koeffizient mit abnehmender Tropf-Geschwindigkeit, die natürlich in jeder Versuchsreihe konstant gehalten wurde. Für genaue Messungen ist es also unerläßlich, bei konstanter, stets gleicher Temperatur zu polarographieren.

Bestimmungsmethoden in reinen Aluminium-Lösungen

Die im folgenden beschriebenen Arbeitsweisen dienten in erster Linie der Unter-suchung des polarographischen Verhaltens des Aluminiums und bilden die Grundlage der anschließend wiedergegebenen Verfahren zur polarographischen Aluminium-Bestimmung in Naturstoffen und technischen Produkten.

Arbeitsvorschrift nach *Hövker* [9]. Liegt Aluminium in einer Lösung unbekannten Gehaltes und beliebiger Acidität vor, so dampft man zunächst zur Trockene ein, nimmt den Rückstand mit 0,005n Schwefelsäure auf und bringt in einem Meßkolben mit der gleichen Schwefelsäure auf ein geeignetes Volumen. Sollte der pH-Wert dieser Lösung nicht demjenigen einer 0,005n Schwefelsäure entsprechen (pH ~ 2,6), muß man entsprechend verdünnen oder ansäuern.

Von der Aluminiumlösung werden aliquote Teile entnommen, die 1,5 bis 18 mg Aluminium enthalten, und mit der 0,005n Schwefelsäure auf ein Volumen von 20 ml ergänzt. Man versetzt mit 10 ml Grundlösung (siehe unten) und 10 ml Wasser. Der pH-Wert dieser Lösung soll zwischen 2,89 und 2,92 liegen. Man polarographiert sofort zwischen etwa − 1,4 und − 2,0 V bei möglichst konstanter, jeweils gleicher Temperatur, konstanter Tropf-Geschwindigkeit und geeigneter Einstellung der Galvanometer-Empfindlichkeit. Die dem Aluminium-Gehalt proportionale Stufen-höhe wird nach der Schnittpunkt-Methode ausgemessen.

Bemerkungen. Grundlösung:
1800 ml dest. Wasser,
  200 ml 10%ige Tyloselösung,
  100 g Natriumsulfat p. a. und
    10 g Natriumsulfit p. a.

Hövker hat in der beschriebenen Weise Mengen von 1,5 bis 18 mg Aluminium, bezogen auf die fertige Mischlösung (40 ml), bestimmt. Die *Standardabweichung* für die zur Eichung herangezogenen Einzelmessungen betrug ± 0,52% rel.

Die **Arbeitsvorschrift** nach *Evers* [5] folgt im Prinzip der Arbeitsweise von *Hövker* und verwendet die gleiche Grundlösung. Die Aluminiumsulfat-Lösung sowie die als Ergänzungslösung zugesetzte, etwa 0,001n Schwefelsäure werden jedoch auf einen höheren pH-Wert (etwa 3,1) eingestellt, so daß sich für die fertige Mischlösung ein pH-Wert von 3,40 ± 0,05 ergibt, bei dem polarographiert wird.

Bemerkungen. Um eine möglichst große *Genauigkeit* der Bestimmung zu erreichen, werden alle Versuchsbedingungen so genau wie möglich konstant gehalten; so werden der aliquote Teil der Aluminium-Lösung mit einer in 1/10 ml geteilten, geeichten Meßpipette, die übrigen Lösungen aus geeichten Meßbüretten in das zum Polaro-graphieren vorgesehene 50-ml-Becherglas abgemessen, das vorher mit Chromschwefel-säure gereinigt und sorgfältig getrocknet wurde. Sofort nach dem Ansatz wird so viel reinstes Anoden-Quecksilber zugegeben, daß der Boden des Becherglases bedeckt ist, und das Gefäß in einen bei allen Bestimmungen auf die gleiche Temperatur (etwa 20 °C) eingestellten Thermostaten eingesetzt. Nun werden ein in Zehntelgrade ge-teiltes Thermometer sowie die Elektroden nach Abtrocknen mit einem Stück reinem Filtrierpapier eingetaucht, die Tropf-Geschwindigkeit der Kathode bei eingeschal-tetem Strom gemessen und auf 27 Tropfen/min eingestellt. Unmittelbar anschließend wird zwischen etwa − 1,4 und − 2,0 V polarographiert, da sich infolge Autoxydation des Sulfits nach längerer Wartezeit ungünstigere Formen der Strom-Spannungs-Kurve ergeben.

Die *Temperatur* wird am Anfang und Ende der Aufnahme des Polarogramms genau abgelesen und der Mittelwert aus Anfangs- und Endtemperatur einer späteren Temperatur-Korrektur zugrunde gelegt.

Evers hat Aluminium-Bestimmungen aus reinen Aluminiumsulfat-Lösungen im etwa gleichen Konzentrationsbereich wie *Hövker*, d.h. von 3 bis 18 mg Aluminium/ 40 ml, ausgeführt, bezogen auf die zum Polarographieren fertige Mischlösung.

Zur *Auswertung* der Polarogramme stellt *Evers* nur den Fußpunkt der Aluminium-Stufe nach der Schnittpunkt-Methode fest, während zur Ermittlung des Stufen-Endes eine Parallele zur Abszissenachse durch die Mitte der Oszillationen des oberen, meistens fast waagerechten Kurven-Abschnittes gelegt wird.

Evers erhielt für 7 zur Aufstellung der Eichkurve dienende Einzelbestimmungen eine *Standardabweichung* von ± 0,45% rel.; 15 Mittelwerte aus Doppelbestimmungen von je 3 bis 18 mg Aluminium in 40 ml der fertigen Mischlösungen ergab eine Standardabweichung von ± 0,15% rel. gegenüber gravimetrischen Kontroll-Bestimmungen, die mit der bis zu 25fachen Menge der Ausgangslösungen ausgeführt wurden.

Die direkte Bestimmung des Aluminiums führen *Reynolds* und *Webber* [14] mit einem *Kathodenstrahl-Polarographen* von *Randles* nach der Impuls-Methode aus, wobei sie eine Quecksilber-Anode benutzen. Die Bestimmung wird im pH-Bereich zwischen 3,9 bis 4,2 und in Gegenwart von Calciumchlorid als Leitsalz ausgeführt.

Arbeitsvorschrift. 5 ml 0,2m Calciumchlorid-Lösung werden in einem 10-ml-Meßkolben mit so viel Aluminium-Lösung vermischt, daß die Endlösung nicht mehr als 100 μg/ml enthält. Mit 0,1 n Natronlauge wird dann ein etwaiger Säure-Überschuß neutralisiert. Man fügt 0,15 ml 0,05m Kaliumhydrogenphthalat-Lösung zu, ergänzt mit Wasser zu 9,5 ml, stellt den pH-Wert mit Salzsäure auf 4,0 ein und füllt auf 10 ml auf. Die Lösung bzw. ein aliquoter Teil wird 10 min mit Wasserstoff behandelt und polarographiert. Das Startpotential wird dabei auf − 1,45 V eingestellt.

Arbeitsweisen in Anwesenheit von Fremdelementen.

In einer weiteren Arbeit untersuchten *Reynolds* und *Webber* [25] den Einfluß von Begleitelementen; sie geben eine Vorschrift zur Abtrennung störender Elemente durch Elektrolyse an der Quecksilber-Kathode an. Nach ihren Untersuchungen stören Ni, Zn, Cr und F. Fe^{3+} stört bis zu einem 10fachen, Fe^{2+} bis zu 5fachem und Mn bis zu 5fachem Überschuß die Bestimmung nicht.

Arbeitsvorschrift. Die Probe wird derart bemessen, daß die Endlösung nicht mehr als 100 μg/ml enthält. Zu der Probe-Lösung fügt man in einem 25-ml-Meßkolben 15,5 ml 0,4m Calciumchlorid-Lösung, 0,38 ml 0,05m Kaliumhydrogenphthalat-Lösung und verdünnt auf etwa 20 ml. Mit Salzsäure oder Natronlauge wird auf pH = 3 eingestellt und zur Marke aufgefüllt. Die Lösung wird in eine Elektrolyse-Zelle überführt und 30 min bei einem Kathoden-Potential von − 1,5 V, gemessen gegen die Ag-AgCl-Elektrode, elektrolysiert. Nach Ablassen des Quecksilbers werden 10 ml Lösung auf einen pH-Wert von 4,0 eingestellt und auf 25 ml aufgefüllt. Ein aliquoter Teil dieser Lösung wird nach Behandlung mit Stickstoff wie oben angegeben polarographiert.

Bemerkungen. Wesentlich für die erzielbare *Genauigkeit* ist, daß die Lösung bei der Elektrolyse keinen pH-Anstieg über 4,0 erfährt. Gehalte von *6 μg bis 12 mg Al/ml* werden im Durchschnitt auf 5% genau erfaßt.

Gemäß der Arbeitsweise nach *Talesnick* und *Page* [15] wird der pH-Wert der Lösung vor der Bestimmung durch Elektrolyse bei konstanter Stromstärke mit Pt-Kathode und Ag-Anode auf 3,7 eingestellt. Als *Leitsalz* dient Tetrabutylammoniumchlorid. Nach dieser Arbeitsweise lassen sich Aluminiumkonzentrationen bis zu 2 mmol/l bestimmen.

Arbeitsvorschrift. Zu einem aliquoten Teil der salzsauren Aluminium-Lösung wird vor der Verdünnung so viel Tetrabutylammoniumchlorid gegeben, daß die Endlösung eine Leitsalzkonzentration von 0,1 m enthält. Auf gleiche Weise wird Triton X-100 bis zu einer Konzentration der Endlösung von 0,002% als Maxima-dämpfer zugesetzt. Die Lösung wird in die Zelle (Abb. 24) gebracht, mit Stickstoff entlüftet, und der pH-Wert durch schrittweise Verminderung der Stromstärke (pH = 1,5 → 3,0 70 mA, pH = 3,0 → 3,4 20 mA, pH = 3,4 → 3,7 5 mA) auf 3,7

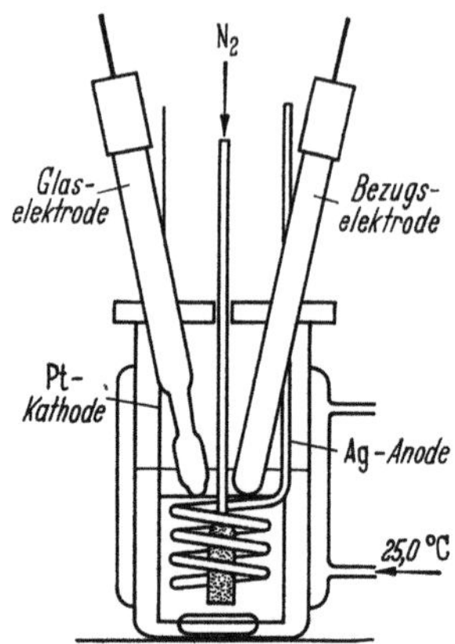

Abb. 24. Elektrolysezelle nach *Talesnick* und *Page*

eingestellt. Nach Einstellung des pH-Wertes wird der Strom unterbrochen, die Tropf-Elektrode eingeführt und das Polarogramm gegen Ag/AgCl als Vergleichs-elektrode aufgenommen. Der Diffusionsstrom wird bei − 1,90 V gemessen.

Bemerkungen. Die Auswertung erfolgt an Hand einer *Eichkurve*, die unter gleichen Bedingungen aufgenommen wird.

Der Inhalt der in der Abb. 24 angegebenen *Elektrolyse-Zelle* beträgt 200 ml. Die Pt-Elektrode besteht aus einem zylindrischen Netz, 40 × 40 mm, und die Ag-Elek-trode aus 50 cm langem, 3 mm dickem Silberdraht, der zu einer Spirale gewickelt ist.

Anwendung. Die Methode wurde zur Analyse von Zink-Legierungen angewendet. Störende Elemente werden durch Elektrolyse bei *kontrolliertem* Potential und durch Amalgampolarographie abgetrennt.

Zur polarographischen Bestimmung des Aluminiums im Bereich von 0,3 bis 0,7 mmol neben größeren Mengen *Eisen* und *Chrom* empfehlen *Kasagi* und *Murata* [26] die *Wechselstrom-Polarographie,* speziell die Sinuswellen-Polarographie. Die Bestim-mung wird in einer konventionellen Elektrolyse-Zelle mit einer Quecksilber-Boden-elektrode durchgeführt. Sie arbeiten mit einer Analysenlösung von pH = 2,7, die 1 molar an Lithiumchlorid ist. Nach Entlüften der Lösung mit Stickstoff wird das Spitzenpotential bei − 1,97 Volt gemessen.

Bestimmung in *anorganischen Stoffen* und *technischen Produkten*. Die polarogra-phische Bestimmung des Aluminiums wird vor allem dann lohnend sein, falls noch weitere Metalle ebenfalls polarographisch bestimmt werden, wenn Aluminium neben Metallen vorliegt, deren Abscheidungspotentiale negativer sind, und wenn Metalle, die bei anderen Verfahren stören, z. B. Eisen oder Blei, nicht in so großem Überschuß vorhanden sind, daß sie erst abgetrennt werden müssen. Auch eine vorangehende Gruppentrennung, z. B. durch Fällung der Sesquioxide mit Ammoniak, wie sie *Ford* und *LeMar* zur Aluminium-Bestimmung im Zement anwenden, würde die mög-lichen Vorteile des polarographischen Verfahrens noch nicht aufheben. Dagegen scheint es fraglich, ob sich die polarographische Aluminium-Bestimmung noch lohnt, wenn erst eine Eisen-Aluminium-Trennung ausgeführt werden muß. Denn in den dann eisenfreien Lösungen kann Aluminium wahrscheinlich viel einfacher, genauer und mindestens ebenso schnell nach einem der eingehender untersuchten, photometrischen Verfahren bestimmt werden.

Arbeitsvorschrift zur Bestimmung in Magnesium-Legierungen nach *Gull* [10]. 0,8 g Probe (Magnesium-Legierung mit 1 bis 10% Al, 0 bis 1% Zn und höchstens 0,5% Mn sowie 0,1% Pb) werden mit 1,8 ml Salzsäure (D = 1,19) und 30 ml Wasser gelöst und auf 100 ml verdünnt. Man neutralisiert nach Zugabe von 0,5 ml Bromphenolblau-Lösung vorsichtig unter ständigem, kräftigem Schütteln zunächst mit n Kalilauge, anschließend mit 0,1n Lauge bis zum Umschlag des Indikators von Gelb über Grün nach Blau (pH = 3,8). Ausfällung von Aluminiumhydroxid soll hierbei vermieden werden. Nach Auffüllen auf 200 ml läßt man 3 bis 4 Std. oder über Nacht stehen, damit etwa gebildetes, kolloides Aluminiumhydroxid wieder vollständig in Lösung geht. Während dieser unbedingt einzuhaltenden Wartezeit kann man bereits einen aliquoten Teil der Lösung in die Meßzelle (Pyrex-Glas) pipettieren und zur Entfernung des Sauerstoffes 2 bis 3 Std. einen schwachen Wasserstoff-Strom durchleiten. Dieser muß mit Wasserdampf gesättigt sein, damit sich die Konzentration der Lösung nicht durch Verdampfungsverluste ändert. Nach Vertreibung des Sauerstoffes wird in bekannter Weise polarographiert, wobei gleichzeitig die Stufen von Blei, Zink und Aluminium ($-0,46$, $-1,06$ und $-1,7$ V gegen n-Kalomel-Elektrode) aufgenommen werden können.

Bemerkungen. Zur *Eichung* verwendet *Gull* Standardlösungen aus Aluminium- und Magnesiumchlorid, die in entsprechenden Verhältnissen gemischt und nach obiger Vorschrift polarographiert werden. *Gull* verwendet keine besondere Grundlösung; als solche dient der Magnesium-Überschuß der Probe sowie das durch Neutralisation des Säure-Überschusses entstandene Kaliumchlorid.

Mangan beeinflußt die Aluminium-Bestimmung; die Störung kann jedoch bei Gehalten unter 0,5% Mangan vernachlässigt werden.

Die beschriebene Arbeitsweise ist zur Bestimmung von Aluminium-Gehalten über 1% in Magnesium-Legierungen, die nicht mehr als 0,5% Mangan und 0,1% Blei enthalten, geeignet.

Die *Genauigkeit* der Bestimmung beträgt nach *Gull* $\pm 2,0\%$ rel.; Beleganalysen werden nicht mitgeteilt.

Semerano und *Ronchi* [27] erhielten gemäß der Vorschrift nach *Gull* nur *schlecht* reproduzierbare Ergebnisse; *Stross* schließt sich auf Grund eigener Versuche dieser Kritik nicht an, polarographiert aber ebenso wie *Semerano* und *Ronchi* und auch *Heller* und *Sanko* nicht bei pH = 3,8, sondern bei dem niedrigeren Wert 3,3 (vgl. die folgenden Arbeitsweisen).

Arbeitsvorschrift nach *Heller* und *Sanko* [12]. 0,2 bis 0,5 g Probe werden in einem möglichst geringen Überschuß von 2n Salzsäure gelöst. Nach Zugabe von Bromphenolblau wird vorsichtig mit Kalkmilch bis zum beginnenden Umschlag von Gelb nach Gelblichgrün neutralisiert, dann weiter mit ges. Calciumhydroxid-Lösung, bis der leuchtend grüne Farbton einer als Vergleichslösung dienenden, mit Bromphenolblau versetzten Pufferlösung vom pH-Wert 3,3 erreicht ist. Nach Auffüllen der Lösung auf ein Volumen von 100 ml wird ein aliquoter Teil in die Meßzelle gegeben und, beginnend bei $-1,4$ V, polarographiert.

Der *Fehler* der Bestimmung beträgt im Mittel $\pm 5\%$, maximal $\pm 8\%$ rel.

Arbeitsvorschrift nach *Semerano* und *Ronchi* [27]. Die Probe wird gemäß der Vorschrift nach *Gull* in verd. Salzsäure gelöst und die Lösung vorsichtig mit Ammoniak neutralisiert, jedoch nur auf einen pH-Wert von 3,25. Man verwendet hierzu einen Mischindikator aus Dimethylgelb und Methylenblau, der bei pH = 3,25 scharf von Violett nach Grün umschlägt. Im übrigen verfahren *Semerano* und *Ronchi* ähnlich wie *Gull* und polarographieren in der durch Hindurchleiten eines Wasserstoffstromes von Sauerstoff befreiten Lösung.

Bemerkung. Es werden gleichzeitig *Zink,* im Gegensatz zu *Gull* auch *Mangan* und Aluminium bestimmt.

Arbeitsvorschrift nach *Stross* [18]. 100 bis 200 mg Probe werden im Reagens-Rohr aus Pyrex-Glas (etwa 2,5 cm Weite und 15 cm Höhe), das bei 25 und 40 ml genau kalibriert ist, mit 2 ml 5n Salzsäure und wenig Wasser in Lösung gebracht, indem man gegen Ende der Reaktion das Röhrchen in heißes Wasser eintaucht. Nach dem Abkühlen gibt man 0,1 ml Bromphenolblau-Lösung (40 mg Farbstoff und 0,6 ml 0,1 n Natronlauge in 100 ml wäßriger Lösung) zu und neutralisiert unter ständigem Schütteln durch tropfenweise Zugabe von n Natriumcarbonat-Lösung bis zum Umschlag des Indikators von Gelb nach Grün. Erfolgte der Umschlag infolge der geringen Pufferung, etwa bei kleinen Aluminium-Gehalten, sogleich nach Blau, gibt man tropfenweise 0,1 n Salzsäure bis zur Grünfärbung zu. Man verdünnt mit Wasser bis auf etwa 23 ml und läßt mehrere Stunden stehen, damit etwa gebildetes Aluminiumhydroxid wieder vollständig in Lösung geht. Gegebenenfalls stellt man während dieser Zeit, falls notwendig, unter erneuter Indikator-Zugabe, mit einigen Tropfen 0,1 n Salzsäure oder Soda-Lösung wieder auf Grünfärbung (pH = 3,3) ein. Nach Versetzen mit 0,5 ml 0,25%iger Gelatine-Lösung füllt man zur 25-ml-Marke auf und mischt gründlich durch.

Bemerkungen. Bei *höheren* Aluminium-Gehalten kann man, falls nur Aluminium polarographisch bestimmt werden soll, auch sogleich auf 40 ml verdünnen; enthält die Probe mehr als 10%, so muß noch weiter verdünnt werden.

Die polarographische Messung kann in aliquoten Teilen der vorbereiteten Lösung in bekannter Weise vorgenommen werden. *Stross* polarographiert direkt in der im Reagens-Rohr befindlichen Probelösung (25 ml) unter Verwendung einer festen *Anode* aus *Silberdraht.*

In Abwesenheit von *Kupfer, Zinn* und *Nickel* können zuerst die Stufen von Blei und Zink aufgenommen werden und anschließend, gegebenenfalls nach Verdünnung auf 40 ml, diejenige des Aluminiums. Die Arbeitsweise ist nur für Aluminium-Gehalte über 1% geeignet. Kupfer, Eisen, Zink, Zinn, Blei und Cadmium stören praktisch nicht, solange ihr Gehalt denjenigen an Aluminium nicht übersteigt.

Arbeitsvorschrift zur Bestimmung in Produkten der Zinkindustrie nach *Koslowa* und *Portnow* [19]. *Hochstein* [28] benutzte bereits das polarographische Verfahren zur Analyse von technischem Zinkchlorid und bestimmte außer dem Zink-Gehalt (etwa 20%) auch als Verunreinigung vorhandenes Aluminium und Eisen. Die von *Koslowa* und *Portnow* ausgearbeitete Methode beruht im wesentlichen auf der Arbeitsweise nach *Hochstein;* die von letzterem untersuchten Proben enthielten jedoch nur geringe Mengen Eisen, so daß eine Abtrennung des Eisens, wie sie *Koslowa* und *Portnow* vorsehen, nicht erforderlich war.

Die aus einer Probe von 1 g Zinkstaub oder ähnlichen Produkten (Aluminium-Gehalt 1 bis mehrere %) nach der Aufbereitung erhaltene, alkalische Aluminium-Lösung wird mit 4 bis 5 Tropfen einer 1 Teil Methylorange und 2 Teile Indigocarmin enthaltenden Indikator-Lösung versetzt und neutralisiert. Der Umschlag des Indikators erfolgt bei pH = 4. Die Lösung wird nun in einem 50-ml-Meßkolben zur Marke aufgefüllt. Zur polarographischen Messung werden 8 bis 10 ml entnommen und mit genau dem doppelten Volumen 0,1 n Calciumchlorid-Lösung als Grundlösung sowie 2 bis 3 Tropfen Gelatine-Lösung versetzt. Nach Aufnahme des Polarogramms setzt man 1 bis 2 ml einer etwa 0,1 n Aluminiumchlorid-Standardlösung hinzu und polarographiert noch einmal. Zweckmäßig wiederholt man die Messung mit einem weiteren Teil der Ausgangslösung in gleicher Weise und legt der Berechnung das Mittel der beiden Messungen zugrunde.

Bemerkungen. Berechnung. Die gesuchte Aluminium-Konzentration der Probe-Lösung ergibt sich aus den mit und ohne Zusatz der Standardlösung bei gleicher Galvanometer-Empfindlichkeit gemessenen Stufenhöhe h_x und h_S mittels der Proportion:

$$\frac{C_x}{C_S} = \frac{h_x}{(h_S - h_x)} \cdot \frac{m}{m + n};$$

in dieser bedeuten:

C_x = Aluminium-Konzentration in der mit Calciumchlorid-Lösung versetzten Probe-Lösung;
m = Volumen dieser meßfertigen Lösung in ml (vor Zugabe der Standard-Aluminium-Lösung);
n = Volumen der zugesetzten Aluminium-Standard-Lösung in ml;
C_S = Aluminiumkonzentration der Standardlösung nach Verdünnung von n auf $(m + n)$ ml.

Die Herstellung einer *Eichkurve* ist also gemäß der Arbeitsweise nach *Koslowa* und *Portnow nicht* erforderlich.

Aufbereitung der Proben. 1 g Probe löst man in 10 ml Königswasser, dampft zur Trockene ein und wiederholt die Behandlung nach erneuter Zugabe von 10 ml Königswasser. Dann wird 2mal mit Salzsäure abgeraucht, mit verd. Salzsäure aufgenommen, der unlösliche Rückstand abfiltriert und mit heißem Wasser ausgewaschen. Im Filtrat fällt man Aluminium, Eisen wie auch Blei mit Ammoniak und filtriert den Hydroxid-Niederschlag ab. Man löst den Niederschlag in verd. Salzsäure und füllt die Lösung in einem 50-ml-Meßkolben zur Marke auf. Nach Entnahme eines aliquoten Teiles von 20 ml zur polarographischen Bestimmung von Eisen und Blei wird in der Restlösung Eisen (und Blei) mit einem Alkali-Überschuß unter *Erwärmen* auf 60 bis 70° gefällt. Im Filtrat wird Aluminium in der oben beschriebenen Weise polarographisch bestimmt. Enthält die Probe gegenüber Aluminium nur wenig Eisen und Blei, so ist ihre Abtrennung nicht notwendig.

Arbeitsvorschrift zur Bestimmung in Spritzgußlegierungen nach *Page, Simpson* und *Graham* [29]. 1 g Legierung (etwa 4% Al) wird in 25 ml 1,8m Schwefelsäure gelöst. Nach Abkühlen wird etwas verdünnt und so lange 5m Natronlauge tropfenweise zugegeben, bis sich ausgefallenes Zinkhydroxid nicht wieder löst und die Lösung leicht getrübt erscheint. Nun wird 1 Std. an der Quecksilber-Kathode mit 0,12 A/cm² elektrolysiert und Zink sowie Kupfer abgetrennt. In der Lösung verbleibende Zink-Reste (etwa 0,03%) *stören* die Bestimmung *nicht*. Die zinkfreie Lösung wird auf 100 ml aufgefüllt. Ein aliquoter Teil von 10 ml wird mit 10 ml einer 1,5m Magnesiumchlorid-Lösung, mit 4 Tropfen 0,04%iger Bromphenolblau-Lösung versetzt und mit Natronlauge (anfangs 1m, dann 0,1m) auf einen pH-Wert zwischen 3,62 und 3,68 eingestellt. Die Lösung wird bei 25°C auf 100 ml aufgefüllt. Ein aliquoter Teil der Lösung wird nach Behandeln mit Stickstoff (15 min) bei 25°C von $-1,0$ bis $-2,0$ V gegen die ges. Kalomel-Elektrode polarographiert.

Bemerkungen. Die Auswertung erfolgt mit Hilfe von *Eichkurven.*

Die Elemente: Cd, Cr, Co, Cu, Fe, Pb, Ni, Ag und Sn in Gehalten $< 2\%$ sind *ohne Einfluß* auf die Analyse.

Nach Angaben der Autoren ist die *Genauigkeit* der Methode für Betriebsanalysen ausreichend.

Arbeitsvorschrift zur Bestimmung in Silicaten (Ton) nach *Hövker* [9]. Der beim Aufschluß von Ton nach einem technischen Verfahren im Autoklaven erhaltenen Lösung wird ein bis zu etwa 200 mg Aluminium enthaltender Teil (etwa 5 bis 10 ml) entnommen und mit 3 ml konz. Schwefelsäure zur Trockne eingedampft. Nach Versetzen mit verd. Schwefelsäure wird nochmals abgeraucht, der Rückstand nach Abkühlung mit 8 ml 0,1n Schwefelsäure sowie 20 bis 30 ml Wasser aufgenommen und kurze Zeit auf 80 bis 90° erwärmt. Dann filtriert man in einen 100-ml-Meßkolben, kühlt ab und füllt bis zur Marke auf. Die Lösung soll einen pH-Wert von etwa 1,74 zeigen. 10 ml Lösung werden nun mit 30 bis 40 ml Grundlösung (siehe S. 492) versetzt; der pH-Wert der zur polarographischen Messung nunmehr fertigen Lösung soll zwischen 2,60 und 2,70 liegen. *Hövker* polarographiert bei einer Temperatur von 22°. Die Stufenhöhe wird nach der Schnittpunkt-Methode ausgemessen.

Bemerkungen. Da die untersuchten Aufschlußlösungen bis zu 0,4 g Fe_2O_3/l und etwas *Chrom* aus dem V2A-Stahl des Autoklaven enthielten, wurde die Eichkurve mit Hilfe von Lösungen mit einem Gehalt von 0,071 g Fe/l, 0,167 g Cr/l und bekannten Aluminium-Gehalten von 3 bis 30 mg Al/10 ml aufgestellt.

Grundlösung. Die von *Hövker* zur Bestimmung des Aluminiums in reinen Lösungen angewandte, Natriumsulfit enthaltende Grundlösung erwies sich als ungeeignet zur Untersuchung eisenhaltiger Lösungen. Es wurde daher folgende Grundlösung mit Lithiumsulfat als Leitsalz und Hydrazoniumsulfat-Zusatz zur Reduktion von 3wertigem Eisen und von Sauerstoff verwendet:

> 1000 ml dest. Wasser,
> 1,5 g Lithiumoxid,
> 2,0 g Lithiumsulfat,
> 50 g Tylose,
> 1,0 g Hydrazoniumsulfat.

Nach dieser Methode lassen sich etwa 3 bis 60 mg Al/l Aufschluß-Lösung bestimmen. Die größten *Abweichungen* der zur Eichung ausgeführten Einzelmessungen von der ermittelten Eichgeraden betrugen − 1,7 und + 1,0 % der vorgelegten Aluminium-Menge.

Gemäß der Methode nach *Ermolaeva* und *Korobka* [30] werden für die Bestimmung in Schamotte, Ton und Kaolin 0,2 g Probe zur Entfernung der *Kieselsäure* zunächst mit Flußsäure und Schwefelsäure abgeraucht, der Rückstand mit Natrium- oder Kaliumhydrogensulfat aufgeschlossen und die Schmelze unter Erwärmen mit wenig konz. Salzsäure gelöst. Aus der Lösung werden die Sesquioxide mit Ammoniak gefällt, abfiltriert und in Salzsäure gelöst. Ein aliquoter Teil dieser Lösung wird nach Zusatz von NaCl oder KCl als Leitsalz bei einem pH-Wert von 3,5 bis 3,8 polarographiert. Nach Angaben der Autoren beträgt der maximale absolute *Fehler* 0,67 %, bezogen auf Al_2O_3.

Zur Bestimmung des Aluminiums, Eisens und Mangans in Silicaten fällt *Hohn*[2] in der nach dem Aufschluß erhaltenen Lösung Aluminium, Eisen und Mangan mit carbonatfreiem Ammoniumsulfid in der Wärme. Den Niederschlag löst man heiß in 20 ml 0,5n Schwefelsäure, verkocht den Schwefelwasserstoff und oxydiert das Eisen mit etwas Wasserstoffperoxid-Lösung, dessen Überschuß durch weiteres Kochen (15 min) zerstört wird. Anschließend wird mit 0,5n Lithiumhydroxid-Lösung gegen Methylrot neutralisiert, auf 100 ml im Meßkolben aufgefüllt und ein aliquoter Teil der Lösung polarographiert.

Hohn teilt nichts über die *Genauigkeit* des Verfahrens mit. Nach Ansicht von *Hövker* kann die Genauigkeit nicht sehr groß sein wegen des verhältnismäßig hohen und nur ungenau definierten pH-Wertes der Meßlösung.

Arbeitsvorschrift zur Untersuchung von Glas nach *Vandenbosch* [13]. 0,25 g pulverfeine Glasprobe werden in einem Platintiegel mit 3 ml Flußsäure und 1 ml Perchlorsäure in Lösung gebracht und zur Trockne abgeraucht. Mit 1 ml Perchlorsäure wiederholt man das Abrauchen in gleicher Weise. Der Rückstand wird in 5 ml Wasser unter Zusatz einiger Tropfen Perchlorsäure gelöst. Die Lösung, die nur dann getrübt ist, wenn die Probe Bariumsulfat enthielt, wird in einen 50-ml-Meßkolben überspült und zur Marke aufgefüllt. In aliquoten Teilen dieser Stammlösung bestimmt *Vandenbosch* Natrium, Kalium, Calcium, Barium, Blei, Zink und Aluminium auf polarographischem Wege.

Zur Aluminiumbestimmung werden 10 ml Stammlösung nach Zugabe von 1 Tropfen 0,1%iger Dimethylgelb-Lösung zunächst mit n Natronlauge und nach einsetzendem Farbwechsel mit 0,05n Lauge bis zum Umschlag des Indikators nach

Gelb neutralisiert. Mit 0,4 ml 0,05n Salzsäure säuert man wieder an, gibt noch 1 Tropfen Dimethylgelb-Lösung zu und verdünnt auf genau 20 ml. Der pH-Wert der Lösung soll 3 sein. Nach Versetzen mit 5 ml n Lithiumchlorid-Lösung wird das Polarogramm zwischen $-1,4$ und $-2,0$ V aufgenommen.

Bemerkungen. Von den in Gläsern enthaltenen Schwermetallen ist Zink mindestens in Gehalten bis zu 12% Zinkoxid *ohne Einfluß* auf die Bestimmung, ebenso Eisen in den geringen, in farblosen Gläsern vorhandenen Gehalten. Stärker eisenoxidhaltige Gläser wurden nicht untersucht. Bei hohen Gehalten an *Blei* muß dieses als Sulfid entfernt werden.

Die von *Vandenbosch* angeführte Beleganalysen der Gläser mit 1 bis 4% Aluminiumoxid sind mit einer *Genauigkeit* von $\pm 2\%$ rel. reproduzierbar; die Abweichungen gegenüber den gravimetrischen Kontroll-Bestimmungen betragen jedoch maximal -6 und $+4\%$ des vorliegenden Aluminium-Gehaltes.

Zur Untersuchung von *Zement* wählen *Ford* und *LeMar* [7] eine Einwaage von 0,5 g Zement (1 bis 8% Al_2O_3) und trennen zunächst Kieselsäure nach dem Ammoniumchlorid-Verfahren ab. Die abfiltrierte Kieselsäure wird mit Flußsäure abgeraucht. Zu dem verbleibenden Rückstand wird der durch doppelte Fällung mit Ammoniak aus dem Filtrat der Kieselsäure erhaltene Niederschlag der Ammoniumhydroxid-Gruppe gegeben. Nach dem Veraschen und Glühen schmelzt man mit einer geringen Menge Natriumcarbonat, löst in verd. Salzsäure (1:10) (etwa 1,2 m) und verdünnt auf etwa 60 ml. Dann neutralisiert man unter ständigem Schütteln vorsichtig zuerst mit n Kalilauge und stellt schließlich mit 0,1n Kalilauge auf einen pH-Wert von $3,60 \pm 0,03$ unter Kontrolle mit einem pH-Meter ein. Als Grundlösung werden 30 ml 0,5m Bariumchlorid-Lösung hinzugegeben und die Lösung in einem 200-ml-Meßkolben zur Marke aufgefüllt. Zur Auflösung etwa gebildeten Aluminiumhydroxids läßt man die Lösung über Nacht stehen; Eisen scheidet sich dann vollständig als Hydroxid ab und stört nicht mehr.

Nach dieser Wartezeit prüft man zunächst den pH-Wert der Lösung, der zwischen 3,55 und 3,70 liegen soll, füllt einen Teil der Lösung in die Elektrolyse-Zelle, entfernt gelösten Sauerstoff durch Hindurchleiten von Stickstoff und polarographiert bei stets gleicher, konstanter Temperatur [(25° $\pm$ 0,3) °C]. *Ford* und *LeMar* empfehlen, von jeder Lösung 2 bis 3 Polarogramme aufzunehmen und der Auswertung den Mittelwert der Einzelmessungen zugrunde zu legen. Zur *Eichung* des Verfahrens geht man am einfachsten von einer Standard-Zement-Probe bekannten Aluminium-Gehaltes aus und untersucht diese mehrmals nach obiger Arbeitsvorschrift bei gleicher Einwaage von 0,5 g.

Nach *Ford* und *LeMar* ist sowohl die Reproduzierbarkeit der Bestimmung (im Mittel: 0,07% Al_2O_3 abs.) wie auch die Übereinstimmung mit gravimetrischen und spektralanalytischen Kontroll-Bestimmungen (Differenz im Mittel: $\pm 0,1$ bzw. $\pm 0,2\%$ abs.) befriedigend. Ein wesentlicher Nachteil der Methode ist der erforderliche Arbeits- und Zeitaufwand.

Arbeitsvorschrift zur Bestimmung im Wasser nach *Hodgson* und *Glover* [6]. *Hodgson* und *Glover* haben zur Untersuchung der Korrosion von gelöstem Aluminium ein polarographisches Verfahren zur Bestimmung des Aluminiums, Zinks und Zinns im Wasser ausgearbeitet. Zinn beeinträchtigt die Auswertung der Aluminium-Stufe und muß entfernt werden. Nach *Hodgson* und *Glover* eignet sich hierzu die Verflüchtigung als Zinn(IV)-bromid. Zink und Aluminium können aus dem gleichen Polarogramm bestimmt werden, während der Zinn-Gehalt in einem weiteren Teil der Probe-Lösung gesondert ermittelt wird.

Zur Bestimmung des Aluminiums (und Zinks) werden 50 ml zu untersuchende Wasser-Probe (bei Gehalten bis zu 50 mg Al/l) in ein 100-ml-Becherglas pipettiert und nach Zugabe von 3 Tropfen Brom und 1 ml konz. Salzsäure zur Trockne eingedampft. **Der Rückstand wird mit 1 ml konz. Salzsäure und 5 ml Wasser aufgenommen, mit einem Tropfen Brom versetzt und wieder zur Trockne eingedampft. Nach Lösen in 1 ml konz. Salzsäure und 5 ml Wasser wird nochmals gerade bis zur Trockne eingeengt, der Rückstand in 10 ml Wasser gelöst und die Lösung nach Zugabe eines Tropfens Mischindikator „B.D.H. 4,5" (hergestellt durch British Drug Houses, Poole, Dorset) mit 0,1 n Bariumhydroxid-Lösung bis zum Umschlag des Indikators nach Grau (pH = 4,5) neutralisiert. Hierzu sollen mindestens 4 ml Bariumhydroxid-Lösung benötigt werden; andernfalls ist noch so viel Bariumchlorid-Lösung zuzugeben, bis die Lösung (Endvolumen 20 ml) 0,02 bis 0,05 molar (richtiger wohl normal) an Bariumchlorid ist. Nach Verdünnen auf genau 20 ml läßt man mindestens 1 Std. stehen, stellt dann den pH-Wert erforderlichenfalls wieder auf 4,5 ein, entfernt den Sauerstoff durch 15 min langes Hindurchleiten von Stickstoff und polarographiert im Bereich von $-0,8$ bis $-2,0$ V bei einer Temperatur von 20°.

Bemerkungen. Zur *Eichung* geht man von aliquoten Teilen von Standard-Aluminium- bzw. Zinkchlorid-Lösungen (1 mg Metall/ml bzw. vor Gebrauch 1:10 verdünnt) aus, versetzt die Probe-Lösung mit je 1 ml einer 1 mg Sn/ml enthaltenden Standard-Zinnchlorid-Lösung und verfährt in der beschriebenen Weise.

Die niedrigste, noch feststellbare Aluminium-Konzentration ist 0,2 mg Al/l. Gehalte der zu untersuchenden Lösung bis zu je 50 mg/l *Eisen* und *Blei* stören die Aluminium-Bestimmung (0 bis 50 mg Al/l) praktisch nicht.

Der hohe pH-Wert von 4,5 der zu polarographierenden Lösung wurde von *Hodgson* und *Glover* absichtlich gewählt. Die Genannten erhielten bei niedrigeren pH-Werten (unter 4,3) einen für die Auswertung ungünstig steilen Übergang von der Wasserstoff- zur Aluminium-Stufe; eine Beeinträchtigung der Stufenhöhe als Folge der Ausfällung von Aluminiumhydroxid wurde unter den angewandten Arbeitsbedingungen erst bei pH-Werten von 4,7 und darüber beobachtet.

Gemäß der Arbeitsweise nach *Ishibashi* und *Fujinaga* [31] zur Bestimmung im Seewasser reichern die Autoren die geringen, im Seewasser enthaltenen Aluminium-Mengen zunächst als Hydroxid an, wobei Eisen(III)-salz als Träger für die Fällung zugegeben wird. Der Niederschlag wird mit Schwefelsäure gelöst. Aus der Lösung wird Eisen an der Quecksilber-Kathode elektrolytisch abgeschieden, die eisenfreie Lösung mit Lithiumhydroxid-Lösung auf den pH-Wert 4 gebracht unter Verwendung eines Mischindikators aus Methylorange und Indigocarmin (siehe Arbeitsvorschrift von *Koslowa* und *Portnow*, S. 490) und in üblicher Weise polarographiert. Die elektrolytische Abtrennung des Eisens und die polarographische Messung des Aluminiums werden in der gleichen, entsprechend konstruierten Zelle ausgeführt.

Arbeitsvorschrift zur Bestimmung im Stahl nach *Nežerka* und *Pietrosz* [17]. Bei Stählen mit mehr als 0,01% Aluminium löst man 1 g Späne im 100-ml-Meßkolben in 30 ml Salzsäure (1:3) (etwa 3 m), gibt nach dem Abkühlen 5 ml 30%ige Wasserstoffperoxid-Lösung zu und zerkocht den Überschuß. Anschließend wird Eisen durch Zugabe von 20 ml 10 n Natronlauge gefällt. Man erhitzt 5 min zum Sieden, kühlt ab, füllt zur Marke auf und filtriert den Niederschlag in ein trockenes Faltenfilter ab. 50 ml Filtrat werden in einem weiteren 100-ml-Meßkolben mit 5 n Salzsäure gegen Methylorange als Indikator schwach angesäuert; dann wird unter guter Kühlung mit n Natronlauge und gegebenenfalls mit 0,3 n Salzsäure auf Orangefärbung („Zwiebelfarbe") des Indikators eingestellt. Man säuert mit 0,5 ml 0,3 n Salzsäure an, gibt 5 ml 0,5%ige Gelatine-Lösung zu und füllt auf 100 ml auf. Diese Lösung soll einen pH-Wert von etwa 3,0 zeigen. Anschließend wird von $-1,65$ V an nach dem von *Nežerka* und *Pietrosz* angegebenen Verfahren der Differentialpolarographie, also unter Kompensation des in einer aluminiumfreien Vergleichsprobe gemessenen Diffusionsstromes, polarographiert.

Bemerkungen. Die *Eichkurve* wird mit Hilfe von Standard-Stahl-Proben bekannten Aluminium-Gehaltes bzw. mit Hilfe von Proben des aluminiumfreien Stahles, zu dessen Lösungen man vor der Fällung des Eisens bekannte Mengen einer Standard-

Aluminium-Lösung zusetzt, aufgestellt. Die Eichkurve ist nicht linear, sondern wird mit steigendem Aluminiumgehalt steiler. Dieser Tatbestand ist vermutlich auf die vom Aluminium-Gehalt abhängige Mitfällung bei der Natronlauge-Trennung zurückzuführen.

Konzentrationsbereich und Genauigkeit. Nach den von *Nežerka* und *Pietrosz* angeführten 8 Beleganalysen von Stählen mit 0,1 bis 0,3 % Aluminium weichen die polarographischen Bestimmungen von gewichtsanalytisch ausgeführten Kontrollen im Mittel um ± 6 %, maximal um 11 % ab. Die Methode eignet sich für Gehalte von etwa 0,01 % bis zu 0,35 % Aluminium. Liegen Proben mit weniger als 0,01 % Aluminium vor, muß man von entsprechend größeren Einwaagen ausgehen; Eisen kann dann aber nicht mehr durch Fällung mit Natronlauge abgetrennt werden; die Autoren schlagen vor, es dann mit Äther zu extrahieren.

Bestimmung des säureunlöslichen Aluminiums. Nežerka und *Pietrosz* haben die beschriebene Arbeitsweise auch zur Bestimmung des säureunlöslichen Aluminiums bzw. zur indirekten Bestimmung des Sauerstoffs angewandt. Hierzu wurde der beim Lösen der Stahl-Probe in Salzsäure verbliebene Rückstand nach der Methode von *Horthy* (ohne Literaturangabe) mit Natronlauge extrahiert und die erhaltene Lösung nach obiger Vorschrift weiterverarbeitet.

B. Methoden zur indirekten polarographischen Bestimmung

Indirekte polarographische Bestimmungsmethoden haben den Vorteil, daß die schwierige, direkte Messung der Aluminium-Stufe in unmittelbarer Nähe der Wasserstoff-Stufe vermieden wird. *Parks* und *Lykken* [32] fällen Aluminium mit einem abgemessenen Oxin-Überschuß und messen die Höhe der Reduktionsstufe des überschüssigen Oxins ($E_{1/2} \sim 1,4$ V), die sich gut bestimmen läßt. *Willard* und *Dean* [33] fanden, daß Aluminium das Reduktionspotential von Pontachromviolett SW (5-Sulfo-2-hydroxybenzolazo-2-naphthol), das identisch mit Solochromviolett RS und Eriochromviolett B ist, durch Komplex-Bildung um etwa 0,2 Volt unedler macht. Die in Abwesenheit von Aluminium einheitliche Stufe des Pontachromvioletts teilt sich in Gegenwart von Aluminium in 2 Stufen, deren Halbwellenpotentiale bei $-0,34$ und $-0,52$ liegen (gemessen bei pH = 4,6 und 25 °C gegen die ges. Kalomel-Elektrode). Die 1. Stufe entspricht dem Überschuß an freiem Farbstoff; die Höhe der 2. Stufe ist der Aluminium-Konzentration proportional.

Wie Pontachromviolett SW geben auch andere mit Aluminium reagierende Oxyazofarbstoffe [34] gut definierte Reduktionsstufen für den freien Farbstoff und dessen Aluminium-Verbindung, z. B. auch Pontachromblauschwarz R. Nach *Willard* und *Dean* ist letzteres wegen seiner geringeren Löslichkeit weniger gut geeignet. *Castor* und *Saylor* [35] ersetzen dagegen Pontachromviolett SW durch den sich sehr ähnlich verhaltenden, aber viel leichter löslichen Farbstoff „Superchrom Garnet Y".

Auch Säurechromblau und Superchromviolett sind zur Bestimmung des Aluminiums verwendet worden. Als weitere Komplexbildner zur polarographischen Aluminium-Bestimmung werden noch Natriumgluconat (*Bezuglyi* [36]) und Acetylaceton (*Dehn, Gutmann* und *Schöber* [37]) verwendet.

Wie *Lydersen* [38] feststellte, wird die anodische Depolarisationsstufe der Äthylendiamintetraessigsäure (ÄDTE) durch Komplex-Bildung mit Aluminium (und anderen Metallen, z. B. Eisen) unterdrückt. Ähnlich wie beim Oxin-Verfahren ist also die Abnahme der Stufenhöhe ein Maß für den gesuchten Aluminium-Gehalt. Die anodische Stufe der ÄDTE ist allerdings nicht gut ausgebildet. *Lydersen* mißt daher die Höhe des Diffusionsstromes bei konstantem Potential (0,05 V; pH-Wert der Lösung 4,7).

Abbott und *Collat* [39] benutzten die Reaktion:

$$C_6H_4O_2 \text{ (Chinon)} + 2e + 2H^+ \longrightarrow C_6H_4(OH)_2 \text{ (Hydrochinon)},$$

die eine äquivalente Menge Säure verbraucht, zur indirekten Aluminium-Bestimmung, da umgekehrt in neutraler Lösung gemäß der Gleichung

$$C_6H_4O_2 \text{ (Chinon)} + 2H_2O + 2e \longrightarrow C_6H_4(OH)_2 \text{ (Hydrochinon)} + 2OH^-$$

Hydroxidionen erzeugt werden. Man erhält auf Grund dieser Gleichungen 2 Stufen, die zur Bestimmung des Säure- und des Aluminium-Gehaltes benutzt werden können.

Die indirekten Methoden haben den Nachteil, daß alle Metalle, die unter den gleichen Versuchsbedingungen ebenfalls mit Oxin, Pontachromviolett SW, ÄDTE und den anderen Komplex-Bildnern reagieren, vor allem also Eisen, *vor* der Bestimmung des Aluminiums quantitativ abgetrennt werden müssen.

Bestimmung unter Verwendung von Oxin

Oxin ist im gesamten pH-Bereich reduzierbar, gibt aber nach *Parks* und *Lykken* erst oberhalb pH = 9 eine quantitativ auswertbare und reproduzierbare Reduktionsstufe bei − 1,4 V (vgl. auch *Stock* [40], der die Reduktion des Oxychinolins an der Quecksilber-Tropfkathode eingehend untersucht hat). Da Aluminium nur im pH-Bereich unter 9,8 quantitativ als Oxinat fällbar ist, führen *Parks* und *Lykken* die Bestimmung bei pH = 9,8 aus. Das unlösliche Aluminiumoxinat gibt keine Reduktionsstufe; gemessen wird also die Höhe der Reduktionsstufe des freien, überschüssigen Oxins, deren Abnahme bei stets gleicher Gesamtkonzentration an Oxin dem Aluminium-Gehalt der Lösung proportional ist. Die von *Parks* und *Lykken* verwendete, äthanolische Oxin-Lösung ist in dieser Hinsicht unzweckmäßig, da Aluminiumoxinat in äthanolhaltiger Lösung merklich löslich ist. Da außerdem bei den geringen Konzentrationen an Aluminium und Oxin in der Endlösung (10 bis 400 µg Aluminium und 5 bis 10 mg 8-Oxychinolin/50 ml) die Bildung des unlöslichen Aluminiumoxinates nur sehr langsam erfolgt, polarographieren *Parks* und *Lykken* 1 Std. nach Ansatz der Endlösung (vgl. Arbeitsvorschrift). Zu diesem Zeitpunkt sind jedoch erst etwa 90 % des Aluminiums als Oxinat gefällt; die *Genauigkeit* der Methode, über die keine Angaben gemacht werden, kann daher nicht sehr groß sein.

Arbeitsvorschrift nach *Parks* und *Lykken* [32]. Von der zu untersuchenden Probe wird eine Lösung hergestellt, die nach Entfernung störender Elemente 10 bis 100 bzw. 50 bis 400 µg Al/3 ml enthält. Man gibt nun zunächst 25 ml einer auf pH = 9,8 eingestellten Ammoniak-Ammoniumchlorid-Pufferlösung sowie 10 ml (für 10 bis 100 µg Al) bzw. 20 ml (für 50 bis 400 µg Al) 0,05%ige Oxin-Lösung in 5%igem Äthanol (0,5 g reinstes Oxin in 1 l warmem 5%igem Äthanol lösen) in ein 50-ml-Meßkölbchen; nun fügt man 3 ml Probe-Lösung hinzu, die nur schwach sauer sein darf, und füllt zur Marke auf. Ebenso wird gleichzeitig eine Blindprobe aus Pufferlösung und Oxin-Reagens angesetzt. Die Lösungen werden alle 5 min geschüttelt und genau 1 Std. nach Ansatz zwischen etwa − 1,2 und − 1,6 V polarographiert.

Bemerkungen. Zur *Eichung* setzt man mit Hilfe einer nur schwach sauren Standard-Aluminium-Lösung eine Probenreihe mit bekannten Aluminium-Gehalten innerhalb des zu untersuchenden Konzentrationsbereiches an und verfährt nach obiger Vorschrift.

Parks und *Lykken* haben das beschriebene Verfahren vor allem zur Aluminium-Bestimmung in Oxid- und Sulfat-Rückständen ausgearbeitet. *Störende* Metalle werden zunächst durch Sodaschmelze abgetrennt. Zink, Zinn und Vanadium lassen sich auf diese Weise nicht quantitativ entfernen, Mangan nur, wenn beim Lösen der Sodaschmelze nach Zusatz von Wasserstoffperoxid aufgekocht wird; in Anwesenheit von Magnesium verbleibt ein Teil des Aluminiums im Löserückstand der Schmelze. Dies ist auch der Fall, wenn der Überschuß der abzutrennenden Elemente gegenüber dem vorliegenden Aluminium zu groß ist (z.B. mehr als die 100fache Menge an Eisen, Kobalt, Nickel und Titan). Die Hauptmenge der störenden Schwermetalle wird dann *vor* der Trennung mittels Sodaschmelze durch elektrolytische Abscheidung an der Quecksilber-Kathode entfernt. Silicathaltige, nur wenig (etwa 0,001%) Aluminium enthaltende Proben müssen zunächst mit Schwefelsäure und Flußsäure abgeraucht werden; Phosphate in nicht zu großem Überschuß sind ohne Einfluß.

Für Bestimmungen des Aluminiums im Konzentrationsbereich von 10 bis 400 µg Al/50 ml neben einem 5- bzw. 10fachen Überschuß an Calcium, Cer, Cadmium, Kobalt, Kupfer, Mangan, Molybdän, Nickel, Quecksilber, Silber, Wismut, Bor oder Phosphor betrug nach vorangehender Sodaschmelze-Trennung die Standardabweichung 4 bzw. 5%; die maximalen Differenzen gegenüber dem theoretischen Wert waren 8 bzw. 11%.

Bestimmung mit Pontachromviolett SW (= Solochromviolett RS)

Pontachromviolett SW ergibt in dem von *Willard* und *Dean* untersuchten pH-Bereich von 3 bis 6 eine gut auswertbare Reduktionsstufe, deren Potential vom pH-Wert abhängig ist ($E_{1/2} = -0,2$ V bei pH = 3 bis $-0,4$ V bei pH = 6). Die mit Aluminiumionen entstehende, lösliche Komplex-Verbindung des Farbstoffes (vgl. S. 15) hat ein um jeweils etwa 0,2 V negativeres Reduktionspotential, so daß die Reduktionsstufe des reinen Farbstoffes in Anwesenheit von Aluminium in 2 Teilstufen zerlegt wird, wie Abb. 25 (*Willard* und *Dean*) zeigt. Die Höhe der 2. Teilstufe ist der Aluminiumkonzentration der Lösung proportional, aber in starkem Maße vom pH-Wert abhängig (siehe auch *Perkins* und *Reynolds* [41] sowie *Reynolds* [42]).

Wie aus Abb. 26 hervorgeht, ist daher nur ein schmaler Bereich um pH = 4,5 zur polarographischen Bestimmung des Aluminiums mit Pontachromviolett SW geeignet.

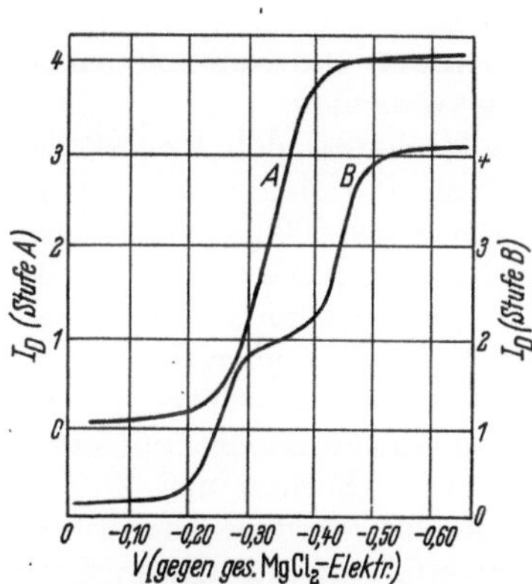

Abb. 25. Reduktionsstufen von *A* reiner Pontachromviolett-SW-Lösung (pH = 4,7) und *B* Pontachromviolett-SW-Lösung mit Aluminium-Zusatz (pH = 4,7) nach *Willard* und *Dean*

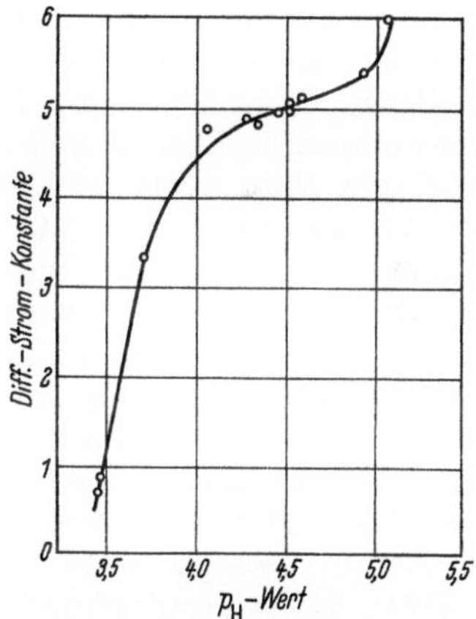

Abb. 26. Abhängigkeit der Stärke des Diffusionsstromes der Aluminium-Pontachromviolett-SW-Verbindung vom pH-Wert nach *Willard* und *Dean*

Die mit Pontachromviolett SW bestimmbaren Aluminium-Mengen liegen in der gleichen Größenordnung wie beim Oxin-Verfahren (10 bis 300 µg Al/50 ml Endlösung); die *Genauigkeit* der Bestimmung dürfte jedoch der Oxin-Methode überlegen sein (Standardabweichung je nach Aluminium-Gehalt der Probe 4 bis 10%).

Voraussetzung ist wieder die vorangehende Abtrennung störender Ionen, die ähnlich wie Aluminium mit dem Azofarbstoff reagieren oder wie Sulfat-, Chlorid- oder Kaliumionen in größerer Konzentration dessen Löslichkeit ungünstig beeinflussen.

Von den bisher zur indirekten polarographischen Bestimmung des Aluminiums vorgeschlagenen Arbeitsweisen dürfte das Pontachromviolettverfahren das zuverlässigste sein; es hat daher auch bereits mehrfach Anwendung gefunden.

Arbeitsvorschrift nach *Willard* und *Dean* [33]. Der von störenden Ionen befreiten Probe-Lösung wird ein aliquoter, mindestens 10 µg, besser 50 bis 300 µg Aluminium enthaltender Teil entnommen und in einem 50-ml-Meßkolben mit 10%iger Natronlauge bis zum deutlichen Umschlag des Methylrots nach Gelb neutralisiert. Mit 5n Perchlorsäure wird gerade wieder schwach angesäuert und 1 ml Perchlorsäure im Überschuß zugegeben. Man versetzt mit 5 ml 2n Natriumacetat-Lösung sowie 20 ml 0,05%iger wäßriger Lösung von Pontachromviolett SW, füllt zur Marke auf, taucht den Kolben 5 min in ein auf 55 bis 70° geheiztes Wasserbad und kühlt anschließend unter fließendem Wasser auf Raumtemperatur ab. Dann wird die Lösung, deren pH-Wert 4,6 ± 0,1 betragen soll, in die Meßzelle gebracht, die in einem Thermostaten auf einer Temperatur von 25° gehalten wird. Man entfernt den gelösten Sauerstoff mit gereinigtem Stickstoff, den man 15 min durch die Lösung hindurchleitet, und polarographiert zwischen $-0,1$ und $-0,8$ V (gegen die ges. Kalomel-Elektrode gemessen). Es wird die Höhe des Diffusionsstromes der auftretenden 2. Stufe ($E_{1/2} \sim -0,52$ V) gemessen; den gesuchten Aluminium-Gehalt entnimmt man der durch entsprechende Messung von Lösungen bekannten Aluminium-Gehaltes (10 bzw. 50 bis 300 µg Al/50 ml Endlösung) erhaltenen *Eichkurve.*

Bemerkungen. Die Arbeitsweise erlaubt die Bestimmung des Aluminiums im Bereich von *10 bis 350 µg* in 50 ml Endlösung.

Störende Ionen. Ionen, die die Löslichkeit des Farbstoffes beeinträchtigen, dürfen höchstens in Konzentrationen vorliegen, die innerhalb eines Zeitraumes von 2 Std. noch keine Fällung bzw. Trübung verursachen. Aus diesem Grunde sollen Sulfat-, Chlorid- und Kaliumionen möglichst nicht anwesend sein. Man arbeitet daher zweckmäßigerweise nur mit Perchlorsäure, Natronlauge und Natriumacetat zum Lösen, Neutralisieren bzw. Abpuffern. Die Konzentration an Perchlorationen darf in der Endlösung nicht höher als 0,4n sein. Ammonium- und Kaliumionen sind schon wegen der Schwerlöslichkeit ihrer Perchlorate zu vermeiden.

Willard und *Dean* sowie *Perkins* und *Reynolds* haben den *Einfluß* zahlreicher Kationen und Anionen untersucht. Sie stellten fest, daß Magnesium, Calcium, Zink und Mangan auch in großem Überschuß (teilweise bis 1000fach und mehr) nicht stören. Bis zu mindestens 100fachem Überschuß sind ohne Einfluß Beryllium, Cadmium, Bor und Arsen; Phosphationen stören erst merklich, wenn ihre Konzentration das 10fache des vorliegenden Aluminium-Gehaltes überschreitet. Titan(IV) und Vanadium(V) geben ähnlich dem Aluminium eine, allerdings schlechter ausgebildete 2. Diffusionsstufe, die sich der Aluminium-Pontachromviolett-SW-Stufe überlagert. Diese Metalle müssen daher ebenso wie Thorium und Zirkonium, die ähnlich, aber in geringerem Maße, stören, entfernt werden. Die Schwermetalle Eisen, Kobalt, Nickel, Kupfer und Blei müssen ebenfalls quantitativ entfernt werden. Auch Fluoridionen dürfen nicht zugegen sein.

Arbeitsvorschriften hinsichtlich der Aufbereitung der Proben zur Untersuchung von *Stahl, Bronze* und *Mineralien.* Zur Bestimmung des säurelöslichen Aluminiums im *Stahl* gehen *Willard* und *Dean* von 0,1 g Probe oder bei sehr kleinen Aluminium-Gehalten von Proben-Mengen aus, die 0,01 bis 0,3 mg Aluminium enthalten. Die Probe wird mit möglichst wenig 5n Perchlorsäure gelöst, filtriert und der unlösliche Rückstand mit heißer 1%iger Perchlorsäure ausgewaschen. Das gesamte Filtrat wird der Elektrolyse an der Quecksilber-Kathode unterworfen und das Elektrolysat auf 20 ml eingeengt. Je nach dem voraussichtlichen Aluminium-Gehalt wird die ganze Lösung oder ein 10 bis 300 µg Aluminium enthaltender, aliquoter Teil nach Überführung in ein 50-ml-Meßkölbchen nach obiger Arbeitsvorschrift weiterbehandelt.

Zur Untersuchung von *Bronze* wird die Probe, die ebenfalls wenigstens 0,01 bis 0,3 mg Aluminium enthalten soll, im 50-ml-Becherglas in 10 ml 5n Salzsäure unter Zusatz von 5 ml 30%iger Wasserstoffperoxid-Lösung gelöst. Nach erfolgter Auflösung wird mit 10 ml 5n Perchlorsäure eingedampft und bis zum Auftreten dichter Perchlorsäure-Nebel abgeraucht. Nach dem Abkühlen überführt man die Lösung in die Elektrolysierzelle und elektrolysiert bei 5 A 3mal mit jeweils frischem Quecksilber je 20 min. Das Elektrolysat wird dann wieder auf 20 ml eingedampft und die ganze Probe oder ein bis 0,3 mg Aluminium enthaltender, aliquoter Teil der Aluminium-Bestimmung nach obiger Vorschrift unterworfen.

Von *Mineralien* und *Gläsern* wägen *Willard* und *Dean* eine 0,02 bis 0,6 mg Aluminiumoxid enthaltende Probe im Platin-Tiegel ein, geben nach Befeuchten mit Wasser 5 ml 48%ige Flußsäure nebst 0,5 ml konz. Schwefelsäure zu und erhitzen bis zum beginnenden Abrauchen der Schwefelsäure. Nach Abkühlung und nochmaliger Zugabe von 2 ml Flußsäure wird zur Trockne eingedampft und vorsichtig geglüht, bis keine Schwefelsäure-Dämpfe mehr entweichen. Der Rückstand wird mit 2 g Natriumcarbonat 10 min kräftig über einem MEKER-Brenner geschmolzen, die erkaltete Schmelze mit Wasser zum Sieden erhitzt und vom Unlöslichen abfiltriert. Das Filtrat bzw. ein bis zu 0,3 mg Aluminium enthaltender, aliquoter Teil wird nun zur Bestimmung des Aluminiums in einen 50-ml-Meßkolben gebracht und nach obiger Vorschrift weiterbehandelt.

Bemerkungen. Enthält die Probe *größere* Mengen Schwermetalle, so löst man den Rückstand der Behandlung mit Flußsäure in verd. Perchlorsäure, elektrolysiert in analoger Weise wie bei der Aufbereitung von Stahl und Bronze an der Quecksilber-Kathode.

Andere Mineralien wie *Kalkstein* werden nach den bekannten Verfahren aufbereitet, die mit Ammoniak gefällten Sesquioxide mit Soda geschmolzen und wie beschrieben weiterverarbeitet.

Genauigkeit. Die relative *Standardabweichung* der Einzelbestimmungen lag bei der Untersuchung von Metallen mit 0,3 bis 4% Aluminium bei 4%, von Phosphorbronze mit 0,05% Aluminium bei 9%. Die Aluminium-Bestimmung in nichtmetallischen Proben scheint weniger genau zu sein; hier betrug die relative Standardabweichung bei einem Dolomit mit 0,07% Aluminiumoxid 16%, bei einem Kalkstein mit 4% Aluminiumoxid 5%.

Die von *Willard* und *Dean* beschriebene Methode der polarographischen Aluminium-Bestimmung ist in *modifizierter* Form auf die Bestimmung in den verschiedensten Materialien angewandt worden.

Zur Bestimmung in Gußeisen, Stahl und Eisen-Legierungen wendet *Rooney* [43] das Verfahren nach *Willard* und *Dean* auf die Erfassung von Aluminium-Gehalten bis herab zu 0,00002% im *Gußeisen* an. Die erforderliche Empfindlichkeit und Auflösung wird durch Anwendung eines Kathodenstrahl-Polarographen erreicht. Um möglichst niedrige Blindwerte zu erhalten, muß man in Quarz- und Kunststoff-Gefäßen arbeiten und aluminiumarme Reagenzien verwenden. *Rooney* gibt zur Bestimmung des säurelöslichen Aluminiums 3 Verfahren an.

Arbeitsvorschrift für Gehalte von *0,002 bis 0,2% Al.* 1 g Probe wird in Salzsäure (1:1) (etwa 6 m) gelöst, auf 100 ml aufgefüllt und zentrifugiert. In einem aliquoten Teil von 10 ml werden störende Elemente wie Fe, Cu, Ni durch Extraktion mit Diäthyldithiocarbamidat und Chloroform abgetrennt. Anschließend wird bei pH = 4,5 Aluminium als Cupferronat extrahiert. Nach Zerstörung der organischen Substanz mit Salpeter- und Perchlorsäure wird mitextrahiertes Chrom als Chromylchlorid verflüchtigt und gemäß der Vorschrift nach *Willard* und *Dean* polarographiert.

Arbeitsvorschrift für Gehalte von *0,0004 bis 0,004% Al.* 5 g Probe werden in 4 Teilen Salz- und 1 Teil Salpetersäure gelöst, zentrifugiert und das Eisen aus der Lösung mit Isobutylacetat extrahiert. Nach Zerstörung der organischen Substanz wird, wie im Verfahren angegeben, mit Diäthyldithiocarbamidat extrahiert und weitergearbeitet.

Arbeitsvorschrift für Gehalte $< 0,0004\%$ *Al* in unlegiertem bzw. $< 0,005\%$ *Al* in legiertem Gußeisen. 5 g feste Probe werden als Anode einer Quecksilber-Elektrolysen-Zelle unter Verwendung von 2 ml 5n Perchlorsäure und 20 ml Wasser als Elektrolyt bei 3 bis 5 A nach dem Verfahren von *Chirnside* und Mitarbeiter [44] teilweise gelöst. Die Probe wird vor und nach der Elektrolyse gewogen. Nach Austausch der Probe wird mit einer Platin-Spirale als Anode weiterelektrolysiert, bis in der Lösung kein Eisen mehr nachzuweisen ist. Nach Zentrifugieren und Oxydation mit Wasserstoffperoxid werden Al, Ti, Ce, Zr und Cr als Cupferronate extrahiert. Man wiederholt die Extraktion und arbeitet, wie in Verfahren angegeben, weiter.

Bemerkungen. Zur Bestimmung des *säureunlöslichen* Aluminiums kann nach einem Aufschluß sinngemäß vorgegangen werden.

Nach einem ähnlichen Verfahrensgang und unter Verwendung eines *Differential-Kathodenstrahl-Polarographen* bestimmen *Rawlings* und *Priest* [45] Aluminium-Gehalte bis herab zu 0,0008% in rostfreien Stählen.

Arbeitsvorschrift zur Bestimmung im Ferrotitan nach *Green* [46]. 0,5 g Probe werden in 60 ml Schwefelsäure (1:1) (etwa 9,3 m) gelöst; säureunlösliche Proben werden mit Natriumperoxid-Natriumcarbonat aufgeschlossen. Nach Abscheidung der Kieselsäure wird die Lösung auf 250 ml aufgefüllt; 10 ml Lösung werden mit 50 ml Wasser verdünnt, 2 ml 6%ige Cupferron-Lösung zugegeben und mit Chloroform extrahiert. Mit 25 ml 2m Natriumacetat-Lösung wird ein pH von 4,5 eingestellt. Nach Zugabe von 1 ml 6%iger Cupferron-Lösung wird mit 15, 10 und 5 ml Chloroform extrahiert. Die Extrakte werden zur Trockene eingedampft, der Rückstand mit 2 ml konz. Salpetersäure und 2 ml 5n Perchlorsäure erhitzt, wieder eingedampft, mit 1 ml 5n Perchlorsäure gelöst und in einen 50-ml-Meßkolben überführt. Nach Zugabe von 5 ml 2n Natriumacetat-Lösung und 5 ml 0,05%iger Solochromviolett-RS-Lösung wird aufgefüllt, 5 min auf 60° erwärmt, abgekühlt und polarographiert.

Bemerkungen. Ebenfalls nach Extraktion mit Cupferron zur Entfernung störender Kationen bestimmen *Maekawa* und *Yoneyama* [47] Aluminium-Gehalte von 0,05 bis 4% in Fe-Ti-, Fe-V- und Fe-Zr-Legierungen.

Zur Abtrennung störender Ionen in der *Stahlanalyse* verwendet *Bishop* [48] die Säulenchromatographie (siehe S. 642). Das Verfahren beruht darauf, daß Eisen und die meisten anderen Legierungsmetalle aus einer Cellulose-Säule mit angesäuertem Methyläthylketon ausgewaschen werden, Aluminium und Nickel aber auf der Säule zurückbleiben. Diese beiden Metalle werden anschließend mit verd. Säure eluiert und polarographiert.

Bestimmung in Metallen und Nichteisen-Legierungen

Arbeitsvorschrift zur Bestimmung in Titan-Legierungen. *Mikula* und *Codell* [49] haben die Arbeitsweise nach *Willard* und *Dean* zur Bestimmung von Aluminium-Gehalten zwischen 0,005 und 10% in Titan-Legierungen modifiziert. Titan wird als Cupferronat entweder durch Fällung und Filtration (bei Gehalten über 0,1% Al) oder durch Extraktion mit Chloroform (bei Gehalten unter 0,1% Al) abgetrennt. Als Reagens-Lösung wird 0,1%ige, wäßrige Lösung von Eriochromviolett BA, das mit Pontachromviolett SW identisch ist, angewandt.

Die Lösung der Probe bzw. ein aliquoter Teil derselben liegt nach Abtrennung des Titans und anderer störender Metalle, Zerstörung des überschüssigen Cupferrons und Vertreibung anderer Säuren als konzentriert perchlorsaure Lösung von 1 ml Volumen vor. Sie wird in einen 100-ml-Meßkolben überführt, auf etwa 10 bis 20 ml mit Wasser verdünnt, nach der Vorschrift von *Willard* und *Dean* mit 10%iger

Natronlauge bis zum Umschlag des Methylrots nach Gelb versetzt und mit 5n Perchlorsäure gerade wieder angesäuert.

Bei vermutlichen Aluminium-Gehalten des verarbeiteten Teiles der Probe-Lösung von 10 bis 300 μg gibt man nun 1 ml 5n Perchlorsäure, 5 ml 2n Ammoniumacetat-Lösung (nach *Willard* und *Dean* besser Natriumacetat-Lösung) sowie 10 ml 0,1%ige Farbstoff-Lösung zu und füllt zur Marke auf. Enthält der verarbeitete Teil der Probe bis zu 1 mg Aluminium, so versetzt man mit 2 ml Perchlorsäure, 10 ml Acetat-Lösung sowie 30 ml Reagens-Lösung und füllt dann auf 100 ml auf.

Bemerkungen. Zur *Herstellung* der Probe-Lösung werden 0,5 g der zu untersuchenden Legierung in 30 ml konz. Salzsäure unter Erhitzen gelöst und Titan durch Zugabe von 1 ml konz. Salpetersäure oxydiert.

Enthält die zu untersuchende Legierung störende Mengen *Chrom*, so entfernt man dieses durch Abrauchen mit Salzsäure und Perchlorsäure als Chromylchlorid. Liegen Legierungen vor, die auch Kupfer, Nickel oder Kobalt enthalten, so müssen diese aus der perchlorsauren Lösung durch Elektrolyse entfernt werden.

Nach den von *Mikula* und *Codell* mitgeteilten Beleganalysen beträgt die *Genauigkeit* der Aluminium-Bestimmung gemäß der beschriebenen Arbeitsweise ± 3%, wenn in der Endlösung 10 bis 500 μg Aluminium/50 ml vorliegen.

Zur Bestimmung von Aluminium-Spuren (und Zink) in *Zinn-Blei*-Legierungen (Lötmetall) trennen *Bishop* und *Liebmann* [50] zunächst die Hauptmenge an Zinn und Blei durch Verflüchtigung als Zinn(IV)-bromid (zusammen mit Arsen und Antimon) bzw. durch Fällung als Bleichlorid. Die übrigen Legierungsbestandteile und Verunreinigungen werden chromatographisch an einer Cellulose-Säule abgetrennt. Hierbei werden alle Metalle bis auf Aluminium und Nickel eluiert, die dann gemeinsam mit verd. Salzsäure von der Säule gelöst werden. Aluminium wird polarographisch nach *Willard* und *Dean* bestimmt. Im Gegensatz zu letzteren fanden *Bishop* und *Liebmann*, daß Nickel die Bestimmung des Aluminiums nicht stört; nach der von ihnen etwas modifizierten Arbeitsweise soll die durch Nickel verursachte Stufe von derjenigen des Aluminiums unterschieden werden können.

Arbeitsvorschrift zur Bestimmung in Magnesium-Zink-Legierungen nach *Gage* [51]. 0,5 g Probe werden in 10 ml 5m Perchlorsäure gelöst und die Lösung stufenweise so verdünnt, daß eine zu polarographierende Endlösung von 5 mg Mg in 50 ml vorliegt. Sonst wird genau gemäß der Vorschrift nach *Willard* und *Dean* verfahren. Zur Bestimmung des Zinks wird die Stufe bei −1,2 Volt (gegen die ges. Kalomel-Elektrode) ausgewertet.

Arbeitsvorschrift zur Bestimmung im Beryllium nach *Perkins* und *Reynolds* [52]. 4 g Probe werden mit 50 ml Wasser versetzt und mit 90 ml 11 m Salzsäure vorsichtig anteilsweise, zuletzt unter Erwärmen gelöst und in einem 250-ml-Meßkolben aufgefüllt. 20 ml Lösung werden mit 20 ml Wasser verdünnt und mit 40 ml Oxin-Lösung (8 g Oxin in 40 ml Eisessig gelöst und zu 1 l aufgefüllt) versetzt. Mit Natriumacetat-Lösung (375 g in 500 ml) wird unter Verwendung eines pH-Meters ein pH-Wert von 5,0 eingestellt. Man kocht 5 min, läßt abkühlen, überführt in einen 250-ml-Scheidetrichter und extrahiert 4mal mit je 10 ml Chloroform. Die wäßrige Schicht wird verworfen und die vereinigten organischen Phasen mit 10 ml 5n Salpetersäure schnell extrahiert. Die salpetersaure Phase wird in ein 100-ml-Becherglas abgelassen und der Scheidetrichter nachgewaschen. Die Chloroform-Phase wird weiterhin mit 3mal 10 ml 5n Salpetersäure extrahiert. Zu den vereinigten, salpetersauren Phasen und Waschwässern gibt man 1 ml Wasserstoffperoxid-Lösung (20 Vol.-%) und raucht bis fast zur Trockene ab, wobei die Wände des Becherglases periodisch mit 16m Salpetersäure gewaschen werden. Nach Abkühlen werden 2 ml 18m Schwefelsäure zugegeben und bis zum starken Rauchen eingeengt. Die Wände des Becherglases werden einige Male sorgfältig mit 16m Salpetersäure abgespült. Gegebenenfalls ist noch etwas Schwefelsäure nachzugeben. Der trockene Rückstand muß rein weiß erscheinen. Der Rückstand wird mit 10 ml Wasser und 5 ml Perchlorsäure in der Wärme gelöst und in einem 25-ml-Meßkolben aufgefüllt. Man überführt die Lösung in die Zelle der Quecksilber-Kathoden-Elektrolyse-Apparatur und elektrolysiert 1 Std. bei 1 A. Nach der Elektrolyse werden 20 ml Lösung entnommen, fast bis zur Trockene eingedampft, mit 5 ml Wasser in der Wärme gelöst, abgekühlt, 1 Tropfen Methylrot-Indikator zugefügt und mit 10%iger Natriumhydroxid-Lösung gerade alkalisch gemacht. Nun fügt man 2,5n Perchlorsäure bis zur sauren Reaktion hinzu und 1 ml im Überschuß. Weiterhin werden 2 ml 2,5n Ammoniumacetat-Lösung und 10 ml 0,065%ige wäßrige Lösung von Solochromviolett RS zugegeben und auf 25 ml aufgefüllt. Der Meßkolben wird 5 min in ein Wasserbad (60 bis 70°) eingestellt und abgekühlt. Ein Teil dieser Lösung wird 5 min entlüftet und bei 25° zwischen − 0,45 und − 1,1 V polarographiert.

Bemerkungen. Zur *Eichung* werden 0,42 g (NH$_4$)Al(SO$_4$)$_2$ · 12 H$_2$O in 100 ml Wasser, das 2 ml 60%ige Perchlorsäure enthält, gelöst und die Lösung auf 500 ml verdünnt. 2 ml Lösung überführt man in einen 25-ml-Meßkolben und führt die Neutralisation gegen Methylrot, Zugabe der Perchlorsäure, des Ammoniumacetats und des Solochromvioletts RS sowie die Messung in der gleichen Weise durch.

Weitere Arbeitsvorschriften zur Bestimmung in Zink-Überzügen und Zink-Legierungen geben *Miura* [53] sowie *Niimi, Dotani* und *Kumazawa* [54], wobei störende Ionen einmal durch Elektrolyse an der Quecksilber-Kathode abgetrennt werden und zum anderen störendes 3wertiges Eisen mit *Ascorbinsäure* reduziert wird.

Zur Bestimmung in *Erzen* ziehen *Görlich* und *Przewlocka* [55] die oscillopolarographische Methode an strömenden Quecksilber-Elektroden dem klassischen Verfahren nach *Heyrovský* vor. Diese Methode ist zwar nicht so genau, aber wesentlich schneller auszuführen. Sie verfahren auf ähnliche Weise wie *Green* (siehe S. 500). Nach Abtrennung der Kieselsäure, Fällung des Eisens und Titans mit Cupferron und Zerstörung des Cupferrons in der wäßrigen Phase wird nach Zusatz von Solochromviolett RS bei pH = 6,2 polarographiert.

Bestimmung mit Superchromgarnet Y

Der von *Castor* und *Saylor* [35] schon zur Fluor-Bestimmung verwendete Farbstoff Superchromgarnet Y (5-Sulfo-2′4′2-trihydroxyazobenzol) ist gegenüber dem Pontachromviolett SW leichter löslich. Bei Konzentrationen unter 2 · 10^{-5}m gibt der Farbstoff eine gut definierte, polarographische Stufe, die in Gegenwart des Aluminiums und eines Acetatpuffers in 2 Stufen aufgespalten wird, wobei die 1. Stufe mit einem Halbstufenpotential von − 0,30 V (gegen Bodenquecksilber) dem freien Farbstoff, die 2. Stufe mit einem Halbstufenpotential von − 0,51 V (gegen Bodenquecksilber) dem Aluminium-Gehalt proportional ist. Der pH-Bereich der Bestimmung ist der gleiche wie bei Pontachromviolett SW. *Florence* und *Izard* [56] führen die Bestimmung bei pH = 3,4 bis 3,5, *Cooney* und *Saylor* [57] bei 5,5 und *Florence* [58] bei 5,75 aus. Der günstigste Konzentrationsbereich der Bestimmung liegt zwischen 4 · 10^{-6} und 1,5 · 10^{-3}m. Nach *Florence* ist der Einfluß störender Ionen bei Verwendung von Superchromgarnet Y geringer als bei Pontachromviolett SW. An Elementen bzw. Ionen stören: Ni, Pb, Fe, Zn, Mn^{2+}, Mo, Ce, V und U. Von den Anionen stört nur das Fluoridion. Größere Mengen an Phosphat-, Nitrat-, Sulfat-, Perchlorat- und Chloridionen üben keinen Einfluß aus.

Gleichzeitig mit dem Gallium bestimmen *Cooney* und *Saylor* das Aluminium, indem sie zur Auswertung noch die Gallium-Stufe bei − 1,05 V mit heranziehen; da die Aluminium-Stufe und die 1. Gallium-Stufe das gleiche Halbstufenpotential (− 0,54 V) besitzen, könnte sonst nur die Summe aus Ga und Al bestimmt werden.

Arbeitsvorschrift. Zur Analysenlösung, die 0,1m an Kaliumchlorid und 0,2m an Acetatpuffer sein und einen pH-Wert von 5,53 aufweisen soll, wird als Maximadämpfer Gelatine zugesetzt. Für Lösungen, die $1 \cdot 10^{-3}$m an Farbstoff sind, genügt ein Gehalt kleiner oder gleich 0,008% Gelatine, für solche mit $5 \cdot 10^{-3}$m an Farbstoff eine Gelatine-Konzentration von 0,018%. Die Lösung läßt man 10 bis 12 Std. stehen oder erhitzt 15 min auf 70 °C. Nach 15 min langer Entlüftung mit Stickstoff wird bei $(25 \pm 0,01)°$ polarographiert.

Bemerkungen. Zur Auswertung des Aluminiums in Gegenwart von Gallium wird zunächst der Gallium-Gehalt aus der 3. Stufe bei $-1,05$ V bestimmt. Mit dem so erhaltenen Gallium-Gehalt entnimmt man einer *Eichkurve* die dem Gallium entsprechende Stufenhöhe bei $-0,54$ V. Nach Abzug von der Gesamtstufe bei $-0,54$ V erhält man die dem Aluminium entsprechende Stufenhöhe.

Die *Genauigkeit* der Aluminium-Bestimmung beträgt $\pm 6\%$.

In der Analyse einer Aluminium-Legierung können Cu, Fe, Ni, Zn, Ti und Pb durch *Elektrolyse* an einer Quecksilber-Kathode entfernt werden.

Arbeitsvorschrift zur Bestimmung im Beryllium nach *Florence* und *Izard* [56]. Die Bestimmung erfolgt mit einem Kathodenstrahl-Polarographen. (100 ± 3) mg feine Beryllium-Späne werden in (16 ± 1) ml n Schwefelsäure gelöst und in einem 25-ml-Meßkolben aufgefüllt. 10 ml Lösung werden in eine trockene Quecksilber-Kathodenzelle überführt und 15 bis 20 min bei 9 V und 0,5 A elektrolysiert. Unter Stromfluß werden 5 ml Lösung abgezogen, auf Raumtemperatur abgekühlt und ein aliquoter Teil von 2 ml mit n Ammoniak auf pH = 3 bis 4 eingestellt. Man überführt die Lösung in einen 25-ml-Meßkolben, gibt 5 ml Acetat-Pufferlösung (pH = 3,40), 5 ml $5 \cdot 10^{-5}$m Superchromgarnet-Y-Lösung zu und füllt auf. Nachdem die Lösung 10 bis 15 min auf 70 °C erhitzt wurde, wird ein Teil in die Polarographen-Zelle überführt, entlüftet und das Polarogramm, beginnend mit einem Potential von $-0,32$ V (gegen Bodenquecksilber), aufgenommen.

Bemerkungen. Ausgewertet wird die Spitzenhöhe bei $-0,51$ V gegen Eichlösungen unter Berücksichtigung eines Blindwerters.

Die Analysen von synthetischen Lösungen ergaben im Bereich von 10 bis 200 µg Aluminium maximale *Fehler* von $\pm 5\%$. Diese Methode ist gegenüber derjenigen nach *Perkins* und *Reynolds* (S. 501) wesentlich einfacher durchzuführen.

Ebenfalls mit dem Kathodenstrahl-Polarographen bestimmt *Florence* [58] Aluminium in *Thorium*-Verbindungen. Eine Abtrennung des Thoriums ist nicht erforderlich; es wird mit Acetationen maskiert. Störende Schwermetalle werden durch Elektrolyse an der Quecksilber-Elektrode abgetrennt.

Arbeitsvorschrift. Die Analysen-Probe, die zwischen 0,2 und 15 µg Al und nicht mehr als 200 mg Th enthalten soll, wird in einer Platin-Schale mit 2 ml Flußsäure (40 Gew.-%), 5 ml Salpetersäure und 2 ml Perchlorsäure (72 Gew.-%) abgeraucht. Dieses Abrauchen muß bei hochgesintertem Thoriumoxid wiederholt werden. Der Rückstand wird mit 2 ml Perchlorsäure aufgenommen und nochmals abgeraucht. Es wird mit 10 ml 0,2m Schwefelsäure aufgenommen, die Lösung in eine trockene Quecksilber-Elektrolysezelle überführt und 20 bis 30 min bei 9 V und 0,5 A elektrolysiert. 7 ml Elektrolysat, das unter Stromfluß entnommen wird, läßt man abkühlen, entnimmt 5 ml in einen 25-ml-Meßkolben und gibt 2 ml 4m Ammoniumacetat-Lösung sowie 5 ml $2 \cdot 10^{-4}$m Superchromgarnet-Y-Lösung hinzu. Nach Verdünnen auf etwa 20 ml wird der pH-Wert mit 2m Ammoniak auf $5,75 \pm 0,05$ eingestellt; es wird aufgefüllt und nach mindestens 5 Std., besser über Nacht, polarographiert. Dazu werden 5 ml in der Polarographen-Zelle 5 bis 10 min entlüftet und das Polarogramm, beginnend bei $-0,50$ V (gegen die Ag/AgCl-Elektrode), aufgenommen.

Bemerkungen. Ausgewertet wird die Spitzenhöhe bei $-0,63$ V (gegen die Ag/AgCl-Elektrode) mit Hilfe eines Eichfaktors und unter Berücksichtigung eines Blindwertes.

Auf Grund von Beleganalysen ermittelt *Florence* die relative *Standardabweichung* für die Analyse von Thorium-Metall und Thoriumoxid-Proben zu $\pm 3\%$ und $\pm 7\%$.

Zur Bestimmung in Bronze, Messing und Zink-Legierungen maskieren *Kosstitzyna* und *Skobetz* [59] nach dem Lösen der Probe Eisen und Kupfer mit 50 ml 2n $K_4[Fe(CN)_6]$-Lösung und füllen auf 100 ml auf. 0,4 bis 5 ml Lösung werden mit 10 ml Polarographie-Lösung (0,1 g des Natriumsalzes des Superchromgarnet Y und etwas Gelatine werden in 100 ml Acetat-Pufferlösung, pH = 4,6, gelöst) versetzt, 5 min auf 60° erwärmt und nach Entlüften mit Wasserstoff polarographiert.

Bestimmung mit Säurechromblau K

Aluminium bildet mit Säurechromblau K einen polarographisch aktiven Komplex, der von *Terenteva* [60] zur Bestimmung in Al enthaltenden Siloxanen und von *Buzlanova* und *Kurochkina* [61] zur Analyse von Abwässern benutzt wird. Nach *Terenteva* liegt das Halbstufenpotential bei − 0,4 V, nach *Buzlanova* und *Kurochkina* in essigsaurer, acetatgepufferter Lösung bei − 1,0 V.

Arbeitsvorschrift nach *Terenteva* [60]. 3 bis 7 mg Siloxanprobe werden im Platintiegel mit etwas Wasser angefeuchtet und mit 5 ml 45- bis 50%iger Flußsäure und 0,5 ml 36n Schwefelsäure bis zum Rauchen erhitzt. Man vermischt nach dem Abkühlen nochmals mit etwas Flußsäure (2 ml) und raucht zur Trockene ab. Der Rückstand wird mit 2 g Soda aufgeschlossen, die in Wasser gelöste Schmelze filtriert und in einen 50-ml-Meßkolben überführt. Man gibt nun 2 ml Eisessig, 5 ml 2n Ammoniumacetat-Lösung sowie 20 ml 5%ige wäßrige Lösung von Säurechromblau K hinzu und füllt auf. Nach 5 min langem Erwärmen auf 55 bis 70 °C fügt man nach Abkühlen 5 Tropfen 1%ige Gelatine-Lösung zu und überführt einen aliquoten Teil in die Polarographie-Zelle. Zur Entlüftung wird 15 min Stickstoff eingeleitet und das Polarogramm von 0 bis − 0,8 V aufgenommen.

Die *Genauigkeit* der Bestimmung wird mit ± 0,3% abs. angegeben.

Arbeitsvorschrift nach *Buzlanova* und *Kurochkina* [61]. Nach Entfernung organischer Bestandteile (Kohlenwasserstoffe) durch Extraktion wird die Probe mit Natronlauge auf etwa pH = 11 gebracht und das ausgefällte Eisenhydroxid abfiltriert. Zu 1 ml Filtrat gibt man 9 ml Lösung, die 1 m an Essigsäure, 0,5 m an Natriumacetat ist und 1% Säurechromblau K enthält, erhitzt 10 min auf 60 bis 70 °C und polarographiert nach Abkühlen mit einem Differentialpolarographen zwischen 0 bis − 1,6 V.

Der relative *Analysenfehler* wird mit ± 4%, der kleinste bestimmbare Gehalt mit 0,01 mg/ml Al angegeben.

Bestimmung mit Calciumgluconat

Bezuglyi [36] verwendet als Komplexbildner für das Aluminium Calciumgluconat. In einer Grundlösung, die 5% Calciumgluconat und 3 bis 4% Calciumchlorid enthält, beträgt das Halbstufenpotential für das Aluminium − 1,57 bis − 1,60 V (gemessen gegen ges. Kalomel-Elektrode). Enthält die Lösung Wasserstoffionen, so werden diese mit Calciumhydroxid gegen Bromphenolblau neutralisiert. Nach Untersuchungen von *Levine* [34] ist die Methode jedoch wegen der stark ausgeprägten pH-Abhängigkeit, − für die Höhe der Stufe ist praktisch die Reduktion des Wasserstoffions verantwortlich −, zur Aluminium-Bestimmung ungeeignet.

Bestimmung mit Superchromviolett B

Bei einem pH-Wert von 9 und in Gegenwart von Superchromviolett B ergibt Aluminium eine polarographische Stufe mit einem Halbstufenpotential von − 0,80 V. *Faucherre, Fromage* und *Noizet* [62] bestimmen auf diese Weise Aluminium in Gesteinen und Legierungen.

Bestimmung mit Acetylaceton in Dimethylsulfoxid

Nach Untersuchungen von *Schöber* und *Rehak* [63] sowie *Gutmann* und *Schöber* [64] ergibt Aluminiumchlorid bei einer Konzentration von $< 10^{-3}$ in 0,1 m Tetraäthylammoniumperchlorat-Lösung und wasserfreiem Dimethylsulfoxid eine schlecht ausgebildete Doppelstufe. Nur höhere Konzentrationen liefern eine einzige, gut ausgebildete Aluminium-Stufe bei etwa $-1,5$ V (gemessen gegen Bodenquecksilber). Dagegen ergibt Aluminium nach *Dehn*, *Gutmann* und *Schöber* [37] in chloridionenfreien Lösungen, die Acetylaceton enthalten, 2 Stufen mit den Halbstufenpotentialen bei etwa $-2,2$ V und $-2,4$ V (gegen Bodenquecksilber). Chloridionen-Zusatz verschiebt nur die Stufe bei $-2,2$ V, während die Lage der zweiten Stufe konstant bleibt. Da sich Aluminium leicht als Acetylacetonat extrahieren läßt, ist eine polarographische Bestimmung wahrscheinlich auch geringerer Aluminium-Gehalte möglich. Das extrahierte Aluminiumacetylacetonat wird dabei in wasserfreiem Dimethylsulfoxid, das ein Chlorid als Leitsalz enthält, gelöst und bestimmt.

Bestimmung mit 1-(1-Hydroxy-4-sulfo-2-phenylazo)-2-naphthol-3,6-disulfonsäure

Verwendung von Pontachromviolett SW zur Bestimmung des Aluminiums begrenzt die zu bestimmende Aluminium-Menge infolge der Schwerlöslichkeit des Farbstoffes auf etwa 350 μg/50 ml Endlösung. Verwendung kleinerer, aliquoter Teile verringert die *Genauigkeit*. Um Al_2O_3-Gehalte $>7\%$ in Gesteinen zu bestimmen, verwendet *Levine* [34] an Stelle des schwerlöslichen Pontachromvioletts RS die 1-(1-Hydroxy-4-sulfo-2-phenylazo)-2-naphthol-3,6-disulfonsäure, deren Natriumsalz löslich ist. Das Polarogramm einer Aluminium-Farbstofflösung zeigt in einer gepufferten Lösung 2 Stufen. Die Höhe der ersten Stufe bei $-0,45$ V (gegen .ges. Kalomel-Elektrode) verringert sich bei steigendem Aluminium-Gehalt; die 2. Stufe bei $-0,58$ V wächst dementsprechend. Die erste Stufe weist ein Maximum auf, welches durch Zugabe von 0,004% Methylenblau so weit unterdrückt wird, daß die Stufe zur Messung herangezogen werden kann. Im Gegensatz zur Verwendung von Pontachromviolett SW tritt eine stärkere Verschiebung der Halbstufenpotentiale in Abhängigkeit von der Aluminium-Konzentration auf.

Nach den Untersuchungen von *Levine stören* Chloride und Sulfate, wenn sie in größeren Mengen vorhanden sind, die Bestimmung durch Ausfällen des Farbstoffes, Fluoride und Phosphate durch Komplex-Bildung, letzteres erst bei Gehalten $>0,5\%$. An Kationen stören Ti, Fe, Ni, Th und U durch Erhöhung der Reduktionsstufen. Die Beeinflussung durch Titan ist stark zeitabhängig. 0,015 Mole Titan in 40 ml Lösung, entsprechend etwa 3% TiO_2, sind zulässig.

Auf Grund sehr umfangreicher Untersuchungen gibt *Levine* die folgende

Arbeitsvorschrift zur Bestimmung des Aluminiums in Gesteinsproben im Konzentrationsbereich von 1,3 bis 22% Al_2O_3. 0,4 g Probe werden in einem Pt-Tiegel mit 1 bis 2 ml Wasser befeuchtet, mit 10 ml 48%iger Flußsäure und 3 ml konz. Schwefelsäure versetzt und auf einem Wasserbad über Nacht gelöst. Die Lösung wird auf 3 ml eingeengt, mit 1 ml konz. Salpetersäure oxydiert und bis zum Auftreten von Schwefelsäuredämpfen eingeengt. Die Lösung wird in ein Becherglas überführt, auf 150 ml verdünnt und nach 15- bis 20minütigem Kochen in einem 200-ml-Meßkolben, wenn notwendig nach Filtration, aufgefüllt. Die gesamte Lösung wird unter einer Stromdichte von 0,13 bis 0,19 A cm^{-2} an einer Quecksilber-Kathode so lange elektrolysiert, bis die Reaktion auf Eisen mit Kaliumthiocyanat negativ verläuft. Nach weiteren 15 min Elektrolyse wird ein aliquoter Teil von 20 ml bis zum Rauchen eingeengt, das Abrauchen bis zur Trockene nach Zugabe von 5 ml Wasser und 5 ml konz. Schwefelsäure zur Entfernung vorhandenen Fluoridions 2mal wiederholt. Der Rückstand wird in 3 ml 5n Perchlorsäure gelöst und in einen 50-ml-Meßkolben überführt. Mit einer ges. Natriumhydroxid-Lösung wird gegen Methylrot neutralisiert und anschließend wieder mit 5n Perchlorsäure eben angesäuert. Nach Zugabe von 25 ml Farbstoff-Lösung (8 millimolar an Farbstoff, 0,22 molar an Natriumacetat und pH = 4,7) wird aufgefüllt. Der Meßkolben wird nun 20 min in ein 54 °C warmes Wasserbad eingestellt, anschließend abgekühlt und nach Entlüften polarographiert.

Bemerkung. Beleganalysen an verschiedenen Proben zeigten folgendes Ergebnis (Tab. 78).

Tabelle 78. *Bestimmungen nach Levine*

Probe	Al_2O_3-Gehalt			
	gegeben %	gefunden %	%	%
G 1	14,30	14,30	14,56	14,34
W 1	15,08	15,48	15,55	15,20
Glassand NBS 81	0,265	—	0,38	0,31
Feldspat NBS 99	19,06	19,41	19,00	19,09
Opalglas NBS 91	6,01	5,95	5,97	6,10
Kalkstein NBS 1a	4,16	4,28	4,18	4,13

Bestimmung mit Äthylendiamintetraessigsäure (ÄDTE)

Lydersen [38] hat die Brauchbarkeit der Reaktion des Aluminiums mit ÄDTE zur indirekten polarographischen Bestimmung des Aluminiums (bzw. der Summe aus Aluminium und Eisen) untersucht. Nach *Matyska* und *Kössler* [65] zeigt ÄDTE eine anodische Stufe, deren Lage zwischen 0 und 0,3 V, Ausbildungsform und Höhe vom pH-Wert abhängig sind. Die Stufenhöhe wird weiter durch Metallionen, die mit dem Äthylendiamintetraacetation Komplexe bilden, proportional der Konzentration der Metallionen herabgesetzt. Um quantitativ auswertbare Stufen zu erhalten, muß also auch beim Komplexon-Verfahren ein bestimmter pH-Wert stets genau eingehalten werden. Zur Aluminium-(und Eisen-)Bestimmung ist nach *Lydersen* Pufferung mit Natriumacetat auf pH = 4,7 am geeignetsten; bei niedrigeren pH-Werten wird die Ausmessung der Stufen schwieriger; bei höherem pH würden anwesende Erdalkaliionen ebenfalls in merklichem Maße mit ÄDTE reagieren und daher die Aluminium-Bestimmung stören. Aber auch unter diesen Bedingungen ist die Höhe des Sättigungsstromes, der steil in die Oxydationsstufe des Quecksilbers übergeht, nur schlecht meßbar. *Lydersen* mißt daher bei stets gleichem pH (4,7) und gleicher Gesamtkonzentration der Lösungen an ÄDTE die Höhe des Diffusionsstromes bei konstantem, unmittelbar vor dem Beginn der Quecksilber-Stufe liegendem Potential (0,05 V). Die Höhe des Grundstromes wird anschließend in der gleichen Lösung bei demselben Potential bestimmt nach Zugabe eines geringen Überschusses an Aluminium- oder Eisen(III)-salz, durch den das Komplexon quantitativ gebunden wird, so daß nun keine ÄDTE-Stufe mehr auftritt. Nach den von *Lydersen* mitgeteilten Versuchen sollte sich auf diese Weise bis zu etwa 1 mg Aluminium/50 ml Endlösung mit beachtlicher *Genauigkeit* bestimmen lassen.

Eine Analysenvorschrift teilt *Lydersen* nicht mit. Seine Arbeitsweise geht von einer Grundlösung aus, die durch Verdünnen von 100 ml n Natriumacetat-Lösung und 20 ml 0,5%iger Gelatine-Lösung auf 500 ml hergestellt wird (pH etwa 4,7). Zunächst wird ohne vorheriges Entlüften die anodische Strom-Spannungs-Kurve dieser Grundlösung bis zum steilen, infolge Depolarisation des Quecksilbers durch die Grundlösung bedingten Anstieg des anodischen Diffusionsstromes aufgenommen (Abb. 27a).

Diesem Polarogramm entnimmt man das zur Messung der Höhe des Diffusionsstromes der ÄDTE geeignete Potential, das kurz vor dem Einsetzen der Depolarisation durch die Grundlösung liegen soll (in Abb. 27a bei Teilstrich 3, der einem Potential von 0,05 V, gemessen gegen die ges. Kalomel-Elektrode, entspricht). Die in Abb. 27b wiedergegebenen Strom-Zeit-Diagramme sind bei dieser konstanten Spannung aufgenommen in Lösungen gleicher Konzentration an ÄDTE, aber verschiedenen Aluminium-Gehaltes (je 500 ml Grundlösung + 20 ml 0,02 n ÄDTE-Lösung + 0, 1, 2, 3 bzw. 5 ml 0,1 m Alaun-Lösung).

Die eingezeichnete Gerade schneidet die Strom-Spannungs-Kurven mit guter Genauigkeit in gleichen Abszissen-Abständen, d.h., die Abnahme des Diffusionsstromes ist vom Aluminium-Gehalt der Lösung linear abhängig. Der kleinste, nach

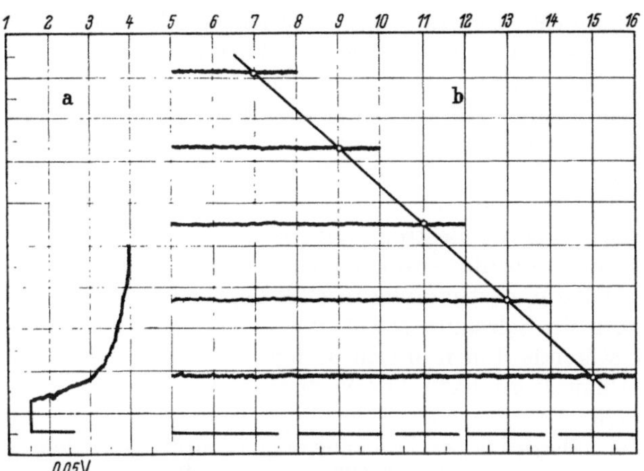

Abb. 27. a Anodische Strom-Spannungs-Kurve der Grundlösung (0,2 n Natriumacetat, 0,02 % Gelatine); b Strom-Zeit-Diagramme bei 0,05 V der ÄDTE-Stufe (20 ml 0,02 n Lösung auf 500 ml Grundlösung) bei Zugabe von 0, 1, 2, 3 und 5 ml 0,1 n Alaun-Lösung (Messungen von *Lydersen*)

Zugabe von 5 ml Aluminium-Lösung gemessene Diffusionsstrom entspricht demjenigen der an ÄDTE freien Grundlösung, da hier Aluminium bereits im Überschuß vorliegt. Dieser Grundstrom dient als Nullpunkt zur Messung der „Stufenhöhen".

Nach erfolgter Eichung könnten in gleicher Weise auch Messungen von zu untersuchenden Aluminiumsalz-Lösungen, die höchstens schwach sauer sein dürfen, ausgeführt und deren Gehalte ermittelt werden. Zweckmäßiger dürfte es sein, umgekehrt zu der zu prüfenden, schwach sauren Aluminium-Lösung zuerst die ÄDTE-Lösung zuzugeben, dann unter Umschütteln mit Natriumacetat-Lösung zu versetzen und schließlich auf ein bestimmtes Volumen aufzufüllen.

Eisen(III) verhält sich ebenso wie Aluminium, so daß in dessen Anwesenheit die Summe aus Eisen und Aluminium bestimmt werden kann. Calcium sowie die übrigen Erdalkali-Metalle sollen nach den theoretischen Überlegungen die Aluminium-Bestimmung nicht merklich stören, solange ihre Konzentration nicht zu hoch ist.

Weitere indirekte Bestimmungsmethoden

Methode nach *Abbott* und *Collat* [39]. Wasserstoffionen begrenzen den Diffusionsstrom der Reaktion:

$$C_6H_4O_2 \text{ (Chinon)} + 2H^+ + 2e \rightleftharpoons C_6H_4(OH)_2 \text{ (Hydrochinon)}.$$

Diese Reaktion kann deshalb zur polarographischen Bestimmung von Säuren und Substanzen, die quantitativ und schnell mit Hydroxidionen reagieren, benutzt werden. Dieses Verfahren erlaubt die Messung eines Diffusionsstromes, der vom Aluminium-Gehalt bestimmt wird, bei einem wesentlich positiveren Potential ($+0,08$ V) als dem Reduktionspotential des Aluminiums ($-1,75$ V). Infolge des positiven Potentials können leicht Störungen durch Bildung unlöslicher Quecksilbersalze auftreten, so in Anwesenheit größerer Mengen an Chloriden. Außerdem stören oxydierende und reduzierende Substanzen, und ebenso beeinflußt das Verhältnis vom

Säure- zum Aluminium-Gehalt die Bestimmung. Aus diesen Gründen dürfte diese Methode nur zur Analyse reiner Aluminium-Lösungen geeignet sein und für die Praxis wenig Bedeutung haben.

Methode nach *Hall* und *Skoumbourdis* [66]. Die Reduktion des Nitrations wird durch Aluminium katalysiert. Die Höhe der Nitrat-Stufe, deren Halbstufenpotential bei $pH = 4,3 - 1,20$ V (gemessen gegen ges. Kalomel-Elektrode) beträgt, ist dabei der Aluminium-Konzentration im Bereich von 10^{-4} bis 10^{-3} m direkt proportional. Im pH-Bereich von 3,8 bis 4,5 ist die Wasserstoff-Stufe ohne Einfluß. Infolge der großen pH-Abhängigkeit der Stufenhöhe muß der pH-Wert auf $\pm 0,1$ pH-Einheiten eingehalten werden. Als optimale Nitrationen-Konzentration wurde 0,5 m ermittelt. Durch Anwendung der verhältnismäßig hohen Nitrationen-Konzentration wird der störende Einfluß von Sulfationen beseitigt. Fluoridionen stören stark und müssen ebenso wie Cr^{3+} und Fe^{3+} abgetrennt werden. *Hall* und *Skoumbourdis* überprüfen ihre Methode bei der Bestimmung des Aluminiums in Zink-Legierungen und in Ammoniumaluminiumsulfat sowie an reinen Aluminium-Lösungen.

Arbeitsvorschrift zur Bestimmung in Zink-Legierungen. 1 g Probe wird in einigen wenigen Millilitern 6n Salzsäure gelöst, die Lösung mit 12 m Salzsäure auf 100 ml aufgefüllt und störende Ionen durch Ionen-Austausch über einen Anionen-Austauscher in der Chloridform nach dem Verfahren von *Michaelis* und Mitarbeitern [67] abgetrennt (S. 625). Das Eluat wird zur Trockene eingedampft, mit m Salpetersäure gelöst und wieder nahezu bis zur Trockene eingedampft. Der feuchte Rückstand wird mit Wasser aufgenommen und auf 100 ml aufgefüllt. Ein aliquoter Teil (≤ 5 ml) dieser Lösung, der bis zu etwa 1 mg Al enthalten kann, wird mit 15 ml 0,5 m Kaliumnitrat-Lösung (pH = 3,8) versetzt, der pH-Wert mit Natronlauge und Salpetersäure auf pH = $3,8 \pm 0,1$ eingestellt und in einem 25-ml-Meßkolben mit 0,5 m Kaliumnitrat-Lösung (pH = 3,8) aufgefüllt. Ein Teil dieser Lösung wird nach dem Entlüften mit Stickstoff im Bereich zwischen $-1,1$ und $-1,6$ V (gemessen gegen Quecksilber-Anode) polarographiert.

Bemerkungen. Die *Eichkurve* wird mit bekannten, abgestuften Aluminium-Gehalten nach Zugabe von 0,5 m Kaliumnitrat-Lösung und Einstellen des pH-Wertes auf $3,8 \pm 0,1$ aufgestellt. Die Bestimmung im Ammoniumaluminiumsulfat erfolgt in der gleichen Weise wie die Aufstellung der Eichkurve.

Ausgeführte Beleganalysen ergaben für eine Zink-Legierung mit einem Aluminiumgehalt von 3,06% eine *Standardabweichung* von $\pm 0,11$%, für eine Ammoniumaluminiumsulfat-Lösung mit einem Gehalt von 5,95% eine solche von $\pm 0,093$% und für eine synthetische Aluminium-Lösung von 4,0 mn Al eine Standardabweichung von $\pm 0,054$%.

C. Methoden zur inversen polarographischen und voltammetrischen Bestimmung

Bei der inversen Polarographie und Voltammetrie erfolgt die Spannungsänderung bei Aufnahme der Strom-Spannungs-Kurven in umgekehrter Richtung als bei den üblichen Verfahren. So wird bei der Amalgam-Voltammetrie das zu bestimmende Element zunächst an der Arbeitselektrode elektrolytisch angereichert. Nach Stromumkehrung läßt sich nun der umgekehrte, elektrochemische Vorgang zur Bestimmung des Elementes benutzen. Komplex-Bildner, die polarographisch aktiv sind und gut ausgebildete anodische Stufen ergeben (z.B. Pontachromviolett SW), lassen sich ebenfalls voltammetrisch bestimmen. Hinsichtlich der Methodik und der Grundlagen sei auf die Literatur verwiesen (*Delahay* und *Mamatov* [68]; *Neeb* [69]).

Aluminium-Gehalte von etwa 10^{-3} mol/l bestimmen *Kemula* und *Kublik* [70] durch inverse Polarographie an der hängenden Quecksilber-Elektrode, indem sie eine oscillopolarographische Anordnung benutzen und nach 2 Verfahren arbeiten.

Verfahren 1. Nach einer längeren Gleichstrom-Elektrolyse zur Anreicherung des Aluminiums am Hg-Tropfen, kann man die Konzentration des Aluminiums in der Lösung ermitteln, wenn man an die Elektroden eine Wechselspannung anlegt und das Verschwinden der Einschnürungen auf dem Oscillogramm verfolgt.

Verfahren 2. Die Aluminiumionen werden am Hg-Tropfen abgeschieden und die dabei auftretenden Einschnürungen der Kurve dU/d$t = f(U)$ beobachtet.

Die Bestimmung wird in 4 m Lithiumchlorid-Lösung durchgeführt. Nähere Angaben über die Ausführung der Bestimmung sind nicht angegeben.

Nach *Florence, Miller* und *Zittel* [71] kann die Empfindlichkeit der Aluminium-Bestimmung unter Verwendung von Solochromviolett RS verbessert werden, wenn man an Stelle der Reduktionsstufen die Oxydationsstufen zur Auswertung benutzt. An einer rotierenden, pyrolytischen Graphit-Elektrode ergeben sowohl der freie Farbstoff als auch der Aluminium-Komplex eine gut ausgebildete Stufe, die in acetatgepufferter Lösung um 0,38 V auseinanderliegen. Beide, sowohl die Stufenhöhe des Aluminium-Komplexes als auch die Abnahme der Stufenhöhe des freien Farbstoffes in Anwesenheit des Aluminiums sind dem Aluminium-Gehalt proportional. Mit dieser Methode und einer verhältnismäßig einfachen Apparatur lassen sich Aluminium-Gehalte bis herab zu einer Konzentration von 10 ppb bei Messung der Aluminium-Stufe und 25 ppb bei Messung der freien Farbstoff-Stufe bestimmen. Zur Bestimmung wurde ein 2-Elektrodenpolarograph O.R.N.L., Modell Q-1338, mit einem RC-Glied verwendet. Die Umdrehungsgeschwindigkeit der von *Miller* und *Zittel* [72] beschriebenen Graphit-Elektrode (siehe Abb. 28) betrug 600 U/min.

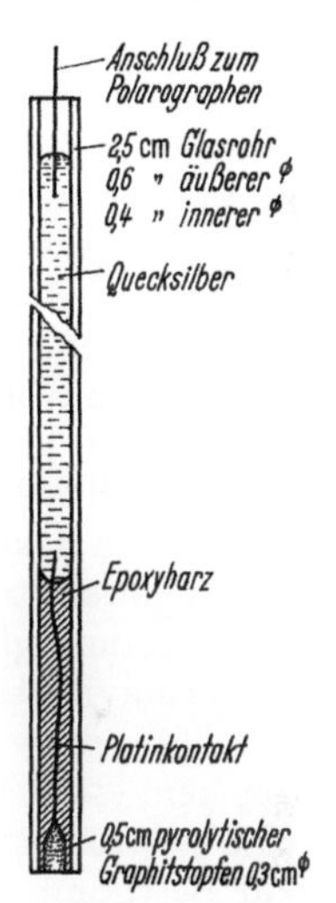

Abb. 28. Graphitelektrode nach *Miller* und *Zittel*

Arbeitsvorschrift. Nach Abrauchen der Analysen-Lösung mit Perchlorsäure bis zur Trockene wird mit Wasser aufgenommen und aufgefüllt. Ein 3 bis 15 µg Al enthaltender, aliquoter Teil wird in einen 25-ml-Meßkolben überführt, 2 ml $6{,}25 \cdot 10^{-4}$ m wäßrige Solochromviolett-RS-Lösung (der Farbstoff wird durch Umkristallisieren aus 50%igem Äthanol gereinigt) und 5 ml m Natriumacetat-Essigsäure-Pufferlösung (pH = 4,7) zugegeben. Nach Überführen der Lösung in die Polarographen-Zelle wird zwischen $+0{,}3$ und $+1{,}1$ V gemessen.

Bemerkungen. Zur *Auswertung* kann die Stufe des Aluminium-Komplexes bei $+0{,}88$ V als auch die Stufe des freien Farbstoffes bei $+0{,}53$ V benutzt werden, die mit Stufen von Standardlösungen bekannten Aluminium-Gehaltes verglichen werden.

Störende Ionen. Fe^{3+}, VO^{3+}, Ti^{4+} und Co^{2+} stören durch Bildung von Solochromviolett-RS-Komplexen. Mn^{2+} wird an der Graphit-Elektrode zu MnO_4^- oxydiert; diese Oxydationsstufe koinzidiert mit der Aluminium-Stufe, aber nicht mit der Stufe des freien Farbstoffes, so daß eine Bestimmung neben Mangan bei Auswertung dieser Stufe möglich ist. Fluoridionen stören, werden aber normalerweise beim Abrauchen mit Perchlorsäure entfernt.

Die relative *Standardabweichung,* ermittelt aus 7 Einzelbestimmungen, beträgt bei einem Aluminium-Gehalt von 400 ppb etwa 3%, bei einem Gehalt von 40 ppb etwa 5%.

D. Methoden der polarographischen
bzw. amperometrischen Titration

Bei diesen Verfahren wird bei geeignetem, konstantem Potential die Änderung des Diffusionsstromes an der Quecksilber-Tropfelektrode im Laufe der Titration verfolgt, wobei der Titrationsendpunkt durch einen Richtungswechsel dieser Änderung angezeigt wird (Knickpunkt zweier Geraden im Diagramm des Diffusionsstromes gegen Menge der zugesetzten Maßlösung).

Wie bei den indirekten, polarographischen Verfahren wird bei der Bestimmung des Aluminiums jedoch nicht der Diffusionsstrom des Aluminiums, sondern derjenige des als Maßlösung dienenden Reagenses oder eines Indikators gemessen, deren Depolarisationsstufen in einem für die Messung günstigeren Potential-Bereich liegen müssen, wie es bei Oxin ($E_{1/2} = -1,4$ V, Methode nach *Sanko* [73]), Eisen(III) ($E_{1/2} \sim 0$ V gegen ges. Kalomel-Elektrode, Methode nach *Ringbom* und *Wilkmann* [74]) oder Wismut ($E_{1/2} = -0,1$ V, Methode von *Trifonov* und *Schejtanow* [75]) der Fall ist. Das Meßpotential wird derart gewählt, daß es im Bereich des Sättigungsstromes der betreffenden Stufe liegt; es ist also negativer als das Halbwellenpotential.

Praktische Verwendung scheinen die polarometrischen Verfahren zur Bestimming des Aluminiums bisher nur wenig gefunden zu haben, da dem erforderlichen apparativen Aufwand keine besonderen Vorteile gegenüberstehen. So erfordert die Titration mit Oxin nach *Sanko* verhältnismäßig hohe Konzentrationen an Aluminium und Oxin, um brauchbare Ergebnisse zu erzielen. *Cruse* und *Nettesheim* [76] fanden z.B. in der Titration einer tartrathaltigen, mit Ammoniak-Ammoniumchlorid auf pH = 9,3 gepufferten, 0,0033m Aluminiumchlorid-Lösung mit 0,1m Oxin-Lösung den Endpunkt der Titration bereits nach Zugabe von 43% der theoretisch erforderlichen Oxin-Menge; offenbar verläuft die Fällung des Aluminiumoxinates in der angewandten Verdünnung viel zu langsam für eine maßanalytische Bestimmung. Aus dem gleichen Grunde dürften auch die polarographischen Verfahren mit Pontachromviolett SW nach *Willard* und *Dean* (S. 498) oder mit ÄDTE nach *Lydersen* (S. 506), die von *Weng* und *Li* [79] zur Titration des Aluminiums in Aluminiumsalzen benutzt wird, sich nicht besonders zur polarometrischen Bestimmung eignen.

Die polarometrische Titration mit Natriumfluorid nach *Ringbom* und *Wilkmann* ist zur Bestimmung von 10 bis 40 mg Aluminium geeignet. Hier verläuft die Reaktion zwar mit ausreichender Geschwindigkeit; das Verfahren hat aber gegenüber der entsprechenden, potentiometrischen Bestimmung (*Treadwell* und *Bernasconi*, S. 207) den Nachteil, daß Eisen mittitriert wird. Die Methode wird von *Usatenko*, *Bekleshova* und anderen [77] zur Bestimmung in Bronzen und von *Varma* [78] bei gleichzeitiger Bestimmung von Cer und Blei benutzt.

Trifonov und *Schejtanov* fällen Aluminium mit überschüssigem Ammoniumphosphat, zentrifugieren den Niederschlag ab und titrieren den Phosphat-Überschuß in einem aliquoten Teil der überstehenden Lösung polarometrisch mit Wismutylperchlorat.

Literatur

1. *Heyrovský, J.:* Polarographisches Praktikum, Berlin 1948.
2. *Hohn, H.:* Chemische Analysen mit dem Polarographen, Berlin 1937.
3. *Kolthoff, I. M., Lingane, J. J.:* Polarography, New York 1952.
4. *v. Stackelberg, M.:* Polarographische Arbeitsmethoden, Berlin 1950.
5. *Evers, R.:* Dissertation, Hamburg 1939.
6. *Hodgson, H. W., Glover, J. H.:* Analyst **76**, 706 (1951).
7. *Ford, C. L., LeMar, L.:* ASTM Bull. Nr. 157, 66 (1949), durch Chem. Abstr. **43**, 4441 (1949).
8. *Prajzler, J.:* Coll. Czechoslov. Chem. Comm. **3**, 406 (1931).
9. *Hövker, G.:* Dissertation Hamburg 1938.
10. *Gull, H. C.:* J. Soc. chem. Ind. Trans. **56**, 177 T (1937).
11. *Perkins, M., Reynolds, G. F.:* Anal. chim. Acta 18, 616, 625; 19, 54 194 (1958); durch Fr. **173**, 28 (1960).
12. *Heller, B. A., Sanko, A. M.:* Betriebslab. (russ.) 8, 1030 (1939).
13. *Vandenbosch, V.:* Anal. chim. Acta 2, 566 (1948).
14. *Reynolds, G. F., Webber, T. J.:* Anal. chim. Acta 19, 293 (1958).
15. *Talesnick, I., Page, J. A.:* Talanta 10, 1055 (1963).
16. *Lingane, J. J.:* Electroanalytical Chemistry, New York 1958.
17. *Nežerka, K., Pietrosz, J.:* Hutn. Listy 8, 418 (1953).
18. *Stross, W.:* Analyst **74**, 285 (1949).
19. *Koslowa, A. A., Portnow, M. A.:* Betriebslab. (russ.) 9, 287 (1940).
20. *Zuman, F.:* Chem. Listy **46**, 326 (1952).
21. *Cisak, A., Elving, P. J.:* J. Electrochem. Soc. 110, 160 (1963).
22. *Heyrovský, M.:* Coll. Czechoslov. Chem. Comm. **25**, 3120 (1960).
23. *Semerano, G., Riccoboni, L.:* G. **72**, 297 (1942); durch C. **113**, II, 2395 (1942).
24. *Heyrovský, J., Zuman, P.:* Úvoddopraktickej polarographie, Prag 1950.
25. *Reynolds, G. F., Webber, T. J.:* Anal. chim. Acta 19, 406 (1958).
26. *Kasagi, M., Murata, Y.:* Memoirs of the Defense Academy Japan 5 (3), 311 (1966).
27. *Semerano, G., Ronchi, J.:* Atti R. Ist. Veneto Cl. Sci. mat. nat. **100**, II, 397 (1941); durch Chem. Abstr. **38**, 3923 (1944).
28. *Hochstein, J. P.:* Betriebslab. (russ.) 5, 158 (1936).
29. *Page, I. A., Simpson, D. H., Graham, R. P.:* Anal. chim. Acta 16, 194 (1957).
30. *Ermolaeva, E. V., Korobka, L. A.:* Byul. Nauchn.-Tekh. Inform. Vses. Nauchn.-Issled. Inst. Ogneuporov 2, 84 (1957); durch Zhur. Khim. (russ.) **1958**, Ref. Nr. 17.611.
31. *Ishibashi, M., Fujinaga, T.:* Sb. Mezinarod. Polarog. Sjezdu v Praze, 1. Congr. I, 106 (1951); durch Chem. Abstr. **46**, 6990 (1952).
32. *Parks, T., Lykken, L.:* Anal. Chem. 20, 1102 (1948).
33. *Willard, H. H., Dean, J. H.:* Anal. Chem. 22, 1264 (1950).
34. *Levine, M.:* Geol. Surv. Canada Bl. 113 (1964), Part II.
35. *Castor, C. R., Saylor, I. H.:* Anal. Chem. 24, 1369 (1952).
36. *Bezuglyi, V. D.:* Betriebslab. (russ.) **25**, 277 (1959).
37. *Dehn, H., Gutmann, V., Schöber, G.:* M. **93**, 453 (1962).
38. *Lydersen, D.:* Fr. **139**, 327, 401 (1953).
39. *Abbott, J. C., Collat, J. W.:* Anal. Chem. **35**, 859 (1963).
40. *Stock, J.:* J. chem. Soc. **1949**, 586.
41. *Perkins, M., Reynolds, G. F.:* Anal. chim. Acta 18, 616; 19, 54, 194 (1958); durch Fr. **173**, 28 (1960).
42. *Reynolds, G. F.:* Fr. **173**, 24 (1960).
43. *Rooney, R. C.:* Analyst **83**, 546 (1958).
44. *Chirnside, R. C., Cluely, H. J., Proffit, P. M. C,:* Analyst 82, 18 (1957).
45. *Rawlings, J. N., Priest, D. A.:* Iron Steel (London) **38**, 554 (1965).
46. *Green, H.:* Metallurgia **71**, 243 (1965).
47. *Maekawa, S., Yoneyama, Y.:* Trans. Japan Inst. Metals **3**, 78 (1962).
48. *Bishop, J. R.:* Analyst **81**, 291 (1956).
49. *Mikula, J. J., Codell, M.:* Anal. chim. Acta 9, 467 (1953); durch Fr. **144**, 213 (1955).
50. *Bishop, J. R., Liebmann, H.:* Analyst 78, 117 (1953); durch Fr. 146, 383 (1955).
51. *Gage, D. G.:* Anal. Chem. 22, 1264 (1950).
52. *Perkins, M., Reynolds, G. F.:* Anal. chim. Acta 18, 625 (1958).
53. *Miura, Y.:* Nippon Kinzoku Gakkaichi 19, 310 (1955).
54. *Niimi, J., Dotani, E., Kumazawa, J.:* Sumitomo Kinzoku 18, 62 (1966).
55. *Görlich, E., Przewlocka, H.:* Chem. Anal. (Warszawa) 6, 685 (1961).
56. *Florence, T. M., Izard, D. B.:* Anal. chim. Acta 25, 386 (1961).
57. *Cooney, B. A., Saylor, J. H.:* Anal. chim. Acta 21, 276 (1959).
58. *Florence, T. M.:* Anal. Chem. **34**, 496 (1962).

59. *Kosstitzyna, K. P., Skobetz, J. M.:* Betriebslab. (russ.) **29**, 1059 (1963).
60. *Terenteva, E. A.:* Betriebslab. (russ.) **28**, 807 (1962).
61. *Buzlanova, M. M., Kurochkina, N. A.:* Betriebslab. (russ.) **31**, 947 (1965).
62. *Faucherre, J., Fromage, F., Noizet, D.:* C. r. Ser. C, **262**, 1520 (1966).
63. *Schöber, G., Rehak, G.:* M. **93**, 445 (1962).
64. *Gutmann, V., Schöber, G.:* M. **93**, 212 (1962).
65. *Matyska, B., Kössler, I.:* Coll. Czechoslov. Chem. Comm. **16**, 221 (1951).
66. *Hall, M. E., Skoumbourdis, C. T.:* Anal. Chem. **38**, 64 (1966).
67. *Michaelis, C., Tarlano, N. S., Clune, J., Yolles, R.:* Anal. Chem. **34**, 1425 (1962).
68. *Delahay, P., Mamatov, G.:* Anal. Chem. **27**, 478 (1955).
69. *Neeb, R.:* Angew. Ch. **74**, 203 (1962).
70. *Kemula, W., Kublik, Z.:* Anal. chim. Acta **18**, 104 (1958).
71. *Florence, T. M., Miller, F. J., Zittel, H. E.:* Anal. Chem. **38**, 1065 (1966).
72. *Miller, F. I., Zittel, H. E.:* Anal. Chem. **35**, 1866 (1963).
73. *Sanko, A. M.:* Rep. Acad. Sci. Ukr. SSR **1940**, 27, 32; durch C. **113**, II, 1606 (1942).
74. *Ringbom, A., Wilkmann, B.:* Acta chem. Scand. **3**, 22 (1949); durch Fr. **130**, 236 (1949/50).
75. *Trifonov, A., Schejtanow, C.:* Coll. Czechoslov. Chem. Comm. **16**, 506 (1951).
76. *Cruse, K., Nettesheim, G.:* Fr. **152**, 19 (1956).
77. *Usatenko, J. I., Bekleshova, G. E., u.a.:* Betriebslab. (russ.) **21**, 26 (1955).
78. *Varma, A.:* Bl. chem. Soc. Japan **35**, 1444 (1962).
79. *Weng, L. K., Li, H. Ch.:* Yao Hsüeh Hsüeh Pao **7**, 99 (1959); durch Chem. Abstr. **54**, 164h (1960).

§ 7. Spektrochemische Bestimmungsverfahren

In diesem Abschnitt sind die flammenspektrometrischen, emissionsspektrochemischen und röntgenfluorimetrischen Verfahren zusammengefaßt. Bezüglich der allgemeinen Methodik und Grundlagen der spektrochemischen Analyse muß auf die
einschlägige Fachliteratur verwiesen werden.

A. Flammenspektrometrische Bestimmung

Zusammenfassende Darstellungen über Theorie und Praxis der flammenspektrometrischen Analyse werden von *Herrmann* und *Alkemade* [1], *Schuhknecht* [2], *Mavrodineanu* und *Boiteux* [3], *Elwell* und *Gidley* [4] sowie *Robinson* [5] gegeben.

Emissionsflammenspektrometrie

Zur Analyse verwendete Banden und Linien

Das Atomspektrum des Aluminiums beschränkt sich praktisch auf die Resonanz-
Linien bei 394,4 nm und 396,2 nm, die nur im äußeren Kegel der Acetylen-Sauerstoff-
Flamme genügende Intensität aufweisen und zu analytischen Zwecken benutzt
werden können. Außerdem besitzt das Aluminium eine Reihe gut getrennter Banden
zwischen 435 nm und 501 nm mit ausgeprägten Bandenköpfen bei 464,8; 484,2;
486,6 und 507,9 nm, die wahrscheinlich dem Radikal AlO entsprechen. Ihre Intensitäten sind jedoch sehr gering, so daß sie nur zur Bestimmung mittlerer und höherer
Aluminium-Gehalte mit sehr geringer Genauigkeit herangezogen werden können.

Möglichkeiten der Emissionssteigerung

Durch Zusatz organischer Lösungsmittel und Verbindungen läßt sich die Emission
der Linien und Banden jedoch so weit steigern, daß letztere, vor allem diejenige der
Bande bei 484,2 nm, zur Bestimmung auch geringer Gehalte mit ausreichender
Genauigkeit benutzt werden können. *Hegemann, Hert* und *Schmidt* [6], die den Einfluß verschiedener organischer Stoffe (Aceton, Methanol, Äthanol, Isopropanol und
n-Butanol) untersucht haben, stellen fest, daß vor allem der Zusatz von n-Butanol
die Emission steigert, dabei aber nicht im gleichen Maße die Störungen anwesender
Fremdionen verstärkt. Das Maximum der Emissionssteigerung kann bereits durch
Zugabe von 4 ml Butanol erreicht werden. Nach Untersuchungen der emissionssteigernden Wirkung des n-Butanols auf die Al-Bande bei 484 nm durch *Konopicky*
und *Schmidt* [7] verstärkt der Zusatz von n-Butanol vorwiegend die vom Aluminium
emittierte Continuums-Strahlung, während die Anregung der eigentlichen Bande gering bleibt. Durch Mitvermessen des Continuums läßt sich eine beträchtliche Intensitätssteigerung erreichen. Die Ursache dieser Emissionssteigerung durch Alkohole ist
nach *Debras-Guédon* [8] mehr thermischer als physikalischer Art. Sie beruht einmal
auf Erhöhung der Flammenenergie (thermisch), zum anderen auf der Veränderung
der Oberflächenspannung der Lösung (physikalisch).

Nach Beobachtungen von *Schmidt, Konopicky* und *Kostyra* [9] bewirkt z. B. Aceton eine Erniedrigung der Oberflächenspannung der Lösung, die zu einer besseren Zerstäubung in die Flamme führt, sowie eine Erhöhung der Flammen-Temperatur. Außerdem verhindert der Dipol-Charakter des Acetons ein Recoagulieren der Tröpfchen und fördert damit eine Verbesserung der Verdampfung. Schließlich ist noch eine Verstärkung der Intensität der Atom-Linien bei 394,4 und 396,1 nm zugunsten der AlO-Banden durch eine Reduktionsreaktion nach der Gleichung:

$$MeO + C \rightleftharpoons CO + Me$$

festzustellen. Die letztere, auch als Chemolumineszenz bezeichnete Ursache ist ausführlich von *Buell* [10] behandelt worden.

Eine größere Emissionssteigerung der AlO-Bande bei 484,2 nm als durch n-Butanol beobachteten *Debras-Guédon* und *Voinovitch* [11] nach Zusatz von 8-Hydroxychinolin zur Analysen-Lösung. Auch hier wird vor allem das Continuum verstärkt und zur Aluminium-Bestimmung mit vermessen. Durch Zugabe von 25 ml einer 20%igen Oxin-Lösung in Essigsäure (2:5) zu einer Aluminiumchlorid-Lösung und Auffüllen auf 100 ml erhält man eine etwa 20fache Intensitätssteigerung der Emission gegenüber einer oxinfreien Lösung. Gleichzeitig beobachtet man in Lösungen, die störende Fremdionen enthalten, eine Minderung des Störeinflusses.

Nach *Debras-Guédon* liegt die Hauptursache der Emissionssteigerung neben den thermischen (Erhöhung der Flammen-Temperatur) und physikalischen (Veränderung der Oberflächenspannung) Einflüssen in der Bildung eines Aluminium-Oxin-Komplexes mit einer geringeren Dissoziationsenergie als der üblichen, sonst in der Flamme vorhandenen Aluminium-Verbindungen. Die von *Debras-Guédon* beobachtete Emissionssteigerung durch Zugabe von Citronensäure und Weinsäure dürfte ihre Ursache ebenfalls in der Bildung eines leichter dissoziierenden Komplexes haben.

Schmidt und *Konopicky* [12] beobachteten eine Emissionserhöhung als Folge eines erhöhten Säure-Zusatzes. Über einen bestimmten Säure-Gehalt hinaus sind jedoch die Schwankungen, verursacht durch unterschiedliche Säure-Konzentration, nur noch gering und zu vernachlässigen. Auch Ammoniumionen verursachen eine Emissionssteigerung, die von *Hegemann* und *Osterried* [13] zur Bestimmung des Aluminiums in Silicaten ausgenutzt wird.

Bei der Untersuchung flußsaurer Lösungen beobachteten *Konopicky* und *Schmidt* [14], daß die Aluminium-Emission durch Fluoridionen stark angeregt wird. Dabei verringert sich die Intensität des Continuums, während diejenige der Banden bei 484,2; 464,8 und 454 nm sowie der Linien bei 394,4 und 396,2 nm stark zunimmt. Durch Zusatz von Flußsäure und n-Butanol erhielten sie eine Nachweis-Empfindlichkeit von 1 mg Al_2O_3/100 ml im Gegensatz von nur 60 mg Al_2O_3/100 ml bei rein wäßrigen Lösungen. Die Ursache der Emissionsverstärkung liegt in der Bildung von AlF_3, welches bei 1200 °C sublimiert und damit in der Flamme in feinstverteilter Form vorliegt, leicht dissoziiert und angeregt werden kann. Der Zusatz einer dem Aluminium äquivalenten Menge an Flußsäure ist daher für die optimale Verstärkung ausreichend. – Eine etwa 100fache Emissionsverstärkung gegenüber wäßrigen Lösungen erhielten *Eshelman, Dean, Menis* und *Rains* [15] nach Extraktion der Cupferronate und Thenoyltrifluoracetonate (TTA) in 4-Methyl-2-pentanon. Diese Extraktionsmethode erlaubt auch eine selektive Abtrennung des Aluminiums von einigen Störionen. –

Auf der Extraktion des Aluminiumacetylacetonats mit Chloroform basiert ein von *Schmidt, Konopicky* und *Kostyra* [9] ausgearbeitetes, universell anwendbares Analysen-Verfahren zur flammenspektrometrischen Aluminium-Bestimmung. Nach Auffassung der Autoren kommt die Emissionssteigerung durch Chelat-Bildner, also auch des Acetylacetons, dadurch zustande, daß es durch Verhinderung der Solvatation beim Entstehen des Aluminium-Chelats zu einer leichteren Verdampfbarkeit des

Aluminiums in der Flamme kommt. Eine Emissionssteigerung kann man auch durch Verwendung heißerer Flammen erreichen. Bei Anwendung einer $(CN)_2$-O_2-Flamme (Cyanogen-Flamme), die eine Temperatur von etwa 4700 °K zeigt, beobachteten *Baher* und *Vallee* [16] eine stärkere Anregung der Al-Linien bei 396,1 und 394,4 nm.

Störeinflüsse durch Begleitelemente

Bei der Durchführung flammenspektrometrischer Analysen können Störungen durch Lösungspartner auftreten, einmal durch die Querempfindlichkeit, verursacht durch Fehldurchlässigkeiten des Monochromators für Licht anderer Wellenlängen, zum anderen durch Emissionsbeeinflussung der Analysen-Linie oder -Bande. Während sich die Querempfindlichkeit, die sich nur auf den Untergrund auswirkt, durch Anwendung registrierender Geräte praktisch fast immer ausschalten läßt, bereitet die spezifische Emissionsbeeinflussung infolge der Bildung schwer dissoziierbarer Verbindungen durch einige Anionen (SO_4^{2-} und PO_4^{3-}) bei der Bestimmung des Aluminiums Schwierigkeiten.

Eine ausführliche Untersuchung der Störeinflüsse auf die Al-Bande bei 484 nm durch Fremddionen in Gegenwart von n-Butanol haben *Konopicky* und *Schmidt* [7] sowie *Schmidt* und *Konopicky* [12] durchgeführt. Demnach erhöht ein Säure-Zusatz mit Ausnahme von Schwefel- und Phosphorsäure die Aluminium-Emission sehr stark. Der Einfluß des Eisens auf die Aluminium-Bestimmung ist verhältnismäßig gering. Erst auf Aluminium-Gehalte < 10 mg Al_2O_3/100 ml macht sich der Einfluß stärker bemerkbar. Titan übt einen stärkeren Einfluß aus als Eisen. In gleichzeitiger Anwesenheit von Eisen und Titan addieren sich die Störungen überraschenderweise nicht; sie scheinen sich im Gegenteil etwas zu vermindern. Der Einfluß von Na, Mg und Ca auf die Aluminium-Bestimmung soll hingegen gering sein, während Kalium-ionen stark stören. SO_4^{2-} beeinflußt die Aluminium-Emission besonders stark. Schon durch Zusatz von 1 ml n Schwefelsäure/100 ml zeigt sich eine starke Depression der Aluminium-Emission.

In einer weiteren Untersuchung, nach der sie in fluoridhaltiger Lösung arbeiten, bewirkt nur die Zugabe von Calcium eine geringe Senkung der Aluminium-Emission. An Säuren stört Salpetersäure nicht; Perchlor- und Oxalsäure verursachen eine geringfügige Erniedrigung und Salzsäure eine geringe Erhöhung der Intensität. Diese Einflüsse lassen sich durch einen Überschuß der betreffenden Säuren in den Lösungen leicht ausschalten. Schwefelsäure bringt die Aluminium-Emission fast zum Verschwinden, und bei Zusatz von Phosphorsäure kann das Aluminium nicht mehr nachgewiesen werden.

Hegemann und *Osterried*, die Aluminium in Gegenwart von Ammoniumchlorid und auch Methanol bestimmen, beobachten ebenfalls eine starke Emissionserniedrigung durch Sulfat- und Phosphationen. 10 ml n Schwefelsäure erniedrigen die Emission von 50 mg Al_2O_3/100 ml auf etwa 1/5; der Einfluß der Phosphorsäure ist noch stärker.

Indirekte Bestimmung des Aluminiums

Die Möglichkeit der indirekten Bestimmung des Aluminiums auf Grund der Beeinflussung der Calcium-Emission wurde bereits 1936 von *Mitchell* und *Robertson* [17] erkannt und beschrieben. Zur indirekten Bestimmung des Aluminiums wird die Tatsache ausgenutzt, daß Aluminium infolge der Bildung schwer verdampfbarer und dissoziierbarer Ca-Al-(O)- bzw. Sr-Al-(O)-Verbindungen einen Teil der anregbaren Erdalkalimetalle der Anregung in der Flamme entzieht und eine Erniedrigung ihrer Emission zur Folge hat. In der Regel wird Calcium zur Bestimmung

33*

verwendet und die Calciumemission bei 624 oder 422,7 nm gemessen. Die Intensitätsverminderung ist dem Aluminium-Gehalt proportional, solange die Calcium-Konzentration gegenüber dem Aluminium-Gehalt nicht zu gering ist. Andererseits wächst nach *Cencelj* [18] der Grad der Intensitätsabnahme mit kleiner werdender Calcium-Konzentration, wobei allerdings der lineare Bereich schrumpft. Wie bereits *Alkemade* und *Jeuken* [19] feststellen, ist die Intensitätsabnahme in salpetersaurer Lösung größer als in salzsaurer. Zur Durchführung der Bestimmung wird man die Bedingungen derart wählen, daß der Aluminium-Einfluß möglichst groß und der Meßbereich des Gerätes optimal ausgenützt wird. Nach *Cencelj* ist in salpetersaurer Lösung ein Ca-Gehalt von 600 mg Ca/l bis zu Al-Gehalten von etwa 350 mg Al/l, ein Gehalt von 200 mg Ca/l nur für Al-Gehalte bis zu etwa 80 mg Al/l ausreichend. Auch bei der indirekten treten wie bei der direkten Bestimmung Störungen und Beeinflussungen durch Fremdelemente auf, die berücksichtigt werden müssen.

Direkte Bestimmung

Zur Bestimmung des Aluminiums im *Glas* gemäß *Hegemann, Hert* und *Schmidt* [6] werden nach Aufschluß der Analysen-Probe zunächst Aluminium und Eisen durch Ammoniak-Fällung abgetrennt. Die Aluminium-Bestimmung kann in Gegenwart von Eisen ausgeführt werden, wenn das Verhältnis von

$$Fe_2O_3 : Al_2O_3 = 1 : 15$$

nicht überschritten wird. So darf z.B. bei einem Glas mit 4,1 % Al_2O_3 der Eisengehalt nicht mehr als 0,27 % Fe_2O_3 betragen. Zur Emissionsverstärkung des Aluminiums verwenden die Autoren einen Zusatz von n-Butanol.

Arbeitsvorschrift. 0,5 g feingepulverte, bei 110 °C getrocknete Glas-Probe werden mit etwa 25 ml 40 %iger Flußsäure und 3 bis 4 ml 60 %iger Perchlorsäure gelöst und bis zur Trockene abgeraucht. Der Rückstand wird in 18 %iger Salzsäure gelöst, Eisen und Aluminium mit Ammoniak als Hydroxide gefällt und abfiltriert. Nach kurzem Waschen wird der Niederschlag mit 20 ml 18 %iger Salzsäure gelöst, in einen 500-ml-Meßkolben überführt und nach Zusatz von 20 ml n-Butanol aufgefüllt. Die Lösung wird zerstäubt und die Emissionsintensität in einer Wasserstoff-Sauerstoff-Flamme unter optimalen Bedingungen bei einer Wellenlänge von 484 nm nach dem Eingabelungsverfahren bestimmt.

Bemerkungen. Zur Eingabelung dienen *Eichlösungen*, die 32, 36, 40, 44, 48 und 52 mg Al_2O_3, je 40 ml 18 %ige Salzsäure und 40 ml n-Butanol im Liter enthalten. Die *Berechnung* der unbekannten Al-Konzentration c_x erfolgt nach der Formel:

$$c_x = c_1 + \frac{I_x - I_1}{I_2 - I_1} \cdot (c_2 - c_1),$$

wobei c_1 und c_2 die Aluminium-Konzentrationen, I_1 und I_2 die Intensitäten der zur Eingabelung verwendeten Eichlösungen bedeuten. I_x ist die Intensität der unbekannten Lösung mit dem Aluminium-Gehalt c_x.

Genauigkeit. Bei 2 untersuchten Glas-Proben ergab sich eine sehr gute Übereinstimmung der flammenspektrometrisch und chemisch ermittelten Werte. So betrug bei einem Geräte-Glas mit 4,23 % Al_2O_3 der mittlere *Fehler* vom chemischen Wert bei 10 Bestimmungen + 0,05 % relativ, bei einem Kalk-Natron-Glas + 0,07 %.

Auf ähnliche Weise, jedoch *ohne* Abtrennung des Aluminiums, aber ebenfalls unter Zusatz von n-Butanol bestimmen *Hegemann* und *Hert* [20] das Aluminium im Kaolin. Zur Abtrennung des Calciums wird beim Lösen mit Flußsäure Oxalsäure zugesetzt. Der Einfluß der Alkali-Metalle wird durch Zusatz entsprechender Gehalte zu den Eichlösungen kompensiert.

Zur Bestimmung in *Tonerde-Silicaten* nach *Schmidt* und *Konopicky* [12] werden zunächst Aluminium, Eisen und Titan durch Ammoniak-Fällung abgetrennt. Diese Abtrennung macht die Methode von der Art des Aufschlusses unabhängig, so daß neben dem üblichen Flußsäure-Schwefelsäure-Aufschluß auch der Ätznatron-Aufschluß verwendet werden kann. Zur Emissionssteigerung wird ebenfalls wie nach *Hegemann, Hert* und *Schmidt* n-Butanol verwendet.

Arbeitsvorschrift. 0,5 g Probe werden mit Flußsäure-Schwefelsäure aufgeschlossen und zur Trockene abgeraucht. Der Rückstand wird in Salzsäure gelöst, Aluminium, Eisen und Titan mit Ammoniak als Hydroxide gefällt. Nach dem Auswaschen wird der Niederschlag samt Filter mit 50 ml 18%iger Salzsäure zum Sieden erhitzt, die Lösung samt dem Filterbrei in einen 250-ml-Meßkolben überführt und aufgefüllt. 50 ml Lösung werden mit 4 ml n-Butanol und 0,5 g NH_4Cl zu 100 ml aufgefüllt. Die Lösung wird direkt zerstäubt und die Emissionsintensität in einer Wasserstoff-Sauerstoff-Flamme, bei einem Sauerstoff-Druck von 0,7 at und einem Wasserstoff-Druck von 0,35 at (siehe Bemerkungen) bei einer Wellenlänge von 484 nm gemessen.

Bemerkungen. Zur *Auswertung* wird eine *Eichkurve* benutzt, die aus Eichlösungen hergestellt ist, welche die gleichen Gehalte an Titan und Eisen besitzen wie die Analysen-Lösung.

Einfluß des Gasdruckes. Die Störungen durch Fremdionen werden durch das Gasdruck-Verhältnis aus $H_2:O_2$ beeinflußt. Man kann durch Variieren der Gasdrucke die Störungen verringern. Da aber die Ausschaltung der Beeinflussung der einzelnen Elemente bei unterschiedlichen Gasdruck-Verhältnissen geschieht, ist dieses Verfahren in Gegenwart mehrerer Störelemente nicht anwendbar.

Genauigkeit. Die Analyse synthetisch hergestellter Lösungen im Bereich von 24 bis 36% Al ergab einen Maximalfehler von 2,4% relativ, eine Standardprobe einen solchen von 2,6%.

Zur Bestimmung in *Silicaten* untersuchen *Hegemann* und *Osterried* [13] die Emissionssteigerung durch Zusatz von Ammoniumchlorid in wäßriger und methanolischer Lösung. Eine Arbeitsvorschrift wird von ihnen nicht angegeben. Sie arbeiten mit einer Sauerstoff-Wasserstoff-Flamme bei einer Wellenlänge von 484 nm. Zur Untersuchung der Beeinflussungen durch Fremdionen benutzen sie folgende Lösungen:

1. Eine wäßrige Lösung, die 100 mg Al_2O_3/100 ml enthält und aus 80 ml einer Lösung A [275 ml Wasser, 75 ml Salzsäure (25%ig), 50 ml Essigsäure und 60 g Ammonchlorid] und 20 ml Salzsäure (1:10) (etwa 1,1 m) hergestellt wurde.

2. Eine methanolische Lösung, die 10 ml Lösung B (100 ml konz. Essigsäure, 450 ml 30%ige Ammoniumchlorid-Lösung[1] und 450 ml 30%ige Ammoniumacetat-Lösung), 5 ml Salzsäure (1:10) und 10 ml Methanol enthält.

Arbeitsvorschrift zur Bestimmung in Eisenerzen nach *Debras-Guédon* und *Voinovitch* [21]. 0,5 g gepulverte, bei 110°C getrocknete Probe werden in einem Platin-Tiegel mit 1 ml Wasser angefeuchtet, mit 5 ml Flußsäure (40%ig) und 1 ml Schwefelsäure (D = 1,84) auf 240°C erhitzt und bis zur Trockene abgeraucht. Man wiederholt das Abrauchen mit weiteren 5 Millilitern Flußsäure und engt anschließend nach Zugabe von 2 ml Flußsäure bis zur Trockene oder Sirupkonsistenz ein. Der Rückstand wird in 5 ml Salzsäure (D = 1,19) und 25 bis 50 ml Wasser gelöst, in einen 100-ml-Meßkolben überführt und aufgefüllt. 50 ml Lösung versetzt man mit 25 ml Oxin-Lösung (20 g Oxin werden in 40 ml Eisessig gelöst und auf 100 ml aufgefüllt), 20 ml Salzsäure (1:1) (etwa 6 m) und füllt auf 100 ml auf. Die Messung der Emission des Aluminiums erfolgt in einer Acetylen-Sauerstoff-Flamme bei einer Wellenlänge von 484 nm unter optimalen Bedingungen.

Für die Bestimmung des Aluminiums in *Silicaten* benutzen *Debras-Guédon* und *Voinovitch* [22, 23] ähnliche Vorschriften.

---

[1] Vermutlich: 30 g NH_4Cl in 100 g H_2O, da nach *Küster-Thiel-Fischbeck* die *gesättigte* Lösung nur 27,1% NH_4Cl bei 20°C enthält.

Eshelman, *Dean*, *Menis* und *Rains* [15] geben Arbeitsvorschriften zur Bestimmung des Aluminiums in *Magnesium-* und *Zink-Legierungen, Stählen, Bronzen* und *Mineralien*, wobei sie das Aluminium zunächst durch Extraktion entweder mit Thenoyltrifluoraceton (TTA) oder Cupferron in 4-Methyl-2-pentanon abtrennen und die organische Phase direkt in die Flamme versprühen.

Arbeitsvorschriften. *Magnesium-Legierungen.* Die in n Schwefelsäure gelöste Probe wird in einem Meßkolben aufgefüllt. Ein 100 bis 500 µg Al enthaltender, aliquoter Teil der Lösung wird mit m Ammoniumacetat auf pH = 2,5 bis 4,5 gestellt, in einen Scheidetrichter überführt und das Volumen auf etwa 30 ml gebracht. Dazu gibt man 3 ml 0,1 m wäßrige Cupferron-Lösung (ist die Lösung stark gefärbt, wird sie ammoniakalisch gemacht und durch Schütteln mit 4-Methyl-2-pentanon gereinigt) und schüttelt mit einer bestimmten Menge 4-Methyl-2-pentanon, bis sich ein gegebenenfalls entstandener Niederschlag gelöst hat. Man schüttelt noch weitere 2 min und trennt die organische Phase ab. Sie wird direkt in eine Acetylen-Sauerstoff-Flamme zerstäubt und die Emission bei einer Wellenlänge von 396,2 oder 484 nm unter optimalen Bedingungen gemessen.

Die *Eichkurve* wird mit Lösungen bekannter, abgestufter Aluminium-Konzentration aufgestellt, wobei diese Lösungen nach der in der Arbeitsvorschrift angegebenen Weise extrahiert werden.

Zink-Legierungen. Die Probe wird in n Schwefel- oder Salpetersäure gelöst, in einem Meßkolben aufgefüllt und ein 100 bis 500 µg Al enthaltender, aliquoter Teil mit 2 m Ammoniumacetat-Lösung auf pH = 6,0 bis 6,5 gebracht. Nach Überführung der Lösung in einen Scheidetrichter wird eine genügende Menge an Natriumdiäthyldithiocarbamidat-Lösung zur Extraktion des Zinks und Mangans (1 ml einer 5%igen Lösung für 13 mg Zn oder Mn) zugegeben und 2 min mit 20 ml Chloroform geschüttelt. Die Extraktion wird mit 10-ml-Anteilen Chloroforms wiederholt, bis die organische Phase nicht mehr gefärbt ist. Die wäßrige Phase wird in einem Becherglas mit m Essigsäure auf pH = 5,8 bis 6,0 eingestellt, wieder in einen Scheidetrichter gebracht und 5 min mit einer 0,1 m 2-Thenoyltrifluoraceton-Lösung in 4-Methyl-2-pentanon extrahiert. Die organische Phase wird anschließend mit 30 ml 0,1 m Salpetersäure geschüttelt und, wie oben bei Magnesium-Legierungen angegeben, gemessen.

Bei der Aufstellung der *Eichkurve* werden die Eichlösungen, wie in der Vorschrift angegeben, mit 2-Thenoyltrifluoraceton und 4-Methyl-2-pentanon extrahiert.

Stähle. Zur Bestimmung des säurelöslichen Aluminiums werden 100 bis 500 µg Al enthaltende Proben in 5n Perchlorsäure gelöst, der Rückstand abfiltriert und mit 1%iger heißer Perchlorsäure ausgewaschen. Das Eisen wird durch Elektrolyse an einer Quecksilber-Kathode entfernt. Nach Eindampfen des Elektrolyten auf 20 ml gibt man 10 ml m Ammoniumacetat-Lösung zu und stellt den pH-Wert auf 2,5 bis 4,5. Nun wird, wie in der Analyse von Magnesium-Legierungen angegeben, weiter verfahren.

Bronze. Die Probe, die 100 bis 500 µg Al enthalten soll, wird in 10 ml 5n Salzsäure und 5 ml 30%iger Wasserstoffperoxid-Lösung gelöst, mit 10 ml 5n Perchlorsäure bis zum Rauchen eingeengt, abgekühlt und an der Quecksilber-Kathode elektrolysiert. Dann wird weiter verfahren, wie in der Arbeitsvorschrift für Stähle angegeben.

Minerale. Von silicatischem Material wird eine 0,2 bis 1,0 mg Al_2O_3 enthaltende Probe in einer Platin-Schale mit Wasser angefeuchtet, mit 5 ml 48%iger Flußsäure und 0,5 ml 36n Schwefelsäure versetzt. Man erhitzt bis zum Rauchen der Schwefelsäure, läßt abkühlen, fügt 2 ml Flußsäure zu und dampft zur Trockene. Der Rückstand wird mit Salzsäure (1 : 9) (etwa 1,2 m) aufgenommen, in einen Scheidetrichter überführt, mit 5 ml 0,1 m Cupferron-Lösung und 25 ml 4-Methyl-2-pentanon versetzt. Man schüttelt 2 min zur Entfernung der Schwermetalle. Die wäßrige Phase wird mit 10 ml m Ammoniumacetat-Lösung versetzt, der pH-Wert mit m Ammoniak auf 2,5 bis 4,5 gebracht, 5 ml 0,1 m Cupferron-Lösung sowie 4-Methyl-2-pentanon zugesetzt und 2 min geschüttelt. Nun wird weiter verfahren, wie bereits in den anderen Vorschriften beschrieben.

Bemerkungen. Bei der Analyse nicht-silicatischer Minerale, z.B. *Kalk*, erfolgt die Kieselsäure-Abscheidung in der üblichen Weise. Sonst wird nach der gleichen Vorschrift verfahren.

Genauigkeit. Die durchgeführten Analysen von Standardproben verschiedener Materialien ergaben Standardabweichungen von 0,05 bis 0,12 für Aluminium-Gehalte von 1,0 bis 4,0%. Stähle ergaben die Standardabweichung 0,004 bis 0,008 für Gehalte von 0,04 bis 0,28%.

Störung durch Fremdionen. Bei der Extraktion mit 2-Thenoyltrifluoraceton als Extraktionsmittel werden größere Mengen an Alkalien und Erdalkalien mitextrahiert und stören. Durch Auswaschen der organischen Phase mit 0,1 m Salzsäure können diese Elemente leicht entfernt werden. Bei Verwendung der Atomlinie 396,2 nm zur Messung stören größere Mengen Calcium und Eisen. Die Entfernung des Eisens und anderer Schwermetalle wird durch Elektrolyse an einer Quecksilber-Kathode empfohlen. Calcium bildet nur einen losen Komplex mit 2-Thenoyltrifluoraceton und kann, wie schon erwähnt, mit 0,1 m Salpetersäure aus der organischen Phase ausgewaschen werden. Die Benutzung der AlO-Bande bei 484 nm stören Kupfer, Cer(III) und Yttrium. Die Anionen der Flußsäure und Phosphorsäure stören und verhindern die Extraktion des Aluminiums.

Nach einer *ähnlichen* Vorschrift wie *Eshelman* und Mitarbeiter bestimmen *Fornaseri* und *Turi* [24] das Aluminium in Silicaten.

Arbeitsvorschrift. 0,4 g Probe werden in einer Mischung aus Schwefelsäure und Flußsäure gelöst und 3mal unter jeweiliger Zugabe von Flußsäure bis zum Rauchen eingeengt. Der abgekühlte Rückstand wird mit Salzsäure (1:9) (etwa 1,2 m) aufgenommen und die Lösung auf 200 ml aufgefüllt. Zu einem aliquoten Teil dieser Lösung, der 1 bis 2 mg Al enthalten soll, gibt man 1 ml 0,2 m wäßrige Cupferron-Lösung und extrahiert mit 10 ml Chloroform. Die wäßrige Phase wird mit 2 bis 3 ml Chloroform nachgewaschen und, wenn notwendig, die Extraktion wiederholt. Man extrahiert noch 2mal mit 10 ml Chloroform, gibt zur wäßrigen Phase 10 ml m Ammoniumacetat-Lösung und bringt den pH-Wert auf 2,5 bis 4,5 (Mischindikator: 0,1%ige äthanolische Methylenblau- und 0,1%ige äthanolische Methylgelb-Lösung). Zu dieser Lösung gibt man 10 ml 0,2 m wäßrige Cupferron-Lösung, verdünnt auf 50 ml und extrahiert mit 50 ml Isobutylmethylketon. Die organische Phase wird abgetrennt, direkt in eine Wasserstoff-Sauerstoff-Flamme gesprüht und die Emission bei einer Wellenlänge von 396,2 nm gemessen.

Bemerkungen. Gleiche Ergebnisse erhält man bei Verwendung einer 10 vol.-%igen *Acetylaceton*-Lösung an Stelle der Cupferron-Lösung.

Titan-Gehalte >1% *stören* die Bestimmung.

Arbeitsweise zur Bestimmung in *feuerfesten Erzeugnissen* nach *Schmidt, Konopicky* und *Kostyra* [9]. In der von den Autoren angegebenen Vorschrift wird das Aluminium mit Acetylaceton-Chloroform extrahiert. Der Einfluß des Eisens wird durch *Maskierung* mit Kaliumhexacyanoferrat(II) und (III) vor der Extraktion beseitigt. Die allgemein gehaltene Arbeitsvorschrift kann zur Analyse sowohl von Silica, Schamotte- und Tonmaterial, Chrommagnesit als auch Magnesit verwendet werden.

Arbeitsvorschrift. *Flußsäure/Schwefelsäure-Aufschluß.* Die gepulverte und getrocknete Probe wird in einer Platin-Schale mit 2 bis 3 ml Schwefelsäure (D = 1,84) versetzt, ungefähr 20 ml 40%ige Flußsäure zugegeben und vorsichtig zur Trockene abgeraucht. Fluoridionen müssen dabei quantitativ entfernt sein, da sie die Extraktion des Aluminiums stören. Der Rückstand wird mit 20%iger Salzsäure versetzt und gelöst. Die erhaltene Lösung wird je nach Material und Einwaage entweder direkt zur Extraktion verwendet oder auf 100 ml aufgefüllt und ein entsprechender, aliquoter Teil entnommen.

Natriumcarbonat/Borax-Aufschluß. Die gepulverte Probe wird mit 10 g eines Gemisches aus Natriumcarbonat und Borax (1:1) aufgeschlossen und der Schmelzkuchen nach dem Erkalten in 10%iger Salzsäure und einigen Tropfen Schwefelsäure gelöst.

Ausführung der Bestimmung. Die sauren Aufschlußlösungen oder aliquote Teile davon – die Al_2O_3-Menge der verwendeten Proben-Lösungen soll zwischen 5 und 25 mg Al_2O_3 liegen – werden mit konz. Natriumacetat-Lösung auf einen pH-Wert zwischen 4 und 5 eingestellt. Anschließend wird bei Magnesit- und Chrommagnesit-Proben für die Aluminiumextraktion ein Gemisch aus Kaliumhexacyanoferrat(II) und (III) zur Maskierung des Eisens zugegeben. Die Lösungen werden in einen 250-ml-Scheidetrichter überführt und mit 4mal 25 ml Acetylaceton-Chloroform (1:1) ausgeschüttelt. Die Extrakte werden in einem 100-ml-Meßkolben gesammelt und mit Extraktionsgemisch aufgefüllt. Die organische Lösung wird direkt in eine Wasserstoff-Sauerstoff-Flamme zerstäubt und die Emission der AlO-Bande bei 484 nm unter optimalen Bedingungen gemessen.

Bemerkungen. Zur Auswertung wird eine *Eichkurve* benutzt, die aus Eichlösungen hergestellt ist, welche dem gleichen Extraktionsverfahren unterworfen werden.

Für *Magnesit-Proben* wird der Natriumcarbonat/Borax-Aufschluß bevorzugt, da bei einem sauren Aufschluß das gebildete Magnesiumfluorid nur bei höheren Temperaturen zersetzt wird und die Gefahr besteht, daß die Fluoridionen nicht quantitativ entfernt werden.

Genauigkeit. Die Ergebnisse der an Standardproben durchgeführten Aluminium-Bestimmungen enthält die nachfolgende Tabelle 79.

Tabelle 79. *Flammenphotometrische Aluminium-Bestimmungen*

Probe	Gegeben %	Gefunden Mittelwert %
ASTM 76	37,67	37,8
ASTM 77	59,39	60,4
ASTM 102	1,96	1,92
ASTM 104	7,07	7,2
ASTM 198	0,16	0,16
ASTM 199	0,49	0,51
Chromerz B	10,31	10,5
Chromerz D	7,9	8,1
Chromerz Weißweiler 1	9,5	9,2
Chromerz Weißweiler 3	11,4	11,1

Indirekte Bestimmung

Arbeitsvorschrift zur Bestimmung in Zink-Legierungen nach *Kashima* und *Mutaguchi* [25]. 0,4 g Probe werden in 10 ml Salzsäure (1:1) (etwa 6 m) gelöst, 20 mg Ca als Calciumchlorid-Lösung zugesetzt und auf 100 ml aufgefüllt. Die Lösung wird in eine Sauerstoff-Wasserstoff-Flamme zerstäubt und die Calcium-Emission bei der Wellenlänge 422,7 nm gemessen.

Bemerkungen. Die Emission ist der Aluminium-Konzentration *umgekehrt* proportional.

Die *Abweichungen* von den chemisch ermittelten Werten sind geringer als 3%.

Aus *Boden-Extrakten* wird nach *Cencelj* [18] das Aluminium normalerweise zur indirekten Bestimmung mit Calcium als Hydroxid, Benzoat oder Acetat abgetrennt. Dieser Niederschlag wird in Salpetersäure gelöst und nach Zugabe von 400 mg Ca/l die Calcium-Emission bei 624 nm gemessen. Um den Einfluß des Eisens auf die Calcium-Emission auszuschalten, werden Eichkurven-Scharen mit verschiedenen Eisen-Gehalten benutzt.

Atomabsorptionsflammenspektrometrie (AAS)

Die Temperatur der üblichen zur Atomabsorptionsanalyse verwendeten Luft-Acetylen-Flamme ist zur Dissoziation des Aluminiums, welches in der Flamme schwer dissoziierbare Oxide bildet, nicht ausreichend und eine Bestimmung deshalb nicht möglich. Versuche nach *Robinson* [26], an Stelle der Flamme eine Funken-Entladung zu verwenden, haben keine praktische Bedeutung erlangt, ebensowenig eine Methode nach *Slavin* und *Manning* [27], die einen *Zeiss*-Zerstäuber-Brenner und eine acetylenreiche Sauerstoff-Acetylen-Flamme benutzen. Mit Lösungen, die Äthanol enthalten, erreichen sie eine Empfindlichkeit von 6 ppm für 1% Absorption. Die bei dieser Flamme auftretende Erhöhung der Untergrund-Intensität vermindern *Winefordner* und *Veillon* [28] durch Verwendung eines Lichtleiters.

Amos und *Thomas* [29] benutzen für ihre Bestimmungen eine Sauerstoff-Acetylen-Flamme, wobei der Sauerstoff mit Stickstoff verdünnt wird. Sie verwenden dafür einen speziell entwickelten Brenner mit Vorkammer-Zerstäubung und vorgemischten Gasen. Die Empfindlichkeit für die Bestimmung des Aluminiums wird von ihnen in wäßriger Lösung mit 1,7 ppm für 1% Absorption angegeben. *Dowling, Chakrabarti* und *Lyles* [30] sowie *Chakrabarti, Lyles* und *Dowling* [31] extrahieren das Aluminium als Cupferronat zunächst mit Methylisobutylketon und versprühen die organische Phase in eine Sauerstoff-Wasserstoff- und eine Sauerstoff-Acetylen-Flamme. Dabei erwies sich die Sauerstoff-Acetylen-Flamme als geeigneter und ergab eine höhere Empfindlichkeit. Die Nachweisgrenze wurde von ihnen zu 26 ppm ermittelt, die Empfindlichkeit mit 8 ppm für 1% Absorption angegeben.

Erst durch die Benutzung der von *Willis* [32] vorgeschlagenen Distickstoffoxid-Acetylen-Flamme mit einer Flammentemperatur von etwa 3000 °C ist die praktische Bestimmung des Aluminiums möglich geworden. *Nikolaev* und *Aleskovskii* [33] bestimmen Aluminium mit der von *L'vov* [34] an Stelle der Flamme vorgeschlagenen Graphit-Küvette, wobei noch Aluminium-Gehalte von 0,00005% bestimmt werden können. *Nikolaev* [35] verdampft zur Bestimmung von Spuren Aluminiums in hochschmelzenden Metallen die Probe mit einem Dauerstrom-Bogen von 50 A und destilliert sie in eine auf 2600 °K gehaltene Graphit-Küvette. *Friend* und *Diefenderfer* [36] benutzen eine Plasma-Flamme. In einer 95%igen äthanolischen Lösung erreichen sie eine Empfindlichkeit von 2,7 µg Al/ml.

Zur Analyse verwendete Linien

Die zur Atomabsorption brauchbaren Linien des Aluminiums und ihre relativen Empfindlichkeiten enthält Abb. 29. Die empfindlichste und hauptsächlich benutzte Linie ist die Resonanzlinie der Wellenlänge 309,3 nm, die eigentlich ein Dublett aus den beiden Linien 309,27 nm und 309,28 nm ist. Weniger empfindlich und gelegentlich benutzt werden die Linien 396,1 nm und 394,4 nm. So verwenden *Dowling, Chakrabarti* und *Lyles* sowie *Chakrabarti, Lyles* und *Dowling* diese beiden Linien gleichzeitig.

Die Empfindlichkeiten der einzelnen Linien werden von *Ramakrishna, West* und *Robinson* [37] wie folgt (Tab. 80) angegeben, wobei die Werte einer Absorption von 1 % entsprechen.

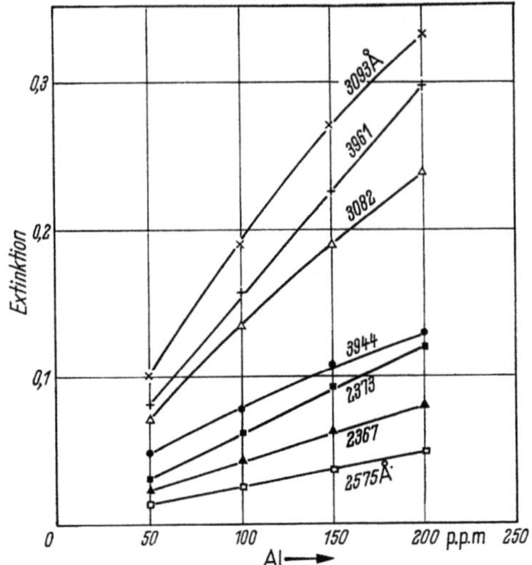

Abb. 29. Relative Empfindlichkeiten der Aluminium-Resonanzlinien nach *Amos* und *Thomas* [29]

Tabelle 80. *Empfindlichkeiten der einzelnen Aluminium-Linien*

Wellenlänge nm	Empfindlichkeit ppm/1% Absorption
309,2	1,2
396,1	1,0
308,2	1,8
394,4	2,2
237,3	3,5
257,5	7,0
265,2	8,5

Möglichkeiten der Empfindlichkeitssteigerung

Organische Lösungsmittel wie Alkohole und Ketone erhöhen die Empfindlichkeit der Aluminium-Bestimmung. Die Ursachen dieser Empfindlichkeitssteigerung sind wahrscheinlich folgende:

I. Bessere Zerstäubung und Verringerung der Tröpfchengröße durch Verminderung der Oberflächenspannung.

II. Höhere Flammen-Temperatur.

III. Bessere Verdampfung der Lösung.

IV. Erhöhung der zerstäubten Lösungsmenge.

Nach Untersuchungen von *Jaworowski, Weberling* und *Bracco* [38] erhöht der Zusatz organischer Lösungsmittel, wie Methanol, Äthanol und Aceton, die Zerstäubungsgeschwindigkeit nicht, kann also nicht eine der Ursachen für die Empfindlichkeitssteigerung sein. Die von ihnen angegebenen Zerstäubungsgeschwindigkeiten und die erreichten Empfindlichkeiten enthält die folgende Tabelle 81.

Nach den Erfahrungen von *Ramakrishna, West* und *Robinson* steigert der Zusatz von Diäthylenglycoldiäthyläther zur wäßrigen Lösung die Empfindlichkeit der Alu-

Tabelle 81. *Einfluß organischer Lösungsmittel nach Jaworowski, Weberling und Bracco*

Lösung	Zerstäubungs-geschwindigkeit für N_2O-C_2H_2-Brenner ml/min	Empfindlichkeit für 1% Absorption µg/ml
Wäßrige Lösung	9	2,5
80% Äthanol	4,8	1
80% Methanol	5,5	1
50% Aceton	6,0	1,5

minium-Bestimmung um etwa 30%. Dabei ist bereits ein Zusatz von 5% für eine optimale Empfindlichkeitssteigerung ausreichend.

Störungen durch Begleitelemente

In der Atomabsorptionsanalyse treten bei Verwendung einer Acetylen-Luft-Flamme zur Aluminium-Bestimmung die gleichen Störeinflüsse durch andere Elemente wie bei der Emissionsanalyse auf. Sie beruhen im wesentlichen auf der unvollständigen Dissoziation einiger Verbindungen des Aluminiums, die von den Lösungspartnern beeinflußt wird. Angaben über solche Störeinflüsse werden in der Literatur kaum behandelt. Lediglich *Amos* und *Thomas* untersuchten die Beeinflussung der Aluminium-Bestimmung durch Fremdelemente. Bei Verwendung des von ihnen entwickelten Sauerstoff-Acetylen-Brenners stören Calcium, Zink, Kupfer, Blei, Magnesium, Natrium, Phosphat- und Sulfationen bis zu Gehalten von 2 g/100 ml nicht. Empfindliche Störungen erhielten sie in Anwesenheit von Eisen und Chloridionen. Eine Möglichkeit zur Beseitigung dieser Störungen wird von ihnen nicht angegeben; sie müssen bei der Aufstellung der Eichkurve berücksichtigt werden.

Wesentlich geringere Störungen treten bei der heute fast ausschließlich zur Aluminium-Bestimmung verwendeten Lachgas-Acetylen-Flamme auf. Untersuchungen über die Störung durch anwesende Fremdionen sind von *Ramakrishna*, *West* und *Robinson* durchgeführt worden. Nach ihren Angaben stören nur Titan und Essigsäure. So erhöht ein Zusatz von 5% Essigsäure die Absorption des Aluminiums um etwa 10%, ein Zusatz von Titan um etwa 25%. Bei Gehalten von 80 ppm Titan ist das Maximum der Erhöhung bereits erreicht. Höhere Konzentrationen an Titan bis zu 300 ppm üben weiter keinen nennenswerten Einfluß mehr auf die Absorption aus.

Bei der Aluminium-Bestimmung in hoch siliciumhaltigem Material untersuchte *van Loon* [39] den Einfluß einiger Ionen. Das Ergebnis zeigt die nachfolgende Tabelle 82.

Wie aus der Tabelle 82 ersichtlich ist, läßt sich die Störung der Kationen durch Zugabe von Lanthan(III)-ionen auch bei höheren Gehalten an störenden Kationen verhindern.

Bei der Analyse von Bauxit fanden *Bowman* und *Willis* [40], daß die Aluminium-Bestimmung durch Schwefelsäure und Natronlauge bzw. durch Natriumsalze beeinflußt wird. So erhöht ein Schwefelsäure-Gehalt von 0,2 bis 0,3n die Absorption um etwa 20% und Natronlauge in einer Konzentration von etwa 0,06n die Absorption um 5%. In weit weniger starkem Maße als Natronlauge beeinflussen Natriumchlorid, Natriumborat und Salzsäure die Absorption.

Die *Durchführung* und die Bedingungen zur *Messung* der *Absorption* sind bei den einzelnen Geräten verschieden; sie werden im allgemeinen in den von den Firmen mitgelieferten Handbüchern und Vorschriften mitgeteilt. In den nachfolgenden Arbeitsvorschriften sind nur einige wenige, typische Beispiele der Aluminium-

Tabelle 82. *Einfluß von Fremdionen auf die Aluminium-Absorption*

Ion	Konzentration	Einfluß
Ca^{2+} oder Mg^{2+} oder K^+ oder Na^+ oder Ti^{4+} in 1n HNO_3	500 µg/ml	+7 bis 12%
Fe^{3+} in 1n HNO_3	500 µg/ml	+2%
Ca^{2+} oder Mg^{2+} oder K^+ oder Na^+ oder Ti^{4+} oder Fe^{3+} in 0,1n HCl	50 µg/ml	bedeutungslos
Ca^{2+} oder Mg^{2+} oder K^+ oder Na^+ oder Ti^{4+} in 0,1 bis 4n HCl	500 µg/ml	+2 bis 10%
Fe^{3+} in 1n HCl	500 µg/ml	bedeutungslos
HCl	0,1 bis 6n	−0 bis 30%
H_2SO_4	0,1 bis 3n	−0 bis 15%
HNO_3	0,1 bis 3n	−0 bis 15%
Ca^{2+} oder Mg^{2+} oder K^+ oder Na^+ oder Ti^{4+} oder Fe^{3+} mit 1% La^{3+} und in 1n HCl	500 µg/ml	bedeutungslos
Alle Kationen mit 1% La^{3+} in 1n HCl	500 µg/ml	bedeutungslos

+ Absorptionserhöhung.
− Absorptionserniedrigung.

Bestimmung herausgesucht worden, indem das Hauptaugenmerk auf die Proben-Vorbereitung gelegt wurde.

Arbeitsvorschrift nach *Chakrabarti, Lyles* und *Dowling* [31]. Die zu analysierende, saure Lösung wird mit Ammoniumacetat gepuffert und auf pH = 3,5 eingestellt. Zu dieser Lösung gibt man eine frisch bereitete, wäßrige Cupferron-Lösung und extrahiert das Aluminiumcupferronat mit 4-Methyl-2-pentanon. Die organische Phase wird direkt in eine Sauerstoff-Acetylen-Flamme gesprüht, die Absorption bei 396,2 bis 394,4 nm (die beiden Linien konnten mit dem vorhandenen Monochromator nicht getrennt werden) und einer Spaltbreite von 6,2 mm unter optimalen Bedingungen gemessen.

Zur Aufstellung der *Eichkurve* werden Eichlösungen mit unterschiedlichen Aluminium-Gehalten unter den gleichen Bedingungen extrahiert und gemessen.

Arbeitsvorschrift zur Bestimmung in eisenhaltigen Materialien nach *Scott, Roberts* und *Cain* [41]. 2 g fein gepulverte Probe (Erz) werden in 25 ml konz. Salzsäure gelöst, zur Trockene eingedampft, mit einer geringen Menge Salzsäure (1 : 1) (etwa 6 m) aufgenommen, filtriert und der Rückstand mit einer möglichst geringen Menge heißer 20%iger Salzsäure ausgewaschen. Der Rückstand wird geglüht und gesondert aufgearbeitet. Das Filtrat wird bis zur Sirup-Konsistenz eingeengt, mit 20 ml konz. Salzsäure aufgenommen und mit einigen Tropfen Salpetersäure oxydiert. Die Lösung wird in einen Schütteltrichter überführt, wobei mit konz. Salzsäure nachgewaschen und bis auf etwa 40 ml verdünnt wird. Es wird nun mit 50 ml Isobutylacetat 30 sec geschüttelt und die wäßrige Phase abgetrennt. Die organische Phase wird mit 5 ml konz. Salzsäure geschüttelt, die salzsaure Lösung zur wäßrigen Phase gegeben und das organische Lösungsmittel verworfen. Die Extraktion wird auf gleiche Weise mit 30 ml Isobutylacetat wiederholt, die wäßrige Lösung zur Trockene eingeengt und mit 5 ml Salpetersäure (1 : 1) (etwa 7 m) aufgenommen. Der geglühte Rückstand wird mit 5 ml Flußsäure sowie 2 bis 3 Tropfen Schwefelsäure abgeraucht und mit der 4fachen Menge an wasserfreiem Natriumcarbonat aufgeschlossen und die Schmelze in Salpetersäure (1 : 9) (etwa 1,4 m) gelöst. Die Lösung der Schmelze wird zur extrahierten wäßrigen Lösung gegeben und diese auf 25 ml aufgefüllt. Die Bestimmung des Aluminiums erfolgt in einer Lachgas-Acetylen-Flamme.

Bemerkung. Nach Angaben der Verfasser lassen sich auf diese Weise noch Aluminium-Gehalte bis herab zu *0,001%* bestimmen.

Arbeitsvorschrift zur Bestimmung im Zement nach *Capacho-Delgado* und *Manning* [42]. 1 g Probe wird mit 10 ml Wasser aufgeschlämmt und nach Zugabe von

10 ml konz. Salzsäure gelöst. Die Lösung wird zur Trockene eingeengt, mit 10 ml Salzsäure (1:1) (etwa 6 m) aufgenommen, mit 10 ml Wasser verdünnt, filtriert und der Rückstand mit heißer Salzsäure (1:99) (etwa 0,12 m) ausgewaschen. Die Lösung wird auf 100 ml aufgefüllt und ein aliquoter Teil zur Bestimmung 1:10 verdünnt. Die Messung der Absorption dieser Lösung erfolgt in einer Lachgas-Acetylen-Flamme bei einer Wellenlänge von 309,26 nm.

Bemerkungen. Der verhältnismäßig hohe Calcium-Gehalt im Zement erniedrigt die Absorption des Aluminiums *um etwa* 7%. Um diese Beeinflussung auszuschalten, muß den Eichlösungen die gleiche Menge an Calcium zugesetzt werden, die in der Analysen-Lösung vorhanden ist.

Die relative *Standardabweichung* dieser Methode wurde für einen Zement, der 6,56% Aluminiumoxid enthielt, zu 1,5% rel. ermittelt.

Arbeitsvorschrift zur Bestimmung in hoch siliciumhaltigem Material nach *van Loon* [39]. 0,5 bis 3 g fein gepulverte Probe (5 bis 25 mg Al) werden in 40 ml Flußsäure und 5 ml Schwefelsäure (1:1) (etwa 9,3 m) gelöst und die Lösung fast bis zur Entfernung der Schwefelsäure abgeraucht. Dieses Abrauchen wird mit je zwei 1-ml-Zusätzen an konz. Schwefelsäure wiederholt, der Rückstand mit 8 ml konz. Salzsäure und etwas Wasser aufgenommen und in einen 100-ml-Meßkolben filtriert, indem die Schale mit etwa 20 ml heißer 5%iger Salzsäure gespült wird.

Nach dem Abkühlen werden 10 ml 10%iger Lanthan-Lösung hinzugegeben und auf 100 ml aufgefüllt. Die Messung der Absorption erfolgt in einer Lachgas-Acetylen-Flamme.

Arbeitsvorschrift zur Bestimmung im Bauxit nach *Bowman* und *Willis* [40]. Die zur Bestimmung verwendeten Analysen-Lösungen können nach 3 verschiedenen Verfahren hergestellt werden.

α) 1 g Bauxit wird in 50 ml Mischsäure [500 ml Schwefelsäure (1:1) (etwa 9,3 m), 100 ml Salpetersäure und 100 ml 70%ige Perchlorsäure] gelöst, bis zum Rauchen eingedampft, mit Wasser verdünnt und nach der Filtration in einem 500-ml-Meßkolben aufgefüllt.

β) 1 g Bauxit wird mit 5 g Natriumhydroxid aufgeschlossen, die Schmelze mit 40 ml Wasser ausgelaugt, filtriert und auf 200 ml aufgefüllt.

γ) 1 g Bauxit wird mit 5 g einer (2:1)-Mischung aus Natriumcarbonat und Borax $(Na_2B_4O_7 \cdot 10 H_2O)$ aufgeschlossen, die Schmelze in 100 ml Salzsäure (1:1) (etwa 6 m) gelöst und auf 200 ml aufgefüllt.

Die Messung der Absorption erfolgt in einer Lachgas-Acetylen-Flamme bei einer Wellenlänge von 309,27 nm gegen 2 Standardlösungen, die in der Nähe der Al-Konzentration der Analysen-Lösung liegen und diese einklammern.

Bemerkungen. Zur Ausschaltung von Beeinflussungen müssen die Standardlösungen die *gleichen* Mengen an Schwefelsäure, Natronlauge, Natriumchlorid, Natriumtetraborat und Salzsäure enthalten wie die Analysen-Lösungen.

Die relative *Standardabweichung* der Bestimmung wird von *Bowman* und *Willis* bei Gehalten von etwa 60% Al_2O_3 zu 0,6 bis 0,9% angegeben.

Weitere Vorschriften. Endo, Ohata und *Nakahara* [43] bestimmen Aluminium-Gehalte bis zu 0,005% in Stählen mit der Atomabsorption, wobei sie einen wassergekühlten Brenner benutzen. Die Absorptionsmessung wird bei 396,1 nm in einer Lachgas-Acetylen-Flamme durchgeführt. Als relative Standardabweichung für das Verfahren werden 2 bis 9% angegeben.

Über eine Bestimmung in wäßrigen Lösungen berichtet *Polak* [44]. Er benutzt ebenfalls einen Spezialbrenner mit Lachgas-Acetylen. Die *Genauigkeit* der Methode beträgt 4% und weniger für Aluminium-Gehalte von 0,06 bis 6,3%.

Weitere Arbeitsvorschriften unter Verwendung des Lachgas-Acetylen-Brenners sind von *Laflamme* [45] zur Bestimmung des Aluminiums in Bodenproben, von *Druckman* [46] zur Analyse von Polypropylen, von *Hartley* und *Ingles* [47] zur Bestimmung in Wollproben, von *Jursik* [48] zur Analyse uranhaltiger Proben sowie von *Myers* [49] zur Analyse von Titan-Legierungen angegeben worden.

Gemäß der Arbeitsweise unter Verwendung einer *Graphit-Küvette* verwendet *Nikolaev* [35, 50] zur Bestimmung des Aluminiums in schwer schmelzbaren Metallen, vor allem in Wolfram, Molybdän, Tantal, Niob und auch Graphit, an Stelle der Flamme eine Graphit-Küvette.

Arbeitsvorschrift. 10 mg Probe in Pulver oder feinen Spänen werden in eine Becher-Elektrode aus Graphit, die vorher mit 1 %iger Polystyrol-Lösung imprägniert wurde, eingefüllt. Diese Elektrode wird dann in eine Bohrung in der Wand der Graphit-Küvette eingesetzt und durch einen außerhalb der Graphit-Küvette gezündeten 50-A-Dauer-Strombogen erhitzt, wobei die Probe in die Küvette verdampft, die durch Widerstandsheizung auf 2600 °K gehalten wird. Die Küvette ist mit Argon unter einem Druck von 3 bis 7 at gefüllt.

Bemerkungen. Zur *Messung* der Absorption des Aluminiums wird die Linie bei 307,59 nm benutzt.

Die *Empfindlichkeit* der Methode wird von *Nikolaev* mit $2,5 \cdot 10^{-11}$ g Al absolut angegeben.

Die *Genauigkeit* der Bestimmung von $6,5 \cdot 10^{-5}$% Al im Wolfram beträgt 15 %.

B. Emissionsspektralanalyse

Zusammenfassende Darstellungen über Theorie und Praxis dieses Gebietes enthält folgende Literatur: Analyse der Metalle II [51]; *Moritz* [52]; *Seith* und *Ruthardt* [53]; *Scheller* [54]; *Ahrens* und *Taylor* [55].

Im folgenden Abschnitt sollen zunächst die prinzipiellen Möglichkeiten der einzelnen Arbeitsschritte der spektralanalytischen Bestimmung des Aluminiums kurz besprochen werden. Anschließend werden einige typische Beispiele der spektralanalytischen Bestimmung des Aluminiums in verschiedenen Materialien behandelt. Es sind bewußt nur einige Beispiele herausgegriffen worden, da bei der Fülle der vorhandenen Literatur eine Aufführung der einzelnen Methoden, die einander oft sehr ähnlich sind, praktisch nicht möglich ist. Außerdem ist in den meisten Arbeiten eine mehr referierende Darstellung gewählt worden.

Methodik zur spektralanalytischen Bestimmung des Aluminiums

Aufbereitung und Herstellung der Analysen-Proben

Je nach der Art des zu untersuchenden Materials wird man einen der 3 für die spektralanalytische Bestimmung metallischer Elemente geeigneten Wege zur Herstellung der Analysen-Probe wählen:

I. Direkte Verwendung des Proben-Materials als Elektroden der Anregungsquelle.

II. Mahlen des Proben-Materials zu Pulver, das entweder auf eine Hilfselektrode aufgebracht oder in Form eines Preßlings als Elektrode oder Elektrodenauflage dient.

III. Lösen der Probe und Ausführung der Bestimmung nach den Methoden der Lösungsspektralanalyse.

Direkte Verwendung der Probe als Elektrode

Zur Untersuchung metallischer Proben wird stets die direkte Verwendung der Probe als Elektrode angestrebt werden. Der Vorteil dieser Arbeitsweise liegt in ihrer Einfachheit und Schnelligkeit, da eine chemische Aufbereitung und eine gesonderte Herstellung der Analysen-Probe entfällt. Voraussetzung ist jedoch, daß die Probe ein repräsentatives Muster des zu analysierenden Materials darstellt und in sich selbst homogen ist. Das kann man bei der Probenahme aus Metall-Schmelzen weitgehend erreichen; wenn man das Metall in speziell konstruierte Kokillen ausgießt· und dort erstarren läßt (Moritz-, Wohlbank- oder Rohner-Kokille). Gut bewährt hat sich eine von der ASTM vorgeschlagene Scheibenprobe.

Verwendung pulverförmigen Proben-Materials

Grundsätzlich kann jedes feste, auch metallische Material als pulverförmige Probe zur quantitativen Spektralanalyse herangezogen werden. Feste Stoffe mit ungenügender, elektrischer Leitfähigkeit können nur nach dem Verfahren der Pulver- oder Lösungsspektralanalyse untersucht werden, z.B. Mineralien, Schlacken, feuerfeste Steine, Veraschungsrückstände.

Verwendung der Probe als Lösung

Gegenüber den oben aufgeführten Methoden der Spektralanalyse fester Proben hat die Lösungsspektralanalyse den Nachteil des mit der naßchemischen Aufbereitung des Proben-Materials verbundenen Zeit- und Arbeitsaufwandes; Vorteile der Lösungsspektralanalyse sind dagegen:

a) Bessere Homogenisierung der Proben.

b) Möglichkeit der Zugabe eines als innerer Standard dienenden Metalls sowie die einfache Herstellung von Eichlösungen.

c) Bei unterschiedlichen, vor allem höheren Aluminium-Gehalten der Proben die Möglichkeit des Verdünnens der Lösungen, um in einen zur Bestimmung günstigen Konzentrationsbereich zu gelangen.

Hinsichtlich der verschiedenen Verfahren der Lösungsspektralanalyse sei auf die bereits am Anfang erwähnte (S. 526) Literatur verwiesen.

Anreicherung von Aluminium-Spuren und Abtrennung störender Elemente

Grundsätzlich ist auf spektralanalytischem Wege die Bestimmung einzelner Elemente, auch des Aluminiums, in Gegenwart aller anderen Elemente ohne vorhergehende Trennung durchführbar. Praktisch ist es aber nicht möglich, wenn die absolute Menge des zu bestimmenden Aluminiums im Verhältnis zur Empfindlichkeit der Arbeitsweise und des Spektrographen zu gering ist oder das Konzentrationsverhältnis vom Aluminium zu anderen, in der Probe enthaltenen Metallen so ungünstig ist, daß auch schwache Linien dieser Metalle als Koinzidenz- oder Störlinien die Intensitätsmessung der Analysen-Linien des Aluminiums stärker beeinflussen. Im ersteren Falle ist eine Anreicherung des Aluminiums, also die Abtrennung von der Hauptmenge der übrigen Bestandteile der Probe, erforderlich, im zweiten Fall die Abtrennung der in großem Überschuß vorliegenden, störenden Elemente. In diesen Fällen sei auf den Abschnitt „Trennungsverfahren" (S. 577) verwiesen.

Anregungsarten

Anregung in der Flamme. Siehe das Kapitel: Emissionsflammenspektrometrie, Seite 513.

Anregung im Lichtbogen. Die stärksten Spektrallinien des Aluminiums (vgl. Abschnitt: Analysen-Linien, S. 531) sind sowohl bei Anregung im Lichtbogen wie im Funken Atomlinien, also Bogenlinien. Demnach ist der Lichtbogen die geeignete Anregungsart zur Bestmmung sehr geringer Aluminium-Gehalte, wie ja allgemein zum Nachweis von Spuren der Lichtbogen bevorzugt wird, da sich durch die größere Energie des Lichtbogens die erforderliche, vollständige Verdampfung pulverförmiger Proben am sichersten erreichen läßt. Die Möglichkeit, noch kleinere Aluminium-Gehalte im Lichtbogen bestimmen zu können als durch Funken-Anregung (vgl. S. 529), ist allerdings mit einer Einbuße an Genauigkeit verbunden, da sich nach dem heutigen

Stand Konstanz und Reproduzierbarkeit der Anregungsbedingungen im Lichtbogen schlechter erreichen lassen als in der Funken-Entladung.

Welcher Art der Bogen-Anregung im Einzelfall der Vorzug zu geben ist, hängt von verschiedenen Umständen, u.a. auch von der Art des Proben-Materials, ab. Zur Bestimmung sehr geringer Aluminium-Gehalte, wenn also in erster Linie eine hohe Nachweis-Empfindlichkeit erforderlich ist, dürfte vor allem die Anregung mit dem Abreißbogen (z.B. *Pfeilsticker*) oder dem Hochspannungswechselstrom-Bogen geeignet sein.

Nach *Antheunissens* [56] führt man bei Anwendung des Gleichstrom-Bogens zwischen Kohle-Elektroden metallische, auf Aluminium-(und andere Metall-)Verunreinigungen zu prüfende Proben, z.B. Messing, zuerst in Oxid über. Das Verhältnis der Strahlungsintensität der Verunreinigungen zu derjenigen der Grundmetalle soll dann günstiger sein als bei Anregung der metallischen Probe; die Proben-Elektrode wird positiv gepolt. Auch nach *Milbourn* [57] ist beim Gleichstrom-Bogen zwischen Kohle-Elektroden die Anregung des Aluminiums (und Magnesiums) im Gegensatz zu derjenigen anderer Metalle (insbesondere Zink, Zinn und Blei) besonders empfindlich, wenn die Proben-Elektrode als Anode geschaltet ist.

Wenn durch ausreichend hohe Energie der Bogenentladung und entsprechende Wahl der Proben-Menge die vollständige Verdampfung der Probe sichergestellt ist, kann der Gleichstrom-Bogen auch zur Bestimmung höherer Aluminium-Gehalte, z.B. zur Untersuchung von Silicasteinen herangezogen werden (*Rozsa* [58]). In der Bestimmung sehr geringer Aluminium-Gehalte macht die vollständige Verdampfung einer ausreichend großen Probe-Menge Schwierigkeiten. Hier schlagen *Scribner* und *Mullin* [59] eine Methode der Destillation im Gleichstrom-Bogen mit Hilfe eines Trägers vor. So werden z.B. bei der Prüfung von reinem Uran bzw. Uran-Verbindungen auf Verunreinigungen nach Überführung der Probe in das Oxid U_3O_8 diesem 2% Galliumoxid, Ga_2O_3, als Träger zugesetzt. Dieses verdampft während der Bogen-Entladung vollständig und nimmt die leichter als die Grundsubstanz flüchtigen Verunreinigungen, auch Aluminiumoxid, quantitativ mit, stabilisiert gleichzeitig die Bogen-Entladung und kann als Bezugselement verwendet werden. Auf diese Weise wird eine besonders hohe Empfindlichkeit erreicht, die noch die Bestimmung einiger Zehntausendstelprozente Aluminiums mit befriedigender Genauigkeit ermöglichen soll.

Die *Genauigkeit* läßt sich erhöhen, wenn man nach dem von *Oshry, Bellard* und *Schrenk* [60] beschriebenen Verfahren (vgl. auch *Stallwood* [61]; *McDonald* und *Hawley* [62]) einen Luftstrom durch die Bogen-Zone bläst, der verdampftes Material fortführt, seine Kondensation an den Elektroden verhindert, daher gleichmäßige Entladungs- und Anregungsbedingungen gewährleistet. *Oshry, Bellard* und *Schrenk* konnten auf diese Weise die Bestimmung von Aluminium (sowie Eisen und Kieselsäure) in Mineralien, feuerfesten Steinen, Stäuben nach der Pulver-Methode mit dem Hochspannungsgleichstrom-Bogen mit einem rel. *Fehler* von nicht mehr als 5% ausführen. *McDonald* und *Hawley* haben Silicat-Analysen an einem 6-A-Gleichstrom-Bogen mit und ohne Einblasen von Luft in die Bogenzone ausgeführt und ebenfalls gefunden, daß sich durch das Einblasen von Luft in die Bogenzone *Genauigkeit* und Reproduzierbarkeit der Bestimmungen, auch derjenigen des Aluminiums, wesentlich verbessern lassen. Vor allem werden die durch Schwankungen des Verhältnisses der Linienintensitäten bedingten Fehler beseitigt.

Die größere Gesamtenergie macht den Lichtbogen, wie schon erwähnt, besonders zur Untersuchung oxidischer, pulverförmiger Proben geeignet. Durch Mischung des Proben-Materials mit Trägerstoffen wie Graphit und Metalloxiden, die der Probe einerseits die erforderliche Leitfähigkeit verleihen und andererseits als Bezugselement (innerer Standard) dienen können, wird auch die gegenseitige Beeinflussung der Emission der in der Probe enthaltenen Elemente weitgehend beseitigt.

In speziellen Fällen kann die Anregung im Lichtbogen vorteilhafter als die Funken-Anregung sein. So stört z. B. die Bestimmung niedriger Aluminium-Gehalte (etwa 0,001 % Al) im Stahl mit Hilfe der empfindlichsten Linie Al I 396,153 nm die Funken-linie des Molybdäns Mo II 396,149 nm durch Funken-Anregung schon von einem Molybdän-Gehalt von 0,2 % an, während sich durch Anregung im Gleichstrom-Bogen auch 2 % Molybdän praktisch noch nicht bemerkbar machen.

Anregung im Funken. Grundsätzlich ist zu quantitativen, spektralanalytischen Bestimmungen die Anregung im gesteuerten Funken geeigneter als die Bogen-Anregung, vor allem wegen der besseren Konstanz und damit auch besseren Repro-duzierbarkeit der Anregungsbedingungen, vielfach auch wegen der größeren Zahl der zur Verfügung stehenden Vergleichslinien. Dies gilt im allgemeinen auch für die spektralanalytische Bestimmung des Aluminiums, allerdings eingeschränkt durch die bereits erwähnte Tatsache, daß die empfindlichsten Analysen-Linien des Alumi-niums Bogen-Linien sind, auch bei Anregung im Funken. Es werden daher auf die Aluminium-Bestimmung je nach den besonderen Verhältnissen und Erfordernissen sowohl Bogen- wie Funken-Entladung angewandt.

Anregung in der Hohlkathode. Die von *Paschen* [63] und *Schüler* [64] entwickelte Hohlkathode kann ebenfalls zur Anregung in der Spektralanalyse (*Birks* [65]) und zur spektralanalytischen Bestimmung des Aluminiums verwendet werden (in TiO_2 durch *Ivanov, Nedler* und *Andrikanis* [66]). Ein besonderer Vorteil der Anregung in der Hohlkathode besteht darin, daß durch geeignete Wahl des Entladungsstromes die Menge der Elemente, die gleichzeitig angeregt werden, begrenzt werden kann. Das Verfahren ist vor allem zur Bestimmung sehr geringer Gehalte geeignet.

Abfunk-Kurven des Aluminiums

Die Änderung der Linien-Intensität bzw. des Intensitätsverhältnisses von Linien-paaren im Laufe des Abfunkens oder Brennens des Bogens ist häufig untersucht und als „Abfunkkurve" dargestellt worden. Die Abfunkkurven sind naturgemäß für jedes zu untersuchende Material und für jedes zu bestimmende Element verschieden; Abfunkkurven für Aluminium sind u. a. wiedergegeben von *Mann* [67] (Elektron-metall, siehe Abb. 30), *Smith* und *Hoagbin* [68] (Zink-Legierungen), *Smith* und *Fassel* [69] (Beryllium und Beryllium-Verbindungen, siehe Abb. 31) sowie *Dickens* und *Bähr* [70].

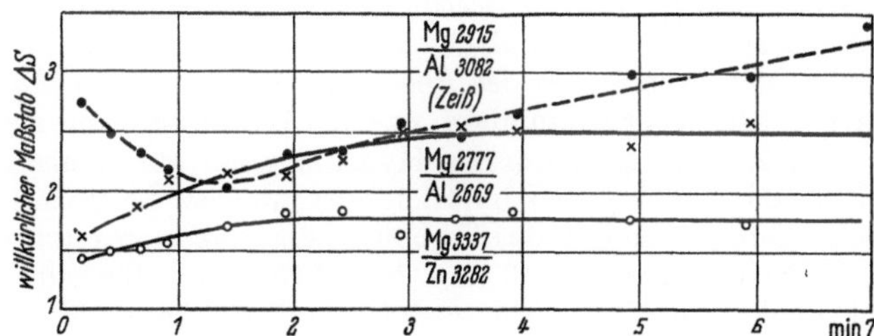

Abb. 30. Abfunkkurven der Elektronlegierung AZ 91 (9,5 % Al) mit Feußner-Funken-Anregung nach *Mann*

Nach *Mann* (Abb. 30) wird durch Abfunken der Elektronlegierung AZ 91 der Gleichgewichtszustand, d. h. ein konstantes Verhältnis der Dampfdrucke des Magne-siums zum Aluminium, erst nach einer längeren Vorfunkzeit erreicht. Es wird daher meistens mit einer Vorfunk- bzw. Einbrennzeit gearbeitet, deren erforderliche Dauer je nach den Anregungsbedingungen und der Art des zu untersuchenden Materials wechselt und jeweils experimentell bestimmt werden muß. Wie Abb. 31 nach *Smith* und *Fassel* zeigt, nimmt nun gerade die Intensität der Aluminium-Emission im Laufe des Abfunkens bzw. Brennens des Bogens in starkem Maße ab.

Das Erreichen einer konstanten Emission bzw. eines konstanten Emissionsverhältnisses von Aluminium- zu Vergleichslinien ist also nicht nur mit Zeit-Verlust, sondern vor allem mit einer sehr erheblichen Verringerung der Intensität verbunden,

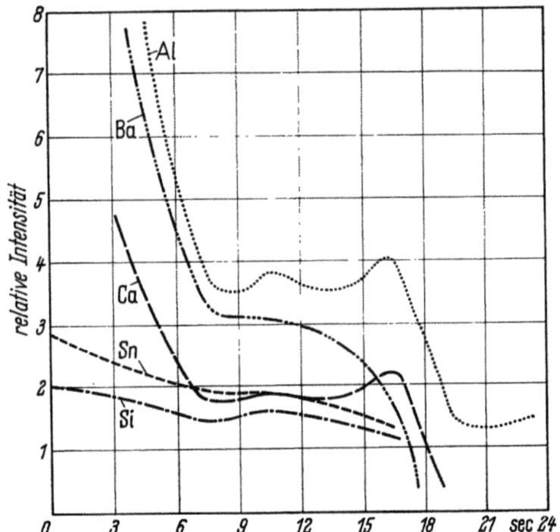

Abb. 31. Verdampfung der Verunreinigungen von BeO (in Mischung mit Graphit, BaO und SnO; Anregung im Gleichstrombogen) nach *Smith* und *Fassel*

die die direkte spektralanalytische Bestimmung geringer Aluminium-Gehalte erschwert oder unmöglich macht. Die Beseitigung dieses Nachteils ist auf verschiedenen Wegen versucht worden. So weist *Mann* darauf hin, daß die Abfunk-Kurven (Abb. 30) auch im ersten Teil, in dem sich das Intensitätsverhältnis noch ändert, durchaus reproduzierbar sind. Bei entsprechender Eichung ist also eine quantitative Messung auch in diesem Teil der Abfunk-Kurve möglich; *Mann* konnte sogar ohne Vorfunken Aluminium in Elektronmetall genauer bestimmen als durch Einhaltung der in der ursprünglichen Vorschrift nach *Zeiss* vorgesehenen Vorfunk-Zeit von 5 min.

Eine weitere Möglichkeit bietet nach *Smith* und *Fassel* die Heranziehung geeigneter Vergleichselemente. So sind zur Bestimmung der Aluminium-Verunreinigungen im Berylliumoxid Beryllium-Linien als Vergleich ungeeignet, da Beryllium nur in geringem, während der Brenndauer des Bogens gleichbleibendem Maße verdampft, das Intensitätsverhältnis einer Aluminium- zu einer Beryllium-Linie sich also laufend ändern würde. Barium, das in Form des Hydroxids der Probe als Bezugselement zugesetzt wird, verdampft dagegen im Gleichstrombogen weitgehend analog dem Aluminium (siehe Abb. 31), so daß das Verhältnis der Emissionsintensität geeigneter Aluminium- und Barium-Linien (z. B. Al I 396,1527 / Ba I 399,3404 nm) praktisch konstant bleibt, obgleich die Absolutintensitäten mit der Brenndauer laufend stark abnehmen.

Auch das von *Eckhard* und *Koch* [71] entwickelte Verfahren des Abfunkens einer bewegten Proben-Elektrode benötigt keine Vorfunk-Zeit. Jeder Funken trifft eine neue Proben-Stelle; es wird also während der gesamten Abfunk-Dauer konstant unter den zu Beginn der Abfunk-Kurve herrschenden Bedingungen gearbeitet. Der Vorteil dieser Arbeitsweise, die *Eckard* und *Koch* zur Aluminium-Bestimmung im Stahl heranzogen, besteht außer in dem Fortfall des Vorfunkens und in der automatischen Mittelwertsbildung durch das Anfunken zahlreicher Probe-Stellen vor allem in der höheren Nachweis-Empfindlichkeit durch Ausnutzung der größeren Intensität der Emission des Aluminiums zu Beginn des Abfunkens. Es können auf diese Weise geringere Aluminium-Gehalte direkt bestimmt werden, als dies nach den mit feststehenden Elektroden und Vorfunk-Zeit arbeitenden Methoden unter sonst gleichen Bedingungen möglich ist.

Analysen-Linien des Aluminiums

Die wichtigsten bzw. die bisher zur quantitativen Bestimmung herangezogenen Analysen-Linien des Aluminiums sind in der folgenden Tabelle 83 zusammengestellt.

Tabelle 83. *Zusammenstellung der wichtigsten bzw. der bisher zur quantitativen Bestimmung herangezogenen Analysen-Linien des Aluminiums*

Wellenlänge nm	Ionisationsgrad[1]	Anregungsenergie eV	Relative Empfindlichkeit[2]	
			im Bogen	im Funken
226,3453	I	5,47	60	25
(226,3731)	I	5,47	4	1
226,9093	I	5,46	60	25
(226,9212)	I	5,46	15	—
236,7062	I	5,22	150	50
(236,7616)			2	—
237,3132	I	5,22	100	30
237,3362	I	5,22	200	100
237,8408	I	5,21	40	20
256,7987	I	4,81	200	80
257,2100	I	4,81	200	80
(257,5411)	I	4,81	30	30
265,2489	I	4,66	150	60
266,0393	I	4,66	150	60
266,9166	II	10,6	3	100
281,6179	II	11,82	10	100
305,0079	I	7,65	18	10
305,7154		7,66	15	18
305,9993		7,65	8	10
306,4304		7,65	20	20
308,2155	I	4,02	800	800
309,2713	I	4,02	1000	1000
(309,2842)	I	4,02	50	18
358,6546	II	15,30	—	200
358,6908	II	15,30	—	500
394,4032	I	3,14	2000	1000
396,1527	I	3,14	3000	2000
466,305	II	13,25	—	100
559,323	II	15,47	—	200
569,647	III	17,81	—	15
572,265	III	17,80	—	10
623,176	II	15,06	—	30
624,336	II	15,06	—	100

[1] Soweit bekannt, sind Atom-Linien mit I (Bogen-Linien), Linien des einfach ionisierten Aluminiums mit II (Funken-Linien), die des doppelt ionisierten mit III bezeichnet.

[2] Die Angaben über die relative Empfindlichkeit sind im Spektrum des reinen Aluminiums gewonnen und stellen nur rohe Abschätzungen dar.

Die Wellenlängen sind nach dem Atlas von *Harrison* [72] und den Spektraltabellen von *Saidel, Prokofjew* und *Raiski* [73] angegeben, wobei die empfindlichsten Linien („letzte Linien") halbfett gedruckt sind. In einigen Fällen koinzidieren starke Analysen Linien mit schwachen Aluminium-Linien; die letzteren sind mit angeführt, jedoch in Klammern gesetzt. Weitere Aluminium-Linien sind den einschlägigen Tabellen-Werken (z. B. *Harrison; Saidel, Prokofjew* und *Raiski*) zu entnehmen, in denen alle bisher bekannten Linien aufgeführt sind.

34*

Die letzten Linien sind allgemein nur zur quantitativen Bestimmung geringer Gehalte geeignet, da bei höheren Konzentrationen mit Selbstumkehr zu rechnen ist; ein eindeutiger Zusammenhang zwischen Linien-Intensität und Aluminium-Konzentration ist dann nicht mehr gegeben.

Koinzidenzen und Störlinien

Zur Feststellung vorliegender Koinzidenzen müssen die erwähnten, großen Spektrallinien-Tafeln herangezogen werden. Die den Tafeln nach *Harrison* entnommenen, hier wiedergegebenen Ausschnitte enthalten die Umgebung der 4 stärksten Aluminium-Linien in einer Breite von ± 0,02 nm, also diejenigen Linien anderer Elemente, die auch bei einem wirksamen Auflösungsvermögen von 0,02 nm noch mit der betreffenden Aluminium-Linie koinzidieren (siehe auch *Kuba* und Mitarbeiter [74]).

Die Tabelle 84 bringt jedoch nur Atom- (I) und einfache Ionen-Linien (II); bei Verwendung stärker ionisierender Anregungsquellen muß mit dem Auftreten weiterer Koinzidenz-Linien mehrfach geladener Ionen gerechnet werden.

Das Ausmaß der durch Koinzidenzen hervorgerufenen Störung der quantitativen Aluminium-Bestimmung hängt von dem Verhältnis der Intensitäten der Aluminium- zur Koinzidenz- bzw. Störlinie ab. Dieses Verhältnis wird bestimmt durch die relative Empfindlichkeit der beiden Linien unter den gewählten Anregungsbedingungen und dem Gehalt der Proben an Aluminium und dem Störelement.

Die Verringerung oder Beseitigung einer durch Koinzidenz hervorgerufenen Störung durch Wahl geeigneter Anregungsbedingungen ist möglich.

Arbeitsvorschriften.

Bestimmung in *Stahl* und *Eisen*.

Der Gesamt-Aluminium-Gehalt im Stahl beträgt:
unbehandelter Stahl: Spuren als oxidische Verunreinigung,
mit Aluminium desoxydierter („beruhigter") Stahl: bis etwa 0,1 % Al,
mit Aluminium behandelter Baustahl: bis zu 0,2 % Al,
Nitrierstähle: 0,5 bis 1,5 % Al,
zunderfeste Stähle (Cr-Al-, Si-Cr-Al-Stählen: bis 10 % Al und Dauermagnet-Legierungen (mit etwa 25 % Ni): bis 18 % Al.

Die direkte, spektralanalytische Untersuchung der ursprünglichen metallischen Probe liefert nur den Gesamt-Aluminium-Gehalt ($Al + AlN + Al_2O_3$). Zur getrennten Bestimmung des „säurelöslichen" bzw. metallischen und des „säureunlöslichen" Aluminiums bzw. Aluminiumoxids müssen diese Bestandteile zuerst naßchemisch durch Lösen der Probe in Säure voneinander getrennt werden.

Zur Bestimmung geringer Aluminium-Gehalte werden vorwiegend die empfindlichsten, noch im sichtbaren Bereich liegenden Aluminium-Linien 396,1 und 394,4 nm herangezogen, die weniger empfindlichen UV-Linien dagegen für mittlere und hohe Gehalte. Bei Versuchen zur Analyse von Proben geringer Aluminium-Gehalte empfiehlt *Ishida* [75] besonders die beiden Linien 309,271 und 308,216 nm, da sie relativ störungsfrei sind. Zur Erfassung extrem niedriger Gehalte < 0,01 % eignet sich die Linie 396,153 nm besser.

Analyse unter Verwendung fester Proben

Von *Hartleif* [76] stammt wohl die erste Vorschrift (1940) zur spektralanalytischen Bestimmung des Aluminiums im Stahl. Diese Methode ist seither von zahlreichen Bearbeitern modifiziert, erweitert und verbessert worden. Sie ist zur Bestimmung der Gehalte von 0,005 bis 0,06 % ausgearbeitet worden. Als Elektroden werden aus Gußproben ausgeschmiedete Stäbchen von etwa 15 mm Länge und 30 mm² Querschnitt verwendet; als Gegenelektrode dient ein Elektrolytkupfer-Stab. Die Anregung erfolgt mit einem *Feussner*-Funken-Erzeuger; als Spektrograph wird der Qu 24 nach *Zeiss* verwendet.

Tabelle 84. *Linien (I und II) anderer Elemente im Bereich ± 0,02 nm der 4 stärksten Linien des Aluminiums*

Element	Wellenlänge nm	Relative Empfindlichkeit	
		im Bogen	im Funken
1. Al I 396,1527			
Ce	396,1661	6	2
U	396,1660	1	3
Nb	396,1620	—	10
Zr	396,1587	500	8
Yb	396,1544	30	—
Al	*396,1527*	3000	2000
Ru	396,1518	6	4
U	396,1515	8	1
Mo	396,1503	5	500
Ce	396,1386	2	—
2. Al I 394,4032			
Tb	394,420	6	—
Ru I	394,4190	10	4
La II	394,415	—	2
Pr	394,4137	9	5
U	394,4130	8	15
Ni I	394,4126	5	—
Ce II	394,4093	8	—
Ir	394,4058	2	—
Al I	*394,4032*	2000	1000
Rh	394,4019	5	4
Re	394,4016	15	—
Er	394,4014	2	—
Eu	394,401	8	—
Ce II	394,3888	40	15
3. Al I 309,2713			
Nb	309,2886	1	5
Al	309,2842	50	18
Ce	309,2818	4	1
Fe	309,2778	50	30
Na II	309,2729	50	200
Ce	309,2724	4	—
V	309,2720	100	50
U	309,2720	5	3
Al I	*309,2713*	1000	1000
Yt	309,2712	8	—
Mo	309,270	20	2
Yb	309,256	—	30
Sc II	309,2519	3	4
4. Al I 308,2155			
Ce	308,2304	20	2
Rb I	308,227	10	—
Sm	308,2261	1	2
Mo	308,2220	4	40
Th	308,2176	10	10
Y II	308,2167	4	10
Al I	*308,2155*	800	800
V I	308,2111	80	2
Er	308,208	12	3
Mn	308,2052	50	—
Th	308,2031	12	8
U	308,2020	8	8
V I	308,2012	15	2
Gd	308,2000	100	60
Ce	308,1984	5	—

Bemerkungen. Zur *Auswertung* wird das Linienpaar Al 396,153 und Fe 396,311 nm herangezogen.

Bei Chrom-Gehalten von 0,2 % an wird die Fe-Linie durch Cr 396,369 nm *gestört;* außerdem koinzidiert die Al-Linie mit der Mo-Linie 396,150 nm.

Der relative *Fehler* der Bestimmung wird von *Hartleif* mit $\pm$ 5 bis 8 % angegeben.

Arbeitsweise für Aluminium-Gehalte von 0,005 bis 0,1 % nach *Hartleif* und *Kornfeld* [77].

Größter Wert wird auf die *reproduzierbare* Herstellung gleichmäßiger Proben gelegt. Die aus dem Stahlbad geschöpfte Probe wird in eine schwere Kupfer-Kokille gegossen. Nach Entfernen der Zunderschicht wird aus dem Teil am Fußende der Probe eine 2 mm starke Scheibe unter Vermeiden stärkerer Erwärmung als Spektralprobe herausgesägt.

Anregung und Belichtung. Funkenerzeuger nach *Feussner;* 12 kV$_{eff}$; Kapazität 6000 pF; Selbstinduktion 0,8 bis 0,08 mH; Gegenelektrode aus Spektralkohle von 5 mm Durchmesser mit schwach abgestumpfter Spitze (60°); Elektrodenabstand 1,6 mm; Vorfunk-Zeit 42 sec, Belichtungszeit 21 sec.

Genauigkeit. Die im Betriebslaboratorium ermittelten, spektralanalytischen Werte zeigen eine geringere Streuung als die auf naßchemischem Wege erhaltenen. *Schultz* und *Fischer* [78] verwenden zur Aluminium-Bestimmung im Stahl den Abreißbogen, um die Abfunk-Zeit zu verkürzen und die Nachweis-Empfindlichkeit zu steigern. Sie benutzen zur Auswertung das Linienpaar Al 308,216 und Fe 308,374 nm. Die Vanadium-Linie 308,211 und die Mangan-Linie 308,205 nm koinzidieren. Bei den geringen Mangan- und Vanadium-Gehalten in unlegierten Stählen ist jedoch eine Beeinflussung nicht zu befürchten.

Apparatur:
Zeiss-UV-Spektrograph Qu 24,
Zeiss-Abreißbogen-Erzeuger ABR$_3$.

Anregungsbedingungen:

Stromstärke:	3 A;
Impulszahl:	240/min;
Impulszeit:	$^1/_{10}$ sec;
Impulspause:	$^3/_{20}$ sec;
Gegenelektrode:	Cu-Elektrode, 5 mm lang, 1,5 mm $\varnothing$;
Elektroden-Abstand:	2 mm;
Vorfunk-Zeit:	30 sec;
Belichtungszeit:	45 sec.

Die *Standardabweichung* betrug bei einem Gehalt von 0,035 % Al $\pm$ 0,0042 % und bei 0,024 % Al $\pm$ 0,0062 %.

Bestimmung mit Hilfe großer Spektrographen. Verfahren zur Bestimmung von Aluminium-Spuren in Eisen und Stahl mit Hilfe bewegter Elektroden nach *Eckhard* und *Koch* [71]

Auf der möglichen Erhöhung der Nachweis-Empfindlichkeit durch Bewegen der Proben-Elektrode und durch Fortfall des Vorfunkens basiert ein Verfahren nach *Eckhard* und *Koch* zur Bestimmung von Spuren-Elementen, insbesondere von Aluminium im Stahl.

Proben: Zylindrische Stahl-Proben von 17 mm Durchmesser mit je 2 kleinen Bohrungen an jeder Stirnfläche zur Halterung.

Anregung. Die waagerecht eingespannte Probe wird durch einen Motor und eine Gewindeschraube während des Abfunkens gedreht und weiterbewegt, so daß der Weg der Abfunk-Stelle eine enge Spirale auf dem Zylinder-Mantel beschreibt (tech-

nische Einzelheiten in der Originalarbeit). Als Gegenelektrode dient ein Spektral-
kohle-Stab von 6,35 mm Durchmesser mit abgerundeter Stirnfläche; Elektroden-
Abstand: 3 mm. Anregung im Hochspannungswechselstrom-Bogen, 4400 V, 4 A.

Spektrale Zerlegung: 1,5 m Gitter-Spektrograph (ARL) mit fester *Paschen-Runge*-
Aufstellung; Dispersion: 0,35 nm/mm in 2. Ordnung.

Auswertung. Messung des Intensitätsverhältnisses des Linienpaares: Al 396,1527/
Fe 396,1145 nm und Auswertung nach entsprechender *Eichung.*

Anwendugsbereich. Es können Gehalte > 0,0001 % Al bestimmt werden.

Verfahren zur laufenden Betriebskontrolle in Stahl-Werken

Über die allgemeinen Grundlagen und Voraussetzungen der Anwendung großer
Spektrographen zur laufenden Betriebskontrolle geben *Graue, Eckhard* und *Marotz* [79] einen ausführlichen Bericht.

Gemäß den mehr und mehr angewandten lichtelektrischen Verfahren wird die
Intensität einzelner Linien auf dem Wege über Photo-Sekundär-Elektronen-Verviel-
facher direkt gemessen. Der große Vorteil dieser Verfahren liegt vor allem in der
wesentlichen Verkürzung der Analysen-Dauer; weiter fallen alle Fehler-Quellen fort,
die mit dem Umweg der Intensitätsmessung über die photographische Aufnahme
verbunden sind. Bezüglich der Erfahrungen der direkten lichtelektrischen Analysen-
Methode, die auch für die Bestimmung des Aluminiums ohne Einschränkung gültig
sind, sei auf die ausführlichen Zusammenfassungen von *Hartleif* und *Kornfeld* [80],
Dickens und *Bähr* [81], *Mathien, Lacomble* und *Charlet* [82], *Manecke* und *Brokopf* [83],
Brandt und *Berstermann* [84], *Höller* [85], *Graue* und *Marotz* [86], *Wollweber* und
Fehle [87], *Hildebrand* und *Diehl* [88], *Willmer* und *Liedtke* [89] sowie *Bruch* [90]
hingewiesen. Über allgemeine Grundlagen der Auswertverfahren und Fehler-Quellen
der lichtelektrischen Spektralanalyse berichten *Diebel* [91], *Diebel* und *Hanle* [92],
Thorn [93] sowie *Krempel* und *Scheibe* [94].

Untersuchung hochlegierter Stähle, Eisen- und Ferrolegierungen

Bei der Aluminium-Bestimmung in unlegierten und niedriglegierten Stählen sowie Roheisen handelt es sich stets um die Ermittlung kleiner Gehalte im Grundmetall
Eisen. Die Eisen-Konzentration wird hier durch den Gehalt an Aluminium wie auch
anderen Legierungsbestandteilen bzw. Verunreinigungen praktisch nicht beeinflußt
und kann als konstant angesehen werden. In hochlegierten Stählen, Eisen- und
Ferrolegierungen ist das Grundmetall dagegen eine mindestens binäre Legierung,
deren Gehalt an Eisen innerhalb weiter Grenzen (bis unter 50 %) variieren kann.

Grundsätzlich erfordert daher die spektralanalytische Ermittlung des Aluminium-Gehaltes in einem bestimmten, hochlegierten Stahl oder einer Ferrolegierung
die Eichung mit Proben verschiedenen Aluminium-Gehaltes, aber gleicher, der zu
untersuchenden Probe entsprechender Zusammensetzung der Grundlegierung. Unter
dieser Voraussetzung bietet die Bestimmung zumindest geringer Aluminium-Gehalte
in hochlegierten Stählen und Ferrolegierungen keine Besonderheiten gegenüber der
Bestimmung in niedriglegiertem Material; auch steht der Verwendung von Eisen
als Bezugselement nichts im Wege, solange der Eisen-Gehalt der Proben hinreichend
konstant ist. Bei der Auswahl der Linienpaare müssen nur die möglichen Störungen
(Koinzidenzen) durch die Legierungsbestandteile berücksichtigt werden.

Komarowski [95] hat den Einfluß verschiedener Legierungsbestandteile auf die
spektralanalytische Bestimmung von Aluminium und weiteren 8 Elementen (W, Co,
Ni, Mo, Cr, Mn, Nb und B) in warmfesten und anderen komplex legierten Stählen
(insgesamt in 112 verschiedenen Legierungen) untersucht (Al, Nb und B bei Anregung
im Wechselstrom-Bogen). Es kommt bei den einzelnen, zu bestimmenden Elementen
zu 2 bis 4 verschiedenen Eichgeraden für verschiedene binäre Grundlegierungen, die
bei Zulegierung weiterer Metalle gesetzmäßige Parallel-Verschiebungen erleiden. Bei
Kenntnis bzw. nach Ermittlung der Zusammensetzung der Grundlegierung läßt sich

daher die zur Auswertung erforderliche Eichgerade angeben und braucht nicht mehr mit Hilfe entsprechender Standardproben erst ermittelt zu werden. Bei richtiger Wahl der Eichgeraden sollen nach *Komarowski* die *Fehler* der Bestimmung nur 2 bis 3,3% rel. betragen, während sich sonst Fehler von bis zu 250% rel. ergeben können.

Für die spektralanalytische Bestimmung höherer Aluminium-Gehalte in komplexen Eisen-Legierungen, z.B. Dauermagnet-Stählen, in Ferrolegierungen gelten analoge Gesichtspunkte wie bei der Ermittlung geringer Gehalte in legiertem Material. Zweckmäßig werden entsprechend der höheren Konzentration an Aluminium Linien geringerer Empfindlichkeit zur Bestimmung herangezogen.

Gentry und *Mitchell* [96] bestimmen 5 bis 9% Aluminium in Dauermagnet-Stählen („Ticonal") mit Hilfe von Eisen als Bezugselement. Sie berücksichtigen jedoch den sonst störenden Einfluß des wechselnden Eisen-Gehaltes der Proben und Standardmuster durch Anwendung des von *Lueg* und *Wolbank* [97] zur Spektral-analyse von Zink-Legierungen entwickelten Auswertverfahrens, das auch von *Churchill* und *Russell* [98] auf die Analyse von Tonen und Aluminium-Erzen angewandt wurde.

Im Ferrosilicium bestimmt *Weselowskaja* [99] Aluminium (1,5 bis 5%) sowie Mangan spektralanalytisch nach der Preßlingsmethode. Der Einfluß der Inhomogenität der ursprünglichen Probe soll auf diese Weise ausgeschaltet und eine gleichmäßige, dem Durchschnitt der Probe entsprechende Zusammensetzung des pulverisierten Analysen-Musters erreicht werden, das dann, mit Kupfer-Pulver als Bindemittel und Bezugselement gemischt, zum Probekörper gepreßt wird. Die Anregung erfolgt im kondensierten Funken. Zur Auswertung dient das Linienpaar: Al 308,2155/ Fe 310,8605 nm.

Lösungsspektralanalyse

Die Bestimmung des säurelöslichen Aluminiums setzt die Abtrennung des säurelöslichen, metallischen (und als Nitrid vorliegenden) Aluminiums von unlöslichem Aluminiumoxid durch Lösen der Probe in Säure voraus. Dem Nachteil, daß die Probe vor der spektralanalytischen Untersuchung zuerst naßchemisch aufbereitet werden muß, stehen eine Reihe von Vorteilen gegenüber. So verbindet *Schliessmann* [100] die naßchemische Aufbereitung der Probe mit der Abtrennung störender Elemente wie Molybdän durch gemeinsame Fällung des Aluminiums und Eisens mit Ammoniak; andere Autoren (*Wolfe* und *Fowler* [101]; *Muir* und *Ambrose* [102]) nehmen bei geringen Aluminium-Gehalten eine „Anreicherung" vor, indem sie aus der Lösung der Probe Eisen durch Ausäthern oder Abscheiden an der Quecksilber-Kathode abtrennen und die eisenfreie Aluminium-Lösung auf ein möglichst kleines Volumen bringen. Eine absolut quantitative Entfernung des Eisens ist hierbei nicht erforderlich.

Besonders einfach ist bei der Lösungsspektralanalyse die Eichung, die mit Hilfe entsprechend zusammengesetzter Lösungen der reinen Elemente ausgeführt werden kann, vor allem zur Bestimmung von Spurengehalten ein wesentlicher Vorteil. Weiterhin gibt die Untersuchung der gelösten Probe einen von Inhomogenitäten des festen Probematerials unabhängigen Durchschnittsgehalt. Die Lösungsspektral-analyse wurde daher nicht nur zur Bestimmung des löslichen Aluminiums angewandt, sondern – nach Aufschluß des unlöslichen Rückstandes – auch zur Ermittlung des Gehaltes an Aluminiumoxid bzw. an Gesamtaluminium (*Schliessmann*; *Carlsson* [103]; *Colin* und *Gardner* [104]; *Muir* und *Ambrose*).

Bei der Lösungsspektralanalyse wird meistens ein kleiner Teil der Probe-Lösung auf poröse Kohle-Elektroden aufgebracht und nach dem Eintrocknen zur Emission angeregt (*Scheibe* und *Rivas* [105]); *Colin* und *Gardner* verwenden eine durchbohrte Graphit-Elektrode, durch deren Kapillare während des Abfunkens kontinuierlich frische Probe-Lösung in die Funkenstrecke gelangt; *Rooney* [106] arbeitet mit einer rotierenden, in die Probe-Lösung eintauchenden Graphit-Elektrode. Für nicht zu geringe Aluminium-Gehalte wird wegen der besseren Reproduzierbarkeit die Anregung im Funken, für kleinste Gehalte zur Erhöhung der Empfindlichkeit diejenige im Bogen bevorzugt.

Zur Bestimmung *kleinster* Aluminium-Gehalte in *reinem* Eisen hat *Rivas* [107] bereits 1937 Aluminium-Spuren auf lösungsspektralanalytischem Wege unter Anregung im Licht-Bogen bestimmt. Die durch unregelmäßiges Brennen des Bogens verursachten Schwankungen gleicht er durch Beobachtung des Bogens und Verstellen einer der Elektroden während der Belichtung mittels einer Schraube und durch längeres Belichten aus. Um hierbei zu starke Linien-Schwärzung zu vermeiden, benutzte er ein „Integralverfahren", d.h., er machte nacheinander 4 Aufnahmen und addierte zur Auswertung die entsprechenden 4 photometrischen Schwärzungswerte.

Arbeitsvorschrift. Von den zu untersuchenden Eisen-Proben werden salzsaure Lösungen gleicher Konzentration hergestellt. Die Kohle-Elektroden, Stäbchen von 4,8 mm ⌀ und 2 cm Länge mit ebener Stirnfläche, werden vor dem Aufbringen der Lösung 30 sec vorgefunkt. Dann werden mit einer Mikropipette auf jede Elektrode 0,015 ml der Probe-Lösung aufgebracht. Nach vollständiger Adsorption der Lösung werden hintereinander 2 Aufnahmen, die erste mit 6, die zweite mit 20 sec Belichtungszeit, gemacht. Nach Aufbringen weiterer 0,015-ml-Probe-Lösung auf jede Elektrode werden die Aufnahmen in gleicher Weise wiederholt. Die erhaltenen 4 Aufnahmen werden zu einer „Integralaufnahme" vereinigt und ausgewertet. Zur Mittelwertsbildung werden für jede Aluminium-Bestimmung 3 derartige Integralaufnahmen angefertigt. Die Anregung erfolgt im Gleichstrom-Bogen bei 210 V und 3,7 A; verwendet wird ein Spektrograph GH (Steinheil, Quarz-Cornu-Prisma, Basis 65 mm, Kamera-Brennweite 160 cm).

Bemerkungen. Zur *Auswertung* mit einem Spektrallinien-Photometer wird das Linienpaar Al 309,2713/Fe 309,3806 nm herangezogen.

Für 3 verschiedene Proben Reinsteisen ermittelte *Rivas* nach dieser Arbeitsweise Gehalte von *0,0012* (Eisen von Hilger), 0,0021 (Carbonyleisen von I.-G.-Farben) bzw. 0,0166% Aluminium (Eisen des National Physical Laboratory).

Arbeitsvorschrift zur Bestimmung kleiner Aluminium-Gehalte in Stählen (0,006 bis 0,1% lösliches, 0,04 bis 0,85% Gesamtaluminium) nach *Schliessmann* [100]. *Herstellung der Probe-Lösung.* 10 g Probe werden in 200 ml Salzsäure (1:6) (etwa 1,8 m) in der Wärme gelöst, der ungelöste Rückstand abfiltriert und mit Salzsäure (1:100) (etwa 0,12 m) ausgewaschen. Filtrat und Waschwässer werden zur Abtrennung von störendem Molybdän schwach ammoniakalisch gemacht, aufgekocht und der Hydroxid-Niederschlag abfiltriert. Man löst in verd. Salzsäure und bringt die Lösung auf ein Volumen von 100 ml. Ein Teil dieser Lösung dient zur Bestimmung des löslichen Aluminiums.

Zur Bestimmung des *Gesamtaluminiums* wird der beim Lösen der Probe (siehe oben) erhaltene Rückstand im Platin-Tiegel verascht, mit 0,5 g Soda aufgeschlossen, die Schmelze in verd. Salzsäure gelöst und die erhaltene Lösung auf ein Volumen von 50 ml gebracht. In 25 ml Lösung werden Aluminium und Eisen wiederum mit Ammoniak gefällt und der Hydroxid-Niederschlag nach Lösen in verd. Salzsäure mit 50 ml der Lösung des „säurelöslichen" Aluminiums vereinigt. In der dann auf 50 ml eingeengten Lösung wird das Gesamtaluminium bestimmt.

Bemerkungen. Anregung und Belichtung. Es werden durch Ausglühen in Stickstoff-atmosphäre gereinigte, poröse Kohle-Elektroden von 5 mm ⌀ verwendet. In Abänderung des Verfahrens der Lösungsspektralanalyse nach *Scheibe* und *Rivas* wird die obere Elektrode mit meißelförmiger Schneidekante versehen, die parallel zur optischen Achse ausgerichtet wird; die untere Elektrode besitzt eine ebene Basis-fläche; Elektroden-Abstand: 3 mm. Zunächst wird 1 min ohne Zugabe von Lösung abgefunkt; darauf gibt man 0,1 ml Probe-Lösung auf beide Elektroden-Spitzen ohne

Verstellung der Elektroden, funkt nach vollständiger Adsorption der Lösung (30 bis 60 sec) 30 sec vor und belichtet hierauf 90 sec. Von jeder Probe-Lösung werden 3 derartige Aufnahmen, jeweils mit neuen Kohle-Elektroden, durchgeführt.

Zur *Auswertung* werden die Analysen-Linie Al 396,1527 und als Vergleichslinien Fe 397,3654 (für 0,006 bis 0,025 % Al) und Fe 395,1168 nm (geschwächt, für 0,01 bis 0,10 % Al) benutzt.

Genauigkeit. Der Vergleich zwischen naßchemisch und spektralanalytisch erhaltenen Werten für den Gesamtaluminium-Gehalt von 50 Stahl-Proben (0,04 bis 0,85 % Al) zeigt nur Differenzen von durchschnittlich 0,003 %, wobei zu berücksichtigen ist, daß die Fehler-Grenze der chemischen Bestimmung bereits $\pm$ 0,003 % beträgt.

Die Arbeitsweise nach *Wolfe* und *Fowler* [101], die einen einfachen Wechselstrom-Bogen zur Anregung verwenden, verbindet mit der Lösung der Probe eine *Anreicherung* des Aluminiums (bis zu 10 g Einwaage auf 10 ml Probe-Lösung); man trennt Eisen ab und verwendet Germanium als Bezugselement. Die Probe (Einwaage je nach dem Gehalt an Aluminium und anderen zu bestimmenden Elementen bis zu 10 g) wird in 20%iger Salzsäure (durch Destillation gereinigt) unter Zusatz von 10 ml 30%iger Wasserstoffperoxid-Lösung gelöst und die Lösung fast zur Trockene eingedampft. Man nimmt wieder mit 20%iger Salzsäure (5 ml je 1 g Einwaage) auf und entfernt Eisen durch dreimaliges Extrahieren mit dest. Isopropyläther (3 ml/g Einwaage je Extraktion). Die eisenfreie, wäßrige Lösung wird so weit wie erforderlich eingeengt, z.B. auf weniger als 5 ml. Man setzt 0,3 g Weinsäure, in wenig Wasser gelöst, sowie 5 ml 50%ige Natronlauge mit einem Gehalt von 2 mg Germanium/ml (Schmelze von GeO_2 in Soda, in möglichst wenig Wasser gelöst) als Bezugselement zu und füllt auf 10 ml auf. Mittels Pipette wird je 1 Tropfen dieser Probe-Lösung auf die gereinigten Graphit-Elektroden aufgebracht und bei 100 °C eingetrocknet. Dann wird bei 1,5 mm Elektroden-Abstand die Bogen-Entladung (Wechselstrom 2200 V, 4 A) eingeschaltet und nach 30 sec Vorbrennen belichtet, bei geringer Konzentration an Aluminium bis zu mehreren Minuten. Die *Eichung* mit Hilfe entsprechender, synthetischer Standardlösungen wird in gleicher Weise ausgeführt; zur *Auswertung* dient das Linienpaar Al 308,2155/Ge 303,9064 nm.

Die *Genauigkeit* dieses Verfahrens ist nicht groß; die *Fehler* sind jedoch bei möglichst exakter Einhaltung konstanter Arbeitsbedingungen kleiner als $\pm$ 25 % rel.

Arbeitsvorschrift zur Bestimmung des Aluminiumoxid-Gehaltes im Stahl (0,001 bis etwa 0,08 % Al_2O_3) nach *Colin* und *Gardner* [104]. 10 g Probe werden in 400 ml Salzsäure (1:3) (etwa 3 m) so lange auf fast 100 °C erhitzt, bis alle löslichen Anteile in Lösung gegangen sind. Der Rückstand wird abfiltriert. Zur Entfernung von ungelöst gebliebenem Aluminiumnitrid wird anschließend mit 150 ml 80 bis 90° heißer, 3%iger Natriumcarbonat-Lösung, dann nacheinander mit heißem Wasser, Salzsäure (1:20) (etwa 0,6 m) und wieder mit heißem Wasser gewaschen. Der Rückstand wird verascht, geglüht und im bedeckten Platin-Tiegel mit 2 g Kaliumpyrosulfat aufgeschlossen. Die erkaltete Schmelze wird bei Siedehitze in möglichst wenig Wasser und 5 ml konz. Salzsäure gelöst und mit 1 g Eisen als Bezugselement versetzt durch Zugabe von 10 ml einer salzsauren Lösung, die 0,1 g Eisen/ml enthält. Die erhaltene Lösung wird zur anschließenden spektralanalytischen Untersuchung auf 50 ml verdünnt.

Bemerkungen. Zur Anregung verwenden *Colin* und *Gardner* eine besondere *Tropf-Elektrode* als obere Elektrode; diese besteht aus einem 10 cm langen Graphit-Röhrchen (6 mm äußerer, 1,5 mm innerer Durchmesser), auf das mit Hilfe einer Gummi-Manschette ein Vorratsgefäß (etwa 20 ml Inhalt) mit Hahn zur Aufnahme der Probe-Lösung aufgesetzt wird. Während des Abfunkens wird die Tropfgeschwindigkeit mittels des Hahnes auf etwa 10 bis 20 Tropfen/min eingestellt. Als untere Gegenelektrode dient ein angespitztes Graphit-Stäbchen von 6 mm Durchmesser.

Der verwendete Funken-Erzeuger entspricht dem *Feussner*-Typ (etwa 20 kV$_{eff.}$, 21000 pF, 0,08 mH).

Genaue Einhaltung der Tropfgeschwindigkeit und der Belichtungszeit sind *nicht* erforderlich; das Intensitätsverhältnis der zur Auswertung verwendeten Linien-Paare Al 309,2713/Fe 311,6633 nm (ab 0,001 % Al_2O_3) und Al 308,2155/Fe 311,6633 nm (0,03 bis 0,08 % Al_2O_3) bleibt auch bei längerem Abfunken (bis über 6 min) praktisch konstant.

Die von *Colin* und *Gardner* angeführten Beleganalysen verschiedener Stahl-Proben mit etwa 0,006 bis 0,066 % Al_2O_3 zeigen *gute Übereinstimmung* mit den Mittelwerten naßchemischer Kontrollen; die Reproduzierbarkeit spektralanalytischer Einzelbestimmungen liegt bei ± 0,002 % Al_2O_3 abs. (Standardabweichung).

Rooney [106] verwendet zur Bestimmung des löslichen Aluminiums (0,005 bis 0,12 %) das Verfahren der Lösungsspektralanalyse mit *rotierender* Elektrode. Diese besteht aus einer Graphit-Scheibe von 13 mm Durchmesser und 3 mm Dicke mit einer axialen Bohrung, so daß sie auf eine waagerecht eingespannte Graphit-Achse aufgesetzt werden kann, die mit 15 Umdrehungen/min rotiert und gleichzeitig als Strom-Zuführung dient. Die rotierende Scheibe taucht teilweise in die zu untersuchende Lösung ein, die in ein unter der Elektrode befindliches Nickel-Schiffchen gegeben wird. Die obere Elektrode ist ein unter 120° angespitzter Graphit-Stab; der Elektroden-Abstand beträgt 3 mm. Die Anregung erfolgt im Niederspannungsfunken (High Precision Source Unit, 1000 V$_{eff.}$, 10^6 pF, 50 µH); Belichtung: 60 sec; zur spektralen Zerlegung wird ein 2-m-Gitter-Spektrograph (ARL) benutzt. Von jeder Probe werden 3 Aufnahmen mit der gleichen Lösung und den gleichen Elektroden durchgeführt; zur Auswertung wird das Linienpaar Al 309,2713/Fe 309,8192 nm herangezogen.

Die *Genauigkeit* der Bestimmung beträgt nach *Rooney* bei Gehalten von 0,03 bis 0,06 % Al ± 0,002 % abs.

Flickinger, Polley und *Galletta* [108] benutzen zur direkt registrierenden Analyse von Stahl-Lösungen eine *Mittelstift*-Elektrode mit Vorratsbehälter, bei der der Außenrand aus PVC angefertigt ist. Zur Analyse werden 1 g Drehspäne gelöst und auf 25 ml aufgefüllt. Diese Analysen-Lösung wird in den Vorratsbehälter der unteren Elektrode eingefüllt. Sie besteht aus einer Mittelstift-Elektrode üblicher Bauart, die außenherum einen etwa 5 mm tiefen und 2,5 mm breiten Rand aufweist, welcher die Lösung aufnehmen kann. Durch eine Bohrung kommuniziert dieser Vorratsraum mit dem inneren Ring, in dessen Zentrum die Mittelstift-Elektrode steht. Die Gegenelektrode ist auf 120° konisch abgedreht. Die Anregung erfolgt mit einer Funken-Entladung von 13 kV Spitzenspannung, 0,007 µF, 0,36 µH. Zur Aufnahme dient ein selbstregistrierendes ARL-1,5m-Gitter-Spektrometer. Zur Auswertung wird das Linienpaar Al 396,15/Fe 440,48 nm benutzt. Der *Fehler* der Bestimmung beträgt für Aluminium-Gehalte bis 0,1 % ± 0,0028 %.

Die direkte, spektralanalytische Untersuchung von Stahl-Proben auf *nichtmetallische* Einschlüsse (Rückstandsanalyse) läßt nur die Bestimmung des Gesamtaluminiums zu. Die Ermittlung des als Aluminiumoxid („säureunlösliches Aluminium") vorliegenden Anteils – tonerdehaltige Einschlüsse von Schlacken oder der feuerfesten Ofen-Auskleidung, durch Desoxydation mit Aluminium gebildetes Al_2O_3 – setzt die Abtrennung von dem in der Probe enthaltenen „löslichen Aluminium" voraus. Soll nur Aluminiumoxid bestimmt werden, so wird die Probe in Säure gelöst und der ungelöste Rückstand untersucht. Erfolgt die Bestimmung dagegen im Rahmen einer Gesamtuntersuchung der Gefügebestandteile, so werden diese zunächst durch elektrochemische Auflösung des Grundmetalls isoliert. Aus dem erhaltenen Rückstand werden nach besonderen Verfahren die oxidischen Bestandteile abgetrennt (*Eckhard, Koch* und *Mahr* [109]; *Klinger* und *Koch* [110]).

Es fällt also immer ein oxidischer, nichtmetallischer Rückstand von weniger als einem Zehntelmilligramm bis zu einigen Milligramm an, der in einer Gesamtmenge von weniger als etwa 3 mg nur nach den Methoden der Lösungsspektralanalyse und, wenn mehr als etwa 3 mg vorliegen, auch als Pulver bzw. Preßling untersucht werden kann (*Eckhard, Koch* und *Mahr; Koch* und *Eckhard* [111]). Einen allgemeinen Überblick über die lösungsspektralanalytische Bestimmung isolierter Gefügebestandteile geben *Koch* und *Eckhard*. Den Arbeitsvorschriften gemeinsam ist das Lösen der Proben in Säuren sowie die anschließende lösungsspektralanalytische Bestimmung des „löslichen Aluminiums" in der filtrierten Lösung und diejenige des „unlöslichen Aluminiums" in der Lösung des abgetrennten und mit Soda oder Kaliumhydrogensulfat aufgeschlossenen Rückstandes. *Carlsson* sowie *Muir* und *Ambrose* verfahren derart, daß nach entsprechender Aufbereitung der Lösungen lösliches und unlösliches Aluminium nach der gleichen Arbeitsweise und mit Hilfe der gleichen Eichkurven bestimmt werden können.

Eine ähnliche, ausschließlich der Bestimmung des Aluminiumoxids bzw. des an Aluminium gebundenen *Sauerstoffs* dienende Arbeitsweise für gewöhnliche und legierte Stähle beschreiben *Castro* und *Phéline* [112].

Arbeitsvorschrift. Die Probe (10 g Späne) wird in 300 ml 25%iger Salzsäure schonend (nicht über 70 °C erhitzen), gegebenenfalls unter Zusatz von Salpetersäure, gelöst, der Rückstand abfiltriert, ausgewaschen und im Platin-Tiegel verascht. Nach Entfernen der Kieselsäure durch Abrauchen mit Flußsäure und Schwefelsäure wird mit 0,5 g Kaliumhydrogensulfat aufgeschlossen, die Schmelze in Wasser gelöst, mit 5 ml Kobaltsulfat-Lösung (10 g Co in 50 ml konz. Schwefelsäure, auf 1 l) als innerem Standard versetzt und die Lösung auf ein Volumen von 25 ml gebracht. Je 2 Tropfen dieser Lösung werden mit Hilfe einer Platin-Drahtöse von 3 mm Durchmesser aus 0,5 mm starkem Draht auf die ebenen Abfunk-Flächen beider Elektroden (Kupferstäbchen von 6 mm Durchmesser) aufgebracht und bei 120 °C eingetrocknet.

Anregung und Belichtung: Ungesteuerter Funken (mittels eines *Feussner*-Funken-Erzeugers), 12 kV$_{\text{eff}}$, Kapazität 3300 pF (für 0,005 bis 0,075 % Al$_2$O$_3$) bzw. 825 pF (für 0,03 bis 0,15 % Al$_2$O$_3$), keine zusätzliche Selbstinduktion; Elektroden-Abstand: 2 mm; kein Vorfunken, Belichtungszeit: 1 min.

Meyer und *Koch* [113] berichten in einem Beitrag zur Lösungsspektralanalyse von Oxid-Einschlüssen im Stahl über ein *mikrochemisches* Aufschlußverfahren, nach dem 300 bis 500 µg oxidische Einschlüsse mit der 40fachen Menge eines Aufschluß-Gemisches aus Na$_2$CO$_3$/K$_2$CO$_3$/Na$_2$B$_4$O$_7$ · 10H$_2$O (3:3:4) unter einer Leucht-Lupe mittels eines Mikrogebläses geschmolzen werden. Die Schmelze wird in 250 µl Kobalt-citrat-Lösung (siehe unten) gelöst, auf 500 µl aufgefüllt und der Lösungsspektral-analyse auf Graphit-Elektroden zugeführt. Zur Anregung dient eine ARL-High-Precision-Source mit 180/20000 V, 1,45 A, 7000 pF und 0,36 mH. Mit Kobalt als Bezugselement werden Testlösungen hergestellt, die unter Verwendung des Analysen-Linien-Paares Al 309,27/Co 307,23 nm zur Aufstellung von Eichkurven dienen. Die Auswertung der Analysenaufnahmen an Hand der Eichkurven liefert mittlere, relative *Fehler* der Einzelbestimmungen von ± 5,5 % für das gesamte Verfahren.

Kobaltcitrat-Lösung: 49,38 g Co(NO$_3$)$_2$ · 6H$_2$O, 20 g Citronensäure und 269 ml konz. Salzsäure auf 1 l verdünnen.

Nichteisenmetalle und Nichteisen-Legierungen

Reine Metalle

Bestimmung im Nickel. Die spektralanalytische Bestimmung des Aluminiums im Bereich von 1,0 bis 100 ppm neben anderen Verunreinigungen beschreiben *Rupp, Klecak* und *Morrison* [114]. Die Nickel-Probe wird in Form von Pulver oder Spänen in die Bohrung einer als Anode geschalteten Graphit-Elektrode gebracht und in einer Argon- und Stickstoff-Atmosphäre im Gleichstrom-Bogen (14 A) angeregt.

Der Elektroden-Abstand beträgt 3 mm; es werden jedoch nur 2 mm des Anoden-Lichtes ausgeblendet und verwendet. Die Analyse wurde mit einem 3,4 m-*Ebert*-Plangitter-Spektrographen durchgeführt. Zur Auswertung wird das Linien-Paar Al 309,271/Ni 288,125 nm benutzt. Aluminiumgehalte von 0,001 bis 0,02% in Nickel-Folien werden nach *ASTM* [115] nach einer Bogen-Methode bestimmt. Die etwa 0,05 mm dicken Folien werden zu einer Dicke von 0,8 mm gefaltet und gegen eine Graphit-Elektrode im Bogen (2300 V, 5 A) abgefunkt. Als Analysen-Linie dient Al 308,216 und als Bezugslinie Ni 298,805 nm. Der Variationskoeffizient der Bestimmung wird mit 5,0 angegeben.

Eine lösungsspektralanalytische Methode zur Bestimmung des Aluminiums im Kathoden-Nickel beschreibt *Jaxa-Bykowski* [116]. Die Proben werden in Salpetersäure gelöst und auf Kohle-Elektroden aufgegeben, die mit einer 3%igen Polystyrol-Lösung in Benzol imprägniert waren. Die Anregung erfolgt in einem Wechselstrombogen. Es lassen sich Gehalte von 0,005 bis 0,1% Al auf ± 10% bestimmen (siehe *Bykowski* [117]).

Sokolowska [118] löst zur Bestimmung des Aluminiums (0,01 bis 0,3%) im Nickel 0,5 g Probe in 5 ml Salpetersäure (3:2) (etwa 8,5 m), dampft ein, glüht bei 800 °C nnd überführt die trockene Probe in eine Graphit-Elektrode.

Bestimmung im Blei. Nach Anreicherung, in der die Hauptmenge des Bleis durch Fällung als Sulfat abgetrennt wird, bestimmen *Karabaš, Bondarenko, Morozova* und *Peizulaev* [119] unter anderem auch Aluminium in hochreinem Blei. Nach der Abtrennung des Bleis wird die Lösung eingedampft, der feste Rückstand bei 550 °C geglüht und in die Bohrung einer als Anode geschalteten Graphit-Elektrode gebracht. Die Anregung erfolgt in einem Gleichstrom-Bogen (13 A).

Bestimmung im Silber nach Analyse der Metalle II [120]. Blechstreifen, Drähte oder Stäbe werden gegen gleiches Material oder eine angespitzte Spektralkohle mit einem *Feussner*-Funken (12 kV, 3000 pF, 0,08 mH) oder einem Abreißbogen (10 bis 15 A) angeregt. Als Analysen-Linien werden die Aluminium-Linien Al 396,15/ 394,40 nm verwendet. Die Nachweis-Grenze im Abreißbogen beträgt 0,0001%. Für empfindlichere Bestimmungen kann ein Gleichstrom-Dauerbogen (6 A) benutzt werden.

Bestimmung im Indium

Arbeitsvorschrift zur Bestimmung im Indiummetall hoher Reinheit nach *Caldararu* [121]. 4 g Metall werden in 39 ml 40%iger Bromwasserstoffsäure gelöst und mit dem gleichen Volumen Äther das Indiumbromid durch 3 min langes Schütteln extrahiert. Man wäscht die Äther-Schicht mit Wasser. Die wäßrige Phase mit dem Waschwasser wird auf 0,1 bis 0,2 ml eingedampft (Temp. < 120 °C). Die Lösung wird auf eine Spektralkohle aufgebracht und eingedunstet. Die Anregung erfolgt im Wechselstrom-Bogen (5,5 A).

Die erreichbare *Empfindlichkeit* für Aluminium beträgt $6 \cdot 10^{-6}$%.

Bestimmung in Germanium und Germanium(IV)-oxid

Prinzip. Nach Abdestillieren des Germaniums als Tetrachlorid bestimmen *Vasilevskaja, Notkina, Sadofjeva* und *Kondrašina* [122] neben anderen Verunreinigungen auch Aluminium.

Arbeitsvorschrift. 0,5 g Germanium werden in einer Teflon-Schale mit 7 ml Salzsäure (D = 1,19) und 3 ml Salpetersäure, Germanium(IV)-oxid in 10 ml Salzsäure (D = 1,19) gelöst. Die Lösung wird mit 50 mg Kohle-Pulver zur Trockene eingedampft und der Rückstand in die Bohrung einer Graphit-Elektrode gebracht. Die Anregung erfolgt im Gleichstrombogen (10 A). Als Analysen-Linie wird die Linie Al 308,216 nm benutzt.

Die *Empfindlichkeit* kann durch Zugabe von 4% NaCl zum Kohle-Pulver erhöht werden.

Aluminium-Gehalte mit einer Erfassungsgrenze von 0,5 ppm in hochgereinigtem *Chrom* bestimmen *Heffelfinger, Blosser, Perkins* und *Henry* [123].

Arbeitsvorschrift. Man löst 5 g Chrom in 80 ml 6n Salzsäure, gibt 40 ml 60%ige Perchlorsäure und als inneren Standard 0,15 mg Co (als Nitrat-Lösung) zu und erhitzt bis zum Rauchen der Perchlorsäure. Durch anteilweise Zugabe von Salzsäure (D = 1,19) wird das Chrom als Chromylchlorid abdestilliert. Anschließend wird die Perchlorsäure abgeraucht, der Rückstand mit je 1 ml konz. Schwefelsäure, Salzsäure und Salpetersäure gelöst (am besten durch Stehen über Nacht) und auf 5 ml verdünnt. Die spektrographische Bestimmung in der Lösung kann nach einer der von *Baer* und *Hodge* [124] angegebenen Methoden ausgeführt werden.

Bemerkung. Über eine Aluminium-Bestimmung in *Chrommetall* berichten auch *Lifšic* und *Bugaeva* [125].

Bestimmung im Calcium und Magnesium. Zur halbquantitativen Bestimmung des Aluminiums im Calcium überführen *Skalska* und *Held* [126] das Metall in das Hydroxid. Die Bestimmung erfolgt im Wechselstrom-Bogen.

Aluminium (bis 0,1 ppm) und Chrom im Calcium, Magnesium sowie im Thorium bestimmt *Pittwell* [127]. Aluminium wird zusammen mit Lanthan als Träger durch Ammoniak in Gegenwart von Wasserstoffperoxid gefällt, bei 1000 °C geglüht und der Niederschlag abgefunkt. Zur Auswertung wird das Linien-Paar Al 256,80/ La 285,59 nm verwendet. Die quantitative Fällung des Lanthans gelingt am besten aus stark saurer Lösung; es werden daher vor der Fällung 30 ml Salzsäure (D = 1,19) zugegeben. Für je 10 g Magnesium wird die Lösung mit 10 g Ammoniumchlorid versetzt.

Bestimmung im Titan. Nach einer *ASTM*-Vorschrift [115] lassen sich Aluminium-Gehalte von 0,04 bis 0,5% im Titanschwamm und Titanmetall bestimmen.

Arbeitsvorschrift. 5 g Probe werden mit 1 g Weinsäure, 20 ml Wasser und 10 ml Salzsäure (D = 1,19) gelöst und zu 250 ml aufgefüllt. Die Analyse wird mit einer rotierenden Graphit-Scheibe, die in die Lösung eintaucht, durchgeführt. Zur Anregung wird eine Hochspannungsentladung verwendet. Als Analysen-Linien-Paar dienen die Linien Al 309,271/Ti 320,487 nm. Der Variationskoeffizient für Aluminium-Gehalte von 0,25% beträgt im Mittel 3,6.

Bestimmung im Mangan nach *Erko* und *Bugaeva* [128]. Nach Lösen der Probe in Salpetersäure wird eingedampft und bei 200 °C geglüht. Der Rückstand wird in die Bohrung einer Graphit-Elektrode gebracht und im Gleichstrom-Bogen angeregt.

Bestimmung im Kobalt. Belokrinitskaya, Bondarenko und Mitarbeiter [129] bestimmen neben anderen Verunreinigugen auch Aluminium durch direktes Abfunken der Kobalt-Proben im Wechselstrom-Bogen. Der mittlere *Fehler* der Bestimmung beträgt bis zu 15%.

Bestimmung im Zirkonium. Mit einer „point-to-plane-Technik" bestimmen *Farrell, Hartre* und *Jacobs* [130] Aluminium neben anderen Verunreinigungen. Für die Analyse werden flache Metall-Stücke verwendet; als Gegenelektrode dient ein Graphit-Stift. Zur Anregung wird ein mit Hochfrequenz gezündeter Wechselstrom-Bogen (1,5 A, 110 V, 0,0025 µF und 1 Ω Vorwiderstand) benutzt; der Elektroden-Abstand beträgt 4 mm. Als Spektrographen werden ein 3,4 m-Gitter-Spektrograph nach Jarrell-Ash und ein großer Quarz-Littrow-Spektrograph benutzt. Zur Auswertung wird das Linien-Paar Al 308,22/Zr 294,49 nm verwendet. Der prozentuale *Fehler* der Bestimmung im Bereich von 10 bis 350 ppm beträgt ± 5%.

Oda und *Idohara* [131] überführen das Metall zunächst unter Zusatz von Kobalt als Bezugselement in das Oxid. Dieses wird 1:1 mit Kohle-Pulver vermischt und in einer Graphit-Becherelektrode im Gleichstrom-Bogen (10 A) bei 6 mm Elektroden-

Abstand angeregt. Zur Auswertung wird das Linien-Paar Al 266,03 und Co 314,70 nm benutzt. Die *Standardabweichung* wird mit 10% angegeben.

Bestimmung im Wolfram. Zur Bestimmung des Aluminiums in Wolfram-Pulver vermischen *Dyck* und *Veleker* [132] 1,25 g Probe mit 0,2 g Graphit-Nickel-Mischung (15 Teile Graphit-Pulver und 1 Teil spektrographisch reines Nickel-Pulver) und stopfen diese Mischung in die Bohrung einer Graphit-Elektrode. Als Anregung benutzt man eine Hochspannungswechselstrom-Entladung (2200 V, 2,5 bis 15 A) mit einem Elektroden-Abstand von 1 mm. Als Spektrograph dient ein großes Quarz-Littrow-Gerät. Zur Auswertung wird für Gehalte von 0,0001 bis 0,0025% das Linien-Paar Al 309,271/Ni 280,508 nm und für Gehalte von 0,002 bis 0,01% das Linien-Paar Al 257,510/Ni 280,508 nm verwendet. Der Variationskoeffizient der Bestimmung beträgt für einen Gehalt von 0,005% ± 6,4%, für einen Gehalt von 0,0004% ± 12,7%.

Moleva und *Peizulaev* [133] reichern die Verunreinigungen zunächst durch Hydrochlorierung an. Sie vermischen das Konzentrat im Verhältnis 2:1 mit einer Mischung aus 80% Spektralkohle-Pulver und 20% metallischem Silber. 60 mg Mischung werden in die Bohrung einer Graphit-Elektrode eingebracht und im Gleichstrom-Bogen (12 A) angeregt. Zur Fixierung der Probe auf der Graphit-Elektrode wird die Mischung mit 2 Tropfen äthanolischer Bakelit-Lösung angefeuchtet. Die Nachweis-Empfindlichkeit liegt bei einem Gehalt von $1 \cdot 10^{-4}$%.

Bestimmung im Molybdän. Auf ähnliche Weise wie im Wolfram bestimmen *Dyck* und *Veleker* [134] auch das Aluminium im Molybdän.

Arbeitsvorschrift. 1 g Probe wird mit 0,28 g einer Graphit-Nickel-Mischung (27 Teile Graphit + 1 Teil spektrographisch reinen Nickelpulvers) gemischt und in die Bohrung einer Graphit-Elektrode gestopft. Der verwendete Spektrograph und die Anregung sind die gleichen wie bei der Bestimmung im Wolfram.

Bemerkung. Zur *Auswertung* wird für Gehalte von 0,0005 bis 0,05% das Linien-Paar Al 394,40/Ni 308,08 nm verwendet. Der Variationskoeffizient der Bestimmung beträgt bei einem Aluminium-Gehalt von 0,005% ± 14%.

Bestimmung im Uran. Zur spektrochemischen Bestimmung des Aluminiums im Uran überführen *Verny* und *Egorov* [135] das Metall in U_3O_8 und funken unter Zusatz von $BaCO_3$ als Trägersubstanz.

Arbeitsvorschrift. 25 mg eines Gemisches aus 1 g U_3O_8, 100 mg $BaCO_3$ und 50 mg Spektralkohle-Pulver werden im Elektroden-Becher innerhalb eines Wechselstrom-Bogens (18 A) angeregt.

Bemerkungen. Zur *Auswertung* wird das Linien-Paar Al 394,403/Ba 399,566 nm verwendet. Die Nachweisgrenze liegt bei 0,25 µg Al, der relative mittlere *Fehler* bei 9 bis 11%.

Nach einer Vorschrift der UKAEA Industrial Group [136] wird das Uran ebenfalls durch Glühen zunächst in U_3O_8 überführt, mit Natriumfluorid gemischt und auf ähnliche Weise wie nach *Verny* und *Egorov* bestimmt. Die *Genauigkeit* beträgt bei Gehalten von 5 bis 200 ppm etwa ± 25%.

Bestimmung im Neptunium. In der von *Wheat* [137] angegebenen **Arbeitsvorschrift** werden die Verunreinigungen durch zweimalige Behandlung mit einem Anionen-Austauscher vom Neptunium abgetrennt. Das Effluat, welches die Verunreinigungen, darunter auch das Aluminium, enthält, wird zur Trockene eingedampft und kurz bei 400 °C geglüht. Der Rückstand wird mit 1 ml Königswasser ein zweites Mal abgeraucht und mit 1 ml 6n Salzsäure, die 10 µg Co als inneren Standard enthält, aufgenommen. 0,2 ml Lösung werden auf einer flachen Elektrode eingedampft und 30 sec in einem Gleichstrom-Bogen (10 A) angeregt.

Bemerkungen. Zur *Aufnahme* der Spektren wird ein großer Quarz-Littrow-Spektrograph benutzt. Zur *Auswertung* dient das Linien-Paar Al 308,2/ Co 304,4 nm. Der Variationskoeffizient für Gehalte von *5 bis 1000 ppm* beträgt 16%.

Bestimmung in Platin und Platinmetallen nach *Analyse der Metalle* II [120]. Bohrspäne, Blechstreifen oder Drähte werden gegen gleiches Material oder ein angespitztes Graphit-Stäbchen als Gegenelektrode in einem *Feussner*-Funken (12 kV, 3000 pF, 0,08 mH), Abreißbogen (15 A) oder Gleichstrom-Dauerbogen (6 A) angeregt. Als Analysen-Linie wird die Linie: Al 394,40 nm verwendet. Die Nachweisgrenzen werden im Funken mit 0,01 % angegeben.

Bestimmung im Silicium. Zur Bestimmung von Verunreinigungen, auch des Aluminiums, bringt *Vecsernyès* [138] die fein gepulverte Silicium-Probe in die Bohrung einer Graphit-Elektrode und regt in Stickstoff-, Stickstoff-Wasserstoff-, am besten aber in Argon-Atmosphäre in einem Wechselstrom-Abreißbogen (8,5 bis 9 A) an. Als Spektrograph wird ein ISP 22 verwendet. Zur Auswertung wird das Linien-Paar: Al 396,153/Si 410,295 nm verwendet. Mit dieser Methode können Aluminium-Gehalte von $1 \cdot 10^{-7}$ bis $1 \cdot 10^{-4}\%$ bestimmt werden.

Legierungen

Bestimmung in Titan-Legierungen

Prinzip. Die Bestimmung des Aluminiums in Titan und Titan-Legierungen führt *Peterson* [139] lösungsspektralanalytisch mit einer porösen Napf-Elektrode aus. Dieses Verfahren wurde nach Überarbeitung von der *ASTM* als Standardverfahren veröffentlicht und umfaßt einen Konzentrationsbereich von 0,02 bis 7,0 % Al.

Arbeitsvorschrift. Die in Schwefelsäure (D = 1,84) und Salzsäure (D = 1,19) gelöste Probe wird in die Napf-Elektrode gefüllt, entweder mit einer Hochspannungsfunken-Entladung (15000 V) oder einem Niederspannungsfunken (940 V) angeregt.

Bemerkungen. Zur *Auswertung* werden bei der Hochspannungsentladung für den Konzentrationsbereich 1,0 bis 7,0 % das Linien-Paar: Al 309,271/Ti 295,680 nm, für den Bereich 0,02 bis 0,5 % das Linien-Paar: Al 309,271/Ti 311,409 nm verwendet. Bei der Niederspannungsentladung und dem Bereich 0,7 bis 5,0 % wird das Linien-Paar: Al 308,216/Ti 300,087 nm benutzt. Der *Variationskoeffizient* der Bestimmung eines Aluminium-Gehaltes von 3,5 % beträgt bei der Hochspannungsentladung 3,14 %, bei der Niederspannungsentladung 5,0 %.

Vajnštejn, Korolev und *Savinova* [140] berichten über die Anwendung eines Plasmen-Generators zur Lösungsspektralanalyse von Legierungen auf Titan-Basis.

Arbeitsvorschrift. Nach Lösen von 0,5 g Probe in 20 ml Salzsäure wird mit etwas Salpetersäure oxydiert, Kobalt als interner Standard zugesetzt und auf 50 ml aufgefüllt. Die Lösung wird in einem für die Flammenspektrometrie üblichen Zerstäuber mit Argon dem Plasma-Generator zugeführt, der mit Gleichstrom (15. bis 22 A, 270 V) gespeist wird.

Bemerkungen. Als *Spektrograph* wird ein ISP-22 und zur *Auswertung* das Linien-Paar: Al 394,40/Co 399,35 nm benutzt.

Runge und *Bryan* [141] untersuchen die Möglichkeiten der Bestimmung des Aluminiums in Titan-Legierungen mit *festen* Legierungsproben. Sie benutzen für ihre Versuche einen großen Quarz-Littrow-Prismen-Spektrographen und eine Funken-Entladung als Anregung. Das Elektroden-System besteht aus einem flachen Probe-Stück und einem Graphit-Stab als Gegenelektrode. Die Entladung erfolgt in Argon-Atmosphäre. Wenn zur Auswertung das Linien-Paar: Al 394,403/Ti 390,478 nm benutzt wird, erhält man bei der Bestimmung von 6,5 % Al einen Variationskoeffizienten von 0,9 %.

Zur Analyse von *Aluminium-Chrom-Titan*-Legierungen verwendet die *ASTM* nach einem Vorschlag von *Poehlman* die „Point-to-Plane"-Technik mit einer Hochspannungsfunken-Anregung. Aluminium-Gehalte von 0,9 bis 5,5 % können unter Verwendung des Linien-Paares: Al 309,271/Ti 311,205 nm bestimmt werden.

Mit Proben in Form von *Stäbchen* arbeiten auch *Moiseeva, Sukhenko* und Mitarbeiter [142]. Schweißnähte von Titan-Legierungen sowie Titan-Legierungen analysieren *Bogdanova* und *Kudelja* [143] mit einem kondensierten Hochfrequenz-Funken. Für die Bestimmung des Aluminiums geben sie einen *Fehler* von ± 2% an.

Bestimmung in Nickel-Legierungen. Nach *ASTM* [115] lassen sich Aluminium-Gehalte von 0,003 bis 0,30% in Nickel-Legierungen mit einer Gleichstrom-Bogen-Technik (8 bis 12 A) bestimmen. Nach Auflösen der Probe in verd. Salpetersäure und Eindampfen bis zur Trockene wird der geglühte Rückstand mit Spektralkohle-Pulver gemischt, in die Bohrung einer Graphit-Elektrode eingebracht und abgefunkt. Als Analysen-Linie wird die Linie: Al 308,216 nm verwendet, und als Bezugslinien können die Ni-Linien 274,675, 312,931 und 327,112 nm benutzt werden.

In einer weiteren Vorschrift nach *ASTM* lassen sich Aluminium-Gehalte von 2 bis 4% in Hochtemperatur-Legierungen auf Nickel-Basis bestimmen. Als Elektroden werden Scheiben gegen Graphit-Stäbchen verwendet. Die Anregung erfolgt mit einer Funken-Entladung in Stickstoff-Atmosphäre. Zur Auswertung wird das Linien-Paar: Al 308,216/Ni 306,462 nm verwendet. Der Variationskoeffizient wird zu 7,9% angegeben.

Ein lösungsspektralanalytisches Verfahren zur Aluminium-Bestimmung in Legierungen, die 75% Ni, 20% Cr, 3% Ti, 0,5% Mn, 0,5% Fe und 1% Al enthalten, wendet *Belohlavek* [144] an. Die mit Salzsäure und Salpetersäure gelöste Probe, der eine größere Menge Eisens als innerer Standard zugesetzt wurde, wird auf 50 ml verdünnt und die Bestimmung mit einer rotierenden Graphit-Elektrode durchgeführt. Zur Auswertung werden die Linien: Al 396,153/Fe 406,359 nm benutzt. Der *Fehler* der Bestimmung wird mit ± 7% angegeben.

Bestimmung in Kupfer-Legierungen. Nach einer Vorschrift von *Leichtle* [145], die von der *ASTM* als Standardverfahren übernommen wurde, können Aluminium-Gehalte von 0,001 bis 0,15% bestimmt werden. Die Probe in Form von verschiedenen Spänen, Pulver oder Blechschnitzeln wird in eine Bohrung einer Graphit-Elektrode eingewogen und mit einem Gleichstrom-Bogen (14 A) angeregt. Zur Auswertung werden bei Gehalten < 0,01% das Linien-Paar- Al. 308,216/Cu 285,873 nm, bei Gehalten > 0,01% das Linien-Paar: Al 266,039/Cu 285,873 nm verwendet.

Eine weitere *ASTM*-Methode beschreibt die Analyse von Kupfer-Legierungen nach der „Point-to-Plane"-Technik. Es können damit Aluminium-Gehalte von 0,1 bis 12,0% bestimmt werden. Als Anregung wird eine Funken-Entladung verwendet. Für den Bereich 0,1 bis 3,0% dient das Linien-Paar: Al 308,216/Cu 310,861 nm, für Gehalte > 3,0% das Paar: Al 257,510/Cu 310,861 nm zur Auswertung. Der Variationskoeffizient ist für den Gehalt von 7,5% mit 0,54 angegeben.

Zur Kontrolle von *Gußkupfer* geben *Ivanova* und *Egorova* [146] ein Verfahren zur Aluminium-Bestimmung bis zu 0,02% Al an. Sie benutzen das Linien-Paar: Al 308,216/Cu 307,38 nm zur Auswertung. Der *Fehler* der Bestimmung wird mit 4% angegeben.

Soragna [147] beschreibt eine Methode zur Bestimmung in *Aluminium-Bronzen* mit Aluminium-Gehalten von 8 bis 12%. Als Analysen-Proben werden Scheiben verwendet, als Gegenelektrode ein Graphit-Stab. Die Anregung erfolgt in einem Mittelspannungsfunken. Zur Auswertung wird das Linien-Paar: Al 266,093/Cu 310,86 nm benutzt. Die *Standardabweichung* des Verfahrens beträgt im Mittel 0,09%.

Eine Vorschrift zur Bestimmung des Aluminiums im *Messing* ist in der *Analyse der Metalle II* [120] enthalten. Als Analysen-Proben werden gegossene oder gedrehte Stäbchen, als Gegenelektrode ein Graphit-Stab verwendet. Die Anregung für Gehalte von 0,005 bis 0,5% erfolgt in einem Abreißbogen (8 A), für Gehalte bis zu 2,5% mit einem *Feussner*-Funken. Für die niedrigen Gehalte dient das Linien-Paar: Al 309,271/Cu 299,7 nm, für höhere Gehalte das Linien-Paar: Al 308,2/Cu 296,1 nm zur Auswertung.

Bestimmung in Zinn- und Zinn-Blei-Legierungen. Aluminium-Gehalte von 0,01 bis 0,2% in Zinn-Legierungen werden gemäß *ASTM* nach Überführung des Metalls in das Oxid (über die Lösung) bestimmt. Das Oxid wird, mit Graphit-Pulver gemischt, in die Bohrung einer Graphit-Elektrode gebracht und im Gleichstrom-Bogen (13 A) angeregt. Als Analysen-Linien-Paar dient Al 309,271/Sn 278,503 nm. Auf gleiche Weise erfolgt die Bestimmung des Aluminiums in Zinn-Blei-Legierungen.

Bestimmung in Zink-Legierungen und Zink. Zur Bestimmung des Aluminiums im Hütten- und Feinzink werden nach *Analyse der Metalle* gegossene oder gepreßte Stäbchen im *Feussner-Funken* angeregt und die Analysen-Linien: Al 309,271, Al 308,216 nm benutzt. Als Bezugslinien können Zn 307,6, 267,1 und 280,1 nm verwendet werden. Zur Bestimmung in Zink-Legierungen wird als Anregungsquelle eine ARL-Multisource verwendet. Als Analysen-Linien-Paar dienen die Linien: Al 266,0/Zn 267,1 nm. Es können Gehalte von 2 bis 8% bestimmt werden.

Bestimmung in Magnesium-Legierungen. Zur Bestimmung des Aluminiums in Gehalten von 4 bis 7% empfiehlt die *ASTM* eine „Point-to-Plane"-Technik. Angeregt wird mit einem Hochspannungsfunken. Zur Auswertung dient das Linien-Paar: Al 256,799/Mg 307,399 nm.

Nichtmetalle

Bestimmung in elementarem Bor. Aluminium neben anderen Verunreinigungen im Bor bestimmen *Švangiradze, Mozgovaja* und *Ščetinina* [148]. Die Proben werden in einem Gleichstrom-Bogen (14 A) angeregt. Zur Vermeidung des Auftretens von BO-Banden wird in Stickstoff-Atmosphäre abgefunkt. Als interner Standard wird Germanium zugesetzt. Gearbeitet wird mit einem ISP-22-Spektrographen. Die Belichtungszeit beträgt 60 sec, der Elektroden-Abstand 4 mm und zur Auswertung dient das Linien-Paar: Al 256,8/Ge 237,91 nm. Mit dieser Methode können Aluminium-Gehalte von 0,02 bis 0,2% mit einem mittleren, relativen *Fehler* von 12% bestimmt werden.

Arbeitsvorschrift zur Bestimmung des Aluminiums in technisch reinem Bor nach *Zabiyako* und *Bulycheva* [149]. 50 mg gepulverte Probe werden mit 100 mg NaCl, 600 mg Spektralkohle-Pulver sowie 90 mg NiO gemischt und in die Bohrung einer Graphit-Elektrode gebracht. Die Spektren werden in einer Wechselstrom-Bogen-Entladung (10 A) bis zur vollständigen Verdampfung (etwa 2 min) angeregt. Als Gegenelektrode dient ein angespitzter Graphit-Stab.

Bemerkungen. Zur *Auswertung* wird das Linien-Paar: Al 308,2/Ni 269,6 nm verwendet. Der zu bestimmende Konzentrationsbereich liegt zwischen *0,01 bis 0,2% Al.*

Bestimmung in hochreinem Schwefel. Die Bestimmung des Aluminiums neben anderen Verunreinigungen beschreiben *Fratkin* und *Andreeva* [150]. Sie benutzen einen ISP-22-Spektrographen und zur Anregung einen Wechselstrom-Bogen (7 A). Zur Erhöhung der Linien-Intensität der Analysen- und Standardproben, die gleichzeitig auf eine Platte aufgenommen werden, werden den Proben 5% Natriumchlorid zugemischt. Zur Bestimmung von $5 \cdot 10^{-4}$ bis 10^{-2}% Al wird die Analysen-Linie: Al 308,216 nm benutzt. Der mittlere *Fehler* der Bestimmung wird mit 9 bis 18% angegeben.

Metalloxide

Bestimmung im Kupferoxid. Zur spektrographischen Bestimmung im Kupferoxid benutzen *Degtjareva, Fedjaeva, Ostrovskaja* und *Astachina* [151] einen ISP-22-Spektrographen mit 2-Linsenbeleuchtung und dazwischen geschaltetem Diaphragma. Als Anregung verwenden sie einen Wechselstrom-Bogen (4 A). Proben und Standards, die gleichzeitig auf eine Platte aufgenommen werden, mischt man 10:1 mit Spektralkohle-Pulver und füllt in den kelchförmigen Krater der Graphit-Elektrode. Als Gegenelektrode dient eine angespitzte Graphit-Elektrode. Der relative *Fehler* der Bestimmung bei Gehalten von 10^{-2} bis $10^{-4}\%$ beträgt 5 bis 10%.

Bestimmung im Berylliumoxid. *Pevcov* und *Krasilščik* [152] bestimmen Aluminium und Verunreinigungen unter Anwendung einer Hohlkathode. 50 mg Probe werden in einer Plexiglas-Form zu einem Brikett gepreßt, in die Hohlkathode eingelegt und bei einem Heliumdruck von 15 mm Quecksilbersäule angeregt. Sie verwenden einen Quarz-Spektrographen ISP 28 zur Aufnahme der Spektren.

Bestimmung im Nioboxid. Kleine Mengen Aluminiums und Siliciums im Nioboxid bestimmen *Moroškina* und *Malinin* [153] spektrographisch mit dem Autokollimationsspektrographen nach *Hilger.* Sie verwenden das Verfahren der fraktionierten Destillation unter Benutzung von AgCl als Träger. Die Anregung erfolgt in einem Wechselstrom-Bogen (220 V, 18 A). Dazu wird die Probe in die Bohrung einer Graphit-Elektrode gebracht und 2 min abgebrannt. Zur Auswertung dient das Linien-Paar: Al 308,216/Nb 309,712 nm. Der relative *Fehler* der Bestimmung bei Aluminium-Gehalten von 0,001% wird mit nicht größer als $\pm$ 10% angegeben.

Bestimmung im Wolframoxid. Gehalte von 0,001 bis 0,1% Aluminium im Wolfram(VI)-oxid bestimmen *Millner* und *Horkay* [154]. Durch Zumischen von Spektralkohle-Pulver wird das linienreiche Bogen-Spektrum des Wolframs stark geschwächt, während die Linien-Intensitäten der Verunreinigungen erhalten bleiben.

Arbeitsvorschrift zur Bestimmung des Aluminiums neben Eisen und Silicium nach *Veleker* und *Dyck* [155]. Die Probe (W_4O_{11}) wird zunächst durch einstündiges Erhitzen auf 750 °C in WO_3 überführt und mit Spektralkohle-Pulver und Natriumwolframat, welches die Bildung von Wolframcarbid vermindert, im Verhältnis 1:1:0,25 vermischt. Die Mischung wird zu Pastillen verpreßt und in einer Bogen-Entladung angeregt. Als Bezugslinien werden die Wolfram-Linien: 309,228, 260,143 und 250,453 nm verwendet; als Analysen-Linie dient die Linie: Al 309,271 nm.

Bemerkung. Es lassen sich Gehalte von *0,005 bis 0,15% Al* bestimmen.

Bestimmung im Germaniumoxid. Spuren-Gehalte, auch an Aluminium, bestimmen *Dvořak* und *Dobřemyslova* [156] lösungsspektralanalytisch.

Arbeitsvorschrift. 1 g Probe wird in 50 ml reinster Salzsäure und 0,25 ml 0,0005%iger Schwefelsäure gelöst, 0,25 ml einer Kobalt-Lösung als innerer Standard zugegeben und die Lösung in einem Quarz-Kolben auf 0,2 bis 0,4 ml eingedampft. Davon werden 0,025 ml auf Graphit-Elektroden aufgetragen, die mit einer 1%igen Polystyrol-Lösung in Benzol präpariert worden sind. Nach dem Eintrocknen wird im *Feussner*-Funken (8000 V, 6000 pF, 0,8 mH) angeregt.

Bemerkungen. Zur *Auswertung* dient das Linien-Paar: Al 309,27/Co 340,57 nm. Der durchschnittliche, relative *Fehler* der Bestimmung beträgt $\pm$ 7,5%.

Bestimmung in Glas, Silicaten, Schlacken, Gesteinen, Mineralien und Erzen

Bei den genannten Stoffen handelt es sich im allgemeinen um Nichtleiter, die nur in Form von Pulver oder in Lösung analysiert werden können. Pulverförmiges Material kann sowohl direkt in die Spektralkohle eingefüllt oder mit einem Zuschlagstoff (Metall, Stärke) zu Elektroden verpreßt werden (*Churchill* und *Russell* [98]; *Dickens, König* und *Jaensch* [157]). Auch das direkte Einbringen pulverförmiger Proben in die Entladung (*Kuznecov* [158]) und die Anwendung einer Tape-Maschine, in der ein mit der Probe bestreutes Band durch den Elektroden-Spalt läuft (*Strasheim* und *Tappere* [159]), ist möglich. Verfahren, nach denen die Proben zunächst aufgeschlossen, die erkaltete Schmelze gemahlen und zu einer Tablette oder Pastille verpreßt wird, finden des öfteren Verwendung (*Tingle* und *Matocha* [160]; *Hartleif* [161]; *Argyle* [162]; *Reckziegel* und *Staats* [163]; *Brokopf* [164]).

Oft wird den Proben noch eine spektrographische Puffersubstanz, wie B_2O_3, $Ba(NO_3)_2$ und $SrCO_3$, sowie ein innerer Standard zugemischt. Die Anregung erfolgt in den meisten Fällen durch einen Gleichstrom- oder Wechselstrom-Bogen, seltener durch eine Funken-Entladung. Nach Untersuchungen von *Rost* [165] ist ein Wechsel-strom-Bogen zur Anregung vor allem bei der Silicatanalyse besser geeignet als ein Gleichstrom-Bogen. Nach Untersuchungen von *Reckziegel* und *Staats* ergibt eine Hochspannungsentladung in der Analyse von Schlacken die beste Reproduzierbar-keit. *Korolev* und *Vainštein* [166] benutzen in der Analyse der Silicatgesteine zwecks Erreichung einer größeren Analysen-Genauigkeit Impuls-Entladungen zur Anregung.

Die Bestimmung der Hauptkomponenten, darunter auch des Al_2O_3, in *Gläsern* führen *Dippel* und *Kessler* [167] spektralanalytisch mit Hilfe eines Licht-Elektro-meters durch. Die fein gepulverten Proben werden im Verhältnis 1:4 mit Spektral-kohle-Pulver gemischt und zu Elektroden verpreßt. Die Anregung erfolgt in einem *Feussner*-Funken (12 kV, 3500 pF, 0,8 mH). Als Spektrograph wird ein Qu 24 von *Zeiss* verwendet. Die Messung der Linien-Intensitäten erfolgt lichtelektrisch. Als Intensitätsbezug wird das an einer Prismen-Fläche reflektierte Gesamtlicht gemessen, während zur Bestimmung des Al_2O_3 die Linien: Al 309,27, 308,21, 396,15 und 394,40 nm benutzt werden. Der relative *Fehler* der Bestimmung wird mit 1% an-gegeben.

Zur Bestimmung von Al_2O_3 und anderen Oxiden in Opalgläsern benutzt *Ward* [168] als inneren Standard CoO wie auch $SrCl_2$ und Silberoxid als Emissions-puffer. Die Anregung erfolgt im Gleichstrom-Bogen.

Eingehend hat sich *Matsumoto* [169] mit der Spektralanalyse von Silicat-Gläsern beschäftigt. So untersucht er die Intensitätsänderungen der Spektrallinien in Abhän-gigkeit von der Kristall-Struktur, die besonders für Al_2O_3 und SiO_2 evident sind. Weiter untersucht er den Einfluß der Elemente: Ba, Pb, Zn, Cd, K auf die Bestim-mung von Al, Ca, Mg, Mn und Fe in Borosilicat-Gläsern mit einem ARL-Quanto-meter, indem er Kobalt als Bezugselement verwendet. Zur Auswertung verwendet er die Linien: Al 396,1, Co 486,7 und 258,0 nm. In Ergänzung dieser Arbeit werden auch Versuche in geschmolzenen Glas-Proben ausgeführt.

Bestimmung in *Silicaten, Gesteinen, feuerfesten Stoffen* und *Schlacken*. Die spektro-chemische Analyse höherer Gehalte in Silicat-Gesteinen hat zuerst *Kvalheim* [170] durchgeführt. Er arbeitete mit einer Bogen-Entladung und benutzte Strontium als inneren Standard. Der von ihm erreichte, relative *Fehler* überstieg selten 10%; häufig war er sogar kleiner als 5%. Die Methode nach *Kvalheim* ist wiederholt modi-fiziert und verbessert worden. So erreicht *Price* [171], der die Analysen-Probe mit Borax aufschließt, die Schmelze pulvert und zusammen mit Spektralkohle-Pulver und Kobalt als innerem Standard zu Pellets verpreßt, einen relativen Fehler von nur ± 4%.

Rushton und *Nicholls* [172], die anodisch in einem Gleichstrom-Bogen (7 A) an-regen, erreichen eine *Genauigkeit* von ± 3,5%. Als inneren Standard benutzen sie zur Bestimmung des Aluminiums Y_2O_3. Die mit Spektralkohle-Pulver gemischte Analy-sen-Probe wird in die Bohrung einer Graphit-Elektrode gepreßt, die als Anode ge-schaltet wird. Das Linien-Paar: Al 265,2/Y 294,8 nm dient zur Auswertung. Der relative *Fehler* beträgt ± 3,2%.

Zur Analyse von Silicaten vermischt *Ricard* [173] 20 mg Analysen-Probe mit 980 mg Nickel-Pulver, 1000 mg Spektralkohle-Pulver und 5 mg B_2O_3. 15 mg Mi-schung werden in die Bohrung einer Graphit-Kathode eingepreßt und im Gleich-strom-Bogen (9 A) angeregt. Zur Auswertung hat sich das Linienpaar: Al 309,27/ Ni 341,5 nm als am günstigsten erwiesen. Ebenfalls mit einer Mischung aus Spektral-kohle- und Nickel-Pulver im Verhältnis 1:1 arbeiten *Morand* und *Kiel* [174].

NiO als inneren Standard benutzt auch *Lingard* [175]. Er vermischt die fein-gepulverte Gesteinsprobe mit NiO und Spektralkohle-Pulver; man regt in einem Gleichstrom-Bogen an. Zur Analyse von Schamotte-Ton verwendet *Kolechkova* [176] einen Wechselstrom-Bogen und CoO als inneren Standard.

Al_2O_3-Gehalte von 0,01 bis 3 % können nach einer *ASTM*-Methode [115] in keramischem Material und anderem nichtmetallischem Material bestimmt werden. Die fein pulverisierte Probe wird mit Spektralkohle-Pulver und CuO als innerem Standard vermischt, in die Bohrung einer Graphit-Elektrode gebracht und im Gleichstrom-Bogen (15 A, 220 V) angeregt. Zur Auswertung dient das Linien-Paar: Al 308,216 oder Al 309,271/Cu 276,888 nm. Eine ähnliche Methode wird von der *ASTM* zur Analyse von Glassand vorgeschlagen. Als Analysen-Linien werden die Linien: Al 256,799 und 257,510 nm verwendet. Als Bezugslinie dient die Linie: Si 256,864 nm.

Mit dem direkt registrierenden Spektrographen „Quantopact" analysiert *Vilnat* [177] Ton-Proben, indem er mit einem Hochspannungsfunken anregt. Ebenfalls mit einem direkt registrierenden Gitter-Spektrographen analysieren auch *Roubault, de la Roche* und *Govindaraju* [178] Silicat-Gesteine.

Dohr [179] bestimmt Al_2O_3-Gehalte von 0,1 bis 2 % in *Quarzit* und *Silicasteinen* unter einer Standardabweichung von ± 0,02 % mit einem 1,5-m-Gitter-Spektrographen, mit photographischer und lichtelektrometrischer Registrierung. Als inneren Standard verwendet er BeO, als Anregung einen Wechselstrom-Bogen (8 A). In einer späteren Arbeit (*Dohr* und *Krüger* [180]) beschreibt er die laufende Analyse feuerfester Baustoffe nach dem *Danielson*-Verfahren, nach dem das nach dem Aufschluß vermahlene, pulverförmige Probegut auf einem Tape-Band kontinuierlich durch die Entladungsstrecke gezogen wird.

Zur Analyse von *Zement* vermischen *Likhodel* und *Nosenko* [181] die gepulverte Probe mit CuO nebst Holzkohle und stäuben sie mit Äther auf eine Kupfer-Platte. Die Anregung erfolgt in einem Wechselstrom-Bogen (5 A). Nach der von der *ASTM* beschriebenen Methode zur Analyse von feuerfestem Material wird das pulverisierte Probegut direkt in die Graphit-Elektrode eingefüllt. Zur Anregung wird eine ARL-Multisource verwendet, zur Auswertung das Linien-Paar: Al 396,153/ Si 253,238 nm. Der Variationskoeffizient für die Bestimmung von Al_2O_3 beträgt 3,0.

Zur Analyse von *Schlacken* nach der Methode der *ASTM* wird die pulverisierte Analysen-Probe mit NH_4Cl und Spektralkohle im Verhältnis 2:1:1 vermischt, in die Bohrung einer Graphit-Elektrode gebracht und im Gleichstrom-Bogen (18 A) angeregt. Als Analysen-Linien-Paar dient: Al 308,216/Si 253,238 nm.

Zur Überwachung der Schlacken-Führung bei der Stahl-Erzeugung werden gemäß einem Verfahren nach *Reckziegel* und *Staats* [163] die gepulverten Proben mit Lithiumtetraborat aufgeschlossen, mit Graphit vermahlen und zu einer Pastille verpreßt. Die Tablette wird in einem ARL-Quantometer gegen eine Graphit-Elektrode abgefunkt, indem eine Hochspannungsanregung (50 μH, 7500 pF, 3,7 A) verwendet wird. Als innerer Standard wird Kobalt benutzt (Co 351,87 nm) und als Analysen-Linie: Al 396,1 nm. Die Standardabweichung bei einem Gehalt von 1,0 % Al_2O_3 betrug ± 0,037 % abs.

Dickens, König und *Jaensch* [157] vermahlen die Schlackenprobe, sieben über ein 3600-Maschen-Sieb, vermischen die gesiebte Probe mit einem Graphit-Nickeloxid-Gemisch und pressen daraus Tabletten. Die Tablette wird in einem Doppelprismen-Vakuum-Spektrometer gegen eine Graphit- oder Silber-Elektrode abgefunkt, unter Verwendung einer Mittelspannungsanregung (500 V, 20 μF, 3 Ω, 0,06 mH). Zur Auswertung werden die Linien: NiII 218,55/AlIII 186,28 nm benutzt. Die Standardabweichung bei einem Al_2O_3-Gehalt von 2,0 % betrug ± 0,15 % abs.

Mit einem ARL-Quantovac-Spektrometer und Abfunken in Argon-Atmosphäre arbeitet *Brokopf* [164]. Er verfährt ähnlich wie *Reckziegel* und *Staats*.

Hochofen-Schlacke analysiert *Kishitaka* [182], indem er die pulverisierte Probe mit Spektralkohle mischt, Stärke-Lösung zusetzt und die Paste in der Bohrung einer Cu-Flachelektrode eintrocknet. Die Probe wird in einem *Feussner*-Funken angeregt. Die relative Standardabweichung für Al_2O_3 gibt er mit 5 % an.

Arbeitsvorschrift zur spektrographischen Analyse von *Tonen* und *Kaolinen* gemäß dem Schüttverfahren nach *Pawlowska* [183]. 0,25 g pulverisierte Probe wird mit 0,75 g Grundmischung (bestehend aus 9,75 g Spektralkohle-Pulver, 5,00 g $SrCO_3$ und 0,25 g Co_3O_4) und 1,75 g Spektralkohle-Pulver durch 1stündiges Verreiben gemischt; 150 mg Proben-Mischung wird in die obere Elektrode eingefüllt. Die Elektrode besteht aus Elektrolytkupfer; sie ist dreiteilig und mit einem Sieb-Boden versehen. Als untere Elektrode dient ein flach abgeschnittener Kupfer-Stab. Die Siebzeit beträgt für Tone 90 sec, für Kaoline 120 sec. Die Anregung erfolgt im *Feußner*-Funken (12 kV, 0,08 mH, 12 µF). Als Spektrograph wird ein Qu 24 von *Zeiss* verwendet. Zur Bestimmung des Aluminiums wird das Linien-Paar: Al 265,248/Sr 293,183 nm benutzt.

Zur Bestimmung in *Sedimenten, Gesteinen* und *Erzen* schließen *Landergren* und *Muld* [184] 200 mg Analysen-Probe zunächst mit 500 mg Li_2CO_3 und 900 mg H_3BO_3 auf. Die erkaltete Schmelze wird zerrieben, unter Zusatz von CoO als Standard zu gleichen Teilen mit Spektralkohle-Pulver vermischt, zu Pastillen von 12,7 mm $\varnothing$ und 4 mm Dicke verpreßt. Die Anregung erfolgt in einem *Feußner*-Funken.

Einer ähnlichen Aufschluß-Methode mit Li_2CO_3 und B_2O_3 bedienen sich *Matsumoto* und *Oto* [185] zur Analyse von *Schlacken*.

Die Analyse von feuerfestem, aus Al_2O_3 und SiO_2 bestehendem Material mit einem Spektrographen und einem Quantometer beschreibt *Porta* [186]. Zur Analyse werden 1 g Probe zusammen mit 10 g B_2O_3, 5 g Li_2CO_3 und 2 g CoO bei 1000 °C aufgeschlossen, die erkaltete Schmelze pulverisiert und in die Bohrung einer Graphit-Elektrode eingefüllt. Die Anregung erfolgt mit einem Hochspannungsfunken; abgefunkt wird 2mal 10 sec. Zur Auswertung wird das Linien-Paar: Al 394,40/Co 389,41 nm benutzt. Die Standardabweichung bei Al_2O_3-Gehalten von 59,2% beträgt ± 3,77%. Zur Analyse mit dem Quantometer wird Eisen als innerer Standard benutzt.

Arbeitsvorschrift. 0,5 g Probe werden mit 10 g B_2O_3, 5 g $LiCO_3$ und 2 g Fe_2O_3 bei 1000 °C aufgeschlossen, die erkaltete Schmelze pulverisiert und mit Spektralkohle-Pulver im Verhältnis 1:2 gemischt. Aus der Probe-Mischung werden Pastillen mit 12,5 mm $\varnothing$ und einer Dicke von 10 mm gepreßt. Die Anregung erfolgt mit einer High Precision Source Unit 4700 der ARL, mit 0,007 µF und Rest-Induktivität. Der Elektroden-Abstand beträgt 3 mm, die Integrationszeit ohne Vorfunkzeit 20 sec.

Bemerkungen. Zur Aluminium-Bestimmung wird die Linie: Al 396,15 nm benutzt; als *Bezugslinie* dient Fe 306,72 nm.

Ein *allgemeines* Verfahren zur Analyse nichtmetallischer Proben wird von *Tingle* und *Matocha* [160] angegeben, das für Gläser, Tone, Gesteine, feuerfestes Material und Bauxit verwendet werden kann. Danach werden 0,25 g gepulverte Probe mit 1 g Li_2CO_3 und 1,5 g B_2O_3 in einem Graphit-Tiegel bei 1000 °C 8 min aufgeschlossen, die Schmelze nach dem Erkalten fein gepulvert und mit 0,6 g Spektralkohle-Pulver vermischt. Die Mischung wird zu einem Pellet von 1,3 cm $\varnothing$ verpreßt und kann nun angefunkt werden.

Webber und *Jellema* [187] ziehen den Aufschluß der Probe mit *Lithiumborat* einer von *Jaycox* [188] publizierten Methode durch Verdünnen der pulverisierten Probe mit CuO vor.

Arbeitsvorschrift. 200 mg Probe werden mit 2 g Lithiummetaborat in einem Graphit-Tiegel bei 1000 °C 8 min aufgeschlossen und die erkaltete Schmelze fein gepulvert. 100 mg gepulverte Schmelze werden mit 200 mg Spektralkohle-Pulver gemischt und in die Bohrung einer Graphit-Elektrode gebracht. Die Anregung erfolgt in einem Gleichstrom-Bogen (8 A) bei einem Elektroden-Abstand von 5 mm.

Bemerkungen. Zur *Auswertung* wird das Linien-Paar: Al 265,2/Li 274,1 nm benutzt.

Der mittlere *Fehler* zu chemisch analysierten Proben beträgt 0,57 %.

Einen ähnlichen Aufschluß mit Lithiumtetraborat benutzten *Ryan* und *Ruh* [189] zur Analyse feuerfester Stoffe auf *Magnesit-Chrom*-Grundlage.

Naka, Matsumae und *Tanaka* [190] führen die Bestimmung in Feldspäten, Kaolin und Tonerde lösungsspektralanalytisch mit der *rotierenden* Scheiben-Elektrode aus. Die Probe wird mit einer Mischung aus Flußsäure und Salpetersäure zersetzt, anschließend mit Salzsäure behandelt. Die Anregung erfolgt in einem *Feußner*-Funken (0,0066 µF, 0,08 µH). Zur Auswertung werden die Linien: Al 266,04/Al 309,27 nm benutzt. Als Bezugselement und innerer Standard dient Gallium mit der Linie: 294,36 nm.

Ebenfalls mit der rotierenden Scheibenelektrode analysiert *Rost* [191] Gesteinsproben. Die Proben werden mit Li_2CO_3, $PbCO_3$ sowie B_2O_3 aufgeschlossen und die Schmelze nach Zerkleinern in Salpetersäure gelöst. Als Gegenelektrode dient eine Cu- oder Ag-Elektrode. Die Anregung erfolgt in einem Funken mittlerer Kapazität und kleiner Selbstinduktion. Die *Genauigkeit* für Al_2O_3 beträgt $\pm 0,15\%$.

Eardley und *Clarke* [192] benutzen einen *direkt* registrierenden Spektrographen zur lösungsspektralanalytischen Bestimmung kieselsäurereicher Produkte.

Arbeitsvorschrift. 0,5 g gepulverte Probe werden in einem Nickel-Tiegel mit 7 g NaOH aufgeschlossen, die Schmelze in heißem Wasser gelöst, mit 20 ml Salzsäure (D = 1,18) umgesetzt, 5 ml Kobalt-Lösung (20 mg Co_3O_4/ml) hinzugegeben und auf 250 ml aufgefüllt. Die Analyse wird mit der rotierenden Scheibenelektrode ausgeführt, als Gegenelektrode dient eine angespitzte Graphit-Elektrode. Der Elektroden-Abstand beträgt 2 mm. Zur Anregung wird eine Funkenentladung (15 kV, 0,005 µF, 0,015 mH) benutzt.

Bemerkungen. Zur *Auswertung* dient das Linien-Paar: Al 396,1/Co 340,5 nm.

Die Aluminium-Bestimmung wird durch *höhere* SiO_2-Gehalte beeinflußt. Die Eichung kann jedoch mit kieselsäurefreien Standardlösungen durchgeführt werden, für die eine einmalige Korrektur mit kieselsäurehaltigen Lösungen erforderlich ist.

Die *Standardabweichung* für Aluminium-Gehalte von 0 bis 2 % wird mit $\pm 0,02\%$ angegeben.

Durch Einsprühen der Aufschluß-Lösung mit einem Zerstäuber mit *Sauerstoff* zwischen die horizontal stehenden Graphit-Elektroden bestimmt *Voinovitch* [193] auch Aluminium in Ton-Proben. Die Anregung erfolgt in einem Gleichstrom-Bogen (13,5 A). Als Bezugselement und innerer Standard wird Ni verwendet. Nach einem Zerstäubungsverfahren mit durchbohrter Elektrode (*Erdey, Gegus* und *Kocsis* [194]) bestimmt *Gegus* [195] Aluminium in Hochofen- und Martinschlacken.

Arbeitsvorschrift. 0,1 g gepulverte Schlacken-Probe werden mit 3 g NaOH, gegebenenfalls unter Zusatz von 0,1 bis 0,3 g Na_2O_2, aufgeschlossen. Die Schmelze wird in 50 bis 60 ml heißem Wasser gelöst, mit 30 ml konz. Salzsäure umgesetzt und auf 100 ml aufgefüllt. Zu 5 ml Lösung werden 0,4 ml 5%ige Kobalt- bzw. Kupfer-Lösung als innerer Standard zugesetzt und die Lösung zerstäubt.

Bemerkung. Über weitere, spektrochemische Analysen-Methoden zur Bestimmung des Al_2O_3-Gehaltes neben anderen Komponenten in *Silicaten* berichten *Voinovitch* und *Vilnat* [196], *Voinovitch* [197], *Matsumoto* und *Oto* [198], *Konopel'ko* und *Tkachev* [199], *Schwander* [200], *Reshetina* [201], *Pedan* [202], *Iida* [203], *Hegemann, Kostyra* und *von Sybel* [204], *Hegemann* und *Caimann* [205] sowie *Herman* und *Lheureux* [206]. Weitere Verfahren zur Analyse von *Schlacken* werden von *Zika* und *Röckl* [207], *Angell* und *Bethell* [208], *Danilova* und *Alekseeva* [209] sowie vom *BISRA-Committee* [210] mitgeteilt.

Bestimmung in Erzen und Mineralien. Die Spektralanalyse der Eisenerze beschreiben *Andreev, Neudačin, Salov, Petuchova* und *Lipina* [211]. Die Erzproben werden 15 min bei (1060 ± 10) °C geglüht. 0,6 g geglühtes Erz werden mit 1,4 g Kupfer-Pulver im mechanischen Mörser 10 min gemischt und zu einer Tablette mit einem Durchmesser von 9 mm gepreßt. Als Gegenelektrode dient ein konisch angedrehter

Nickel-Stab. Die Analyse wird mit einem Spektrographen ISP-28 durchgeführt. Angeregt wird im Funken (220 V, 1,5 A, 0,01 μF, Induktivität 0). Der Elektroden-Abstand beträgt 2,5 mm und die Abfunkzeit 1 min. Zur Auswertung dient das Linien-Paar: Al 308,216/Ni 308,076 nm. Es können auf diese Weise Al_2O_3-Gehalte von 0,8 bis 7,0% bestimmt werden. *Karabanova* [212] setzt in der Analyse von *Chrom-eisenstein* nach dem Glühen der pulverisierten Probe zu 300 mg Probe-Substanz ebenfalls 1000 mg Kupfer-Pulver zu und preßt daraus eine Tablette. Als Gegen-elektrode verwendet sie einen Kupfer-Stab. Die Anregung erfolgt im Funken (220 V, 3 A, 0,01 μH, 0,02 μF). Als Analysen-Linie wird Al 308,216 nm und als Bezugslinie: Cu 310,866 nm angegeben.

An Stelle mit Kupfer-Pulver vermischt *Tucholka-Szmeja* [213] in der Analyse von *Dolomit* die Probe mit der 5fachen Mengen an Nickel-Pulver und preßt Pastillen von je 0,5 g. Diese werden in die untere hohle Cu-Elektrode eingebracht und im *Feussner*-Funken angeregt. CaO-Gehalte > 39% stören die Aluminium-Bestimmung und erniedrigen die Intensität der Al-Linien.

Nach Untersuchungen von *Finkin* [214] ist der Zusatz von Spektralkohle-Pulver zur Proben-Substanz notwendig. Er verhindert die Bildung eines Makrotropfens beim Abfunken, in dem die Oxide bei verminderter Verdampfungsgeschwindigkeit nur unvollkommen dissoziieren. Erzen setzt er $NiCO_3$ als inneren Standard und Spektralkohle-Pulver im Verhältnis 1:1:2 zu.

Bei der Analyse von Chromit vermischt *Pedan* [215] die Probe mit *Bariumnitrat*, Spektralkohle-Pulver sowie Nickeloxid im Verhältnis 1:2:6:6 und preßt das Ge-misch in die Bohrung einer Graphit-Elektrode.

Poláček [216] vermischt in der Analyse von Magnesit 0,2 g der 1/2 Std. bei 1000 °C geglühten Probe mit 2 g einer Puffermischung [$Ba(NO_3)_2$:C = 1:8], trägt das Ge-misch mit 2 Tropfen Aceton auf eine Graphit-Elektrode auf und regt nach dem Trocknen im Bogen an.

Lösungsspektralanalytisch nach dem Verfahren der rotierenden Scheibenelek-trode analysiert *Wilkinson* [217] Eisenerz. Er zieht diese Methode dem Pellet-Ver-fahren vor, da durch das Lösen Beeinflussungen und Störungen infolge der physika-lischen Beschaffenheit, Kristall-Struktur und Oxydationszustand ausgeschaltet werden. Zwei Methoden werden von ihm zur Vorbereitung der Proben-Lösung vor-geschlagen. Nach dem *ersten*, einem universell anwendbaren Verfahren, wird die Probe in Salzsäure gelöst, der unlösliche abfiltrierte Rückstand durch Schmelzen mit Natriumhydroxid aufgeschlossen und die Schmelze in der ursprünglichen salz-sauren Lösung gelöst. Die Lösung soll 0,2 g Proben-Substanz in 200 ml Lösung und 16% an konz. Salzsäure nach der Zugabe der Lösung des inneren Standards ent-halten.

Das *zweite* Verfahren beruht auf dem direkten Aufschluß der Probe mit Natrium-hydroxid und Umsetzen mit Salzsäure. Als interner Standard werden 10 ml Zink-Titan-Lösung [11 g Titan(IV)-chlorid, 3 g Zinkoxid und 110 ml konz. Salzsäure auf das 4,5fache verdünnt] verwendet. Die Anregung erfolgt in einem Hochspannungs-funken (0,005 μF, 0,04 mH, 8 A). Der Elektroden-Abstand beträgt 2 mm, und als Gegenelektrode dient eine angespitzte Graphit-Elektrode. Zur Auswertung bei der Bestimmung des Aluminiums wird das Linien-Paar: Al 308,22/Ti 295,61 nm ver-wendet. Die *Genauigkeit* dieser Bestimmung wird für einen Al_2O_3-Gehalt von 1,69% mit ± 3,5%, für einen Gehalt von 4,73% mit ± 2,3% angegeben. Aus dem gleichen Grunde wie *Wilkinson*, und um Inhomogenitäten in der Probe auszuschalten, ver-wenden *Křiváň* und *Matherny* [218] in der Analyse des *Bauxits* ebenfalls die Lösungs-spektralanalyse. Auch sie bedienen sich des Verfahrens mit der rotierenden Graphit-Scheiben-Elektrode.

Arbeitsvorschrift. 0,2 g der bei 110 °C getrockneten, auf eine Korngröße von < 0,08 mm gebrachten Bauxit-Probe werden mit der 10fachen Menge eines Soda-

Borax-Gemisches (1:1,85) aufgeschlossen. Nach Erkalten wird die Schmelze bei 70 bis 80° in einem Gemisch aus 40 ml 30%iger Citronensäure und 10 ml 20%iger Natriumcitrat-Lösung aufgelöst sowie zu 100 ml aufgefüllt. 20 ml Lösung werden mit 2 ml 25%iger $Ni(NO_3)_2$-Lösung in einem 25-ml-Meßkolben aufgefüllt. Die Anregung erfolgt in einem *Feussner*-Funken (200 V, 2,5 A, 9000 pF, 0,08 mH). Als Gegenelektrode wird eine angespitzte Graphit-Elektrode verwendet. Der Elektroden-Abstand beträgt 2,5 mm, die Vorfunkzeit 45 sec und die Expositionszeit 180 sec.

Bemerkungen. Zur *Auswertung* wird das Linien-Paar: Al 308,22/Ni 305,43 nm benutzt.

Der *Fehler* der Aluminium-Bestimmung wird mit ± 1,34% angegeben.

Bestimmung in Kohlen, anorganischen Verbindungen, Salzen und Lösungen

Die Bestimmung von Neben- und Spuren-Elementen in *Kohlen* wird durch die Struktur der Kohle beeinflußt. *Hunter* und *Headlee* [219] erhitzen deshalb die Kohle zunächst 10 min auf 550 °C zur Entfernung verdampfbaren, organischen Materials. *Leutwein* und *Rösler* [220], *Benkö* und *Szadecky* [221], *Demidov* und *Gorbunova* [222] sowie *Otte* [223] veraschen die Kohlen, indem sie auch eine Anreicherung der Spuren-Elemente erreichen. *Dixon* [224] verwendet ein lösungsspektralanalytisches Verfahren, nach dem die gelöste Kohlen-Asche auf einem porigen Graphit-Körper eingedampft wird. Ein direktes Verfahren, wodurch Struktur-Effekte durch Zumischen von Spektralkohle-Pulver vermieden werden, ist von *Hegemann*, *Giesen* und *Kostyra* [225] beschrieben worden. Die Bestimmung kann einmal mit dem kondensierten Funken unter Verwendung stromleitender Preßpastillen durchgeführt werden, zum andern im Gleichstrom-Bogen mit Loch-Kohlen. Letztere Methode weist eine höhere Nachweisempfindlichkeit auf gemäß folgender

Arbeitsvorschrift. Die gepulverte Kohle-Probe wird mit Spektralkohle-Pulver, das 1% NiO als inneren Standard enthält, 1:5 verdünnt und in einer Achat-Reibschale 30 min verrieben. 300 mg Mischung werden zu einer Pastille verpreßt und im *Feussner*-Funken (12 KV, 3450 pF, 0,08 mH; Elektroden-Abstand 3 mm) angeregt. Die Vorfunk- sowie die Belichtungszeit betragen je 2 min.

Bemerkungen. Zur *Auswertung* dient das Linien-Paar: Al 309,27/Ni 305,08 nm.

Der mittlere *Fehler* der Einzelmessung vom Intensitätsverhältnis beträgt beim Aluminium ± 5,5%.

Beim 2. Verfahren wird die gepulverte Kohle im Verhältnis 1:2 mit Spektralkohle-Pulver, das wieder 1% NiO enthält, 10 min verrieben. Die Mischung wird in die Bohrung einer *Loch-Kohle* eingefüllt, die anodisch geschaltet und gegen eine Graphit-Kathode in einer Gleichstrom-Dauerbogen-Entladung (9 A) angeregt wird. Die Gasentwicklung beim Zünden des Bogens, die Verluste der Probe durch Versprühen zur Folge hat, kann man dadurch vermeiden, daß man die Probe-Mischung in der Kohle mit Zaponlack (in Aceton 1:1) verfestigt und mit einer Stahl-Nadel 3 Kanäle in die Füllung stößt. Zur Auswertung wird das gleiche Linien-Paar wie oben benutzt.

Für *genauere* Analysen halten es die Autoren jedoch ebenfalls für besser, eine Veraschung der Proben durchzuführen. Die Asche kann nach einem der Verfahren, wie sie zur Analyse von Silicaten, Erzen, Schlacken angegeben sind, analysiert werden (S. 547).

In Korrosionsprodukten von *Bleimänteln* und *Kabeln* bestimmt *Bennett* [226] auch Aluminium. Die Probe wird mit GeO_2 und Spektralkohle-Pulver im Verhältnis 1:9:10 gemischt und pelletisiert. Metallische Proben werden gelöst und eingedampft. Die Anregung erfolgt mit einer Multisource-Entladung auf 2 verschiedene Weisen an der gleichen Probe. Einmal wird 20 sec mit einer kritisch gedämpften Entladung und anschließend die gleiche Probe 40 sec mit einer überdämpften Entladung angeregt. Man erhält so 2 Spektren für die Bestimmung verschiedener Konzentrationsbereiche. Der Auswertung des 1. Spektrums und dem Konzentrationsbereich: 0,8 bis 10,0% Al dient das Linien-Paar: Al 309,27/Ge 312,48 nm, der Auswertung des 2. Spektrums im Konzentrationsbereich: 0,3 bis 5,0% das Linien-Paar: Al 308,22/ Ge 306,7 nm.

Zur Bestimmung von Verunreinigungen, darunter auch Aluminium in *Plutoniumnitrat*-Lösungen, füllen *Johnson* und *Vejvoda* [227] 25 µl Lösung, die eine konstante Menge von 500 µg Plutonium enthalten muß, in den flachen Krater einer präparierten Graphit-Elektrode und trocknen die Lösung ein. Die Elektrode wird vorher mit einer Lösung von Hartwachs in Äther behandelt, eine Lösung, die 800 µg NaF enthält, eingefüllt und eingetrocknet. Das Natriumfluorid dient als spektrographischer Puffer und Träger. Die Anregung erfolgt in einem Wechselstrom-Bogen (2400 V, 4,5 A; Elektrodenabstand: 4 mm). Als Gegenelektrode dient eine Graphit-Elektrode; Vorfunkzeit und Belichtungszeit betragen je 4 sec. Zur Auswertung wird die Linie: Al 308,216 nm verwendet. Die Konzentration wird mit Spektren von Standardlösungen visuell abgeschätzt. Der Variationskoeffizient wird für einen Gehalt von 100 ppm zu 10,7% angegeben.

In der Analyse *saurer Kobaltsulfat*-Lösungen rauchen *Yudelevich*, *Protopopova*, *Vasikewa* und *Pyrev* [228] bis zur Trockene ab und trocknen bei 150 bis 200°C. Der Rückstand wird mit Spektralkohle-Pulver und 5% Sn als innerem Standard vermischt und im Bogen angeregt.

Die Kontrolle des *Zinkbades* zur Verzinkung des Stahls nach dem *Sendzimir*-Verfahren führt *Porta* [229] gemäß folgender

Arbeitsvorschrift durch. Als Proben werden kleine Scheiben von 60 mm $\varnothing$ und 10 mm Dicke verwendet, die man durch Ausgießen des flüssigen Metallbades in eine entsprechende Kokille erhält. Als Gegenelektrode, die als Anode geschaltet wird, verwendet man eine 30° angespitzte Graphit-Elektrode. Zur Anregung dient eine ARL-Multisource (940 V, 3 A, 360 µH, 55 µF, 50 Ω; Elektroden-Abstand 3 mm).

Bemerkungen. Zur *Auswertung* dient das Linien-Paar: Al 308,215 bzw. 396,153/ Zn 301,835 nm.

Die mittlere *Standardabweichung* bei Aluminium-Gehalten von 0,02 bis 0,27% beträgt etwa 3%.

Bestimmung in organischen und biologischen Materialien

Negishi [230] bestimmt Aluminium, Titan und Eisen im *Polypropylen*, indem er einen Teil der gepulverten Probe mit 2 Teilen Spektralkohle-Pulver, welches 1% Pd enthält, mit 1 oder 0,05 Teilen GeO_2 oder 0,05 Teilen $BaCl_2$ vermischt. Die Anregung erfolgt in einem Wechselstrom-Bogen (220 V, 7 A). Es können auf diese Weise 0,004 bis 0,4% Al mit einem relativen Fehler von ± 8 bis 10% bestimmt werden.

Im *Niederdruck-Polyäthylen* bestimmt *Gluzinska* [231] Aluminium und Titan nach 2 Methoden, einmal mit einem inneren Standard und nach einem Verfahren ohne inneren Standard, indem der Untergrund als Schwärzungsstandard benutzt wird.

Zum 1. Verfahren, das für höhere Gehalte (0,002 bis 0,2% Al) geeignet ist, benutzt man Strontium als inneren Standard (5 mg Sr/g Probe). 7 mg der mit dem Standard versetzten Probe wird in die Bohrung einer Graphitelektrode eingebracht und 110 sec im Gleichstrom-Bogen (7 bis 8 A) angeregt. Zur Auswertung dient das Linien-Paar: Al 308,216/Sr 338,072 nm.

Nach dem 2. Verfahren werden 15 mg Probe in die Bohrung der Graphit-Elektrode gebracht und nach 2 min Vorfunkzeit 2 min belichtet. Auf jede Platte müssen außer dem Spektrum der Analysen-Probe noch die Spektren von mindestens 2 Standardproben mit aufgenommen werden.

Aluminium und Silicium in *alumosiliciumorganischen Verbindungen* bestimmen *Kreschkov*, *Myschljaeva*, *Kutschkarev* und *Schatunova* [232] nach Lösen der Probe

in Isopropylbenzol und Zusatz von Eisen als innerem Standard lösungsspektralanalytisch. Sie füllen die Lösung in eine Napf-Elektrode und regen mit einem Niederspannungsfunken (0,65 A, 0,02 mF, 65 mH; Elektroden-Abstand: 1,3 mm) an. Als
Gegenelektrode dient eine Graphit-Elektrode. Zur Auswertung verwenden sie das
Linien-Paar: Al 309,27/Fe 302,06 nm.

Zur Bestimmung des Aluminiumgehaltes in *Kunstlacken* verfahren *Kovács* und
Dávid [233] in der Weise, daß sie die Lack-Tropfen auf Kupfer-Elektroden bei
120 °C eintrocknen. Als innerer Standard dient Co, dessen Resinat sich im Lösungsmittel des Lackes löst. Vergleichslösungen werden durch Zumischen von Aluminium-
butylat hergestellt. Die Anregung erfolgt in einer Funken-Entladung (20 kV,
3900 pF, 0,8 mH). Zur Auswertung wird das Linien-Paar: Al 309,27/Co 340,51 nm
verwendet. Der relative *Fehler* beträgt 10 %.

Aluminium in *Kulturflüssigkeiten* bestimmen *Alexandrov*, *Ternovskaja* und *Blagodyr* [234] durch Eintrocknen von 0,2 ml Lösung auf einer Graphit-Elektrode und
Anregen in einem Wechselstrom-Bogen (8 A). Als Bezugselement dient Cd. Als
Analysen-Linie wird Al 309,27 nm benutzt. Auf diese Weise bestimmen die Autoren
bis zu $1 \cdot 10^{-6}$ g/ml Al mit einem *Fehler* von 12 %.

Zur spektralanalytischen Bestimmung des Aluminiums im *Bier* verfahren *Biske*
und *Feaster* [235] gemäß folgender

Arbeitsvorschrift. Zu 100 ml Bier werden 1 ml $BiCl_3$-, 1 ml $TiCl_4$- und 2 ml
$Pb(NO_3)_2$-Lösung sowie etwas Octanol zur Verhinderung der Schaum-Bildung gegeben. Die Lösung wird mit Ammoniak auf pH = 8,5 bis 9 gebracht und nach Eindampfen auf etwa 70 ml der Rückstand zentrifugiert. Nach Trocknen des Rückstandes, $1^1/_2$ bis 2 Std. bei 220 °C, wird dieser auf eine Graphit-Elektrode gebracht
und im Bogen abgebrannt.

Arbeitsvorschrift zur Bestimmung von Aluminium-Spuren in *pflanzlichem Material* nach *Pohl* [236]. 10 bis 20 g getrocknete und zerkleinerte Probe werden bei 450
bis 500° verascht. Der Rückstand wird mit 1 bis 2 ml Schwefelsäure (1:1) (etwa
9,3 m) und 5 ml Flußsäure bis zum Auftreten von Schwefelsäure-Nebeln erhitzt,
nochmals mit 2 ml Flußsäure versetzt und bis zum völligen Abrauchen der Schwefelsäure auf dem Sandbad belassen.

Der Rückstand wird durch Erhitzen mit 5 ml 6,5n Salzsäure in Lösung gebracht,
die abgekühlte Lösung mit 3 Tropfen Perhydrols versetzt und 3mal mit je 25 ml an
6,5n Salzsäure gesättigtem Äther extrahiert. Die wäßrige Phase wird nach Zugabe
von 1 ml konz. Salpetersäure zur Trockene eingedampft. Der Trockenrückstand wird
nach Anfeuchten mit einigen Tropfen Salzsäure (1:1) (etwa 6 m) in 150 bis 300 ml
Wasser gelöst und das Aluminium entweder durch Extraktion mit Oxin oder durch
Fällung mit Spuren-Fängern (*Gorbach* und *Pohl* [237]; *Heggen* und *Strock* [238]) angereichert.

Bemerkungen. Nach *Gorbach* und *Pohl* wird als Bezugselement für die spektralanalytische Bestimmung (innerer Standard) 0,1 % *Beryllium* (als Chlorid) und als
spektralanalytischer Puffer 10 % Kalium (als Nitrat) verwendet; die Menge der
Bezugslösung wird stets derart gewählt, daß die zur Spektralanalyse verwendete
Lösung 0,01 % Beryllium enthält. Die Metalloxinate werden unter Luftzutritt bei
langsamer Temperatur-Steigerung bis auf 350° verascht, indem man nach Zugabe
einiger Tropfen konz. Salpetersäure zu dem bereits verkohlten Rückstand die Veraschung bei 350° zu Ende führt. Man löst in einigen Tropfen Königswassers und
dampft auf dem siedenden Wasserbad zur Trockene ein. Der Trockenrückstand wird
in einem Tropfen verd. Salzsäure gelöst, mit einer Nullpunkt-Pipette aufgenommen
und in dieser unter Nachspülen des Quarz-Schälchens mit schwach salzsaurem Wasser
auf 0,2 ml aufgefüllt. Je nach der vorliegenden Menge an Aluminium kann mit
Hilfe entsprechender Nullpunkt-Pipetten die Lösung auch auf ein Volumen von 0,1
oder 0,5 ml gebracht werden.

Die Lösung wird nun in ein Spitzröhrchen aus Quarz ausgeblasen. Zur Spektralaufnahme werden je 20 µl Lösung mittels einer Kapillar-Pipette auf vorerhitzte Kohle-Elektroden aufgebracht und abgefunkt.

Das von *Heggen* und *Strock* auf die Untersuchung verschiedenartigster Proben (Wässer, Boden-Proben, Kohle- und Koks-Asche, Industrie-Stäube, Erdöl-Produkte, pflanzliches und tierisches Material, Mineralien, Erze) angewandte Verfahren setzt zunächst eine der Art des Proben-Materials entsprechende *Aufbereitung* voraus, die schließlich zu einer mineralsauren Lösung der zu bestimmenden Metalle und Spuren-Metalle führt, von denen aber keines außer Alkalien und Erdalkalien in größerem Überschuß vorliegt. Zu dieser Lösung, deren Volumen etwa 100 ml betragen soll, wird als Spuren-Fänger und Bezugselement eine abgemessene Menge einer Indium-salz-Lösung (etwa 5 mg Indium entsprechend) zugesetzt. Zur Bestimmung des Aluminiums würde die Fällung mit Oxin unter bekannten Bedingungen (vgl. S. 85) genügen; um jedoch möglichst alle wichtigen Spuren-Metalle gleichzeitig anreichern und bestimmen zu können, fällen *Heggen* und *Strock* gemeinsam mit Oxin (Aluminium, Eisen, Nickel, Kobalt, Kupfer, Zink, Molybdän), Tannin (Chrom, Vanadium) und Thionalid (Blei, Zinn) bei einem pH-Wert von etwa 5,2. Die entsprechende Arbeitsvorschrift ist in der Originalarbeit ausführlich wiedergegeben, auf die hier verwiesen werden muß. Der nach dieser Vorschrift oder nur durch Fällung mit Oxin erhaltene Niederschlag wird abfiltriert, ausgewaschen und in bekannter Weise verascht; da das entstehende Oxid-Gemisch nicht wieder gelöst wird, kann hierbei die Temperatur so hoch gewählt werden, wie es die Flüchtigkeit der zu bestimmenden Metalloxide zuläßt. Das Oxid-Gemisch wird nun mit Spektralkohle-Pulver etwa im Verhältnis 1:2 innigst gemischt, wobei die fertige Mischung genau 12,1% In_2O_3 enthalten soll. Zu einer Spektral-Aufnahme werden etwa 50 mg Mischung benötigt, die in die Bohrung der unteren Kohle-Elektrode eingebracht werden. Als Anregung dient der Gleichstrom-Bogen; die Träger-Elektrode wird hierbei als Anode geschaltet.

C. Röntgenfluoreszenz-Analyse

Zur Information über diese Arbeitstechnik seien die Bücher von *Birks* [239], *Blochin* [240], *Sagel* [241], *Müller* [242] und der Artikel von *Lambert* [243] genannt. Im allgemeinen werden für die Röntgenfluoreszenz-Analyse der leichten Elemente die Linien der K-Serie verwendet. Die Wellenlängen der K-Serie des Aluminiums sowie die K-Absorptionskante in Angström-Einheiten sind folgende:

$K\alpha_1$	$K\alpha_2$	$K\beta_1$	$K\beta_3$	Abs. Kante K
8,339	8,340	7,960	8,058	7,951

Von diesen Linien wird zur Röntgenfluoreszenz-Analyse ausschließlich das Dublett $K\alpha_1\alpha_2$ verwendet.

Die röntgenspektrometrische Bestimmung der leichten Elemente, darunter diejenige des Aluminiums, wird entscheidend durch die hohe Absorption der langwelligen Röntgenstrahlung durch die Luft, die Zähler-Fenster und die daraus resultierende, niedrige Impulsrate erschwert. Die Bestimmung des Aluminiums ist deshalb nur möglich, wenn im Vakuum oder in Wasserstoff- bzw. Helium-Atmosphäre gearbeitet wird.

Die allgemein bei der Fluoreszenz-Analyse benutzte Wolfram-Röhre zur Anregung ist für die Bestimmung der leichten Elemente nicht sehr geeignet. Wesentlich günstiger ist die Verwendung einer Chrom-Röhre (*Balis, Bronk, Pfeiffer, Welbon, Winslow* und *Zemany* [244]). Die charakteristische Primär-Chromstrahlung liegt bei etwa 0,25 nm und ist damit näher bei den Absorptionskanten der leichten Elemente als die charakteristische Wolfram-L-Strahlung, wodurch eine bessere Anregung erzielt wird. Außerdem ist die Chrom-Röhre mit einem Beryllium-Fenster von nur 10 mil Dicke gegenüber 40 mil an der Wolfram-Röhre ausgestattet. Die Absorption der anregenden Strahlung wird dadurch stark vermindert. An Stelle einer Röntgenröhre verwendet *Fox* [245] zur Anregung der Fluoreszenz-Strahlung einen Elektronen-Strahl niedriger Energie. Er erhält vor allem für die leichten Elemente Mg, Al, Si und P höhere Intensitäten und damit kürzere Analysen-Zeiten. *Le Traon* und *Seibel* [246] verwenden zur Fluoreszenz-Anregung der leichten Elemente radioaktive Quellen, indem sie im Vakuum arbeiten und einen Proportional-Durchfluß-Zähler verwenden. Sie bestimmen auf diese Weise auch Aluminium neben anderen Elementen in Eisenerzen.

Als Analysator-Kristall zur Zerlegung der Sekundärstrahlung ist für das Aluminium Äthylendiaminditartrat (EDDT) mit einem Netzebenen-Abstand $d = 4,404$ Å [Reflexionsebene (020)] geeignet. Noch besser eignet sich nach *Chan* [247] Pentaerythrit (PET) mit einem Netzebenen-Abstand $d = 4,371$ Å; [Reflexionsebene: (002)]. PET hat ein besseres Reflexionsvermögen als EDDT. Ein Nachteil ist seine Temperatur- und Strahlungs-Empfindlichkeit. *Uchikawa* und *Inomata* [248] sowie *Kawasaki* und *Asada* [249] verwenden zur Bestimmung des Aluminiums als Analysator-Kristall Ammoniumdihydrogenphosphat (ADP) mit einem Netzebenen-Abstand von $d = 5,324$ Å; [Reflexionsebene: (011)]. Von *Tertian*, *Fagot* und *Jamey* [250] ist zur Analyse von Bauxit auch Gips als Kristall verwendet worden. Mit seinem Netzebenen-Abstand von $d = 7,592$ Å; [Reflexionsebene: (020)], ist er jedoch zur Bestimmung des Aluminiums nicht so gut geeignet.

Zur nichtdispersiven Röntgenfluoreszenz-Bestimmung des Aluminiums und Siliciums in Mischungen, die Aluminium und Silicium enthalten, benutzt *Dunne* [251] zur Isolierung der Analysen-Linie an Stelle eines Analysator-Kristalls ein entsprechendes Filter-Paar. Zur Bestimmung des Aluminiums verwendet er 3 mg/cm² Al als Durchlaß- und 5 mg/cm² Mg als Absorptionsfilter.

Zur Analyse der leichten Elemente im Wellenlängen-Bereich von 1,5 bis 12 Å wird das Durchfluß-Zählrohr verwendet. Es besitzt ein außerordentlich dünnes Fenster, gewöhnlich aus 1/4 mil Mylar-Folie. Als Füllgas wird meistens eine Mischung aus 90% Argon und 10% Methan benutzt. Wie schon erwähnt, befinden sich die Probe, der Analysator-Kristall und das Durchfluß-Zählrohr im Vakuum oder in Wasserstoff- bzw. Helium-Atmosphäre, um die starke Absorption der langwelligen Strahlung in Luft möglichst klein zu halten.

Infolge der starken Absorption der langwelligen Strahlung in der Probe wird die Fluoreszenz-Strahlung nur in einer dünnen Oberflächen-Schicht (etwa 30 bis 40 µm) der Probe angeregt. Diese Oberflächen-Schicht muß daher repräsentativ für die ganze Probe sein, um eine richtige, quantitative Bestimmung durchzuführen. Das setzt eine sehr sorgfältige Probenahme und Proben-Vorbereitung voraus. Zur Analyse von Metallen und Legierungen ist die Probenahme verhältnismäßig einfach und analog derjenigen zur Emissionsspektralanalyse (S. 526). Voraussetzung ist auch hier, daß die Probe ein repräsentatives Muster des zu analysierenden Materials darstellt und in sich selbst homogen ist. In der Analyse von nichtmetallischen Stoffen und Mineralien beeinflussen Teilchengröße und mineralogische Beschaffenheit der Probe die Sekundärstrahlung (*Claisse* [252]; *Andermann* [253]). Allgemein erhöht eine Verringerung der Teilchen-Größe die Fluoreszenz-Intensität. Inhomogenitätseffekte infolge von Unterschieden in der Teilchengröße und der mineralogischen Struktur können durch Aufschluß der Proben mit Borax (*Claisse*) oder Lithiumtetraborat (*Andermann; Welday, Baird, McIntyre* und *Madlem* [254]) vollständig beseitigt werden. Ein Vergießen der Schmelze in Scheiben zur direkten Analyse ist infolge der Inhomogenitäten innerhalb der Scheibe speziell für die Analyse der leichten Elemente nicht zu empfehlen. Das Vermahlen der erstarrten Schmelze zu einem feinen

Pulver, anschließendes Verpressen zu Tabletten oder Pellets ist in jedem Falle vorzuziehen und ergibt eine homogene Oberfläche, die repräsentativ für die gesamte Probe ist.

Zur Verminderung von Absorptionseinflüssen durch andere in der Probe anwesende Elemente ist eine möglichst große Verdünnung der Probe vorteilhaft, die jedoch infolge der geringen Intensität der Strahlung der leichten Elemente begrenzt ist. Absorptionseinflüsse lassen sich zum Teil eliminieren, wenn man der Schmelze einen starken Absorber zusetzt, so daß Konzentrationsschwankungen der absorbierenden Elemente von der starken Absorption des Absorbens überdeckt werden. *Rose*, *Adler* und *Flanagan* [255] schlagen hierzu La_2O_3 vor.

Bestimmung in Metallen und Legierungen

Eisen-Legierungen. Die Schwierigkeit der Bestimmung des Aluminiums in einer Eisen-Matrix besteht darin, daß der Absorptionskoeffizient des Eisens für die charakteristische Strahlung des Aluminiums außerordentlich groß ist und die charakteristische Strahlung des Eisens infolge der unterschiedlichen K-Absorptionskanten von Al: $K\alpha$ 7,95 Å und Fe $K\alpha$ 1,94 Å keinen wesentlichen Beitrag zur Anregung des Aluminiums leistet. Infolge der großen Absorption für die Al-$K\alpha$-Strahlung wird nur eine sehr dünne Oberflächenschicht von etwa 1 μm durchstrahlt und zur Bestimmung ausgenutzt. Die Fluoreszenz-Ausbeute und damit die Empfindlichkeit der Bestimmung sind dementsprechend nur sehr gering.

Gilfrich und *Sullivan* [256], die Aluminium-Gehalte bis zu 20% in Aluminium-Eisen-Legierungen bestimmen, verwenden ein Norelco-Vakuum-Spektrometer mit einer Wolfram-Röhre, einem Durchfluß-Zähler und einem Impulshöhen-Analysator. Als Analysator-Kristall benutzen sie einen Äthylendiamindtartrat-(EDDT)-Kristall. Die Wolfram-Röhre wird mit einer Spannung von 50 kV und einer Stromstärke von 50 mA betrieben. Als Zählgas für den Durchfluß-Zähler verwenden sie ein Gemisch aus 90% Argon und 10% Methan; die Zählspannung beträgt 1625 V. Als Proben dienen 3,3 cm dicke Scheiben, die an der Oberfläche sorgfältig poliert werden. Die Messung erfolgt in der Weise, daß eine feste, vorgegebene Anzahl von Impulsen sowohl für die Al-$K\alpha$-Linie bei 142,44° = 2 Θ als auch für den Untergrund symmetrisch beiderseits der Linie bei 139,00° und 145,88° = 2 Θ gezählt wird. Die *Eichkurve* ist im Konzentrationsbereich von 0 bis 17% Al linear; die *Genauigkeit* wird von den Autoren mit etwa 0,1% angegeben.

Carter [257] verwendet an Stelle der Wolfram-Röhre eine Chrom-Röhre mit einem 10-mil-Beryllium-Fenster zur Bestimmung des Aluminiums in Eisen-Legierungen und erzielt eine wesentliche Verbesserung durch die Anregung der Chrom-Röhre. Er führt die Bestimmung in Helium-Atmosphäre durch und erhält eine Nachweisgrenze von etwa 0,1% Al.

Wagner und *Bryan* [258], die Aluminium im Konzentrationsbereich von 2 bis 16% ebenfalls unter Verwendung einer Chrom-Röhre in einem Vakuum-Spektrometer bestimmen, geben eine Standardabweichung von 0,3% Al an. Auch sie erhalten wie *Gilferich* und *Sullivan* eine lineare Eichkurve. *de Laffolie* [259] untersucht die Bestimmung von Spuren-Gehalten verschiedener Elemente, darunter auch des Aluminiums, in Stählen. Da die Untergrund-Strahlung wesentlich stärker als die Linien-Strahlung ist, sind zur Bestimmung jedes Elements 3 Einzelmessungen erforderlich: Messung des äußeren Standards am Ort der Spektrallinie, Messung der Probe am Ort der Spektrallinie und Messung des Untergrundes neben der Spektrallinie; dabei kann sowohl mit Zeit- oder mit Impuls-Vorwahl gearbeitet werden. Auch verwendet *de Laffolie* zur Anregung eine Chrom-Röhre, die er mit einer Spannung von 50 kV und einer Stromstärke von 32 mA betreibt. Als Analysator-Kristall verwendet er Pentaerythrit mit einem weiten Collimator von 480 μm. Als *Nachweisgrenze* zur Bestimmung des Aluminiums werden von ihm 70 ppm Al angegeben.

Silicium-Calcium- und Eisen-Silicium-Legierungen. Die Bestimmung des Aluminiums in Eisen-Silicium-Legierungen und in Reinst-Silicium führt *Pfundt* [260] mit einem Vakuum-Spektrometer, ausgestattet mit einer Wolfram-Röhre, durch. Als Analysator-Kristall verwendet er Gips, der gegenüber den bisher verwendeten EDDT- und ADP-Kristallen eine größere Intensität für die Fluoreszenz-Strahlung der leichten Elemente besitzen soll. Als Detektor wird ein Argon-Methan-Durchfluß-Zähler verwendet in Verbindung mit einem Impulshöhen-Diskriminator zur Ausfilterung der höheren Ordnungen der schwereren Elemente, welche die Bestimmung der leichten Elemente stören.

Besondere Sorgfalt muß auf die Probenahme verwendet werden. Das Probegut ist bis auf eine Korngröße von mindestens 100 μm zu vermahlen. 50 g gepulverte Probe werden dann mit 5 g Carnauba-Hartwachs bei 80 °C und einem Preßdruck von 5 t/cm² zu einer Pastille verpreßt.

Nach den Erfahrungen von *Wagner* [261] ist bei der Aanlyse von FeSi- und Al-Legierungen im Gegensatz zu den CaSi-Legierungen die Impuls-Rate stark von der Korngröße abhängig. Bei Verringerung der Korngröße erhöht sich die Impuls-Rate für das Aluminium. Das hat zur Folge, daß die Proben sehr fein aufgemahlen werden müssen. Eine Vermahlung für die Dauer von 15 min in einer Scheiben-Schwingmühle ist ausreichend. Mg und Al enthaltende Legierungen, in geringem Maße auch CaSi-Legierungen, neigen zur Verpuffung und müssen in Argon-Atmosphäre vermahlen werden. Die vermahlenen Proben werden mit 10 % Wachs vermischt sowie unter einem Druck von 20 Tonnen zu Tabletten von 25 mm Durchmesser und etwa 4 bis 5 mm Dicke verpreßt. Zur Anregung wird eine Chrom-Röhre und Gips als Analysator-Kristall zur Bestimmung des Aluminiums verwendet. Als Detektor dient ein Argon-Methan-Durchfluß-Zähler, wobei mit einer Kanal-Breite von 20 V diskriminiert wird. Gearbeitet wird im Vakuum. Die *Standardabweichung* für die Aluminium-Bestimmung im FeSi wird von *Wagner* mit 0,038 % angegeben und entspricht etwa den Standardabweichungen der naßchemischen Bestimmung in den anderen Legierungen.

Bestimmung in Silicaten, Gesteinen und Tonen

Zur Bestimmung auch des Aluminiums in Flotationsprodukten von Tonen und Bauxiten vermahlt *Shiou-Chuan-Sun* [262] das Probegut bis zu einer Feinheit von 200 mesh und füllt das Pulver in einen speziell dafür entwickelten Proben-Halter. Er besteht aus einer 4,1 × 5,1 × 0,3 cm Polyäthylen-Platte, in die eine 1,2 × 1,9 × 0,15 cm Vertiefung eingefräst wurde. Als Anregung wird eine Wolfram-Röhre, die mit 50 kV und 50 mA betrieben wird, benutzt, als Analysator-Kristall EDDT und als Detektor ein Argon-Methan-Durchfluß-Zähler. Gearbeitet wird in Helium-Atmosphäre. Zur Messung wird die Aluminium-Linie bei $2\,\Theta = 142,46°$ und der Untergrund bei $2\,\Theta = 136,0°$ für die Dauer von 40 sec je 3mal gezählt. *Eichkurven* werden auf die gleiche Weise mit Standards abgestuften und bekannten Gehaltes aufgestellt. Mit dieser Arbeitsweise erreicht *Shiou-Chuan Sun* eine Nachweis-Grenze von etwa 0,2 %. Vergleiche mit der chemischen Analyse ergaben für das Aluminium bei Gehalten von 4,3 % eine mittlere *Abweichung* von 3,8 %.

Zwecks Analyse von Silicaten und Tonen vermahlt *Voinovitch* [263] das Probegut bis zu einer Feinheit von 60 μm, vermischt das Pulver 2:1 mit Graphit und preßt die Mischung in einen Probe-Halter. Bei der Analyse von Tonen erhält er *gerade Eichkurven*, wohingegen die Eichkurven von Silicaten stark streuen und flacher verlaufen.

Zur Analyse von Forsterit, Talk, Feldspat und Ton verwendet *Longobucco* [264] die von *Maneval* und *Lovell* [265] für die Proben-Herstellung vorgeschlagene Schmelzperlen-Methode.

Arbeitsvorschrift. 5 g gepulvertes Probegut werden mit 5,5 g gepulvertem, geschmolzenem Borax sowie 2 g Li_2CO_3 15 min in einem Mischer gemischt und in einem

Platin-Tiegel aufgeschlossen. Die flüssige Schmelze wird durch Umschwenken gut gemischt, 3 min auf 1350 °C gebracht und in eine auf 260 °C vorgewärmte Aluminium-Kokille ausgegossen. Man läßt langsam abkühlen, entnimmt die Scheibe und poliert die flache Seite auf einer Polierscheibe.

Bemerkungen. Für Proben mit geringeren Konzentrationen ($< 5\%$) kann die einfachere, von *Campbell* und *Carl* [266] vorgeschlagene *Standard-Additions-Methode* angewandt werden. Bei diesem Verfahren wird eine Standardmischung mit bekannten Gehalten der in Frage kommenden Oxide hergestellt und eine bestimmte Menge c dieser Mischung zu (10 − c)-g-Probe hinzugefügt. Eine 2. Probe besteht aus der reinen Probe. Die beiden Proben werden unter gleichen Bedingungen in einen Probe-Halter gepreßt und unter Rotieren gemessen. Die Auswertung erfolgt nach der Gleichung $x = \dfrac{R \cdot y}{1 - R}$, wobei x = Gewicht des zu [bestimmenden Oxids in 10 g Probe, y = Gewicht des zugefügten Oxids in der (10 − c)-g-Probe und R = Verhältnis der Nettointensitäten ($I_x : I_{x+y}$) der Elemente vor und nach der Zugabe ist. Um optimale Ergebnisse zu erhalten, muß die Zugabe derart erfolgen, daß für R ein Wert zwischen 0,7 und 0,8 erreicht wird.

Zur *Anregung* benutzt *Longobucco* eine Chrom-Röhre, die mit 50 kV und 40 mA betrieben wird. Als Analysator-Kristall dient EDDT, als Detektor ein Argon-Methan-Durchfluß-Zähler; die Zählzeit beträgt 200 sec. Wie *Shiou-Chuan Sun* arbeitet man in Helium-Atmosphäre. Zur Aluminium-Bestimmung unter Verwendung einer Chrom-Röhre muß ein Impulshöhen-Diskriminator verwendet werden, um die in der 4. Ordnung auftretende Cr-$K\beta$-Linie ($2\Theta = 142,48°$), welche die Al$K\alpha$($2\Theta = 142,44°$) stört, zu eliminieren.

Vergleiche mit der naßchemischen Analyse zeigen eine befriedigende Übereinstimmung der Al_2O_3-Gehalte von 5 bis 10%. Für *genauere* Bestimmungen sind bei der Schmelzperlen-Methode die Inter-Elementeinflüsse zu berücksichtigen, die durch Verwendung innerer Standards, Verstärkung der Absorption des Schmelzmittels oder Parameter-Eichkurven eliminiert bzw. korrigiert werden können.

Rose, Adler und *Flanagan* [255] benutzen in der Analyse von *Gesteinen* ebenfalls den Schmelz-Aufschluß zur Proben-Vorbereitung. Im Gegensatz zu *Longobucco* mahlen sie die erstarrte Schmelze zu einem feinen Pulver auf und verpressen dieses zu Pellets. Zur Verringerung der Inter-Elementeffekte setzen sie, wie bereits S. 558 erwähnt, der Schmelze La_2O_3 als Absorber zu. Die Schmelz-Mischung, die aus 0,125 g Probe, 0,125 g La_2O_3 und 1 g $Li_2B_4O_7$ besteht, wird nach gutem Mischen zunächst bei 750 °C aufgeschmolzen und bei 1100 °C aufgeschlossen. Zur erstarrten Schmelze wird bis zu einem Gewicht von 1,3 g Borsäure zugegeben und die Schmelze bis zu einer Feinheit von kleiner als 300 mesh vermahlen. Die gepulverte Schmelze wird mit einem Druck von 3,5 t/cm² zu einer Scheibe von 3,5 cm Durchmesser gepreßt. Die Messung erfolgt mit einem Mehrkanal-Vakuum-Spektrometer, ausgestattet mit einer Wolfram-Röhre, die mit 50 kV und 50 mA betrieben wird. Als Analysator-Kristall dient EDDT, als Detektor ein Gas-Durchfluß-Zähler mit einem Gasgemisch aus 50% Neon, 49% Helium und 1% Butan. Die Zählzeit beträgt 2mal je 6 min. Nach den Angaben von *Rose, Adler* und *Flanagan* beträgt die *Standardabweichung,* 0,5% für Gehalte von 10 bis 20% Al_2O_3.

Ein ähnliches Aufschlußverfahren benutzt *Hooper* [267] bei der Analyse von Gesteinen zur *Eliminierung von Matrix-Effekten.* Er verwendet eine (1:9)-Mischung aus Probe und Borax. Die Messung erfolgt in der gleichen Weise wie nach *Rose, Adler* und *Flanagan,* nur mit der Ausnahme, daß ein Diskriminator verwendet wird und die Meßzeit nur 64 sec beträgt. Auf diese Weise können Konzentrationen von 4 bis 70% Al_2O_3 besser als mit naßchemischen Verfahren bestimmt werden.

Volborth [268] untersucht die *Kontaminierung* von Gesteinsproben durch den Mahlprozeß mit Hilfe der Röntgenfluoreszenz-Analyse. Je nach Härte der Proben, ihrer Zusammensetzung und mineralogischen Beschaffenheit ist der Abrieb der Mahlgefäße und damit die Verunreinigung des Mahlgutes stark unterschiedlich. Dieser Abrieb kann durch Analyse von 2 gleichen, verschieden lang aufgemahlenen Proben ermittelt werden.

Zur Bestimmung des Aluminiumoxids benutzt *Volborth* ein ähnliches Verfahren wie *Shiou-Chuan Sun* (S. 559). Die gepulverte Probe, wobei 95% ein 400-mesh-Sieb passieren sollen, wird mit einem Druck von 2,1 t/cm² ohne Verwendung eines Bindemittels zu einem Pellet gepreßt und in der angegebenen Weise analysiert. Dabei werden 2 Standardgesteine zur Eichung benutzt. Es wird jeweils gegen die Standards gemessen und das Verhältnis der Probe zum Standard als Eichpunkt bestimmt. Die relativen *Standardabweichungen* werden von *Volborth* für Gehalte von 10 bis 20% Al_2O_3 mit 0,2 bis 0,9 angegeben.

Auf die Wichtigkeit der *Proben-Vorbereitung* zur Analyse von Materialien der Ton-Industrie, vor allem von Bauxit und Mullit, weisen *Wecht* und *Schulz* [269] hin. Die Bedingungen der Proben-Vorbereitung, wie Verwendung desselben Mahlgerätes, der gleichen Proben-Menge und der gleichen Mahldauer, müssen für die Proben und Standards gleichermaßen eingehalten werden, um reproduzierbare Ergebnisse zu erhalten.

Über ein interessantes Proben-Vorbereitungsverfahren berichten *Rose, Cuttitta* und *Larson* [270]. Bei der Analyse von Silicaten werden diese zunächst in Lösung gebracht und die zu bestimmenden Elemente an gepulverter Cellulose adsorbiert. Die bei 80 °C getrocknete Probe wird nun mit einem Druck von 4,9 t/cm² zu Pellets verpreßt und gemessen.

Über eine *genaue und einfache* Methode zur Bestimmung des Aluminiums und Siliciums in Gesteinen berichtet *Savelli* [271]. Als innerer Standard wird Strontium verwendet. Die Proben werden mit $Li_2B_4O_7$ unter Zusatz von $SrCO_3$ in Graphit-Tiegeln aufgeschmolzen, fein vermahlen und zu Tabletten gepreßt. Die relative *Standardabweichung* dieser Methode beträgt 0,28 für einen Al_2O_3-Gehalt von 18,9%.

Weitere Arbeitsweisen zur Bestimmung des Aluminiums in *Aluminiumsilicaten* und ähnlichen Materialien werden von *Orrel* und *Gidley* [272], *Ishii* [273] sowie von *Konno, Nagashima, Abe* und *Asada* [274] beschrieben.

Bestimmung in Zement, Erzen, Bauxit und Schlacken

Die Arbeitsweisen zur Bestimmung des Al_2O_3-Gehaltes in Zement, Erzen, Bauxit und Schlacken unterscheiden sich von den im vorhergehenden Abschnitt, S. 559, angegebenen Methoden praktisch nicht und können wahlweise im Austausch zur Bestimmung beider Gruppen verwendet werden. So bestimmen *Uchikawa* und *Inomata* [248] Aluminium in Zement und Zement-Rohstoffen unter Verwendung einer Wolfram-Röhre, die mit 40 kV und 40 mA betrieben wird, eines ADP-Kristalls als Analysator-Kristall und eines Proportional-Durchfluß-Zählers mit nachgeschaltetem Diskriminator. Gearbeitet wird in Helium-Atmosphäre. Die gepulverten Proben werden unter einem Druck von 300 kp/cm² zu Tabletten gepreßt und die gemessenen Intensitäten mit der Intensität einer polierten Basalt-Standardprobe verglichen.

Zur Ausschaltung von Inhomogenitäten und mineralogischen Einflüssen in der Analyse von Zement-Rohstoffen schließt *Andermann* [253] die Proben im Verhältnis 1:1 mit $Li_2B_4O_7$ in einem Graphit-Tiegel bei 1370 °C $1^1/_2$ min auf. Die geschmolzene Masse wird auf eine Kupfer-Scheibe ausgegossen und die erstarrte Schmelze zu einem feinen Pulver aufgemahlen. Dieses Pulver wird ohne Verwendung eines Bindemittels zu einem Brikett verpreßt. Um eine bessere, mechanische Stabilität des Proben-Briketts zu erreichen, wird vor dem Verpressen auf den Boden des Preß-gesenkes etwas Cellulose-Pulver gegeben. Die zur Messung verwendete, gegenüberliegende Fläche wird durch Besprühen mit Krylon verfestigt. Die beschriebene

Schmelz-Methode erlaubt auch die Herstellung synthetischer Standards aus den einzelnen Komponenten. Der mittlere *Fehler* der Al_2O_3-Bestimmung wird von *Andermann* mit 0,19% angegeben. Auch zur Analyse des Fertigzements hat sich nach *Andermann* und *Allen* [275] die eben erwähnte Schmelz-Methode mit folgenden Änderungen gut bewährt. Die Aufschluß-Temperatur muß auf 940°C reduziert werden, um SO_3-Verluste während des Schmelzprozesses zu verhindern, und die Schmelzdauer auf 5 min verlängert werden.

Zu einer schnellen Betriebsanalyse ist die Schmelz-Methode infolge ihres verhältnismäßig großen Zeit- und Arbeitsaufwandes nicht geeignet. Beim direkten Einsatz der gepulverten Probe läßt sich nach *Tabikh* [276] die *Genauigkeit* und Reproduzierbarkeit der Bestimmung durch Rotation der Proben während der Messung wesentlich verbessern.

Die Schmelz-Methode verwenden auch *Tertian, Fagot* und *Jamey* [250] zur Röntgenfluoreszenz-Analyse von *Bauxit*. Sie mischen 2,5 g Bauxit mit 6,7 g Borax und 2,8 g Lithiumcarbonat, schmelzen die Mischung und gießen die Schmelze zu einer Perle aus, die direkt analysiert wird. Eine Chrom-Röhre dient als Anregungsquelle; als Analysator-Kristall wird Gips verwendet und als Detektor ein Gas-Durchfluß-Zähler. Die Zählzeit beträgt für das Aluminium 1 min. *Eichkurven* können mit Standard-Bauxiten abgestuften Gehaltes oder mit Hilfe synthetischer Mischungen aufgestellt werden. Die Intensität der Aluminium-Linie wird durch Eisen beeinflußt und etwas vermindert. Der Einfluß ist jedoch so gering, daß er praktisch nicht zu berücksichtigen ist. Die *Genauigkeit* soll besser als diejenige der naßchemischen Analyse sein.

Die Anwendung der Röntgenfluoreszenz-Analyse auf die Analyse von Eisenerz-Sintern und Hochofen-Schlacke beschreiben *Stetter* und *Kern* [277]. Sie verwenden zur Analyse ein programmgesteuertes Spektrometer mit einer Platin-Röhre, die mit 50 kV und 30 mA betrieben wird. Als Analysator-Kristall dient ein EDDT-Kristall. Die zur Bestimmung der leichten Elemente nicht ganz optimale Geräte-Auslegung – das Gerät wird vorzugsweise zur Analyse anderer Materialien benutzt – wird zum Teil durch eine sehr sorgfältige und zweckmäßige Proben-Vorbereitung ausgeglichen. Die Analysen-Proben werden mit Linters-Pulver, 4 g Linters auf 20 g Probengut, gemischt und in einer Scheiben-Schwingmühle vermahlen. Nach einer Mahldauer von 3 min erhält man eine einheitliche Korngröße von etwa 60 μm. 7 bis 8 g der hergestellten Pulver-Mischung werden unter einem Druck von 3,8 t/cm² zu Preßlingen mit einem Durchmesser von 30,5 mm verpreßt. Durch den geringen Zusatz an Bindemittel beträgt der Intensitätsverlust gegenüber der reinen Probe beim Aluminium etwa 12%. Zur Vermeidung von Störungen durch Oxydation des Eisens während des Mahl- und Preß-Vorganges bei Sinterproben werden diese Proben unter Luft-Zutritt 3 min bei 950°C geglüht, die Gewichtsänderung bestimmt und bei Auswertung der Meßergebnisse berücksichtigt. Die Auswertung erfolgt an Hand von *Eichkurven*, die mit Betriebsproben bekannter Zusammensetzung aufgestellt worden sind. Weitere Hinweise und Bestimmungsvorschriften zur Analyse von Zement-Rohstoffen und Fertigzement enthalten die Arbeiten von *Robinson* und *Gertiser* [278] sowie auch *Visapää* [279], zur Analyse von Al_2O_3-SiO_2-Mischungen, die Publikation von *Sagrera* [280] zur Analyse von Rohstoffen der Eisen- und Kalk-Industrie sowie die Arbeiten von *Boyd, Dryer* u.a. [281], *Eckhard* [282], *Hepp* [283], *de Beer* und *Creton* [284] sowie *Wittmann, Bourdieu* und *Jorre* [285].

Bestimmung in Braunkohle

Neben anderen Elementen bestimmt *Kiss* [286] in der Braunkohle auch Aluminium, wobei 10 g der bei 100°C getrockneten und fein vermahlenen Kohle unter einem Druck von 300 kp/cm² zu einem Brikett verpreßt werden. Nach einstündigem Nachtrocknen des Briketts bei 80°C wird die Probe gegen einen synthetischen Standard vermessen. Eine Chrom-Röhre, die mit 40 kV und 24 mA betrieben wird, dient als Anregungsquelle. Als Analysator-Kristall wird Pentaerythrit verwendet, als Detektor ein Durchfluß-Zähler mit Impulshöhen-Analysator. Gearbeitet wird im Vakuum. Matrix-Einflüsse sowie Einflüsse durch die Begleitelemente werden rechnerisch korrigiert, indem die zunächst durch die Analyse erhaltenen Gehalte als Rechen-Grundlage benutzt werden. Nach *Kiss* beträgt die *Standardabweichung* 0,028 für Al-Gehalte von 0,01 bis 0,73 %.

Bestimmung in Polyolefinen

Die Bestimmung des Aluminiums in Polyolefinen beschreiben *Smith* und *Maute* [287]. Als Proben werden Scheiben von 3 cm Durchmesser und 0,3 cm Dicke ausgeschnitten, mit Aceton gespült und direkt analysiert. Standardproben zur Aufstellung der *Eichkurven* werden durch Zugabe abgestufter Mengen der Stearate zu einer geschmolzenen Polyolefin-Mischung, Abkühlen der Mischung und Ausschneiden von Scheiben hergestellt. Zur Korrektur des Untergrundes vor allem der Aluminium-Bestimmung wird eine Probe ohne Zumischung hergestellt. Zur Anregung wird eine Wolfram-Röhre, die mit 50 kV und 50 mA betrieben wird, verwendet und als Analysator-Kristall ein EDDT-Kristall. Als Detektor dient ein Gasdurchfluß-Zähler mit anschließender Diskriminierung. Gearbeitet wird im Vakuum. Vergleiche mit der naßchemischen Analyse ergaben auch beim Aluminium befriedigende Übereinstimmung in einem Konzentrationsbereich von 5 bis 200 ppm.

Literatur

1. *Herrmann, R., Alkemade, C. T.:* Flammenphotometrie, Berlin–Göttingen–Heidelberg 1960.
2. *Schuhknecht (Mutaguchi):* Die Flammenspektralanalyse, Stuttgart 1961.
3. *Mavrodineanu, R., Boiteux, H.:* Flame Spectroscopy, New York–London–Sydney 1965.
4. *Elwell, Gidley:* Atomic Absorption Spectrophotometry, 2. Ausgabe 1966.
5. *Robinson, J. W.:* Atomic Absorption Spectroscopy, New York 1966.
6. *Hegemann, F., Hert, W., Schmidt, W.:* Glastechn. Ber. **31**, 81 (1958).
7. *Konopicky, K., Schmidt, W.:* Fr. **173**, 358 (1960).
8. *Debras-Guédon, J.:* Bull. Soc. Franç. Céram. **62**, 7 (1964).
9. *Schmidt, W., Konopicky, K., Kostyra, J.:* Fr. **206**, 174 (1964).
10. *Buell, B. E.:* Anal. Chem. **35**, 372 (1963).
11. *Debras-Guédon, J., Voinovitch, I.:* C. r. **247**, 2328 (1958).
12. *Schmidt, W., Konopicky, K.:* Ber. dtsch. keram. Ges. **35**, 317 (1958).
13. *Hegemann, F., Osterried, O.:* Ber. dtsch. keram. Ges. **40**, 424 (1963).
14. *Konopicky, K., Schmidt, W.:* Fr. **174**, 262 (1960).
15. *Eshelman, H. C., Dean, J. A., Menis, O., Rains, T. C.:* Anal. Chem. **31**, 183 (1959).
16. *Baher, M. R., Vallee, B. L.:* J. opt. Soc. Am. **45**, 773 (1955).
17. *Mitchell, R. L., Robertson, J. M.:* J. Soc. chem. Ind. **55**, 269 (1936).
18. *Cencelj, J.:* Spectrochim. Acta **11**, 62 (1957).
19. *Alkemade, C. T. J., Jeuken, M. E.:* Fr. **158**, 401 (1957).
20. *Hegemann, F., Hert, W.:* Ber. dtsch. keram. Ges. **35**, 258 (1958).
21. *Debras-Guédon, J., Voinovitch, I.:* Chim. Anal. **43**, 267 (1961).
22. *Debras-Guédon, J., Voinovitch, I.:* Chem. Anal. (Warszawa) **5**, 193 (1960).
23. *Debras-Guédon, J., Voinovitch, I.:* Trans. 8. Intern. Ceram. Congr. Kopenhagen **1962**, 29.
24. *Fornaseri, M., Turi, B.:* Metallurgia ital. **58** (8), 275 (1966).
25. *Kashima, J., Mutaguchi, M.:* Jap. Analyst **4**, 420 (1955).
26. *Robinson, J. W.:* Anal. chim. Acta **27**, 465 (1962).
27. *Slavin, W., Manning, D. C.:* Anal. Chem. **35**, 253 (1963).
28. *Winefordner, J. D., Veillon, C.:* Anal. Chem. **36**, 943 (1964).
29. *Amos, M. D., Thomas, P. E.:* Anal. chim. Acta **32**, 139 (1965).
30. *Dowling, F. B., Chakrabarti, C. L., Lyles, G. R.:* Anal. chim. Acta **28**, 392 (1963).
31. *Chakrabarti, C. L., Lyles, G. R., Dowling, F. B.:* Anal. chim. Acta **29**, 489 (1963).
32. *Willis, J. B.:* Nature **207**, 715 (1965).
33. *Nikolaev, G. I., Aleskovskii, V. B.:* Zhur. anal. Khim. (russ.) **18** (7), 816 (1963).
34. *L'vov, B. V.:* Inzh.-Fiz. Zh. (russ.) **2** (2), 44 (1959).
35. *Nikolaev, G. I.:* Zhur. Anal. Khim. (russ.) **20**, 445 (1965).

36. *Friend, K. E., Diefenderfer, A. J.:* Anal. Chem. **38**, 1763 (1966).
37. *Ramakrishna, T. V., West, P. W., Robinson, J. W.:* Anal. chim. Acta **39**, 81 (1967).
38. *Jaworowski, R. J., Weberling, R. P., Bracco, D. J.:* Anal. chim. Acta **37**, 284 (1967).
39. *van Loon, J. C.:* At. Absorption Newsletter **7**, 3 (1968).
40. *Bowman, J. A., Willis, J. B.:* Anal. Chem. **39**, 1210 (1967).
41. *Scott, T. C., Roberts, E. D., Cain, D. A.:* At. Absorption Newsletter **6**, 1 (1967).
42. *Capacho-Delgado, L., Manning, D. C.:* Analyst **92**, 553 (1967).
43. *Endo, Y., Ohata, H., Nakahara, Y.:* Japan Analyst **16** (4), 364 (1967).
44. *Polak, H. L.:* Chem. Weekbl. **61**, 232 (1965).
45. *Laflamme, Y.:* At. Absorption Newsletter **6**, 70 (1967).
46. *Druckman, D.:* At. Absorption Newsletter **6**, 113 (1967).
47. *Hartley, F. R., Ingles, A. S.:* Analyst **92**, 622 (1967).
48. *Jursik, M. L.:* At. Absorption Newsletter **6**, 21 (1967).
49. *Myers, D.:* At. Absorption Newsletter **6**, 89 (1967).
50. *Nikolaev, G. I.:* Zhur. Anal. Khim. (russ.) **19**, 63 (1964).
51. Analyse der Metalle II, Teil 2, Kapitel 59: Spektrochemische Analyse.
52. *Moritz, H.:* Spektrochemische Betriebsanalyse, 2. Aufl., Stuttgart 1956.
53. *Seith, W., Ruthardt, K.:* Chemische Spektralanalyse, 5. Aufl., 1958.
54. *Scheller, H.:* Einführung in die angewandte spektrochemische Analyse, 2. Aufl., VEB, Berlin 1958.
55. *Ahrens, L. H., Taylor, S. R.:* Spectrochemical Analysis, 2. Aufl., London 1961.
56. *Antheunissens, F. F.:* Metallwirtschaft **23**, 329 (1944).
57. *Milbourn, M.:* J. Inst. Metals **69**, 441 (1943).
58. *Rosza, J. T.:* J. Am. ceram. Soc. **31**, 280 (1948).
59. *Scribner, B. F., Mullin, H. R.:* J. Res. Natl. Bureau of Standards **37**, 379 (1946).
60. *Oshry, H. I., Bellard, J. W., Schrenk, H. H.:* J. opt. Soc. Am. **32**, 672 (1942).
61. *Stallwood, B. J.:* J. opt. Soc. Am. **44**, 171 (1954).
62. *McDonald, G., Hawley, U. E.:* Anal. Chem. **26**, 1664 (1954).
63. *Paschen, F.:* Ann. Phys. **50**, 901 (1916); **71**, 142 (1923).
64. *Schüler, H.:* Physik. Z. **22**, 264 (1921); **72**, 142 (1931).
65. *Birks, F. T.:* Spectrochim. Acta **6**, 169 (1954).
66. *Ivanov, N. P., Nedler, V. V., Andrikanis, E. N.:* Betriebslab. (russ.) **27**, 836 (1961).
67. *Mann, K. E.:* Spectrochim. Acta **1**, 563 (1941).
68. *Smith, R. W., Hoagbin, J. E.:* Anal. Chem. **19**, 86 (1947).
69. *Smith, A. L., Fassel, V. A.:* Anal. Chem. **21**, 1095 (1949).
70. *Dickens, P., Bähr, A.:* Arch. Eisenhüttenw. **31**, 135 (1960).
71. *Eckhard, S., Koch, W.:* Arch. Eisenhüttenw. **28**, 731 (1957).
72. *Harrison, G. R.:* MIT Wavelenght Tables, New York 1939.
73. *Saidel, A. N., Prokofjew, W. K., Raiski, S. M.:* Spektraltabellen 2. Aufl., VEB Verlag Technik, Berlin 1961.
74. *Kuba, J., Kučera, L., Pezák, F., Dvořak, M., Mr.iz, J.:* Coincidence Tables for Atomic Spectroscopy, 1965.
75. *Ishida, M.:* Jap. Analyst **9**, 276 (1960).
76. *Hartleif, G.:* Arch. Eisenhüttenw. **13**, 295 (1939/40).
77. *Hartleif, G., Kornfeld, H.:* Stahl, Eisen **75**, 587 (1955).
78. *Schultz, R., Fischer, L.:* Neue Hütte **10**, 236 (1965).
79. *Graue, G., Eckhard, S., Marotz, R.:* Arch. Eisenhüttenw. **29**, 619 (1958).
80. *Hartleif, G., Kornfeld, H.:* Arch. Eisenhüttenw. **30**, 485 (1959).
81. *Dickens, P., Bähr, A.:* Arch. Eisenhüttenw. **30**, 489 (1959).
82. *Mathien, V., Lacomble, M., Charlet, L.:* Arch. Eisenhüttenw. **30**, 493 (1959).
83. *Manecke, H., Brokopf, W.:* Arch. Eisenhüttenw. **30**, 545 (1959).
84. *Brandt, A., Berstermann, W.:* Arch. Eisenhüttenw. **30**, 541 (1959).
85. *Höller, P.:* Arch. Eisenhüttenw. **30**, 589 (1959).
86. *Graue, G., Marotz, R.:* Arch. Eisenhüttenw. **30**, 595 (1959).
87. *Wollweber, G., Fehle, R.:* Arch. Eisenhüttenw. **30**, 655 (1959).
88. *Hildebrand, H., Diehl, W.:* Arch. Eisenhüttenw. **30**, 659 (1959).
89. *Willmer, T. K., Liedtke, W.:* Arch. Eisenhüttenw. **30**, 713 (1959).
90. *Bruch, J.:* Arch. Eisenhüttenw. **30**, 715 (1959).
91. *Diebel, H.:* Arch. Eisenhüttenw. **29**, 275 (1958).
92. *Diebel, H., Hanle, W.:* Arch. Eisenhüttenw. **28**, 127 (1957).
93. *Thorn, F.:* Arch. Eisenhüttenw. **28**, 133 (1957).
94. *Krempel, H., Scheibe, G.:* Arch. Eisenhüttenw. **28**, 135 (1957).
95. *Komarowski, A. G.:* Izv. Akad. Nauk SSSR, Ser. Fiz. **11**, 276 (1947).
96. *Gentry, C. H. R., Mitchell, G. P.:* J. Soc. chem. Ind. **66**, 226 (1947).
97. *Lueg, G., Wolbank, F.:* Metallwirtschaft **18**, 1027 (1939).
98. *Churchill, J. R., Russell, R. G.:* Ind. eng. Chem. Anal. Edit. **17**, 24 (1945).

99. *Wesselowskaja, I. M.:* Betriebslab. (russ.) **15** (8), 940 (1949).
100. *Schliessmann, O.:* Arch. Eïsenhüttenw. **14**, 211 (1940/41).
101. *Wolfe, R. A., Fowler, R. G.:* J. opt. Soc. Am. **35**, 86 (1945).
102. *Muir, S., Ambrose, A. D.:* Spectrochim. Acta **4**, 482 (1952).
103. *Carlsson, C. G.:* Jernkont. Ann. **126**, 161 (1942).
104. *Colin, R. H., Gardner, D. A.:* Anal. Chem. **21** (6), 701 (1949).
105. *Scheibe, G., Rivas, A.:* Angew. Ch. **49**, 443 (1936).
106. *Rooney, C. V.:* U. S. Steel Corp. **1954**, 173.
107. *Rivas, A.:* Angew. Ch. **50**, 903 (1937).
108. *Flickinger, L. C., Polley, E. W., Galletta, C. A.:* Anal. Chem. **30**, 502 (1958).
109. *Eckhard, S., Koch, W., Mahr, C.:* Angew. Ch. **68**, 296 (1956).
110. *Klinger, P., Koch, W.:* Stahl, Eisen **68**, 321 (1948); **69**, 1 (1949); Arch. Eisenhüttenw. **11**, 569 (1937/38).
111. *Koch, W., Eckhard, S.:* Arch. Eisenhüttenw. **27**, 165 (1956).
112. *Castro, R., Phéline, J. M.:* C. r. **225**, 643 (1947); Spectrochim. Acta **3**, 379 (1947/49).
113. *Meyer, S., Koch, O. G.:* Spectrochim. Acta **15**, 549 (1959).
114. *Rupp, R. L., Klecak, G. L., Morrison, G. H.:* Anal. Chem. **32**, 931 (1960).
115. ASTM: Methods for Emission Spectrochemical Analysis, 1957.
116. *Jaxa-Bykowski, W.:* Acta Chim. Acad. Sci. Hung. **30**, 329 (1962).
117. *Bykowski, W.:* Chem. Anal. (Warszawa) **6**, 265 (1961).
118. *Sokolowska, W.:* Prace Przemyslowego Inst. Elektron **6**, 209 (1965.).
119. *Karabaš, A. G., Bondarenko, L. S., Morozova, G. G., Peizulaev, S. I.:* Zhur. Anal. Khim. (russ.) **15**, 623 (1960).
120. *Analyse der Metalle*, Bd. **II**.
121. *Caldararu, H.:* Rev. Chim. (Bucharest) **14**, 39 (1963).
122. *Vasilevskaja, L. S., Notkina, M. A., Sadofjeva, S. A., Kondrašina, A. I.:* Betriebslab. (russ.) **28**, 678 (1962).
123. *Heffelfinger, R. E., Blosser, E. R., Perkins, O. E., Henry, W. M.:* Anal. Chem. **34**, 621 (1962).
124. *Baer, W. K., Hodge, E. S.:* Appl. Spectroscopy **14**, 141 (1960).
125. *Lifšic, E. V., Bugaeva, N. I.:* Betriebslab. (russ.) **25**, 952 (1959).
126. *Skalska, S., Held, S.:* Chem. Anal. (Warszawa) **3**, 543 (1958).
127. *Pittwell, L. R.:* Analyst **85**, 849 (1960).
128. *Erko, V. F., Bugaeva, N. I.:* Fiz. Sb. L'vovsk. Gos. Univ. **1958**, 40.
129. *Belokrinitskaya, Bondarenko,* und Mitarbeiter: Sverdlovsk Metallurgizdat **1958**, 59.
130. *Farrel, R. F., Hartre, G. J., Jacobs, R. M.:* Anal. Chem. **31**, 1550 (1959).
131. *Oda, N., Idohara, M.:* Japan Analyst **10**, 246 (1961); durch Fr. 187, 309 (1962).
132. *Dyck, R., Veleker, T. J.:* Anal. Chem. **31**, 390 (1959).
133. *Moleva, W. S., Peizulaev, S. I.:* Betriebslab. (russ.) **27**, 309 (1961).
134. *Dyck, R., Veleker, T. J.:* Anal. Chem. **31**, 1640 (1950).
135. *Verny, E. A., Egorov, V. N.:* Zhur. Anal. Khim. (russ.) **15**, 24 (1960).
136. UKAEA Report IGO-AM/S-125 (1958).
137. *Wheat, J. A.:* Appl. Spectroscopy **16**, 108 (1962).
138. *Vecsernyès, L.:* Fr. **182**, 429 (1961).
139. *Peterson, M. J.:* Bur. Mines Rep. Investigations 5256 (1956).
140. *Vajnštejn, E. E., Korolev, V. V., Savinova, E. N.:* Chem. Anal. (Warszawa) **7**, 187 (1962).
141. *Runge, E. F., Bryan, F.:* Appl. Spectroscopy **13**, 116 (1959).
142. *Moiseeva, K. A., Sukhenko, K. A.* und Mitarbeiter: Betriebslab. (russ.) **23**, 1316 (1957).
143. *Bogdanova, W. W., Kudelja, J. S.:* Autom. Schweißen **10**, 29 (1957); durch C. **129**, 8146 (1958).
144. *Belohlavek, O.:* Hutn. Listy **14**, 809 (1959).
145. *Leichtle, P. A.:* J. opt. Soc. Am. **34**, 454 (1944).
146. *Ivanova, E. N., Egorova, V. I.:* Tr. Voronezhck. Gos. Univ. **27**, 3 (1954).
147. *Soragna, M. L.:* Metallurgia ital. **51**, 384 (1958).
148. *Švangiradze, R. R., Mozgovaja, T. A., Sčetinina, E. V.:* Zhur. Anal. Khim. (russ.) **17**, 94 (1962).
149. *Zabiyako, V. I., Bulycheva, I. B.:* Tr. Urals'k. Nauchn. Issled. Khim. Inst. **1964**, 82; durch Zhur. Khim. (russ.) **1965**, No. 11 G 133.
150. *Fratkin, Z. G., Andreeva, I. J.:* Betriebslab. (russ.) **26**, 1370 (1960).
151. *Degtjareva, O. F., Fedjaeva, N. V., Ostrovskaja, M. F., Astachina, L. G.:* Betriebslab. (russ.) **27**, 844 (1961).
152. *Pevcov, G. A., Krasilščik, V. Z.:* Zhur. Anal. Khim. (russ.) **19**, 1106 (1964).
153. *Moroškina, T. M., Malinin, G. F.:* Zhur. Anal. Khim. (russ.) **16**, 245 (1961).
154. *Millner, T., Horkay, K.:* Acta Techn. Acad. Sci. Hung. **33**, 201 (1961).
155. *Veleker, T. J., Dyck, R.:* Anal. Chem. **31**, 387 (1959).
156. *Dvořak, J., Dobřemýslova, I.:* Chem. Průmysl **13**, 136 (1963).
157. *Dickens, P., König, P., Jaensch, P.:* Arch. Eisenhüttenw. **35**, 871 (1964).

158. *Kuznecov, J. N.:* Betriebslab. (russ.) **27**, 910 (1961).
159. *Strasheim, A., Tappere, E. J.:* Appl. Spectroscopy **16**, 110 (1962).
160. *Tingle, W. H., Matocha, C. K.:* Anal. Chem. **30**, 494 (1958).
161. *Hartleif, G.:* Freiberger Forschungsh., Reihe B, Nr. **38**, II, 105 (1960).
162. *Argyle, A.:* BCIRA-J. **9**, 364 (1961).
163. *Reckziegel, M., Staats, G.:* Arch. Eisenhüttenw. **35**, 633 (1964).
164. *Brokopf, W.:* Arch. Eisenhüttenw. **35**, 1161 (1964).
165. *Rost, F.:* Mikrochim. **1955**, 236.
166. *Korolev, V. V., Vainštein, E. E.:* Zhur. Anal. Khim. (russ.) **15**, 413 (1960); **13**, 627 (1958).
167. *Dippel, T., Kessler, W.:* Glastechn. Ber. **34**, 249 (1961).
168. *Ward, W.:* J. Soc. Glass Technol. **42**, T 240 (1958).
169. *Matsumoto, C.:* Japan Analyst **9**, 548 (1960); **10**, 274, 280 (1961).
170. *Kvalheim, A.:* J. opt. Soc. Am. **37**, 585 (1947).
171. *Price, W. J.:* Spectrochim. Acta **6**, 26 (1953).
172. *Rushton, B. I., Nicholls, G. D.:* Spectrochim. Acta **9**, 287 (1957).
173. *Ricard, R.:* Mikrochim. A. **1955**, 226.
174. *Morand, Kiel, M.:* Bull. Soc. Franc. Ceram. **1955**, 3, Nr. 27.
175. *Lingard, A. L.:* Proc. S. Dakota Acad. Sci. **39**, 48 (1960).
176. *Kolechkova, A. E.:* Fiz. Sb. L'vovsk. Gos. Univ. **1958**, 474.
177. *Vilnat, J.:* Ind. Ceram. **1963**, 443.
178. *Roubault, M., de la Roche, H., Godvindaraju, K.:* C. r. **250**, 2912 (1960).
179. *Dohr, H.:* Tonind.-Z. Keram. Rundschau **87**, 225 (1963).
180. *Dohr, H., Krüger, G.:* Tonind.-Z. Keram. Rundschau **87**, 521 (1963).
181. *Likhodel, L. S., Nosenko, N. I.:* Fiz. Sb. L'vovsk. Gos. Univ. **1958**, 471.
182. *Kishataka, H.:* Japan Analyst **8**, 778 (1959).
183. *Pawlowska, H.:* Chem. Anal. (Warszawa) **7**, 469 (1962).
184. *Landergren, S., Muld, W.:* Mikrochim. A. **1955**, 245.
185. *Matsumoto, C., Oto, Y.:* Osaka Furitsu Kogyo-Shoreikan Hokoku **18**, 26 (1957); durch Chem. Abstr. **52**, 9854 (1958).
186. *Porta, A.:* Metallurgia ital. **52**, 320 (1960).
187. *Webber, G. R., Jellema, I. U.:* Appl. Spectroscopy **16**, 133 (1962).
188. *Jaycox, E. K.:* J. opt. Soc. Am. **37**, 162 (1947).
189. *Ryan, J. R., Ruh, E.:* Am. Ceram. Soc. Bull. **43**, 889 (1964).
190. *Naka, K., Matsumae, T., Tanaka, Y.:* Japan Analyst **12**, 928 (1963).
191. *Rost, L.:* Bergakademie (Freiberg) **17**, 263 (1965).
192. *Eardley, R. P., Clarke, H. S.:* Appl. Spectroscopy **19**, 186 (1965).
193. *Voinovitch, I. A.:* Chem. Anal. (Warszawa) **5**, 85 (1960).
194. *Erdey, L., Gegus, E., Kocsis, E.:* Acta Chim. Acad. Sci. Hung. **7**, 343 (1955).
195. *Gegus, E.:* Magyar Chem. Folyóirat **67**, 402 (1961).
196. *Voinovitch, I. A., Vilnat, J.:* Bull. Soc. Franc. Ceram. **35**, 115 (1957); **36**, 83 (1957).
197. *Voinovitch, I. A.:* Bull. Soc. Franc. Ceram. **39**, 65 (1958); Chem. Anal. (Warszawa) **3**, 299 (1958).
198. *Matsumoto, C., Oto, Y.:* Osaka Furitsu Kogyo-Shoreikan Hokoku **18**, 21 (1957); durch Chem. Abstr. **52**, 9854 (1958).
199. *Konopel'ko, I. A., Tkachev, L. I.:* Inzhener-Fiz. Zhur. Akad. Nauk Beloruss. S.S.R. **1958**, Nr. 2, 109.
200. *Schwander, H.:* Schweiz. Mineral. Petrog. Mitt. **40**, 8 (1960).
201. *Reshetina, T. S.:* Izvest. Akad. Nauk SSSR, Ser. Fiz. **23**, 1150 (1959).
202. *Pedan, G. A.:* Izv. Akad. Nauk. SSSR, Ser. Fiz. **19**, 102 (1955).
203. *Iida, C.:* Bunko Kenkyu **9**, 148 (1961); durch Chem. Abstr. **57**, 15786 c (1962).
204. *Hegemann, F., Kostyra, H., v. Sybel, C.:* Ber. dtsch. keram. Ges. **33**, 283 (1956).
205. *Hegemann, F., Caimann, V.:* Glastechn. Ber. **29**, 239 (1956).
206. *Herman, P., Lheureux, M.:* C. r. Congr. intern. chim. ind. 31; Liège **2**, 735 (1958).
207. *Zika, Z., Röckl, L.:* Hutn. Listy **9**, 711 (1954).
208. *Angell, G. R., Bethell, F. V.:* Brit. Coal. Util. Res. Assoc., Inform. Circ. No. **244**, 21 (1960).
209. *Danilova, V. I., Alekseeva, E. I.:* Tr. Sibirsk Fiz.-Tekhn. Inst. pri Tomsk. Gos. Univ. **1956**, No. 35, 21.
210. *BISRA-Committe:* J. Iron Steel Inst. **189**, 49 (1958).
211. *Andreev, E. I., Neudačin, G. I., Salov, L. V., Petuchova, R. I., Lipina, I.P.:* Betriebslab. (russ.) **28**, 938 (1962).
212. *Karabanova, V. P.:* Betriebslab. (russ.) **27**, 852 (1961).
213. *Tucholka-Szmeja, B.:* Chem. Anal. (Warszawa) **3**, 761 (1958).
214. *Finkin, K. S.:* Izv. Akad. Nauk SSSR, Ser. Fiz. **19**, 120 (1955).
215. *Pedan, G. A.:* Betriebslab. (russ.) **28**, 564 (1962).
216. *Poláček, J.:* Rudy (Prague) **8**, 38 (1960).
217. *Wilkinson, L. P.:* Appl. Spectroscopy **16**, 185 (1962).

218. *Křiváň, V., Matherny, M.:* Chem. Zvesti **13**, 796 (1959).
219. *Hunter, R. G., Headlee, A. J. W.:* Anal. Chem. **22**, 441 (1950).
220. *Leutwein, F., Rösler, H.:* Freiberger Forsch.-H. C 19 (1956).
221. *Benkö, J., Szadecky, K. G.:* Magyar Chem. Folyóirat **63**, 78 (1957).
222. *Demidov, A. A., Gorbunova, L. B.:* Betriebslab. (russ.) **25**, 956 (1959).
223. *Otte, M.:* Chemie d. Erde **16**, 239.
224. *Dixon, K.:* Analyst **83**, 362 (1958).
225. *Hegemann, F., Giesen, K., Kostyra, H.:* Ber. dtsch. keram. Ges. **36**, 145 (1959).
226. *Bennett, W. J.:* Appl. Spectroscopy **11**, 73 (1957).
227. *Johnson, A. J., Vejvoda, E.:* Anal. Chem. **31**, 1643 (1959).
228. *Yudelevich, I. G., Protopopova, N. P., Vasileva, A. A., Pyrev, M. F.:* Izv. Sibirsk. Otd. Akad. Nauk SSSR, Ser. Khim. Nauk **1966** (1), 140.
229. *Porta, A.:* Metallurgia ital. **51**, 325 (1958).
230. *Negishi, R.:* Japan Analyst **11**, 202 (1961).
231. *Gluzinska, M.:* Chem. Anal. (Warszawa) **7**, 451 (1962).
232. *Kreschkov, A. P., Myschljaeva, L. V., Kutschkarev, E. A., Schatunova, T. G.:* Lakokrasočnye materialy i ich primenenie **3**, 60 (1966).
233. *Kovács, G., Dávid, P.:* Magyar Chem. Folyóirat **67**, 297 (1961).
234. *Alexandrov, W. G., Ternovskaja, M. I., Blagodyr, R. N.:* Betriebslab. (russ.) **30**, 706 (1964).
235. *Biske, V. B., Feaster, J. F.:* Am. Soc. Brewing Chemists, Proc. (ann. Meeting) **1964**, 189.
236. *Pohl, F. A.:* Fr. **139**, 423 (1953).
237. *Gorbach, G., Pohl, F. A.:* Mikrochemie **38**, 258, 328 (1951).
238. *Heggen, G. E., Strock, L. W.:* Anal. Chem. **25**, 859 (1953).
239. *Birks, L. S.:* X-Ray Spectrochemical Analysis, New York–London 1959.
240. *Blochin, M. A.:* Methoden der Röntgenspektralanalyse, München 1964.
241. *Sagel, K.:* Tabellen zur Röntgen-Emissions- und -Absorptionsanalyse, 1959.
242. *Müller, R. O.:* Spektrochemische Analysen mit Röntgenfluorescenz, München–Wien 1967.
243. *Lambert, M. C.:* Norelco Rep. **6**, 37 (1959).
244. *Balis, E. W., Bronk, L. B., Pfeiffer, H. G., Welbon, W. W., Winslow, E. H., Zemany, P. D.:* Anal. Chem. **34**, 1731 (1962).
245. *Fox, J. G. M.:* J. Inst. Metals **91**, 239 (1962/63).
246. *Le Traon, J. Y., Seibel, G.:* Intern. J. Appl. Radiation Isotopes **14**, 365 (1963).
247. *Chan, F. L.:* Advan. X-Ray Anal. **9**, 515 (1966).
248. *Uchikawa, H., Inomata, Y.:* Jap. Analyst **10**, 875 (1961).
249. *Kawasaki, Y., Asada, E.:* Jap. Analyst **12**, 501 (1963).
250. *Tertian, R., Fagot, C., Jamey, M.:* Publ. Group Avan. Methodes Spectrogr. **4**, 267 (1963).
251. *Dunne, J. A.:* Norelco Rep. **13**, 21 (1966).
252. *Claisse, F.:* Quebec Dep. Mines, Prelim. Rep. No. **327** (1956).
253. *Andermann, G.:* Anal. Chem. **33**, 1689 (1961).
254. *Welday, E. E., Baird, A. K., McIntyre, D. B., Madlem, K. W.:* Am. Mineralogist **49**, 889 (1964).
255. *Rose, H. J., Adler, I., Flanagan, F. J.:* Appl. Spectroscopy **17**, 81 (1963).
256. *Gilfrich, J. V., Sullivan, D. C.:* Norelco Rep. **10**, 127 (1963).
257. *Carter, G. F.:* Appl. Spectroscopy **16**, 159 (1962).
258. *Wagner, J. C., Bryan, F. R.:* Advan. X-Ray Anal. **6**, 339 (1962).
259. *de Laffolie, H.:* Arch. Eisenhüttenw. **38**, 535 (1967).
260. *Pfundt, H.:* VIII. Colloquium Spectroscop. Internat. Luzern, Aarau (Schweiz) 1960, S. 299.
261. *Wagner, F.:* Fr. **198**, 98 (1963).
262. *Shiou-Chuan Sun:* Anal. Chem. **31**, 1322 (1959).
263. *Voinovitch, I. A.:* Chem. Anal. (Warszawa) **7** (2), 511 (1962).
264. *Longobucco, R.:* Anal. Chem. **34**, 1263 (1962).
265. *Maneval, D. R., Lovell, H. L.:* Anal. Chem. **32**, 1289 (1960).
266. *Campbell, W. J., Carl, H. F.:* Anal. Chem. **26**, 800 (1954).
267. *Hooper, P. R.:* Anal. Chem. **36**, 1271 (1964).
268. *Volborth, A.:* Appl. Spectroscopy **19**, 1 (1965).
269. *Wecht, P., Schulz, E.:* Keram. Z. **17** (10), 693; (11) 786 (1965).
270. *Rose, H. J., Cuttitta, F., Larson, R. R.:* U. S. Geol. Surv., Profess. Paper No. **525-B**, 155 (1965).
271. *Savelli, C.:* Neues Jahrb. Mineral. Geol. **1967** (4/5), 124.
272. *Orrell, E. W., Gidley, P. J.:* Trans. ceram. Soc. England **63** (1), 19 (1964).
273. *Ishii, Y.:* Japan Analyst **14**, 1120 (1965).
274. *Konno, S., Nagashima, A., Abe, F., Asada, E.:* Japan Analyst **14**, 1093 (1965).
275. *Andermann, G., Allen, J. D.:* Advan. X-Ray Anal. **4**, 414 (1961).
276. *Tabikh, A. A.:* Anal. Chem. **34**, 303 (1962).
277. *Stetter, A., Kern, H.:* Arch. Eisenhüttenw. **35**, 867 (1964).
278. *Robinson, J. M. M., Gertiser, E. P.:* Mater. Res. Std. **4** (5), 228 (1964).

279. *Visapää, A.:* Kem. Teollisuus (Chem. Ind.) **22**, 106 (1965).
280. *Sagrera, I. L.:* Inform. Quim. Anal. pura apl. Ind. **20** (2), 51 (1966).
281. *Boyd, B. R., Dryer, H. T.,* u.a.: Develop. Appl. Spectr. **1**, 77 (1962).
282. *Eckhard, S.:* Mikrochim. Ichnoanal. Acta (Wien) **1965**, 571.
283. *Hepp, H.:* Zement–Kalk–Gips **20** (10), 446 (1967).
284. *de Beer, Z., Creton, F.:* Metallurgia ital. **8**, 308 (1966).
285. *Wittmann, A., Bourdieu, J. M., Jorre, O.:* Rev. Mét. **63** (6), 529 (1966).
286. *Kiss, L. T.:* Anal. Chem. **38**, 1731 (1966).
287. *Smith, G. D., Maute, R. L.:* Anal. Chem. **34**, 1733 (1962).

§ 8. Radiochemische Bestimmungsverfahren

A. Neutronenaktivierungsanalyse

Zur Information über die Grundlagen dieses Arbeitsgebietes sei unter anderem auf die Bücher von *Schmeiser* [1] und *Schulze* [2] verwiesen.

Radiochemische Verfahren zur Bestimmung des Aluminiums beschränken sich im wesentlichen auf die Anwendung der Neutronenaktivierung, wobei die folgenden Reaktionen zur Bestimmung herangezogen werden können (Tab. 85).

Tabelle 85. *Kernreaktionen zur Bestimmung des Aluminiums*

Reaktion	Halbwertzeit	Messung MeV	Störende Elemente
^{27}Al (n,γ) ^{28}Al	2,27 min	$\gamma = 1,78$ $\beta = 2,85$	^{28}Si ^{31}P ^{26}Mg
^{27}Al (n,α) ^{24}Na	14,7 Std.	$\gamma = 1,38$ und 2,75	^{24}Mg ^{23}Na ^{22}Ne
^{27}Al (α,n) ^{30}P	2,54 min	$\gamma = 0,5$ $\beta = 3$	^{10}B $(^{13}$N $= 10,3$ min) ^{24}Mg $(^{28}$Al $= 2,4$ min)

Weitaus am häufigsten wird die Reaktion ^{27}Al(n, γ) ^{28}Al mit thermischen Neutronen zur Bestimmung des Aluminiums verwendet, indem meistens die γ-Strahlung mit der Energie von 1,78 MeV gemessen und ausgewertet wird. Zur Analyse können die gebräuchlichen Neutronen-Quellen, wie Reaktoren, Zyklotrons, *van-de-Graaf*-Bandgenerator, Ra-Be-, Po-Be-, Pu-Be-, Sb-Be-, Po-B-Neutronen-Quellen, mit entsprechenden Moderatoren verwendet werden. Da die Nachweis-Empfindlichkeit proportional dem Neutronenfluß ist, eignen sich zur Bestimmung geringer Gehalte am besten Kernreaktoren mit Neutronenflüssen von 10^{10} bis 10^{14} n/(cm$^2 \cdot$ sec). Bei Verwendung z. B. einer Po-Be-Neutronen-Quelle, mit einem Fluß von etwa 10^7 n/ (cm$^2 \cdot$ sec) beträgt die Nachweis-Empfindlichkeit in Gesteinsproben nach *Glasson*, *Drynkin*, *Leipunskaya* und *Putyatina* [3] nur 3% Aluminium, wobei allerdings die angeregte β-Aktivität gemessen wird. Da das ^{28}Al-Isotop mit 2,27 min eine geringe Halbwertszeit besitzt, ist eine Bestrahlungszeit von bis zum Doppelten der Halbwertszeit ausreichend und eine sofortige, anschließennde Messung der γ-Intensität notwendig. Längere Bestrahlungszeiten mit anschließender, längerer Abklingzeit vor der Messung verringern die γ-Intensität der kurzlebigen Isotope wie diejenige des ^{28}Al. Als Detektoren zur Aufnahme des γ-Spektrums werden fast ausschließlich Scintillationszähler mit thallium-aktivierten, gebogenen NaJ-Kristallen, die mit einem Photomultiplier gekoppelt sind, verwendet. Zur Diskriminierung wird ein Impulshöhen-Analysator benutzt.

Von den die Bestimmung des Aluminiums störennden Elementen ist vor allem das *Silicium* zu nennen. Silicium reagiert mit schnellen Neutronen gemäß der Reaktionsgleichung:

$$^{28}\text{Si}\,(n,p)\,^{28}\text{Al}$$

unter Bildung des ^{28}Al-Isotops. Wie Untersuchungen von *Lightowlers* [4] zeigen, der einen Reaktor mit einem Fluß an thermischen Neutronen von $1,2 \cdot 10^{12}$ n $\cdot$ cm^{-2} $\cdot$ sec^{-1} und schnellen Neutronen von $2 \cdot 10^{11}$ n $\cdot$ cm^{-2} $\cdot$ sec^{-1} zur Aktivierung benutzte, entspricht unter Verwendung einer reinen Silicium-Probe 1 g Silicium einer Menge von $2 \cdot 10^{-3}$ g Aluminium. Höhere Siliciumgehalte können deshalb die Bestimmung des Aluminiums empfindlich stören. Nach *Plaksin, Ančevskij* und *Beljakov* [5] ist die Störung durch Silicium unter Verwendung einer Po-Be-Neutronen-Quelle infolge der relativ hohen Maximalenergie von etwa 11 MeV besonders ausgeprägt. Sie empfehlen deshalb die Verwendung einer Po-B-Quelle mit niedriger Maximalenergie von etwa 6 MeV. Bei einem Neutronenfluß von $1,4 \cdot 10^{6}$ n $\cdot$ cm^{-2} $\cdot$ sec^{-1} und einer Aktivierung von 7 min lassen sich mit dieser Neutronen-Quelle 5 bis 30% Al_2O_3 in Gegenwart von $< 40\%$ SiO_2 ohne größere Störung bestimmen.

Zur Ausschaltung der Störung der Aluminium-Bestimmung im Silicium für Halbleiter-Zwecke durch die Silicium-Matrix benutzen *Graudina, Zalinkevich* und *Pelekis* [6] die Einbettung der Probe in Cadmium-Kapseln. Cadmium hat für thermische Neutronen einen sehr hohen Wirkungsquerschnitt. Daher kann man thermische Neutronen mittels dieser Umhüllung absorbieren, während die schnellen Neutronen durchgelassen werden. Die Proben werden einmal ohne und einmal mit einer Cadmium-Umhüllung aktiviert, dann die γ-Intensität bei 1,78 MeV gemessen. Die γ-Aktivität der direkt bestrahlten Proben ist gleich der Summe der aus den Reaktionen ^{28}Si (n,p) ^{28}Al und ^{27}Al (n,γ) ^{28}Al entstandenen Aktivitäten, während bei den Proben in den Cadmium-Kapseln infolge der Absorption der thermischen Neutronen nur die Reaktion ^{28}Si (n,p) ^{28}Al zur γ-Aktivität beiträgt. Aus der Differenz dieser beiden Aktivitäten läßt sich der Aluminium-Gehalt der Probe ermitteln.

Eine Störung der Aluminium-Bestimmung kann auch durch höhere *Mangan*-Gehalte verursacht werden. Durch Aktivierung entsteht gemäß der Reaktion

^{55}Mn (n,γ) ^{56}Mn ein Nuklid, das im γ-Spektrum bei 1,806 MeV eine Linie zeigt. Durch nicht ausreichende Auflösung kann diese Linie mit der Al-Linie bei 1,78 MeV koinzidieren. Da die Halbwertszeit der ^{56}Mn-Aktivität 2,58 Std. beträgt, kann diese Störung nach *Malvano* und *Grosso* [7] durch eine 2. Messung nach Abklingen der ^{28}Al-Aktivität und mit Hilfe von Standards, die bekannte Mn-Gehalte enthalten, ausgeschaltet werden.

Phosphor, das mit schnellen Neutronen nach der Reaktion ^{31}P (n,α) ^{28}Al zu einer zusätzlichen γ-Aktivität beitragen kann, stört ebenfalls.

Eine weitere Störung wird durch die Reaktion ^{27}Al (n,p) ^{27}Mg mit schnellen Neutronen verursacht, wodurch ein Teil des Aluminiums durch Überführung in ^{27}Mg der Bestimmung entzogen werden kann.

Die Reaktion ^{27}Al (n,α) ^{24}Na mit schnellen Neutronen ist von *Turner* [8] zur Bestimmung des Aluminiums verwendet worden. Das in der Reaktion entstehende ^{24}Na-Isotop besitzt eine Halbwertszeit von 14,7 Std. und γ-Zerfallsenergien von 1,38 und 2,75 MeV. Als Neutronen-Quellen können Reaktoren verwendet werden. *Turner* benutzt einen *van-de-Graaf*-Beschleuniger als Deuteronen-Quelle, die in Verbindung mit einem Zirkonium-Tritium-Target nach der Reaktion T (d,n) He schnelle Neutronen von 14 MeV in guter Ausbeute liefern. Diese Neutronen besitzen eine ausreichende Energie, um trotz des gegenüber thermischen Neutronen geringeren Wirkungsquerschnittes meßbare Mengen des ^{24}Na-Isotops zu erzeugen. Um eine gute Nachweis-Empfindlichkeit zu erreichen, sollte der Neutronenfluß jedoch möglichst groß sein. Die Bestrahlungszeit für einen Neutronenfluß von $5 \cdot 10^{7}$ n $\cdot$ cm^{-2} $\cdot$ cm^{-1} ist mit 1,5 Std. ausreichend. Die Messung der γ-Aktivität kann nach einer Abklingzeit von mindestens 2 Std. durchgeführt werden.

Die Bestimmung des Aluminiums wird vor allem durch *Magnesium* gestört, das nach der Reaktion ^{24}Mg (n,p) ^{24}Na ebenfalls das ^{24}Na-Nuklid bildet, so daß nur die Summe der beiden Elemente: Aluminium und Magnesium bestimmt werden kann.

Die Störung durch Natrium, verursacht durch thermische Neutronen nach der Reaktion ^{23}Na(n,γ) ^{24}Na, kann durch Umhüllen der Probe mit einer Cadmium-Folie, welche die thermischen Neutronen absorbiert, verhindert werden. Nach Angaben von *Turner* stört auch *Eisen*.

Eine Bestimmung des Aluminiums ist nach *E.* und *S. Odeblad* [9] auch nach der von *Curie* und *Joliot* [10] entdeckten Reaktion ^{27}Al(α,n) ^{30}P möglich. Das gebildete ^{30}P-Nuklid zerfällt unter Emission von β-Strahlung von etwa 3 MeV mit einer Halbwertszeit von 2,54 min in ^{30}Si. Das Spektrum zeigt auch eine γ-Linie bei 0,5 MeV. Die Bestrahlung erfolgt mit ^{210}Po, das α-Strahlen von etwa 5,3 MeV mit einer Halbwertszeit von 138,4 Tagen emittiert. Die Polonium-α-Strahlen-Quelle wird in einer genau abgemessenen Entfernung von der Probe aufgestellt und die Probe (300 ± 2) sec bestrahlt. *Plaksin, Smirnow* und *Startschik* [11] schlagen einen Abstand von 0,5 mm vor sowie eine Bestrahlungszeit von 10 min bei einer Aktivität der ^{210}Po-Quelle von 120 mc. Bei dieser Bestrahlungszeit werden 94% der maximal erreichbaren, spezifischen Aktivität erhalten. (20 ± 2) sec nach Beendigung der Bestrahlung wird die Aktivität mit einem *Geiger-Müller*-Zähler während der Dauer von 300 sec gemessen, indem die Untergrund-Strahlung berücksichtigt wird. Da die einfallenden α-Strahlen sehr schnell einen Teil ihrer kinetischen Energie verlieren, wird nur eine sehr dünne Oberflächen-Schicht der Probe aktiviert. Der Grad der Aktivierung hängt außerordentlich stark von der Entfernung der Probe zur α-Strahlen-Quelle ab. Schon eine Differenz von 0,1 mm verursacht einen *Fehler* von 5%. Kritisch ist auch der Abstand des Zählrohres von der Probe für die Aktivitätsmessung und die Zählzeit. Die einmal gewählten Bedingungen müssen deshalb bei den Bestimmungen streng eingehalten werden. Die Zusammensetzung der Probe ist ebenfalls von Einfluß auf das Ergebnis, da der Absorptionskoeffizient der einzelnen Elemente für α-Strahlen verschieden ist. Am besten zur Analyse geeignet sind Zweistoff-Systeme, z. B. Aluminium-Kupfer-Legierungen, das System: $Al_2O_3-H_2O$, Aluminium-Protein-Mischungen. Neben dem Aluminium werden auch die Elemente *Bor, Fluor*, Natrium wie auch Magnesium aktiviert und können Anlaß zu Störungen geben. Von diesen Elementen zeigt das aus dem Natrium entstehende ^{26}Al-Nuklid eine Halbwertszeit von 6,3 sec, das aus dem Fluor entstehende ^{22}Na-Nuklid eine Halbwertszeit von 2,6 Jahren. Die Aktivität von ^{26}Al ist also bei Beginn der Messung zum Teil schon abgeklungen und dürfte nur geringfügig stören; die Aktivität von ^{22}Na wird durch die Untergrund-Messung eliminiert. Das aus dem Bor entstehende ^{13}N-Nuklid mit einer Halbwertszeit von 10,3 min und das aus Magnesium entstehende ^{28}Al-Nuklid mit der Halbwertszeit von 2,4 min stören die Bestimmung. Da ^{28}Al nur aus dem ^{25}Mg-Isotop gebildet wird und dieses nur zu 10,1% im natürlichen Magnesium vorhanden ist, können geringe Magnesium-Verunreinigungen toleriert werden.

Arbeitsvorschriften. Die nachfolgende Tabelle 86 enthält eine Übersicht über die in der Literatur angegebenen Vorschriften zur Bestimmung des Aluminiums mit der Neutronenaktivierung.

Tabelle 86. *Aluminium-Bestimmungen durch Neutronenaktivierung*

| Matrix | Neutronen-quelle | Bestrahlung | | Konzentra-tionsbereich | Nachweis-grenze | Aktivitätsmessung | Linie MeV | Literatur |
		Zeit	Fluß					
1. *Nach der Reaktion* ^{27}Al(n,γ) ^{28}Al								
Reaktor-Kühl-wasser	—	bis zu 15 Std. im Reaktor	$\leqq 4 \cdot 10^{13}$	—	—	NaJ-Sz-Z. und 40-Kanal-Spektro-meter	$\gamma = 1{,}78$	*Lyon* u. *Reynolds* [12]
Kryolith, U-Al-Legierung, D$_2$O, Gestein	—	$\approx$ 10 min	10^{11}	0,014 bis 15,1%	$5 \cdot 10^{-6}$ g	NaJ-Sz-Z. Diskrim. 1,5 MeV	$\gamma = 1{,}78$	*Chauvin* u. *Lévêque* [13]
Gestein (Granit)	Po—Be	8 min	$\sim$10c	15% Al$_2$O$_3$	—	NaJ-Sz-Z.	$\gamma = 1{,}78$	*Brownell, Bramadat, Knut-son* u. *Turnock* [14]
Bemerkung. Aus Si durch (n,p)-Reaktion entstandenes Al wird subtrahiert								
Böden	ORNL-Reaktor	10 min	—	0,142 bis 9,2%	—	NaJ-Sz-Z., γ-Spektrometer	$\gamma = 1{,}78$	*Leddicote, Mullins, Bate, Emery, Druschel* u. *Brooksbank jr.* [15]
Synthetische Mischungen mit Ni, Bi, Zn, Fe, Sn, Pb als Matrix	Sb—Be	30 und 60 min	2 bis 5c	40,0 bis 72,6%	10 mg (theor.)	NaJ-Sz-Z., autom. γ-Spektrometer	$\gamma = 1{,}78$	*De* u. *Meinke* [16]
Gestein, Mineralien	*van de Graaff*	1 min (d,n)	$5{,}5 \cdot 10^7$	0,16 bis 100%	—	NaJ-Sz-Z., Diskrim. $>$1,4 MeV	$\gamma = 1{,}78$	*Caldwell* u. *Mill jr.* [17]
Katalysatoren	*van de Graaff*	5 min	$\sim$10^8	—	—	NaJ-Sz-Z., 100-Kanal-γ-Spektro-meter	$\gamma = 1{,}78$	*Guinn* u. *Wagner* [18]
Synthetische Proben	*van de Graaff*	2 Std.	$\sim$10^8	—	2,4 ppm	NaJ-Sz-Z., 100-Kanal-γ-Spektro-meter	$\gamma = 1{,}78$	*Guinn* u. *Wagner* [18]
Gestein und Erz-konzentrate	Po—Be	—	—	—	—	—	—	*Leipunskaya, Gauer* u.a. [19]
Graphit	Reaktor	—	$3 \cdot 10^{11}$	—	0,1⁰/₀₀	NaJ-Sz-Z., Diskrim.	$\gamma = 1{,}78$	*Nakai, Yajima* u.a. [20]
Erze	—	—	—	—	—	—	—	*Nhu* u. *Govaerts* [21]
Reaktor-Kühl-wasser	—	—	—	—	—	NaJ-Sz-Z., 100-Kanal-Spektro-meter	$\gamma = 1{,}78$	*Josefowicz* u. *Adamski* [22]

Tabelle 86 (Fortsetzung)

Matrix	Neutronen-quelle	Bestrahlung		Konzentra-tionsbereich	Nachweis-grenze	Aktivitätsmessung	Linie MeV	Literatur
		Zeit	Fluß					
Reaktor-Kühl-wasser	—	—	—	einige µg	—	—	—	*Emery* u. *Leddicote* [23]
Zr, Fe, Cu	Fällung als Oxinat und Aktivierung des Niederschlages.							*Fournet, Deschamps* u. a. [24]
Silicate	Po—Be	—	10^7	—	3%	—	$\beta = 2{,}85$	*Glasson, Drynkin, Lei-punskaya* u. *Putyatina* [3]
	Bemerkung. Eliminierung des Si-Einflusses durch 2 Bestrahlungen mit Neutronen verschiedener Energie							
Gesteine und Mineralien	*van de Graaff*	1 min	$2 \cdot 10^8$	>0,1%	<100 ppm	NaJ-Sz-Z., Mehr-kanalspektrometer und Diskrim.	$\gamma = 1{,}78$	*Rhodes* u. *Mott* [25]
Diamant	BEPO-Reaktor	—	$1{,}2 \cdot 10^{12}$	0,1 bis 20 ppm	—	NaJ-Sz-Z., 100-Kanal-Spektro-meter	$\gamma = 1{,}78$	*Lightowlers* [4]
	Bemerkung. Eliminierung des Einflusses von Si durch Einhüllen in Cd-Folie							
	DIDO-Reaktor	7 min	$5 \cdot 10^{12}$	0,1 bis 20 ppm	—	NaJ-Sz-Z., 100-Kanal-Spektro-meter	$\gamma = 1{,}78$	
	Bemerkung. Einfluß des Si geringer, da der schnelle Neutronenfluß hier kleiner ist als im BEPO-Reaktor							
Erze	Po—Be	—	5 bis $12 \cdot 10^6$	—	—	—	$\gamma = 1{,}78$	*Yu-Chun Chang* u. *Shou Tien Li* [26]
In verschiedenen Substanzen	Reaktor	—	10^{12}	Spuren	$5 \cdot 10^{-3}$ µg	NaJ-Sz-Z., γ-Spektrometer	$\gamma = 1{,}78$	*Hoste* [27]
Synthetische Proben	Reaktor	3 min	$3 \cdot 10^{11}$	Spuren	—	NaJ-Sz-Z., Mehr-kanal-Spektrometer	$\gamma = 1{,}78$	*Kamemoto* u. *Yamagishi* [28, 29]
	Bemerkung. Nach der Bestrahlung wird die Probe in Lösung gebracht, reines Aluminium als Träger zugesetzt und das Gesamtaluminium entweder als Oxinat gefällt oder extrahiert. Nach Messung der γ-Aktivität und nach vollständigem Abklingen der Al-Aktivität wird der Niederschlag bzw. die orga-nische Phase weitere 10 sec bestrahlt, nach einer Abklingzeit von 2 min gemessen und die Höhen der 1,78-MeV-Peaks mit denjenigen von Standardproben verglichen							
Kaolin	Reaktor	5 min	—	—	—	NaJ-Sz-Z.	$\gamma = 1{,}78$	*Lobanov, Chanyshev, Dutov, Ashirov* u. *Khudaiberganov* [30]
Mangan-Erz	Po—Be	4,6 min	7 c	—	—	NaJ-Sz-Z.	$\gamma = 1{,}78$	*Beress* [31]

Tabelle 86 (Fortsetzung)

Matrix	Neutronen-quelle	Bestrahlung		Konzentra-tionsbereich	Nachweis-grenze	Aktivitätsmessung	Linie MeV	Literatur
		Zeit	Fluß					
Halbleiter	Reaktor	5 min	$5 \cdot 10^{12}$	0,1 bis 20 μg	—	NaJ-Sz-Z.	$\gamma = 1{,}78$	*Graudina, Zalinkevich* u. *Pelekis* [6]
Bemerkung. Eliminierung des Si-Einflusses durch Einhüllen in Cd-Folie								
Erze und Konzentrate	Po—B	7 min	$1{,}4 \cdot 10^6$	5 bis 30% Al_2O_3	—	NaJ-Sz-Z.	$\gamma = 1{,}78$	*Plaksin, Ančevskij* u. *Beljakov* [5]
Eisen	Reaktor	10 bis 30 sec	—	—	1 ppm	NaJ-Sz-Z.	$\gamma = 1{,}78$	*Malvano* u. *Grosso* [7]
Gestein	Pu—Be	—	$8{,}6 \cdot 10^6$	—	—	—	—	*Blankova, Rusyaev* u. *Varvarina* [32]
Kupfer-Erze	NG-200 Neutronen-generator	5 min	$1{,}5 \cdot 10^8$	—	1%	Koinzidenz-γ-Spektrometer	$\gamma = 1{,}78$	*Lobanov, Chanyshev, Chanysheva, Talanin, Navalikhin* u. *Kireev* [33]
Phosphor	ASTRA-Reaktor	5 min	$2 \text{ bis } 5 \cdot 10^{12}$	0,1 bis 8,1%	$0{,}005^0/_{00}$	NaJ-Sz-Z., 400-Kanal-Spektro-meter	$\gamma = 1{,}78$	*Patek* u. *Sorantin* [34]
Wolfram	—	—	—	—	0,04 μg	NaJ-Sz-Z.	$\gamma = 1{,}78$	*Quittner, Simonits* u. *Elek* [35]
Meteoriten	Reaktor	2 min	$5 \cdot 10^{12}$	—	—	—	—	*Hoefler* u. *Sorantin* [36]
Bemerkung. Der Einfluß des Si wird durch gleichzeitige Bestrahlung von SiO_2-Standards ausgeschaltet								
Wolfram	Reaktor	60 sec	$5 \cdot 10^{12}$	3 bis $5 \cdot 10^{-4}$%	0,1 μg	NaJ-Sz-Z., Einkanal- und Mehrkanal-Spektrometer	$\gamma = 1{,}78$	*Quittner, Simonits* u. *Elek* [35]

2. *Nach der Reaktion* $^{27}Al(n,\alpha)\ ^{24}Na$

Matrix	Neutronen-quelle	Bestrahlung		Konzentra-tionsbereich	Nachweis-grenze	Aktivitätsmessung	Linie MeV	Literatur
Al-Einschlüsse in Si	Cyclotron	1/2 Tag	—	qualitativ	—	Autoradiographie; 12 Std. Belichtung	—	*Stephens* u. *Lewis* [37]
Mineralien und Al_2O_3	*van de Graaff* (d,n)	1,5 Std.	$5 \cdot 10^7$	0,125 bis 2,0 g Al_2O_3	—	NaJ-Bohrloch-Sz-Z., Diskrim. >1 MeV	$\gamma = 1{,}38$ und 2,75	*Turner* [8]
Silicium (ultrarein)	MTR-Reaktor	10 min	$1 \cdot 10^{13}$ schnelle Neutronen	$\geqq 0{,}1$ ppm	—	NaJ-Sz-Z.	$\gamma = 1{,}37$	*Thompson, Strause* u. *Leboeuf* [38]

Bemerkung. Es kann nur die Summe: Al + Mg bestimmt werden

Tabelle 86 (Fortsetzung)

Matrix	Neutronen-quelle	Bestrahlung		Konzentra-tionsbereich	Nachweis-grenze	Aktivitätsmessung	Linie MeV	Literatur
		Zeit	Fluß					
3. *Nach der Reaktion* ^{27}Al(α,n) ^{30}P								
Legierungen und Verbindungen	Po-210-α-Strahler	300 sec	50 bis 160 mc	10 bis 90%	—	*Geiger-Müller-Z.*; Kathodenstrahl-Oscillograph oder Film	$\gamma = 0{,}5$	*Odeblad, E.,* u. *S. Odeblad* [9]
Verschiedene Produkte	Po-210	10 min	120 mc	—	—	*Geiger-Müller-Z.*	$\gamma = 0{,}5$	*Plaksin, Smirnov* u. *Start-schick* [11]

B. Radiochemisches Ionen-Austauschverfahren

Eine spezielle Anwendung radiochemischer Methoden unter Verwendung des Isotops ^{45}Ca in Verbindung mit dem Kationen-Austauscherverfahren beschreibt *Amano* [39]. Ein Kationen-Austauscher wird mit einer ^{45}Ca enthaltenden Calciumchlorid-Lösung behandelt und der Austauscher mit Calciumionen beladen. Anschließend wird die Aluminium enthaltende Lösung bei pH = 3,0 bis 4,0 aufgegeben, indem Aluminium quantitativ durch Calcium ausgetauscht wird, dessen Radioaktivität im Eluat gemessen wird. Man kann auf diese Weise Aluminium-Mengen von 0,001 bis 10 mg bestimmen. Störendes 3wertiges Eisen wird mit Schwefeldioxid zu 2wertigem reduziert, das in Mengen bis zu 5 mg nicht stört.

Literatur

1. *Schmeiser, K.:* Radionuclide; 2. Aufl., Berlin/Göttingen/Heidelberg 1963.
2. *Schulze, W.:* Neutronenaktivierung als analytisches Hilfsmittel, Stuttgart 1962.
3. *Glasson, V. V., Drynkin, V. I., Leipunskaya, D. I., Putyatina, N. D.:* Geofiz. Jadrowa Prace Przedstawione Zjezdzie Geofiz. **3**, 599 (1962).
4. *Lightowlers, E. C.:* Anal. Chem. **34**, 1398 (1962).
5. *Plaksin, I. N., Ančevskij, E. V., Beljakov, M. A.:* Doklady Akad. Nauk SSSR. **163**, 1202 (1965).
6. *Graudina, L., Zalinkevich, V. A., Pelekis, L.:* Yadern. Spektroskopiya i Neitronoaktivatsionnyi Analiz, Akad. Nauk Latv. SSR, Inst. Fiz. **1965**, 41.
7. *Malvano, R., Grosso, P.:* Anal. chim. Acta **34**, 253 (1966).
8. *Turner, S. E.:* Anal. Chem. **28**, 1457 (1956).
9. *Odeblad, E., Odeblad, S.:* Anal. chim. Acta **15**, 114 (1956).
10. *Curie, I., Joliot, M. F.:* C. r. **198**, 254 (1934).
11. *Plaksin, I. N., Smirnow, W. N., Startschik, L. P.:* Ber. Akad. Wiss. UdSSR **128**, 1208 (1959).
12. *Lyon, W. S., Reynolds, S. A.:* Nucleonics **13** (No. 10), 60 (1955).
13. *Chauvin, R., Lévêque, P.:* Intern. J. Appl. Radiation Isotopes **1**, 115 (1956).
14. *Brownell, G. M., Bramadat, K., Knutson, R. A., Turnock, A. G.:* Trans. Roy. Soc. Can. (IV) **51**, 19 (1957).
15. *Leddicote, G. W., Mullins, W. T., Bate, L. C., Emery, J. F., Druschel, R. E., Brooksbank, W. A. jr.:* Proc. Conf. Geneva **28**, 478 (1958).
16. *De, A. K., Meinke, W. W.:* Anal. Chem. **30**, 1474 (1958).
17. *Caldwell, D. O., Mill, W. R. jr.:* Nucl. Instr. Methods **5**, 312 (1959).
18. *Guinn, V. P., Wagner, C. D.:* Anal. Chem. **32**, 317 (1960).
19. *Leipunskaya, D. I., Gauer, Z. E., Flerov, G. N.:* Atomnaya Energiya **6**, 315 (1959); durch Anal. Abstr. **7**, 1385 (1960).
20. *Nakai, T., Yajima, S.* u.a.: Nippon Kagaku Zasshi **81**, 104 (1960).
21. *Nhu, N. B., Govaerts, J.:* Ann. Soc. Sci. Bruxelles, Sér. I **74**, 189 (1960); durch Chem. Abstr. **55**, 7152 fg (1961).
22. *Josefowicz, K., Adamski, L.:* Nukleonika (Warszawa) **5**, 617 (1960).
23. *Emery, J. F., Leddicote, G. W.:* U. S. A. E. C. CF-58-9-20 (1958), 3 S.
24. *Fournet, L., Dechamps, N.* u.a.: C. r. **254**, 1640 (1962).
25. *Rhodes, D. F., Mott, W. E.:* Anal. Chem. **34**, 1507 (1962).
26. *Yu-Chun Chang, Shou Tien Li:* Ti Ch'iu Wu Li Hsueh Pao **12** (2), 179 (1963).
27. *Hoste, J.:* Chem. Weekbl. **58**, 106 (1962).
28. *Kamemoto, Y., Yamagishi, S.:* Bl. chem. Soc. Japan **36** (11), 1411 (1963).
29. *Kamemoto, Y., Yamagishi, S.:* Nippon Kagaku Zasshi **84** (3), 291 (1963).
30. *Lobanov, E. M., Chanyshev, A. I., Dutov, A. G., Ashirov, M. G., Khudaiberganov, A.:* Tr. Gos. Vses. Koordinats. Soveshch. po Aktivatsinnomu Analizu, Inst. Yadern. Fiz. Akad. Nauk UdSSR, Tashkent **1962**, 94.
31. *Beress, M.:* Radioisotopes Instr. Ind. Geophys. Proc. Symp. (Warsaw 1965) **1**, 365 (1966).
32. *Blankova, T. N., Rusyaev, V. G., Varvarina, E. K.:* Geol. i Goefiz., Akad. Nauk SSSR, Sibirsk. Otd. **1966** (4), 120.
33. *Lobanov, E. M., Chanyshev, A. I., Chanysheva, T. I., Talanin, Y. N., Navalikhin, L. V., Kireev, V. A.:* Yadern. Fiz. Primen (Tashkent) **1**, 38 (1966).
34. *Patek, P., Sorantin, H.:* Fr. **226**, 338 (1967).
35. *Quittner, P., Simonits, A., Elek, A.:* Talanta **14** (3), 417 (1967).
36. *Hoefler, H., Sorantin, H.:* Chem. Geol. **1967**, 2 (4), 273.
37. *Stephens, W. E., Lewis, M. N.:* Phys. Rev. **69**, 43 (1946).
38. *Thompson, B. A., Strause, B. M., Leboeuf, M. B.:* Anal. Chem. **30**, 1023 (1958).
39. *Amano, H.:* Sci. Rep. Res. Inst. Tôhoku Univ., Ser. A **11**, 367 (1959).

Trennungsverfahren

§ 9. Trennung durch Fällung des Aluminiums

Trennungen des Aluminiums von anderen Elementen durch Fällungsverfahren, die zur direkten, gewichtsanalytischen Bestimmung des Aluminiums verwendet werden, sind im Kapitel Gewichtsanalytische Bestimmungsverfahren, S. 20, bei den einzelnen Methoden behandelt worden und dort nachzuschlagen. Im folgenden wird nur ein zusammenfassender Überblick über die Möglichkeiten dieser Trennung des Aluminiums von anderen Elementen gegeben. Die vom Aluminium zu trennenden Metalle sind zur leichteren Auffindbarkeit für den Analytiker in der für die qualitative Analyse geltenden, klassischen Einteilung nach den fünf analytischen Gruppen aufgeführt.

A. Salzsäure-Gruppe

Trennung vom Silber. Spezielle Trennungsverfahren durch Fällung des Aluminiums sind bisher nicht bekannt geworden. Möglicherweise verwendbar, jedoch nicht beschrieben:

    I. Fällung des Aluminiums als Oxinat aus schwach ammoniakalischer Lösung in Gegenwart von Kaliumcyanid; vgl. S. 118,

    II. mit Cupferron aus schwach saurer Lösung; vgl. S. 129.

Trennung vom Quecksilber(I) durch Fällung des Aluminiums ist bisher nicht bekanntgeworden.

Trennung vom Blei wird in der „Schwefelwasserstoff-Gruppe" besprochen.

Trennung vom Thallium(I) erfolgt durch Fällung des Aluminiums als Hydroxid mit Hilfe der Nitrit-Methanol-Methode nach *Moser* und *Reif;* vgl. S. 70.

B. Schwefelwasserstoff-Gruppe

Trennung vom Quecksilber(II)

    I. Chlorid-Methode nach *Havens* sowie *Pinerua;* vgl. S. 153.

    II. Fällung des Aluminiums mit N-Benzoylphenylhydroxylamin nach *Shome;* vgl. S. 134.

Trennung vom Blei

    I. Fällung des Aluminiums mit Oxin aus ammoniakalischer, tartrathaltiger Lösung nach *Edwards;* vgl. S. 120,

    II. mit N-Benzoylphenylhydroxylamin nach *Shome;* vgl. S. 134.

Trennung vom Wismut. Chlorid-Methode; vgl. S. 151.

Trennung vom Cadmium

  I. Fällung des Aluminiums als Hydroxid mit Hilfe des Harnstoff-Verfahrens nach *Willard* und *Tang;* vgl. S. 41,

 II. als Hydroxid mit Hilfe des Harnstoff-Succinat-Verfahrens nach *Willard* und *Tang;* vgl. S. 42,

III. mit Pyridin nach *Ostroumov;* vgl. S. 49,

 IV. mit Oxin aus ammoniakalischer, tartrathaltiger Lösung nach *Edwards;* vgl. S. 120,

  V. mit N-Benzoylphenylhydroxylamin nach *Shome;* vgl. S. 134.

Trennung vom Kupfer

  I. Fällung des Aluminiums als Hydroxid mit Hilfe des Harnstoff-Succinat-Verfahrens gemäß *Willard* und *Tang* nach Reduktion des Kupfers mit Hydroxylamin oder Ammoniumhydrogensulfit; vgl. S. 42,

 II. mit Pyridin nach *Ostroumow;* vgl. S. 49,

III. als Benzoat gemäß *Milner* und *Townend* nach Reduktion des Kupfers mit Hydroxylamin; vgl. S. 60,

 IV. nach dem Phosphat-Verfahren (Arbeitsweise des Chemikerausschusses des VDEh); vgl. S. 84,

  V. mit Oxin aus ammoniakalischer, tartrathaltiger Lösung in Gegenwart von Kaliumcyanid; vgl. S. 118, 120;

 VI. Chlorid-Methode; vgl. S. 151;

VII. Fällung des Aluminiums mit Ammoniak; vgl. S. 35.

Trennung vom Arsen durch Fällung des Aluminiums mit Oxin aus ammoniakalischer, tartrathaltiger Lösung nach *Pigott;* vgl. S. 122.

Trennung vom Antimon durch Fällung des Aluminiums mit Oxin aus ammoniakalischer, tartrathaltiger Lösung in Gegenwart von Äthylendiamintetraessigsäure (ÄDTE) und Natriumcyanid nach *Mohr;* vgl. S. 122.

Trennung vom Zinn durch

  I. das gleiche Fällungsverfahren, wie für das Antimon angegeben; vgl. S. 122,

 II. Fällung mit Tannin; vgl. S. 135.

Trennung vom Molybdän. Fällung des Aluminiums

  I. nach dem Phosphat-Verfahren; vgl. S. 85,

 II. mit Oxin sowohl aus schwach alkalischer als auch ammoniakalischer, tartrathaltiger Lösung; vgl. S. 117, 118, 119,

III. mit Oxin aus ammoniakalischer, wasserstoffperoxidhaltiger Lösung nach *Lundell* und *Knowles;* vgl. S. 125, sowie *Pranter* und *Konopicky;* vgl. S. 126.

Trennung vom Vanadium (als Element der Mitfällung durch H_2S). Fällung des Aluminiums

  I. mit Oxin aus ammoniakalischer, wasserstoffperoxidhaltiger Lösung nach *Lundell* und *Knowles;* vgl. S. 125, sowie *Pranter* und *Konopicky;* vgl. S. 126,

 II. mit Oxin aus ammoniakalischer, tartrathaltiger Lösung in Gegenwart von Kaliumcyanid nach *Heczko* bzw. *Pigott;* vgl. S. 118, 119.

III. nach dem Phosphat-Verfahren; vgl. S. 185.

Trennung vom Wolfram (als Element der Mitfällung durch H_2S). Fällung des Aluminiums

I. nach dem Phosphat-Verfahren; vgl. S. 85,

II. mit Oxin aus schwach alkalischer und ammoniakalischer, tartrathaltiger Lösung; vgl. S. 117, 118, 126,

III. mit Tannin; vgl. S. 135.

Trennung vom Selen und Tellur erfolgt durch Fällung des Aluminiums mit Oxin in ammoniakalischer, tartrathaltiger Lösung in Gegenwart von KCN nach *Pigott*; vgl. S. 119.

C. Ammoniumsulfid-Gruppe

Trennung vom Zink. Fällung des Aluminiums

I. mit Ammoniak als Vortrennung; vgl. S. 34;

II. nach dem Harnstoff-Succinat-Verfahren nach *Willard* und *Tang*; vgl. S. 42,

III. mit Hexamethylentetramin nach *Ray*; vgl. S. 44,

IV. mit Pyridin nach *Ostroumow* und *Bomstein*; vgl. S. 49,

V. nach der Acetat-Methode nach *Kling*, *Lassieur* und Frau *Lassieur*; vgl. S. 55,

VI. nach der Succinat-Methode; vgl. S. 56,

VII. als Benzoat nach *Halperin*; vgl. S. 59,

VIII. nach der Ammoniumnitrobenzoat-Methode; vgl. S. 61,

IX. nach der Bariumcarbonat-Methode nach *Treadwell*; vgl. S. 65,

X. nach der Hydrazoniumcarbonat-Methode nach *Jílek* und *Vřestal*; vgl. S. 66,

XI. nach der Kaliumcyanat-Methode; vgl. S. 67,

XII. nach der Nitrit-Methode nach *Järvinen*; vgl. S. 68,

XIII. nach der Thiosulfat-Methode; vgl. S. 70,

XIV. nach der Jodid-Jodat-Methode; vgl. S. 72;

XV. Trennung durch thermische Zersetzung der Sulfate; vgl. S. 75;

XVI. Fällung des Aluminiums nach dem Phosphat-Verfahren; vgl. S. 76,

XVII. mit Oxin aus ammoniakalischer Lösung in Gegenwart von Kaliumcyanid; vgl. S. 120, 121, 122;

XVIII. Chlorid-Methode; vgl. S. 151;

XIX. Fällung des Aluminiums als Natriumfluoroaluminat; vgl. S. 145,

XX. mit N-Benzoylphenylhydroxylamin; vgl. S. 134.

Trennung vom Mangan. Fällung des Aluminiums

I. mit Ammoniak; vgl. S. 34,

II. nach der Harnstoff-Methode; vgl. S. 41,

III. nach dem Harnstoff-Succinat-Verfahren; vgl. S. 42,

IV. mit Hexamethylentetramin nach *Ray*; vgl. S. 44,

V. mit Quecksilberamidochlorid; vgl. S. 46,

VI. mit Piperazin; vgl. S. 48,

VII. mit Pyridin nach *Ostroumow*; vgl. S. 49,

VIII. gemäß dem Bisulfit-Phenylhydrazin-Verfahren nach *Hess* und *Campbell*; vgl. S. 50,

  IX. nach der Acetat-Methode; vgl. S. 53,

   X. nach der Succinat-Methode; vgl. S. 56,

  XI. als Benzoat; vgl. S. 57,

 XII. mit Ammoniumnitrobenzoat; vgl. S. 61,

XIII. nach der Bariumcarbonat-Methode; vgl. S. 65,

XIV. nach der Hydraziniumcarbonat-Methode; vgl. S. 66,

 XV. nach der Nitrit-Methode; vgl. S. 68,

XVI. nach der Thiosulfat-Methode; vgl. S. 70,

XVII. nach der Phosphat-Methode; vgl. S. 76,

XVIII. mit Oxin aus schwach saurer und ammoniakalischer, tartrathaltiger Lösung; vgl. S. 112, 118, 120,

XIX. Chlorid-Methode; vgl. S. 151;

 XX. Fällung des Aluminiums mit N-Benzoylphenylhydroxylamin; vgl. S. 134.

Trennung vom Eisen. Fällung des Aluminiums

    I. mit Ammoniak in Gegenwart von KCN; vgl. S. 37, und in Gegenwart von Thioglykolsäure; vgl. S. 38,

   II. gemäß der Harnstoff-Succinat-Methode nach Reduktion mit Phenylhydrazin; vgl. S. 42,

  III. mit $Hg(NH_3)_2Cl_2$, vgl. S. 46,

  IV. mit o-Phenetidin nach Reduktion des Eisens; vgl. S. 50,

   V. nach dem Bisulfit-Phenylhydrazin-Verfahren nach *Hess* und *Campbell*; vgl. S. 50, sowie nach *Hillebrand* und *Lundell*; vgl. S. 51,

  VI. gemäß der Formiat-Methode nach *Leclère*; vgl. S. 56,

 VII. als Benzoat nach Reduktion des Eisens; vgl. S. 60,

VIII. gemäß der Ammoniumcarbonat-Methode nach Reduktion des Eisens und Maskierung mit 2-Picolinsäure oder 2,2′-Dipyridyl; vgl. S. 62,

  IX. gemäß der Hydraziniumcarbonat-Methode nach *Jílek* und *Lukas*; vgl. S. 66,

   X. nach der Thiosulfat-Methode; vgl. S. 70,

  XI. gemäß der Natriumdithionit-Methode nach *Barbier*; vgl. S. 71,

 XII. nach der Phosphat-Methode; vgl. S. 80,

XIII. mit Oxin aus schwach saurer und ammoniakalischer, tartrathaltiger Lösung; vgl. S. 112, 118,

XIV. mit Cupferron; vgl. S. 132;

 XV. Chlorid-Methode; vgl. S. 151, 154.

Trennung vom Nickel. Fällung des Aluminiums

    I. mit Ammoniak; vgl. S. 34, 35, 37,

   II. nach der Harnstoff-Succinat-Methode; vgl. S. 42,

  III. mit Hexamethylentetramin nach *Ray*; vgl. S. 44,

  IV. mit Pyridin nach *Ostroumow*; vgl. S. 49,

   V. nach der Succinat-Methode; vgl. S. 56,

  VI. als Benzoat; vgl. S. 57,

 VII. mit Ammoniumnitrobenzoat; vgl. S. 61,

VIII. nach der Bariumcarbonat-Methode; vgl. S. 65,

IX. nach der Hydraziniumcarbonat-Methode; vgl. S. 66,

X. nach der Nitrit-Methode; vgl. S. 68,

XI. nach der Jodid-Jodat-Methode; vgl. S. 72,

XII. gemäß der Phosphat-Methode nach *Austin*; vgl. S. 84,

XIII. mit Oxin aus ammoniakalischer, tartrathaltiger Lösung in Gegenwart von KCN nach *Heczko*; vgl. S. 118, und *Edwards*; vgl. S. 120,

XIV. als Natriumfluoroaluminat; vgl. S. 145,

XV. mit N-Benzoylphenylhydroxylamin; vgl. S. 134.

Trennung vom Kobalt. Fällung des Aluminiums

I. mit Ammoniak; vgl. S. 34, 35, 37

II. nach der Harnstoff-Succinat-Methode; vgl. S. 42,

III. mit Hexamethylentetramin nach *Ray*; vgl. S. 44,

IV. mit Pyridin nach *Ostroumow*; vgl. S. 49,

V. nach der Succinat-Methode; vgl. S. 56,

VI. als Benzoat; vgl. S. 57,

VII. mit Ammoniumnitrobenzoat; vgl. S. 61,

VIII. nach der Bariumcarbonat-Methode; vgl. S. 65,

IX. nach der Hydraziniumcarbonat-Methode; vgl. S. 66,

X. nach der Nitrit-Methode; vgl. S. 68,

XI. nach der Jodid-Jodat-Methode; vgl. S. 72,

XII. gemäß der Phosphat-Methode nach *Austin*; vgl. S. 84,

XIII. mit Oxin aus ammoniakalischer, tartrathaltiger Lösung in Gegenwart von KCN nach *Heczko*; vgl. S. 118, und *Edwards*; vgl. S. 120;

XIV. Chlorid-Methode; vgl. S. 151;

XV. Fällung des Aluminiums als Natriumfluoroaluminat; vgl. S. 145,

XVI. mit N-Benzoylphenylhydroxylamin; vgl. S. 134.

Trennung vom Chrom. Fällung des Aluminiums

I. als Benzoat nach *Smales*; vgl. S. 59,

II. mit Ammoniumnitrobenzoat; vgl. S. 61,

III. nach der Ammoniumcarbonat-Methode nach *Majumdar* und *Sen*; vgl. S. 62,

IV. durch Einleiten von Kohlendioxid in die alkalische Lösung; vgl. S. 73,

V. gemäß der Phosphat-Methode nach *Hammarberg* und *Phragmén*; vgl. S. 83, 84,

VI. mit Oxin aus ammoniakalischer, tartrathaltiger Lösung; vgl. S. 117, 118, 120,

VII. als Natriumfluoroaluminat; vgl. S. 145.

Trennung vom Titan. Fällung des Aluminiums

I. mit Ammoniak in Gegenwart von Wasserstoffperoxid nach *Bertin* und *Guerrero*; vgl. S. 38,

II. mit Oxin in schwach saurer und ammoniakalischer, wasserstoffperoxidhaltiger Lösung; vgl. S. 112, 125,

III. mit Cupferron; vgl. S. 132,

IV. mit Tannin; vgl. S. 135,

V. als Natriumfluoroaluminat; vgl. S. 145.

Trennung vom Zirkonium

   I. Fällung nach der Ammoniumcarbonat-Methode nach *Lessnig*; vgl. S. 63,

  II. Fällung des Aluminiums mit Oxin aus ammoniakalischer, tartrathaltiger Lösung nach *Pigott*; vgl. S. 119,

 III. mit Tannin; vgl. S. 135;

 IV. Chlorid-Methode; vgl. S. 153.

Trennung vom Uran

   I. Fällung des Aluminiums gemäß der Ammoniumcarbonat-Methode nach *Schwarz*; vgl. S. 64;

  II. Trennung durch thermische Zersetzung der Nitrate; vgl. S. 75,

 III. Fällung des Aluminiums mit Oxin aus schwach saurer Lösung und ammoniakalischer, tartrathaltiger Lösung; vgl. S. 112, 128;

 IV. Chlorid-Methode; vgl. S. 151,

  V. Fällung mit N-Benzoylphenylhydroxylamin; vgl. S. 134.

Trennung vom Gallium nach der Chlorid-Methode; vgl. S. 154.

Trennung vom Beryllium. Fällung des Aluminiums

    I. mit Hexamethylentetramin; vgl. S. 44,

   II. nach der Ammoniumcarbonat-Methode; vgl. S. 62,

  III. nach der Thiosulfat-Methode; vgl. S. 70,

  IV. gemäß der Sulfit-Methode nach *Berthier*; vgl. S. 72;

   V. Trennung durch thermische Zersetzung der Nitrate; vgl. S. 75;

  VI. Fällung des Aluminiums mit Oxin in schwach saurer und ammoniakalischer, tartrathaltiger Lösung; vgl. S. 111, 119,

 VII. mit Tannin; vgl. S. 139;

VIII. Chlorid-Methode; vgl. S. 151;

  IX. Fällung des Aluminiums als Natriumfluoroaluminat; vgl. S. 145,

   X. mit N-Benzoylphenylhydroxylamin; vgl. S. 134,

  XI. mit Embelin; vgl. S. 143.

Trennung von den seltenen Erdmetallen durch Fällung mit Oxin aus ammoniakalischer, acetathaltiger Lösung in Gegenwart von ÄDTE; vgl. S. 122.

Trennung vom Hafnium nach der Chlorid-Methode; vgl. S. 151.

Trennung vom Niob und Tantal. Fällung des Aluminiums

   I. mit Oxin aus ammoniakalischer, tartrathaltiger Lösung nach *Pigott*; vgl. S. 119,

  II. mit Oxin aus ammoniakalischer, wasserstoffperoxidhaltiger Lösung; vgl. S. 125,

 III. mit Tannin; vgl. S. 135.

D. Erdalkali-Gruppe

Trennung vom Magnesium und Calcium. Fällung des Aluminiums

   I. mit Ammoniak; vgl. S. 34,

  II. nach der Harnstoff-Methode; vgl. S. 38,

 III. nach der Harnstoff-Succinat-Methode; vgl. S. 42,

 IV. mit Hexamethylentetramin nach *Ray*; vgl. S. 44,

  V. mit Pyridin; vgl. S. 49,

 VI. nach dem Bisulfit-Phenylhydrazin-Verfahren; vgl. S. 50,

VII. mit Phenylhydrazin; vgl. S. 50,

VIII. nach der Acetat-Methode; vgl. S. 53,

 IX. als Benzoat; vgl. S. 57,

  X. mit Ammoniumnitrobenzoat; vgl. S. 61,

 XI. nach der Sulfid-Methode; vgl. S. 62,

XII. nach der Ammoniumcarbonat-Methode; vgl. S. 62,

XIII. nach der Thiosulfat-Methode; vgl. S. 70;

XIV. Trennung durch thermische Zersetzung der Nitrate; vgl. S. 75;

 XV. Fällung des Aluminiums mit Oxin aus schwach saurer Lösung; vgl. S. 111,

XVI. aus ammoniakalischer, acetathaltiger Lösung in Gegenwart von ÄDTE; vgl. S. 122,

XVII. mit Cupferron; vgl. S. 133;

XVIII. Chlorid-Methode; vgl. S. 151.

Trennung vom Barium und Strontium. Fällung des Aluminiums

   I. mit Ammoniak; vgl. S. 34,

  II. nach der Harnstoff-Methode; vgl. S. 38,

 III. nach der Harnstoff-Succinat-Methode; vgl. S. 42,

 IV. mit Hexamethylentetramin nach *Ostroumov* und *Bomstein*; vgl. S. 46,

  V. mit Pyridin; vgl. S. 49,

 VI. mit Phenylhydrazin; vgl. S. 50,

VII. nach der Acetat-Methode; vgl. S. 53,

VIII. nach der Sulfid-Methode; vgl. S. 62,

 IX. nach der Ammoniumcarbonat-Methode; vgl. S. 62;

  X. Trennung durch thermische Zersetzung der Nitrate; vgl. S. 75;

 XI. Fällung des Aluminiums mit Oxin aus schwach saurer Lösung; vgl. S. 111,

XII. aus ammoniakalischer, acetathaltiger Lösung in Gegenwart von ÄDTE; vgl. S. 122.

E. Trennung von der Alkali-Gruppe
(Natrium, Kalium, Lithium, Rubidium, Caesium)

Die Abtrennung der Alkalimetalle vom Aluminium läßt sich grundsätzlich mit den zur Aluminium-Bestimmung beschriebenen Fällungsverfahren durchführen. Die Wirksamkeit der Abtrennung ist in den einzelnen Verfahren verschieden. Die folgende Zusammenstellung gibt einige Hinweise zu dieser Trennung, die bei den einzelnen Verfahren des Kapitels: Gewichtsanalytische Bestimmungen behandelt sind.

I. Fällung mit Ammoniak in Gegenwart von Ammoniumchlorid; vgl. S. 34,

II. mit Pyridin; vgl. S. 49,

III. nach der Acetat-Methode; vgl. S. 53,

IV. nach der Sulfid-Methode; vgl. S. 52;

V. Trennung durch thermische Zersetzung der Nitrate; vgl. S. 75;

VI. Fällung mit Cupferron; vgl. S. 133;

VII. Chlorid-Methode; vgl. S. 151.

F. Trennung von Anionen

Phosphation. Fällung des Aluminiums

I. mit Oxin aus schwach alkalischer, ammoniakalischer und ammoniakalisch, tartrathaltiger Lösung; vgl. S. 114,

II. mit Cupferron in Gegenwart von ÄDTE; vgl. S. 133;

III. Chlorid-Methode; vgl. S. 151.

Trennung des Silications erfolgt durch Fällung mit Oxin aus alkalischer Lösung; vgl. S. 117.

Trennung des Borations erfolgt durch Fällung des Aluminiums mit Oxin aus ammoniakalischer Lösung; vgl. S. 115, 116.

Trennung des Fluoridions erfolgt durch Fällung des Aluminiums mit Oxin aus ammoniakalischer Lösung; vgl. S. 115, 116, 117.

Trennung des Arsenations erfolgt durch Fällung des Aluminiums mit Oxin aus ammoniakalischer Lösung; vgl. S. 115.

Trennung von Chromat- und Molybdationen erfolgt durch Fällung des Aluminiums mit Oxin aus ammoniakalischer, tartrathaltiger und schwach alkalischer Lösung; vgl. S. 117.

§ 10. Abtrennung der Begleitelemente durch Fällung mit anschießender Aluminiumbestimmung

Die Möglichkeiten der Trennung des Aluminiums durch Fällung der Begleitelemente, indem das Aluminium in Lösung bleibt, sind heute in ihrer Bedeutung durch die modernen Extraktions- und Ionenaustauscher-Verfahren stark eingeschränkt worden. Es soll daher nur kurz auf die hauptsächlichen und charakteristischen Verfahren eingegangen werden. Im übrigen muß auf die Kapitel der betreffenden Metalle in den anderen Bänden des Handbuches verwiesen werden. Von den Trennverfahren wurden auch nur solche ausgewählt, in denen nach der Abtrennung der Begleitelemente eine quantitative Bestimmung des Aluminiums vorgesehen ist.

A. Sulfidfällung

Trennung von den Metallen der Schwefelwasserstoff-Gruppe

In saurer Lösung werden mit Schwefelwasserstoff oder Thioacetamid die Metalle der Schwefelwasserstoff-Gruppe gefällt und können quantitativ vom Aluminium getrennt werden. Die Trennung ist dann vorteilhaft anzuwenden, wenn es sich darum handelt, mehrere Metalle der Schwefelwasserstoff-Gruppe abzutrennen. Sind neben dem Aluminium noch Metalle der Ammoniumsulfid-Gruppe zugegen, so muß die Lösung freie Mineralsäure enthalten, da sonst Zink und unter Umständen auch Kobalt und Nickel mitgefällt werden. Zu bemerken ist, daß Zink auch bei einer sehr geringen Konzentration an freier Schwefelsäure quantitativ abgeschieden wird und vom Aluminium getrennt werden kann. Für die Fällung des Quecksilbers, Wismuts und Arsens ist nach *H.* und *W. Biltz* [1] eine Konzentration von 3% und mehr an Salzsäure statthaft. Kupfer, Blei und Antimon werden gewöhnlich in Lösungen mit etwa 1,2 bis 2% Salzsäure gefällt. *Bassett* und *Tompkins* [2] fällen die Elemente der Schwefelwasserstoff-Gruppe aus 2 bis 3 n Salzsäure. Molybdän wird in schwefelsaurer Lösung gefällt. Ist gleichzeitig Wolfram oder Vanadium zugegen, wird die Trennung am besten in Gegenwart von Weinsäure durchgeführt; dabei soll die Schwefelsäure-Konzentration mindestens 1 n sein. Zur Abtrennung des Indiums fällt *Hopkins* [3] in essigsaurer Lösung in Gegenwart von Thiosalicylsäure. *Taimni* und *Tandon* [4] untersuchen die Trennung des Aluminiums vom Arsen, Antimon, Tellur, Selen, Molybdän, Quecksilber, Gold, Platin und Rhenium, indem sie die abzutrennenden Elemente zunächst mit 2 n Ammoniumsulfid-Lösung behandeln und anschließend ansäuern. Zur Abtrennung des Quecksilbers muß die Lösung vor der Ammoniumsulfid-Behandlung alkalisch gemacht werden. Zur Fällung der Sulfide des Arsens, Platins und Rheniums muß die Endlösung 6 n an Salzsäure, zur Fällung des Selens 2 n und zur Fällung der übrigen Elemente 1 n an Salzsäure sein.

Trennung von den Metallen der Ammoniumsulfid-Gruppe

Trennung vom *Zink.* Das Zink läßt sich sowohl in Gegenwart anorganischer Säuren oder Salze als auch organischer Säuren und Salze fällen. Die Fällung aus neutraler Chlorid- oder Nitrat-Lösung nach *Fresenius* [5] und die Fällung in Gegenwart von Ammoniumthiocyanat nach *Zimmermann* [6] haben keine Bedeutung. Auch die Verfahren der Fällung aus Sulfat-Hydrogensulfate enthaltenden Lösungen

(*Jeffreys* und *Swift* [7]) und aus ammoniumsulfathaltiger Lösung bei definiertem pH-Wert (*Frers* [8]), die Fällung aus ammoniumsulfathaltiger Lösung nach *Majdel* [9], nach *Caldwell* und *Moyer* [10] sowie die Fällung aus ameisensaurer Lösung nach *Hampe* [11] werden kaum noch angewandt. Gelegentlich benutzt wird noch die Fällung aus Lösungen, die Monochloressigsäure und Acetation enthalten, bei einem pH-Wert von 2,6 gemäß der Arbeitsvorschrift nach *Mayr* [12].

Trennung vom *Mangan und Eisen* durch Fällung mit Ammoniumsulfid in Gegenwart von Weinsäure wurde durch *Schwarz von Bergkampf* [13] auf die Aluminium-Bestimmung im Bauxit angewandt. Auch *Akiyama* [14] trennt auf diese Weise Eisen und Mangan vom Aluminium.

Blei, Kupfer, Eisen, Mangan, Nickel und Zink trennt *Wiedmann* [15] in der Analyse von Aluminium-Mehrstoffbronzen durch Fällung mit Ammoniumsulfid aus ammoniakalischer, tartrathaltiger Lösung. Aluminium wird anschließend gewichtsanalytisch mit Oxin bestimmt.

B. Oxidfällung

Trennung vom Mangan durch Fällung als Mangan(IV)-oxidhydrat

Grundsätzlich läßt sich Mangan(IV)-oxidhydrat aus schwach saurer Lösung mit oxydierenden Mitteln, wie freien Halogenen, Wasserstoffperoxid, Chlorat- und Peroxodisulfationen, abscheiden. Zur Analyse werden in der Regel nur die beiden letzteren Oxydationsmittel verwendet. Die von *Hillebrand* und *Lundell* [16] angegebene Chlorat-Methode, nach der Kaliumchlorat als Oxydationsmittel benutzt wird, hat den Nachteil, daß das gefällte Mangan(IV)-oxidhydrat mit Kalium verunreinigt ist und zur gleichzeitigen Bestimmung des Mangans umgefällt werden muß. Nach den Angaben von *Majdel* [17] ist die Peroxodisulfat-Methode nach *v. Knorre* [18] die einfachste und universell anwendbare Methode zur Trennung des Mangans von Aluminium und zahlreichen anderen Elementen. Dieses Verfahren ist von *Dittrich* und *Hassel* [19] sowie *Majdel* [20] modifiziert worden. Die Abscheidung und Trennung des Mangans als Dioxidhydrat vom Aluminium durch Elektrolyse nach *Classen* und *v. Reis* [21] ist nur bei kleineren Mangan-Gehalten quantitativ.

Trennung vom Eisen durch Mitfällung an Mangan(IV)-oxidhydrat nach *Marchal* und *Wiernik* [22]

Durch Zugabe von frisch gefälltem Mangan(IV)-oxidhydrat zu einer schwachsauren Lösung wird Eisen quantitativ als Hydroxid gefällt, während Aluminium in Lösung bleibt. Das Verfahren hat praktisch keine Bedeutung.

Trennung vom Titan und Zirkonium

Die Salze des 4wertigen Titans und Zirkoniums sind in wäßriger Lösung erheblich stärker hydrolytisch gespalten als diejenigen des Aluminiums. Es ist deshalb möglich, diese Elemente durch Hydrolyse bei niedrigem pH-Wert abzuscheiden und vom Aluminium zu trennen. Titan kann bereits aus stark schwefelsaurer Lösung in der Hitze von Aluminium getrennt werden (*Levy* [23]; *Kayser* [24]). Allerdings ist diese Methode empfindlich gegen geringe Aciditätsschwankungen, die unvollständige Fällung des Titans oder Mitfällung des Aluminiums verursachen können. Größere Sicherheit bietet die Methode der Hydrolyse in Gegenwart einer starken Säure, die sich selbst verflüchtigt oder flüchtige Zersetzungsprodukte ergibt. Als geeignet hat sich schweflige Säure (*Baskerville* [25]; *Rossi* [26]) und Essigsäure (*Gooch* [27]; *Treadwell* [28]) erwiesen. In Gegenwart schwefliger Säure kann auch Zirkonium abgeschieden werden; jedoch ist das Verfahren nicht besonders zuverlässig.

Ebenso wie Aluminium kann Titan durch das Halogenid-Halogenat-Verfahren, jedoch in stark saurer Lösung, abgetrennt werden (*Moser* und *Irányi* [29]; *Kayser*). Zu erwähnen ist noch das Jodat-Verfahren, das auch eine Abtrennung des Zirkoniums erlaubt (*Beans* und *Mossman* [30]; *Davis* [31]). Anwesenheit von Zirkonium stört die Abtrennung des Titans und umgekehrt.

Trennung der Kieselsäure vom Aluminium und anderen Elementen geschieht durch Fällung der ersteren in saurer Lösung. Das kolloidal abgeschiedene Kieselsäure-Gel wird durch Eindampfen der Säure wie auch Trocknen dehydratisiert und unlöslich gemacht. Dabei kommt es, um eine möglichst weitgehende Trennung der Kieselsäure von Aluminium und anderen Elementen zu erreichen, auf die Einhaltung der Bedingungen beim Unlöslichmachen der Kieselsäure an. Wird zu kurz oder bei niedriger Temperatur getrocknet, so gehen bei Aufnahme des Trockenrückstandes größere Mengen Kieselsäure in Lösung. Erhitzt man zu stark, so kann die abgeschiedene Kieselsäure größere Verunreinigungen an Aluminiumoxid, Eisenoxid enthalten. Zur Abscheidung der Kieselsäure kann Salzsäure, Salpetersäure, Schwefelsäure oder Perchlorsäure verwendet werden. *H.* und *W. Biltz* [32] geben eine *Arbeitsvorschrift* unter Benutzung von Salzsäure an. Zur quantitativen Abscheidung muß das Abrauchen und Trocknen wiederholt werden. Statt des zweiten Abrauchens mit Salzsäure hat sich ein Abrauchen mit Salpetersäure gut bewährt. Bei Verwendung von Schwefelsäure zum Dehydratisieren der Kieselsäure muß eine genügende Menge benutzt werden, um die Bildung von festen Rückständen zu vermeiden, die Verspritzen verursachen und die anschließende Auflösung der Salze erschweren. Zur Abscheidung der restlichen, in der schwefelsauren Lösung verbleibenden Kieselsäure setzen *Weiss* und *Sieger* [33] Gelatine zu. Die Abscheidung der Kieselsäure mit Perchlorsäure(*Treadwell* [34]) erfordert meistens nur einmaliges Eindampfen. Während das Filtrat der ersten Kieselsäure-Fällung nach der Salzsäure-Methode noch bis zu 5% Kieselsäure enthält, wird die Kieselsäure bei einmaligem Eindampfen mit Perchlorsäure bis auf etwa 0,3% abgeschieden. Die abgeschiedene Kieselsäure kann je nach Abscheidungsbedingungen unterschiedliche, wenn auch nur geringe Aluminiumoxid-Mengen enthalten. In solchen Fällen und bei genauen Analysen ist die Aufarbeitung der Kieselsäure zur Rückgewinnung des Aluminiums erforderlich. Dazu wird der Rückstand mit einem Gemisch aus Flußsäure, Salpetersäure sowie Schwefelsäure abgeraucht und das Siliciumdioxid als Siliciumtetrafluorid verflüchtigt. Der Abdampfrückstand kann anschließend mit Kaliumdisulfat aufgeschlossen und in Lösung gebracht werden.

Trennung vom Wolfram

Wolframsäure verhält sich ähnlich wie Kieselsäure. Beim sauren Aufschluß wird sie durch wiederholtes Eindampfen mit Mineralsäuren wie Salzsäure, insbesondere Salpetersäure oder Königswasser abgeschieden. Die Hauptmenge des Aluminiums wird dabei vom Wolfram getrennt und verbleibt im Filtrat. Da das Filtrat meistens noch geringe Mengen an Wolframsäure enthält, ist nochmaliges Eindampfen mit Säure erforderlich. Um die noch im Niederschlag befindlichen, geringen Aluminium-Mengen zu erfassen, wird der Niederschlag in Ammoniak gelöst und die Wolframsäure nochmals durch Behandlung mit Säure abgeschieden. *Arbeitsvorschriften* zur Abscheidung der Wolframsäure werden von *Treadwell* [35], *H.* und *W. Biltz* sowie *Angenot* [36] angegeben. Letztere Vorschrift kann auch zur Abscheidung des Zinns als Zinn(IV)-oxid verwendet werden.

Trennung vom Niob und Tantal

In der normalen Analyse befindet sich der größte Teil des Niobs und Tantals bei der durch Mineralsäuren abgeschiedenen Kieselsäure und ist in dem unlöslichen Rückstand enthalten, der nach dem Abrauchen der Kieselsäure mit Flußsäure und Schwefelsäure zurückbleibt und geringe Reste an Aluminiumoxid enthält.

C. Phosphatfällung

Trennung vom Titan

Titan läßt sich durch Fällung mit einem großen Überschuß an Diammonium-hydrogenphosphat vom Aluminium trennen. Die Fällung kann aus salzsaurer Lösung (*Da-Tschang* und *Li Houong* [37]) oder aus schwefelsaurer Lösung (*Ghosh* [38]) erfolgen.

Trennung vom Zirkonium

Eine brauchbare gewichtsanalytische Trennung des Zirkoniums vom Aluminium ist seine Fällung als sekundäres Phosphat aus einer Lösung, die etwa 10 Vol.-% Schwefelsäure oder Salzsäure, in Gegenwart von Titan auch Wasserstoffperoxid enthält. Eine *Arbeitsvorschrift* wird von *Lundell* und *Knowles* [39] angegeben.

D. Phosphormolybdatfällung

Nach *Teletoff* und *Andronikowa* [40] kann Phosphorsäure vom Aluminium durch Fällung mit Ammoniummolybdat aus salpetersaurer Lösung abgetrennt werden. Die anschließende Bestimmung des Aluminiums erfolgt in der gleichen Lösung durch Fällung als Aluminiumhydroxid mit Ammoniak.

E. Nitrattrennung

Trennung vom Strontium, Barium und Blei

Strontium kann aus den wäßrigen Lösungen seiner Chloride oder Nitrate durch sehr langsame Zugabe 100%iger Salpetersäure, indem die Endkonzentration der Säure nicht weniger als 79% betragen darf, als dichter, kristalliner Niederschlag abgeschieden und vom Aluminium getrennt werden. Das von *Willard* und *Good-spead* [41] beschriebene Verfahren zeigt gegenüber den Methoden mit Salpetersäure und organischen Lösungsmitteln den Vorteil, daß direkte, kristalline und gutfiltrierbare Fällungen erhalten werden. Eine ähnliche Methode kann zur Abtrennung des Bariums und Bleis benutzt werden.

Trennung vom Eisen

Beilstein und *Luther* [42] führen eine Aluminium-Eisen-Trennung auf Grund der ungleichen Löslichkeiten der basischen Nitrate dieser beiden Elemente in Wasser durch. Praktische Bedeutung hat diese Trennung nicht erlangt.

F. Cyanoferrat[II]-Fällung

Zur Trennung vom Gallium

Das von *Lecoq de Boisbaudran* [43] angegebene Verfahren zur Fällung des Galliums mit Kaliumhexacyanoferrat(II) hat heute nur noch historisches Interesse.

G. Selenitfällung

Zur Trennung vom Titan und Zirkonium

Die Bestimmung des Titans und seine Trennung vom Aluminium mit seleniger Säure haben *Berg* und *Teitelbaum* [44] vorgeschlagen. Auf gleiche Weise läßt sich auch eine Trennung des Zirkoniums vom Aluminium erreichen. *Simpson* und *Schumb* [45] fällen das Zirkonium mit einem Überschuß seleniger Säure in einer 0,6n salzsauren Lösung.

H. Oxalatfällung

Trennung vom Mangan, Kobalt, Nickel und Zink

Die von *Classen* [46] vorgeschlagene Methode durch Fällung dieser Elemente als Oxalate ist unbefriedigend.

Trennung vom Magnesium und Calcium

Ebenfalls von *Classen* [47] vorgeschlagen, beruht auf der Fällung zunächst des Calciumoxalats aus neutraler Lösung in der Kälte. Nach Zusatz von Essigsäure wird anschließend das Magnesiumoxalat im Sieden ausgefällt.

Trennung vom Kupfer

Bei der Analyse von Messing-Proben trennen *Edwards* und *Gailer* [48] das Kupfer vom Aluminium und Eisen durch Fällung des Kupfers als Oxalat aus salzsaurer Lösung in der Siedehitze.

Trennung von seltenen Erdmetallen

Nach einer vorausgehenden doppelten Ammoniak-Fällung – der Niederschlag enthält die seltenen Erden und das Aluminiumhydroxid – fällen *Hillebrand* und *Lundell* [49] anschließend die seltenen Erden als Oxalate und erreichen dadurch eine Trennung vom Aluminiumoxid.

Ähnlich verfahren auch *Schoeller* und *Powell* [50]. Nach einem etwas modifizierten Verfahren lösen *Hillebrand* und *Lundell* den Hydroxid-Niederschlag in Flußsäure, filtrieren die Fluoride der seltenen Erden, des Thoriums, Urans und Aluminiums ab und erreichen zunächst eine Trennung von den übrigen mit Ammoniak als Hydroxide fällbaren Elementen. Anschließend erfolgt die Oxalatfällung zur Trennung vom Aluminium. Durch Oxalatfällung aus homogener Lösung trennen auch *Banks* und *Edwards* [51] Thorium vom Aluminium.

I. Fällung mit Phenylarsonsäure

Trennung vom Zirkonium

Die von *Rice, Fogg* und *James* [52] angegebene Fällung des Zirkoniums mit Phenylarsonsäure in salz- oder schwefelsaurer Lösung kann zur Trennung des Aluminiums vom Zirkonium verwendet werden. Nach *Chandelle* [53] läßt sich Zirkonium mit Natrium-p-aminophenylarsonat auch quantitativ als basisches Zirkon-p-aminophenylarsonat fällen und auf diese Weise vom Aluminium abtrennen.

Trennung vom Zinn

Knapper, Craig und *Chandler* [54] haben die Fällung mit Phenylarsonsäure auch zur Bestimmung des Zinns in Gegenwart von Aluminium und anderen Metallen benutzt. Die Fällung und Trennung des Zinns vom Aluminium geschieht aus der heißen, salz- oder schwefelsauren Lösung.

J. Fällung mit α-Nitroso-β-naphthol

Ilinski und *v. Knorre* [55] benutzen die Fällung des Eisens mit α-Nitroso-β-naphthol aus essigsaurer Lösung zur Abtrennung vom Aluminium. *Mayr* und *Feigl* [56] bzw. *Mayr* [57] diejenige des Kobalts zur Trennung vom Aluminium.

K. Oxinfällung

Zur Trennung des Eisens, Titans und Kupfers durch Fällung mit 5,7-Dichloroxychinolin und 5,7-Dibromoxychinolin

Nach Versuchen von *Berg* [58] sowie von *Berg* und *Küstenmacher* [59] können die Elemente Eisen, Titan und Kupfer mit 5,7-Dichloroxychinolin und 5,7-Dibromoxychinolin in schwach mineralsaurer Lösung quantitativ bestimmt und auch vom Aluminium getrennt werden. Wegen der erforderlichen Einhaltung der Säure-Konzentration zur Fällung ist dieses Verfahren umständlich und von keiner großen, praktischen Bedeutung.

L. Cupferron-Fällung

Die Cupferron-Fällung zur Abtrennung vor allem des Eisens, Titans, aber auch des Zirkoniums, Vanadiums, Zinns, Wismuts, Niobs, Tantals, Galliums und Urans vom Aluminium in mineralsaurer Lösung hat durch die Extraktionstrennungen viel an Bedeutung verloren; sie ist aber immer noch ein ausgezeichnetes, gelegentlich noch angewandtes Trennverfahren. Die für die Fällung der Cupferronate der einzelnen Elemente erforderliche Säure-Konzentration ist verschieden. Um eine einwandfreie Trennung vom Aluminium zu erreichen, sollte die Säure-Konzentration mindestens 1n betragen.

Trennung vom Eisen

Auf der Grundlage der Versuche nach *Baudisch* [60] führten *Biltz* und *Hödtke* [61] sowie *Fresenius* [62] Eisen-Bestimmungen in Gegenwart des Aluminiums aus. Nach *Lundell* [63] kann der Säure-Gehalt bei der Fällung bis 20 Vol.-% Salz- oder Schwefelsäure betragen. Zur Aluminium-Bestimmung in Rohmaterialien der Zement-Industrie trennen *Courtault* und *Longuet* [64] Eisen zusammen mit Titan und Vanadium durch Fällung aus 1,5n salzsaurer Lösung.

Trennung vom Titan

Die Abtrennung des Titans vom Aluminium durch Fällung mit Cupferron benutzten zuerst *Bellucci* und *Grassi* [65]. *Thornton jr.* [66] erhält nur dann richtige Ergebnisse durch Fällung in 1 bis 2n schwefelsaurer Lösung nach Zusatz von 1,5 g

Weinsäure. *Brown* [67] fällt aus 3n schwefelsaurer, eisgekühlter Lösung und erreicht dadurch eine einwandfreie Trennung vom Aluminium.

Trennung vom Zirkonium

Trennungen des Zirkoniums vom Aluminium sind von *Thornton jr.* und *Hayden jr.* [68] sowie *Ferrari* [69], allerdings ohne Bestimmung des Aluminiums, ausgeführt worden. In 2n schwefelsaurer Lösung erfolgt die Abtrennung des Zirkoniums ohne Weinsäure-Zusatz quantitativ. Auch *Brown* sowie *Lundell* und *Knowles* [70] beschäftigen sich mit der Fällung des Zirkoniums.

Trennung vom Vanadium

Nach Angaben von *Turner* [71] wird Vanadium aus 1%iger salz- oder schwefelsaurer Lösung gefällt, also bei wesentlich geringerer Säure-Konzentration als Eisen, Titan und Zirkonium. Nach *Clarke* [72], *Hillebrand* und *Lundell* [73] sowie *Dymow* und *Moltschanowa* [74] läßt sich Vanadium auch aus stärker saurer Lösung bis zu 1,5n abscheiden und vom Aluminium trennen. Auch *Plank* [75] trennt in der Analyse des Ferrovanadins Eisen und Vanadium durch Fällung mit Cupferron vom Aluminium.

Trennung vom Zinn

Bestimmungen des Zinns haben *Kling* und *Lassieur* [76] sowie *Furman* [77] ausgeführt. *Furman* fällt aus einer Lösung, die in einem Volumen von 200 bis 500 ml 5 ml 48%ige Flußsäure, 4 g Borsäure, 2 bis 5 ml Schwefelsäure und 5 bis 10 ml Salzsäure enthält. Nach Versuchen von *Pinkus* und *Claessens* [78] läßt sich die quantitative Fällung des Zinns auch aus einer 1 bis 1,5n salz- oder schwefelsauren Lösung mit 1,5 -bis 2fachem Überschuß an Cupferron durchführen.

Trennung vom Wismut

Nach *Pinkus* und *Dernies* [79] darf die Lösung der zu trennenden Metalle Wismut und Aluminium nicht mehr als 1n an freier Salz- oder Schwefelsäure sein. Im Filtrat fällen die Autoren das Aluminium nach Neutralisation und Zugabe weiterer Cupferron-Lösung.

Trennung vom Niob und Tantal

Pied [80] fällt diese Metalle aus stark salz- oder schwefelsaurer Lösung, die Oxal- oder Weinsäure enthält, am besten aus einer Lösung mit 5 bis 10% Schwefelsäure und 5% Weinsäure.

Trennung vom Gallium

Durch Fällung des Galliums aus 2n schwefelsaurer Lösung gelang *Moser* und *Brukl* [81] die Trennung von 0,01 bis 0,2 g Galliumoxid von Mengen bis zu 5 g Aluminiumoxid. Eine Umfällung des Galliums ist nur bei Gehalten von mehr als 2 g Aluminium notwendig. *Scherrer* [82] fällt Gallium zusammen mit Eisen, Titan, Zirkonium und Vanadium aus 7%iger schwefelsaurer Lösung.

M. Fällung mit Thioglykolsäure

Zur Trennung vom Kupfer

Thioglykolsäure ergibt mit einigen Elementen, z.B. Kupfer, Silber und Gold, Niederschläge, die in Wasser und verd. Mineralsäuren unlöslich sind. *Alfonsi* und *Bussi* [83] benutzen diese Möglichkeit der Fällung zur Abtrennung des Kupfers bei der Bestimmung des Aluminiums in Bronze und Messing.

N. Oxychinaldin-Fällung

Das von *Merritt* und *Walker* [84] als Fällungsreagens in die analytische Chemie eingeführte 8-Oxychinaldin fällt aus gepufferter, essigsaurer Lösung eine große Anzahl von Elementen, aber kein Aluminium. *Phillips, Emery* und *Price* [85]benutzen es zur Abtrennung des Zinks vom Aluminium in acetatgepufferter Lösung bei pH = 5,5. Aluminium kann dann im Zink-Filtrat mit Oxin bestimmt werden.

O. Natronlauge-Trennung

In stark alkalischer Lösung geht Aluminiumhydroxid bekanntlich als Alkalialuminat vollständig in Lösung im Gegensatz zu einigen anderen Metallhydroxiden, die ungelöst bleiben. Dieser Unterschied kann zur Trennung dieser Metalle vom Aluminium benutzt werden, und zwar: Eisen, Mangan, Chrom(III), Nickel(III), Kobalt(III), Magnesium, Titan, Zirkonium, Thorium und Beryllium. Zur Trennung läßt man gewöhnlich die saure Lösung, welche die abzutrennenden Elemente enthält, in einen Überschuß an Natronlauge einfließen. Die Erfahrung hat gelehrt, daß alle diese Trennungen unscharf sind. Die Fällung des Chroms ist nicht ganz quantitativ. In der Regel fallen die Werte für Aluminium zu niedrig aus, weil der Hydroxid-Niederschlag der Schwermetalle stets merkliche Mengen Aluminiums mitreißt. Auch durch zwei- und in manchen Fällen sogar durch mehrmalige Fällung ist noch keine genügend scharfe Trennung zu erzielen. Grundsätzlich ergibt sich für die verschiedenen Trennungen auch das gleiche, wenn die Oxid-Gemische mit Natriumhydroxid geschmolzen werden und die Schmelze anschließend mit Wasser ausgelaugt wird. Auch ändert die Verwendung von Natriumperoxid an Stelle oder gemeinsam mit Natriumhydroxid nichts. Besonders stark wird Aluminium durch Fällung von Nickel und Kobalt mit Natronlauge und Natriumperoxid mitgerissen; auch ist durch Abscheidung des Eisens und Mangans eine solche Adsorption nicht zu vermeiden.

Die Trennung des Berylliums vom Aluminium durch Hydrolyse des Beryllats in der Siedehitze ist ebenfalls ungenau und nicht zu empfehlen.

Die erwähnten Trennungsverfahren sind von zuverlässigen Methoden verdrängt worden und werden heute kaum noch verwendet.

Günstiger liegen die Verhältnisse für die Trennung des Aluminiums und Eisens in Gegenwart von Phosphation. Offenbar verhindert Phosphation die Mitfällung des Aluminiums. Die von *Balanescu* und *Motzoc* [86] sowie von *Teletoff* und *Androni-kowa* [40] angegebene Arbeitsweise liefert befriedigend genaue Werte, wenn das Verhältnis

$$Fe : P_2O_5 = 2 : 1$$

ist. Weitere Hinweise und Vorschriften zur Natronlauge-Trennung enthalten die Seiten 221, 301, 307, 337, 338, 340, 341, 342, 344, 347, 348, 375, 421.

Trennung durch Fällung mit Natronlauge, der Natriumperoxid zugesetzt wird

Trennung vom Eisen und Titan

Durch tropfenweises Eintragen der Analysen-Lösung in die leicht siedende, konz. Natron- oder Kalilauge trennt *Duparc* [87] Eisen vom Aluminium. Nach *Rose* [88] ist die Fällung unvollständig und muß mehrere Male wiederholt werden. Durch Neutralisieren der Analysen-Lösung mit einem ausreichenden Überschuß an Natronlauge bis zur 0,5n-Lösung, fällen *Sinkai* und *Nagata* [89] das Eisen in Ferrowolfram sowie Wolfram-Stählen und trennen es vom Aluminium. Ähnlich verfährt *McCamant* [90]. *Gandolfo* [91] reduziert das Eisen teilweise vor der Fällung mit Kaliumjodid. Zur Bestimmung des Aluminiums neben Eisen trennen *Todeasa, Ciolan, Kovacs* und *Turcanu* [92] vor der Benzoatfällung mit Natronlauge. *Glaser* [93] trägt zur Fällung des Eisens in die nahezu neutrale, gekühlte Lösung Natriumperoxid ein und erhitzt zum Sieden. *Kadlec* und *Boch* [94] benutzen die Natronlauge-Trennung zur Analyse von Ferrosilicium. Bei der Aluminium-Bestimmung in Portland-Zement fällt *Ford* [95] zunächst Aluminium, Eisen sowie Titan als Hydroxide und trennt Eisen und Titan durch Natronlauge vom Aluminium. *Gotô* und *Takeyama* [96] trennen Aluminium in Titan-Verbindungen durch Einfließenlassen in eine Mischung aus 10 ml 10%iger Na_2HPO_4-Lösung und 70 ml 10- bis 20%iger Natronlauge. Nach *Hillebrand* und *Lundell* [97] ist die Fällung des Titans nur in Gegenwart von Eisen quantitativ.

Trennung vom Beryllium

Die durch *Gmelin* [98] und *v. Schaffgotsch* [99] vorgeschlagene Trennung wurde von *Cottin* [100] genauer untersucht. Danach kann die Fällung des Berylliumhydroxids in Gegenwart von Aluminium oberhalb eines pH-Wertes von 9,75 durch Kochen quantitativ erreicht werden. *Arbeitsvorschriften* werden von *Duparc* [87], *Furuhata* [101] und *Coppins* [102] angegeben.

Trennung vom Mangan kann durch Natronlauge erfolgen (*Hillebrand* und *Lundell*). Die Trennung erfolgt in der gleichen Weise wie diejenige des Eisens.

Trennung vom Thorium

Da Thorium in einem Überschuß alkalicarbonatfreier Alkalilauge unlöslich ist, läßt es sich vom Aluminium trennen (*Hillebrand* und *Lundell*).

Trennung vom Kobalt und Nickel

Swift und *Barton* [103] trennen neben Mangan und Eisen auch Kobalt und Nickel vom Aluminium durch Einfließenlassen der Lösung in siedende 5%ige Natronlauge. Anschließend werden 5 g Natriumperoxid in der Kälte zugegeben, gekocht und filtriert. Der Niederschlag wird dann mit heißer 5%iger und anschließend mit kalter 1%iger Natronlauge gewaschen. Die Trennung ist unbefriedigend.

Trennung durch Schmelzen mit Natriumhydroxid

Bei der Behandlung einer durch Aufschluß von Metalloxiden oder Metallsalzen erhaltenen Natriumhydroxid-Schmelze mit Wasser wird das entstandene Natriumaluminat gelöst, während die in Natronlauge unlöslichen Metallhydroxide ausfallen und durch Filtration abgetrennt werden können. *Duparc* [87] trennt auf diese Weise Eisen vom Aluminium. Die Trennung ist unbefriedigend, da größere Anteile des Aluminiums im Eisenoxid-Rückstand verbleiben. Auf gleiche Weise trennen *Gotô* und *Segawa* [104] Aluminium vom Eisen und Titan in der Analyse des Ferrotitans sowie *Baker* und *Martin* [105] in Titan-Pigmenten. Ebenfalls durch Schmelzen mit NaOH und anschließendem Auslaugen der Schmelze trennen *Prantner* und *Konopicky* [106] in feuerfesten Materialien Aluminium vom Eisen, Titan, Mangan, Kobalt, Nickel, Kupfer, Calcium, Magnesium, Wolfram, Vanadium, Molybdän und Chrom.

P. Trennung durch Schmelzen mit Natriumcarbonat

Die Anwendung von Natriumcarbonat zum Aufschluß hat einige Vorteile gegenüber dem Natriumhydroxid und ergibt im allgemeinen bessere, wenn auch noch nicht ganz zufriedenstellende Ergebnisse. Die Natriumcarbonat-Methode ist zur Abtrennung vom Eisen, Titan, Zirkonium, Beryllium und Wolfram vorgeschlagen worden. *Arbeitsvorschriften* zur Abtrennung vom Eisen sind durch *Tscharkwiani* und *Wunder* [107] wie auch von *Glaser* [108] angegeben worden. Die Trennung des Berylliums vom Aluminium ist von *Wunder* und *Wenger* [109], *Duparc* sowie von *Wenger* und *Währmann* [110] beschrieben worden. *Treadwell* [111] trennt Aluminium von Titan und Phosphorsäure. *Weiss* und *Kaiser* [112] erhalten genauere Resultate unter Verwendung eines Gemisches aus Natriumcarbonat und Borax als Aufschlußmittel. Zirkonium vom Aluminium trennen *Duparc* sowie *Wunder* und *Jeanneret* [113].

§ 11. Trennung durch Maskierung des Aluminiums als Komplex-Verbindung

In Gegenwart von Komplex-Bildnern, die mit Aluminium stabile Komplexe bilden, können zahlreiche Elemente, die von diesen Komplex-Bildnern nicht maskiert werden, durch Fällungsverfahren, auch solchen, die zur Bestimmung des Aluminiums dienen, abgetrennt werden. Gebräuchliche Maskierungsmittel für das Aluminium sind z.B. organische Dicarbonsäuren (wie Oxalsäure, Gluconsäure oder Malonsäure), Hydroxylgruppen enthaltende Säuren (wie Weinsäure, Citronensäure, Sulfosalicylsäure), Aminopolycarbonsäuren [wie Nitrilotriessigsäure (NTE) und Äthylendiamintetraessigsäure (ÄDTE)] sowie einige andere organische Verbindungen (z.B. Triäthanolamin und 2,3-Dimercapto-1-propanol). In vielen Fällen kann das Aluminium anschließend in Gegenwart des Maskierungsmittels mit einer geeigneten Fällungsmethode bestimmt werden; in einigen Fällen ist eine quantitative Zerstörung des Maskierungsmittels erforderlich.

A. Maskierung mit Tartrationen

Weinsäure bildet mit Aluminium nach *Quadrat* und *Korecky* [114] eine (1:1) Komplex-Verbindung und verhindert in ammoniakalischer Lösung die Abscheidung des Aluminiumhydroxids. Dagegen wird in Anwesenheit von Phosphation das Aluminium nicht vollständig maskiert. Die Stabilität des Tartratkomplexes ist vom pH-Wert abhängig; sie nimmt mit sinkendem pH-Wert infolge stärkerer Dissoziation des Komplexes ab. Andererseits werden aber die Löslichkeitsprodukte der Aluminium-Verbindungen mit sinkendem pH-Wert größer. So nimmt z.B. die Löslichkeit des Aluminiumoxinats mehr zu als die Dissoziation des löslichen Tartratkomplexes, so daß in saurer Lösung in Gegenwart von Tartration die Oxinfällung unterbleibt. Ähnliche Verhältnisse liegen bei der Maskierung mit Oxalsäure vor.

Abtrennung des Eisens als Sulfid

Nach der von *Gooch* [115] angegebenen Methode wird das 3wertige Eisen zunächst durch Einleiten in die schwach saure, Weinsäure enthaltende Lösung reduziert. Nach Zusatz eines geringen Überschusses an Ammoniak erfolgt anschließend die Fällung des Eisensulfids. Im Filtrat kann auch Aluminium nach Zerstörung des Tartrats als Hydroxid oder besser in Gegenwart von Tartration als Oxinat gefällt werden. Eine genaue *Arbeitsvorschrift* wird von *Hillebrand* und *Lundell* [116] angegeben. *Schubin* [117] bestimmt das Aluminium anschließend an die Abtrennung des Eisens durch Fällung als Phosphat. Nach *Hillebrand* und *Lundell* ist diese Fällung als Phosphat in Gegenwart von Magnesium und Erdalkalien nicht anwendbar. *Gadeau* [118] verwendet das Verfahren zur Bestimmung des Aluminiums in Eisen-Legierungen. Zur Abtrennung kleiner Mengen Aluminiums vom Eisen empfiehlt *Schubin* die Fällung des Eisens mit Natriumsulfid-Lösung in Gegenwart von Tartration, die er durch Sättigung von 20%iger Natronlauge mit Schwefelwasserstoff erhält, und benutzt diese Methode zur Analyse von Legierungen.

38*

Abtrennung des Kupfers, Zinks, Kobalts, Nickels und Mangans als Sulfide kann nach der von *Hillebrand* und *Lundell* angegebenen Methode ausgeführt werden. Die Fällung des Kupfers, Zinks und Kobalts ist unter diesen Bedingungen quantitativ, diejenige des Nickels und Mangans nicht ganz vollständig. Bessere Trennungen des Nickels und Kobalts erreicht man durch Zugabe neutralen Ammoniumsulfids zu der ammoniakalischen Lösung und Fällung in der Kälte.

Abtrennung des Magnesiums als Phosphat

Zur Bestimmung kleiner Mengen Magnesiums in Aluminium und Aluminium-Zink-Legierungen maskiert *Wilke-Dörfurt* [119] Aluminium und Zink mit Weinsäure. Nach *Hahn* und *Dornauf* [120], *Blumenthal* [121] sowie *Hahn* [122] ist diese Abtrennung unzureichend. Zur Bestimmung des Magnesiums in Aluminium-Magnesium-Legierungen trennt *Blumenthal* deshalb zunächst das Magnesium durch Fällung in alkalischer Lösung in Gegenwart von Tartrationen vom Aluminium.

Zur Abtrennung des Titans als Phosphat fällen *Jamieson* und *Wrenshall* [123] Titanphosphat aus salzsaurer Lösung in Gegenwart von Weinsäure. Durch genügende Salzsäure-Konzentration wird die Fällung des Aluminiumphosphats verhindert.

Abtrennung des Nickels mit Diacetyldioxim oder Dicyandiamidin

Bei der Fällung des Nickels mit Diacetyldioxim werden zur Abtrennung vom Aluminium, Eisen und Chrom diese durch Tartrat- bzw. Citrationen maskiert (*Brunck* [124]). Nach *Weeldenburg* [125] und *Brunck* stören Kobalt und 3wertiges Eisen die Trennung. Nach *Balz* [126] ist die Abtrennung vom Aluminium und Eisen jedoch quantitativ, wenn man das Eisen durch Zusatz von Natriumsulfid oder schwefliger Säure reduziert und aus tartrathaltiger, essigsaurer Lösung fällt. Bei der Fällung des Nickels mit Dicyandiamidin nach *Grossmann* und *Schück* [127] wird zur Tarnung des Aluminiums *Seignette*-Salz zugesetzt und das Nickel in Gegenwart von Kalilauge und überschüssigem Ammoniak gefällt, wobei auf 1 mol Aluminium mindestens 2 mole Weinsäure erforderlich sind. Die Bestimmung des Aluminiums nach der Abtrennung erfolgt am besten durch Fällung mit Oxin in Gegenwart von Weinsäure.

Abtrennung des Eisens und Titans mit Oxin

Zur Abtrennung des Eisens von größeren Aluminium-Mengen ist nach *Berg* [128] die genaue Einhaltung bestimmter Bedingungen, wie Säure-Konzentration, Überschuß an Fällungsmittel und Temperatur, notwendig. Nach *Moyer* und *Remington* [129] ist nur im pH-Bereich von 3,5 bis 4,0 eine einwandfreie Trennung möglich. Trotz dieser Nachteile wurde die Methode oft zur Trennung angewandt (*Zinnberg* [130]; *Zukowskaja* und *Baljuk* [131]; *Sanko* und *Butenko* [132]; *Strauß* [133]; *Kokta* und *Berg* [134]; *Schoklitsch* [135]; *Lehmann* [136]; *Navez* [137]). Nach *Berg* [138] ist die Verwendung von Malonsäure an Stelle von Weinsäure vorteilhafter. Anders liegen die Verhältnisse in der Abtrennung des Titans. Hier genügt die Tarnung durch Weinsäure nicht, weil in der zur quantitativen Abscheidung des Titanyloxinats in Gegenwart von Tartrationen erforderlichen, schwachsauren Lösung bereits Aluminiumoxinat ausfällt. Nach *Berg* und *Teitelbaum* [139] führt hier die Verwendung von Malonsäure in schwach essigsaurer Lösung zum Ziel.

Abtrennung des Kupfers, Magnesiums, Zinks und Cadmiums mit Oxin

Nach Untersuchungen von *Berg* [140] werden Kupfer, Magnesium, Zink und Cadmium in natronalkalischer, tartrathaltiger Lösung durch o-Oxychinolin quantitativ gefällt, so daß eine Trennung von Aluminium, Eisen(III), Chrom(III) und anderen Metallen der Schwefelwasserstoff-Gruppe möglich ist. Der zur Trennung des Aluminiums einzuhaltende pH-Bereich ist für die einzelnen Elemente etwas unterschiedlich. Nach *Berg* sind zur Abtrennung des Kupfers auf 100 ml der neutralisierten Lösung 20 ml 2n Natronlauge, für Magnesium und Zink 15 bis 20 ml und für Cadmium 10 bis 12 ml notwendig. Nach *Berg* ist das Verfahren besonders zur Trennung kleiner Magnesium-Mengen von größeren Aluminium-Mengen zu empfehlen. *Korosstishewskaja* [141] benutzt diese Methode zur Bestimmung des Aluminiums und Zinks in pharmazeutischen Produkten. Eine genaue Vorschrift zur Mikrobestimmung des Zinks und seine Trennung vom Aluminium haben *Cimmerman* und *Wenger* [142] angegeben.

Abtrennung des Eisens und Titans mit 5,7-Dibrom-8-oxychinolin

Wie bereits erwähnt (vgl. S. 590), kann man nach *Berg* und *Küstenmacher* [143] mit 5,7-Dibromoxychinolin kleine Mengen Eisen, Kupfer und Titan neben großen Aluminium-Mengen bestimmen. *Sanko* und *Burssuk* [144] verwenden das gleiche Reagens bei der Verbesserung der ebenfalls von *Berg* und *Küstenmacher* angegebenen Trennung des Eisens vom Titan mit Dibromoxin in tartrathaltiger Lösung zur Fällung des Titans im Filtrat der Eisen-Fällung sowie zur Abscheidung des Aluminiums im Filtrat der Titan-Fällung.

Abtrennung des Titans mit Cupferron

Nach einer *Arbeitsvorschrift* von *Thornton jr.* [145] wird in Gegenwart von Tartration zunächst das Eisen in saurer Lösung mit Schwefelwasserstoff reduziert und anschließend in ammoniakalischer Lösung gefällt. Nach Filtration des Eisensulfides erfolgt die Fällung mit Cupferron. Das Aluminium wird im Filtrat zweckmäßig ohne Zerstörung der Weinsäure mit o-Oxychinolin bestimmt. Nach dieser Methode bestimmt *Schwarz* von *Bergkampf* [13] den Aluminiumoxid-Gehalt im *Bauxit*.

Abtrennung des Zinks mit Chinaldinsäure

Nach *Rây* und *Majumdar* [146] werden Eisen, Aluminium, Chrom, Beryllium, Titan und Uran durch Chinaldinsäure zum Teil als basische Salze ausgefällt. Durch Zusatz von Alkalitartrat in alkalischer Lösung tritt diese Fällung nicht ein. Darauf beruht die Trennung des Zinks von den genannten Metallen. Aluminium wird nach Zerstörung der Weinsäure durch Abrauchen mit Schwefelsäure bestimmt.

Rây und *Bose* [147] haben die Fällung des Zinks mit Chinaldinsäure auch zur mikroanalytischen Ausführung der Trennung vom Eisen, Aluminium, Uran, Beryllium und Titan benutzt.

Abtrennung des Thalliums mit Thionalid

Die von *Berg* und *Fahrenkamp* [148] ausgearbeitete Trennung des Thalliums vom Aluminium mit Thionalid (Thioglykolsäure-β-aminonaphthalid, $C_{10}H_7NH \cdot CO \cdot CH_2 \cdot SH$) beruht darauf, daß bei ausreichender Hydroxylionen-Konzentration der Lösung in Gegenwart von Natriumtartrat und Kaliumcyanid nur das Thallium ausfällt, während Aluminium und andere Metalle, mit Ausnahme von Gold, Zinn, Blei, Antimon und Wismut, in Lösung bleiben.

Abtrennung des Berylliums mit Guanidiniumcarbonat

Eingehende Untersuchungen über die Verwendung von Guanidiniumcarbonat zu quantitativen Trennungen haben *Jílek* und *Kota* [149] ausgeführt. Aus ammoniumtartrathaltigen Lösungen wird nur Beryllium, nicht aber Aluminium gefällt. Durch das im Überschuß von Guanidiniumcarbonat in Ammoniumtartrat-Lösung gebildete Ammoniumcarbonat kann der Beryllium-Niederschlag teilweise wieder gelöst werden. Durch Anwendung kleiner Mengen Ammoniumtartrats und durch Zusatz von Formaldehyd, das mit dem entstandenen Ammoniumcarbonat Hexamethylentetramin bildet, kann die lösende Wirkung des Ammoniumcarbonats verhindert werden.

Abtrennung des Berylliums mit Alkalicarbonat

Die Tatsache, daß der Aluminiumtartrat-Komplex in der Siedehitze gegen Alkalicarbonat beständig ist, Beryllium dagegen als basisches Carbonat ausfällt, benutzen *Quadrat* und *Švejda* [150] zur Trennung des Berylliums vom Aluminium. Die Ergebnisse sind bis zu einem Verhältnis des Berylliums zum Aluminium wie 1:2 genügend genau.

B. Maskierung mit Citronensäure

Aluminium bildet mit Citronensäure einen außerordentlich stabilen Komplex. Bei einem pH-Wert bis zu 3,1 entsteht dabei ein Neutralkomplex unter Freisetzung von 3 Wasserstoffionen. Bei Erhöhung des pH-Wertes verhält sich der Komplex wie eine 2basische Säure. Nach *Curtmann* und *Dubin* [151] ist der Citrat-Komplex stabiler als der Tartrat-Komplex. Im Gegensatz zum Tartration wird Aluminiumphosphat vom Citration vollständig maskiert. Trotz dieser besseren Maskierungswirkung wird jedoch die Citronensäure verhältnismäßig selten zu Trennungen verwendet.

Abtrennung der Phosphorsäure als Magnesiumammoniumphosphat

H. und *W. Biltz* [152] trennen Phosphorsäure vom Aluminium, indem sie letzteres durch Zugabe von Citronensäure maskieren und die Phosphorsäure mit einer Magnesiamischung aus ammoniakalischer Lösung fällen.

Abtrennung des Arsens als Magnesiumammoniumarsenat

Analog der Abscheidung der Phosphorsäure dürfte es auch möglich sein, das in Lösung befindliche 5wertige Arsen in Gegenwart des Aluminiums als Magnesiumammoniumarsenat zu fällen und so vom Aluminium zu trennen. Da die ohnehin schon größere Löslichkeit des Magnesiumammoniumarsenats durch Citronensäure noch vergrößert wird, ist ein Überschuß an Citration zu vermeiden. Außerdem ist eine Trennung nur möglich, wenn der Aluminium-Gehalt kleiner als der Arsen-Gehalt ist. Die Fällung kann nach der Vorschrift von *Sarudi* [153] durchgeführt werden, indem etwa die 10fache Menge des Aluminium-Gehaltes an Citronensäure zugesetzt werden muß.

Abtrennung des Calciums als Oxalat

Zur Bestimmung des Calciums in Gegenwart von Aluminium, Magnesium und Phosphorsäure fällt *Jakób* [154] das Calcium in Gegenwart von Citration als Oxalat. Ebenso verfährt *Erdheim* [155] zur Abtrennung des Calciums von Begleitelementen.

C. Maskierung mit Oxalsäure

Mit Oxalsäure reagieren Aluminiumionen unter Bildung der komplexen Aluminiumoxalatosäure, $H_3[Al(C_2O_4)_3]$, oder deren Salze. Der Komplex ist verhältnismäßig instabil, und Oxalation maskiert nur in schwach saurer Lösung zufriedenstellend. In ammoniakalischer Lösung tarnt es nicht ausreichend.

Abtrennung des Zinks, Nickels, Kobalts und Eisens als Sulfide nach *Swift*, *Barton* und *Backus* [156] ist eine Gruppen-Trennungsmethode, nach der auf die Trennung der einzelnen Metalle, die als Sulfide gefällt werden, kein Wert gelegt wird. Oxalation ist als Tarnungsmittel offenbar deshalb gewählt worden, weil es sich im Filtrat leichter als Tartration beseitigen läßt. Die Fällung wird zunächst in neutraler Lösung ausgeführt; anschließend wird 1 g Natriumhydrogencarbonat zugesetzt und weiterhin Schwefelwasserstoff eingeleitet. Der Zusatz von Natriumhydrogencarbonat wird so lange wiederholt, bis die Lösung schwach alkalisch bleibt.

Abtrennung des Titans als Oxinat

Auf Grund von Löslichkeitsuntersuchungen der Oxinate des Aluminiums und Titans in essig- und oxalsauren Lösungen gibt *Pyatnitskij* [157] eine *Arbeitsvorschrift* zur Bestimmung des Titans in Gegenwart von Aluminium. Die 0,25n oxalsaure Lösung wird mit Ammoniak auf pH = 6 gebracht, mit 2%iger äthanolischer Oxin-Lösung versetzt, zum Sieden erhitzt und das Titanyloxinat nach Stehen über Nacht abfiltriert.

D. Maskierung mit Sulfosalicylsäure

Sulfosalicylsäure bildet mit Aluminium, Eisen und Titan stabile Komplexe. Je nach pH-Wert wird mit Aluminium ein (1:1)- (pH = 3,8), (1:2)- (pH = 5,5) und ein (1:3)-Komplex (pH = 8,5) gebildet. Nach *Ishibashi*, *Tanaka* und *Kawai* [158] hängt die zur Maskierung benötigte Menge an Sulfosalicylsäure vom pH-Wert und der Temperatur ab. Zur Maskierung des Aluminiums in schwach alkalischer Lösung ist, wie schon oben erwähnt, ein dreifach molarer Überschuß an Sulfosalicylsäure erforderlich.

Die Abtrennung des Eisens als Sulfid, von *Moser* und *Irányi* [159] angegeben, besitzt nur spezielles Interesse, wenn neben Eisen auch Titan vom Aluminium getrennt werden soll. Durch Sulfosalicylsäure werden Titan und Aluminium in der Kälte als Komplexe in Lösung gehalten, während in der Hitze Titan als Titan(IV)-oxidhydrat ausfällt. Die Fällung des Eisens erfolgt in Gegenwart von Sulfosalicylsäure, indem so viel Ammoniumcarbonat hinzugefügt wird, bis die Farbe der Lösung nach Einleiten von Schwefelwasserstoff in die kalte Flüssigkeit von Dunkelviolett nach Rot umschlägt.

Abtrennung des Titans als Oxid

Die Trennung des Titans vom Aluminium kann auch ohne Maskierungsmittel unter Einhaltung eines bestimmten, niedrigen pH-Wertes durch hydrolytische Abscheidung als Titan(IV)-oxidhydrat erreicht werden. Das Verfahren ist jedoch gegen geringe Änderung des pH-Wertes empfindlich. Sulfosalicylsäure maskiert in der Hitze nur das Aluminium, während Titan quantitativ abgeschieden wird. Das gefällte Titanoxidhydrat enthält immer etwas Aluminium. Zur quantitativen Abtrennung muß die Fällung wiederholt werden. Nach *Moser* und *Irányi* erfolgt die Abscheidung des Titanoxidhydrats in ammoniakalischer Lösung. *Tanaka* [160] fällt bei einem pH-Wert von > 9,4 und bestimmt das Aluminium im Filtrat durch Fällung mit Oxin. Das gleiche Verfahren der Titan-Abtrennung verwendet *Tanaka* [161] auch zur Analyse des *Ilmenits*.

Abtrennung des Magnesiums als Magnesiumammoniumphosphat

Nach *Moser* und *Brukl* [162] erwies sich die Sulfosalicylsäure als geeigneter Komplex-Bildner, der eine Trennung und direkte Bestimmung des Magnesiums als Magnesiumammoniumphosphat in Gegenwart von viel Aluminium und Eisen ermöglicht.

Abtrennung der Phosphorsäure als Magnesiumammoniumphosphat

Ganz entsprechend wie bei der Trennung des Magnesiums vom Aluminium (siehe oben) läßt sich nach *Moser* und *Brukl* die Maskierung mit Sulfosalicylsäure auch zur Bestimmung des Phosphations in Gegenwart von Aluminium und Eisen anwenden.

Abtrennung des Kupfers

In Gegenwart von Sulfosalicylsäure trennen *Spacu* und *Radulescu* [163] Kupfer vom Aluminium und Eisen durch Fällung des Kupfers mit Pyridin und Ammoniumthiocyanat. Die Fällung erfolgt nach einer von *Spacu* und *Dick* [164] angegebenen *Arbeitsvorschrift:*

Abtrennung des Zinks und Cadmiums

Ebenfalls durch Fällung als Dipyridin-Metall(II)-thiocyanate in Gegenwart von Sulfosalicylsäure trennen *Spacu* und *Antonescu* [165] sowie *Spacu* und *Pirtea* [166] Zink wie auch Cadmium vom Aluminium und Eisen.

Abtrennung des Thalliums als Chromat

Nach *Moser* und *Brukl* [167] bleibt Aluminium in Anwesenheit von Sulfosalicylsäure in Lösung, so daß die Fällung des Thalliums(I) als Chromat aus ammoniakalischer Lösung erfolgen kann. Zur Bestimmnng des Aluminiums wird das Filtrat eingedampft, der Rückstand geglüht, aufgeschlossen und das Chrom abgetrennt. Wahrscheinlich ist hier die Fällung mit Oxin vorteilhafter anzuwenden.

E. Maskierung mit Äthylendiamintetraessigsäure (ÄDTE)

Die Bedingungen der Komplex-Bildung des Aluminiums mit Äthylendiamintetraessigsäure (ÄDTE) sind im Kapitel: Maßanalytische Bestimmungsverfahren ausführlich erörtert worden. Da mit ÄDTE jedoch eine größere Anzahl von Metallionen stabile Komplexe bildet, ist die Zahl der möglichen Trennungen gering und beschränkt sich nur auf die Elemente, die mit ÄDTE keine oder sehr instabile Komplexe bilden, wie Beryllium, Titan, Niob, Tantal, Molybdän, Wolfram, Uran und Zirkonium.

Abtrennung vom Beryllium

Prinzip. Beryllium bildet mit Äthylendiamintetraessigsäure (ÄDTE) einen sehr instabilen Komplex und kann im Gegensatz zum Aluminium aus diesem Komplex mit Ammoniak als Hydroxid ausgefällt werden. *Přibil* und *Kucharský* [168] geben auf Grund dieser Tatsache die folgende Arbeitsvorschrift zur Bestimmung des Berylliums und zu seiner Abtrennung vom Aluminium an, die auch von *Brewer* [169] zur Analyse des *Berylls* und von *Ginsberg* [170] zur Analyse von Aluminium-Legierungen benutzt wird.

Arbeitsvorschrift. 80 bis 120 ml Lösung, die 50 bis 80 mg Be und beliebige Mengen Aluminiums enthält, werden bis zur beginnenden Fällung der Hydroxide mit Ammoniak versetzt. Mit einigen Tropfen Salzsäure wird der Niederschlag gerade gelöst, 0,5 g Ammoniumchlorid und eine genügende Menge Dinatriumdihydrogenäthylendiamintetraacetats (ÄDTE) (2 ml einer 0,5m Lösung für 27 mg Al) zugegeben. Die Fällung des Berylliumhydroxids erfolgt durch Zugabe von 15 bis 20 ml 14%iger Ammoniak-Lösung in der Kälte. Nach 2 bis 3 Std. langem Stehen wird der Niederschlag abfiltriert und mit 100 bis 150 ml heißer 1%iger Ammoniumnitrat-Lösung ausgewaschen.

Bemerkungen. Beträgt der Aluminium-Gehalt mehr als 130% des Beryllium-Gehaltes, muß die Fällung zur quantitativen Abtrennung des Aluminiums unter Zusatz von 2 bis 3 ml 0,5 m ÄDTE-Lösung *wiederholt* werden.

Hure, Kremer und *le Berquier* [171] trennen Beryllium vom Aluminium durch Fällung des Berylliums als *Phosphat* in Gegenwart von ÄDTE.

Pirtea und *Constantinescu* [172] fällen das Beryllium als

$$[Co(NH_3)_6] \cdot [(H_2O)_2Be_2(CO_3)_2(OH)_3]$$

aus *schwach saurer* Lösung ebenfalls in Gegenwart von ÄDTE.

Moiseeva, Kuznecova und *Palšina* [173] empfehlen das Fällungsverfahren mit 2,2-Dimethylhexandion-3,5 bei $pH = 7$ *bis 8.*

Zur Abtrennung des Titans vom Aluminium, führen *Přibil* und *Schneider* [174] die Fällung des Titans mit Ammoniak in Gegenwart von ÄDTE durch.

Arbeitsvorschrift. Zu der Titan(IV) und Aluminium enthaltenden Lösung gibt man genügend ÄDTE (bis zu 100 ml einer 0,1 m Lösung) sowie 0,5 bis 1 g Ammoniumchlorid, verdünnt auf etwa 100 ml und versetzt mit Ammoniak bis zum bleibenden, deutlichen Geruch. Nach gelegentlichem Rühren und nach 5 Std. langem Stehen filtriert man und wäscht den Niederschlag mit einer 2%igen Lösung von Ammoniumnitrat.

Bemerkungen. Die Verfasser wenden diese Trennung auf die Analyse des *Bauxits* an.

Majumdar und *Chowdhury* [175] trennen Titan vom Aluminium durch Fällung des Titans mit einer 6%igen wäßrigen *Cupferron*-Lösung in Gegenwart von ÄDTE. Die Fällung kann in einem pH-Bereich von 4,3 bis 7,0 aus einer kalten, etwa 10 °C betragenden Lösung erfolgen. Auf gleiche Weise trennen auch *Večera* und *Bieber* [176] Titan vom Aluminium und Eisen.

Pritchard [177] trennt Titan und Eisen vom Aluminium durch Fällung mit *Natronlauge* (siehe S. 238).

Abtrennung des Eisens und Mangans

Zur Aluminium-Bestimmung in Kohlenstoff-Stählen trennen *Elliot* und *Robinson* [178] Mangan und restliche, nach der Extraktion der Hauptmenge des Eisens noch verbliebene Eisen-Mengen durch Fällung mit Kalilauge (pH = 11) in Gegenwart von 5 ml einer 0,2 m ÄDTE-Lösung. Nach kurzem Kochen und Zugabe einiger Tropfen Wasserstoffperoxid-Lösung kann der Eisen-Mangan-Niederschlag abfiltriert werden. Die Fällung des Aluminiums im Filtrat wird mit Oxin ausgeführt.

Abtrennung des Wolframs

Durch Fällung mit Oxin in Gegenwart von ÄDTE läßt sich nach *Přibil* und *Sedlář* [179] Wolfram vom Aluminium trennen. Nach Zusatz der 15fachen Gewichtsmenge des Aluminiums an ÄDTE wird nach Einstellung eines pH-Wertes von 5,0 mit Ammoniumacetat-Lösung in der heißen Lösung mit Oxin das Wolfram gefällt.

Abtrennung des Niobs, Tantals und Titans

Zur gemeinsamen Bestimmung des Niobs, Tantals und Titans in Mineralien nach dem Tannin-Verfahren maskieren *Das, Venkateswarlu* und *Athavale* [180] die Begleitelemente, darunter auch das Aluminium, mit ÄDTE und Weinsäure bei pH = 5 bis 6.

Abtrennung des Molybdäns

Bei der Fällung des Molybdäns als $[Cr(NH_3)_5Cl][MoS_4]$ durch Reaktion des Thiomolybdations mit $[Cr(NH_3)_5Cl]Cl_2$ nach einer Vorschrift von *Spacu* und *Gheorgiu* [181] werden Aluminium und einige andere Begleitelemente mit ÄDTE maskiert; sie können auf diese Weise von Molybdän abgetrennt werden. Die Trennung hat keine praktische Bedeutung.

F. Maskierung mit Triaethanolamin zur Abtrennung des Titans

Triaethanolamin, das vor allem in der Komplexometrie zur Maskierung geringer Aluminium-Mengen verwendet wird, kann auch zur gewichtsanalytischen Trennung des Titans vom Aluminium und Eisen mit Vorteil benutzt werden. Nach *Přibil* und *Veselý* [182] kann Titan durch kurzes Erhitzen mit Natronlauge in Gegenwart von Triaethanolamin als Hydroxid gefällt und auf diese Weise vom Eisen und Aluminium getrennt werden.

Arbeitsvorschrift. Zur sauren Probelösung gibt man 20 ml 20%iges Triaethanolamin und bis zur Entfärbung der Lösung 2 m Natronlauge. Man erhitzt 1 min zum Sieden, filtriert und wäscht 5mal mit heißer 1%iger Triaethanolamin-Lösung und 2mal mit heißem Wasser aus.

G. Maskierung mit Hexamethylendiamin zur Abtrennung des Indiums

Eine zufriedenstellende Abtrennung des Indiums vom Aluminium, Zink und Cadmium erreichen *Korenman* und *Chelysheva* [183] durch Fällung des Indiums als Hydroxid mit Hexamethylendiamin. Die Hydroxide des Aluminiums, Zinks und Cadmiums sind im Gegensatz zum Indiumhydroxid im Überschuß des Fällungsmittels löslich. Quantitative Abtrennung ist nur durch doppelte Fällung zu erreichen.

§ 12. Trennungen durch Extraktion

A. Extraktion des Aluminiums

Trennungen des Aluminiums von anderen Elementen durch Extraktionsverfahren, soweit sie zur direkten, photometrischen Bestimmung verwendet werden, sind im Kapitel: Photometrische Bestimmungsverfahren, S. 275, nach den einzelnen photometrischen Bestimmungsmethoden behandelt worden und dort nachzuschlagen. Im folgenden wird ein kurzer, zusammenfassender Überblick über die Möglichkeiten dieser extraktiven Trennung des Aluminiums von anderen Elementen gegeben. Entgegen der Handhabung zu den Fällungsverfahren erfolgt die Einteilung nicht nach analytischen Gruppen, sondern nach den zur Extraktion benutzten Reagenzien.

Extraktion mit Oxin nach Maskierung von Begleitelementen

Die mit dem Aluminium extrahierbaren Elemente sind in der Tabelle 56, Seite 292, aufgeführt. Durch Verwendung geeigneter Maskierungsmittel kann ihre Extraktion verhindert und eine Abtrennung vom Aluminium erreicht werden.

Maskierung mit *Tartrationen*

Uhlemann, Meissner, Butter und *Weinelt* [184] trennen Aluminium vom Chrom durch Extraktion des Aluminiums aus tartrathaltiger Lösung bei pH = 9 durch dreimaliges, 3 min langes Schütteln mit 10 ml 1 %iger Oxin-Lösung in Chloroform. Das Chrom verbleibt in der wäßrigen Phase.

Maskierung mit *Kaliumcyanid*

Durch Zugabe von Kaliumcyanid zur Analysenlösung können folgende Elemente maskiert bzw. aus dem Oxin-Chloroform-Extrakt mit wäßriger Kaliumcyanid-Lösung ausgewaschen werden: Kupfer, Zink, Cadmium, Eisen, Nickel und Kobalt, vgl. S. 293, 308.

Maskierung mit *Kaliumcyanid, Wasserstoffperoxid und Tartrationen*

Aus Kaliumcyanid, Wasserstoffperoxid und Tartration enthaltenden Lösungen ist die Extraktion des Aluminiums in Anwesenheit von Zink, Cadmium, Kupfer, Titan, Zirkonium, Zinn, Vanadium, Chrom, Molybdän, Uran, Mangan, Eisen, Nickel, Kobalt, Niob und Tantal möglich; vgl. S. 293, 308, 310, 315.

Maskierung mit *Kaliumcyanid und ÄDTE bzw. NTE*

Unter Verwendung von Kaliumcyanid und ÄDTE bzw. NTE (Nitrilotriessigsäure) bei pH = 8,5 bis 9 wurden neben dem Aluminium nur noch die Elemente Wismut, Gallium, Indium, Niob, Antimon (III; V), Tantal, Titan, Uran(IV), Vanadium(IV) und Zirkonium mitextrahiert; vgl. S. 293, 310, 311, 315.

Maskierung mit *Kaliumcyanid, Tartrationen und CDTE*

Der Zusatz von Kaliumcyanid und CDTE (1,2-Diamminocyclohexantetraacetat) verhindert die Extraktion des Eisens, Bleis, Kupfers, Wismuts und Magnesiums aus ammoniakalischer, tartrathaltiger Lösung; vgl. S. 293, 310.

Weitere Maskierungsmöglichkeiten

a) Maskierung des Thoriums mit *4-Sulfophenylarsonsäure*; vgl. S. 293, 318.

b) Maskierung des Eisens mit *o-Phenanthrolin, Picolinsäure* und *2,2'-Dipyridyl*; vgl. S. 293, 316, 319, 449.

c) Maskierung des Titans mit *Chromotropsäure*; vgl. S. 309.

d) Maskierung des Urans als *Carbonatokomplex*; vgl. S. 320.

Extraktion mit Acetylaceton

Acetylaceton, ein β-Diketon, bildet mit über 60 Elementen Chelate. Einige dieser Chelate, darunter dasjenige des Aluminiums, können mit organischen Lösungsmitteln, wie Chloroform, Tetrachlorkohlenstoff, Benzol, Xylol, oder durch Acetylaceton selbst als Lösungsmittel extrahiert werden (*Morrison* und *Freiser* [185]; *Steinbach* und *Freiser* [186]; *Starý* und *Hladký* [187]). Der günstigste pH-Wert der Extraktion für das Aluminium ist nach *Steinbach* und *Freiser* der pH-Wert 4, wobei mit Acetylaceton als Lösungsmittel extrahiert wird. *Stene* [188], der Aluminium, Eisen, Beryllium, Cer und Kupfer vom Calcium, Magnesium, Mangan, Titan, Kobalt, Nickel, Zink und Uran trennt, extrahiert bei pH = 4,5 bis 7,5 mit einer Lösung von Acetylaceton in Chloroform. *Miller* und *Chalmers* [189] ziehen Diäthyläther den halogenierten Kohlenwasserstoffen vor und erreichen eine quantitative Abtrennung nach 3maliger Extraktion bei pH = 6 bis 7. Nach Angaben von *Beyermann* [190], der die Abtrennung geringster Chrom-Mengen untersuchte, werden im pH-Bereich 2 bis 10 die Elemente: Lithium, Natrium, Kalium, Magnesium, Calcium, Strontium, Barium, Germanium, Zinn(II), Antimon(III), Silber, Gold, Cadmium, Wolfram(VI), Rhenium(VII), Kobalt(II), Nickel, Ruthenium(III), Rhodium(III) nnd Iridium(IV) nicht extrahiert; sie lassen sich auf diese Weise vom Aluminium trennen. Die Trennung des Chroms vom Aluminium ist nicht ganz quantitativ. Nach *Beyermann* werden in Anwesenheit von Mikrogramm-Mengen an Chrom etwa 0,7 % des Chroms mitextrahiert. Nach Angaben von *Miller* und *Chalmers* läßt sich das Aluminium zur Bestimmung aus der organischen Phase leicht mit 6 n Salzsäure rückextrahieren. Ein Eindampfen der organischen Phase ist zu vermeiden, da hierbei Aluminium-Verluste durch Verflüchtigen des Chelats auftreten. Acetylaceton kann auch zur Abtrennung durch Extraktion der Begleitelemente vom Aluminium benutzt werden, wenn dieses mit Komplex-Bildnern maskiert wird.

Extraktion mit Trifluoracetylaceton und Thenoyltrifluoraceton

Ähnlich wie das Acetylaceton läßt sich auch die *fluorierte* Verbindung zur Extraktion des Aluminiums und dessen Abtrennnng von einigen Elementen verwenden. Nach den Untersuchungen von *Scribner, Treat, Weis* und *Moshier* [191] lassen sich Aluminium, Kupfer und Eisen in acetatgepufferter Lösung bei einem pH-Wert von 4,5 bis 5,5 mit einer 0,1 m Lösung von Trifluoracetylaceton in Chloroform extrahieren. Eine Trennung vom Eisen ist bei einem pH-Wert < 2,1 möglich, das sich im Gegensatz zum Aluminium auch bei pH-Werten < 2,1 extrahieren läßt. Von den untersuchten Elementen werden innerhalb des pH-Wertes von 4,5 bis 5,5 unter einmaliger Extraktion und gleichen Phasen-Volumina etwa 1 % Zink, weniger als 3 % Mangan, etwa 1 % Nickel und etwa 3 % Magnesium extrahiert.

Die Verwendung von *Thenoyltrifluoraceton* zur Extraktion des Aluminiums bietet gegenüber dem Acetylaceton und dem Trifluoracetylaceton keine Vorteile. Nach *Bolomey* und *Wish* [192] erfolgt die quantitative Extraktion des Aluminiums am besten bei pH = 5,5 mit einer 0,02 m Lösung von Thenoyltrifluoraceton in Benzol.

B. Extraktion der Begleitelemente

Auch hier können, wie schon bei den Trennungen durch Fällungsverfahren erwähnt, nur die wichtigsten Methoden behandelt werden. Wie dort muß auf die Kapitel der betreffenden Metalle in den anderen Bänden des Handbuches verwiesen werden.

Extraktion der Chlorokomplexe

Elemente, die in salzsaurer Lösung Chlorokomplexe bilden, lassen sich verhältnismäßig einfach und sicher durch Extraktion vom Aluminium trennen, das selbst keinen Chlorokomplex bildet und deshalb nicht extrahiert werden kann. Leicht als Chlorokomplexe extrahierbar sind folgende Elemente: Antimon(V), Arsen(III), Gallium(III), Germanium(IV), Gold(III), Eisen(III), Quecksilber(II), Selen(IV), Tellur(IV), Chrom(VI), Molybdän(VI), Niob(V), Platin(II), Polonium(II), Protactinium(V), Thallium(III) und Scandium(III). Partiell extrahierbar sind ferner Antimon(III), Arsen(V), Kobalt(II), Indium(III), Vanadium(V), Zinn(II) und (IV). Als organische Lösungs- bzw. Extraktionsmittel werden Äther, Ester, Ketone und Tributylphosphat benutzt. Eine Zusammenstellung über die Extraktionsmöglichkeiten geben *Morrison* und *Freiser* [185], *Doll* und *Specker* [193], *Irving* und *Edgington* [194] sowie *Gotô* und *Kakita* [195].

Abtrennung des *Eisens*

Die Extraktion des Eisens aus salzsauren Lösungen mit Äther wurde schon im Jahre 1892 von *Rothe* [196] beschrieben. Seitdem sind zahlreiche Arbeitsvorschriften zur Abtrennung des Eisens angegeben worden, die sich im wesentlichen durch das angewandte Lösungs- bzw. Extraktionsmittel unterscheiden. Die Vor- und Nachteile verschiedener Lösungsmittel untersuchten *West* [197] sowie *Bankmann* und *Spekker* [198]. Demnach hat die Extraktion mit Äther, wie sie *Rothe*, weiterhin *Ballay* und *Delbart* [199], *Klinkmann* [200] sowie *Malissa* und *Brockmann* [201] benutzen, gegenüber anderen Lösungsmitteln einige Nachteile. Die Löslichkeit in der wäßrigen Phase ist verhältnismäßig groß, und als Folge dieser Löslichkeit vergrößert sich das Volumen der wäßrigen Lösung bis zu 25 %. Außerdem verarmt die wäßrige Phase bei der Extraktion schnell an HCl. Um dies zu verhindern, muß der Äther mit HCl gesättigt werden. Die leichte Verdampfbarkeit des Äthers ist beim Arbeiten unangenehm, und schließlich kann die Bildung von Peroxiden eine Reduktion des 3wertigen Eisens und damit eine unvollkommene Trennung verursachen. Die Verwendung von Diisopropyläther, wie sie von *Dodson*, *Forney* und *Swift* [202] vorgeschlagen wird, ist besser geeignet und wirksamer als Diäthyläther. Dreifache Extraktion aus 7,5 bis 8,0 n salzsaurer Lösung ist zur quantitativen Abtrennung des Eisens ausreichend. *Axelrod* und *Swift* [203] schlagen β,β'-Dichloräthyläther wegen der geringen Löslichkeit von HCl in diesem Medium als Lösungsmittel vor. Die Salzsäure-Konzentration der wäßrigen Lösung soll > 7 n sein. Das Extraktionsvermögen dieses Lösungsmittels ist allerdings geringer; außerdem ist eine Reinigung durch Destillation notwendig. *Elliott* und *Robinson* [204] verwenden ebenfalls β,β'-Dichloräthyläther bei der Extraktion des Eisens in Stählen zur Bestimmung des Aluminiums. *Wells* und *Hunter* [205] fanden, daß durch Extraktion mit Amylacetat 99,6% des Eisens extrahiert werden. Die Zugabe von Schwefel- oder Phosphorsäure begünstigt die Extraktion. Bei der Untersuchung der Extrahierbarkeit verschiedener Elemente fanden die Verfasser, daß Aluminium zu einem geringen Teil mitextrahiert wird, so daß eine quantitative Trennung nicht möglich ist. Die Verwendung von Butylacetat, wie sie zur Abtrennung des Eisens bei der Bestimmung des Aluminiums in Gußeisen und Ferrosilicium von *Clarke* und *Rooney* [206] vorgeschlagen wird, dürfte gegenüber Amylacetat keine Vorteile bringen.

Vorteile und einen günstigen Verteilungskoeffizienten bietet das von *Specker* und *Doll* [207] zur Abtrennung des Eisens benutzte Isobutylmethylketon (4-Methylpentanon-2). Es ist wenig flüchtig, in Wasser wenig löslich und trennt sich, ohne zu emulgieren, schnell von der wäßrigen Phase ab. Die Verteilungszahlen für Eisen(III)-chlorid sind um ein bis zwei Zehnerpotenzen größer als beim Diäthyläther. Ihre Maximalwerte erreichen sie bei Salzsäure-Konzentrationen von etwa 5,5 bis 7 mol HCl/l.

Nach *Doll* und *Specker* [193] ist auch eine Extraktion aus 7 m Lithiumchlorid-Lösung möglich. Dieses Verfahren dürfte gegenüber der Extraktion aus salzsaurer Lösung für die Trennung des Aluminiums von Eisen keine Vorteile bringen. Nach *Bankmann* und *Specker* sind auch Tributylphosphat und Triamylphosphat zur Extraktion des Eisens gut geeignet.

Claasen und *Bastings* [208], die über Schwierigkeiten in der Verwendung von Isobutylmethylketon infolge Emulgierung berichten, schlagen eine Mischung von Isobutylmethylketon und Amylacetat im Verhältnis 2:1 und 1:1 vor. Als günstigste Salzsäure-Konzentration geben sie 7 m an.

Arbeitsvorschriften. Abtrennung zur Bestimmung des Aluminiums und Titans im *Reineisen* nach *Malissa* und *Brockmann* [201]. 10 g Probe werden in einer Rotosil-Schale in 100 ml konz. Salzsäure und 2 ml konz. Salpetersäure gelöst und zur Trokkene eingedampft. Der Rückstand wird mit einigen Tropfen Salzsäure befeuchtet, zur Kieselsäure-Abscheidung 1/2 Std. geröstet, mit 80 ml konz. Salzsäure aufgenommen, mit 40 ml Wasser verdünnt und filtriert. Die Kieselsäure wird mit Flußsäure abgeraucht, der Rückstand mit Kaliumhydrogensulfat aufgeschlossen und die Lösung des Aufschlusses zum Filtrat gegeben. Die Lösung wird auf 30 ml eingeengt und in den Extraktionskolben überführt, indem das Becherglas anteilsweise mit 40 ml Salzsäure (3:1) (etwa 9 m) ausgewaschen wird. In den Kolben werden 200 ml Äther und 2 ml Brom gegeben, 4 Std. extrahiert und der Äther abgetrennt. Nach einer weiteren Trennung mit Ammoniumpyrrolidiniumdithiocarbamidat und Abtrennung des Titans mit Cupferron wird das Aluminium als Oxinat gefällt.

Abtrennung zur Bestimmung des Aluminiums im *Stahl* nach *Elliott* und *Robinson* [204]. 5 g Stahl werden in Salzsäure gelöst und die Lösung mit etwas Salpetersäure oxydiert. Zur Entfernung des Siliciums werden einige Milliliter Flußsäure zugegeben, bis zur Sirupkonsistenz eingeengt, abgekühlt und mit konz. Salzsäure auf 50 ml verdünnt (etwa 9 n an HCl). Nach Überführen in einen Scheidetrichter extrahiert man mit 100 ml β,β'-Dichloräthyläther. Die Extraktion wird noch 2mal mit 50-ml-Anteil des Dichloräthyläthers wiederholt.

Abtrennung nach *Claasen* und *Bastings* [208] für Gehalte < *1 mg Fe*. 20 bis 100 ml der an Salzsäure 7 n Lösung, die bis zu 2,5 m Salpeter- oder Schwefelsäure enthalten kann, wird mit dem gleichen Volumen einer Mischung aus Isobutylmethylketon und Amylacetat im Verhältnis 2:1 oder 1:1 15 sec geschüttelt; es wird die organische Phase, die das gesamte Eisen enthält, abgetrennt.

Für *höhere* Fe-Gehalte. 20 bis 100 ml der an Salzsäure 7 n Lösung, die nicht mehr als 0,5 bis 1 g Eisen je 50 ml enthalten soll, wird mit dem gleichen Volumen der Isobutylmethylketon-Amylacetat-Mischung 15 sec geschüttelt und die organische

Phase abgetrennt. Die Extraktion wird noch einmal mit der gleichen Extraktions-mittel-Menge wiederholt.

Bemerkung. Weitere Arbeitsvorschriften zur Abtrennung des Eisens sind im Kapitel: Photometrische Bestimmungsverfahren enthalten; vgl. S. 301, 302, 324, 344, 347, 374, 375, 407, 420.

Abtrennung des *Galliums* und *Antimons*

In gleicher Weise und unter gleichen Bedingungen wie das Eisen läßt sich auch das Gallium vom Aluminium abtrennen. *Geilmann, Bode* und *Kunkel* [209] extra-hieren das Gallium aus einer 5 bis 6n salzsauren Lösung mit Äther. Zweimalige Extraktion mit dem gleichen Volumen Äther, der vorher durch Schütteln mit 6n Salzsäure an HCl gesättigt wurde. Ebenfalls aus 6n salzsaurer Lösung trennt *Nishi-kawa* [210] das Gallium in Silicaten. *Lacroix* [211] extrahiert aus 5,6n salzsaurer Lösung mit Äther. *Ginsberg* [212] verwendet zur Bestimmung des Galliums und seiner Abtrennung vom Aluminium und Eisen die Extraktion mit Isobutylmethylketon, die derjenigen mit Äther unbedingt vorzuziehen ist. In der Analyse von Antimon-Aluminium-Gallium-Legierungen trennen *Černichov* und *Čerkašina* [213] Gallium und Antimon durch Extraktion mit Butylacetat aus 6n salzsaurer Lösung. Aluminium wird in der wäßrigen Phase komplexometrisch mit Thoriumnitrat-Lösung und Alizarin S als Indikator bei pH = 3,5 bestimmt (siehe S. 227).

Arbeitsvorschrift. 0,05 bis 0,1 g zerkleinertes Material werden unter Erwärmen in 15 bis 20 ml Salzsäure (1:1) (etwa 6 m) und etwas Salpetersäure gelöst. Zur Oxydation des Antimons versetzt man mit einigen Kristallen $KBrO_3$ und extrahiert das Gallium und Antimon 2mal mit dem gleichen Volumen Butylacetats durch 1 min langes Schütteln. Den wäßrigen Auszug dampft man bis zur Trockene ein, löst den Rückstand in 50 bis 60 ml Wasser und bestimmt das Aluminium wie oben angegeben.

Bemerkung. Nach *Edwards* und *Voigt* [214] läßt sich *5wertiges* Antimon aus 6 bis 9n salzsaurer Lösung mit Diisopropyläther extrahieren; dabei werden während der Extraktion etwa 0,2 % zu 3wertigem Antimon reduziert, das nur zu einem Bruch-teil mitextrahiert wird.

Abtrennung des *Molybdäns*

Zur Bestimmung des Aluminiums im Ferromolybdän trennen *Kakita, Sudô* und *Namiki* [215] die Hauptmenge des Eisens und Molybdäns durch Extraktion mit Isobutylmethylketon aus 8n salzsaurer Lösung vom Aluminium.

Extraktion der Bromide und Jodide

Zahlreiche Elemente sind nicht nur als Chloride, sondern auch als Bromide und Jodide extrahierbar.

Nach den Untersuchungen von *Bock, Kusche* und *Bock* [216], welche die Abhän-gigkeit der Verteilung von der *Bromwasserstoff*-Konzentration bestimmen, lassen sich die Ionen und Elemente: Au^{3+}, Ga, In, Tl^{3+}, Sb^{5+}, $Sn^{2+,4+}$ und Fe^{3+} gut mit Diäthyläther extrahieren, die Ionen und Elemente: As^{3+}, Sb^{3+}, Se(IV) und Mo(VI) weniger gut und die Ionen Cu^{2+} und Zn^{2+} nur zu einem sehr geringen Teil. Alle anderen Ionen und Elemente, mit Ausnahme von Tl^+, Ir, Re und Cu^+, sind praktisch nicht extrahierbar; bzw. die extrahierten Mengen sind so gering, daß sie zu vernach-lässigen sind.

Nach *McBryde* und *Yoe* [217] werden aus 2,9n HBr-Lösung mit Isobutylmethyl-keton Gold zu 99 bis 100 %, Eisen zu 54 %, Osmium zu 56 %, Palladium zu 20,5 % und Platin zu 13,5 % extrahiert. Nach *Denaro* und *Occleshaw* [218] lassen sich aus Lösungen, die 2m Ammoniumbromid und 3 bis 3,8m Bromwasserstoffsäure enthalten, extrahieren: Eisen(III) zu 100%, Zinn(II) und (IV) zu 98%, Zink zu 50%. Aluminium wird nach beiden Verfahren nicht extrahiert und läßt sich von einigen dieser Elemente abtrennen. *Hudgens* und *Nelson* [219] trennen auch geringe Mengen Indiums durch Extraktion als Bromid-Komplex mit Isopropyläther vom Aluminium, Gallium und Thallium.

Unter den Ionen, die sich als *Jodid*-Komplexe extrahieren und vom Aluminium trennen lassen, sind Sb^{3+}, Cd^{2+}, Au^{3+}, In^{3+}, Pb^{2+}, Hg^{2+}, Sn^{2+}, Tl^{3+} und geringe Mengen von Tl^+. Teilweise extrahierbar sind die Ionen und Elemente: As^{3+}, Bi, Cu, Mo(VI), Te(IV) und Zn (*Morrison* und *Freiser* [185]). Aluminium wird allerdings in 1,5 m Kaliumjodid enthaltender und 1,5 n schwefelsaurer Lösung zu 0,1 % extrahiert.

Extraktion der Thiocyanate

Einige Elemente bilden mit Thiocyanation extrahierbare Komplexe, die mit organischen Lösungsmitteln, wie Diäthyläther, Pentanol, Butanol, Isobutylmethylketon, Tributylphosphat, extrahiert werden können. Die Extrahierbarkeit hängt stark von der Thiocyanat-Konzentration, dem pH-Wert und der Temperatur ab. Untersuchungen über die Verteilung von Metallthiocyanaten im Diäthyläther bei verschiedenen Thiocyanat-Konzentrationen sind von *Bock* [220] sowie *Fischer* und *Bock* [221] durchgeführt worden. Da Aluminium bereits bei mittleren Thiocyanat-Konzentrationen merklich in die Äther-Schicht übergeht, ist zur Extraktion und Trennung der Begleitelemente vom Aluminium nur der Bereich geringerer Thiocyanat-Konzentration in der Lösung geeignet und ein bestimmter pH-Wert einzuhalten. Bei der erforderlichen Thiocyanat-Konzentration von etwa kleiner 2,0 m lassen sich praktisch nur die Elemente Eisen(III), Gallium(III), Zinn(IV), Titan(III), Zink, Molybdän(V), Indium(III) extrahieren und vom Aluminium trennen.

Abtrennung des *Eisens*

Die Abtrennung des Eisens als Thiocyanat wird von *Aven* und *Freiser* [222] aus schwefelsaurer Lösung (pH ~ 1) bei einer Thiocyanat-Konzentration von etwa 1 m mit Tri-n-butylphosphat durchgeführt. *Babko* und *Nazarchuk* [223] benutzten als Extraktionsmittel eine Mischung aus Butanol und Diäthyläther. *Specker* und *Hartkamp* [224] verwenden eine Mischung aus Tetrahydrofuran und Diäthyläther. Der Verteilungskoeffizient wird dadurch wesentlich vergrößert. Sie extrahieren aus 0,5 bis 3 n salzsaurer 1 bis 4 m Thiocyanat-Lösung. Das Mischungsverhältnis des Äthers zum Tetrahydrofuran betrug 1:1. Nach 2- bis 3maliger Ausschüttelung lassen sich Eisen und Aluminium quantitativ trennen. Eine genaue Arbeitsvorschrift wird nicht angegeben. *Ziegler* und *Glemser* [225] trennen Eisen vom Aluminium durch Extraktion des Eisens als Tributylammoniumhexathiocyanatoferrat(III) mit Isoamylacetat. Mit diesem Verfahren lassen sich aus schwach sauren Lösungen (pH = 1 bis 5) Mengen bis zu 10 mg Eisen durch 2maliges Ausschütteln, bis zu 20 mg Fe durch 3maliges und bis zu 30 mg Fe durch 4maliges Ausschütteln abtrennen.

Arbeitsvorschriften. Abtrennung zur Aluminium-Bestimmung im *Stahl* nach *Aven* und *Freiser* [222]. 3 bis 4 g Stahl werden in verd. Schwefelsäure gelöst, filtriert, 50 ml 3%ige Wasserstoffperoxid-Lösung und Ammoniak (1:1) (etwa 6,5 m) bis zur bleibenden Trübung zugegeben. Die Trübung wird mit einigen Tropfen verd. Schwefelsäure gelöst und die Lösung in einen 500-ml-Scheidetrichter überführt. Nach Zugabe einer Lösung mit etwa 20 g Kaliumthiocyanat und 10 g Ammoniumsulfat wird auf etwa 200 ml verdünnt und mit 100 ml Tri-n-butylphosphat extrahiert. Die Extraktion wird nach erneutem Zusatz von 5 ml 3%iger Wasserstoffperoxid-Lösung mit 50 ml Extraktionsmittel wiederholt. Man filtriert die wäßrige Lösung, versetzt das Filtrat mit 10 ml konz. Schwefelsäure, verdampft bis zum Rauchen und setzt das Abrauchen zur Entfernung der Phosphorsäure mindestens 10 min fort. Nach dem Abkühlen werden nicht extrahierte Eisen-Spuren mit Natronlauge gefällt, abfiltriert und das Aluminium als Phosphat gefällt (siehe S. 176).

Abtrennung des Eisens nach *Ziegler* und *Glemser* [225]. Abtrennung von bis zu *10 mg Eisen*. Zu der nicht zu stark sauren Proben-Lösung gibt man 20 ml 20%ige Alkalithiocyanat-Lösung, 0,5 g Natriumacetat sowie 20 ml Tributylammoniumacetat (siehe unten). Man schüttelt 2mal mit je 25 ml Isoamylacetat.

Abtrennung von bis zu *20 mg Eisen*. Zur Lösung gibt man 20 ml 25%ige Kalium-thiocyanat-Lösung, 0,5 g Natriumacetat sowie 30 ml Tributylammoniumacetat und extrahiert mit 25 ml Isoamylacetat. Die zweite Extraktion wird nach Zugabe von 20 ml 25%iger Kaliumthiocyanat-Lösung und 20 ml Tributylammoniumacetat mit 25 ml Isoamylacetat durchgeführt. Schließlich wird nach Zusatz von 1 ml konz. Salzsäure ein drittes Mal mit 25 ml Isoamylacetat geschüttelt.

Bemerkungen. Herstellung des Tributylammoniumacetats. Eisessig wird mit einem geringen Überschuß an Tri-n-butylamin neutralisiert, das sich als dünne Schicht über dem Acetat absetzt. Gegen Ende der Neutralisation muß gut durchgeschüttelt werden.

Weitere Arbeitsvorschriften enthält das Kapitel: Photometrische Bestimmungs-verfahren; vgl. S. 286, 297, 302, 377, 411, 429.

Abtrennung des *Titans*

Geringe Mengen Calcium, Magnesium und Aluminium im Titan werden von *Gotô* und *Takeyama* [226] bestimmt, indem zunächst die Hauptmenge Titans durch Äther-Extraktion in Gegenwart von Kaliumthiocyanat aus 2n salzsaurer Lösung entfernt wird. Restliches Titan wird vor der photometrischen Bestimmung des Aluminiums mit Oxin durch Natronlauge abgetrennt; Arbeitsvorschrift S. 302.

Abtrennung des *Galliums*

Durch eine 1malige Ausschüttelung trennen *Specker* und *Bankmann* [227] Gallium vom Aluminium, indem sie durch Zusatz von Tetrahydrofuran zum Äther den Verteilungskoeffizient um mehr als eine Zehnerpotenz verbessern. Die besten Tren-nungen erhalten sie durch Extraktion aus 4n schwefelsaurer Lösung, die etwa 1,7 m an Ammoniumthiocyanat ist. Als Extraktionsmittel verwenden sie eine Mischung aus 20 ml Äther und 30 ml Tetrahydrofuran.

Extraktion mit Cupferron

Wie bereits in den Trennungsverfahren durch Fällung, vgl. S. 590 dieses Kapitels, beschrieben, lassen sich mit Hilfe von Cupferron Eisen, Titan, Zirkonium, Wismut, Niob, Tantal, Gallium und Uran in mineralsaurer Lösung (Säure-Konzentration < 1n) fällen und vom Aluminium abtrennen. Da die Metallcupferronate in organi-schen Lösungsmitteln leicht löslich sind, können mit diesem Reagens Extraktions-trennungen ausgeführt werden, die den Trennungen durch Fällung an *Genauigkeit überlegen* sind. Als Extraktionsmittel werden Chloroform, Isobutylmethylketon, Diäthyläther, Äthylacetat, Amylacetat verwendet. Einen Überblick über die pH-Bereiche der Fällung der einzelnen Elemente mit Cupferron geben *Koch* und *Koch-Dedic* [228]. Im allgemeinen können die auf Seite 590 angegebenen Trennungen auch extraktiv durchgeführt werden. Über einige weitere Arbeitsvorschriften wird im folgenden berichtet.

Arbeitsvorschriften. Abtrennung des Eisens, Zirkoniums, Titans und Thoriums in der *Silicatanalyse* nach *Milner* und *Woodhead* [229]. 100 mg feingepulverte Probe mit einem Aluminiumgehalt >5% werden in einem Platin-Tiegel mit 2 g Natrium-peroxid 30 bis 45 min bei 450 bis 500 °C aufgeschlossen. Die abgekühlte Schmelze wird in warmem Wasser gelöst und mit Salzsäure (1:1) (etwa 6 m) gegen Lackmus neutralisiert. Man spült den Tiegel noch mit Salzsäure (D = 1,16) und leitet in die vereinigten Lösungen zur Zerstörung etwa vorliegender Titanperoxid-Komplexe Schwefeldioxid ein. Nach Verkochen des überschüssigen Schwefeldioxids wird mit wenig Salpetersäure (D = 1,42) oxydiert, die Stickstoffoxide verkocht und im Eisbad abgekühlt. Nach Überführung in einen Scheidetrichter extrahiert man mit 20 ml Cupferron-Lösung (siehe unten), trennt die organische Phase ab und wäscht mit 5 ml Chloroform. Die Extraktion wird so lange wiederholt, bis sich die Farbe der organischen Schicht nicht mehr ändert. Anschließend wird 2mal mit je 20 ml reinem Chloroform extrahiert und jeweils mit 5 ml Chloroform nachgewaschen. Aus der wäßrigen Phase werden die Chloroform-Reste durch Kochen entfernt. Aluminium wird nach dem Benzoat-Verfahren (siehe S. 57) gefällt und komplexometrisch bestimmt.

500 mg feingepulverte Probe mit Aluminium-Gehalten < 5 % werden in einem Platin-Tiegel mit Wasser angefeuchtet und mit 5 Tropfen Schwefelsäure (D = 1,84) und 10 ml Flußsäure (40 %ig) abgeraucht. Das Abrauchen wird wiederholt, die Temperatur auf 1000 °C gesteigert und 5 min bei 1000 °C geglüht. Der Rückstand wird mit 1 g Kaliumhydrogensulfat aufgeschlossen, die Schmelze in 30 ml Salzsäure (1 : 1) (etwa 6 m) gelöst und auf 100 ml verdünnt. Mit ein paar Tropfen Salpetersäure wird das Eisen oxydiert und nun wie oben angegeben weiter verfahren.

Cupferronlösung. 10 g Cupferron werden in 250 ml Wasser gelöst, filtriert, in einem Scheidetrichter das saure Cupferronsalz mit Salzsäure (1 : 1) (etwa 6 m) gefällt und mit 400 ml Chloroform geschüttelt. Die organische Lösung wird abgetrennt. Sie ist nicht lange haltbar.

Abtrennung des Zirkoniums in *Zirkonium-Legierungen* nach *Ellinson, Pobedina* und *Mirzojan* [230]

0,2 g Zirkonium-Legierung werden im Platin-Tiegel in 10 bis 15 ml Wasser und 2 bis 3 ml Flußsäure gelöst. Nach Zugabe von 1 bis 2 ml Schwefelsäure (D = 1,84) wird bis zur Trockene eingedampft, die Tiegel-Wand mit 3 bis 5 ml Wasser abgewaschen und erneut eingedampft. Den Rückstand löst man unter Erwärmen in 10 bis 15 ml Wasser sowie 2,8 ml Schwefelsäure (D = 1,84) und füllt auf 100 ml auf. Ein 20 bis 100 mg Zr enthaltender Teil wird mit einer Cupferron-Lösung in Chloroform (15 ml 1,5n Schwefelsäure + 5 bis 20 ml 5 %ige wäßrige Lösung von Cupferron werden mit 10 ml Chloroform 2 min geschüttelt) versetzt und 1 bis 2 min geschüttelt. Die wäßrige Phase wird ein zweites Mal extrahiert, und zwar mit einer Lösung von Cupferron in Chloroform, die durch Extraktion von 15 ml 1n Schwefelsäure und 1 bis 5 ml 5 %iger wäßriger Cupferron-Lösung mit 10 ml Chloroform erhalten wurde. Man schüttelt mit 5 ml reinem Chloroform nach. In der verbleibenden, zirkoniumfreien Lösung können Aluminium, Magnesium, Uran, Zink und Beryllium bestimmt werden.

Bemerkung. Weitere Arbeitsvorschriften zur Trennung mit Cupferron enthalten die S. 233, 249, 303, 312, 340, 374, 376, 380, 383, 391, 409, 410, 423, 434, 441, 442, 446, 448, 449, 471, 499, 500, 502.

Extraktion mit Natriumdiäthyldithiocarbamidat (Na-DDTC)

Zahlreiche Elemente bilden mit Na-DDTC in wäßriger Lösung schwerlösliche Komplexe, die sich mit organischen Lösungsmitteln extrahieren lassen. Eine zusammenfassende Übersicht der Fällung und Extrahierbarkeit geben *Bode* [231] sowie *Koch* und *Koch-Dedic* [232]. Da Aluminium mit Na-DDTC selbst nicht reagiert, ist eine Trennung von den Elementen, die Komplexe bilden, möglich. Auch substituierte Carbamidate, wie Natriumpyrrolidiniumdithiocarbamidat, Diäthylammoniumdiäthyldithiocarbamidat, können zu Trennungen verwendet werden.

Zur Abtrennung störender Elemente, wie Silber, Kupfer, Nickel, Tellur, Wismut, Gold, Cadmium, Kobalt, Eisen, Quecksilber, Mangan, Blei, Antimon, Zinn, Selen, Thallium, Vanadium und Zink, bei der Bestimmung des Aluminiums extrahieren

Miller, Gedda und *Malissa* [233] diese Elemente mit Na-DDTC und Chloroform. Sie verwenden dieses Verfahren zur mikrochemischen Aluminium-Bestimmung in Kupfer-Legierungen.

Arbeitsvorschrift. 1 ml Lösung, entsprechend 1 mg Legierung (pH = 3 bis 4), wird mit 3 ml wäßriger 5%iger Natriumdiäthyldithiocarbamidat-Lösung versetzt und 3mal mit 3 ml Chloroform ausgeschüttelt: Die wäßrige Lösung, die das gesamte Aluminium enthält, wird mit 3n Salzsäure unter Verwendung von Methylrot als Indikator auf pH = 5 gebracht und zur Zerstörung des überschüssigen Carbamidats auf 80 °C erwärmt. Die Bestimmung des Aluminiums erfolgt maßanalytisch mit Oxin nach einer ähnlichen, auf Seite 256 angegebenen, für die Mikrobestimmung modifizierten Methode.

Bemerkungen. Clarke und *Rooney* [234] extrahieren störende Elemente bei der Aluminium-Bestimmung im *Gußeisen und Ferrosilicium* nach Abtrennung der Hauptmenge des Eisens mit Na-DDTC.

Clarke [235] trennt auf diese Weise auch Mangan und Eisen vom Aluminium in der Analyse von *Kupol-Ofenschlacken.*

Noddack, Eckert und *Riedel* [236] extrahieren in einem pH-Bereich von 3 bis 6 bei der Analyse von *Nickel-Legierungen* die Elemente: Nickel, Kobalt, Eisen, Mangan sowie Kupfer und bestimmen in der wäßrigen Phase Aluminium und Magnesium. Die Abtrennung des Vanadiums vom Aluminium führen *Chernikhov* und *Dobkina* [237] durch Extraktion mit Na-DDTC durch.

Rooney [238] untersucht die Fällung und Extraktion des Titans mit Na-DDTC. Das Titan(IV)-diäthyldithiocarbamidat kann nur in einem sehr engen pH-Bereich in unmittelbarer Nähe von pH = 2,0 mit Chloroform extrahiert und auch vom Aluminium getrennt werden.

Nach *Claasen, Bastings* und *Visser* [239] kann Indium durch Extraktion bei pH = 3 bis 5 vom Aluminium getrennt werden. Arbeitsvorschriften zur Extraktion mit Na-DDTC enthält das Kapitel: Photometrische Bestimmungsverfahren; vgl. S. 301, 303, 307, 312, 381, 466, 499.

Extraktion mit Acetylaceton

Wie bereits in diesem Kapitel, S. 604, erwähnt, lassen sich mit Acetylaceton Begleitelemente durch Extraktion vom Aluminium trennen, wenn man das letztere maskiert. Nach *Tabushi* [240] lassen sich in Gegenwart von ÄDTE nur die Acetylacetonate des Berylliums und Urans extrahieren. *Alimarin* und *Gibalo* [241] maskieren Aluminium mit ÄDTE und extrahieren das Beryllium als Acetylacetonat bei pH = 9.

Arbeitsvorschrift. 10 bis 15 ml Probe-Lösung (pH = 4 bis 5) werden in einem Scheidetrichter mit 12 bis 15 ml 0,05m ÄDTE-Lösung, 5 ml 15%iger wäßriger Acetylaceton-Lösung (das Acetylaceton wird durch Schütteln mit verd. Ammoniak gereinigt und fraktioniert) und 2 Tropfen konz. Ammoniak versetzt. Man extrahiert mit 8 ml Tetrachlorkohlenstoff 5 bis 7 min. Die Extraktion wird 2mal mit je 5 ml Acetylaceton-Lösung, 2 Tropfen Ammoniak und 8 ml Tetrachlorkohlenstoff wiederholt.

Arbeitsvorschrift zur Trennung des *Berylliums* vom Aluminium in der Analyse von Bronze. 150 bis 300 mg Bronze werden in 10 bis 15 ml Salpetersäure (1:1) (etwa 7 m) gelöst, zur Trockene eingedampft und der Rückstand in 20 bis 40 ml Wasser gelöst. Man überführt in einen Scheidetrichter, versetzt mit 6%iger ÄDTE-Lösung auf je 100 mg Legierung (Volumen etwa 90 bis 120 ml) und Ammoniak (1:1) (etwa 6,5 m) bis zur schwach ammoniakalischen Reaktion. Nach Zugabe von 3 ml Acetylaceton wird mit 12 ml Tetrachlorkohlenstoff 5 bis 7 min geschüttelt. Die Extraktion wird noch 2mal mit je 3 ml Acetylaceton und 12 ml Tetrachlorkohlenstoff wiederholt.

39*

Extraktion mit Oxin

Auf Grund der unterschiedlichen pH-Bereiche der Extraktion mit Oxin und unter Verwendung von Maskierungsmitteln lassen sich Begleitelemente durch Extraktion mit Oxin-Lösung vom Aluminium abtrennen. So trennen *Alexander* [242], *Moeller* [243] wie auch *Gentry* und *Sherrington* [244] Eisen durch Extraktion als Oxinat bei pH = 2 bis 2,5 vom Aluminium, das in diesem pH-Bereich nicht extrahiert wird. *Kenyon* und *Bewick* [246] entfernen neben Eisen auch Kupfer und teilweise Nickel durch Oxin-Extraktion aus tartrathaltiger Lösung bei pH = 2,8. Nach *Lacroix* [245] ist Galliumoxinat bei pH = 2 mit Chloroform extrahierbar, während Aluminiumoxinat in der wäßrigen Lösung verbleibt. Nach Untersuchungen von *Taylor* und *Furman* [247] verhindert ÄDTE die Extraktion des Aluminiums, Kobalts, Eisens(III), Mangans(II) und Nickels unterhalb pH = 8. Nicht behindert wird die Extraktion von Molybdän, Titan, Wolfram und Uran, die durch 3malige Extraktion quantitativ abgetrennt werden können. Vanadium und Kupfer werden bis zu pH = 8 zu weniger als 95% extrahiert. Zusatz von Calcium erhöht die Extraktion bis zu 95% infolge Komplex-Bildung des Calciums mit überschüssigem ÄDTE. Obzwar Calcium auch Aluminium, Kobalt, Eisen, Mangan und Nickel aus ihren ÄDTE-Komplexen verdrängt, so ist die daraus resultierende Verschiebung des Extraktionsbeginns zu niedrigen pH-Werten nicht so groß, daß dadurch die Extraktion des Kupfers und Vanadiums verhindert wird. *Arbeitsvorschriften* zur Abtrennung enthält das Kapitel: Photometrische Bestimmungsverfahren, S. 283.

Extraktion mit Hydroxychinaldin

Von Bedeutung für die Abtrennung störender Elemente vom Aluminium ist die Extraktion mit Hydroxychinaldin (2-Methyl-8-hydroxychinolin), da es einen großen Reaktionsbereich aufweist, jedoch mit Aluminium keine extrahierbare Verbindung bildet. Es lassen sich durch Extraktion mit 8-Hydroxychinaldin folgende Elemente abtrennen: Mg, Ca, Sr, Sc, Ti, V, Cr, Mo, W, Mn, Fe, Co, Ni, Cu, Zn, Ga, Ag, Cd, In, Tl, Pb, Bi, La, Th und U (*Merritt* und *Walker* [248]; *Phillips*, *Emery* und *Price* [249]; *Motojima* und *Hashitani* [250]; *Hynek* [251]). Eine Übersicht über die pH-Bereiche der Fällung der einzelnen Elemente enthält das Buch von *Koch* und *Koch-Dedic* [252]. Als Lösungsmittel wird vornehmlich Chloroform verwendet.

Durch Extraktion mit 8-Hydroxychinaldin bei pH = 10 trennen *Riley* [253] sowie *Riley* und *Williams* [254] zur Bestimmung des Aluminiums in Mineralien störende Elemente ab (siehe S. 304). *Motojima* und *Hashitani* [255] trennen Titan und Eisen vom Aluminium durch Extraktion bei pH = 5 bis 6. *Arbeitsvorschriften* und Hinweise auf weitere Trennungen sind in dem Kapitel: Photometrische Bestimmungsverfahren, S. 298, 301, 303, 304 angegeben.

Extraktion mit N-Benzoylphenylhydroxylamin

Prinzip. Eisen und Titan lassen sich aus saurer Lösung mit N-Benzoylphenylhydroxylamin extrahieren und vom Aluminium abtrennen. *Žarovskij* [256] wendet diese Methode zur Aluminium-Bestimmung in Eisen-Erzen an und gibt folgende

Arbeitsvorschrift. Die Erz-Probe wird in Salzsäure und einigen Tropfen Salpetersäure gelöst und vom Unlöslichen abfiltriert. Der Rückstand wird mit Soda aufgeschlossen, mit Wasser ausgezogen und die Lösungen vereinigt. Man verkocht die Stickstoffoxide, neutralisiert mit Ammoniak bis zur beginnenden Trübung, bringt mit einigen Tropfen 1n Schwefelsäure wieder in Lösung, setzt 5 ml n Schwefelsäure zu und verdünnt auf 50 ml. Für je 10 mg Fe werden 5 ml 5%iges äthanolisches N-Benzoylphenylhydroxylamin zugegeben und 3- bis 4mal mit je 20 ml Chloroform extrahiert, indem man jedesmal 1 bis 2 ml Reagens-Lösung zugibt. Aluminium kann in der wäßrigen Lösung gravimetrisch oder maßanalytisch bestimmt werden.

Extraktion mit Dibutylammoniumpolysulfid

Prinzip. Durch Extraktion des Indiums mit Dibutylammoniumpolysulfid in Gegenwart von Di-n-butylamin trennt *Ziegler* [257] Indium vom Aluminium.

Arbeitsvorschrift. Die schwach saure Probe-Lösung, welche nicht mehr als 40 mg In enthalten soll, wird mit einem Gemisch aus 10 ml Dibutylammoniumpolysulfid-Lösung (siehe unten) sowie 8 ml Di-n-butylamin versetzt und nach gegebenenfalls notwendigem Abkühlen mit 30 ml Methylenchlorid ausgeschüttelt. Man wiederholt die Extraktion nach Zugabe weiterer 5 ml Dibutylammoniumpolysulfid-Lösung und 2,5 ml Dibutylamin mit 30 ml Methylenchlorid. Zum Schluß wird noch mit 20 ml Methylenchlorid nachgeschüttelt. Die Bestimmung des Aluminiums in der wäßrigen Phase erfolgt nach Ansäuern mit 20 ml konz. Salzsäure, 15 min langem Kochen und Filtration des ausgefallenen Schwefels durch Fällung als Hydroxid.

Dibutylammoniumpolysulfid-Lösung. In ein Gemisch von 130 g Di-n-butylamin, 200 ml Methanol und 32 g Schwefel-Pulver leitet man unter Kühlung Schwefelwasserstoff bis zur Auflösung des Schwefels.

Extraktion mit Diantipyrylmethan

Die Trennung des Eisens vom Aluminium führen *Živopiscev* und *Minin* [258] durch Extraktion mit Diantipyrylmethan (DAM), diejenige des Titans mit DAM und Thiocyanation durch.

Arbeitsvorschrift. Die 5 bis 6n salzsaure Proben-Lösung schüttelt man mit 10 bis 25 ml Chloroform und 0,5 bis 0,7 g DAM, läßt 5 bis 6 min stehen und trennt die Chloroform-Schicht ab. Die Extraktion wird nach Zugabe von 0,2 bis 0,3 g DAM mit 10 bis 15 ml Chloroform wiederholt. Zur Abtrennung des Titans versetzt man die wäßrige Lösung mit 1 g DAM sowie 20 ml 20%iger Ammoniumthiocyanat-Lösung und extrahiert mit 10 bis 15 ml Chloroform. Die Extraktion wird mit 10 ml Chloroform wiederholt.

Extraktion mit Buttersäure

Beryllium läßt sich vom Aluminium nach *Banerjee, Sundaram* und *Sharma* [259] durch Extraktion mit Chloroform in Gegenwart von Buttersäure und ÄDTE abtrennen. Bei der Trennung von 29 mg BeO von 29,7 mg Al_2O_3 setzen sie zur Proben-Lösung 30 ml Buttersäure, 4 ml 10%ige ÄDTE-Lösung und 10 ml gesättigte Kaliumchlorid-Lösung zu. Der pH-Wert wird auf 9,7 eingestellt; man extrahiert 2- bis 3mal mit 50 ml Chloroform.

Extraktion mit 2,2′-Dichinoyl

Gershuns [260] verwendet die Extraktion mit 2,2′-Dichinoyl zur Abtrennung des Kupfers in metallischem Aluminium. Die Extraktion erfolgt mit einer 0,02%igen Lösung von 2,2′-Dichinoyl in Isopentanol bei pH = 5 bis 6, indem das Aluminium mit Weinsäure in Lösung gehalten wird.

Extraktion mit 1-Nitroso-2-naphthol

Zur Abtrennung des Eisens vom Aluminium und Magnesium benutzen *Babko* und *Mikhal′chisin* [261] die Extraktion mit 1-Nitroso-2-naphthol aus einer Lösung von pH = 1,5 nach Zugabe einer Lösung von 1-Nitroso-2-naphthol in Aceton, welche die 1,3fache Menge des zur Fällung des Eisens notwendigen 1-Nitroso-2-naphthols enthält. Nach 10 min langem Schütteln wird mit Chloroform 1 bis 2 min extrahiert. Nach 2 Extraktionen werden erneut einige Milliliter der 1-Nitroso-2-naphthol-Lösung zugesetzt und die Extraktion wiederholt.

Extraktion mit Diacetyldioxim

Bei der Analyse von Rohstählen trennen *Specker* und *Hartkamp* [262] Nickel durch Extraktion seines Diacetyldioxim-Komplexes. Die *Arbeitsvorschrift* ist auf S. 297 angegeben.

§ 13. Trennung durch Elektrolyse an der Quecksilber-Kathode

Die elektrolytische Abscheidung zahlreicher Schwermetalle an einer Quecksilber-Kathode bietet eine Möglichkeit, diese Metalle in einfacher Weise vom Aluminium zu trennen. Bereits 1891 verwendeten *Drown* und *Mac Kenna* [263] das Verfahren zur Bestimmung geringer Gehalte an Aluminium im Stahl. Seitdem ist es immer wieder zur Abtrennung von Begleitelementen bei der Bestimmung des Aluminiums benutzt worden.

An der Quecksilber-Elektrode sind nach *Lundell* und *Hoffman* [264] folgende Elemente abscheidbar: Eisen, Kobalt, Nickel, Chrom, Kupfer, Cadmium, Zink, Molybdän, Wismut, Zinn, Germanium, Silber, Quecksilber, Gold, Rhodium, Palladium, Rhenium, Iridium, Platin, Gallium, Indium, Polonium und Thallium. Da in der Praxis meistens in schwefelsaurer Lösung gearbeitet wird, werden Metalle, die schwerlösliche Sulfate bilden, z.B. Blei, schon vor der Elektrolyse abgetrennt. Die Elemente: Germanium, Mangan, Arsen, Rhenium, Selen, Tellur, Antimon, Blei, Osmium und Ruthenium werden quantitativ (oder teilweise) aus der Lösung abgeschieden, jedoch nicht vollständig von der Quecksilber-Kathode aufgenommen.

Apparative Anordnung

Die Elektrolyse an der Quecksilber-Kathode kann mit einfachen Mitteln ausgeführt werden. So kann man ein 400-ml-Becherglas verwenden, auf dessen Boden sich 40 bis 50 ml Quecksilber als Kathode befinden, die durch einen in eine Glasröhre ein-

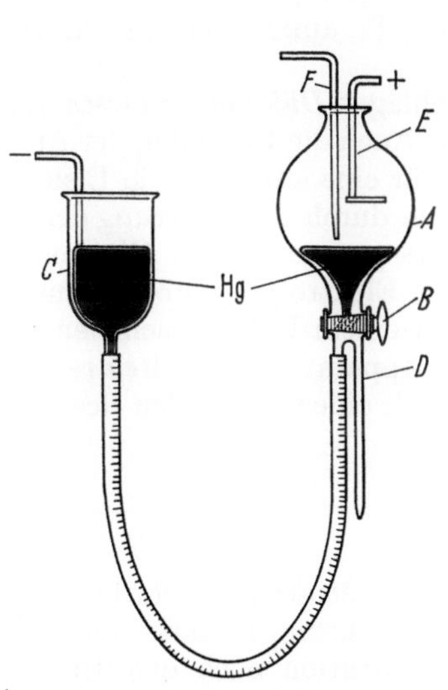

Abb. 32. Quecksilberkathodenzelle nach *Melaven*
A Glasgefäß; *B* Zweiwegehahn; *C* Niveaugefäß; *D* Glasrohr zum Ablassen des Elektrolyten; *E* Platin-Netzelektrode; *F* Einleitungsrohr für Luft, zum Rühren des Elektrolyten und des Quecksilbers

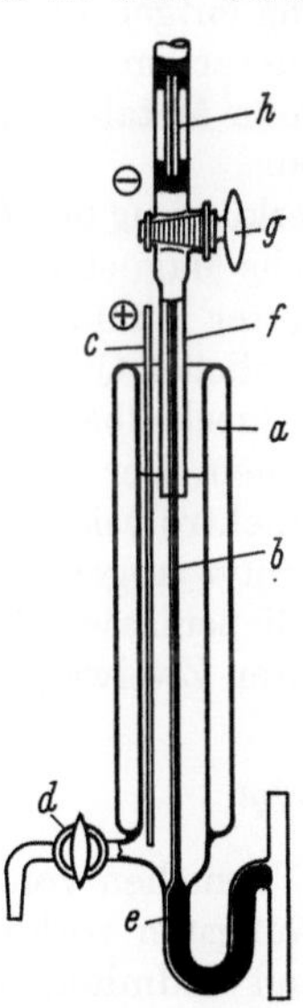

Abb. 33. Draht-Kathodenzelle nach *Lazarević*
a Zellgefäß; *b* Ni-Draht; *c* Platinblechanode; *d* Lösungsabfluß; *e* Quecksilberüberlauf; *f* Kapillare; *g* Hahn zur Kapillare; *h* Kapillare zur Regelung des Quecksilberstroms

geschmolzenen Platindraht mit der Gleichstromquelle verbunden ist. Als Anode kann ein Platin-Blech, eine Platin-Spirale oder ein V2A-Stahl-Draht verwendet werden. Da während der Elektrolyse Erhitzung des Elektrolyten eintritt, kühlt man entweder durch Einstellen des Bechers in Wasser oder mit Hilfe einer kleinen Kühlschlange oder einem Kühlmantel um das Elektrolyse-Gefäß. *Evans* [265] benutzt eine Apparatur, in der die Quecksilber-Kathode bewegt wird. Eine sehr praktische und zweckmäßige Apparatur wird von *Melaven* [266] vorgeschlagen (Abb. 32).

In dieser Apparatur kann die Quecksilber-Kathode über einen 2-Wegehahn und mit Hilfe eines Niveau-Gefäßes aus dem Elektrolyse-Gefäß entfernt werden. Anschließend kann über denselben Hahn der Elektrolyt abgelassen werden. Die Durchmischung des Elektrolyten erfolgt am einfachsten durch Einleiten von Luft.

In einer von *Lazarević* [267] vorgeschlagenen Zelle (Abb. 33) rieselt das Quecksilber an einem senkrecht gespannten, 8 cm langen und 1 mm starken Nickel-Draht herab und bildet so eine Kathodenoberfläche von etwa 2,5 cm². Auf diese Weise erneuert sich die Kathoden-Oberfläche ständig. Diese Zelle ist besonders zur Elektrolyse von wenigen Millilitern Lösung geeignet. Ihre Wirkung ist der *Melaven*-Zelle bei 0,24 A/cm² vergleichbar.

Eine magnetische Quecksilber-Kathode beschreiben *Center*, *Overbeck* und *Chase* [268]. Durch Anbringen eines Poles eines kräftigen Hufeisenmagneten unter der Quecksilber-Kathode, wobei der 2. Pol sich außerhalb des Bereichs der Quecksilber-Fläche befindet, werden einige Vorteile erzielt.

A. Abgeschiedenes Eisen z.B. wird unverzüglich unter die Quecksilber-Oberfläche gezogen, d.h., alle magnetischen Elemente werden einem Angriff des Elektrolyten entzogen.

B. Befindet sich die Strom-Zuführung zur Kathode im Zentrum der Quecksilber-Oberfläche, erfolgt bei Stromfluß eine Rührung, die einer gleichartigen der Elektrolyse-Lösung entgegengerichtet ist und die Kathoden-Oberfläche stets rein erhält.

C. In derart magnetisierten Zellen lassen sich mit geringen Quecksilber-Mengen relativ große Metall-Mengen (35 ml Hg können 10 g Fe aufnehmen) in kurzer Zeit abscheiden.

Zur Verkürzung der Zeitdauer der Elektrolyse schlagen *Dübel* und *Flurschütz* [269] eine einfache Magnet-Rührung des Quecksilbers vor. Auch die Erhöhung der Ampere-Zahl bei guter Kühlung verkürzt die Elektrolyse. Für eine störungsfreie Elektrolyse ist ein reichlicher Quecksilber-Überschuß wichtig, da durch Anreicherung der Amalgame im Quecksilber Änderungen der Abscheidungsspannungen der Elemente eintreten können. Der Elektrolyt wird nach beendeter Elektrolyse unter Stromschluß aus dem Elektrolysier-Gefäß entfernt. Das kann mit einem Heber geschehen, indem der Elektrolyt abgehebert wird oder wie bei der Apparatur nach *Melaven* besser durch Abfließenlassen der Quecksilber-Kathode durch einen am Boden des Gefäßes angebrachten Zweiwegehahn.

Elektrolyt

Nach Versuchen von *Kollock* und *Smith* [270] sowie *Myers* [271] ergibt sich, daß die am häufigsten vorkommenden Metalle, wie Eisen, Chrom, Kobalt, Nickel, Zink, Kupfer und Cadmium, bei 1 n Schwefelsäure-Konzentration noch quantitativ abgeschieden werden. Zur Analyse von Stählen und Legierungen bevorzugt man in der Praxis einen schwach sauren Elektrolyten (etwa 0,1 bis 0,2n) bei einer kathodischen Strom-Dichte von etwa 0,15 A/cm². Nach Angaben von *Bagshawe* und Mitarbeitern [272] soll die Strom-Dichte nicht kleiner als 0,17 A/cm² sein, weil sonst die Abscheidungsgeschwindigkeiten zu gering werden und die Gefahr der Mangan-Abscheidung an der Anode besteht. Nach *Pavlish* und *Sullivan* [273] kann bei der Elektrolyse eisenhaltiger Lösungen auch Perchlorsäure oder Phosphorsäure anwesend sein. Höhere Konzentrationen an Alkali-Salzen sollen nach *Morsing* [274] einen verzögernden Einfluß auf die Abscheidung der Schwermetalle ausüben. Von *Bagshawe* und Mitarbeitern ausgeführte Untersuchungen zeigen jedoch keinen Einfluß von Alkali-Salzen. Ammoniak ist für die Neutralisation saurer Lösungen ungeeignet, da sich Ammonium-Amalgam bildet, das sich an der Quecksilber-Oberfläche vorübergehend absetzt und die Elektrolyse stört.

Anwendungsbereich

An der Quecksilber-Kathode können etwa 10 g Schwermetalle abgeschieden werden, wenn man etwa 50 bis 60 ml Quecksilber verwendet. In vielen Fällen ist jedoch eine Vortrennung zur Entfernung der Hauptmengen an Schwermetallen zu empfehlen. So schlägt *Klinger* [275] vor, bei Stahl-Einwaagen >0,3 g die Hauptmenge Eisens vorher zu extrahieren.

Verhalten des Mangans, Molybdäns und Chroms

Mangan wird unter den üblichen Bedingungen nur teilweise abgeschieden. Es findet intermediär je nach Strom-Dichte auch Bildung von Permangansäure statt, die zur Ausfällung von Mangan(IV)-oxidhydrat führt. Außerdem kommt es, wie schon erwähnt, bei niedrigen Strom-Dichten zur *anodischen* Abscheidung von Mangan(IV)-oxid, die vor allem bei höheren Mangan-Mengen zu Störungen Anlaß gibt. Nach *Lundell* und *Hoffman* wird das Mangan nahezu vollständig an der Kathode abgeschieden, aber von dieser nicht quantitativ aufgenommen.

Auch *Molybdän* wird nicht immer mit Sicherheit quantitativ abgeschieden. Es kann bei zu geringer Säure-Konzentration und zu hoher Strom-Dichte zur Abscheidung von Oxiden des niedriger wertigen Molybdäns kommen, welche nicht wieder in Lösung gehen. Nach den Erfahrungen von *Merrill* und *Russell* [276] sind folgende Bedingungen zur quantitativen Abscheidung des Molybdäns am besten geeignet: 0,6 bis 1,0 A/cm² als Stromdichte, Acidität 1,2 bis 1,4n Schwefelsäure. Es können auf diese Weise unter Anwendung einer rotierenden Anode 0,1 g Molybdän in 50 min abgeschieden werden. *Myers* arbeitet mit kleinerer Strom-Dichte (etwa 0,13 bis 0,18 A/cm²) sowie höherer Schwefelsäure-Konzentration und benötigt zur quantitativen Abscheidung von 0,095 g Molybdän etwa 14 Std.

Die Abscheidung des *Chroms* erfolgt langsamer als diejenige des Eisens. Beobachtete, schwarze Niederschläge auf der Quecksilber-Kathode bei der Abscheidung des Chroms dürften ihre Ursache in der Verwendung von nicht sorgfältig gereinigtem Quecksilber haben. Ammoniumsalze begünstigen ebenfalls die Bildung dieser schwarzen Abscheidungen.

Die Bildung von Molybdän-Verbindungen niedriger Wertigkeit während der Elektrolyse bei der Abscheidung des Molybdäns, die eine Braunfärbung der Lösung verursachen, verringern die Abscheidegeschwindigkeit des Chroms erheblich (*Bagshawe* und Mitarbeiter).

Verhalten von Zinn und Blei

Nach *Parks*, *Johnson* und *Lykken* [278] fallen bei der Verwendung von Schwefelsäure als Elektrolyt unlösliche *Zinn*-Verbindungen aus. Zur Abtrennung des Zinns lösen sie deshalb die Probe in 20 ml Salzsäure (D = 1,19), fügen 2 g Hydroxylammoniumchlorid zu, verdünnen auf 50 ml und elektrolysieren bei einer Stromstärke von 2,5 A oder kleiner 30 min. Dann wird das Amalgam gegen frisches Quecksilber ausgewechselt und weitere 30 min elektrolysiert. Die Elektrolyse wird bis zur vollständigen Entfernung des Zinns in dieser Weise fortgesetzt.

Im Falle des *Bleis* bilden sich, abgesehen von der Fällung als Bleisulfat, in schwefelsaurer Lösung Bleiperoxide, die eine Abscheidung des Bleis verhindern. Die Abscheidung gelingt in 0,3n salzsaurer Lösung, die 2 g Hydroxylammoniumchlorid enthält, bei 5 A und 5 V.

Reinigung des Quecksilbers

Das zur Elektrolyse verwendete Quecksilber sollte so rein wie möglich sein. Die Reinigung des gebrauchten und durch Amalgame verunreinigten Quecksilbers erfolgt nach *Bagshawe* und Mitarbeitern am besten auf folgende Weise:

Nach sorgfältigem Waschen des Quecksilbers mit Wasser zur Entfernung der Säure läßt man zur Trocknung zunächst so viel Wasser wie möglich ablaufen und trocknet den Rest mit Filtrierpapier. Das trockene Quecksilber wird unter leichtem Saugen über eine Glasfilter-Nutsche (Porosität 1) in einen trockenen Kolben filtriert, bis sich eine dünne Schicht von Amalgam auf dem Filter gebildet hat. Das bereits filtrierte Quecksilber wird in den ursprünglichen Kolben zurückgegeben und die Filtration des gesamten Quecksilbers auf die gleiche Weise durchgeführt. Ist die Schichthöhe des Amalgams in der Nutsche bereits so groß, daß die Filtrationsgeschwindigkeit zu langsam wird, muß das Amalgam entfernt werden. Die Reinigung der Nutsche kann mit Königswasser erfolgen. Zur weiteren Reinigung wird das filtrierte Quecksilber noch in ein gehärtetes Papierfilter (Nr. 541), das vorher mit einer Nadel mehrmals durchstochen wurde, filtriert. Zur Aufarbeitung des abgetrennten Amalgams wird dieses destilliert und anschließend über das gleiche perforierte Papierfilter gegeben.

Durchführung der Trennungen

Standardvorschrift

Zur Bestimmung des Aluminiums in Stählen aller Art und in Schwermetall-Legierungen hat sich nach den in der Literatur vorliegenden Erfahrungen folgende **Arbeitsvorschrift** (*VDEh* [277]) bewährt.

Die schwefelsaure bzw. perchlorsaure Lösung, die bis zu 10 g Probegut enthalten kann, wird durch Eindampfen von überschüssiger Säure befreit, so daß nach dem Verdünnen auf etwa 150 ml die Säure-Konzentration $< 0,1$n, höchstens jedoch 0,25n beträgt. Die Lösung, deren Volumen 150 ml überschreiten soll, wird in das Elektrolyse-Gefäß, das 60 ml Quecksilber enthält, gebracht. Die Anode wird so eingestellt, daß sie etwa 8 bis 10 mm von der Quecksilber-Oberfläche entfernt ist und die Kühlung derart eingeregelt, daß die Temperatur der Lösung während der Elektrolyse nicht über 20 °C steigt. Man elektrolysiert mit einer Stromstärke von etwa 16 bis 20 A. Entsteht bei der Elektrolyse Permangansäure, so wird diese durch Zugabe einiger Tropfen 30 %iger Wasserstoffperoxid-Lösung zerstört. Nach Beendigung der Elektrolyse [Tüpfelprobe mit Kaliumhexacyanoferrat(III)-Lösung] wird ohne Unterbrechung der Strom-Zufuhr der Elektrolyt abgehebert oder die Quecksilber-Kathode abgelassen.

Bemerkungen. Zur weiteren Verarbeitung der Lösung muß beachtet werden, daß sie geringe Mengen *Quecksilber* enthalten kann.

Unter den gegebenen Bedingungen beträgt die *Dauer* der Elektrolyse z.B. für 5 g unlegierten Stahl 50 bis 70 min und für Chrom-Nickel-Stahl 80 bis 90 min.

Verfahren in der Eisen- und Stahl-Analyse

Die Trennung durch Elektrolyse mit der Quecksilber-Elektrode in der Stahlanalyse ist von *Podkopajew* [279] zur Bestimmung des Aluminiumoxids, von *Bagshawe* und Mitarbeitern [272], *Hammarberg* und *Phragmén* [280], *Peters* [281], *Rubasch-*

kin und *Gutman* [282], *Muchina* [283], *Dymow* und *Moltschanowa* [284], *Morsing* [274], *Klinger* [275], *Koch* [285], *Pavlish* und *Sullivan* [273], *Shanahan* [286] sowie von der *British Standards Institution* [287] zur Bestimmung des Aluminiums verwendet worden. Aluminium in Sonderwerkstoffen, besonders Magnetlegierungen, bestimmen *Dübel* und *Flurschütz* [269] nach Elektrolyse an der Quecksilber-Kathode. Sie benutzen ein Elektrolyse-Gefäß mit Niveau-Gefäß, das elektromagnetisch gerührt wird. Die Elektrolyse erfolgt aus 0,1 n schwefelsaurer Lösung bei 12 V und etwa 15 A. Sie dauert je nach Einwaage 2 bis 4 Std. Das Aluminium wird anschließend gewichtsanalytisch als Oxinat bestimmt. Zur Abtrennung von Begleitelementen in der Stahl-Analyse gibt *Spauszus* [288] folgende

Arbeitsvorschrift. 0,2 g Späne werden in einem 100-ml-Becherglas in 6 ml Schwefelsäure (1 : 9) (etwa 1,9 m) gelöst, filtriert und das Filtrat, dessen Volumen 40 bis 50 ml betragen soll, in die Elektrolyse-Apparatur gebracht. Man elektrolysiert 45 min bei 4 A. In Anwesenheit von *Chrom* verdoppelt sich die Elektrolyse-Zeit. Ist die Abscheidung der Kationen beendet, so wird ohne Strom-Unterbrechung das Kathodenquecksilber entfernt, das Elektrolysat abgelassen und das Gefäß nachgewaschen. Nach Filtration des Elektrolysats engt man auf 10 ml ein und bestimmt nach einer Natronlauge-Trennung das Aluminium photometrisch mit Eriochromcyanin.

Nichteisenmetall- und Legierungsanalyse

Zur Aluminium-Bestimmung im *Kobalt* wird vom *Chemikerausschuß der GDMB* [289] folgende

Arbeitsvorschrift empfohlen. 0,2 bis 0,5 g Späne werden in einer Platin-Schale in 3 ml Schwefelsäure (1 : 1) (etwa 9,3 m) und 3 Tropfen Salpetersäure gelöst. Nach Abrauchen der Schwefelsäure wird einige Sekunden auf etwa 200 °C erhitzt; man läßt abkühlen und löst mit 30 ml Wasser. Die Lösung wird in das Elektrolyse-Gefäß gegeben und bei einer Strom-Stärke von etwa 3 A elektrolysiert. Nach Filtration des Elektrolysats wird nach einer Natronlauge-Trennung das Aluminium mit Eriochromcyanin bestimmt.

Nach *ASTM* [290] werden *Nickel* und andere Begleitelemente zur Analyse von Nickel für elektronische Zwecke durch Elektrolyse an einer Quecksilber-Elektrode und eine Cupferron-Extraktion abgetrennt.

Arbeitsvorschrift. 0,025 bis 0,15 g Probe werden in 2 ml Salpetersäure (1 : 1) (etwa 7 m) gelöst, mit 2 ml Perchlorsäure versetzt und bis auf ein Volumen von 1 ml eingeengt. Nach Abkühlen wird mit 10 ml Wasser aufgenommen, kurze Zeit gekocht, auf 40 ml verdünnt und filtriert. Das Filtrat überführt man in einen 100-ml-Elektrolyse-Becher, der 30 ml Quecksilber enthält, und elektrolysiert unter Rühren bei 4 bis 5 A, bis die Lösung farblos ist, und noch 10 bis 15 min länger. Man hebert den Elektrolyt ab und wäscht das Elektrolyse-Gefäß mit Wasser. Nach einer anschließenden Cupferron-Extraktion wird das Aluminium photometrisch mit Aluminon bestimmt.

Bemerkungen. Auch bei der gewichtsanalytischen Bestimmung des Aluminiums mit Oxin in *Nickel-Kupfer*-Legierungen empfiehlt *ASTM* [291] die Abtrennung störender Elemente durch Elektrolyse an der Quecksilber-Kathode aus schwefel- oder perchlorsaurer Lösung bei 2 bis 5 A.

Zur *Schnellbestimmung* des Aluminiums in Aluminium-Bronzen als Oxinat verfährt *Gwatkin* [292] nach folgender

Arbeitsvorschrift. 0,25 g Legierung löst man in 10 ml Säure-Mischung [150 ml Schwefelsäure (D = 1,84) und 125 ml Salpetersäure (D = 1,42) in 250 ml] und engt bis zum Rauchen ein. Nach Abkühlen verdünnt man auf etwa 100 ml, überführt in den Elektrolyse-Becher, der 10 ml Quecksilber enthält, und elektrolysiert unter Rühren 40 min bei 5 A.

Holler und *Yeager* [293] arbeiten bei der Analyse von Aluminium- und Mangan-Bronzen in einer *Melaven*-Zelle mit einer 1-g-Einwaage und elektrolysieren 3 Std. bei 1 bis 2 A.

Chirnside, Dauncey und *Proffitt* [294] elektrolysieren in einer von ihnen *entworfenen Apparatur.* Bei einer Einwaage von 2 g benötigen sie 75 min bei 8 A.

Für die Analyse von *Bronzen* und *Chrom-Legierungen* benutzten *Etheridge* [295], *Kar* [296], *Gerke* und *Ljubomirskaja* [297] sowie *Schubin* [298] ebenfalls die Abtrennung mit der Quecksilber-Kathode.

Bei der Analyse von *Ferrosilicium* und *Silicoaluminium* trennen *H.* und *S. Bozon* [299] Eisen und Schwermetalle vom Aluminium.

Nickel, Chrom, Kobalt, Eisen und Molybdän vom Aluminium in *Hochtemperatur-Legierungen* trennen *Cheng* und *Warmuth* [300]. Nach ihren Beobachtungen ist die Abtrennung des Molybdäns und Chroms bisweilen unvollständig.

Weitere Hinweise und Vorschriften finden sich bei *Brophy* [301] zur Analyse von *Aluminium-Legierungen, Craighead* [302] zur Bestimmung des Aluminiums in *Zink-Gußlegierungen* und bei *Ipavic* [303] zur Bestimmung in *Chrom-Nickel-Legierungen.*

Analyse von Erzen und Mineralen

Lapin und *Temjanko* [304] verwenden die Elektrolyse mit der Quecksilber-Kathode zur Abtrennung des Eisens in der Analyse von *Eisen-Erzen.* Aus der salzsauren Lösung des Erzes fällen sie zunächst Eisen und Aluminium als Hydroxide mit Ammoniak und lösen den Niederschlag in 10%iger Schwefelsäure. Die Lösung soll 0,3 bis 0,5 g freie Schwefelsäure in 100 ml enthalten. Sie wird mit einer Spannung von 6 bis 7 V für 2 bis $2^1/_2$ Std. elektrolysiert. Im filtrierten Elektrolysat wird Aluminium als Hydroxid oder Phosphat gefällt und bestimmt.

Zur Abtrennung des Eisens in *Chrom-Erzen* elektrolysiert *Hartford* [305] in der perchlor- und schwefelsauren Lösung. Zur Aluminium-Bestimmung in *Silicaten* entfernen *Herman* und *Sedláčková* [306] störende Metalle durch Elektrolyse; *Barkley* [307] trennt auf diese Weise Eisen zur Analyse von *Phosphaten, Bieber* und *Večera* [308] zur Bestimmung in *Bauxit* und *Nichteisenmetallen* sowie *Yoshino* [309] zur Analyse von *Mangan-Erzen.*

Weitere Arbeitsvorschriften und Hinweise zur Trennung mit der Quecksilber-Kathode enthalten die Seiten: 229, 230, 237, 249, 296, 304, 309, 310, 317, 323, 338, 339, 343, 344, 376, 378, 380, 391, 396, 397, 408, 409, 416, 434, 435, 442, 448, 463, 464, 487, 491, 498, 500, 501, 503.

§ 14. Chromatographische Verfahren

Von den chromatographischen Verfahren zur Trennung der Elemente besitzen vor allem die Ionen-Austauschverfahren in der quantitativen Analyse Bedeutung. Mit Ionen-Austauschern läßt sich eine große Zahl von Elementen in den verschiedensten, auch extrem voneinander unterschiedlichen Konzentrationsbereichen quantitativ trennen. Die säulen-, papier- und elektrochromatographischen Methoden sind für die quantitative, anorganische Analyse von geringerer Bedeutung und in erster Linie auf qualitative Untersuchungen angewandt worden. Da bei diesen Verfahren im allgemeinen nur mit sehr geringen Substanz-Mengen gearbeitet werden kann, ist ihre Anwendung auf solche Aufgaben beschränkt, in denen geringe Mengen der Elemente voneinander getrennt werden sollen. Gaschromatographische Trennverfahren sind nur in einigen speziellen Fällen verwendet worden. Ihre praktische Bedeutung in der anorganischen Analyse ist gering.

Über die Grundlagen des Ionen-Austausches und seine analytische Anwendung unterrichten die Bücher von *Samuelson* [310] und *Inczédy* [311], über Grundlagen und praktische Anwendung der säulen-, papier- und elektrochromatographischen Verfahren die Bücher von *Pollard* und *McOmie* [312], *Cramer* [313] wie auch eine Ausgabe von *Merck* [314] und über die Gaschromatographie die Bücher von *Bayer* [315] und *Keulemans* [316].

A. Ionen-Austauschverfahren

Abtrennung von Elementen der Salzsäure-Gruppe

Für die Elemente der Salzsäure-Gruppe: Silber, Quecksilber(I) und Thallium(I) sind aus der Literatur keine speziellen Trennungsverfahren bekannt. Nach Untersuchungen von *Kraus* und *Nelson* [317] ist die Abtrennung des Silbers und des Thalliums in salzsaurer Lösung an einem Anionen-Austauscher wahrscheinlich möglich. Da die Verteilungskoeffizienten mit steigender Salzsäure-Konzentration abnehmen, muß bei niedriger Salzsäure-Konzentration gearbeitet werden.

Abtrennung von Elementen der Schwefelwasserstoff-Gruppe

Trennung vom *Quecksilber(II)*

Zur Trennung des Quecksilbers von anderen Metallen benutzen *Ubaldini* und *Cassata* [318] dessen Eigenschaft, in salzsaurer Lösung Chlorokomplexe zu bilden, die von einem Kationen-Austauscher nicht aufgenommen werden. Auch die quantitative Trennung vom Aluminium dürfte auf diese Weise möglich sein. Als Austauscher wird ein Kationen-Austauscher Amberlite IR 120 verwendet und die Anwendung einer 0,1n chloridhaltigen Lösung empfohlen. Auf umgekehrte Weise gelingt auch die Abtrennung mit einem Anionen-Austauscher, wobei der Chlorokomplex des Quecksilbers festgehalten wird. Nach *Jentzsch* [319] genügt zur Trennung eine Salzsäure-Konzentration der Analysen-Lösung von 2n. Nach *Fritz* und *Garralda* [320] lassen sich mit Hilfe eines Kationen-Austauschers die Elemente: Quecksilber(II), Wismut(III), Cadmium(II) und Blei(II) selektiv mit Bromwasserstoffsäure eluieren, während andere Elemente, darunter auch Aluminium, vom Austauscher quantitativ festgehalten werden. Sie benutzen eine $1,2 \times 16$-cm-Säule mit Dowex 50W-X8 (100 bis 200 mesh) in der H^+-Form und eluieren nach der Adsorption sämtlicher Kationen zunächst mit 40 ml 0,5m Bromwasserstoffsäure das Quecksilber, dann folgt mit 60 ml das Wismut, mit 100 ml das Cadmium und mit 240 ml das Blei. Die Elution des Aluminiums beginnt erst bei > 200 ml der 0,5m Bromwasserstoffsäure.

Trennung vom *Blei*

Nach *Khopkar* und *De* [321] kann Blei von einem Kationen-Austauscher Dowex 50W-X8 selektiv (Austauscher-Säule $1,4 \times 14,5$ cm) mit m Ammoniumacetat-Lösung eluiert und von Aluminium sowie einigen anderen Elementen getrennt werden. *Tsuchihashi*, *Tsubota* und *Kawase* [322] benutzen zur Abtrennung des Bleis in Gläsern eine Austauscher-Säule mit Amberlite IR 120 ($1,1 \times 10$ cm, 100 bis 120 mesh) in der H^+-Form. Sie eluieren zur Ablösung des Bleis mit 30 ml einer m Ammoniumformiat-Lösung oder 75 ml einer (1:2)-Mischung aus m Ammoniumformiat-Lösung und m Essigsäure. Die Durchfluß-Geschwindigkeit des Eluiermittels betrug 1,5 ml/min. Ebenfalls einen Kationen-Austauscher zur Trennung des Bleis von anderen Elementen verwenden *Fritz* und *Greene* [323]. Bei Benutzung einer Kationen-Austauscher-Säule von $1,2 \times 16$ cm läßt sich Blei mit 150 ml 0,6m Bromwasserstoffsäure selektiv eluieren und vom Aluminium trennen. Die Eluiergeschwindigkeit beträgt 2 ml/min. Das Ausfallen von Bleibromid kann verhindert werden, wenn man die Analysen-Lösung vor dem Aufgeben auf die Säule mit 0,2m Bromwasserstoff-Lösung auf 50 ml verdünnt oder durch Heizen der Säule auf 50 bis 65 °C.

Häufiger werden zum Abtrennen des Bleis vom Aluminium Anionen-Austauscher verwendet und die Fähigkeit des Bleis, einen Chlorokomplex zu bilden, ausgenutzt, der vom Austauscher festgehalten wird, während das Aluminium den Austauscher passiert. Nach *Jentzsch* ist für das Blei schon eine Salzsäurekonzentration von 0,5n ausreichend. Zur Abtrennung des Aluminiums von störenden Kationen empfehlen *Horton* und *Thomason* [324] in Anwesenheit von Blei folgende

Arbeitsvorschrift. Die an Salzsäure 9n Lösung wird über eine Anionen-Austauscher-Säule, die 4,5 ml Dowex-1-Harz enthält und vorher mit 9n Salzsäure gewaschen wurde, aufgegeben. Nach Auswaschen der Säule mit 15 ml 9n Salzsäure wird das Eluat durch Zugabe von Wasser auf eine Molarität von 2 gebracht und auf eine mit 2n Salzsäure gespülte Säule gegeben. Man wäscht mit 15 ml 2n Salzsäure nach und kann nach Entfernung der Hauptmenge Salzsäure durch Einengen Aluminium bestimmen.

Bemerkungen. Nach *Korkisch* und *Arrhenius* [325] wird Blei von einem Anionen-Austauscher Dowex 1×8 in der Nitrat-Form aus einer Lösung, die 90% Eisessig und 10% Salpetersäure enthält, festgehalten, während Aluminium durchläuft.

In *Lot- und Weißmetallen* trennen *Onuki*, *Watanuki* und *Yoshino* [326] mit einem Anionen-Austauscher Diaion SA 100 (100 bis 200 mesh) in der Cl^--Form Aluminium vom Blei, Zinn und Kupfer. Sie arbeiten mit einer 2,5n salzsauren Analysen-Lösung, die 65% Äthanol enthält. Blei, Zinn und Kupfer werden vom Austauscher adsorbiert, während Aluminium nicht aufgenommen wird.

Trennung vom *Cadmium*

Cadmium bildet ähnlich wie Blei einen Chlorokomplex und kann auf die gleiche Weise wie Blei mit einem Anionen-Austauscher vom Aluminium getrennt werden. Nach *Jentzsch* ist eine Salzsäure-Konzentration von 2n erforderlich; nach *Kallmann*, *Steele* und *Chu* [327] beträgt die optimale Salzsäure-Konzentration unter Verwendung eines Anionen-Austauschers der Type Dowex 1 0,12n, wobei die Lösung noch 100 g

Natriumchlorid im Liter enthält. Auch die Neigung des Cadmiums zur Bildung fester Jodid-Komplexe der Form CdJ_4^{2-}, die *Kallmann, Oberthin* und *Lin* [328] zur Trennung des Cadmiums vom Zink benutzen, kann zur Trennung vom Aluminium verwendet werden. Die von *Korkisch* und *Arrhenius* (S. 622) bereits beim Blei erwähnte Trennung vom Aluminium mit einem Anionen-Austauscher in der Nitrat-Form aus essigsaurer und salpetersaurer Lösung kann auch für Cadmium durchgeführt werden.

Wie von *Strelow* [329] durchgeführte Untersuchungen an dem Kationen-Austauscher AG 50W-X8, der aus Dowex 50 hergestellt wurde, zeigten, wird Cadmium aus einer 0,5n salzsauren Lösung von diesem Austauscher nicht absorbiert. Da Aluminium und viele andere Kationen festgehalten werden, ist auf diese Weise eine Trennung des Cadmiums vom Aluminium möglich.

Durch Überführung des Aluminiums in der Lösung mit Sulfosalicylsäure in einen Anionen-Komplex und gleichzeitiger Überführung der Elemente Cadmium, Kupfer, Zink und Nickel mit Äthylendiamin in Kationen-Komplexe kann mit Hilfe eines Kationen- oder Anionen-Austauschers eine Trennung bei definierten pH-Werten von 8, 9 und 10 erreicht werden (*Oliver* und *Fritz* [330]). Die von *Fritz* und *Garralda*, S. 621, zur Abtrennung des Quecksilbers angegebene Methode ist ebenfalls zur Trennung des Cadmiums geeignet.

Trennung vom *Wismut*

Nach *Jentzsch* kann Wismut als Chlorokomplex aus 0,5n salzsaurer Lösung von einem Anionen-Austauscher adsorbiert und vom Aluminium getrennt werden. Auch das von *Korkisch* und *Arrhenius* beim Blei, S. 622, angegebene Verfahren ist anwendbar, ebenso das beim Quecksilber beschriebene nach *Fritz* und *Garralda*, S. 621.

Trennung vom *Kupfer*

Der Chlorokomplex des Kupfers ist nach *Jentzsch* aus 6n salzsaurer Lösung an einem Anionen-Austauscher adsorbierbar. *Horton* und *Thomason* trennen Kupfer vom Aluminium in 9n salzsaurer Lösung. *Hunter* und *Coleman* [331] trennen ebenfalls in 9n salzsaurer Lösung an einem Anionen-Austauscher des Typs Dowex 1 X 8. Die Trennung wird von ihnen zur Analyse von Pflanzen-Aschen verwendet (vgl. S. 382). *Bradford, Pratt, Bair* und *Goulben* [332] arbeiten in 12n salzsaurer Lösung und erreichen dadurch auch eine Abtrennung des *Mangans* vom Aluminium. Zur Bestimmung des Aluminiums und Kupfers in *Gußzink*-Legierungen trennt *Kojima* [333] Aluminium und Kupfer an einer 0,9 × 11-cm-Anionenaustauschersäule Dowex II in der Chloridform (vgl. S. 228). Die Analysen-Lösung, die 1,77n an Salzsäure ist, enthält zur besseren Adsorption 65% Äthanol. Eine 2,5n salzsaure Lösung, die 60% Äthanol enthält, verwenden auch *Onuki, Watanuki* und *Yoshino* (S. 622).

Zur Abtrennung störender Ionen, wie Kupfer, Mangan und Eisen, bei der Bestimmung des Aluminiums im *Serum* verwendet *Seibold* [334], nachdem er Phosphation mit Hilfe eines Kationen-Austauschers in stark salzsaurer Lösung abgetrennt hat, einen Anionen-Austauscher Dowex 1 × 10, der mit 10n Salzsäure vorbehandelt wurde.

Zur Abtrennung des Aluminiums in Kupfer-Legierungen benutzt *Marczenko* [335] einen Kationen-Austauscher (z.B. Wofatit P, Dowex 50 oder SBS), an dem der Sulfosalicylsäure-Komplex des Kupfers in ammoniakalischer Lösung adsorbiert, während derjenige des Aluminiums nicht gebunden wird. Zur Durchführung dieser Trennung ist der stark saure Austauscher Wofatit P am besten geeignet.

Arbeitsvorschrift. Die schwefelsaure Analysen-Lösung wird mit 5 g Sulfosalicylsäure versetzt, mit Ammoniak auf pH = 9 gebracht, auf 100 ml verdünnt und mit einer Durchfluß-Geschwindigkeit von etwa 2,5 ml/min über die Austauscher-Säule gegeben. Die Säule enthält eine etwa 30 Millival entsprechende Menge an Austauscher mit einer Korngröße 0,4 bis 0,7 mm in der NH_4^+-Form. Nach Durchfließen der Probe wäscht man mit ammoniakhaltigem Wasser aus. Eluat und Waschflüssigkeit enthalten das Aluminium.

Bemerkungen. Ebenfalls mit Sulfosalicylsäure trennen *Oliver* und *Fritz* (vgl. S. 623) *Kupfer vom Aluminium.*

Romanov [336] benutzt *Natriumphosphat und Ammoniak* als Komplex-Bildner. Dabei bildet Aluminium einen negativ geladenen Phosphatokomplex, während die Elemente: Kupfer, Zink und Nickel mit Ammoniak positiv geladene Ammin-Komplexe bilden. Setzt man eine solche Lösung über einen Kationen-Austauscher (SBS), so werden diese Elemente adsorbiert, während der Phosphatokomplex des Aluminiums die Säule passiert.

Thiosulfation als Komplex-Bildner für Kupfer verwenden *Ryabchikov* und *Osipova* [337]. Beim Durchlaufen einer Lösung von Kupfer und Aluminium, die Thiosulfationen enthält, durch einen Kationen-Austauscher der Type KU-2 in der Na^+-Form werden die Aluminiumionen zurückgehalten, während die Kupferionen passieren. Wird die Analysen-Lösung jedoch ammoniakalisch oder alkalisch gemacht, kehrt sich der Vorgang um; Kupferionen werden adsorbiert und Aluminiumionen passieren.

Die Trennung 3- und 4wertiger Metalle von den 2wertigen in Form ihrer Tiron-Komplexe führt *Golovatyi* [338] durch. Die stabileren Komplexe der 3- und 4wertigen Elemente werden bei $pH \geq 8$ von einem Kationen-Austauscher nicht adsorbiert, wohingegen die 2wertigen festgehalten werden.

Arbeitsvorschrift. Zur Analysenlösung gibt man so viel 0,05 m Tiron-Lösung, wie zur Bildung der Komplexe des Eisens, Aluminiums, Antimons und Titans nötig ist. Enthält die Lösung Zinn(IV) und Antimon(III), wird kurz aufgekocht. Dann gibt man Ammoniak bis zum Farb-Umschlag von Blau nach Rot zu. Ist die Lösung eisenfrei, wird etwas Eisen zugesetzt. Nach Verdünnen auf 120 bis 150 ml wird die Lösung mit einer Durchfluß-Geschwindigkeit von 3 bis 4 ml/min über eine Kationen-Austauscher-Säule mit SBS oder Wofatit R in der NH_4^+-Form gegeben. Kupfer, Zink, Mangan, Magnesium und Calcium bleiben auf der Säule; Aluminium befindet sich im Effluat.

Die Trennung des Aluminiums vom Kupfer und Eisen gelingt nach *Lenskaya* und *Penkova* [339] durch Eluieren einer Kationen-Säule, die diese 3 Elemente adsorbiert enthält, mit 80 ml 5%iger Natronlauge mit einer Durchfluß-Geschwindigkeit von 8 bis 10 ml/min und anschließendes Auswaschen mit 100 bis 120 ml Wasser.

Trennung vom *Antimon* und *Zinn*

Nach den Angaben von *Jentzsch* lassen sich die Chlorokomplexe des Antimons(III) aus 0,5 n salzsaurer Lösung, diejenigen des Zinn(II) aus 3 n salzsaurer Lösung und diejenigen des Zinn(IV) aus 5 n salzsaurer Lösung von einem Anionen-Austauscher adsorbieren. *Horton* und *Thomason* arbeiten, wie schon bei der Trennung vom Kupfer und Blei angegeben, in 9 n salzsaurer Lösung. Wie Untersuchungen nach *Jentzsch, Frotscher, Schwerdtfeger* und *Sarfert* [340] mit dem Anionen-Austauscher Wofatit L 150 bei der Bestimmung von Indium zeigten, können Zinn und Antimon sowie einige andere Chlorokomplexe in 12,5 n Salzsäure vom Aluminium getrennt werden. *Onuki, Watanuki* und *Yoshino* setzen zur besseren Adsorption der von ihnen verwendeten 2,5 n salzsauren Analysen-Lösung 65% Äthanol zu; vgl. S. 622.

Trennung vom *Molybdän*

Molybdän läßt sich als Chlorokomplex mit Hilfe eines Anionen-Austauschers vom Aluminium trennen. Nach *Hunter* und *Coleman* [331] wird Molybdän bei einer Salzsäure-Konzentration von 0,5 n an durch den Anionen-Austauscher Dowex 1 X 8 aufgenommen. Nach *Bradford, Pratt, Bair* und *Goulben* [332] werden Nickel, Aluminium und Magnesium bei einer Salzsäure-Konzentration von 12n eluiert, das Molybdän dagegen erst mit 1n Salzsäure. Ebenfalls mit 100 ml 12n Salzsäure eluieren *Michaelis, Tarlano, Clune* und *Yolles* [341] bei der Trennung eines Gemisches aus Eisen(III), Kobalt, Molybdän(VI), Aluminium und Nickel an einem Dowex 1 × 2-Anionen-Austauscher zunächst Aluminium und Nickel, mit 90 ml 6n Salzsäure das Kobalt, mit 250 ml 4n Salzsäure das Eisen und schließlich mit 800 ml n Salzsäure das Molybdän.

Zur Trennung des Molybdäns vom Eisen, Aluminium und Calcium benutzen *Moračevskij* und *Gordejeva* [342] eine Anionen-Austauscher-Säule 1,5 × 30 cm des Typs PE-9 in der Nitrat- bzw. Chlorid-Form. Die 1n salpetersaure bzw. 2 Vol.-% Salzsäure enthaltende Lösung wird über die Säule gegeben und mit 150 bis 200 ml Wasser ausgewaschen. Die Trennung ist nicht quantitativ, da nur 97 bis 98% des Molybdäns vom Austauscher zurückgehalten werden.

Trennung vom *Vanadium* (als Element der H_2S-Mitfällung)

Nach Untersuchungen von *Fritz* und *Karraker* [343] lassen sich an einem Kationen-Austauscher adsorbierte Kationen gruppenweise mit verschieden konzentrierten Äthylendiaminperchlorat-Lösungen eluieren. Die Elution 2wertiger Kationen, darunter auch diejenige des VO^{2+}-Ions, ist mit 0,1m Lösung möglich. An einer 16 cm langen Austauscher-Säule von Dowex 50 × 8 oder oder Dowex 50 W × 8 kann das Vanadium mit 160 ml 0,1m Äthylendiammoniumperchlorat-Lösung bei einer Temperatur von 70°C quantitativ eluiert werden. Die Elution des Aluminiums beginnt erst nach einem Durchlauf von 280 ml.

4- und 5-wertiges Vanadium lassen sich nach *Fritz* und *Abbink* [344] durch Elution von einem Kationen-Austauscher mit verd. Schwefelsäure, die 1% oder weniger Wasserstoffperoxid enthält, von Aluminium und zahlreichen anderen Kationen trennen. Als Austauscher-Säule wird eine 1,2 × 6-cm-Säule von Dowex 50 W × 8 (100 bis 200 mesh) in der H^+-Form verwendet. Nach Adsorption der zu trennenden Kationen wird Vanadium selektiv mit 50 ml 1% Wasserstoffperoxid enthaltender 0,01m Schwefelsäure eluiert. Die auf dem Austauscher verbleibenden Kationen können anschließend mit Säure entfernt werden. Zur Eluierung speziell des Aluminiums sind 150 ml 3m Salpetersäure ausreichend.

Unter Anwendung eines kombinierten Anionen- und Kationen-Austauscher-Verfahrens gelingt *de Gelis* [345] die Trennung der Elemente Fe, Cr, V, Ti, Ni und Al voneinander in der Analyse von Stählen. Durch Verwendung kleiner Austauscher-Säulen mit nur 4 bzw. 2 ml Harz werden unhandlich große Lösungsvolumina vermieden.

Arbeitsvorschrift. 10 ml in Königswasser gelöste Probe, entsprechend einer Einwaage von 100 mg, werden mit 3 ml 2n Schwefelsäure bis zur Trockene eingedampft und der Rückstand mit 6 ml konz. Salzsäure aufgenommen. Nach Reduktion des Vanadiums mit 0,01m Hydraziniumsulfat-Lösung (2,5 ml für 5 mg V) und Auffüllen der Lösung auf 10 ml wird diese über eine Säule mit 4 ml Anionen-Austauscher Dowex AG1-X8 gegeben, die mit 7n Salzsäure vorbehandelt wurde, und die Säule 3mal mit je 10 ml 7n Salzsäure ausgewaschen. Das Eluat, welches außer dem Eisen alle übrigen Elemente enthält, wird nach Zugabe einer geringen Menge Schwefelsäure bis zum Rauchen eingeengt, mit 30 ml Wasser aufgenommen und über eine Säule mit 2 ml Kationen-Austauscher Dowex AG 50W-X8 gegeben. Die an der Säule adsorbierten Kationen werden anschließend selektiv nacheinander eluiert, und zwar Chrom mit 2mal 5 ml 0,2n Schwefelsäure, Vanadium mit 15 ml 0,02n Schwefelsäure, die 2% Wasserstoffperoxid enthält, Titan mit 20 ml 2n Phosphorsäure, ebenfalls 2% Wasserstoffperoxid enthaltend, Nickel mit 20 ml 5%iger Ammoniumthiocyanat-Lösung und zum Schluß Aluminium mit 20 ml 2n Salzsäure. In Anwesenheit von Mangan wird dieses zusammen mit dem Nickel eluiert.

Trennung vom *Tellur*

Prinzip. Nach *Strel'nikova* und *Pavlova* [346] läßt sich Tellur an einem Anionen-Austauscher EDE-10 P in der Chlorid-Form aus 6n salzsaurer Lösung quantitativ adsorbieren. Der Aluminium-Bestimmung im Tellur dient die folgende

Arbeitsvorschrift. 0,2 g Tellur werden in 10 ml Salpetersäure (1 : 1) (etwa 7 m) gelöst und auf ein kleines Volumen eingeengt. Man nimmt mit Salzsäure (1 : 1) (etwa 6 m) auf, bringt zur Trockene und wiederholt dies 2- bis 3mal. Den Rückstand löst man in 30 bis 40 ml 6n Salzsäure und gibt die Lösung über eine mit 100 ml 6n Salzsäure behandelte Austauschersäule. Nach Auswaschen mit 6n Salzsäure wird das Aluminium im Eluat mit Aluminon bestimmt.

Abtrennung von Elementen der Ammoniumsulfid-Gruppe

Trennung vom *Zink*

Nach Angaben von *Jentzsch* [319] ist eine quantitative Trennung des Zinks vom Aluminium aus einer 2n salzsauren Lösung möglich. *Miller* und *Hunter* [347] benutzen zur Trennung einen stark basischen Anionen-Austauscher, Amberlite IRA-400.

Arbeitsvorschrift. In ein Glasrohr, 0,7 × 16 cm, füllt man etwa 3 g über Nacht in 2n Salzsäure gequollenen Austauscher vom Typ Amberlite IRA-400 und wäscht mit 20 ml 2n Salzsäure, dann mit 50 ml 0,25n Salpetersäure und wieder mit 50 ml 2n Salzsäure. 5 ml 2n salzsaure Analysen-Lösung, die nicht mehr als 50 mg Zn und nicht mehr als 100 mg andere metallische Elemente enthalten soll, werden auf die Säule gegeben und diese mit 50 ml 2n Salzsäure nachgewaschen. Aluminium befindet sich quantitativ im Eluat.

Bemerkungen. Ebenfalls in 2n salzsaurer Lösung mit dem Anionen-Austauscher Amberlite IRA-400 arbeiten *Amin* und *Farah* [348], *Zvereva* [349], die einen Anionen-Austauscher der Type EDE-10-P benutzt, sowie *Kojima* [350] mit einem Dowex-2-Austauscher, *Hisada* und *Kashikawa* [351] verwenden zur Trennung einen Anionen-Austauscher des Typs Amberlite IRA-410 und adsorbieren aus einer 0,12n salzsauren Lösung, die im Liter *100 g Natriumchlorid* enthält. Die gleiche Säure- und Salz-Konzentration benutzen auch *Kallmann, Steele* und *Chu* [327]. Auch die Methode nach *Hunter* und *Coleman* [331], die bereits bei der Trennung des Kupfers (vgl. S. 623) erwähnt wurde, ist auch zur Abtrennung des Zinks brauchbar.

Die Trennung des Aluminiums und *Zinns* vom Zink in Zink-Legierungen führen *Morozova, Mel'chekova* und *Stepin* [352] in einer 8n salzsauren Lösung und einer 1,0 × 20-cm-Säule mit TM-Anionen-Austauscher durch. Während Zink und Zinn vom Austauscher adsorbiert werden, kann Aluminium mit 100 ml 8n Salzsäure quantitativ ausgewaschen werden.

Einen *Kationen-Austauscher* zur Abtrennung des Zinks vom Aluminium benutzen *Zinzewitsch* und *Adjassewitsch* [353], indem sie die unterschiedlichen Stabilitäten der Tartrat-Komplexe gegenüber dem Austauscher ausnutzen. Während der Zink-Komplex vollständig adsorbiert wird, passiert der Aluminium-Komplex den Austauscher, der in der NH_4^+-Form vorliegen muß.

Auch *Sulfosalicyl- und Oxalsäure* eignen sich zur Zink-Aluminium-Trennung.

Die Abtrennung des Zinks von Aluminium ist nach *Giuffré* und *Capizzi* [354] auch mit *ÄDTE* als Komplex-Bildner möglich. Bei einem pH-Wert von 3,5 wird Zink vom Austauscher aufgenommen, während Aluminium passiert. *Golovatyi* [355] benutzt als Komplex-Bildner eine 5%ige Ammoniumthiocyanat-Lösung, die 0,2n an ÄDTE ist, das, bezogen auf das Aluminium, im 2- bis 3fachen Überschuß verwendet wird. Nach Neutralisation dieser Lösung mit Ammoniak gegen Methylorange wird die Lösung über die Säule gegeben. Aluminium befindet sich im Effluat.

Auch eignen sich die beim *Blei und Kupfer* angegebenen Arbeitsweisen (vgl. S. 622 und 623) nach *Horton* und *Thomason, Golovatyi, Marczenko, Oliver* und *Fritz* sowie *Romanov* zur Abtrennung des Zinks vom Aluminium.

Trennung vom *Mangan*

Die von einem Kationen-Austauscher adsorbierten Ionen können selektiv mit verschiedenen Säuren und unterschiedlichen Säure-Konzentrationen eluiert werden. *Oki, Oki* und *Shibata* [356] beschreiben unter anderem die Abtrennung des Mangans und Magnesiums vom Aluminium in der Silicat-Analyse.

Arbeitsvorschrift. 100 mg Probe werden in bekannter Weise mit Fluß- und Schwefelsäure aufgeschlossen, 20 ml 6n Salzsäure und 3 ml 3%ige Wasserstoffperoxid-Lösung zugegeben und auf 10 ml eingeengt. Nun wird Eisen mit Äther extrahiert, nach der Extraktion auf 1 bis 2 ml eingeengt und mit Wasser auf 20 ml verdünnt. Diese Lösung wird auf eine 1 × 18-cm-Säule mit Amberlite IR 120 (100 bis 150 mesh) gebracht. Zunächst wird mit 160 ml 0,4n Salzsäure das Natrium und mit weiteren 150 ml das Kalium eluiert. Die Elution des Titans erfolgt anschließend mit 70 ml 0,8n Schwefelsäure, diejenige des Mangans und Magnesiums mit 200 ml 0,8n Salzsäure und diejenige des Calciums durch weitere, anteilsweise Aufgabe der 0,8n Salzsäure. Schließlich kann das Aluminium mit 40 ml 4n Salzsäure eluiert werden.

Bemerkungen. Cimerman, Alon und *Mashall* [357] arbeiten mit *ÄDTE* als Komplex-Bildner und trennen Aluminium, Eisen und Kupfer vom Titan, Mangan, Calcium und Magnesium. Sie schlagen folgende Arbeitsweise vor:

Arbeitsvorschrift. 15 ml Lösung, die 5 bis 15 mg Aluminium enthält, werden mit 5%igem Ammoniak neutralisiert (Methylorange). Nach Zugabe von 4 ml 0,1n Salzsäure wird die Lösung in der Siedehitze mit 0,05m ÄDTE-Lösung versetzt, bis ein geringer Überschuß vorliegt, einige Minuten zur Komplex-Bildung gekocht und anschließend mit Ammoniak neutralisiert. Man setzt 2 ml 0,01m Zinksulfat-Lösung und so lange 0,1n Salzsäure zu, bis die Farbe der Lösung von Gelb nach Orange umschlägt. Diese Lösung wird mit einer Durchfluß-Geschwindigkeit von etwa 8 ml/min über eine 2 × 30-cm-Säule Amberlite IR-120 in der NH_4^+-Form gegeben und mit 200 bis 230 ml Wasser nachgewaschen. Das Aluminium befindet sich im Eluat.

Die zur Trennung vom *Zink*, S. 626, und zur Trennung vom Kupfer, S. 623, angegebenen Methoden nach *Golovatyi, Hunter* und *Coleman, Seibold* sowie *Marczenko* sind auch zur Abtrennung des Mangans vom Aluminium geeignet.

Trennung vom *Eisen*

Prinzip. Eisen läßt sich ebenso wie die anderen Chlorokomplexe bildenden Elemente mit einem Anionen-Austauscher abtrennen (*Kraus* und *Moore* [358]; *Kraus* und *Nelson* [359]; *Horton* und *Thomason* [324]; *de Gelis* [345]; *van Loon* [360]; *Ellington* und *Stanley* [361]; *Fitzek* und *Stegemann* [362]; *Jentzsch* [319]; *Jentzsch* und *Pawlik* [363]). Nach Angaben der meisten dieser Autoren ist eine quantitative Trennung des Eisens vom Aluminium aus 7 bis 9n salzsaurer Lösung möglich. Bei Erhöhung der Temperatur der Lösung während des Austausches auf 80° ist nach *Blasius* und *Negwer* [364] bereits eine Salzsäure-Konzentration von 3 bis 4n zu einer Trennung ausreichend. Nach Angaben von *Bok* und *Schuler* [365], die eine 1,5 × 28-cm-Säule mit Amberlite IRA-400 benutzen, wird Eisen quantitativ adsorbiert, wenn die Salzsäure-Konzentration > 5n beträgt.

Gilferich [366], der diese Methode zur Trennung des Aluminiums in *Aluminium-Eisen-Legierungen* anwendet, verfährt nach folgender

Arbeitsvorschrift. 0,5 g Probe, die 5 bis 20% Al enthält, werden unter Erwärmen in Königswasser gelöst, 4mal mit Salzsäure (1 : 1) (etwa 6 m) zur Trockene abgeraucht und der Rückstand in 20 ml 8n Salzsäure gelöst. Die Lösung gibt man auf eine etwa 2,5 × 23-cm-Säule von Dowex 1 (200 bis 400 mesh), die zunächst mit 100 ml

40*

5- bis 10%iger Salpetersäure behandelt, ausgewaschen und schließlich mit 8n Salzsäure behandelt wurde. Man eluiert mit 8n Salzsäure bei einer Durchlauf-Geschwindigkeit von 1,5 bis 2 ml/min, bis das Eluat ein Volumen von 450 bis 500 ml erreicht
hat. Nach Eindampfen des Eluats zur Trockene wird zur Zerstörung organischer
Substanz erneut mit 20 ml Salpetersäure zur Trockene eingedampft. Nach Aufnehmen mit 20 ml Salzsäure (1:1) (etwa 6 m) kann in der Lösung das Aluminium
mit Ammoniak gefällt und bestimmt werden.

Bemerkungen. Kulčičkyj und *Švacha* [367] verfahren ähnlich wie *Gilferich*, verwenden aber einen *Anionen-Austauscher der Type OAL* (wahrscheinlich ein tsche-
chisches Erzeugnis).

Eine Salzsäure-Konzentration von *10,5n* und einen Dowex-1X8-Austauscher verwenden *Yoshimura* und *Waki* [368] in der Analyse von Silicaten zur Abtrennung des
Aluminiums vom *Eisen, Mangan und Titan.*

Mit einem Anionen-Austauscher Dowex 1 X 4 und einer Salzsäure-Konzentration
von 9n arbeiten *Wilkins* und *Hibbs* [369] zur Trennung des Aluminiums vom Eisen
in *Alnico*-Legierungen.

Zur Trennung des *Calciums* und Aluminiums vom Eisen in der Kalk-Analyse
trennen *Samuelson* und *Sjöberg* [370] zunächst Eisen und Aluminium mit einem
Anionen-Austauscher in der Citrat-Form, indem Eisen und Aluminium festgehalten
werden und Calcium durchläuft. Aluminium kann anschließend selektiv mit konz.
Salzsäure aus der Säule eluiert werden.

Arbeitsvorschrift. Die Austauscher-Säule, Abb. 34, die mit dem Anionen-Austauscher Dowex 2 beschickt ist, wird mit 300 ml m Citronensäure-Lösung vorbehandelt und mit 200 ml Wasser gewaschen. Die schwach saure
Analysen-Lösung wird auf die Säule gegeben und läuft durch
das Rohr B ab. Man wäscht mit etwa 300 ml Wasser (2 ml/min),
bis kein Calcium mehr im Durchlauf erscheint. Durch den
Trichter C wird von unten konz. Salzsäure durch die Säule
nach A gedrückt. Nun bringt man 75 ml konz. Salzsäure in
den Trichter A, vermischt dessen Inhalt und läßt die Lösung
wieder durch das Rohr B ausfließen. Die Säule wird noch mit
konz. Salzsäure gespült, bis das Aluminium quantitativ entfernt ist, wozu etwa 75 ml ausreichen. In der Lösung muß vor
der Aluminium-Bestimmung die Citronensäure durch Abrauchen mit Schwefelsäure entfernt werden.

Bemerkung. Zur Trennung des Eisens vom Aluminium
verwendet *Gera* [371] einen Anionen-Austauscher Lewatit MN
in der *Arsenit-Form.*

Arbeitsvorschrift. Die Austauscher-Säule 1,1×15 cm mit
Lewatit MN (Korngröße 0,3 bis 0,5 mm) in der Chlorid-Form
wird zunächst mit 70 ml 2n Natriumarsenit-Lösung, – neutralisiert mit 2n Salpetersäure –, behandelt und bis zum Verschwinden der Arsenit-Reaktion ausgewaschen. Die Analysen-
Lösung wird auf 50°C erhitzt, 8 ml 20%ige Hydroxylammoniumchlorid-Lösung zugegeben und 15 min auf dem Wasserbad belassen. Man gibt Ammoniumacetat-Lösung im Überschuß und 10 ml 0,5%ige 2,2′-Dipyridyl-Lösung in 0,2n Salzsäure hinzu. Der pH-Wert der Lösung soll jetzt 5,5 betragen.

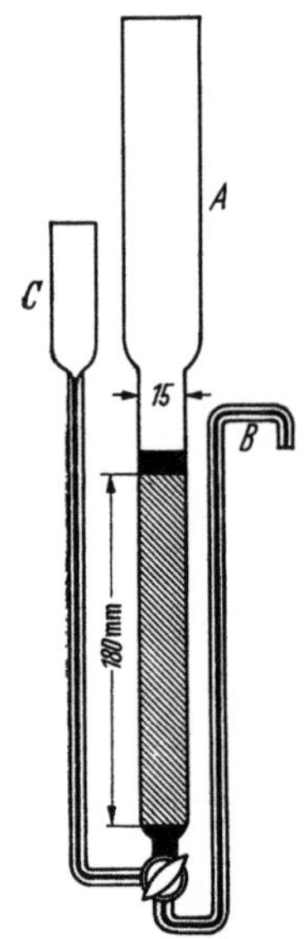

Abb. 34. Austauschersäule
für die Trennung des Cal-
ciums und Aluminiums von
Eisen nach *Samuelson* und
Sjöberg

Die Lösung wird über die Säule gegeben und mit 1%iger Ammoniumacetat-Lösung
so lange gewaschen, bis die rote Farbe des Eisen(II)-Komplexes ausgewaschen ist.
Aluminium kann anschließend mit 40 ml 2n Salzsäure eluiert werden.

Bemerkung. Teicher und *Gordon* [372] überführen das Eisen zunächst in den
Thiocyanatokomplex und geben die Lösung anschließend über eine Austauscher-

Säule mit dem Anionen-Austauscher Amberlite IRA-400. Der anionische Thiocyanatokomplex des Eisens wird dabei vom Austauscher adsorbiert, während das Aluminium hindurchläuft. Die Verfasser geben folgende allgemein anwendbare

Arbeitsvorschrift. Die Austauscher-Säule $1,3 \times 25$ cm, die den Austauscher in der Cl^--Form enthält, wird vor der Aufgabe der Analysen-Lösung mit 50 ml 0,3 m Ammoniumthiocyanat-Lösung, die mit Salzsäure auf pH = 1,0 gebracht wurde, behandelt. 25 ml Analysen-Lösung, die bis zu 2 mg Eisen und bis zu 80 mg Aluminium enthalten kann, werden mit dem gleichen Volumen 3,0 m Ammoniumthiocyanat-Lösung versetzt und auf pH = 1 gebracht. Diese Lösung wird mit einer Durchfluß-Geschwindigkeit von 8 bis 10 ml/min über den Austauscher gegeben und anschließend 20mal mit 10-ml-Anteilen 0,3 m Ammoniumthiocyanat-Lösung ausgewaschen. Aluminium kann in den vereinigten Eluaten direkt durch Fällung als Aluminiumhydroxid bestimmt werden.

Bemerkungen. In einer späteren Arbeit [373] übertragen die Verfasser diese Arbeitsweise auf die Trennung von *Mikrogrammengen.*

Die Abtrennung *großer* Mengen an Eisen vom Nickel, Kobalt und Aluminium erreichen *Korkisch* und *Ahluwalia* [374] unter Benutzung eines Kationen-Austauschers Dowex 50 X 8. Eisen wird aus einer Mischung, die 80 % Tetrahydrofuran und 20 % 3 n Salzsäure enthält, nicht adsorbiert, während Nickel, Kobalt und Aluminium festgehalten werden. Die Verfasser benutzen eine Austauscher-Säule von 1×10 cm, die mit einer Waschlösung von 80 Vol.-% Tetrahydrofuran und 20 Vol.-% 3 n Salzsäure gewaschen wurde. Nach Durchsatz der Analysen-Lösung, welche die gleiche Zusammensetzung wie die Waschlösung besitzt, wird mit 40 bis 50 ml Waschlösung nachgewaschen. Mit etwa 50 ml einer Lösung von 90 Vol.-% Tetrahydrofuran und 10 Vol.-% 6 n Salzsäure kann anschließend das Kobalt eluiert und vom Nickel und Aluminium getrennt werden. Die Elution des Nickels und Aluminiums erfolgt mit 6 n Salzsäure.

Nach Untersuchungen von *Fritz* und *Rettig* [375] sind die Unterschiede der Verteilungskoeffizienten in Aceton-Wasser-Salzsäure-Lösungen größer als in salzsauren Lösungen. Bei Verwendung dieser salzsauren Aceton-Lösungen sind eine Reihe von Trennungen möglich. So lassen sich an einer Austauscher-Säule $1,2 \times 12,5$ cm mit Dowex 50W-X8 (100 bis 200 mesh) adsorbierte Eisen- und Aluminiumionen selektiv eluieren und abtrennen. Eisen wird zuerst mit 35 ml einer Mischung aus 80 % Aceton enthaltender 0,5 n Salzsäure oder 45 ml 60 %iger acetonischer 0,5 n Salzsäure eluiert. Aluminium kann anschließend mit 125 bzw. 150 ml 3 n Salzsäure quantitativ aus der Säule entfernt werden.

Die *selektive* Elution des Eisens von einer Säule mit Amberlite IR-120, die Eisen und Aluminium adsorbiert enthält, gelingt nach *Kakihana* und *Kojima* [376] mit einer Lösung, die 0,1 n an Kaliumjodid, 0,15 n an Kaliumchlorid sowie 0,2 n an Salzsäure ist und das Eisen zur 2wertigen Stufe reduziert. Dabei sich bildendes Jod stört die Elution nicht. Für 3 Milliäquivalente Eisens werden zur Elution etwa 500 ml Lösung benötigt. Das auf der Säule zurückbleibende Aluminium kann mit 2 n Salzsäure abgelöst werden.

Die Trennung des Eisens von Aluminium und einigen anderen Elementen kann nach *Golovatyi* [377] mit einem Kationen-Austauscher in der H^+-Form durchgeführt werden, wenn das Eisen mit *ÄDTE* komplex gebunden wird. Aluminium und die anderen Elemente, wie Mangan, Magnesium, Kupfer, Nickel und Barium, werden vom Austauscher adsorbiert, während der Eisen-Komplex hindurchläuft. Als Austauscher verwendet *Golovatyi* eine Säule (1,2 cm ⌀), die mit 10 g Wofatit gefüllt ist. Der etwa 0,01 n salzsauren Analysen-Lösung werden vor dem Durchsatz 4 bis 5 Tropfen 10 %ige Kaliumthiocyanat-Lösung zugegeben und die Lösung bis zum Verschwinden der Rotfärbung mit 0,1 n ÄDTE-Lösung versetzt. Die Durchfluß-

Geschwindigkeit der Lösung betrug 3 bis 4 ml/min Aluminium und die übrigen Elemente können anschließend mit 3 n Salzsäure eluiert werden.

Zur Trennung des Eisens vom Aluminium verwenden *Specker* und *Hartkamp* [378] als Kationen-Austauscher *Alginsäure*, die Eisen selektiv adsorbiert. Für Gehalte < 100 mg benutzen sie eine 0,8 × 30-cm-Säule, für höhere Gehalte eine 1,2 × 42-cm-Säule mit Alginsäure (Korngröße: Siebfraktion DIN 20). Die abgemessenen Analysen-Lösungen wurden auf 100 ml verdünnt, auf $pH = 2$ eingestellt und mit einer Durchlauf-Geschwindigkeit von 1 ml/min über die Säule gegeben. Eluiert wird mit 0,02 n Schwefelsäure (300 bis 500 ml) und einer Durchfluß-Geschwindigkeit von 4 ml/min. Ebenfalls an Alginsäure trennen *Takahashi* und *Emura* [379] Eisen(III), Aluminium und Kupfer. Sie verwenden eine 1 × 42- oder 60-cm-Säule mit Alginsäure (60 bis 90 mesh).

Die Trennung von 50 bis 100 mg Metallionen erfolgt durch aufeinanderfolgende Elution mit verd. Schwefelsäure. Zur Trennung des Aluminiums vom Eisen(III) wird Aluminium mit etwa 200 ml 0,04 n Schwefelsäure und Eisen anschließend mit 300 ml 0,1 n Säure eluiert.

Praktische Bedeutung dürften diese Trennungsmethoden kaum haben. Auch die Methoden, die bereits bei der Trennung des Kupfers, S. 623, des Zinks, S. 626, des Mangans, S. 627, und des Molybdäns, S. 624, von *Horton* und *Thomason*, *Seibold*, *Hunter* und *Coleman*, *Bradford*, *Pratt*, *Bair* und *Goulben*, *Lenskaya* und *Penkova* sowie *Michaelis*, *Tarlano*, *Clune* und *Yolles* behandelt wurden, sind zur Abtrennung des Eisens geeignet. Weitere Hinweise und Arbeitsvorschriften sind auf den Seiten 231, 236, 305, 340, 382, 391, 395, 423, 436, 508 zu finden.

Trennung vom *Nickel*

Eine Nickel-Aluminium-Trennung beschreiben *Michaelis*, *Tarlano*, *Clune* und *Yolles* [341] nach vorausgegangener, gemeinsamer Abtrennung des Nickels und Aluminiums von anderen Elementen durch Anionen-Austausch (S. 625). Das Eluat aus dem Anionen-Austauscher wird bis auf 10 ml eingeengt, mit Ammoniak neutralisiert, wieder schwach angesäuert und auf einige 100 ml verdünnt. Diese Lösung wird mit einer Durchfluß-Geschwindigkeit von 2 ml/min über eine Säule 1,5 × 57,5 cm mit dem Kationen-Austauscher Dowex 50 X 8 (100 bis 200 mesh) in der H^+-Form, der mit dest. Wasser gewaschen ist, gegeben. Eluiert wird das Nickel mit 1,5 n Salzsäure. Nach 130 ml erscheinen die ersten Anteile; nach 255 ml ist die Elution des Nickels beendet. Nach Durchsatz von 280 ml erscheint das Aluminium und ist nach 475 ml vollständig aus der Säule entfernt.

Weitere Trennungsmethoden, die sich auch zur Abtrennung des Nickels vom Aluminium eignen, sind die Verfahren nach *Romanov*, S. 624, *Marczenko*, S. 623, *Oliver* und *Fritz*, S. 623, und *de Gelis*, S. 625.

Trennung vom *Kobalt*

Prinzip. Kobalt bildet in salzsaurer Lösung einen Chlorokomplex und kann mit einem Anionen-Austauscher vom Aluminium getrennt werden. *Hunter* und *Coleman* [331] geben die an Salzsäure 9 n Lösung auf eine Austauscher-Säule mit Dowex 1 X 8 und eluieren mit 9 n Salzsäure das Aluminium. Kobalt kann anschließend mit 5 n Salzsäure eluiert werden. *Bradford*, *Pratt*, *Bair* und *Goulben* [332] arbeiten mit 12 n Salzsäure und eluieren das Kobalt mit 4,5 n Salzsäure.

Zur Trennung des Kobalts vom Aluminium und Nickel in *Alnico*-Legierungen verfahren *Wilkins* und *Hibbs* [369] nach folgender

Arbeitsvorschrift. Die durch Elektrolyse vom Kupfer befreite Lösung (1 g Probe) wird nach Zugabe von 3 ml 30%iger Wasserstoffperoxid-Lösung auf 4 bis 5 ml eingeengt, mit 9 n Salzsäure in eine Austauscher-Säule 1 × 35 cm mit Dowex 1 × 4 (100 bis 150 mesh) in der Chlorid-Form gegeben und mit 9 n Salzsäure gewaschen.

Man eluiert zunächst mit 2 Säulenvolumina 9n Salzsäure und dann so lange mit 4n Salzsäure, bis die durch Kobalt hervorgerufene, blaue Bande nur noch 5 cm vom Säulen-Boden entfernt ist. Anschließend wird das Kobalt mit 4n Salzsäure eluiert.

Bemerkung. Zur Trennung und Bestimmung vom Aluminium und Kobalt nutzen *Giuffré* und *Capizzi* [380] die unterschiedliche Stabilität der *ÄDTE*-Komplexe der beiden Elemente im pH-Bereich von 1 bis 2. Zur Bildung des Kobalt-Komplexes wird das Kobalt(II)-ion mit Wasserstoffperoxid oxidiert. Die Methode ist zur Analyse metallorganischer Katalysatoren verwendet worden.

Arbeitsvorschrift. Nach der nassen Veraschung des Katalysators mit konz. Schwefel- und Salpetersäure wird der Rückstand in Wasser aufgenommen und mit so viel 0,1 m ÄDTE-Lösung versetzt, daß, entsprechend der vorliegenden Kobalt-Menge, ein Überschuß von 50 % gewährleistet ist. Man stellt anschließend auf pH = 2 ein, fügt 5 bis 10 ml 6 %ige Wasserstoffperoxid-Lösung zu, bringt zum Sieden und beläßt noch 2 min auf dem siedenden Wasserbad. Nach dem Abkühlen verdünnt man auf etwa 150 ml, stellt mit 0,5n Salzsäure auf einen pH-Wert von 1, gibt die Lösung über eine 1 × 20-cm-Kationen-Austauscher-Säule und wäscht mit Wasser nach. Aluminium verbleibt quantitativ auf der Säule und kann mit 4n Salzsäure eluiert werden.

Bemerkung. Auch die Methoden von *Korkisch* und *Ahluwalia*, S. 629, *Horton* und *Thomason*, S. 622, sowie *Michaelis*, *Tarlano*, *Clune* und *Yolles*, S. 630; sind zur Abtrennung des Kobalts geeignet.

Trennung vom *Chrom*

Eine Trennung des Aluminiums vom Chrom, die auf der unterschiedlichen Tendenz zur Bildung anionischer Komplexe mit Thiocyanationen beruht, beschreiben *Pentscheff* und *Evtimova* [381]. Mengen von etwa 1 bis 5 mg Al neben etwa 0,5 bis 9 mg Cr können auf diese Weise mit einem maximalen *Fehler* von 0,01 mg Al bzw. 0,03 mg Cr getrennt und bestimmt werden.

Arbeitsvorschrift. Die Analysen-Lösung wird mit einem Überschuß an 5 %iger Ammoniumthiocyanat-Lösung versetzt und auf dem Wasserbad zur Trockene eingedampft. Man nimmt mit Wasser auf und gibt die Lösung mit einer Durchfluß-Geschwindigkeit von 0,5 ml/min über eine Kationen-Austauscher-Säule 0,7 × 6 cm in der H⁺-Form. Die Verfasser benutzten als Austauscher den Kationiten KPS. Nach Auswaschen der Säule mit 30 ml Wasser engt man das Eluat unter Zusatz von Salpetersäure bis fast zur Trockene ein und bestimmt das Chrom maßanalytisch. mit ÄDTE. Aluminium kann mit 35 ml 2n Salzsäure eluiert werden.

Bemerkung. Nach *Golovatyi*, S. 626, läßt sich Chrom mit einem Kationen-Austauscher in Gegenwart von ÄDTE bei *pH = 4,4* vom Aluminium trennen. Auch die von *de Gelis*, S. 625, angegebene, kombinierte Austauscher-Methode ist zur Abtrennung des Chroms geeignet.

Trennung vom *Titan*

' Obzwar Titan einen verhältnismäßig instabilen Chlorokomplex bildet, kann der Komplex in stark salzsaurer Lösung an einem Anionen-Austauscher vom Aluminium getrennt werden. Diese Eigenschaft benutzen *Yoshimura* und *Waki* [368]. Sie geben die 10,5n salzsaure Lösung über einen Anionen-Austauscher Dowex 1 X 8 (50 bis 100 mesh) und eluieren zunächst das Aluminium mit 10,5n Salzsäure und anschließend das Titan mit 6n Salzsäure.

Zur Analyse von Kohle-Aschen eluieren *Ellington* und *Stanley* [361] Natrium, Kalium, Titan und Aluminium selektiv von einer Kationen-Austauscher-Säule 1 × 40 cm, Amberlite IR-120, mit 0,4n Salzsäure und einem 5 %igen Citrat-Puffer von pH = 3. Beim Waschen mit der 0,4n Salzsäure enthält der Durchlauf zwischen

200 und 340 ml das gesamte Natrium und der Durchlauf zwischen 540 und 820 ml das Kalium. Beim anschließenden Eluieren mit dem Citrat-Puffer enthalten die ersten 240 ml des Eluats das Titan und der Durchlauf zwischen 600 und 900 ml das Aluminium. Wäscht man anschließend mit n Salzsäure, so erhält man beim Durchlauf zwischen 40 und 100 ml das Magnesium und zwischen 360 und 680 ml das Calcium.

Durch Kationen-Austausch-Chromatographie trennt *Strelow* [382] Titan von zahlreichen Elementen, darunter auch Aluminium. Titan wird mit einer n schwefelsauren Lösung, die 1% Wasserstoffperoxid enthält, mit einer Durchfluß-Geschwindigkeit von 3,5 ml/min selektiv von einer Kationen-Austauscher-Säule, $1,9 \times 20$ cm mit AG 50W-X8 (100 bis 200 mesh), eluiert. Nach einem Eluat-Volumen von etwa 350 ml ist das Titan vollständig aus der Säule entfernt, während das Aluminium noch quantitativ von der Säule zurückgehalten wird. *Giuffré* und *Capizzi* [383] überführen die beiden zu trennenden Elemente mit ÄDTE und Wasserstoffperoxid in den Aluminium-ÄDTE- und Titanaquoperoxo-ÄDTE-Komplex. Gibt man diese Lösung über einen Kationen-Austauscher, so wird nur das Aluminium adsorbiert.

Arbeitsvorschrift. Die schwefelsaure Analysen-Lösung wird mit 3%iger Wasserstoffperoxid-Lösung und einer ausreichenden Menge 0,1m ÄDTE-Lösung versetzt, auf pH = 2 gebracht, mit einer Durchfluß-Geschwindigkeit von 5 ml/min über eine Austauscher-Säule 1×20 cm mit Dowex 50×8 gegeben und mit Wasser ausgewaschen. Aluminium läßt sich anschließend mit 150 ml 4n Salzsäure eluieren.

Bemerkung. Kleine Mengen Aluminiums vom Titan in Titan und *Titan-Legierungen* trennen *Cyvina* und *Konkova* [384] mit einem Kationiten KU-2.

Arbeitsvorschrift. Ein aliquoter Teil der salzsauren Analysen-Lösung, entsprechend 25 bis 100 mg Ti, wird so weit verdünnt, daß die Lösung 0,75n an Salzsäure wird. Nach Zugabe einiger Tropfen Wasserstoffperoxid-Lösung gibt man die Lösung über eine Säule 1×12 cm mit dem Kationiten KU-2 und wäscht mit 0,75n Salzsäure titanfrei. Aluminium kann mit 50 ml 3n Salzsäure eluiert werden.

Bemerkungen. Bei Aluminiumgehalten >1% ist eine *20 cm lange Säule* erforderlich. Die Eluiermittel-Menge für das Aluminium beträgt dann 100 ml 3n Salzsäure.

Die auf den Seiten 627 und 625 angegebenen Methoden von *Oki*, *Oki* und *Shibata*, *de Gelis* sowie *Cimerman*, *Alon* und *Mashall* sind auch zur Abtrennung des Titans *brauchbar*. Vergleiche auch S. 228, 303.

Trennung vom *Zirkonium*

Prinzip. Zirkonium wird aus 0,1n schwefelsaurer Lösung von stark basischen Anionen-Austauschern in der Sulfat-Form festgehalten, während Aluminium und einige andere Elemente nicht adsorbiert werden, wodurch eine Abtrennung dieser Elemente möglich wird (*Korkisch* und *Farag* [385]). In Anwesenheit von *Phosphorsäure* muß das Zirkonium als Fluorid-Komplex in Lösung gehalten werden. Wahrscheinlich erfolgt die Adsorption als Fluorokomplex. Zirkonium kann mit 4n Salzsäure eluiert werden.

Eine Trennung des Zirkoniums vom Aluminium ist nach *Korkisch* und *Farag* [386] auch mit Hilfe der Ascorbinat-Komplexe möglich. Der Ascorbinat-Komplex des Zirkoniums wird von einem stark basischen Anionen-Austauscher: Amberlite IRA-400, Dowex 1 oder 2, festgehalten, während derjenige des Aluminiums nicht adsorbiert wird. Die Analysen-Lösung, der eine ausreichende Menge Ascorbinsäure zugesetzt werden muß, soll einen pH-Wert zwischen 4 bis 4,5 aufweisen.

Zur Bestimmung des Aluminiums im Zirkonium verwenden *Freund* und *Miner* [387] ein Verfahren, nach welchem das Zirkonium in einer Lösung in 0,06m Salzsäure und 0,8m Flußsäure von einem Anionen-Austauscher (Dowex 1) ausgetauscht wird, während das Aluminium die Säule passiert.

Arbeitsvorschrift. 1 g Zirkonium oder die äquivalente Menge Zirkonylchlorid wird in einer Platin-Schale mit 15 bis 20 ml Wasser bedeckt, vorsichtig mit 3 ml 48%iger Flußsäure gelöst, nach der Auflösung mit 2 ml 3n Salzsäure versetzt und auf etwa 100 ml verdünnt. Diese Lösung wird mit einer Durchlauf-Geschwindigkeit von 5 ml/min über die Säule gegeben. Die Säule besteht aus einem Kunststoff-Rohr von 1,5 cm Durchmesser, in das 30 g des Dowex-1-Austauschers (200 bis 400 mesh) eingefüllt wurden. Der Austauscher wird zur Überführung in die Cl^--Form mit 3n Salzsäure behandelt. Nach dem Durchsatz der Analysen-Lösung wird mit 250 ml Säure-Mischung (0,06m Salzsäure + 0,8m Flußsäure) das Aluminium eluiert. Das Zirkonium kann anschließend mit 3n Salzsäure aus der Säule entfernt werden. Zur Bestimmung des Aluminiums wird das Eluat in einer Platin-Schale mit 5 ml Perchlorsäure bis zum Rauchen eingedampft, der Rückstand mit 50 ml aufgenommen und das Eisen durch Extraktion mit 4 ml 1%iger Cupferron-Lösung und 15 ml Chloroform entfernt. Die wäßrige Phase wird nach Filtrieren eingedampft und der Rückstand mit Salpetersäure, Salzsäure und Perchlorsäure erhitzt. Die Aluminium-Bestimmung kann nun photometrisch mit Aluminon oder bei höheren Aluminium-Gehalten gewichtsanalytisch durchgeführt werden.

Bemerkungen. Zinn(IV) und Vanadium(V) *stören* die photometrische Bestimmung.

Strelow [388] benutzt zur Trennung den Kationen-Austauscher AG 50W X 8, von dem sich Titan, Eisen, Aluminium und Zirkonium *selektiv chromatographisch* eluieren lassen. Unter Verwendung einer 1,15×22-cm-Säule AG 50W X 8 (100 bis 200 mesh) in der H^+-Form werden zuerst Titan und Eisen(III) mit 300 ml 2n Salzsäure eluiert; dann folgt Aluminium mit 400 ml derselben Säure und schließlich Zirkonium mit 400 ml 5n Salzsäure. Die Durchflußgeschwindigkeit betrug 2 bis 2,5 ml/min. *Strelow* verwendet diese Trennnng zur Zirkonium-Bestimmung im *Ton*, indem er nach dem Aufschluß von 2 g Ton mit Natriumcarbonat und nach Entfernung der Kieselsäure die schwachsaure Lösung auf den Austauscher bringt. Durch Elution mit 400 ml 2n Salzsäure entfernt er zunächst Aluminium, Eisen und Titan und mit weiteren 400 ml 5n Salzsäure das Zirkonium.

Bei der Untersuchung von Kationen-Austauschern auf ihre Eignung zur Zirkonium-Aluminium-Trennung fanden *Usatenko* und *Gurejeva* [389], daß der Austauscher KU I das Zirkonium noch aus *1,5n salzsaurer Lösung* adsorbiert, während Wofatit unter denselben Bedingungen nur eine Acidität von 0,75n zuläßt. Aluminium hingegen wird nur bei Aciditäten < 0,75n vollständig adsorbiert. Unter Verwendung von KU I oder besser noch von Sulfokohle (ebenfalls ein russisches Produkt) muß die Salzsäure-Konzentration zwischen 0,25n und 1,0n liegen.

Belyavskaya und *Chmutova* [390] benutzen bei der gleichen Trennung eine Säule 1×11 cm mit dem Kationen-Austauscher KU II in der H^+-Form und arbeiten in einer *n salzsauren* Lösung. Zirkonium kann nach der Trennung mit 4n Salzsäure aus der Säule eluiert werden.

Mit einer Kationen-Austauscher-Säule Dowex 50 X 8, (50 bis 100 mesh), 0,78×30 cm, arbeiten *Burriel-Marti* und *Alvarez-Herrero* [391]. Auf die Säule, die vorher mit *2,5n Schwefelsäure* behandelt wurde, wird die an Schwefelsäure 2,5n Analysen-Lösung mit einer Durchfluß-Geschwindigkeit von 1 ml/min gegeben und das Zirkonium mit 2,5n Schwefelsäure eluiert. Die Elution des Aluminiums erfolgt anschließend mit 4n Salzsäure.

Für die Trennung des Zirkoniums vom Aluminium ist *auch* die bei der Trennung des Bleis, S. 622, angegebene Methode nach *Horton* und *Thomason* zu verwenden. Zur Trennung des Zirkoniums vgl. auch S. 396.

Trennung vom *Uran*

Die Trennung des Urans von großen Mengen Eisens und Aluminiums in Aluminiumnitrat-Lösungen führen *Ockenden* und *Foreman* [392] an einem Anionen-Austauscher der Type De-Acidite FF, 1,5 g der Korngröße 0,2 bis 0,3 mm, in der Nitrat-Form durch. Da jedoch zunächst das Eisen mit 0,6 ml 1,6m Aluminiumnitrat-Lösung entfernt und anschließend das Aluminium mit 8 ml 8n Salzsäure eluiert wird, ist diese Art der Trennung für das Aluminium in Gegenwart von Eisen unbrauchbar. Zu einer reinen Aluminium-Uran-Trennung dürfte sie hingegen geeignet sein. Uran kann mit 0,1 m Salzsäure eluiert werden.

Urubay, Korkisch und *Janauer* [393] haben die Verteilungskoeffizienten von Uran, Thorium, Eisen(III) und Aluminium an einem stark basischen Anionen-Austauscher Dowex 1 mit Mischungen aus Salzsäure bzw. Salpetersäure mit Diäthyl-, Isopropyläther und Dioxan bestimmt. Durch Verwendung einer Mischung aus Diäthyläther und Salpetersäure ist eine Trennung des Urans vom Thorium, Eisen und Aluminium in einer Lösung von Diäthyläther, die 0,03m an Salpetersäure ist, möglich, wobei Eisen, Aluminium und Thorium vom Austauscher festgehalten werden, während Uran nicht adsorbiert wird.

Zur Trennung von Mikrogramm-Mengen Aluminiums und einiger anderer Elemente von Gramm-Mengen Urans empfehlen *Korkisch* und *Ahluwalia* [394] den Ionen-Austausch an einem Anionen-Austauscher Dowex 1 X 8 (100 bis 200 mesh) in der Nitrat-Form aus einer 95% Methanol und 5% 5m Salpetersäure enthaltenden Lösung. Während Uran festgehalten wird, passiert das Aluminium den Austauscher.

Auf ähnliche Weise, jedoch aus einer Lösung, die Salz- und Salpetersäure, aber kein Methanol enthält, trennen *Novák* und *Pekárek* [395] an einem stark basischen Anionen-Austauscher Uran von Aluminium und anderen Elementen.

Die Fähigkeit des Urans, mit Ascorbinsäure einen stabilen, anionischen Komplex zu bilden, benutzen *Korkisch, Farag* und *Hecht* [396] zur Abtrennung des Urans von zahlreichen anderen Kationen, darunter auch vom Aluminium. Sie verwenden dazu eine Austauscher-Säule 0,6×10 cm, für mg-Mengen 1,2×15 cm, mit Amberlite IRA-400 (0,1 bis 0,3 mm) in der Ascorbinat-Form. Zu 75 ml Analysen-Lösung geben sie 2 g Ascorbinsäure, stellen einen pH-Wert zwischen 4 und 4,5 ein und setzen die Lösung mit einer Durchfluß-Geschwindigkeit von 1 ml/min durch die Säule, indem sie anschließend mit 50 ml 1%iger Ascorbinsäure-Lösung von pH = 4 bis 4,5 auswaschen. Das adsorbierte Uran kann mit 100 ml n Salzsäure eluiert werden.

Auf der Komplex-Bildung des Urans mit Ascorbinsäure beruht auch ein Verfahren, welches von *Titze, Bildstein, Getoff, Sorantin* und *Pfeifer* [397] vorgeschlagen wird. Dabei wird die 6n salzsaure Uran-Aluminium-Lösung, die eine geringe Menge Ascorbinsäure enthalten soll, mit einer Durchlauf-Geschwindigkeit von 1 ml/min über eine 1×10-cm-Säule mit dem Anionen-Austauscher Dowex 1-X8 (100 bis 200 mesh), die vorher mit 6n Salzsäure behandelt wurde, gegeben. Nach dem Durchlauf der Analysen-Lösung wird mit 150 ml 6n Salzsäure ausgewaschen und das Aluminium quantitativ aus der Säule entfernt. Anschließend kann das Uran mit 50 ml 0,5n Salzsäure eluiert werden.

Zur Abtrennung von Nanogramm-Mengen Urans von Milligramm-Mengen an Eisen, Aluminium und Plutonium verfahren *Boase* und *Foreman* [398] nach folgender **Arbeitsvorschrift.** Zu 1 ml Analysen-Lösung fügt man 2 ml 11n Salzsäure, die 7% Jodwasserstoffsäure enthält, und gibt die Lösung auf eine 10 cm lange Säule, äußerer Durchmesser 0,4cm, die 0,5g Deacidite FF enthält. Die Durchlauf-Geschwindigkeit soll 0,4 ml/min betragen. Man wäscht anschließend mit 1 ml 11n Salzsäure, die 7% Jodwasserstoffsäure enthält, und schließlich mit 2 ml 4n Salzsäure, die ebenfalls 7% Jodwasserstoffsäure enthält. Die Elution des Urans erfolgt mit 4 ml 0,1n Salzsäure.

Bemerkungen. Nach *Tonosaki* und *Otomo* [399] ist die Abtrennung des Urans vom Aluminium durch *selektive* Elution des Urans von einer Kationen-Austauscher-Säule Amberlite IR-120, die beide Kationen adsorbiert enthält, möglich. Uran kann mit 0,3 bis 1n Schwefelsäure eluiert werden, während Aluminium in der Säule verbleibt.

Die auf S. 622 angegebenen Methoden nach *Korkisch* und *Arrhenius* sowie *Horton* und *Thomason* sind *ebenfalls* zur Abtrennung des Urans vom Aluminium geeignet. Vgl. auch S. 304.

Trennung vom *Gallium*

Zur Trennung des Galliums vom Indium und Aluminium schlagen *Korkisch* und *Hazan* [400] zwei chromatographische Methoden vor, indem sie eine Säule 1×75 cm mit dem Anionen-Austauscher Dowex 1 X 8 benutzen. Nach der *Methode A* erfolgt eine sukzessive Trennung: Aluminium–Gallium–Indium mit einer salzsauren 2-Methoxyäthanol-1-Lösung, nach der *Methode B* eine solche in der Reihenfolge: Gallium–Indium–Aluminium mit einer salzsauren Aceton-Lösung.

Arbeitsvorschriften. *Methode A:* Nach Vorbehandlung der Säule mit 100 ml einer Mischung aus 90 Vol.-% 2-Methoxyäthanol-1 und 10 Vol.-% 6n Salzsäure werden 2 ml 6n salzsaure Analysen-Lösung mit 20 ml 2-Methoxyäthanol-1 verdünnt und mit einer Durchfluß-Geschwindigkeit von 0,2 bis 0,3 ml/min durchgesetzt. Man wäscht mit 200 ml der Mischung, die zur Vorbehandlung verwendet wurde, und entfernt auf diese Weise das Aluminium aus der Säule. Dann werden zur weiteren Entwicklung 100 ml einer Lösung aus 70 Vol.-% 2-Methoxyäthanol-1 und 30 Vol.-% 2n Salzsäure durchgesetzt und schließlich das Gallium und Indium mit 240 ml n Salzsäure eluiert. Die ersten 110 ml enthalten nur Gallium und die letzte Fraktion zwischen 180 und 240 ml das Indium.

Methode B: Die Vorbehandlung erfolgt mit 100 ml einer Lösung aus 80 Vol.-% Aceton und 20 Vol.-% 3n Salzsäure. Die 4 ml betragende 3n salzsaure Analysen-Lösung wird mit 16 ml Aceton verdünnt und mit einer Durchfluß-Geschwindigkeit von 0,2 bis 0,3 ml/min durchgesetzt. Mit 200 ml derselben Lösung wird zunächst das Gallium eluiert, anschließend mit etwa 140 ml einer Lösung aus 90 Vol.-% Aceton und 10 Vol.-% 6n Salzsäure das Indium und schließlich mit 100 ml einer Lösung von 70 Vol.-% Aceton und 30 Vol.-% 2n Salzsäure das Aluminium.

Bemerkung. Die Trennung des Aluminiums vom Gallium in Aluminium-Antimon-Gallium-Legierungen führen *Denisova* und *Cvetkova* [401] an einer Säule durch, die einen Durchmesser von 1,8 cm besitzt und 25 g Anionen-Austauscher EDE-10 P enthält. Nach der Reduktion des Antimons in der schwefelsauren Analysen-Lösung in Gegenwart von Weinsäure oder besser ÄDTE mit Natriumdithionit wird die 7n salzsaure Lösung (Volumen etwa 50 ml) mit einer Durchfluß-Geschwindigkeit von 2 ml/min über die Säule gegeben. Die Elution des Aluminiums erfolgt mit 140 ml 7n Salzsäure, diejenige des Galliums mit 200 ml Wasser. Auf diese Weise können bis zu 25 mg Al von 50 mg Ga getrennt werden.

Trennung vom *Beryllium*

Die auf die gewichtsanalytische Trennung des Berylliums vom Aluminium, vgl. S. 600, angewandte Methode der Maskierung des Aluminiums mit ÄDTE kann auch zur Ionen-Austauscher-Trennung angewandt werden. Gibt man eine Lösung von etwa pH = 3,5 bis 5,0, die ÄDTE und die beiden Elemente enthält, über einen Kationen-Austauscher, so wird Beryllium vollständig festgehalten, wohingegen der Aluminium-ÄDTE-Komplex nicht adsorbiert wird. *Nadkarni, Varde* und *Athavale* [402] verwenden diese Methode zur Trennung des Aluminiums, Eisens und Titans vom Beryllium bei der Analyse des Berylls.

Arbeitsvorschrift. Die mit 2 g Natriumfluorid aufgeschlossene, mit 5 ml Schwefelsäure (1:1) (etwa 9,3 m) abgerauchte, wieder geschmolzene 500-mg-Probe wird mit 150 bis 200 ml Wasser ausgelaugt. Die Aufschluß-Lösung wird mit 20 ml 10%iger ÄDTE-Lösung versetzt, auf 400 ml verdünnt und mit 10%iger Natronlauge auf pH = 3,5 eingestellt. In Gegenwart von *Titan* wird noch 1 ml 30%ige Wasserstoffperoxid-Lösung zugefügt und die Lösung mit einer Durchfluß-Geschwindigkeit von

5 bis 6 ml/min über eine Säule: 1,8×12 cm des Austauschers Amberlite IR-120 (Korngröße 0,4 bis 0,6 nm) gegeben. Anschließend wäscht man nacheinander mit 150 ml 0,5%iger ÄDTE-Lösung von pH = 3,5 und 200 ml dest. Wasser.

Bemerkungen. Taketatsu [403] benutzt zu dieser Trennung einen Amberlite-IR-112-Austauscher und einen geringen *ÄDTE-Überschuß* bei pH = 3,7. *Golovatyi* [355] arbeitet mit einer Lösung, die einen 2- bis 3fachen ÄDTE-Überschuß enthält und gegen Methylorange neutralisiert ist.

Das Dinatriumsalz der *Brenzcatechin-3,5-disulfonsäure* als Komplex-Bildner verwenden *Golovatyi* und *Kotovskaja* [404]. Dazu versetzen sie die schwefelsaure Lösung mit einem Überschuß an n Brenzkatechin-3,5-disulfonsäure-Lösung, stellen einen pH-Wert von 8 bis 9 ein und geben die Lösung mit einer Durchfluß-Geschwindigkeit von 2 ml/min über eine Kationen-Austauscher-Säule: 1×18 cm in der NH_4^+-Form. Beryllium wird dabei festgehalten, während Aluminium den Austauscher passiert.

Ryabchikov und *Bukhtiarov* [405] maskieren das Aluminium und Eisen mit Oxalation. Beryllium, das einen schwächeren Oxalatokomplex bildet, wird dagegen aus einer Lösung von pH = 4,4 von einem Kationit SBS quantitativ adsorbiert.

Nach *Honda* [406] läßt sich Beryllium aus einer Kationen-Austauscher-Säule mit 0,01 bis 0,1 n *Calciumchlorid*-Lösung selektiv eluieren und vom Aluminium trennen. *Kakihana* [407] setzt die Lösung über einen Kationen-Austauscher in der Ca-Form. Aluminium wird dabei vollständig adsorbiert, während Beryllium fast vollständig hindurchläuft. Um die letzten Reste des Berylliums zu entfernen, eluiert er mit einer 0,01 n-Calciumchlorid-Lösung.

Nach *Vetejška* und *Mazáček* [408] wird von einem stark sauren Kationen-Austauscher aus etwa 0,5 bis 0,7 n schwefelsaurer Lösung Aluminium festgehalten, während Beryllium hindurchläuft. Der angegebene *Fehler* von 3% läßt jedoch eine quantitative Abtrennung fraglich erscheinen.

Die Abtrennung des Aluminiums vom Beryllium mit dem Kationen-Austauscher *AG 50 W-X 8* (100 bis 200 mesh) führt *Strelow* [409] durch. Er benutzt eine Säule: 1,9 bis 2,0 × 19 bis 20 cm und eluiert von den adsorbierten Kationen zuerst das Beryllium mit 375 ml n Salzsäure oder 425 ml 1,2 n Salpetersäure mit einer Durchfluß-Geschwindigkeit von 3,5 ml/min, dann mit 300 ml 2 n Salzsäure das Eisen und mit weiteren 500 ml das Aluminium. Schließlich kann anschließend noch das *Yttrium* mit 500 ml 3 n Salzsäure und das Cer, mit 700 ml ebenfalls 3 n Salzsäure eluiert werden.

Kennedy und *Wheeler* [410] trennen Beryllium von verschiedenen *mehrwertigen* Kationen, darunter auch vom Aluminium mit Hilfe eines Diallylphosphat-Komplex-Austauschers (NaDAP), der Beryllium in Gegenwart von ÄDTE adsorbiert, während eine Reihe 2- und 3wertiger Kationen die Säule (1×8 cm) passieren. Die Lösung, welche die zu trennenden Elemente enthält, soll 2,5% an ÄDTE sein und einen pH-Wert von 4,0 aufweisen.

Trennung von *seltenen Erdmetallen*

Zur Analyse des Monazitsandes trennen *Chung* und *Riley* [411] unter anderem auch Aluminium von den seltenen Erdmetallen mit einem Kationen-Austauscher Zeocarb 225. Durch Elution einer 1,3×46-cm-Säule mit 2 l n Salzsäure kann Aluminium vollständig entfernt werden, während die Ionen seltener Erden adsorbiert bleiben.

Arbeitsvorschrift. Die Trennung des Aluminiums von den seltenen Erdmetallen kann auch nach der bei der Trennung des Bleis bereits erwähnten Methode nach *Korkisch* und *Arrhenius*, S. 622, durchgeführt werden. Während die seltenen Erdmetalle, Uran, Yttrium und Thorium wie das Blei adsorbiert werden, wird das Aluminium aus einer Lösung, die 90% Eisessig und 10% 5 n Salpetersäure enthält, nicht festgehalten.

Strelow [412] trennt unter anderem auch Aluminium von den seltenen Erdmetallen und Scandium. Die 0,1n salzsaure Lösung wird auf eine Säule, $\varnothing$ 2 cm, mit 20 g Kationen-Austauscher AG 50W-X8 (Bio Rad, Richmond, Calif.) gegeben und zunächst das Aluminium mit 400 ml 1,75n Salzsäure unter einer Durchfluß-Geschwindigkeit von 3 ml/min wie auch andere Elemente eluiert. Die seltenen Erdmetalle und das Scandium verbleiben auf der Säule und können anschließend mit 600 ml 4n Salzsäure entfernt werden.

Trennung vom *Thorium*

Prinzip. Die Trennung des Thoriums von Aluminium und anderen Elementen mit einem Anionen-Austauscher beruht auf der Eigenschaft des Thoriums, in salpetersaurer Lösung einen stabilen, anionischen Nitratokomplex zu bilden. *Korkisch* und *Antal* [413] bestimmen den Verteilungskoeffizienten dieses Komplexes zwischen einer salpetersauren-äthanolischen Lösung und dem Anionen-Austauscher Dowex 1; sie geben zur Trennung des Thoriums vom Aluminium bei der Analyse von Silicat-Gesteinen die folgende

Arbeitsvorschrift. Die mit Fluß- und Salpetersäure aufgeschlossene Probe wird nach Entfernung der Fluoridionen durch Abrauchen mit Salpetersäure zur Trockene eingedampft und mit 25 bis 30 ml 3,5n Salpetersäure aufgenommen. Diese Lösung wird mit 100 ml Äthanol versetzt und nach 1- bis 2stündigem Stehen mit einer Durchfluß-Geschwindigkeit von 0,5 ml/min über eine mit Salpetersäure-Äthanol-Gemisch gleicher Konzentration vorbehandelte Säule: 0,7×15 cm mit Dowex-1 gegeben. Thorium kann anschließend mit 100 ml 0,1n äthergesättigter Salpetersäure eluiert werden.

Bemerkung. In einer späteren Arbeit benutzen *Korkisch* und *Tera* [414] einen Anionen-Austauscher Dowex 1-X8 in der *Nitrat-Form* und arbeiten mit einer Lösung, die 90 ml Methanol und 10 ml 5n Salpetersäure enthält. Zur Abtrennung größerer Thoriummengen auch in Anwesenheit höherer Gehalte an seltenen Erdmetallen schlagen *Fritz* und *Garralda* [415] folgende verbesserte

Arbeitsvorschrift vor. Die etwa 15 ml betragende zu analysierende Lösung, die 0,25 Millimole Thorium und Aluminium enthält, wird mit Salpetersäure auf eine Konzentration von 6n gebracht und diese Lösung über eine Säule: 1,2×16 cm mit Dowex 1 X 8 (100 bis 200 mesh), die vorher mit 6n Salpetersäure behandelt wurde, gegeben. Aluminium wird unter einer Durchfluß-Geschwindigkeit von 2 ml/min mit 75 bis 100 ml 6n Salpetersäure aus der Säule entfernt und Thorium anschließend mit 150 ml 0,5n Salpetersäure eluiert.

Bemerkungen. Zur Abtrennung des Thoriums als *Sulfatokomplex* siehe S. 307.

Die Trennung mit Hilfe eines Kationen-Austauschers ist *auch* nach dem bei der Trennung des Vanadiums angegebenen Verfahren nach *Fritz* und *Karraker*, S. 625, möglich.

Trennung vom *Scandium*

Die Trennung des Scandiums von Aluminium und einigen anderen Elementen mit Hilfe eines Kationen-Austauschers beschreiben *Hamaguchi, Kuroda, Aoki, Sugisita* und *Onuma* [416]. Die adsorbierten Elemente können chromatographisch selektiv mit salzsauren Thiocyanat-Lösungen verschiedener Konzentration von der Säule eluiert werden. Als Austauscher-Säule verwenden sie eine 1,1×16-cm-Säule von Diaion SK 1 mit 100 bis 200 mesh (Mitsubishi Kasei Chem. and Ind. Co., Japan), die etwa einer solchen mit Dowex 50-X8 äquivalent ist. Aluminium kann vor dem Scandium mit etwa 180 ml m Ammoniumthiocyanat-Lösung, die 0,5n an Salzsäure ist, eluiert werden, Scandium anschließend mit 2m Ammoniumthiocyanat-Lösung, ebenfalls 0,5n an Salzsäure.

Abtrennung von Elementen der Erdalkali-Gruppe

Trennung vom *Magnesium*

Zur Trennung des Magnesiums vom Aluminium, Eisen und Mangan in Boden-Extrakten benutzen *Tobia* und *Milad* [417] einen Kationen-Austauscher Dowex-50 in der K^+-Form. Aus der neutralen Probe-Lösung (pH = 7), die genügend Ammoniumcitrat enthält, wird nur das Magnesium an der Säule adsorbiert, während Eisen, Aluminium und Mangan passieren. Ebenfalls eine Kationen-Austauscher-Säule 2×4 cm mit Dowex 50-X4 (50 bis 100 mesh) benutzen *Fritz* und *Umbreit* [418] zur Trennung des Magnesiums vom Aluminium. Als Komplex-Bildner verwenden sie ÄDTE bei einem pH-Wert von 4,0. Die beim Kupfer erwähnte Trennung nach *Rjabchikov* und *Osipova*, S. 624, kann auch zur Abtrennung des Magnesiums vom Aluminium verwendet werden. Die Elution des vom Austauscher gebundenen Aluminiums erfolgt als Alumination mit 5%iger Natronlauge. Magnesium verbleibt dabei auf dem Austauscher und kann anschließend mit 4n Salzsäure eluiert werden. *Yoshimura* und *Waki* (vgl. S. 628) eluieren an einem Kationen-Austauscher Dowex 50-X 12 adsorbierte Calcium-, Magnesium- und Aluminiumionen selektiv mit Ammoniumacetat-Lösungen. Eine n Ammoniumacetat-Lösung eluiert das Calcium, eine 2n Lösung das Magnesium. Aluminium kann anschließend mit 4n Salzsäure ausgewaschen werden. Die auf der Seite 627 angegebenen Methoden nach *Oki*, *Oki* und *Shibata* wie auch *Cimerman*, *Alon* und *Mashall* sind ebenfalls zur Abtrennung des Magnesiums geeignet, ebenso die Verfahren nach *Golovatyi*, S. 624, *Ellington* und *Stanley*, S. 627, sowie *Fritz* und *Karraker*, S. 625.

Auf elektrodialytischem Wege mit Hilfe von Ionen-Austauscher-Membranen trennen *Blasius* und *Lange* [419] Magnesium vom Aluminium auf Grund ihrer verschiedenen Komplex-Beständigkeit. Die Wirkung der Austauscher-Membran in der Elektrodialyse beruht auf dem sukzessiven Ionen-Austausch und den damit verbundenen, unterschiedlichen Beweglichkeiten der Ionen. Vorteile gegenüber der Verwendung von Austauscher-Säulen ergeben sich durch den Fortfall der Regeneration und Elution. Einen Nachteil bildet der apparative Aufwand. Aus der Abb. 35 ist

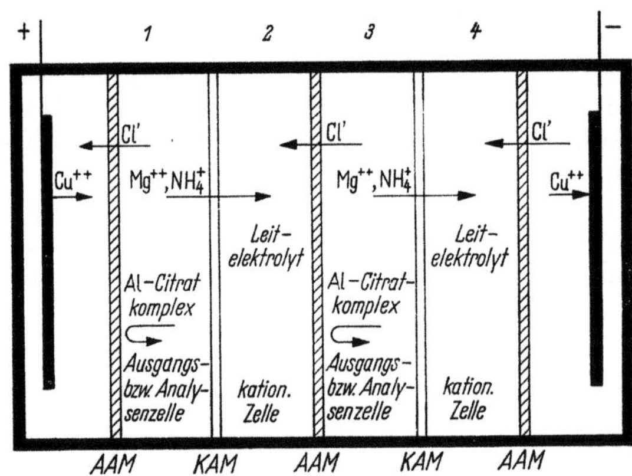

Abb. 35. Apparate- und Arbeitsschema zur Trennung des Magnesiums von Aluminium durch Elektrodialyse

das Apparate- und Arbeitsschema ersichtlich. Die Apparatur besteht aus 6 quaderförmigen Plexiglas-Zellen, die an beiden Seiten je eine 3×4-cm-Öffnung aufweisen, die von der Membran verdeckt ist. Die Elektroden-Zellen (nicht numeriert) besitzen jeweils eine Öffnung. Das Arbeitsvolumen der Zellen beträgt 30 ml. Als Elektroden werden Cu-Elektroden benutzt. Die Kathoden-Zelle enthält $CuCl_2$ oder $CuSO_4$. Zur

Trennung werden schwach saure KAM- und schwach basische AAM-Austauscher-Membranen (Permutit AG) verwendet. Die Elektrodialyse wird unter einer Außenspannung von 14,5 V durchgeführt und bei einer Stromstärke von 5 bis 10 mA abgebrochen, da dann der Gehalt der Ausgangszellen auf 0,5 % abgesunken ist.

Die besten Trennungsergebnisse erhält man in einer Lösung mit Ammoniumcitrat bei pH = 7,5, wobei das Al^{3+}-Citrat-Verhältnis 1:2 betragen soll. Magnesium liegt in dieser Lösung noch in kationischer Form vor und wird quantitativ durch die KAM übergeführt. Aluminium bildet in dieser Lösung bereits anionische oder Neutralkomplexe und verbleibt quantitativ in der Ausgangszelle. Die Zellen 1 und 3 dienen zur Aufnahme der Ausgangslösungen, die Zellen 2 und 4 zur Aufnahme des abgetrennten Magnesiums. Zu den Analysen-Lösungen werden für jedes mval Al^{3+} 2 mval Ammoniumcitrat zugefügt. Bei unbekannten Aluminium-Gehalten muß eine größere Citrat-Menge verwendet werden. Die übrigen Zellen enthalten 0,1 n KCl-Lösungen als Leitelektrolyte. Die *Fehler* der durchgeführten Analysen betragen im Durchschnitt 0,7 % und sind in der Hauptsache Fehler der analytischen Endbestimmung.

Trennung vom *Calcium*, *Strontium* und *Barium*

Zur flammenspektrometrischen Bestimmung des Calciums in Pflanzen trennen *Scharrer* und *Mengel* [420] das Calcium durch Ionen-Austausch vom Aluminium und Eisen. Sie verwenden eine 2,75×11-cm-Säule Dowex 2 in der Citrat-Form und als Analysen-Lösung eine salzsaure Lösung von etwa pH = 2. Während Aluminium und Eisen vom Austauscher aufgenommen werden, passiert das Calcium die Säule.

Bei Untersuchungen verschiedener Kationen-Austauscher auf ihre Eignung zur chromatographischen Trennung von Magnesium, Calcium und Aluminium fand *Tanaka* [421], daß der Austauscher Dowex 50W-X8 zur Trennung des Calciums vom Aluminium mit 0,9 bis 1,0 n Salzsäure als Eluiermittel besonders geeignet ist. *Tanaka* [422] benutzt auch die Elution mit Puffer-Lösungen von Ameisensäure, Ammoniumformiat und Methanol bei verschiedenen pH-Werten zur selektiven Trennung des Aluminiums von den Erdalkalien an einem Dowex-50W-X8-Austauscher. Eisen, Aluminium und Magnesium werden mit einer Puffer-Lösung von pH = 3,5, die 10 % Methanol enthält, Calcium mit einer solchen von pH = 4,9 ebenfalls mit 10 % Methanol, Strontium mit einer Puffer-Lösung von pH = 6,0 und das Barium mit einer 1,5 m Ammoniumformiat-Lösung eluiert. Die von *Fritz* und *Karraker* bei der Trennung des Vanadiums, S. 625, angegebene Methode läßt sich auch zur Abtrennung des Aluminiums vom Calcium verwenden. Unter den dort angegebenen Bedingungen kann das Calcium mit 240 ml 0,1 m Äthylendiammoniumperchlorat-Lösung eluiert werden, während die Elution des Aluminiums erst nach 280 ml beginnt.

Von den bereits angegebenen Verfahren sind zur Abtrennung des Calciums auch die Methoden nach *Golovatyi*, S. 624, *Cimerman*, *Alon* und *Mashall*, S. 627, *Samuelson* und *Sjöberg*, S. 628, *Ellington* und *Stanley*, S. 627, sowie die Methode nach *Yoshimura* und *Waki*, S. 628, geeignet.

Abtrennung von Elementen der Alkali-Gruppe

Die Abtrennung der Alkalimetalle von einer Reihe 2-, 3- und 4wertiger Elemente führen *Samuelson*, *Sjöström* und *Forsblom* [423] mit dem Anionen-Austauscher Dowex 2 durch. Die Austauscher-Säule: 1,1×5 cm enthält eine obere Schicht aus gleichen Teilen des Austauschers in der ÄDTE- und Acetat-Form und eine untere Schicht in der Oxalat-Form. Während Aluminium von der Säule adsorbiert wird, passieren die Alkalimetalle. *Giuffré* und *Capizzi* [424] trennen *Lithium* vom Aluminium mit einer Säule: 2×14 cm aus Amberlite IRA-400. Sie behandeln den Austauscher in der Form der freien Base zunächst mit 300 ml ges. Monokaliumcitrat-

oder 0,1 m ÄDTE-Lösung und waschen die Säule mit Wasser. Beim Durchsetzen der neutralen oder schwach sauren Analysen-Lösung wird Aluminium adsorbiert, während das Lithium hindurchläuft. Aluminium kann anschließend mit 5%iger Natronlauge eluiert werden. Bei der Analyse von Lösungen mit einem Verhältnis: Li/Al < 3,5 genügt zur Vorbehandlung eine 0,1 m Monokaliumcitrat-Lösung. Zur Trennung des Aluminiums vom Lithium kann auch das zur Abtrennung vom Zink durch *Golovatyi* vorgeschlagene Verfahren, S. 624, angewendet werden. Ebenso kann die für Mangan nach *Oki*, *Oki* und *Shibata* angegebene Methode, S. 627, benutzt werden. Eine Abtrennung vom Kalium und Natrium ist nach der durch *Ellington* und *Stanley* angegebenen Methode, S. 627, ebenfalls möglich.

Abtrennung vom Indium, Rhenium und Plutonium

Trennung vom *Indium*

Nach *Jentzsch* [319] ist die Trennung des Indiums mit Hilfe eines Anionen-Austauschers Wofatit L 150 aus 4n salzsaurer Lösung möglich. Indium wird dabei adsorbiert, während Aluminium die Säule passiert. *Jentzsch, Frotscher, Schwerdtfeger* und *Sarfert* [340] benutzen zu dieser Abtrennung eine 0,75×65-cm-Säule mit Wofatit L 150 (Korngröße 0,08 bis 0,15 mm), die mit 5n Salzsäure vorbehandelt wird. Die Analysen-Lösung, die ebenfalls 5n an Salzsäure sein muß, wird mit einer Durchfluß-Geschwindigkeit von 1 ml/min über die Säule gegeben. Durch Nachwaschen mit 4n Salzsäure werden das Aluminium wie auch das Eisen entfernt und schließlich das Indium mit 0,1n Salzsäure eluiert. Die für die Abtrennung des Eisens durch *Fritz* und *Rettig* vorgeschlagene Methode, S. 629, ist auch zur Abtrennung des Indiums vom Aluminium geeignet. Mit der dort angegebenen Säule läßt sich Indium mit 25 ml einer Lösung, die 40% Aceton in 0,5n Salzsäure enthält, eluieren und Aluminium anschließend mit 150 ml 3n Salzsäure. Die auf S. 635 zur Trennung des Galliums angegebene Methode nach *Korkisch* und *Hazan* ist ebenfalls zur Trennung vom Indium geeignet und dort ausführlich beschrieben.

Trennung vom *Rhenium*

Zur Abtrennung des Rheniums von zahlreichen Elementen, darunter auch des Aluminiums, benutzen *Kawabuchi, Hamaguchi* und *Kuroda* [425] eine Anionen-Austauscher-Säule: 1×6,5 cm von Dowex 1. 10 ml Analysenlösung, welche die zu trennenden Elemente enthält und 0,5m an Salzsäure und Ammoniumthiocyanat ist, werden auf die Austauscher-Säule gegeben und mit 25 ml der 0,5m Salzsäure-Thiocyanat-Lösung zunächst Alkalien, Erdalkalien, seltene Erdmetalle, Yttrium, Chrom und Aluminium eluiert. Anschließend kann mit 40 bis 150 ml der gleichen Lösung das Rhenium entfernt werden.

Trennung vom *Plutonium*

Die Abtrennung des Aluminiums aus Aluminium-Plutonium-Legierungen gelingt nach *Miner, Degrazio, Forrey* und *Jones* [426] mit einer 2,2×25-cm-Säule mit dem Anionen-Austauscher Dowex 1×4 (50 bis 100 mesh) in der Cl⁻-Form. Auf die mit 250 ml 8n Salzsäure vorbehandelte Säule, die bis zu 4 g Plutonium aufnehmen kann, gibt man die in 2 ml 8n Salzsäure und 2 ml konz. Salpetersäure gelöste Probe und eluiert unter einer Geschwindigkeit von 2 ml/min mit 8n Salzsäure. Die ersten 60 ml Eluat enthalten das gesamte Aluminium. Das Plutonium kann mit 0,4 bis 1n Salzsäure eluiert werden. Die Eigenschaft des Plutoniums zur Bildung eines anionischen Chlorokomplexes nutzen auch *Evans* und *Hashitani* [427] zur Abtrennung des Aluminiums. Sie verwenden eine 0,6×13-cm-Säule des Austauschers Dowex AG 1 X 8 (Bio Rad), die mit 12n Salzsäure vorbehandelt ist. Die Eluierung des Aluminiums erfolgt mit 5-ml-Anteilen 12n Salzsäure, die 0,1n an Salpetersäure ist. Vgl. auch S. 303.

Abtrennung der Anionen

Die Abtrennung der Anionen vom Aluminium kann mit einem Kationen-Austauscher oder Anionen-Austauscher in der üblichen Weise wie die Trennung der Kationen von Anionen ausgeführt werden, indem je nach verwendetem Austauscher einmal die Kationen, zum anderen Mal die Anionen adsorbiert werden.

Über eine spezielle Trennung des Fluoridions vom Aluminium aus alkalischer Lösung berichten *Coursier* und *Saulnier* [428]. Sie benutzen dafür eine 0,55 × 54-cm-Säule mit Amberlite IRA-400 (0,3 mm Korngröße) in der OH^--Form, die mit 0,2n Natronlauge vorbehandelt ist. Aus der alkalischen Analysen-Lösung werden unter einer Durchfluß-Geschwindigkeit von 2 ml/min Fluorid- und Aluminationen vom Austauscher adsorbiert. Die Aluminationen können mit 230 bis 300 ml 0,2n Natronlauge eluiert werden, die Fluoridionen anschließend mit 1n Natronlauge.

B. Säulenchromatographische Methoden

Zur Trennung des Aluminiums von einer Reihe anderer Kationen kann nach *Kohlschütter* und *Getrost* [429] wie auch *Kohlschütter, Miedtank* und *Getrost* [430] eine Silacagelsäule verwendet werden. Silicagel (als Xerogel) adsorbiert aus sauren Lösungen Kationen, die lösliche Hydroxokomplexe bilden. Um die Bildung von Aquokomplexen durch das Freiwerden von Säure bei der Bindung der Hydroxokomplexe an die Si-OH-Gruppen des Gels, die nicht adsorbiert werden, zu verhindern, muß der Lösung ein Puffer zugesetzt werden. Auf diese Weise lassen sich Aluminium und Eisen(III) von den Elementen bzw. Kationen: Ca, Ba, Mg, Ni, Cu, Mn^{2+}, Zn und Fe^{2+} trennen. Auch die Trennung des Aluminiums vom Eisen(III) ist möglich, wenn Fe^{3+} zu Fe^{2+} reduziert wird. *Kohlschütter* und *Getrost* geben folgende, allgemein anwendbare Arbeitsmethode.

Trennsäule. In ein etwa 90 cm langes Glasrohr mit einer lichten Weite von 1,2 cm werden 50 g Silicagal der Körnung: 0,2 bis 0,5 mm mit Wasser eingeschlämmt. Nach Reinigung der Säule mit Salzsäure (1:1) (etwa 6 m) und Nachwaschen mit Wasser werden etwa 50 ml einer Puffer-Lösung (10%ige Ammoniumacetat-Lösung, der je Liter 8,5 ml konz. Essigsäure zugesetzt werden; pH = 5,7) aufgegeben. Der Durchfluß wird abgebrochen, bevor der Meniskus der Lösung in die Säule eintritt.

Arbeitsvorschrift. Die Analysen-Lösung wird je nach Volumen und pH-Wert mit so viel Puffer-Lösung versetzt, daß ein pH-Wert von etwa 5,7 erreicht wird. Wenn die Analysen-Lösung stark sauer ist, wird sie vor Zugabe der Puffer-Lösung mit Ammoniak annähernd neutralisiert. Die Lösung wird nun über die Säule gegeben und der Durchlauf in einem Meßkolben aufgefangen. Anschließend wird mit 50 ml Puffer-Lösung nachgewaschen, wodurch die Kationen 2wertiger Metalle aus der Säule entfernt werden. Das an der Säule adsorbierte Aluminium kann mit 50 ml Salzsäure (1:1) (etwa 6 m) eluiert werden.

Bemerkungen. Zur Trennung *3wertigen* Eisens vom Aluminium wird eine kleine Reduktionssäule auf den Tropf-Trichter der Silicagel-Säule aufgesetzt. Die schwach saure Analysen-Lösung wird zunächst über den Reduktor gegeben und sammelt sich im Tropf-Trichter, der vorher mit Puffer-Lösung beschickt wurde. Um eine Oxydation des reduzierten Eisens zu vermeiden, wird die Puffer-Lösung bereits vor dem Zufluß mit Stickstoff durchspült.

Mit dieser Methode gelingt die Trennung der oben angeführten 2wertigen Kationen vom Aluminium. *Beryllium* kann auf diese Weise nicht vom Aluminium getrennt werden, da Beryllium unter den Bedingungen der Trennung Hydroxokomplexe bildet, die vom Silicagel adsorbiert werden.

Kapazität der Säule. Bei der Aufgabe von je 100 mg Aluminium bzw. Eisen(III) auf die Säule werden Aluminium in einer Zone von ungefähr 10 bis 12 cm, Eisen(III) in einer Zone von ungefähr 25 bis 30 cm am oberen Ende der Säule festgehalten.

Eine Trennung des Aluminiums von den Elementen Eisen, Kupfer und Molybdän ist nach *Kroupa* [431] an einer *Cellulose*-Säule möglich. Dabei werden neben dem Aluminium noch Nickel, Titan und Vanadium, zum Teil auch Chrom, von der Säule festgehalten, während Eisen, Kupfer und Molybdän passieren. Die Elution des Aluminiums kann mit verd. Salzsäure durchgeführt werden.

Durch Fällungstrennung auf einer mit *Triäthanolamin vorbehandelten Aktivkohle-Säule* kann nach *Hesford* [432] Aluminium vom Eisen getrennt werden. Aluminium wird von der Säule zurückgehalten und kann mit verd. Säure eluiert werden.

Mit der quantitativen Bestimmung des Aluminiums in *Titan-Legierungen* durch Chromatographie an einer Cellulose-Säule befassen sich *Ghe* und *Fiorentini* [433]. Sie verwenden eine 25 cm lange Säule mit einem Durchmesser von 0,5 cm, die bis zu 18 cm mit Cellulose gefüllt ist.

Arbeitsvorschrift. 0,25 g Probe werden in 15 ml Schwefelsäure (1 : 7) (etwa 2,3 m) gelöst und die Lösung über die Säule gegeben. Eluiert wird mit einer Mischung aus 95 Teilen Acetylaceton und 5 Teilen Salpetersäure (D = 1,4). Dabei gehen Ti, Mo und Fe in das Eluat, während Mn, Cr und Al in der Säule verbleiben. Mangan wird nun selektiv mit 15 ml einer Mischung aus 95 Teilen Methyl-n-propylketon und 5 Teilen Salzsäure (D = 1,19) entfernt. Die auf der Säule verbleibenden Elemente Cr und Al können schließlich mit 20 ml Schwefelsäure (1 : 99) (etwa 0,2 m) gemeinsam eluiert werden. Die Bestimmung des Aluminiums erfolgt photometrisch ohne Abtrennung des Chroms mit Aluminon.

Bemerkung. Geringe Mengen Aluminium im *Eisen und Stahl* bestimmt *Bishop* [434] nach Trennung an einer Cellulose-Säule polarographisch nach der Methode von *Willard* und *Dean* (S. 498). Durch Elution der Säule mit angesäuertem Methyläthylketon werden die meisten Legierungsmetalle aus der Säule entfernt. Adsorbiert bleiben Nickel und Aluminium, die mit verd. Säure ausgewaschen werden können.

Arbeitsvorschrift. 0,1 bis 1,0 g etwa 50 μg Al enthaltende Stahl-Probe werden in 10 ml Salzsäure (D = 1,19) gelöst, mit 10 ml Wasser verdünnt und durch tropfenweise Zugabe von 1 ml 30%iger Wasserstoffperoxid-Lösung oxydiert. Man engt auf 5 ml ein, fügt nach Erkalten 25 bis 50 ml Methyläthylketon hinzu, gegebenenfalls noch einige Tropfen Salzsäure (D = 1,19), um eine homogene Lösung zu erhalten, und gibt die Lösung auf die Säule. Zur Herstellung der Säule wird eine Aufschlämmung von 5 g Cellulose-Pulver in 90 ml Salzsäure (1:5) (etwa 2 m) in ein siliconisiertes Chromatographierrohr eingefüllt und nacheinander mit 200 ml Salzsäure (1:5), 200 ml Wasser, 100 ml Methyläthylketon (frisch dest.) und 100 ml Eluiermittel (80 ml konstant siedende Salzsäure und 1920 ml Methyläthylketon) behandelt. Die Analysen-Lösung wird nun mit wenig Eluiermittel in die Säule eingewaschen, wobei man vor jeder Zugabe abtropfen läßt und anschließend mit 2-ml-Anteilen des Eluiermittels nachwäscht. Nach der Durchgabe von 50 ml Eluiermittel sind das Eisen und andere Störelemente entfernt. Das auf der Säule verbleibende Aluminium und Nickel werden mit 200 ml Salzsäure (1:5) eluiert, die Lösung eingedampft und das Aluminium polarographisch bestimmt.

Bemerkungen. Größere Mengen Nickels stören die polarographische Bestimmung und müssen durch Elektrolyse an einer Quecksilber-Kathode entfernt werden.

Zur Trennung von Al−Cu−U und Al−Cu−Fe^{3+}−U benutzen *Cerrai* und *Testa* [435] das Verfahren der Verteilungschromatographie mit *umgekehrten Phasen.* Als Säulen-Füllung verwenden sie ein mit Tri-n-octylphosphinoxid imprägniertes Kel-F (ein Poly-trifluoräthylen) und als mobile Phasen verschiedene Säuren.

C. Papierchromatographische Methoden

Wie bereits auf S. 621 erwähnt, ist die Anwendung der Papierchromatographie zur Trennung von Ionen im wesentlichen auf die qualitative Analyse beschränkt. Im folgenden sollen deshalb nur solche Verfahren ausführlicher behandelt werden, nach denen anschließend an die Trennung eine quantitative Bestimmung des Aluminiums erfolgt. Über weitere Möglichkeiten der Trennung, Laufmittel-Systeme, R_f-Werte, informiert die Tabelle 87, S. 647, mit einer Literatur-Zusammenfassung.

Trennung vom *Titan* und *Eisen*

Lacourt, Sommereyns und *de Geyndt* [436] geben eine ausführliche Vorschrift zur Trennung des Aluminiums vom Eisen und Titan und zu ihrer quantitativen Bestimmung, die von ihnen bereits früher [437] auf Grund einer allgemeineren Untersuchung zur papierchromatographischen Trennung von Kationen aufgezeigt worden ist. Zur chromatographischen Trennung werden die Chloride absteigend mit einer Lösung aus Pentanol, Benzol und Salzsäure entwickelt. Nach Abschneiden der Papier-Streifen in der Höhe der Adsorptionsflecken und Elution der entsprechenden Chloride werden die 3 Kationen photometrisch bestimmt.

Arbeitsvorschrift. 0,01 ml Lösung, die etwa 10 µg von jedem Element als Chlorid und 50% konz. HCl enthalten soll, werden 3,5 cm vom Rand eines 1×25 cm großen Whatman-Nr. 1-Papier-Streifens aufgegeben und eingetrocknet. Die Entwicklung der Chromatogramme erfolgt absteigend und am besten mit einer Lösung, die 60 Vol.-% Pentanol, 10 Vol.-% Benzol und 30 Vol.-% konz. Salzsäure enthält. Die Dauer der Entwicklung beträgt 240 min.

Bemerkungen. Die qualitative Auswertung der Chromatogramme ergab, daß die R_f-Werte bzw. die Ausdehnung der einzelnen Banden unter Verwendung einer Menge von 10 µg im folgenden Bereich lagen: Aluminium von 0,0 bis 0,23, Titan von 0,32 bis 0,68 und Eisen von 0,68 bis 1,0. Nach dem Zerschneiden des Papier-streifens, entsprechend den Banden, wird der das Aluminium enthaltende Teil eluiert und Aluminium photometrisch mit Aluminon bestimmt. Nach Angaben der Verfasser wurde bei dieser Methode bei 13 Bestimmungen von 10,5 µg Al ein *Fehler* von etwa ± 3% beobachtet.

In einer späteren Arbeit haben sich *Lacourt, Sommereyns* und *Wantier* [438] weiter mit der Trennung des Aluminiums vom Titan und Eisen beschäftigt. Nach den Ergebnissen ihrer Untersuchungen wird vollständige Trennung der 3 Komponenten mit Lösungen der Nitrate in 15%iger Salpetersäure oder mit Lösungen der Chloride in 15%iger Salzsäure, die außerdem 10% Citronen- oder Weinsäure enthalten, erreicht. Zur Elution der Flecken schlagen sie 1- bis 5%ige Salzsäure oder 0,25- bis 0,5%ige Schwefelsäure vor. Die *Genauigkeit* der Analyse ist allein durch den Fehler der photometrischen Bestimmung, der ± 2% beträgt, gegeben.

Zur Trennung des Aluminiums vom Eisen und Titan mit anschließender Bestimmung aller 3 Komponenten benutzen *Qureshi, Rawat* und *Khan* [439] als Laufmittel ein Gemisch aus Ameisensäure, Salzsäure und Aceton im Verhältnis 2:5:2 oder 3:4:3. Die einzelnen Zonen des entwickelten Chromatogramms werden auseinandergeschnitten und 3mal mit 10-ml-Anteilen 5%iger Schwefelsäure eluiert, wobei jeweils 1 Std. auf dem Wasserbad erwärmt wird. Nach Auswaschen der Abschnitte, Einengen der Lösung und Oxydation von Papierfasern mit 2 ml eines Gemisches aus Salpetersäure und Perchlorsäure im Verhältnis 1:3 wie auch 2 ml Schwefelsäure wird nach Einengen auf 0,5 bis 1 ml mit Wasser verdünnt und das Aluminium photometrisch mit *Eriochromcyanin R* bestimmt.

Trennung vom *Kupfer*

Ader und *Primov* [440] beschreiben eine Analysen-Methode zur Trennung des Aluminiums vom Kupfer und auch Eisen, indem das Aluminium nach der papierchromatographischen Trennung auf dem Chromatogramm mit Eriochromcyanin-R-Lösung angefärbt und durch Vergleich mit Eichchromatogrammen quantitativ bestimmt wird. Die Trennung wird mit einem Gemisch aus Methyläthylketon, Salzsäure und Wasser im Verhältnis 7,5:1,5:1,0 durchgeführt; dabei bewegt sich das Aluminium kaum vom Startpunkt, während Kupfer (R_f-Wert etwa 0,7) und Eisen (R_f-Wert etwa 1,0) schneller bzw. mit der Laufmittel-Front wandern.

Arbeitsvorschrift. 0,01 ml saure Analysen-Lösung, entsprechend 0,02 bis 0,2 μg Al, werden auf den Startpunkt eines Whatman-Nr. 1-Papiers gebracht, welches zu einem Zylinder zusammengerollt wird, wobei die Enden mit Klammern festgehalten werden. Nach Eintrocknen der Analysen-Lösung wird in einem Becherglas, bedeckt mit einem Uhrglas, 40 min mit 10 bis 15 ml des oben angegebenen Laufmittels aufsteigend chromatographiert. Nach Trocknen wird das Chromatogramm mit Ammoniak bedampft und nach einigen Minuten mit einer 0,07%igen Eriochromcyanin-R-Lösung besprüht. Die Aluminium-Bande mit einem R_f-Wert von etwa 0,2 erscheint Blauviolett, diejenige des Kupfers bei einem R_f-Wert von 0,7 Blau und diejenige des Eisens bei 1,0 Blaugrün.

Bemerkungen. Die quantitative *Auswertung* erfolgt durch Vergleich der Banden mit derjenigen von Eichchromatogrammen, die auf die gleiche Weise mit bekannten Gehalten im Bereich von 0,02 bis 0,2 μg Al hergestellt werden.

Mit der angegebenen Methode sind noch *0,02 μg Al* neben 300 μg Cu zu bestimmen.

Außer *Titan* stören bei der Bestimmung nicht: je 20 μg Ca und Mg, je 10 μg Ni und Mn, 300 μg Cu, 200 μg Zn, 500 μg Fe^{3+} und 100 μg Sn^{4+} in 0,01 ml Analysen-Lösung.

Die Autoren benutzten ihre Methode zur Analyse von *Mangan-Bronzen* und *Roheisen*.

Trennung vom *Uran* und *Eisen*

Auf die gleiche Weise wie bei der Trennung vom Eisen und Titan verfahren *Lacourt, Sommereyns* und *Soete* [441] in der Trennung des Aluminiums vom Uran und Eisen. Um eine bessere Trennung der Uran-Bande vom Aluminium zu erhalten, wird zur Sättigung Benzol und als Laufmittel zur Entwicklung des Chromatogramms eine Mischung aus Aceton mit 5 Vol.-% konz. Salzsäure verwendet. Die Lösung der zu trennenden Elemente, die als Nitrate vorliegen sollen, wird auf einem Whatman-Nr.4-Papierstreifen 5 min bei 30 bis 40° getrocknet und mit dem Laufmittel 75 bis 175 min entwickelt. Die Lage der einzelnen Banden unter Verwendung einer Menge von je 10 μg ist folgende: Aluminium 0,0 bis 0,23, Uran 0,40 bis 0,54 und Eisen 0,92 bis 1,0. Im übrigen kann genauso verfahren werden wie in der oben angegebenen Trennung vom Eisen und Titan. In der Arbeit wird vor allem die Bestimmung des Urans ausführlich behandelt.

Trennung vom *Gallium, Indium* und *Thallium*

Die Trennung des Aluminiums vom Gallium, Indium und Thallium wird durch *Magee* und *Scott* [442] an Whatman-Nr. 1-Papier mit einem Laufmittel aus 50 Gewichtsteilen Phenol, 30 Volumenteilen Methanol und 20 Volumenteilen konz. Salzsäure im absteigenden Verfahren durchgeführt. Folgende R_f-Werte wurden von ihnen ermittelt: Al 0,10; In 0,24; Tl 0,50 und Ga 0,76. Die durch Überführen in die Oxin-Komplexe im UV-Licht sichtbar gemachten Flecken der Kationen (20 bis 500 μg) überlagern sich nicht und sind auch von den Flecken anderer Elemente getrennt. Die R_f-Werte betragen für Cu 0,25; Fe 0,40; Cd 0,33; Ni 0,15; Cr 0,15 und Zn 0,35.

Die einzelnen Metalloxinat-Flecken können nun getrennt eluiert und die einzelnen Elemente photometrisch bestimmt werden.

Arbeitsvorschrift. Die Lösung der zu trennenden Elemente wird auf die Startlinie eines genügend langen Papier-Streifens aufgebracht, eingetrocknet und in den äquilibrierten Chromatographie-Tank gebracht. Es wird absteigend über eine Lauf-Strecke von 40 cm und eine Zeit von 16 Std. chromatographiert. Man läßt das fertige Chromatogramm zunächst 30 min an der Luft und anschließend 15 min bei 80 °C trocknen. Entsprechend den R_f-Werten wird das getrocknete Chromatogramm in einzelne Abschnitte zerlegt. Zur Bestimmung des *Aluminiums* wird das Papier zuerst mit 5%iger Oxin-Lösung in Chloroform, dann mit 2n Ammoniak-Lösung besprüht und 10 min getrocknet. Dann schneidet man das den Aluminium-Fleck enthaltende Stück des Chromatogramms heraus und eluiert das Oxinat mit 5 ml kalter Salzsäure. Nach Einstellen eines pH-Wertes von 6 wird das Aluminiumoxinat aus dem Eluat extrahiert, auf 10 ml mit Chloroform verdünnt und bei 385 nm photometriert.

Trennung in *Eisenmineralen* und *Pigmenten*

Prinzip. Zur Trennung und Bestimmung geringer Mengen von Aluminium, Mangan, Kupfer, Kobalt, Nickel, Titan und Zink in Eisen-Mineralien, in geglühten Eisenhydroxiden oder in Pigmenten benutzen *Bovalini* und *Piazzi* [443] das von *Venturello* und *Ghe* [444] vorgeschlagene Rundfilter-Chromatographie-Verfahren. Als Entwicklungskammer verwenden sie einen Exsikkator mit einem inneren Durchmesser von 20 cm. In die Mitte, auf den Boden des Exsikkators, stellt man ein Gefäß von 15 ml Inhalt mit einem den inneren Rand des Exsikkators um 1 bis 2 mm überragenden Glas-Stempel. An diesem Glas-Stempel befestigt man senkrecht einen Filtrierpapier-Streifen von 1,5 mm Breite und legt eine Scheibe Whatman-Nr.1-Papier von 20 cm Durchmesser derart auf, daß man sie in der Mitte mit dem Papier-Streifen des Glas-Stempels unterstützt. Das Ganze wird mit einem umgedrehten Uhrglas abgedeckt. Die Lösungsmittel-Zufuhr erfolgt über den Papier-Streifen.

Arbeitsvorschrift. 5 g der bei 450 bis 500° gerösteten Probe werden in 30 ml konz. Salzsäure unter Zusatz von etwas Kaliumchlorat gelöst, zur Trockene eingedampft, mit 20 ml Salzsäure (1:1) (etwa 6 m) aufgenommen, erneut eingedampft, wieder mit der gleichen Menge Salzsäure (1:1) aufgenommen und auf 25 ml aufgefüllt. Ein etwa vorhandener Rückstand wird mit Flußsäure abgeraucht, mit Kalium-hydrogensulfat aufgeschlossen, die Schmelze in wenig Salzsäure (1:1) gelöst. Nach Auffüllen auf 2 ml kann diese Lösung zur Bestimmung der in Salzsäure unlöslichen Anteile verwendet werden.

0,1 ml Analysen-Lösung werden auf die Mitte des Rundfilters aufgetragen, eingetrocknet und das Chromatogramm mit einem Gemisch aus 45 Volumen-Teilen n-Butanol, 45 Volumen-Teilen Äthylacetat und 10 Volumen-Teilen konz. Salzsäure entwickelt. Zur besseren Sättigung der Atmosphäre werden 20 ml Gemisch in einem Gefäß in den Chromatographie-Raum gebracht. Die Laufzeit bis zur Erreichung des Randes des Rundfilters beträgt 24 bis 28 Std. Das entwickelte und getrocknete Chromatogramm legt man zwischen 2 Plexiglas-Scheiben gleichen Durchmessers, die durch eine zentrale Schraube und seitliche Federn zusammengehalten werden. Eine dieser Scheiben trägt einen Sektor-Ausschnitt. Auf diese Weise ist es möglich, nacheinander durch Drehen der Scheibe jeweils einzelne Sektoren der Scheibe ohne Zerteilung mit entsprechenden Reagenzien zu besprühen und das Chromatogramm sichtbar zu machen.

Bemerkungen. Zur *quantitativen* Bestimmung stellt man für jedes zu bestimmende Element eine Reihe von Vergleichschromatogrammen mit Lösungen verschiedener Konzentration (0,005 bis 1%) und der gleichen Eisen-Menge her. Nach Sichtbarmachung der Zonen der einzelnen Metalle durch Besprühen mit Farb-Reagenzien, für Aluminium z.B. Morin, erfolgt die Auswertung. Die Höhe einer Farbbande ist dem Logarithmus der Konzentration proportional.

Der *Fehler* dieser Auswertungsmethode beträgt etwa ± 0,1 %.

Zusammenstellung weiterer papierchromatographischer Trennverfahren

In der nachfolgenden Tabelle 87 sind eine Reihe weiterer papierchromatographischer Trennverfahren aufgeführt, die in der Hauptsache für den qualitativen Nachweis der Elemente ausgearbeitet wurden. Die qualitativen Methoden können direkt oder nach geringen Abänderungen auch als Trennverfahren zur quantitativen Bestimmung der Elemente, insbesondere des Aluminiums, von Nutzen sein.

Anfärbereagenzien für Aluminium

Zur Sichtbarmachung der Aluminium-Flecke auf dem Chromatogramm durch Besprühen sind folgende Anfärbereagenzien verwendet worden (*Merck* [314]):

Oxin-Kojisäure

Lösung I: 2,5 g Oxin und 0,5 g Kojisäure in 500 ml 60 vol.-%igem Äthanol;
Lösung II: 25%ige Ammoniak-Lösung.
Die Betrachtung erfolgt im ultravioletten Licht.

Morin

1%ige Lösung.
Starke hellgrüne Fluoreszenz im UV-Licht.

Oxin

Lösung I: 0,5 g Oxin in 60 ml Äthanol und 40 ml Wasser;
Lösung II: 25%ige Ammoniak-Lösung.
Betrachtung erfolgt im filtrierten UV-Licht.

Alizarin

Lösung I: 2%ige Alizarin-Lösung in Chloroform;
Lösung II: n-Natronlauge.
Es kann auch mit einer gesättigten, äthanolischen Alizarin-Lösung gesprüht und das Chromatogramm anschließend in eine ammoniakgesättigte, feuchte Kammer eingestellt werden. Die Aluminium-Flecken erscheinen fahl.

Aluminon

0,1%ige Aluminon-Lösung in 1%iger wäßriger Ammoniumacetat-Lösung. Anschließend wird das Chromatogramm in eine ammoniakgesättigte, feuchte Kammer eingestellt.
Die Aluminium-Flecke erscheinen fahl.

Diphenylcarbazon

Lösung I: Gesättigte Diphenylcarbazon-Lösung in 96%igem Äthanol;
Lösung II: 25%ige Ammoniak-Lösung oder n Natronlauge.
Die Aluminium-Flecken färben sich rotviolett.

Quercetin

Lösung I: 0,2%ige Quercetin-Lösung in 96%igem Äthanol;
Lösung II: 0,25%ige Ammoniak-Lösung.
Die Aluminium-Flecken erscheinen gelb.

Chinalizarin

0,05%ige Chinalizarin-Lösung in 70%igem Äthanol. Die Nachbehandlung erfolgt in einer ammoniakgesättigten, feuchten Kammer.
Die Aluminium-Flecken erscheinen violett.

Tabelle 87. *Überblick über weitere Trennungen mit Hilfe der Papierchromatographie*

Trennung, Elemente	Verfahren	Lösungsmittel	Laufzeit	R_f-Werte	Literatur
Al—Be	Papier-Streifen-Chromatographie	80 Vol.-% Butanol und 20 Vol.-% konz. Salzsäure	18 Std.	Al 0,03; Be 0,3	*Osborn* u. *Jewsbury* [445]
Al—Be	absteigendes Verfahren mit Whatman-Nr. 1-Papier, 4×30 cm	85 Vol.-% Methyläthylketon und 15 Vol.-% konz. Salzsäure	—	Al 0,12; Be 0,44	*Lakshman Rao* u. *Shankar* [446]
Al—Be	aufsteigendes Verfahren mit Whatman-Nr. 1-Papier	Butanol und Salzsäure (1:1)	15 Std.	1n HCl: Al 0,01; Be 0,12 6n HCl: Al 0,41; Be 0,59	*Guedes de Carvalho* [447]
Al—Ga, Fe	absteigendes Verfahren mit Schleicher- und Schüll-Papier Nr. 2043b zur quantitativen Bestimmung des Galliums	n-Butanol, Eisessig, Acetessigester und Wasser (50:10:5:35)	40 Std.	Al 0,089; Fe 0,281; Ga 0,242	*Slama* u. *Ladenbauer* [448]
Al von mehreren Kationen	aufsteigendes Verfahren mit Schleicher- und Schüll-Papier Nr. 2043b	50 Volumen-Teile Tetrahydrofuran und 15 Volumen-Teile konz. Salzsäure	—	Al 0,35; Ba 0,00; Sr 0,1; Ca 0,20; Ni 0,28; Mg 0,34; Cr^{3+} 0,44; Ti 0,44; Mn 0,55; VO_3^- 0,55; Be 0,61; Co 0,78; Cu 0,9; UO_2^{2+} 0,98; Zn, Cd, Hg, Ga, In, Sn, As^{3+}, Sb^{3+}, Bi^{3+}, MoO_4^{2-}, Fe^{3+} 1,00	*Hartkamp* u. *Specker* [449]
Al—Fe, Cr	Rundfilter-Verfahren mit Whatman-Nr. 1, $\varnothing$ 24 cm	Eisessig + 5n Salzsäure (8:2)	5 Std.	Al 0,52; Fe 0,81; CrO_4^{2-} 0,45	*Barnabas, T.*, *Barnabas, J.* [450]
Al—Fe, Cr	—	0,3n Natronlauge	—	Al 0,0; Fe 0,65; CrO_4^{2-} 0,88	*Imai* [451]
Al—Cr—Fe	aufsteigendes Verfahren mit Whatman-Nr. 1 unter Verwendung von Oxalat-, Tartrat- und Citrationen	Äthanol + Wasser (75:25)	1,5 Std.	—	*Singh* u. *Dey* [452]

Tabelle 87 (Fortsetzung)

Trennung, Elemente	Verfahren	Lösungsmittel	Laufzeit	R_f-Werte	Literatur
Al im Stahl	quantitatives Rundfilter-Verfahren mit Whatman-Nr. 1-Papier, ⌀ 18,5 cm	n-Butanol, Acetessigester und konz. Salzsäure (37,5:37,5:25)	36 bis 48 Std.	Al 0,24; Cr 0,26; Ni 0,28; V 0,37; Mn 0,44; Ti 0,60; Co 0,63; Cu 0,70; Mo 0,88; Fe 1,0	*Venturello* u. *Ghe* [453]
Al—Fe, Mn	Verfahren mit Whatman-Nr. 1-Papier	n-Butanol, Essigsäure und Wasser (4:1:5)	40 bis 45 min	Al 0,19; Fe 0,46; Mn 0,22	*Laksminarayanan* [454]
		wäßrige 2,4,6-Collidin-Lösung		Al 0,0; Fe 0,44; Mn 0,26	
		wäßrige 2,4/2,5-Lutidin-Lösung		Al 0,0; Fe 0,50; Mn 0,24	
Al—Zn	Rundfilter-Verfahren mit Whatman-Nr. 1- oder -Nr. 2-Papier, ⌀ 11,5 cm	tert. Butanol, Aceton und 3n Salzsäure (40:40:20)	—	Al 0,55; Zn 1,00	*Surak* u. *Martinovich* [455]
Al—In, Tl	aufsteigendes Verfahren mit Whatman-Nr. 1-Papier, 30×30 cm	100 ml Butanol, 10 ml Bromwasserstoffsäure (40%ig) und 90 ml Wasser (2 Phasen)	16 Std.	Al 0,06; In 0,78; Tl 0,93	*Kertes* u. *Lederer* [456]
Al—Ga, In, Tl	—	Pentanol, gesättigt mit 4n Salzsäure	—	Al 0,0; Ga 0,27; In 0,14; Tl 0,84	*Fisel, Gabe* u. *Poni* [457]
Al—Ti, Be, Ca	Verfahren mit Whatman-Nr. 1-Papier (2,5×50 cm)	0,5n Ammoniak-Lösung	—	Al 0,86; Ti 0,0; Be 0,67; Ca 0,96	*Singh* u. *Saxena* [458]
Al—Ga, In, Zn	Papier-Streifen-Chromatographie	wassergesättigtes Butanol mit 10 Vol.-% konz. Salzsäure	—	Al 0,0; Zn 1,0	*Burstall, Linsteadt* u. *Wells* [459]
Al—Zr und andere Kationen	aufsteigendes Verfahren	tert. Butanol, Wasser und konz. Salzsäure (70:20:10)	—	Al 0,25; Mg 0,37; Ca 0,25; Zn 1,0; Mn 0,42; Co 0,29; Ni 0,21; Fe^{3+} 0,76; Be 0,60; Ti 0,33; UO_2^{2+} 0,25; Cr^{3+} 0,24; Ce^{3+} 0,13; ZrO^{2+} 0,03; Nb 0,0; Ta 0,0	*Majumdar* u. *Mukherjee* [460]

Tabelle 87 (Fortsetzung)

Trennung, Elemente	Verfahren	Lösungsmittel	Laufzeit	R_f-Werte	Literatur
Al—Zr	aufsteigendes Verfahren mit Whatman-Nr. 2-Papier	Äthanol	12 bis 14 Std.	Zr^{4+} 0,0; Al 0,37	*Lederer* [461]
Al—Zr	Verfahren mit Ionen-Austauscher-Papier DOWEX-50, aufsteigend, 24 cm	2n Salzsäure			*Lederer* [462, 463]
Al von verschiedenen Kationen	Verfahren mit Ionen-Austauscher-Papier Dowex-50, absteigend	2 Vol.-% Flußsäure (40%ig) in Wasser	—	<0,1 Tl, Ag, Cd, Mn, Ni, Co, Cu, Zn; >0,9 Fe^{3+}, U, Zr, Pa, Ta, Nb, Ti, Be, Al, Mo, Cr; V 0,35	*Lederer* [464]
Al—Ga, In, Tl	Verfahren mit Whatman-Nr. 1-Papier, präpariert mit Di-(2-äthylhexyl)-ortho-phosphorsäure, 0,01 m, in Cyclohexan	Elution mit Salzsäure verschiedener Konzentration		0,2m HCl: Al 0,0; Ga 0,75; In 0,03; Tl 0,80 0,5m HCl: Al 0,0; Ga 0,83; In 0,25; Tl — 3m HCl: Al 0,47; Ga 0,90; In und Tl 0,78	*Cerrai* u. *Ghersini* [465]
Al von verschiedenen Kationen	Verfahren mit Whatman-Nr. 1-Papier, präpariert mit 4-Oxybenzthiazol, absteigend	Äthanol, auch Methanol	—	Al 0,57; Fe 0,66; Zn, Cd, Cu, Ni, Co 0,1 bis 0,25	*Fernando* [466]

D. Elektrochromatographische Methoden
zur Trennung verschiedener Kationen

Bei der Trennung von Kationen durch Papier-Elektrophorese wird nicht nur die eindimensionale, selektive, chromatographische Adsorption ausgenutzt, sondern die chromatographische Trennung gleichzeitig mit der unterschiedlichen Wanderungs-geschwindigkeit der Ionen im elektrischen Feld in der zweiten Dimension verknüpft. Gegenüber der Papier-Chromatographie besteht ein weiterer, bis jetzt für anorga-nische Trennungen kaum ausgenutzter Vorteil, die Elektrophorese kontinuierlich durchzuführen und auf diese Weise auch größere Substanz-Mengen zu trennen.

Strain und *Sullivan* [467], welche unter anderem die Trennung des Aluminiums vom Eisen in ammoniakalischer, tartrathaltiger Lösung durchführen, beschreiben eine einfache Apparatur zur Durchführung von Elektrophoresen und teilen einige wichtige, allgemeine Grundlagen mit. Der von ihnen konstruierte Elektrochromato-graph besteht aus einem Filtrierpapier (20×20 cm), dessen seitliche Kanten mit einer gesättigten Lösung von Paraffin in Tetrachlorkohlenstoff oder Petroläther ge-tränkt und an der Luft getrocknet sind. Das Blatt wird zwischen 2 Glas- oder durch-sichtige Kunststoff-Platten gespannt, zusammen mit 2 Platin-Drähten, die längs der imprägnierten Kanten liegen, und aufrecht gestellt. Für eine Trennung wird die Analysen-Lösung zweckmäßig in der Mitte aufgegeben; eine geeignete Imprägnierung verhindert die Verteilung über die obere Kante. Das Gerät faßt etwa 60 ml Wasch-flüssigkeit, die in etwa 20 min abtropfen soll.

Zur analytischen Trennung einzelner Ionen muß die Größe des Filtrierpapiers, Spannung und Stromstärke, Waschflüssigkeit, ihre Reaktion an den Elektroden sowie Konzentration und elektrische Eigenschaften der Ionen, ihre Adsorbierbarkeit und eine eventuelle Komplex-Reaktion mit der Waschflüssigkeit berücksichtigt und aufeinander abgestimmt werden. In den meisten Fällen ist ein Strom von 50 bis 100 mA bei einer anliegenden Spannung von 160 bis 400 V am zweckmäßigsten. Als Waschmittel eignen sich besonders schwache Säuren und Basen, die in höherer Konzentration als Salze anwendbar sind. Kationen werden allgemein aus Säure-oder Salz-Lösungen schlecht, aus basischen Lösungen dagegen stark adsorbiert.

Die Wahl des Waschmittels ist daher entscheidend für die Ausführung der Tren-nung. Infolge der Unterschiedlichkeit des elektrischen und chromatographischen Trennfaktors – die Ionenwanderung hängt vom Lösungsmittel und der Adsorbier-barkeit der Ionen, die Eluierbarkeit allein von der Adsorptionsfähigkeit ab – muß die angelegte Spannung mit der Durchfluß-Menge genau aufeinander abgestimmt werden. Ist eine solche Abstimmung nicht möglich, muß die Ionen-Beweglichkeit durch Oxydation, Reduktion oder Komplex-Bildung *vor* der Trennung in erwünschter Weise verändert werden.

Die papierelektrophoretische Trennung anorganischer Ionen auf Grund ihrer unterschiedlichen Komplex-Bildung mit Äthylendiamin bzw. Triäthanolamin unter-suchte *Maki* [468]. In einer Lösung von 0,1 m Äthylendiamin und 0,1 m Ammonium-tartrat sind die Ionen bei (13 ± 3,5) °C durch die in Abb. 36 angegebenen Beweglich-keiten, in einer Lösung von 0,1 m Triäthanolamin-Lösung und 0,1 m Ammonium-tartrat, bei (15 ± 1,5) °C durch die Beweglichkeiten in Abb. 37 charakterisiert. *Maki* arbeitet mit einer Spannung von 200 V und 4 bis 9 mA. Zur Entwicklung der Chro-matogramme benötigt er etwa 4 Std. Wie aus den Abbildungen ersichtlich, können Ionen, die mit Aminen Kationen-Komplexe bilden, von solchen, die Anionen-Kom-plexe mit Tartration bilden, wirksam getrennt werden. Durch Änderung der Kon-zentration der Komplex-Bildner wird die Beweglichkeit der Ionen und damit die Trennschärfe beeinflußt. *Maki* benutzt diese Methode zur Trennung des Alumi-niums vom Eisen.

In einer späteren Arbeit untersucht *Maki* [469] die pH-Abhängigkeit der Wanderungsgeschwindigkeit der Ionen in wäßrigen Lösungen von $Na_5P_3O_{10}$ und $Na_6P_4O_{13}$; er stellt fest, daß die Stabilität der Komplexe nur in stark sauren Lösungen (HCl-Zusatz) ausreichend differenziert ist und analytisch auch zur Trennung von Pb, Al, Fe^{3+} und CrO_4^{2-} ausgenutzt werden kann.

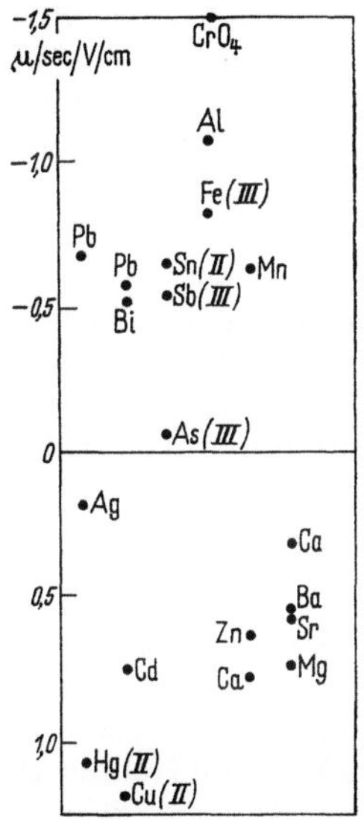

Abb. 36. Ionenbeweglichkeiten in Äthylendiamin-
Tartratlösung nach *Maki*

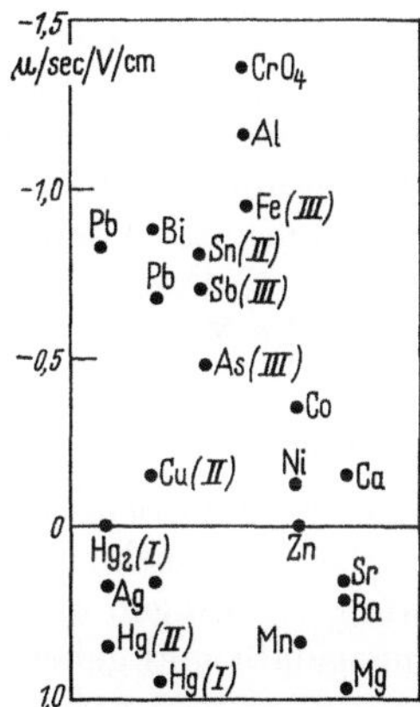

Abb. 37. Ionenbeweglichkeiten in Triäthanolamin-
Tartratlösung nach *Maki*

Unter Verwendung von mit HPO_3 getränktem Papier lassen sich bei einem pH-Wert unter 1,7 die Trennungen $Al-Fe^{3+}$ und $Ni-Zn-Al$ durchführen, auch mit $(HPO_3)_3$ getränktem Papier bei pH-Werten unter 5,6 die Trennungen: $Al-Fe^{3+}$; $Ca-Al-Fe^{3+}$; $Ba-Co-Al-Fe^{3+}$.

Trennung vom *Eisen* und *Beryllium*

Untersuchungen von *Mukkerjee* [470] haben gezeigt, daß die Aluminium-Eisen-Trennung in 0,1 n Lösungen von Kaliumthiocyanat, Kaliumnitrat, Phosphorsäure, Schwefelsäure, Kaliumchlorid und Weinsäure durchgeführt werden kann, wenn unter einer Spannung von 150 V 5 Std. chromatographiert wird. Aluminium und Beryllium dagegen ergeben in den aufgeführten Medien mit Ausnahme in 1 n Weinsäure-Lösung sich überlappende Zonen. Als Anfärbereagens wird für Beryllium und Aluminium Chinalizarin (S. 416) verwendet.

Trennung des Aluminiums vom *Magnesium, Calcium, Cadmium* und *Zink*

Mit Hilfe der Hochspannungspapierelektrophorese gelingt unter Anwendung von 100 bis 140 V/cm nach *Gross* [471] die Trennung der Erdalkalien vom Aluminium. Zur Trennung eignet sich am besten eine Puffer-Lösung von 0,05 m Citronensäure, die mit Ammoniak auf pH = 5,5 eingestellt wird. Zur Sichtbarmachung des Chromatogramms besprüht man mit Oxin-Lösung und bedampft mit Ammoniak.

Trennung vom *Silber, Cadmium, Thallium, Arsen* und *Wismut*

Ein einfaches Gerät zur kontinuierlichen Elektrochromatographie beschreibt *Strain* [472]. Das trapezförmig zugeschnittene 0,07 mm dicke Filterpapier wird auf einen etwa 5 cm dicken Block aus Polystyrol-Schaum gelegt und dieser zur Vermeidung von Verdunstungsverlusten mit Polyäthylen-Folie abgedeckt. Dabei darf die Folie nicht auf dem Papier aufliegen, was durch 2 untergeschobene T-förmige Streifen aus Kunststoff erreicht wird. Die Platin- oder Graphit-Elektroden liegen an den beiden schrägen Seiten des Papiers. Die Feldstärke beträgt etwa 25 V/cm an der Aufgabe-Stelle und 4,5 V/cm an der unteren Papier-Kante bei einer Stromstärke von etwa 40 mA. Die zu trennenden Gemische werden durch einen Streifen des Papiers aufgenommen, der in der Mitte der oberen Papier-Kante angeschnitten ist und in ein Vorratsgefäß taucht. Die Trennung von Ag, Cd und Bi vom Aluminium kann mit einer 0,05m Ammoniumhydrogenmalonat-Lösung bei 162 V erreicht werden. Die Sichtbarmachung der Aluminium-Banden erfolgt mit Oxin-Lösung, diejenige der anderen Elemente mit gelbem Ammoniumsulfid.

Unter Verwendung von 0,05m Citronensäure in 0,3m Ammoniak und unter einer Spannung von 50 V kann Thallium vom Aluminium getrennt werden. Mit 0,05m Malonsäure in 0,05m Ammoniak und einer Spannung von 160 V gelingt neben der Abtrennung des Thalliums auch diejenige des Arsens. Thalliumionen wandern dabei bis zur Kathode; Arsenionen wandern nicht, und Aluminiumionen bewegen sich etwa in die Mitte.

Trennung vom *Zirkonium*, *Uran*, *Beryllium*, *Thorium* und *Titan*

Majumdar und *Singh* [473] haben die Trennung von Elementen der dritten Gruppe voneinander in verschiedenen Lösungen untersucht. Die von ihnen beobachteten Wanderungsrichtungen und -geschwindigkeiten sind in der nachfolgenden Tabelle 88 zusammengefaßt und geben einen Überblick über die möglichen Trennungen.

Tabelle 88. *Trennbarkeit verschiedener Kationen*

Elektrolytlösung (0,1 n)	Wanderung (+ anodisch, − kathodisch, : Startpunkt)
HCl	:Zr, Ti−; :Zr, (Fe, Al)−; :Zr, (Fe, Cr)− :Zr, (U, Fe)−; :Zr, (Th, Cr)−
NH₄Cl	:Ti, U, Be−; :Zr, U, Be−; :Th, U, Be− :U, Al, Be−
KCl	:Zr, Th, U, Al−; :Zr, Th, U, Be− :Ti, (Th, U), Be−; :Ti, (Th, U), Al−
HNO₃ NH₄NO₃	:Th, Zr−; :Zr, Ti−; Cr, (U, Zr)− :Zr, U, Be−; :Ti, U, Be−; :Ti, Th, Be− :Zr, (Th, U), Be−
CH₃COONH₄	:Al, Be−; :Cr, Al−; :Fe, Al−; +U :Th, Be−; +U :Zr, Al−; +U :(Th, Al)−; +U :Zr, Be−
KJ Na₂S₂O₃	:U, Al, Fe−; :Ti, (Al, Fe)−; :Zr, Al, Fe− +U :Zr, Al, Fe−; +U :(Th, Al), Fe− :Ti, Al, Fe−
NH₄SCN	:Zr, U, (Al, Be)−; :Zr, Th, (Al, Be)− :Th, U, Be−
NaOH oder Na₂CO₃	+Al (Mischung aus Be, Ti, Zr, Th, U, Fe, Cr)

Die Trennungen des Aluminiums von anderen Kationen ist nach den Untersuchungen von *Frame*, *Strain* und *Sherma* [474] durch Komplex-Bildung mit Diäthylentriamin möglich. In einer wäßrigen Lösung von 0,06m Diäthylentriamin von pH = 11 und bei einer Feldstärke von 10 V/cm wandert im Laufe einer Stunde die Aluminium-Zone 1 cm vom Startpunkt in Richtung der Anode.

E. Gaschromatographische Verfahren

Die Verwendung der Gaschromatographie als Trennverfahren in der Metall-Analyse ist, abgesehen von der Trennung von einigen leichtflüchtigen Metallhalogeniden, z. B. $TiCl_4$, $SnCl_4$ und $SbCl_3$, auf die Trennung und die quantitative Bestimmung leicht flüchtiger Metallchelat-Verbindungen beschränkt. Über die Grundlagen und die Arbeitstechnik der Chromatographie von Metallchelaten unterrichtet das Buch von *Moshier* und *Sievers* [475]. Die gaschromatographischen Verfahren sind besonders zur Mikroanalyse und infolge ihrer großen Empfindlichkeit auch zu Spuren-Bestimmungen geeignet.

Als Chelat-Bildner werden β-Diketone verwendet, die mit einer größeren Anzahl von Metallen leicht flüchtige Metallchelate bilden. Am meisten angewandt werden Acetylaceton, Trifluoracetylaceton, Hexafluoracetylaceton und Thenoyltrifluoraceton. Vorteilhafter ist die Verwendung der fluorierten Verbindungen, deren Chelate höhere Dampfdrucke als diejenigen der Acetylacetonate besitzen. Die Kolonnen-Temperatur kann deshalb niedriger gehalten und die Gefahr der thermischen Zersetzung der Metallchelate während der Trennung verringert werden. Die gegenüber dem Acetylaceton größere Elektronen-Affinität dieser Verbindungen bildet beim Arbeiten mit einem Elektronen-Einfangdetektor einen weiteren Vorteil. Als Lösungsmittel für die Metallchelate dienen das Acetylaceton selbst, Chloroform, Tetrachlorkohlenstoff und Benzol.

Die Länge und der Durchmesser der zur Trennung benutzten Säulen ist je nach Aufgabestellung verschieden. Am häufigsten werden Säulen von 120 cm Länge und einem Durchmesser von 0,4 bis 0,6 cm verwendet. Das Trägermaterial besteht vorzugsweise aus Glasperlen von 0,2 bis 0,25 mm Durchmesser. Nach Untersuchungen von *Biermann* und *Gesser* [476] ist Kieselgur – sie verwenden Celite 545 – weniger geeignet. Mit diesem Trägermaterial beobachten sie schon merkliche Zersetzung der Metallchelate bei der Arbeitstemperatur. Unter Verwendung von Glas-Perlen treten diese Zersetzungserscheinungen nicht auf. Als stationäre Phase können Siliconöle, Hexamethyldisilican, Polyäthylen-Wachs und Apiezon L verwendet werden. Wichtig ist die Konditionierung der Säulen. Sie geschieht in der Weise, daß die Säulen über einen längeren Zeitraum bei der Arbeitstemperatur unter Durchleiten des Trägergases ausgeheizt werden.

Als Trägergas wird Helium, Argon und auch Stickstoff verwendet. Die Temperaturen, bei denen die Trennungen durchgeführt werden, sind je nach Trennproblem verschieden und liegen in einem Temperaturbereich von 80 bis 170 °C. Als Detektoren werden die üblichen Wärme-Leitfähigkeitszellen benutzt. Höhere Empfindlichkeiten erreicht man jedoch mit Flammen-Ionisations- und Elektronen-Einfangdetektoren. Vor allem ist die Verwendung letzterer bei fluorierten Chelaten infolge der höheren Elektronen-Affinität dieser Verbindungen gegenüber nichtfluorierten vorteilhaft, wie ein Vergleich von *Albert* [477] zeigt. Er fand die im folgenden angegebenen Nachweisgrenzen (Tab. 89).

Tabelle 89. *Nachweis-Empfindlichkeit nach Albert*

Verbindung	Nachweisgrenzen	
	Elektronen-Einfang-Detektor mol	Flammen-Ionisations-Detektor mol
Chromacetylacetonat	$4,1 \cdot 10^{-13}$	$1,2 \cdot 10^{-10}$
Chromtrifluoracetylacetonat	$3,1 \cdot 10^{-15}$	$3,7 \cdot 10^{-10}$
Aluminiumtrifluoracetylacetonat	$1,2 \cdot 10^{-13}$	$1,7 \cdot 10^{-10}$
Kupfertrifluoracetylacetonat	$2,0 \cdot 10^{-10}$	$1,6 \cdot 10^{-9}$

Als Trennsäule wurde eine 90 cm lange Glas-Säule mit einem Durchmesser von 0,3 cm, gefüllt mit Glas-Perlen (0,2 bis 0,25 mm) und 0,2% Siliconöl als stationärer Phase verwendet. Die Arbeitstemperatur betrug für das Acetylacetonat 160°C, für die Trifluoracetylacetonate 110°C und die Durchfluß-Geschwindigkeit des Stickstoff-Trägergases 60 und 50 ml/min.

Ross [478] hat die Nachweis-Grenzen der Hexafluoracetylaceton-Chelate des Chroms und Aluminiums mit einem Elektronen-Einfangdetektor bestimmt. Sie beträgt für das Chromchelat $3,3 \cdot 10^{-11}$ g und für das Aluminiumchelat $4,8 \cdot 10^{-11}$ g. Die bessere Nachweis-Grenze für die Chrom-Verbindung ist auf ihre größere Elektronen-Affinität zurückzuführen. Die Auswertung der Chromatogramme erfolgt fast ausschließlich durch Ausmessen bzw. Planimetrieren der Peak-Flächen.

Trennung vom *Beryllium* und *Chrom* nach *Biermann* und *Gesser* [476]

Als Chelat-Bildner wird von *Biermann* und *Gesser* Acetylaceton verwendet, als Lösungsmittel ebenfalls Acetylaceton. Die Trennung des Berylliums vom Aluminium wird mit einer 120 cm langen Säule von 0,6 cm Durchmesser durchgeführt, die als Trägermaterial Glas-Perlen (200 µm) und als stationäre Phase 0,5% Apiezon L enthält. Von der Probe werden 0,34 µl eingebracht und mit einem Argon-Trägergas-Strom von 50 ml/min in einem Temperaturbereich von 80 bis 170° chromatographiert. Man beginnt zunächst bei 80°C und steigert die Temperatur kontinuierlich innerhalb der ersten 10 min auf 90°, innerhalb weiterer 20 min etwas schneller auf 170°. Nach 30 min ist die Trennung beendet. Die Beryllium-Bande erscheint nach 14 min, diejenige des Aluminiums nach 23 min. Zur Trennung des Aluminiums vom Chrom wird die gleiche Säule, jedoch mit 1% Apiezon L, verwendet. Es wird bei konstanter Temperatur von 170°C und einem Argon-Trägergas-Strom von 43 ml/min chromatographiert. Als Lösungsmittel für die Metallchelate dient Tetrachlorkohlenstoff. Nach 10 min ist die Trennung beendet. Aluminium erscheint bereits nach 2 min, das Chrom nach 7 min.

Trennung vom *Gallium*, *Indium* und *Beryllium*

Auf Grund ihrer Untersuchungen über die Eignung der Verteilungschromatographie zur Trennung und Bestimmung von Metalltrifluoracetylacetonaten geben *Schwarberg*, *Moshier* und *Walsh* [479] Anweisungen zur Trennung des Aluminiums vom Gallium, Indium und Beryllium. Von den untersuchten Säulen erwies sich eine 120 cm lange Glas-Säule (innerer Durchmesser: 0,4 cm) mit 25 g Mikro-Glas-Perlen (0,2 bis 0,25 mm) und einer stationären Phase von 1% Chlortrimethylsilan, die bei 140°C ausgeheizt wurde, am geeignetsten. Als Trägergas dient Helium mit einer Durchfluß-Geschwindigkeit von 79 ml/min. Die Säulen-Temperatur soll 85 bis 120°C betragen, die Temperatur des Einspritzblocks 135° und diejenige des Wärme-Leitfähigkeitsdetektors 150°C. Unter diesen Bedingungen läßt sich eine einwandfreie Trennung erreichen. Der *Fehler* der Bestimmung durch Auswertung der Peak-Flächen beträgt etwa 2%, bei Verwendung der Peak-Höhen 2,4% relativ.

Morie und *Sweet* [480] kombinieren die Verfahren der Extraktion und der Gas-Chromatographie bei der Bestimmung des Aluminiums, Galliums und Indiums. Nach Extraktion der 3 Elemente als Trifluoracetylacetonate mit Benzol werden diese gaschromatographisch getrennt und bestimmt.

Arbeitsvorschrift. 25 ml Lösung, die 1 bis 4 mg Al, 5 bis 9 mg Ga und 10 bis 25 mg In enthält, wird auf einen pH-Wert zwischen 7,5 und 9,5 gebracht und mit 5 ml einer 0,25m Trifluoracetylaceton-Lösung in Benzol (das Trifluoracetylaceton wird destilliert und die Siedefraktion zwischen 106 und 107°C gesammelt) 4 Std. geschüttelt. Nach Abstehen und Trennung der Phasen – notfalls ist zu zentrifugieren – werden 20 µl mit einer *Hamilton*-Spritze entnommen und in den Chromatographen injiziert. Die Trennung und Bestimmung wird mit einer 105 cm langen Glas-Säule mit einem Durchmesser von 0,7 cm, gefüllt mit Glas-Perlen (0,2 bis 0,25 mm) als Trägermaterial durchgeführt. Säule und Trägermaterial wurden mit Hexamethyldisilican behandelt. Als stationäre Phase dienen 0,5% Siliconöl DC-550. Die Konditionierung der Säule erfolgt bei einer Temperatur von 160°C. Das Chromatogramm selbst wird bei einer Säulentemperatur von 128 °C und einer Durchfluß-Geschwindigkeit des Helium-Trägergases von 80 ml/min entwickelt. Die Injektionstemperatur betrug dabei 135°, die Temperatur der Wärme-Leitfähigkeitszelle 150°. Die einzelnen Banden erscheinen in der folgenden Reihenfolge: Aluminium (3,5 min), Gallium (6,5 min) und Indium (11 min).

Bemerkung. Bei der Analyse einer synthetischen Mischung von 2 mg Al, 5 mg Ga und 10 mg In, die 8mal wiederholt wurde, erhielten *Morie* und *Sweet* für Aluminium eine relative *Standardabweichung* von 1,98%, für Gallium eine solche von 2,48% und für Indium eine solche von 5,21%.

Trennung vom *Chrom* und *Rhodium*

Ross [478], der den Einsatz eines Elektronen-Einfangdetektors für die gaschromatographische Bestimmung von Metallchelaten untersuchte, gibt in seiner Arbeit Hinweise auf die Bestimmung des Aluminiums und Chroms. Er führt die Trennung und Bestimmung mit den Hexafluoracetylacetonaten in Toluol an einer $60 \times 0,3$-cm-Säule, gefüllt mit Gas Chrom Z und 20% Dow Corning Silicon Fluid 710 R, bei einer Säulen-Temperatur von 65 °C und mit Argon oder Stickstoff als Trägergas innerhalb von 3 min durch.

Bei Untersuchungen zur Bestimmung der Elemente der Platin-Gruppe fanden *Ross, Sievers* und *Wheeler* [481], daß sich Rhodium als Trifluoracetylacetonat mit einer ähnlichen Empfindlichkeit wie Chrom bestimmen läßt und von diesem sowie vom Aluminium getrennt werden kann. Synthetische Mischungen der 3 Trifluoracetylacetonate werden in Benzol gelöst; 1 µl Lösung, die $1,3 \cdot 10^{-10}$ g Rh, $7,3 \cdot 10^{-11}$ g Cr und $4 \cdot 10^{-11}$ g Al und Hexachloräthan als inneren Standard enthält, wird an einer $120 \times 0,15$-cm-Teflon-Säule, gefüllt mit siliconisiertem Diataport S (Korngröße 0,2 bis 0,25 mm) als Trägermaterial und 5% SE-30 als stationäre Phase, bei 154 °C Säulen-Temperatur mit Stickstoff (45 ml/min) als Trägergas chromatographiert. Als Detektor wird ein Elektronen-Einfangdetektor verwendet. Zur Auswertung werden einmal die Peak-Höhen der 3 Elemente allein gemessen, zum anderen das Verhältnis der Peak-Höhen der Elemente zur Peak-Höhe des internen Standards. Beide Auswerteverfahren geben etwa gleiche Ergebnisse und gleiche *Standardabweichungen*.

Trennung vom *Eisen*

Ihr kombiniertes Extraktions- und Gaschromatographie-Verfahren zur Bestimmung von Al, Ga und In (S. 654) benutzen *Morie* und *Sweet* auch zur Trennung und Bestimmung des Aluminiums und Eisens. Sie verfahren genau nach der auf S. 654 angegebenen Arbeitsvorschrift. Im Chromatogramm erscheint nach 2,5 min das Aluminium und nach 7,5 min das Eisen. Zur Auswertung und Aufstellung von *Eichkurven* bilden sie das Produkt aus Peak-Höhe und der Band-Breite bei der halben Peak-Höhe. Sie erhalten für Al-Gehalte von 1 bis 4 mg/25 ml und Fe-Gehalte von 4 bis 10 mg/25 ml *lineare* Eichkurven. Um Störungen bei der Analyse von Kupfer- und Nickel-Legierungen auszuschalten, werden Kupfer und Nickel mit Picolinsäure maskiert, indem je Mol Ni und Cu 3,5 Mole Picolinsäure erforderlich sind und der pH-Wert bei der Extraktion mit Natronlauge auf 5,5 eingestellt werden muß. Die Analyse synthetischer Lösungen von 1 bis 3 mg Al und 4 bis 8 mg Fe ergaben relative Abweichungen für Aluminium von 2,86% und für Eisen von 1,6%.

Trennung vom *Kupfer* und *Eisen*

Ebenfalls mit einem kombinierten Extraktions-Chromatographie-Verfahren bestimmen *Moshier* und *Schwarberg* [482] nach vorausgegangenen Untersuchungen Aluminium, Kupfer und Eisen in Kupfer- und Nickel-Legierungen. Sie verfahren bei der Extraktion im wesentlichen nach dem von *Scribner*, *Treat*, *Weis* und *Moshier* ausgearbeiteten Extraktionsverfahren (S. 604). Infolge der sehr unterschiedlichen Gehalte der 3 zu bestimmenden Elemente in den Legierungen ist eine Gesamtbestimmung aus einem einzigen, aliquoten Teil nicht möglich. Vor allem ist die Löslichkeit des Kupfer(II)-chelats im Chloroform sehr gering, so daß der Anwendung größerer, aliquoter Teile, wie sie zur Bestimmung geringer Eisen- und Aluminium-Gehalte erforderlich sind, Grenzen gesetzt sind. In solchen Fällen ist es notwendig, für die Bestimmung des Aluminiums und Eisens einen gesonderten, aliquoten Teil zu benutzen, in dem nach der Extraktion das Kupfer durch Schütteln mit einer ÄDTE-Lösung aus der organischen Phase entfernt und diese durch Eindampfen aufkonzentriert wird. Aus den eben angegebenen Gründen ist die Kenntnis der ungefähren Gehalte der zu bestimmenden Elemente erforderlich. Dies kann man durch Ausführung einer Vorprobe erreichen.

Zur Konditionierung der Trennsäule nach längerem, unbenutzten Stehen ist die Durchführung von Voranalysen notwendig. Bereits nach einigen Stunden ergibt die erste Analyse kleinere Peaks, und erst nach Durchführung einiger Analysen wird ein konstanter, richtiger Wert erhalten. Auch bei Änderung der Proben im Routinebetrieb sind die Ergebnisse der ersten Analyse mit der geänderten Zusammensetzung zu verwerfen. Die Konditionierung der Trennsäule läßt sich am besten mit einer Standardprobe bekannten Gehaltes überprüfen.

Die **Arbeitsvorschrift** ist je nach der Zusammensetzung der Legierung verschieden. Im folgenden wird die Analysen-Vorschrift für zwei Legierungen nebenstehender Zusammensetzung (Tab. 90) mitgeteilt. Für Legierungen anderer Zusammensetzung ist die Arbeitsvorschrift sinngemäß abzuwandeln.

Tabelle 90. *Verschiedene Legierungen*

Element	NBS 162a %	NBS 164a %
Ni	63,95	3,72
Cu	30,61	82,25
Fe	2,19	4,05
Mn	1,60	0,22
Si	0,93	—
Al	0,50	9,59
Co	0,076	—
Cr	0,042	—
Ti	0,005	—
Zn	—	0,07
Pb	—	0,04
Sn	—	0,04

Herstellung der Analysen-Lösung für NBS 162a. 2,5 g Probe werden in 18 ml konz. Salzsäure unter Zugabe von 6 ml konz. Salpetersäure gelöst und bis zur Entfernung der Salpetersäure gekocht. Nach Verdünnen mit 100 ml Wasser wird unlösliche Kieselsäure abfiltriert und nach Abkühlen auf 250 ml aufgefüllt.

NBS 164a. 2,1 g Probe werden in 15 ml konz. Salzsäure und 5 ml konz. Salpetersäure gelöst, die Salpetersäure durch Kochen entfernt, mit 100 ml Wasser verdünnt und die unlösliche Kieselsäure abfiltriert. Die Lösung wird auf 500 ml verdünnt.

Extraktion. Ein aliquoter 25-ml-Teil der Analysen-Lösung wird in einem 125-ml-Scheidetrichter mit 25 ml 0,25 m Trifluoracetylaceton-Lösung (19,25 g Trifluoracetylaceton, Siedefraktion 106 °C, in 500 ml äthanolfreiem Chloroform) versetzt und 10 min geschüttelt. Nach Zugabe von 20 ml m Natriumacetat-Lösung (pH der Analysen-Lösung jetzt 4,5) wird weitere 10 min geschüttelt und zur Phasen-Trennung weitere 10 min gewartet.

Aufarbeiten der organischen Extraktionsphase. NBS 162a. 2 bis 3 ml Chloroform-Phase werden zur Bestimmung des Kupfers beiseite gestellt; der Rest wird in einem 125-ml-Scheidetrichter mit 20 ml 0,05 m ÄDTE-Lösung 10 sec geschüttelt. Man läßt 30 sec absitzen und entnimmt 16,0 ml organische Phase, die man langsam (etwa 2 Std.) unter einer Glas-Glocke eindampft, in die man über ein Trockenrohr trockene Luft ansaugt. Der trockene Rückstand wird vorsichtig in einen 2-ml-Meßkolben überführt, mit Chloroform gelöst und der Kolben aufgefüllt. Diese Lösung dient zur Bestimmung des Aluminiums und Eisens.

NBS 164a. Die Aufarbeitung geschieht in der gleichen Weise wie für die Probe NBS 162a. Der Extrakt wird direkt zur Bestimmung des Aluminiums und Kupfers verwendet. Zur Bestimmung des Eisens wird der organische Extrakt 40 sec mit 20 ml 0,05 m ÄDTE-Lösung geschüttelt und 20 ml Chloroform-Phase, wie bei NBS 162a angegeben, eingedampft und auf 2 ml mit Chloroform aufgefüllt.

Ausführung der Bestimmung. Als Trennsäule dient eine 46×0,3-cm-Säule, mit 2,59 g Gas Pack F (Korngröße 0,13 bis 0,17 mm) als Trägermaterial und einer stationären Phase aus 12% Tissuemat E (Fisher Scientific Co., Chicago). Die Säule muß 72 Std. bei 120 °C konditioniert werden. Als Trägergas wird Helium mit einer Durchfluß-Geschwindigkeit von 46 ml/min verwendet. Zur Analyse werden 10 µl bei einer Injektionstemperatur von 135 °C injiziert und das Chromatogramm bei einer Säulen-Temperatur von 105 °C entwickelt. Die Block-Temperatur der Wärme-Leitfähigkeitszelle betrug 135 °C. Nach einer Zeit von 30 min ist die Entwicklung beendet.

Bemerkungen. Die *Auswertung* erfolgt über die Peak-Fläche mit Hilfe von Eich-kurven, die mit synthetischen Lösungen aufgestellt werden.

Bei der Analyse der NBS-162a- und NBS-164a-Proben betrugen die mittleren relativen *Fehler* für Aluminium 3,13 bzw. −1,39%, für Eisen 2,06 bzw. −0,19% und für Kupfer −1,72 bzw. −0,89%.

Von den in den Proben enthaltenen Elementen geben nur die Mangan-, Chrom- und Zinkchelate Banden. Infolge ihrer geringen Konzentration konnten keine Peaks beobachtet werden.

Bestimmung mit *Thenoyltrifluoraceton*

Wie Versuche von *Dono, Ishihara, Saito* und *Nakazawa* [483] zeigen, läßt sich auch Thenoyltrifluoraceton als Chelat-Bildner zur Bestimmung des Aluminiums verwenden. Mit einer 2 m langen Säule, die 20% Apiezon L als stationäre Phase enthält, bestimmen sie bei einer Säulen-Temperatur von 250 °C und in einem Helium-gas-Strom von 150 ml/min 0,2 bis 1,2 mg Al(TTA)$_3$ mit einem *Fehler* von ± 5%. Als Lösungsmittel für das Chelat wird Benzol verwendet.

§ 15. Trennung durch Verflüchtigen im Chlorwasserstoffstrom aus metallischen Proben (Aluminium-Legierungen)

Dieses Verfahren beruht auf der unterschiedlichen Reaktionsfähigkeit der zu untersuchenden, metallischen Proben mit gasförmigem Chlorwasserstoff bei höheren Temperaturen und auf der verschieden großen Flüchtigkeit der Reaktionsprodukte (Chloride). Da Aluminiumchlorid bereits bei einer Temperatur von 180 °C sublimiert, läßt es sich, wie die nachfolgende Tabelle 91 der Siedepunkte der Metallchloride zeigt, von einer Reihe von Metallchloriden mit höheren Siede- oder Sublimationspunkten abtrennen. Eine Trennung vom Silicium und Titan ist auf diese Weise nicht möglich, da die Siedepunkte der Chloride unterhalb des Sublimationspunktes des Aluminiumchlorids liegen.

Tabelle 91. *Siedepunkte einiger Chloride*

Chlorid	Kp °C
$AlCl_3$	subl. 180
$CuCl$	1490
$MgCl_2$	1418
$MnCl_2$	1190
$FeCl_2$	1023
$FeCl_3$	317
$ZnCl_2$	732
$SiCl_4$	56,7
$TiCl_4$	136
$CrCl_2$	1300
$CrCl_3$	subl. 1300

Außerdem ist die Trennung nicht ganz quantitativ, da sowohl die nichtflüchtigen Chloride zum geringen Teil mitdestillieren als auch Aluminiumchlorid bzw. metallisches Aluminium in geringer Menge in den Chlorid-Rückständen verbleiben können. In der praktischen Analyse hat sich diese Methode infolge der umständlichen Handhabung und des apparativen Aufwandes nicht durchgesetzt. Sie dürfte nur für analytische Sonderfälle Bedeutung haben.

Jander und *Wendehorst* [484] benutzen die Methode zur Abtrennung des Aluminiums von Begleitmetallen, wie Kupfer, Zink, Mangan, Eisen, Magnesium, in Aluminium-Legierungen. Dabei werden die Späne der zu analysierenden Legierung in einem Glas-Rohr unter Durchleiten eines trockenen Stromes von Chlorwasserstoff allmählich auf 200 °C erhitzt. Das gebildete Aluminiumchlorid setzt sich an den vor dem Schiffchen befindlichen kälteren Wandungen des Glas-Rohres ab, während im Schiffchen Kupfer, Eisen, Mangan teils als Metalle, teils als Chloride verbleiben. Das Aluminiumchlorid kann mit verd. Salzsäure abgelöst und abgetrennt werden. In Gegenwart von Mangan und Magnesium enthält das Aluminiumchlorid noch geringe Mengen dieser Chloride.

Jander und *Weber* [485] haben die Apparatur und die Arbeitsweise nach *Jander* und *Wendehorst* abgeändert, so daß das übergehende Aluminiumchlorid frei von Magnesium- und Manganchlorid ist.

Apparatur. In Abb. 38 ist die von ihnen benutzte Apparatur abgebildet. Während bei allen Gummi-Verbindungen möglichst dafür Sorge getragen wird, daß Glas-Rohr

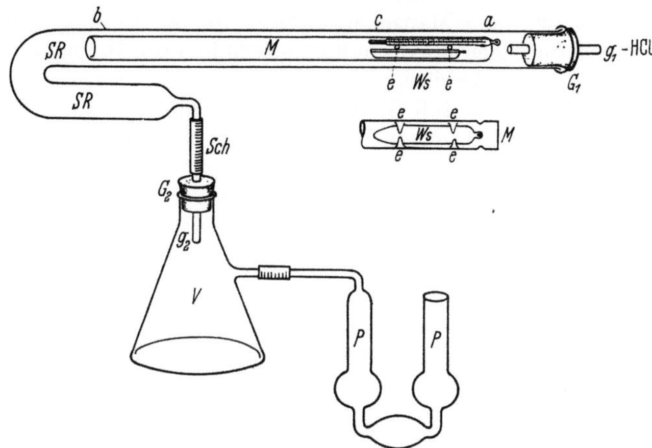

Abb. 38. Apparatur zum Aufschluß im Chlorwasserstoffstrom nach *Jander* und *Weber*
G_1 und G_2 Gummistopfen; *M* Manschettenrohr; *Ws* Wägeschiffchen; *SR* Sublimationsrohr; *Sch* Schlauch; *V* Vorlage; *P* Peligotrohr

an Glas-Rohr sitzt, ist bei der Verbindung Sch der unteren Verjüngung von SR mit dem Glas-Röhrchen g_2 so viel Abstand gelassen, daß hier durch Zusammenpressen ein Verschluß hergestellt werden kann. Das Wägeschiffchen Ws befindet sich im Inneren eines längeren Manschetten-Rohres M, welches 1,5 cm lichte Weite sowie 50 bis 55 cm Länge besitzt und bequem in das Sublimationsrohr SR eingeschoben werden kann. Die 4 Einbeulungen e des Manschetten-Rohres dienen zum Auflegen eines Thermometers. Zur Heizung verwenden *Jander* und *Weber* ein mit Gasflamme beheiztes Heizkästchen, das heute zweckmäßiger und einfacher durch einen elektrischen Heizleiter ersetzt wird, dessen Länge etwas größer als diejenige des Wägeschiffchens ist und der über die Länge des Rohres verschoben werden kann.

Arbeitsvorschrift. Nach Einsatz des Wägeschiffchens mit den Legierungsspänen und Auflegen des Thermometers leitet man einen trockenen Chlorwasserstoff-Strom durch die Apparatur (der Chlorwasserstoff wird durch 2 Waschflaschen mit konz. Schwefelsäure getrocknet). Nachdem die Luft aus der Apparatur verdrängt ist, wird langsam angeheizt und die Temperatur auf 190 bis 210 °C eingeregelt. Im Inneren des Manschetten-Rohres dicht hinter dem Schiffchen setzt sich ein dicker, weißer Belag aus Aluminiumchlorid ab. Bei Reinaluminium oder Aluminium-Legierungen, die viel Magnesium enthalten, setzt die Reaktion *nicht* ein. Man behilft sich dadurch, daß man mit Daumen und Zeigefinger das Schlauchstück am Ende der Verjüngung einige Male fest zudrückt, dann kurz öffnet, wieder verschließt usw., bis die Reaktion durch Erzeugung von Druckschwankungen, welche die dünne, zusammenhängende Oxidschicht zerreißen, beginnt.

Sobald sich die ersten Anteile des Aluminiumchlorid-Sublimats zeigen, wird die Wärme-Zufuhr unterbrochen. Man läßt die Reaktion von selbst weiterlaufen. Fällt die Temperatur dabei auf 190 °C, so erwärmt man wieder auf 190 bis 210 °C. Die Reaktion ist beendet, wenn keine Wasserstoff-Blasen mehr durch das *Peligot*-Rohr hindurchperlen.

Um das Sublimat von Aluminiumchlorid frei von Magnesium- und Manganchlorid zu erhalten, wird es *resublimiert*. Der Heizleiter wird um so viel nach links weitergeschoben, daß etwa noch 1/3 der bisher erhitzten Strecke mit erwärmt und auf 190 bis 200 °C gehalten wird. Man rückt den Heizleiter nun jedesmal weiter, wenn von der erwärmten Stelle des Manschetten-Rohres nichts mehr wegsublimiert. Aus magnesium-, mangan- und zinkhaltigen Legierungen hinterbleibt jedoch ein weißer Chlorid-Rückstand. Das Resublimieren wird fortgesetzt, bis das gesamte Aluminium-chlorid quantitativ aus dem Manschetten-Rohr in das Sublimationsrohr überführt ist, was nach 4- bis 5maliger Wiederholung geschehen ist. Bei magnesium-, mangan- und zinkfreien Aluminium-Legierungen ist das Resublimieren *überflüssig*.

Man läßt im Chlorwasserstoff-Strom erkalten. Der Inhalt des Schiffchens sowie der Rückstand in dem Manschetten-Rohr wird mit verd. Salzsäure gelöst und darin die Metalle bestimmt. Das mit einem Quetschhahn verschlossene Sublimationsrohr wird zunächst zur Lösung des Aluminiumchlorids mit einigen Millilitern Wasser gefüllt und nach Abklingen der heftigen Reaktion durch Zusatz von Salzsäure gelöst. Die Lösung wird mit der Flüssigkeit im Vorlage-Gefäß vereinigt. Sie enthält das gesamte Aluminium und Silicium.

Bemerkung. Verhalten der verschiedenen Begleitelemente des Aluminiums beim Erhitzen im Chlorwasserstoff-Strom

Kupfer und Eisen. Kupfer wird von Chlorwasserstoff nicht angegriffen und verbleibt als metallisches Kupfer im Schiffchen. Eisen wird zu Eisen(II)-chlorid umgesetzt und gelangt ebenfalls nicht in das Sublimat.

Mangan geht zum Teil mit dem Aluminiumchlorid über; jedoch wurden bei der angegebenen Arbeitsweise nur 0,002 bis 0,007% Mangan in dem anschließend mit Ammoniak gefällten und zu Aluminiumoxid verglühten Niederschlag gefunden.

Magnesium bereitet die größten Schwierigkeiten. In seiner Gegenwart muß das Resublimieren häufig und bei möglichst niedriger Temperatur wiederholt werden. Durch Resublimieren ließ sich die Menge des mit dem Aluminium übergehenden Magnesiums bei 4% Gesamtmagnesium auf 0,025% reduzieren.

Zink bleibt quantitativ im Rückstand, ebenso die *Kieselsäure*. Elementares *Silicium* der Metallsilicide dagegen wird zu Siliciumwasserstoff, Siliciumtetrachlorid wie auch Silicochloroform umgesetzt und quantitativ in der Vorlage-Flüssigkeit unter Abscheidung von Kieselsäure zersetzt. Höher geglühtes *Aluminiumoxid* reagiert mit Chlorwasserstoff nicht.

§ 16. Trennung von Al₂O₃ und Cr₂O₃ im Chlorstrom

Bourion und *Deshayes* [486] trennen Aluminiumoxid vom Chromoxid durch Erhitzen des Oxid-Gemisches in einem mit Schwefel(IV)-chlorid-Dampf beladenen Chlorstrom, indem die Masse durch Zusatz von Ammoniumsulfat zu dem Gemisch der Oxide bei einem Gehalt von mehr als 20% Cr_2O_3 aufgelockert wird.

Literatur (Trennverfahren)

1. *Biltz, H., Biltz, W.:* Ausführung quantitativer Analysen, Leipzig 1930, S. 69.
2. *Bassett, L. G., Tomkins, F. S.:* Natl. Nuclear Energy Ser., Div. VIII, 1; Anal. Chem. Manhatten Project (1950), S. 382.
3. *Hopkins, C. W.:* Ind. eng. Chem. Anal. Edit. 14, 638 (1942).
4. *Taimni, I. K., Tandon, S. N.:* Anal. chim. Acta 21, 502 (1959).
5. *Fresenius, C. R.:* Anleitungen zur quantitativen chemischen Analyse, 6. Aufl., 1. Bd., Braunschweig 1875, S. 578.
6. *Zimmermann, C.:* A. 199, 1, 3 (1879); durch Fr. 20, 412 (1881); 204, A. 226 (1880).
7. *Jeffreys, C. E. P., Swift, E. H.:* Am. Soc. 54, 3219 (1932); durch Fr. 97, 41 (1934).
8. *Frers, I. N.:* Fr. 95, 1, 113 (1933).
9. *Majdel, I.:* Fr. 76, 211 (1929).
10. *Caldwell, J. R., Moyer, H. V.:* Am. Soc. 57, 2372, 2375 (1935); durch Fr. 110, 285 (1937).
11. *Hampe, W.:* Ch. Z. 9, 543 (1885); durch Fr. 24, 588 (1885).
12. *Mayr, C.:* Fr. 92, 166 (1933).
13. *Schwarz von Bergkampf, E.:* Fr. 83, 345 (1931).
14. *Akiyama, T.:* Japan Analyst 4, 417 (1955).
15. *Wiedmann, H.:* Z. Metallkunde 44, 565 (1953).
16. *Hillebrand, W. F., Lundell, G. E. F.:* Applied Inorganic Analysis, New York 1929, S. 340.
17. *Majdel, I.:* Fr. 81, 14 (1930).
18. *v. Knorre, G.:* Angew. Ch. 14, 1149 (1901); 16, 905 (1903); Fr. 43, 1 (1904).
19. *Dittrich, M., Hassel, C.:* B. 35, 3266 (1902).
20. *Majdel, I.:* Fr. 81, 24 (1930).
21. *Classen, A., v. Reis, M. A.:* B. 14, 1626, 1630, 2775, 2776 (1881).
22. *Marchal, C., Wiernik, J.:* Angew. Ch. 4, 511 (1891).
23. *Levy, L.:* Fr. 29, 600 (1890).
24. *Kayser, L.:* Z. anorg. Ch. 138, 58 (1924).
25. *Baskerville, C.:* Am. Soc. 16, 427 (1894).
26. *Rossi, A.:* Titanium in Steel S. 38 (1911); durch *Lunge-Berl*, 7. Aufl., II, 746 (1922); Stahl, Eisen 34, 589 (1914).
27. *Gooch, F. A.:* Pr. Am. Acad. New Ser. 12, 435 (1885); durch Fr. 26, 242 (1887); Chem. N. 52, 55, 68 (1885).
28. *Treadwell, W. D.:* Tabellen und Vorschriften zur quantitativen Analyse, Leipzig–Wien 1938, S. 76.
29. *Moser, L., Irányi, E.:* M. 43, 673, 679 (1922); durch Fr. 64, 444 (1924).
30. *Beans, H. T., Mossman, D. R.:* Am. Soc. 54, 1905 (1932); durch Fr. 93, 204 (1933).
31. *Davis jr., I. T.:* Am. Soc. 11, 26 (1889); durch Fr. 29, 454 (1890).
32. *Biltz, H., Biltz, W.:* Ausführung quantitativer Analysen, Leipzig 1930, S. 359, 387.
33. *Weiss, L., Sieger, H.:* Fr. 119, 245 (1940).
34. *Treadwell, W. D.:* Tabellen und Vorschriften zur quantitativen Analyse, Leipzig–Wien 1938, S. 168.
35. *Treadwell, W. D.:* Kurzes Lehrbuch der analytischen Chemie, 11. Aufl., Bd. 2, S. 246, Leipzig–Wien (1930).
36. *Angenot, H.:* Angew. Ch. 19, 140 (1906).
37. *Da-Tchang, T., Li Houong:* C. r. 200, 2173 (1935); durch Fr. 106, 291 (1936).
38. *Ghosh, J. C.:* J. Indian chem. Soc. 8, 695 (1931); durch Fr. 93, 204 (1933).
39. *Lundell, G. E. F., Knowles, H. B.:* Am. Soc. 41, 1801 (1919).
40. *Teletoff, J. S., Andronikowa, N. N.:* Fr. 80, 351 (1930).

41. *Willard, H. H., Goodspead, E. W.:* Ind. eng. Chem. Anal. Edit. **8**, 414 (1936).
42. *Beilstein, F., Luther, R.:* Fr. **31**, 206 (1892).
43. *Lecoq de Boisbaudran:* C. r. **81**, 493, 1100; **82**, 168, 1036, 1098; **83**, 611; durch Fr. **16**, 242 (1877); C. r. **93**, 815; durch Fr. **22**, 248 (1883).
44. *Berg, R., Teitelbaum, M.:* Z. anorg. Ch. **189**, 108 (1930).
45. *Simpson, S. G., Schumb, W. C.:* Am. Soc. **53**, 921 (1931); durch Fr. **92**, 432 (1933).
46. *Classen, A.:* B. **10**, 1317 (1877).
47. *Classen, A.:* Fr. **18**, 373 (1879).
48. *Edwards, F. H., Gailer, I. W.:* Analyst **70**, 365 (1945).
49. *Hillebrand, W. F., Lundell, G. E. F.:* Applied Inorganic Analysis, New York 1929, S. 433.
50. *Schoeller, W. R., Powell, A. R.:* The Analysis of Minerals and Ores of the Rarer Elements, London 1919, S. 234.
51. *Banks, V., Edwards, R. E.:* Anal. Chem. **27**, 947 (1955).
52. *Rice, A. C., Fogg, H. C., James, C.:* Am. Soc. **48**, 895 (1926).
53. *Chandelle, R.:* Bl. Soc. chim. Belg. **4**, 12 (1939).
54. *Knapper, J. S., Craig, K. A., Chandler, G. C.:* Am. Soc. **55**, 3945 (1933).
55. *Ilinski, M., v. Knorre, G.:* B. **18**, 2728 (1885); durch Fr. **25**, 406 (1886).
56. *Mayr, C., Feigl, F.:* Fr. **90**, 15 (1932).
57. *Mayr, C.:* Fr. **98**, 404 (1934).
58. *Berg, R.:* Z. anorg. Ch. **204**, 208 (1932).
59. *Berg, R., Küstenmacher, H.:* Z. anorg. Ch. **204**, 215 (1932).
60. *Baudisch, O.:* Ch. Z. **33**, 1298 (1909).
61. *Biltz, H., Hödtke, O.:* Z. anorg. Ch. **66**, 426 (1910).
62. *Fresenius, R.:* Fr. **50**, 35 (1911).
63. *Lundell, G. E. F.:* Am. Soc. **43**, 847 (1921).
64. *Courtault, B., Longuet, P.:* Rev. Mater. Constr. C. No. **505**, 283 (1957).
65. *Bellucci, J., Grassi, L.:* G. **43**, 570 (1913).
66. *Thornton jr., W. M.:* Z. anorg. Ch. **87**, 375 (1914).
67. *Brown, J.:* Am. Soc. **39**, 2358 (1917).
68. *Thornton jr., W. M., Hayden jr., E. M.:* Am. J. Sci. [4] **38**, 137 (1914); Z. anorg. Ch. **89**, 377 (1914).
69. *Ferrari, F.:* Atti, Ist. Veneto Sci. Lettere Arti **73**, 445 (1914).
70. *Lundell, G. E. F., Knowles, H. B.:* Ind. eng. Chem. **12**, 344 (1920).
71. *Turner, W. A.:* Am. J. Sci. [4] **41**, 339 (1916).
72. *Clarke, S. G.:* Analyst **52**, 466, 527 (1927).
73. *Hillebrand, W. F., Lundell, G. E. F.:* Applied Inorganic Analysis, New York 1929, S. 110.
74. *Dymow, A. M., Moltschanowa, P. S.:* Betriebslab. (russ.) **5**, 718 (1936).
75. *Plank, J.:* Kohasz. Lapok **11**, 428 (1956).
76. *Kling, A., Lassieur, A.:* C. r. **170**, 1112 (1920).
77. *Furman, N. H.:* Ind. eng. Chem. **15**, 1071 (1923).
78. *Pinkus, A., Claessens, F.:* Bl. Soc. chim. Belg. **36**, 413 (1927).
79. *Pinkus, A., Dernies, J.:* Bl. Soc. chim. Belg. **37**, 274 (1928).
80. *Pied, H.:* C. r. **179**, 897 (1924).
81. *Moser, L., Brukl, A.:* M. **51**, 327 (1929).
82. *Scherrer, J. A.:* J. Res. Nat. Bureau of Standards **15**, 585 (1935); durch Fr. **109**, 41 (1937).
83. *Alfonsi, B., Bussi, M.:* Anal. chim. Acta **22**, 383 (1960).
84. *Merritt, L. L., Walker, J. K.:* Ind. eng. Chem. Anal. Edit. **16**, 387 (1944).
85. *Phillips, J. P., Emery, J. F., Price, H. P.:* Anal. Chem. **24**, 1033 (1952).
86. *Balanescu, G., Motzoc, M.:* Fr. **118**, 20 (1939).
87. *Duparc, L.:* Bl. Soc. Min. **42**, 138 (1919).
88. *Rose, H.:* Handbuch der analytischen Chemie, 6. Aufl., S. 103 (1871).
89. *Sinkai, S., Nagata, T.:* J. Soc. chem. Ind. Japan **42**, Suppl. bind. 397 (1939).
90. *McCamant, C.:* Chemist-Analyst **31**, 80 (1942).
91. *Gandolfo, N.:* Rc. Inst. Super Sanità **14**, 57 (1951).
92. *Todeasa, A., Ciolan, D., Kovacs, A., Turcanu, C.:* Rev. Chim. (Bucharest) **9**, 577 (1958); durch Fr. **169**, 129 (1959).
93. *Glaser, C.:* Ch. Z. **21**, 678 (1897).
94. *Kadlec, J., Boch, J.:* Hutn. Listy **13**, 57 (1958).
95. *Ford, C. L.:* Anal. Chem. **24**, 1934 (1952).
96. *Gotô, H., Takeyama, S.:* Sci. Rep. Res. Inst. Tôhoku Univ., Ser. A **8**, 1 (1956).
97. *Hillebrand, W. F., Lundell, G. E. F.:* Applied Inorganic Analysis, New York 1929, S. 391, 455.
98. *Gmelin, C. G.:* Pogg. Ann. **50**, 176 (1840).
99. *v. Schaffgotsch, F. G.:* Pogg. Ann. **50**, 183 (1840).
100. *Cottin, G.:* Ing. Chimiste (Bruxelles) **23**, 39 (1939).
101. *Furuhata, T.:* Rep. Sci. Res. Inst. (Tokyo) **25**, 402, 405 (1949).

102. *Coppins, W. C.:* Analyst **74**, 317 (1949).
103. *Swift, E. H., Barton, R. C.:* Am. Soc. **54**, 4155 (1932); durch Fr. **95**, 447 (1933).
104. *Gotô, H., Segawa, M.:* J. chem. Soc. Japan **62**, 931 (1941).
105. *Baker, I., Martin, G.:* Ind. eng. Chem. Anal. Edit. **17**, 488 (1945).
106. *Prantner, H., Konopicky, K.:* Radex-Rundschau **1948**, 61.
107. *Tscharkwiani, Wunder, M.:* Bl. Soc. Min. **42**, 138 (1919).
108. *Glaser, C.:* Fr. **31**, 383 (1892).
109. *Wunder, M., Wenger, P.:* Fr. **51**, 470 (1912).
110. *Wenger, P., Währmann, J.:* Ann. Chim. anal. [2] **1**, 337 (1919); durch Fr. **68**, 58 (1926).
111. *Treadwell, W. D.:* Tabellen und Vorschriften zur quantitativen Analyse, 1938, S. 76.
112. *Weiss, L., Kaiser, H.:* Z. anorg. Ch. **65**, 345 (1910).
113. *Wunder, M., Jeanneret, B.:* Fr. **50**, 733 (1911).
114. *Quadrat, O., Korecky, J.:* Coll. Trav. chim. Tschécosl. **2**, 169 (1930).
115. *Gooch, F. A.:* Chem. N. **52**, 68 (1885); Pr. Am. Acad., New Series **12**, 435; durch Fr. **26**, 242 (1887).
116. *Hillebrand, W. F., Lundell, G. E. F.:* Applied Inorganic Analysis, London 1929, S. 60, 61, 62.
117. *Schubin, J.:* Betriebslab. (russ.) **3**, 485 (1934).
118. *Gadeau, R.:* Rev. Mét. **32**, 398 (1935).
119. *Wilke-Dörfurt, E.:* Wiss. Veröffentl. Siemens-Konzern **1**, 84 (1921); durch Fr. **66**, 110 (1925); Wiss.-Veröffentl. Siemens-Konzern **3**, 9 (1924).
120. *Hahn, F. L., Dornauf, J.:* Angew. Ch. **35**, 229, 299 (1922); durch Fr. **63**, 449 (1923).
121. *Blumenthal, H.:* Mitt. Mat.-Prüf.-Anst., Sonderheft **XII**, 42 (1933); durch Fr. **99**, 59 (1934).
122. *Hahn, F. L.:* B. **57**, 1854 (1924).
123. *Jamieson, G. S., Wrenshall, R.:* J. ind. eng. Chem. **6**, 203 (1914); durch Fr. **54**, 606 (1915).
124. *Brunck, O.:* Angew. Ch. **20**, 1844 (1907).
125. *Weeldenburg, J. G.:* R. **43**, 465 (1924); durch Fr. **86**, 246 (1931).
126. *Balz, G.:* Z. anorg. Ch. **231**, 15 (1937).
127. *Grossmann, H., Schück, B.:* Ch. Z. **31**, 912 (1907).
128. *Berg, R.:* Fr. **71**, 23 (1927).
129. *Moyer, H. V., Remington, W. J.:* Ind. eng. Chem. Anal. Edit. **10**, 212 (1938).
130. *Zinnberg, S. L.:* Betriebslab. (russ.) **2**, 13 (1933).
131. *Zukowskaja, S. S., Baljuk, S. T.:* Betriebslab. (russ.) **4**, 397 (1935).
132. *Sanko, A. M., Butenko, G. A.:* Betriebslab. (russ.) **5**, 415 (1936).
133. *Strauß, K.:* Alum. nonferrous. Rev. **2**, 418 (1936/37).
134. *Kokta, D., Berg, R.,* durch *Berg, R.:* Das o-Oxychinolin (Oxin), 2. Aufl., Stuttgart 1935, S. 80.
135. *Schoklitsch, K.:* Mikrochemie (N. F.) **14**, 247 (1936).
136. *Lehmann, K. B.:* Arch. Hyg. **106**, 309 (1931).
137. *Navez, H.:* Ing. Chimiste (Bruxelles) **23**, 1 (1939).
138. *Berg, R.:* Fr. **76**, 191 (1929).
139. *Berg, R., Teitelbaum, M.:* Fr. **81**, 1 (1930).
140. *Berg, R.:* Fr. **71**, 369 (1927); **70**, 341 (1927); **71**, 23, 171, 321 (1927).
141. *Korosstischewskaja, L. D.:* Pharm. Z. (russ.) **9**, 26 (1936).
142. *Cimmerman, C., Wenger, P.:* Arch. Sci. phys. nat. Genève [5] **19**, 162 (1937).
143. *Berg, R., Küstenmacher, H.:* Z. anorg. Ch. **204**, 208 (1932).
144. *Sanko, A. M., Burssuk, A. J.:* Chem. J. Ser. B (russ.) **9**, 895 (1935).
145. *Thornton jr, W. M.:* Z. anorg. Ch. **87**, 380 (1914).
146. *Rây, P., Majumdar, A. K.:* Fr. **100**, 324 (1935).
147. *Rây, P., Bose, M. K.:* Mikrochemie **18** (N. F. **12**), 89 (1935).
148. *Berg, R., Fahrenkamp, E. S.:* Fr. **109**, 305 (1937).
149. *Jilek, A., Kota, J.:* Fr. **87**, 422 (1931); **89**, 345 (1932).
150. *Quadrat, O., Švejda, Z.:* Coll. Czechoslov. Chem. Commun. **15**, 881 (1952).
151. *Curtmann, L. J., Dubin, H.:* Am. Soc. **34**, 1485 (1912).
152. *Biltz, H., Biltz, W.:* Ausführung quantitativer Analysen, 1930, S. 190.
153. *Sarudi, J.:* Fr. **110**, 117 (1937).
154. *Jakób, W. F.:* Roczniki Chem. **5**, 159 (1925).
155. *Erdheim, E.:* Roczniki Chem. (Ukraine) **13**, 64 (1933).
156. *Swift, E. H., Barton, R. C., Backus, H. S.:* Am. Soc. **54**, 4161 (1932); durch Fr. **95**, 446 (1933).
157. *Pyatnitskij, I. V.:* Nauk. Zap. Kiev Univ. **14**, 131 (1955); durch Zhur. Khim. (russ.) 1956, Ref. Nr. 47238.
158. *Ishibashi, M., Tanaka, T., Kawai, T.:* Japan Analyst **5**, 609 (1956).
159. *Moser, L., Irányi, E.:* M. **43**, 680 (1923).
160. *Tanaka, T.:* Japan Analyst **6**, 13 (1957).
161. *Tanaka, T.:* Japan Analyst **6**, 78 (1957).
162. *Moser, L., Brukl, A.:* B. **58**, 380 (1925).

163. *Spacu, G., Radulescu, E.:* Studii Cercetari, Chim. Bukarest **3**, 7 (1955).
164. *Spacu, G., Dick, J.:* Fr. **71**, 185 (1927); **116**, 119 (1939).
165. *Spacu, G., Antonescu, E. L.:* Comun. Acad. Rep. Populare Romine **5**, 865 (1955).
166. *Spacu, G., Pirtea, T. I.:* Comun. acad. rep. populare Romine **5**, 859 (1955).
167. *Moser, L., Brukl, A.:* M. **47**, 715 (1926).
168. *Přibil, R., Kucharský, J.:* Coll. Trav. chim. Tchécosl. **15**, 132 (1950).
169. *Brewer, P. I.:* Analyst **77**, 539 (1952).
170. *Ginsberg, H.:* Leichtmetallanalyse, 4. Aufl., Berlin 1965, S. 122.
171. *Hure, J., Kremer, M., le Berquier, F.:* Anal. chim. Acta **7**, 37 (1952).
172. *Pirtea, T. I., Constantinescu, V.:* Fr. **165**, 183 (1959).
173. *Moiseeva, L. M., Kuznecova, N. M., Palšina, I. I.:* Ž. Anal. Chim. (russ.) **15**, 561 (1960).
174. *Přibil, R., Schneider, P.:* Chem. Listy **45**, 7 (1951); Coll. Czechoslov. Chem. Commun. **15**, 886 (1952).
175. *Majumdar, A. K., Chowdhury, J. B. R.:* Anal. chim. Acta **15**, 105 (1956).
176. *Večera, Z., Bieber, B.:* Slevarenství **3**, 31 (1955); durch Chem. Abstr. **50**, 12744e (1956).
177. *Pritchard, D. T.:* Anal. chim. Acta **32**, 184 (1965).
178. *Elliot, C., Robinson, J. W.:* Anal. chim. Acta **13**, 235 (1955).
179. *Přibil, R., Sedlář, V.:* Coll. Czechoslov. Chem. Commun. **16**, 61 (1951).
180. *Das, M. S., Venkateswarlu, C., Athavale, V. T.:* Analyst **81**, 239 (1956).
181. *Spacu, G., Gheorgiu, C.:* Fr. **159**, 209 (1958).
182. *Přibil, R., Veselý, V.:* Talanta **10**, 233 (1963).
183. *Korenman, I. M., Chelysheva, S. F.:* Tr. Khim., Khim. Tekhnol. **1965** (3), 103.
184. *Uhlemann, E., Meissner, G., Butter, E., Weinelt, H.:* J. pr. [4] **25**, 272 (1964).
185. *Morrison, G. H., Freiser, H.:* Solvent Extraction in Analytical Chemistry, 1957.
186. *Steinbach, J. F., Freiser, H.:* Anal. Chem. **26**, 375 (1954).
187. *Starý, J., Hladký, E.:* Anal. chim. Acta **28**, 227 (1963).
188. *Stene, S.:* Tidsskr. Kjemi Bergves. **19**, 6 (1939); durch C. **110**, I, 3433 (1939).
189. *Miller, C. C., Chalmers, R. A.:* Analyst **78**, 686 (1953).
190. *Beyermann, K.:* Fr. **190**, 4 (1962).
191. *Scribner, W. G., Treat, W. J., Weis, J. D., Moshier, R. W.:* Anal. Chem. **37**, 1136 (1965).
192. *Bolomey, R. A., Wish, L.:* Am. Soc. **72**, 4483 (1950).
193. *Doll, W., Specker, H.:* Fr. **161**, 354 (1958).
194. *Irving, H., Edgington, D. N.:* J. inorg. Nuclear Chem. **10**, 306 (1959).
195. *Gotô, H., Kakita, Y.:* Sci. Rep. Res. Inst. Tôkohu Univ., Ser. A **11**, 1 (1959).
196. *Rothe, J. W.:* Stahl Eisen **12**, 1052 (1892).
197. *West, T. S.:* Metallurgia **43**, 41 (1951).
198. *Bankmann, E., Specker, H.:* Fr. **162**, 18 (1958).
199. *Ballay, M., Delbart, G.:* Fonte **1938**, 1163; durch C. **109**, II, 2309 (1938).
200. *Klinkmann, A.:* Metall **15**, 1202 (1961).
201. *Malissa, H., Brockmann, H.:* Chem. Ing. Techn. **28**, 290 (1956).
202. *Dodson, R. W., Forney, H. J., Swift, E. H.:* Am. Soc. **58**, 2, 537 (1936).
203. *Axelrod, J., Swift, E. H.:* Am. Soc. **62**, 33 (1940).
204. *Elliott, C., Robinson, J. W.:* Anal. chim. Acta **13**, 235 (1955).
205. *Wells, J. E., Hunter, D. P.:* Analyst **73**, 671 (1948).
206. *Clarke, W. E., Rooney, R. C.:* J. Res. Brit. Cast Iron Assoc. **6**, 666 (1957).
207. *Specker, H., Doll, W.:* Fr. **152**, 178 (1956).
208. *Claasen, A., Bastings, L.:* Fr. **160**, 403 (1958).
209. *Geilmann, W., Bode, H., Kunkel, E.:* Fr. **148**, 161 (1955/56).
210. *Nishikawa, Y.:* J. chem. Soc. Japan, Pure Chem. Sect. **79**, 236 (1958).
211. *Lacroix, S.:* Anal. chim. Acta **2**, 167 (1948).
212. *Ginsberg, H.:* Leichtmetallanalyse, 4. Aufl., Berlin 1965, S. 80.
213. *Černichov, J. A., Čerkašina, T. V.:* Betriebslab. (russ.) **25**, 26 (1959).
214. *Edwards, F. C., Voigt, A. F.:* Anal. Chem. **21**, 204 (1949).
215. *Kakita, Y., Sudô, E., Namiki, M.:* Sci. Rep. Res. Inst. Tôhoku Univ., Ser. A **13**, 199 (1961).
216. *Bock, R., Kusche, H., Bock, E.:* Fr. **138**, 167 (1953).
217. *McBryde, W. A. E., Yoe, J. H.:* Anal. Chem. **20**, 1094 (1948).
218. *Denaro, A. R., Occleshaw, V. J.:* Anal. chim. Acta **13**, 239 (1955).
219. *Hudgens, J. E., Nelson, L. C.:* Anal. Chem. **24**, 1472 (1952).
220. *Bock, R.:* Fr. **133**, 110 (1951).
221. *Fischer, W., Bock, R.:* Z. anorg. Ch. **249**, 146 (1942).
222. *Aven, M., Freiser, H.:* Anal. chim. Acta **6**, 412 (1952).
223. *Babko, A. K., Nazarchuk, T. N.:* Zhur. Anal. Chem. (russ.) **9**, 96 (1954).
224. *Specker, H., Hartkamp, H.:* Fr. **140**, 353 (1953).
225. *Ziegler, M., Glemser, O.:* Fr. **157**, 19 (1957).
226. *Gotô, H., Takeyama, S.:* Sci. Rep. Res. Inst. Tôhoku Univ., Ser. A **9**, 138 (1957).
227. *Specker, H., Bankmann, E.:* Fr. **149**, 97 (1956).

228. *Koch, O. G., Koch-Dedic, G. A.:* Handbuch der Spurenanalyse, 1964, S. 257, 258.
229. *Milner, G. W. C., Woodhead, I. L.:* Anal. chim. Acta **12**, 127 (1955).
230. *Ellinson, S. V., Pobedina, L. I., Mirzojan, N. A.:* Ž. Anal. Chim. (russ.) **15**, 334 (1960).
231. *Bode, H.:* Fr. **144**, 165 (1955).
232. *Koch, O. G., Koch-Dedic, G. A.:* Handbuch der Spurenanalyse, 1964, S. 215.
233. *Miller, F. F., Gedda, K., Malissa, H.:* Mikrochemie **40**, 373 (1953).
234. *Clarke, W. E., Rooney, R. C.:* J. Res. Brit. Cast Iron Assoc. **6**, 666 (1957).
235. *Clarke, W. E.:* J. Res. Brit. Cast Iron Assoc. **6**, 505 (1957).
236. *Noddack, W., Eckert, G., Riedel, K.:* Fr. **147**, 423 (1955).
237. *Chernikhov, Y. A., Dobkina, B. M.:* Betriebslab. (russ.) **16**, 402 (1950).
238. *Rooney, R. C.:* Anal. chim. Acta **19**, 428 (1958).
239. *Claasen, A., Bastings, L., Visser, J.:* Anal. chim. Acta **10**, 373 (1954).
240. *Tabushi, M.:* Bl. Inst. chem. Res. **37**, 252 (1959); durch Anal. Abstr. **7**, 2612 (1960).
241. *Alimarin, I. P., Gibalo, I. M.:* Ž. Anal. Chim. (russ.) **11**, 389 (1956).
242. *Alexander, J. W.:* Colorimetric Determination of Iron and Steel; Diss. Wisconsin 1941.
243. *Moeller, T.:* Ind. eng. Chem. Anal. Edit. **15**, 346 (1943).
244. *Gentry, C. H. R., Sherrington, L. G.:* Analyst **71**, 432 (1946); **75**, 17 (1950).
245. *Lacroix, S.:* Anal. chim. Acta **1**, 260 (1947).
246. *Kenyon, O. A., Bewick, H. A.:* Anal. Chem. **24**, 1826 (1952).
247. *Taylor, R. P., Furman, N. H.:* Anal. Chem. **27**, 309 (1955).
248. *Merritt, L. L., Walker, J. K.:* Ind. eng. Chem. Anal. Edit. **16**, 387 (1944).
249. *Phillips, J. P., Emery, J. F., Price, H. P.:* Anal. Chem. **24**, 1033 (1952).
250. *Motojima, K., Hashitani, H.:* Japan Analyst **9**, 151 (1960); durch Fr. **178**, 49 (1960).
251. *Hynek, R. J.:* Am. Soc. Testing Materials, Spec. Tech. Publ. 1958, 36, Nr. 238.
252. *Koch, O. G., Koch-Dedic, G. A.:* Handbuch der Spurenanalyse, 1964, S. 252.
253. *Riley, J. P.:* Anal. chim. Acta **19**, 413 (1958).
254. *Riley, J. P., Williams, H. P.:* Mikrochim. A. 1959, 804, 825.
255. *Motojima, K., Hashitani, H.:* Bl. chem. Soc. Japan **29**, 458 (1956); durch Fr. **156**, 299
    (1957).
256. *Žarovskij, F. G.:* Ukrain. chem. J. **25**, 245 (1959).
257. *Ziegler, M.:* Fr. **180**, 348 (1961).
258. *Živopiscev, V. P., Minin, A. A.:* Betriebslab. (russ.) **26**, 1346 (1960).
259. *Banerjee, S., Sundaram, A. K., Sharma, H. D.:* Anal. chim. Acta **10**, 256 (1954).
260. *Gershuns, A.:* Tr. Nauch.-Tekhn. Obshchestva Chernoi Met., Ukr. Resp. Pravlenie 4, 149
    (1956); durch Zhur. Khim. (russ.) 1958, Ref. Nr. 28404.
261. *Babko, A. K., Mikhal'chisin, G. T.:* Ukrain. chem. J. **22**, 676 (1956).
262. *Specker, H., Hartkamp, H.:* Fr. **145**, 260 (1955).
263. *Drown, T. M., MacKenna, A. G.:* Chem. N. **64**, 194 (1891).
264. *Lundell, G. E. F., Hoffman, J. I.:* Outlines of Methods of Chemical Analysis, New York
    1938, S. 94.
265. *Evans, B. S.:* Analyst **60**, 389 (1935).
266. *Melaven, A. D.:* Ind. eng. Chem. Anal. Edit. **2**, 180 (1930).
267. *Lazarević, D. P.:* Anal. chim. Acta **12**, 363 (1955).
268. *Center, E. J., Overbeck, R. C., Chase, D. L.:* Anal. Chem. **23**, 1134 (1951).
269. *Dübel, W., Flurschütz, F.:* Chem. Tech. **12**, 538 (1960).
270. *Kollock, L. G., Smith, E. F.:* Am. Soc. **27**, 1255, 1527 (1905); **29**, 797 (1907).
271. *Myers, R. E.:* Am. Soc. **26**, 1124 (1904).
272. *Bagshawe, B.,* und Mitarbeiter: J. Iron Steel Inst. **176**, 29, 263 (1954).
273. *Pavlish, A. E., Sullivan, J. D.:* Metals and Alloys **11**, 56 (1940).
274. *Morsing, J.:* Jernkont. Ann. **121**, 143 (1937).
275. *Klinger, P.:* Arch. Eisenhüttenw. **13**, 21 (1939/40).
276. *Merrill, J. L., Russell, A. S.:* Soc. 1929, 2389; durch Fr. **87**, 219 (1932).
277. *VDEh:* Handbuch Eisenhüttenlab. 2, S. 12.
278. *Parks, T. D., Johnson, H. O., Lykken, L.:* Anal. Chem. **20**, 148 (1948).
279. *Podkopajew, L. N.:* Betriebslab. (russ.) **6**, 1053 (1937).
280. *Hammarberg, E., Phragmén, G.:* Jernkont. Ann. **127**, 608 (1943).
281. *Peters, F.:* Chemist-Analyst **24**, 4 (1935).
282. *Rubaschkin, S. J., Gutman, S. M.:* Betriebslab. (russ.) **5**, 407 (1936).
283. *Muchina, S. S.:* Betriebslab. (russ.) **5**, 715 (1936).
284. *Dymow, A. M., Moltschanowa, P. S.:* Betriebslab. (russ.) **5**, 718 (1936).
285. *Koch, W.:* Techn. Mitt. Krupp Forschungsber. **1938**, 337.
286. *Shanahan, C. E. A.:* Metallurgie **51**, 255 (1955).
287. British Standards Institution 1121, C: 1955, 12 Seiten.
288. *Spauszus, S.:* Neue Hütte **6**, 653 (1961).
289. *GDMB:* Analyse der Metalle II, S. 366.
290. *Book of ASTM, Part* 32: Chemical Analysis of Metals, 1964, S. 536.

291. *Book of ASTM, Part 32*: Chemical Analysis of Metals, 1964, S. 488.
292. *Gwatkin, G. H. R.*: Metallurgia **45**, 319 (1952).
293. *Holler, A. C., Yeager, J. P.*: Ind. eng. Chem. Anal. Edit. **14**, 719 (1942).
294. *Chirnside, R. C., Dauncey, L. A., Proffitt, P. M. C.*: Analyst **65**, 446 (1940).
295. *Etheridge, A. T.*: Analyst **67**, 9 (1942).
296. *Kar, H. A.*: Metals and Alloys **6**, 156 (1935).
297. *Gerke, F. K., Ljubomirskaja, N. V.*: Betriebslab. (russ.) **6**, 746 (1937).
298. *Schubin, M. I.*: Betriebslab. (russ.) **5**, 407 (1936).
299. *Bozon, H., Bozon, S.*: Bl. **1951**, 926.
300. *Cheng, K. L., Warmuth, F. I.*: Chemist-Analyst **48**, 74 (1959).
301. *Brophy, D. H.*: Ind. eng. Chem. **16**, 963 (1924).
302. *Craighead, C. M.*: Ind. eng. Chem. Anal. Edit. **2**, 188 (1930).
303. *Ipavic, H.*: Jubiläumsfestschr. Heraeus, Vakuumschmelze, 1933, S. 303.
304. *Lapin, N. N., Temjanko, W. S.*: Betriebslab. (russ.) **6**, 750 (1937).
305. *Hartford, W. H.*: Anal. Chem. **25**, 290 (1953).
306. *Herman, A., Sedláčková, O.*: Chem. Zvesti **10**, 375 (1956).
307. *Barkley, D. J.*: Can. Dep. Mines Tech. Surv., Mines Branch Tech. Bl. TB **68**, 22 (1965); durch Chem. Abstr. **64**, 4245 (1966).
308. *Bieber, B., Večera, Z.*: Hutn. Listy **10**, 419 (1955).
309. *Yoshino, Y.*: Tetsu-To-Hagane **43**, 888 (1957).
310. *Samuelson, O.*: Ion Exchange Separations in Analytical Chemistry; New York 1963.
311. *Inczédy, J.*: Analytische Anwendungen von Ionenaustauschern; Budapest 1964.
312. *Pollard, F. H., McOmie, I. F. W.*: Chromatographic Methods of Inorganic Analysis with Special Reference to Paper Chromatography; London 1953.
313. *Cramer, F.*: Papierchromatographie; 2. Aufl., 1953.
314. *Merck E. (A. G.)*: Chromatographie; Darmstadt 1960.
315. *Bayer, E.*: Gas-Chromatographie; 2. Aufl., 1962.
316. *Keulemans, A. I. M.*: Gas-Chromatographie, 1959.
317. *Kraus, K. A., Nelson, F.*: Symposium on Ion Exchange and Chromatography in Analytical Chemistry, ASTM No. 195, Philadelphia 1958.
318. *Ubaldini, I., Cassata, S.*: Ann. Chim. **48**, 205 (1958).
319. *Jentzsch, D.*: Fr. **150**, 241 (1956).
320. *Fritz, J. S., Garralda, B. B.*: Anal. Chem. **34**, 102 (1962).
321. *Khopkar, S. M., De, A. K.*: Talanta **7**, 7 (1960).
322. *Tsuchihashi, S., Tsubota, H., Kawase, S.*: Japan Analyst **9**, 512 (1960).
323. *Fritz, J. S., Greene, R. G.*: Anal. Chem. **35**, 811 (1963).
324. *Horton, A. D., Thomason, P. F.*: Anal. Chem. **28**, 1326 (1956).
325. *Korkisch, J., Arrhenius, G.*: Anal. Chem. **36**, 850 (1964).
326. *Onuki, S., Watanuki, K., Yoshino, Y.*: Japan Analyst **15**, 924 (1966).
327. *Kallmann, S., Steele, C. G., Chu, N. Y.*: Anal. Chem. **28**, 230 (1956).
328. *Kallmann, S., Oberthin, H., Lin, R.*: Anal. Chem. **30**, 1846 (1958).
329. *Strelow, F. W. E.*: Anal. Chem. **32**, 363 (1960).
330. *Oliver, R. T., Fritz, J. S.*: U. S. A. E. C. Rep. ISC-1056 (1958).
331. *Hunter, A. H., Coleman, N. T.*: Soil Sci. **90**, 214 (1960).
332. *Bradford, G. R., Pratt, P. F., Bair, F. L., Goulben, B.*: Soil Sci. **100**, 309 (1965).
333. *Kojima, H.*: Japan Analyst **6**, 369 (1957).
334. *Seibold, M.*: Fr. **173**, 388 (1960).
335. *Marczenko, Z.*: Chem. Anal. (Warszawa) **4**, 437 (1959).
336. *Romanov, D. V.*: Betriebslab. (russ.) **21**, 782 (1955).
337. *Ryabchikov, D. I., Osipova, V. F.*: Ž. Anal. Chim. (russ.) **11**, 278 (1956).
338. *Golovatyi, R. N.*: Ukrain. chem. J. **24**, 653 (1958).
339. *Lenskaya, V. I., Penkova, L. I.*: Uch. Zap. Saratovsk. Gos. Univ. **34**, 185 (1954).
340. *Jentzsch, D., Frotscher, I., Schwerdtfeger, G., Sarfert, G.*: Fr. **144**, 8 (1955).
341. *Michaelis, C., Tarlano, N. S., Clune, J., Yolles, R.*: Anal. Chem. **34**, 1425 (1962).
342. *Moračevskij, J. V., Gordejeva, M. N.*: Betriebslab. (russ.) **23**, 1066 (1957).
343. *Fritz, J. S., Karraker, S. K.*: Anal. Chem. **32**, 957 (1960).
344. *Fritz, J. S., Abbink, J. E.*: Anal. Chem. **34**, 1080 (1962).
345. *de Gelis, P.*: Chim. Anal. **49** (1), 30 (1967).
346. *Strel'nikova, N. P., Pavlova, V. N.*: Betriebslab. (russ.) **26**, 425 (1960).
347. *Miller, C. C., Hunter, J. A.*: Analyst **79**, 483 (1954).
348. *Amin, A. M., Farah, M. Y.*: Chemist-Analyst **44**, 62 (1955).
349. *Zvereva, M. N.*: Betriebslab. (russ.) **24**, 387 (1958).
350. *Kojima, M.*: Japan Analyst **6**, 369 (1957).
351. *Hisada, M., Kashikawa, K.*: Japan Analyst **8**, 235 (1959); durch Fr. **173**, 432 (1960).
352. *Morozova, O. V., Mel'chekova, Ž. E., Stepin, V. V.*: Tr. Vses. Nauchn.-Issled. Inst. Stand. Obraztsov Spektr. Etalonov **2**, 60 (1965); durch Chem. Abstr. **66**, 72118e (1967).

353. *Zinzewitsch, J. P., Adjassewitsch, E. K.:* Nachr. Moskauer Univ., Ser. Meth. Mechan. Astronom. Physik. Chem. **12**, 150 (1957).
354. *Giuffré, L., Capizzi, F. M.:* Ann. Chim. **50**, 1552 (1960).
355. *Golovatyi, R. N.:* Dopovidi, L'vivs'k. Derzh. Univ. **6**, 131, (1955); durch Zhur. Khim. (russ.) **1957**, Ref. Nr. 11992.
356. *Oki, Y., Oki, S., Shibata, H.:* Bl. chem. Soc. Japan **35**, 273 (1962).
357. *Cimerman, C., Alon, A., Mashall, J.:* Talanta **1**, 314 (1958).
358. *Kraus, K. A., Moore, G. E.:* Am. Soc. **72**, 5792 (1950).
359. *Kraus, K. A., Nelson, F.:* Am. Soc. **75**, 3273 (1953).
360. *van Loon, J. C.:* Talanta **13**, 1555 (1966).
361. *Ellington, P., Stanley, L.:* Analyst **80**, 313 (1955).
362. *Fitzek, J., Stegemann, H.:* Beitr. Silikose Forsch. **47**, 41 (1957).
363. *Jentzsch, D., Pawlik, I.:* Fr. **147**, 20 (1955).
364. *Blasius, E., Negwer, M.:* Naturwiss. **39**, 257 (1952).
365. *Bok, L. D. C., Schuler, V. C. O.:* J. S. African chem. Inst. **11**, 1 (1958).
366. *Gilferich, J. V.:* Anal. Chem. **29**, 978 (1957).
367. *Kulcičkyj, I., Švacha, F.:* Chem. Listy **52**, 340 (1958).
368. *Yoshimura, J., Waki, H.:* Japan Analyst **6**, 362 (1957).
369. *Wilkins, D. H., Hibbs, L. E.:* Anal. chim. Acta **18**, 372 (1958).
370. *Samuelson, O., Sjöberg, B.:* Anal. chim. Acta **14**, 121 (1956).
371. *Gera, J.:* Chem. Anal. (Warszawa) **9**, 541 (1964).
372. *Teicher, H., Gordon, L.:* Anal. Chem. **23**, 930 (1951).
373. *Teicher, H., Gordon, L.:* Anal. chim. Acta **9**, 507 (1953).
374. *Korkisch, J., Ahluwalia, S. S.:* Anal. chim. Acta **34**, 308 (1966).
375. *Fritz, J. S., Rettig, T. A.:* Anal. Chem. **34**, 1562 (1962).
376. *Kakihana, H., Kojima, S.:* Japan Analyst **2**, 421 (1953).
377. *Golovatyi, R. N.:* Ukrain. chem. J. **24**, 379 (1958).
378. *Specker, H., Hartkamp, H.:* Fr. **140**, 167 (1953).
379. *Takahashi, T., Emura, S.:* Japan Analyst **7**, 568 (1958).
380. *Giuffré, L. G., Capizzi, F. M.:* Ann. Chim. (Roma) **51**, 563 (1961).
381. *Pentscheff, N. P., Evtimova, B.:* Dokl. Bolgar. Akad. Nauk. **18**, 1127 (1965).
382. *Strelow, F. W. E.:* Anal. Chem. **35**, 1279 (1963).
383. *Giuffré, L. G., Capizzi, F. M.:* Ann. Chim. (Roma) **49**, 1834 (1959).
384. *Cyvina, B. S., Konkova, O. V.:* Betriebslab. (russ.) **25**, 403 (1959).
385. *Korkisch, J., Farag, A.:* Fr. **166**, 170 (1959).
386. *Korkisch, J., Farag, A.:* Fr. **166**, 181 (1959).
387. *Freund, H., Miner, F. J.:* Anal. Chem. **25**, 564 (1953).
388. *Strelow, F. W. E.:* Anal. Chem. **31**, 1974 (1959).
389. *Usatenko, J. I., Gurejeva, L. I.:* Betriebslab. (russ.) **22**, 781 (1956).
390. *Belyavskaya, T. A., Chmutova, M. K.:* Nauchn. Dokl. Vysshei Shkoly, Khim. i. Khim. Tekhnol. **1958**, 305; durch Zhur. Khim. (russ.) Ref. Nr. 70495 (1958).
391. *Burriel-Marti, F., Alvarez-Herrero, C.:* An. Real. Soc. Español. Fis. Quim., Ser. B **62** (11), 1171 (1966).
392. *Ockenden, H. M., Foreman, J. K.:* Analyst **82**, 592 (1957).
393. *Urubay, S., Korkisch, H., Janauer, G. E.:* Talanta **10**, 673 (1963).
394. *Korkisch, J., Ahluwalia, S. S.:* Talanta **11**, 1623 (1964).
395. *Novák, M., Pekárek, V.:* Jaderná Energie **4**, 256 (1958).
396. *Korkisch, J., Farag, A., Hecht, F.:* Mikrochim. A. **1958**, 415.
397. *Titze, H., Bildstein, H., Getoff, N., Sorantin, H., Pfeifer, V.:* Atompraxis **12**, 509 (1966).
398. *Boase, D. G., Foreman, J. K.:* Talanta **8**, 187 (1961).
399. *Tonosaki, K., Otomo, M. O.:* J. chem. Soc. Japan, Pure Chem. Sect. **80**, 41 (1959).
400. *Korkisch, J., Hazan, I.:* Anal. Chem. **36**, 2308 (1964).
401. *Denisova, N. E., Cvetkova, E. V.:* Betriebslab. (russ.) **27**, 656 (1961).
402. *Nadkarni, M. N., Varde, M. S., Athavale, V. T.:* Anal. chim. Acta **16**, 421 (1957).
403. *Taketatsu, T.:* J. chem. Soc. Japan, Pure Chem. Sect. **79**, 586, 590 (1958).
404. *Golovatyi, R. N., Kotovskaja, M. N.:* Ukrain. chem. J. **25**, 791 (1959).
405. *Ryabchikov, D. I., Bukhtiarov, V. E.:* Zhur. Anal. Chem. (UdSSR) **9**, 196 (1954).
406. *Honda, M.:* J. chem. Soc. Japan, Pure Chem. Sect. **71**, 118 (1950); **72**, 361 (1951).
407. *Kakihana, H.:* J. chem. Soc. Japan, Pure Chem. Sect. **72**, 200 (1951).
408. *Vetejška, K., Mazáček, J.:* Coll. Czechoslov. Chem. Commun. **25**, 2245 (1960).
409. *Strelow, F. W. E.:* Anal. Chem. **33**, 542 (1961).
410. *Kennedy, J., Wheeler, V. J.:* Anal. chim. Acta **20**, 412 (1959).
411. *Chung, K. S., Riley, J. P.:* Anal. chim. Acta **28**, 1 (1963).
412. *Strelow, F. W. E.:* Anal. chim. Acta **34**, 387 (1966).
413. *Korkisch, J., Antal, P.:* Fr. **171**, 22 (1959).
414. *Korkisch, J., Tera, F.:* Anal. Chem. **33**, 1264 (1961).

415. *Fritz, J. S., Garralda, B. B.:* Anal. Chem. **34**, 1387 (1962).
416. *Hamaguchi, H., Kuroda, R., Aoki, K., Sugisita, R., Onuma, N.:* Talanta **10**, 153 (1963).
417. *Tobia, S. K., Milad, N. E.:* J. Agric. Food. Chem. **6**, 358 (1958).
418. *Fritz, J. S., Umbreit, G. R.:* Anal. chim. Acta **19**, 509 (1958).
419. *Blasius, E., Lange, G.:* Fr. **160**, 169 (1958).
420. *Scharrer, K., Mengel, K.:* Z. Tierphysiol., Tierernähr- u. Futtermittelkunde **13**, 142 (1958).
421. *Tanaka, M.:* Nippon Kagaku Zasshi **84** (7), 582 (1963).
422. *Tanaka, M.:* Nippon Kagaku Zasshi **85**, 119 (1964).
423. *Samuelson, O., Sjöström, E., Forsblom, S.:* Fr. **144**, 323 (1955).
424. *Giuffré, L., Capizzi, F. M.:* Ann. Chim. (Roma) **49**, 1414 (1959).
425. *Kawabuchi, K., Hamaguchi, H., Kuroda, R.:* J. Chromatogr. (Amsterdam) **17**, 567 (1965).
426. *Miner, F. I., Degrazio, R. P., Forrey, C. R., Jones, T. C.:* Anal. chim. Acta **22**, 214 (1960).
427. *Evans, H. B., Hashitani, H.:* Anal. Chem. **36**, 2032 (1964).
428. *Coursier, J., Saulnier, J.:* Anal. chim. Acta **14**, 62 (1956).
429. *Kohlschütter, H. W., Getrost, H.:* Fr. **167**, 264 (1959).
430. *Kohlschütter, H. W., Miedtank, S., Getrost, H.:* Fr. **192**, 381 (1963).
431. *Kroupa, M.:* Hutn. Listy **13**, 922 (1958).
432. *Hesford, E.:* A. E. R. E. Report C/M 222 (1957); durch Anal. Abstr. **5**, 1429 (1958).
433. *Ghe, A. M., Fiorentini, A. R.:* Ann. Chim. (Roma) **47**, 759 (1957).
434. *Bishop, J. R.:* Analyst **81**, 291 (1956).
435. *Cerrai, E., Testa, C.:* J. Chromatogr. (Amsterdam) **9**, 216 (1962).
436. *Lacourt, A., Sommereyns, G., de Geyndt, E.:* Mikrochemie **36/37**, 312 (1951).
437. *Lacourt, A., Sommereyns, G., de Geyndt, E., Jaquet, O.:* Mikrochemie **36/37**, 117 (1951).
438. *Lacourt, A., Sommereyns, G., Wantier, G.:* Analyst **77**, 943 (1952).
439. *Qureshi, M., Rawat, J. P., Khan, F.:* J. Chromatogr. (Amsterdam) **34** (2), 237 (1968).
440. *Ader, D., Primov, M.:* Anal. chim. Acta **31**, 191 (1964).
441. *Lacourt, A., Sommereyns, G., Soete, J.:* Mikrochemie **38**, 348 (1951).
442. *Magee, R. J., Scott, I. A. P.:* Talanta **3**, 131 (1959).
443. *Bovalini, E., Piazzi, M.:* Ann. Chim. (Roma) **49**, 1075 (1959).
444. *Venturello, G., Ghe, A. M.:* Anal. chim. Acta **7**, 261 (1952).
445. *Osborn, G. H., Jewsbury, A.:* Nature **164**, 443 (1949).
446. *Lakshman Rao, C., Shankar, J.:* Anal. chim. Acta **8**, 491 (1953).
447. *Guedes de Carvalho, R. A.:* Anal. chim. Acta **16**, 555 (1957).
448. *Slama, O., Ladenbauer, I. M.:* Mikrochim. A. **1956**, 1238.
449. *Hartkamp, H., Specker, H.:* Fr. **158**, 92 (1957).
450. *Barnabas, T., Barnabas, J.:* Naturwiss. **44**, 61 (1957).
451. *Imai, H.:* J. chem. Soc. Japan, Pure Chem. Sect. **80**, 1439 (1959).
452. *Singh, E. J., Dey, A. K.:* Anal. chim. Acta **25**, 57 (1961).
453. *Venturello, G., Ghe, A. M.:* Ann. Chim. (Roma) **44**, 960 (1954).
454. *Laksminarayanan, K.:* Pr. Indian Acad. Sci., Sect. B **40**, 167 (1954).
455. *Surak, J. G., Martinovich, R. J.:* J. chem. Educat. **32**, 95 (1955).
456. *Kertes, S., Lederer, M.:* Anal. chim. Acta **15**, 543 (1956).
457. *Fişel, S., Gabe, I., Poni, M.:* Stud. Cercetari Sti. Chim. Iaşi **13**, 151 (1962); durch Fr. **204**, 194 (1964).
458. *Singh, D. R., Saxena, G. C.:* Indian J. Chem. **2**, 251 (1964).
459. *Burstall, F. H., Linsteadt, R. P., Wells, R. A.:* J. chem. Soc. **1950**, 516.
460. *Majumdar, A. K., Mukherjee, A. K.:* Anal. chim. Acta **19**, 480 (1958).
461. *Lederer, M.:* Anal. chim. Acta **5**, 185 (1951).
462. *Lederer, M.:* J. Chromatogr. (Amsterdam) **1**, 314 (1958).
463. *Lederer, M.:* Anal. chim. Acta **12**, 142 (1953).
464. *Lederer, M.:* J. Chromatogr. (Amsterdam) **2**, 209 (1959).
465. *Cerrai, E., Ghersini, G.:* J. Chromatogr. (Amsterdam) **18**, 124 (1965).
466. *Fernando, Q.:* Anal. chim. Acta **12**, 432 (1955).
467. *Strain, H. H., Sullivan, J. C.:* Anal. Chem. **23**, 816 (1951).
468. *Maki, M.:* Japan Analyst **4**, 21 (1955).
469. *Maki, M.:* Japan Analyst **4**, 302 (1955).
470. *Mukherjee, H. G.:* Fr. **156**, 189 (1957).
471. *Gross, D.:* Nature **180**, 596 (1957).
472. *Strain, H. H.:* Anal. Chem. **30**, 228 (1958).
473. *Majumdar, A. K., Singh, B. R.:* Anal. chim. Acta **18**, 224 (1958).
474. *Frame jr., H. D., Strain, H. H., Sherma, J.:* Anal. Chem. **34**, 170 (1962).
475. *Moshier, R. W., Sievers, R. E.:* Gas Chromatography of Metal Chelates; Oxford 1965.
476. *Biermann, W. J., Gesser, H.:* Anal. Chem. **32**, 1525 (1960).
477. *Albert, D. K.:* Anal. Chem. **36**, 2034 (1964).
478. *Ross, W. D.:* Anal. Chem. **35**, 1596 (1963).
479. *Schwarberg, J. E., Moshier, R. W., Walsh, J. H.:* Talanta **11**, 1213 (1964).

480. *Morie, G. P., Sweet, T. R.:* Anal. Chem. **37**, 1552 (1965).
481. *Ross, W. D., Sievers, R. E., Wheeler jr., G.:* Anal. Chem. **37**, 598 (1965).
482. *Moshier, R. W., Schwarberg, J. E.:* Talanta **13**, 445 (1966).
483. *Dono, T., Ishihara, Y., Saito, K., Nakazawa, T.:* Japan Analyst **15**, 181 (1966).
484. *Jander, G., Wendehorst, E.:* Angew. Ch. **35**, 244 (1922).
485. *Jander, G., Weber, B.:* Angew. Ch. **36**, 586 (1923).
486. *Bourion, F., Deshayes, A.:* C. r. **156**, 1769 (1913); **157**, 287 (1913).

Sonderverfahren

Allgemeines

In dem vorliegenden Kapitel sollen als Sonderfälle einige Verfahren erwähnt werden, die vor allem technisches Interesse besitzen. Es handelt sich dabei weder um die Anwendung eines der für wäßrige Lösungen ausgearbeiteten und bereits in diesem Zusammenhang erörterten Methoden noch um eine der erwähnten, physikalischen Methoden, sondern um andersartige, analytische Verfahren, die der Eigenart des zu untersuchenden Stoffes besonders angepaßt sind.

Hierzu gehören die Methode zur Bestimmung des Aluminiums durch thermoelektrische Potential-Messungen in Eisen-Legierungen, die gasvolumetrische Methode der Bestimmung des elementaren Aluminiums durch Messen des mit Säure entwickelten Wasserstoffs, die Bestimmung elementaren Aluminiums durch Reduktion oder Zementation von Metallsalz-Lösungen und die Abtrennung von Aluminiumoxid aus Aluminium, Aluminium-Legierungen, Eisen und Stahl auf nassem und trockenem Wege.

§ 17. Bestimmung des Aluminiums durch thermoelektrische Potential-Messung in Eisen-Legierungen

Das thermoelektrische Potential (TEP) des Eisens wird stark beeinflußt durch Silicium, Kohlenstoff und Aluminium. Diese Elemente verschieben den TEP-Wert des Eisens zu negativeren Werten, indem das Aluminium eine stärkere Verschiebung bewirkt als das Silicium. Diese Eigenschaft des Aluminiums haben *Krajina* und *Doležal* [1] zur Bestimmung des Aluminiums in Eisen-Legierungen ausgenutzt, nachdem bereits ähnliche Methoden zur Bestimmung des Siliciums und Kohlenstoffs ausgearbeitet wurden [2, 3, 4, 5, 6]. Die Methode ist nur auf Legierungen beschränkt, die kein Silicium enthalten oder einen konstanten Silicium-Gehalt aufweisen. Die Anwesenheit größerer Chrom-Gehalte verursacht einen negativen *Fehler*.

Apparatur

Die zu Thermokraft-Messungen verwendete Apparatur ist von den Autoren in ihren Grundzügen in einer früheren Arbeit beschrieben worden [2] und wurde mit nur geringen Modifikationen auch zur Aluminium-Bestimmung verwendet. Die in Abbildung 39 gezeigte, heiße Elektrode befindet sich in einem Metall-Mantel, der an einem Stativ senkrecht verschoben werden kann. Die kalte Elektrode befindet sich auf der Grundplatte des Stativs. Die Temperatur-Messung an der Silber-Spitze der heißen Elektrode erfolgt mit einem Silber-Konstantan-Thermoelement. Durch Verwendung einer Kompensationsschaltung (Abb. 40) kann die Empfindlichkeit der Temperatur-Messung wesentlich verbessert werden. In der Schalter-Stellung I des Schalters K_2 mißt das Galvanometer die Differenz der beiden Spannungen. Man nutzt auf diese Weise die volle Empfindlichkeit des Galvanometers aus. Zur Überprüfung der Kompensationsspannung während der Messung dient der Doppelkontakt-Schalter K_2K_3. Die Kompensationsspannung wird derart gewählt, daß beim

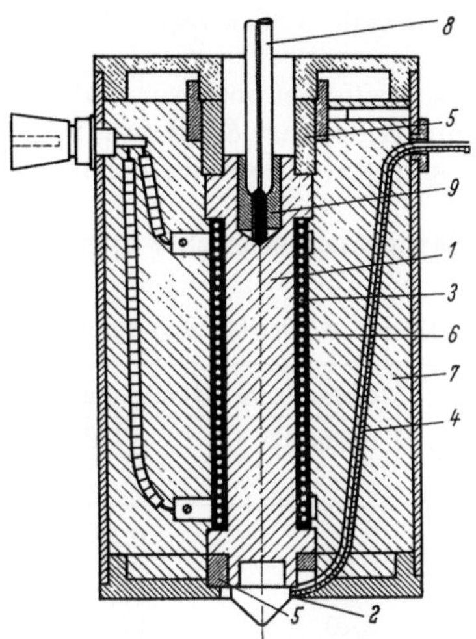

Abb. 39. Heiße Elektrode zur Messung der Thermokraft
1 Kupferstab; *2* Silber-Kontakt; *3* Heizspirale; *4* Silber-Konstantan-Thermoelement; *5* keramische Isolationsringe; *6* Glasgewebe; *7* Glaswolle; *8* Kontaktthermometer; *9* niedrig schmelzendes Legierungsbad

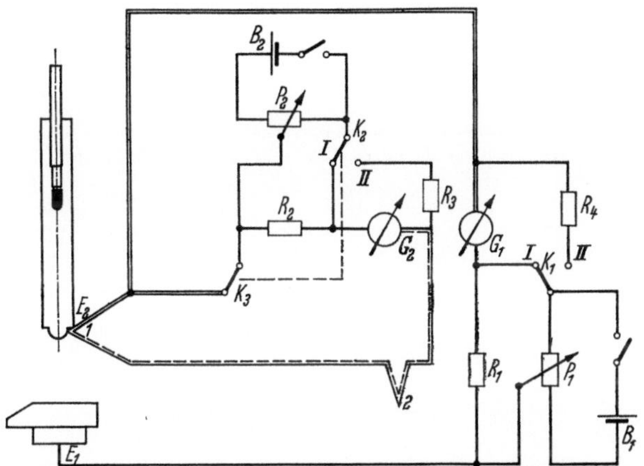

Abb. 40. Skizze der Meßanordnung zur Thermokraftmessung
1, 2 Heiße und warme Lötstellen des Ag-Konstantan-Thermopaares; E_2, E_1 Heiße und kalte Elektroden; B_1, B_2 Trockenbatterien 1,5 V; G_1 Multiflexgalvanometer 1300 Ω, Empfindlichkeit 4×10^{-9} A/mm; G_2 Galvanometer 320 Ω, Empfindlichkeit 9×10^{-9} A/mm; P_1, P_2 10 kΩ Potentiometer; K_2, K_3 Zweipolschalter; K_1 Einpolschalter; Widerstände: $R_1 = 50\ \Omega$, $R_2 = 150\ \Omega$; R_3, R_4 variable Widerstände 10 kΩ

niedrigsten, zu bestimmenden Aluminium-Gehalt das Galvanometer auf Null zeigt. Entsprechend wird die Temperatur-Differenz zwischen den Elektroden eingestellt. Beim höchsten Aluminium-Gehalt soll das Galvanometer Vollausschlag zeigen.

Arbeitsvorschrift. Am Kontakt-Thermometer der heißen Elektrode wird eine Temperatur eingestellt, die um 2° über der Temperatur liegen soll, bei welcher der TEP-Wert gemessen wird. Der optimale Bereich für die Bestimmung liegt bei einer Temperatur-Differenz beider Elektroden von 200 bis 260 °C. Die Probe wird auf die kalte Elektrode gelegt und die Temperatur auf 20 °C einreguliert. Nun wird die heiße

Elektrode aufgesetzt und der TEP-Wert am Galvanometer G_1 gemessen. Bei Verwendung eines Thermostaten, wenn die Messung vor allem kleiner Proben nicht zu schnell wiederholt wird, ändert sich die Temperatur an der kalten Elektrode kaum.

Bemerkungen. Es werden jeweils *3 Messungen* durchgeführt und der Mittelwert als Meßwert genommen.

Die TEP-Werte gelten als *positiv* bei positiver, kalter Elektrode.

Die Auswertung erfolgt mit Hilfe einer *Eichkurve*, die bei konstanter Temperatur-Differenz und mit Proben bekannter, unterschiedlicher Zusammensetzung aufgestellt wurde.

Die Analyse von 4 Standardproben erbrachte folgendes Ergebnis (Tab. 92).

Tabelle 92. *Al-Bestimmung durch TEP*

Probe-Nr.	Gefundener Aluminium-Gehalt	
	chemisch %	TEP %
1	0,16	0,16
2	0,62	0,62
3	1,20	1,22
4	2,40	2,45

§ 18. Gasvolumetrische Bestimmung metallischen Aluminiums durch Wasserstoff-Entwicklung

Prinzip. Zur Bestimmung von freiem, metallischem Aluminium, z.B. in Aluminiumkrätze und -asche, Kugelmühlen- und Schleifstaub, auch in Reinaluminium und Aluminium-Legierungen, ist die Wasserstoff-Entwicklung in einer ihrer zahlreichen Abwandlungen geeignet. Die Methode beruht darauf, daß der durch Einwirkung von Säure oder Alkalilauge auf metallisches Aluminium entwickelte Wasserstoff gemessen oder zu Wasser verbrannt und gewogen wird. Dabei wird das Metall in einem geeigneten Kolben am besten mit Natronlauge nach folgender Gleichung:

$$2\,Al + 2\,NaOH + 6\,H_2O \longrightarrow 2\,NaAl(OH)_4 + 3\,H_2$$

umgesetzt und der freiwerdende Wasserstoff in einer oben erweiterten Bürette, die gewöhnlich mit einem Wasser-Mantel umgeben ist, aufgefangen und gemessen, indem Temperatur und Druck genau berücksichtigt werden.

Die Wasserstoff-Entwicklungsmethode ist kein selektives Verfahren, da verschiedene andere freie Metalle ebenfalls mit Säure oder Lauge unter Bildung von Wasserstoff reagieren. Bei Verwendung von Schwefel- oder Salzsäure reagieren Eisen, nach Angaben von *Capps* [7] auch Silicium, so daß in Anwesenheit dieser Elemente der Meßwert korrigiert werden muß. Beim Lösen des Metalls in Lauge reagieren neben dem Aluminium auch Silicium, Zink und Magnesium. Nach Angaben von *Wetoschkin* [8] entwickelt das Magnesium jedoch nur ganz geringe Mengen an Wasserstoff. Kupfer und Nickel entwickeln mit Natronlauge keinen Wasserstoff. Fehler können ferner durch Anwesenheit von Aluminiumcarbid und Aluminiumnitrid verursacht werden, die gemäß den Reaktionsgleichungen:

$$Al_4C_3 + 12\,H_2O \longrightarrow 3\,CH_4 + 4\,Al(OH)_3;$$
$$AlN + 3\,H_2O \longrightarrow NH_3 + Al(OH)_3$$

Methan und Ammoniak bilden. Das entstandene Ammoniak wird sich zwar in der Bürette im Wasser leicht lösen und keinen Einfluß auf das Wasserstoff-Volumen ausüben, wenn die Menge nicht derart groß ist, daß sich ein merklicher Partialdruck des Ammoniaks einstellt. Durch Ansäuern des Sperrwassers kann dieser Einfluß jedoch vollkommen unterbunden werden. Im allgemeinen sind die Gehalte an Aluminiumcarbid und -nitrid so gering, daß sie vernachlässigt werden können. Fehler-Quellen durch in Aluminiummetall gelöste Gase sind sehr gering und ohne weiteres zu vernachlässigen.

Bestimmungsmethoden

Als erster hat *Klemp* [9] die oben erwähnten Bestimmungsverfahren zur Analyse von Aluminium angewendet. Er verbrennt den durch Umsetzung mit Lauge entstandenen Wasserstoff in einer bereits durch *Fresenius* [10] zur Zink-Bestimmung benutzten Apparatur zu Wasser, das gewogen wird. *Schulze* [11] wandte bereits die gasvolumetrische Methode an, um verschiedene Aluminiumsorten vergleichen zu können. Auf ähnliche Weise bestimmen auch *Losana* [12], *Iwanikow* [13], *Lunge-Berl* [14], *Wetoschkin, Kray* [15] und *Capps* Aluminium in Aluminium und Aluminium-Legierungen, indem sie die Probe mit Natron- oder Kalilauge umsetzen. Allen diesen Methoden gemeinsam ist das Grundprinzip und die Ausführung des Verfahrens. Unterschiede bestehen nur in der Anwendung verschiedener Apparaturen. Im folgenden sollen zwei Verfahren mit verschiedenen Apparaturen, die sich vor allem in der Praxis bewährt haben, beschrieben werden.

A. Verfahren nach der Joint Army-Navy Specification JAN-A-289 zur Wert-Bestimmung in Aluminium-Pulvern, modifiziert durch Farrah und Moss [16]

Man verwendet eine *Apparatur*, die den von *Kray* und *Capps* benutzten Eudio-meter-Apparaturen sehr ähnlich sieht und in Abb. 41 wiedergegeben ist.

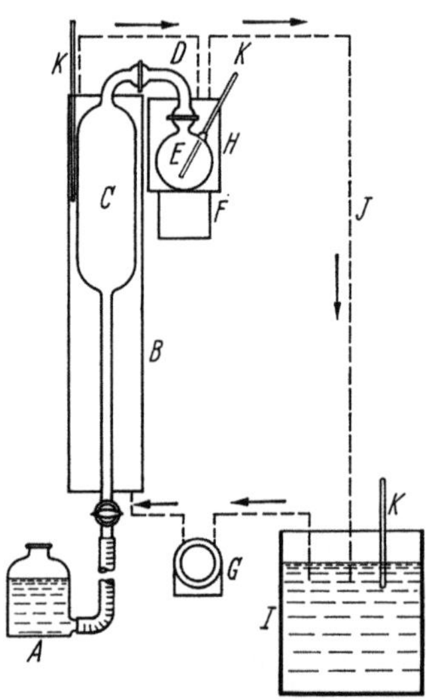

Abb. 41. Eudiometer-Apparatur zur Wertbestimmung in Aluminium-Pulvern
A Niveaugefäß, 500 ml. gefüllt mit 0,1%iger Schwefelsäure, die einige Tropfen Methylrot-Lösung enthält; *B* Wassermantel, Länge 73 cm, ⌀ 7 cm, versehen mit 2 Öffnungen für die Gasbürette und 2 weiteren Öffnungen zur Wasser-Zirkulation; *C* Gasbürette, bestehend aus einem Auffangzylinder von 450 ml, der auf eine 50-ml-Bürette aufgesetzt ist. Die Verbindung zum Adapter und Niveau-Gefäß erfolgt über Kugelschliffe; *D* Glas-Adapter; Länge der beiden Arme je 8 cm, Verbindung zum Reaktionskolben über Kugelschliff; *E* Reaktionskolben, 500 ml; *F* Magnet-Führer; *G* Wasser-Umlaufpumpe; *H* Wasserbad, 2000 ml; *I* Wasser-Reservoir; *J* Gummischlauch; *K* Thermometer, 0 bis 100 °C

Eichung der Apparatur

Am oberen Ende der Gasbürette wird ein Markierungsstrich angebracht und das Volumen (etwa 500 ml) zwischen dieser Markierung und dem Null-Kalibrierungsstrich der Bürette durch Einfüllen oder Wiederablassen einer bekannten Wasser-Menge bestimmt.

Arbeitsvorschrift. In ein gefaltetes 7-cm-Blauband-Filter werden 0,335 bis 0,345 g Probe und ein Teflon-Magnet-Rührstab gegeben, das Filter um den Rührstab ge-faltet und mit Hilfe eines Papier-Bandes verschlossen, um Verluste an Probe-Material zu verhindern. Das Papier mit Probe und Rührstab wird in den horizontalen Arm des Glas-Adapters gebracht; das verschlossene Ende zeigt dabei zum Reaktions-kolben; der Adapter wird an die Gasbürette angeschlossen. In den Reaktionskolben werden nun 100 ml 30%ige Natronlauge eingefüllt, das Thermometer eingesetzt, der

Kolben an den Adapter angeschlossen und in das Wasserbad gesetzt. Nun wird die Wasser-Umlaufpumpe in Betrieb genommen, bis zur Einstellung des Temperatur-Gleichgewichtes gewartet und nach Entfernung der Schlauch-Klemme am Niveau-Gefäß dieses so weit gesenkt, daß der Wasserspiegel in der Bürette etwa 3 cm höher als im Niveau-Gefäß steht. Auf diese Weise kann die Dichtigkeit der Apparatur geprüft werden. Eine Undichtigkeit verändert den Wasserspiegel. Nach Registrierung der Gleichgewichts-Temperatur erfolgt die Volumen-Messung durch Niveau-Ausgleich in der Weise, daß das Niveau-Gefäß so lange gehoben wird, bis beide Flüssigkeitsspiegel im Gefäß und in der Bürette gleiche Höhe erreichen. Mit Hilfe eines Magneten wird die Probe aus dem horizontalen Arm des Adapters in das Reaktionsgefäß gebracht. Nachdem die Reaktion begonnen hat, wird das Niveau-Gefäß zur Aufrechterhaltung eines Unterdruckes in der Gasbürette gesenkt. Ist die Reaktion abgeklungen, wird der Magnet-Rührer eingeschaltet und das Rühren bis zum Ende der Reaktion fortgesetzt. Nachdem sich die Temperatur bis auf $\pm 1°$ der ursprünglichen Gleichgewichtstemperatur eingestellt hat, wird die Volumen-Messung, in der gleichen Weise wie oben angegeben, wiederholt. Die Differenz aus beiden Messungen ergibt das Volumen V des gebildeten Wasserstoffs.

Bemerkung. Da *Zink* und *Silicium* gemäß den Gleichungen

$$Zn + 2\,NaOH + 2\,H_2O \longrightarrow Na_2Zn(OH)_4 + H_2;$$
$$Si + 2\,NaOH + H_2O \longrightarrow Na_2SiO_3 + 2\,H_2$$

ebenfalls unter Bildung von Wasserstoff reagieren, ist in Anwesenheit dieser Elemente eine Korrektur notwendig. Die Ausrechnung kann nach folgender Formel vorgenommen werden:

$$\% \text{ metallisches } Al = \frac{V(P_1 - P_2) \cdot 0{,}0288}{(273 + \vartheta)\,W} - (\% \text{ Zn}) \cdot 0{,}275 - (\% \text{ Si}) \cdot 1{,}281 .$$

Hierin bedeuten:

V = Volumen des gebildeten Wasserstoffes in ml,
P_1 = Barometerstand in Torr,
P_2 = Dampfdruck des Wassers bei der Gleichgewichtstemperatur ϑ, in Torr,
ϑ = Gleichgewichtstemperatur in °C,
W = Gewicht der Analysen-Probe in g,
% Zn = Zink-Gehalt der Probe,
% Si = Silicium-Gehalt der Probe.

B. Verfahren zur Bestimmung des Metall-Gehaltes in Aluminium-Asche, Kugelmühlen- und Krätze-Staub

Nach dieser Methode, die vom Chemikerausschuß der GDMB [17] benutzt wird und auf ein Verfahren der British-Aluminium-Co. [18] zurückgeht, wird eine Apparatur zur Zinkstaub-Wert-Bestimmung (Abb. 42) verwendet. Es können aber auch andere Apparaturen benutzt werden. Die Einwaage richtet sich nach dem zu erwartenden Aluminium-Gehalt.

Arbeitsvorschrift. Die feingepulverte Probe wird in den Reaktionskolben K gebracht und dieser bis fast zum Rand mit Wasser aufgefüllt. Nun setzt man die Gasbürette, die mit dem Dreiwegehahn a und einem Entlüftungshahn b versehen ist, ein und schließt die Niveau-Flasche N an. Durch Heben dieser mit Wasser gefüllten Flasche läßt man so viel Wasser in den Reaktionskolben einfließen, daß die Bohrung des Hahnes a mit Wasser gefüllt ist. Den Dreiwegehahn stellt man derart ein, daß die Verbindung zu K unterbrochen ist, und füllt die Gasbürette über das Niveaugefäß mit Salzsäure (1 : 1) (etwa 6 m) durch Heben bis über den Hahn b, der anschließend verschlossen wird. Durch Drehen des Dreiweghahns wird nun eine Verbindung zwischen Gasbürette und Reaktionskolben sowie dem Niveau-Gefäß

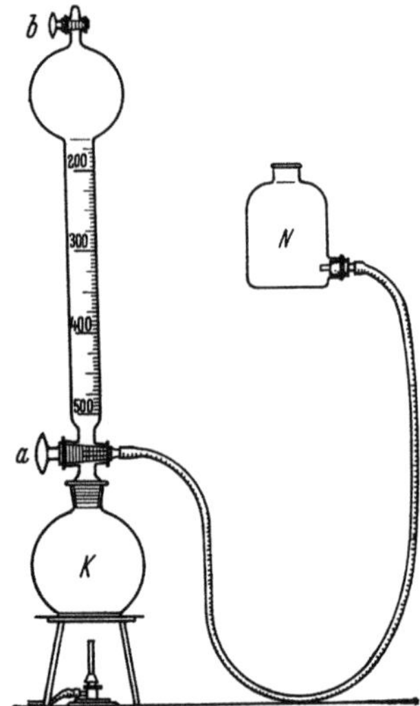

Abb. 42. Apparatur zur Bestimmung des Metallgehaltes von Aluminiumrückständen

hergestellt, so daß die Säure in den Kolben eindringen kann und die Wasserstoff-Entwicklung beginnt. Zur vollständigen Zersetzung muß der Reaktionskolben leicht erwärmt werden. Nach dem Ende der Reaktion wird der Temperatur-Ausgleich abgewartet (am besten über Nacht), das Volumen des entwickelten Wasserstoffes durch Einstellung des Niveau-Ausgleiches bestimmt und der Barometerstand sowie die Temperatur registriert.

Bemerkungen. Die *Berechnung* wird der Einfachheit halber ohne Berücksichtigung anderer Legierungsbestandteile nur auf Aluminium bezogen und erfolgt nach der Gleichung:

$$2\,Al + 6\,HCl \longrightarrow 2\,AlCl_3 + 3\,H_2.$$

Es kann deshalb die gleiche Formel, wie im vorausgehenden Verfahren angegeben, zur Berechnung benutzt werden, jedoch ohne Berücksichtigung der Korrektur-Glieder für Zink und Silicium.

Für die *Genauigkeit* der gasvolumetrischen Bestimmungen ist in Abwesenheit von Elementen und Verbindungen, die ebenfalls Wasserstoff oder andere nicht in Wasser lösliche Gase entwickeln, allein die Genauigkeit der Volumen-, Temperatur- und Luftdruck-Messung ausschlaggebend. Nach *Capps* sind die Ablesefehler und die sich daraus ergebenden *Fehler* der Volumen-Bestimmung folgende (Tab. 93).

Tabelle 93. *Genauigkeit der gasvolumetrischen Al-Bestimmung*

Ablesefehler	Fehler des Gasvolumens ml	Fehler % Al
Barometer: 0,1 mm	0,1	0,014
Thermometer: 0,1 °C	0,24	0,034
Bürette: 0,1 ml	0,1	0,01

In der Analyse des Reinaluminiums läßt sich eine solche Genauigkeit ohne weiteres erreichen, wie einige Analysenergebnisse von *Capps* und *Kray* gezeigt haben. Bei Anwendung von Natronlauge als Reagens unter Berücksichtigung des aus Silicium entwickelten Wasserstoffes fand *Capps* für ein Reinaluminium mit einem Aluminium-Gehalt von 98,60% in 10 Analysen Werte zwischen 98,55 und 98,63%.

Analysen von *Kray* ergaben in der Untersuchung eines *Aluminium-Drahtes* 99,70% und 99,73% Aluminium nach der gasvolumetrischen Methode und 99,81% Aluminium nach der Aluminiumchlorid-Methode.

Ungünstiger liegen die Verhältnisse bei der Analyse von Krätzen und Stäuben. Hier können *störende* Elemente und Verbindungen, die hier meistens in höheren Gehalten auftreten, *Fehler* verursachen. Außerdem besteht die Möglichkeit, daß fein verteiltes metallisches Aluminium von den nichtmetallischen unlöslichen Stoffen umschlossen ist und der Auflösung entzogen wird. Wenn Salzsäure als Reagens für das Aluminium verwendet wird wie bei dem Verfahren des Chemikerausschusses (S. 675), kann diese zum Teil mit dem Wasserstoff in die Meßbürette gelangen und sich hier in den an den Wandungen der Bürette haftenden Wasseranteilen lösen. Hierdurch kann eine Erniedrigung des Wasser-Dampfdruckes eintreten und ein *Fehler* in der Berechnung des reduzierten Gasvolumens verursacht werden.

Weitere Anwendungen. *Tilchmenev* und *Zvereva* [19] benutzen die gasvolumetrische Methode zur Bestimmung des Aluminiums in Aluminium-Legierungen und zur Bestimmung des Metall-Gehaltes in *Schlacken*. Nach ihren Ergebnissen ist die gasvolumetrische Metall-Bestimmung in Schlacken genauer als die gewichtsanalytische Bestimmung.

Zur Bestimmung des Aluminiums im *Thermit* löst *Tilchmenev* [20] 0,3 g Probe in 20%iger Natronlauge. Die vollständige Zersetzung der Probe erfordert etwa 4 Std., obwohl der größte Teil bereits nach 2 Std. zersetzt ist. Bei der Parallelanalyse einer 0,25-g-Probe fand *Tilchmenev* 0,057, 0,054 und 0,057 g Al (theoretisch 0,057 g).

Ebenfalls gasvolumetrisch bestimmen *Andreev* und *Bersimenko* [21] metallisches Aluminium in *Kryolith-Schmelzen* der Aluminium-Elektrolyse.

§ 19. Volumetrische Bestimmung des metallischen Aluminiums auf Grund seiner Reduktionswirkung auf Metallsalz-Lösungen

Prinzip. Durch Reduktionswirkung des Aluminiums in sauren Metallsalz-Lösungen wird eine dem Aluminium äquivalente Menge an Ionen von einem höher- in einen niederwertigen Zustand überführt. Die reduzierten Ionen können anschließend oxydimetrisch, z. B. mit Kaliumpermanganat-Lösung, bestimmt werden. Die Methode ist nicht spezifisch. So reagieren auf gleiche Weise auch metallisches Eisen, Zink, Mangan und Molybdän, zum Teil auch Wolfram und Bor. Als Salz-Lösungen werden in den meisten Fällen Eisen(III)-salz-Lösungen verwendet, die nach der Gleichung:

$$Al + 3\,Fe^{3+} \longrightarrow Al^{3+} + 3\,Fe^{2+}$$

reagieren. Auch andere reduzierbare Salz-Lösungen von Kupfer(II), Silber, Quecksilber(II) und Thallium(III) können verwendet werden. In einigen Fällen verläuft die Reduktion bis zum Metall, das in der Lösung zementiert wird. Die Bestimmung erfolgt dann durch Titration der restlichen nicht umgesetzten Ionen, z. B. mit ÄDTE.

Nach Beobachtungen von *Skaupy* [22] geht unter Umständen ein nicht unerheblicher Teil der Reduktionswirkung durch Wasserstoff-Entwicklung verloren. Dieser *Fehler* kann durch geeignete Analysen-Bedingungen derart verringert werden, daß er vernachlässigbar klein wird und die Umsetzung praktisch quantitativ verläuft.

Arbeitsweisen

Bestimmung metallischen Aluminiums in Aluminium-Pigmenten.

Zur Bestimmung des Aluminiums in Pigmenten lösen *Light* und *Russell* [23] die Pulver-Probe in einer sauren Lösung von Eisen(III)-sulfat. Um eine Reoxydation der durch die Umsetzung gebildeten Eisen(II)-ionen zu verhindern, arbeiten sie in einer Kohlendioxid-Atmosphäre. Die Titration erfolgt mit einer Kaliumpermanganat-Lösung.

Arbeitsvorschrift. Etwa 0,2 g Probe werden in einem Wägeglas 45 min bei 200 °C getrocknet. Um zu verhindern, daß die getrocknete Probe wieder Wasser aufnimmt, wird das Wägeglas noch im Ofen mit dem Deckel verschlossen und die Probe nach dem Abkühlen im Wägeglas gewogen. Nach Abnehmen des Deckels wird die Probe mit dem Wägeglas in einen 500-ml-Weithalskolben gebracht und 100 ml Eisen(III)-sulfatlösung [330 g $Fe_2(SO_4)_3 \cdot 9\,H_2O$ in 750 ml Wasser und 75 ml Schwefelsäure (D = 1,84) gelöst und zu 1 l aufgefüllt; die Lösedauer beträgt 1 bis 2 Tage] eingefüllt. Der Kolben wird nun fest mit einem Gummi-Stopfen verschlossen, der einen 25-ml-Tropf-Trichter und ein Glas-Rohr mit einem Gummi-Schlauch enthält. Das Ende des Schlauches taucht in einen kleineren Weithals-Erlenmeyerkolben, der eine Natriumhydrogencarbonat-Lösung enthält (gesättigte Lösung etwa 10 %). So schnell wie möglich werden nun 50 bis 75 ml Natriumhydrogencarbonat-Lösung durch den Tropf-Trichter in den Kolben gebracht und langsam umgeschüttelt. Der Kolben wird nun erhitzt und die Lösung 5 min gekocht. Nach dem Abkühlen auf 10 bis 15 °C wird der Stopfen abgenommen, 15 ml Phosphorsäure hinzugegeben und das entstandene Eisen(II)-sulfat mit einer 0,5n Kaliumpermanganat-Lösung titriert.

Nach Angaben von *Light* und *Russell* beträgt die *Genauigkeit* der Bestimmung ± 0,1 % Al.

Bestimmung von Aluminium neben Aluminiumoxid

Arbeitsvorschrift. Nach dem von *Skaupy* [22] vorgeschlagenen Verfahren wird die Probe in einer Eisen(III)-chlorid-Lösung (1 Teil $FeCl_3$ + 1 Teil Wasser) durch Erwärmen auf einem Wasserbad gelöst (etwa 15 min), anschließend mit 10 ml Schwefelsäure (1:4) (etwa 3,7 m) versetzt und mit ausgekochtem Wasser auf 200 ml aufgefüllt. Je 100 ml dieser Lösung werden nun mit 0,1n Kaliumpermanganat-Lösung titriert und ein Mittelwert aus beiden Titrationsergebnissen gebildet.

Bemerkungen. Auf ähnliche Weise bestimmt *Mayants* [24] Aluminium in *Oxidschlacken*. Er behandelt die feingepulverte Probe mit 100 ml kochender 3%iger Ammoniumeisen(III)-sulfat-Lösung, die mit 2 bis 3 Tropfen Schwefelsäure (D = 1,84) angesäuert wurde. Die Titration wird ebenfalls mit Kaliumpermanganat durchgeführt. Nach seinen Angaben erfordert die Methode Korrekturen für Eisen wie auch für Zink und ist mit einem *Fehler* von 5 bis 10% äußerst ungenau.

Solodovnikov [25] schlägt zur Bestimmung des metallischen Aluminiums in Aluminiumoxid, Aluminium-Legierungen, Aluminium-Pulver und anderem Material 2 Methoden vor.

Arbeitsvorschriften. *Methode I.* 10 bis 15 mg Probe werden mit einer m Kupfer(II)-sulfat-Lösung behandelt, bis das metallische Aluminium restlos gelöst ist. Nach dem Verdünnen wird der Überschuß an nicht umgesetzten Kupfer(II)-ionen in einem aliquoten Teil mit ÄDTE gegen Murexid als Indikator titriert und aus dem Verbrauch an Kupfer(II)-sulfat-Lösung der metallische Aluminium-Anteil berechnet.

Methode II. 10 bis 20 mg Probe werden in einem Kolben, der mit Kohlendioxid gefüllt ist, mit 15 bis 20 ml 2%iger Eisen(III)-chlorid-Lösung 15 bis 20 min geschüttelt. Man läßt 1 bis 2 Std. stehen, gibt 3 bis 5 ml 4n Salzsäure und 5 ml 25%ige Phosphorsäure-Lösung zu und titriert die gebildeten Eisen(II)-ionen mit 0,1n Kaliumdichromat-Lösung gegen Diphenylamin als Indikator.

§ 20. Bestimmung des Aluminiumoxids in Aluminium und Aluminium-Legierungen

Von den nichtmetallischen Verunreinigungen im Aluminium und in seinen Legierungen kommt dem Sauerstoff neben dem Wasserstoff die größte Bedeutung zu. Er bildet mit Aluminium keine echte Lösung, sondern ist als unlösliches Oxid im Metall enthalten. Der negative Einfluß dieses Aluminiumoxids auf die technologischen Eigenschaften des Metalls und auf die Gießfähigkeit sind allgemein bekannt. Aus diesen Gründen ist ein genaues wie auch sicheres Bestimmungsverfahren erforderlich und wichtig. Dies erklärt auch die zahlreichen, bisher unternommenen Versuche, ein solches Bestimmungsverfahren zu schaffen. Eine Übersicht über die verschiedenen Verfahren geben *Nowotny* und *Ponahlo* [26]. Von den praktisch bisher bekannt gewordenen, analytischen Methoden, abgesehen von den radiochemischen Verfahren, die eine direkte Bestimmung des Sauerstoffs zum Ziele haben und deren Beschreibung außerhalb des Rahmens dieses Buches liegt, beruhen alle auf dem Prinzip der selektiven Trennung von Oxid und Metall. Sie lassen sich im wesentlichen in 4 Gruppen einteilen:

A. Trennung durch Lösen in wäßrigen Schwermetallsalz-Lösungen,
B. Trennung durch Lösen in Säuren,
C. Trennung durch Umsetzung mit wasserfreien Reaktionslösungen,
D. Trennung durch Umsetzung mit gasförmigem, trockenem Chlorwasserstoff oder elementarem Chlor.

Über die *Genauigkeit* dieser Methoden lassen sich keine exakten Angaben machen, da praktisch keine Möglichkeit zu ihrer Nachprüfung unter Verwendung synthetischer Proben mit bekannten homogenen Oxid-Gehalten besteht. Da, wie bereits erwähnt, Aluminiumoxid im Aluminium unlöslich ist, ist die Verteilung des Oxids sehr heterogen, so daß eine einzelne Analyse meistens keinen Aufschluß über den tatsächlichen Oxid-Gehalt ergibt. Auch gleiche Resultate in einer und derselben Probe mit verschiedenen Methoden sind kein Kriterium für die Richtigkeit der Bestimmung. Im folgenden soll deshalb bei den einzelnen Bestimmungsverfahren auf die möglichen *Fehler* aufmerksam gemacht werden; auf Angaben der *Genauigkeit* der einzelnen Methoden ist bewußt verzichtet worden.

A. Trennung durch Lösen in wäßrigen Schwermetallsalz-Lösungen

Prinzip. Metallische Bestandteile werden in Schwermetallsalz-Lösungen durch eine Austauschreaktion gelöst, während das Aluminiumoxid in diesen Lösungen praktisch unlöslich ist. Da zur vollständigen Lösung in den meisten Fällen noch zusätzlich Säure verwendet werden muß, besteht die Gefahr, daß Aluminiumoxid, vor allem die Übergangsoxide, gelöst werden. Außerdem fällt das Aluminiumoxid im Rückstand teils stark verunreinigt an, so daß oft noch weitere Trennungen erforderlich sind. Als Lösungsmittel sind die Chloride des Eisens(III), Kupfers(II), Wismuts, Quecksilbers(II) und auch des Aluminiums verwendet worden. Die Bedeutung dieser Methoden ist heute nur noch gering.

Verwendung von Wismutchlorid

Von *Kljatschko* [27] sowie von *Gerke* und *Zolotareva* [28] wird eine 7- bis 8%ige Wismutchlorid-Lösung vorgeschlagen, die den Nachteil eines stark sauren Milieus vermeidet. Da sich bei der Umsetzung jedoch basische Wismut-Verbindungen ausscheiden und auch Kupfer nicht gelöst wird, muß der Lösung Salzsäure und Wasserstoffperoxid zugesetzt werden. Nach Angaben von *Kljatschko* soll ein Gemisch aus Salzsäure und Wasserstoffperoxid-Lösung das Aluminiumoxid weniger angreifen als Salpetersäure, die von *Ehrenberg* [29] benutzt wird.

Verwendung von Kupfer(II)-chlorid

Prinzip. Eine konz. Lösung von Kupfer(II)-chlorid verwendet *Ehrenberg* als Lösungsmittel. Das bei der Reaktion ausgeschiedene, elementare Kupfer löst sich im Überschuß der Kupfer(II)-salz-Lösung, nicht jedoch die gebildeten, basischen Kupfer-Verbindungen, die ein Teil des Aluminiums einschließen und der Reaktion entziehen. Zu ihrer Lösung ist deshalb der Zusatz von Salpetersäure notwendig. Das Verfahren wurde von *Kljatschko* modifiziert.

Arbeitsvorschrift. 3 g Metall werden mit 50 ml Wasser überschichtet und 120 bis 150 ml gesättigte Kupfer(II)-chlorid-Lösung vorsichtig zugegeben. Nach der Lösung des Metalls, was in 15 bis 20 min der Fall ist, setzt man 25 ml Salpetersäure (1:5) (etwa 2,4 m) hinzu, wobei sich basisches Kupferchlorid löst und ein Rückstand von Aluminiumoxid, Eisenoxid und Kieselsäure zurückbleibt. Nach Abrauchen der Kieselsäure mit Flußsäure, Aufschluß des Rückstandes mit Natriumdisulfat und Abtrennung des Eisens mit Natronlauge wird das Aluminium gewichtsanalytisch durch Fällung mit Ammoniak bestimmt.

Bemerkung. Aus den oben erwähnten Gründen, Abscheidung basischer Salze und Einschließen des Aluminiums durch diese basischen Verbindungen, wurde das von *Ehrenberg* vorgeschlagene Verfahren mehrfach abgeändert. Meistens wird der Zusatz eines puffernden Elektrolyten vorgeschlagen (*Gerke* und *Zolotareva*; *Nakamura* und *Yamazaki* [31]; *Strauss* [32]; *Sukhov* und *Korotevskaya* [33]). So verwendete bereits *Ehrenberg* Ammoniumkupfer(II)-sulfat, das zwar den Nachteil besitzt, daß sich zementiertes Kupfer auf den Proben abscheidet und Aluminium umhüllt. Durch Zusatz einiger Tropfen Salzsäure läßt sich der Lösevorgang vollständig zu Ende führen. Es darf jedoch nur so viel Salzsäure zugesetzt werden, daß sich beim anschließenden Ansäuern mit Salpetersäure kein freies Chlor bildet, welches u.U. Aluminiumoxid angreift.

Arbeitsvorschrift nach *Nakamura* und *Yamazaki* [31]. 10 g Probe werden in Anteilen mit einer Lösung, die 240 g $CuCl_2 + 2\,NH_4Cl + 2\,H_2O$ enthält, behandelt. Nach beendeter Reaktion wird erhitzt und filtriert. Der Niederschlag wird mit 1%iger Salzsäure gewaschen, getrocknet und mit Kaliumhydrogensulfat aufgeschlossen. Die gelöste Schmelze wird mit 10 ml Schwefelsäure (1:1) (etwa 9,3 m) versetzt, zur Trockene eingeengt und die abgeschiedene Kieselsäure nach Aufnehmen mit Wasser abfiltriert. Kupfer wird im Filtrat durch Fällung mit Schwefelwasserstoff abgetrennt, Eisen nach Oxydation mit Bromwasser durch Natronlauge gefällt. Die Bestimmung des Aluminiums wird gewichtsanalytisch mit Oxin vorgenommen.

Bemerkungen. Auch *Silicium-Aluminium-Legierungen* können auf diese Weise analysiert werden.

Sukhov und *Korotevskaya* [33] verwenden an Stelle von Ammoniumchlorid einen Zusatz an Kaliumchlorid und geben folgende

Arbeitsvorschrift. 3 g Metall werden in einem Gemisch, das in 1 l Wasser 134,5 g Kupfer(II)-chlorid und 149,1 g Kaliumchlorid gelöst enthält, zuerst kalt, dann warm gelöst. Der Rückstand aus Aluminiumoxid, Eisenoxid und Kieselsäure wird in ein 3faches Filter abfiltriert, der Niederschlag mit heißer 20%iger Salpetersäure und anschließend mit Wasser gewaschen. Nach dem Glühen im Platintiegel wird die Kieselsäure mit Flußsäure und Schwefelsäure abgeraucht. Der Rückstand wird in der Hitze mit konz. Salzsäure und nach Überführen in ein Becherglas mit Königswasser behandelt. Die verd. Lösung wird filtriert, der Rückstand geglüht und das Aluminiumoxid ausgewogen.

Bemerkung. Bei der intensiven Behandlung mit Säure ist es sehr wahrscheinlich, daß Übergangsoxide sowie ein Teil des γ-Al_2O_3 *gelöst* werden und die Bestimmung nicht quantitativ erfolgt.

Verwendung von Aluminiumchlorid

Boner [34] verwendet zur Aluminiumoxid-Bestimmung im Reinaluminium an Stelle von Kupferchlorid Aluminiumchlorid. Zur Reaktionsbeschleunigung wird eine geringe Menge an $CuCl_2$, zur Verhinderung der Hydrolyse des Aluminiumchlorids Salzsäure zugesetzt und der Oxid-Rückstand anschließend noch mit heißer, verdünnter Salzsäure (1:9) (etwa 1,2 m) gewaschen. Als Reaktionslösung werden zum Auflösen von 2 g Metall 84 ml einer Lösung, die 18 g $AlCl_3 \cdot 6H_2O$, 75 ml 1 n Salzsäure und 0,5 ml 0,1 m Kupferchlorid-Lösung enthält, verwendet.

Verwendung von Quecksilber(II)-salzen und Weinsäure bzw. Citronensäure

Subarewa und *Ochotin* [35] bestimmen Al_2O_3 im Aluminium, indem sie 1 g Probe in einem Gemisch aus 2 ml 5%iger Quecksilber(II)-nitrat-Lösung und 70 ml 15%iger Weinsäure-Lösung in der Wärme auflösen. In allen Fällen verbleibt mit dem Aluminiumoxid metallisches Quecksilber im Filter, aus dem es vor der Veraschung mechanisch entfernt werden muß. Trotz vorsichtigen Arbeitens entstehen hierbei unweigerlich Verluste an Oxid. Über ein ähnliches Verfahren mit Citronensäure und Quecksilber(II)-nitrat berichtet auch *Gerke* [36].

Ebenfalls mit komplexbildenden Säuren in Gegenwart von Quecksilber als Katalysator lösen *Kapitanczyk*, *Kurzawa* und *Miedzinski* [37] das Aluminium-Metall zur Bestimmung des inkludierten Aluminiumoxids. Oberflächenoxide des Aluminiums werden bei dieser Methode vollständig gelöst. Als Lösesäure verwenden sie für 1 g Metall 100 ml einer Lösung, die 4 g Weinsäure, 1 g Citronensäure und 3 ml gesättigte Quecksilber(II)-chlorid-Lösung enthält. Nach dem Lösen in der Wärme werden noch 10 ml Salzsäure (1:1) (etwa 6 m) hinzugefügt, aufgekocht, filtriert und der Rückstand gut mit 5%iger Weinsäure-Lösung ausgewaschen. Etwa noch im Filter befindliche Quecksilber-Kügelchen entfernt man durch vorsichtiges Neigen des Trichters. Die Bestimmung des Aluminiums im Rückstand erfolgt nach Aufschluß mit Kaliumdisulfat, in Gegenwart von Kaliumcyanid *photometrisch* mit Hämatoxylin (S. 424).

Verwendung von Eisen(III)-chlorid und Weinsäure

Die Verwendung einer weinsauren Eisen(III)-chlorid-Lösung empfiehlt *Wetzel* [38]. Zum Lösen von 5 g Aluminium werden 125 g $FeCl_3$ benötigt. Die Lösedauer beträgt jedoch 48 Std. Als Rückstand fällt ein stark verunreinigtes Aluminiumoxid an.

B. Trennung durch Lösen in Säuren

Eine Trennung des metallischen Aluminiums vom Aluminiumoxid läßt sich auch durch Lösen in verd. Säuren ohne Zugabe puffernder Salze erreichen. Bei diesen Verfahren der Anwendung reiner Säuren, vor allem aber von Salzsäure, besteht die Gefahr, daß ein Teil des Aluminiumoxids gelöst wird, die Bestimmung also nicht quantitativ erfolgt. Nach den Angaben von *Kljatschko* und *Gurewitch* [39], die das Metall in Salzsäure (1:1) (etwa 6 m) lösen und das in der Lösung verbleibende Oxid zentrifugieren, treten keine Aluminiumoxid-Verluste auf. Sie erhalten reproduzierbare Ergebnisse. Auch nach einem von *Tournaire* [40] angegebenen Verfahren, in dem zur Lösung des Aluminium-Metalls Salzsäure (1:2) (etwa 4 m) benutzt wird, sollen keine Aluminiumoxid-Verluste auftreten, wenn die Temperatur während des Lösens 50 °C nicht überschreitet. Unter Verwendung einer Salzsäure (1:1) (etwa 6 m), wobei die Temperatur während des Lösens bis auf 90 °C steigt, wurden Aluminiumoxid-Verluste bis zu 2 % festgestellt. Die von *Tournaire* angegebene Methode wurde auch von *Hérenguel* und *Boghen* [41] zur Bestimmung des Oxid-Gehaltes im Sinter-Aluminium (SAP) mit befriedigendem Ergebnis verwendet. *Tournaire* gibt folgende

Arbeitsvorschrift. 5 g geschnitzelte Probe werden mit 250 ml einer Mischung aus 1 Teil Wasser und 2 Teilen 32%iger Salzsäure (D = 1,16) gelöst. Wenn sich das Metall nach 2 bis 4 Std. gelöst hat – in Gegenwart von Kupfer gibt man gegen Ende etwas Kaliumchlorat zu –, filtriert man in ein mit Filterschleim gedichtetes Papier-Filter und wäscht mit Wasser bis zum Verschwinden der Chlorid-Reaktion. Das Filter wird in einem Platin-Tiegel verascht, Kieselsäure durch Abrauchen mit Fluß- und Schwefelsäure entfernt und das Aluminiumoxid ausgewogen.

C. Trennung durch Umsetzung mit wasserfreien Reaktionslösungen

Um die Hydrolyse bei wäßrigen Salz-Lösungen zu vermeiden, sind zur Lösung des Aluminium-Metalls und der Legierungsbestandteile wasserfreie Reaktionslösungen vorgeschlagen worden. Es handelt sich dabei im wesentlichen um Lösungen von Halogenen (Br_2, J_2) in organischen Lösungsmitteln, vor allem aber in Methanol. Solche Reaktionslösungen reagieren mit einer Reihe von Metallen unter Bildung von Metallhalogeniden, wobei die Oxide des Aluminiums und Siliciums nicht angegriffen werden. Der Vorteil der Verwendung von Halogenen besteht in der großen Löslichkeit der Metallhalogenide, so daß keine festen Reaktionsprodukte entstehen, welche die Probe umhüllen und den Lösungsvorgang verzögern können. Auch Halogene in wäßrigen Lösungen reagieren mit Metallen. Der Nachteil solcher wäßriger Lösungen besteht jedoch darin, daß während der Reaktion so viel Säure gebildet wird, die den pH-Wert der Lösung bis zu dem Punkt reduzieren kann, an dem auch die Oxide angegriffen werden. Außerdem ist die Löslichkeit der Halogene im Wasser wesentlich geringer als in organischen Lösungsmitteln. Neben Halogenen sind Chlorwasserstoff, von *Murach, Matveev, Shuikin* und *Makarouskaya* [42] Lösungen des Quecksilber(II)-chlorids in Äthanol verwendet worden.

Verwendung von Brom bzw. Jod in methanolischer Lösung

Bereits *Withey* und *Millar* [43] haben die Reaktionen des Broms mit Aluminium in Gegenwart von Tetrachlorkohlenstoff, Schwefelkohlenstoff und anderen organischen Lösungsmitteln untersucht. Nach ihrer Meinung sind alkoholische Lösungen wegen des bei der Reaktion entwickelten Bromwasserstoffes, der gegebenenfalls Aluminiumoxid lösen könnte, ungeeignet. In Anlehnung an das aus der Rückstandsanalyse von Stahl und Eisen bekannte Verfahren des Aufschlusses mit äthanolischer Jod-Lösung verwendet *Werner* [44, 45] eine solche Lösung auch zur Bestimmung des Aluminiumoxids im Aluminium. Nach seinen Untersuchungen löst methanolische Jod-Lösung Aluminium auch in kompakter Form ohne Schwierigkeiten auf, indem zur Hälfte Aluminiumjodid (AlJ_3), zur anderen Hälfte Aluminiummethylat [$(CH_3O)_3Al$] unter gleichzeitiger Freisetzung von 1,4 Molen Wasserstoff entstehen.

Möglicherweise erfolgt auch die Bildung einer Additionsverbindung zwischen den beiden Reaktionsprodukten. Durch den freiwerdenden Wasserstoff findet eine teilweise Umsetzung mit dem Jod zu Jodwasserstoffsäure statt. Da die Dissoziation des Jodwasserstoffes in der methanolischen Lösung jedoch wesentlich geringer als in einer wäßrigen Lösung ist, ist eine Auflösung von Aluminiumoxid nicht zu befürchten. Untersuchungen unter Zusatz hochaktiver Aluminiumoxide werden von *Werner* bestätigt. Später ersetzte *Werner* Jod durch das billigere Brom. Die in methanolischen Brom-Lösungen ablaufenden Reaktionen dürften grundsätzlich den Reaktionen mit Jod ähnlich sein. Die Verwendung des Broms hat den Vorteil, daß keine Ausscheidungen braungefärbter, unlöslicher Niederschläge wie beim Jod auftreten und ein geringer Wasser-Gehalt des verwendeten Methanols bis zu 1 % keinen Einfluß auf das Ergebnis ausübt. Die gegenüber der Jodwasserstoffsäure in größeren Mengen gebildete Bromwasserstoffsäure dürfte der Hydrolyse des Aluminiumbromids und des Aluminiummethylats entgegenwirken. Befürchtungen, daß die entstandene Bromwasserstoffsäure lösende Wirkung auf das Aluminiumoxid haben könnte, wurden durch Untersuchungen von *Werner* und von *Steinhäuser* [46] widerlegt. Diese Vorteile der Anwendung des Broms führten dazu, daß sich das Brom-Verfahren gegenüber dem Jod-Verfahren durchsetzte und heute ausschließlich Verwendung findet. Im folgenden ist die Arbeitsweise nach *Werner* kurz wiedergegeben.

Arbeitsvorschrift. Je nach dem zu erwartenden Oxidgehalt werden 0,5 bis 5 g Metall oder Legierung als Draht, Blech oder in nicht zu kompakten Stücken in eine Mischung aus 200 bis 300 ml Methanol und 20 ml Brom in einem bedeckten 1-l-Erlenmeyerkolben eingetragen. Die Oxydation beginnt sofort und wird, falls zu stürmisch, unter fließendem Wasser gemäßigt. Man läßt am besten über Nacht reagieren oder beschleunigt die Umsetzung durch Erwärmen. Sie ist dann meistens innerhalb 2 Std. beendet. In der Lösung schwimmende Oxid-Häute werden mit dem Glasstab zerdrückt. Man filtriert in ein Blaubandfilter ab, wenn nötig nach Verdünnung mit Methanol, wäscht mit Methanol bis zur Farblosigkeit und verascht im Platin-Tiegel. Zur Entfernung der Kieselsäure wird mit Flußsäure-Schwefelsäure und etwas Salpetersäure abgeraucht. Das im Rückstand vorhandene Al_2O_3 wird gewichtsanalytisch oder zweckmäßiger nach Aufschluß mit Kaliumhydrogensulfat photometrisch mit Eriochromcyanin R bestimmt (S. 353).

Bemerkungen. Im Laufe der Zeit wurde die Brom-Methanol-Methode des öfteren nachgeprüft und verbessert. *Fischer* und *Bechtel* [47] fanden, daß die gefundenen Oxid-Gehalte von der angewendeten Brom-Menge abhängen. Als Ursache dieser Abhängigkeit erwies sich die Adsorption von Aluminiumionen an der Oberfläche des Papier-Filters während des Filtrierens der ausreagierten Lösung. Die Menge der adsorbierten Ionen kann durch eine *Vorbehandlung* des Filters mit Brom—Methanol merklich verringert, aber nicht ganz ausgeschaltet werden. Auch durch gründliches Waschen des Filters mit Methanol oder Brom—Methanol können einmal adsorbierte Aluminiumionen nicht mehr entfernt werden. Zu ihrer Entfernung schlagen *Fischer* und *Bechtel* Nachwaschen des Filters mit 0,1n Salzsäure vor, welche das isolierte Aluminiumoxid nicht angreift. Um die Adsorption von Aluminiumionen überhaupt zu vermeiden, wird in einer späteren Arbeit von *Fischer* und *Kraft* [48] die Abtrennung des Aluminiumoxids aus der Brom-Methanol-Lösung ohne Verwendung eines Filters durch Zentrifugieren und vorsichtiges Dekantieren empfohlen. Wie *Bensch* [49] später gezeigt hat, beträgt bei Verwendung eines mit Brom—Methanol vorbehandelten 3-cm-Blauband-Filters und anschließendem Nachwaschen nach der Filtration mit 0,1n Salzsäure die noch adsorbierte Aluminium-Menge etwa 0,6 μg und kann in jedem Fall vernachlässigt werden.

In ihrer Arbeit empfehlen *Fischer* und *Bechtel* auch eine von *Werner* abweichende Arbeitsweise. Zu der mit Methanol übergossenen Probe tragen sie das Brom *langsam* und anteilsweise ein. Sie erreichen damit, daß die Lösetemperatur um 20 bis 30°C niedriger liegt als nach der Arbeitsweise von *Werner*, der das Metall in die Brom-Methanol-Lösung einträgt.

Da bei der Brom-Methanol-Methode das Oberflächen-Oxid der Probe mitbestimmt wird, darf als Analysengut nur kompaktes Metall, das von der Oberflächenoxid-Haut *befreit* ist, verwendet werden. Nach den Erfahrungen von *Bensch*, der die Brom-Methanol-Rückstände aus Aluminium-Grieß röntgenographisch untersuchte, ist in diese Oberflächen-Oxide elementares Aluminium eingebaut, das durch Lösen mit Brom–Methanol nicht entfernt werden kann. Zur Bestimmung des Oberflächen-Oxids ist die Brom-Methanol-Methode deshalb ungeeignet. Nach den Untersuchungen von *Eisenkolb* und *Müller* [50] erwies sich das Brom-Methanol-Verfahren zur Bestimmung des Aluminiumoxids auch im Sinteraluminium als unbrauchbar. Selbst nach mehrstündigem Kochen konnte das Aluminium nicht vollständig gelöst werden.

Nach den sehr eingehenden Untersuchungen von *Bensch* läßt sich der Al_2O_3-Gehalt in normalem Reinaluminium nach der Brom-Methanol-Methode gut bestimmen. Es ist aber zu beachten, daß die kompakten Proben *vor* dem Einsetzen zur Entfernung des Oberflächen-Oxids mit einer Lösung aus Salpetersäure und Flußsäure sorgfältig abgebeizt werden.

Proben, die *höhere* AlN- und Al_4C_3-Gehalte aufweisen und zur Kornfeinung mit Bor versetzt wurden, können nach dieser Methode nicht analysiert werden, da die angegebenen Verbindungen wie auch AlB_2 in Brom–Methanol unlöslich sind und im Rückstand verbleiben.

Zur Bestimmung des Al_2O_3-Gehaltes in *Legierungen* ist für borfreie Legierungen und solche, die einen Silicium-Gehalt von $< 1\%$ aufweisen, das Brom-Methanol-Verfahren geeignet. Bei Legierungen mit höheren Silicium-Gehalten wird in steigendem Maße Aluminium, je nach Kristallisationshabitus des Eutektikums, von den Silicium-Kristallen eingeschlossen und dadurch ein höherer Oxid-Gehalt vorgetäuscht. Die Methode ist deshalb zur Al_2O_3-Bestimmung in Aluminium-Silicium-Legierungen ungeeignet. Von den verbesserten Methoden soll die Arbeitsvorschrift von *Bensch*, die sich im wesentlichen an diejenige von *Fischer* und *Bechtel* hält, wiedergegeben werden.

Arbeitsvorschrift. Die von der oberflächlichen Oxid-Haut befreite Probe – am besten eignet sich ein Blöckchen oder eine entsprechende Rundprobe – von etwa 5 g wird genau eingewogen und in einen 750-ml-Erlenmeyerkolben gegeben. Man gibt 250 ml Methanol (D = 0,789 bis 0,792) hinzu und versetzt anteilsweise mit 25 ml Brom, anfangs unter Kühlen, später unter Erwärmen, wobei sich das Metall unter Gas-Entwicklung löst. Nach beendeter Umsetzung, die 30 min bis zu mehreren Stunden dauern kann, wird über eine Hahnsche Nutsche, in die ein Blauband-Filter (∅ 3 cm) eingelegt wird, abgesaugt. Das Filter wird vorher mit Brom-Methanol-Gemisch (10 g Br_2 in 100 ml Methanol) vorbehandelt. Rückstand und Filter wäscht man mit Methanol aus, bis das Filter farblos erscheint. Nun wird 3mal mit Salzsäure-Methanol-Gemisch [9 ml Salzsäure (D = 1,19) in 500 ml Methanol] und anschließend noch 3mal mit 0,1n Salzsäure gespült. Das Filter wird im Platin-Tiegel bei etwa 500 °C verascht. Nach Zugabe von 4 ml Flußsäure (38 Gew.-%), 4 Tropfen Salpetersäure (D = 1,4) und 4 Tropfen Schwefelsäure (1:1) (etwa 9,3 m) wird abgeraucht, anschließend 10 min bei 1000 °C geglüht und das Aluminium photometrisch bestimmt. Dazu wird der Rückstand mit 0,5 g Kaliumhydrogensulfat aufgeschlossen, die Schmelze in 5 ml heißem Wasser gelöst, die 2 Tropfen Salzsäure (D = 1,19) enthält, und in ein 50-ml-Becherglas überführt. Man wäscht den Platin-Tiegel mit weiteren 5 ml heißem Wasser aus, fügt 18 ml Salzsäure (D = 1,19) hinzu und gibt die Lösung über eine Anionen-Austauscher-Säule (0,15×10 cm) mit Dowex 2 × 8, die vorher mit 8n Salzsäure behandelt wurde. Nach Auswaschen mit 2mal 25 ml 8n Salzsäure werden die vereinigten Eluate auf 10 ml eingeengt, mit Wasser verdünnt, mit Ammoniak (1:1) (etwa 6,5 m) neutralisiert und auf 100 ml aufgefüllt. Anschließend erfolgt in einem 20 ml betragenden, aliquoten Teil die photometrische Bestimmung mit Oxin (Vorschrift S. 295).

Der Aluminium-Gehalt des Blauband-Filters muß als *Blindwert* berücksichtigt werden.

Verwendung von Chlorwasserstoff in Äther

Zur Bestimmung und zur Messung des Wachstums von anodisch und durch Oxydation an der Luft erzeugten Oxid-Schichten auf Aluminium verwenden *Treadwell* und *Obrist* [51] zum Lösen des metallischen Aluminiums eine Lösung aus Chlorwasserstoff in wasserfreiem Äther. Sie benutzen einen speziell dafür konstruierten Zersetzungsapparat, mit welchem noch Oxid-Proben von einigen µg quantitativ erfaßt werden können. Nach Beschickung des Zersetzers mit der Metall-Probe und dem trockenen Äther wird ein lebhafter Chlorwasserstoff-Strom eingeleitet. Das Metall wird unter lebhafter Wasserstoff-Entwicklung gelöst. Für 1 g Probe werden etwa 2 bis 3 Std. benötigt. Das gebildete Aluminiumchlorid scheidet sich dabei als ölige Flüssigkeit aus. Der oxidische Rückstand wird anschließend 5- bis 6mal mit je 50 ml Äther ausgewaschen, im Exsiccator getrocknet und das Aluminium nach Aufschluß mit Schwefelsäure photometrisch mit Eriochromcyanin bestimmt.

Verwendung von Quecksilber(II)-chlorid in äthanolischer Lösung

Murach, *Matveev*, *Shuikin* und *Makarouskaja* bentuzen zum Lösen des Aluminium-Metalls Quecksilber(II)-chlorid in äthanolischer Lösung. Die Bestimmung erfolgt in einer Spezialapparatur zur Heißextraktion. Es werden je 2 bis 3 g Probe und je 0,2 g $HgCl_2$ in 2 Filter eingewickelt, diese in die Extraktionshülse der Apparatur gegeben und in den Kolben, der entweder Propanol, Butanol- oder Isopentanol enthält, eingesetzt. Nach dem Lösen wird der Rückstand in der Hülse gewaschen, getrocknet und verascht. Die Aluminium-Bestimmung kann anschließend nach einer der üblichen Methoden erfolgen. Bedeutung hat dieses Verfahren nicht erlangt.

D. Trennung durch Umsetzung mit gasförmigem, trockenem Chlorwasserstoff oder elementarem Chlor

Prinzip. Es erfolgt Umsetzung des Aluminiums und anderer metallischer Legierungsbestandteile zu Chloriden, die bei höherer Temperatur verflüchtigt werden können, während das Aluminiumoxid praktisch unangegriffen zurückbleibt. Die Umsetzung zum Chlorid geschieht entweder mit gasförmigem Chlorwasserstoff oder Chlor, indem Chlorwasserstoff bereits bei tieferer Temperatur (250 °C) reagiert.

Erhitzen in gasförmigem Chlorwasserstoff

Bereits von *Jander* und *Weber* [52] zur Abtrennung des Aluminiums von Begleitelementen, wie Kupfer, Zink, Mangan, Eisen und Magnesium, in Aluminium-Legierungen verwendet (S. 658), ist diese Methode durch *Jander* und *Baur* [53] zur Bestimmung des Aluminiumoxids abgeändert worden. Um den HCl-Gasstrom von Sauerstoff und Feuchtigkeit zu befreien, welche die Ursachen für fehlerhafte Ergebnisse waren, wird ein Gasstrom aus etwa 9 Teilen Salzsäuregas und 1 Teil Wasserstoff über glühenden Platin-Asbest geleitet. Der Sauerstoff wird dabei zu H_2O reduziert und das gebildete Wasser in 2 mit konz. Schwefelsäure gefüllten Waschflaschen zurückgehalten. Eine Erhöhung der Reaktionstemperatur auf 275 °C, die von *Jander* und *Brösse* [54] zur Verringerung der Reaktionszeit durchgeführt wurde, übt keinen

Einfluß auf die Ergebnisse aus. Sie setzen keine Späne, sondern kompakte Stücke des Metalls ein und entfernen anschließend noch das Eisen im Chlorstrom.

Die Methode von *Jander* und Mitarbeitern ist auch von *Sutton* und *Willstrop* [55] zur Abtrennung des Oberflächen-Oxids und von *Pogodin* [56] sowie von *Brook* und *Waddington* [57] zur Bestimmung des Oxids im Aluminium verwendet worden. *Kohn-Abrest* [58] benutzte bereits vor *Jander* und *Weber* eine ähnliche Methode zur Bestimmung des Aluminiums im Aluminium-Pulver. *Schandorow* [59] erhielt nach dieser Methode ungenaue Werte und empfiehlt statt dessen die Anwendung eines trockenen, sauerstofffreien Chlorstroms.

Basierend auf den Arbeiten von *Jander* und Mitarbeitern entwickelten *Urech*, *Sulzberger* und *Schaad* [60] ein verbessertes Verfahren, das in seiner Grundkonzeption mit geringen Verbesserungen und Änderungen heute allgemein angewandt wird. Sie benutzen die in Abb. 43 angegebene Apparatur und geben folgende

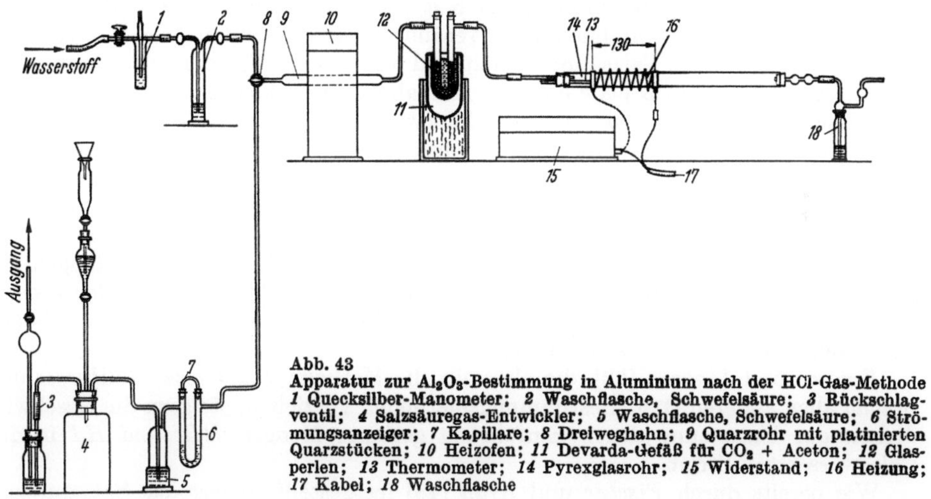

Abb. 43
Apparatur zur Al$_2$O$_3$-Bestimmung in Aluminium nach der HCl-Gas-Methode
1 Quecksilber-Manometer; *2* Waschflasche, Schwefelsäure; *3* Rückschlagventil; *4* Salzsäuregas-Entwickler; *5* Waschflasche, Schwefelsäure; *6* Strömungsanzeiger; *7* Kapillare; *8* Dreiweghahn; *9* Quarzrohr mit platinierten Quarzstücken; *10* Heizofen; *11* Devarda-Gefäß für CO$_2$ + Aceton; *12* Glasperlen; *13* Thermometer; *14* Pyrexglasrohr; *15* Widerstand; *16* Heizung; *17* Kabel; *18* Waschflasche

Arbeitsvorschrift. 2 g zu untersuchende Probe, am besten in Form von Spektralstäbchen mit 4 mm ⌀, werden in ein Porzellan-Schiffchen gebracht und in das Pyrexrohr eingeschoben. Es können gleichzeitig bis zu 6 Proben auf einmal behandelt werden. Die Proben sollen ungefähr in der Mitte der Heizwicklung sitzen. Nachdem man die Apparatur auf Dichtigkeit geprüft hat, wird 20 min Wasserstoff durchgeleitet, dann die Gas-Geschwindigkeit auf 3 Blasen je sec reduziert und das Quarzrohr 9 mit platinierten Quarz-Stücken auf Rotglut erhitzt. Dadurch werden Spuren Sauerstoff aus dem Gas-Gemisch aus HCl und H$_2$ zu Wasser verbrannt. Gleichzeitig erhitzt man das Pyrexrohr 13 auf etwa 270 °C, stellt den Dreiweghahn 8 auf H$_2$ sowie HCl und schaltet den HCl-Entwickler ein (Mischungsverhältnis von H$_2$:HCl = 1:10). In der Kühlfalle 12 (Trockeneis und Aceton; Temperatur etwa − 85 °C) werden Spuren von Feuchtigkeit und in 9 entstandenes Wasser zurückgehalten. Wenn die Reaktion zwischen HCl und Al in Gang kommt, wird das Metall schwarz. Einschlüsse weißen Oxids können gut beobachtet werden. Ist die Reaktion beendet, was am Aussehen des Rückstandes leicht erkannt werden kann, stellt man den Gasstrom ab und spült noch eine 1/2 Std. mit Wasserstoff. Der Schiffchen-Inhalt wird dann auf ein Filter gebracht und ausgewaschen. Hierauf verascht man das Filter mit dem Niederschlag, bringt 2 ml 10%ige Soda-Borax-Lösung (3 Teile Soda + 1 Teil Borax) in den Tiegel, verdampft zur Trockene und schließt auf. Die Schmelze wird mit warmem Wasser aufgenommen, in ein kleines Filter zur Entfernung aus geschiedenen Eisenhydroxids filtriert und das Filtrat mit dem Waschwasser in einen 100-ml-Meßkolben gebracht. Man stellt mit 5%iger Salzsäure auf pH = 2, setzt noch 8 ml 5%ige Salzsäure zu, erhitzt kurze Zeit und füllt nach dem Abkühlen zur Marke auf. 25 ml Lösung versetzt man mit 5 ml Puffer-Lösung (80 g Natriumacetat + 2 ml Eisessig auf 200 ml), verdünnt auf etwa 80 ml, gibt 10 ml 0,1%ige Eriochromcyanin-Lösung (die 1 ml Eisessig/l enthält), füllt zur Marke auf und photometriert nach 5 min (siehe auch S. 326).

Bemerkungen. *Matelli* und *Attini* [61], die nach dieser Methode zahlreiche Bestimmungen und Untersuchungen durchführten, haben in ihrer Arbeit einige Verbesserungen vor allem *apparativer* Art vorgeschlagen. Um eine Oxydation des Aluminiums durch noch vorhandenen Sauerstoff in der Anfangsphase des Anheizens zu vermeiden, spülen sie vor Beginn der Chlorierung längere Zeit mit Stickstoff. Sie benutzen ein Reaktionsrohr, welches am Ende zu einer Kugel ausgeblasen ist. So verhindern sie ein Verstopfen des Rohres durch das entstandene Aluminiumchlorid, das sich an den Wandungen der Kugel absetzen kann. Auch wird der Chlorwasserstoff-Entwickler von ihnen etwas verändert. Sie verwenden einen 2-l-Weithals-Rundkolben, der konz. Salzsäure enthält und auf den ein Tropf-Trichter mit einem 80 cm langen Rohr (∅ 3 bis 4 cm) zur Aufnahme der Schwefelsäure aufgesetzt ist. Auf diese Weise erreichen sie, daß der Chlorwasserstoff-Strom während der Bestimmung konstant ist und keine Druck-Schwankungen auftreten. In ihren Untersuchungen beobachteten sie ferner, daß aus den Kühlfallen zum Ausfrieren des Wassers, die aus U-Rohren mit Glas-Perlen-Füllung bestehen, vom Gas-Strom kondensiertes Wasser in das Reaktionsrohr mitgerissen wird. Sie ersetzen deshalb die beiden glasperlengefüllten U-Rohre durch Kühl-Gefäße, die Kühlschlangen mit einem anschließenden, weiten Zylinder besitzen. Gut bewährt hat sich der Einsatz eines zylindrischen Diffusionskörpers in das Reaktionsrohr an der Gas-Eintrittsseite zur besseren Verteilung des Gasstroms.

Fedorov und *Linkova* [62], die ebenfalls die Methode von *Urech, Sulzberger* und *Schaad* allen anderen Oxid-Bestimmungsmethoden vorziehen, steigern die Geschwindigkeit der Umsetzung durch Einführung geringer Mengen *HBr und HJ* in den Chlorwasserstoff-Strom.

Wie bereits durch *Fischer* und *Kraft* [48] festgestellt, liefert das Salzsäuregas-Verfahren *Unterbefunde*, weil es vermutlich nur das als α-Al_2O_3 (Korund)vorliegende Aluminiumoxid erfaßt, mit den Übergangsformen und hydroxidhaltigen Formen aber reagiert. Nach den Untersuchungen von *Bensch* [49] reagiert Chlorwasserstoff mit den Übergangs- und Oberflächen-Oxiden, die praktisch quantitativ umgesetzt werden. Zur Bestimmung des Oberflächen-Oxids ist die Chlorwasserstoff-Methode ebenso unbrauchbar wie das Brom-Methanol-Verfahren. Die Analyse von Reinaluminium ergibt jedoch mit dieser übereinstimmende Werte. Mit Chlorwasserstoff nicht umsetzbar sind Aluminiumnitrid und Aluminiumborid. Aluminiumcarbid zersetzt sich unter Bildung von Kohlenstoff und Aluminiumchlorid, stört also die Bestimmung des Oxids nicht.

Bei der Analyse von *Legierungen* ist zu beobachten, daß Silicium und Kupfer unangegriffen zurückbleiben, ebenso die gebildeten Eisen- und Manganchloride. Diese Rückstände können geringe Mengen an elementarem Aluminium einschließen, das dadurch der Umsetzung entzogen wird und einen erhöhten Oxid-Gehalt vortäuscht. Aus diesem Grunde ist die Chlorwasserstoff-Methode zur Oxid-Bestimmung in Legierungen ungeeignet.

Erhitzen im Chlor-Strom

Bereits *Withey* und *Millar* [43] untersuchten die Reaktionen von Chlor- bzw. Brom-Gas mit Aluminium. Ähnliche Versuche führten *Harada* [63] und *Schandorow* [64] aus. *Harada*, der Chlorierungstemperaturen von 400 bis 500 °C anwandte, fand sehr hohe Werte für das im Aluminium-Metall enthaltene Aluminiumoxid. Nach Untersuchungen von *Hahn* [65] zur Chlorierung von Aluminium-Legierungen werden je nach verwendeter Chlorierungstemperatur unterschiedliche Mengen an Kohlenstoff abgeschieden, der mit dem Chlor zu CCl_4, teilweise auch mit dem Oxid zu $COCl_2$ reagiert, so daß Oxid-Verluste auftreten können. Nach den Vermutungen von *Hahn* wird nur α-Al_2O_3 dabei nicht angegriffen. Von *Hahn* durchgeführte Beleg-analysen ergaben jedoch viel zu hohe Werte. *Löwenstein* [66] führt diese hohen Werte auf Verwendung von Quarz-Schiffchen zurück, die während der Umsetzung bei hohen Chlorierungstemperaturen mit Aluminium unter Bildung von Aluminiumoxid reagieren. Unter Verwendung von Aluminiumoxid-Schiffchen erhielt *Löwenstein* Oxid-Gehalte in der Größenordnung von einigen Tausendstel Prozenten. *Fischer* und *Kraft* benutzen das Chlorgas-Verfahren ebenfalls zur Bestimmung des Aluminiumoxids im Aluminium. Dabei wird das Aluminium-Metall in einem feuchtigkeits- und sauerstofffreien Chlorstrom bei etwa 300 °C zum Aluminiumchlorid umgesetzt und abdestilliert. Die Probe wird in einem Quarz-Schiffchen, das sich in einem Quarzrohr befindet, umgesetzt. Angeheizt wird erst nach dem Verdrängen der Luft im Reaktionsraum durch Stickstoff. Nach ihren Erfahrungen kann Flaschen-Chlor verwendet werden, das allerdings kohlenstoffhaltige Verbindungen enthält, die ebenfalls mit dem Aluminium unter Kohlenstoff-Abscheidung reagieren. Der Al_2O_3-Rückstand ist dadurch schwarz gefärbt und wird vor der Aufarbeitung durch Glühen vom Kohlenstoff befreit. Nach einem Verfahren der Schweizerischen Aluminium-A.-G. erfolgt die Umsetzung bei einer Temperatur von 270 bis 300 °C. Der zur Spülung benutzte Stickstoff wird durch Überleiten über Cu-Späne bei etwa 750 °C vom Sauerstoff befreit. Das Chlor – es wird ebenfalls Flaschen-Chlor benutzt – wird mit konz. Schwefelsäure getrocknet. Eine geeignete *Apparatur* (Abb. 44) zur Durchführung der Chlorierung enthält die Arbeit von *Bensch*. Die ursprünglich

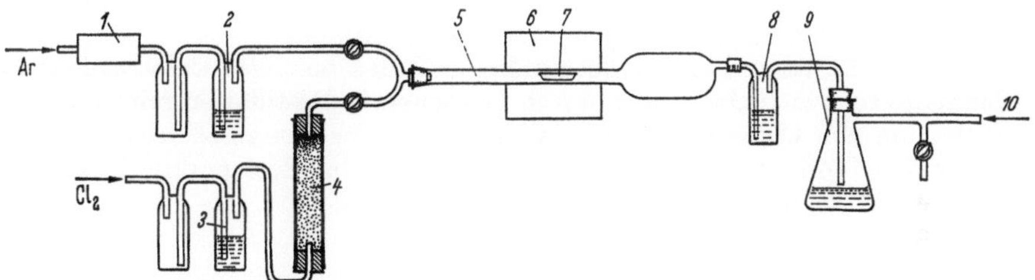

Abb. 44. Apparatur zur Al_2O_3-Bestimmung nach der Chlorgasmethode
1 Deoxo-Patrone zur Entfernung des Sauerstoffes; *2, 3* und *8* Waschflaschen mit konzentrierter Schwefelsäure; *4* Trockenrohr, mit $CaCl_2$ gefüllt; *5* Quarzrohr; *6* Elektrischer Ofen; *7* Quarzschiffchen; *9* Saugflasche mit Natronlauge (25 g NaOH in 100 ml); *10* von der Wasserstrahlpumpe

zur Chlorierung von Brom-Methanol-Rückständen vorgesehene Apparatur hat sich später zur direkten Chlorierung von Aluminium-Metall und -Legierungen sehr gut bewährt. Eine Fehler-Quelle bei der Bestimmung des Aluminiumoxids unter Verwendung von Flaschen-Chlor besteht in seinem Gehalt an kohlenstoffhaltigen Verbindungen, die, wie schon erwähnt, unter Kohlenstoff-Abscheidung mit dem Aluminium reagieren. Durch den stark exothermen Vorgang der Chlorierungsreaktion wird die Probe sehr stark aufgeheizt, und es treten starke örtliche Überhitzungen ein, die sogar ein Aufschmelzen der Metall-Probe verursachen können. Unter diesen Bedingungen ist eine Reaktion des Aluminiumoxids mit dem Kohlenstoff möglich und kann zu fehlerhaften Ergebnissen führen.

Kombiniertes Brom-Methanol- und Chlorierungsverfahren

Bereits von den Aluminium Laboratories, Arvida, vorgeschlagen, wurde von *Bensch* untersucht und überarbeitet. Nach dieser universell anwendbaren Methode werden die Proben, auch Legierungen, zunächst in Brom–Methanol gelöst und der Rückstand bei 500 bis 750 °C einer Chlor-Behandlung unterworfen. Dabei werden restliches Silicium und noch eingeschlossenes, metallisches Aluminium sowie Aluminiumcarbide und Aluminiumboride quantitativ entfernt. Nicht umgesetzt wird Aluminiumnitrid. Steigerung der Temperatur auf 950 °C kann auch dieses entfernen. Die Chlorierung kann man in der in Abb. 44 angegebenen Apparatur nach folgender

Arbeitsvorschrift durchführen. Der nach dem Lösen in Brom–Methanol (S. 685) abfiltrierte Rückstand wird bei Reinaluminium-Proben mit dem Filter getrocknet, anschließend bei 500 °C in einem Platin-Tiegel verascht und die Asche quantitativ in ein Quarz-Schiffchen überführt. Es ist darauf zu achten, daß der Kohlenstoff restlos verbrennt. Man kann auch den aus der Chlorwasserstoff-Methode erhaltenen Rückstand im Quarz-Schiffchen direkt der Chlor-Behandlung unterwerfen.

Bei *Aluminium-Silicium-Legierungen* wird der nach dem Lösen in Brom–Methanol abfiltrierte Rückstand mit dem Filter in einem Trockenschrank bei 105 °C getrocknet und ohne Filter quantitativ in ein Quarz-Schiffchen überführt. Um am Filter haftende Reste zu erfassen, wird das Filter bei 500 °C in einem Platin-Tiegel verascht und die Asche in das Schiffchen gegeben. Die Chlor-Behandlung wird in der in Abb. 44 angegebenen Apparatur ausgeführt. Das Quarz-Schiffchen mit dem Rückstand wird in das Quarzrohr eingeschoben, die Apparatur verschlossen und 15 min Argon durchgeleitet, indem der Ofen auf 500 °C angeheizt wird. Dann wird der Argon-Strom gedrosselt, der Chlor-Strom angestellt und das Chlor durch das Reaktionsrohr geleitet, indem man die Temperatur des Ofens auf 750 °C steigert. Bei Proben, die Aluminiumnitrid enthalten, muß die Temperatur auf 950 °C erhöht werden. Nach etwa 20 min wird der Chlor-Strom abgestellt und der Ofen abgeschaltet. Man läßt im Argon-Strom erkalten. Der Rückstand aus dem Quarz-Schiffchen wird sorgfältig in den vorher benutzten Platin-Tiegel überführt und das Aluminium, wie S. 685 angegeben, nach Aufschluß photometrisch bestimmt.

Bemerkung. Es ist unbedingt notwendig, daß das benutzte Chlor *sauerstofffrei* ist. Man kann es, wie *Hahn* angibt, durch fraktionierte Destillation reinigen. Da bei der Entnahme von Chlor aus einer Flasche zuerst der Sauerstoff abdestilliert, ist nach Entnahme von etwa einem Drittel der Füllung der Rest praktisch sauerstofffrei und braucht nicht mehr weiter gereinigt zu werden.

§ 21. Bestimmung des Aluminiumoxids in Eisen und Stahl

Im Gegensatz zu den Vakuum-Heißextraktions- und den Wasserstoff-Reduktions- sowie Diffusions-Verfahren, nach denen der Gesamtsauerstoff-Gehalt direkt bestimmt wird, werden bei den Rückstandsverfahren metallische und nichtoxidische Bestandteile durch Verflüchtigen oder Auflösen von den nicht umgesetzten Oxiden abgetrennt. Die zur Bestimmung des Aluminiumoxids angewandte Methodik ist also grundsätzlich die gleiche wie die Bestimmung des Al_2O_3-Gehaltes in Aluminium-Legierungen. Sie wird jedoch durch einen Unterschied gekennzeichnet. Das in Eisen und Stahl enthaltene Aluminiumoxid besteht mit hoher Wahrscheinlichkeit aus der α-Modifikation, das im Gegensatz zu den Übergangsoxiden, die in Aluminium und seinen Legierungen auftreten können, gegenüber Reagenzien und Säuren erheblich beständiger ist. So können zur Bestimmung des Aluminiumoxids in Eisen und Stahl auch Säuren zur Abtrennung der metallischen Bestandteile Verwendung finden. Die Bestimmung des Aluminiumoxids in Stählen ist besonders deshalb von besonderem Interesse, weil Aluminium zur Desoxydierung des Stahls verwendet wird. Der Sauerstoff des Stahls reagiert dabei mit dem Aluminium unter Bildung von Aluminiumoxid, die zur Sauerstoff-Bestimmung im Stahl ausgenutzt werden kann. Durch höhere Aluminiumoxid-Gehalte können die mechanischen Eigenschaften des Stahls erheblich verschlechtert werden.

Ähnlich wie beim Aluminium und seinen Legierungen lassen sich die Trennungsverfahren des Metalls vom Oxid in verschiedene Gruppen einteilen.

A. Trennung durch Lösen in wäßrigen Schwermetallsalz-Lösungen,

B. Trennung durch Lösen in Säuren,

C. Trennung durch Umsetzung mit Halogenen in wäßrigen und wasserfreien Reaktionslösungen,

D. Trennung durch Umsetzung mit gasförmigem Chlor,

E. Trennung durch Elektrolyse.

Eine ausgezeichnete Übersicht über diese Methoden enthält die Arbeit von *Beeghly* [67].

Einen Vergleich der einzelnen Methoden hinsichtlich ihrer Leistungsfähigkeit und ihrer *Genauigkeit* hat *Koch* [68] angegeben.

A. Lösen in wäßrigen Schwermetallsalz-Lösungen

Verwendung von Kupfer(II)-salzen

Entgegen den Angaben von *Berzelius* [69] und *Fischer* [70] läßt sich zur Bestimmung des Aluminiumoxids und der Kieselsäure im Stahl nach *Willems* [71] auch eine Ammoniumkupfer(II)-chlorid-Lösung verwenden, wenn die Luft im Lösungsgefäß durch ein inertes Gas ersetzt wird. Dadurch wird die infolge Oxydation hervorgerufene Bildung basischer Kupfer- und Eisensalze verhindert. Zum Lösen einer 5-g-Einwaage verwendet *Willems* 350 ml einer Lösung, die 300 g Ammoniumkupfer(II)-chlorid in 1 l enthält. Das Auswaschen geschieht zunächst mit einer frisch bereiteten Lösung des Lösungsmittels und schließlich mit Wasser. Die Bestimmung des Aluminiums erfolgt gewichtsanalytisch nach der Phosphat-Methode (S. 76). Vergleichsanalysen mit dem Jod-Verfahren (S. 695) ergaben folgende Ergebnisse (Tab. 94).

Tabelle 94. Vergleich der Al_2O_3-Bestimmungen

Nach dem Ammoniumkupfer-chlorid-Verfahren	Nach dem Jod-Verfahren
0,177% Al_2O_3	0,178% Al_2O_3
0,173% Al_2O_3	0,182% Al_2O_3
0,170% Al_2O_3	

Gerke und *Ljubomirskaja* [72] empfehlen ebenfalls eine Lösung von Kupfer(II)-chlorid und Ammoniumchlorid. Zur Entfernung von Carbiden in vanadinhaltigen Stählen behandeln sie den Rückstand mit einer Kaliumpermanganat-Lösung oder Salpetersäure. *Shvetsov, Matveev* und *Simanov* [73] benutzen zum Lösen 20%ige wäßrige Kupfer(II)-sulfat-Lösung.

Verwendung von Quecksilber(II)-chlorid

Maurer, Klinger und *Fucke* [74] versetzen 10 g Späne mit 120 g Quecksilber(II)-chlorid und geben 400 ml 50 °C warmes Wasser hinzu. Unter Einleiten von Kohlendioxid und häufigem Umschütteln wird 2 Std. erwärmt, der Rückstand dekantiert und mit 200 ml 10%iger Schwefelsäure weitere 2 Std. erwärmt. Im Vergleich zu anderen Verfahren ergibt diese Methode meistens zu hohe Al_2O_3-Werte.

B. Lösen in Säuren

Zur Trennung des Aluminiumoxids nach dem Säure-Lösungsverfahren können sowohl Salzsäure, Salpetersäure als auch Schwefelsäure verwendet werden. Das Verfahren setzt jedoch voraus, daß das Aluminiumoxid in den angewandten Säuren unlöslich ist, was nicht immer mit Sicherheit angenommen werden kann. Nach *Klinger* und *Koch* [75] sind Oxid-Einschlüsse aus Korund und aluminiumreichen Silicaten selbst in mit Aluminium und Silicium beruhigten Stählen nicht völlig beständig. Nach *Klinger* und *Fucke* [76] beträgt die Löslichkeit des bei 1400 °C geglühten Al_2O_3 verschiedener Korngröße (bis 1 μm) bei mehrstündiger Erwärmung auf 70 bis 80° in Salzsäure bis zu 1,5%, bei Siedetemperatur bis zu 2%. Man hat deshalb bei den Säure-Lösungsverfahren unter Umständen mit Verlusten auch an Aluminiumoxid zu rechnen. Außerdem ist die Methode von der Zersetzlichkeit der Aluminiumnitride und -carbide abhängig. In Anwesenheit dieser Verbindungen im Rückstand ergeben sich für das Al_2O_3 zu hohe Werte, weil das an Kohlenstoff und Stickstoff gebundene Aluminium mit erfaßt wird. Die Säure-Verfahren dienen ausschließlich der laufenden, betrieblichen Überwachung aluminiumberuhigter Stähle. Da die einzelnen Verfahren nicht immer zu gleichen Ergebnissen führen, ist zu empfehlen, zur laufenden Überprüfung von Schmelzen einer bestimmten Stahl-Art immer das gleiche Verfahren anzuwenden.

Verfahren mit Salzsäure

Nach dem auf Arbeiten von *Kichline* [77], *Herty, Gaines, Freeman* und *Lightner* [78] zurückgehenden Verfahren, das auch von *Klinger* und *Fucke* [76], *Motok* und *Waltz* [79], *Thompson* und *Acken* [80], *Tsinberg* [81], *Gerke* und *Ljubomirskaja* [72],

Podkopajew [82], *Shvetsov, Matveev* und *Simanov* [73] sowie *Stumper* [83] angewendet wird, erhält man einen Isolierrückstand, in dem neben unlöslichen Aluminium-Verbindungen noch Carbide verbleiben können. *Schenk, Riess* und *Brüggemann* [84] schlagen zur Zerstörung der Carbide das Auswaschen des Lösungsrückstandes mit 20%iger Salpetersäure oder mit 20%iger Ammoniumperoxodisulfat-Lösung oder mit einer Lösung von Wasserstoffperoxid in 20%iger Schwefelsäure vor. Größere Carbid-Mengen verzögern jedoch die Auflösung. Das Verfahren ist daher für Stähle mit niedrigem Kohlenstoff-Gehalt besser geeignet. Nitride werden nach *Klinger* und *Fucke* sowie *Thompson* und *Acken* durch die Behandlung mit Salzsäure nur zum Teil zersetzt und Aluminiumnitrid als Aluminiumoxid mitbestimmt. Wenn der Stickstoff-Gehalt gering ist, wird die Bestimmung durch anwesendes Aluminiumnitrid nicht gestört. Für Stähle mit höherem Aluminium- und Stickstoff-Gehalt (nitrierte Stähle) ist das Salzsäure-Verfahren ungeeignet.

Zur Auflösung des Stahls wird meistens eine Salzsäure (1:2) (etwa 4 m) verwendet. *Gerke* und *Ljubomirskaja* arbeiten mit einer Salzsäure (1:1) (etwa 6 m); *Shvetsov, Matveev* und *Simanov* sowie *Stumper* und *Podkopajew* verwenden konz. bzw. nahezu konz. Salzsäure. Die Arbeitsweisen unterscheiden sich kaum voneinander. Deshalb soll hier nur die Arbeitsweise nach *Koch* [85] angegeben werden.

Arbeitsvorschrift. 10 bis 25 g fein gespante Probe (250 bis 400 Späne/g) werden in einem 1/2-l- oder 1-l-Erlenmeyer-Kolben bei einer Temperatur von maximal 70° C mit Salzsäure (1:6) (etwa 1,7 m) gelöst. Man verwendet etwa 300 ml Säure auf 10 g Späne. Das Lösen erfolgt auf einer elektrisch regelbaren Heizplatte; der Erlenmeyer-Kolben wird mit einem Uhrglas abgedeckt. Nach Aufhören der Wasserstoff-Entwicklung wird der Rückstand in ein dichtes Filter abfiltriert und mit Salzsäure (1:100) (etwa 0,12 m) gut gewaschen. Es ist möglich, daß feine Einschlüsse durch das Filter nicht vollständig zurückgehalten werden. Im Filtrat zeigt sich dann nach mehrstündigem Stehen am Boden des Gefäßes ein heller Rückstand. Um auch diesen Anteil zu erfassen, filtriert man entweder in ein Cellafilter oder erfaßt den Rest durch nochmaliges Filtrieren. Das Filter mit dem Rückstand wird in einem Platin-Tiegel verascht und das Aluminium nach Aufschluß photometrisch mit Chromazurol S bestimmt.

Verfahren mit Salpetersäure und Salpetersäure-Gemischen

Neben Salzsäure wird auch Salpetersäure zum Lösen von Eisen und Stahl und zur Abtrennung des Aluminiumoxids benutzt. Nach *Klinger* und *Fucke* beträgt die Löslichkeit von bei 1400°C geglühtem Al_2O_3 nach 2 Tage langer Behandlung mit 10%iger Salpetersäure bei Zimmertemperatur 0,3 bis 0,4%. Beim Lösen mit Salpetersäure und Salpetersäure-Gemischen werden auch Carbide, vor allem Eisencarbid, schnell gelöst. Das Verfahren ist daher bei Stählen mit höheren Kohlenstoff-Gehalten dem Salzsäure-Verfahren vorzuziehen. Nur chromhaltige Eisencarbide lösen sich nicht vollständig, so daß die Anwendung des Verfahrens auf Stähle mit 0,5% Cr beschränkt ist.

Dickinson [86], dessen Verfahren auf einer Methode nach *Stead* [87] beruht, verwendet zum Lösen 10%ige Salpetersäure. Den Rückstand, der noch Zementit enthält, behandelt er mit einer schwach salpetersauren Kaliumpermanganat-Lösung, löst das aus der Zersetzung des Zementits entstandene Eisen mit Salzsäure und bringt anschließend die Kieselsäure mit Natronlauge in Lösung. Dieses etwas umständliche Verfahren ergibt nach *Meissner* [88] unbefriedigende Ergebnisse. Bessere und im Vergleich mit anderen Verfahren (Brom-Chlor- und Salzsäure-Verfahren) gut übereinstimmende Ergebnisse erhalten *Klinger* und *Fucke* [76] nach ihrer Arbeitsweise. Sie lösen etwa 20 g stückige Probe in 750 ml 10%iger Salpetersäure. Nach 2 Tagen wird die abgestandene Lösung abgegossen, erneut mit 10%iger Salpetersäure gefüllt und dieses Verfahren so lange fortgesetzt, bis die Stücke vollständig gelöst sind. Es wird nun bis auf 50 ml abgehebert, 20 ml Kaliumpermanganat-Lösung (50 g/l) zugegeben und $1^1/_2$ Std. gekocht. Nach Zusatz von Wasserstoffperoxid-Lösung wird in ein dichtes Filter dekantiert, der Rückstand 10 min mit 100 ml 5 %iger Salzsäure gekocht, wieder dekantiert und 2mal mit 50 ml 10 %iger Natronlauge behandelt. Anschließend wird wieder mit 100 ml 5 %iger Salzsäure gekocht und filtriert. Die sehr langsame Lösedauer kann nach *Scott* [89] durch Rühren der Lösung wesentlich verkürzt werden.

Neben der 10 %igen Säure sind auch höherprozentige Salpetersäuren zum Lösen des Stahls verwendet worden. So lösen *Cunningham* und *Price* [90] in 20 %iger Salpetersäure, *Araki* [91] in 22 %iger Säure, *Fogel'son* [92], *Tsinberg* [93] in 33 %iger Salpetersäure sowie *Gray* und *Sanders* [94] in Salzsäure (1 : 1) (etwa 6 m), die 40 ml konz. Salpetersäure enthält. Ein einfaches Verfahren unter Verwendung von etwa 20 %iger Salpetersäure beschreiben *Kinzel*, *Egan* und *Price* [95].

Arbeitsvorschrift. 10 bis 25 g Probegut werden in einem 1/2-l- oder 1-l-Erlenmeyer-Kolben unter Kühlung (die Temperatur von 30° soll nicht überschritten werden) in einem Gemisch aus 8 Teilen Wasser und 3 Teilen Salpetersäure (D = 1,4) gelöst. Man verwendet für je 10 g Probe 250 ml Gemisch. Nach Abklingen der Hauptreaktion gibt man je 10 g Probegut 15 g festes Ammoniumperoxodisulfat und 15 ml Salzsäure (D = 1,19) hinzu und läßt so lange einwirken, bis keine Auflösung mehr erfolgt. Der Rückstand wird in ein dichtes Filter abfiltriert, mit heißer Salzsäure (1 : 100) (etwa 0,12 m) ausgewaschen und im Rückstand das Aluminium bestimmt.

Verfahren mit Schwefelsäure und Schwefelsäure-Gemischen

Auch Schwefelsäure ist zum Lösen des Stahls und zur Abtrennung des Aluminiumoxids verwendet worden. So verwenden *Mikhailova* [96] zum Auflösen des Stahls 12 %ige Schwefelsäure, *Alves* und *Barros* [97] 6n Schwefelsäure; *Johnson* [98] löst mit Schwefelsäure (1 : 3) (etwa 4,6 m) unter Zusatz von Salpetersäure. *Schkotowa* [99] löst zunächst 5 g Bohrspäne in 150 ml warmer Schwefelsäure (1 : 5) (etwa 3,1 m) und setzt anschließend nacheinander 10 ml Salzsäure (D = 1,19) wie auch 10 ml Salpetersäure (D = 1,4) hinzu. Diese Verfahren haben keine Bedeutung erlangt.

C. Umsetzung mit Halogenen in wäßrigen und wasserfreien Reaktionslösungen

Neben Schwermetallsalz-Lösungen und Säuren werden zur Abtrennung von Aluminiumoxid in Stählen vielfach Halogene verwendet. Sie reagieren mit Metallen, Carbiden und Sulfiden unter Bildung von löslichen Halogeniden. Brom und Jod wurden früher auch in wäßrigen Lösungen angewandt (*Schneider* [100]; *Oberhoffer* und *Ammann* [101]; *Willems* [102]; *Wüst* und *Kirpach* [103]; *Dannohl* [104]; *Cunningham* und *Price* [90]; *Egan*, *Crafts* und *Kinzel* [105]; *Joseph*, *Scott* und *Kalina* [106]; *Taylor-Austin* [107]). Wie schon bei der Bestimmung des Aluminiumoxids im Aluminium erwähnt, sind wäßrige Lösungen weniger geeignet, da die Löslichkeit der Halogenide in diesen Lösungen geringer ist und außerdem die Gefahr der Hydrolyse besteht, die zur Bildung freier Säure führt. Heute werden die Halogene praktisch nur noch in organischen Lösungsmitteln verwendet. Als Lösungsmittel dienen Methanol, Äthanol und aliphatische Ester. Aluminiumoxid ist gegenüber Halogen-Lösungen bei höheren Temperaturen wesentlich beständiger als in Säuren. Carbide sind gegenüber Halogenen beständiger als Metalle wie auch Sulfide und bestimmen meistens die Lösezeit. Ungelöst im Rückstand verbleiben neben den Oxiden einige Nitride, insbesondere das Aluminiumnitrid. An Halogenen sind Brom, Chlor und Jod verwendet worden.

Verwendung von Brom dient vor allem der Isolierung von Aluminiumoxid, Kieselsäure, Schlacken-Einschlüssen sowie Carbiden. Neben wäßrigen Lösungen können auch Methanol, Äthanol und aliphatische Ester als Lösungsmittel verwendet werden. Ein Verfahren mit einem Ester als Lösungsmittel, das speziell zur Trennung von Stickstoff-Verbindungen entwickelt wurde (*Beeghly* [108]) ist auch zur Isolierung von Oxiden geeignet. Die Reaktionsbedingungen können in diesem Verfahren viel leichter kontrolliert werden, und die meisten Metallbromide sind leicht im Ester löslich. Auch die Zugabe von Kaliumbromid, die in wäßriger Lösung notwendig ist, erübrigt sich, da eine ausreichende Brom-Menge zur Verfügung steht. Ein Nachteil dieser Methode ist jedoch, daß Aluminiumnitrid nicht gelöst wird und quantitativ im Rückstand verbleibt, so daß eine direkte Al_2O_3-Bestimmung mit dieser Methode nicht möglich ist. Sie kann erst nach einer weiteren Trennung des Isolats durchgeführt werden.

Arbeitsvorschrift nach *Oberhoffer* und *Ammann* [101]. 20 g Stahl werden in einem Lösekolben mit einer filtrierten Lösung aus 160 g Brom und 100 g Kaliumbromid in 1 l Wasser 1/2 Std. geschüttelt. Nach dem Lösen wird mit kaltem Wasser auf 2 l aufgefüllt. Die Lösung wird über ein Cella-Filter kontinuierlich abfiltriert und zunächst mit kaltem, später mit heißem Wasser ausgewaschen. Ist das Filter weiß und das Waschfiltrat klar, wird mit 500 ml 3%iger heißer Sodalösung nachgewaschen und nacheinander mit heißem Wasser, kaltem Wasser, 500 ml kalter 5%iger Salzsäure und schließlich mit kaltem Wasser behandelt. Das Filter wird vorsichtig verascht, am besten mit Kaliumhydrogensulfat oder Borax aufgeschlossen und das Aluminium bestimmt.

Bemerkungen. Genauigkeit. Die Übereinstimmung der Ergebnisse, die *Oberhoffer* und *Ammann* nach dem Brom- und Salzsäure-Verfahren erhielten, ist nicht ganz zufriedenstellend. Gemäß *Meissner* erhält man nach allen Verfahren, die mit Spänen arbeiten, infolge Bildung von *Oberflächen-Oxid* wesentlich zu hohe Werte.

Klinger und *Fucke* lösen die Probe unter gelindem Erwärmen unter *Stickstoff*-Atmosphäre und filtrieren auch unter Luftabschluß. Sie erhielten untereinander gut übereinstimmende Ergebnisse.

Verwendung von Jod

In größerem Maße als Brom wurde Jod zur Isolierung nichtmetallischer Bestandteile im Stahl verwendet, indem wäßrige und wasserfreie Lösungen verwendet werden. Um das Ausfallen von Eisensalzen bei Verwendung wäßriger Lösungen zu verhindern, werden Komplex-Bildner (z.B. Citration) zugesetzt. Außerdem wird die Umsetzung bei tiefen Temperaturen und in einer inerten Gas-Atmosphäre vorgenommen, um dadurch die Hydrolyse zu verringern. Durch Anwendung wäßriger Lösungen werden in Kohlenstoff-Stählen die Carbide, Nitride und Sulfide zum größten Teil zersetzt und gelöst. Aluminiumoxid, Kieselsäure, Silicate, Eisenoxide und Schlacken-Einschlüsse verbleiben quantitativ im Rückstand.

Zur Vermeidung der Hydrolyse schlug bereits *Willems* die Verwendung einer Lösung von Jod in absolutem Methanol vor. Die Umsetzung mit der Stahl-Probe erfolgt dabei in Stickstoff-Atmosphäre unter Wasserkühlung. *Rooney* und *Stapleton* [109] führen die Trennung innerhalb einer speziell dafür konstruierten Apparatur ebenfalls in einer inerten Gas-Atmosphäre bei kontrollierter Temperatur durch. Infolge der Reaktion des Jods mit dem Methanol unter Bildung von Wasser und Jodwasserstoff kann auch hier die Hydrolyse nicht ganz verhindert werden. Während der Umsetzung ist also der Ausschluß von Sauerstoff unbedingt erforderlich; außerdem ist es notwendig, die methanolische Lösung vor Gebrauch zu entlüften. Rühren der Lösung beschleunigt die Reaktion.

Auch zahlreiche legierte Stähle sind in Jod-Lösungen löslich. Relativ unlöslich sind Molybdän- und Titanjodide; außerdem stören Phosphor und die Carbide legierter Stähle die Bestimmung des Oxid-Gehaltes. Obwohl Aluminiumcarbide und -nitride in alkoholischen Jod-Lösungen verhältnismäßig leicht löslich sind, verbleibt doch ein Teil davon, vor allem bei Vorhandensein höherer Aluminium-Gehalte, im Rückstand. Nach *Rooney* [110] ist die Jod-Alkohol-Methode nur zur Analyse von Stählen bis zu 0,6% Kohlenstoff- sowie mit niedrigen Aluminium- und Stickstoff-Gehalten geeignet. In Anwesenheit von Phosphor verbleibt ein Teil im Rückstand und kann in der Aluminium-Bestimmung Anlaß zu Störungen geben.

Verwendung wäßriger Jod-Lösungen

Verwendung einer wäßrigen Eisenjodid-Lösung nach *Cunningham* und *Price* dient der Bestimmung nichtmetallischer Einschlüsse, darunter auch des Aluminium-oxids in Kohlenstoff- und Mangan-Stählen. Sulfide und Nitride werden durch die Eisenjodid-Lösung zersetzt; nicht gelöst werden die Carbide des Vanadiums und Chroms. Vergleichsanalysen nach dieser Methode mit dem Salpetersäure-Verfahren ergeben gut übereinstimmende Resultate.

Arbeitsvorschrift. 5 bis 10 g Späne werden unter Kühlung mit Eiswasser unter Schütteln mit einer Eisenjodid-Lösung (hergestellt durch Lösen von 5 g Stahlspänen in 25 ml Wasser, 4 g Ammoniumcitrat und 30 g Jod unter Kühlung, Filtration und Auffüllen auf 75 ml) gelöst. Der Rückstand wird abfiltriert, mit 2%iger Ammonium-nitrat-Lösung zuerst kalt und dann zur Entfernung des Jods heiß nachgewaschen. Nach dem Veraschen wird bei 1000°C geglüht und das Aluminium im Rückstand bestimmt.

Bemerkungen. Egan, Crafts und *Kinzel* haben das Verfahren nach *Cunningham* und *Price* mit dem Salzsäure-Verfahren (S. 692) verglichen. Die Untersuchung ergab, daß der Gehalt an *Gesamtsauerstoff*, der durch das Jod-Verfahren ermittelt wurde, mit dem als Al_2O_3 ermittelten Sauerstoff-Gehalt gut übereinstimmt.

Die Methode ist *brauchbar*, wenn der Kohlenstoff-Gehalt 0,75% und der Mangan-Gehalt 0,5% nicht überschreitet.

Wäßrige Jod-Kaliumjodid-Lösung verwendet *Taylor-Austin* [111] in einem modifizierten Verfahren zur Isolierung der nichtmetallischen Einschlüsse im *Roh-und Gußeisen.* Nach den Untersuchungen von *Pearce* [112] stimmen die mit diesem Verfahren erhaltenen Resultate mit denjenigen der Säure-Methoden überein. In einer weiteren Arbeit hat *Taylor-Austin* [107] seine Methode verbessert und die Ergebnisse der Bestimmung des Gesamtsauerstoff-Gehaltes mit denjenigen der Aluminium-Reduktionsmethode verglichen. Er erhielt gut übereinstimmende Werte. Demzufolge dürfte auch die Bestimmung des Aluminiumoxids nach dieser Methode zufriedenstellende Ergebnisse liefern.

Arbeitsvorschrift. 120 ml einer Jod-Kaliumjodid-Lösung (30 g Jod und 30 g Kaliumjodid werden in wenig Wasser gelöst, filtriert und zu 120 ml aufgefüllt) werden in einem 300-ml-Kolben unter Wasser-Kühlung und Einleiten von Stickstoff 30 min gerührt. In die Lösung werden anschließend schnell 5 g Späne eingebracht und diese unter Rühren, Wasserkühlung und Einleiten von Stickstoff innerhalb von 3 Std. gelöst. Der Rückstand wird in ein dichtes Filter abfiltriert, mit 5%iger Kalium-jodid-Lösung jodfrei gewaschen und mit kaltem Wasser nachgewaschen. Filter und Rückstand werden nun in einen Kolben überführt und unter Rühren 30 min bei 80°C mit 120 ml einer Natriumcarbonat-Citrat-Lösung (6 g wasserfreies Natrium-carbonat + 12 g Natriumcitrat in 120 ml) behandelt. Es wird wieder filtriert, der Rückstand mit heißer 2%iger Natriumcitrat-Lösung und anschließend mit heißem Wasser ausgewaschen. Filter und Rückstand werden in denselben Kolben zurück-gegeben und 2 Std. bei 80°C mit 200 ml Peroxid-Citrat-Lösung [170 ml 10%ige

Ammoniumcitrat-Lösung + 30 ml Wasserstoffperoxid-Lösung (30 Vol.-%)] behandelt. Nach Filtration und Auswaschen mit 2%iger Ammoniumcitrat-Lösung wird der Rückstand 2 Std. mit 200 ml Ammoniumcitrat-Lösung gerührt, wieder abfiltriert, mit heißer, verdünnter Ammoniumcitrat-Lösung ausgewaschen und die Behandlung wiederholt. Ist das Filtrat der letzten Behandlung farblos, wird der Rückstand zum Schluß noch einmal 30 min mit 120 ml Natriumcarbonat-Citrat-Lösung (siehe oben) gewaschen. Ist das Filtrat noch *gelb* gefärbt, muß die Behandlung mit Ammonium-citrat-Lösung fortgesetzt werden. Der Rückstand wird mit 10 ml Schwefelsäure (D = 1,84) und 10 ml Salpetersäure (D = 1,4) bis zum Auftreten von Schwefelsäure-Dämpfen abgeraucht und das Abrauchen nach Zugabe von Salpetersäure bis zur vollständigen Oxydation des Kohlenstoffes wiederholt. Nach Filtration der Kiesel-säure wird diese mit Flußsäure-Schwefelsäure abgeraucht, der Rückstand mit Kaliumhydrogensulfat aufgeschlossen und die Lösung der Schmelze zum Filtrat gegeben. Im Filtrat erfolgt die Bestimmung des Aluminiums *photometrisch* mit Aluminon (S. 361).

Verwendung methanolischer Jod-Lösungen

Die zuerst von *Willems* vorgeschlagene Methode, nach der die Probe unter Schütteln mit einer wasserfreien Lösung aus 60 g Jod in 600 ml Methanol in Stick-stoff-Atmosphäre gelöst und der Rückstand über ein Cella-Filter abfiltriert wird, wurde später von *Bannister* [113] überarbeitet. *Rooney* und *Stapleton* beschreiben diese Methode und die verwendete Apparatur (Abb. 45) ausführlich. Sie ist auch heute noch eines der zuverlässigsten Verfahren.

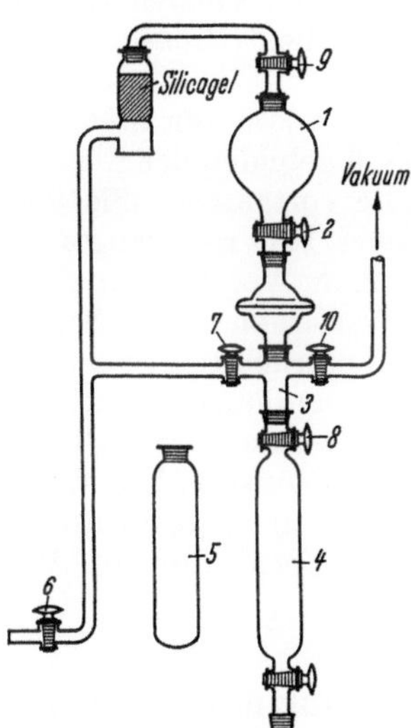

Abb. 45. Gerät zur Isolierung von Oxideinschlüssen in weichem Eisen mit Jod-Alkohollösung
1 Vorratsgefäß; *2* Filter-Vorrichtung mit Sieb-Platte; *3* Kreuz-Teil; *4* Reaktionsgefäß; *5* Auffang-Gefäß; *6, 7, 8, 9* und *10* Hähne

Arbeitsvorschrift. Die Probe in Form von Spänen wird in einem Stickstoff-Strom getrocknet, gewogen und über den Hahn 8 in das Reaktionsgefäß 4 gebracht. Nun wird ein langsamer Stickstoff-Strom über 6 eingeleitet und über Nacht das Reaktions-gefäß mit der Probe getrocknet.

Kohlendioxid und Feuchtigkeit im Stickstoff werden durch Natriumhydroxid und konz. Schwefelsäure entfernt, Sauerstoff durch Überleiten über Kupferspäne und ein Nickelnetz bei 600 °C. Anschließend wird der Stickstoff-Strom wieder über konz. Schwefelsäure, nochmals über glühende Eisenspäne (800 °C) geleitet und über Silica-Gel getrocknet. In das Vorratsgefäß werden 70 g trockenes, über Silica-Gel aufbewahrtes, doppelt sublimiertes Jod gegeben und mit 600 ml 2- bis 3mal über metallischem Calcium destilliertem Methanol gelöst. In die Filter-Vorrichtung 2 wird ein Cella-Filter gelegt und das Filter vor der Beschickung des Gerätes mehrmals mit wasserfreiem Methanol ausgewaschen. Nun wird ein schwacher Stickstoff-Strom über den Hahn 9 bei geschlossenem Hahn 10 durch die Apparatur geleitet, die Hähne 2 und 8 geöffnet und die Jodlösung in das Reaktionsgefäß eingefüllt. Danach wird das Reaktionsgefäß geschlossen, vom Gerät genommen und in einer Schüttelmaschine so lange geschüttelt, bis die Probe gelöst ist. Die Lösedauer kann bei Stählen mit 0,2% Kohlenstoff bis zu 48 Std. betragen. Die Apparatur wird gereinigt und das Filter durch ein neues ersetzt. Das Reaktionsgefäß wird nun an die Stelle des Vorratsgefäßes 1 gesetzt, das Auffang-Gefäß 5 angeschlossen, der Hahn 8 geöffnet, Stickstoff eingeleitet und der Inhalt des Reaktionsgefäßes 4 über das Filter in das Auffang-Gefäß 5 filtriert. Nach der Filtration wird mehrmals mit wasserfreiem Methanol gewaschen und das Filter getrocknet. Nach Veraschen, Glühen und Aufschluß kann das Aluminium am besten *photometrisch* bestimmt werden.

Bemerkungen. Rooney und *Stapleton* lösen das Isolat in konz. Salzsäure, filtrieren und rauchen den Rückstand mit Flußsäure und Schwefelsäure ab. Der verbleibende Rückstand wird mit etwas Natriumcarbonat aufgeschlossen und die gelöste Schmelze zum Hauptfiltrat gegeben. Die Bestimmung des Aluminiums erfolgt als *Benzoat*.

Die Methode wurde in den folgenden Jahren verbessert, in der Hauptsache mit dem Ziel, eine bessere Übereinstimmung bei der Bestimmung des Gesamtsauerstoff-Gehaltes mit dem *Vakuum-Schmelz-Verfahren* zu erhalten und eine weitere Identifizierung der Einschlüsse zu erreichen (*Rooney, Stevenson* und *Raine* [114]; *Garside, Rooney* und *Belli* [115]).

Nach *Speight* [116] wird beim Lösen von Stählen, die höhere Gehalte an *Kohlenstoff* aufweisen, freier Kohlenstoff gebildet, der Aluminium-Verbindungen adsorbieren kann und höhere Al_2O_3-Gehalte vortäuscht. Wie *Rooney* [117] gezeigt hat, verläuft die Zersetzung des Aluminiumcarbids sehr langsam und kann auch nach längerer Behandlung unvollständig bleiben. Vergleichsanalysen mit dem Vakuum-Schmelzverfahren ergaben für das Jodverfahren höhere Sauerstoff-Gehalte.

Bei der Untersuchung des Löserückstandes wurde auch *unzersetztes Aluminiumnitrid* gefunden. Nach einer Behandlung des Rückstandes mit Natriumcarbonat-Lösung und verd. Schwefelsäure wurde bessere Übereinstimmung mit dem Vakuum-Schmelzverfahren erreicht. Auch Auswaschen des ungeglühten Rückstandes mit Salzsäure führt zur Entfernung von an Kohlenstoff adsorbierten Aluminium-Verbindungen und zur vollständigen Zersetzung von Aluminiumcarbid und -nitrid.

D. Umsetzung mit gasförmigem Chlor

Zur Trennung der metallischen und nichtoxidischen Bestandteile (Carbide, Sulfide, Phosphide, Nitride) von oxidischen Einschlüssen kann reines, trockenes Chlor verwendet werden, das unter Bildung von Halogen-Verbindungen mit ersteren reagiert. Damit das entstehende Eisen(III)-chlorid, Schmelzpunkt 310 °C, die Probe nicht umschließt und einen weiteren Angriff auf das Metall verhindert, ist eine Temperatur von mindestens 300° erforderlich. Nach *Wasmuth* und *Oberhoffer* [118] werden die Oxide auch in Gegenwart von Kohlenstoff unterhalb 400° nicht angegriffen. Ein merklicher Angriff reiner geglühter Oxide durch Chlorgas beginnt erst bei 850°, in Gegenwart von Kohlenstoff etwa oberhalb 700°. Im allgemeinen werden

Chlorierungstemperaturen von 300 bis 350° angewendet. Nach *Klinger* [119] darf die Temperatur von 350 °C nicht überschritten werden, weil nach seinen Beobachtungen bei höheren Temperaturen die Oxide bereits merklich mit Chlor reagieren. Es bereitet jedoch große Schwierigkeiten, die Temperatur während des Reaktionsablaufes in der Reaktionszone hinreichend niedrig zu halten, da die Reaktion des Metalls mit Chlor exotherm verläuft. Nach *Koch* [120] hat aus den eben angeführten Gründen das Chlor-Verfahren zur unmittelbaren Freilegung von Oxid-Einschlüssen heute praktisch keine Bedeutung und wird nur noch zum Abtrennen von Oxiden aus elektrolytisch gewonnenen Isolaten verwendet. Auch ist nach *Short*, *Roberts* und *Croall* [121] der Anwendungsbereich des Chlor-Verfahrens sehr eingeengt und beschränkt sich nur auf beruhigte Stähle mit niedrigem Kohlenstoff-Gehalt. Bereits Stähle mit Kohlenstoffgehalten $> 0,5\%$ geben fehlerhafte Ergebnisse.

Eine weitere Schwierigkeit ergibt sich in der Anwendung des Chlor-Verfahrens auf die Bestimmung des Aluminiumoxids in Stählen mit *höherem Silicium-Gehalt*. Wie *Armson* und *Bennett* [122] beobachten, reagiert Aluminiumnitrid in solchen Stählen auch bei Temperaturen von 500 °C nicht. Erst bei 600 °C wird Aluminiumnitrid umgesetzt. Auf Grund dieser unterschiedlichen Reaktionsfähigkeit wird von *Armson* und *Bennett* eine Methode zur Bestimmung des Aluminiumnitrids angegeben. Auch durch Auswaschen des Rückstandes mit Natriumhydrogencarbonat, wie es von *Beeghly* [108] vorgeschlagen wurde, und selbst durch Behandlung mit Salzsäure gelingt es nicht, das Aluminiumnitrid quantitativ zu entfernen.

Im Anschluß an die Arbeiten von *Wasmuth* und *Oberhoffer*, *Spitzin* [123] sowie *Klinger* und *Fucke* [124] haben *Colbeck*, *Craven* und *Murray* [125] 1936 eine allgemein anwendbare Arbeitsvorschrift veröffentlicht, die später von ihnen [126] verbessert wurde. Verbesserte

Arbeitsvorschrift nach *Colbeck*, *Craven* und *Murray* [126]. Es wird die in Abb. 46 angegebene *Apparatur* verwendet. Das verwendete Chlor, das elektrolytisch herge-

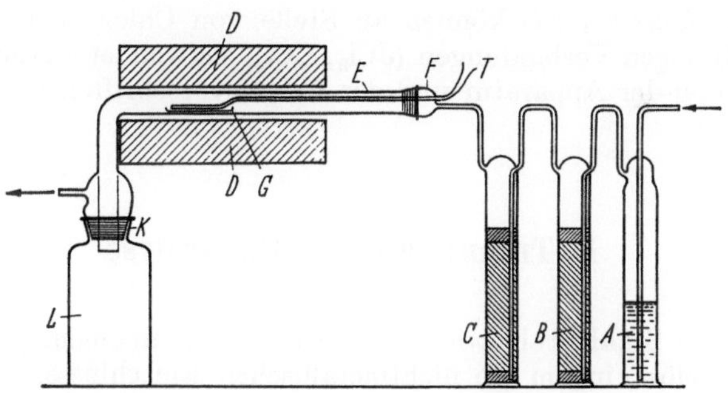

Abb. 46. Apparatur zur Bestimmung oxidischer Einschlüsse in Stahl mit der Chlorgasmethode
A Waschflasche mit konz. H_2SO_4; *B* Trockenturm mit $CaCl_2$; *C* Trockenturm mit P_2O_5; *D* Röhrenofen 33 cm lang; *E* Reaktionsrohr aus Pyrex-Glas; *F* Schliff-Stopfen mit Gas-Einlaß und Rohr zur Aufnahme des Thermoelements; *G* Quarz-Schiffchen; *K* Schliff-Verbindung; *L* Sammelflasche; *T* Thermoelement

stellt und durch Verflüssigung gereinigt wurde, wird einer Stahlflasche entnommen, indem zunächst 50 l in die Atmosphäre abgelassen werden, um noch vorhandene Verunreinigungen zu entfernen. Der Gas-Strom wird zunächst durch konz. Schwefelsäure geleitet und anschließend durch 2 Trockentürme, die mit Calciumchlorid und Phosphorpentoxid beschickt sind. Die Geschwindigkeit des Chlorstroms soll etwa 15 l je Std. betragen.

Die Probe (10 bis 15 g), am besten in einem Stück, wird in einem Quarz-Schiffchen in das vorher mit Methanol gesäuberte und sorgfältig getrocknete Reaktionsrohr E zusammen mit dem Thermoelement T eingeschoben. Durch 10 min langes Erhitzen auf 300 °C und anschließendes, schnelles Einblasen trockener Luft wird die Probe getrocknet. Das Quarz-Schiffchen wird durch Glühen im Bunsenbrenner und Abkühlen im Exsikkator getrocknet. Nachdem 1/2 Std. mit Chlor gespült wurde, wird der Ofen eingeschaltet, die Temperatur langsam auf 150 bis 160 °C gebracht und wieder abgeschaltet. Diese Temperatur ist für den Beginn der Reaktion ausreichend, und die entstehende Reaktionswärme heizt die Probe selbst auf. Sobald die Temperatur zu fallen beginnt, wird der Ofen wieder eingeschaltet und nun die Temperatur auf 350 °C gehalten. Wenn keine flüchtigen Chlorid-Dämpfe mehr in das Sammelgefäß übergehen, ist die Reaktion beendet. Nach weiteren 15 min wird der Ofen abgeschaltet. Man läßt im Chlor-Strom erkalten und entnimmt nach dem Abschalten des Chlor-Stroms sofort das Schiffchen. Der Rückstand im Schiffchen wird mit Wasser ausgewaschen und in ein dichtes Filter filtriert. Filter und Rückstand werden verascht, bei 1000 °C geglüht und mit Kaliumhydrogensulfat aufgeschlossen. Gemäß der Original-Vorschrift wird nach Abtrennung der Kieselsäure, Fällung der Hydroxide, Abtrennung des Eisens und Titans durch Fällung mit Cupferron das Aluminium und Chrom durch Fällung mit Tannin (S. 135) bestimmt. Besser zu empfehlen ist die Bestimmung des Aluminiums mit einem der *photometrischen* Verfahren.

Bemerkungen. Short und Mitarbeiter haben das von *Colbeck, Craven* und *Murray* vorgeschlagene Verfahren verbessert. Sie benutzen eine Apparatur, die sich vor der Chlor-Behandlung evakuieren läßt, um Reste von Sauerstoff und Feuchtigkeit schneller zu entfernen. Die Bestimmung des Aluminiums wird von ihnen nach Abtrennung der Kieselsäure, des Eisens, Titans und Zirkoniums photometrisch mit Aluminon (S. 361) durchgeführt.

Zur Abtrennung von Oxid-Einschlüssen aus elektrolytischen Isolaten verwenden *Klinger* und *Koch* [127] ein Chlor-Vakuumverfahren. Dieses Trennungsverfahren erfolgt in 2 Stufen. In der I. Stufe wird das Isolat mit gasförmigem Chlor zur Reaktion gebracht; hierdurch werden die mit Chlor reagierenden Phasen in Chloride überführt, die in der II. Stufe im Vakuum absublimiert werden. Nach Untersuchungen von *Koch* und *Gautsch* [128] können an Stelle von Chlor auch andere Halogene (Br_2, J_2) und Halogen-Verbindungen (JCl_3, CCl_4) verwendet werden. Eine ausführliche Beschreibung der Apparatur und der Arbeitsvorschriften wird von *Koch* [129] gegeben.

E. Trennung durch Elektrolyse

Die Eisen- oder Stahl-Probe wird durch Elektrolyse in einem geeigneten Elektrolyten anodisch gelöst, indem die nichtmetallischen Einschlüsse, darunter auch das Aluminiumoxid, zurückbleiben. Beim Freilegen von Oxid-Einschlüssen spielt das Lösungspotential und damit die geometrische Anordnung von Probe und Gegenelektrode praktisch keine Rolle. Auf diese Weise können zur Bestimmung des Aluminiumoxids einfachere Verfahren als zur Isolierung von intermetallischen Verbindungen und Carbiden eingesetzt werden.

Wichtig für die Bestimmung des Aluminiumoxids ist das Verhalten des *Aluminiumnitrids* bei der elektrolytischen Isolierung. Wie *Born* und *Koch* [130] beobachten, enthält der Rückstand der elektrolytischen Trennung wider Erwarten auch das Aluminiumnitrid. Nach *Henkel* [131] ist die Menge der Nitride, die in den oxidischen Rückständen verbleiben, abhängig von der Vorgeschichte der Probe. Durch Tempern unter 700° lassen sich zahlreiche Nitride, vor allem diejenigen des Siliciums und Chroms, quantitativ in eine elektrolytisch unlösliche Form überführen. Durch Abschrecken bei Temperaturen > 700° werden die Nitride in der Grund-Masse gelöst und damit elektrolytisch löslich. Zur Entfernung des Aluminiumnitrids ist nach der

Isolation eine weitere Abtrennung erforderlich. *Henkel* behandelt den Rückstand mit Kupferbromid-Lösung; auch die Behandlung mit Säuren ist vorgeschlagen worden. *Klinger* und *Koch* [127] trennen die Oxid-Einschlüsse beruhigter Stähle aus dem Isolat mit dem von ihnen entwickelten Chlor-Vakuumverfahren oder mit der von *Koch* und *Gautsch* [128] vorgeschlagenen Halogenisierungsmethode.

Wie schon erwähnt, sind für reine Oxid-Bestimmungen auch einfachere Verfahren ausreichend. So benutzen *Scott* [132, 133] und *Ross* [134] Reagenzien, die unter Einfluß des elektrischen Stromes durch Bildung freier Halogene zu einer ähnlichen Lösungsreaktion führen, wie mit methanolischer Jodlösung. Die Isolate enthalten deshalb auch keine Carbide.

Scott löst seine zylinderförmigen Proben in 5%iger Magnesiumjodid-Lösung mit einer Stromdichte von 0,017 A/cm², indem die Oxide von einem unter dem Eisen befindlichen Filtrierpapier aufgefangen werden. Als Kathode dient Kupfer. Der unlösliche Rückstand wird zur Entfernung von Kieselsäure mit heißer Natronlauge ausgewaschen und geglüht. *Ross* hat das von *Lacomble* [135] angegebene Verfahren übernommen. In einen Glas-Zylinder, dessen mit Quecksilber bedeckter Boden als Kathode dient, wird die kegelförmige Probe mit der Basisfläche nach unten eingehängt. Als Elektrolyt wird eine wäßrige Lösung, die 10% Natriumchlorid, 1% Kaliumbromid und 3% Natriumcitrat enthält, verwendet.

Ein ursprünglich von *Fitterer* [136] später mehrfach abgeändertes Verfahren (*J.* und *T. Lukaschewitsch-Duwanova* [137, 138], *Loewe, Schapiro* und *Tschebotkewitsch* [139]) wird heute vornehmlich zur Untersuchung von Oxideinschlüssen in beruhigten Stählen verwendet. Es ist besonders für die Routineanalyse geeignet, da mehrere Proben auf einmal gelöst werden können. Da die Proben parallel geschaltet sind, hängt die Auflösungsgeschwindigkeit der einzelnen Proben von ihrem Polarisationszustand ab. Es empfiehlt sich daher, möglichst gleichartige Proben nebeneinander einzusetzen. *Fitterer* elektrolysiert die Probe in einer Lösung aus Eisen(II)-sulfat und Natriumchlorid. Als Diaphragma wird ein Kollodiumbeutel, in dem sich die Probe befindet, verwendet. Er dient gleichzeitig zum Auffangen des Isolats. Durch Wanderung von Hydroxylionen im Laufe der Elektrolyse wird die Lösung alkalischer. Zur Unterdrückung der Hydroxidbildung setzen *J.* und *T. Lukaschewitsch-Duwanowa* noch etwa 0,2% Kalium-Natriumtartrat zu. Neben den Oxiden verbleiben im Isolat Sulfide und Teile von Carbiden. Durch Behandlung des Isolats mit Salpetersäure werden Sulfide und Carbide abgetrennt und im Lösungsrückstand das Aluminium bestimmt. Dem Buch von *Koch* [140] ist nachfolgende

Arbeitsvorschrift entnommen worden. Das in Abb. 47 gezeigte Elektrolyse-Gerät wird je Probe mit 2,5 l Elektrolyt-Lösung (750 g $FeSO_4 \cdot 7H_2O$, 250 g NaCl, 50 g Natriumcitrat und 50 g Seignette-Salz in 25 l) gefüllt. Für jede Probe wird an einem Glas-Gestell, das aus einem Ring von etwa 60 mm Durchmesser und 3 Glas-Füßen besteht, mit Collodium-Lösung je ein Collodium-Beutel (siehe unten) befestigt. Die Beutel werden zu etwa zwei Dritteln mit Elektrolyt-Lösung gefüllt und in das Elektrolyse-Gefäß eingestellt. Die gewogenen Proben werden in der Abb. 47 angegebenen Form in die Collodium-Beutel eingehängt und an die Anode angeschlossen. Man gibt in die Collodium-Beutel noch so viel Elektrolyt, daß äußerer und innerer Flüssigkeitsspiegel übereinstimmen. Nach Einschalten des Stromes wird die Stromdichte auf etwa 0,01 bis 0,02 A/cm² einreguliert und 18 bis 24 Std. elektrolysiert. Bei längerer Dauer der Elektrolyse besteht die Gefahr, daß größere Mengen Eisenhydroxids gebildet werden. Nach Abschluß der Elektrolyse werden die Collodium-Beutel nacheinander unter jeweiligem Zurückschalten des Stromes abgenommen und der Inhalt in einem 200 bis 500 ml Zentrifugen-Glas zentrifugiert. Nach dem Zentrifugieren wird der überstehende, klare Elektrolyt abgehebert. Um an der Stahl-Probe anhaftende Isolat-Anteile zu gewinnen, wird die Probe in einem Zentrifugen-Becher mit einer etwa 2%igen Lösung von Kalium-Natriumtartrat oder Natriumcitrat mit

Ultraschall behandelt, zentrifugiert und der überstehende Elektrolyt abgehebert. Die von anhaftenden Isolat-Anteilen befreite Probe wird mit Äthanol und Äther abgespült, getrocknet und gewogen. Die vereinigten Isolate werden noch mehrfach

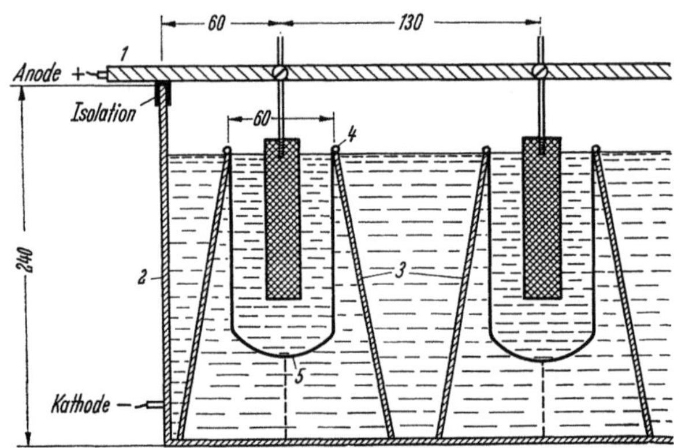

Abb. 47. Versuchsanordnung zur Isolierung von Oxideinschlüssen durch elektrolytische Zerlegung mehrerer Proben nebeneinander
1 Kupferschiene (Anode); *2* Kupferblech 2 mm (Kathode); *3* Glasgestell zum Halten der Kollodiumbeutel; *4* Glasring; *5* Kollodiumbeutel

mit einer 2%igen Kalium-Natriumtartrat-Lösung unter Verwendung von Ultraschall aufgewirbelt und anschließend zentrifugiert. Der Rückstand wird nun der weiteren Trennung zugeführt. Die Behandlung mit Säure (siehe auch Säure-Verfahren) kann sofort im Zentrifugen-Glas vorgenommen werden. Bei einer Trennung nach dem Chlor-Vakuumverfahren (S. 700) wird der Rückstand mit Wasser und Äthanol gewaschen und alkoholfeucht in die Chlorierungsapparatur eingebracht.

Bemerkungen. Herstellung der Collodium-Beutel. In ein Reagens-Glas, 30 mm Höhe und 60 mm Durchmesser, füllt man 10 bis 15 ml einer Collodium-Lösung und befeuchtet mit ihr die Wände des Glases; der Überschuß wird abgegossen. Hierauf dreht man das Glas so lange, bis der Äther verdampft ist und sich ein Häutchen gebildet hat. Man löst dieses Collodium-Häutchen vorsichtig zunächst vom Rande und allmählich von den Wänden des Reagens-Glases ab. Der so hergestellte Collodium-Beutel wird 3 Std. gewässert.

Klinger und *Koch* [141] haben auf der Grundlage der Arbeiten von *Treje* und *Benedicks* [142] ein Verfahren zur elektrolytischen Rückstandisolierung ausgearbeitet, nach dem die Isolierung in völlig neutraler Lösung in *strömenden*, stets frisch zufließenden Elektrolyten unter Vermeidung jeder anodischen Oxydation durch ein Schutzgas ausgeführt wird. Sie verwenden eine Elektrolyse-Apparatur (siehe Originalvorschrift [140] oder *Koch* [143]), in der Anoden- und Kathoden-Raum durch ein Diaphragma voneinander getrennt sind. Als Anolyt dient 15%ige Natriumcitrat-Lösung, die Kaliumbromid und Kaliumjodid entbält; als Katholyten verwenden sie 10%ige Kupferbromid-Lösung. Die Elektrolyse wird unter einer Spannung von 10 bis 20 V und einer Stromstärke von 1 A bei einer Dauer von etwa 24 Std. durchgeführt (genaue Analysenvorschrift siehe Originalarbeit oder *Koch* [143]). Diese Methode ist vor allem für die Isolierung von SiO_2, Al_2O_3, FeO, MnO, FeS und MnS ausgearbeitet worden. Ein Vergleich der SiO_2- und Al_2O_3-Werte mit den Ergebnissen der Chlormethode ergab gute Übereinstimmung. Der Vergleich der Gesamtsauerstoff-Bestimmung mit den Resultaten der Vakuum-Schmelz-Methode ergab für letztere niedrigere Werte.

Die Methode von *Klinger* und *Koch* ist verschiedentlich abgeändert und verbessert worden. Die verschiedenen Arbeitsweisen des Verfahrens unterscheiden sich vornehmlich durch die Form der Elektrolysen-Geräte und in der Zusammensetzung des Elektrolyten. So verwendet *Henkel* einen Elektrolyten, der *weniger Kaliumjodid* und *mehr Kaliumbromid* enthält und dessen pH-Wert ständig überwacht wird. Durch eine Wärme-Behandlung der Probe *vor* der Elektrolyse (Härtung) wird erreicht, daß die Carbide während der Elektrolyse weitgehend in Lösung gehen.

Wittmoser und *Bockshammer* [144] verwenden eine etwas abgeänderte Apparatur und setzen ihre Proben als *flache Scheiben* (0,5 bis 1 mm Dicke) ein, die vollständig aufgelöst werden.

Weitere dem Verfahren von *Klinger* und *Koch ähnliche* Methoden sind von *Piper, Hagedorn, Kern* und *Ingeln* [145], *Koch* und *Sundermann* [146] sowie *Brháček, Janáček* und *Šmrková* [147] vorgeschlagen worden.

Literatur (Sonderverfahren)

1. *Krajina, A., Doležal, J.:* Talanta **14**, 1433 (1967).
2. *Krajina, A., Doležal, J.:* Talanta **11**, 1127 (1964).
3. *Egen, H. W.:* Gießerei **49**, 849 (1962).
4. *Zátka, J., Uhlíř, J.:* Slevarenství **11**, 485 (1963).
5. *Kosileva, L. A., Tatarinov, G. A.:* Betriebslab. (russ.) **30**, 1074 (1964).
6. *Doubek, L.:* Hutn. Listy **20**, 588 (1965).
7. *Capps, J. H.:* Ind. eng. Chem. **13**, 808 (1921).
8. *Wetoschkin, W. F.:* Wiss. Abh. Univ. Kasan (russ.) **87**, II, 162 (1927); durch Fr. **76**, 233 (1929).
9. *Klemp, G.:* Fr. **29**, 388 (1890).
10. *Fresenius, R.:* Fr. **17**, 465 (1878).
11. *Schulze, F.:* Fr. **2**, 289 (1863).
12. *Losana, L.:* Giorn. Chim. ind. ed applic. **3**, 239 (1921).
13. *Iwanikow, P. J.:* Betriebslab. (russ.) **3**, 865 (1934).
14. *Lunge-Berl:* Berl-Lunge **III**, 1201 (1932).
15. *Kray, R. H.:* Ind. eng. Chem. Anal. Edit. **6**, 250 (1934).
16. *Farrah, G. H., Moss, M. L.:* Treatise on Analytical Chemistry 4 (2), 410 (1966).
17. *GDMB:* Analyse der Metalle **II**, S. 104.
18. The British Aluminium-Co.: Chemical Analysis of Aluminium and its Alloys (1947), S. 49, 167.
19. *Tilchmenev, M. G., Zvereva, V. V.:* Betriebslab. (russ.) **10**, 572 (1941).
20. *Tilchmenev, M. G.:* Betriebslab. (russ.) **11**, 738 (1945).
21. *Andreev, A. S., Bersimenko, O. P.:* Betriebslab. (russ.) **33** (9), 1066 (1967).
22. *Skaupy, F.:* Z. anorg. Ch. **262**, 109 (1950).
23. *Light, A. K., Russell, L. E.:* Anal. Chem. **19**, 337 (1947).
24. *Mayants, A. D.:* Betriebslab. (russ.) **13**, 619 (1947).
25. *Solodovnikov, P. P.:* Tr. Kazansk. Aviats Inst. **90**, 64 (1966).
26. *Nowotny, H., Ponahlo, H.:* Aluminium Ranshofen, Sonderheft **3**, 13 (1955).
27. *Kljatschko, J. A.:* Betriebslab. (russ.) **4**, 48 (1935).
28. *Gerke, F. K., Zolotareva, N. V.:* Betriebslab. (russ.) **4**, 39 (1935).
29. *Ehrenberg, W.:* Fr. **91**, 1 (1932).
30. *Kljatschko, J. A.:* Leichtmet. (russ.) **2**, 44 (1933).
31. *Nakamura, T., Yamazaki, S.:* J. Soc. chem. Ind. Japan (Suppl.) **42**, 296 (1939).
32. *Strauss, K.:* Aluminium and Nonferrous Rev. **3**, 29 (1937).
33. *Sukhov, S. I., Korotevskaya, B. H.:* Betriebslab. (russ.) **4**, 1104 (1935).
34. *Boner, J. E.:* Helv. **28**, 352 (1945).
35. *Subarewa, N. N., Ochotin, W. P.:* Betriebslab. (russ.) **2**, 18 (1933).
36. *Gerke, F. K.:* Betriebslab. (russ.) **3**, 207 (1934).
37. *Kapitanczyk, K., Kurzawa, Z., Miedzinski, M.:* Roczniki Chem. **30**, 607 (1956).
38. *Wetzel, E.:* Metallbörse **13**, 936, 984, 1032 (1923).
39. *Kljatschko, J. A., Gurewitsch, J. J.:* Leichtmet. (russ.) **3**, 24 (1934).
40. *Tournaire, M.:* Rev. Mét. **46**, 294 (1949).
41. *Hérenguel, J., Boghen, J.:* Rev. Mét. **51**, 265 (1954).
42. *Murach, N. N., Matveev, N. I., Shuikin, N. I., Makarouskaja, T. A.:* Khim. Referat. Zhur. (russ.) 4 (5), 69 (1941).
43. *Withey, W. H., Millar, H. E.:* J. Soc. chem. Ind. **45**, 170 (1926).
44. *Werner, O.:* Fr. **121**, 385 (1941).

45*

45. *Werner, O.:* Metall **4**, 9 (1950).
46. *Steinhäuser, K.:* Aluminium **24**, 176 (1942).
47. *Fischer, J., Bechtel, H.:* Z. Metallkunde **45** (10), 612 (1954).
48. *Fischer, J., Kraft, G.:* Gießerei **51** (21), 659 (1964).
49. *Bensch, H.:* Aluminium **40**, 743 (1964).
50. *Eisenkolb, F., Müller, K.:* Chem. Tech. **10**, 32 (1958).
51. *Treadwell, W. D., Obrist, A.:* Helv. **26**, 1816 (1943).
52. *Jander, G., Weber, B.:* Angew. Ch. **36**, 586 (1923).
53. *Jander, G., Baur, F.:* Angew. Ch. **40**, 488 (1927).
54. *Jander, G., Brösse, W.:* Angew. Ch. **41**, 702 (1928).
55. *Sutton, H., Willstrop, J. W. W.:* Nature **119**, 673 (1927), durch C. **98**, 402 (1927).
56. *Pogodin, S. A.:* Mineral., Rohstoffe, Nichtmet. (russ.) **4**, 54 (1929).
57. *Brook, G. B., Waddington, A. G.:* J. Inst. Metals **61**, Advance copy Nr. 772 (1937).
58. *Kohn-Abrest, E.:* Ann. Chim. anal. **14**, 285 (1909).
59. *Schandorow, A. M.:* Nichteisenmet. (russ.) **1930**, 672.
60. *Urech, P., Sulzberger, R., Schaad, E.:* Chimia (Zürich) **4**, 233 (1950).
61. *Matelli, G., Attini, E.:* Alluminio **28**, 61 (1959).
62. *Fedorov, A. A., Linkova, F. V.:* Ž. Anal. Khim. (russ.) **17**, 53 (1962).
63. *Harada, T.:* Trans. Min. Met. Soc. Japan (1927) April 237, Anniversary volume dedic. to *Masumi Chikaschige.*
64. *Schandorow, A. M.:* Chim. Ind. **25**, 137 (1931).
65. *Hahn, F. L.:* Fr. **80**, 192 (1930).
66. *Löwenstein, H.:* Z. anorg. Ch. **199**, 48 (1931).
67. *Beeghly, H. F.:* Anal. Chem. **24**, 1713 (1952).
68. *Koch, W.:* Metallkundliche Analyse, Düsseldorf 1965, S. 21.
69. *Berzelius, J. J.:* Lehrbuch der Chemie, 3. Aufl., **7**, 628 (1838).
70. *Fischer, F.:* Stahl Eisen **32**, 1564 (1912).
71. *Willems, F.:* Arch. Eisenhüttenw. **1**, 655 (1928); durch anorg. Z. Ch. **246**, 46 (1941).
72. *Gerke, F. K., Ljubomirskaja, N. W.:* Betriebslab. (russ.) **5**, 727 (1936).
73. *Shvetsov, B. S., Matveev, M. A., Simanov, Y. P.:* Betriebslab. (russ.) **9** (2), 219 (1940).
74. *Maurer, E., Klinger, P., Fucke, H.:* Techn. Mitt. Krupp **3**, 15 (1935); Arch. Eisenhüttenw. **8**, 392 (1934/35).
75. *Klinger, P., Koch, W.:* Beiträge zur metallkundlichen Analyse; Düsseldorf 1949.
76. *Klinger, P., Fucke, H.:* Arch. Eisenhüttenw. **7**, 619, 620, 621 (1933/34).
77. *Kichline, F. O.:* J. ind. eng. Chem. **7**, 806 (1908)? Vermutlich **1**, 306 (1909).
78. *Herty, C. H., Gaines jr., J. M., Freeman, H., Lightner, M. L.:* Trans. Am. Inst. min. metallurg. Eng., Iron Steel Div. 28 (1930); Stahl Eisen **50**, 893 (1930).
79. *Motok, G. T., Waltz, E. O.:* Iron Age **136** (26), 23 (1935).
80. *Thompson, J. G., Acken, J. S.:* Bur. Stand. J. Res. **9**, 615 (1932).
81. *Tsinberg, S. L.:* Betriebslab. (russ.) **6**, 358 (1937).
82. *Podkopajew, L. N.:* Betriebslab. (russ.) **6**, 1053 (1937); durch Fr. **124**, 55 (1942).
83. *Stumper, R.:* Ch. Z. **65**, 239 (1941); durch Fr. **123**, 210 (1942).
84. *Schenk, H., Riess, W., Brüggemann, E. O.:* Z. El. Ch. **38**, 562 (1932); Stahl Eisen **53**, 381 (1933).
85. *Koch, W.:* Metallkundliche Analyse, Düsseldorf 1965, S. 84, 291.
86. *Dickinson, J. H. S.:* J. Iron Steel Inst. **113**, 177 (1926).
87. *Stead, E.:* Iron Steel Magazine **9**, 105 (1905).
88. *Meissner, F.:* Mitt. Forsch.-Inst. Ver. Stahlw. (Dortmund) **1**, 223 (1939).
89. *Scott, F. W.:* Chemist-Analyst **25**, 58 (1936).
90. *Cunningham, R. R., Price, R. J.:* Ind. eng. Chem. Anal. Edit. **5**, 27 (1933).
91. *Araki, I.:* Tetsu-to-Hagane **26**, 14 (1940).
92. *Fogel'son, E. I.:* Betriebslab. (russ.) **6**, 1276 (1937).
93. *Tsinberg, S. L.:* Betriebslab. (russ.) **3**, 1129 (1934).
94. *Gray, N., Sanders, M. C.:* J. Iron Steel Inst. **137**, 348 (1939).
95. *Kinzel, A. B., Egan, J. J., Price, R. C.:* Met. Alloys **5**, 96, 105 (1934).
96. *Mikhailova, N. F.:* Betriebslab. (russ.) **5**, 404 (1936).
97. *Alves, V. F., de Barros, C. R.:* Anais Assoc. Brasil. Quim. **9**, 88 (1950).
98. *Johnson, C. M.:* Iron Age **132**, 24, 60 (1933).
99. *Schkotowa, S. N.:* Betriebslab. (russ.) **6**, 621 (1937).
100. *Schneider, L.:* Oesterr. Z. Berg- u. Hüttenwes. **48**, 258 (1900).
101. *Oberhoffer, P., Ammann, E.:* Stahl, Eisen **47**, 1536 (1927); durch Fr. **92**, 123 (1933).
102. *Willems, F.:* Arch. Eisenhüttenw. **1**, 605 (1927); Stahl, Eisen **48**, 603 (1928).
103. *Wüst, F., Kirpach, N.:* Mitt. K. W. I. Eisenforschg. (Düsseldorf) **1**, 31 (1920); durch Fr. **71**, 308 (1927).
104. *Dannohl, W.:* Stahl, Eisen **65**, 95 (1949).
105. *Egan, J., Crafts, J., Kinzel, A. B.:* Trans. Am. Inst. Min. Eng. **105**, 169 (1933).

106. *Joseph, T. L., Scott, F. W., Kalina, M. H.:* Blast Furnace Steel Plant **28**, 975, 1073 (1940).
107. *Taylor-Austin, E.:* Second Rep. Oxygen Sub-Comm. Eighth Rep. Heterogenity of Steel Ingots Sect. VI., Part 5, 121 (1939); Third Rep. Sect. VI., Part A, J. Iron Steel Inst. No. 1, **143**, 358 (1941).
108. *Beeghly, H. F.:* Ind. eng. Chem. Anal. Edit. **14**, 137 (1942); Anal. Chem. **21**, 1513 (1949); **24**, 1095 (1952).
109. *Rooney, T. E., Stapleton, A. G.:* J. Iron Steel Inst. **131**, 249 (1935).
110. *Rooney, T. E.:* J. Iron Steel Inst., Advance Copy May 1941 (Paper No. 5/1941 of the Heterogenity of Steel Ingots Commitee), S. 50.
111. *Taylor-Austin, E.:* Iron Steel Inst. Spec. Rep. **25**, 121 (1939).
112. *Pearce, J. G.:* J. Iron Steel Inst. **143**, 366 P (1941).
113. *Bannister, B. A.:* Thesis, Sheffield Univ.
114. *Rooney, T. E., Stevenson, W. W., Raine, T.:* Iron Steel Inst. Spec. Rep. **16**, 109, 112, 117 (1937).
115. *Garside, J. E., Rooney, T. E., Belli, J. J. J.:* J. Iron Steel Inst. **185**, 95 (1957).
116. *Speight, G. E.:* J. Iron Steel Inst. **148**, 255 P (1943).
117. *Rooney, T. E.:* J. Iron Steel Inst. **148**, 273 P (1943).
118. *Wasmuth, R., Oberhoffer, P.:* Arch. Eisenhüttenw. **2**, 829 (1928/29).
119. *Klinger, P.:* Arch. Eisenhüttenw. **20**, 151 (1949).
120. *Koch, W.:* Metallkundliche Analyse, Düsseldorf 1965, S. 23.
121. *Short, C. W., Roberts, R. S., Croall, G.:* J. Iron Steel Inst. **186**, 85 (1957).
122. *Armson, F. J., Bennett, H. L.:* J. Iron Steel Inst. **188**, 132 (1958).
123. *Spitzin, V.:* Z. anorg. Ch. **189**, 337 (1930).
124. *Klinger, P., Fucke, H.:* Arch. Eisenhüttenw. **7**, 616 (1933/34).
125. *Colbeck, E. W., Craven, S. W., Murray, W.:* J. Iron Steel Inst. **1936**, II, pp. 251 P.
126. *Colbeck, E. W., Craven, S. W., Murray, W.:* Seventh Rep. on the Heterogenity of Steel Ingots, Iron Steel Inst. Spec. Rep. **16**, pp. 124 (1937); J. Iron Steel Inst. **1941**, I, pp. 332 P.
127. *Klinger, P., Koch, W.:* Stahl, Eisen **68**, 321 (1948).
128. *Koch, W., Gautsch, O.:* Arch. Eisenhüttenw. **30**, 723 (1959).
129. *Koch, W.:* Metallkundliche Analyse, Düsseldorf 1965, S. 132.
130. *Born, K., Koch, W.:* Stahl, Eisen **72**, 1268 (1952).
131. *Henkel, H.:* Fr. **128**, 26 (1946).
132. *Scott, F. W.:* Ind. eng. Chem. Anal. Edit. **4**, 121 (1932).
133. *Scott, F. W.:* Met. Alloys **9**, 171, 201, 299, 350 (1938).
134. *Roos, A.:* Congr. Intern. Fonderie Paris 1953; Assoc. Tech. Fonderie C I–8, S. 15 (1954).
135. *Lacomble, M.:* Rev. univ. des Min., 9. Sér. **93**, 264 (1950).
136. *Fitterer, G. R.:* Am. Inst. Min. Met. Eng., Techn. Publ. **440** (1931); durch Stahl, Eisen **51**, 1578 (1931).
137. *Lukaschewitsch-Duwanowa, J., Lukaschewitsch-Duwanowa, T.:* Mitt. Leningrader Metall-Institut Nr. 15, 16 (1953).
138. *Lukaschewitsch-Duwanowa, J., Lukaschewitsch-Duwanowa, T.:* Der Metallurg **1936**, Nr. 5.
139. *Loewe, N. F., Schapiro, M. M., Tschebotkewitsch, W. N.:* Der Stahl **1935**, Nr. 8/9.
140. *Koch, W.:* Metallkundliche Analyse, Düsseldorf 1965, S. 102.
141. *Klinger, P., Koch, W.:* Arch. Eisenhüttenw. **11**, 569 (1937/38).
142. *Treje, R., Benedicks, C.:* Jernkont. Ann. **116**, 165 (1932).
143. *Koch, W.:* Metallkundliche Analyse, Düsseldorf 1956, S. 104.
144. *Wittmoser, A., Bockshammer, H.:* Arch. Eisenhüttenw. **26**, 319 (1955).
145. *Piper, E., Hagedorn, H., Kern, H., Ingeln, J.:* Radex-Rundsch. **1957**, 727, 776.
146. *Koch, W., Sundermann,* durch *Koch, W.:* Metallkundliche Analyse, Düsseldorf 1965, S. 113.
147. *Brháček, L., Janáček, J., Šmrková, A.:* Hutn. Listy **14**, 54 (1959).

Verzeichnis der Zeitschriften und ihrer Abkürzungen

Abkürzung	Zeitschrift
A.	Liebigs Annalen der Chemie; bis 172 (1874): Annalen der Chemie und Pharmacie
Acad. Rep. Populare Rom. Studii Cercetari Stiint.	Academia Republicii Populare Române. Studii si Cercetari Stiintifice
A. Ch.	Annales de Chimie; vor 1914: Annales de Chemie et de Physique
Acta chem. scand.	Acta Chemica Scandinavica (Copenhagen)
Acta Chim. Acad. Sci. Hung.	Acta Chimica Academiae Scientiarum Hungaricae
Acta Comment. Univ. Tartu	Acta et Commentationes Universitatis Tartuensis (Dorpatensis)
Acta pharmac. sinica	Acta Pharmaceutica Sinica (Peking) vor 1935: Journal of the Chinese Pharmaceutical Association
Acta techn. Acad. Sci. hung.	Acta Technica Academiae Scientiarum Hungaricae
Acta Univ. Vorogeniensis	Acta Universitatis Vorogeniensis (UdSSR)
Advan. X-Ray Anal.	Advances in X-Ray Analysis (New York)
Afinidad	Afinidad (Barcelona)
Agrokém. Talajtan	Agrokémia es Talajtan (Agrochemie und Bodenkunde, Budapest)
Akad. Nauk. SSSR. Inst. Met.	Akademiya Nauk SSSR (Akademie der Wissenschaften der UdSSR. Arbeiten des Institutes für Metalle)
Alluminio	Alluminio (Milano)
Aluminium	Aluminium (Aluminiumzentrale e.V., Düsseldorf)
Aluminium	Aluminium (Budapest)
Aluminium Ranshofen	Aluminium Ranshofen Mitteilungen (Salzburg)
Alum. nonferrous Rev.	Aluminium and the Non-ferrous Review (London)
Am. Ceram. Soc. Bull.	American Ceramic Society Bulletin
Am. Chem. J. (Am. Ch)	American Chemical Journal; seit 1917 vereingt mit Am. Soc.
Am. Foundryman	American Foundryman (Chicago) ab 1947: Transactions of the American Foundrymen's Society
Am. Inst. Min. Met. Eng. Techn. Publ.	American Istitute of Mining and Metallurgical Engineers Technical Publication (New York)
Am. J. Physiol.	American, Journal of Physiology
Am. J. Sci.	American Journal of Science
Am. Mineralogist	American Mineralogist (Washington)
Am. Soc.	Journal of the American Chemical Society
Am. Soc. Brewing Chemists	American Society of Brewing Chemists Proceedings
Am. Soc. Test. Mater (Am. Soc. Testing Materials)	American Society of Testing Materials
Anal. Abstr.	Analytical Abstracts
Anal. Chem.	Analytical Chemistry, früher Ind. Eng. Chem. Anal. Edit.
Anal. chim. Acta	Analytica chimica acta
Anais Assoc. Brasil. Quim.	Anais da Associacao Brasileira de Quimica
Analele Univ. C. J. Parhon, Bucaresti Ser. Stiint. Nat.	Analele Universitatii „C. J. Parhon" Bucaresti, Seria Stiintelor Naturii (Annalen der Universität, „C. J. Parhon" Bukarest. Naturwissenschaftliche Serie)
Analyst	The Analyst
An. Argentina	Anales de la asociación química Argentina
An. Espan.	Anales de la sociedad española de física y química; seit 1941: Anales de fisica y quimica (Madrid)
Angew. Chem.	Angewandte Chemie, vor 1932: Zeitschrift für angewandte Chemie
An. Real. Soc. Espan. Fis. Quim. Ser. B	Anales de la Real Sociedad Española de Física y Química (Serie B – Química)

Abkürzung	Zeitschrift
Ann. Chimica (Roma)	Annali di Chimica (Roma) früher: Annali di Chimica Applicata
Ann. Chim. anal.	Annales de Chimie analytique et de Chimie appliquée
Ann. Chim. applic.	Annali di Chimica Applicata, jetzt: Annali di Chimica
Ann. Fac. Sci. Univ. Clermont, Geol. Mineral.	Annales de la Faculté des Sciences de l'Université de Clermont
Ann. Inst. Natl. Rech. Agron. Ser A. Agron.	Annales de l'Institut National de la Recherche Agronomique, Serie A: Annales Agronomiques
Ann. New York Acad. Sci.	Annals of the New York Academy of Sciences
Ann. Soc. Sci. Bruxelles, Ser. I	Annales de la Societé Scientifique de Bruxelles, Série I: Sciences Mathématiques et Physiques
Ann. Phys.	Annalen der Physik (Grüneisen und Planck)
Ann. Repts. Takeda. Res. Lab.	Annual Reports of the Takeda Research Laboratory (Takeda Kenkyusk Nempo)
Anz. Krakau. Akad.	Anzeiger der Akademie der Wissenschaften, Krakau
Appl. Spectroscopy	Applied Spectroscopy
Ar.	Archiv der Pharmazie
Arch. Eisenhüttenwes.	Archiv für das Eisenhüttenwesen
Arch. (Arh.) Hemija Farmaciju	Arhiv Za Hemiju i Farmaciju (Archives de Chemie et de Pharmacie)
Arch. Hyg. Bakteriol.	Archiv für Hygiene und Bakteriologie
Arch. Sci. phys. nat. Genève	Archives des Sciences Physiques et Naturelles, jetzt: Archives des Sciences (Geneva)
Arhiv Za Kemiju	Arhiv Za Kemiju (Archives de Chemie, Zagreb)
Arg. Rep. Com. Nac. Energia At. Informe	Argentina Republic Comision Nacional de Energia Atomica Informe
ASTM-Bulletin	American Society for Testing Materials-Bulletin
At. Absorption Newsletter	Atomic Absorption Newsletter
Atomnaya Energiya	Atomnaya Energiya (Atomenergie, russ.)
Atompraxis	Atompraxis (Karlsruhe)
Atti. R. Ist. Veneto Sci. mat. nat.	Atti del Reale Istituto Veneto di Scienze, Lettere ed Arti Parte II (Scienze Matematiche e Naturali)
Austr. Chem. Inst. J. Proc.	Australian Chemical Institute Journal and Proceedings
Automatisches Schweißen	Awtomatitschesskaja Swarka (russ.)
B.	Bericht der Deutschen Chemischen Gesellschaft
BCIRA-J.	B. C. I. R. A. Journal (British Cast Iron Research Association)
Beih. Z. V. D. Ch.	Beihefte zu den Zeitschriften des Vereins Deutscher Chemiker A: „Angewandte Chemie" und B: „Chemische Fabrik"
Beitr. Silikose Forsch.	Beiträge zur Silikose-Forschung
Ber. Akad. Wiss. UdSSR	Berichte der Akademie der Wissenschaften der UdSSR (Doklady Akademii Nauk SSSR)
Ber. dtsch. keram. Ges.	Berichte der deutschen Keramischen Gesellschaft
Ber. dtsch. pharm. Ges.	Berichte der deutschen Pharmazeutischen Gesellschaft
Bergakademie	Bergakademie (Freiburg)
Ber. ungar. pharm. Ges.	Berichte der Ungarischen Pharamzeutischen Gesellschaft (Magyar Gyógyszerésztudomániy Társasag Ertesitöje)
Biochem. Bl.	Biochemisches Bulletin
Biol. Z.	Biologisches Zentralblatt (Leipzig)
Bl. Acad. Sci. Pétersb.	Bulletin de l'Academie imperiale des Sciences, Pétersbourg seit 1917: Bl. Acad. Russie
Bl. Acad. URSS. Ser. chim	Bulletin de l'Academie des Sciences de l'URSS
Bl. agric. chem. Soc. Japan	Bulletin of the Agricultural Chemical Society of Japan
Bl. chem. Soc. Japan	Bulletin of the Chemical Society of Japan
Bl. Inst. physic. chem. Res. (Abstr.)	Bulletin of the Institut of Physical and Chemical Research, Abstracts, Tôkyô
Bl. Sci. pharmacol.	Bulletin des Sciences pharmacologiques
Bl. Soc. chim. Belg.	Bulletin de la Société chimique de Belgique
Bl. (Bull.) Soc. France Céram	Bulletin de la Société Francaise de Céramique
Bl. Soc. Min.	Bulletin de la Société Francaise de Minéralogie
Bl. Soc. România	Buletinul societatii de chimi din România
Bl. Soc. Stiinte Cluj România	Buletinul Societatii de Stiinte din Cluj, România
Blast Furnace Steel Plant	Blast Furnace and Steel Plant (Pittsburgh)

Abkürzung	Zeitschrift
Brazil. Minist. agr. Dept. nacl. producao mineral Lab. prod. mineral Bol.	Brazil, Ministerio da Agricultura, Departamento Nacional da Producao Mineral, Laboratorio da Producao Mineral, Boletim
Brennstoffchem.	Brennstoffchemie
Brit. Coal. Util. Res. Assoc. Inform. Circ.	British Coal Utilisation Research Association. Monthly Bulletin
Bunko Kenkyu	Journal of the Spectroscopical Society of Japan
Bunseki Kagaku	Japan Analyst
Bur. Stand J. Res.	Bureau of Standards Journal of Research
Byul. (Bull). Nauch.-Tekhn. Inform. Ukr. Nauch. Inst. Metallov	Byulleten Nauchno-Tekhnicheskoi Informatsii, Ukrainskii Issledovatel'skii Institut Metallov (russ.)
Byul. (Bull.) Nauch.-Tekhn. Inform. Vses. Nauch. Issled. Inst. Ogneuporov	Byulleten Nauchno-Tekhnicheskoi Informatsii Vsesoyuznogo Nauchno-Issledovatel'skogo Instituta Ogneuporov (russ.)
Byul. (Bull.) Nauch.-Tekhn. Inform. Vses. Nauch. Trubnyi Inst.	Byulleten Nauchno-Tekhanicheskoi Informatsii Vsesoyuznogo Nauchno-Issledovatel'skii Trubnyi Institut
C.	Chemisches Zentralblatt
Can. Dep. Mines Tech. Surv. Mines Branch, Tech. Bull.	Canada Department of Mines and Technical Surveys, Mines Branch, Technical Bulletin
Canad. J. Chem.	Canadian Journal of Chemistry
Ceskosl. Farm.	Ceskoslovenská Farmacie
Chem. Abstr.	Chemical Abstracts
Chem. Anal. (Warszawa)	Chemia Analityczna (Warszawa)
Chem. Age	Chemical Age
Ch. Fabrik	Chemische Fabrik, seit 1942: Chemische Technik
Chem. Geol.	Chemical Geology (England)
Chem. Ind.	Chemistry and Industry
Chem. Ing. Techn.	Chemie-Ingenieur-Technik
Chemisat. Sozialist. Agr.	Chimisatzija Ssotzialisstitschesskogo Semledelija (Chemisation of Socialistic Agriculture)
Chemist-Analyst	The Chemist-Analyst
Chem. J. Ser. A	Chemisches Journal Serie A, Journal für allgemeine Chemie; russ.: Chimitscheski Shurnal Sser. A, Shurnal obschtschei Chimi.
Chem. J. Ser. B	Chemisches Journal Serie B, Journal für angewandte Chemie; russ.: Chimitscheski Shurnal Sser. B, Shurnal prikladnoi Chimii
Chem. Listy	Chemické Listy pro vědu a průmysl.
Chem. N.	Chemical News
Chem. Průmysl	Chemický Průmysl (Chemische Industrie)
Chem. Ref. J.	Chimitschesski Referatiwny Shurnal (Chemisches Referaten-Journal)
Chem. Tech.	Chemische Technik
Chem. Weekbl.	Chemisch Weekblad
Chem. World	Chemical World, chin.: Hua Hsueh Shih Chieh
Chem. Zvesti	Chemické Zvesti (Chemical News, slovak.)
Chemie der Erde	Chemie der Erde (Jena)
Ch. Ind.	Die chemische Industrie
Ch. Z.	Chemiker Zeitung
Chim. Anal.	Chimie Analitique
Chimia (Zürich)	Chimia (Zürich)
Chim. e Ind. (Milano)	Chimica e Industria (Milano)
Chimitscheski J. (Chem. J. Ser. A)	Chemisches Journal (Chimitscheski Shurnal)
Chim. Ind.	Chimie & Industrie
Coll. Czechoslov. Chem. Comm (un)	Collection of Czechoslovak Chemical Communications
Coll. Trav. chim. Tchécosl.	Collection des Travaux chimiques de Tchécoslovaqui
Comun. Acad. Rep. Populare Romine	Comunicarile Academici Republicii Populare Romine

Abkürzung	Zeitschrift
Congr. Chim. ind. Nancy	Congrès de Chimie Industrielle, erscheinen als Sondernummer zu: Chimie et Industrie
Connecticut Academy of Arts and Sciences Transactions	Connecticut Academy of Arts and Sciences Transactions
C. r.	Comptes rendus de l'Académie des Sciences
Croat. Chem. Acta	Croatica Chemica Acta, Fortsetzung von: Arhiv za Kemiju
Current Sci.	Current Science
Dansk. Tidsskr. Farm.	Dansk Tidssjkrift for Farmaci
Der Metallurg	Metallurg (russ.) ab 1941 vereinigt mit Stalj (Stahl)
Der Stahl	Stalj (Stahl), russ., ab 1941 vereinigt mit Metallurg
Develop. Appl. Spectr.	Developments in Applied Spectroscopy (New York)
Die Casting	Die Casting (London)
Die Chemie	Chemie, nach 1945: Angew. Chemie Ausgabe A, Wissenschaftlicher Teil
Dingl. J.	Dinglers Polytechnisches Journal
Dokl. Akad. Nauk SSSR	Doklady Akademii Nauk SSSR
Dokl. Bolgar. Akad. Nauk	Doklady Bolgarskoi Akademii Nauk
Dokl. Vses. Akad. Sel'skokhoz. Nauk	Doklady Vsesoyuznoi Akademii Selskochosjaistvennych Nauk
Dopovidi L'vivsk. Derzh. Univ.	Dopovidi ta Providomlennya L'vivs'kii Derzhavnii Universitet
Dtsch. Abh. naturw. med. Ver.	Deutsche Abhandlungen des naturwissenschaftlichen und medizinischen Vereins Böhmens „Lotos"
Dtsch. Apoth. Z.	Deutsche Apotheker Zeitung
Egypt. J. Chem.	Egyptian Journal of Chemistry
Energia nucleare	Energia nucleare (Milano)
Erzmetall	Zeitschrift für Erzbergbau und Metallhüttenwesen: neue Folge von „Metall und Erz"
Estestven i Tekh. Nauki	Izvestiya Akademii Nauk Armyanskoi SSSR, Fiziko-Matematecheskie Estestvennye i Tekhnicheskie Nauki
Euro-Ceram.	Euro-Ceramic (Düsseldorf)
Experientia	Experientia (Basel)
Färber-Z.	Färber und Chemischreiniger. Färber-Zeitung für Handwerk und Industrie
Feuerfeste Mat.	Feuerferste Materialien, russ.: Ogneupory
Fiz. Sb. L'vovsk. Gos. Univ.	Fizicheskii Sbornik L'vovskii Gosudarstvennyi Universitet imeni J. Franka
Fonte	Fonte (Paris)
Fr.	Zeitschrift für analytische Chemie (Fresenius)
Freiburger Forschungsh. Reihe B	Freiburger Forschungshefte, Reihe B Metallurgie
G.	Gazzetta chimica italiana
Gas- und Wasserfach	Das Gas- und Wasserfach, vor 1922: Journal für Gasbeleuchtung sowie für Wasserversorgung
Geol. i. Geofiz. Akad. Nauk SSSR Sibirsk. Otd. Yadern. Fiz. Primen (Tashkent)	Geologiya i Geofizika Akademiya Nauk, Sibirskoe Otdelenie
Geol. Survey. Canada Bl.	Canada Department of Mines and Technical Surveys, Geological Survey of Canada, Geological Survey Bulletin
Gesundheits-Ing.	Gesundheitsingenieur, München
Gießerei	Gießerei (Düsseldorf)
Giorn. Chim. ind. ed applic. (Giorn. Chim. ind. appl.)	Giornale di Chimica Industriale ed Applicata
Glasnik drustva Chem. i. tek. NRBIH	Glasnik Drustva Hemicara i Technologa NR Bosne i Hercegovine
Glasnik Hem. Drustva Kraljevine Jugoslav.	Glasnik Hemiskog Drustva Kraljevine Jugoslavije
Glastechn. Ber. (Glastechn.)	Glastechnische Berichte
Glass Technol.	Glass Technology
Glastek. Tidskr.	Glasteknisk Tidskrift

Abkürzung	Zeitschrift
Hauszeitschr. Ver. Aluminiumwerke	Hauszeitschrift der Vereinigte Aluminiumwerke AG
Helv.	Helvetica chimica acta
Hidrol Közling	Hidrologiai Kozlony
Hochschulnachrichten (Iwanowo) Chem. u. chem. Technol.	Trudy Ivanovskogo Khimiko-Tekhnologicheskogo Instituta
Hua Hsueh Hsueh Pao	Acta Chimica Sinica
Hutn. Listy	Hutnické Listy
Illinois State Water Surv. Div. Bull.	Illinois State Water Survey Bulletin
Ind. Ceram	Industrie Ceramique
Ind. Chemist (chem. Manufacturer)	Industrial Chemist and Chemical Manufacturer
Ind. eng. Chem.	Industrial and Engineering Chemistry
Ind. eng. Chem. Anal. Edit.	Industrial and Engineering Chemistry, Analytical Edition
Indian J. Appl. Chem.	Indian Journal of Applied Chemistry
Inform. Quim. Analit (Madrid)	Informacion de Química Analitica (Madrid)
Inform. Sb. Vses. Nauchn. Issled. Geol. Inst.	Informatsionny Sbornik Vsesoyuznyi Nauchno-Issledovatel'skii Geologicheskii Institut
Ing. Chimiste (Bruxelles)	Ingenieur Chimiste (Bruxelles)
Intern. J. Appl. Radiation Isotopes	International Journal of Applied Radiation and Isotopes
Inzh. Fiz. Zhur. (Akad. Nauk) Beloruss. SSR	Inzhenerno-Fizicheskii Zhurnal Akademiya Nauk Belorusskoi SSR
Iron Age	Iron Age
Iron and Steel	Iron and Steel (London)
Iron Steel Magazine	Iron and Steel Magazine
Iwate Daigaku Kogakubu Kenkyu Hokoku	Report of Technology of Iwate University (Japan)
Izv. (Isv.) Akad. Nauk SSSR, Sér Fiz.	Izvestiya Akademii Nauk SSSR, Seriya fizicheskaya
Izv. (Isv.) Akad. Nauk Arm. SSR, Fiz- Mat. Estestven. i. Tekh. Nauki	Izvestiya Akademii Nauk Armyanskoi SSR, Fiziko-Matematicheskie Estestvennye i Tekhnicheskie Nauki
Izv. (Isv.) Sibirsk. Otd. Akad. Nauk SSSR, Ser Khim. Nauk	Izvestiya Sibirskogo Otdeleniya Akademii Nauk SSSR Seriya chimitschesskie Nauki
Izv. (Isv.) Tomsk. Politekhn. Inst.	Izvestiya Tomskogo Politekhnicheskogo Instituta imeni S. M. Kirova
Izv. (Isv.) Vyssikh. Uchebn. Zavedenii (Iwanov), Chim. i chim. Technol.	Izvestiya Vyssykh Uchebnykh Zavedenii, Khimiya i Khimicheskaya Tekhnologiya
Jaderná Energie	Jaderná Energie (Kernenergie)
J. Agr. Food Chem.	Journal of Agricultural and Food Chemistry (Washington)
J. Am. Ceram. Soc.	Journal of the American Ceramic Society
J. Am. pharm. Assoc.	Journal of the American Pharmaceutical Association
J. Am. Water Works Assoc.	Journal of the American Water Works Association
Jap(an). Analyst	Japan Analyst (Bunseki Kagaku)
J. Japan Inst. Metals	Journal of the Japan Institute of Metals
(Trans.) Japan Inst. Metals	Transactions of the Japan Institute of Metals
J. appl. Chem.	Journal of Applied Chemistry (London)
J. Assoc. offic. agric. Chem.	Journal of the Association of Official Agricultural Chemists
J. biol. Chem.	Journal of Biological Chemistry
Jbr.	Jahresberichte über die Fortschritte der Chemie
J. chem. Allunions-Mendelejew Ges.	Shurnal Wssessojusnogo Chimitschesschkogo Obschtschesstwa im. D. J. Mendelejew
J. chem. Physics	Journal of Chemical Physics

Abkürzung	Zeitschrift
J. chem. Soc.	Journal of the Chemica Society of London
J. chem. Soc. Japan	Journal of the Chemical Society of Japan
J. Chromatogr.	International Journal on Chromatography, Electrophoresis and Related Methods
J. Electrochem. Soc.	Journal of the Electrochemical Society
Jernkont. Ann.	Jernkontorets Annaler
J. Indian chem. Soc.	Journal of the Indian Chemical Society
J. Ind. eng. chem.	Journal of Industrial and Engineering Chemistry
J. inorg. Nuclear Chem.	Journal of Inorganic and Nuclear Chemistry
J. Inst. Metals	Journal of the Institute of Metals and Metallurgical Abstracts
J. Intern. Soc. Leather Trades Chem.	Journal of Society of Leather Trades Chemists
J. Iron Inst. (J. Iron Steel Inst.)	Journal of the Iron and Steel Institute
J. Labor clin. med.	Journal of Laboratory and Clinical Medicine
J. opt. Soc. Am.	Journal of the Optical Society of America
J. Pharm. Chim.	Journal de Pharmacie et de Chemie
J. Pharmacy Pharmacol.	Journal of Pharmacy and Pharmacology
J. pharm. Soc. Japan	Journal of the Pharmaceutical Society of Japan
J. physic. Chem.	Jorunal of Physical Chemistry
J. pr.	Journal für praktische Chemie
J. Res. Nat. Bureau of Standards	Journal of Research of the National Bureau of Standards früher: Bur. Stand. J. Res.
J. Russ. phys. chem. Ges.	Shurnal Russkogo Fisiko-Chimitschesskogo Obschtschesstwa
J. S. African chem. Inst.	Journal of the South African Chemical Institute
J. Sci. Food Agr.	Journal of the Science of Food and Agriculture
J. Sci. Ind. (Indst.) Res. (India)	Journal of Scientific Industrial Resarch (New Delhi)
J. Soc. Glass Technol.	Journal of the Society of Glass Technology
J. Soc. chem. Ind. (Trans.)	Journal of the Society of chemical Industry, Transactions
J. Soc. chem. Ind. Japan	Journal of the Society of Chemical Industry Japan, Supplement
Kem. Ind. (Zagreb)	Kemija u Industriji (Zagreb) Chemie in der Industrie
Kem Teollisuus (Chem. Ind.)	Kemian Teollisuus ja Tutkimuksen Aanenkannattaja, Helsinki
Keram. Z.	Keramische Zeitschrift
Kgl. Norske Videnskab. Selskab. Forh.	Kgl. Norske Videnskabers Selskab, Forhandlinger
Kgl. Tek. Hogskol Stockholm Handl.	Kungl. Tekniska Hogskolans Handlingar, siehe Trans Roy. Inst. Technol. Stockholm
Kl. Mitt. Wasser-, Boden-, Lufthyg.	Kleine Mitteilungen für die Mitglieder des Vereins für Wasser-, Boden-, und Lufthygiene E. V.
Kogyo Yosui	Kogyo Yosui
Kohász. Lapok	Kohászati Lapok (Ungarische Zeitschrift für Hüttenwesen)
K'o Hsueh Tung Pao	K'o Hsueh Tung Pao (Scientia)
Kolloidberichte	Kolloidberichte
Kolloid. Z.	Kolloid Zeitschrift
Lab. Practice	Laboratory Practice
Lakokrasochnye Materialy i ikh Primenenie	Lakokrasochnye Materialy i ikh Primenenie (Paint and Varnish Materials and Their Application)
Landw. Jahrbuch	Landwirtschaftliches Jahrbuch der Schweiz
M.	Monatshefte für Chemie
Magy. Kem. Egyesülete Szakmai Egyesülete	Magyar Kémikusok Egyesülete Szakmai es Egyesülete Közlemények
Magyar. Chem. Folyóirat	Magyar Chemai Folyóirat (Ungarische chemische Zeitschrift)
Maslob-Zhir. Prom.	Masloboino-Zhirovaya Promyshlennost (Oil and Fat Industry)
Medd. Norsk Farm. Selskap	Meddelelser fra Norsk Farmaceutisk Selskap
Memoirs of the Defense Academy Japan	Memoirs of the Defense Academy, Mathematics, Physics, Chemistry and Engineering (Japan)
Metal Finishing	Metal Finishing
Metal Ind.	Metal Industry (London)
Metall	Metall
Metallbörse	Metallbörse, seit Oktober 1953: Metall-Woche

Abkürzung	Zeitschrift
Metals and Alloys (Met. Alloys)	Metals and Alloys, ab Bd. 22: Materials & Methods
Metallurgia	Metallurgia
Metallurgia (ital.) (Metallurg. Ital.)	Metallurgia Italiana
Metallwirtschaft (Metallwirtsch. Metallwiss. Metalltechn.)	Metallwirtschaft, Metallwissenschaft, Metalltechnik
Met. Erz	Metall und Erz
Math. nat. Anz. ung. Akad. Wiss	Matematikai és Természettudományi Értesitö. A Magyar Tudomanyos Akademia
Microchem. J.	Microchemical Journal (New York)
Mikrochemie (Mikrochem.)	Mikrochemie, vereinigt mit: Mikrochimica Acta
Mikrochim. Ichnoanal. Acta (Wien)	Mikrochimica et Ichnoanalytica Acta, früher Mikrochimica Acta, der Name wurde wieder in Mikrochimica Acta umgeändert
Mikrochim. A.	Mikrochimica Acta (Wien)
Mineral. Rohstoff	Mineralnoje Ssyrje (russ.)
Mitt. Geb. Lebensmitteluntersuch. Hyg.	Mitteilungen aus dem Gebiet der Lebensmitteluntersuchung und Hygiene
Mitt. Lab. Preuss. Geolog. Landesanstalt	Mitteilungen aus den Laboratorien der Preußischen Geologischen Landesanstalt
Mitt. Mat. Prüf. Anst. (Sonderhefte)	Mitteilungen der Deutschen Materialprüfungsanstalten, Sonderhefte
Mitt. Forsch. Inst. Ver. Stahlwerke (Dortmund)	Mitteilungen aus dem Forschungsinstitut der Vereinigten Stahlwerke AG, Dortmund
Mitt. Leningrader Metall-Institut	Trudy Leningradskogo Industrialnogo Instituta, Rasdel Metallurgii
Mitt. KWI Eisenforschg. (Düsseldorf)	Mitteilungen aus dem Kaiser Wilhelm Institut für Eisenforschung zu Düsseldorf
Nachr. Moskauer Univ., Ser. Math. Mechan. Astronom. Physik. Chem.	Vestnik Moskovskogo Universiteta, Serija Matematiki, Mekhaniki, Astronomii, Fiziki i Khimii
Nature	Nature (London)
Naturwissenschaften	Naturwissenschaften
Nauchn. Dokl. Vysshei Skoly Khim i Khim. Tekhnol.	Nauchnye Doklady Vysschei Schkoly (Moskau), Chimija i Chimitschesskaja Technologija
Nauchn.-Issled. Tr. Tsentr. Nauchn.-Issled. Inst. Kozh. Obunv. Prom.	Nauchno Issledovotel'skie Trudy Tsentralinogo Nauchno-Issledovatel'skogo Instituta Kozhevenno Obuvnoi Promyshlennosti
Nauchn. Tr. Erevansk. Gos. Univ. Sb. Stud. Nauchn. Tr. Erevansk. Univ.	Nauchnye Trudy Erevanskii Gosudarstvennyi Universitet Sbornik Studencheskikh Nauchnykh Trudov Erevanskogo Universiteta
Nauk. Zap. Kiev Univ.	Naukovi Zapiski Kiivs'kii Derzhavnii Universitet
Neue Hütte	Neue Hütte
Neues Jahrb. Mineralog. Geol.	Neues Jahrbuch für Mineralogie, Geologie und Paläontologie
Neues Jb. Mineralog. Abh.	Neues Jahrbuch für Mineralogie, Abhandlungen
Nichteisenmetalle (russ.)	Zwetnyje Metally
Nippon Kagaku Zasshi	Nippon Kagaku Zasshi, Fortsetzung des Journals of the Chemical Society of Japan, Pure Chemistry
Nippon Kinzoku Gakkaichi	Nippon Kinzoku Gakkaichi (Journal of the Japan Institut of Metals)
Norelco Rep.	Norelco Reporter (Philips Elektronic Instruments)
Nucleonics	Nucleonics (New York)
Nucl. Instr. Methods	Nuclear Instruments and Methods (Amsterdam), früher: Nuclear Instruments
Nukleonika (Warszawa)	Nukleonika (Warszawa)
Öst. Ch. Z.	Österreichische Chemiker Zeitung
Oester. Z. Berg- u. Hüttenwesen	Oesterreichische Zeitschrift für Berg- und Hüttenwesen

Abkürzung	Zeitschrift
Ogneupory	Ogneupory (russ.) (Feuerfeste Materialien)
Ontode (ung.)	Ontode (Gießereiwesen) erscheint als Teil in: Kohászati Lapok
Osaka Furitsu Kogyo-Shoreikan Hokoku	Osaka Furitsu Kogyo-Shoreikan Hokoku (Reports of Industrial Research Institute, Osaka Prefecture)
P. C. H.	Pharmazeutische Zentralhalle
Periodico Mineral (Roma)	Periodico di Mineralogia (Roma)
Ph. Ch.	Zeitschrift für physikalische Chemie
Pharmacie	Pharmacie, Erscheinen 1944 unterbrochen
Pharmazie	Pharmazie (Berlin)
Pharm. Ind.	Pharmazeutische Industrie (Berlin)
Pharm. J.	Farmatzewtitschni Shurnal (russ.)
Pharm. Monatsh.	Pharmazeutische Monatshefte, ab August 1938 vereinigt mit Scientia Pharmaceutica
Pharm. Rdsch.	Pharmazeutische Rundschau
Pharm. Weekblad	Pharmaceutisch Weekblad
Pharm. Z.	Pharmazeutische Zeitung
Phys. Rev.	Physical Review
Phys. Z.	Physikalische Zeitschrift
Plant and Soil	Plant and Soil (The Hague)
Plating	Plating, Fortsetzung von: Monthly Review of the American Electro-Platers Society
Pogg. Ann.	Annalen der Physik und Chemie, herausgegeben von Poggendorf (1824–1877); dann Wied. Ann. (1877–1899); seit 1900 Ann. Phys.
Polyt. Z.	Polytechnisch Tijdschrift
Prace Inst. Hutnichzych	Prace Institutow Hutniczych (Katowice)
Prace Inst. Mech.	Prace Institutow Mechaniki, jetzt Prace Institutu Mechaniki Precyzyjnej
Prace Przemyslowego Inst. Elektron.	Prace Przemyslowego Instytuto Elektroniki (Warszawa)
Pr. Am. Acad.	Proceedings of the American Academy of Arts and Sciences, Bosten
Probl. Bol'schoi Met. i. Fiz Khim Novykh Splavov, Akad. Nauk SSSR Inst. Met	Problemy Bol'schoi Metallurgie i Fizicheskoii Khimii Novykh Splavov, Akdemiya Nauk SSSR, Institut Metallurgy im. A. A. Baikova
Pr. Indian Acad. Sci.	Proceedings of the Indian Academy of Sciences
Pr. Soc. Anal. Chem.	Proceedings of the SAC (Society for Analytical Chemistry) Conference University of Nottingham, Engl.
Proc. Iowa Acad. Sci.	Proceedings of the Iowa Academy of Science
Probl. Sovrem. Pochrovedeniya	Problemy Sovremennoi Pochrovedeniya
Przemysl. Chem.	Przemysl Chemiczny
Publ. Fac. Sci.	Publications de la Faculté des Sciences de l'Université Masaryk (Brno)
Publ. Group Avan. Methodes Spectrogr.	Publikation de Groupement pour l'Avancement des Methodes Spectrographique
R.	Recueil des Travaux chimiques des Pays-Bas
Radex-Rundschau	Radex-Rundschau
Re (Rend.) Ist. (Inst.) Super Sanitá	Rendiconti Istituto Superiore di Sanitá
Ref. Zhur Khim.	Referationyi Zhurnal Khimiya
Rep. Acad. Sci. Ukr. SSR	Dopovidi Akademii URSS (Reports of the Academy of Sciences of the Ukrainian SSR)
Repert. Anal. Chem.	Repertorium der analytischen Chemie (1881-1887)
Rev. Acad. Cienc. Exact. Fis-Quim Nat. Zaragoza	Revista de la Academia de Ciencias Exactas, Físico-Químicas y Naturales de Zaragoza
Rev. brasil. chim.	Revista Brasileira de Chimica (Sao Paulo)
Rev. Chim (Bucharest)	Revista de Chimie (Bucharest)
Rev. Cienc. Apl.	Revista de Ciencia Aplicada (Madrid)
Rev. Fac. Cienc. Quim. Univ. Nacl. La Plata	Revista de la Facultad de Ciencias Químicas, Universidad Nacional de La Plata
Rev. Matr. Constr.	Revue des Materiaux de Construction et de Travaux Publics

Abkürzung	Zeitschrift
Rev. Mét.	Revue de Métallurgie
Rev. Obras. Sanit. Nacion (Buenos Aires)	Revista de Obras Sanitarias de la Nacion (Buenos Aires)
Rev. univ. des Mines	Revue Universelle des Mines
Ric. Sci.	Ricerca Scientifica
Roczniki Chem.	Roczniki Chemji
Rudy (Prague)	Rudy (Prague)
Rudy i Metale Niezelazne	Rudy i Metale Niezelazne (poln.)
Sb. Trud. Vses. Nauchn. Jssled. Inst. Tsvetn. Metal.	Sbornik Trudov Vsesoyuznogo Nauchno- Issledovatel'skogo Instituta Tsvetnykh Metallov
Sb. Ved. Praci Vysoke Skoly Banske Ostrave	Sbornik Vedeckych Prace Vysoke Skoly v Banske Ostrave
Sci. and Cult.	Science and Culture
Science	Science (New York)
Sci. Pap. Inst. Tôkyô	Scientific Papers of the Institut of Physical and Chemical, Research Tôkyô
Sci. Rep. Res. Tôhoku Univ.	Science Reports of the research institutes Tôhoku university
Sci. Rep. Tôhoku (Imp. Univ.)	Science Reports of the Tôhoku Imperial University
Schweiz. Ch.-Z.	Schweizer Chemiker-Zeitung und Technik-Industrie
Seltene Metalle	Redkije Metally (russ.)
Silicates ind.	Silicates Industriels
Silikattechnik	Silikattechnik
Silikáty	Silikáty (Praha)
Slévárenství	Slévárenství (Gießereiwesen) (Praha)
Soc.	Journal of the Chemical Society of London
Soil Sci.	Soil Science
Spectrochim. Acta	Spectrochimica Acta
Sprechsaal	Sprchsaal für Keramik-Glas-Email
Stahl Eisen	Stahl und Eisen
Stavivo	Stavivo (Baumaterialien) (Brno)
Studia Univ. Victor Babes Bolyai, Studii Cercetări Chim. Bukarest Ser. Chem.	Studia Universitatum Victor Babes et Bolyai, Studii si Cercetări de Chimie (Bucuresti) (Etudes et Recherches de Chimie)
Sumitomo Kinzoku	Sumitomo Kinzoku (Sumitomo Metals, Technical Reports of the Sumitomo Metal Industries)
Svenska Forskningsinst. Cement Betong Vid.	Svenska Forskningsinstitutet for Cement och Betong Vid. Kungl. Tekniska Hogskolan i Stockholm
Svensk. Kem. Tidskr.	Svensk Kemisk Tidskrift
Svensk. Papperstid.	Svensk Papperstidning (The Swedish Paper Journal)
Talanta	Talanta (London)
Techn. Mitt. Krupp	Technische Mitteilungen Krupp
Techn. Rep. Tôhoku Univ.	Technology Reports of the Tôhoku Imperial University Sendai (Japan)
Techn. wiss. Abh. Osram-Ges.	Technisch-Wissenschaftliche Abhandlungen aus dem Osram-Konzern
Tek. Tidskr.	Teknisk Tidskrift
Tekstil'n. Prom (russ.)	Tekstilnaja Promyschlennosst (Textil-Industrie)
Tetsu-To-Hagane	Tetsu-To-Hagane (Journal of the Iron and Steel Institute of Japan)
Ti Ch'iu Wu Li Hsueh Pao	Ti Ch'iu Wu Li Hsueh Pao (Acta Geophysica Sinica)
Tidskr. Kjemi Bergves.	Tidskrift for Kjemi Bergvesen og Metallurgi, früher: Tidskrift for Kjemi og Bergvesen. (norweg.)
Tôhoku J. exp. Med.	Tôhoku Journal of Experimental Medicine
Tonindustrie Z. Keram. Rundschau	Tonindustrie-Zeitung und Keramische Rundschau
Tr. Gorkovsk. Politekh. Inst.	Trudy Gorkovskogo Politekhnicheskogo Instituta (Transactions of the Gorki Polytechnical Institute)
Tr. Inst. Met. i Obagashch. Akad. Nauk. Kaz. USSR	Trudy Instituta Metallurgii i Obagashcheniya Akademiya Nauk Kazakhskoi SSR
Tr. Inst. Met. Ural. Filial. Akad. Nauk SSR	Trudy Instituta Metallurgii, Akademiya Nauk SSSR, Uralskii Filial.

Abkürzung	Zeitschrift
Tr. Kavkazsk. Inst. Mineraln. Syr'ya Min. Geol. Okhrany Nedr.	Trudy Kavkazskogo Instituta Mineralnogo Syr'ya Ministerstvo Geologii i Okhrany Nedr. SSSR
Tr. Kazansk. Aviat. Inst.	Trudy Kazanskogo Aviatsionnogo Instituta
Tr. Kishinevsk. Sel'skokhoz. Inst.	Trudy Kishinevskogo Sel'skozyaistvennogo Instituta imeni M. V. Frunze
Tr. Komis. po Analit. Khim. Izd. AN SSR	Trudy Komissii po Analiticheskoi Khimii, Akademiya Nauk SSSR
Tr. Mosk. Khim.-Tekhnol. Inst.	Trudy Moskovskogo Khimiko-Tekhnologicheskogo Instituta imeni D. I. Mendeleeva
Tr. Nauch.-Tekhn. Obshchestva Chernoi Met. Ukr. Resp. Pravlenie	Trudy Nauchno-Tekhnicheskogo Obshchestva Chernoi Metallurgii Ukrainskoe Republikanskoe Pravlenie
Tr. Novocherkas. Politekhn. Inst.	Trudy Novocherkasskogo Politekhnicheskogo Instituta im. Serge Ordzhonikidze
Tr. Sibirsk. Fiz.-Tekhn. Inst. pri Tomsk Gos. Univ.	Trudy Sibirskogo Fiziko-Tekhnicheskogo Instituta pri Tomskom Gosudarstvennom Universtitete imeni V. V. Kuibysheva
Tr. Ukr. Nauchn.-Issled Inst. Ogneuporov	Trudy Ukrainskogo Nauchno-Issledovatel'skogo Instituta Ogneuporov
Tr. Ural'sk. Nauchn.-Issled. Khim. Inst.	Trudy Ural'skogo Nauchno-Issledovatel'skogo Khimicheskogo Instituta
Tr. Ural'sk. Politekhn. Inst.	Trudy Ural'skogo Politekhnicheskogo Instituta im. S. M. Kirova
Tr. Voronezhck. Gos. Univ.	Trudy Voronezhskogo Gosudarstvennogo Universiteta
Trans. Am. Inst. Min. Eng.	Transactions of the American Institute of Mining, Metallurgical and Petroleum Engineers
Trans. ceram. Soc. England	Transactions of the Ceramic Society, England; ab Bd. 38 (1939): Transactions of the British Ceramic Society
Trans. Japan Inst. Metals	Transactions of the Japan Institute of Metals
Trans. Roy. Soc. Can.	Transactions of the Royal Society of Canada
Trudy Azerb. Ind. Inst.	Trudy Azerbaidzhanskogo Industrial'nogo Instituta imeni M. Azizbekova
Uch. Zap. Azerb. Gos. Univ.	Uchenye Zapiski Azerbaidzhanskii Gosudarstvennyi Universitet imeni S. M. Kirova
Uch. Zap. Mosk. Gos. Univ.	Uchenye Zapiski Moskovskii Gosudarstvennyi Universitet imeni M. V. Lomonsova
Uch. Zap. Permsk. Gos. Univ. A. M. Gors'kogo	Uchenve Zapiski Permskii Gosudarstvennyi Universitet imeni A. M. Gors'kogo
Uch. Zap. Saratovsk. Gos. Univ.	Uchenye Zapiski Sarativskogo Gosudarstvennyi Universitet imeni N. G. Chernysheskogo
Uchen. Zapiski Kishinev Univ.	Uchenye Zapiski Kishinevskii Gosudarstvennyi Unversitet
Ukrain. chem. J.	Ukraine Chemical Journal (Journal chimique de l'Ukraine)
Univ. Nac. Autonoma Mex. Inst. Geol. Bol.	Universidad Nacional Autonoma de Mexico, Instituto de Geologia Boletin
U. S. Geol. Surv. Profess. Papers	United States Department of the Interior, Geological, Survey Professional Papers
Voda	Voda (Wasser)
Vpr. Pitaniya	Voprosy Pitaniya (Problems of Nutrition)
Wiss. Abh. Univ. Kasan	Uchenye Zapiski Kasanskogo Gosudarstvennogo Universiteta (russ.)
Wiss. Veröffentl. Siemens Konzern	Wissenschaftliche Veröffentlichungen aus dem Siemens-Konzern (seit 1935: aus den Siemens Werken)
Wu Han Ta Hsueh Tzu K'o Hsueh Hsueh Pao	Wu Han Ta Hsueh Tzu Jan K'o Hsueh Hsueh Pao (Wuhan University Journal, Natural Sciences)
Yadern. Spektroskopiya i Neitronoaktivatsinnyi Analiz, Akad. Nauk. Latv. SSR. Inst. Fiz.	Yadernaja Spektroskopiyai Neitronoaktivatsinnyi Analiz, Akademiya Nauk Latviiskoi SSR, Institut Fiziki
Z. allg. österr. Apoth.-Vereins	Zeitschrift des allgemeinen österreichischen Apotheker-Vereins
Z. anorg. Ch.	Zeitschrift für anorganische und allgemeine Chemie

Abkürzung	Zeitschrift
Za Rekonstrukziju Tekstil Prom.	Za Rekonstrukziju Tekstilnoj Promischlennosti (Wiederaufbau Textilind. russ.)
Zbl. Min. Geol. Paläont. Abt. A	Zentralblatt für Mineralogie, Geologie und Paläontologie, Abt. A: Mineralogie und Petrographie
Z. Chem. Ind. Kolloide	Zeitschrift für Chemie und Industrie der Kolloide, seit 1913: Kolloid-Zeitschrift
Z. El. Ch.	Zeitschrift für Elektrochemie
Zement-Kalk-Gips	Zement-Kalk-Gips
Zhur (Z.) Anal. Chem. (Chim.)	Zhurnal analiticheskoi Khimii (russ.)
Zhur. Priklad. Khim.	Zhurnal Prikladnoi Khimii (Journal of Applied Chemistry)
Z. Lebensm.	Zeitschrift für Untersuchung der Lebensmittel; bis 1925: Zeitschrift für Untersuchung der Nahrungs- und Genußmittel sowie der Gebrauchsgegenstände
Z. Metallkunde	Zeitschrift für Metallkunde
Z. Pflanzenernähr. Düng. Bodenkunde	Zeitschrift für Pflanzenernährung, Düngung und Bodenkunde, ab Band 46: Bodenkunde und Pflanzenernährung
Z. Tierphysiol. Tierernähr. u. Futtermittelkunde	Zeitschrift für Tierphysiologie, Tierernährung und Futtermittelkunde, vor 1958: Zeitschrift für Tierernährung und Futtermittelkunde

ISBN 978-3-642-65145-8

9 783642 651458